COURS

DE

PHYSIQUE ÉLÉMENTAIRE.

Les articles marqués d'un astérisque (*) ne sont pas compris dans les programmes divers du baccalauréat ès-sciences.

La fraction placée à côté du numéro d'ordre de quelques figures indique le rapport entre les dimensions linéaires du dessin et celles de l'appareil figuré.

DU MÊME AUTEUR :

TRAITÉ
ÉLÉMENTAIRE
DE PHYSIQUE THÉORIQUE ET EXPÉRIMENTALE

Avec les applications à la Météorologie et aux Arts industriels. — 4 vol., 2ᵉ édition.

L'introduction de cet ouvrage dans les Établissements d'instruction publique, est autorisée par décision de Son Excellence M. le Ministre de l'instruction publique, en date du 27 juillet 1863.

Toulouse. — Typographie de Bonnal et Gibrac, rue Saint-Rome, 44.

COURS

DE

PHYSIQUE ÉLÉMENTAIRE

AVEC LES

APPLICATIONS A LA MÉTÉOROLOGIE

A L'USAGE DES LYCÉES ET DES ÉTABLISSEMENTS D'INSTRUCTION SECONDAIRE

PAR

P. A. DAGUIN

ANCIEN ÉLÈVE DE L'ÉCOLE NORMALE, EX-PROFESSEUR AUX LYCÉES DE MOULINS ET DE TOURS,
PROFESSEUR DE PHYSIQUE A LA FACULTÉ DES SCIENCES DE TOULOUSE.

AVEC 760 FIGURES INTERCALÉES DANS LE TEXTE

TOULOUSE	PARIS
ÉDOUARD PRIVAT, Libraire-Éditeur	F. TANDOU et Cⁱᵉ, Libraires-Éditeurs
Rue des Tourneurs, 45, hôtel Sipière.	Rue des Ecoles, 78.

1865

Droits de traduction et de reproduction réservés.

PRÉFACE.

Depuis la publication de notre *Traité de Physique*, un grand nombre de professeurs ont bien voulu nous exprimer le désir d'en voir publier un Abrégé, qui pût être mis entre les mains des élèves des lycées et des autres établissements d'instruction secondaire. C'est pour répondre à ces instances souvent renouvelées que nous publions cet ouvrage. En le commençant, nous n'ignorions pas les difficultés de la tâche que nous entreprenions. Une expérience de dix années passées dans l'enseignement des lycées nous a appris, en effet, combien il est difficile parfois, de faire saisir à des jeunes gens dont l'éducation mathématique est encore imparfaite, la marche des phénomènes naturels et la manière d'en établir les lois, et de leur faire comprendre les explications qu'on en donne en s'appuyant sur les théories au moyen desquelles on est parvenu à lier les faits entre eux et à en former un corps de doctrine. Nous pensons cependant avoir notablement atténué la difficulté en réunissant dans un premier chapitre des notions générales sur les méthodes d'expérience et sur les instruments de mesure le plus fréquemment employés dans les observations. L'élève qui se sera approprié les matières renfermées dans ce chapitre, éprouvera beaucoup moins de difficulté à comprendre les expériences qui seront faites sous ses yeux, ou celles dont il entendra exposer ou dont il lira la description.

Tous les phénomènes n'étant que des mouvements ou des résultats de mouvement, des connaissances générales sur les forces sont indispensables pour aborder avec fruit l'étude de la physique. C'est pourquoi nous avons donné quelque étendue aux principes de mécanique, que l'on trouvera exposés dans le chapitre III. Ces notions, jointes à l'exposition des lois de la chute des corps, et à la description des machines dont le jeu s'explique au moyen des principes de la physique, forment un ensemble qui comprend la majeure partie des matières traitées dans le cours de mécanique des lycées.

Nous ne nous sommes pas renfermé strictement dans les limites des programmes ; nous les avons souvent dépassées : d'abord pour donner au lecteur une idée plus complète de l'état actuel de la science ; ensuite parce que nous avons toujours remarqué que la portée d'un enseignement n'est bien comprise que lorsqu'on est allé un peu au-delà. Les élèves studieux, et c'est à ceux-là que nous avons dû surtout penser, aiment à compléter les connaissances qu'ils ont acquises, par la lecture de ces articles supplémentaires, et il en résulte pour eux plus de facilité à retenir les parties exigées. Du reste, on a marqué d'un astérisque (*) les articles qui ne font pas partie des programmes officiels ; il sera donc toujours facile de les laisser de côté. Quant aux lecteurs déjà familiarisés avec les éléments de la science, et qui voudraient en approfondir certaines parties, ils pourront avoir recours à la seconde édition de notre *Traité de Physique*. C'est pour faciliter leurs recherches que nous avons indiqué en note, pour les théories les plus importantes, le volume et les pages où elles se trouvent développées avec détail.

Dans un ouvrage élémentaire tel que celui-ci, on ne pouvait songer à suivre l'ordre historique, en montrant comment les méthodes et les théories se sont perfectionnées successivement. Il y avait à craindre, en agissant ainsi, de jeter de la confusion dans l'esprit des commençants. Nous avons donc dû nous contenter d'indications succinctes sur l'origine des principales découvertes. Cependant, comme il est d'une grande utilité de familiariser la jeunesse de nos écoles avec l'histoire de la science, pour suppléer autant que possible à l'absece de plus longs développements, nous avons donné en note, de manière à ne pas interrompre l'exposition courante, des notices très concises sur un certain nombre des physiciens les plus remarquables dont le nom est cité dans le texte. Les élèves ne peuvent que gagner, au point de vue intellectuel et moral, à pénétrer dans le secret de ces existences généralement si laborieuses et si dévouées, et à apprendre en raccourci, l'histoire de ces hommes qui ont éclairé leur siècle, n'ayant le plus souvent d'autre mobile que le désir d'être utile, ou l'amour désintéressé de la plus pure des gloires, celle d'ajouter des vérités nouvelles à celles que leurs devanciers ont amassées dans les siècles antérieurs. Il existe, il est vrai, de très bons dictionnaires biographiques auxquels l'élève pourrait avoir recours ; mais, outre que l'histoire des savants n'y est pas traitée au même point de vue, l'élève ne les a pas toujours sous la main, et l'expérience montre que les eût-il à sa disposition, il ne songe pas, le plus souvent, à les consulter. Ici, ces notices se présentent à lui d'elles-mêmes, il n'a pas besoin de les chercher, et il est amené ainsi inopinément à faire connaissance avec les maîtres de la science. M. Girardin, dans son *Traité de Chimie industrielle*, a déjà eu recours à ce moyen d'instruction, et son idée a été fort goûtée de ses nombreux lecteurs.

Nous avons terminé par les énoncés d'un certain nombre de problèmes propres à être proposés, comme exercice, aux élèves. Nous nous sommes attaché principalement à ceux qui sont autre chose que de simples applications numériques des formules ou des lois.

ERRATUM.

Page 264, ligne dernière, au lieu de hygromètre à cheveu, *mettez*: hygromètre d'évaporation.
— 574, ligne 24, au lieu de environ celle de l'eau, *mettez*: environ moindre que celle de l'eau.

LIVRE PREMIER.

PHYSIQUE MÉCANIQUE.

CHAPITRE PREMIER.

NOTIONS GÉNÉRALES.

§ 1. — DÉFINITIONS. — OBJET DE LA PHYSIQUE.

1. Définition des sciences physiques. — Les *sciences physiques* (de φυσίς, nature) ont pour objet l'étude de la nature matérielle, c'est-à-dire de l'ensemble de tous les corps qui composent la portion de l'univers accessible à nos observations.

On nomme *matière* tout ce qui peut affecter les sens. Ainsi, une pierre, l'eau, l'air sont de la matière. Un *corps* est une portion de matière limitée dans tous les sens.

Phénomène. — Les corps sont soumis à certaines causes ou *agents* qui peuvent leur imprimer du mouvement ou leur faire subir différentes modifications. Ces causes se désignent ordinairement sous le nom de *forces*, et les changements qu'éprouvent les corps sous leur influence, se nomment des *phénomènes*. Ce mot, dans les sciences, n'implique donc pas, comme dans le langage vulgaire, l'idée de quelque chose d'extraordinaire ; un phénomène est simplement un fait, une manifestation (φαίνομαι, paraître). Il est à remarquer qu'un phénomène est toujours un mouvement ou le résultat d'un mouvement. Comme exemple, nous citerons la chute d'un corps, l'écoulement de l'eau, le vent, la pluie, l'arc-en-ciel.

On a divisé les sciences physiques en plusieurs branches : l'*astronomie*, qui s'occupe particulièrement des astres, c'est-à-dire des corps qui sont en dehors de notre globe ; l'*histoire naturelle*, qui étudie les corps organisés, plantes et animaux, et qui ne considère les corps bruts qu'au point de vue de leur description et de leur manière d'être dans le globe terrestre, et enfin la *physique* et la *chimie*, qui se proposent d'étudier les *phénomènes* que produisent les corps bruts, sous l'influence des *forces* ou *agents* de la nature.

2. Définition de la physique. — Parmi les phénomènes, il en est qui ne dépendent pas de la substance des corps sur lesquels agissent les agents; ces corps ne sont donc pas modifiés d'*une manière permanente* dans leurs propriétés essentielles; autrement, les modifications étant différentes suivant les cas, les phénomènes dépendraient de leur nature. Ces phénomènes dévoilent les propriétés *générales* des corps, c'est-à-dire celles qui appartiennent à tous, quoique souvent à un degré différent pour chacun d'eux. Par exemple, dans la chute d'un corps, dans l'écoulement d'un liquide, le corps qui tombe, le liquide qui s'écoule, ne changent pas de nature, et les phénomènes sont indépendants de cette nature.

Il est d'autres phénomènes, au contraire, qui dépendent essentiellement de la nature des corps, et dans lesquels la substance est modifiée d'une manière *permanente*. Un corps qui brûle nous en présente un exemple familier : le bois, le charbon, le soufre, ne brûlent pas de la même manière, et, après la combustion, ils ont disparu, et ont été remplacés par d'autres substances, par exemple, un peu de cendres, et différentes vapeurs qui se sont répandues dans l'air.

Le premier ordre de phénomènes est l'objet de la *physique*; on doit donc la définir *l'étude des phénomènes qui s'accomplissent sans que la nature des corps éprouve de changements permanents*; ou bien l'*étude des propriétés générales des corps*. La *chimie* a pour objet l'étude de leurs propriétés particulières, ou des phénomènes qui apportent des changements permanents dans leur nature. Quand un corps fond sous l'action du feu, il éprouve bien un changement dans ses propriétés extérieures, puisqu'il devient liquide, mais ce changement n'est pas *permanent*, car le corps reprend son premier état en se refroidissant; le phénomène de la fusion est donc du ressort de la physique.

3. Objet de la physique. — La physique, définie comme il vient d'être dit, se propose d'abord d'observer et de décrire les phénomènes qui sont de son ressort, et d'énumérer les circonstances et les conditions dans lesquelles ils se produisent. Cela fait, on remarque qu'il existe entre les différentes circonstances d'un même phénomène, des relations ou dépendances, qui les lient les unes aux autres; de manière que, si l'on vient à modifier une de ces circonstances, les autres éprouvent des changements déterminés. Par exemple, quand un corps tombe, on remarque qu'il acquiert une vitesse d'autant plus grande que le temps pendant lequel il est tombé est lui-même plus grand. Il y a donc une dépendance entre la vitesse acquise par le corps, et le temps pendant lequel il est tombé.

4. Lois — Les relations entre les différentes circonstances d'un phénomène se nomment *lois physiques*. Certaines lois peuvent recevoir un énoncé mathématique. C'est ainsi que, dans l'exemple qui précède, on a reconnu, comme nous le verrons, que la vitesse du corps qui tombe est proportionnelle au temps pendant lequel il est tombé.

Représentations graphiques. — Quand la marche d'un phénomène est trop compliquée pour qu'on puisse la représenter par une loi susceptible d'être formulée, on se rend compte de cette marche, et l'on compare les quantités qui sont dans la dépendance l'une de l'autre, par la méthode des *représentations graphiques* : on représente les différentes valeurs numériques de l'une de ces quantités, par des longueurs Oa, Ob, Oc... (*fig.* 1) nommées *abcisses*, comptées sur une droite horizontale Ox, à partir d'un point O nommé l'*origine*. Les valeurs correspondantes de l'autre quantité

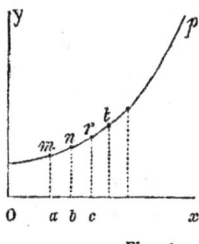
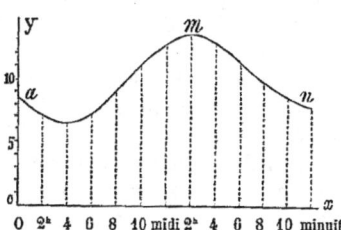

Fig. 1.   Fig. 2.

sont représentées par des perpendiculaires am, bn, cr,... menées aux extrémités des abcisses, et nommées *ordonnées*. Les longueurs qui représentent ainsi des nombres, doivent contenir autant de fois l'unité de longueur choisie arbitrairement, que ces nombres contiennent de fois l'unité abstraite. On joint ensuite les extrémités m, n, r, t,... des ordonnées, par une ligne courbe, avec d'autant plus de sûreté que ces points sont plus rapprochés ; et les inflexions de cette courbe, ou la manière dont elle s'éloigne, ou se rapproche de l'axe Ox, pour les différentes distances à l'axe Oy, montrent comment varient l'une par rapport à l'autre, les deux quantités que l'on compare.

Par exemple, pour connaître la marche de la température de l'air pendan une journée, on représentera les heures par des longueurs égales prises sur l'axe Ox (*fig.* 2), et les degrés de température aux différentes heures, par des ordonnées, dont on réunira les extrémités par une courbe. Si cette courbe présente la forme amn, on en conclura que la température a été en diminuant de minuit à 4 heures du matin, a augmenté jusqu'à 2 heures après midi, puis a baissé jusqu'à minuit.

5. Causes. — Quand on a découvert les lois d'un phénomène, il faut remonter à sa *cause*. Les *causes premières* sont très peu nombreuses. On peut les réduire à trois seulement, qui sont : 1° la *gravitation*, ou l'attraction que les corps exercent les uns sur les autres ; 2° la cause unique des phénomènes de chaleur, de lumière et d'électricité ; 3° la *vie*, cause mystérieuse de l'existence des êtres organisés et des phénomènes qu'ils accomplissent. Ce sont là les trois causes générales, les *agents*, les *forces* de la nature. Nous laisserons de côté la *vie*, qui est propre aux êtres organisés, dont nous n'avons pas à nous occuper ici.

6. Théorie. — Il est assez facile, généralement, de reconnaître à quelle cause première il faut rapporter un phénomène ; mais, ce qui présente souvent de grandes difficultés, c'est d'établir les propriétés ou la manière d'agir de cette cause, et de trouver comment les phénomènes et leurs lois découlent de ces propriétés. Le résultat d'un semblable travail constitue une *théorie physique*. On nomme ainsi l'ensemble des faits, des lois, et de leurs conséquences, qui se rattachent à une même cause. C'est ainsi que nous avons la *théorie* de la lumière, celle de la pesanteur, etc. Dans un sens plus restreint, on appelle aussi *théorie* l'ensemble des phénomènes qui s'expliquent en partant d'un même fait élémentaire, et de ses lois établies par l'observation. Telle est, en optique, la *théorie de la réflexion*; tous les phénomènes y sont expliqués en partant des lois suivant lesquelles la lumière se réfléchit, sans se préoccuper de savoir comment ces lois dérivent des propriétés de l'agent lumineux.

§ 2. — DE LA MÉTHODE DANS LES RECHERCHES DE PHYSIQUE.

7. Observation. Expérience. — Les anciens avaient coutume de raisonner *à priori* sur la nature, et cherchaient à deviner intuitivement les causes et leurs effets. Cette méthode, pleine d'incertitudes, ne les a conduits le plus souvent qu'à des systèmes dont l'étrangeté nous étonne à bon droit. Aujourd'hui, on procède de toute autre manière : on observe les phénomènes dans tous leurs détails ; puis on fait des expériences, et l'on arrive ainsi à trouver les lois. Ce n'est qu'alors que, par une suite de déductions logiques et de raisonnements légitimes, on cherche à remonter à la cause des phénomènes et à en établir la théorie.

Il y a une grande différence entre l'*observation* et l'*expérience*. Par la première, on examine les phénomènes tels que la nature les présente, on les épie pour ainsi dire, on guette le moment où ils apparaissent ; tandis que l'expérience consiste à les faire naître, à en varier les circonstances, à séparer les effets dus à des causes différentes, et souvent à amplifier les résultats pour les rendre plus distincts. Par l'expérience, on se propose encore de vérifier les causes des phénomènes en cherchant à les réaliser en petit, tels que la nature nous les présente ordinairement. C'est ainsi qu'en reproduisant tous les effets de la foudre au moyen de l'*électricité*, on prouve que la foudre a elle-même pour origine l'électricité.

8. Mesures de précision. — Lorsqu'on se propose de trouver la loi physique d'un phénomène, il faut en mesurer les éléments, pour les comparer, et, de cette comparaison, faire ressortir la loi cherchée. Les méthodes usuelles de mesure ne comportant pas la précision nécessaire au physicien, nous allons indiquer quelques-unes de celles qui sont employées dans les recherches de physique pour mesurer les longueurs, que l'on a le plus souvent à considérer.

9. Vernier. — Pour mesurer une longueur, on y porte une règle représentant l'unité adoptée, par exemple, le mètre ou une de ses subdivisions ; on observe combien de fois cette unité toute entière y est contenue, et combien des subdivisions les plus petites tracées sur la règle, sont renfermées dans la fraction qui reste. Mais, quelque petites que soient les dernières subdivisions, il arrive le plus souvent que l'extrémité de la longueur

Fig. 3.

à mesurer ne coïncide pas avec un des traits de division, et il reste alors une fraction de la subdivision la plus petite. Ordinairement, cette fraction s'évalue *par estime* ; mais quand on a besoin d'une grande précision, on la mesure au moyen du *vernier*.

Le *vernier*[1] consiste en une règle divisée AB (*fig.* 3), pouvant glisser le long de celle qui porte les divisions dont on veut évaluer les fractions. Supposons que ces divisions soient des millimètres, et qu'on veuille que l'erreur commise soit moindre que $\frac{1}{10}$ de millimètre. Le vernier devra avoir alors 9 millimètres de longueur, et être partagé en dix parties égales, qui seront inférieures à celles de la règle, de $\frac{1}{10}$ de millimètre. Cela posé, soit LA la longueur à mesurer ; on voit qu'elle contient trois divisions de la règle, c'est-à-dire 3^{mm}, et il reste à évaluer la fraction de millimètre *ac*. Pour cela, on pousse le vernier contre l'extrémité A de la barre LA ; et comme les divisions de la règle ne sont pas égales à celles du vernier, il arrive *ordinairement* que deux traits de division se trouvent sur le prolon-

---

[1] Ainsi nommé du nom de son inventeur, le géomètre Pierre Vernier, né à Ornans (Franche-Comté) en 1580, mort en 1637.

gement l'un de l'autre. Supposons qu'il en soit ainsi en v, au troisième trait du vernier. Alors la distance mr des deux traits précédents sera de $\frac{1}{10}^{mm}$, puisque cette distance n'est autre chose que la différence entre les divisions du vernier et de la règle; en sera égal à $\frac{2}{10}^{mm}$, et enfin ac, à $\frac{3}{10}^{mm}$; c'est-à-dire à autant de fois $\frac{1}{10}^{mm}$ qu'il y a d'unités dans le numéro du trait de division du vernier qui coïncide.

Il peut arriver qu'il n'y ait pas deux traits de division sur le prolongement l'un de l'autre, comme cela aurait lieu, par exemple, si l'on faisait glisser le vernier vers la gauche de $\frac{1}{2}$ dixième de millimètre. Mais il n'y aurait à hésiter, dans ce cas le plus défavorable qui puisse se présenter, qu'entre deux divisions du vernier. L'erreur commise serait alors, au plus, d'un demi-dixième de millimètre en plus ou en moins, suivant le numéro du vernier que l'on choisirait.

Le vernier peut s'appliquer aux divisions tracées sur les arcs de cercle, en le courbant lui-même en forme d'arc. On le nomme souvent alors *nonius*, du nom du portugais Nonius, pour lequel ses compatriotes revendiquent l'invention de cet ingénieux instrument.

10. Cathétomètre. — Une des plus heureuses applications du vernier est celle qu'on en a faite au *cathétomètre*, appareil destiné à mesurer la différence de niveau de deux points, situés ou non sur la même verticale; autrement dit, la distance de deux plans horizontaux passant par ces points. Le cathétomètre consiste en une règle verticale en bronze RR (*fig.* 4), divisée en millimètres, et fixée à un tube en laiton dc pouvant tourner autour d'un arbre vertical en acier, porté par le pied de l'instrument. Dans ce mouvement, chaque arête de la règle décrit une surface cylindrique. On rend l'axe de rotation exactement vertical, en plaçant le pied, qui lui est perpendiculaire, dans une position horizontale; ce qui s'obtient au moyen des

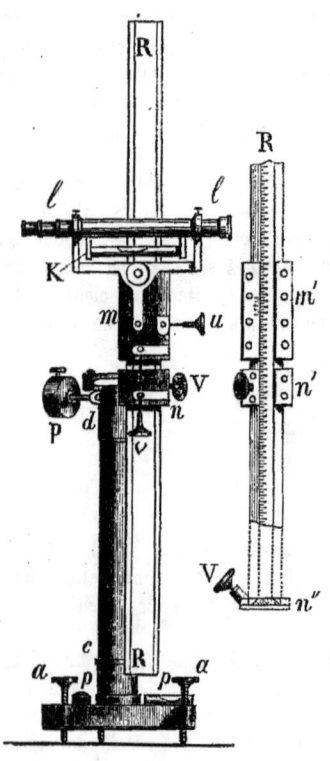

Fig. 4. — 1/11.

vis calantes a, a. Deux niveaux à bulle d'air *p, p*, perpendiculaires l'un à 'autre, servent à reconnaître si cette condition est remplie. Le long de la règle RR, peut glisser une double boîte *mn*, qui supporte une lunette grossissante horizontale *ll*. La vis *u* et le niveau à bulle d'air K parallèle à l'axe de la lunette, servent à la placer dans cette position. Dans l'intérieur de la lunette, à l'endroit qu'on nomme le *foyer*, sont tendus deux fils très fins, l'un horizontal et l'autre vertical, dont la rencontre marque un point fixe au milieu du *champ*, c'est-à-dire de l'espace circulaire qui se voit à travers l'instrument. Ce système de fils se nomme *micromètre focal*, ou *réticule*. La boîte *mn* est composée de deux parties : l'une, *n*, munie d'une vis de pression V, destinée à la fixer à la règle ; l'autre *m*, qui porte la lunette, et est liée à la première au moyen d'une *vis de rappel v*, dont l'écrou est en O. La pièce *m*, représentée à part en *m'*, porte un vernier donnant les cinquantièmes de millimètre. On voit aussi, en *n'* et en *n"*, la manière dont la boîte *m'n'* est ajustée à la règle. La masse P sert à équilibrer l'appareil.

Pour mesurer la différence de niveau de deux points, on commence par viser l'un d'eux avec la lunette, en faisant tourner la règle RR, et glisser le système *mn* jusqu'à ce que ce point paraisse coïncider à peu près avec le centre du réticule. On serre ensuite la vis de pression V, on achève d'établir la coïncidence en déplaçant lentement la lunette au moyen de la vis de rappel *v*, et l'on note à quelle division de la règle correspond le zéro du vernier. On vise à son tour l'autre point, et le déplacement qu'il aura fallu faire subir au zéro du vernier représentera la différence de niveau cherchée.

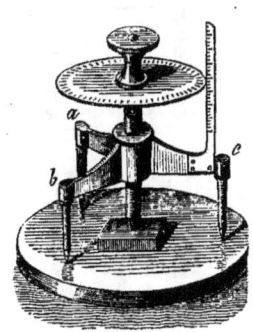

Fig. 5.

★ **11. Vis micrométrique. Sphéromètre.** — Pour mesurer les petites épaisseurs, on emploie la *vis micrométrique*. La *fig*. 5 montre comment on la dispose dans l'instrument nommé *sphéromètre*. Une vis verticale en acier, travaillée avec beaucoup de soin, dont le pas[1] est très petit, traverse un écrou porté par trois pieds *abc*, terminés en pointe mousse. La vis est surmontée d'un plateau circulaire dont le contour est divisé en un grand nombre de parties égales, 500, par exemple. Pour mesurer l'épaisseur d'une lame, on pose le sphéromètre sur un plateau de verre bien dressé, et l'on engage la lame sous la pointe arrondie de la vis, que l'on fait tourner ensuite jusqu'à ce qu'elle s'appuie sur cette lame, de manière qu'en frappant légèrement les

---

[1] On nomme *pas* d'une vis la distance entre deux filets voisins, mesurée parallèlement à son axe.

pieds latéralement, l'instrument se déplace, sans cependant pivoter sur la pointe de la vis. On enlève ensuite la lame, et on amène la pointe de la vis dans le plan des extrémités des trois pieds, de manière que l'instrument glisse, par de petits chocs, avec la même facilité que dans la première expérience, et, en ayant soin de compter les tours et fractions de tours. L'épaisseur cherchée est égale à autant de fois le pas de la vis qu'on lui a fait faire de tours ; car on sait que, pour chaque tour, une vis s'avance dans le sens de son axe, d'une quantité égale à son pas, et, pour chaque fraction de tour, d'une fraction égale de son pas. Les fractions de tour étant données par les divisions du plateau, on apprécie $\frac{1}{500}$ du pas. Si donc le pas est de 1^{mm}, on obtiendra l'épaisseur de la lame à $\frac{1}{500}$ de millimètre près.

Le nom du sphéromètre vient de ce qu'il sert fréquemment à l'évaluation de la courbure des surfaces sphériques. Le degré de précision auquel on peut arriver avec cet instrument, n'est pas aussi grand qu'on pourrait le supposer, à cause de la difficulté d'appuyer la vis légèrement, et toujours avec la même force lors des deux opérations.

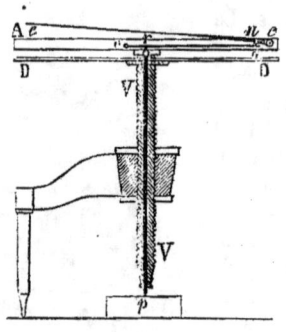

Fig. 6.

M. Perreaux a récemment levé la difficulté par le moyen suivant : Dans l'axe de la vis VV (*fig.* 6), peut glisser, à frottement très doux, une tige d'acier *pr*, dont l'extrémité inférieure *p* remplace la pointe de la vis, et dont l'extrémité supérieure *r* pousse un levier *oa* mobile autour du point *o* d'une barre AC, que porte la tête DD de la vis. L'extrémité libre *a* de ce levier soulève en *n*, une longue aiguille *cne* mobile autour du point *c*. Dès que le point *p* rencontre une surface, la tige *p* est repoussée, et l'on fait tourner la vis jusqu'à ce que l'aiguille *cne* soit parallèle à AC. Avec cette modification, le sphéromètre permet d'apprécier le $\frac{1}{5000}$ de millimètre. Une vis de pression permet de fixer la tige *rp*, dans la vis VV, quand on n'a pas besoin d'une extrême précision.

★ **12. Machine à diviser.** — Beaucoup d'instruments de physique sont munis, comme le cathétomètre, d'échelles divisées. La vis micrométrique permet de construire ces échelles avec une grande précision, au moyen de la *machine à diviser*.

Une longue vis d'acier VV (*fig.* 7) dont une des extrémités porte un plateau divisé, tandis que l'autre est appuyée contre un obstacle fixe, de manière à ne pouvoir s'avancer dans le sens de son axe, traverse un écrou mobile e, auquel est fixée une règle rr, qui peut glisser parallèlement à l'axe de la vis. Un levier articulé on, porté par la règle et mobile autour d'un axe qui lui est parallèle, soutient un burin n à pointe d'acier ou de diamant, destiné à marquer les traits de division. Soit à diviser en un certain nombre de parties égales, une longueur ab prise sur un tube tt. On fixe ce tube parallèlement à la règle rr, sur deux supports, de manière à ce qu'il puisse tourner sur lui-même, sans se déplacer dans le sens de sa longueur; puis on fait mouvoir la vis jusqu'à ce que la pointe du burin n coïncide avec le point b. Si l'on imprime alors un léger mouvement de rotation au tube, le burin trace un trait transversal. On amène ensuite le burin au point a, en ayant soin de compter le nombre de tours et de fractions de tours que fait la vis, et l'on marque un nouveau trait. On divise ensuite le nombre fractionnaire de tours, par le nombre de divisions que l'on veut obtenir dans la longueur ab, et l'on connaît ainsi de quelle quantité

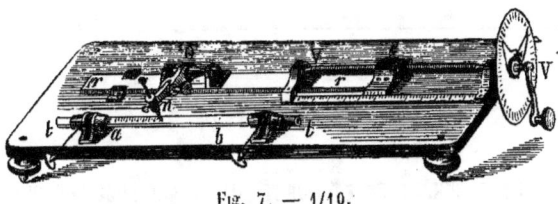

Fig. 7 — 1/10.

il faut faire tourner la tête de la vis pour passer d'un trait de division au suivant. — Quand il s'agit d'une lame à diviser, on forme les traits en faisant jouer l'articulation du levier on. — La machine à diviser a reçu de nombreux perfectionnements qui en rendent l'usage plus sûr, plus facile et plus prompt[1].

13. Méthodes de précision. — Il existe des méthodes générales au moyen desquelles on peut obtenir, même avec des instruments grossiers, des résultats d'une grande précision. Par exemple, pour obtenir une mesure exacte, on répète un grand nombre de fois l'opération qui doit la fournir, et l'on prend la *moyenne* de tous les résultats obtenus, c'est-à-dire qu'on divise leur somme par leur nombre. Cette moyenne sera plus rapprochée de la valeur exacte, que chacun des nombres qui ont servi à la calculer. En effet, les erreurs commises ont affecté les résultats, tantôt en les augmentant, tantôt en les diminuant; quand on fait la somme, ces erreurs doivent donc s'entre-détruire au moins en partie; et quand on divise

---

[1] Voyez le *Traité de Physique*, 2ᵉ édition, t. I, p. 22 et 24.

par le nombre des résultats, l'erreur qui restait est elle-même divisée par ce nombre.

Méthode de multiplication. — Cette méthode consiste à mesurer un multiple, par un certain nombre n, de la quantité cherchée, et à diviser ensuite ce multiple par n. L'erreur commise dans la mesure de la quantité multiple est elle-même divisée par n. Soit, par exemple, à mesurer le diamètre d'un fil métallique très fin : on l'enroulera sur un cylindre, en ayant soin que tous les tours se touchent bien exactement, et l'on mesurera, parallèlement à l'axe du cylindre, l'espace occupé par un grand nombre de ces tours, 200 par exemple. Divisant ensuite l'espace mesuré, par 200, on aura le diamètre cherché. Or, si l'on suppose qu'on ait commis une erreur de $\frac{1}{5}$ millimètre, le résultat définitif ne comportera plus qu'une erreur de $\frac{1}{1000}$mm. C'est par cette méthode qu'on mesure le pas de la vis micrométrique (11).

CHAPITRE II.

PROPRIÉTÉS GÉNÉRALES ET CONSTITUTION MOLÉCULAIRE DES CORPS.

§ 1. — PROPRIÉTÉS GÉNÉRALES.

14. Propriétés essentielles de la matière. — Nous avons vu qu'on nomme *matière* tout ce qui peut affecter les sens. La matière possède plusieurs propriétés générales, dont les unes sont tellement essentielles qu'elles peuvent servir à la définir; et dont les autres nous ont été révélées par l'observation. Les *propriétés essentielles*, celles sans lesquelles nous ne pourrions concevoir l'existence des corps, sont l'*étendue* et l'*impénétrabilité*.

Étendue. — L'*étendue* est la propriété que possède chaque corps d'occuper une certaine portion de l'espace, que l'on appelle son *volume*. Un corps présente toujours les trois dimensions : longueur, largeur, profondeur ; ce n'est que par abstraction que l'on peut considérer, en géométrie, des surfaces qui n'ont que deux dimensions, et des lignes qui n'en ont qu'une.

Impénétrabilité. — On nomme ainsi la propriété que possède un corps d'exclure tout autre corps du lieu qu'il occupe. Une pointe que l'on enfonce dans une planche, ne fait que refouler le bois et se loger à sa place ; une pierre qui tombe à travers l'eau ne fait aussi qu'en écarter les parties ; mais ces corps n'occupent jamais au même instant la même place.

D'après les deux propriétés qui précèdent, on peut définir la matière, *tout ce qui a l'étendue et l'impénétrabilité*.

15. Des trois états de la matière. — Les corps peuvent se présenter sous trois états différents : l'état *solide*, l'état *liquide* et l'état *gazeux*. Sous ces divers états, ils portent les noms de *solides*, *liquides* et *gaz*. On nomme aussi collectivement *fluides*, les liquides et les gaz.

A l'état *solide*, les corps ont une forme déterminée qu'on ne peut modifier sans un effort prononcé ; le volume et la forme de ces corps abandonnés à eux-mêmes, restent constants. Tels sont le fer, le marbre.

A l'état *liquide*, la forme des corps peut être modifiée avec la plus grande facilité, les parties les plus fines sont très mobiles et peuvent être déplacées par le moindre effort. En même temps, le volume reste constant, et ces corps se moulent au fond des vases qui les contiennent ; par exemple, l'eau, le mercure.

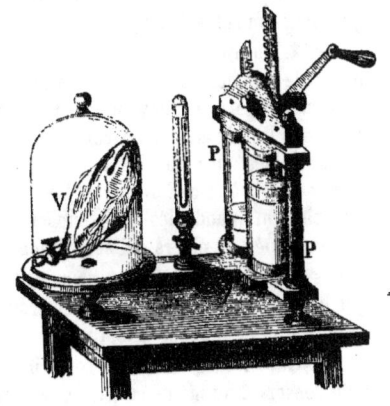

Fig. 8.

A l'état *gazeux*, les corps possèdent la même mobilité dans leurs parties qu'à l'état liquide, mais le volume tend toujours à augmenter. Les gaz remplissent entièrement l'espace dans lequel on les renferme, et il faut un effort extérieur, comme la résistance des parois d'un vase, pour s'opposer à leur expansion. Tels sont l'air, le gaz d'éclairage.

Pour prouver la tendance des gaz à augmenter de volume, on prend une vessie fermée V (*fig.* 8) contenant un peu d'air ou d'un autre gaz, et on l'introduit sous une cloche de verre, ou *récipient*, dont on peut extraire l'air au moyen d'un système de pompes PP, que nous décrirons plus loin sous le nom de *machine pneumatique*. A mesure qu'on enlève l'air, on voit la vessie se gonfler par la *force expansive* du gaz qu'elle renferme. Si cet effet ne se produit pas avant qu'on ait raréfié l'air, c'est que cet air possède aussi une force expansive, qui contre-balance celle du gaz intérieur. Quand on laisse rentrer l'air dans le récipient, la vessie reprend son volume primitif.

Un même corps peut se présenter successivement sous les trois états, suivant la température à laquelle il est soumis. Ainsi, l'eau, habituellement liquide dans nos climats, se répand dans l'air à l'état de vapeur invisible et se solidifie par le froid en formant la *glace* ; le soufre, habituellement solide, fond ou devient *liquide* sous l'action du feu, puis se réduit à l'état de vapeur ou de *gaz*. Enfin, le gaz d'éclairage peut être rendu *liquide*, puis congelé, c'est-à-dire amené à l'état *solide*, quand on le refroidit suffisamment.

Indépendamment de l'*étendue* et de l'*impénétrabilité*, la matière possède d'autres *propriétés générales*, que l'observation a fait connaître, et qu'elle présente également sous les trois états. Nous allons passer en revue celles qu'il faut connaître dès à présent.

16. I. Compressibilité.—Les corps ont la propriété de céder en diminuant de volume, quand on exerce des efforts extérieurs tendant à en rapprocher les parties. Cette propriété se nomme la *compressibilité*. On en remarque les effets dans les constructions : quand on enlève les charpentes sur lesquelles on a bâti les voûtes des grands ponts, il se fait un abaissement sensible à la clef de voûte. Les colonnes des édifices se raccourcissent sensiblement quand elles ont à supporter de très fortes charges, comme on l'a remarqué aux piliers qui soutiennent le dôme du Panthéon, à Paris.

Les liquides se compriment plus que les solides ; et les gaz beaucoup plus que les liquides. Nous verrons, en traitant des corps sous ces deux états, comment on étudie leur compressibilité.

Élasticité. — Quand on a comprimé un corps solide, souvent il arrive qu'il conserve, au moins en partie, le changement de forme qu'on lui a fait subir. D'autres fois, au contraire, le corps reprend de lui-même et instantanément sa forme et son volume primitifs, dès qu'on cesse d'agir sur lui. La tendance à revenir ainsi au premier état se nomme l'*élasticité*, propriété qui existe surtout à un haut degré dans les fluides.

17. II. Dilatabilité. — Tous les corps augmentent de volume, ou se *dilatent*, quand on les échauffe, et se contractent quand on les refroidit. Cette propriété peut être mise en évidence au moyen du *pyromètre* de Sgravesande (*fig.* 9), consistant en un anneau de métal, à travers lequel une sphère passe exactement. Vient-on à échauffer cette sphère, elle ne passe plus et reste soutenue par les bords de l'anneau ; ce qui prouve que la chaleur a augmenté son volume. Mais, au bout d'un certain temps, elle tombe, parce qu'elle s'est contractée en se refroidissant.

Pour prouver la dilatabilité d'un liquide, on en remplit un petit ballon en verre, surmonté d'un tube étroit m (*fig.* 10) ; on marque le point m, où se tient le niveau dans ce tube, puis on échauffe la boule, et l'on voit le niveau m monter dans le tube, d'autant plus que la capacité de la boule est plus grande et le tube plus étroit. Quand on laisse refroidir l'instrument, le niveau revient au point *m*.

S'il s'agit d'un gaz, on l'introduit dans le même instrument, en le séparant de l'air extérieur au moyen d'une goutte de liquide, qui se soutient dans le tube et l'obstrue s'il est suffisamment étroit ; ou bien on recourbe ce tube comme en S (*fig.* 10), et l'on met du liquide dans la courbure inférieure S. La chaleur de la main appliquée sur la boule, suffit pour en éloigner rapidement le liquide. Les gaz se dilatent beaucoup plus que les liquides, et ceux-ci plus que les solides.

18. III. Divisibilité. — Les corps peuvent être partagés en plusieurs parties, et chacune d'elles peut subir la même opération. Cette propriété a reçu le nom de *divisibilité*. La division des corps peut être portée à un point extrême : par exemple, on peut faire des feuilles d'or assez minces pour que 250,000 superposées ne donnent qu'un centimètre d'épaisseur. On fabrique des fils d'argent doré, sur lesquels l'épaisseur de la couche d'or n'est que $\frac{1}{500}$ du diamètre du fil. Au moyen de

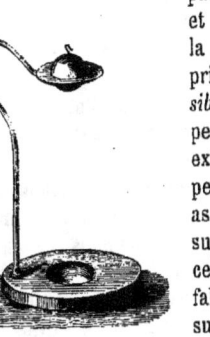
Fig. 9.

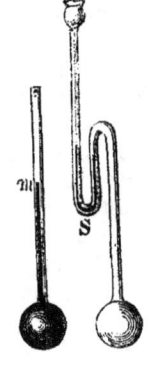
Fig 10.

la filière, on peut rendre ce fil tellement fin, que le mètre ne pèse que 8 milligrammes. La couche d'or n'a alors que $\frac{1}{500,000}$ de millimètre d'épaisseur ; si l'on trempe le fil dans l'acide nitrique, qui dissout l'argent, il reste un petit fourreau d'or excessivement mince, qui résiste à l'action de l'acide, comme ferait un morceau d'or massif.

Un centigramme de carmin suffit pour colorer sensiblement un très grand volume d'eau. Mais c'est surtout avec les odeurs que l'on peut entrevoir à quel degré peut aller la division des corps : un petit morceau de musc placé dans une balance en équilibre, laisse exhaler une odeur intolérable par son intensité, et provenant de parties de musc qui se répandent en vapeur dans l'air de la chambre où l'on opère. Or, si l'on suppose que cet air se renouvelle continuellement, la balance sera encore en équilibre au bout d'une année ; ce qui montre que la matière odorante disséminée dans le volume énorme d'air qui a circulé autour de la balance, n'a pas de poids appréciable. L'imagination est épouvantée du nombre de parties dans lesquelles cette portion imperceptible de musc a été ainsi divisée ; car chaque millimètre cube d'air contient un grand nombre de ces parties, et le volume d'air considéré renferme un nombre immense de millimètres cubes.

19. Les corps sont composés d'atomes. — Dès les temps les plus reculés on a discuté la question de savoir si la division des corps pouvait être poussée à l'infini, ou bien si l'on devait arriver à des parties indivisibles et inaltérables. Rationnellement parlant, la division n'a pas de limites; car, quelque petite que soit la parcelle obtenue, puisqu'elle est étendue, elle est divisible, et chaque nouvelle partie jouit de la même propriété. Mais il s'agit, non de ce qui se conçoit, mais de ce qui est réellement. — Or il résulte de l'ensemble des phénomènes de la physique, et surtout de la chimie, que les corps doivent se composer de parties premières excessivement petites, mais néanmoins de dimensions finies, et inaltérables par toutes les causes connues. Ces parties, qui sont à la limite de la division possible de la matière, sont appelées *atomes*.

L'existence des atomes est établie principalement sur l'observation des phénomènes qui se manifestent quand les corps se combinent entre eux : la constance dans les propriétés des produits, quels que soient les moyens employés pour les obtenir, les lois même qui régissent les combinaisons[1], l'identité de propriétés des substances que l'on sépare des corps composés formés, quand on en fait l'analyse, montrent que, dans toutes ces transformations, les parties premières des corps n'ont pas subi d'altérations; autrement les résultats différeraient suivant la petitesse des parties entre lesquelles les phénomènes auraient eu lieu, et les substances sorties de ces réactions variées ne présenteraient plus les mêmes propriétés. Ajoutons à ces considérations que les corps, quand on les fait passer lentement de l'état liquide à l'état solide, prennent des formes régulières polyédriques, sous lesquelles on les nomme *cristaux*. Ces formes montrent que les parties premières s'arrangent régulièrement et toujours de la même manière pour chaque substance dans les mêmes conditions, quelles que soient les opérations ou les combinaisons par lesquelles on ait pu la faire passer avant d'en former un *cristal*.

Molécules. — On distingue deux espèces d'atomes, les uns simples et indivisibles par tous les moyens connus, les autres composés des premiers, et divisibles seulement par les moyens de la chimie. Les phénomènes physiques s'arrêtent à ces derniers; ce sont eux que l'on nomme plus particulièrement *molécules*. Les molécules sont donc souvent des groupes

---

[1] Parmi ces lois nous citerons les deux suivantes : 1° les corps se combinent en proportions définies, et non en proportions quelconques; 2° quand deux corps se combinent en plusieurs proportions, la quantité de l'un d'eux étant supposée constante, il faut doubler, tripler, etc., celle de l'autre, pour passer du composé qui en renferme le moins à ceux qui en renferment davantage : c'est la *loi des proportions multiples* des chimistes.

d'atomes d'espèces différentes, associés de manière à constituer une *combinaison*. Les molécules ne sont pas modifiées ou divisées dans les phénomènes de la physique, de sorte que ces phénomènes ne dépendent ni de la nature, ni du nombre, ni du mode de groupement des atomes qui les composent.

Les molécules n'ont jamais pu être aperçues, et l'on ignore leur forme. On sait seulement qu'elles ne se touchent pas et sont séparées par des espaces considérables par rapport à leur volume. C'est ce que nous allons établir.

20. IV. Porosité. — Nous avons vu que tous les corps cèdent à la compression (16) et se contractent par le froid (17). On doit conclure de là que leurs atomes sont susceptibles de se rapprocher, et, par conséquent, qu'ils ne se touchent pas. Les espaces invisibles qui existent entre les atomes des corps se nomment *pores*, et l'existence des pores constitue la *porosité* de la matière.

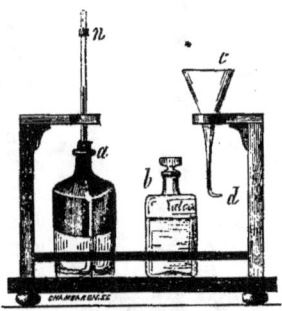

Fig. 11. — 1/4.

La porosité est encore prouvée par un grand nombre de phénomènes chimiques, dans lesquels on voit un corps formé par la combinaison de deux autres, présenter un volume moindre que la somme de leurs volumes ; ce qui provient de ce que les atomes de l'un des corps s'insinuent dans les *pores* qui séparent ceux de l'autre. Remarquons, en passant, que ce phénomène n'est pas opposé à l'idée que nous nous formons de l'impénétrabilité ; car ce sont les parties réelles de la matière, c'est-à-dire les atomes, qui sont impénétrables. Les volumes que les corps nous présentent sont donc des *volumes apparents*, à cause des vides qui séparent les molécules.

Comme exemple, nous citerons l'expérience qui suit, due à Réaumur. On remplit à moitié d'eau, un long tube, fermé à l'une de ses extrémités, et l'on achève de le remplir avec de l'alcool concentré, ou avec de l'acide sulfurique. Après avoir fermé exactement l'orifice, on agite le tube pour mêler les deux liquides, qui d'abord n'étaient que superposés, et l'on voit un vide se former dans le tube à la partie supérieure.

Pour rendre ce résultat plus saillant, on emploie un flacon *a* (*fig.* 11), à section rectangulaire, à moitié rempli d'eau. On verse sur cette eau de l'alcool coloré, au moyen d'un entonnoir *cd* à bec effilé et courbé à angle droit, de manière que l'alcool vienne s'étendre sur l'eau et lui reste superposé sans s'y mêler. Quand le flacon est plein, on y adapte, avec un bouchon qui prend bien juste, et sans remuer les liquides, un tube assez long, dans lequel l'alcool monte à mesure qu'on enfonce le bouchon, jusqu'à un point que l'on marque au moyen d'un anneau n. Si alors on fait tourner le flacon sur lui-même, en l'inclinant, on voit le niveau baisser rapidement à mesure que le mélange s'effectue.

Porosité accidentelle. — Il ne faut pas confondre la porosité *intermoléculaire* que nous venons de définir, avec la porosité telle qu'on l'entend dans l'acception vulgaire de ce mot. Les pores sont alors des vides accidentels qui existent dans les corps *solides* ; ce sont des solutions de continuité, des espaces dans lesquels la matière manque; espaces visibles avec des instruments grossissants, et perméables, souvent, aux liquides et aux gaz, ce qui n'a jamais lieu pour les pores moléculaires. C'est ainsi que la craie, le bois..., sont poreux.

Fig. 12.

L'expérience suivante, que l'on donne souvent comme preuve de la porosité, ne démontre réellement que l'existence des pores accidentels dans certains solides organiques. On prend un gros tube de verre *ar* (*fig.* 12), fermé à sa partie supérieure au moyen d'un disque de bois *c*, coupé perpendiculairement aux fibres, et maintenu par une vis que surmonte un entonnoir *a'*. On verse du mercure dans l'entonnoir ; puis, au moyen de la machine pneumatique, on extrait, par le robinet *r*, l'air que contient le tube. On voit alors le mercure, tomber sous forme d'une pluie argentine, après avoir traversé les pores organiques du disque de bois. Ces pores sont ici de petits canaux, visibles au microscope, qui servaient au passage de la sève. Le petit tube recourbé *t* empêche le mercure de pénétrer dans la machine pneumatique. — Une rondelle de peau de chamois peut être substituée au disque de bois. On peut aussi employer de l'eau au lieu de mercure; seulement, alors, le liquide tombe par grosses gouttes, au lieu de se diviser en gouttelettes fines.

Citons encore une espèce d'agate nommée *hydrophane*, qui est opaque quand elle est sèche, et qui, plongée dans l'eau, devient transparente en augmentant de poids. Cet effet est dû à l'eau qui pénètre dans les pores accidentels, après en avoir chassé l'air, que l'on voit sortir sous forme de petites bulles. En séchant, la pierre reprend son poids et son aspect primitifs.

21. V. Mobilité. — On nomme ainsi la propriété que possèdent les corps de pouvoir être déplacés, mis en mouvement.

Nous ne pouvons reconnaître qu'un corps est en mouvement, qu'en observant comment varie sa distance à d'autres corps supposés en repos.

Si ce repos est réel, le mouvement sera dit mouvement *absolu* ; s'il n'est qu'apparent, le mouvement sera *relatif*. C'est ainsi que les mouvements d'un voyageur qui va et vient dans la chambre d'un navire en marche, ne sont que relatifs, parce que les divers objets auxquels il rapporte les positions successives qu'il occupe, sont eux-mêmes en mouvement. Tous les mouvements que nous observons à la surface de la terre sont relatifs, puisque le globe est animé d'un double mouvement, l'un autour de son axe, l'autre de translation autour du soleil.

Le *repos* peut être aussi *absolu* ou *relatif* ; absolu quand le corps occupe réellement le même point de l'espace ; relatif quand il conserve les mêmes distances aux objets environnants considérés comme fixes, mais qui ne le sont pas en réalité. Nous ne connaissons, dans l'univers, aucun corps en repos absolu ; car tous ceux qui sont situés sur la terre, sont entraînés avec elle ; le soleil tourne sur lui-même et est emporté, avec tout le système planétaire, dans un rapide mouvement, qui a été démontré au commencement du siècle actuel.

22. VI. Inertie. — L'*inertie* est une propriété négative des corps, qui fait qu'ils ne peuvent *d'eux-mêmes* se mettre en mouvement quand ils sont en repos, ni modifier leur mouvement quand ils en possèdent un d'avance. Quand on dit que la matière est *inerte*, on ne prétend pas qu'elle soit incapable d'agir et de produire des phénomènes ; on sait, au contraire, qu'aucun corps ne peut recevoir de mouvement sans l'intervention d'un autre corps. On veut dire seulement, qu'un corps ne peut agir *sur lui-même*, pour modifier son état de repos ou de mouvement.

Il résulte de l'*inertie*, qu'un corps en mouvement et abandonné à lui-même, doit continuer à marcher en ligne droite et indéfiniment, puisqu'il ne peut, de lui-même, modifier ni sa direction ni sa vitesse. Cependant l'expérience semble chaque jour contredire cette conséquence ; nous voyons en effet les corps ou système de corps en mouvement, s'arrêter au bout d'un temps plus ou moins long. Cela tient à ce qu'ils ne sont pas abandonnés complètement à eux-mêmes, mais sont soumis à des causes, au premier abord inaperçues, qui ralentissent peu à peu leur mouvement, et finissent par l'anéantir. Parmi ces causes, nous citerons le *frottement* et la *résistance des fluides*. Par exemple, une boule lancée sur un terrain horizontal couvert d'aspérités, s'arrête bientôt ; tandis que, lancée avec la même force sur une surface unie, elle ne s'arrête qu'après avoir parcouru un plus long espace.

Comme exemple de l'influence de la résistance des milieux, nous citerons le cas d'une balle de plomb suspendue par un fil sous une cloche de verre (*fig.* 13), et à laquelle on imprime un mouvement d'oscillation ; elle devrait se mouvoir indéfiniment ; cependant elle finit par s'arrêter. Ce résultat est dû à la résistance de l'air que contient la cloche ; en effet, si l'on raréfie ce gaz au moyen de la machine pneumatique, le mouvement dure d'autant plus longtemps qu'on laisse moins d'air. Si, au contraire, la balle est plongée dans l'eau, on la voit s'arrêter après avoir accompli seulement quelques oscillations. On peut conclure de là, par induction, que si l'on pouvait enlever la totalité de l'air et supprimer la résistance que le fil oppose à la flexion, à son point d'attache, le mouvement durerait indéfiniment.

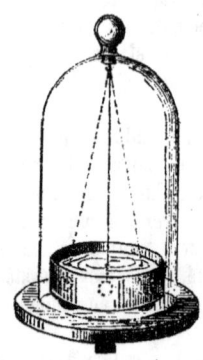

Fig. 13.

Les corps célestes nous offrent des exemples de mouvements qui n'ont pas été altérés d'une manière sensible depuis les temps historiques ; c'est que ces corps se meuvent dans le vide, ou du moins dans un milieu tellement rare que sa résistance n'a pu modifier leur vitesse d'une quantité appréciable pour nos instruments les plus précis.

Des forces. — Puisqu'un corps ne peut de lui-même changer son état de repos ou de mouvement, il faut qu'il existe des causes *étrangères à ce corps*, capables de produire ces effets. Ces causes ont reçu le nom de *forces*.

§ 2. — DES FORCES MOLÉCULAIRES.

23. Hypothèse des forces moléculaires. — Les corps, qui peuvent, comme nous l'avons dit, se présenter à l'état *solide*, *liquide*, ou *gazeux*, sont des réunions de molécules séparées les unes des autres par les *pores*. Pour que ces molécules ne se dispersent pas au hasard et puissent former des corps solides ayant un volume déterminé, il faut nécessairement qu'il existe entre elles certaines *forces*, dont l'effet soit de les maintenir à une certaine distance. Ces forces se nomment *forces moléculaires*.

Cohésion. — Remarquons d'abord qu'un corps *solide* oppose une résistance quand on cherche à séparer ses molécules en l'étirant. De plus, l'expérience montre que ce corps cède, s'allonge ; et, si l'allongement produit n'est pas trop considérable, les molécules reviennent à leur première distance, dès qu'elles sont abandonnées à elles-mêmes. Il existe donc entre elles une force qui tend à les rapprocher, et s'oppose à leur séparation ; on lui donne le nom de *cohésion*.

Force répulsive. — Comme les molécules ne se touchent pas, et que, cependant, la cohésion tend toujours à les rapprocher, nous sommes conduits à admettre l'existence d'une seconde force opposée à la première, et ayant pour effet de la contrebalancer. — On remarque aussi que, lorsqu'on rapproche les molécules d'un corps par la compression, on éprouve une grande résistance ; et que, si l'on cesse de comprimer, ces molécules reviennent à leur première distance, en s'éloignant les unes des autres. Il y a donc une *force répulsive* qui s'oppose à l'action de la cohésion, et lui fait équilibre, dans les solides, quand ils sont abandonnés à eux-mêmes.

La force répulsive existe entre les molécules des *fluides ;* car ces corps opposent une résistance à la compression, et reviennent à leur volume primitif quand on cesse de les comprimer.

★**24. Relation entre les deux forces moléculaires.** — Les forces moléculaires n'ont d'effet qu'à une distance insensible, autrement dit au contact apparent ; leur intensité diminue donc très rapidement quand la distance augmente. La loi de la diminution est inconnue. Cependant on voit que, dans l'état solide, la force répulsive diminue plus rapidement que la force attractive, car elle l'emporte quand on rapproche les molécules, et devient plus faible quand on les écarte. Les deux forces se font équilibre à la distance où se trouvent les molécules quand le corps est abandonné à lui-même, et cette distance est d'autant plus grande que la température est plus élevée.

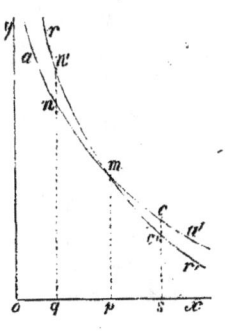

Fig. 14.

Pour rendre cela plus facile à concevoir, représentons les distances de deux molécules par des *abcisses* comptées sur la droite ox (*fig.* 14), et les intensités des forces moléculaires à ces différentes distances, par les ordonnées (4). Nous construirons ainsi deux courbes ama', rmr' indiquant la loi inconnue de la diminution des forces quand la distance augmente. La courbe des répulsions, rmr', d'abord au-dessus de celles des attractions, amr', la coupe en m, puis passe au-dessous. A la distance op, les forces sont égales et les molécules en équilibre ; si on les rapproche à la distance oq, la force répulsive l'emporte sur la force attractive, de la quantité nn' ; et si on les éloigne à la distance os, la force attractive l'emporte à son tour, de la quantité cc'.

Dans les *liquides*, les deux forces sont encore égales ; cependant l'état d'équilibre n'existe, le plus souvent, qu'avec l'aide d'une pression extérieure ; car nous verrons que, dans le vide, le liquide s'exhale en vapeur par sa surface libre.

Dans les *gaz*, la force répulsive l'emporte toujours sur la force attractive ; puisque les molécules tendent toujours à s'écarter.

25. Origine de la force répulsive. — La force répulsive est généralement attribuée à *la chaleur*. C'est, en effet, au moyen de la chaleur qu'on fait passer un corps solide à l'état liquide, puis à l'état gazeux, sous lequel la force répulsive est prépondérante. On remarque aussi qu'un liquide capable de *mouiller* un corps solide, cesse de le mouiller quand ce dernier est porté à une température suffisamment élevée, et en est écarté, par répulsion, d'une quantité sensible, comme nous le verrons plus tard.

26. Expériences qui prouvent la cohésion dans les solides. — On peut par certaines expériences prouver directement l'existence de la cohésion. Si l'on taille sur deux balles de plomb (*fig.* 15) des surfaces planes bien nettes, que l'on appuie fortement l'une contre l'autre, les deux balles adhèrent avec tant de force, qu'il faut quelquefois un effort de plus de 20 kilogrammes pour les séparer.

Deux plans de verre ou de marbre parfaitement dressés, appliqués l'un sur l'autre en les faisant glisser, pour éviter l'interposition de l'air, *ab* (*fig.* 16), adhèrent fortement, et il faut pour les séparer un poids dont la valeur dépend de l'étendue de leur surface et du soin qu'on a apporté à leur jonction. Si l'on suspend ces plans, nommés *plans de Magdebourg*, sous un récipient dont on extrait l'air, un poids assez fort suspendu à celui qui se trouve au-dessous de l'autre, ne peut les séparer ; ce qui prouve que leur adhérence n'est pas due à la pression de l'atmosphère. Les soudures, la colle font adhérer les corps, parce

Fig. 15.

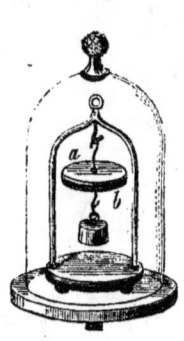
Fig. 16.

qu'il y a, entre les surfaces et la substance interposée, un rapprochement intime qui s'est établi lorsque cette substance était liquide.

27. Cohésion dans les liquides. — Si l'on suspend à l'un des bassins d'une balance, une lame circulaire horizontale (*fig.* 17), à laquelle on fasse équilibre, et qu'on applique cette lame sur la surface d'un liquide capable de la mouiller, on trouve qu'il faut, pour effectuer la séparation, placer dans le bassin opposé, des poids assez forts, qui dépendent du liquide employé. La substance et l'épaisseur de la lame n'ont pas d'influence sur le résultat ; et comme cette lame emporte avec elle la mince couche liquide qui la mouille, on voit que la résistance à vaincre n'est autre chose que la cohésion du liquide pour lui-même, et que cette force ne s'exerce qu'à une distance moindre que l'épaisseur de la couche adhérente. C'est par l'effet de la cohésion qu'une goutte de liquide reste suspendue à une baguette de verre, et ne s'en détache que lorsqu'elle est suffisamment pesante ; qu'une goutte jetée sur une surface qu'elle ne mouille pas, se ramasse sous une forme

FORCES MOLÉCULAIRES.

sensiblement sphérique, quand elle est assez petite pour que son poids n'ait pas d'influence sensible. C'est ce qui a lieu pour des gouttelettes de mercure sur du verre, ou d'eau sur des corps gras. Ces gouttelettes peuvent même rebondir sur ces corps, sans se diviser ; le choc les déformant momentanément, et la cohésion les ramenant à la forme sphérique assez brusquement pour les lancer loin de la surface. Les gouttes de pluie sont sensiblement sphériques. Deux gouttelettes de mercure que l'on amène au contact, se réunissent aussitôt en une seule sphère.

Si une masse liquide était soustraite à l'action de la pesanteur, elle prendrait la forme sphérique, quel que fût son volume. M. Plateau a réalisé cette condition en introduisant une certaine quantité d'huile, au moyen d'un entonnoir à long bec, au milieu d'un mélange d'eau et d'alcool, présentant exactement la même densité que l'huile. Ce dernier liquide prend spontanément la forme sphérique. Dans cette circonstance, l'huile, soutenue par le liquide environnant, est dans le même cas que si elle n'avait pas de poids, comme nous le verrons dans l'hydrostatique.

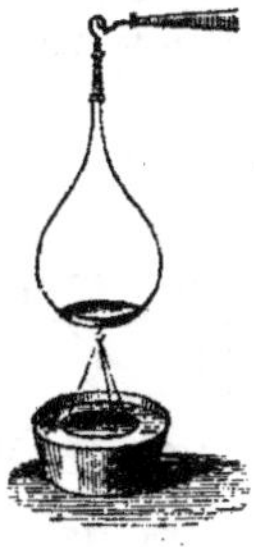

28. Cohésion entre les liquides et les solides. — De ce que les liquides mouillent certains corps solides, on conclut que la cohésion s'exerce entre ces sortes de corps, et d'après les expériences qui précèdent, on voit que le liquide se sépare plus difficilement du corps mouillé, qu'il ne se divise dans sa propre masse. Si l'on approche d'un jet liquide animé d'une vitesse modérée, un corps poli susceptible d'être mouillé, le jet est dévié de sa direction, après avoir rampé dans une étendue plus ou moins grande sur la surface du corps.

Fig. 17.

Il y a aussi cohésion entre les liquides et les solides qui n'en sont pas mouillés. Ainsi une plaque de verre suspendue à la balance (*fig.* 17), et appliquée sur la surface du mercure, ne peut en être séparée qu'au moyen de poids placés du côté opposé, et dont le nombre varie suivant la manière dont les surfaces sont appliquées l'une contre l'autre. Une très petite goutte de mercure adhère à une lame de verre, tandis qu'elle roule sur du papier, dont la surface est bien moins unie, et dont on peut la séparer au moyen d'une pointe de verre. Si l'on approche deux pointes semblables de chaque côté du globule, il reste suspendu entre elles, et si l'on vient à les écarter lentement, il s'allonge, la cohésion du verre pour le mercure l'emportant sur la tendance de ce liquide à prendre la forme sphérique.

*Expériences de M. Plateau. — M. Plateau a fait un grand nombre d'expériences remarquables sur la cohésion entre les liquides et les solides, en soustrayant ces derniers à l'action de la pesanteur, par leur immersion dans un milieu de même densité. Nous avons vu que le liquide abandonné à lui-même tend à prendre la forme sphérique ; mais si on le fait adhérer à diverses pièces métalliques, disques, charpentes en fil de fer (*fig.* 18), que l'on plonge dans la sphère d'huile, et qu'on enlève ensuite de ce liquide, en aspirant au moyen d'une petite pompe à bec fin, les arêtes métalliques se montrent bientôt limitant des faces d'abord convexes, puis planes. Les faces deviennent ensuite concaves, et bientôt les parties adhérentes aux arêtes solides, présentent la forme de lamelles très minces joignant ces arêtes à la masse centrale ; cette masse peut être enlevée, et, dans le cas d'une charpente cubique, on obtient 12 lames formant 6 figures pyramidales ayant leurs bases aux faces du cube (*fig.* 18). Entre deux anneaux parallèles, *a*, *b* (*fig.* 19), on peut obtenir un cylindre d'huile, dans l'alcool.

Ces expériences sont délicates, et il faut beaucoup de soin pour préparer le liquide alcoolique ayant la même densité que l'huile. M. Plateau, après être parvenu à former différentes figures d'équilibre au moyen de lames très minces d'huile adhérentes à des charpentes en fil métalliques plongées dans l'alcool, et avoir prouvé que ces figures laminaires sont identiques avec les figures massives formées dans les mêmes circonstances, a eu l'idée ingénieuse de former ces figures dans l'air au moyen de lames extrêmement minces d'un liquide visqueux, lames dont le poids peut être regardé comme insensible. L'expérience devient alors un jeu d'enfant. On procède dans la plupart des cas, en soufflant avec une pipe une bulle sphérique, que l'on fait adhérer à la charpente métallique préalablement mouillée avec le liquide visqueux. L'eau de savon peut servir à ces expériences ; mais en y mêlant de la glycérine pure, en proportion convenable, les figures formées par les lames minces et parées des plus brillantes couleurs, persistent pendant plusieurs heures.

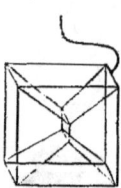
Fig. 18.

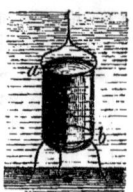
Fig. 19.

CHAPITRE III.

DU MOUVEMENT ET DES FORCES.

29. Nous avons vu (22) que l'on nomme *forces* les causes de mouvement ou d'altération de mouvement ; et comme un phénomène est toujours un mouvement ou le résultat d'un mouvement, tous les phénomènes sont dus à des forces. Il importe donc de donner, avant tout, quelques notions générales sur le mouvement et sur les forces qui le produisent.

§ 1. DU MOUVEMENT EN LUI-MÊME.

30. Des différentes sortes de mouvements. — On nomme *mobile* le corps dont on considère le mouvement. Le mouvement peut être un mouvement de *translation*, dans lequel tous les points du corps se meuvent parallèlement les uns aux autres ; ou de *rotation* autour d'un axe ; ou enfin une combinaison de ces deux mouvements.

Le mouvement de translation peut être *rectiligne* ou *curviligne*. Nous allons nous occuper en *particulier du mouvement rectiligne*.

Ce mouvement étant le même pour tous les points du corps, nous pouvons, pour simplifier, considérer un seul point matériel. Le mouvement d'un pareil point peut être *uniforme* ou *varié*.

31. Mouvement uniforme. — Le mouvement uniforme est celui dans lequel des espaces égaux sont parcourus par le mobile dans des temps égaux. On nomme *vitesse, le rapport constant entre l'espace parcouru et le temps employé à le parcourir* ; ou, ce qui revient au même, *l'espace parcouru dans l'unité de temps*, le mouvement uniforme est celui que présentent les corps abandonnés entièrement à eux-mêmes ; puisque, en vertu de l'*inertie*, ils ne peuvent rien changer aux conditions de leur mouvement (22).

Loi. — *L'espace parcouru dans le mouvement uniforme est proportionnel au temps.* Cette proposition est la conséquence directe de la définition de la vitesse. Si donc on désigne par v la vitesse, et par e l'espace parcouru au bout du temps t, on aura

$$[1] \quad e = vt; \quad \text{d'où} \quad v = \frac{e}{t}, \quad \text{et} \quad t = \frac{e}{v}.$$

L'expression [1] se nomme la formule du mouvement uniforme. Les deux autres servent à calculer la vitesse, quand l'espace parcouru et le temps sont donnés ; et le temps, quand la vitesse et l'espace sont connus.

32. Mouvement varié. — Dans le *mouvement varié*, les espaces parcourus par le mobile pendant des temps égaux, ne sont plus égaux entre eux ; l'état du mouvement change à chaque instant ; ce qui ne peut avoir lieu que par l'intervention de causes étrangères au corps. La vitesse ne peut donc plus se définir comme dans le cas du mouvement uniforme.

La *vitessse*, à un instant donné, dans le mouvement varié, *est le rapport entre l'espace infiniment petit parcouru à partir de cet instant, et le temps, aussi infiniment petit, employé à parcourir cet espace*, temps pendant lequel le mouvement doit être regardé comme uniforme. On dit encore que *c'est la vitesse du mouvement uniforme* qui animerait le mobile, si, à l'instant considéré, il était abandonné entièrement à lui-même, c'est-à-dire débarrassé de toutes les causes capables de modifier son mouvement.

33. Mouvement uniformément varié. — Il peut arriver que la vitesse varie d'une quantité constante pendant le même temps : le mouvement est dit alors *uniformément varié*. On distingue le mouvement *uniformément accéléré*, dans lequel la vitesse va en augmentant ; et le mouvement *uniformément retardé*, dans lequel elle va en diminuant.

1re Loi. — *Dans le mouvement uniformément varié, la vitesse acquise par un corps partant de l'état de repos est proportionnelle au temps.* En effet, soit w, *l'accélération*, c'est-à-dire la *quantité constante dont varie la vitesse en une seconde*, et v la vitesse au bout de t secondes, on aura, d'après la définition même du mouvement uniformément varié :

[2] $$v = w.t.$$

2e Loi. — *Dans le mouvement uniformément accéléré, l'espace parcouru par un mobile partant de l'état de repos, est proportionnel au carré du temps employé à le parcourir.* On démontre, en effet, en mécanique que l'espace e parcouru au bout du temps t, quand l'accélération est w, est donné par la formule

[3] $$e = \tfrac{1}{2} w t^2.$$

1° Il résulte de la seconde loi que, si l'on appelle a l'espace parcouru pendant la première seconde, les espaces parcourus pendant

1^s, 2^s, 3^s 4^s........ seront
a, $4a$, $9a$, $16a$.......

2° L'espace parcouru pendant un certain temps, dans le mouvement uniformément accéléré, est la moitié de l'espace parcouru d'un mouvement uniforme pendant le même temps en vertu de la vitesse acquise. En effet, cette vitesse, au bout du temps t, est égale à wt, et l'espace qu'elle fait parcourir à un mobile pendant le temps t est $wt \times t = wt^2$, double de $\tfrac{1}{2} wt^2$.

3° On a souvent besoin de connaître la vitesse acquise en fonction de l'espace parcouru. Pour cela il suffit d'éliminer t entre les deux équations $v = wt$, $e = \tfrac{1}{2} wt^2$, et il vient

[4] $$v = \sqrt{2we}.$$

La vitesse est dite *due à l'espace e*, expression qu'il ne faudrait pas prendre à la lettre.

34. Cas où le mobile possède une vitesse initiale. — Quand le mobile possède une vitesse initiale u, au moment à partir duquel on compte les temps, les formules du mouvement uniformément varié sont :

$$v = u \pm wt, \qquad e = ut \pm \tfrac{1}{2} wt^2, \qquad v = \sqrt{u^2 \pm 2we}.$$

Le signe $+$ correspond au mouvement accéléré, et le signe $-$ au mouvement retardé. La troisième formule s'obtient en éliminant t entre les deux autres.

35. Du mouvement composé. — Considérons au point matériel a, qui parcourt, d'un mouvement uniforme, une droite ab (*fig.* 20), pendant que cette droite se transporte parallèlement à elle-même, aussi d'un mouvement uniforme, et de manière que son extrémité a parcoure la ligne droite ac. Le point matériel sera animé de deux vitesses simultanées, l'une sur la droite ab, l'autre due au déplacement de cette droite, et le mouvement résultant de la combinaison de ces deux vitesses, se nomme *mouvement composé*.

Il résulte de l'observation, que le mouvement du point sur la droite n'est pas modifié par celui de cette dernière; et, en général, que les vitesses qui animent simultanément un point matériel, ne se modifient pas mutuellement. En effet, l'expérience prouve que les mouvements *relatifs* (21) des différentes parties d'un système de corps ne sont pas modifiés lorsqu'on leur communique à tous une même impulsion. Par exemple, les différentes pièces d'une montre continuent à se mouvoir de la même manière les unes par rapport aux autres, quand on la transporte; les mouvements d'un voyageur dans un navire qui marche régulièrement sur une mer calme, conservent avec les différentes parties du navire, les mêmes

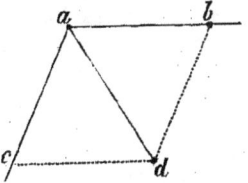

Fig. 20.

rapports de direction et de vitesse que si ce navire était en repos; enfin, les mouvements qui s'accomplissent à la surface de la terre sont généralement indépendants de son déplacement dans l'espace.

36. Parallélogramme des vitesses. — Supposons que le point matériel a parcoure l'espace $ab = cd$, pendant le temps t que met la droite ab à venir de ab en cd; ce qui veut dire que les espaces ab, ac sont entre eux comme la vitesse du point sur la droite ab, et la vitesse de celle-ci parallèlement à elle-même. On voit que le point sera arrivé en d au bout de ce temps t; et comme on peut dire la même chose à tous les instants du mouvement, le mobile aura parcouru d'un mouvement uniforme la diagonale ad. Il résulte aussi de là que la vitesse suivant ad, dans le mouvement composé, ou *vitesse résultante*, sera représentée par la longueur de cette diagonale, si les longueurs ab et ac représentent les vitesses du point suivant ab, et suivant ac. Ce résultat connu sous le nom de *parallélogramme des vitesses*, s'énonce ainsi : *La vitesse résultante de deux vitesses simultanées, est représentée en grandeur et en direction par la diagonale du parallélogramme construit sur les deux droites qui représentent les directions et les grandeurs de ces vitesses.*

Dans le cas du mouvement uniforme, les espaces parcourus étant proportionnels aux vitesses, on voit que l'espace parcouru *dans le mouvement composé* sera représenté par la diagonale du parallélogramme construit sur les espaces qui seraient parcourus pendant le même temps en vertu de chacun des mouvements composants en particulier.

Ce qui précède s'applique au cas du mouvement varié, en considérant des intervalles de temps infiniment petits, pendant lesquels le mouvement est uniforme.

§ 2. — DES FORCES.

I. De la mesure des forces.

37. Définitions. — Nous avons défini les *forces* toute cause de mouvement ou de modification de mouvement. L'étude des forces et de leurs effets constitue la *mécanique*.

Les forces sont des quantités, car on conçoit des forces plus grandes ou plus petites les unes que les autres; on peut donc les représenter par des nombres, en en choisissant une pour unité.

Forces égales. — On nomme ainsi deux forces qui, agissant dans des directions diamétralement opposées, sur un même point ou sur deux points liés invariablement entre eux, laissent ces points en repos. La réunion de deux, trois..... forces égales forme une force *double*, *triple*..... de chacune d'elles.

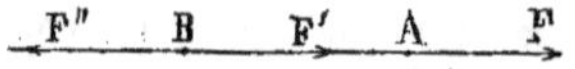

On distingue dans une force trois choses : 1° le *point d'application*; c'est le point du corps sur lequel la force agit directement; si les autres parties du corps obéissent à l'action de la force, c'est qu'ils sont liés au point d'application ; 2° la *direction*, qui est la ligne droite suivant laquelle la force tend à entraîner son point d'application, et l'entraîne réellement, s'il n'est soumis à aucune autre action ; 3° l'*intensité*, ou l'énergie avec laquelle la force agit ; on l'exprime par le nombre d'unités de force qu'elle contient.

Fig 21.

Dans la mécanique, on représente souvent une force par une ligne droite prise dans sa direction, partant du point d'application, et ayant pour longueur autant de fois l'unité de longueur que la force contient de fois l'unité de force. Il en résulte qu'une multitude de questions sur les forces peuvent se traiter par les méthodes de la géométrie.

38. Proposition. — *Le point d'application d'une force peut être transporté en un point quelconque de sa direction sans que son effet soit modifié, pourvu que ce nouveau point soit invariablement lié au premier.* En effet, soit la force AF (*fig.* 21) appliquée au point A, nous pouvons, sans rien changer à l'état du système, appliquer en un autre point B deux forces contraires BF' BF" égales à la force donnée, et dirigées suivant la même droite. La force F" détruit la force F, qui lui est opposée, et le système se réduit à la force F', qui produit le même effet et se trouve appliquée au point B.

39. Unité de force. — Dynamomètres. — Dans la pratique, on prend souvent pour unité de force l'effort avec lequel un poids de 1 kilogramme tend le cordon auquel on le suspend, de sorte qu'une force qui, en agissant de bas en haut, soutient un poids de 10 kilogrammes, est égale à 10 fois l'unité de force. Quand une force n'agit pas de bas en haut, on emploie, pour en estimer l'intensité en kilogrammes, des instruments nommés *dynamomètres*. Un des plus usités est le *peson à ressort* (*fig.* 22). Les deux branches d'un ressort en acier *aob* se rapprochent plus ou moins, suivant l'effort exercé en *c*, sur l'arc métallique *ac* fixé en *a* à la branche *oa*, et qui traverse librement la branche *ob*. A celle-ci est soudé en *b* un autre arc *bd* qui traverse la branche *oa*. La quantité dont se rapprochent les deux branches se mesure sur une graduation que porte l'arc *bd*, et qui s'établit directement en accrochant en *c* des poids gradués, pendant que l'instrument est suspendu librement en *d*.

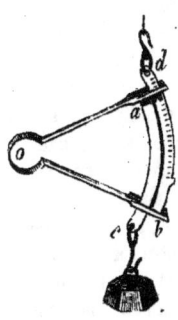

Fig. 22.

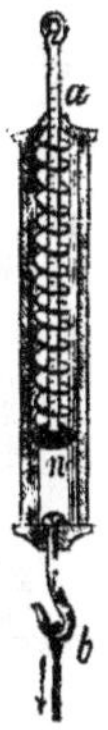

Fig. 23.

La *fig.* 23 représente le *dynamomètre de Leroy* : un ressort en hélice *an*, logé dans un tube *ab*, est soutenu en *n* par une tige graduée, qui sort plus ou moins du tube quand on applique une force au crochet *b*.

Nous citerons encore le dynamomètre de M. Poncelet (*fig.* 24), formé de deux ressorts réunis à leurs extrémités par des bandes articulées *a*, *a*, et qui jouit de cette propriété, que les quantités dont s'écartent les parties *m*, *n* des ressorts, sont proportionnelles jusqu'à une certaine limite, aux forces agissant dans la direction *mn*.

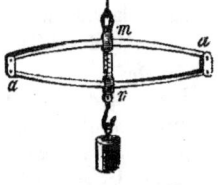

Fig. 24.

40. Statique. — Dynamique. — On dit que plusieurs forces se font *équilibre*, quand elles se contrebalancent de manière à laisser en repos le corps ou le système de corps sur lequel elles agissent, ou de manière à ne pas altérer le mouvement de ce système s'il en possède un d'avance. On nomme *statique* (στάω, se tenir) la science de l'équilibre.

La *dynamique* (δύναμις, force) s'occupe des lois du mouvement que produisent les forces. Comme parties de la statique et de la dynamique, nous avons encore à nommer l'*hydrostatique* (ὕδωρ, eau) et l'*hydrodynamique*, qui sont la statique et la dynamique des *fluides*.

41. Principe expérimental. — *L'action d'une force sur un corps est indépendante de l'état de repos ou de mouvement de ce corps.* Ce n'est que par l'expérience qu'on a pu découvrir ce principe. On a reconnu, en effet, que les résultats prédits en l'admettant comme vrai, sont toujours d'accord avec ceux que l'on observe. On remarque aussi journellement que les mouvements relatifs des différentes parties d'un système, ne sont pas altérés par une impulsion commune qu'on leur imprime. Par exemple, les différentes pièces d'une montre continuent à se mouvoir de la même manière, les unes par rapport aux autres, quand on la déplace ; de là résulte le principe énoncé. En effet, soient deux corps identiques sous tous les rapports, a et b (*fig.* 25); l'un, a, est en repos, et nous imprimons à l'autre, b, une vitesse v, au moyen d'une force agissant dans la direction ab, pendant un temps très court θ ; v est aussi la vitesse relative entre les deux corps.

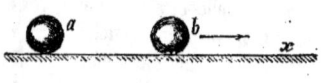

Fig. 25.

Faisons agir de nouveau la force f dans la direction ab, pendant le temps θ, sur l'un et l'autre corps. Le corps a recevra la vitesse v qu'avait reçue le corps b quand il était en repos, et le corps b prendra une vitesse $v+v'$.

Or, si v', qui est le résultat de l'impulsion donnée en second lieu au corps b par la force f, n'était pas égal à v, la vitesse relative $(v+v')-v$ serait différente de v ; ce qui est contraire à l'expérience. Il faut donc que la vitesse imprimée au corps b en mouvement, soit v, comme s'il était en repos. Si l'on fait agir de nouveau la force sur les deux corps, le premier prendra la vitesse $2v$, d'après ce qui vient d'être dit, et le second devra prendre la vitesse $3v$, pour que la vitesse relative reste égale à v ; et ainsi de suite.

Il résulte du principe qui précède, que, *si plusieurs forces agissent simultanément sur un même corps, chacune d'elles produit le même effet que si elle était seule* ; car l'effet qu'elle produit ne dépend pas du mouvement que les autres forces peuvent ou ont pu communiquer au corps.

Il résulte encore du même principe que : *une force constante en direction et en intensité, anime le point matériel sur lequel elle agit, d'un mouvement uniformément varié*. En effet l'accélération w reste constante, puisque l'effet de la force ne dépend pas de la vitesse préalable du mobile ; au bout de t secondes, cette vitesse devient donc wt, c'est-à-dire qu'elle est proportionnelle au temps, ce qui est le caractère du mouvement dont il s'agit.

Réciproquement, *quand un mobile soumis à une seule force marche en ligne droite avec un mouvement uniformément varié, la force qui l'anime* agit dans la direction de ce mouvement, avec une intensité constante. En effet, la vitesse variant de la même quantité pendant des intervalles de temps égaux, quelque petits qu'ils soient, il est évident que la force produit toujours le même effet pendant le même temps, c'est-à-dire qu'elle agit toujours avec la même intensité.

42. Mesure des forces par leurs effets. — Masse. — Au lieu de mesurer les forces en les comparant aux poids, on les mesure souvent par leurs effets. Ces effets dépendent de la *masse* des corps sur lesquels les forces agissent.

On définit souvent la *masse* d'un corps *la quantité de matière qu'il contient*. La masse est donc proportionnelle, pour une même substance, au nombre des molécules. Cette définition serait comprise sans difficulté, si les molécules de tous les corps étaient identiques; mais comme il n'en est pas ainsi, elle a le défaut d'être très vague. Toutefois, elle suffit pour donner une idée générale du sens du mot. Ce qu'il importe surtout, c'est de bien préciser ce qu'on doit entendre par *masses égales*. Or, on y arrive facilement en partant de la définition des *forces égales* (37) : on appelle *masses égales celles qui, soumises à des forces constantes égales, en reçoivent des accélérations égales*. En réunissant 2, 3, 4..... masses égales, on forme une masse double, triple, quadruple.....

43. Propositions. — I. *Deux forces constantes sont entre elles comme les masses auxquelles elles impriment des accélérations égales.* Considé-

Fig. 26.

rons n masses égales, $m, m, m...$ (*fig.* 26), soumises à n forces égales, $f, f, f...$ parallèles entre elles. Ces masses recevront des accélérations égales, et, par suite, conserveront les mêmes positions relatives. Nous pourrons donc les supposer, par la pensée, liées entre elles de manière à ne former qu'une seule masse égale à $n \times m$; et à cette masse il faut les n forces f, ou la force $n \times f$, pour qu'elle reçoive la même accélération qu'une seule des masses m recevrait de la force f.

II. *Deux forces constantes sont entre elles comme les accélérations qu'elles impriment à deux masses égales.* Supposons que les deux forces F et f soient commensurables, et soit Q leur commune mesure, de manière que l'on ait $F = NQ$, $f = nQ$. Soit encore w' l'accélération que la force Q imprime à la masse donnée ; la force NQ imprimera à cette masse l'accélération $V = Nw$, puisque chaque force égale à Q agit comme si elle était seule (41) ; de même, la force nQ imprimera l'accélération $v = nw'$ à la même masse. Or, on a la proportion évidente $\quad NQ : nQ = Nw : nw, \quad$ ou $\quad F : f = V : v$.

Si les forces que l'on compare ne sont pas commensurables, il suffira de supposer Q infiniment petit.

III. *Deux forces constantes sont entre elles comme les produits des masses par les accélérations qu'elles leur impriment.* Soient F et F' les deux forces agissant sur les masses m, m', et leur imprimant les accélérations w, w', et considérons une force auxiliaire f capable d'imprimer l'accélération w' à la masse m. En comparant les forces F et f, qui agissent sur la masse m, puis les forces f et F' qui impriment la même accélération aux masses différentes m et m', on aura, d'après les propositions I et II,

$$F : f = w : w', \quad \text{et} \quad f : F' = m : m' ; \quad \text{d'où} \quad F : F' = mw : m'w',$$

en multipliant les deux premières proportions terme à terme.

Le produit mw se nomme *quantité de mouvement*; deux forces constantes sont donc entre elles comme les quantités de mouvement qui leur correspondent.

44. IV. *Une force constante se mesure par la quantité de mouvement qui lui correspond*, quand on prend pour unité de force constante celle qui imprime à l'unité de masse une accélération égale à l'unité, c'est-à-dire égale à 1 mètre. En effet, la proposition III donne, $F : F' = mw : m'w'$. Or, si nous supposons que F' soit l'unité de force, et m' l'unité de masse, il faudra aussi que w' soit égal à l'unité, et l'égalité deviendra $F = mw$; ce qui veut dire que F contient autant de fois l'unité de force, définie comme il a été dit, qu'il y a d'unités abstraites dans le produit du nombre m par le nombre w.

Définition mathématique de la masse. — La formule $F = mw$ donne $m = F : w$. On voit donc que la masse peut se définir *le rapport entre une force constante quelconque et l'accélération qu'elle produit*. Telle est la définition adoptée généralement en mécanique rationnelle.

II. Composition et décomposition des forces.

45. Dans la mécanique, on cherche, pour simplifier, à remplacer les forces d'un système par un moins grand nombre d'autres, capables de produire le même effet ; et l'on démontre qu'on peut toujours remplacer ces forces par *deux* seulement, et souvent par *une seule*, qui se nomme alors la *résultante* du système. La recherche de la résultante constitue le problème de la *composition* des forces, qui elles-mêmes sont dites les *composantes* de la résultante. Nous allons faire connaître la solution de ce problème dans quelques cas particuliers.

46. Résultante des forces concourantes. — On nomme *forces concourantes*, celles qui sont appliquées au même point. Quand, en même temps, ces forces sont dirigées suivant la même ligne droite, la *résultante* est égale à la somme des forces qui agissent dans un sens, moins la somme de celles qui agissent en sens opposé, et elle est dirigée dans le sens de la plus grande somme. Cela résulte de ce que chacune des forces du système agit comme si elle était seule (41).

Parallélogramme des forces. — Considérons deux forces concourantes appliquées en A (*fig.* 27), et dirigées suivant A*b* et A*c* ; soient AB et AC les vitesses que ces forces imprimeraient séparément au corps dans un temps très petit θ. La vitesse du mouvement composé résultant de l'action simultanée des forces, sera représentée par la diagonale AR (36), et la résultante devant produire le même effet que les composantes réunies, sera capable de donner cette vitesse au corps, pendant le temps θ ; elle devra donc être dirigée suivant AR. De plus, les forces, agissant sur une même masse, sont entre elles comme les vitesses imprimées au bout du même temps (43). Si donc AB et AC représentent les intensités des composantes, la longueur AR représentera l'intensité de la résultante. On voit donc que *la résultante de deux forces concourantes est représentée en grandeur et en direction par la diagonale du parallélogramme ayant pour côtés les longueurs qui représentent ces forces.*

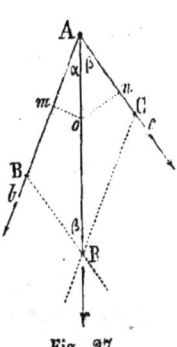

Fig. 27.

47. Corollaire. — *Les distances om, on (fig. 27), d'un point quelconque de la résultante aux composantes, sont en raison inverse des intensités de ces composantes.* En effet, le triangle ABR donne $\overline{AB} : \overline{BR} = \sin \beta : \sin \alpha$. On a aussi $\overline{on} : \overline{om} = \sin \beta : \sin \alpha$; d'où l'on déduit, en combinant les deux proportions

$$\overline{AB} : \overline{BR} = \overline{on} : \overline{om}, \text{ ou } \overline{AB} : \overline{AC} = \overline{on} : \overline{om}.$$

48. Décomposition d'une force en deux autres appliquées au même point. — On peut se proposer le problème inverse : étant données une force AR et deux directions A*b*, A*c* (*fig.* 27) situées dans un même plan que AR, trouver les intensités que devraient avoir deux forces agissant dans ces directions, pour produire le même effet que la force AR. Pour résoudre cette question, il n'y aura qu'à mener par le point R, des parallèles aux directions données A*b*, A*c*, et les longueurs AB, AC interceptées sur ces droites représenteront évidemment les intensités des composantes.

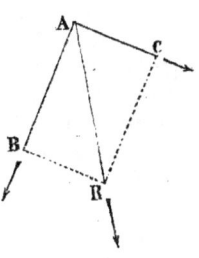

Fig. 28.

Le même problème peut se résoudre par le calcul ; car dans le triangle BAR on connaît le côté AR, l'angle BAR et l'angle ARB égal à RAC. On pourra donc calculer le côté AB, et le côté BR qui est égal à AC. Dans le cas où l'angle BAC est droit (*fig.* 28), on a

$\overline{AB} = \overline{AR} \cos \overline{BAR}$; et $\overline{AC} = \overline{AR} \cos \overline{RAC} = \overline{AR} \sin \overline{BAR}$.

Chacune des composantes cherchées est donc égale à la résultante multipliée par le *cosinus* de l'angle qu'elle fait avec elle.

La décomposition d'une force en deux autres appliquées au même point est d'un usage continuel, pour reconnaître l'action d'une force quand elle n'agit pas dans la direction du mouvement que prend son point d'application.

Par exemple, considérons un bateau halé obliquement au moyen d'un câble Af (*fig.* 29), sur lequel on agit du rivage, et ne pouvant s'avancer que dans la direction Aa, à cause de l'action du gouvernail, ou des efforts que l'on exerce de l'intérieur pour l'empêcher de s'approcher de la rive. Décom-

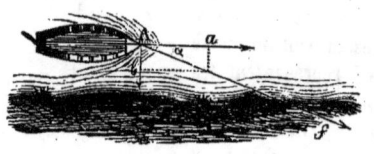

Fig. 29.

posons la force qui représente la traction exercée suivant Af, en deux forces, l'une Aa dans la direction du mouvement, l'autre Ab perpendiculaire à cette direction. Cette dernière est détruite à chaque instant par les efforts dont nous venons de parler, tandis que la composante A$a = f \cos \alpha$ produit le mouvement. On voit que cette composante est d'autant plus grande que l'angle α est plus petit.

En général, quand on voudra connaître l'effet d'une force qui n'agit pas dans la direction du mouvement, on la remplacera par deux autres, l'une dans cette direction, et l'autre perpendiculaire à la première et qui sera détruite. La première composante représentera une force qui seule produirait le même effet que la force donnée.

49. Composition d'un nombre quelconque de forces concourantes. — Pour trouver la résultante d'un nombre quelconque de forces concourantes situées ou non dans le même plan, on remplace d'abord deux de ces forces par leur résultante; puis on compose cette résultante partielle avec une troisième force, et ainsi de suite, jusqu'à ce qu'il n'en reste plus qu'une, qui sera la résultante finale du système.

50. Composition des forces parallèles. — Considérons d'abord le cas de deux forces parallèles et de même sens, AP, BQ (*fig.* 30); on démontre en statique que *la résultante de ces deux forces a une intensité égale à leur somme, qu'elle est parallèle à leur direction commune, et que on point d'application partage la droite* AB *qui joint les points d'application des composantes, en deux parties réciproquement proportionnelles à leurs intensités*; de sorte que l'on a P : Q = BC : AC.

Dans le cas où les forces sont de sens contraire, *la résultante est égale en intensité à leur différence, parallèle à leur direction, dirigée dans le sens de la plus grande, et son point d'application* C (*fig.* 31), *se trouve du côté de cette dernière force, au-delà de* BA, *et à des distances des points* A *et* B *qui sont entre elles en raison inverse des intensités des composantes*; de sorte que l'on a P : Q = BC : AC. La position du point C se détermine dans les deux cas, au moyen des proportions ci-dessus, qui donnent

[1] $\quad$ BC $\pm$ AC : Q $\pm$ P = BC : P ; $\quad$ ou $\quad$ AB : R = BC : P.

Le signe + s'applique au cas des forces de même sens (*fig.* 30), et le

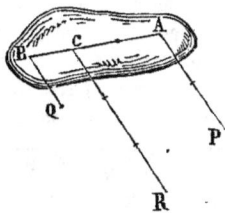
Fig. 30.

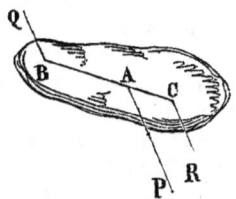
Fig. 31.

signe — au cas des forces de sens contraire (*fig.* 31). La proportion [1] donne la valeur de BC, et, par suite, la position du point C.

51. Couples. — Dans le cas des forces parallèles et de sens contraire, il peut arriver que les deux composantes soient égales en intensité ; alors la résultante est nulle, et la relation [1] donne BC = ∞ ; ce qui veut dire qu'il n'y a pas de résultante unique. Un pareil système se nomme *couple*. Un couple a pour effet de faire tourner le corps auquel il est appliqué ; il ne peut être tenu en équilibre par un point fixe ; mais deux points fixes situés dans son plan suffisent pour détruire son effet.

52. Composition des forces parallèles en nombre quelconque. — Supposons d'abord que toutes les forces P, P', P'', P''', P'' (*fig.* 32), appliquées aux points a, b, c, d, e, soient dirigées dans le même sens; on les composera deux à deux dans un ordre quel-

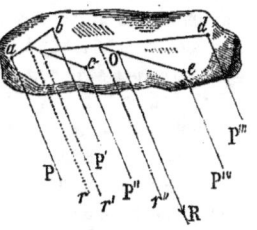
Fig. 32.

conque, et après avoir obtenu les résultantes partielles r, r', r'', on arrivera à la résultante définitive R, égale à la somme des composantes, parallèle à leur direction commune, et appliquée en un point O, dont la position s'obtiendra au moyen des proportions qu'il aura fallu poser pour trouver les positions des points d'application des résultantes partielles.

Si les forces données ne sont pas toutes dirigées dans le même sens, on composera d'abord toutes celles qui sont dirigées dans un même sens, puis celles qui sont dirigées dans le sens opposé, et il restera à composer les deux résultantes partielles, par la règle donnée plus haut. Il pourra arriver que ces deux résultantes soient égales; alors il n'y aura pas de résultante unique, et le système formera un *couple*.

53. Centre des forces parallèles. — La position du point d'application O de la résultante des forces parallèles ne dépend que des positions des points d'application des composantes, et du rapport entre leurs intensités (50). Il en résulte que, si ces forces changeaient de direction, en restant toujours parallèles entre elles et en conservant les mêmes rapports d'intensité, le point d'application de leur résultante conserverait la même position. C'est pour cela que ce point est appelé *centre des forces parallèles*. On le définit : *le point par lequel passe constamment la résultante d'un système de forces parallèles, de quelque manière qu'on les fasse tourner autour de leur point d'application, tout en les laissant parallèles entre elles.*

On voit aussi que, si les forces restant parallèles, leurs points d'application sont invariablement liés entre eux, on pourra faire tourner le système de ces points autour du *centre des forces parallèles*, sans que la résultante cesse de passer par ce point; de sorte que, s'il était fixe, le système resterait en équilibre dans toutes les positions qu'on pourrait lui donner en le faisant tourner autour de ce point.

54. Travail d'une force. — Pour apprécier l'effet d'une force, il faut considérer, non seulement l'intensité avec laquelle elle agit, mais encore la quantité dont elle déplace son point d'application. On voit, en effet, que si, les résistances étant trop grandes, la force ne pouvait déplacer son point d'application, il n'y aurait pas d'effet produit. On nomme *travail* d'une force *constante*, pendant un temps donné, *le produit de son intensité par le chemin parcouru par son point d'application, en supposant que ce dernier se déplace dans la direction même de la force.* Si cette dernière condition n'a pas lieu, il faudra décomposer la force en deux autres, l'une dans la direction du mouvement, l'autre perpendiculaire, qui sera détruite. Le travail de la première composante, défini comme il vient d'être dit, sera alors le travail de la force donnée.

On prend pour *unité de travail*, l'unité de force, ou le kilogramme, multipliée par l'unité de chemin parcouru, ou le mètre : cette unité se nomme *kilogrammètre*. D'après cette définition, un cheval qui traîne un fardeau en développant un effort constant de 80 kilogrammes, et qui parcourt ainsi 100 mètres, produit un travail de 8,000 kilogrammètres.

55. Machines. — Le plus souvent les forces ne sont pas appliquées aux points matériels qu'elles doivent mouvoir, mais elles agissent sur ces points, par l'intermédiaire de corps solides ou fluides, mobiles dans quelques-unes de leurs parties, gênés dans d'autres, et qui sont destinés à modifier, soit l'intensité, soit la direction de l'effort à exercer.

On nomme *machine, tout corps ou assemblage de corps, destiné à transmettre l'action des forces.* Souvent ce n'est qu'avec des machines qu'il est possible d'utiliser les forces. Par exemple, pour moudre le blé, scier le bois, au moyen de l'eau ou du vent, on les fait agir sur des roues garnies d'aubes ou de voiles, dont le mouvement est transmis, soit à la meule, soit aux scies, par l'intermédiaire de rouages ou d'autres *organes*.

Dans une machine, il y a toujours des obstacles fixes, ou des points d'appui autour desquels certaines pièces peuvent tourner ou osciller. De plus, il existe toujours deux systèmes de forces : les unes, destinées à produire le résultat demandé, sont nommées *puissances, forces mouvantes* ou *forces motrices*; les autres sont les forces qu'il faut vaincre; on les nomme *forces résistantes* ou *résistances*. Ces dernières sont elles-mêmes de deux espèces : les résistances du premier ordre ou *résistances utiles*, sont celles qu'il faut vaincre pour obtenir l'effet désiré (telles sont les résistances que le bois oppose à la scie, et le grain à l'action de la meule); les autres, nommées résistances du second ordre ou *résistances passives*, sont dues aux obstacles que toute machine doit renfermer. Elles consistent principalement en frottements, résistance de l'air ou d'autres fluides. Ces résistances sont nuisibles; on cherche à les diminuer autant que possible; par exemple, pour les frottements, par l'interposition de corps gras.

56. Machines simples, ou composées. — Nous appellerons *machines simples*, celles dans lesquelles la puissance et la résistance utile sont appliquées au même corps, ou bien à deux corps différents qui agissent directement l'un sur l'autre sans autre corps intermédiaire.

Les *machines composées* sont celles dans lesquelles il existe des corps intermédiaires entre ceux sur lesquels agissent directement la puissance et la résistance utile; elles ne sont que des assemblages de machines simples. Dans une machine composée, on distingue : 1° le *récepteur*, sur lequel la puissance agit directement; c'est, dans un moulin à vent, les ailes garnies de voiles sur lesquelles agit le vent; 2° l'*opérateur*, corps qui produit le résultat demandé; c'est la meule dans un moulin, la scie dans une scierie mécanique; 3° la *communication du mouvement*, composée de tous les corps ou organes intermédiaires servant à transmettre le mouvement du récepteur à l'opérateur. Cette troisième partie n'existe pas dans les machines simples.

57. Principe de la transmission du travail. Effet utile. — Quand une machine marche d'un *mouvement uniforme*, le travail moteur est égal au travail résistant. Or, ce dernier se divise en deux parties, l'une produite par l'opérateur, l'autre employée à vaincre les résistances passives. Il en résulte que le travail de l'opérateur est moindre que le travail moteur.

On nomme *effet utile*, *travail utile* ou *rendement* d'une machine, le rapport entre le travail de l'opérateur et celui du moteur. Par exemple, on dit que l'effet utile d'une machine est 0,60, quand les résistances passives absorbent 0,40 du travail moteur représenté par 100.

Comme on ne peut éviter complètement les résistances passives, on voit qu'une machine s'arrêterait bientôt, même en l'absence d'effet utile, si on ne lui fournissait continuellement un travail moteur destiné à vaincre les résistances passives. De là l'impossibilité du *mouvement perpétuel*, c'est-à-dire d'un mouvement qui se perpétuerait de lui-même sans l'intervention d'une force.

58. Réaction égale et opposée à l'action. — Quand un corps soumis à l'action d'une force, agit sur un autre, ce dernier réagit sur le premier, dans un sens directement opposé, et avec la même intensité. Ce résultat a lieu dans l'état de mouvement aussi bien que dans l'état d'équilibre. Ainsi, un cheval qui fait monter un poids de 100 kil., en tirant une corde qui passe sur une poulie, exerce un effort égal seulement à 100 kil. (en négligeant le frottement de la poulie) comme s'il ne faisait que soutenir le poids sans l'élever. Si la corde est attachée à un obstacle fixe, ce dernier, par sa résistance, représente en sens opposé l'effort exercé. Si le cheval est placé dans un bateau auquel la corde est attachée, il ne produira aucun déplacement du bateau, parce que l'effort qu'il exerce sur son collier est contrebalancé par celui, de sens contraire, qu'il exerce avec ses pieds sur le plancher du bateau, pour s'opposer à la force de réaction qui tend à l'entraîner en arrière. Si un aimant attire un morceau de fer, ce dernier agit de la même manière sur l'aimant, et avec la même force.

§ 3. — MOUVEMENT CURVILIGNE. — FORCE CENTRIFUGE.

59. Du mouvement curviligne. — Un corps en mouvement et abandonné à lui-même doit nécessairement marcher en ligne droite, en vertu de l'*inertie*. Pour qu'il suive une ligne courbe, il faut qu'une force, dirigée vers la partie concave de la courbe, vienne à chaque instant le détourner de la direction du dernier élément qu'il vient de parcourir. Si cette force cessait d'agir, le mobile quitterait la courbe, en continuant à marcher dans la direction du dernier élément parcouru, c'est-à-dire qu'il s'élancerait suivant la tangente à la courbe.

60. Force centrifuge dans le mouvement circulaire uniforme. — Considérons un point matériel parcourant une circonférence d'*un mouvement uniforme*. Dans ce cas, le mobile doit être soumis à une force qui, passant par le centre, l'empêche de quitter la circonférence ; on la nomme *force centripète* ; elle détruit à chaque instant la tendance du mobile à s'éloigner du centre, tendance qui a reçu le nom de *force centrifuge*, et qu'il vaudrait mieux nommer *tendance centrifuge*. La force centripète et la force centrifuge sont nécessairement égales à chaque instant du mouvement.

61. Lois de la force centrifuge dans le mouvement circulaire. — *La force centrifuge, dans le mouvement circulaire, est* : 1° *proportionnelle au carré de la vitesse ;* 2° *proportionnelle à la masse du mobile ;* 3° *en raison inverse du rayon du cercle décrit.* Ces lois sont renfermées dans la formule

[1] $$F = m \frac{v^2}{R} ;$$

dans laquelle m représente la masse du corps, v sa vitesse, et R le rayon du cercle décrit.

Si le mouvement est uniforme, et si T représente le temps d'une révolution, l'espace $2\pi R$ parcouru pendant ce temps est égal à vT (31) ; on a donc $2\pi R = v$T. Portant la valeur de v tirée de cette égalité, dans la formule [1], elle devient

[2] $$F = m \frac{4\pi^2 R}{T^2}$$

On voit donc que, *lorsque plusieurs corps de même masse décrivent pendant le même temps des circonférences de différent rayon, les forces centrifuges sont proportionnelles aux rayons de ces circonférences.*

Fig. 33.

Au moyen de ces lois, on peut expliquer l'aplatissement du globe, en partant de son état primitif de fluidité, état démontré par la géologie. En effet, la terre tournant sur elle-même, et les points placés près de l'équateur, décrivant dans le même temps des cercles parallèles plus grands que les points voisins des pôles, les premiers tendent à s'éloigner de l'axe de rotation avec plus de force. De là le renflement de l'équateur, et, par suite, à cause de l'attraction mutuelle des parties du globe, le rapprochement des pôles.

Cette explication est confirmée par l'expérience suivante : des cercles d'acier cc' (*fig.* 33) sont fixés, en a, à une tige verticale ab, et pa la partie supérieure, à un anneau n qui peut glisser le long de cette tige, que l'on fait tourner au moyen de la roue v et d'une corde sans fin qui embrasse une poulie fixée à cette tige. Pendant ce mouvement, on voit les cercles d'acier s'aplatir dans le sens vertical, et d'autant plus que le mouvement est plus rapide. On a, du reste, mesuré l'aplatissement directement par des mesures géodésiques, et on l'a trouvé égal à celui que donne le calcul.

62. Expériences sur la force centrifuge. — La force centrifuge se manifeste dans une foule de circonstances. C'est elle qui tend, et peut même rompre le fil à l'une des extrémités duquel est attaché un corps que l'on fait tourner autour de l'autre extrémité. Si le corps est remplacé par un vase ouvert rempli d'eau, ce liquide ne tombe pas quand l'ouverture est tournée vers le bas, pendant le mouvement de rotation dans un plan vertical. — Quand on lance une pierre avec une fronde, la pierre s'échappe du cercle qu'on lui fait décrire, dès qu'on lâche l'un des cordons qui la retiennent, et part suivant la tangente, avec la vitesse qui l'anime au même

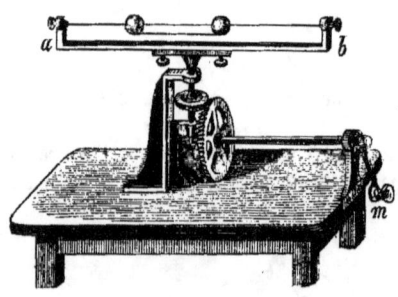

Fig. 34.

moment. — C'est la force centrifuge qui fait quelquefois éclater les meules de grès qui tournent très rapidement ; qui force l'écuyer à s'incliner vers le centre du cercle que décrit son cheval dans le cirque.

Pour vérifier par expérience les lois de la force centrifuge, on fixe sur un arbre vertical (*fig.* 34), qu'on peut faire tourner sur lui-même au moyen d'un engrenage, une barre *ab* terminée par deux montants *a* et *b*, entre lesquels est tendu un fil métallique. Deux boules peuvent glisser librement le long de ce fil.

Fig. 35.   Fig. 36.

Si ces deux boules, ayant même masse, sont réunies par un fil, et sont placées à égale distance de l'axe de rotation, elles conservent cette position pendant qu'on fait tourner l'appareil ; mais si l'une d'elles est plus éloignée de l'axe, elle va frapper le montant qui est de son côté, en entraînant l'autre. Si les deux boules, placées à égale distance de l'axe, ont des masses inégales, la plus lourde entraîne l'autre. Enfin, ces deux boules inégales restent en repos, quand leurs distances à l'axe sont en raison inverse de leurs masses.

Pour montrer les effets de la force centrifuge sur les liquides, on adapte sur l'arbre tournant de l'appareil (*fig.* 34), un système de deux ballons à long col (*fig.* 35) placés obliquement et communiquant avec un réservoir central rempli de liquide. Pendant la rotation, le liquide monte jusque dans les ballons, et redescend quand le mouvement s'arrête. C'est par une cause analogue que l'eau à laquelle on imprime un mouvement de rotation dans un vase de révolution (*fig.* 36), se creuse à sa surface, d'autant plus que le mouvement est plus rapide. Le vase s'adapte à l'arbre vertical de l'appareil (*fig.* 34).

Gaz. — La tendance centrifuge se manifeste dans les gaz comme dans les autres corps. Le jeu de l'éventail nous en offre un exemple familier : l'air est chassé des plis de ce petit instrument, quand on l'agite en lui imprimant un mouvement de rotation autour du poignet.

Ventilateur à force centrifuge. — TT est un tambour (*fig.* 37), dans l'intérieur duquel tournent rapidement, autour de l'axe *o*, des ailes quadrangulaires dont les bords rasent les faces intérieures du tambour. L'air emprisonné entre ces ailes reçoit un mouvement de rotation, se presse sur le contour du tambour, et, parvenu au canal *m* dirigé tangentiellement, s'y précipite avec toute sa vitesse. L'air se renouvelle par de larges ouvertures ménagées au milieu des deux bases. — Le ventilateur est utilisé, dans l'agriculture, pour nettoyer le blé; et dans les forges, comme machine soufflante.

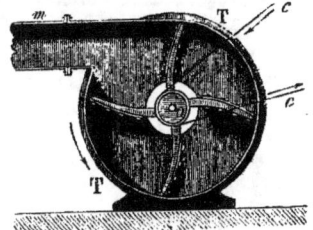

Fig. 37.

CHAPITRE IV.

PESANTEUR.

§ 1. — DÉFINITIONS. CENTRE DE GRAVITÉ.

63. Définition de la pesanteur. — On nomme *pesanteur* ou *gravité*, la cause qui fait que les corps abandonnés à eux-mêmes se précipitent vers la surface de la terre.

La *pesanteur* est due à l'attraction du globe sur les corps, et elle n'est qu'un cas particulier d'un phénomène général, l'*attraction* des corps les uns par les autres. Cette attraction a été découverte dans les corps célestes, par Newton, qui en a établi les lois et lui a donné le nom de *gravitation* ou *pesanteur universelle*.

64. Lois de Kepler. — Pour définir la gravitation, Newton est parti des lois suivantes qui règlent les mouvements des planètes :

1° Les planètes décrivent des ellipses dont le soleil occupe l'un des foyers.

2° Les aires décrites par un rayon vecteur mené du centre du soleil au centre de la planète, sont proportionnelles au temps.

3° Les carrés des temps des révolutions sont proportionnels aux cubes des grands axes des orbites.

Ces lois ont été déduites par Kepler [1], de la comparaison d'une immense quantité d'observations amassées par Tycho-Brahé et par lui-même pendant de longues années. Mais il ne put remonter à la cause des effets qu'il avait si bien su démêler. Cette gloire était réservée à Newton, qui a démontré les lois suivantes :

65. Lois de la gravitation. — 1° *Les corps s'attirent en raison composée des masses.*

2° *L'attraction varie en raison inverse du carré de la distance.*

Il résulte de ces deux lois que, si l'on représente par φ l'attraction de l'unité de masse sur l'unité de masse, à l'unité de distance, l'attraction mutuelle de deux masses m, m' à la distance d, sera $\frac{\varphi mm'}{d^2}$.

En partant de ces deux lois, on démontre par l'analyse mathématique, que :

3° Une sphère composée de couches concentriques homogènes, attire comme si toute sa masse était réunie à son centre. De sorte qu'un point matériel qui obéirait à l'attraction d'une semblable sphère, suivrait une direction passant par son centre.

---

[1] Kepler (Jean), précurseur de Newton, est né au village de Magstatt, près de Weil (Wurtemberg), en 1571. Abandonné par son père, qui, ruiné par des faillites, s'engagea contre les Turcs, il est recueilli dans le couvent de Maubrunn. A 22 ans, il professe les mathématiques à Graetz. Un ouvrage sur l'arrangement du monde, le fait accueillir à Uranibourg par Tycho-Brahé, qu'il suit en Bohême auprès de Rodolphe II. En 1601, il succède à Tycho, comme astronome de la cour; mais sa pension lui est si mal payée qu'il est obligé, pour vivre, de vendre des almanachs. Il meurt de soucis et de fatigues, en 1630, à Ratisbonne, où il était allé réclamer sa pension, laissant une veuve et des enfants dans la misère. — Kepler a beaucoup écrit sur l'astronomie et sur l'optique. Esprit patient, de bonne foi, il paya le tribut aux erreurs de son temps, en croyant à l'astrologie. Sa vie semble avoir été vouée au malheur : en 1611, sa femme meurt folle; il se remarie, échappe avec peine à une accusation d'hérésie; il vient défendre, en 1615, sa vieille mère accusée d'avoir appris la magie, d'une tante, brûlée à Weil comme sorcière, et n'obtient sa délivrance qu'en 1620. C'est pendant ces cinq années qu'il découvre ses belles lois. Après avoir trouvé la troisième, il s'écrie : « Le sort en est jeté; j'écris mon livre. On le lira dans l'âge présent ou dans la postérité, que m'importe? Il pourra attendre son lecteur : Dieu n'a-t-il pas attendu 6000 ans un contemplateur de ses œuvres? »

Puisque les corps célestes s'attirent, on doit se demander pourquoi ils ne se précipitent pas les uns sur les autres ; pourquoi, par exemple, les planètes ne tombent pas sur le soleil, la lune, sur la terre. Cela tient à leur mouvement de révolution autour du corps qui les attire ; d'où résulte une force centrifuge qui contrebalance à chaque instant l'attraction. On a une image de cette espèce d'équilibre, quand on fait décrire un cône à un fil *on* (*fig.* 38), suspendu en un point *o*, et soutenant un corps, *n*. Ce corps tend à descendre et à prendre la position *oa* ; cependant il tourne en décrivant une courbe fermée *nrn*, la force centrifuge contrebalançant l'action de la pesanteur. Comme la vitesse de rotation va en diminuant, à cause de la résistance de l'air, la courbe se resserre peu à peu, et le corps décrit une sorte de spirale tracée sur une sphère de rayon *on*.

66. Attraction entre des corps terrestres. — La gravitation est la plus grande découverte de Newton[1] ; depuis, on a constaté l'attraction entre des corps pris à la surface de la terre.

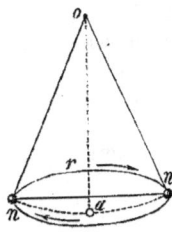

Fig. 38.

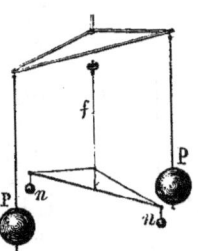

Fig. 39.

Ainsi, on a pu reconnaître que les montagnes dévient le fil à plomb (67) ; Cavendish a montré que deux grosses sphères de plomb P, P (*fig.* 39), approchées de deux balles *n*, *n* fixées aux extrémités d'un levier horizontal

---

[1] Newton (Isaac), génie incomparable, naquit en 1642, le jour de Noël, au hameau de Wolsthrope (comté de Lincoln). A l'âge de 12 ans il entra à l'école de Grantham, où il occupait ses loisirs à fabriquer de petites machines. Admis, à 18 ans, à l'Université de Cambridge, il s'y adonna aux mathématiques, et succéda à son professeur Barrow (1669). Il fut reçu en 1671 à la Société royale de Londres, à laquelle il cessa pendant longtemps de communiquer ses travaux, à cause des attaques de Hooke, et qu'il présida à partir de 1703. Envoyé au Parlement en 1688, il ne s'y fit remarquer que par son silence. Ses grandes découvertes sur l'astronomie et la physique étaient faites avant l'âge de 25 ans ; et à 53 ans il ne possédait encore que son mince traitement universitaire, lorsqu'il fut nommé directeur de la monnaie. Il mourut à 85 ans, en 1727, comblé de gloire, après une vie tranquille, qu'une santé florissante jusqu'à 80 ans, et un caractère doux et affable contribuèrent à rendre heureuse. — Newton joignait à une sagacité profonde une persévérance infatigable ; il disait qu'il avait fait ses découvertes « en y pensant toujours. » C'est en 1665 qu'étant allé à la campagne pour fuir la peste, il vit tomber une pomme, ce qui le fit réfléchir et l'amena à la découverte de la *gravitation*, qu'il développa en 1687 dans son livre *des Principes*. C'est aussi en 1665 qu'il inventa le *calcul différentiel*. En 1704 il publia son traité d'optique et des couleurs.

suspendu en son milieu par un fil métallique f, les attire d'une manière sensible, malgré la résistance que le fil oppose à la torsion.

67. Direction de la pesanteur. — Les lois de l'attraction une fois posées, revenons à la pesanteur considérée à la surface de la terre.

La pesanteur étant due à l'attraction du globe, dont la forme est à peu près sphérique, la direction que suivent les corps en tombant librement doit passer sensiblement par le centre de la terre. Cette direction est donnée par le *fil à plomb* en équilibre. En effet, soit OA (*fig.* 40) un fil à plomb en équilibre, et supposons que la pesanteur ait une direction autre que AC; AB, par exemple. Cette force pourrait être décomposée en deux autres, l'une AC, détruite par la résistance du point O ; l'autre AD, perpendiculaire à AC. L'effet de cette dernière composante serait de déplacer le fil à plomb ; il ne serait donc pas en équilibre.

La direction du fil à plomb en équilibre se nomme *verticale*. On appelle plan *horizontal*, tout plan perpendiculaire à la verticale ; et droite horizontale, toute droite située dans un plan horizontal.

Deux verticales se rencontrent près du centre du globe ; mais quand elles sont très rapprochées ; quand, par exemple, elles passent par deux points d'un même corps, on peut les regarder comme parallèles.

68. Poids. Centre de gravité. — *Le poids d'un corps est la résultante ou la somme de toutes les forces égales de la pesanteur, qui agissent sur toutes ses molécules.* On se fait une idée du poids d'un corps par la pression qu'il exerce sur la main qui le soutient ; et l'on dit quelquefois que le poids d'un corps est l'effort qu'il faut faire pour le soutenir.

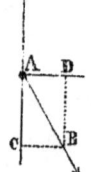

Fig. 40.

Le poids ne dépend pas de l'état du corps, il reste le même si on le pulvérise, si on le liquéfie, etc.

On appelle *centre de gravité* d'un corps, *le centre des forces parallèles, dues à la pesanteur, appliquées à toutes ses molécules* ; autrement dit, le point d'application du poids. D'après les propriétés du centre des forces parallèles (53), on voit que le *centre de gravité* est un point tel que le corps reste en équilibre dans quelque position qu'on le place, en le faisant tourner autour de ce point supposé fixe. On définit souvent le centre de gravité par cette propriété.

Archimède, qui a le premier considéré le centre de gravité, a cherché à déterminer sa position dans un grand nombre de solides, de surfaces et de lignes, en supposant tous les points de ces figures remplacés par des molécules pesantes. Voici quelques résultats.

Lorsqu'un corps *homogène* possède un centre de figure, son centre de gravité se confond avec ce point. Car, de part et d'autre d'une ligne droite quelconque menée par le centre de figure, on trouve le même nombre de points, situés de la même manière et soumis à des forces égales. Par exemple, le centre de gravité d'une ligne droite est au milieu de sa longueur; celui d'une circonférence, d'un cercle, d'une sphère ou de sa surface, d'une ellipse, d'un ellipsoïde ou de sa surface, est à leur centre.

La considération du centre de gravité est très importante pour trouver les conditions d'équilibre des corps pesants gênés par des obstacles ; citons quelques exemples.

69. Équilibre d'un corps suspendu par un point. — Pour qu'un corps suspendu librement par un point fixe o (*fig.* 41) soit en équilibre, il faut et il suffit que la droite oc qui passe par le point fixe et par le centre de gravité c soit verticale. En effet, au lieu de la pesanteur qui agit sur toutes les molécules du corps, nous pouvons considérer son poids ca appliqué au centre de gravité c ; et cette force est détruite par la résistance du point fixe, lorsque la droite oc est verticale. Si, au contraire, cette droite était dirigée suivant oc', le poids, $c'a'$, pourrait être décomposé en deux forces, l'une suivant $c'r$, qui serait détruite, et l'autre perpendiculaire à cette droite, et qui aurait pour effet de faire tourner le corps autour du point o.

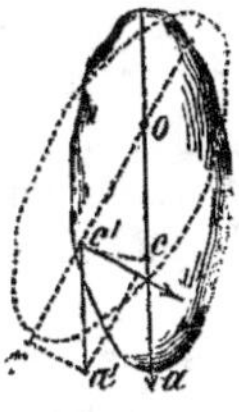

Il résulte de là un moyen théorique de trouver la position du *centre de gravité* d'un corps de forme quelconque : on suspend ce corps par un fil an (*fig.* 42), et quand il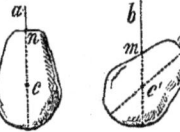

Fig. 41.

Fig. 42.

est en équilibre, le prolongement du fil, qui est vertical, passe par le centre de gravité c ; on suspend ensuite le corps par un autre point m, et le prolongement du fil passe encore par le centre de gravité c' ; de sorte que ce point se trouve au point de rencontre des deux prolongements $n'c'$, mc' obtenus successivement.

70. Équilibre stable ou instable. — On distingue deux espèces principales d'équilibre : l'*équilibre stable*, qui est tel que, si l'on dérange très peu le système de la position d'équilibre, il tend à y revenir sous l'influence des forces qui le sollicitent ; et l'*équilibre instable* ou *instantané*, dans lequel le système, dérangé *très peu* de sa position d'équilibre, tend à s'en écarter davantage. Par exemple, un prisme posé sur une table par une de ses faces latérales, est en équilibre stable ; car, si on le soulève un peu en le faisant tourner autour d'une arête, il retombe sur cette face. Mais il est en équilibre instable quand il s'appuie sur une arête. L'équilibre instable ne peut être réalisé par l'expérience, à moins de résistances, comme des frottements. Nous avons dit qu'il faut déplacer *très peu* le système; autrement, il pourrait prendre une nouvelle position d'équilibre, et ne pas revenir à la première, quoiqu'elle fût stable. Par exemple, si l'on déplaçait trop le prisme, il retomberait sur une autre face.

L'équilibre d'un corps suspendu par un point, est stable, quand le centre de gravité est au-dessous du point de suspension, comme cela se voit au moyen de la *fig.* 41 ; et il est instable dans le cas contraire (*fig.* 43). Car, si l'on déplace un peu le corps, de manière que la droite *oc* vienne en *c'o*, on voit que la composante *c'b*, du poids *c'a'*, tend à éloigner davantage le corps de la position d'équilibre.

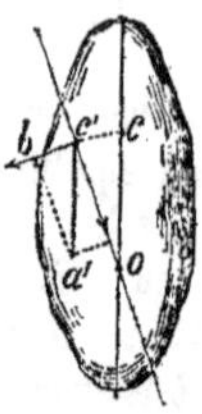

Si le centre de gravité coïncide avec le point de suspension, l'équilibre a lieu dans toutes les positions du corps; on a alors un *équilibre indifférent.*

Fig. 43.

71. Corps appuyé par un point sur un plan horizontal. — Pour que le corps soit en équilibre, il faut, et il suffit que le point d'appui soit sur la même verticale que le centre de gravité. L'équilibre est ordinairement *instable*, parce que ce dernier point est le plus souvent au-dessus du plan, et par conséquent, du point d'appui. Cependant si l'on dispose des masses *m*, *m*, comme dans la *fig.* 44, de manière à abaisser le centre de gravité au-dessous du point d'appui O, l'équilibre est stable.

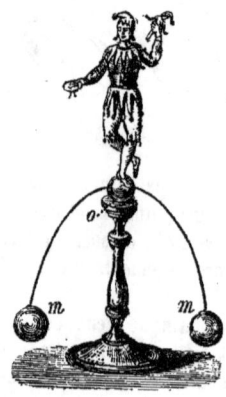

Fig. 44.

Quand le corps a une forme telle que le point par lequel il s'appuie sur un plan horizontal, change quand on le dérange de sa position, l'équilibre (qui a toujours lieu quand la verticale du centre de gravité passe par le point d'appui) est stable si le centre de gravité s'élève dans ces déplacements, et instable s'il s'abaisse. En effet, le centre de gravité tendant toujours à descendre, il ramènera, dans le premier cas, le corps à la position d'équilibre, et l'en écartera dans le second. Le premier cas se présente quand la sphère décrite du centre de gravité G (*fig.* 45) avec un rayon égal à sa distance au point d'appui lors de l'équilibre, est en dedans de la surface du corps dans le voisinage de ce dernier point. L'équilibre est *instable* lorsque cette sphère enveloppe la surface du corps. L'équilibre est *indifférent* quand la surface du corps coïncide avec celle de la sphère,

72. Base de sustentation. — Quand un corps repose sur un plan horizontal par plus de deux points non en ligne droite, on appelle *base de sustentation* la surface la plus grande que l'on puisse embrasser en joignant les points d'appui les uns aux autres. Cela posé, pour que le corps soit en équilibre, *il faut et il suffit que la verticale qui passe par le centre de gravité rencontre le plan dans l'intérieur de la base de sustentation.* En effet, lorsque cette condition est remplie, la force appliquée au centre de gravité ne fait que presser le corps contre le plan ; et si la verticale qui passe par le centre de gravité G (*fig.* 46) perçait le plan au point *m*, en

Fig. 45.

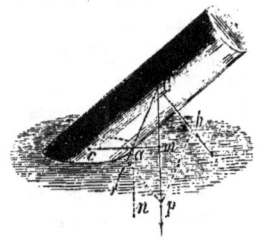
Fig. 46.

dehors de la base de sustentation, on pourrait décomposer le poids G*p* en deux forces, l'une dirigée suivant G*a* passant par le point *a* de la base, le plus rapproché du point *m*, et l'autre suivant G*b* perpendiculaire à G*a*. Cette dernière composante agit pour renverser le corps en le faisant tourner autour du point *a*. Quant à la première, elle peut, elle-même, se décomposer en deux forces, l'une *an* perpendiculaire au plan, et détruite, l'autre dans ce plan suivant *ac*, et qui tend à faire glisser le corps.

Chez l'homme, la base de sustentation est limitée par le contour extérieur des pieds, et par deux lignes droites qui joindraient, l'une les deux talons, et l'autre les extrémités antérieures. On est plus stable sur les deux pieds, surtout quand ils sont écartés, que sur un seul, parce que, dans le premier cas, la base de sustentation étant plus grande, le centre de gravité, et par suite le corps, peut être déplacé dans des limites plus étendues, sans sortir des conditions d'équilibre. Quand on porte un fardeau, on doit se

Fig. 47.

pencher du côté opposé à la charge, pour ramener au-dessus de la base de sustentation, le centre de gravité, qui se trouve transporté du côté de la charge. Pour qu'une voiture qui penche latéralement (*fig.* 47) ne verse pas, il faut que la verticale qui passe par le centre de gravité rencontre le sol entre les roues. On voit aussi qu'il y a avantage, pour la stabilité, à tenir la charge le plus bas possible ; car si, dans le cas de la figure, le centre de gravité était au point c' au lieu d'être au point c, l'équilibre ne pourrait pas exister avec la même inclinaison latérale.

§ 2. — LOIS DE LA PESANTEUR.

73. 1re **loi.** — *La vitesse de la chute d'un corps est indépendante de sa masse.* En effet, supposons que les molécules du corps soient libres et indépendantes les unes des autres ; elles tomberont toutes avec la même vitesse, puisqu'elles sont identiques et soumises à des forces égales ; elles ne se sépareront donc pas. On pourra donc, sans rien changer à l'état du mouvement, les supposer liées entre elles de manière à ne former qu'un seul corps, dont la vitesse sera la même que celle d'une de ses molécules, et, par conséquent, indépendante de sa masse.

On se rend aussi compte de ce principe, en remarquant que, si la masse d'un corps devient double, triple, quadruple..... son poids, ou la force qui le fait tomber, devenant aussi double, triple, quadruple ;..... la vitesse doit rester la même (43).

74. 2e **loi.** *La vitesse de la chute d'un corps ne dépend pas de sa nature.* Ce principe, que l'expérience seule pouvait faire connaître, montre que la pesanteur agit avec la même intensité sur toutes les espèces de molécules ; il s'énonce ordinairement en disant que *tous les corps sont également pesants.* Cependant nous voyons tous les jours des corps tomber avec des vitesses très inégales ; mais il est facile de reconnaître que les différences sont dues à la résistance de l'air.

Galilée, qui a découvert toutes les lois de la pesanteur [1], laissa tomber du

---

[1] Galilée, un des pères de la physique moderne, né à Pise, en 1564, était fils d'un gentilhomme florentin pauvre, mais instruit. Destiné d'abord au commerce, puis à la médecine, sa grande aptitude pour les sciences le fait admettre à l'Université de Pise, où il professe les mathématiques à l'âge de 20 ans. Ayant combattu les idées d'Aristote, il est forcé de quitter sa chaire (1592), vient professer à Padoue, où il reste 18 ans, et fait là ses principales découvertes. En 1609, il invente la lunette qui porte son nom, la tourne vers le ciel, et fait une foule de découvertes, qu'il publie dans le *Sidereus nuntius*. Le grand-duc Cosme II l'appelle à Florence avec le titre de son premier mathématicien. Là, ayant soutenu le système de Copernic, il est poursuivi par l'Inquisition (1615). En 1623, il publie le *Saggiatore*, série de dialogues, dans lesquels il discute le même système. Cité de nouveau par l'Inquisition, il se rend à Rome à l'âge de 70 ans, est forcé d'abjurer la croyance au mouvement de la terre, comme une hérésie et une absurdité, et est condamné à une prison perpétuelle (1633). Le grand-duc adoucit le plus qu'il put les effets de cette sentence déplorable. En 1638, fut publié le livre où Galilée jette les fondements de la dynamique. A 74 ans, il perd « ces yeux qui avaient découvert un nouveau ciel, » et meurt aveugle en 1642, l'année de la naissance de Newton, laissant beaucoup d'écrits, qui, pour la plupart, ont été perdus. Galilée ne se maria pas ; il était aimable, enjoué, modeste, et possédait la plupart des arts d'agrément.

haut de la tour inclinée de Pise, des boules égales d'or, de plomb, de cuivre, de porphyre et de cire, et il vit tous ces corps arriver à terre presque en même temps. Il n'y eut que la boule de cire qui fut un peu en retard; mais ce retard était loin d'être proportionnel à la différence entre son poids et celui de la moins pesante des autres boules. — Après d'autres expériences semblables faites par Frenicle, Mariotte et Desaguilliers, la loi fut regardée comme démontrée. Newton imagina, pour la confirmer, de faire tomber les corps dans le vide. L'expérience se fait au moyen d'un long tube de verre fermé à l'une de ses extrémités, et muni à l'autre, d'un robinet par lequel on peut extraire l'air (*fig.* 48). Ce tube contient des fragments de plomb, papier, liége, duvet..... Le tube étant vertical, on le retourne brusquement, après en avoir extrait l'air, et l'on voit tous ces corps arriver au bas, au même instant. Si l'on fait rentrer un peu d'air, les corps les plus légers sont un peu en retard sur les autres, et d'autant plus que la quantité d'air introduite est plus considérable.

On fait encore l'expérience suivante, due à Benedict Prévost. On place sur un disque de métal, un morceau de papier qui n'en dépasse pas les bords, ou bien différents corps légers. On laisse ensuite tomber le tout dans une position bien horizontale. Tous les corps arrivent à terre au même instant, parce que la résistance de l'air ne se fait pas sentir sur les corps légers placés sur le disque.

75. Pour expliquer pourquoi la résistance de l'air n'agit pas également sur différents corps, même lorsqu'ils ont la même forme et des

Fig. 48.

Fig. 49. - $1/_{10}$.

volumes égaux, remarquons que cette résistance ne se fait sentir que sur la surface. Mais, dans le cas des corps les plus lourds, cette résistance se répartit sur une plus grande masse, et, par conséquent, diminue moins la vitesse des points matériels, que si ces points étaient moins nombreux.

Une feuille de papier, une feuille d'or étendues tombent bien plus lentement que lorsqu'elles sont roulées en boule. Une masse d'eau se divise en tombant, par la résistance de l'air, qui alors devient très grande; sans cela elle tomberait comme un bloc de glace. C'est ce que montre l'expérience du *marteau d'eau* (*fig.* 49). On nomme ainsi un tube fermé à ses deux extrémités, renfermant de l'eau, et dont on a chassé tout l'air. Si on le retourne brusquement, l'eau en retombant sur l'extrémité inférieure, produit un choc comme ferait un corps solide.

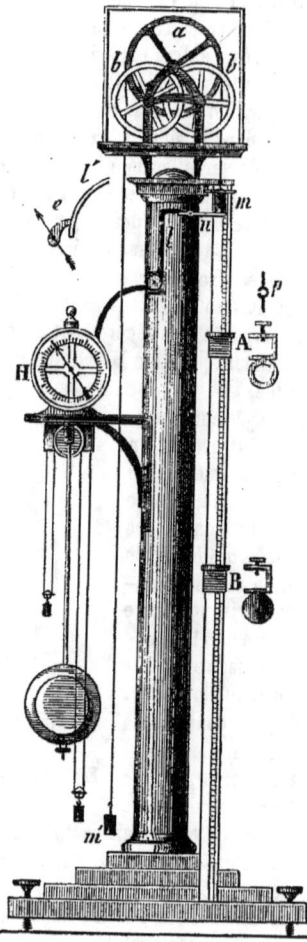

Fig. 50.

76. 3ᵉ et 4ᵉ loi. — *La vitesse acquise par un corps qui tombe librement en partant de l'état de repos, est proportionnelle au temps.*

Les espaces parcourus sont proportionnels aux carrés des temps employés à les parcourir. Pour constater ces deux lois, il est nécessaire de ralentir la vitesse de la chute, sans toutefois modifier les lois du phénomène. C'est ce que Galilée obtenait en faisant rouler les corps sur un plan incliné ; mais, à cause des frottements, les résultats étaient peu exacts. Aujourd'hui on emploie l'appareil suivant qui est beaucoup plus précis.

77. Machine d'Atwood[1]. — Cette machine consiste en une poulie très légère a (*fig.* 50), sur laquelle passe un fil de soie soutenant deux masses égales m et m'. Une règle verticale divisée en millimètres, dressée le long du chemin que doit parcourir la masse m, porte deux curseurs A et B qui peuvent être fixés à différentes hauteurs, au moyen de vis de pression. Ces curseurs portent des plaques horizontales, dont l'une, A, est percée, de manière à permettre à la masse m de passer. Une horloge à balancier, H, marque les secondes.

Pour rendre la poulie a très mobile, on appuie l'arbre qui la traverse sur les jantes croisées deux à deux de quatre roues égales b, b, représentées à part (*fig.* 51). L'arbre de la poulie, roulant, au lieu de glisser, sur

[1] Atwood (Georges), né en Angleterre, vers 1745, auteur de plusieurs ouvrages sur la mécanique et la physique, professa cette dernière science à l'Université de Cambridge ; il mourut en 1807.

le contour des roues, en les faisant tourner d'un mouvement lent, le frottement est à peine sensible.

Principe de l'appareil. — Si l'on pose un poids additionnel p sur la masse m, cette masse descend en faisant monter la masse m'; mais le mouvement est beaucoup plus lent que si le poids p tombait librement; car ce poids a à entraîner, avec sa propre masse, les masses m et m'. De plus, les lois de la chute ne sont pas altérées; car, si la somme des masses mises en mouvement par le poids p est égale à 10 fois sa masse, le mouvement est le même que si, la masse entraînée étant seulement celle du poids p, la force de la pesanteur était 10 fois moindre.

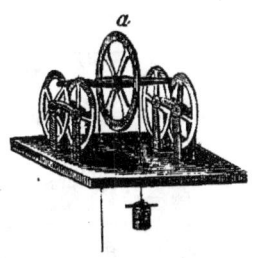

Fig. 51.

Cela peut se voir autrement : soit g la vitesse acquise, au bout d'une seconde, par le poids p tombant librement, et g' celle qui l'anime au bout du même temps quand il est lié au système des masses m, m'. Dans les deux cas, les quantités de mouvement doivent être les mêmes, comme servant de mesure à une même force, qui est le poids p. On a donc, en représentant par μ la masse du poids p, $g\mu = g'(\mu + 2m)$, d'où $g = g'\frac{\mu + 2m}{\mu}$. Si donc, on prouve que les vitesses et les espaces parcourus observés dans la machine d'Atwood satisfont aux formules $V = g't$, $e = \frac{1}{2}g't^2$, les lois exprimées par ces formules seront tout aussi vraies quand le corps tombera librement, puisqu'il suffit, pour passer de g' à g, de multiplier g' par une quantité constante.

Vérification des lois. Pour prouver que *les espaces parcourus sont proportionnels aux carrés des temps*, on place la masse m, chargée du poids additionnel p, au zéro de l'échelle verticale, et on la laisse descendre au moment où le balancier de l'horloge fait entendre un battement, qui indique le commencement exact d'une seconde. Pour rendre la coïncidence aussi précise que possible, le poids m est soutenu par un plateau n qui peut basculer autour d'un axe horizontal, et est retenu par un levier l dépendant de l'horloge H, qui le laisse tomber au moment exact d'un battement du balancier.

On cherche ensuite, par des essais successifs, à quel endroit il faut placer le curseur B, pour que le choc de la masse m sur la plaque, coïncide avec le battement suivant. La distance du curseur au zéro de l'échelle, donne alors l'espace parcouru pendant une seconde. On recommence l'expérience en plaçant le curseur B à une distance *quadruple*, et l'on trouve que le choc de la masse m coïncide avec le troisième battement; ce qui montre que l'espace quadruple a été parcouru en *deux* secondes. Si le curseur est placé à une distance neuf fois plus grande, le nouvel espace est parcouru en trois secondes, et ainsi de suite.

2° Pour vérifier que *les vitesses sont proportionnelles au temps*, on place d'abord le curseur à plaque percée, A, au point où arrive la masse *m* après une *seconde* de chute, et le curseur B à une distance du curseur A égale au double de celle qui sépare ce dernier du zéro. On laisse ensuite partir le système au moment d'un battement, et l'on entend le poids additionnel *p*, frapper au moment du second battement, l'anneau qui l'arrête, à cause de sa forme allongée *p*. A partir de cet instant, le mouvement est uniforme, et l'espace parcouru en 1^s, mesure la vitesse du système au moment où le poids *p* a été arrêté (32). On trouve ainsi que le troisième battement coïncide avec le choc de la masse *m* sur le curseur B. La distance des deux curseurs donne donc la vitesse acquise au bout d'une seconde. Si l'on fait une nouvelle expérience, en laissant tomber le système pendant 2^s avant d'arrêter le poids additionnel, on trouve que l'espace parcouru pendant une seconde, à partir de ce moment, est double de celui qu'on avait obtenu dans l'expérience précédente; et ainsi de suite.

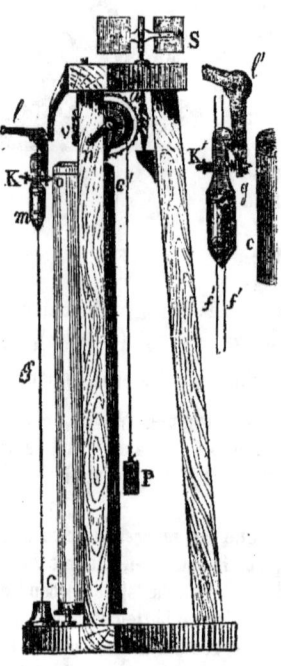

Fig. 52.

On peut vérifier aussi que l'espace parcouru pendant le temps *t*, en vertu de la vitesse acquise, est double de l'espace parcouru pendant le même temps pour acquérir cette vitesse, c'est-à-dire de l'espace parcouru avant la suppression du poids additionnel (33).

78. Machine à indications continues. — Les lois de la chute des corps peuvent aussi se prouver au moyen de la machine de MM. Poncelet et Morin, dont la figure 52 représente un des modèles les plus simples. *c'c* est un cylindre vertical en bois, sur lequel est appliquée une feuille de papier. Un poids P, imprime un mouvement rapide autour de son axe, à ce cylindre, par l'intermédiaire d'une roue dentée qui agit sur la vis sans fin *v* adaptée à l'axe du cylindre. Un volant à ailettes S, mis en mouvement par la même roue dentée et la vis sans fin *u*, sert à rendre le mouvement uniforme au bout d'un certain temps. *m* est une masse munie d'un crayon horizontal K*o*, et guidée dans sa chute par deux fils métalliques, *f*, tendus verticalement, et qui la tiennent à une distance constante du cylindre *cc'*. La masse *m* est d'abord retenue par le levier à mentonnet *l*, représenté à part en *l'*. Ce levier est terminé par une fourchette *g*, qui tient la pointe du crayon éloignée du cylindre, pour l'empêcher de s'émousser. Un ressort presse cette pointe contre le cylindre *c*, dès que le levier *l'* abandonne la masse *m* à elle-même.

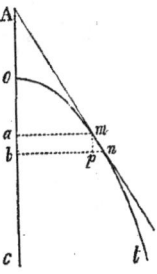

Fig. 53.

Voici comment se fait l'expérience : après avoir mis le cylindre *cc'* en mouvement, et attendu que ce mouvement soit devenu uniforme, on appuie sur le levier *l*, la masse *m* tombe et est reçue dans une cuvette *c*, à laquelle sont fixés les fils tendus *f*, *f'f'*. Pendant la chute, le crayon trace une courbe continue sur le cylindre tournant. On étend alors la feuille de papier dans un plan (*fig.* 53), et l'on reconnaît que les distances des différents points de la courbe à la ligne horizontale qui passe par le point de départ *o* du crayon, sont entre elles comme les carrés des distances de ces mêmes points à l'arête *oc*; or, les distances verticales représentent les espaces parcourus, et les distances horizontales, les temps écoulés, puisque le cylindre tourne uniformément. Les espaces parcourus sont donc proportionnels aux carrés des temps. La courbe décrite est une *parabole* dont l'axe est *oc*.

★ **Vitesse.** — On peut aussi, au moyen de la courbe *omt* (*fig.* 53), évaluer la vitesse après un temps donné *am*, et, par suite, vérifier la loi des vitesses. En effet, soit *ab* un espace infiniment petit parcouru pendant le temps *pn* aussi infiniment petit. La vitesse, au bout du temps *oa* sera *ab* : *pn* (32), ou *mp* : *pn* = tang *nmp* = tang A. Or, tang A = *ma* : A*a*, et, *mn* étant infiniment petit, A*m* n'est autre chose que la tangente à la parabole au point *m*. Il suffira donc, pour obtenir la vitesse, de construire la tangente en *m*, de mesurer les distances *am* et A*a* et d'en prendre le rapport.

79. Conséquences des lois de la pesanteur. — Le mouvement d'un corps qui tombe librement suivant la verticale étant un mouvement uniformément accéléré, on voit que *la pesanteur est une force accélératrice constante* (44). Il résulte de là que, si l'on appelle *g* l'intensité de la pesanteur, c'est-à-dire l'accélération qu'elle produit en une seconde, un corps qui tomberait librement en partant de l'état de repos aurait acquis, au bout du temps *t*, une vitesse *v*, et parcouru un espace *h*, donnés (33) par les formules

$$h = \tfrac{1}{2} g t^2, \qquad v = gt, \qquad v = \sqrt{2gh}.$$

Si le corps était animé d'avance d'une vitesse u, les formules seraient (34),

$$h = ut \pm \tfrac{1}{2}gt^2, \qquad v = u \pm gt, \qquad v = \sqrt{u^2 \pm 2gh}.$$

Le signe (—) correspond au cas où le corps est lancé de bas en haut. Dans ce cas, on peut se demander à quelle hauteur le corps parviendra. Or, la vitesse devient nulle au moment où le mobile arrive au point le plus haut; on a donc, pour ce point, $v = \sqrt{u^2 - 2gh} = 0$; d'où $h = u^2 : 2g$. La vitesse acquise en revenant au point de départ, est donnée par la formule $v = \sqrt{2gh}$; en y faisant $h = u^2 : 2g$. On trouve la valeur u, c'est-à-dire, la vitesse avec laquelle le corps avait été lancé de bas en haut.

§ 3. — INTENSITÉ DE LA PESANTEUR. — PENDULE.

80. L'intensité de la pesanteur se mesure par la vitesse qu'acquiert, au bout d'une seconde, un corps tombant dans le vide en partant de l'état de repos; ou bien par le double de l'espace parcouru pendant la première seconde de la chute (33). Cette intensité se mesure avec une grande précision au moyen du pendule.

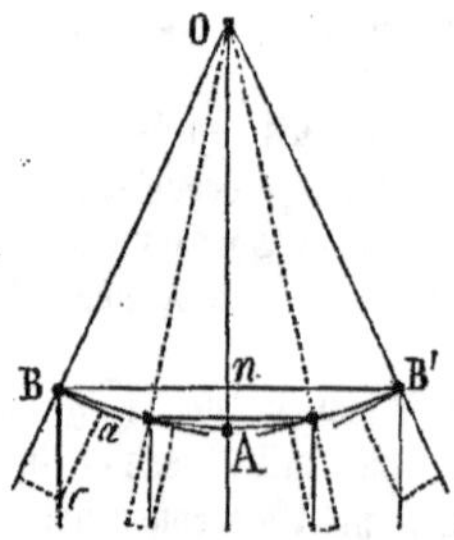

81. Du pendule. — Un pendule consiste, en général, en un corps solide mobile autour d'un axe horizontal qui ne passe pas par son centre de gravité. Si l'on dérange ce corps de sa position d'équilibre et qu'on l'abandonne ensuite à lui-même, il exécute, sous l'influence de la pesanteur, des mouvements alternatifs nommés *oscillations*. Pour étudier les propriétés de cette espèce de mouvement, on considère d'abord un pendule idéal, nommé *pendule simple*, tandis que le pendule matériel est nommé *pendule composé*.

Fig. 54.

82. Pendule simple. — Le pendule simple consiste en un point matériel pesant, suspendu à un point fixe au moyen d'un fil inextensible, dépourvu de masse et de poids.

Soit OA (*fig.* 54) un pendule simple en équilibre; amenons-le dans la position OB; la pesanteur Bc agissant en B, peut être décomposée en deux forces, l'une suivant le prolongement de OB, détruite par la résistance du fil, l'autre suivant Ba perpendiculaire à OB, et qui tend à ramener le pendule à la position d'équilibre OA. Cette composante diminue à mesure que le pendule se rapproche de la verticale, comme on peut le voir, en représentant l'intensité de la pesanteur par Bc, et déterminant l'intensité de la composante Ba, par la règle du parallélogramme des forces; cette composante est d'autant plus petite que l'angle Bca = BOA est plus petit. Le mouvement accéléré de B en A est donc produit par une force continue, mais d'intensité décroissante ; il n'est donc pas *uniformément* accéléré.

Arrivé dans la position verticale, le pendule la dépasse en vertu de la vitesse acquise, et remonte de A en B′ avec un mouvement retardé ; car, la composante de la pesanteur tangente à l'arc décrit, est alors dirigée en sens contraire du mouvement. Comme tout est symétrique de part et d'autre de la verticale, cette composante diminue la vitesse en chaque point, de la quantité même dont elle l'avait augmentée aux points de l'arc BA situés à la même distance du point A; de sorte que la vitesse n'est entièrement détruite que lorsque le pendule a parcouru l'arc AB′ égal à AB. En B′, il y a un moment imperceptible de repos, après lequel le pendule retourne sur ses pas pour remonter en B, revenir de nouveau en B′,.... et ainsi de suite indéfiniment, en supposant qu'il n'existe aucune résistance.

Chacun des mouvements de B en B′ et de B′ en B se nomme une *oscillation*. L'angle BOB′, ou l'arc BAB′ qui le mesure, se nomme l'*amplitude* de l'oscillation.

Isochronisme du pendule. — Il est évident que les oscillations d'égale amplitude s'accomplissent toutes dans le même temps. Mais ce qu'il y a de remarquable, c'est que *le temps de l'oscillation reste encore le même quand l'amplitude change, pourvu qu'elle soit infiniment petite;* et que ce temps reste sensiblement le même, quand l'amplitude est seulement très petite, de 2 ou 3 degrés, par exemple; ce qui s'exprime en disant que les oscillations très petites sont *isochrones*.

Formule du pendule. — La propriété de *l'isochronisme*, et les autres propriétés du pendule simple, *dans le cas de l'amplitude infiniment petite*, sont exprimées par la formule

$$t = \pi \sqrt{\frac{l}{g}},$$

dans laquelle t représente la durée d'une oscillation, l la longueur du pendule, π le rapport de la circonférence au diamètre, et g l'intensité de la pesanteur. Cette formule montre que :

1° *La durée de l'oscillation ne dépend pas de l'amplitude* ;

2° *Cette durée est proportionnelle à la racine carrée de la longueur* ;

3° *Elle est en raison inverse de la racine carrée de l'intensité de la pesanteur.*

83. Pendule composé. — Le pendule simple ne peut être réalisé ; on le remplace par le *pendule composé*. Ce dernier est ordinairement formé d'une tige ou d'un fil métallique, supportant une masse à laquelle on donne souvent la forme d'une lentille, pour qu'elle fende l'air plus facilement. La suspension consiste, tantôt en une lame métallique très flexible pincée suivant une droite horizontale, dans une espèce d'étau ; tantôt en un prisme triangulaire en acier, nommé *couteau*, reposant par une arête sur une plaque horizontale faite d'une substance très dure.

Centre et axe d'oscillation. — Quelle que soit la durée de l'oscillation d'un pendule composé, il existe toujours un *pendule simple* de longueur telle qu'il oscille dans le même temps ; de sorte que les points du pendule composé placés à une distance de l'axe de suspension égale à cette longueur, oscillent comme s'ils étaient libres. Ces points, situés sur une droite parallèle à l'axe de suspension, forment l'*axe d'oscillation*, et la distance de cette droite à l'axe de suspension, se nomme *longueur d'oscillation*. Les points plus éloignés de l'axe de suspension oscillent plus rapidement que s'ils étaient libres, et les points plus rapprochés, oscillent plus lentement, à cause de leur liaison les uns avec les autres.

Le *pendule composé étant synchrone* avec le *pendule simple* de longueur égale à sa longueur d'oscillation, on pourra appliquer la formule du pendule simple au pendule composé, en y remplaçant l par la *longueur d'oscillation*.

84. Évaluation de la longueur d'oscillation. — D'après ce qui précède, on voit qu'il est très important de savoir trouver la position de l'axe d'oscillation d'un pendule composé. Ce problème, célèbre au XVIIe siècle, peut se résoudre par le calcul, quand la forme du pendule est connue.

On peut aussi trouver l'axe d'oscillation par l'expérience, en s'appuyant sur cette propriété démontrée par Huyghens : que l'*axe d'oscillation et l'axe de suspension sont réciproques l'un de l'autre*; c'est-à-dire que, si l'on fait osciller un pendule composé autour de son axe *d'oscillation*, la durée d'une oscillation reste la même, c'est-à-dire que l'axe de suspension primitif est devenu l'axe d'oscillation du pendule ainsi renversé. On cherchera donc par tâtonnement la position d'une ligne parallèle à l'axe de suspension, telle que, le pendule oscillant autour de cette ligne, fasse son oscillation dans le même temps que s'il était appuyé sur son axe de suspension ; cette ligne sera l'axe d'oscillation.

Dans le cas d'un pendule formé d'une boule très pesante et d'un fil assez fin pour qu'on puisse en négliger le poids, l'axe d'oscillation passe sensiblement par le centre de la boule. On peut donc, avec un semblable pendule, vérifier par l'expérience les propriétés du pendule simple, en faisant varier la longueur du fil.

85. Mesure de la durée de l'oscillation. — Pour mesurer avec beaucoup de précision la durée d'une oscillation, on en compte un grand nombre, et l'on observe le temps employé à les accomplir. Divisant ce temps par le nombre des oscillations, on a la durée d'une seule, avec une grande exactitude ; car il n'y a d'erreur que dans l'appréciation de l'instant où commence la première oscillation, et de l'instant où finit la dernière. Il faut que l'amplitude des oscillations soit assez petite pour qu'elles soient isochrones.

86. Effets de la présence de l'air. — La résistance de l'air sur le pendule n'altère pas l'isochronisme des oscillations très petites. On démontre en mécanique que, si cette résistance augmente la durée de la demi-oscillation descendante en diminuant la vitesse, elle réduit d'autant la durée de la demi-oscillation ascendante en en diminuant l'étendue. Il faut remarquer seulement que l'amplitude ira en décroissant, et que le pendule finira par s'arrêter.

87. Lois du mouvement oscillatoire en général. — Les lois du pendule s'appliquent aux oscillations d'un corps soumis à une force quelconque constante et parallèle à une même direction dans toutes les positions du corps. La formule du pendule s'applique donc aussi à ce cas ; il faudra seulement y remplacer g par la force en question.

88. Applications du pendule. — Galilée, qui a découvert les propriétés du pendule, songea à l'employer à la mesure du temps, dans ses recherches de physique et d'astronomie ; mais il lui fallait compenser par des impulsions fréquentes l'effet de la résistance de l'air. Huyghens[1] en 1656, a évité cet inconvénient, en adaptant le pendule à une horloge, dont il régularise la marche, et qui est chargée de lui donner les impulsions nécessaires. Voici une des nombreuses dispositions adoptées pour cela.

Fig. 55.

Une roue verticale à dents obliques R (*fig.* 55) dite *roue de rencontre* ou *rochet*, est mise en mouvement par un poids P, soit directement, soit par l'intermédiaire de rouages. Une pièce d'*échappement ab*, nommée *ancre*, est placée au-dessus, et oscille autour d'un axe horizontal oo', en même temps que le pendule cP, avec lequel elle est mise en rapport au moyen de la tige à fourchette of. Quand le pendule est vertical, l'une des dents de la roue s'appuie sur l'extrémité supérieure du crochet b,

---

[1] Huyghens (Christian), fils d'un ministre de Guillaume III, naquit à La Haye, en 1629, et se distingua de bonne heure par divers travaux sur les mathématiques et la mécanique. Appelé à l'Académie des Sciences, par Louis XIV (1665), il publia à Paris, ses principaux ouvrages. A la révocation de l'édit de Nantes (1685), il retourna à La Haye, où il fit de nouvelles recherches sur l'optique, et posa les bases du système des ondulations de la lumière. Il mourut à La Haye, en 1695. On doit à Huyghens, le ressort spiral des montres, les lois de la force centrifuge dans le cercle, la découverte de l'anneau de Saturne, etc.

et l'appareil est arrêté. Mais si le pendule s'incline, de manière que le crochet b s'éloigne de la roue, la dent appuyée devient libre, et la roue tourne jusqu'à ce que le crochet a, qui s'en est alors approché, soit frappé de bas en haut par la dent qui arrive en dessous. Le pendule revenant ensuite sur ses pas, le crochet a se retire, laisse partir la roue, qui se trouve arrêtée de nouveau, un instant après, par le crochet b, que vient rencontrer en dessus la dent suivante... ; et ainsi de suite. Le mouvement de la roue est ainsi composé de petits déplacements égaux, se succédant régulièrement comme les oscillations du pendule.

Pour que le pendule reçoive des impulsions qui perpétuent son mouvement, les deux crochets a et b sont terminés par deux petits plans inclinés en sens contraire. L'extrémité de la dent qui s'échappe vient alors glisser, uə le pressant, sur le plan incliné, de manière à lui donner, jusqu'au

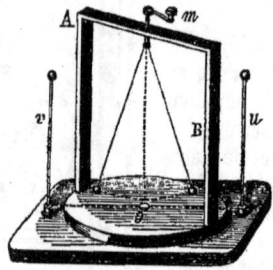

Fig. 56.

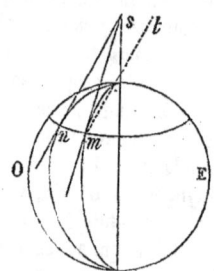

Fig. 57.

moment où elle se dégage, une petite impulsion, qui provient du poids qui fait tourner la roue, et est répétée à chaque demi-oscillation.

★ **89. Application à la démonstration de la rotation de la terre.** — M. L. Foucault a employé le pendule à prouver le mouvement de la terre autour de son axe. Pour faire comprendre le principe de la méthode, considérons d'abord un pendule, oscillant dans un plan passant par les tiges fixes verticales v, u (*fig.* 56), et suspendu par un fil à un châssis AB, mobile autour d'un axe vertical o. Si l'on fait tourner le châssis, on remarque que le plan d'oscillation du pendule passe constamment par les tiges v et u; résultat qui est la conséquence de l'inertie de la matière. Un pendule placé au pôle de la terre devrait donc conserver son plan d'oscillation, qui semblerait faire, en 24 heures, le tour de l'horizon, en marchant de l'est à l'ouest.

Si, au lieu d'être au pôle, le pendule est situé entre ce point et l'équateur, et si on le fait osciller dans le méridien, on verra son plan d'oscillation tourner autour de la verticale, de manière à faire avec le méridien un angle de plus en plus grand. Ce plan s'avancera de l'ouest à l'est, du côté nord;

car le méridien venant de Sn en Sm (*fig.* 57), le plan d'oscillation, qui tend à rester parallèle à sa première direction, viendra en tm, et aura tourné, en apparence, de l'angle tms, par rapport au méridien sm. A l'équateur, où les tangentes aux différents méridiens sont parallèles entre elles, il n'y a pas de mouvement apparent du plan d'oscillation.

L'expérience a été faite, en 1851, au moyen d'un pendule gigantesque formé d'un fil d'acier de plus de 50 mètres de longueur, suspendu sous le dôme du Panthéon de Paris, et soutenant une boule de cuivre armée d'une pointe (*fig.* 58), le déplacement du plan d'oscillation se voyait facilement au moyen de petits monticules de sable humide a, a, que la pointe venait entamer à chaque oscillation, sur une longueur de 2^{mm},5 environ. La durée de l'oscillation était de 8^s. — L'expérience peut se faire avec un pendule de 3 ou 4 mètres de longueur; mais les résultats sont moins sensibles, l'arc d'amplitude ne pouvant plus être aussi grand, et le pendule s'arrêtant plus tôt.

Il est important que le pendule ne reçoive en partant, aucune impulsion latérale. Pour remplir cette condition, on retient la boule hors de la position d'équilibre, dans un anneau de fil très lâche, attaché à un point fixe, et qu'on brûle en o (*fig.* 58), pour laisser partir le pendule.

90. Application du pendule à l'étude de la pesanteur. — Le pendule fournit un moyen d'une précision presque illimitée, pour démontrer que la pesanteur agit de la même

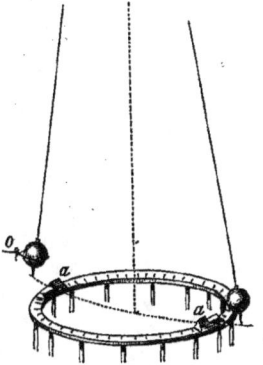

Fig. 58.

manière sur toutes les espèces de corps (74). Quand on le destine à cet usage, il est formé d'un fil métallique auquel est suspendue une calotte sphérique (*fig.* 59), dans laquelle on fait adhérer successivement, au moyen d'une légère couche d'huile, des boules de même diamètre et de différentes substances. On mesure la durée de l'oscillation, et l'on trouve qu'elle est toujours la même, quelle que soit la substance dont la boule est formée. Or, la formule du pendule montre que, si t et l ne varient pas, g doit être constant.

91. Mesure de l'intensité de la pesanteur. — On fait osciller un pendule composé, dont on connaît d'avance la *longueur d'oscillation* l, et l'on mesure la durée t d'une oscillation, par la méthode très précise que nous avons indiquée (85). La formule

$$t = \pi \sqrt{\frac{l}{g}} \qquad \text{donne alors} \qquad g = \frac{\pi^2 l}{t^2}.$$

pour l'intensité g de la pesanteur.

58   PESANTEUR.

Borda et Cassini, en 1790, ont opéré ainsi à l'Observatoire de Paris, au moyen d'un pendule de 4 mètres environ de longueur, représenté dans la figure 59. B est une sphère que l'on fait adhérer à une calotte sphérique c, par la pression et par l'interposition d'une légère couche d'huile. Cette sphère est en platine, substance la plus dense, sur laquelle la résistance de l'air a le moins d'influence. La vis v sert à fixer la calotte sphérique à un fil

Fig. 59.

de platine, fixé d'autre part, au moyen de la vis v', au couteau ab. Ce couteau repose sur deux plaques horizontales en matière très dure, situées dans un même plan. Une masse m, qui peut être déplacée le long d'une vis, est disposée, par tâtonnement, de manière que le système $mabv'$ du couteau oscille seul, dans le même temps que le pendule tout entier, ce qui dispense d'en tenir compte dans le calcul de la longueur d'oscillation.

Borda et Cassini ont trouvé ainsi, pour la pesanteur à l'Observatoire de Paris :

$$g = 9^m,8088.$$

Il résulte de cette valeur, qui a été vérifiée par Biot, Arago, Mathieu et Bouvard, que tout corps qui tombe librement dans le vide, en partant de l'état de repos, a acquis, au bout d'une seconde, une vitesse de $9^m,8088$; ou, ce qui revient au même, que ce corps parcourt $\frac{1}{2}g = 4^m,9044$ pendant la première seconde de sa chute (33).

La vitesse $v = \sqrt{2gh}$ (79) d'un corps tombé d'une hauteur h est égale à

$$v = \sqrt{2 \times 9,8088\ h}, \quad \text{ou} \quad v = 4,429\sqrt{h}.$$

Pendule à seconde. — Connaissant la valeur de g, on en peut déduire la longueur du pendule à seconde ; c'est-à-dire la longueur du pendule simple qui ferait une oscillation infiniment petite en une seconde. Pour cela il suffit de tirer de la formule du pendule, la valeur de l, après y avoir remplacé t par 1^s, et g par sa valeur. On trouve ainsi, pour la longueur du pendule à seconde à l'Observatoire de Paris, $l = 0^m,993866$.

92. Variation de la pesanteur avec la latitude. — Il résulte de la comparaison d'un grand nombre de résultats obtenus au moyen du pendule, par divers observateurs, dans beaucoup de pays différents, que l'*intensité* de la pesanteur n'est pas la même partout, et qu'elle va en augmentant quand on marche de l'équateur vers le pôle ; ou que la longueur du pendule à seconde, qui est proportionnelle à g, va en augmentant quand on s'avance dans la même direction. Par exemple au Spitzberg (lat. 79°) ;

à Stockolm (lat. 59°) ; à Paris (lat. 48°) ; à l'île Rawak, près de l'équateur, les longueurs du pendule à seconde sont 0^m,9961 ; 0,9949 ; 0,9939 ; 0,9911.

Ces variations de la pesanteur sont dues 1° à l'aplatissement de la terre vers ses pôles ; 2° à la force centrifuge qui résulte de son mouvement autour de son axe.

1° La terre étant aplatie à ses pôles, et le globe, à peu près sphérique, attirant comme si toute sa masse était réunie au centre (65), les points de la surface sont d'autant plus attirés qu'ils sont plus voisins du pôle.

★ 2° Il résulte de la rotation de la terre, que la pesanteur observée à sa surface n'est, en chaque point, que la différence entre l'attraction et l'effet de la force centrifuge. Soit donc m (*fig.* 60) un point pris sur un parallèle de rayon $r = \mathrm{A}m$. La force centrifuge en ce point est $mf = 4\pi^2 r : \mathrm{T}^2$. Cette force n'agissant pas dans la direction de la pesanteur, décomposons-la en deux autres, l'une horizontale mb, qui n'a pas d'influence sur la pesanteur, à laquelle elle est perpendiculaire ; l'autre verticale ma, qui a pour valeur $\overline{mf} \cos \overline{amf}$, ou $\overline{mf} \cos \lambda$; en appelant λ l'angle amf, qui est égal à la latitude du point m. Remplaçant mf par sa valeur, et remarquant que le triangle rectangle $\mathrm{A}om$ donne $r = \mathrm{R} \cos \lambda$, il vient $ma = \dfrac{4\pi^2 \mathrm{R}}{\mathrm{T}^2} \cos{^2}\lambda$. La pesanteur est donc, en appelant G l'attraction de la terre,

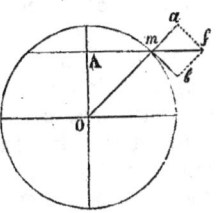

Fig. 60.

$$g = \mathrm{G} - \frac{4\pi^2 \mathrm{R}}{\mathrm{T}^2} \cos{^2}\lambda\;; \quad \text{et, à l'équateur,} \quad g = \mathrm{G} - \frac{4\pi^2 \mathrm{R}}{\mathrm{T}^2}.$$

On a calculé que, si la terre tournait 17 fois plus vite, la force centrifuge contrebalancerait l'attraction à l'équateur ; de sorte que si elle tournait encore plus vite, les corps, au lieu de tomber, tendraient à s'élever au-dessus de la surface du globe.

Au pôle, l'attraction de la terre, plus grande qu'à l'équateur, à cause de l'aplatissement, est égale à 9^m,8327. Elle ne varie donc que de $\frac{1}{505}$, de l'équateur au pôle ; tandis que la *pesanteur* varie de $\frac{1}{194}$, c'est-à-dire à peu près trois fois plus, à cause de la force centrifuge. Si l'on adopte $\frac{1}{200}$ en nombre rond, on trouve qu'un corps qui pèserait 1 kil. à l'équateur, pèserait 5 gr. de plus au pôle.

★ **93. Variation de la pesanteur dans l'intérieur du globe.** — La pesanteur diminue quand on s'enfonce au-dessous de la surface de la terre, et l'on démontre que, *si la terre était homogène et exactement sphérique*, cette force serait proportionnelle à la distance au centre. Mais la terre est loin d'être homogène et l'on a reconnu que la densité des parties intérieures est beaucoup plus grande que celle des couches superficielles. M. Roche, en partant de là, a reconnu que la pesanteur augmente jusqu'à une profondeur égale à $\frac{1}{6}$ du rayon, et qu'elle a la même valeur qu'à la surface, à une profondeur égale à $\frac{1}{3}$ du rayon.

★ 94. III. Variation de la pesanteur quand on s'élève au-dessus de la surface du globe. — *La pesanteur varie en raison inverse du carré de la distance au centre.* Cet énoncé s'applique rigoureusement à l'*attraction* de la terre supposée sphérique; mais il ne s'applique à la pesanteur qu'autant qu'on néglige l'effet de la force centrifuge.

Pour les hauteurs que nous considérons à la surface de la terre, la variation est insensible ; c'est pour cela qu'on trouve que la pesanteur suit les lois des forces accélératrices constantes. En effet, en appelant g et g' les intensités de la pesanteur au niveau de la mer et à une hauteur h, et R le rayon de la terre, on aurait $g : g' = (R+h)^2 : R^2$, en négligeant la différence de la force centrifuge à ces deux hauteurs. Or h est une quantité imperceptible vis-à-vis de R ; en la négligeant, il vient $g = g'$. Cependant, quand on s'élève sur les hautes montagnes, la diminution de la pesanteur devient appréciable par le pendule.

§ 4. — MESURE DES MASSES ET DES POIDS. — BALANCE.

95. Masse, poids, densité, poids spécifique. — L'action de la pesanteur sur tous les points matériels d'un corps étant la même, quelle qu'en soit la substance, et le poids étant la somme des actions de la pesanteur sur tous ces points, il en résulte que, *dans un même lieu, les masses des corps sont proportionnelles à leurs poids*, et que, en appelant M et P, la masse et le poids d'un corps, et g l'intensité de la pesanteur, on aura

[1]
$$P = Mg.$$

On voit donc que, pour comparer les masses des corps, il suffira de comparer leurs poids, qui sont dans les mêmes rapports.

La *densité est la masse comprise sous l'unité du volume*. Si donc on représente par D, V et M, la densité, le volume et la masse d'un corps, on aura

[2]
$$M = V \times D.$$

Cette formule exprime que : 1° *la masse est proportionnelle au volume,* — 2° *à égal volume, la masse est proportionnelle à la densité,* — 3° *la densité d'une même masse est en raison inverse de son volume.*

On nomme *poids spécifique*, et quelquefois pesanteur spécifique, *le poids compris sous l'unité de volume.* En le représentant par d, et par P le poids du corps, on aura évidemment

[3] $\qquad P = V \times d,\qquad$ ou $\qquad P = V \times D \times g;$

Car, d'après la formule [1], on a $d = Dg$, puisque d est le poids de l'unité de volume et D sa masse. On voit donc que : 1° *le poids est proportionnel au volume,* — 2° *à égal volume, le poids est proportionnel au poids spécifique,* — 3° *à égalité de poids, le poids spécifique est en raison inverse du volume.*

Le poids spécifique diffère de la densité comme le poids diffère de la masse. Le poids varie avec la latitude (92); mais le poids pris pour unité variant de même, les nombres qui expriment les poids des corps ne changent pas quand on les compare directement à leur unité, dans différents lieux. Il en est de même des poids spécifiques. C'est pour cela que l'on emploie quelquefois les mots *densité* et *poids spécifique* les uns pour les autres.

L'instrument le plus exact pour mesurer les poids est la balance, dont la théorie dépend de celle du levier, dont dont allons d'abord parler.

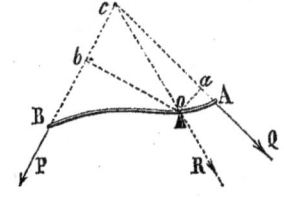

Fig. 64.

96. Du levier. — Le levier est une barre rigide AB (*fig.* 64), pouvant tourner autour d'un point fixe o, nommé *point d'appui*. A cette barre sont appliquées en deux points différents B et A, deux forces P et Q; l'une P, est la puissance, l'autre, Q, la résistance.

Pour que ces deux forces se fassent équilibre, il faut trois conditions :

1° *Les deux forces doivent tendre à faire tourner le levier en sens contraire.*

2° *Leurs directions doivent être dans un même plan avec le point d'appui.*

3° *Leurs intensités doivent être en raison inverse de leurs bras de levier.* On nomme *bras de levier*, les longueurs oa, ob des perpendiculaires abaissées du point d'appui sur les directions des deux forces.

★ Pour établir ces conditions, remarquons que, pour qu'il y ait équilibre, il faut et il suffit que les deux forces aient une résultante passant par le point d'appui, dont la résistance la détruira. Or, on démontre en statique que, pour que deux forces aient une résultante unique, il faut qu'elles soient dans un même plan; ce qui nous donne la seconde condition. — Supposons que les directions des deux forces se rencontrent en un point c; pour que leur résultante passe par le point o, il faut : 1° qu'elle soit dirigée dans l'angle ACB, ce qui exige que les forces tendent à faire tourner le levier en sens contraire; 2° que le point *o* soit dans le plan ACB; 3° que les distances du point *o* aux deux composantes soient en raison inverse des intensités de ces forces (47); ce qui nous donne la troisième condition

[1] $\qquad P : Q = oa : ob;\quad$ ou $\quad P \times \overline{ob} = Q \times \overline{oa}.$

Si les deux forces sont parallèles, les deux bras de levier seront sur le prolongement l'un de l'autre; et si ces forces sont en raison inverse des bras de levier, la résultante passera par le point *o*, d'après le principe de la composition des forces parallèles (50).

Levier droit. — Le levier prend le nom de *levier droit* quand la barre est rectiligne et la puissance et la résistance parallèles entre elles. On distingue trois espèces de leviers droits.

1° *Le levier du premier genre*, dans lequel le point d'appui est placé entre les points d'application des deux forces. Dans cette espèce de levier (*fig.* 62), la force qui a l'avantage, c'est-à-dire qui fait équilibre à une force plus intense, est celle qui est appliquée au plus grand bras de levier.

2° *Le levier du second genre*, dans lequel le point d'application de la

Fig. 62.

Fig. 63.

résistance *a* (*fig.* 63), est placé entre le point d'appui O et le point d'application de la puissance. Dans ce cas, la puissance a toujours l'avantage.

3° *Le levier du troisième genre*; le point d'appui est encore à l'une des extrémités; mais le point d'application de la puissance en est moins éloigné que le point d'application de la résistance; de sorte que cette dernière force a toujours l'avantage.

Si l'on déplace un peu le levier dans le sens de la puissance, les arcs décrits par les points d'application des deux forces seront proportionnels à leurs bras de levier respectifs, et par conséquent, en raison inverse des forces; de sorte que, si la puissance a l'avantage, son point d'application devra beaucoup se déplacer pour faire éprouver au point d'application de la résistance un déplacement donné; c'est là un cas particulier d'un principe général, qui s'énonce souvent en disant que *l'on perd en temps ce que l'on gagne en force*.

97. De la balance. — La balance est un levier droit du premier genre dont le point d'appui est au milieu. A ses extrémités sont suspendus librement deux bassins ou plateaux. Dans l'un d'eux, on place le corps que l'on veut peser, et dans l'autre, des poids gradués. Le levier de la balance se nomme *fléau*. Nous supposerons que le point d'appui et les points de suspension des bassins sont en ligne droite, ce qui a lieu ordinairement.

Conditions de justesse. — Pour qu'une balance soit juste, il faut qu'elle soit en équilibre quand les bassins portent des poids égaux. On demande de plus, que cet équilibre n'existe que dans la position horizontale du fléau. Pour atteindre ce double but, il faut quatre conditions :

1º *Les bras du fléau doivent être parfaitement égaux.* Sans cela, d'après la 3ᵉ condition d'équilibre du levier, les poids qui se feraient équilibre ne seraient pas égaux, le plus petit étant du côté du plus grand bras. Pour reconnaître si la balance remplit cette condition, on met deux corps en équilibre dans les bassins, puis on les change de place ; si les bras sont égaux, l'équilibre aura encore lieu.

2º *La balance doit être en équilibre quand les bassins sont vides.*

Si les deux conditions précédentes sont remplies, et si l'on fait abstraction du poids du fléau, ou, ce qui revient au même, si l'axe de suspension passe par son centre de gravité, l'équilibre aura lieu dans toutes les positions du fléau, car les poids égaux

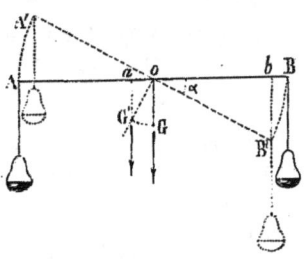

Fig. 64.

seront toujours appliqués à des bras de levier égaux. Pour que l'équilibre ne puisse avoir lieu que dans la position horizontale, il faut donc une nouvelle condition.

3º *Le centre de gravité ne doit pas se confondre avec le point d'appui, et doit se trouver avec ce point sur une même perpendiculaire à la longueur du fléau.* En effet, l'équilibre ayant lieu quand le point d'appui et le centre de gravité sont sur la même verticale (69), le fléau sera alors horizontal. Les poids égaux suspendus à la balance ne changent rien à cette condition, puisqu'ils représentent des forces égales et parallèles, qui se font équilibre aux extrémités de bras de levier égaux.

4º *Le centre de gravité doit être au-dessous du point d'appui.* S'il était au-dessus, l'équilibre serait instable (70) et la balance serait dite *folle*.

98. Quand les conditions que nous venons de passer en revue sont remplies, il y a toujours une position inclinée du fléau pour laquelle il y a équilibre quelle que soit la différence des poids placés dans les deux bassins. En effet, soit O le point d'appui du fléau AB (*fig.* 64), et *p* la différence des poids, différence qu'il suffit de considérer. La balance s'inclinera du côté de l'excès p. En même temps, le centre de gravité G, auquel est appliqué le poids π du fléau, s'élèvera en G', et il faudra, pour qu'il y ait équilibre, que les produits $p \times \overline{ob}$, $\pi \times \overline{oa}$ des forces p et π par leur bras de lévier soient égaux. Or, on voit que le bras de levier oa va en augmentant, et le bras de levier ob, en diminuant, à mesure que la balance s'incline. Il y aura donc une inclinaison du fléau pour laquelle on aura $\pi \times \overline{oa} = p \times \overline{ob}$.

99. Sensibilité de la balance. — Une balance *sensible* est celle qui peut indiquer, en s'inclinant, une différence de poids très petite. Dans le cas contraire, elle est dite *sourde* ou *paresseuse*. Il y a deux sortes de conditions de sensibilité ; les unes dépendent des dimensions relatives des différentes parties de la balance ; les autres, du soin avec lequel elle est construite. Occupons-nous d'abord des premières.

Il est évident que la balance sera d'autant plus sensible que la différence de poids p produisant une inclinaison α, sera plus faible. Or, l'égalité $\pi \times \overline{oa} = p \times \overline{ob}$, donne $p = \pi \frac{oa}{ob}$, et, plus π et oa seront petits et plus ob sera grand, plus p sera petit. De plus, oa et ob variant dans le même sens que oG et oB, on voit qu'il faut, pour qu'une balance soit sensible : 1° *que le centre de gravité du fléau soit le plus près possible du point d'appui;* 2° *que le fléau soit très long;* 3° *qu'il soit très léger.*

Les autres conditions de sensibilité dépendent de la parfaite mobilité du point d'appui et des points de suspension des bassins, et aussi de la rigidité du fléau ; car s'il fléchissait, le centre de gravité s'abaisserait. Il résulte de là, que la sensibilité de la balance dépend de la charge totale, puisque le frottement dépend de la pression, et que le fléau fléchit toujours un peu. Il faut donc quand on indique la sensibilité d'une balance, dire sous quelle charge totale elle a lieu.

100. Balances de précision. — Dans la balance qui porte le nom du célèbre artiste Fortin, se trouvent réunies toutes les conditions matérielles qui donnent une grande sensibilité. Le fléau ab (*fig.* 65), en acier trempé, est traversé en son milieu par un prisme triangulaire, ou *couteau*, dont les deux moitiés s'appuient par un tranchant légèrement arrondi, sur deux plaques en agate placées dans un même plan horizontal. Ce couteau est représenté à part et de profil en o (*fig.* 66). Une longue aiguille e (*fig.* 65 et 66), perpendiculaire au fléau, en marque les moindres inclinaisons, sur une division d. On voit au bas de la figure 66, le système de suspension des bassins ; un double crochet, portant un anneau auquel on accroche le bassin, s'appuie sur un couteau qui traverse le fléau à son extrémité, et dont le tranchant est tourné vers le haut. Pour empêcher le couteau o de s'émousser sous une pression continue, on soulève le fléau quand on ne se sert pas de balance, au moyen de deux fourchettes f, f (*fig.* 65), que l'on fait monter avec le manchon mn qui les porte et qui enveloppe la partie supérieure du pied c de l'instrument. Ce manchon est mis en mouvement

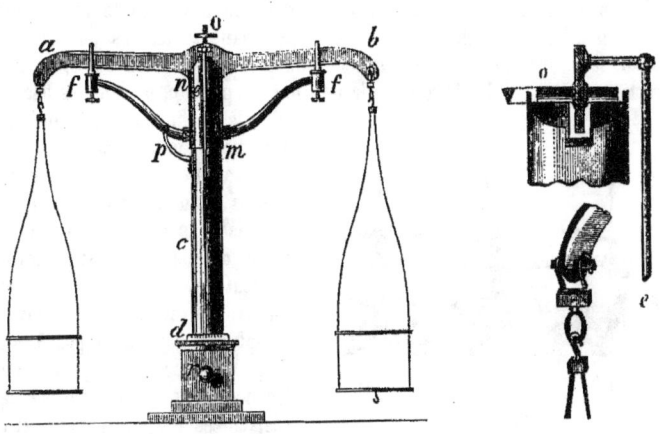

Fig. 65.   Fig. 66.

par une tige logée dans l'intérieur de la colonne, et articulée avec un levier que l'on fait mouvoir au moyen d'un bouton r. Tout l'appareil est renfermé dans une cage vitrée à vis calantes, destinée à le préserver de l'humidité et de la poussière.

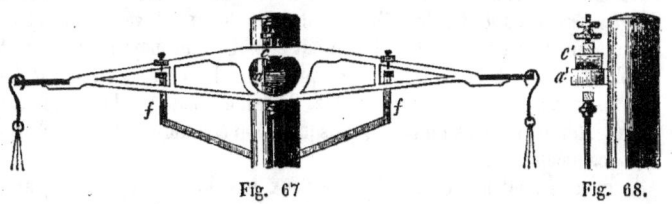

Fig. 67   Fig. 68.

101. On emploie souvent aujourd'hui des fléaux évidés, en bronze (*fig.* 67 et 68), dont le couteau c, c' s'appuie sur un plan unique en agate a, a' fixé en avant de la colonne qui porte la balance; ce plan traverse le fléau par une large ouverture.

Les bonnes balances indiquent une différence de 1 milligramme quand elles sont chargées de 2 kil. dans chaque bassin. Il y a des balances qui indiquent une différence de *un quart* de milligramme, mais la charge totale ne doit pas alors dépasser quatre grammes.

★ **102. Balance de Roberval.** — Les bassins de cette espèce de balance sont fixés à des tiges verticales ad, be (*fig.* 69), suspendues aux extrémités du fléau ab. Ces tiges sont articulées en e et d aux extrémités d'un levier de, logé dans le pied de l'instrument, et mobile autour d'un axe c placé en son milieu; de manière que, dans toutes les positions du fléau, la figure $adeb$ est un parallélogramme dont les côtés ad et be sont verticaux. Il est facile de voir que la position des poids p, p' dans les bassins n'a pas d'influence sur l'équilibre. En effet, appliquons en a deux forces verticales égales à p et opposées l'une à l'autre q, q_1, et faisons de même en b. Les quatre forces auxiliaires ne changent rien à l'état du système, et les deux forces égales p, p' se trouvent remplacées par les couples $\overline{p, q}$ et $\overline{p', q'}$, et par les forces q_1, q'_1. Or, les couples sont détruits par les résistances des points fixes o et c, qui se trouvent dans leur plan

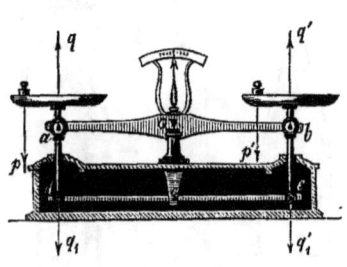

Fig. 69.

(51). Il ne reste donc que les forces q_1 et q'_1, qui, agissant sur des bras de levier égaux oa, ob, se font équilibre quand elles sont égales, c'est-à-dire quand les poids p et p' sont égaux.

103. Manière de peser avec une balance fausse. — Il est presque impossible d'obtenir une égalité absolue des bras du fléau. Pour peser exactement en l'absence de cette condition, on emploie la *méthode des doubles pesées*, ou de Borda[1]. On place le corps dont on veut connaître le poids, dans l'un des bassins; et l'on fait équilibre au moyen de grenaille de plomb placée dans l'autre. On enlève ensuite le corps, et on le remplace par des poids gradués, jusqu'à ce que l'équilibre soit rétabli. Ces poids représenteront le poids du corps, puisqu'ils font équilibre à la même charge, dans les mêmes conditions.

Une autre méthode consiste à peser deux fois le corps, en le plaçant successivement dans les deux bassins. Soix x le poids cherché, p les poids gradués qui lui font équilibre dans l'un des bassins suspendu au bras b du fléau. Soit a l'autre bras; on aura : $x \times a = p \times b$. Soit maintenant p' les

---

[1] Borda, né à Dax en 1733, mort à Paris en 1799, était membre de l'Académie des sciences. On lui doit de nombreux travaux sur la physique, l'astronomie et l'art nautique. Il se distingua aussi comme capitaine de vaisseau.

HYDROSTATIQUE.   67

poids gradués qui font équilibre au corps placé dans l'autre bassin, on aura : $x \times b = p' \times a$. En multipliant ces deux égalités membre à membre, a et b disparaissent, et il vient $x^2 = pp'$; d'où $x = \sqrt{pp'}$. Le poids cherché est donc la moyenne géométrique entre les résultats obtenus dans les deux pesées.

CHAPITRE V.

DES LIQUIDES.

§ 1. — HYDROSTATIQUE.

I. Constitution et conditions générales d'équilibre des liquides.

104. L'*hydrostatique* a pour objet l'étude de l'équilibre des *liquides*, et des *pressions* qu'ils exercent sur les surfaces qu'ils baignent.

Pression. — On entend par *pression* en un point d'une masse fluide, l'effort, rapporté à l'unité de surface, que supporterait en ce point de dehors en dedans, un élément infiniment petit de la surface d'un corps qui y serait plongé; effort auquel cette surface doit résister pour n'être pas déplacée.

Nous supposerons toujours des liquides parfaits, c'est-à-dire entièrement dépourvus de viscosité. Ordinairement on procède en les supposant incompressibles. Nous partirons, au contraire, de leur compressibilité; l'hypothèse de l'incompressibilité étant en dehors de la vérité, et ne pouvant plus se faire dans le cas des gaz, qui, pourtant, sont soumis aux mêmes conditions d'équilibre que les liquides. En outre, en partant de la compressibilité, les lois de l'hydrostatique sont très faciles à comprendre.

105. Compressibilité des liquides. — Les physiciens ont fait pendant longtemps des tentatives infructueuses pour constater la compressibilité de l'eau. J. Canton, en 1761, parvint le premier à la démontrer, et en 1819, Perkins fit de nouvelles expériences sur ce sujet, au moyen d'un instrument

Fig. 70.

qu'il nomma *Piézomètre* (πιεσις, pression), consistant en un tube fermé (*fig.* 70), rempli d'eau et dont l'extrémité c est traversée par une tige cylindrique t, qui passe à frottement à travers des lames de cuir gras, et soutient un anneau en cuir, n. L'instrument était introduit dans une pièce de canon dont la bouche était munie d'une pompe destinée à y comprimer de l'eau. La compression était transmise à l'eau intérieure du piézo mètre par l'intermédiaire de la tige t, qui alors s'y enfonçait, et l'index de cuir n, qui, avant l'expérience, avait été placé en c, tout au bas de la tige, s'en trouvait ensuite notablement éloigné. La barre t s'était donc enfoncée dans le piézomètre, dont l'eau avait dû, par conséquent, diminuer de volume. Il est à remarquer que le piézomètre était également comprimé en dedans et en dehors, et qu'il ne pouvait augmenter de capacité par extension, comme cela aurait eu lieu si la pression eût été exercée sur la tige seulement.

Piézomètre d'Œrsted. — Œrsted, en 1823, a mesuré la compressibilité de l'eau, au moyen du piézomètre MN (*fig.* 71), consistant en un

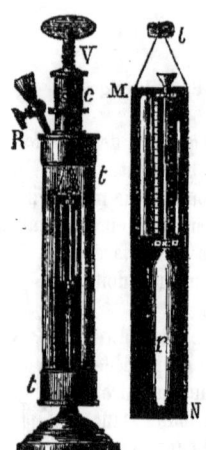

Fig. 71.

réservoir de verre r, auquel est soudé un tube capillaire divisé en parties d'égale capacité. On remplit ce réservoir et une partie du tube avec le liquide à étudier, qu'un petit index de mercure sépare du milieu environnant. A côté du piézomètre, est fixé sur la plaque MN, un *manomètre à air*, instrument formé d'un tube vertical fermé à sa partie supérieure, et dont nous ferons connaître le principe, quand nous étudierons les gaz. On plonge le piézomètre dans l'eau qui remplit un gros tube de verre épais tt, auquel on visse ensuite un corps de pompe c, dans lequel on peut pousser un piston, au moyen d'une vis V. On achève de remplir le corps de pompe, en versant de l'eau par l'entonnoir R; l'air s'échappe par un petit trou s, au-dessus duquel on a soin de soulever d'abord le piston, puis on ferme le robinet R. — Si alors on enfonce le piston, on voit l'index de mercure descendre dans le tube du piézomètre. En même temps, l'eau monte dans le manomètre rempli d'air et indique la pression. Si nous représentons par $1 : n$ le rapport entre le volume d'une division et celui du réservoir, pour chaque division parcourue par l'index le volume aura diminué de $1 : n$.

Pour trouver le rapport $1 : n$, on cherche le poids P du mercure qui remplit le piézomètre jusqu'au zéro de la division du tube, puis le poids p du mercure qui occupe m divisions. Le poids du mercure occupant une division sera $p : m$, et le rapport cherché, $\frac{P}{m} : P = \frac{p}{mP}$, car les poids sont entre eux comme les volumes (95).

La compressibilité ainsi mesurée doit être corrigée d'une petite diminution qu'éprouve le piézomètre, même quand il est comprimé également au dedans et en dehors. Cette correction délicate a donné lieu à beaucoup de discussions, et a motivé les expériences de plusieurs physiciens, parmi lesquels MM. Colladon et Sturm, Regnault, Grassi [1].

Il résulte de ces diverses expériences que :

1o *La diminution de volume des liquides est sensiblement proportionnelle à la pression*; de sorte qu'en divisant cette diminution par le nombre d'atmosphères de pression, on obtient la diminution produite par une pression d'une seule atmosphère; on la nomme *coefficient de compressibilité*.

2o *La compressibilité varie avec la température*, tantôt dans le même sens (éther, alcool, chloroforme), tantôt en sens contraire (eau). — Voici quelques coefficients exprimés *en millionnièmes*, trouvés par M. Grassi :

Mercure.	Eau.	Chloroforme.	Ether.
3	50	62	111

De tous les liquides sur lesquels on a expérimenté, le mercure est celui qui se comprime le moins, et l'éther sulfurique, celui qui se comprime le plus.

106. Principe général de l'hydrostatique. — La compressibilité des liquides une fois prouvée, nous allons parler des lois de leur équilibre, en les supposant d'abord soustraits à l'action de la pesanteur.

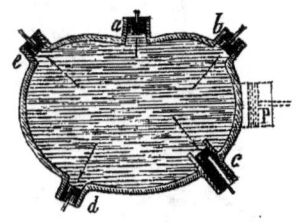

Fig. 72.

1o *Les liquides transmettent également dans tous les sens une pression exercée en un point quelconque de leur masse*. Si, par exemple, on avait un vase de forme quelconque (*fig.* 72), rempli de liquide, et muni de tubes cylindriques de même diamètre a, b, c, d, e, renfermant des pistons très mobiles; et, si l'on exerçait un certain effort de dehors en dedans sur un de ces pistons, il faudrait exercer un effort égal, sur tous les autres, pour qu'ils ne soient pas repoussés.

Pour nous rendre compte de ce principe, dû à Pascal [2], remarquons qu'en

---

[1] Voyez le *Traité de Physique*, 2e édition, t. I, p. 267 et suivantes.

[2] Pascal (Blaise), géomètre, physicien et écrivain célèbre, naquit à Clermont, en juin 1623. Son père, premier président à la Cour des aides, se chargea de son éducation, et vint pour cela à Paris. Pascal apprit seul la géométrie, dont on lui défendait l'étude dans la crainte qu'elle ne lui fit négliger les langues anciennes, et à 16 ans il possédait tout ce qu'Euclide a écrit sur cette science. Il établit les lois de l'équilibre des liquides, celles de la pression atmosphérique, découvrit les propriétés de la cycloïde, etc. Pascal mourut à 39 ans, presque paralysé des jambes, et le cerveau affaibli par un travail excessif. Il croyait, dit-on, voir constamment un précipice à sa gauche, depuis le jour où sa voiture

agissant sur un des pistons, on rapproche les molécules qui le touchent, de celles qui viennent immédiatement après. Il résulte de ce rapprochement un développement d'élasticité (16), qui fait que ces molécules, tendant à s'écarter, pressent celles qui les suivent ; et ainsi de suite de proche en proche, jusqu'à ce que le rapprochement subi par les molécules soit partout le même. Cet effet se produit également dans toutes les directions, à cause de l'extrême mobilité en tous sens des molécules des liquides. De là résulte aussi le principe suivant, établi par Archimède :

2° *Pour qu'un liquide soit en équilibre, il faut et il suffit que chaque molécule soit également pressée dans tous les sens.*

On peut reconnaître que la pression se transmet dans tous les sens, au moyen de l'appareil (*fig.* 73). Quand on enfonce le piston, on voit le liquide jaillir, non seulement par les orifices percés à l'opposé du piston, mais encore dans toutes les directions, par les orifices pratiqués en différents points de la surface du vase.

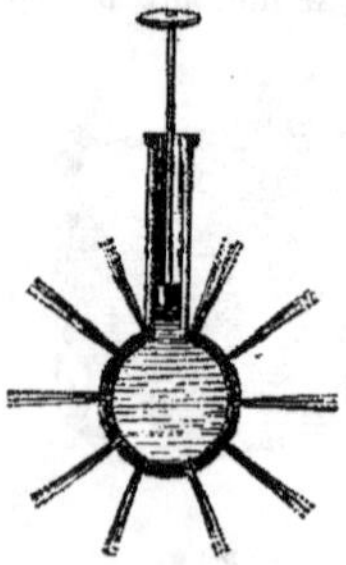

3° *La pression totale que supporte une surface est proportionnelle à son étendue.* En effet, chaque portion de surface égale à l'unité supporte la même pression ; de sorte que, si l'un des pistons, P (*fig.* 72) avait une surface dix fois plus grande que celle du piston *a*, il faudrait exercer sur P un effort dix fois plus grand que sur *a*, pour qu'il y ait équilibre.

Fig. 73.

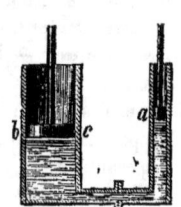

Fig. 74.

107. Presse hydraulique. — C'est sur ce principe qu'est fondée la presse hydraulique, imaginée par Pascal : deux tuyaux ou corps de pompe de diamètres très inégaux (*fig.* 74), et remplis d'eau, renferment des pistons prenant très juste ; si la surface du piston *a* est 100 fois plus petite que celle du piston *bc*, un effort de 1 kil. exercé sur *a* fera équilibre à un effort de 100 kil. exercé sur le piston *bc*. Si l'on enfonce le piston *a*, le piston *bc* sera soulevé d'une quantité 100 fois plus petite : nouvelle application du principe *on perd en temps ce qu'on gagne en force* (96).

Pendant longtemps, l'impossibilité d'empêcher les fuites par les joints des pistons, a empêché de réaliser l'idée de Pascal ; on est parvenu à vaincre la difficulté, au moyen des dispositions qui suivent : — A gauche de la

---

faillit être précipitée dans la Seine du haut du pont de Neuilly (1644). La fin de sa vie fut consacrée aux pratiques d'une piété exaltée. Les *Lettres provinciales* et les *Pensées* l'ont fait placer au nombre de nos meilleurs écrivains.

fig. 75, est représenté le corps de pompe le plus large, dans lequel s'enfonce un cylindre C nommé *piston plongeur*, qui porte une large tête, guidée par deux colonnes en fer. Ces colonnes soutiennent un plateau, contre lequel la tête du piston C comprime la masse à presser M. Pour empêcher l'eau de s'échapper autour du cylindre C, Bramah a disposé, dans une gorge ménagée à la partie supérieure du corps de pompe et en dedans, un anneau en cuir embouti, dont la section droite *i* présente la forme d'un U renversé. Une moitié de cet anneau est figurée à part en A. L'eau fortement comprimée presse le bord intérieur de l'anneau contre le cylindre C, et d'autant plus fortement qu'elle est plus comprimée, de manière à rendre toute fuite impossible.

On voit en *a* le corps de pompe le plus étroit ; *t* est la tige du piston

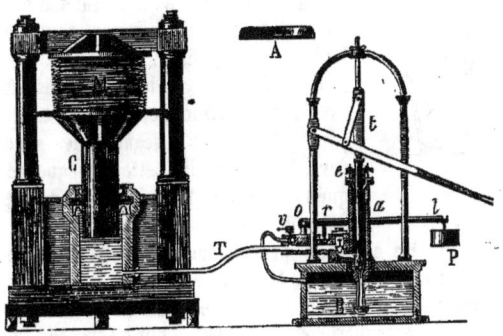

Fig. 75.

plongeur qui passe en *e* à travers une couronne d'étoupe grasse comprimée, qu'on nomme, *boîte à étoupe*. Quand on soulève le piston, l'eau contenue dans la bâche B est aspirée, soulève la soupape *s*, et remplit le corps de pompe. Quand on enfonce le piston, la soupape *s* se ferme et l'eau est refoulée par le tube T, dans le grand corps de pompe, après avoir soulevé une autre soupape qui s'ouvre de bas en haut, et s'oppose à son retour dans le petit corps de pompe pendant qu'on soulève le piston *t*. On peut ainsi, en multipliant le nombre des coups de piston, refouler sous le cylindre C une quantité d'eau capable de le soulever autant qu'on veut.

Une soupape nommée *soupape de sûreté*, chargée en *r* d'un poids P, par l'intermédiaire d'un levier *ol*, est soulevée et laisse échapper l'eau, quand la pression intérieure devient trop forte. Un orifice, qu'on ouvre en retirant la vis *v*, sert à faire sortir l'eau pour laisser descendre le cylindre C, quand on veut enlever la masse comprimée.

II. Equilibre des liquides soumis à l'action de la pesanteur.

108. Equilibre des liquides pesants. — Pour qu'une masse liquide soumise à l'action de la pesanteur soit en équilibre, il faut deux conditions.

1° *La surface du liquide doit être perpendiculaire, en chaque point, à la direction de la pesanteur; c'est-à-dire qu'elle doit être horizontale.* En effet, supposons qu'il n'en soit pas ainsi, et que la surface ait la forme *nmn* (*fig.* 76). La pesanteur *mp*, agissant sur une molécule *m* de la surface, pourra se décomposer en deux forces, l'une, *ma*, normale à la surface en *m*, et l'autre, *mc*, tangente à cette surface, et ayant pour effet d'entraîner la molécule ; il n'y aurait donc pas équilibre. Si, au contraire, la surface est horizontale, la pesanteur ne tend qu'à enfoncer la molécule dans l'intérieur du liquide ; mais comme toutes les autres molécules de la surface sont soumises à la même force, il y a équilibre.

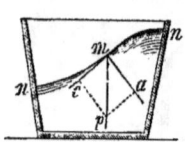

Fig. 76.

Il résulte de là que la surface des eaux tranquilles est plane et horizontale, dans une étendue assez petite pour qu'on puisse y regarder les verticales comme parallèles. On vérifie cette conséquence en montrant que l'image d'un fil à plomb, produite par la surface de l'eau comme par un miroir, est sur le prolongement de ce fil. En effet, on peut toujours, au moyen d'un second fil à plomb, cacher en même temps le premier fil et son image. Dans une grande étendue, comme sur la mer, la surface des eaux est convexe, et l'on voit d'abord les parties supérieures d'un navire qui s'approche du rivage, puis peu à peu les parties les plus basses.

2° *La pression doit être la même dans toute l'étendue d'une tranche horizontale.* En effet, une molécule, prise dans une tranche horizontale, est pressée de haut en bas par le poids de la file de molécules placée verticalement au-dessus, et de bas en haut par une force égale, provenant de l'élasticité développée par le rapprochement de cette molécule, de celles qui sont immédiatement au-dessous ; de manière que ces dernières produisent l'effet d'un obstacle fixe. Mais une molécule, pour être en équilibre, devant être également pressée dans toutes les directions, toutes celles d'une même tranche horizontale devront être également distantes. Sans cela, les plus rapprochées réagiraient sur celles qui le sont moins, jusqu'à ce que la distance soit partout la même, et cela, quelle que soit l'étendue de la tranche considérée.

Quand on passe d'une tranche à une autre située au-dessous, la pression augmente, puisque chaque tranche est soumise en chacun de ses points à un effort égal au poids de la file des molécules qui est au-dessus. — Il résulte de là, que la densité d'un liquide doit augmenter avec la profondeur. C'est en effet ce qui a lieu ; mais nous négligerons en général cette augmentation, parce que la compressibilité des liquides est très faible.

A la surface, la pression du liquide étant nulle, et, par conséquent, partout la même, le premier principe n'est qu'un cas particulier du second.

109. Pression sur le fond d'un vase. — *La pression exercée par un liquide en équilibre, sur le fond horizontal du vase qui le contient, est égale au poids d'une colonne de ce liquide ayant pour base la surface pressée, et pour hauteur la profondeur du liquide.* Il résulte de cet énoncé que la pression en un point du fond ne dépend ni de la forme du vase, ni de la quantité absolue de liquide qu'il contient, mais seulement de la hauteur de ce liquide.

Si donc on représente par s la surface du fond d'un vase, par h la hauteur du liquide, et par d son poids spécifique, la pression sera, quelle que soit la forme du vase,

[1] $$p = s \times h \times d.$$

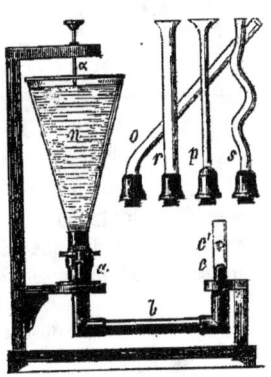

Fig. 77.

Parmi les appareils destinés à démontrer ce principe, découvert en 1585 par Stevin, le plus exact est celui de De Haldat (*fig.* 77). Un tube deux fois recourbé *abc*, porte en *a* une virole métallique, à laquelle on peut visser des vases de verre sans fond n, s, p, r, o, de formes très différentes. Le tube *abc* contient du mercure, qui s'élève dans les deux branches au même niveau c. On visse en *a* le vase cylindrique r, et l'on y verse de l'eau jusqu'à ce que sa surface vienne effleurer l'extrémité de la tige α. La pression de la colonne d'eau *cylindrique*, sur la surface du mercure en *a*, fait monter ce liquide, du point c au point c' que l'on marque sur le tube ; et il est évident que, toutes les fois que le mercure sera soulevé jusqu'en c', la surface en *a* sera soumise à la même pression. Après avoir enlevé l'eau au moyen d'un robinet adapté en *a*, on remplace le vase r par l'un des vases n, p, o, s, qu'on remplit d'eau jusqu'au repère α ; et l'on voit le mercure s'élever toujours exactement jusqu'au point c'.

110. Voyons maintenant comment on peut se rendre compte du principe démontré par les expériences qui précèdent.

1º Dans le cas du vase cylindrique A (*fig.* 78), il est évident que la pression que supporte le fond est égale au poids du liquide qui est au-dessus.

2º Dans le cas du vase $abc'd'$, dont l'ouverture est plus large que le fond, la pression sera encore égale au poids de la colonne verticale *abcd*; car, les molécules très mobiles des liquides *étant indépendantes les unes des autres*, chaque file verticale, telle que *pq*, agit comme si elle était seule, et indépendamment du liquide qui l'entoure. Le liquide logé dans les espaces extérieurs *m*, *n*, n'aura donc aucune influence; il est, du reste, supporté par les parois latérales *ad'*, *bc'*. Les choses se passent comme si le liquide était remplacé par un faisceau de baguettes verticales, appuyées par leur partie inférieure sur le fond ou sur les parois du vase, et dont les extrémités supérieures seraient dans le plan *dc'*. Si l'on suppose qu'il n'y ait aucun frottement, le fond du vase ne supporterait que le poids des baguettes renfermées dans le cylindre *abcd* et reposant directement sur lui. Si ce fond était mobile et qu'on voulût le soulever, on n'aurait à vaincre que le poids de ce faisceau cylindrique; tandis que, si les baguettes étaient adhérentes les unes aux autres, il faudrait les soulever toutes. Dans le cas du liquide, il en est de même : on n'aurait à vaincre, pour soulever le fond du vase, que le poids de la colonne *abcd*, tandis que, si le liquide était congelé, il faudrait faire un effort égal au poids de toute la masse, en supposant qu'il n'y ait pas adhérence avec les parois.

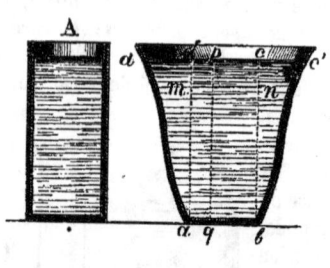

Fig. 78.

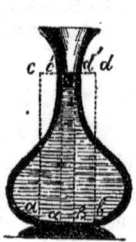

Fig 79.

3° Soit maintenant le vase (*fig.* 79); la pression en chaque point de la partie $\alpha\beta$ placée verticalement au-dessous de la surface de niveau *c'd'*, est égale évidemment au poids de la file de molécule qui est au-dessus. Or, la pression doit être constante dans une même tranche horizontale *ab*; donc la pression doit être, en chaque point de *a*α et de *b*β, égale au poids d'une file verticale de molécules qui s'étendrait jusqu'au niveau *cd*. La pression totale sur le fond *ab* sera donc encore égale au poids d'une colonne liquide dont le volume serait *cabd*.

Remarquons que ce résultat provient de ce que la pression due au poids des parties supérieures du liquide se transmet et se fait aussi bien sentir en *a*α et en *b*β qu'en $\alpha\beta$. Si le fond était mobile, il faudrait, pour le soutenir, exercer un effort égal au poids d'une colonne d'eau égale à *cabd*; tandis que si l'eau était congelée sans adhérences, il suffirait de faire équilibre au poids de la masse de glace contenue dans le vase.

Autre démonstration. — La loi qui précède peut encore se démontrer en s'appuyant sur ce principe évident d'hydrostatique : *on peut supposer solidifiée, une portion quelconque d'une masse liquide en équilibre, sans modifier son état d'équilibre, ni les réactions ou pressions qui s'y produisent.* Cela posé, imaginons que les portions m, n du liquide renfermé dans le vase (*fig.* 78) soient solidifiées, la pression sur le fond sera la même qu'auparavant ; or, le vase étant alors cylindrique, cette pression sera égale au poids de la colonne *abcd*. Dans le cas du vase (*fig.* 79), considérons d'abord une colonne cylindrique *abcd*, et supposons solidifié tout ce qui est en dehors du vase, la pression sur le fond reste la même ; elle est donc toujours égale au poids de la colonne *abcd*.

111. Pressions sur les parois latérales. —La pression d'un liquide sur une portion de paroi latérale d'un vase s'exerce *normalement à la surface pressée*. Car, si l'on pratique un orifice en un point de cette paroi, le liquide s'élance au-dehors dans une direction *normale* à la paroi,

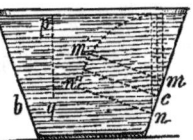

Fig. 80.

quand elle est très mince autour de l'orifice. Ce résultat peut se prouver par le raisonnement. En effet, si la pression agissait obliquement, on pourrait toujours la décomposer en deux autres, l'une normale, qui agirait sur la paroi, l'autre tangente à sa surface, et qui n'aurait aucune action pour la presser.

Cela posé, *la pression d'un liquide sur une portion plane de la paroi latérale d'un vase, est égale au poids d'une colonne de liquide qui aurait pour base la surface pressée, et pour hauteur la distance de son centre de gravité au niveau du liquide.* Soit la portion plane mn de la paroi latérale d'un vase (*fig.* 80) ; la pression est partout la même dans la tranche horizontale *bc*, et égale en chaque point au poids du filet vertical pq qui se trouve au-dessus. De plus, cette pression est la même dans tous les sens ; elle se fait donc sentir en c dans la direction normale à mn, et la paroi supporte, au point c, une pression normale égale au poids d'une file de molécules dont la hauteur serait pq ; c'est-à-dire la distance du point c au niveau. On en dirait autant pour les autres points de la surface mn. Cette surface est donc soumise à une pression totale et normale, égale à la somme des poids des filets liquides qui auraient pour hauteur les distances de ses différents points au niveau. Cette somme équivaut au poids d'une colonne liquide ayant pour base la surface mn, et pour hauteur la *moyenne* des distances de ses différents points au niveau. Or, on démontre que le centre de gravité est précisément à cette distance moyenne du niveau ; d'où résulte la proposition énoncée. — Si donc nous supposons que c soit le centre de gravité de mn, et que mm' soit égal à la distance de ce point au niveau, la pression exercée par le liquide sur mn sera représentée par le poids d'une colonne liquide qui aurait un volume égal à $mnn'm'$.

Centre de pression. — Le point d'application de la résultante des pressions sur les différents points d'une paroi mn, se nomme *centre de pression*. Ce point est toujours situé au-dessous du centre de gravité; les forces parallèles qui agissent sur mn, allant en augmentant avec la profondeur.

Si la paroi était courbe, il faudrait prendre mn infiniment petit; autrement les normales à une surface courbe n'étant pas parallèles, la pression totale ne serait pas égale à la somme des pressions exercées aux différents points.

112. Pression de bas en haut. — La pression s'exerçant toujours normalement de dedans en dehors, il peut se faire qu'elle ait lieu de bas en haut; ce qui ne doit pas étonner, puisqu'une pression quelconque se transmet toujours également en tous sens. On vérifie ce fait par l'expérience, au moyen d'un gros tube de verre a (*fig.* 81), dont les bords de l'ouverture inférieure, horizontale ou oblique, ont été parfaitement dressés. On applique sur cette ouverture une lame a, b, que l'on retient en dedans au moyen d'un fil. On enfonce le tube dans l'eau, et la lame est retenue contre l'ouverture sans le secours du fil. Pour la séparer de l'ouverture, il suffit de verser de l'eau dans le tube jusqu'au niveau extérieur, si l'on suppose que le poids de la lame soit négligeable, ce qui a lieu quand elle est formée d'une mince feuille de mica.

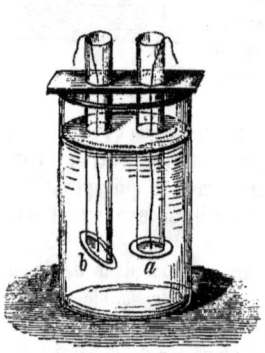

Fig. 81.

La pression extérieure sur la lame est donc égale, comme celle qui s'exerce en dedans, au poids d'une colonne liquide ayant pour hauteur la distance du centre de gravité de la lame au niveau, et pour base l'aire de l'ouverture du tube. Il ne faut pas oublier que cette pression est toujours due aux portions de liquide qui sont au-dessus des surfaces pressées.

Tonneau de Pascal. — Pascal, ayant ajusté à un tonneau plein d'eau, un tube vertical étroit, de 10 à 15 mètres de longueur, dans lequel il versa ensuite de l'eau, vit le tonneau éclater : la somme des pressions exercées de dedans en dehors sur tous les éléments de sa surface, étant équivalente au poids d'une colonne d'eau ayant pour base la surface intérieure, et pour hauteur la distance du centre de gravité au niveau du liquide. On peut ainsi, au moyen de quelques kilogrammes d'eau, exercer un effort de plusieurs milliers de kilogrammes.

113. Paradoxe hydrostatique. — La pression en chaque point du fond d'un vase ne dépendant que de la profondeur du liquide, elle peut être plus grande (*fig*. 79), ou plus petite (*fig*. 78), que le poids du liquide contenu. Cependant le vase, placé dans une balance, présente toujours un poids égal à celui du liquide qu'il contient, augmenté du poids du vase vide.

Cette contradiction apparente fait donner quelquefois au principe de la pression sur le fond des vases le nom de *paradoxe hydrostatique*. On la fait disparaître facilement, en remarquant que les pressions sur les parois obliques se font aussi sentir sur la balance. Considérons, par exemple, l'élément oblique ac;

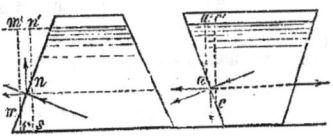

Fig. 82.

et décomposons la pression normale qu'il supporte, en deux forces, l'une horizontale, l'autre verticale. On prouve que la composante horizontale est détruite par une composante semblable agissant sur l'élément opposé du vase. Quant à la composante verticale, on démontre qu'elle est précisément égale au poids de la colonne, $acc'a'$, de liquide située au-dessus de l'élément, poids qui se fait sentir sur le support du vase. Si nous considérons l'élément mn, la composante verticale de la pression agit de bas en haut, et est égale au poids d'une colonne liquide qui aurait pour volume $mnn'm'$, poids qui doit être retranché de celui de la colonne $m'n'rs$ qui représente la pression en rs; de sorte que le support n'a à soutenir que le poids de la colonne $mnrs$. En faisant le même raisonnement pour tous les éléments obliques, on voit que le support n'est chargé de la part du liquide, que du poids de la masse qu'il contient réellement.

114. Réaction des liquides qui s'écoulent.
— Quand un liquide s'échappe par un orifice, la pression de dedans en dehors manque dans toute l'étendue de cet orifice, puisque là il n'y a point de

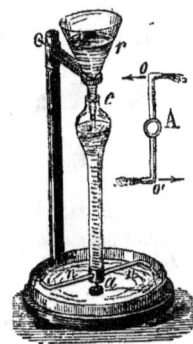

Fig. 83.

paroi. La composante horizontale de la pression sur l'élément opposé n'est donc plus détruite, comme elle le serait si l'orifice était fermé, et elle pousse le vase en sens inverse de l'écoulement. Cet effet se désigne sous le nom de *réaction* des liquides qui s'écoulent. Pour la mettre en évidence, on emploie le *tourniquet hydraulique* (*fig*. 83). ca est un tube vertical pouvant pivoter sur une pointe fixe a, et tourner autour du col de l'entonnoir rc. Ce tube porte à sa partie inférieure deux autres petits tubes horizontaux, n, n, recourbés à leur extrémité dans un plan horizontal et en sens contraire, comme on le voit à part en oAo'. Si l'on verse de l'eau dans le tube *ca*, elle s'échappe par les tubes *n*, *n*, et tout le système tourne ; parce que les pressions exercées aux coudes *o*, *o'* ne sont pas contrebalancées par des pressions égales qui s'exerceraient aux orifices s'ils étaient fermés.

115. Applications. — On a souvent à faire des applications des lois relatives aux pressions des colonnes liquides. Quand on construit des digues destinées à retenir les eaux, on a toujours soin de leur donner plus d'épaisseur au pied, parce que la pression augmente avec la profondeur. Au reste, il faut, à égale profondeur, une digue tout aussi forte pour soutenir l'eau dans une simple rigole, que pour soutenir les eaux d'un lac.

On a aussi tiré parti de la pression exercée par les colonnes liquides, dans la construction des *machines à colonne d'eau*, qui sont employées à faire mouvoir des pompes destinées à rejeter au-dehors, les eaux qui s'accumulent au fond des mines. Le jeu de ces machines a une grande analogie avec celui des machines à vapeur.

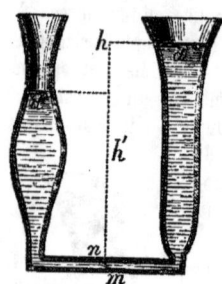

Fig. 84.

116. Équilibre des liquides dans les vases communiquants. — Deux liquides différents renfermés dans des vases distincts (*fig.* 84) communiquant par leur partie inférieure au moyen d'un tube *horizontal*, sont en équilibre *quand les hauteurs de ces liquides sont en raison inverse de leurs densités*. En effet, il est évident que, pour qu'il y ait équilibre, il faut et il suffit qu'une tranche liquide *mn* prise dans le tube de communication, soit elle-même en équilibre. Or, il faut pour cela que les pressions qu'elle supporte de part et d'autre soient égales. Si d, d' sont les densités des liquides, h, h' les distances de leurs niveaux au centre de gravité de *mn*, les pressions seront (111), d'un côté $\overline{mn} \cdot h \cdot d$, et de l'autre $\overline{mn} \cdot h' \cdot d'$; on aura donc

$$\overline{mn} \cdot h \cdot d = \overline{mn} \cdot h' \cdot d', \quad \text{ou} \quad h : h' = d' : d,$$

on voit que les hauteurs doivent être comptées à partir de l'axe du tube horizontal de communication. — Si donc les liquides étaient l'eau et le mercure, la hauteur de l'eau serait égale à celle du mercure, multipliée par 13,6 ; la densité du mercure étant 13,6 fois celle de l'eau.

Si l'on suppose $d = d'$, comme cela a lieu quand les deux vases contiennent le même liquide, on aura $h = h'$; c'est-à-dire que les deux niveaux seront dans le même plan horizontal.

Si le tube de communication n'est pas horizontal, ou bien si les deux liquides ne se joignent pas dans ce tube (*fig.* 85), la condition d'équilibre reste la même, si l'on a soin de compter les hauteurs à partir de la surface de séparation des deux liquides, c'est-à-dire à partir du niveau *ba*; tout le liquide contenu au-dessous de ce niveau étant en équilibre de lui-même, d'après ce que nous venons de voir.

117. Applications. — La théorie des vases communiquants est due à Galilée; elle nous explique la tendance des liquides à *prendre leur niveau*, tendance dont on fait usage dans une foule de circonstances; par exemple, pour faire monter ou descendre les bateaux dans les écluses des canaux de navigation.

Niveau d'eau. — Cet instrument consiste en un tube métallique *ab* (*fig.* 86) portant à ses deux extrémités deux fioles cylindriques *n*, *m*

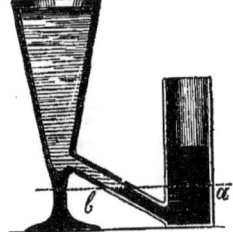

Fig. 85.

perpendiculaires à sa direction, et contenant de l'eau, qui prend le même niveau dans les deux fioles. En plaçant l'œil dans le plan horizontal des deux niveaux, ils paraissent se confondre; et tous les points éloignés sur lesquels ils se projettent sont dans ce même plan.

Le niveau d'eau sert à faire des *nivellements*, c'est-à-dire à trouver de quelle quantité un point du sol se trouve au-dessus d'un autre. Pour cela, le niveau étant placé entre les deux points, on dresse verticalement en ces points des règles divisées, et l'on voit à quels traits de division correspond le plan *mn*. La différence des hauteurs de ces traits au-dessus du sol, représente la différence de niveau cherchée.

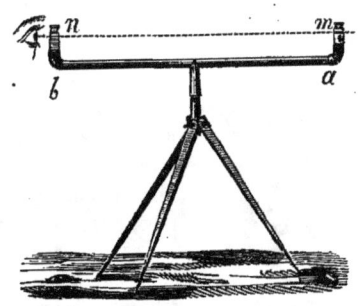

Fig. 86.

118. Niveau à bulle d'air. — Cet instrument, que nous avons eu plusieurs fois l'occasion de citer, consiste en un gros tube de verre *ab* (*fig.* 87) un peu bombé à sa partie supérieure, et fixé sur une plaque de métal qui doit être exactement parallèle à son axe. Ce tube contient un liquide très mobile, comme l'alcool ou l'éther, et une grosse bulle d'air, *n*, qui tend toujours à se porter au point le plus haut.

Supposons d'abord que cette bulle soit réduite à une simple molécule d'air.

Cette molécule se placera au milieu de la partie bombée du tube, quand le niveau sera placé sur un plan horizontal; car alors elle se trouvera au point le plus élevé, c'est-à-dire au point où le plan tangent à la surface convexe du tube est horizontal. Si l'on incline l'instrument, la molécule mobile se déplacera et s'arrêtera au nouveau point de contact de ce plan tangent, et s'écartera d'autant plus du milieu, que la courbure sera moins prononcée.

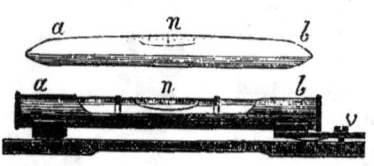

Fig. 87.

— Quand, au lieu d'une seule molécule d'air, on a une grosse bulle, il suffit de suivre les mouvements de son milieu, ou de l'une de ses extrémités.

Pour régler un niveau à bulle d'air, on le pose sur une plaque que l'on place de manière que la bulle soit au milieu, puis on le retourne bout à bout. Si la bulle se trouve encore au milieu, c'est que le niveau est bien réglé. Dans le cas contraire, on agit sur la vis v jusqu'à ce qu'on l'ait réglé, par tâtonnement. Un ressort placé entre le pied et le tube, presse continuellement l'appendice v que traverse la vis, contre la tête de cette dernière.

III. Equilibre des corps plongés dans les liquides.

119. Un corps plongé dans un liquide supporte, par tous les points de sa surface, une pression de dehors en dedans; ce qu'on peut vérifier au moyen d'un tube de verre (*fig.* 88) auquel est attachée une petite vessie remplie d'un liquide coloré. Ce liquide monte dans le tube, quand on plonge la vessie dans l'eau.

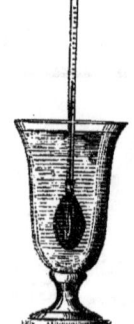

Fig. 88.

Les pressions que supportent les différents éléments de la surface d'un corps plongé ne sont pas égales; elles sont plus fortes sur les parties inférieures que sur les parties supérieures, qui sont moins enfoncées. C'est pour cela qu'un corps plongé semble moins lourd. Archimède [1] a découvert la loi de ce phénomène.

120. Principe d'Archimède. — *Un corps plongé dans un liquide en équilibre est soumis à un effort de bas en haut égal au poids du liquide qu'il*

---

[1] Archimède, le plus grand géomètre de l'antiquité, naquit à Syracuse, 287 ans avant notre ère. Il étudia sous Euclide, à Alexandrie, apprit aux Egyptiens à dessécher les terrains où l'eau séjournait après les inondations du Nil, et inventa, ou du moins perfectionna la vis qui porte son nom. De retour dans sa patrie, le roi Hiéron, son parent,

déplace; ce qu'on énonce souvent, en disant que : *le corps perd une partie de son poids égale au poids du liquide déplacé.* — En effet, supposons que nous enlevions le corps plongé, et que nous le remplacions par du liquide. Cette portion de liquide sera en équilibre ; nous pourrons donc la supposer solidifiée, sans rien changer aux pressions qui existent dans les différents points du liquide. Or, cette masse solidifiée est sollicitée de haut en bas par une force égale à son poids ; et comme elle ne descend pas, il faut qu'il existe une autre force verticale de bas en haut égale à ce même poids ; force qui ne peut provenir que du jeu des pressions exercées à l'extérieur de la masse solidifiée. — Sup-

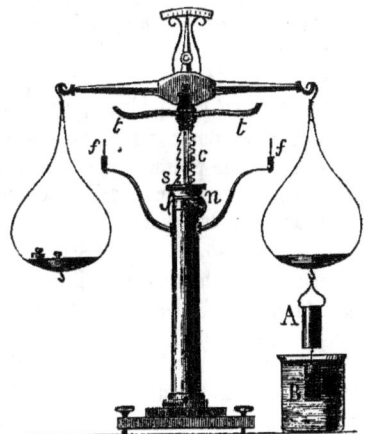

Fig. 89.

posons maintenant que le corps soit reporté dans le liquide à la même place qu'il occupait d'abord. Ce corps sera soumis aux mêmes pressions extérieures que la masse solidifiée dont il occupe exactement la place ; il supportera donc aussi un effort de bas en haut égal au poids de la masse solidifiée, c'est-à-dire au poids du liquide dont il occupe la place.

Poussée. — La force qui soulève un corps plongé se nomme *force de poussée,* ou simplement *poussée* du liquide. Le point d'application de cette force est au centre de gravité du liquide déplacé. Si donc le corps est homogène et complètement plongé, le centre de poussée se confondra avec son centre de gravité.

121. Expériences. — Pour vérifier le principe d'Archimède par l'expérience, on emploie *la balance hydrostatique,* inventée par Galilée (*fig.* 89). Cette balance diffère de la balance ordinaire en ce que les

l'ayant consulté sur le moyen de reconnaître la quantité d'alliage contenu dans une couronne d'or, son attention fut attirée vers l'hydrostatique, dont il posa les bases dans son livre *De insidentibus humido.* On doit à Archimède de nombreuses découvertes en mathématique, mécanique, optique. Loin d'obéir à son imagination comme les philosophes de son temps, il en fit constamment une esclave de la raison. Il fit un noble usage de son génie, lors du siège de Syracuse, dont il prolongea la résistance pendant trois ans. La ville ayant été surprise pendant les fêtes de Diane, Archimède fut tué, malgré les ordres de Marcellus, par un soldat auquel il ne répondit pas, tant il était absorbé par son travail. Le général romain lui fit élever un tombeau, sur lequel il fit graver la figure au moyen de laquelle Archimède a trouvé le rapport des volumes du cylindre et de la sphère inscrite.

bassins sont munis en dessous de petits crochets, et que le support peut s'élever ou s'abaisser au moyen d'un pignon denté *n* qui commande une crémaillère *c*. Un cliquet à ressort *s* s'engage dans des dents obliques taillées du côté opposé à la crémaillère, et empêche la balance de redescendre, à moins qu'on ne vienne à le soulever. Les arrêts, *t*, *t* sont destinés à limiter l'amplitude des oscillations, et les fourchettes *f*, *f* à soutenir le fléau, quand on l'abaisse suffisamment.

Pour faire l'expérience, on suspend verticalement à l'un des bassins, un vase cylindrique A, et au-dessous, *dans une position quelconque*, un cylindre massif B, qui peut remplir exactement la capacité de ce vase. Après avoir mis la balance en équilibre, on la fait descendre jusqu'à ce que le cylindre B plonge entièrement dans un liquide placé au-dessous. L'équilibre est alors rompu, et l'on trouve que, pour le rétablir, il suffit de remplir exactement le vase A du même liquide ; ce qui démontre le principe.

Dans le cas d'un corps cylindrique vertical B, il est facile de voir d'où vient la force de poussée. Les pressions latérales s'entre-détruisent, et la différence des pressions sur la base supérieure et sur la base inférieure est égale au poids du cylindre liquide déplacé.

122. Conséquences. — Soit V le volume d'un corps, D sa densité, D' celle du liquide dans lequel il est plongé ; le poids du corps sera VD (95), et celui du liquide déplacé, représentant la force de poussée, VD'. Si D' est plus petit que D, cette force sera moindre que le poids du corps, et ce dernier, sollicité par la différence $V(D-D')$, ira au fond. Si, au contraire, le corps est moins dense que le liquide, la force de poussée l'emportera sur son poids ; il montera et sortira en partie du liquide, *jusqu'à ce que le volume déplacé ne pèse qu'autant que lui*. C'est ce qui a lieu pour le liège dans l'eau, le fer dans le mercure. Si, enfin, la densité du liquide est égale à celle du corps, ce dernier restera en équilibre dans l'endroit où on l'aura placé ; les deux forces VD, VD' étant alors égales.

On voit que la force $V(D-D')$, qui pousse le corps dans le liquide, est proportionnelle à son volume. C'est pour cela que les parcelles très fines restent en suspension dans l'eau, ou ne se déposent que très lentement, quoique plus denses ; la force très petite qui les sollicite, ne pouvant vaincre que difficilement la résistance du liquide.

On peut faire flotter sur l'eau des corps plus denses qu'elle, en leur donnant une forme telle qu'ils déplacent un volume d'eau plus grand que leur propre volume. C'est ce qui a lieu pour une coupe de métal que l'on pose sur l'eau de manière que le liquide n'entre pas dans l'intérieur.

123. Équilibre des corps flottants. — Il y a deux conditions d'équilibre des corps flottants ; l'une est relative à la quantité dont ils s'enfoncent dans le liquide, l'autre à leur position.

1° *Le corps doit s'enfoncer de manière à déplacer un volume de liquide qui pèse autant que lui* ; ce que nous savions déjà.

2° *Le centre de gravité du corps o (fig. 90) et le centre de poussée, c, doivent être sur la même verticale.* Il est évident qu'il y a équilibre quand cette condition est remplie, et que si elle ne l'était pas, le corps prendrait un mouvement sous l'influence d'un couple formé par son poids appliqué en o', et par la force de poussée appliquée en c'.

Conditions pour que l'équilibre soit stable. — L'équilibre est stable quand le centre de gravité est au-dessous du centre de poussée. Mais quand cette condition n'est pas remplie, l'équilibre n'est pas nécessairement instable, comme on le comprend immédiatement, en remarquant que les corps flottants *homogènes* ont nécessairement leur centre de gravité au-dessus du centre de poussée, et que cependant ils ont au moins une position d'équilibre stable.

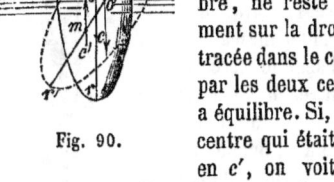

Fig. 90.

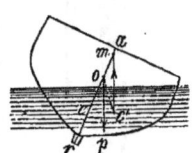

Fig. 91.

* Cela tient à ce que le centre de poussée, quand on dérange le corps de la position d'équilibre, ne reste pas nécessairement sur la droite ar (*fig.* 91), tracée dans le corps, et passant par les deux centres quand il y a équilibre. Si, par exemple, ce centre qui était alors en c vient en c', on voit que le couple $poc'm$ tend à ramener le corps à sa position d'équilibre. En général, il faut, pour que l'équilibre soit *stable*, que le point m où la verticale passant par le point c' rencontre la droite ar, soit plus haut que le centre de gravité o. Quand ce point m se trouve plus bas (*fig.* 91), l'équilibre est *instable*. Le point m se nomme *métacentre*.

124. Ludion. — Le principe d'Archimède sert à expliquer le mécanisme au moyen duquel les poissons descendent ou s'élèvent à volonté dans l'eau. Ces animaux possèdent une *vessie natatoire*, espèce de sac membraneux rempli de gaz et placé à la partie supérieure de l'abdomen. En comprimant plus ou moins ce sac par le mouvement des côtes, le poisson déplace plus ou moins d'eau sans changer de poids, et monte ou descend à volonté. Les poissons qui rampent au fond des eaux n'ont pas de vessie natatoire, ou n'en ont qu'une très petite.

Otto de Guericke a imaginé un petit appareil, nommé *ludion*, qui peut servir à imiter le jeu de la vessie natatoire. Un vase cylindrique en verre (*fig.* 92), en partie rempli d'eau, est fermé à sa partie supérieure par une membrane tendue, ou par un piston qui peut être déplacé dans un petit corps de pompe au moyen d'une vis. Dans l'eau, flotte une ampoule de verre remplie d'air, munie à sa partie inférieure d'un petit orifice *o*. Cette ampoule soutient une figure d'émail, et le système flottant pèse un peu moins que l'eau qu'il déplace. Si l'on presse la membrane, ou si l'on enfonce le piston, l'air logé au-dessus de l'eau est comprimé, la pression se transmet au liquide, et, par la petite ouverture *o*, à l'air de l'ampoule. Cet air cédant, un peu d'eau s'introduit dans l'ampoule, en augmente le poids, et le système descend à travers l'eau, pour remonter ensuite dès qu'on cesse d'exercer la pression.

125. Équilibre des liquides superposés. — Le principe d'Archimède sert encore à expliquer les conditions d'équilibre des liquides renfermés dans un même vase et n'ayant pas d'action chimique les uns sur les autres. Il faut pour l'équilibre, deux conditions : 1° *les liquides doivent être placés les uns au-dessus des autres dans l'ordre de leurs densités, le plus dense étant au fond ;* 2° *la surface de séparation des différents liquides doit être horizontale.*

L'expérience se fait avec un tube fermé (*fig.* 93), contenant les liquides, qui sont ordinairement du mercure, une dissolution concentrée de carbonate de potasse, de l'alcool, et de l'huile de pétrole ; c'est ce qu'on nomme la *fiole aux quatre éléments*. On agite le tube, puis on le laisse en repos dans la position verticale, et l'on voit les liquides se disposer par ordre de densité, et rester séparés par des surfaces horizontales.

Fig. 92.

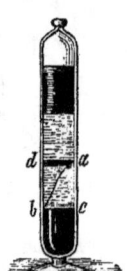

Fig. 93.

Pour nous rendre compte de ce résultat, remarquons que le mélange est composé de gouttelettes fines de différents liquides. Les gouttelettes les plus denses étant plus denses que le mélange, vont au fond, et les moins denses, à la partie supérieure. On raisonnera de même sur le mélange qui reste entre les deux premiers liquides séparés ; seulement les liquides qui se sépareront iront se placer, l'un au-dessus du plus dense, qui est au fond, l'autre immédiatement au-dessous du moins dense placé à la surface. — En second lieu, si la surface de séparation de deux liquides contigus n'était pas horizontale, la pression ne serait pas la même dans toute l'étendue d'une tranche horizontale (108). Par exemple, si la surface de séparation était inclinée suivant *ab* (*fig.* 93), dans la tranche *bc* la pression au point *b* serait moindre qu'au point *c* ; la colonne liquide *ac*, remplaçant en ce dernier point la colonne *db* formée d'un liquide moins dense.

IV. Application de l'hydrostatique à la mesure des poids spécifiques.

126. Nous avons appelé *poids spécifique* d'un corps le poids de ce corps compris sous l'unité de volume (95), par exemple, le nombre de grammes que pèse un centimètre cube de ce corps. Or, le gramme est le poids d'un centimètre cube d'eau distillée, à son maximum de densité, c'est-à-dire à la température de 4°. On peut donc dire que le poids spécifique d'un corps est le rapport entre le poids d'un centimètre cube de ce corps et le poids d'un centimètre cube d'eau à 4°. Ce rapport ne change pas évidemment, si l'on compare des volumes autres que le centimètre cube, pourvu qu'ils soient égaux, les poids étant proportionnels aux volumes. On peut donc définir le poids spécifique, *le rapport entre le poids d'un corps et le poids d'un volume égal d'eau à 4°.* Ce poids spécifique varie avec la température.

127. Mesure du poids spécifique des solides. — Pour obtenir le poids spécifique d'un corps, il suffit, d'après la dernière définition, de peser ce corps, de trouver le poids d'un volume égal d'eau à 4°, et enfin de diviser le premier poids par le second. Il existe plusieurs méthodes pour trouver ce second terme.

Méthode par la balance hydrostatique. — On suspend le corps, par un fil très fin, à l'un des bassins de la balance hydrostatique (*fig.* 94), on établit l'équilibre, puis on abaisse la balance de manière que le corps plonge dans un vase plein d'eau distillée. L'équilibre est rompu, et les poids qu'il faut ajouter du côté du corps, pour le rétablir,

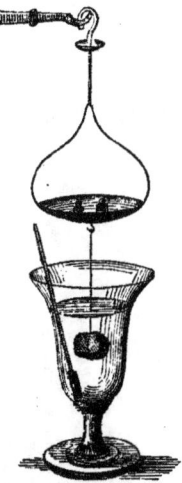

Fig. 94.

représentent la perte de poids dans l'eau, c'est-à-dire le poids d'un volume d'eau égal à celui du corps (120). Si donc P est le poids du corps, et p la perte de poids, P : p serait le poids spécifique du corps à la température à laquelle il se trouve, si l'eau était à 4°.

Pour ramener le poids p à ce qu'il serait si l'eau était à 4°, soit $t°$ la température de l'eau, donnée par un thermomètre qui y est plongé, et δ la *dilatation* de l'unité de volume de ce liquide, quand on l'échauffe, de 4° à $t°$, quantité que nous apprendrons plus tard à mesurer. L'unité de volume à 4°, deviendra $1 + \delta$, à $t°$; et comme les densités sont en raison inverse des volumes (95) on aura, en appelant x le poids cherché à 4°,

$$x : p = 1 + \delta : 1; \qquad \text{d'où} \qquad x = p\,(1 + \delta).$$

Le poids spécifique du corps, *à la température de l'expérience*, sera donc

$$d = \frac{P}{p\,(1 + \delta)}.$$

Si l'on veut passer du poids spécifique du corps à la température t, à son poids spécifique à 0°, il faut connaître la quantité dont se dilate l'unité de volume du corps pour un degré de température. Soit k cette quantité; l'unité de volume prise à 0° devient $1 + kt$, à $t°$; et comme les poids spécifiques sont en raison inverse des volumes, on a, en appelant D le poids spécifique à 0°; $D : d = 1 + kt : 1$. Remplaçant d par sa valeur, il vient

$$D = d\,(1 + kt) = \frac{P}{p} \times \frac{1 + kt}{1 + \delta}; \qquad \text{d'où} \qquad d = \frac{D}{1 + kt},$$

qui sert à passer du poids spécifique à 0°, au poids spécifique à $t°$. Enfin, si l'on voulait passer du poids spécifique d à la température t, au poids spécifique d' à une autre température t', on commencerait par ramener la valeur d à zéro, en la multipliant par $1 + kt$; puis on passerait de celle-ci à $t'°$, en divisant par $1 + kt'$; on aurait donc

$$d' = d\,\frac{1 + kt}{1 + kt'}.$$

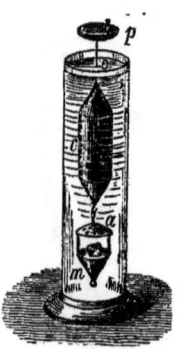

Fig. 95.

128. Méthode par l'aréomètre-balance. — L'*aréomètre-balance*, imaginé par Charles, et souvent désigné sous le nom d'*aréomètre de Nickolson*, consiste en un cylindre métallique creux terminé par deux cônes (*fig.* 95), et lesté par une masse en forme de coupe c. Le cône supérieur est surmonté d'une tige très mince portant un petit plateau P, et sur laquelle est marqué un point, nommé *point d'affleurement*.

L'aréomètre-balance peut, comme l'indique son nom, servir à peser : Le corps étant placé sur le plateau supérieur, on ajoute des poids quelconques, jusqu'à ce que l'instrument s'enfonce jusqu'au point d'affleurement. On ôte ensuite le corps et on le remplace par des poids gradués capables de rétablir l'affleurement; ces poids représentent évidemment le poids P du corps. On enlève ensuite ces poids, et l'on place le corps dans la coupe inférieure m, en ayant soin de n'intercepter aucune bulle d'air; il n'y a plus affleurement, et les poids qu'il faut mettre sur le plateau supérieur, pour le rétablir, représentent la perte de poids du corps dans l'eau, c'est-à-dire le poids d'un volume d'eau égal au sien. Si p désigne cette perte de poids, $p\,(1 + \delta)$ représentera ce qu'elle eût été dans l'eau à 4°, et P : $p\,(1+\delta)$ sera le poids spécifique du corps à la température de l'expérience.

Quand le corps est moins dense que l'eau, on le retient dans la coupe inférieure, au moyen d'une calotte criblée de trous, a (*fig.* 95).

129. Méthode du flacon. — Cette méthode, attribuée à Klaproth [1], s'emploie quand on n'a que de petites quantités de substance, ou quand les corps sont en petits fragments, comme les pierres précieuses. Le flacon dont on se sert est en verre mince, et peut se fermer exactement au moyen d'un bouchon usé à l'émeri. Le corps dont on veut obtenir le poids spécifique étant pesé, on le place dans la balance à côté du flacon rempli d'eau, et l'on établit l'équilibre. On ôte ensuite le flacon de la balance, et l'on y introduit le corps, qui fait sortir un volume d'eau égal à son propre volume. Après avoir bouché le flacon et l'avoir essuyé avec soin, on le replace dans la balance ; l'équilibre n'a plus lieu, et les poids qu'il faut ajouter du côté du flacon, pour le rétablir, représentent le poids p du volume d'eau sorti. A 4°, ce poids serait $p\,(1+\delta)$; et il restera à diviser le poids du corps par cette dernière quantité.

Fig. 96.

Lorsque le corps est en parcelles, il faut, après l'avoir introduit dans le flacon, mettre ce dernier sous le récipient de la machine pneumatique, afin de faire sortir l'air engagé entre les parcelles. On peut encore faire bouillir l'eau, quand elle n'attaque pas le corps pendant l'ébullition.

Un point important, c'est que le flacon bouché possède toujours exactement la même capacité. Pour remplir cette condition, le bouchon de verre est conique, de manière à s'enfoncer toujours de la même quantité.

La *fig.* 96 représente le flacon-tube, souvent employé aujourd'hui. Le bouchon creux b est surmonté d'un tube étroit sur lequel est marqué un repère r. Avant chaque pesée, l'on ajoute ou l'on retire de l'eau avec une pipette très fine, de manière que le niveau arrive exactement au repère, et l'on a soin d'essuyer l'intérieur du tube avec du papier Joseph. Le tube se ferme avec un bouchon c, pour éviter l'évaporation pendant les pesées.

130. Cas d'un corps altérable par l'eau. — Dans les méthodes que nous venons d'exposer, le corps doit être plongé dans l'eau ; quand ce liquide attaque le corps, on prend le poids spécifique par rapport à un liquide qui ne l'attaque pas, et l'on multiplie le résultat par le poids spécifique du liquide par rapport à l'eau. Le nombre ainsi obtenu est le poids spécifique du corps par rapport à l'eau. En effet, soit P le poids du corps, p' celui d'un volume égal du liquide auxiliaire, et p celui d'un volume égal

---

[1] Klaproth (Martin-Henri), célèbre chimiste, né à Berlin, en 1743, mort en 1817.

d'eau ; P : p' sera le poids spécifique du corps par rapport au liquide et p' : p celui de ce dernier par rapport à l'eau. En multipliant ces deux quantités l'une par l'autre, on trouve P : p ; c'est-à-dire le poids spécifique du corps rapporté à l'eau.

131. Résultats. — Il est souvent utile de connaître le poids spécifique des corps solides ; par exemple, pour calculer le poids d'un corps dont on connaît le volume (95). Le poids spécifique est, en histoire naturelle, un caractère important des minéraux. Il peut servir à distinguer les pierres précieuses des imitations qu'on en fait. Le tableau suivant contient un certain nombre de résultats obtenus par divers physiciens.

Poids spécifique d'un certain nombre de corps solides.

Corps simples.

Platine écroui....	23,00	Nickel fondu....	8,28	Iode.........	4,95
Platine en fil....	21,04	Manganèse.....	8,01	Sélénium......	4,30
Platine fondu....	19,50	Cobalt fondu....	7,81	Diamant.......	3,52
Or fondu.......	19,26	Acier recuit.....	7,82	Aluminium.....	2,67
Plomb fondu....	11,35	Fer en barre....	7,79	Graphite.......	2,50
Argent fondu....	10,47	Fer fondu......	7,21	Soufre........	2,08
Bismuth fondu...	9,82	Etain fondu.....	7,29	Anthracite.....	1,80
Cuivre laminé...	8,95	Zinc fondu.....	6,86	Phosphore.....	1,77
Cuivre fondu....	8,85	Antimoine fondu..	6,71	Sodium.......	0,99
Arsenic........	8,31	Tellure........	6,11	Potassium.....	0,86

Minéraux, pierres précieuses.

Spath pesant....	4,43	Spath fluor.....	3,19	Emeraude verte...	2,77
Jargon de Ceylan..	4,42	Tourmaline verte..	3,15	Granit........	2,70
Rubis oriental...	4,28	Saphir du Brésil..	3,13	Quartz........	2,65
Grenat........	4,24	Asbeste roide....	2,99	Feld-spath.....	2,56
Topaze orientale..	4,01	Aragonite......	2,95	Opale.........	2,25
Emeri.........	3,90	Marbre de Paros..	2,84	Ecume de mer...	2,50
Malachite......	3,50	Spath d'Islande..	2,72	Gypse.........	2,33
Topaze de Saxe..	3,59	Ardoise........	2,83	Obsidienne.....	2,30
Béril oriental....	3,55	Onyx..........	2,82	Albâtre........	1,87

Substances diverses.

Flint-Glass anglais..	3,33	Ivoire........	1,92	Orme.........	0,80
Perles.........	2,75	Jayet.........	1,26	Sapin.........	0,65
Corail.........	2,68	Succin........	1,08	Noyer.........	0,62
Verre de St-Gobain.	2,49	Ebène.........	1,33	Tilleul........	0,60
Porcelaine de Chine.	2,38	Buis..........	0,91	Peuplier.......	0,38
Porcelaine de Sèvres.	2,15	Chêne (cœur)...	1,17	Liège.........	0,24

132. Poids spécifique des liquides. — Le poids spécifique des liquides s'obtient au moyen de trois méthodes principales, qui correspondent à celles que nous avons décrites pour les corps solides :

1° On suspend à l'un des bassins de la balance hydrostatique un corps inattaquable par le liquide, une masse de verre, par exemple. On cherche la perte de poids P de ce corps dans le liquide; puis sa perte de poids p dans l'eau. P et p sont les poids de volumes égaux de liquide et d'eau, en supposant que ces deux liquides soient à la même température. $p(1+\delta)$ serait le poids du même volume d'eau à 4° (127), et P : $p(1+\delta)$, sera le poids spécifique du liquide à la température de l'expérience.

2° **Aréomètre de Farenheit.** — Cet aréomètre (*fig.* 97) se fait ordinairement en verre, parce que les métaux sont attaqués par beaucoup de liquides; il ne diffère de l'aréomètre-balance, qu'en ce que le lest n'a pas la forme d'une coupe, et consiste en une boule de verre dans laquelle on a mis du mercure ou des grains de plomb. Le poids π de l'instrument étant évalué avec soin, on le plonge dans le liquide, et on amène l'affleurement au moyen de poids, P, que l'on place sur le plateau supérieur. $P+\pi$

Fig. 97.   Fig. 98.

représente alors le poids d'un volume de liquide égal au volume de l'aréomètre jusqu'au point d'affleurement. On opère de même dans l'eau pure, et si l'on représente par p les poids nécessaires pour obtenir l'affleurement dans ce liquide, le poids du volume déplacé sera $p+\pi$, et serait $(p+\pi)(1+\delta)$, si l'eau était à 4°. Le poids spécifique du liquide sera donc $\dfrac{P+\pi}{(p+\pi)(1+\delta)}$ à la température de l'expérience, qui doit être la même pour les deux liquides, afin que le volume de l'aréomètre reste constant.

3° On pèse un même flacon successivement vide, plein de liquide et plein d'eau. Soient π, P, p les résultats obtenus; les poids du liquide et de l'eau remplissant le flacon, seront $(P-\pi)$ et $(p-\pi)$, et le poids spécifique du liquide sera $\dfrac{P-\pi}{(p-\pi)(1+\delta)}$, à la température du flacon supposée constante pendant toute la durée de l'opération.

La *fig.* 98 représente le flacon qu'on emploie ordinairement. On fait en sorte, dans toutes les expériences, que le niveau de l'eau ou du liquide arrive exactement au repère, et l'on a soin d'essuyer avec du papier Joseph

90   CORPS LIQUIDES.

l'intérieur du tube et de l'entonnoir qui le surmonte. Un bouchon de verre empêche l'évaporation quand le liquide est volatil.

Tableau du poids spécifique d'un certain nombre de liquides à 0°.

Mercure.	13,596	Eau de mer.	1,026
Brome.	2,966	Eau pure à 0°.	0,9998
Acide sulfurique concentré.	1,841	Vin.	0,99
Acide azotique concentré.	1,451	Huile d'olive.	0,915
Acide azotique du commerce.	1,220	Essence de térébenthine.	0,870
Sulfure de carbone.	1,263	Naphte.	0,847
Acide chlorhydrique concentré.	1,208	Alcool absolu.	0,792
Lait.	1,030	Ether sulfurique.	0,715

133. Aréomètres à poids constant. — On se sert fréquemment dans le commerce d'aréomètres, dits *à poids constants*, par opposition avec ceux que nous avons décrits, qui sont *à volume constant* mais à poids variable. Ces aréomètres, inventés par Archimède, sont ordinairement en verre, et surmontés d'une tige cylindrique portant une division (*fig.* 99). Ils s'enfoncent d'autant plus dans un liquide, que ce dernier est moins dense; le volume déplacé devant toujours représenter le poids constant du corps flottant. Ces instruments ne mesurent pas les densités, mais ils indiquent seulement, de deux liquides quel est le plus dense.

Fig. 99.

Pour que les différents aréomètres soient comparables entre eux, c'est-à-dire qu'ils s'enfoncent tous jusqu'à la même division dans le même liquide, quelles que soient leur forme et leur grandeur, il faut qu'ils soient gradués suivant les mêmes principes. Une méthode de graduation très employée est celle de Baumé.

Aréomètre de Baumé. — Quand l'aréomètre doit servir aux liquides plus denses que l'eau, on le leste de manière qu'il s'enfonce presque entièrement dans l'eau pure, et l'on marque zéro au point d'affleurement *a* (*fig.* 99). On plonge ensuite l'instrument dans une dissolution contenant 15 pour cent de sel marin pesé sec, dans laquelle il s'enfonce moins que dans l'eau pure. On marque 15 au point d'affleurement, et l'on divise l'intervalle *ab* en 15 parties égales, qui sont les degrés de l'aréomètre. On porte ensuite des divisions égales, au-dessous, jusqu'à l'extrémité inférieure du tube. Ces divisions sont ordinairement tracées sur une petite bande de papier collée dans la tige. — Quand on a un aréomètre étalon ainsi gradué, il suffit, pour en graduer un autre, après avoir marqué le zéro, de le plonger, avec l'étalon, dans un liquide quelconque, et d'écrire au point d'affleurement le nombre qui se lit au niveau du liquide sur l'étalon. De ce nombre on conclut la longueur de chaque division.

L'aréomètre, gradué comme il vient d'être dit, sert principalement pour les dissolutions des sels ou des acides dans l'eau, et se nomme alors *pèse-sels*, *pèse-acides*. Plus le nombre de degrés indiqué est grand, plus il y a de substance mêlée à l'eau. Pour les besoins du commerce, il suffit que le tube contienne 68 degrés.

Pour les liquides moins denses que l'eau, le point d'affleurement dans l'eau (*fig.* 100), doit se trouver à une petite distance de l'origine du tube. On cherche ensuite le point d'affleurement dans une dissolution de sel marin contenant 10 pour cent de sel, point qui doit être encore sur le tube, et l'on y marque 10. On divise la distance entre les deux points en dix parties égales, et l'on porte des longueurs égales au-dessus du point o, auquel on place le zéro. Malheureusement les degrés ne sont pas de même grandeur que pour les liquides plus denses que l'eau. — Pour les usages du commerce, il suffit que l'échelle aille jusqu'au 50° degré. Quand il doit servir aux liquides spiritueux, l'instrument se nomme *alcoomètre*; il s'enfonce d'autant plus, et indique d'autant plus de degrés que le liquide est plus riche en alcool.

Pour les alcools, on employait autrefois l'aréomètre de Cartier, qui ne diffère de celui de Baumé que par le mode de graduation. Mais comme il est aujourd'hui abandonné, nous ne ferons que le mentionner.

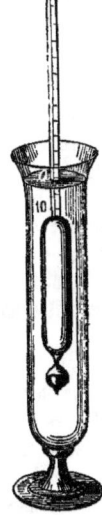

Fig. 100.

Fig. 101.

★ **134. Volumètre.** — Gay-Lussac a imaginé un aréomètre qu'il nomme *volumètre*, et qui donne le poids spécifique des liquides. Considérons d'abord un tube cylindrique *ab* (*fig.* 101), fermé et lesté de manière à se tenir verticalement dans les liquides. On marque 100 au point d'affleurement dans l'eau, et l'on divise la partie de ce tube qui est au-dessous de ce point, en 100 parties égales. Si l'on porte l'instrument dans un autre liquide, il s'enfoncera autrement que dans l'eau, jusqu'à la division *n*, par exemple. Les volumes déplacés dans l'eau et dans ce dernier liquide ayant le même poids (celui de l'instrument), leurs densités seront en raison inverse de ces volumes. Le poids spécifique d'un liquide par rapport à l'eau, sera donc $d = 100 : n$.

Il n'est pas nécessaire, pour trouver la longueur des divisions, de connaître le zéro, placé en a ; il suffit d'avoir deux points, par exemple le n° 100 et le n° n correspondant au point d'affleurement dans un liquide dont le poids spécifique, d, soit connu. Pour obtenir ce n° n, on écrira l'égalité $d = 100 : n$, d'où $n = 100 : d$. On divisera ensuite l'intervalle entre 100 et n, en n parties égales.

Au moyen de cette méthode, on peut graduer des volumètres ayant la forme des aréomètres ordinaires, mais qui ne pourront servir qu'autant que le point d'affleurement sera sur la tige cylindrique. Par exemple, ayant marqué 100 au point d'affleurement dans l'eau pure, on préparera une dissolution saline dont la densité soit connue, par exemple $\frac{4}{3}$, et l'on marquera $\frac{3}{4} \times 100 = 75$, au point d'affleurement dans ce liquide.

Quand le volumètre est destiné aux liquides plus denses que l'eau, il faut qu'il s'enfonce beaucoup dans ce dernier liquide. Le contraire doit avoir lieu quand il est destiné à des liquides moins denses. Dans ce dernier cas, on établit ordinairement la graduation par une autre méthode. Après avoir marqué 100 au point d'affleurement dans l'eau, on attache à la partie supérieure de la tige, un corps pesant le quart de son poids, ce qui le fait enfoncer davantage. Le résultat est le même que si le volumètre non chargé était plongé dans un liquide dont la densité serait à celle de l'eau comme $4 : 5$, ou comme $100 : 125$. Les volumes étant en raison inverse des densités, on écrira 125, au nouveau point d'affleurement.

★ **135. Densimètre.** — Le volumètre ne donne le poids spécifique qu'au moyen d'un calcul arithmétique ; on peut cependant le graduer de manière à obtenir le résultat par une simple lecture. Soient V et v les volumes de l'instrument qui plongent successivement dans l'eau pure et dans un liquide dont la densité est d, on aura $V : v = d : 1$, d'où $v = V : d$. En donnant à d différentes valeurs croissant par dixièmes ou par centièmes, on aura, sur la tige divisée en parties d'égale capacité, les points de division où devra se faire l'affleurement dans les liquides ayant ces densités. Les distances entre ces points de division seront inégales.

136. Alcoomètre centésimal. — Les alcoomètres, gradués comme nous l'avons dit plus haut, ne font pas connaître la proportion d'*alcool absolu* mêlé à l'eau, autrement dit la *force* du liquide spiritueux, parce qu'il y a contraction au moment où se fait le mélange (20). Ils indiquent seulement s'il y a plus d'alcool dans un liquide que dans un autre. L'alcoomètre centésimal de Gay-Lussac donne immédiatement la force, c'est-à-dire le nombre de centièmes, en volume, d'alcool absolu que renferme une liqueur. Pour graduer un étalon de l'alcoomètre centésimal, on prépare des mélanges d'eau et d'alcool absolu contenant 1,00 ; 0,90 ; 0,80 ; 0,70..., 0,00 d'alcool en volume, et l'on marque 100, 90, 80, 70..., 0 aux points d'affleurement dans ces différents liquides. Quand on fait le mélange, il se produit une contraction qui varie suivant les proportions des liquides ; c'est pourquoi les distances entre les points de division sont inégales ; elles vont en diminuant un peu de zéro au n° 20, et en augmentant de plus en plus du n° 30 au n° 100. On divise ensuite les intervalles compris entre deux numéros en parties égales, ce qui n'est pas rigoureusement exact ; mais l'erreur est négligeable dans un aussi petit intervalle. Quand l'affleurement a lieu au n° 39, par exemple, on dit que le liquide contient 0,39 d'alcool. Le nombre, 0,39 se nomme la force du liquide.

⋆ Quand on a ainsi gradué laborieusement un alcoomètre étalon, on peut en graduer d'autres par le moyen suivant, qui peut aussi s'appliquer aux densimètres. Ayant d'abord marqué le zéro sur l'instrument à graduer plongé dans l'eau distillée, on le porte dans une autre liqueur dont l'alcoomètre étalon donne la force, et l'on marque au point d'affleurement le nombre n de degrés indiqués par l'étalon. On trace ensuite, sur une feuille de papier, deux droites parallèles AB, ab (*fig.* 102), et l'on reproduit sur AB, l'échelle de l'étalon avec toutes ses subdivisions dans leur véritable grandeur. Sur ab, on marque la distance an' du zéro au point d'affleurement trouvé dans la liqueur sur l'instrument à graduer, et l'on mène, par les points A, a et n, n', des

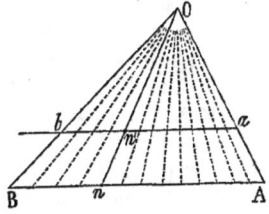

Fig. 102.

droites, qui se coupent en un point O, que l'on joint aux points de division de l'échelle AB. La droite ab sera alors divisée en parties proportionnelles à celles de l'échelle AB, et qui seront les degrés du nouvel alcoomètre.

La température modifiant la densité, les indications de l'alcoomètre ne sont exactes que pour la température à laquelle a été faite la graduation. La température adoptée est 15°. Quand elle est différente, on emploie des tables à double entrée, calculées par Gay-Lussac et Collardeau, dans lesquelles on trouve, dans la première colonne verticale, les températures en degrés centigrades, et dans la première colonne horizontale, les nombres de degrés que marque l'alcoomètre. A la rencontre de deux colonnes horizontale et verticale, se trouve le nombre de degrés que l'alcoomètre eût marqué à 15°.

Avec l'alcoomètre centésimal, l'eau-de-vie marque environ 60°; l'esprit de vin ordinaire 81°, et l'esprit de vin rectifié 85° ; ce qui veut dire que ces liquides renferment 0,60, 0,81, 0,85 d'alcool absolu.

137. Poids spécifique des gaz. — Les gaz étant très compressibles et se dilatant beaucoup par la chaleur, il y a, dans la mesure de leurs poids spécifiques, une foule de précautions délicates à prendre et de corrections à faire, que nous ne pourrons décrire qu'après avoir fait connaître les lois de la compression et de la dilatation des gaz.

138. Mesure des volumes. — Quand on connaît le poids P d'un corps et son poids spécifique d, il est facile d'en conclure son volume, par la formule $P = Vd$ (95). Mais on peut trouver ce volume sans connaître le poids spécifique, en opérant néanmoins par l'une des méthodes qui servent à le déterminer : on cherchera, par l'une de ces méthodes, le poids d'un volume d'eau à 4° égal au volume du corps. Autant ce poids contiendra de grammes, autant il y aura de centimètres cubes dans le volume cherché ; puisque le gramme représente le poids d'un centimètre cube d'eau, à 4°.

Quand le volume du corps est un peu considérable, on emploie la balance hydrostatique. Dans ce cas, le poids de l'eau déplacée par le corps s'obtient en retranchant du poids P du corps dans l'air, son poids P′ dans l'eau à 4°. Or, le poids dans l'air est trop faible, car, d'après le principe d'Archimède, qui s'étend aux gaz, comme nous le verrons, les corps plongés dans l'air perdent une partie de leur poids égale au poids de l'air déplacé. Il faudrait donc ajouter cette perte de poids au résultat.

139. Calcul de la perte de poids d'un corps dans l'air. — Représentons par x la perte *exacte* du corps dans l'eau, et par α la densité de l'air par rapport à l'eau à 4°, dans les conditions de pression et de température où se trouve cet air au moment de l'expérience. $x\alpha$ sera le poids du volume d'air déplacé par le corps, puisque x est le poids du volume égal d'eau, et $P + x\alpha$ le poids du corps dans le vide. La perte exacte du corps dans l'eau sera donc $x = (P + x\alpha) - P'$; d'où $x = \dfrac{P - P'}{1 - \alpha}$, qui représente, en centimètres cubes, le volume du corps à la température de l'expérience.

On peut, au moyen de cette valeur de x calculer le poids du corps dans le vide. Ce poids sera $P + x\alpha = P + \dfrac{P - P'}{1 - \alpha} \alpha$. — La correction est négligeable quand le corps n'a qu'un petit volume.

140. Capacité d'un vase. — Pour connaître la capacité, x, d'un vase, il suffit d'évaluer le poids d'eau à 4° qu'il peut contenir ; ce poids, exprimé en grammes, représente le nombre de centimètres cubes que contient le vase. On pèse donc le vase après en avoir extrait l'air, puis après l'avoir rempli d'eau ; la différence est le poids de l'eau. — Si le vase n'est pas muni d'un robinet au moyen duquel on puisse maintenir le vide, il suffira d'ajouter à la différence entre le poids P du vase plein d'eau, et le poids P′ du vase pesé plein d'air, le poids de cet air. Ce poids est égal à $x\alpha$, en adoptant les mêmes notations que ci-dessus, et l'on aura $x = P - P' + x\alpha$; d'où $x = \dfrac{P - P'}{1 - \alpha}$.

§ 2. — PHÉNOMÈNES CAPILLAIRES.

141. Les principes de l'hydrostatique semblent se trouver en défaut quand on observe le niveau des liquides tout près des parois des vases qui les contiennent, ou dans des espaces très étroits, comme entre deux lames très rapprochées, ou dans des tubes très fins. Les phénomènes particuliers qui se manifestent alors sont produits par les forces moléculaires, particulièrement par la cohésion du liquide pour le solide et pour lui-même. Ils ont reçu le nom de *phénomènes capillaires* ou *de capillarité*, parce que les plus remarquables se manifestent dans des tubes très étroits, dont on a comparé le diamètre à l'épaisseur d'un cheveu.

142. Ménisque près d'une surface. — Quand une lame est en partie plongée dans un liquide en équilibre, la surface de niveau, au lieu d'être plane, forme près de la lame, une surface courbe ab (*fig.* 103), concave et s'élevant au-dessus du niveau général, quand la lame est mouillée par le liquide; convexe, cd, et s'abaissant au-dessous, quand elle ne peut être mouillée, comme le verre, le fer... plongés dans le mercure, ou les corps gras plongés dans l'eau.

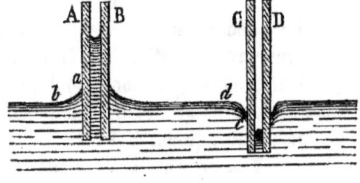

Fig. 103.

La partie comprise au-dessus ou au-dessous du niveau général du liquide se nomme *ménisque*; on donne souvent le même nom aux surfaces courbes ab, cd. On dira donc que, dans le cas d'une surface mouillée, il se forme un ménisque concave, et, dans le cas contraire, un ménisque convexe.

★ Ces phénomènes, ainsi que ceux qui suivent, ne peuvent s'expliquer qu'à l'aide de l'analyse mathématique. Ils dépendent de la relation entre la force f développée par la cohésion du liquide pour lui-même, et la force f' développée par la cohésion du solide pour le liquide dans les points de la surface où il y a contact. On démontre que, si l'on a $f < 2f'$, le liquide est soulevé et l'on a un ménisque ascendant; si $f > 2f'$, le liquide se ramasse sur lui-même en formant un ménisque déprimé; et si l'on a $f = 2f'$, le niveau reste horizontal jusqu'au contact de la lame. Ce dernier cas se présente avec l'acier poli plongé dans l'eau.

143. Ascensions ou dépressions entre deux lames, ou dans les tubes capillaires. — Entre deux lames parallèles A B, C D (*fig.* 103) assez rapprochées pour que leur distance soit moindre que la largeur horizontale du ménisque formé le long de chacune d'elles quand elle est seule, le liquide s'élève au-dessus du niveau général, ou s'abaisse au-dessous, suivant que ces lames sont mouillées ou non mouillées. La surface du liquide entre les lames présente la forme d'un cylindre, concave dans le premier cas, convexe dans le second.

Dans un tube très étroit, le liquide monte ou s'abaisse encore davantage, et la colonne liquide dans l'intérieur du tube, est terminée par une surface concave quand il y a élévation ; et par une surface convexe, dans le cas contraire.

Circonstances générales du phénomène. — 1° Les différents liquides ne s'élèvent pas à la même hauteur dans un même tube, et les hauteurs ne sont pas en raison inverse des densités ; ce qui montre l'intervention de forces autres que la pesanteur. Dans un tube de 1 millimètre de diamètre intérieur, à la température de $18°$, on trouve pour l'*eau*, *l'essence de térébenthine* et *l'alcool*, les hauteurs $29^{mm},79$; $12^{mm},72$; $12^{mm},18$. De tous les liquides purs, l'eau est celui qui s'élève le plus. Dans le vide, les résultats sont les mêmes que dans l'air.

2° La chaleur a une influence marquée sur les phénomènes capillaires : elle les atténue dans le cas des surfaces mouillées, et les augmente dans le cas contraire. M. Wolf, en élevant fortement la température, a vu, sur plusieurs liquides, la colonne soulevée dans un tube, diminuer, devenir nulle, puis le liquide descendre au-dessous du niveau extérieur. En même temps la surface du liquide, de concave devenait convexe.

144. Loi de Jurin. — *Dans les tubes cylindriques mouillés, les hauteurs d'un même liquide sont en raison inverse des diamètres de ces tubes.* Pour vérifier cette loi, il faut évaluer les diamètres, et les comparer aux hauteurs des colonnes liquides.

Gay-Lussac calculait le diamètre x du tube, supposé cylindrique, en pesant une colonne de mercure qu'il y avait introduite. P étant le poids de cette colonne, l sa longueur et d sa densité, on avait pour déterminer x, l'équation $p = \frac{1}{4}\pi x^2 l d$.

M. Wolf fait en sorte, en enfonçant plus ou moins le tube, que le niveau du liquide soulevé y arrive toujours au même point ; et après avoir terminé ses expériences, il coupe le tube en ce point et mesure le diamètre intérieur, au moyen d'un microscope à réticule.

Pour mesurer les hauteurs, Gay-Lussac se servait de l'appareil suivant (*fig.* 104). Le tube capillaire ab est soutenu verticalement par la traverse cd, dans un vase de verre dont le bord a été rendu bien horizontal au moyen de vis calantes. On amène d'abord le fil horizontal de la lunette l d'un cathétomètre (10) à être tangent à la surface concave qui termine la colonne liquide. Pour pointer le niveau extérieur du liquide, niveau dont on ne peut distinguer exactement la position, à cause du ménisque soulevé contre les parois du vase, on pose sur le bord de ce vase, la pièce mn, traversée par

PHÉNOMÈNES CAPILLAIRES.

une vis v que l'on fait descendre jusqu'à ce que son extrémité conique effleure la surface libre du liquide. On enlève ensuite un peu d'eau, sans déranger l'appareil, et l'on pointe avec la lunette l'extrémité inférieure de la vis v. La quantité dont il a fallu faire descendre la lunette, donne la hauteur cherchée. Pour obtenir des résultats exacts il faut que le tube ait été bien lavé intérieurement, et qu'il soit mouillé d'avance.

145. Hauteur entre deux lames. — 1° *La hauteur d'un liquide entre deux lames verticales parallèles, est la moitié de la hauteur du même liquide dans un tube ayant pour diamètre la distance de ces lames.* D'où il résulte que : 2° *Les hauteurs entre deux lames sont en raison inverse de leurs distances.* La distance des lames est établie au moyen de fils métalliques ou de lames de verre interposées, et dont on a mesuré l'épaisseur.

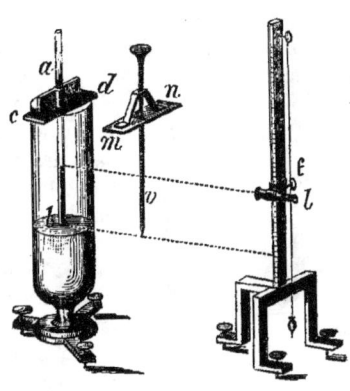

Fig. 104.

Il résulte de la seconde loi que, si les lames se coupent suivant une verticale ab (*fig.* 105), le liquide s'élèvera d'autant plus haut qu'il sera plus près de la ligne de rencontre ao. On démontre que sa surface ac forme une branche d'hyperbole symétrique par rapport à la bissectrice on, de l'angle droit aoc.

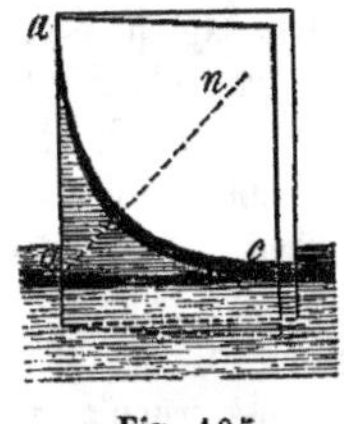

146. Tubes non mouillés. — La dépression des liquides, dans les tubes qu'ils ne mouillent pas, a été surtout observée avec le mercure dans des tubes de verre. On l'a aussi expérimentée avec l'étain et le plomb fondus. Comme le niveau dans le tube est, dans ce cas, au-dessous du niveau extérieur, on se sert pour l'observer, de la disposition (*fig.* 106) : le tube capillaire est recourbé et mis en communication, par l'une de ses extrémités, avec un vase ou un autre tube, assez larges pour que l'influence capillaire ne se fasse pas sentir au milieu de la surface de niveau. La différence $n'b$ des niveaux dans les

Fig 105.

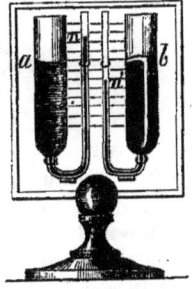

Fig. 106.

98   CORPS LIQUIDES.

deux branches, donne l'effet capillaire. Cette disposition peut aussi être employée pour les tubes mouillés, *an*.

La nature du tube paraît avoir une influence marquée sur la dépression. Ainsi, M. Avogadro a trouvé, dans un tube de fer de 1^{mm} de diamètre, une dépression de $1^{mm},226$; tandis que, dans un tube de platine, elle n'était que de $0^{mm},633$.

Des considérations théoriques ont fait admettre que les dépressions, comme les ascensions, varient en raison inverse des diamètres des tubes.

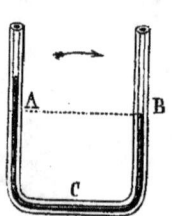

Fig. 107.

Mais ici les expériences donnent des résultats fort incertains, le niveau du liquide pouvant s'arrêter dans des positions notablement différentes dans le même tube. Ces incertitudes qui paraissent provenir de la présence d'une couche d'air adhérente, peuvent être mises en évidence par l'expérience suivante : On introduit du mercure dans un tube capillaire recourbé ACB (*fig.* 107), on l'incline, puis on ramène lentement les deux branches dans la position verticale. On reconnaît alors que, dans la branche B où le mercure a marché en montant pendant ce mouvement, le niveau B est resté notablement au-dessous du niveau A dans la branche où il a marché en descendant. On observe en même temps que la surface du mercure est beaucoup plus bombée au sommet de la colonne la plus courte. Par de légères secousses, on fait disparaître la différence de niveau, et alors la courbure redevient la même dans les deux branches.

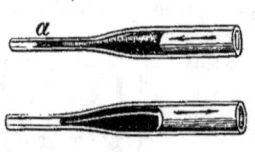

Fig. 108.

147. Applications. — Les actions capillaires peuvent servir à expliquer plusieurs phénomènes : par exemple, l'imbibition des corps poreux par les liquides dans lesquels ils ne plongent que par leur partie inférieure; l'ascension à la surface du sol, de l'eau qui a pénétré pendant la pluie; celle des corps gras, liquides ou fondus par la chaleur, à travers les filaments de la mèche des lampes ou des bougies.

Mouvements produits par la capillarité. — Si l'on introduit dans un tube conique, *a* (*fig.* 108), placé horizontalement, une petite colonne de liquide qui le mouille, et en occupe la partie moyenne ; on voit ce liquide marcher vers l'extrémité la plus étroite; comme l'encre contenue dans le bec d'un tire-ligne nous en offre un exemple familier. Si le liquide ne mouille pas le tube, il est chassé du côté le plus large. — Deux corps légers flottant sur un liquide qui les mouille également, se précipitent l'un vers l'autre quand ils se trouvent à une distance assez petite pour que les ménisques soulevés se joignent. Le même résultat se produit quand les deux corps ne sont pas mouillés par le liquide. Mais, si l'un d'eux étant mouillé, l'autre ne l'est pas, les deux corps, rapprochés l'un de l'autre, s'éloignent dès qu'on les abandonne à eux-mêmes.

★ **148. Endosmose.** — On a rattaché aux phénomènes capillaires, les effets qui se produisent quand deux liquides se mélangent à travers une cloison poreuse, quoiqu'il y ait de grandes différences entre les deux ordres de phénomènes. — Supposons deux liquides différents, capables de se mélanger, séparés l'un de l'autre par une cloison poreuse convenable ; une portion des deux liquides traverse la cloison ; mais l'un passe plus abondamment que l'autre, de manière que le niveau s'élève d'un côté de la cloison, et s'abaisse de l'autre. Dutrochet, qui a fait une étude spéciale de ce phénomène, exprime le résultat, en disant qu'il y a *endosmose*, du liquide qui passe le plus rapidement, à l'autre liquide ; et qu'il y a *exosmose*, de ce dernier au premier. — Il est à remarquer que la chaleur active le phénomène.

Endosmomètre. — Pour montrer l'endosmose, Dutrochet a imaginé l'endosmomètre (*fig.* 109). R est un réservoir fermé à sa partie inférieure par la lame poreuse, et surmonté d'un tube étroit *t*. Le réservoir étant rempli du liquide qui passe le moins rapidement à travers la lame, on le plonge dans l'autre liquide, et l'on voit le niveau monter dans le tube, et le liquide finir par se déverser par l'extrémité supérieure.

Fig. 109.

Toutes les substances poreuses ne produisent pas également l'endosmose. En première ligne, il faut citer les substances organiques, comme les membranes, le bois ; puis les substances inorganiques assez poreuses pour être facilement imbibées, comme l'argile cuite, l'ardoise, le marbre, dans l'ordre où ils sont cités, le marbre donnant les plus faibles résultats. Les substances qui renferment de l'alumine sont surtout efficaces. M. Graham a reconnu que le charbon moulé, quoique très poreux, ne produit pas l'endosmose. Il en est de même du plâtre, du cuir tanné, avec les dissolutions de sels. Avec les substances inorganiques qui ne se putréfient pas, l'endosmose peut durer indéfiniment, quand on a soin de renouveler les liquides.

L'endosmose sert à expliquer les échanges de liquides qui se font à travers certains tissus des animaux et des végétaux pendant leur vie ; l'absorption de l'eau du sol par les spongioles des racines, le gonflement, suivi souvent de la rupture de l'enveloppe, qu'éprouvent certains fruits après la pluie, etc.

§ 3. — NOTIONS D'HYDRODYNAMIQUE.

149. Ecoulement par un orifice. — Si l'on pratique un orifice dans la paroi d'un vase, au-dessous du niveau du liquide qu'il contient, l'écoulement a lieu, en vertu de la pression exercée, de dedans en dehors, sur la tranche liquide qui occupe l'orifice et qui se renouvelle à chaque instant. Les molécules lancées en dehors du vase, devant décrire des paraboles, comme les corps lancés obliquement, le jet liquide formera une parabole, si l'on fait abstraction de la résistance de l'air.

Dépense. — La quantité de liquide qui s'écoule par un orifice, pendant un temps donné, se nomme *dépense*. Elle dépend de la grandeur de l'orifice et de la *vitesse* du liquide à sa sortie. On nomme *vitesse* de l'écoulement, l'espace parcouru pendant une seconde, par une molécule sortant de l'orifice, en supposant que son mouvement reste uniforme pendant ce temps. Cette vitesse dépend essentiellement de la hauteur du liquide au-dessus du centre de gravité de l'orifice, hauteur que l'on nomme *la charge*. Si l'on suppose qu'il n'y ait ni frottement au contour de l'orifice, ni autres causes perturbatrices, la vitesse sera donnée par le principe suivant.

150. Principe de Toricelli. — *La vitesse d'un liquide à la sortie d'un orifice pratiqué en mince paroi, est égale à celle qu'acquerrait un corps en tombant verticalement, du niveau du liquide au centre de gravité de l'orifice; le vase étant supposé assez grand pour que les mouvements du liquide soient insensibles dans son intérieur.* D'après ce principe, dû à Toricelli, la vitesse est exprimée par la formule $v = \sqrt{2gH}$, dans laquelle H représente la charge. *La vitesse est donc proportionnelle à la racine carrée de la charge.*

Il résulte de là qu'un même vase mettra toujours le même temps à se vider, quel que soit le liquide qu'il renferme. Ce dont on peut se rendre compte en observant que, si la force qui chasse la tranche liquide qui occupe l'orifice est proportionnelle à sa densité, la masse de cette tranche est aussi proportionnelle à cette densité; d'où il résulte que la force et la masse mise en mouvement variant dans le même rapport, la vitesse doit rester la même (43).

Le principe de Toricelli se démontre par l'analyse mathématique. Pour le vérifier par l'expérience, il faut déduire la vitesse, de la dépense obtenue au bout d'un certain temps, l'écoulement étant supposé constant.

Mesure de la vitesse. — Soit p le poids de liquide sorti pendant le temps t, par un orifice en mince paroi dont l'aire est s ; si nous supposons que la première tranche sortie ait continué de marcher avec la même vitesse pendant 1^s, elle sera la base d'un cylindre liquide, dont l'autre base sera l'orifice, et dont la longueur représentera la vitesse cherchée. Or, le poids de ce cylindre est $s \cdot v \cdot d$, en désignant par d la densité du liquide. Le poids sorti pendant 1ˢ est aussi $p : t$; on aura donc

$$p : t = svd\,; \quad \text{d'où} \quad v = p : tsd.$$

151. Niveau constant. — Pour que la vitesse d'écoulement reste constante pendant le temps t, il faut que le niveau ne change pas pendant ce temps. On remplit cette condition au moyen de divers appareils, parmi lesquels le plus ingénieux est le *flotteur de De Prony* (*fig.* 110). AB est un réservoir rempli d'eau, dans lequel flottent deux caisses rectangulaires c, c soutenant un bassin bb par l'intermédiaire des tringles t, t, t; de manière que ces caisses déplacent un volume d'eau dont le poids est égal à la somme des poids des caisses, des tringles, et du bassin bb. Une bande de cuivre, disposée verticalement entre les deux flotteurs, sur la face antérieure du réservoir, est percée de plusieurs ouvertures fermées au moyen de plaques. Une de ces plaques porte l'orifice à bords tranchants par lequel l'eau doit

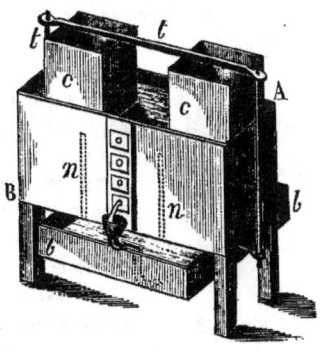

Fig. 110.

s'écouler. Ce liquide tombe dans un entonnoir fixé au réservoir, et arrive dans le bassin bb, par un tube flexible destiné à empêcher le choc de la veine liquide sur le fond. Il est facile de voir que l'eau qui tombe dans le bassin bb, augmente le poids du système flottant, et force les caisses cc à s'enfoncer davantage, de manière à déplacer une nouvelle quantité d'eau dont le volume soit égal à celui du liquide sorti. Le niveau ne baissera donc pas. Deux cloisons n, n empêchent l'agitation produite par le mouvement des caisses, de se faire sentir à l'orifice.

152. Contraction de la veine liquide. — Au moyen de cet appareil, on trouve que la *vitesse effective* est constamment moindre que la vitesse donnée par la formule $v = \sqrt{2g\mathrm{H}}$; elle en est environ les deux tiers.

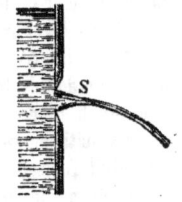

Fig. 111.

La différence provient principalement du phénomène de la *contraction de la veine liquide* : cette veine, S (*fig.* 111), n'est pas cylindrique à sa sortie de l'orifice circulaire, mais elle va en diminuant rapidement de diamètre, jusqu'à une petite distance de cet orifice, variant de la moitié à une fois et demie son diamètre. La section de la veine en ce point se nomme *section contractée*. A partir de là, le diamètre augmente quand le jet est lancé de bas en haut en faisant avec l'horizon un angle de 45° au moins, ou ne diminue qu'insensiblement quand il fait un angle moindre, ou qu'il est lancé de haut en bas. Ce phénomène, découvert par Newton, est dû principalement à la direction, oblique au plan de l'orifice, que prennent les molécules liquides qui se portent de toutes parts vers cet orifice, m, m (*fig.* 112). Celles qui, situées dans le voisinage de l'axe, s'avancent normalement à la paroi, sont troublées et même arrêtées en partie dans leur marche, de manière que la dépense n'est plus que celle qui correspond à un orifice dont la largeur serait la section n. Ces mouvements des files de molé-

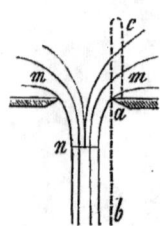

Fig. 112.

cules autour de l'orifice sont rendus visibles au moyen de sciure de bois. Si l'on dispose en dedans une cloison ca, la veine est limitée du même côté par la ligne ab.

Quand on tient compte de la contraction de la veine, en remplaçant l'aire de l'orifice par celle de la section contractée, on trouve un accord satisfaisant entre la vitesse déduite de l'observation, et la vitesse théorique.

★ **153. Circonstances diverses qui modifient la dépense.** — La dépense peut être modifiée par les mouvements qui peuvent animer la masse liquide quand le vase n'est pas très grand. Elle dépend aussi de la forme de la paroi autour de l'orifice ; elle est augmentée quand cette paroi est convexe en dehors, et diminuée quand elle est concave.

Les *ajutages*, ou tubes ajustés en dehors de l'orifice, la modifient aussi, et quand la veine adhère à leur surface intérieure, ils peuvent l'*augmenter* notablement. Un ajutage conique qui s'élargit à partir de la paroi, peut même doubler la dépense quand l'angle au sommet du cône est d'environ 3°, et que la charge est assez petite pour que la veine adhère à l'ajutage.

154. Jets d'eau. Puits artésiens. — D'après le principe de Toricelli, une veine liquide lancée verticalement de bas en haut, devra s'élever à la hauteur du niveau du réservoir (79); c'est même ce fait, qui se vérifie approximativement avec le mercure, en prenant certaines précautions, qui a conduit Toricelli à la découverte du principe qui porte son nom.

On forme les *jets d'eau* au moyen de tuyaux faisant communiquer un réservoir élevé, avec des orifices par lesquels l'eau doit s'élancer de bas en haut. Ces tuyaux passent ordinairement sous terre, au moins dans le voisinage du jet. L'extrémité relevée verticalement qui porte la *lumière*, se nomme la *souche*. — Les jets verticaux ne s'élèvent pas jusqu'au niveau du réservoir, ce qui tient à plusieurs causes : le frottement de la colonne d'eau dans le tuyau de conduite et à l'orifice de sortie, la résistance de l'air sur le jet, et, pour les jets verticaux, la rencontre des parties qui retombent avec celles qui s'élèvent. On évite ce dernier inconvénient en inclinant un peu le jet. — Les jets les plus gros s'élancent le plus haut, la résistance de l'air et celle qui se produit au contour de l'orifice étant relativement moins sensibles.

Puits artésiens. — Les *puits artésiens* sont des trous de sonde pratiqués verticalement dans le sol, et par lesquels l'eau jaillit, parce qu'elle vient d'un réservoir dont le niveau est plus élevé que l'orifice du puits. Rappelons d'abord que les matériaux qui composent les parties superficielles du globe sont ordinairement disposés en couches superposées, b, a, c (*fig.* 113). Le plus souvent, ces couches ne sont pas horizontales ; elles se relèvent sur le flanc des montagnes, où leurs tranches b', a', c'

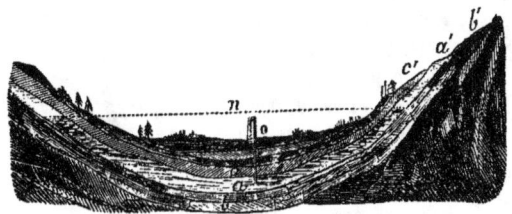

Fig. 113.

apparaissent, en formant ce qu'on nomme un *bassin géologique*. Il y a de ces couches qui sont composées de sables ou de graviers, à travers lesquels l'eau peut circuler; d'autres, au contraire, sont imperméables, comme celles qui sont formées d'argile, de pierre compacte.

Supposons que la couche a soit perméable, et les couches c et b, imperméables ; les eaux pluviales qui descendent sur le flanc des montagnes, en b', a', c', pénètreront dans la couche $a'a$, et s'accumuleront dans les parties les plus profondes, de manière à former une *nappe* souterraine dont le niveau supérieur n pourra se trouver plus élevé que la surface du sol au point o. Si l'on fore en ce point jusqu'à la couche a, l'eau jaillira d'autant plus haut que la distance on sera plus considérable. Comme l'eau engagée dans la couche aa' éprouve de la résistance à se déplacer à travers les particules qui la composent, la hauteur du jet sera beaucoup plus petite que on.

⋆ **155. Constitution de la veine liquide.** — La veine liquide lancée par un orifice circulaire en mince paroi, verticalement ou obliquement, se compose de deux parties : l'une limpide, transparente et semblable à une baguette de cristal, l'autre trouble et gonflée, dans laquelle on distingue des étranglements et des renflements successifs, *a* (*fig.* 114), qui conservent la même position, quoique produits par des portions de liquide qui se renouvellent continuellement.

En éclairant vivement la veine au moyen d'une étincelle électrique, qui n'a pas de durée appréciable, de manière qu'elle ne change sensiblement ni de forme ni de position pendant qu'elle est ainsi éclairée, on reconnaît qu'elle est composée de gouttes séparées, qui changent périodiquement de forme en s'allongeant et se rétrécissant alternativement dans le sens transversal, de manière que chaque goutte présente la même forme au moment où elle arrive en un point déterminé, *b* (*fig.* 114). Entre ces gouttes principales, il s'en trouve d'autres très petites, qui font paraître la veine comme si elle était traversée dans toute sa largeur par un canal étroit.

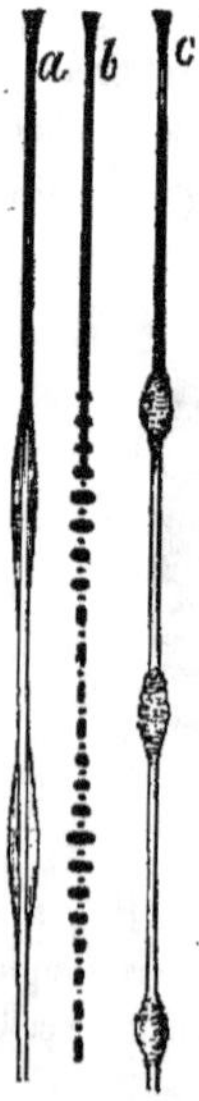

Explication de la division de la veine. — M. Plateau a trouvé la véritable explication de la division de la veine, dans la tendance que possède le liquide, en vertu de la *cohésion*, à s'amasser en globules séparés. Il montre d'abord cette tendance dans un cylindre liquide soustrait

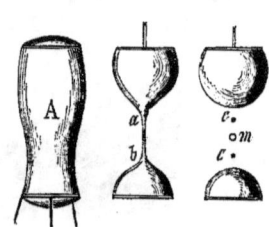

Fig. 115.

Fig. 114.

à l'action de la pesanteur (28) : si sa hauteur atteint ou dépasse 3,6 fois son diamètre, pour l'huile, l'équilibre de figure est instable, le cylindre s'étrangle A, *ab* (*fig.* 115), et se sépare en deux masses qui restent adhérentes aux anneaux ou aux disques qui limitent la longueur du cylindre. Quand les deux masses sont prêtes à se séparer, on les voit refluer rapidement vers les anneaux ou les disques, en laissant entre elles un filet cylindrique *ab* (*fig.* 115), qui s'étrangle lui-même en *a* et *b*, et donne bientôt une sphérule *m* de quelques millimètres de diamètre. Deux autres sphérules très petites *c, c*, montrent que la séparation de la sphérule *m* d'avec les masses s'est faite aussi par des effilements. — Ces phénomènes se produisent avec des liquides soumis à l'action de la pesanteur : par exemple, si l'on enfonce dans l'éther l'extrémité arrondie d'une baguette de verre, et qu'on la retire avec précaution, il se forme, au moment de la séparation de la goutte qu'emporte le verre, une très petite sphérule qui roule sur la surface de l'éther.

Pour montrer qu'un long cylindre liquide tend également à se diviser en sphères séparées, M. Plateau enfonce dans un alcool un peu moins dense que l'huile, le bec ayant 3^{cm} de diamètre d'un entonnoir en verre, et y verse un peu d'huile. Ce liquide sort en formant une colonne, qui descend lentement et se résout rapidement en sphères, entre lesquelles on distingue des sphérules.

Voici comment M. Plateau rend compte de ce phénomène. Le cylindre liquide commence par présenter des renflements équidistants, ab (*fig.* 116), séparés par des étranglements, qui se resserrent de plus en plus, et se changent en un mince filet, *de*. Ce filet éprouve les mêmes modifications que le cylindre, mais en ne présentant que deux étranglements; ceux-ci se convertissent à leur tour en deux filets plus déliés, qui se brisent, en donnant lieu à deux sphérules isolées *c*, *c*, pendant que le renflement donne une sphérule plus grande *m*. Après la rupture des derniers filets, les grosses masses prennent la forme de sphères.

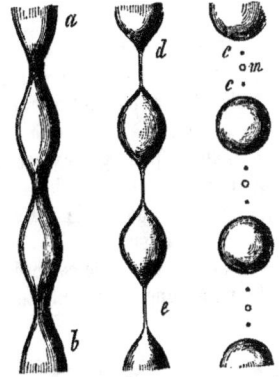

Fig. 116.

Les choses se passent de la même manière dans la veine liquide tombant à travers l'air; seulement, la séparation n'est complète qu'à une certaine distance de l'orifice, à cause de la translation des tranches liquides. — Quant aux oscillations des gouttes, qui font que la veine présente des renflements, elles constituent un phénomène accidentel résultant de mouvements vibratoires imprimés au liquide à sa sortie, par le vase lui-même, auquel se transmettent les vibrations produites par le choc des gouttes contre le corps sur lequel elles tombent, et aussi par une multitude d'ébranlements propagés par le sol, particulièrement dans les grandes villes. Pour le prouver, Savart a montré que, en l'absence de tout ébranlement, la veine paraît cylindrique dans la partie discontinue; et que des vibrations convenables communiquées au vase, par l'intermédiaire de l'air ou mieux directement, rendent les renflements plus prononcés, et font raccourcir la partie transparente, comme on le voit en c (*fig.* 114).

CHAPITRE VI.

CORPS A L'ÉTAT GAZEUX.

§ 1. — PROPRIÉTÉS GÉNÉRALES DES GAZ.

156. Force élastique des gaz. — Les fluides aériformes, nommés *gaz* ou *fluides élastiques*, sont caractérisés par la grande mobilité de leurs molécules, et par la tendance qu'elles ont à s'écarter les unes des autres en vertu de leur répulsion mutuelle (15).

L'effort qu'un gaz exerce de dedans en dehors sur les parois du vase qui le contient, ou de dehors en dedans sur la surface d'un corps qui y est plongé, se nomme la *force élastique*, l'*élasticité*, la *tension*, ou enfin la *pression* du gaz.

Les gaz sont très compressibles : si l'on enfonce un piston dans un tube fermé à l'une de ses extrémités et rempli d'un gaz (*fig.* 117), ce gaz cède, et sa force de ressort augmente ; car, si l'on cesse d'agir sur le piston, il revient aussitôt sur ses pas. Si l'on enfonce dans l'eau une cloche de verre pleine d'air, l'ouverture en bas, on voit le liquide monter plus ou moins dans l'intérieur ; le gaz qu'elle contient, cédant à la pression de l'eau qui entoure la cloche. C'est par suite de l'élasticité de l'air qu'elle contient, qu'une vessie gonflée rebondit quand on la jette par terre, sa forme cessant alors d'être sphérique, ce qui occasionne une diminution de volume.

Fig. 117.

157. Équilibre des gaz. — Nous avons établi les principes relatifs à l'équilibre des liquides, en partant de leur compressibilité et de la mobilité de leurs molécules ; ces principes s'appliquent donc aux gaz, qui possèdent les mêmes propriétés. Nous dirons donc :

1° *Quand une masse gazeuse est en équilibre, chacune de ses molécules est également pressée dans tous les sens;*

2° *La pression exercée en un point d'une masse gazeuse se transmet également dans tous les sens;*

3° *La pression totale est proportionnelle à la surface pressée.*

Pour vérifier par l'expérience le second principe, on comprime un gaz,

PROPRIÉTÉS GÉNÉRALES DES GAZ.

de l'air par exemple, dans un vase V, au moyen d'un piston qu'on enfonce dans un corps de pompe P (*fig.* 118). Au vase, sont adaptés des tubes recourbés *t*, *t*, *t*..., renfermant un même liquide : quelle que soit la position du piston, on voit que la différence de niveau dans les deux branches est la même dans tous les tubes. — C'est à cause de la transmission égale de la pression dans tous les sens, qu'une ampoule de verre ramollie par le feu, qu'une bulle de savon, dans lesquelles on insuffle de l'air, s'étendent en prenant la forme sphérique.

Le troisième principe se démontre comme pour les liquides ; l'expérience qui suit en est une application : on souffle par un tube étroit dans une vessie chargée d'un poids très lourd (*fig.* 119); la vessie se gonfle, et le poids est soulevé d'autant plus facilement, que la surface de la vessie est plus grande.

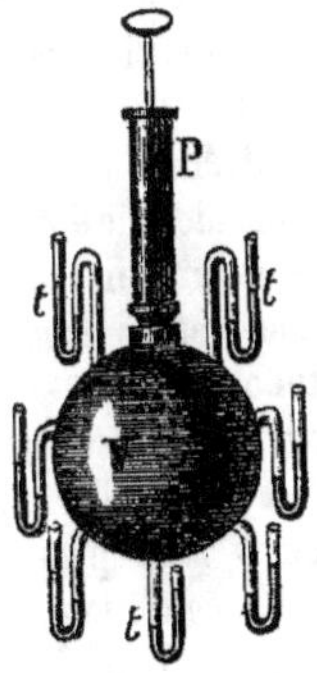

158. Poids des gaz. — Les gaz sont pesants. Pour le reconnaître, on pèse, après avoir fait le vide, un ballon muni d'un robinet ; on y introduit ensuite un gaz, et l'on reconnaît que le poids est augmenté.

Fig. 119.

Fig. 118.

La condition d'équilibre d'une colonne gazeuse soumise à l'action de la pesanteur, s'énonce comme pour les liquides : *Il faut que la pression soit la même dans toute l'étendue d'une tranche horizontale.* Cette pression, indépendante de la forme des vases, va en augmentant, ainsi que la densité, quand on passe d'une tranche à celles qui sont au-dessous. Dans un vase de dimensions ordinaires, l'augmentation est insensible, à cause du faible poids des gaz ; mais quand ils occupent une grande hauteur, cet accroissement est très prononcé.

159. Atmosphère. — Il en est ainsi de l'air, qui forme autour de la terre une enveloppe épaisse, nommée l'*atmosphère*. Cette enveloppe, dont l'épaisseur est de 50 à 60 kilomètres, est retenue près de la surface du globe par la pesanteur, malgré la force expansive qui tend à la disperser. Les couches inférieures, supportant le poids des couches supérieures et étant très compressibles, sont plus denses que celles qui sont au-dessus, et possèdent une plus grande force élastique. On prouve qu'il en est ainsi, en portant sur une montagne une vessie fermée à moitié pleine d'air ; on la voit se gonfler à mesure qu'on s'élève.

Comme la plupart des phénomènes étudiés en physique se passent dans l'atmosphère, nous allons d'abord nous occuper de cette masse gazeuse, et des moyens d'en mesurer la pression.

CORPS GAZEUX.

§ 2. — PRESSION ATMOSPHÉRIQUE. — BAROMÈTRE.

I. Du Baromètre.

160. Construction du baromètre. — L'instrument qui sert à mesurer la pression de l'atmosphère est le *baromètre*. Il consiste essentiellement en un tube de verre vertical *oa* (*fig.* 120), de 90 centimètres environ de longueur fermé à son extrémité supérieure, et dont la partie inférieure plonge dans une cuvette pleine de mercure ; ce liquide remplit aussi une partie du tube, et au-dessus il reste un espace vide *no*.

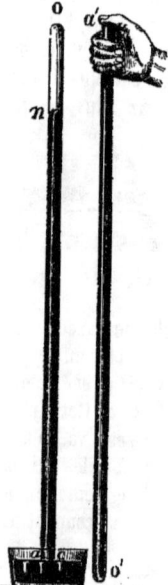

Fig. 120.

Pour construire un baromètre, on place le tube, *a'o'*, l'ouverture en haut, on le remplit entièrement de mercure ; puis, fermant l'ouverture *a'* avec le doigt, on le renverse et l'on plonge l'extrémité ouverte dans le mercure de la cuvette. Retirant alors le doigt, on voit le mercure descendre, et se maintenir à une hauteur *na*, de $0^m,76$ environ, en laissant un espace vide *no*, à la partie supérieure du tube.

Cet espace se nomme la *chambre barométrique*. Pour que le vide y soit parfait, il est nécessaire que le mercure ainsi que le tube soient bien purgés d'air et d'humidité. Pour remplir cette condition, on fait bouillir le mercure ; la chaleur chasse l'humidité et l'air qui adhèrent au verre, en les dilatant et augmentant leur force expansive.

Pour ne pas briser le tube, on opère en plusieurs temps ; on commence par verser 20 centimètres seulement de mercure dans le tube ; puis, l'inclinant sur des charbons ardents, on le chauffe au-dessus du niveau, puis on chauffe le mercure lui-même en avançant vers l'extrémité inférieure, jusqu'à ce que l'ébullition ait lieu. Il ne faut pas trop la prolonger ; car il pourrait se former de l'oxyde, qui donnerait au mercure la propriété de mouiller le verre. On ajoute ensuite une nouvelle quantité de liquide chaud à peu près égale à la première, et on la porte à son tour à l'ébullition, en prenant les mêmes précautions, et l'on continue ainsi jusqu'à ce que le tube soit entièrement rempli. La *fig.* 121 représente une grille au moyen de laquelle l'opération s'exécute avec facilité. Plusieurs cloisons transversales, portant des échancrures dans lesquelles on couche le tube, servent à retenir les charbons au point que l'on veut échauffer.

Quand le tube est suffisamment gros, on peut le remplir en une seule fois en prenant beaucoup de précautions ; on l'échauffe d'abord sur toute la longueur jusqu'à une température voisine de l'ébullition du mercure, puis on fait bouillir la partie inférieure sur une longueur de 10 à 12 centimètres ; le mercure est soulevé, et remplit une ampoule précédée d'un étranglement, qui surmonte le tube, puis il retombe en produisant un choc. On fait ensuite bouillir un peu plus haut ; et ainsi de suite jusqu'à l'ouverture ; et quand le mercure paraît partout d'un brillant bien uniforme, on enlève peu à peu les charbons, on sépare l'ampoule d'un coup de lime, et l'on renverse le tube en le tenant fermé, dans une cuvette pleine de mercure desséché par l'ébullition.

Fig. 121.

Pour reconnaître si le vide est bien fait dans la chambre barométrique, on incline rapidement le tube ; le mercure vient alors en frapper le fond, en produisant un bruit sec ; tandis que le bruit est sourd et peu marqué, si quelque fluide élastique vient amortir le choc.

161. Théorie du baromètre. — La colonne de mercure du baromètre est soutenue par la pression atmosphérique agissant à la surface de la cuvette, et elle sert de mesure à cette pression. En effet, la tranche horizontale ac (*fig.* 120), prise dans l'intérieur du tube, supporte de bas en haut la pression de l'air agissant sur la surface extérieure du mercure, pression transmise à travers le liquide de la cuvette. Pour qu'il y ait équilibre, il faut que cette tranche supporte de haut en bas une pression égale ; et cette pression est produite par la colonne de mercure an.

Pour confirmer cette explication, on plonge verticalement un gros tube de verre dans du mercure placé au fond d'une éprouvette (*fig.* 122). On verse de l'eau tout autour, et l'on voit le mercure monter dans ce tube, de manière à faire équilibre à la pression de la colonne

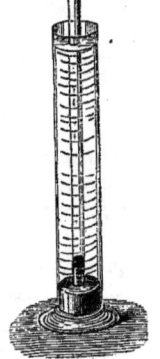

Fig. 122.

d'eau extérieure. Les hauteurs des liquides au-dessus du niveau extérieur du mercure sont alors en raison inverse de leurs densités (116).

La pression de la colonne de mercure ne dépendant pas de sa forme, mais seulement de sa hauteur verticale (109), les niveaux supérieurs, dans plusieurs baromètres de forme très différente seront tous dans un même plan horizontal *mn* (*fig.* 123). — Dans une chambre fermée, le mercure se tient à la même hauteur qu'en plein air, pourvu que l'intérieur de la chambre communique, ou ait communiqué librement avec l'atmosphère; car la pression des gaz se transmet intégralement dans tous les sens, et la force élastique de l'air produit une pression équivalente au poids de la colonne d'air extérieure à laquelle elle fait équilibre.

162. Preuves expérimentales. — La découverte du baromètre est due à Torricelli[1], elle a été amenée par les circonstances suivantes. Des fontainiers de Florence ayant voulu aspirer l'eau dans des pompes à une grande hauteur, virent avec étonnement que le liquide refusait de monter au-delà de 32 pieds. A cette époque on expliquait l'effet des pompes, par l'*horreur du vide* d'Aristote. Galilée consulté sur ce fait, soupçonna que le poids de l'air en était la cause. Descartes, avait eu une semblable idée dès 1638, et avait annoncé même que le mercure, qui pèse 14 fois plus que l'eau, refuserait de monter bien plus tôt qu'elle. Mais ce ne fut qu'en 1643, que l'expérience fut faite par Torricelli. Pascal travailla alors à démontrer que la colonne de mercure est soutenue par la pression de l'air. Ayant rempli avec différents liquides, eau, vin, huile, etc., de longs tubes qu'il dressa au moyen de cordages, il vit ces liquides se maintenir à des hauteurs en raison inverse de leurs densités. Enfin, en 1647, il songea à faire une expérience décisive : il chargea Perrier, son beau-frère, de porter un tube de Torricelli sur le Puy-de-Dôme, annonçant que le mercure se soutiendrait moins haut au sommet qu'au pied de la montagne. En effet, la hauteur à Clermont étant 26 pouces, Perrier ne trouva que 23$_p$ 3^l sur la montagne. C'est que, à mesure qu'on s'élève, la pression sur la cuvette diminue de tout le poids de l'air qu'on laisse au-dessous de soi; la colonne de mercure qui fait équilibre à l'air qui reste au-dessus ne doit donc plus être aussi haute. Une première expérience avait été faite par Pascal sur la tour Saint-Jacques, à Paris; il avait vu le mercure se tenir à 2 lignes plus bas, au sommet que dans la rue. Des résultats semblables ont été observés très souvent depuis, et sur des montagnes très élevées.

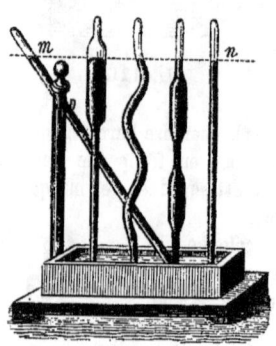

Fig. 123.

---

[1] Torricelli (Evangelista), géomètre et physicien, est né à Faenza, en 1608. Il publia un traité du mouvement, après avoir lu les écrits de Galilée, qui l'appela à Florence, auprès de lui, et auquel il succéda trois mois après, comme professeur de mathématiques. Il mourut dans cette ville, à l'âge de 39 ans.

DU BAROMÈTRE.

Aujourd'hui que nous avons à notre disposition la machine pneumatique, on fait l'expérience suivante : on extrait l'air d'un récipient R (*fig.* 124), dans lequel se trouve renfermée la cuvette d'un baromètre B, et dans lequel s'ouvre un long tube recourbé *ctt'*, communiquant par son extrémité extérieure avec une cuvette *c* pleine de mercure, et l'on voit le mercure baisser dans le baromètre B, et monter de la même quantité dans le tube *t*. Quand le vide est aussi complet que possible, le niveau est à peu près le même dans le tube et la cuvette du baromètre; tandis que la colonne de mercure du tube *t* s'élève au-dessus du niveau *c*, sensiblement à la hauteur qu'avait ce liquide dans le baromètre B avant l'expérience. Les petites différences qui subsistent proviennent d'un peu d'air qu'on ne peut enlever du récipient.

163. Différentes espèces de baromètre. — A l'époque de la découverte du baromètre, la plupart des physiciens avaient à demeure, dans leur cabinet, des *tubes de Torricelli*. On ne tarda pas à remarquer que la hauteur du mercure variait entre certaines limites, et qu'il y avait une relation entre ces variations et l'état du temps. On fut alors conduit à appliquer le long du tube, une échelle divisée ayant son zéro au niveau de la cuvette.

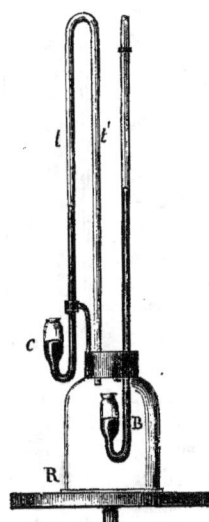

Fig. 124.

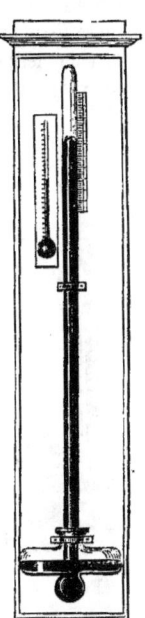

Fig. 125.

C'est à partir de cette époque que le tube de Torricelli a reçu le nom de *baromètre* (βάρος poids, μέτρον mesure) pour indiquer qu'il mesure le poids variable de l'atmosphère.

Baromètre à cuvette. — Le baromètre, tel que nous venons de le décrire, porte le nom de *baromètre à cuvette*. Pour éviter l'erreur provenant des variations du niveau de la cuvette, niveau qui baisse ou s'élève quand le mercure monte ou descend dans le tube, on donne à cette cuvette un très grand diamètre, afin que les changements de niveau y soient négligeables. On voit (*fig.* 125) la forme que présente alors l'instrument; l'ouverture rétrécie de la cuvette est fermée par une membrane, qui laisse passer

112 CORPS GAZEUX.

l'air, mais s'oppose à la sortie du mercure quand on incline l'instrument. Le tube plonge dans une partie plus profonde, ménagée au centre de la cuvette.

Baromètre fixe. — Quand le baromètre ne doit pas être déplacé, on peut obtenir la hauteur de la colonne de mercure avec une grande précision. On commence par faire tourner une vis en acier, *v* (*fig.* 126), jusqu'à ce que sa pointe inférieure effleure la surface du mercure de la cuvette ; ce qui a lieu quand cette pointe touche sa propre image réfléchie par la surface du mercure, comme par un miroir. On mesure ensuite, avec le cathétomètre, la distance du niveau *n* à une seconde pointe que porte la vis à son extrémité supérieure ; puis on ajoute la distance des deux pointes, relevée une fois pour toutes au cathétomètre.

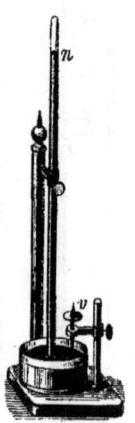

Fig. 126.

Baromètre à siphon. — Dans le *baromètre à siphon*, le tube est recourbé en U à sa partie inférieure, et présente une branche ouverte beaucoup plus courte que l'autre, et tantôt de même diamètre, tantôt de diamètre plus grand (*fig.* 127). Quand ce diamètre est très grand, on peut y regarder le niveau comme constant. Dans le cas contraire, on tient compte de ses variations, au moyen d'une seconde échelle placée à côté. Dans tous les cas, c'est la distance des niveaux dans les deux branches qui représente la *hauteur barométrique*.

164. Baromètre de Fortin. — Dans cet instrument, sont réunis plusieurs perfectionnements imaginés par divers physiciens. La *fig.* 128 représente

Fig. 127.

une coupe de la cuvette ; *vv* est un cylindre de verre à travers lequel on aperçoit le niveau du mercure. Ce cylindre est maintenu entre un couvercle en buis *nn* et une virole de laiton *uu*, par les tiges à vis *l, l*. La virole *uu* est garnie en dedans d'une pièce de buis *ee'*, *ee'*, dont le fond est fermé par un sac en peau de chamois *cc*, qui peut être soulevé plus ou moins, au moyen d'une vis V, qui prend son écrou dans un cylindre *bb* vissé en *dd* à la virole. Le couvercle de buis *nn* est traversé par le tube *tt* du baromètre, et porte une aiguille verticale en ivoire *a*, dont la pointe se trouve à la hauteur du zéro de l'échelle. Un morceau de peau de chamois *oo*, lié d'une part au tube *tt*, et de l'autre à une saillie forée que surmonte le couvercle *nn*, permet à l'air d'exercer sa pression dans la cuvette, et empêche le

DU BAROMÈTRE.   113

mercure de s'en échapper, dans quelque position qu'on place l'instrument. Le tube tt, effilé à son extrémité inférieure, pour rendre l'introduction de l'air impossible, est enveloppé d'un tube de laiton rr, sur lequel sont tracés les millimètres de l'échelle barométrique. Ce tube porte deux fentes longitudinales opposées (*fig.* 129), à travers lesquelles on aperçoit le niveau du mercure. Un coulant KK′, fendu de la même manière et muni d'un vernier, peut glisser le long de l'enveloppe de laiton.

Pour se servir de l'instrument, on commence par faire mouvoir la vis V (*fig.* 128), jusqu'à ce que le niveau du mercure de la cuvette effleure l'extrémité de l'aiguille a ; ce que l'on reconnaît, comme il est dit ci-dessus (163). On fait ensuite glisser le coulant KK′ (*fig.* 129), jusqu'à ce que, en plaçant l'œil dans le plan horizontal qui passe par les bords supérieurs des deux fentes opposées de ce coulant, ces bords paraissent tangents à la surface convexe du mercure. Le point de l'échelle qui coïncide avec ce plan horizontal, dans lequel se trouve l'extrémité du vernier, donne alors la hauteur du baromètre.

Quand on veut transporter l'instrument, on soulève le fond de la cuvette jusqu'à ce que le mercure remplisse

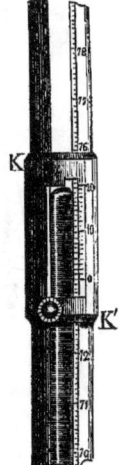

Fig. 128. — 1/3.   Fig. 129.

complètement le tube, et on le renverse, la cuvette en haut. Sans cette dernière précaution, il pourrait arriver que des secousses imprimées à la colonne, lui fissent quitter l'extrémité supérieure du tube, à cause de l'élasticité de la peau de chamois ; celle-ci revenant ensuite sur elle-même, ferait frapper le mercure contre cette extrémité, et le tube pourrait être brisé par le choc.

Pour que les indications du baromètre de Fortin soient exactes, il faut le suspendre verticalement, soit au moyen d'un cordon attaché à un anneau fixé à l'extrémité du tube de laiton, soit au moyen de la disposition suivante, dite *suspension de Cardan*. Le tube de laiton est soutenu par les extrémités de deux vis opposées $m\ n$, $m\ n$ (*fig.* 130), qui s'engagent dans son épaisseur, et autour desquelles il peut osciller. Ces vis sont fixées à un anneau qui peut osciller lui-même autour d'un diamètre pq perpendiculaire à la direction mn, et est soutenu par un dernier anneau auquel sont articulés trois pieds destinés à soutenir tout l'appareil. Le baromètre, ainsi

8

mobile autour de deux axes perpendiculaires l'un à l'autre, se met de lui-même dans la position verticale, comme ferait un fil à plomb. On peut séparer l'instrument, de son support, en retirant les vis *m*, *n* ; et resserrer les pieds de ce dernier de manière à pouvoir l'introduire dans une gaîne en cuir, annexée à un étui dans lequel on introduit le baromètre pour le transporter. Cet étui contient deux tubes de rechange, pour remplacer celui du baromètre, s'il venait à se briser en voyage.

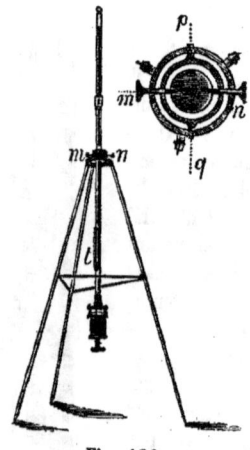

La surface du mercure peut se ternir au contact de la peau de chamois, de manière qu'on ne peut plus distinguer l'image de l'aiguille d'ivoire ; pour nettoyer cette surface, on renverse l'instrument, on dévisse le cylindre de laiton *bb* (*fig.* 128), puis le cylindre de buis *e'e'*, et l'on aperçoit alors la surface du mercure.

Les indications du baromètre doivent être corrigées des effets de la température, et de ceux de la capillarité.

165. Correction relative à la température. — La chaleur modifiant la densité du mercure, pour que toutes les observations barométriques soient comparables, on est convenu de les ramener à la température de 0°.

Fig. 130.

Pour faire le calcul relatif à cette correction, il faut connaître de quelle fraction *a* de son volume se dilate le mercure pour chaque degré du thermomètre. Soit H la hauteur du baromètre à la température de $t°$, et x celle qui aurait lieu si la température du mercure était à 0°. Les hauteurs des colonnes qui mesurent la même pression étant en raison inverse de leurs densités, on a H : x = D : d; D et d représentent les densités du mercure à 0° et à $t°$, densités qui sont en raison inverse des volumes d'une même masse (95). Or, si nous considérons l'unité de volume à 0°, elle augmente de at quand on l'échauffe de $t°$; et par conséquent elle devient égale à $1+at$. On a donc D : d = $1+at$: 1; proportion qui, combinée avec la précédente, donne

$$H : x = 1+at : 1; \text{ d'où } x = \frac{H}{1+at} = H - \frac{Hat}{1+at} = H - H\frac{t}{5550+t}, \quad [1]$$

en remplaçant *a* par sa valeur $\frac{1}{5550}=0{,}00018$. Le second terme représente la quantité à retrancher de la hauteur observée, pour obtenir cette hauteur telle qu'elle serait à 0°. Si la température est au-dessous de zéro, on ajoute, au lieu de la retrancher, la correction calculée pour le même nombre de degrés au-dessus. C'est en vue de cette correction que les baromètres précis sont accompagnés d'un thermomètre. Cet instrument est enchâssé dans le tube de laiton, *t* (*fig.* 130), de manière à donner la température de la colonne de mercure, qui peut être momentanément un peu différente de celle de l'air.

* **166. Correction relative à la capillarité.** — La force capillaire, qui s'exerce au sommet de la colonne de mercure, la déprime et la rend un peu trop courte, et d'autant plus que le diamètre du tube est plus petit. Pour en corriger les résultats observés, il suffit de leur ajouter la quantité dont le mercure est déprimé. Pour cet objet, on a construit des tables donnant la dépression capillaire dans des tubes de différents diamètres. Voici celle que Bouvard a calculée, au moyen des formules de Laplace, et en s'appuyant sur les expériences de Gay-Lussac ; il faut pour s'en servir connaître le diamètre intérieur du tube, diamètre qui doit être partout le même.

DIAMÈTRE int. du tube.	DÉPRESSION.	DIAMÈTRE int. du tube.	DÉPRESSION.
4^{mm}	2,068	11	0,354
5	1,534	12^{mm}	0,281
6	1,171	13	0,223
7	0,909	14	0,176
8	0,712	16	0,107
10	0,445	18	0,064

L'influence capillaire est négligeable quand le tube a 20 millimètres de diamètre intérieur. Comme le ménisque peut, ainsi que nous l'avons vu, présenter dans un même tube une courbure différente, suivant les mouvements qu'avait la colonne avant de prendre son état d'équilibre (146), on a construit des tables qui donnent la correction capillaire d'après la hauteur du ménisque et d'après le diamètre [1].

167. Baromètre de Gay-Lussac. — Ce baromètre consiste en un tube recourbé en siphon AB (*fig.* 131), composé de trois parties soudées les unes aux autres. La première, A, contient la chambre vide ; la seconde, *b*, est capillaire ; et la troisième, de même diamètre que la première, contient le niveau *n'* sur lequel agit la pression atmosphérique. Cette troisième branche est fermée à sa partie supérieure, et l'air y pénètre par un très petit orifice *o*, pratiqué à une certaine distance de l'extrémité, et à rebord intérieur très saillant. La partie capillaire *b* est courbée de manière que le tube, suspendu par sa partie supérieure, se mette de lui-même dans la

[1] Voyez le *Traité de physique*, 2e édition, t. I, p. 287.

position verticale. Une gaîne en laiton enveloppe entièrement ce tube, comme on le voit à gauche de la figure ; elle porte deux fentes longitudinales opposées, dans le voisinage de chacun des niveaux n, n', et des curseurs munis de verniers disposés comme celui du baromètre de Fortin (*fig.* 129). Deux divisions tracées le long des branches, partent du même zéro situé entre les deux niveaux ; de sorte que l'une des échelles va en montant, et l'autre en descendant. Pour avoir la hauteur barométrique, on ajoute les nombres qui correspondent aux deux niveaux, ce qui donne leur distance verticale ; puis, on fait la correction relative à la température. — L'égalité de diamètre des deux branches est destinée à faire disparaître l'effet capillaire ; mais cet effet peut encore exister, surtout si le tube est un peu étroit, comme l'atteste la différence de courbure qui se montre souvent dans les deux branches.

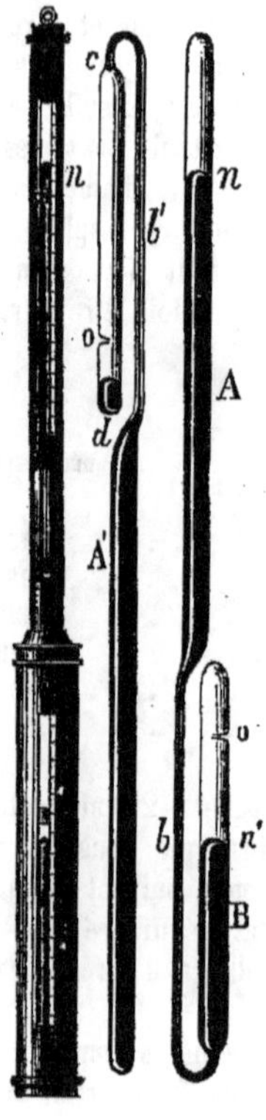

Quand on veut transporter le baromètre de Gay-Lussac, on le renverse doucement, de manière que le tube prenne la position cA'. Le mercure remplit alors l'instrument jusqu'en c, et reste suspendu en ce point par l'effet capillaire. L'excédant de liquide tombe en d. Quand on veut ensuite faire une observation, on retourne l'instrument dans la position AB, et on le suspend verticalement.

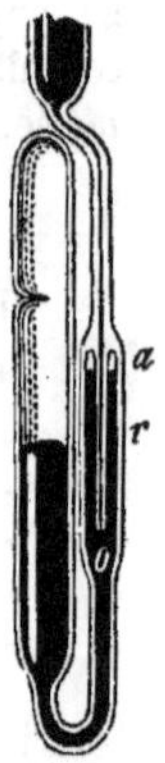

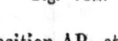
Fig. 132.

Fig. 131.

Perfectionnement de Bunten. — Il peut arriver que, dans cette manœuvre, ou par suite de secousses un peu brusques, un peu d'air passe dans la chambre vide. Pour éviter cet inconvénient, Bunten soude, vers le milieu de la partie capillaire, un réservoir r (*fig.* 132) dans lequel s'engage la partie supérieure de ce tube, effilée à son extrémité o. Si une bulle d'air venait à s'introduire dans ce réservoir, elle en suivrait les parois et viendrait se loger en a ; d'où on peut ensuite la chasser par quelques secousses, après avoir renversé l'instrument.

★ **168. Mesure des hauteurs par le baromètre.** — Aussitôt après l'expérience du Puy-de-Dôme, on songea à appliquer le baromètre à la mesure des hauteurs des montagnes. Si l'air avait la même densité au sommet et au pied, il suffirait d'observer les colonnes du baromètre en ces deux points, et d'écrire que leur différence et la hauteur cherchée sont en raison inverse des densités du mercure et de l'air. Mais comme l'air est très compressible, et que sa température s'abaisse à mesure qu'on s'élève, sa densité varie avec la hauteur suivant une loi compliquée, de sorte que la relation qui précède ne peut être employée que pour des hauteurs d'une centaine de mètres au plus.

La relation entre la différence de niveau de deux stations, et les hauteurs barométriques, est donc bien moins simple qu'on ne l'avait cru d'abord ; elle est donnée par la formule suivante, calculée par Laplace, dans laquelle il a tenu compte de toutes les causes qui peuvent modifier les densités des couches atmosphériques :

$$X = 18393^m (1 + 0{,}002837 \cdot \cos 2\lambda) \left(1 + \frac{2(T+t)}{1000}\right) \log \frac{H}{h}.$$

X est la différence de niveau des deux stations ; λ la latitude ; H et T la hauteur barométrique et la température à la station inférieure ; et h et t les mêmes quantités pour la station supérieure.

Sous la latitude de 45°, on a $\cos 2\lambda = 0$, et la formule devient

$$X = 18393 \left(1 + \frac{2(T+t)}{1000}\right) \log \frac{H}{h}.$$

Dans l'Annuaire du bureau des longitudes, on trouve des tables, au moyen desquelles on peut obtenir la hauteur cherchée, sans l'emploi des logarithmes, par de simples additions et soustractions.

La formule de Laplace donne les hauteurs à un mètre près, quand on se sert de bons instruments, et qu'on prend les précautions convenables. — Quand les stations sont très éloignées, par exemple, lorsqu'on veut trouver la hauteur d'un lieu au-dessus du niveau de la mer, ou ce qu'on nomme son *altitude*, il faut prendre la *moyenne barométrique* du lieu, calculée au moyen d'observations poursuivies pendant plusieurs années, et la comparer à une moyenne semblable prise au niveau de la mer.

169. Indication des changements de temps. — Le baromètre est souvent employé pour prévoir les *changements de temps*. On a constaté, en Europe, qu'il est élevé quand il fait beau, et bas par les temps de pluie. Le tableau suivant, déduit d'un grand nombre d'observations, donne les hauteurs barométriques qui correspondent, à Paris, aux différents états du temps :

Très sec.	Beau fixe.	Beau.	Variable.	Pluie ou vent.	Grande pluie.	Tempête.
78^{cm},00	77,60	76,19	75,79	74,89	73,99	73,08

118   CORPS GAZEUX.

De plus, on a observé que, généralement, en Europe, le temps se met au beau quand le baromètre monte graduellement, et se met au contraire à la pluie quand il baisse peu à peu. Un abaissement brusque et étendu indique une tempête, même avant qu'il y en ait des signes dans l'atmosphère. Aussi est-il important pour les navigateurs de consulter fréquemment le baromètre. Ajoutons que cet instrument ne fait qu'indiquer un état actuel de l'air, et que, par conséquent, les prévisions basées sur ses indications peuvent se trouver en défaut.

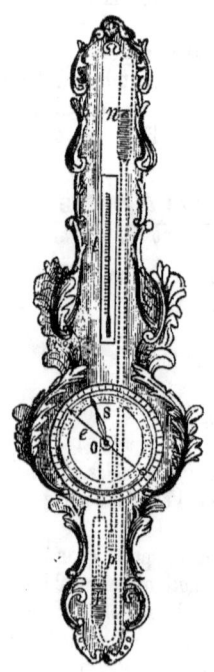

Fig. 133.

On a donné diverses explications des prédictions du baromètre; voici la plus plausible : quand un vent chaud succède à un vent froid, le baromètre baisse, l'air dilaté étant moins pesant que l'air froid. Les vents froids et secs le font, au contraire, monter. Or, en Europe, ce sont les vents humides du sud et du sud-ouest qui amènent la pluie, et ces vents chauds font baisser le baromètre; tandis que les vents secs du nord ou du nord-est le font monter. On voit que les indications ci-dessus tiennent à la situation géographique de l'Europe. A la Nouvelle-Hollande, les vents chauds de terre font baisser le baromètre et amènent la sécheresse; et à l'embouchure de la Plata, les vents d'est, qui amènent la pluie, le font monter.

Baromètre à cadran ou à poulie. — Quand le baromètre doit servir à indiquer l'état du temps, on écrit à côté des divisions de l'échelle, les mots *beau*, *pluie*, etc. On emploie souvent, dans ce cas, le baromètre à cadran, imaginé par Hook, en 1663. Cet instrument consiste en un baromètre à siphon nf (*fig.* 133) dont les deux branches sont de même diamètre. Un flotteur f reposant sur le mercure de la branche ouverte, est soutenu par un fil qui s'enroule autour d'une poulie o, et est tendu par un petit poids p plus léger que le flotteur, et suspendu à un autre fil enroulé en sens contraire; de manière que, si le niveau change de position, la poulie tourne d'une certaine quantité. A l'axe de cette poulie est fixée une aiguille équilibrée, c, qui parcourt les divisions d'un cadran placé entre l'aiguille et la poulie, et cachant le tube barométrique. Les indications de cet instrument sont peu précises, à cause des frottements et de l'inertie des parties mobiles.

170. Baromètres sans liquide. — M. Vidi a inventé et désigné sous le nom de *baromètre anéroïde* (α privatif, ρεω couler), un baromètre sans mercure dans lequel les variations de la pression atmosphérique sont indiquées par les changements de forme d'une petite caisse rigide et élastique dans laquelle on a raréfié l'air. Depuis, on en a imaginé d'autres fondés sur le même principe. La *fig.* 134 représente un de ces instruments, connu sous le nom de *baromètre Bourdon*. La partie essentielle est un tube en laiton *amb* (*fig.* 134), à parois minces et élastiques, dans lequel on a raréfié l'air. Ce tube, fixé par son milieu *m*, est courbé en arc de cercle, et sa section, R, forme une courbe allongée, dont le plus grand diamètre est perpendiculaire au plan de l'arc de cercle. Lorsque la pression que supporte à l'extérieur un semblable tube vient à diminuer, sa section tend à se rapprocher par élasticité de la forme circulaire, ce qui force l'arc à s'ouvrir, et les extrémités *a* et *b* à s'écarter l'une de l'autre. Si, au contraire, la pression extérieure augmente, l'arc se resserre et les points *a* et *b* se rapprochent. Les mouvements de ces points se transmettent, par deux petites tiges articulées, à

Fig. 134.

un secteur denté, qui fait mouvoir un pignon denté fixé à l'axe de l'aiguille *e*. On a fait de ces instruments assez petits pour être portés comme une montre.

II. Effets de la pression atmosphérique.

171. Pression sur une surface donnée. — La pression de l'atmosphère sur 1 centimètre carré, est égale au poids d'une colonne de mercure qui aurait 1^{c.c} de base, et une hauteur égale à celle du baromètre. Si cette hauteur était de 0^m,76, le volume serait de 76 centimètres cubes, nombre qui, multiplié par le poids spécifique du mercure 13,6, donnerait 1033^{gr},6 ou environ 1 kilogramme.

La surface du corps humain est à peu près égale, en moyenne, à $7/4$ de mètre carré, ou 17 500 centimètres carrés. Cette surface supporte donc une pression de dehors en dedans équivalente à 17 500 kil. Si nous ne sommes pas écrasés par un poids aussi considérable, c'est que les fluides qui remplissent les cavités du corps et en pénètrent les tissus, possèdent une force élastique qui fait équilibre à la pression extérieure. C'est par un motif

120   CORPS GAZEUX.

semblable qu'une table n'est pas brisée par la pression de l'air, cette pression se faisant sentir également sur ses deux faces. Pour confirmer cette explication, on fait les expériences suivantes.

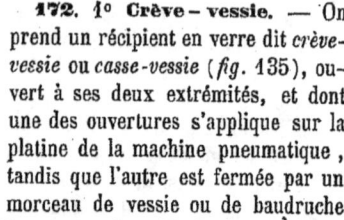

Fig. 135.

172. 1° **Crève-vessie.** — On prend un récipient en verre dit *crève-vessie* ou *casse-vessie* (*fig.* 135), ouvert à ses deux extrémités, et dont une des ouvertures s'applique sur la platine de la machine pneumatique, tandis que l'autre est fermée par un morceau de vessie ou de baudruche bien tendu. Cette membrane ne fléchit pas sous le poids de l'atmosphère, tant que l'air pénètre librement de chaque côté. Mais si l'on vient à pomper l'air de l'intérieur, on voit la membrane s'affaisser, puis crever avec un grand bruit, dû à la secousse qu'éprouve l'air en se précipitant dans le vide. On emploie aussi des crève-vessie coudés (*fig.* 135), pour prouver que la pression de l'air agit également dans tous les sens. Une lame de verre mastiquée sur les bords du récipient, à la place de la vessie, se brise avec explosion quand on fait le vide ; c'est l'expérience du *casse-vitre*. Il faut avoir soin de recouvrir le récipient d'une serviette, pour éviter d'être blessé par les éclats du verre.

Fig. 136.

Fig. 137.

2° **Hémisphères de Magdebourg.** — On prend deux hémisphères creux en métal, pouvant s'appliquer exactement l'un sur l'autre, avec interposition d'une bande de caoutchouc (*fig.* 136), et dont un porte un robinet par lequel on peut extraire l'air intérieur. Après cette opération, les deux hémisphères sont pressés l'un contre l'autre par une force égale au poids d'une colonne de mercure qui aurait pour base l'ouverture des hémisphères, et pour hauteur, celle du baromètre, et l'on ne peut les séparer que par un effort équivalent.

Si l'on place ces hémisphères sous un récipient dont on extrait l'air

EFFETS DE LA PRESSION ATMOSPHÉRIQUE. 121

(*fig.* 137), on peut facilement les séparer, au moyen d'un crochet qui traverse une boîte à cuirs. Si on laisse ensuite rentrer l'air dans ce récipient, après avoir replacé les hémisphères l'un sur l'autre, on ne peut plus les séparer.

3º **Récipient à main.** — Pour prouver que les fluides de l'intérieur du corps possèdent une tension qui contrebalance la pression de l'atmosphère, on ferme avec la main un petit récipient en verre, dont on extrait ensuite l'air. La main est fortement pressée contre les bords arrondis du récipient, et la peau se gonfle et devient rouge en dedans, par l'expansion des fluides intérieurs.

C'est à cette expansion qu'est attribué le malaise que l'on éprouve sur les hautes montagnes. Des vertiges, des nausées, des hémorragies, l'accélération du pouls, une respiration haletante, un besoin de sommeil presque irrésistible, sont les accidents qui se manifestent ordinairement. On pourrait être tenté d'attribuer ces effets à la rareté de l'air dans les hautes régions de l'atmosphère; mais il existe des lieux habités, des villes même, à plus de 4000 mètres au-dessus du niveau de la mer, et dont les habitants n'éprouvent aucun malaise; parce que les fluides de l'intérieur de leur corps sont en équilibre avec la pression extérieure.

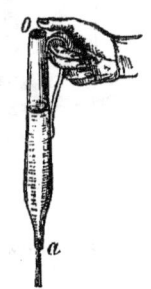

173. Applications. — Si l'on renverse un vase plein d'eau, en tenant l'ouverture fermée par un morceau de papier (*fig.* 138), le liquide ne tombe pas, parce qu'il est retenu par la pression atmosphérique. S'il y a de l'air au-dessus de l'eau dans le vase, il sort un peu de liquide, ou bien le papier se gonfle en dehors, de manière que l'air intérieur diminue de force élastique en augmentant de volume; alors sa tension, jointe au poids de la colonne d'eau, est équilibrée par la pression atmosphérique. Si l'on enlève le morceau de papier, l'air s'introduit en divisant la colonne d'eau, et le liquide tombe. Il en est ainsi quand on renverse une bouteille pleine, et la rentrée de l'air se fait par intermittences, à cause du peu de largeur du goulot.

Fig. 138.   Fig. 139.

Si l'ouverture est très étroite, le liquide ne peut plus sortir. C'est ce qui a lieu dans le *tâte-vin* ou *pompe des celliers* (*fig.* 139). L'orifice inférieur, *a*, est capillaire, et celui qui se trouve à l'extrémité opposée, *o*, peut être fermé avec le doigt. Quand on enfonce cet instrument dans un liquide en laissant l'orifice *o* ouvert, ce liquide pénètre dans l'intérieur. Si alors on met le doigt sur l'ouverture *o* et qu'on retire l'instrument, le liquide introduit est retenu par la pression atmosphérique, et ne s'échappe que lorsqu'on dégage l'ouverture *o*.

174. Perte de poids d'un corps dans l'air. — Les gaz étant pesants, les corps qui y sont plongés doivent être soumis à une force de poussée de bas en haut égale au poids du fluide déplacé. C'est le principe d'Archimède appliqué aux gaz, et l'on s'en rend compte par les mêmes considérations que pour les liquides. On peut, du reste, constater la poussée de l'air, au moyen du *baroscope*. On nomme ainsi un système de deux boules (*fig.* 140) de volume très différent, suspendues en équilibre aux extrémités d'un fléau très mobile. Si l'on place cet instrument sous une cloche dont on enlève l'air, l'équilibre est rompu, et la grosse boule l'emporte sur l'autre; ce qui montre qu'elle est réellement plus pesante. La perte de poids qu'elle éprouvait dans l'air, avant de faire le vide, était plus grande que celle qu'éprouvait la petite boule, et la différence des poids se trouvait alors compensée. Si l'on introduisait sous le récipient un gaz plus dense que l'air, par exemple, de l'acide carbonique, la petite boule l'emporterait à son tour.

Fig. 140.

175. Aérostats. — C'est à cause de cette perte de poids des corps plongés dans l'air, que les gaz échauffés, la fumée, montent, parce qu'ils sont moins denses que l'air froid. Ce principe était connu depuis Archimède, et le désir de s'élever dans les airs, qui a de tout temps tourmenté l'homme, a dû faire songer de bonne heure à en faire l'application. Les frères Joseph et Etienne Montgolfier[1] résolurent les premiers le problème. Ils remplirent d'abord de gaz hydrogène de grands sacs de papier, et les virent s'élever dans l'air, mais redescendre bientôt, parce que le gaz se perdait rapidement. Ils imaginèrent alors d'employer l'air chaud, qui est moins dense que l'air froid à égalité de force élastique, et après avoir fait quel-

---

[1] Montgolfier (Joseph-Michel), né à Vidalon-lès-Annonay, en 1740, était fils d'un fabricant de papier. Il montra, dès son enfance, une grande aptitude pour les mathématiques et la mécanique, inventa plusieurs machines, entr'autres le *bélier hydraulique*. Pendant la Révolution, il sut garder une indépendance courageuse, et protégea les proscrits de tous les partis. Il était professeur au Conservatoire des arts et métiers, et membre de l'Institut (1807), lorsqu'il mourut, aux eaux de Balaruc, en 1810. — Joseph-Etienne Montgolfier (né en 1745, mort en 1799), fut associé à tous les travaux de son frère.

ques essais en petit, ils construisirent un globe de toile doublée de papier, et ayant 13 mètres de diamètre. L'ayant gonflé avec de l'air chaud, en allumant un grand feu au-dessous d'une large ouverture ménagée à la partie inférieure, ils le virent monter avec une force de 5 à 6 quintaux ; son poids et celui du gaz chaud qu'il contenait formant un total moindre que le poids de l'air déplacé. Cette expérience fut faite à Avignon, en décembre 1782, puis répétée à Annonay, le 5 juin 1783, en présence des Etats particuliers du Vivarais et d'un concours immense de spectateurs. La nouvelle de cette curieuse expérience fut transmise à l'Académie des sciences, qui invita les Montgolfier à venir répéter leur expérience en sa présence.

En attendant, on ouvrit à Paris une souscription pour subvenir aux frais de la reproduction de l'expérience d'Annonay. Comme on ne savait pas avec quel gaz on avait gonflé le ballon, on songea naturellement à substituer à ce gaz inconnu, l'*hydrogène*, que Montgolfier avait employé dans ses premiers essais. Il fallut trouver alors une enveloppe imperméable à ce gaz. Le taffetas, enduit de caoutchouc dissous dans l'essence de térébenthine bouillante, fut adopté comme remplissant les conditions requises. Le ballon, qui avait 4 mètres de diamètre, fut lancé au Champ-de-Mars, le 26 août 1783, au milieu de l'enthousiasme d'une foule immense, que ne put rebuter une pluie battante, et alla tomber, trois quarts d'heure après, à 5 lieues du point de départ.

Cependant E. Montgolfier achevait les préparatifs de l'expérience que l'Académie lui avait demandée. Il construisit une immense machine de 14 mètres de diamètre, qui fut lancée à Versailles, emportant divers animaux renfermés dans une cage.

176. Premier voyage aérien. — Montgolfier suspendit ensuite au-dessous d'un ballon une galerie circulaire propre à recevoir des voyageurs, et au milieu de laquelle était disposé un grillage en fil de fer destiné à supporter le combustible qui devait entretenir la force ascensionnelle (*fig.* 141). Après divers essais dans lesquels le ballon était retenu par une corde, Pilatre de Rosier[1] et d'Arlandes s'élancèrent à ballon perdu, au château de la Muette, le 20 novembre 1783. Au bout de 25 minutes, ils diminuèrent le feu de paille qu'ils avaient entretenu jusqu'alors, et la machine les déposa doucement à 8 kilomètres du point de départ, après s'être élevée à 1000 mètres de hauteur.

---

[1] Pilatre de Rosier, célèbre par la témérité de ses expériences, est né à Metz, en 1756. Il professa la chimie à Reims, fut nommé directeur du Musée Royal. Ayant réuni deux ballons, l'un gonflé par le gaz hydrogène, l'autre, placé au-dessous, gonflé par le feu, il venait de partir de Boulogne avec Romain, pour franchir la Manche, lorsqu'on vit le double appareil tomber d'une grande hauteur ; et les deux malheureux aéronautes furent trouvés brisés dans leur nacelle (1785).

Huit jours après, Charles et Robert s'élançaient du Jardin des Tuileries, dans un ballon gonflé au gaz hydrogène.

177. Manière de gonfler les ballons. — Les ballons se gonflent soit avec de l'air chaud, soit avec du gaz hydrogène. Dans le premier cas, on les nomme *montgolfières*, et l'on a réservé plus spécialement le nom d'*aérostats* à ceux qui sont remplis d'hydrogène.

Les *montgolfières* se font ordinairement en toile ou en calicot, sur lesquelles on colle du papier, ou que l'on consolide par une couche de peinture. À la partie inférieure du globe, est disposé un large cylindre ouvert

Fig. 141.

terminé par un cercle en bois auquel on attache, par un grand nombre de cordes verticales, la nacelle en osier dans laquelle se placent les aéronautes. — Pour gonfler une montgolfière, on fait un feu de paille ou de menu bois au-dessous de l'ouverture du cylindre. En versant de l'alcool sur la paille, on gonfle en peu de temps les plus vastes appareils.

Pour remplir un *aérostat*, on fait arriver du gaz hydrogène par un boyau qui le termine à la partie inférieure. L'appareil destiné à produire et à recueillir le gaz, consiste en un système de tonneaux A, A (*fig.* 142), contenant de l'eau du zinc et de l'acide sulfurique. L'hydrogène dégagé par ce mélange passe par des tubes $t, t, t...$, sous un baquet, c, renversé dans une cuve O pleine d'eau. Le gaz se lave en traversant l'eau, et passe par le tuyau T, du baquet dans l'aérostat. Au lieu d'hydrogène, on emploie souvent le gaz d'éclairage. — La nacelle destinée à porter les aéronautes est suspendue à des cordes attachées à un filet qui recouvre l'hémisphère

AÉROSTATS. 125

supérieur (*fig.* 143), afin de répartir la charge sur un grand nombre de points.

178. Calcul de la force ascensionnelle. — Considérons d'abord le cas d'un aérostat gonflé par l'hydrogène, dont la densité est 0,0688, ou à peu près $\frac{1}{15}$ de celle de l'air à la même pression et à la même température. 1 mètre cube d'air pèse $1^{kil},299$, à 0° et sous la pression de $0^m,76$; 1^{mc} d'hydrogène, dans les mêmes conditions, pèsera donc $0^k,09$. La différence entre ces poids est à peu près de $1^k,21$, qui représente la force avec laquelle 1^{mc} d'hydrogène est soulevé. Si donc la capacité de l'aérostat est de 500 mètres cubes, comme celui qui a servi au voyage de Charles

Fig. 142.

et Robert, la force ascensionnelle sera de 605^{kil}. Il faudra donc que le poids de l'appareil, joint à celui de la charge qu'il doit enlever, soit moindre que 605^k. Si la température et la pression étaient différentes de celles que nous avons supposées, il faudrait prendre les densités qui correspondent à ces nouvelles données.

Quand on emploie le gaz d'éclairage, dont la densité est à peu près 0,63 par rapport à l'air, la force ascensionnelle, par mètre cube, n'est que 0^k74. — Avec les montgolfières, la force ascensionnelle est encore moindre. La température de l'air chaud dans un grand appareil, n'atteint que 60° à 70°, et la force ascensionnelle, par mètre cube, n'est plus que de $0^k,40$. Ce n'est donc qu'avec de grandes dimensions que l'appareil pourra enlever une charge un peu forte.

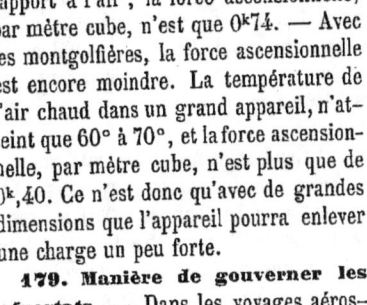

Fig. 143.

179. Manière de gouverner les aérostats. — Dans les voyages aérostatiques qui ont un autre but que la simple curiosité, on n'emploie que des aérostats proprement dits. Un premier point à observer, c'est que le ballon ne soit pas entièrement rempli de gaz au moment du départ; car, la pression de l'atmosphère diminuant à mesure qu'on s'élève, la force expansive du gaz pourrait déchirer l'enveloppe. On n'a besoin, du reste, que d'un excès de force ascensionnelle de quelques kilos. Cette force ne diminue pas à mesure qu'on s'élève; car le gaz hydrogène, s'étendant de manière à posséder la même force élastique que l'air extérieur, gonfle le ballon et déplace un volume d'autant plus grand que les densités absolues des deux gaz ont plus diminué. Si, par exemple, la diminution de la densité a réduit de moitié la force ascensionnelle du mètre cube, le volume déplacé étant devenu double, la force ascensionnelle totale sera, par là, reportée à sa première valeur.

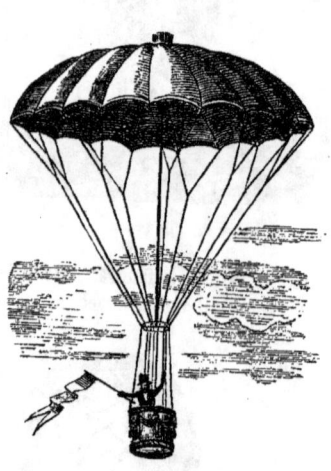

Fig. 144.

Pour se rendre compte à chaque instant, des mouvements de l'aérostat dans le sens vertical, l'aéronaute consulte le baromètre. Si le mercure baisse, c'est que l'appareil monte, et réciproquement. Ce baromètre lui sert aussi à calculer la hauteur à laquelle il se trouve (168). Veut-il s'élever, il jette du sable ou lest qu'il a emporté, de manière à alléger l'appareil. Veut-il, au contraire, descendre, il ouvre, en tirant une corde, une soupape à ressort placée à la partie supérieure du ballon, et laisse échapper du gaz. En jetant du sable et en ouvrant la soupape alternativement, il peut ménager sa descente de manière à choisir le lieu d'arrivée et à se poser sans secousse sur le sol. Un grappin qu'il accroche au sol, dès qu'il en est assez près, lui permet aussi, en tirant sur la corde, d'achever sa descente aussi lentement qu'il le veut, et sert à retenir l'appareil, que le vent pourrait entraîner.

C'est en opérant ainsi que Biot et Gay-Lussac firent, en 1804, un voyage aérien, célèbre dans la science. Trois semaines après, Gay-Lussac fit un autre voyage, dans lequel il parvint à la hauteur de 7000 mètres. Le baromètre marquait 33 centimètres, et le thermomètre 9°,5 au-dessous de zéro, tandis qu'il marquait 27° au-dessus, à la surface du sol. Depuis, MM. Glaisher et Coxwell se sont élevés à plus de 9000 mètres, la plus grande hauteur à laquelle l'homme soit parvenu. Le baromètre était descendu à 25 centimètres, et le thermomètre à 27° au-dessous de zéro. Les

LOI DE MARIOTTE.   127

aéronautes sentirent leurs forces singulièrement affaiblies, et M. Glaisher resta pendant quelque temps dans un état d'insensibilité complète.

180. Parachute. — Au lieu de descendre lentement et sûrement, comme nous venons de l'expliquer, des aéronautes, qui n'ont d'autre but que d'exciter la curiosité, abandonnent leur ballon et se laissent tomber avec l'aide du *parachute*. Cet appareil consiste en un dôme en étoffe très résistante (*fig.* 144), de 4 à 5 mètres de diamètre, présentant à peu près la forme d'un parapluie, dont les baleines seraient remplacées par des cordes qui se prolongent au-delà des bords, et soutiennent la nacelle qui porte l'aéronaute. Le parachute est suspendu, plié, au ballon ; on l'en sépare en tirant une corde, et l'air, s'engouffrant dans les plis de l'appareil, le fait déployer, de manière qu'il présente une surface considérable à l'air, dont la résistance rend la descente très lente.

§ 3. — LOIS DE LA COMPRESSION DES GAZ.

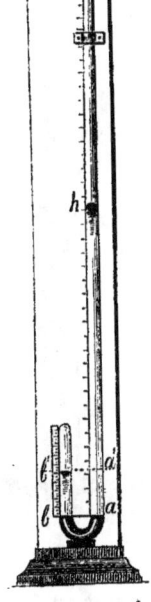

Fig. 145.

181. La force élastique des gaz augmente quand on réduit leur volume, et diminue quand on leur offre un plus grand espace à occuper. Le dernier cas se présente, quand on aspire par un tube plongé dans un liquide ; l'air du tube se répandant dans les poumons, diminue de pression, et le liquide monte, en vertu de l'excès de la pression atmosphérique.

182. Loi de la compression de l'air. — Cette loi est connue sous le nom de *loi de Mariotte*[1] ou de *loi de Boyle*, du nom des deux physiciens qui l'ont découverte, à la même époque. Ce n'est que plus tard qu'on a cherché à l'appliquer aux autres gaz. On l'énonce ainsi : *Les volumes occupés par une même masse d'air sont en raison inverse des pressions qu'elle supporte.* De cette loi, on conclut que *la densité de l'air est proportionnelle à la pression*. En effet, nous savons que la densité d'une même masse est en raison inverse de son volume (95).

Pour prouver par l'expérience la loi de la compression de l'air, Mariotte s'est servi d'un appareil désigné depuis, sous le nom de *tube de Mariotte*, et

---

[1] Mariotte (l'abbé Edme), qui a appliqué le premier en France la physique expérimentale, naquit en Bourgogne, vers 1620, et mourut à Paris en 1684. Nommé prieur de l'abbaye de Saint-Martin-sous-Baune, il consacra ses loisirs à l'étude des sciences. On lui doit beaucoup d'expériences sur les lois du mouvement, la chute des corps, l'hydraulique, etc.

consistant en un tube recourbé *hab* (*fig.* 145) présentant deux branches verticales très inégales. La plus longue est ouverte et munie d'une échelle destinée à mesurer les hauteurs. La plus courte est fermée, et divisée en parties d'égale capacité. Les deux divisions s'arrêtent à un même niveau *ba*. La branche fermée étant pleine d'air *sec*, on sépare ce gaz de l'air extérieur, par du mercure que l'on introduit dans la courbure inférieure, de manière que son niveau dans les deux branches se trouve sur la même ligne horizontale *ab*. L'air occupe alors, dans la petite branche, un volume *v* indiqué par la division. Cet air est soumis à la pression H de l'atmosphère. On verse ensuite du mercure dans la longue branche, le niveau monte dans la plus courte, jusqu'en *b'*, et le gaz, réduit à un volume moindre *v'*, possède une force élastique qui fait équilibre à la pression H de l'atmosphère, augmentée de la colonne de mercure $\overline{a'h}$. En comparant les quatre quantités *v*, *v'*, H, H$+\overline{a'h}$, on trouve qu'elles satisfont toujours à la proportion $v : v' = \mathrm{H} + \overline{a'h} : \mathrm{H}$; qui n'est autre chose que l'expression de la loi de Mariotte. — Si la colonne $a'h$ était égale à la hauteur du baromètre, *v'* serait la moitié de *v*.

Fig. 146.

183. Cas des pressions inférieures à celle de l'atmosphère. — Pour vérifier la loi, dans le cas des pressions plus faibles que la pression atmosphérique, Mariotte a employé un tube barométrique (*fig.* 146), portant une division en parties d'égale capacité. On remplit ce tube de mercure que l'on fait bouillir (160), on le renverse dans une cuvette profonde, et l'on fait arriver par la partie inférieure, au moyen d'un tube de dégagement, de l'air qui a traversé des tubes remplis de matières desséchantes. Cela fait, on enfonce le tube dans la cuvette, de manière que le niveau du mercure soit le même en dedans et en dehors. Alors l'air intérieur est soumis à la pression atmosphérique, et l'on observe le volume qu'il occupe. On soulève le tube, le mercure monte, l'air occupe un volume plus considérable, et sa force élastique est égale à celle de l'atmosphère diminuée de la colonne de mercure soulevée. On compare ensuite, comme ci-dessus, les deux volumes successifs, aux pressions correspondantes.

184. Cas des fortes pressions. — Les appareils que nous venons de décrire ne peuvent servir à constater la loi de Mariotte que pour des pressions d'un petit nombre d'atmosphères. Il était important de la vérifier pour de fortes pressions.

Expériences de Dulong et Arago. — L'appareil, imaginé par Dulong, consistait en deux tubes verticaux; l'un *mn* (*fig.* 147), de 1^m,70 de longueur, fermé à sa partie supérieure, et divisé en parties d'égale capacité, était rempli d'air sec; l'autre, *ab*, appliqué contre une poutre, et composé de plusieurs parties, communiquait avec le tube *mn*, par l'intermédiaire d'un tuyau en fonte, au milieu duquel se trouvait un réservoir R contenant du mercure. Au moyen d'une pompe foulante *p*, on pouvait refouler de l'eau dans le réservoir, de manière à forcer le mercure à monter dans le tube ouvert *ab*, et dans le tube *mn*, où l'air se trouvait réduit alors à un moindre volume. Un courant d'eau qui passait dans un manchon enveloppant le tube *mn*, empêchait sa température de changer.

Dans chaque expérience, on mesurait la pression de l'air en *mn*, par la différence de hauteur du mercure dans les deux tubes *ab*, *mn*; et le volume occupé par le gaz, au moyen d'une division marquée sur une bande d'étain collée sur ce dernier tube.

Dulong et Arago ont trouvé la loi de Mariotte exacte pour l'air, jusqu'à 27 atmosphères.

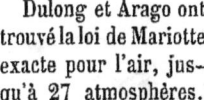

Fig. 147.

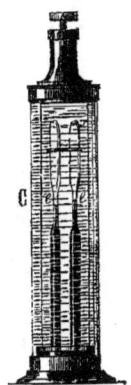

Fig. 148.

185. Compression des gaz autres que l'air. — Van-Marum avait reconnu que le gaz ammoniac, et Œrsted et Swendsen, que l'acide sulfureux se compriment suivant une loi plus rapide que l'air; et l'on ne connaissait que ces deux faits isolés, lorsque Despretz prouva que beaucoup de gaz ne suivent pas la loi de Mariotte. Il comprima de l'eau dans un cylindre de verre, au fond duquel étaient disposées deux éprouvettes égales renversées sur du mercure, l'une remplie d'air et l'autre d'un gaz différent, il vit le mercure monter plus vite dans la dernière éprouvette, quand elle contenait du *gaz ammoniac*, de l'*acide sulfureux*, de l'*acide sulfhydrique* ou du *cyanogène*. Dès la seconde atmosphère de pression, la différence était sensible. La figure 148 représente l'appareil au moyen duquel on répète ces expériences : les éprouvettes *e*, *e*, rétrécies sur une partie de leur longueur pour rendre les changements de niveau du mercure plus sensibles, sont introduites dans un appareil de compression rempli d'eau, C, semblable à celui qu'on emploie pour étudier la compressibilité des liquides (105).

M. Pouillet, à la suite d'expériences où la pression fut poussée jusqu'à 100 atmosphères, a admis que les cinq gaz qui n'ont pu être liquéfiés, se comprimaient suivant la même loi que l'air, et que les gaz liquéfiables se comprimaient plus que lui. Restait à savoir, même après les expériences de Dulong et Arago, si l'air suit bien rigoureusement la loi de Mariotte.

186. Expériences de M. Regnault. — Dans les expériences de Dulong et Arago, le volume occupé par l'air étant très petit lors des fortes pressions (le vingtième, par exemple, du volume primitif, pour 20 atmosphères), la plus petite erreur de mesure devenait importante. Pour éviter cet inconvénient, ainsi que les incertitudes d'une graduation toujours difficile à effectuer, M. Regnault a fait ses expériences d'après le principe suivant : Le gaz est renfermé dans un tube vertical fermé par le haut, sous une pression que l'on fait varier d'une expérience à une autre, puis on réduit le volume de moitié, en refoulant du mercure par le bas de ce tube, et l'on cherche si la pression a doublé exactement, quelle que soit la pression primitive.

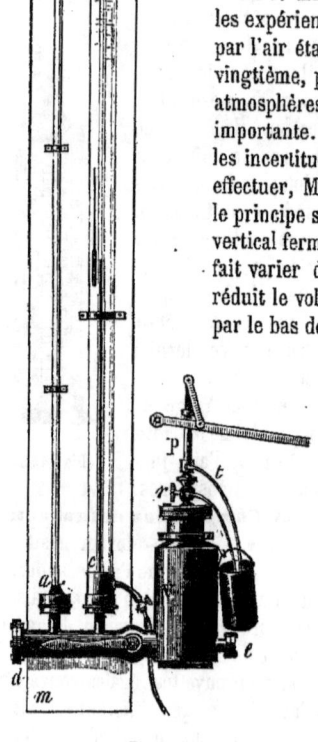

Fig. 149.

La figure 149 représente l'appareil : le gaz est renfermé dans un tube vertical cs, de 3 mètres de longueur, fermé à sa partie supérieure par un robinet très exact s, et enveloppé d'un manchon dans lequel passe un courant d'eau. Ce tube communique par sa partie inférieure avec un autre tube de cristal ab, de 24 mètres de hauteur, composé de 8 parties ajustées les unes aux autres. Les deux tubes sont fixés à un mât en sapin mm et communiquent avec un réservoir en fonte V, contenant du mercure, et dans lequel on peut comprimer de l'eau au moyen de la pompe oulante P, qui aspire ce liquide par le tube t. Le robinet r sert à laisser échapper de l'eau quand on veut diminuer la pression. La capacité du tube à air cs avait été préalablement divisée en deux parties égales, en pesant le mercure qui pouvait en remplir la totalité à partir d'un repère tracé à la partie inférieure, et le mercure qui en remplissait seulement la moitié. Ce tube ayant ensuite été fixé à la tubulure c, on y fit le vide et l'on y laissa rentrer de l'air sec par le robinet s, un grand nombre de fois, pendant que le manchon était rempli d'eau chaude.

Le manchon étant traversé par un courant d'eau froide, on comprimait de l'air sec dans le tube cs par le robinet r, au moyen d'une pompe foulante, et l'on amenait le niveau du mercure dans le tube à air, au repère limitant le volume maximum V. Pour cela, après avoir un peu dépassé la position cherchée, on laissait sortir de l'eau par le robinet r, jusqu'à ce que le niveau correspondît exactement à ce repère. On mesurait alors la pression, en évaluant la hauteur de la colonne de mercure soulevée dans le tube ab, au-dessus du niveau dans le tube cs.

Pour évaluer les hauteurs, des repères avaient été marqués sur le tube bb' à des distances de $0^m,75$ environ, et leurs distances avaient été relevées au cathétomètre. Il suffisait donc, dans chaque expérience, de mesurer au cathétomètre la distance entre le niveau du mercure et le repère placé immédiatement au-dessous. Un système d'échafaudage volant permettait à l'observateur de se transporter facilement à la hauteur voulue, pour cette observation.

Après avoir ainsi mesuré la pression et lui avoir fait subir diverses corrections, on réduisait le volume du gaz à la moitié du volume primitif, en comprimant de l'eau avec la pompe foulante P, et l'on mesurait la nouvelle pression.

Résultats. — Pour reconnaître si la loi de Mariotte est rigoureusement vraie, M. Regnault prenait le rapport $V_0 : V_1$ des volumes occupés par le gaz, et le rapport renversé $P_1 : P_0$ des pressions correspondantes, et il cherchait si ces rapports étaient égaux ; ou bien si, en les divisant l'un par l'autre, le résultat $\dfrac{V_0}{V_1} : \dfrac{P_1}{P_0}$ ou $\dfrac{V_0 P_0}{V_1 P_1}$ était égal à l'unité. Les expériences ont été faites sur l'*air*, l'*azote*, le *gaz hydrogène* et l'*acide carbonique*. Voici quelques résultats, relatifs à l'*air* et au *gaz hydrogène*, tirés des nombreux tableaux publiés par M. Regnault :

AIR.		HYDROGÈNE.	
PRESSION P_1.	$\dfrac{V_0}{V_1} : \dfrac{P_1}{P_0}$	PRESSION P_1.	$\dfrac{V_0}{V_1} : \dfrac{P_1}{P_0}$
1476^{mm},25	1,001414	4431^{mm},14	0,998584
4209,48	1,002765	11173,17	0,996121
8177,48	1,003253	18490,47	0,992933
8404,11	1,003336	20879,18	0,992327
13483,48	1,004286		
18551,09	1,006366		

On voit que, pour l'air, le rapport inscrit dans la seconde colonne est toujours plus grand que l'unité, et augmente régulièrement à mesure que les pressions deviennent plus fortes. L'air ne suit donc pas exactement la loi de Mariotte ; il se comprime plus que ne l'indique cette loi, puisque le rapport $V_0 : V_1$ est toujours plus grand que $P_1 : P_0$. L'azote se comporte, comme l'air, seulement l'accroissement de la compressibilité est moins prononcé.

L'*acide carbonique* ne suit pas la loi de Mariotte, même approximativement, pour les pressions un peu fortes. Quand la pression initiale est celle de l'atmosphère, le rapport $V_0 P_0 : V_1 P_1$, est égal à 1,0076, et quand elle est de 12 atmosphères, il devient 1,0999, V_1 étant à peu près double de V_0. Quand on fait passer un courant d'eau à 40°, dans le manchon qui entoure le tube *sc* (*fig.* 149), les écarts sont moins prononcés.

Le *gaz hydrogène* ne s'écarte sensiblement de la loi de Mariotte que sous les fortes pressions ; mais, au lieu d'augmenter, sa compressibilité diminue quand la pression augmente, comme l'avait déjà reconnu Despretz. Les nombres rapportés dans le tableau ci-dessus donnent une idée de la diminution.

187. Conclusion. — On voit que la loi de Mariotte n'est rigoureusement exacte pour aucun gaz. Ceux qui s'en écartent le plus sont ceux qui se liquéfient le plus facilement par la compression. Pour ceux qui n'ont pas pu être liquéfiés, l'écart est tellement faible, qu'on peut sans erreur sensible faire usage de la loi, à moins qu'il ne s'agisse de très fortes pressions, ou qu'on n'ait besoin d'une précision extrême.

L'augmentation de la compressibilité des gaz doit être attribuée à la cohésion moléculaire, qui ajoute son action à la compression exercée, pour rapprocher les molécules, et est d'autant plus prononcée qu'elles sont déjà plus rapprochées. Les gaz facilement liquéfiables, c'est-à-dire dont les molécules n'ont plus besoin que d'un faible rapprochement pour subir l'influence d'une forte cohésion, sont ceux qui s'écartent le plus de la loi ; et la chaleur, qui éloigne les molécules, rend l'écart moins prononcé. Pour l'*hydrogène*, la cohésion ne paraît pas produire d'effet sensible ; d'où l'on peut conclure que ce gaz ne pourra être liquéfié qu'au moyen de pressions plus énergiques que pour les autres gaz.

188. Applications de la loi de Mariotte. — On a souvent à résoudre les problèmes qui suivent :

1° *Etant donné le volume* V *d'une certaine masse d'air, et sa force élastique* P, *trouver son volume* V′ *sous une pression différente* P′, la température restant la même. On aura, d'après la loi de Mariotte,

$$V' : V = P : P' ; \quad \text{d'où} \quad V' = V\frac{P}{P'}, \quad \text{et} \quad P' = P\frac{V}{V'}.$$

La dernière formule donne la pression P′, quand on connaît le volume V, et la pression P correspondant à un autre volume V′.

2° *Etant donnée la densité* D *d'une certaine masse d'air sous la pression* P, *trouver sa densité* D′ *sous une autre pression* P′. Les densités étant proportionnelles aux pressions (182), on aura

$$D : D' = P : P' ;$$

d'où $D' = D\frac{P'}{P}$; et $P' = P\frac{D'}{D}$,

pour trouver P′ quand D, D′ et P sont donnés.

189. Manomètres à air. — Le dernier cas trouve une application fréquente dans l'emploi du *manomètre à air*, instrument destiné à mesurer les pressions supérieures à celles de l'atmosphère, et dont la *fig.* 150 représente deux modèles

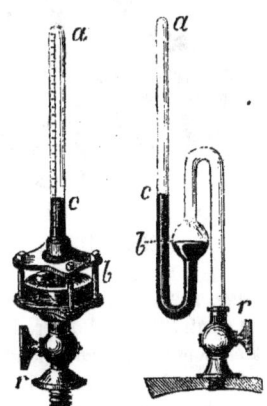

Fig. 150.

différents. *ac* est un tube vertical en verre, fermé en haut, rempli d'air, divisé en parties d'égale capacité, et communiquant par sa partie inférieure avec un réservoir fermé de toutes parts, et contenant du mercure, sur lequel agit le fluide dont on veut mesurer la pression. Ce fluide communique avec la surface du mercure du réservoir, par le robinet *r* et le tube *o*, et force le mercure à monter dans le tube gradué, en comprimant l'air qui s'y trouve. La force élastique que l'on veut évaluer est alors égale à la colonne de mercure soulevée *bc*, augmentée de la pression de l'air logé en *ac*. Cette pression se calcule facilement au moyen de la loi de Mariotte, quand le tube est cylindrique, et quand on connaît la longueur qu'occupe l'air sous la pression de $0^m,76$.

Quand le manomètre doit servir à de fortes pressions, la cuvette est enveloppée d'un vase en bronze dont le tube traverse la partie supérieure, dans laquelle il est solidement scellé, et l'on donne au tube une forme conique, afin que, lors des fortes pressions, l'air logé dans un espace plus étroit occupe une partie du tube moins courte que si le diamètre était partout le même.

Mode de graduation. — Les manomètres à air sont gradués de manière à faire connaître la pression par une simple lecture. Pour faire la graduation, on ajuste l'instrument à un récipient qui communique avec une colonne de mercure disposée comme celle de l'appareil de Dulong et Arago (184), et l'on comprime de l'air dans ce récipient. La pression est donnée par la colonne de mercure soulevée, et l'on marque cette pression, au point où s'arrête le mercure dans le tube du manomètre à graduer.

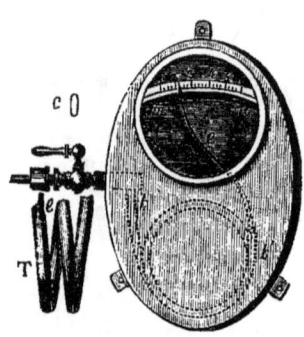

Fig. 151.

190. Manomètres métalliques. — M. Vidi a appliqué le principe du baromètre anéroïde à la construction des manomètres. Plus tard, M. Bourdon a construit des manomètres à tube courbe (170), connus sous le nom de *manomètres-Bourdon*, dont la *fig.* 151 représente une des formes. Le tube aplati tt', figuré de profil en T, et dont on voit la section droite en c, est enroulé en hélice, et laisse entrer par son extrémité fixe t, le fluide dont on veut mesurer la pression. L'autre extrémité, t', fermée et libre, porte une longue aiguille e, qui s'avance du côté n quand la pression intérieure augmente. L'arc mn porte une graduation que l'on établit directement en faisant arriver dans le tube, de l'air comprimé à divers degrés.

§ 4. — MACHINES A DILATER ET A COMPRIMER LES GAZ.

I. Machine pneumatique.

191. Principe de la machine pneumatique. — La *machine pneumatique*, inventée par Otto de Guerricke[1], en 1650, est destinée à extraire les

---

[1] Guerricke (Otto de), consul de Magdebourg, né dans cette ville en 1602, mort à

gaz contenus dans un vase fermé. Elle consiste essentiellement en un *corps de pompe* (*fig.* 152), dans lequel peut jouer un piston, et qui communique par un tube, avec un vase, ou un récipient V, dont on veut enlever l'air. Une soupape, *s*, qui s'ouvre de dehors en dedans du corps de pompe, est adaptée à l'origine du tube de communication, et une seconde soupape, *r*, s'ouvrant de dedans en dehors, ferme une ouverture qui traverse le piston.

Supposons que tout l'appareil soit rempli d'air à la pression atmosphérique, et que le piston soit au fond du corps de pompe, et négligeons le poids des soupapes. Si nous soulevons le piston, le peu d'air qui reste au-dessous sera considérablement raréfié, la pression atmosphérique fera aussitôt fermer la soupape *r*, tandis que la force élastique de l'air contenu dans le récipient fera ouvrir la soupape *s*; et une partie de cet air se précipitera dans le corps de pompe, jusqu'à ce que la pression y soit la même que dans le récipient. Enfonçons maintenant le piston; la soupape *s* se fermera immédiatement, puisque la force élastique de l'air augmentera aussitôt dans le corps de pompe; mais la soupape *r* ne s'ouvrira qu'après que cet air, par une réduction de volume suffisante, aura atteint une pression un peu supérieure à celle de l'atmosphère, et alors l'air contenu dans le

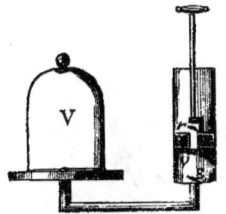

Fig. 152.

corps de pompe s'échappera. Le piston étant arrivé au fond du corps de pompe, on le retirera de nouveau; une partie de l'air resté dans le récipient se répandra dans le corps de pompe, et en sera expulsé quand on renfoncera le piston; et ainsi de suite.

On ne peut faire le vide complet. — Chaque fois que l'on retire le piston, l'air du récipient se partage entre le corps de pompe et ce récipient, de manière que la pression soit partout la même. Il reste donc toujours une certaine pression, et par conséquent une certaine quantité d'air dans le récipient. Ce reste va en diminuant à mesure qu'on augmente le nombre des coups de piston; mais il ne peut jamais être nul.

192. Calcul de la pression dans le récipient. — Soit v le volume du corps de pompe, V celui du récipient et du canal de communication, et P la pression primitive. Lorsqu'on soulève une première fois le piston supposé d'abord au fond du corps de pompe, l'air qui occupait le volume V se trouve occuper le volume $V+v$. Sa force élastique devient donc, d'après

Hambourg, en 1686, a fait beaucoup d'expériences, notamment sur les effets de la pression atmosphérique. On lui doit la première machine *électrique*. Il admettait le retour périodique des comètes, et a signalé le rôle de l'air dans la combustion et la respiration.

la loi de Mariotte, $x = PV : (V+v)$. On enfonce alors le piston, ce qui ne change rien à la pression x du récipient, puis on le retire de nouveau. La nouvelle pression, x', se calculera comme ci-dessus, et l'on aura

$$x' = xV : (V+v) = P\left(\frac{V}{V+v}\right)^2,$$

en remplaçant x par sa valeur..... Après n coups de piston, la pression sera

$$x_{n-1} = P\left(\frac{V}{V+v}\right)^n$$

La pression dans le récipient forme donc une progression géométrique décroissante, dont la raison est $V : (V+v)$. Cette pression ne peut être nulle que pour $n = \infty$; ce qui montre de nouveau qu'on ne peut faire le vide complet.

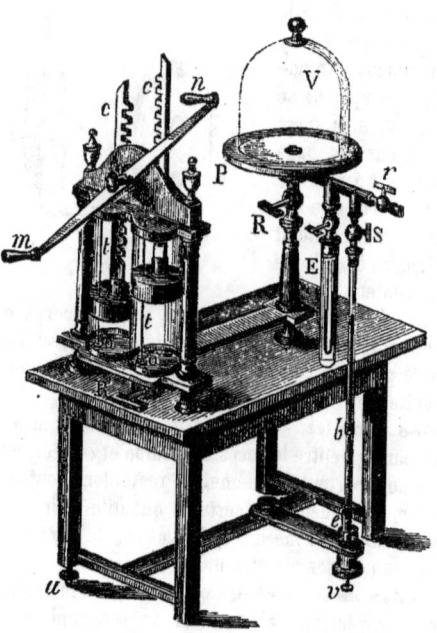

Fig. 153.

Le volume de l'air enlevé à chaque coup de piston étant toujours égal au volume du corps de pompe, et la masse de cet air étant proportionnelle à sa densité, et par suite à la pression (182), on voit que la masse d'air qui sort du récipient à chaque coup de piston, forme aussi une progression géométrique décroissante dont la raison est $V : (V+v)$.

193. Description de la machine pneumatique à deux corps de pompe. — La machine pneumatique telle qu'on la construit aujourd'hui est composée de deux corps de pompe en laiton, ou mieux en cristal ; elle est représentée en perspective dans la *fig.* 153, et en coupe dans la *fig.* 154. Les pistons sont munis de crémaillères $c, c; c, c$ commandées par une roue dentée a, à laquelle on imprime un mouvement alternatif, au moyen du levier *mn*. L'emploi de deux corps de pompe a, entr'autres, l'avantage de diminuer l'effort à exercer pour vaincre la pression atmosphérique, quand on retire le piston ; les pressions que supportent les deux pistons se contre-balançant en partie, de manière qu'on n'a plus à vaincre que la différence des pressions qui existent à l'instant considéré dans les deux corps de pompe.

Les deux canaux o, o qui partent des corps de pompe, se réunissent en un seul K (*fig.* 154) qui vient s'ouvrir au centre d'un plateau horizontal en verre P (*fig.* 153), nommé *platine*, sur lequel on pose le récipient, V, dont les bords sont parfaitement dressés et enduits de suif, ou mieux garnis d'une mince bande de caoutchouc. L'extrémité du conduit qui s'ouvre au milieu de la platine, porte un pas de vis auquel on peut visser les robinets des vases dont on veut extraire l'air.

Pistons et soupapes. — Les pistons sont formés de lames de cuir gras, pressées entre deux plaques de laiton pq, $p'q'$ (*fig.* 154), au moyen de vis, f.

La soupape S qui ferme l'ouverture pratiquée dans chaque piston, consiste en un petit cône, portant une tige qui glisse sans frottement dans une ouverture destinée à régler ses mouvements. Un ressort à boudin, très faible, presse le cône contre les bords de l'ouverture qu'il est destiné à fermer.

Les ouvertures o, o (*fig.* 153), sont fermées par des soupapes coniques o, o, O (*fig.* 153 et *fig.* 154), disposées de manière à s'ouvrir sans l'intervention de la pression de l'air, qui devient insuffisante quand ce gaz est très raréfié. Chacune d'elles est soutenue par une longue tige métallique t, t, T,

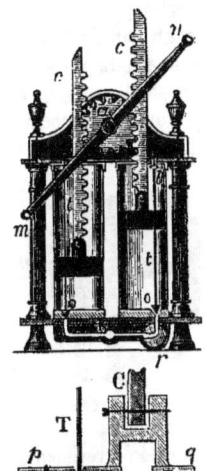

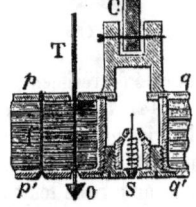

Fig. 154.

qui peut glisser à frottement dur à travers le cuir du piston. Dès que ce dernier s'élève, la soupape est séparée de l'ouverture o ; mais, un instant après, un renflement l (*fig.* 154) ménagé à l'extrémité de la tige t est arrêté par le couvercle du corps de pompe ; de manière que la soupape ne s'écarte que très peu de l'ouverture o. Le piston continue alors à se mouvoir en glissant le long de la tige t devenue fixe. Dès que le piston commence à descendre, la soupape se ferme tout de suite, et reste pressée contre l'ouverture o pendant que le piston glisse le long de sa tige.

Mesure de la pression dans le récipient. — La pression qui reste dans le récipient est indiquée à chaque instant par l'*éprouvette* E (*fig.* 153), qui consiste en une petite cloche de verre communiquant avec le récipient, et renfermant un baromètre à siphon à branches égales, trop court pour mesurer la pression de l'atmosphère, mais pouvant indiquer les faibles pressions par la différence de niveau dans les deux branches. Cette espèce de baromètre se nomme *baromètre tronqué*.

La pression du récipient se mesure aussi au moyen d'un tube vertical Se, dont l'extrémité supérieure communique avec ce récipient, et dont l'extrémité inférieure plonge dans un vase plein de mercure. Ce tube porte une échelle sur laiton, et un curseur b disposés comme dans le baromètre de Fortin (160). Quand la pression diminue dans le récipient, le mercure monte dans le tube Se, et la différence entre sa hauteur et celle du baromètre donne cette pression. Le tube à robinet r sert à introduire des gaz dans le récipient, après qu'on en a extrait l'air.

Toutes les machines pneumatiques ne possèdent pas le robinet r et le tube b. La *fig.* 8 (page 11) représente une machine plus simple dont la platine n'est pas élevée sur une colonne, comme dans la *fig.* 153, et dont l'éprouvette est autrement placée.

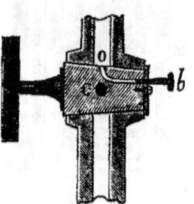

Fig. 155.

Robinet de rentrée. — Quand le vide doit être maintenu pendant longtemps dans le récipient, on intercepte la communication avec les corps de pompe au moyen du robinet R (*fig.* 153). Ce robinet sert aussi à laisser rentrer l'air dans le récipient, qu'on ne pourrait enlever, à cause de la pression atmosphérique. L'air passe par un canal courbe ob (*fig.* 155), dont on tourne l'ouverture o du côté du récipient, après avoir retiré le bouchon métallique b.

194. Limite de raréfaction. — Avec les machines les plus parfaites, il arrive toujours un moment où l'on ne peut plus rien extraire du récipient, de sorte qu'il y a une pression minimum qu'on ne peut dépasser. Cela tient à ce qu'il reste toujours, au-dessous du piston arrivé au bas de sa course, un très petit espace, nommé *espace nuisible*, qu'il est impossible d'annuler complétement. On conçoit qu'il arrivera alors un moment où l'air qui remplit le corps de pompe, aura une tension tellement faible que, réduit au très petit volume de l'espace nuisible, il n'aura que tout juste la pression atmosphérique, et ne pourra soulever la soupape du piston. Le mouvement qu'on imprimera dès-lors à ce dernier, ne fera que raréfier et comprimer cette même quantité d'air, et rien ne sortira plus du récipient.

Pour calculer la pression limite, x, soit v le volume du corps de pompe, et u celui de l'espace nuisible. L'air contenu dans l'espace u possède, au moment où l'on atteint la limite cherchée, une pression P égale à la pression atmosphérique. Cette masse d'air occupait, avant l'abaissement du piston, le volume v du corps de pompe ; sa pression, égale alors à celle du récipient, était donc $P\dfrac{u}{v}$. Pour les bonnes machines, cette limite est d'environ un millimètre de mercure. On voit que, pour la rendre aussi petite que possible, il faut que l'espace nuisible soit très petit, et que les corps de pompe soient très grands.

* **195. Machines à double épuisement.** — On peut pousser la raréfaction au-delà de la limite que nous venons de calculer, au moyen d'un perfectionnement imaginé par M. Babinet. Au point de réunion des conduits qui partent du corps de pompe, se trouve un robinet dont l'axe se confond avec celui du tube unique qui se rend au récipient. Ce robinet, dont on voit la coupe (*fig.* 156), est percé d'un canal longitudinal, qui se termine au canal transversal, et à un demi-canal, n, perpendiculaire à ce dernier. Il y a enfin un petit canal ac parallèle au demi-canal n, mais dans une autre section. Le robinet étant tourné dans la position de la *fig.* 156,

Fig. 156.

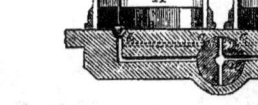
Fig. 157.

le canal transversal et le canal longitudinal sont seuls utilisés, et la machine fonctionne comme à l'ordinaire. Quand on ne peut plus rien extraire du récipient, on tourne le robinet dans la position représentée (*fig.* 157); alors le canal transversal devient inutile, et le petit canal ac fait communiquer les deux parties du conduit oac qui commence au bas du corps de pompe B et se termine au-dessous de la soupape du corps de pompe A, qui se trouve alors séparé du récipient.

Quand ensuite on enfonce le piston B, la soupape inférieure se ferme, et le piston s'élevant en A, l'air est aspiré de B en A par le canal oac, et se trouve ainsi enlevé sans passer par la soupape du piston en B. Si l'on élève alors ce dernier, auquel cas l'autre s'abaisse en fermant la soupape du même côté, le corps de pompe B reçoit de l'air du récipient, et cet air lui est enlevé par le corps de pompe A, lors du mouvement inverse. Il en sera ainsi, jusqu'à ce que l'air, logé dans l'espace nuisible du corps de pompe A, ne puisse plus être expulsé.

* **196. Machine pneumatique à double effet.** — Cette machine, construite par M. Bianchi, donne, avec un seul corps de pompe, les mêmes résultats qu'avec deux. Ce corps de pompe, en fonte de fer, est fermé à sa partie supérieure (*fig.* 158), et la tige du piston passe, en e, à travers une *boîte à étoupes*. Le récipient communique avec la partie supérieure et la partie inférieure du corps de pompe, par l'orifice O, le tube l et les ouvertures o, o' munies de soupapes fixées à la même tige t. Quand le piston monte, l'air est aspiré par o' dans la partie inférieure du corps de pompe, pendant que celui qui remplit la partie supérieure, s'échappe par la soupape s ; et quand le piston descend, l'air est aspiré par o et l, et celui qui remplit la partie inférieure du corps de pompe, s'échappe par la soupape s' à travers un canal pratiqué dans l'intérieur de la tige du piston.

La *fig.* 159 représente l'ensemble de l'appareil. La tige du piston, guidée dans une coulisse cc, est articulée directement à la manivelle n d'un volant auquel on imprime un mouvement de rotation. Le corps de pompe peut osciller autour des tourillons OO' (*fig.* 158), de manière à obéir aux

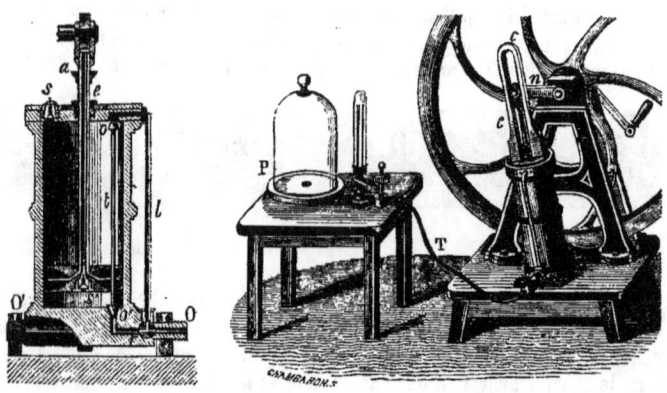

Fig. 158. Fig. 159.

mouvements latéraux de la manivelle. Un des tourillons O est foré et est mis en communication avec la platine P, qui est séparée de l'appareil, au moyen d'un tube de caoutchouc T consolidé en dedans par un fil métallique contourné en hélice.

197. Pompe à main. — Dans ce petit appareil (*fig.* 160), fréquemment employé dans les laboratoires de chimie, le piston P, qui est mis en mouvement directement à la main par la poignée m, n'est pas percé. Les deux soupapes, r et s, sont adaptées à la partie inférieure du corps de pompe ; l'une, r, s'ouvre quand on retire le piston, pour laisser passer le gaz, du vase qu'on veut vider, dans le corps de pompe ; l'autre, s, laisse sortir ce gaz quand on enfonce le piston. Le robinet R porte un canal oblique disposé comme celui de la *fig.* 155, par lequel on peut faire rentrer l'air.

198. Applications. — La machine pneumatique est d'un emploi continuel dans les cabinets de physique ; nous avons eu plusieurs fois l'occasion d'en signaler l'emploi. Citons ici quelques expériences, faites par Otto de Guerricke et par Boyle [1].

[1] Boyle (Robert), physicien et théologien, un des pères de la physique expérimentale,

Un animal exposé dans le vide tombe sans forces et périt si l'on ne se hâte de lui rendre l'air nécessaire à la vie. Un poisson placé dans l'eau, sous le récipient, vient flotter à la surface, le ventre en haut, à cause de l'expansion du gaz contenu dans sa vessie natatoire. Une partie de ce gaz s'échappant, l'animal tombe au fond quand on fait rentrer l'air. La plupart des corps plongés dans l'eau laissent dégager dans le vide l'air contenu dans leur pores. Une pomme ridée se gonfle. L'albumine sort par les pores de la coquille d'un œuf, et peut y rentrer quand on rétablit la pression atmosphérique. Une bougie s'éteint dès qu'on fait le vide autour d'elle, et l'on voit la fumée qui s'en exhale tomber au bas du récipient, au lieu de s'élever comme cela a lieu dans l'air, etc.

Depuis un certain nombre d'années, la machine pneumatique est sortie des cabinets de physique et a été utilisée dans l'industrie ; par exemple, pour activer l'évaporation des liquides. Parmi les applications, il faut citer les *chemins de fer atmosphériques*, dans lesquels un piston, mobile dans un tuyau qui s'étend entre les rails, et d'un côté duquel le vide est fait par des machines pneumatiques gigantesques, est poussé par la pression atmosphérique et transmet son mouvement aux wagons, au moyen d'une tige qui sort du tuyau à travers une fente longitudinale, fermée par une soupape disposée d'une manière particulière.

Fig. 160.

II. Machines à comprimer les gaz.

199. Machine de compression. — La machine destinée à comprimer l'air, consiste essentiellement en un corps de pompe muni d'un piston (*fig.* 161), disposé comme celui de la machine pneumatique, avec cette différence importante que les soupapes s'ouvrent dans un sens opposé. Ce corps de pompe communique avec le vase V dans lequel on veut comprimer l'air.

né à Lismore (Irlande), en 1626, mort en 1691, consacra sa grande fortune à des recherches scientifiques ; il fut un des fondateurs du *Collège philosophique*, berceau de la société royale de Londres qu'il fut chargé d'organiser, par Charles II (1659). On lui doit beaucoup d'expériences sur l'élasticité de l'air, un essai sur les couleurs. Il perfectionna tellement la machine pneumatique, qu'on peut dire qu'il en a fait une machine nouvelle ; il dit cependant qu'il en a emprunté l'idée à Otto de Guerricke et au père Schott (né à Kœnigshofen, en 1610, mort en 1666).

Tout l'appareil étant rempli d'air à la pression atmosphérique, supposons qu'on enfonce le piston ; la tension de l'air augmentera dans le corps de pompe, la soupape r se fermera, et, la soupape s s'ouvrant, l'air du corps de pompe sera chassé dans le vase V. Si l'on retire alors le piston, la sou-

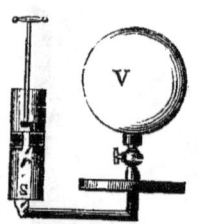

Fig. 161.

pape s se fermera, la soupape r s'ouvrira, et le corps de pompe se remplira d'air à la pression atmosphérique. Cet air sera refoulé dans le récipient quand on enfoncera de nouveau le piston ; et ainsi de suite.

Pression dans le récipient. — Pour calculer la pression x qui existe dans le récipient après un nombre n de coups de piston, soient v et V les volumes du corps de pompe et du récipient. Après n coups de piston, on aura introduit un volume nv d'air pris à la pression atmosphérique P. Cet air, joint à celui qui remplissait d'abord le récipient sous la même pression, n'occupe plus que le volume V ; on aura donc (182)

$$x : P = V + nv : V ; \quad \text{d'où} \quad x = P\frac{V + nv}{V}.$$

Pression limite. — On ne peut comprimer l'air indéfiniment, à cause de l'*espace nuisible* (194). En effet, il arrivera un moment où l'air du récipient sera tellement comprimé, que celui qui remplit le corps de pompe

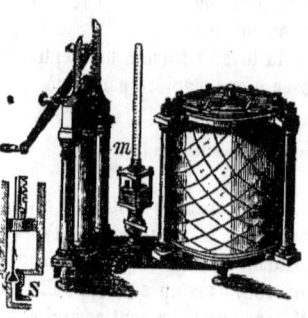

Fig. 162.

sous la pression atmosphérique P, étant réduit à ce petit volume, u, n'aura que la pression existant dans le récipient. Alors cet air ne pourra faire ouvrir la soupape s. Cela aura lieu quand la pression x dans le récipient sera telle, que l'on ait

$$x : P = v : u ; \quad \text{d'où} \quad x = P\frac{v}{u}.$$

il faudra donc, pour comprimer fortement l'air, employer un grand corps de pompe et rendre l'espace nuisible, aussi petit que possible.

200. Description de la machine de compression. — Les machines de compression sont ordinairement à deux corps de pompe (*fig.* 162), disposés comme ceux de la machine pneumatique. Les soupapes sont construites de la même manière. On voit en S la coupe de celle qui se trouve au bas du corps de pompe ; elle se ferme quand le piston s'élève. L'éprouvette est ici remplacée par un *manomètre* m. Le robinet R, disposé comme celui de la machine pneumatique (193), sert à faire sortir l'air comprimé. Le récipient est maintenu contre la platine, par un système de colonnes, qui retiennent, au moyen de vis et d'écrous, un plateau métallique placé au-dessus. Enfin, un treillage en fil de fer enveloppe le récipient, pour en arrêter les plus gros fragments, en cas d'explosion.

201. Pompe de compression. — Quand on veut exercer de très fortes pressions dans des récipients en métal, on se sert d'un corps de pompe contenant un piston non perforé, et portant à sa partie inférieure deux soupapes ; l'une qui s'ouvre de dehors en dedans pour laisser entrer l'air dans le corps de pompe; l'autre s'ouvrant de dedans en dehors, par laquelle le gaz refoulé passe dans le récipient. — L'appareil de la *fig.* 160 fonctionne comme pompe de compression, quand on fait communiquer la tubulure R′ avec le récipient, et la tubulure R avec le réservoir qui contient le gaz à comprimer. Le robinet R′ est, comme le robinet R, muni d'un canal oblique par lequel on peut faire sortir le gaz comprimé.

Quand il s'agit de l'air, on peut supprimer la soupape d'entrée ; alors l'air pénètre dans le corps de pompe par un orifice pratiqué près de son extrémité ouverte, quand le piston a été retiré au-delà de cet orifice.

Quand on veut comprimer fortement de grandes masses de gaz, on réunit plusieurs pompes semblables, que l'on met en mouvement au moyen d'un volant dont l'arbre porte des manivelles articulées avec les tiges des pistons. On peut ainsi comprimer l'air jusqu'à une trentaine d'atmosphères. Mais, au-delà, il se présente une difficulté provenant de la chaleur intense que développe la forte compression que doit subir l'air dans le corps de pompe avant de s'introduire dans le récipient ; les corps de pompe deviennent brûlants, et le cuir des pistons s'altère.

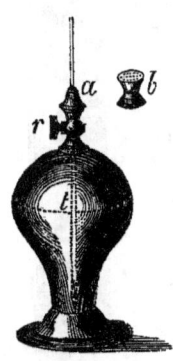

Fig. 163.

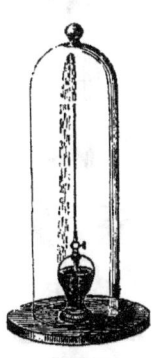

Fig. 164.

202. Effets de l'air comprimé. — Les effets de l'air comprimé peuvent être mis en évidence par différentes expériences. On en a aussi tiré parti dans l'industrie, pour produire divers effets mécaniques. Nous allons citer quelques exemples.

Fontaine de compression. — Un réservoir en métal (*fig.* 163) contient une certaine quantité d'eau ; on y adapte un tube *t* muni d'un robinet *r*, et s'enfonçant presque jusqu'au fond du réservoir. On visse au-dessus du robinet une pompe de compression, au moyen de laquelle on comprime de l'air, qui se loge au-dessus de l'eau. On enlève ensuite la pompe, après avoir fermé le robinet r, et on la remplace par un ajutage à un ou plusieurs orifices a, b. On ouvre ensuite le robinet, et l'eau jaillit avec force, à cause de l'excès de la pression intérieure sur la pression atmosphérique.

Au lieu de comprimer de l'air dans l'appareil, on peut raréfier celui qui l'environne, en le plaçant sous le récipient de la machine pneumatique (*fig.* 164); l'eau jaillit au premier coup de piston.

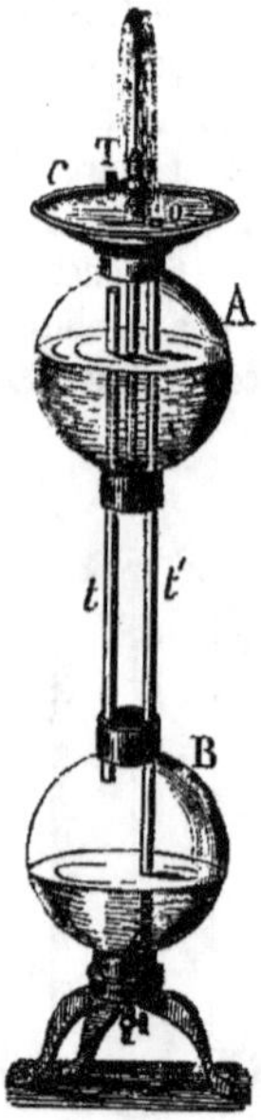

Fontaine de Héron. — Dans cet appareil, qui donne aussi un jet d'eau au moyen de l'air comprimé, la compression est produite par une colonne liquide; les *fig.* 165 et 166 en représentent deux modèles différents, dont le second est tout en verre. A est un réservoir contenant de l'eau avec le fond de laquelle communique un tube à ajutage T. La partie supérieure, remplie d'air, communique avec le haut d'un second réservoir B, par le tube t. Un troisième tube, t', débouche au fond du réservoir B et reçoit l'eau d'un bassin c. Il résulte de cette disposition, que l'air contenu dans le vase B supporte, indépendamment de la pression atmosphérique, la pression d'une colonne d'eau t'. Cette pression se transmet à l'air du réservoir A, et l'eau jaillit par le tube T. Si ce tube était suffisamment long, l'eau s'y élèverait à une hauteur égale à la distance des niveaux dans le bassin c et dans le réservoir B.

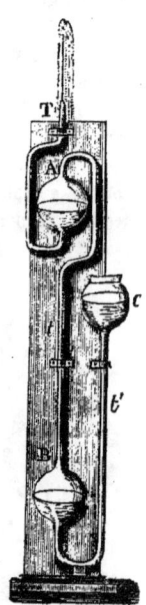

Fig. 165.

Fig. 166.

Applications. — On tire parti du ressort de l'air comprimé, dans une foule de circonstances. On s'en est servi pour faire mouvoir des machines, par le même artifice que pour faire agir la vapeur, après avoir emmagasiné l'air dans un réservoir, au moyen de machines de compression mues par l'eau, le vent ou la vapeur. C'est par l'air comprimé qu'on fait mouvoir les machines destinées à forer la roche dans le percement du mont Cénis. C'est l'air comprimé qui lance le projectile dans le *fusil à vent*. C'est encore au moyen de l'air comprimé qu'on refoule l'eau dans les tubes enfoncés dans le gravier des rivières, et destinés à former l'armure des piles des ponts. Ce mode de fondation, imaginé par M. Triger, en 1841, a été appliqué à la fondation des piles de plusieurs grands ponts, sur le Rhin, la Garonne, etc.

§ 1. — APPAREILS HYDRAULIQUES DONT LE JEU DÉPEND DE LA PRESSION ATMOSPHÉRIQUE.

203 Pompes. — Les pompes sont des machines à élever l'eau. Il y en a un grand nombre d'espèces; mais toutes rentrent dans le système des *pompes aspirantes*, des *pompes foulantes*, ou des *pompes aspirantes et foulantes*, et n'en diffèrent que par des détails de construction.

Pompe aspirante. — La *pompe aspirante* se compose de deux parties principales, le *corps de pompe* (*fig.* 167) et le *tuyau aspirateur* A qui plonge dans l'eau que l'on veut élever. Dans le corps de pompe se meut un piston percé et muni d'une soupape s qui s'ouvre de dedans en dehors. A la partie supérieure du tuyau aspirateur se trouve une autre soupape r qui s'ouvre de dehors en dedans du corps de pompe ; c'est la *soupape dormante*.

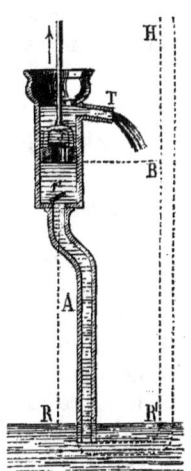

Fig. 167.

Quand on retire le piston, l'air du tuyau aspirateur fait ouvrir la soupape r, se répand dans le corps de pompe et l'eau monte dans ce tuyau jusqu'à ce que la colonne *verticale* de l'eau soulevée, ajoutée à l'élasticité de l'air intérieur, fasse équilibre à la pression atmosphérique. Quand on enfonce le piston, la soupape r se ferme, et l'air s'échappe du corps de pompe par la soupape s. Après un certain nombre de coups de piston, d'autant plus petit que le tuyau aspirateur a moins de capacité, l'eau monte dans le corps de pompe, et si ensuite on enfonce le piston, dès qu'il arrive à l'eau, ce liquide, refoulé, soulève la soupape s, et passe au-dessus, tandis que la soupape r reste fermée. La pompe est dès lors *amorcée*. Si l'on continue à faire mouvoir le piston, l'eau qui est au-dessus est soulevée pendant son ascension, et s'écoule par le tuyau latéral T, tandis que l'eau qui est au-dessous, monte à sa suite, poussée par la pression atmosphérique. Pendant la descente du piston, le liquide qui remplit le corps de pompe, est simplement traversé par le piston ; de sorte que le niveau supérieur ne change pas pendant ce mouvement. La sortie de l'eau en T est donc intermittente.

204. Remarques. — 1° La distance verticale de la limite supérieure de la course du piston au niveau du réservoir, doit être plus petite que

$10^m,33$; une colonne d'eau de cette hauteur faisant équilibre à la pression atmosphérique. Dans la pratique, on ne dépasse pas 8 mètres, à cause des imperfections de construction. Le tuyau aspirateur peut d'ailleurs être courbe et avoir une longueur absolue quelconque.

2° Une fois amorcée, la pompe doit rester remplie d'eau. Cependant, il arrive assez souvent qu'elle se vide, à cause du mauvais état du piston et des soupapes, qui ne ferment pas exactement. Quand on veut ensuite faire jouer la pompe, l'air s'introduit dans le corps de pompe et l'on ne peut amorcer. Il faut alors verser au-dessus du piston de l'eau, qui fait gonfler le cuir, et remplit les joints, par lesquels elle passe sans présenter le même inconvénient que l'air.

3° S'il restait un espace trop grand au-dessous du piston arrivé au bas de sa course, l'eau ne pourrait pas monter jusqu'au corps de pompe. En effet, la présence de cet espace limite le degré de raréfaction de l'air, comme dans la machine pneumatique, à la valeur $Pu : v$ (194). La différence entre cette pression limite et la pression P de l'atmosphère exprimée en colonne d'eau, donnera la hauteur maximum H à laquelle ce liquide parviendra dans le tuyau aspirateur. Cette différence est $H = P - P\dfrac{u}{v} = P\dfrac{v-u}{v}$. Si la distance du niveau du réservoir à la soupape dormante est plus grande que cette quantité, l'eau ne pourra pas entrer dans le corps de pompe. On voit que, plus u sera petit, plus H sera grand ; et pour $u = 0$ on aura $H = P$, qui est la plus grande hauteur à laquelle l'eau puisse parvenir dans un tuyau d'aspiration.

Effort nécessaire pour soulever le piston. — Pour abaisser le piston, il n'y a à vaincre que les résistances passives. Pour le soulever, il y aura à exercer un effort égal à la pression qui existe au-dessus du piston, diminuée de celle qui s'exerce au-dessous, de bas en haut. Or, la pression supérieure est égale : 1° à la pression atmosphérique P ; 2° au poids de la colonne d'eau ayant pour base la surface S du piston, et pour hauteur la distance h de son centre de gravité au niveau supérieur de l'eau, c'est-à-dire hS. De bas en haut, le piston supporte la pression atmosphérique P diminuée de la colonne d'eau h' soulevée en dessous. Car la pression atmosphérique peut être remplacée par une colonne d'eau extérieure R'H, dont une portion de hauteur BR', est équilibrée par la colonne sR' $= h'$. Les pressions opposées sont donc $P + h$S et $P - h'$S, dont la différence est $(h + h')$S, c'est-à-dire le poids d'une colonne d'eau ayant pour base la surface du piston, et pour hauteur la distance verticale $h + h'$ des niveaux R et T.

205. Pompe aspirante et élévatoire. — Quelquefois, l'eau soulevée au-dessus du piston de la pompe aspirante, au lieu de passer par un tuyau qui enveloppe sa tige, passe, comme dans la pompe (*fig.* 168), par un tube d'ascension latéral, S, muni d'une soupape destinée à empêcher l'eau de redescendre. Le corps de pompe est fermé à sa partie supérieure par un couvercle muni d'une *boîte à étoupes* que traverse la tige du piston. On a alors la pompe *aspirante et élévatoire*. Comme la tige du piston doit avoir un mouvement parallèle à l'axe du corps de pompe, elle est guidée dans un anneau H, et le mouvement du levier *l* lui est communiqué, par l'intermédiaire d'une *bielle* articulée *o*. On voit que cette pompe élève l'eau au-dessus du point où est appliquée la force qui la fait fonctionner.

206. Pompe foulante. — Dans cette espèce de pompe (*fig.* 169), le piston n'est pas percé, et il part du fond du corps de pompe un tuyau d'ascension *ab* portant une soupape S qui s'ouvre de dedans en dehors. Enfin, la soupape dormante *r* placée au bas du corps de pompe, plonge dans l'eau à élever. Quand on retire le piston, la soupape S se ferme, et l'eau s'introduit par la soupape *r*, qui se soulève. Quand on enfonce au contraire le piston, la soupape *r* se ferme, et l'eau est refoulée dans le tuyau d'ascension *ab*. — L'effort à faire pour enfoncer le piston est égal au poids d'une colonne d'eau ayant pour base la surface de ce piston, et pour hauteur la distance verticale de sa surface inférieure au point où l'eau est élevée.

Fig. 168.

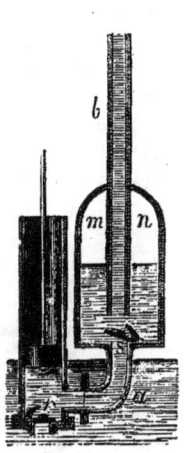

Fig. 169.

Le réservoir *mn*, nommé *boîte à air*, est destiné à rendre le jet à peu près continu. L'air qu'il contient est comprimé quand l'eau est refoulée, et il réagit ensuite par sa force de ressort, pour continuer à chasser l'eau dans la partie *b*, lorsque la soupape S est fermée pendant le retour du piston. Ce réservoir se nomme *boîte à air*. Il doit avoir à peu près 23 fois la capacité du corps de pompe, pour que le jet soit sensiblement continu.

Pompe aspirante et foulante. — Souvent on adapte au-dessous de la soupape dormante de la pompe foulante, un tuyau aspirateur qui plonge dans l'eau à élever ; la pompe est alors *aspirante et foulante*.

* **Pompe à incendie.** — La pompe à incendie se compose de deux pompes foulantes P, P' (*fig.* 170), dont les pistons sont mis en mouvement au moyen du balancier LL, et des tiges *t*, *t*'. L'eau, versée dans la cuve CC' à travers des paniers destinés à retenir les impuretés, est poussée dans la boîte à air R, et de là, dans un long tuyau en cuir T, terminé par un long ajutage un peu conique, J, nommé *lance*, au moyen duquel on dirige .e jet.

207. Pompe à piston plongeur. — Quand on veut élever l'eau à une très grande hauteur, la pression est tellement forte que, l'eau passant entre le piston et le corps de pompe, le tuyau d'ascension ne reçoit rien. La pompe à piston plongeur est exempte de cet inconvénient. Le piston est remplacé par un cylindre massif C (*fig.* 171), qui glisse dans une *boîte à étoupes e* fixée à l'extrémité supérieure du corps de pompe. Quand on retire ce cylindre, l'eau pénètre par les soupapes s, et quand on l'enfonce, le liquide est refoulé par la soupape s'. Le cylindre C porte un petit canal t terminé extérieurement par un robinet r que l'on ouvre de temps en temps,

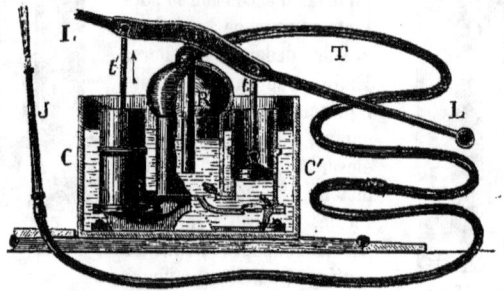

Fig. 170.

pendant que le piston s'enfonce, pour faire sortir de l'air qui se dégage de l'eau lorsque le piston se retire, et s'accumule dans la partie supérieure du corps de pompe. — C'est au moyen d'une pompe semblable que l'eau de la Seine est élevée, d'un seul jet, jusqu'à l'aqueduc de Marly, à une hauteur de 170 mètres.

208. Du siphon. — Le siphon est un tube deux fois recourbé bnc (*fig.* 172), servant à transvaser les liquides par dessus les bords des vases. Pour qu'un liquide chemine à travers le siphon, il faut deux conditions : 1° le siphon doit être amorcé, c'est-à-dire rempli de liquide ; 2° l'orifice de sortie c doit être plus bas que le niveau a du liquide à transvaser.

Supposons ces deux conditions remplies, et cherchons comment se fait l'écoulement. Une tranche n prise au point le plus haut du siphon, supporte dans la direction $a'n$, la pression de l'atmosphère se transmettant à travers la colonne liquide an, diminuée du poids d'une colonne liquide de hauteur aa'. Dans le sens opposé, $c'n$, cette même tranche n supporte la pression atmosphérique se transmettant à travers la colonne cn, diminuée du poids d'une colonne liquide de hauteur cc'. Comme cc' est plus grand que aa', cette dernière pression est moindre que celle qui s'exerce dans le sens $a'n$, de la différence entre les colonnes aa' et cc' ; c'est-à-dire que la tranche n est poussée vers l'orifice c par une force égale au poids d'une colonne liquide ayant pour hauteur $cc' — aa' = dc$. L'écoulement aura donc lieu par l'orifice c, et continuera jusqu'à ce que le niveau a prolongé passe par le point c, ou arrive au-dessous de l'une des extrémités c ou b du siphon.

Remarques. — 1° Il résulte de la théorie du siphon qu'il n'est pas nécessaire que ses deux branches soient inégales.

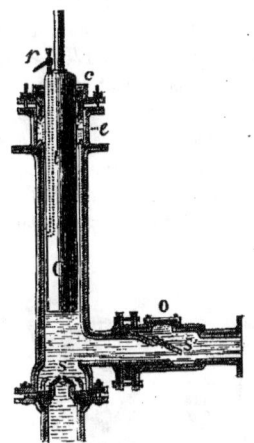

Fig. 171.

2° Si l'on pratique une ouverture en n, la colonne liquide se divise en ce point, les deux parties tombent chacune de leur côté, et l'écoulement cesse. Il en est de même dans le vide.

3° L'écoulement s'arrête si l'air ne pénètre pas librement au-dessus du liquide à transvaser.

Manière d'amorcer le siphon. — Pour amorcer le siphon, il suffit d'aspirer en c (*fig.* 172), pendant que la branche opposée plonge dans le liquide. Quand ce dernier est dangereux à recevoir dans la bouche, on aspire par un tube ct, adapté en c, après avoir fermé l'orifice c. Ce tube porte souvent un renflement T, dans lequel le liquide ne monte que lentement, pour éviter qu'il n'arrive jusqu'à la bouche, si l'on aspirait trop brusquement.

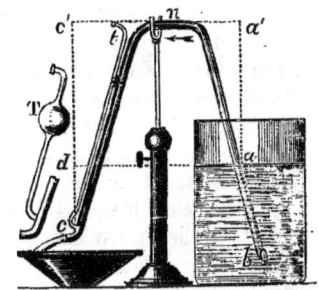

Fig. 172.

209. Vase diabète ou de Tantale. — Ce petit appareil consiste en un vase A dans lequel se trouve un siphon (*fig.* 174), dont l'une des branches a s'ouvre près du fond du vase, et dont l'autre en traverse le pied. Si l'on verse du liquide dans ce vase, il s'élève à la même hauteur dans la branche intérieure a du siphon, jusqu'à ce que le niveau atteigne le point *n*. Alors ce liquide tombe dans la grande branche, en la remplissant complètement (ce qui suppose que son diamètre n'est pas trop considérable), et le siphon étant dès lors amorcé, tout le liquide sort du vase.

Au lieu d'un siphon, on emploie souvent un tube droit qui traverse le pied du vase (*fig*. 173), et que l'on recouvre d'une petite cloche *c*, échancrée par le bas. Il peut rester de l'air en *c*, au haut de cette espèce de siphon, sans qu'il cesse de fonctionner. Cet air fait fonction de paroi et possède une pression, inférieure à celle de l'atmosphère d'une quantité égale au poids de l'eau soulevée dans la cloche. Quelquefois la petite cloche *c* est creusée dans l'intérieur d'une statuette représentant Tantale, et disposée de manière que l'eau ne puisse atteindre à sa bouche avant que le siphon ne soit amorcé, comme on le voit en D (*fig*. 175) ; de là le nom de *vase de Tantale* donné à l'instrument.

Fig. 173.   Pig. 175.   Fig. 174.

210. Ecoulements intermittents. — Si l'on fait arriver de l'eau, avec une vitesse constante, dans un vase diabète, par un orifice moindre que la section du siphon, le niveau s'élève dans le vase, arrive en *n* (*fig*. 174), et le siphon est amorcé. Alors, le niveau descend, puisque le siphon laisse sortir l'eau plus vite qu'elle n'arrive. Bientôt, l'air pénètre dans la petite branche, le siphon n'est plus amorcé, et l'écoulement cesse, pour recommencer dès que le niveau revient au point *n*.

Fontaine intermittente naturelle. — Il existe des sources naturelles intermittentes, que l'on explique par le jeu du siphon. On suppose que l'ouverture *a* (*fig*. 176) par laquelle l'eau jaillit, communique avec une cavité souterraine C, au moyen d'un canal *anb* ayant la forme d'un siphon. Cette cavité reçoit de l'eau, de manière que le niveau s'élève peu à peu jusqu'à *nn*; alors le siphon est amorcé et l'eau jaillit en *a*. Si l'eau sort plus vite qu'elle n'arrive dans la cavité C, le niveau baissera jusqu'en *b*, l'air pénètrera dans le siphon, et l'écoulement s'arrêtera, pour se reproduire aussitôt que l'eau aura atteint de nouveau la hauteur *nn*.

Fontaine de Sturmius. — La *fontaine de Sturmius*, ou de *commandement*, donne un écoulement intermittent sans employer de siphon. Cet instrument (*fig*. 177) se compose d'un vase contenant de l'eau, fermé à sa partie supérieure, et muni vers le bas de plusieurs ajutages capillaires *o*, *o*.. situés dans un même plan horizontal. La surface de l'eau est mise en communication avec l'atmosphère, par un tube vertical *aa*, dont l'extrémité inférieure, taillée en biseau, s'ouvre près du fond d'une cuvette qui sert de pied à l'instrument. Cette cuvette est percée d'un orifice *c*, qui laisse sortir l'eau moins vite qu'elle n'arrive par les ajutages *o, o*... Il résulte de là que, lorsque l'écoulement aura lieu par ces ajutages, le niveau montera dans la cuvette, l'ouverture inférieure du tube *aa* sera bientôt couverte par l'eau, et la communication du vase *a* avec l'atmosphère sera interrompue. L'écoulement continuera encore quelques instants, jusqu'à ce que la colonne d'eau de hauteur *h*, jointe à la tension de l'air contenu dans le vase,

Fig. 176.

fasse équilibre à la pression atmosphérique. Alors l'eau montera dans le tube *aa* à une hauteur égale à *h*, et l'écoulement s'arrêtera. Mais l'eau continuant à s'échapper par l'orifice *c*, l'extrémité inférieure du tube *aa* se trouvera bientôt dégagée, l'air rentrera dans le vase supérieur, et l'écoulement recommencera en *o, o*, jusqu'à ce que le tube *aa* soit de nouveau obstrué; et ainsi de suite.

211. Écoulement constant produit avec le siphon. — La vitesse d'écoulement d'un liquide à travers un siphon dépend de la différence de niveau *oa* (*fig.* 178). Si donc on fait en sorte que cette différence reste constante, la vitesse d'écoulement ne variera pas. Pour remplir cette condition, Héron d'Alexandrie a imaginé de fixer un flotteur *ef* à la branche intérieure du siphon, qui est, en outre, soutenu par un cordon passant sur des poulies, et tendu par un poids P moins lourd que le système flottant. A mesure que

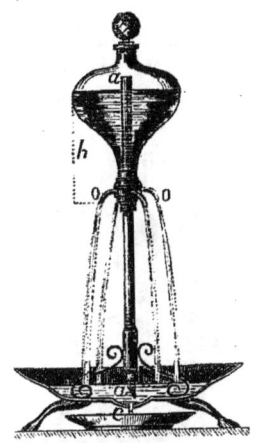

Fig. 177.

le niveau baisse en R, le siphon descend avec le flotteur, et la différence *oa* reste constante.

★ **212. Flacon de Mariotte.** — Cet appareil est fréquemment employé pour obtenir un écoulement constant, et il peut servir à montrer différents

152   CORPS GAZEUX.

effets de la pression atmosphérique. Imaginons un flacon ordinaire A (*fig.* 179), auquel est ajusté, au moyen d'un bouchon, un tube *mn*, ouvert par les deux bouts, et portant plusieurs orifices capillaires *a*, *b*, *c*, placés à des hauteurs différentes, et d'abord fermés.

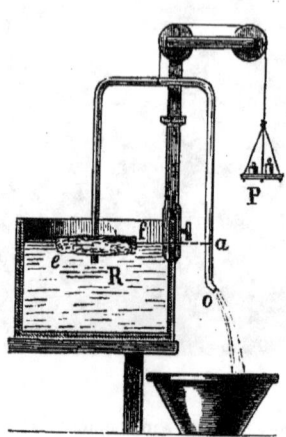

Fig. 178.

Le flacon étant entièrement rempli d'eau, ainsi que le tube *mn*, si l'on ouvre l'orifice *b*, le liquide jaillit en vertu de la pression exercée par la colonne d'eau que contient le tube *mn*, jusqu'à ce que le niveau dans ce tube soit descendu à la hauteur de l'orifice *b*. Alors l'écoulement s'arrête, le liquide qui se trouve dans le flacon au-dessus du point *b*, n'exerçant pas de pression, parce qu'il est soutenu par la pression atmosphérique. Si l'on ouvre l'orifice *c*, après avoir fermé *b*, l'air rentre par bulles en *c* et se porte à la partie supérieure du flacon; en même temps, l'eau monte dans le tube *mn* jusqu'au niveau *c*; résultats faciles à expliquer.

Pour obtenir un écoulement constant, il suffit d'ouvrir l'orifice *a* placé au-dessous du point *n*. La vitesse d'écoulement diminue d'abord à mesure que le niveau descend dans le tube *mn*, mais, dès que le niveau est arrivé en *n*, l'air s'introduit, et monte par bulles dans la partie supérieure du flacon. Là, il prend une force élastique égale à la pression atmosphérique diminuée de la colonne d'eau *xn*, et l'eau que cet air déplace ramène constamment le niveau au point *n* dans le tube *mn*. La vitesse d'écoulement reste constante puisqu'elle est due à la colonne *np*; du moins tant que le niveau *x* n'est pas arrivé au-dessous de l'extrémité *n* du tube.

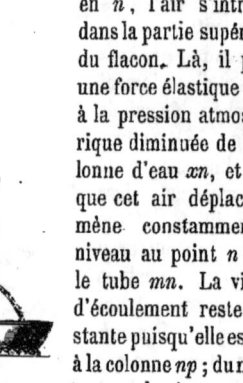

Fig. 179.

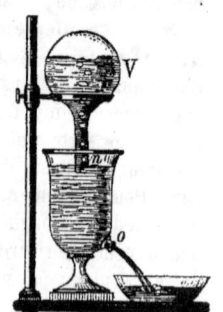

Fig. 180.

On voit, *fig.* 180, une autre disposition au moyen de laquelle on obtient un écoulement constant : au-dessus du niveau, est renversé un vase V fermé à sa partie supérieure, et dont l'orifice *n* est échancré. Ce vase est plein de liquide. Dès que la surface de l'eau arrive un peu au-dessous de l'échancrure, l'air passe par bulles, et l'eau qu'il chasse rétablit le niveau.

On emploie souvent un moyen semblable pour obtenir un niveau constant d'huile dans certaines lampes. Le vase V, rempli d'huile, est renversé dans le réservoir R (*fig.* 181), dans lequel le niveau doit rester constamment à la hauteur du bec *b*. La soupape *s* empêche l'huile de tomber pendant qu'on retourne le vase V après l'avoir rempli; une longue tige, qui vient toucher le fond du réservoir R, tient ensuite cette soupape ouverte.

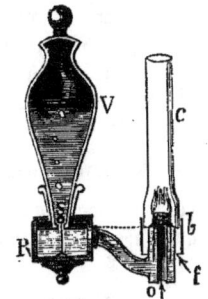

Fig. 181.

§ 6. — MÉLANGE DES GAZ ENTRE EUX, ET AVEC LES LIQUIDES.

213. Diffusion des gaz. — Nous avons vu que les liquides mélangés, quand ils n'ont pas d'action chimique les uns sur les autres, se séparent et se superposent dans l'ordre de leurs densités (125). Il n'en est pas de même des gaz : non seulement quand ils sont mélangés ils ne peuvent se séparer, mais encore quand on les superpose en plaçant les plus denses en dessous, ils finissent par se mélanger, même quand ils ne communiquent que par des ouvertures imperceptibles. Le mouvement par lequel les gaz se mélangent ainsi, a reçu le nom de *diffusion*.

Berthollet a fait à ce sujet une expérience célèbre : il remplit d'acide carbonique un ballon A, réuni, au moyen d'un tube étroit, à un autre ballon H (*fig.* 182) placé au-dessus et rempli de gaz hydrogène à la même pression et à la même température que l'acide carbonique. Les robinets *r*, *r* étant fermés, l'appareil fut placé dans les caves de l'observatoire de Paris, où la température est invariable. Quand les ballons eurent pris exactement cette température, les robinets furent ouverts, et au bout de quelque temps on trouva dans chaque ballon un mélange uniforme d'acide carbonique et d'hydrogène, malgré la différence de densité des deux gaz.

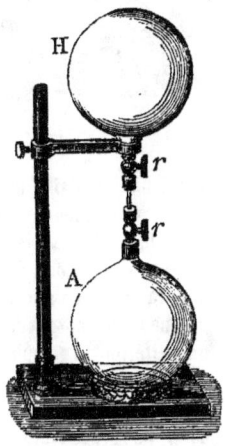

Fig. 182.

214. Lois du mélange des gaz. — Berthollet trouva que la pression n'avait pas changé dans les ballons pendant l'expérience. Ce fait est un cas particulier de la loi suivante découverte par

Dalton : *Dans un mélange de plusieurs gaz, la pression exercée par chacun d'eux est la même que s'il était seul.* Pour démontrer cette loi, on prend plusieurs éprouvettes graduées reposant sur le mercure, et dans lesquelles on introduit différents gaz secs. On observe les volumes v, v', v''... de ces gaz, et les pressions p, p', p''... auxquelles ils sont soumis. Ces pressions s'obtiennent en retranchant de la hauteur du baromètre, la colonne de mercure qui s'élève dans chaque éprouvette au-dessus du niveau extérieur. On transvase ensuite ces différents gaz dans une autre éprouvette graduée pleine de mercure, et l'on observe le volume V et la pression P du mélange. Si chacun des gaz se comporte comme s'il était seul, leurs pressions sous le nouveau volume V, seront $p\dfrac{v}{V}$, $p'\dfrac{v'}{V}$, $p''\dfrac{v''}{V}$..., et l'expérience montre que la pression P est précisément égale à la somme de ces quantités. Un gaz en présence d'un autre, se comporte donc, dans l'état d'équilibre, comme en présence d'un espace vide, dans lequel son élasticité le forcerait à se répandre.

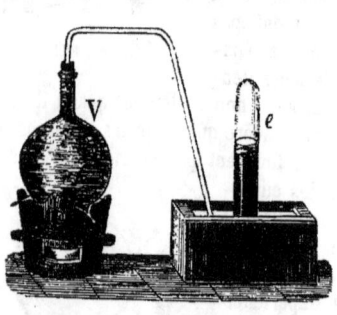

Fig. 183.

* **215. Mélange des gaz avec les liquides.** — Lorsqu'un gaz est mis en contact avec un liquide, l'eau, par exemple, il peut y avoir action chimique, et le gaz disparaît et se dissout en se combinant avec le liquide. Quand il n'y a pas action chimique, une partie du gaz est encore absorbée, mais elle est très petite. C'est ainsi que l'eau naturelle contient toujours un peu d'air, qui sert à la respiration des animaux aquatiques. C'est là un phénomène physique, car la masse d'un même gaz ainsi mélangé avec un liquide, varie d'une manière continue avec la pression, et il suffit de faire le vide autour du liquide, pour qu'il abandonne le gaz dissous, qui apparaît alors en une multitude de petites bulles montant vers la surface.

Quand on veut recueillir les gaz dissous dans un liquide, et en évaluer la quantité, on en remplit un ballon de verre V (*fig.* 183), muni d'un tube de dégagement également rempli de ce liquide, et on le porte à l'ébullition pendant quelques minutes. Les gaz dissous se dégagent, et on les recueille dans une éprouvette e, placée sur le mercure. En faisant l'analyse du mélange recueilli, on connaît ensuite le volume de chaque gaz, que contenait la masse liquide sur laquelle on a opéré.

***216. Lois du mélange des gaz avec les liquides.** — 1° *La température étant constante, un liquide dissout toujours une même fraction de*

MÉLANGE AVEC LES LIQUIDES.   155

son volume d'un gaz, quelle que soit la pression extérieure de ce gaz, le volume dissous étant rapporté à cette pression. Cette loi, trouvée en même temps par MM. Dalton et Henry, peut s'énoncer ainsi : les poids d'un même gaz dissous sont proportionnels à sa pression. On peut encore dire que *il y a un rapport constant, quelle que soit la pression, entre la densité du gaz et celle de l'atmosphère du même gaz qui se trouve au-dessus du liquide après l'absorption.* Ce rapport se nomme *coefficient d'absorption* du gaz. Pour l'acide carbonique, l'oxygène, l'azote et l'hydrogène, ce coefficient est égal à 1 ; 0,046; 0,025; 0,02, à la température de 10° à 12°.

2° *Lorsque plusieurs gaz se trouvent en présence d'un même liquide, chacun d'eux est absorbé comme s'il était seul.* Cette loi, due à Dalton, signifie que la quantité absorbée de chaque gaz, est proportionnelle à sa pression particulière dans le mélange gazeux *après l'absorption*, et la même que si les autres gaz n'existaient pas. C'est pour cela que l'air dissous dans l'eau est plus riche en oxygène que l'air atmosphérique (0,33 au lieu de 0,21).

Conséquences. — Il résulte de ces lois que, si un liquide saturé d'un gaz est porté dans une atmosphère qui en contient moins que celle dans laquelle la dissolution s'est faite, une partie du gaz dissous se dégagera jusqu'à ce que le rapport des densités du gaz extérieur et du gaz dissous soit égal au *coefficient d'absorption*. Si l'atmosphère extérieure ne contient pas du gaz dissous et est indéfinie, tout le gaz disparaîtra de la dissolution. C'est pour cela que le gaz hydrogène recueilli dans une éprouvette reposant sur l'eau, se trouve bientôt mêlé d'air et d'azote qui se dégagent de ce liquide.

Quand on veut dissoudre de grandes quantités d'un gaz dans l'eau, on comprime fortement ce gaz au-dessus du liquide, de manière à y former une atmosphère très dense. C'est ce qui se pratique dans la fabrication de l'eau de Seltz artificielle, qui consiste en eau tenant en dissolution de l'acide carbonique. On a imaginé divers appareils pour comprimer rapidement de grandes quantités de gaz. La dissolution est renfermée dans des bouteilles, où le gaz reste dissous à cause de la pression très forte qui existe au-dessus du liquide. Dès que le bouchon est ôté, le gaz s'échappe de l'eau avec effervescence, l'atmosphère ne renfermant qu'une quantité insignifiante d'acide carbonique.

★ **217. Problème.** — Etant donnés plusieurs gaz dont les densités sont $d, d', d''\ldots$, renfermés dans un vase clos qui contient un liquide pur dont le volume est v, on demande la quantité de chacun de ces gaz absorbée par le liquide. — Soit V le volume du mélange gazeux, d, d', d'' les densités qu'y possèdent les divers gaz ; $a, a', a''\ldots$ leurs coefficients d'absorption, et enfin $x, x', x''\ldots$ les densités inconnues des gaz qui restent dans le volume V après l'absorption. Ces densités seront ax, $a'x'$, $a''x''$, dans le liquide; et comme chaque gaz se comporte comme s'il était seul, et que sa masse ne change pas, on aura les équations $Vd = Vx + vax$; $Vd' = Vx' + va'x'$, $Vd'' = Vx'' + va''x''$..., pour déterminer x, x, x', x''..., et, par suite, les quantités absorbées, vax, $va'x'$, $va''x''$...

*CHAPITRE VII.

DES CORPS SOLIDES.

§ 1. — ÉLASTICITÉ.

218. Structure des corps solides. — L'*état solide* est caractérisé par l'arrangement des molécules, qui sont maintenues les unes par rapport aux autres dans des positions fixes. L'arrangement et la disposition relative des molécules ou des groupes de molécules dans l'intérieur d'un corps solide se nomme sa *structure*. On distingue la *structure régulière*, comme dans les cristaux, et la *structure irrégulière*.

219. Elasticité. — Lorsqu'on change la forme ou le volume d'un corps solide, ses molécules, dérangées de leur position d'équilibre, tendent à y revenir, et le corps tend à reprendre sa première forme et son premier volume. Cette tendance, due au jeu des forces moléculaires (23), constitue l'*élasticité*.

L'effort qu'il faut faire pour maintenir un certain changement dans les positions relatives des différentes parties d'un corps, se nomme *force élastique* ou *de ressort*. Cet effort est égal à l'énergie avec laquelle le corps tend à revenir à son premier état, et peut lui servir de mesure.

Quand on dérange trop les molécules d'un corps de leur position, elles n'y reviennent plus complètement, et le corps, abandonné à lui-même, conserve une partie de la déformation qu'on lui avait fait subir; les molécules ayant pris de nouvelles positions d'équilibre. On dit alors qu'on a dépassé la *limite de l'élasticité*. Nous supposerons toujours dans ce qui suit qu'on ne dépasse pas cette limite.

Dans les fluides, dont les molécules n'ont pas de positions relatives fixes, on ne peut développer l'élasticité que par la compression. Dans les solides, on peut la développer par *tension* ou *traction*, par *compression*, par *flexion* et par *torsion*.

220. Lois de l'élasticité de tension. — Les lois de l'élasticité développée par la *tension*, c'est-à-dire par des efforts exercés dans le sens de la longueur d'un corps, sont les suivantes :

1° *Pour un même corps, l'allongement que produit un effort donné, reste le même, quelle que soit la tension primitive ;*
2° *L'allongement est proportionnel à l'augmentation de tension ;*
3° *Il est proportionnel à la longueur du corps ;*
4° *Il est en raison inverse de l'aire de sa section droite.*

Ces lois sont renfermées dans la formule

$$l = k \frac{\mathrm{PL}}{s},$$

dans laquelle L est la longueur primitive de la barre, l l'allongement, s la section droite, P la charge, et k une constante qui dépend de la substance. On a fait, pour établir ces lois, de nombreuses expériences, dans lesquelles il a fallu mesurer l'allongement sous une charge donnée. La *fig.* 184 représente l'appareil employé par Wertheim : la barre, b, fixée en e dans un étau, porte en e' une caisse dans laquelle on met des poids. Cette caisse étant soutenue par des vis calantes, on mesure, au moyen du cathétomètre (10), la distance, d, de deux traits marqués sur la barre; puis on fait agir la charge en retirant les vis calantes, et l'on mesure la nouvelle distance d' des traits. L'excès $d' - d$ représente l'allongement de la longueur d prise sur la barre.

En opérant à différentes températures, et sur des barres de même substance et dont diverses opérations mécaniques avaient changé la densité, on a reconnu que la résistance à l'allongement augmente avec la densité.

Fig. 184.

221. Élasticité de compression. — Quand on comprime une barre dans le sens de sa longueur, en agissant à ses deux extrémités, et en évitant toute flexion, son raccourcissement est égal à l'allongement que lui aurait fait subir un effort de tension égal à la compression exercée. Il résulte de là que les lois de l'*élasticité de compression* sont les mêmes que celles de l'*élasticité de tension*.

Quand la compression, au lieu de se faire sentir dans un seul sens, agit également sur tous les points de la surface, il n'y a plus d'augmentation de diamètre, et le raccourcissement est moins prononcé. Wertheim a déduit des calculs de Cauchy, qu'il n'est que le tiers de ce qu'il serait si l'action ne s'exerçait qu'aux extrémités. D'où il a déduit que le changement de volume est représenté par le même nombre que le changement de longueur de la barre ne recevant l'action qu'à ses extrémités.

222. Elasticité de flexion. — Considérons une barre droite L (*fig.* 185) à section rectangulaire, fixée par une de ses extrémités dans une position horizontale, et sur l'autre extrémité de laquelle agit normalement une force qui lui imprime une légère flexion. Cette barre tendra, en vertu de l'élasticité développée, à revenir à sa première forme, et elle y reviendra en effet, après avoir fait un certain nombre d'oscillations, dès qu'on l'abandonnera à elle-même.

L'élasticité de flexion est due, en grande partie, à l'élasticité que développe le rapprochement ou l'écartement des molécules. En effet, les molécules voisines de la surface convexe an' sont écartées les unes des autres, tandis que celles qui sont voisines de la surface bc', sont resserrées. Il y a donc de l'élasticité développée par traction et par compression, et la barre tend à se redresser par l'effort que font les molécules pour revenir à leur première distance. Le déplacement nn' de l'extrémité de la verge se nomme *flèche de flexion*. Pour le mesurer, quand il est très petit, on marque un trait délié sur la base de la barre prismatique, et l'on évalue le déplacement de ce trait, au moyen du cathétomètre.

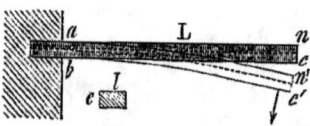

Fig. 185.

Lois. Les lois relatives à une barre à section rectangulaire sont comprises dans la formule suivante, que l'on démontre en mécanique :

$$[1] \qquad f = \frac{PL^3}{\delta le^3} \ ; \qquad \text{d'où} \quad P = \frac{\delta f le^3}{L^3}$$

f est la *flèche de flexion*, nn' ; P la force appliquée à l'extrémité de la barre ; l la largeur, perpendiculaire à la direction de cette force ; e l'épaisseur ; L la longueur ; et δ un nombre constant qui dépend de la substance. La formule [1] montre que

1° *Le déplacement de l'extrémité de la barre est proportionnel à la charge ;* ce que Coulomb a vérifié par l'expérience.

2° *La charge qui produit une certaine flèche est proportionnelle à la largeur l.* Ce qui pouvait se prévoir ; car, si la lame devient 2, 3... fois plus large, chaque moitié, tiers... exigera le même effort pour donner la même flèche.

3° *La charge est proportionnelle au cube de l'épaisseur.*

4° *Elle est en raison inverse du cube de la longueur.*

Applications. — L'élasticité de flexion est celle dont on fait le plus souvent usage. Les ressorts des voitures, et des divers dynamomètres (39), sont élastiques par flexion. Dans les montres, les pendules, le mouvement est produit par l'élasticité d'un ressort d'acier courbé en spirale. Ce ressort est fixé par l'une de ses extrémités à un axe fixe P (*fig.* 186), autour duquel peut tourner une caisse cylindrique, à laquelle est attachée son autre extrémité A. Quand, en faisant tourner la caisse, on a serré les plis du ressort, il tend à reprendre sa première courbure, et l'extrémité A tourne, en entraînant la caisse.

Fig. 186.

223. Élasticité de torsion. — Quand un fil métallique *ab* (*fig.* 187) est tordu par un effort exercé à l'une de ses extrémités, l'autre étant fixe, il tend à revenir à son premier état, et y revient en effet, quand on l'abandonne à lui-même, après avoir fait un certain nombre d'oscillations.

On nomme *angle de torsion*, la quantité angulaire α dont on a fait tourner un rayon de la base inférieure du fil, par rapport à un rayon fixe de sa base supérieure. La *force de torsion* est la force qu'il faudrait appliquer à l'extrémité d'un levier égal à l'unité et perpendiculaire au fil, pour maintenir ce dernier dans l'état qui correspond à un certain angle de torsion. Si l'arc décrit par l'extrémité du levier a aussi pour longueur l'unité, cette force se nomme le *coefficient de torsion*.

Lois. — Les lois de l'élasticité de torsion ont été trouvées par Coulomb, en partant de formules mathématiques.

1° *La force de torsion est proportionnelle à l'angle de torsion.* Coulomb a fait une application ingénieuse de cette loi à la construction d'un instrument très délicat, nommé *balance de torsion*, ou *balance de Coulomb*, destiné à mesurer de faibles forces d'attraction ou de répulsion ; nous le décrirons plus tard.

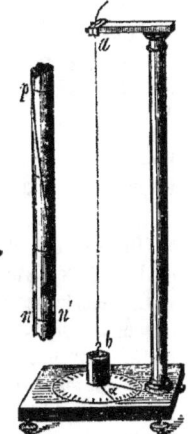

Fig. 187.

2° *La force de torsion reste la même, quelle que soit la tension du fil.*

3° *Le coefficient de torsion est en raison inverse de la longueur du fil, et proportionnel au carré de son diamètre.*

Des expériences de Savart et de Wertheim ont prouvé que ces lois s'appliquent approximativement à la torsion des verges rigides.

§ 2. — RÉSISTANCE A LA RUPTURE.

224. Ténacité. — Une verge tirée dans le sens de sa longueur, finit par se rompre sous une certaine charge, qui dépend de ses dimensions et de la nature de sa substance. La plus petite charge capable de produire cet effet, sert de mesure à la résistance que la verge oppose à la rupture. Cette résistance, sous l'unité de section, se nomme *ténacité* ou *résistance absolue*.

Lois. — *La charge minimum qui produit la rupture est 1° proportionnelle à la section de la barre, 2° indépendante de sa longueur.* Cependant on remarque souvent qu'une barre très longue se rompt plus facilement qu'une courte. C'est que l'on a plus de chance, avec une longue barre, de rencontrer des endroits faibles. C'est aussi pour cela que la rupture d'une barre horizontale se fait ordinairement en un seul point, tandis que toutes les tranches devraient se séparer au même moment, si elles étaient identiques.

Voici les nombres de kilogrammes nécessaires pour rompre des fils cylindriques de 1^{mm} de diamètre :

	Fil de fer.	Cuivre.	Platine.	Argent.	Or.	Zinc.	Étain.	Plomb.
Étiré.	61	40	34	29	27	13	2,45	2,07
Recuit.	47	30	23	16	10	»	1,70	1,80

Une baguette de verre, de 1^{mm} de diamètre, exige pour se rompre environ 8^k, et la fonte 41^k.

Les substances à structure fibreuse, comme le bois, résistent plus dans le sens des fibres que dans tout autre sens. La résistance n'est pas constante, pour une même espèce de bois, ce qui dépend du climat, de la nature du terrain où le bois s'est formé. Voici, en kilogrammes, les ténacités moyennes de différents bois dans le sens des fibres, par millimètre carré, trouvées par Mussenbroeck.

Chêne......	6^k à 8	Frêne......	12^k	Buis........	14^k
Tremble.....	6 à 7	Orme.......	10,40	Poirier......	6
Sapin.......	8 à 9	Hêtre.......	8	Acajou......	5

Perpendiculairement aux fibres le chêne se rompt sous une charge de $1^k,60$.

225. Résistance relative. — On nomme *résistance relative*, la résistance qu'une barre oppose à la rupture par flexion. Soit une barre *abc* (*fig.* 188), *non flexible*, horizontale, encastrée par l'une de ses extrémités, et soumise à une force F agissant normalement à l'autre extrémité. On démontre que :

1° *La force nécessaire pour produire la rupture est en raison inverse de la longueur de la barre.* Car cette longueur est le bras de levier auquel est appliquée la force.

2° *Quand la section de la barre est un rectangle dont un des côtés, pris pour largeur, est perpendiculaire à la direction de la force, cette force est proportionnelle à la largeur.* Ce qui se conçoit facilement ; car si l'on partage la barre par des plans équi-

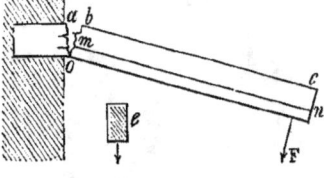

Fig. 188.

distants perpendiculaires à la largeur, chaque tranche ainsi obtenue exigeant la même force pour se rompre, l'effort total sera proportionnel au nombre des tranches, c'est-à-dire à la largeur.

3° *La force nécessaire pour produire la rupture est proportionnelle au carré de l'épaisseur.*

Ces lois s'appliquent aussi à une barre encastrée, ou appuyée par ses deux extrémités et chargée au milieu, et à une barre appuyée par son milieu et chargée également à ses deux extrémités.

Il est facile de voir que la résistance relative est beaucoup plus faible que la résistance directe. En effet, dans le cas de la traction, les files de molécules parallèles aux arêtes de la barre résistent toutes également ; tandis que dans la flexion, les molécules qui se trouvent en *o*, sont pressées les unes contre les autres et constituent un axe d'appui, autour duquel les molécules de la surface de séparation tournent, en présentant une résistance qui dépend du bras de levier, c'est-à-dire de leur distance à l'axe *o*.

Il résulte de là que, si l'on donne aux vases destinés à supporter intérieurement une grande pression, la forme d'une sphère ou d'un cylindre terminé par deux hémisphères, formes qui ne peuvent être modifiées par l'effort intérieur, ils résisteront mieux à la rupture que si les parois pouvaient éprouver des flexions ; aussi donne-t-on souvent de semblables formes aux chaudières à vapeur.

226. Résistance des tubes. — Galilée a démontré qu'une barre creuse résiste mieux à la rupture par flexion qu'une barre massive de même substance, qui aurait même longueur et même poids, c'est-à-dire *dont l'aire de la section droite serait la même*. Cette plus grande résistance se conçoit facilement ; car le diamètre extérieur étant plus grand pour la barre creuse, le bras de levier *ob* (*fig.* 188), auquel est appliquée une partie de la résistance, est aussi plus grand. De plus, les molécules placées près de l'axe, vers mn, n'éprouvant que peu de changements de distance, il y a tout avantage à les enlever et à les rapporter près des surfaces extérieures bc et od.

Il faut remarquer qu'il y a un maximum dans le diamètre extérieur, au-delà duquel la résistance diminuerait ; car, si les parois du tube devenaient trop minces, elles tendraient à fléchir et à se plisser en o, et il n'y aurait plus de point fixe. M. Girard a calculé que le maximum de résistance d'un cylindre creux a lieu quand le rayon extérieur r et le rayon intérieur r' sont entre eux à peu près comme $5 : 11$.

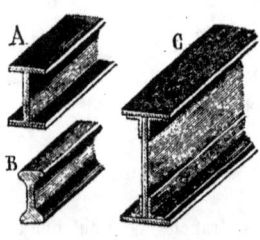

Fig. 189.

Applications. — La nature nous offre des exemples de la disposition en forme de tube, dans les os longs des animaux, les plumes des oiseaux, les tiges de certaines plantes. On fait des colonnes creuses en fonte ; au moyen de tubes en fer creux, on fabrique des meubles qui joignent la solidité du fer à une grande légèreté.

L'application la plus remarquable qu'on ait faite du principe de Galilée consiste dans les *ponts-tunnels* qu'on a construits en Angleterre, dans lesquels des trains remorqués par de lourdes locomotives franchissent des rivières et même des bras de mer.

C'est en vertu du même principe, pour accumuler la matière le plus possible sur les faces opposées que la charge tend à allonger ou à resserrer, qu'on donne aux poutres en fer la forme A, ou C (*fig.* 189), et aux rails des chemins de fer la forme B.

§ 3. — PROPRIÉTÉS QUI DÉPENDENT DU DÉPLACEMENT PERMANENT DES MOLÉCULES.

227. Ductilité, malléabilité. — Les molécules de certains corps sont susceptibles de prendre, quand on dépasse la limite d'élasticité (219), différentes positions d'équilibre stable, en tournant les unes autour des autres sans se séparer. On donne à cette propriété le nom de ductilité.

On reconnaît la ductilité, par différents procédés : l'action du *marteau*, l'opération du *laminoir*, le passage à la *filière*, la *flexion* et la *compression*. C'est par la compression qu'on fait prendre aux médailles l'empreinte de coins en acier entre lesquels on les comprime fortement.

Les corps qui s'étendent le plus facilement sous le marteau sans se déchirer, sont principalement des métaux, et dans l'ordre suivant : *plomb, étain, or, zinc, argent, cuivre, platine, fer.* — Relativement à la facilité avec laquelle ils supportent l'opération du laminoir, ils doivent être placés dans l'ordre suivant : *or, argent, cuivre, étain, plomb, zinc, platine, fer*. On donne souvent le nom de *malléabilité* à la propriété de s'étendre sous le laminoir ; les métaux que nous venons de citer sont donc les plus *malléables*.

La chaleur modifie notablement la ductilité de certains corps. Ainsi, le fer est très ductile quand il est rouge. Le verre le devient à la chaleur rouge, et c'est sur cette propriété que roulent les procédés de fabrication des ouvrages en verre. Il y a des substances moins ductiles à chaud qu'à froid ; par exemple le *cuivre*. Le zinc ne peut passer au laminoir avec succès, qu'entre 130 et 150 degrés. Au dessus de cette dernière température, il est tellement cassant qu'on peut le pulvériser dans un mortier.

Passage à la filière. — Flexibilité. — Une filière consiste en une plaque d'acier, dans laquelle sont pratiqués de petits trous coniques de diamètre différent. On engage dans un de ces trous l'extrémité amincie de la baguette que l'on veut *tréfiler*, et, la saisissant du côté opposé avec des tenailles, on tire fortement. On la force ainsi à passer par le trou, en s'allongeant et en diminuant de grosseur. On la fait passer ensuite par un trou plus petit, et ainsi de suite, jusqu'à ce qu'on ait obtenu le degré de ténuité désiré.

Pour qu'une substance se prête à l'opération de la filière, il faut qu'elle soit ductile et qu'elle ait une grande ténacité. Les métaux les plus ductiles n'étant pas les plus tenaces, ces corps ne doivent pas, relativement au passage à la filière, être placés dans le même ordre que pour la *malléabilité*. Voici quel est cet ordre : *platine, argent, fer, cuivre, or, zinc, étain, plomb*. On nomme quelquefois *ductilité*, la propriété de s'allonger, sans se rompre, par l'opération de la filière. Ce mot n'a plus alors le sens général que nous avons adopté plus haut.

Les corps ductiles sont en même temps *flexibles*, c'est-à-dire qu'on peut les courber d'une manière permanente, sans séparer leurs molécules. Il y a des substances, comme l'étain, le cadmium, le zinc, qui, lorsqu'on les ploie, font entendre un bruit particulier, connu sous le nom de *cri de l'étain*.

228. Dureté, fragilité. — La *dureté* consiste dans la résistance que les corps opposent à être rayés ou usés par d'autres corps. De deux corps, le plus dur est celui qui raye l'autre. Tout ce qui augmente la ductilité, ou diminue la ténacité, rend les corps plus mous : le fer est mou à la chaleur rouge, la fonte peut alors se diviser avec une scie, le verre se couper avec des ciseaux.

La substance la plus dure est le diamant. Pour la tailler on l'use avec de la poudre de même substance. Après le diamant, vient le corindon ou alumine cristallisée, qui reçoit différents noms, suivant sa couleur. Les alliages sont plus durs que les métaux qui les composent. C'est pour cela qu'on a coutume de mêler à l'or et à l'argent des monnaies, un dixième de cuivre, pour les rendre plus durs.

Les corps durs sont ordinairement *fragiles*, c'est-à-dire faciles à briser par le choc, comme cela a lieu pour le diamant, le verre, l'acier trempé.... Cela pouvait se prévoir : par le choc, on communique brusquement une grande quantité de mouvement aux parties sur lesquelles on agit directement ; les molécules de ces parties sont donc vivement déplacées ; et, si le corps n'est pas ductile, le déplacement ne peut avoir lieu sans séparation, et il y a rupture. Si au contraire le corps est très ductile, il sera en général faussé, déformé, mais non brisé.

229. Causes qui modifient les propriétés mécaniques des solides. — Une même substance solide peut présenter, à la même température, des propriétés mécaniques différentes, lorsqu'on lui fait subir certaines opérations que nous allons examiner.

Trempe. — Tremper un corps c'est le refroidir brusquement, ordinairement en le trempant dans l'eau. La trempe n'agit que sur certains corps ; ses effets sont détruits par le *recuit*, qui consiste à faire chauffer le corps trempé, puis à le laisser refroidir lentement.

L'*acier* est la substance sur laquelle les effets de la trempe sont le plus prononcés. Non trempé, il est ductile, mou, flexible, peu élastique, en ce sens que la limite de l'élasticité est peu éloignée ; trempé, au contraire, il devient dur, cassant, très élastique et moins dense.

On tire parti des propriétés que la trempe donne à l'acier, pour fabriquer une foule d'outils, de ressorts, d'instruments précieux pour l'industrie. On arrive ordinairement au degré de trempe dont on a besoin, en recuisant partiellement l'acier, après l'avoir trempé très dur, de manière à ne conserver qu'une partie de l'effet produit. On est guidé dans cette opération par des teintes diverses que prend la surface de l'acier. Voici quelles sont ces teintes et les températures approximatives correspondantes du recuit :

Jaune paille	240°	Jaune violacé	265°	Bleu	293°
Jaune d'or	230°	Violet pourpre	277°	Bleu foncé	317°
Jaune orange	200°	Bleu faible	288°	Vert d'eau	330°

Pour les rasoirs, la coutellerie fine, on recuit jusqu'au jaune paille ; pour les ressorts ordinaires, jusqu'au bleu ; pour les ressorts des montres, pendules, depuis le violet jusqu'au bleu foncé ; pour les scies, au bleu foncé, etc.

Bronze. — La trempe agit sur le bronze tout autrement que sur l'acier : d'Arcet a découvert qu'elle rend le bronze plus dense, plus mou, plus ductile, moins élastique ; et que le recuit lui fait éprouver des effets opposés. La différence dans la manière dont sont combinées les molécules de cuivre et d'étain qui composent le bronze, est ici évidente; car la cassure, après la trempe, est jaune, tandis qu'elle est, après le recuit, d'un blanc d'étain.

Verre. — Le *verre* comme l'acier, devient, par la trempe, plus fragile, plus dur et moins dense. Pour le tremper, il suffit, après l'avoir fortement chauffé, de le faire refroidir en l'agitant légèrement dans l'air; un refroidissement plus rapide le ferait éclater.

Le verre trempé est tellement fragile, qu'on peut briser le fond d'un matras en verre non recuit (*fig.* 190), en laissant tomber une petite pierre dans l'intérieur. Ce matras porte le nom de *fiole philosophique* ou *matras de Bologne*. Pour leur ôter leur fragilité, on a soin de recuire les objets en verre, dans des fours dont on laisse baisser lentement la température.

On nomme *larmes bataviques* ou *de Hollande*, des gouttes de verre fondu, que l'on a fait tomber dans de l'eau, où elles se solidifient (*fig.* 191). On peut les frapper assez fortement sur le gros bout, sans les briser; mais si l'on vient à casser la queue effilée, toute la masse éclate en poussière, à cause de l'état d'équilibre forcé dans lequel se trouvent les molécules du verre fortement trempé. Le recuit fait disparaître cette propriété.

Fig. 190.

Fig. 191.

Écrouissage. — On dit qu'un corps a été *écroui* quand ses molécules ont été rapprochées d'une manière permanente par quelque opération mécanique, de manière que sa densité soit augmentée. On écrouit le plus souvent par le choc du marteau, le passage au laminoir ou à la filière. L'écrouissage, qui n'est possible qu'avec les corps ductiles, produit des effets plus généraux que la trempe. Les corps écrouis résistent davantage à la traction, sont plus *denses*, plus *durs*, plus *cassants*, et plus *élastiques*, en ce sens que la limite d'élasticité est plus éloignée. Le recuit fait disparaître les effets de l'écrouissage.

230. Changements avec le temps. — Les propriétés mécaniques des corps solides peuvent se modifier spontanément, et au bout d'un temps plus ou moins long, par un changement de structure. Tout ce qui agite les molécules, comme les vibrations, les variations de température, accélère notablement ces changements. C'est sur le fer qu'ils ont surtout été observés. Lorsque ce métal vient d'être forgé, il est flexible, *nerveux*, sa cassure est fibreuse, terne; mais s'il est vieux, s'il a été soumis à des ébranlements répétés, exposé à des variations fréquentes de température, il est devenu dur et cassant; sa cassure est grenue et présente des facettes brillantes. Cette transformation s'observe assez souvent sur les essieux des voitures, qui se brisent quelquefois très facilement, quoique fabriqués avec du fer nerveux, mais qui a changé de structure.

On peut encore citer les changements de structure de l'*acide arsénieux*, qui, de vitreux et transparent, devient peu à peu opaque et blanc. Le sucre d'orge perd aussi sa transparence avec le temps, devient beaucoup plus fragile, et sa cassure est terne et rayonnée.

CHAPITRE VIII.

ACOUSTIQUE.

§ 1. — DU SON ET DE SA PROPAGATION.

I. De l'origine du son.

231. Du mouvement vibratoire. — Quand les molécules d'un corps élastique sont dérangées de leur position d'équilibre, elles y reviennent, dès qu'elles sont abandonnées à elles-mêmes, dépassent cette position, en vertu de la vitesse acquise, pour y revenir de nouveau, et s'y arrêter après avoir accompli un certain nombre d'oscillations d'amplitude décroissante. Ces mouvements se manifestent par des déplacements de totalité dans certaines parties des corps, qui oscillent elles-mêmes de part et d'autre d'une position d'équilibre. Quand ces oscillations sont très rapides, elles se nomment *vibrations* et engendrent le *son*, dont l'étude est l'objet de l'*acoustique*.

232. Du son. — *Le son est l'impression produite sur l'organe de l'ouïe par les vibrations des corps sonores, vibrations transmises jusqu'à l'oreille par l'intermédiaire d'un milieu élastique*, qui est ordinairement l'air atmosphérique.

Pour justifier cette définition, il faut montrer : 1° que toutes les fois qu'un corps produit un son, il est en vibration; 2° qu'entre ce corps et l'oreille, il existe un milieu élastique susceptible de transmettre à notre organe l'ébranlement produit par le corps vibrant.

233. Tout corps qui produit un son est en vibration. — Si l'on fait résonner en les frappant, ou en les frottant avec un archet, une cloche, un diapason, on prouve qu'ils vibrent en les touchant légèrement avec une pointe p (*fig.* 192); on entend alors un bruit particulier provenant des chocs de la partie vibrante contre la pointe. On peut encore en approcher une petite balle d'ivoire suspendue à un fil; elle est lancée et retombe alternativement en produisant des chocs très rapprochés. La *fig.* 193 montre comment on dispose l'expérience dans le cas d'une cloche. En touchant le corps avec la main, on arrête le mouvement vibratoire, et le son cesse de se faire entendre.

Quand le corps sonore présente une surface plane, on place cette surface horizontalement, et l'on y jette du sable ; on voit ce sable sauter vivement pendant que le son se produit, et s'arranger suivant certaines lignes de repos, nommées *lignes nodales*, que nous étudierons plus tard. S'il s'agit d'une corde qui résonne, on observe qu'elle paraît renflée vers le milieu, et en la touchant légèrement avec le doigt, on sent une espèce de chatouillement. Quand la corde est courte et fortement tendue,

Fig. 192.

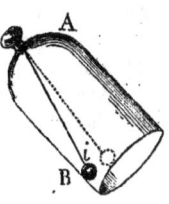

Fig. 193.

on place dessus de petites bandes de papier pliées, ou des anneaux en fil ou en papier, que l'on voit sauter vivement pendant qu'on passe l'archet sur la corde.

Dans les *instruments à vent*, c'est la colonne d'air qu'ils contiennent qui entre en vibration. Pour le prouver, on emploie un tuyau d'orgue en verre (*fig.* 194), que l'on fait résonner au moyen d'un courant d'air. On introduit ensuite dans l'intérieur, une mince membrane, B, tendue sur un cercle de carton, et suspendue horizontalement par des fils. Du sable jeté sur la membrane, saute en produisant un bruit particulier; ce qui prouve que la membrane vibre en obéissant au mouvement vibratoire de l'air qui l'environne. Ces vibrations n'ayant plus lieu quand la membrane est placée au milieu de la longueur du tuyau, on ne peut les attribuer au choc du courant d'air qui le traverse. On reconnaît aussi que les parois des instruments à vent ne vibrent pas d'une manière essentielle, en ce qu'on peut les presser dans les mains, sans étouffer le son.

234. Le son ne se propage pas dans le vide. — Il nous reste à prouver que les corps qui vibrent ne produisent l'impression de son, qu'autant qu'il existe entre l'organe de l'ouïe et le corps sonore, une substance *élastique* non interrompue, substance qui est ordinairement l'air.

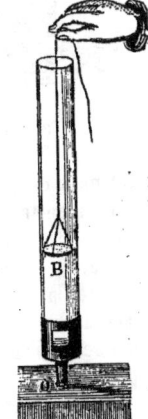

Fig. 194.

On prouve que le son ne se propage pas dans le vide, en plaçant sous le

168   ACOUSTIQUE.

récipient de la machine pneumatique, un système de rouages (*fig.* 195) mus par un ressort, et faisant battre un marteau sur un timbre. Ce système est posé sur un coussin rempli d'une matière non élastique, pour empêcher les vibrations de se transmettre à la machine pneumatique, et de là à l'air extérieur. Après avoir fait le vide dans le récipient, on déplace au moyen d'un crochet *c*, dont la tige *t* traverse une boîte à cuirs, le levier *l* qui retient les rouages; on voit alors le marteau battre vivement sur le timbre, et cependant on n'entend aucun son. Si l'on fait entrer de l'air ou tout autre gaz, on entend un son, d'autant plus distinct que la quantité de gaz introduite est plus grande.

L'expérience se fait aussi au moyen d'un ballon à robinet (*fig.* 196), dans lequel une clochette est suspendue par des filaments de chanvre sans torsion. Quand, après avoir fait le vide, on imprime des secousses au ballon, on n'entend plus le son de la clochette.

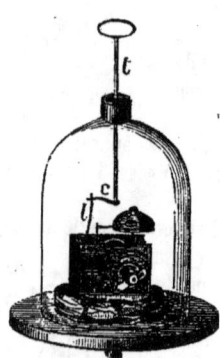

Fig. 195.

Fig. 196.

* 235. Transmission du son par les vapeurs. — Pour prouver que les vapeurs peuvent propager le son, Biot a adapté au robinet *r* du ballon (*fig.* 196), une pièce R, R', dite *robinet à cuvette*. Le corps R' du robinet n'est pas percé de part en part, comme dans les robinets ordinaires, mais il porte seulement une cavité, de manière à intercepter la communication, dans quelque position qu'on le tourne. Après avoir fait le vide dans le ballon, on visse la pièce R, R', on y verse un peu de liquide, et, faisant tourner la clef R', on amène la cavité, tantôt du côté du liquide, tantôt du côté du ballon. On introduit ainsi dans le vide, quelques gouttes de liquide, qui se réduisent aussitôt en vapeur; et alors le son de la clochette devient perceptible.

236. L'air qui transmet un son est en vibration. — Pour reconnaître cet état de l'air, il suffit d'approcher du corps sonore, une membrane tendue convenablement, sur laquelle on a mis du sable : on voit le sable sauter et s'arranger suivant des *lignes nodales*. Il est évident que, si la membrane vibre, elle le doit au mouvement vibratoire qui anime l'air qui l'environne.

Une corde d'un instrument tenu à la main, entre en vibration, et fait entendre un son appréciable, quand on produit à côté un des sons qu'elle est susceptible de produire elle-même, comme on peut le constater aussi au moyen d'un piano dont la pédale est abaissée.

237. Transmission du son à travers les liquides et les solides.
— Les liquides transmettent les sons, et avec une grande énergie. Un plongeur entend sous l'eau les sons produits au dehors ; on entend le son d'une montre à réveil, renfermée sous une cloche remplie d'air et enfoncée sous l'eau.

Les solides élastiques propagent aussi le son : un son produit dans un récipient fermé, en traverse les parois et s'entend au dehors. — Si l'on applique l'oreille à l'extrémité d'une longue poutre, on entend facilement le froissement d'une plume produit à l'autre extrémité.

Les corps non élastiques, comme l'étoupe, les étoffes, les matières très divisées, la sciure de bois, etc., ne transmettent pas les sons. On les nomme *mauvais conducteurs* du son.

II. Mode de propagation du son.

238. Propagation d'un ébranlement dans une colonne indéfinie.
— Nous allons chercher quel est l'état de l'air pendant qu'il transmet un son. Ce que nous dirons s'applique également à tout autre milieu élastique.

Considérons d'abord un cylindre indéfini rempli d'air, à l'origine duquel se trouve une lame ac (*fig.* 197), qui le ferme comme un piston et se déplace d'une quantité infiniment petite aa', pendant un temps τ infiniment petit. Si l'air n'était pas compressible, la colonne qui remplit le tuyau serait déplacée tout d'une pièce, de la quantité aa'. Mais il n'en est pas ainsi ; l'air cède, et est comprimé pendant le temps τ jusqu'à une certaine distance $a'm$, de manière que la tran-

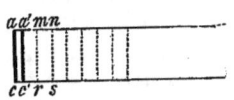

Fig. 197.

che $a'r$ possède un excès d'élasticité φ. Cette tranche réagit alors en vertu de l'excès φ, pour se détendre de part et d'autre. La résistance de la lame $a'c'$ empêche la détente vers la gauche, de manière que la tranche ms, égale à $a'r$, reçoit toute la détente et est comprimée de la quantité φ. Cette seconde tranche réagit de même de chaque côté ; du côté de m, elle ramène au repos les molécules de la première tranche, dont la vitesse acquise tend à leur faire dépasser la position d'équilibre ; et du côté opposé, elle comprime une troisième tranche ; et ainsi de suite, dans toute la longueur de la colonne.

Remarquons que les molécules d'air ne se transportent pas ; elles éprouvent seulement, au moment où passe la compression φ, un rapprochement infiniment petit qui cesse aussitôt. Les choses se passent comme dans une série, bc, de billes égales (*fig.* 198), frappée par la bille a : la bille c s'aplatit sous l'influence du choc, réagit, en vertu de l'élasticité développée, sur la bille suivante, qui réagit à son tour sur celle qui suit, de manière que la compression se propage dans la série, sans qu'il y ait déplacement des billes, si ce n'est de la dernière, b, qui est lancée, parce qu'elle n'est pas appuyée contre une suivante.

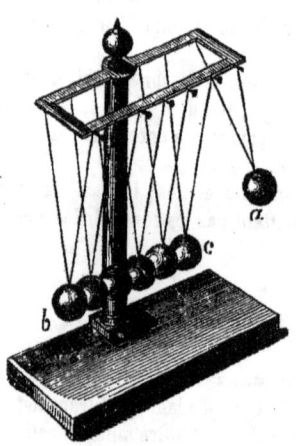

Fig. 198.

Supposons maintenant que la lame ab revienne de $a'c'$ en ac, dans le temps infiniment petit τ, une première tranche d'air infiniment mince sera dilatée au premier instant, en se répandant dans le nouvel espace $c'a$ qui lui est offert, et sa pression p sera diminuée d'une quantité φ. La force élastique de la seconde tranche, dépassant alors de φ la pression $p - \varphi$ de la première, cette seconde tranche se détendra du côté de la première, jusqu'à ce que leurs pressions soient devenues les mêmes, et égales à $p - \frac{1}{2}\varphi$. Mais la vitesse acquise des molécules de la seconde tranche leur fera dépasser la position d'équilibre; elles continueront à s'écarter, de manière à diminuer encore la pression de cette tranche, de $\frac{1}{2}\varphi$, et à augmenter d'autant celle de la première, qui se trouvera ainsi ramenée à sa tension primitive p. La force élastique de la seconde tranche aura diminué en tout, de la quantité φ. La troisième tranche agira de la même manière sur la seconde, en vertu de la différence de tension φ, de sorte que la dilatation φ voyagera dans toute la longueur de la colonne, comme la condensation que nous considérions tout à l'heure.

La grandeur de φ dépend évidemment de l'étendue du déplacement aa' pendant le temps infiniment petit τ, et augmente avec lui.

Euler a trouvé tous ces résultats par le calcul mathématique; a prouvé que les compressions et les dilatations se propagent avec la même vitesse; et que, dans un même milieu, cette vitesse est indépendante du degré de condensation ou de raréfaction.

239. Cas d'une amplitude finie. — Supposons maintenant que la lame vibre avec une amplitude très petite mais finie, aa' (*fig.* 199), en faisant des excursions égales de part et d'autre de la position d'équilibre ll', et de manière que sa vitesse aille en augmentant pendant qu'elle marche de a ou de a' en ll', et en diminuant de ll' en a ou a' ; comme cela a lieu dans les corps qui vibrent par leur élasticité. Soit t le temps, très petit, employé par la lame à accomplir un mouvement de a en a', ou de a' en a. Partageons ce temps t en parties égales infiniment petites τ, pendant lesquelles la lame parcourt des espaces aussi infiniment petits, mais inégaux, et allant en augmentant, avec la vitesse, de a en ll', et en diminuant de ll' en a'. Le premier déplacement infiniment petit accompli pendant le temps τ, produira, sur la tranche infiniment mince d'air qui touche la lame, une compression très faible, qui voyagera dans la colonne indéfinie. Le déplacement infiniment petit suivant étant plus grand que le

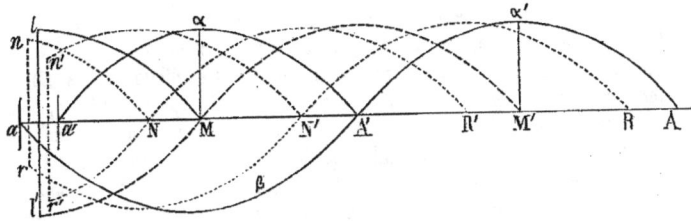

Fig. 199.

premier, produira une condensation un peu plus forte, qui voyagera à la suite de la première avec la même vitesse (238). Le troisième déplacement produira une condensation encore plus grande ; et ainsi de suite, jusqu'au déplacement qui amène la lame en ll', lequel étant le plus grand de tous produira la condensation la plus forte, qui marchera à la suite de toutes les autres.

Si la lame continue son mouvement jusqu'en a', avec une vitesse qui maintenant est décroissante, il y aura une nouvelle série de condensations de plus en plus faibles qui voyageront à la suite de la première série. Si aA' est l'espace parcouru par la première condensation, pendant le temps t, toutes les condensations qui se sont succédé pendant le mouvement de la lame de a en a', seront distribuées dans l'espace $a'A'$. Représentons par des ordonnées, ces condensations au moment où, la lame étant arrivée en a', la première se trouve en A' ; nous formerons une courbe $a'\alpha A'$, dont l'ordonnée maximum $M\alpha$ représentera la condensation produite par la lame lors de son passage par la position ll'.

Supposons maintenant que la lame vibrante revienne sur ses pas ; il se produira une série de dilatations croissantes, pendant le temps $\frac{1}{2}t$, puis décroissantes, jusqu'au moment où la lame arrivera en a. Ces dilatations voyageront à la suite des condensations ; et, quand la lame sera revenue en a, auquel cas la série des condensations sera parvenue à la position A'α'A, ces dilatations seront distribuées dans l'espace aA'. Nous les représenterons par les ordonnées négatives de la courbe aβA'.

L'état de l'air dans la colonne, au moment où la lame vibrante, partie de a, arrive en nr, ll', $n'r'$, a', est indiqué par les courbes nN, lM, n'N', a'A'. Et quand elle retourne sur ses pas, et passe par les mêmes positions, cet état est représenté par les courbes r'NR', l'MM', rN'R, aβA'α'A. Si la lame fait une nouvelle vibration complète de a en a' et de a' en a, une nouvelle série de condensations et de dilatations, distribuées dans un espace égal à aA, cheminera à la suite de la première.

240. Ondes sonores. — On nomme *onde sonore* la série des dilatations et des condensations qui correspondent à une *vibration complète* de la lame, c'est-à-dire à un mouvement de a en a' et de a' en a. L'espace aA, dans lequel sont distribuées ces condensations et dilatations, se nomme *longueur de l'onde* ou *longueur d'ondulation*. La partie dilatée, dans laquelle les molécules d'air éprouvent un léger déplacement vers la lame vibrante, se nomme la demi-onde *dilatée* ou *dilatante*. Et la moitié où il y a condensation, et dans laquelle les molécules sont légèrement poussées par la lame, est la demi-onde *condensée* ou *condensante*; ces ondes se succèdent et se suivent tant que la lame vibre, en marchant d'un mouvement uniforme.

Mesure de la longueur de l'onde. — La longueur de l'onde n'est autre chose que l'espace aA (*fig.* 199) que parcourt le premier ébranlement que l'air reçoit de la lame vibrante, pendant que celle-ci accomplit une vibration *complète*. Cet espace, λ, s'obtient en multipliant l'espace parcouru par le son en une seconde, c'est-à-dire sa vitesse, v, par la durée t d'une vibration; on aura donc $\lambda = vt$, ou $v : n$, en représentant par n le nombre de vibrations par seconde, de sorte que l'on ait $1^s = nt$, ou $t = 1 : n$. Nous verrons plus loin comment on mesure v et n.

241. Mouvement des molécules d'air. — Les molécules du gaz renfermé dans le tube indéfini que nous avons considéré, ne se transportent pas avec l'onde, ce n'est que la modification de pression ou de densité qui marche. On donne une image de ce mode de transmission des ébranlements, en tendant une corde assez longue, que l'on frappe brusquement près de son extrémité; on voit la courbure produite par le choc, voyager jusqu'à l'autre extrémité. On peut encore former une courbure en soulevant et en abaissant brusquement l'une des extrémités de la corde étendue par terre. Les ondulations produites à la surface de l'eau par une pierre qu'on y laisse tomber, montrent aussi la manière dont un mouvement peut se propager sans translation des parties qui en sont le siège; un flotteur monte ou descend, mais ne se transporte pas avec les ondes.

Si les molécules de l'air ne se transportent pas, elles n'en éprouvent pas moins des mouvements rapides, en se rapprochant les unes des autres quand passe une condensation, pour s'écarter ensuite quand vient une dilatation. La période de ces mouvements est la même que celle des vibrations de la lame ; ce qui montre que l'air qui transmet un son, vibre avec la même rapidité que le corps sonore.

242. Propagation du son dans un milieu indéfini. — Considérons maintenant un milieu indéfini dans tous les sens, et supposons d'abord qu'il soit ébranlé par une petite sphère S (*fig.* 100), dont le diamètre augmente et diminue périodiquement avec rapidité, de manière à produire dans la couche élastique qui l'enveloppe, des condensations et des dilatations successives. Ces condensations et ces dilatations se propageront et chemineront les unes à la suite des autres, comme dans une colonne cylindrique ; seulement les tranches dilatées ou condensées seront terminées par des surfaces sphériques, ayant leur centre commun au centre de la sphère vibrante. — Il faut remarquer que la grandeur de ces condensations et dilatations ira en diminuant à mesure qu'elles s'éloigneront du centre *s*, comme l'expriment les courbes *sa*, *sb* de la figure ; parce

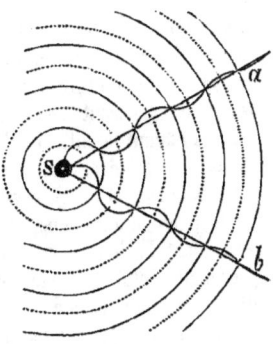

Fig. 200.

que les tranches ébranlées vont en augmentant d'étendue et par conséquent de masse.

On nomme *rayon sonore* toute direction suivant laquelle le son se propage.

Coexistence des vibrations. — S'il y a plusieurs centres d'ébranlement, appartenant à un même corps ou à des corps différents, chacun de ces points sera le centre d'une série d'ondes concentriques, et ces séries se croiseront sans se modifier. Ce résultat est une conséquence du *principe de la coexistence des petites oscillations*, dû à D. Bernouilli. C'est ainsi que les différents sons d'un orchestre arrivent à l'oreille sans se modifier ; que les ondes formées à la surface de l'eau par différents centres d'ébranlement, se croisent en conservant leur régularité.

III. Mesure directe de la vitesse du son.

243. La vitesse est la même pour tous les sons. — Le son ne se transmet pas instantanément. Cela résulte des développements qui précèdent et l'observation le vérifie chaque jour ; par exemple, on n'entend l'explosion d'une arme à feu tirée au loin, que quelque temps après avoir aperçu la flamme et la fumée. — On nomme *vitesse du son* l'espace qu'il parcourt en une seconde.

L'expérience montre que la vitesse du son, dans un même milieu, est la même pour tous les sons musicaux, graves ou aigus. Ainsi, l'on reconnaît qu'un air de musique n'est pas altéré, quand on l'entend d'une grande distance ; ce qui ne manquerait pas d'avoir lieu, si les différents sons qui le composent ne parvenaient pas à l'oreille dans le même temps. Biot, ayant fait jouer des airs de flûte, à l'extrémité d'un tuyau de 951^m, dépendant des aqueducs de Paris, les airs, entendus à l'autre extrémité, n'étaient pas altérés.

244. Mesure de la vitesse du son dans l'air. — Les premières expériences exactes qu'on ait faites pour mesurer la vitesse du son dans l'air, sont celles de l'Académie des Sciences de Paris, en 1768. Des observateurs se placèrent pendant la nuit, à différentes stations, dont les extrêmes étaient la butte de Montmartre et celle de Montlhéry, distantes de 2900^m. Des pièces de canon, placées sur ces deux hauteurs, tiraient alternativement, et les observateurs placés à la station opposée, mesuraient, avec un pendule à seconde, le temps qui s'écoulait entre le moment où ils apercevaient la lueur, et celui où ils entendaient l'explosion. Ce temps représentait celui que mettait le son à franchir la distance des deux stations ; car la vitesse de la lumière est tellement grande (environ 77000 lieues par seconde), que le temps qu'elle met à franchir cette distance est tout à fait insensible. En divisant l'espace parcouru par le son, par le nombre de secondes observé, nombre qui fut en moyenne de $84^s,6$, on obtint l'espace parcouru pendant une seconde, c'est-à-dire la vitesse. Les observations faites dans les stations intermédiaires démontrèrent que la vitesse du son est uniforme. — La précaution que l'on avait prise, d'observer des coups réciproques, était destinée à faire disparaître l'influence du vent, en prenant la moyenne entre les résultats obtenus aux deux stations.

Depuis ces mémorables expériences, on en a fait beaucoup d'autres dans divers pays, parmi lesquelles les plus remarquables sont celles des membres du bureau des longitudes de Paris. Les stations extrêmes étaient les buttes de Montlhéry et de Villejuif, distantes de $18,613^m$. Le temps était mesuré au moyen de chronomètres à arrêt pouvant donner au moins les dixièmes de seconde.

Dans ces dernières expériences la vitesse du son fut trouvée de $340^m,88$ par seconde, à la température de 16°. A 0° la vitesse serait 331^m, et, à 10°, 337^m ; c'est ce dernier nombre que l'on cite ordinairement.

* **245. Formule de Newton.** — Newton, et divers géomètres, en analysant l'état des gaz pendant la propagation du son, sont arrivés à représenter la vitesse v de transmission par la formule

$$v = \sqrt{\frac{gh\Delta}{d}}, \quad \text{ou} \quad v = \sqrt{\frac{e}{d}} \qquad [1]$$

g représente l'intensité de la pesanteur, h la hauteur du baromètre, d la densité du gaz, et Δ celle du mercure à 0°. La vitesse est donc proportionnelle à la racine carrée du rapport entre l'élasticité, et la densité ; car $gh\Delta$ n'est autre chose que l'élasticité e du gaz.

Représentons par D le poids spécifique du gaz à 0°, sous la pression $0^m,76$, et par a la quantité 0,00367, dont augmente l'unité de volume de ce gaz pour un degré de température, nous aurons

$$d = \frac{D}{1+at} \cdot \frac{h}{0,76}, \text{ et la formule deviendra } v = \sqrt{\frac{g \cdot \Delta \cdot 0,76}{D}(1+at)}.$$

On voit que la vitesse du son est indépendante de la pression h du gaz ; qu'elle est d'autant plus grande que la densité propre du gaz est plus petite, et qu'elle *croît* avec la température.

Appliquons la formule, à la vitesse du son dans l'air. Nous avons alors $D = 0,0013$, $g = 9^m,8088$, $\Delta = 13,59$, et il vient $v = 279^m,331\sqrt{1+at}$; et à 0°, $v = 279^m,331$. Ce nombre est inférieur d'environ $\frac{1}{6}$ à celui que donne l'expérience. Laplace a trouvé la cause du désaccord, dans la chaleur qui se dégage, comme nous le verrons, pendant la compression des gaz, et dans le refroidissement qui a lieu quand, au contraire, ces gaz augmentent de volume par leur force expansive. Or, la chaleur augmentant l'élasticité d'une tranche condensée sans en changer la densité, elle doit aussi augmenter la rapidité avec laquelle a lieu la réaction sur la tranche suivante. Quand, au contraire, une tranche dilatée est refroidie, son élasticité est par là diminuée ; c'est comme si l'élasticité de la tranche voisine était augmentée, et la rapidité avec laquelle cette dernière se détendra sur la tranche dilatée sera plus grande, et la propagation de la dilatation, plus rapide.

En partant de ces considérations, Biot et Poisson ont montré que, pour tenir compte des changements de température, la formule doit s'écrire

$$[3] \qquad v = \sqrt{\frac{gh\Delta}{d}(1+\tau)(1+at)},$$

τ représentant l'élévation de température d'une masse d'air, quand on réduit son volume dans le rapport de $1+at$ à 1. Des expériences directes ont donné $\tau = 0°,42$; en portant cette valeur dans la formule, on en tire $v = 333^m\sqrt{1+at}$, résultat sensiblement égal à celui que donne l'expérience.

* 246. Vitesse du son dans l'eau. — Les premières expériences sur ce sujet sont dues à Beudant, qui trouva, à Marseille, que le son parcourait dans l'eau de mer 1500^m par seconde.

En 1827, MM. Colladon et Sturm ont mesuré la vitesse du son dans l'eau douce. L'appareil était installé sur le lac de Genève, dans un bateau auquel était suspendue une cloche (*fig.* 101) plongeant complètement dans l'eau. L'instant où le marteau m venait frapper la cloche était indiqué à un observateur éloigné, par l'inflammation d'un petit tas de poudre p, sur lequel une lance à feu, f, était portée instantanément par le mouvement imprimé au manche du marteau. L'observateur, placé sur un autre bateau, solidement amarré à une distance de 13487^m de la cloche, percevait le son

Fig. 201.

Fig. 202.

transmis, au moyen d'une caisse en tôle mince oc (*fig.* 202) remplie d'air, présentant une surface plane c du côté d'où venait le son, et dont l'extrémité o était engagée dans le conduit de l'oreille. Le temps écoulé entre l'apparition de la flamme et l'arrivée du son, fut en moyenne de 9^s, 4; d'où l'on conclut que la vitesse du son dans l'eau est de 1435^m, ou environ 4 fois et demi la vitesse dans l'air.

Laplace a représenté la vitesse du son dans les liquides, par la formule $v = \sqrt{\frac{g}{l}}$, dans laquelle l représente le raccourcissement d'une colonne du liquide ayant pour longueur l'unité, quand on la comprime avec une force égale à son propre poids. Cette formule, qui convient aussi à la vitesse du son dans les corps solides, donne, pour l'eau, le même résultat que l'expérience; ce qui montre que la compression des liquides ne dégage pas de chaleur sensible.

Nous verrons plus loin des moyens indirects de déterminer la vitesse du son dans les divers gaz, les liquides et les solides.

IV. Réflexion du son. — Écho.

247. — Définitions. — Quand un ébranlement transmis par un milieu élastique, arrive à la surface qui le sépare d'un second milieu de densité et d'élasticité différentes, cet ébranlement en produit deux autres, l'un qui passe outre et se propage au-delà de la surface de séparation, et l'autre qui revient du même côté de cette surface. Ce dernier mouvement constitue le phénomène de la *réflexion* du son, quand il s'agit de vibrations sonores.

On nomme *rayon incident* tout rayon sonore SR (*fig.* 103), avant sa rencontre avec la surface de séparation des deux milieux, et *rayon réfléchi* tout rayon, tel que Ra, parti, après réflexion, d'un point de cette surface. L'*angle d'incidence* est l'angle que fait le rayon incident avec la normale à la surface de séparation; et l'*angle de réflexion*, celui que fait le rayon réfléchi avec cette même normale.

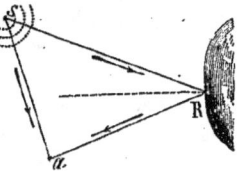

Fig. 203.

248. Lois de la réflexion. — 1° *L'angle d'incidence est égal à l'angle de réflexion*; 2° *le rayon sonore incident et le rayon réfléchi sont dans un même plan avec la normale à la surface réfléchissante.* Ces lois peuvent être prouvées indirectement par l'expérience, en en vérifiant les conséquences. Or, il résulte de ces lois que, si l'on produit un son à l'un des foyers *f* (*fig.* 204) d'un *ellipsoïde de révolution*, tous les rayons sonores *fa*, *fc*, *fe*, après s'être réfléchis sur sa surface, iront se croiser à l'autre foyer *f'*, où le son sera plus intense que partout ailleurs.

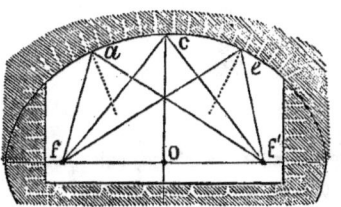

Fig. 204.

Il existe des salles dont la voûte présente ainsi la forme d'un ellipsoïde; si l'on parle très-bas à l'un des foyers *f*, un observateur placé à l'autre foyer *f'* entend les paroles prononcées, tandis qu'une personne placée tout près de celle qui parle ne peut rien entendre. — Nous citerons, comme exemple, une des salles du Musée des Antiques, au Louvre.

Si nous considérons la surface concave d'un paraboloïde de révolution, il résulte des propriétés de la parabole, que tous les rayons sonores arrivant parallèlement à son axe, devront, après la réflexion, se croiser au foyer; et, réciproquement, les rayons sonores partis du foyer, devront, après s'être réfléchis, marcher parallèlement à l'axe. Ces deux résultats se vérifient par l'expérience : on place deux miroirs paraboliques m, m' (*fig.* 205) en face l'un de l'autre, à une distance de 5 ou 6 mètres, et l'on place au foyer s de l'un d'eux, une montre dont le mouvement produit un faible bruit ; les rayons sonores partis de s, se réfléchissent sur le miroir m, marchent ensuite parallèlement à l'axe commun des deux miroirs, se réfléchissent sur le second, m', et viennent se croiser à son foyer o. Là, le son est plus intense que partout ailleurs, et, en y plaçant l'oreille, on entend distinctement le battement de la montre, tandis que, en dehors du foyer, on ne peut rien entendre.

249. Echo. — On appelle *écho* la répétition d'un son, réfléchi par un obstacle assez éloigné pour que le son réfléchi ne se confonde pas avec le son entendu directement.

Soit a (*fig.* 203) la position de l'observateur, et s le point où se produit un son de courte durée. Ce son arrivera directement en a, après un nombre

Fig. 205.

de secondes $t = \frac{1}{337} sa$, puisque le son parcourt 337^m par seconde ; tandis que le son réfléchi contre l'obstacle R, ayant à parcourir l'espace $sR + Ra$, n'arrivera qu'après un temps $T = \frac{1}{337}(sR + Ra)$. Si la différence $T - t$ est assez grande pour que le commencement du son réfléchi arrive après la cessation du son direct, l'observateur distinguera deux sons séparés, et il y aura *écho*. Le plus souvent, les points s et a se confondent, et l'observateur émet lui-même le son. Il suffit alors que l'obstacle soit à une distance de 18^m, pour que le son réfléchi soit distinct du son émis, quand celui-ci est très bref.

Il y a des *échos multiples*, c'est-à-dire qui répètent plusieurs fois le même son. Il faut qu'il y ait alors deux obstacles au moins, sur lesquels le son se réfléchisse. Les sons qui arrivent les derniers sont les plus faibles, puisqu'ils ont parcouru un plus long chemin, et que l'intensité du son diminue avec la distance parcourue.

On remarque que les échos s'entendent surtout le soir ou pendant la nuit, et quand l'air est calme ; c'est que les sons s'entendent alors de plus loin, comme nous le verrons (262) ; et l'on peut retrouver l'écho pendant le jour, au moyen de sons très intenses.

250. Résonnance. — Quand un son réfléchi empiète sur le son direct, comme cela a lieu lorsque l'obstacle est peu éloigné, il y a *résonnance* ; le son direct est renforcé par sa coïncidence partielle avec le son réfléchi, mais il devient confus, par la prolongation qu'y apporte ce dernier. Ce phénomène se remarque dans les grands édifices, les églises. Dans une chambre, les sons, réfléchis par les parois, arrivent à l'oreille presque en même temps que les sons directs, qui se trouvent renforcés tout en conservant leur netteté. C'est pour cela que la voix s'entend mieux dans une chambre qu'en plein air. Les corps mous, les draperies, rendent un espace *sourd* ; parce que la réflexion ne se fait pas sur ces sortes de corps. Ils agissent sur le son, comme sur la lumière les surfaces noires, qui rendent sombre l'intérieur d'une chambre.

§ 2. — DES QUALITÉS DU SON.

251. On distingue dans un son trois qualités : la *hauteur* ou *ton*, l'*intensité* et le *timbre*.

I. Du ton ou hauteur du son.

252. La *hauteur* est ce qui fait dire qu'un son est *grave* ou *aigu* ; cette qualité dépend de la rapidité du mouvement vibratoire ; les sons *graves* correspondent aux vibrations les plus lentes, et les sons *aigus*, aux plus rapides. Pour établir ce fait, il faut savoir compter les vibrations produites pendant une seconde par un son donné, malgré leur grande rapidité.

Le P. Mersenne[1], auquel on doit les premières expériences sur ce sujet, a eu recours aux cordes vibrantes, en s'appuyant sur cette loi, que *les nombres de vibrations accomplies, pendant le même temps, par une même corde toujours également tendue, sont en raison inverse de sa longueur*. On

---

[1] Mersenne (Marin), né au bourg d'Oizé (Maine), en 1588 ; étudia au collège du Mans, puis à Laflèche, où il devint l'ami de Descartes. Il renonça aux espérances de la fortune pour entrer dans l'ordre des Minimes (1611), professa la philosophie au couvent de Nevers, et défendit Descartes contre ses persécuteurs. Le P. Mersenne voyagea beaucoup en Europe ; d'un caractère doux et conciliant, il rendit de grands services à la science en servant d'intermédiaire entre les savants, pour l'échange de leurs idées. Il a beaucoup écrit sur la physique et la mécanique ; son principal ouvrage est l'*Harmonie universelle*, recueil d'observations, principalement sur l'acoustique. Il eut l'idée du *télescope de réflexion* avant Newton et Gregori. Il mourut à Paris, en 1648, de l'opération mal faite d'un abcès au côté.

tend donc, au moyen d'un poids, une corde assez longue pour que ses vibrations puissent se compter directement ; on raccourcit ensuite la partie vibrante, tout en lui conservant la même tension, de manière qu'elle produise le son dont on veut avoir le nombre de vibrations. L et l étant les longueurs successives de la partie vibrante de la corde, n le nombre de vibrations qu'elle accomplit, en une seconde, quand sa longueur est L, et x ce nombre, quand la longueur est l. On a, pour déterminer x, la proportion $l : L = n : x$.

Chladni s'est appuyé sur la loi suivante : *le nombre des vibrations d'une verge élastique fixée par l'une de ses extrémités, est en raison inverse du carré de sa longueur.* Si donc on pince dans un étau une verge prismatique ayant une longueur L assez grande pour qu'on puisse en compter le nombre n d'oscillations en 1^s ; puis, qu'on lui donne une longueur, l, telle qu'elle produise le son dont on veut connaître le nombre de vibrations x, on aura $l^2 : L^2 = n : x$. Ce moyen, comme le précédent, a le défaut de s'appuyer sur une loi mathématique que l'expérience ne vérifie pas exactement. Les méthodes qui suivent donnent directement le nombre des vibrations.

253. Sirène acoustique. — Cet instrument ingénieux, inventé, en 1819, par Cagnard de Latour [1], est représenté (*fig.* 206) par sa partie antérieure, et (*fig.* 207) par sa partie postérieure. La sirène se compose d'un tambour T, dans lequel on fait arriver un courant d'air par le tube t, et qui est fermé à sa partie supérieure par une plaque garnie d'orifices équidistants arrangés circulairement. Ces orifices sont percés obliquement, de manière que leur axe soit perpendiculaire au rayon de la base du tambour, comme on le voit dans la coupe o (*fig.* 207), qui passe par un de ces orifices. Un plateau circulaire cc, très mobile autour de l'axe a, est placé le plus près possible de la plaque, sans cependant la toucher. Il est aussi percé d'orifices, en même nombre que ceux de la plaque, et disposés de la même manière, si ce n'est qu'ils sont inclinés en sens opposé, comme on le voit en o.

L'axe a fait mouvoir un compteur destiné à évaluer le nombre de tours qu'il fait pendant un temps donné. Pour cela, une vis sans fin adaptée à cet axe agit sur une roue dentée r, de manière à la faire avancer d'une dent à chacun de ses tours. L'axe de cette roue porte une aiguille (*fig.* 206), qui parcourt un cadran divisé en autant de parties égales que la roue porte de dents. Les tours de cette roue sont comptés par une seconde roue dentée s (*fig.* 207), ayant aussi son aiguille et son cadran, et qu'elle fait avancer

---

[1] Cagnard de Latour, physicien, né à Paris en 1777, passa de l'école polytechnique à celle des ingénieurs géographes, puis se consacra entièrement à la science, dont il fit d'ingénieuses applications. On lui doit de nombreuses recherches sur l'acoustique, sur la voix humaine. Il entra à l'Institut en 1851, et mourut à Paris en 1859.

d'une dent à chaque tour, au moyen d'un crochet adapté à son axe. Tout le système du compteur est porté par la plaque bb (*fig.* 206), qui peut se déplacer dans le sens horizontal, de manière qu'on puisse engager les dents de la roue r (*fig.* 207) dans le filet de la vis sans fin, ou les en séparer, à volonté.

Si l'on place la sirène sur une soufflerie, et qu'on pousse le vent par le tube t, l'air s'échappe par les orifices o (*fig.* 207), frappe obliquement ceux du plateau cc, quand ils se trouvent en face des premiers, et fait tourner ce plateau. Le mouvement s'accélère ; et bientôt il se produit un son musical, qui monte à mesure que la vitesse de rotation augmente. — Pour nous rendre

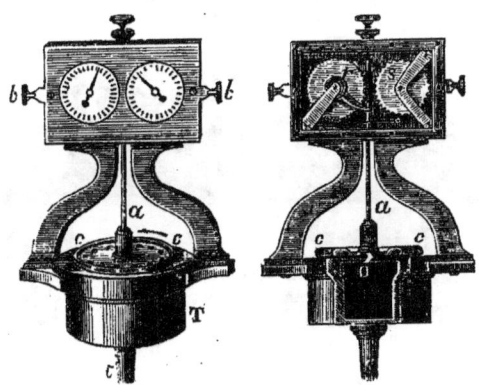

Fig. 206.   Fig. 207.

compte de ce résultat, remarquons que l'air s'échappe du tambour quand ses orifices se trouvent en face de ceux du plateau, et qu'il est intercepté dans le cas contraire ; il y a donc, pendant le mouvement, une sortie intermittente de l'air, ou une série de pulsations ou condensations qui engendrent un son.

Cela posé, pour connaître le nombre de vibrations d'un son donné, on poussera le vent jusqu'à ce que la sirène donne ce même son, et en retenant plus ou moins le soufflet, on fera en sorte de conserver au plateau une vitesse constante. Quand on aura obtenu ce résultat, on pressera l'un des boutons b (*fig.* 206), de manière à engager les dents de la roue r (*fig.* 207) dans le filet de la vis sans fin, et au même moment on fera partir la détente d'un bon chronomètre. Au bout d'un certain temps, on poussera l'autre bouton b (*fig.* 206) de manière à séparer la roue r (*fig.* 207), de la vis sans fin, et en même temps on arrêtera le chronomètre. Il restera alors à compter le nombre de pulsations produites dans l'air pendant la durée de l'expérience. Supposons que le plateau porte 25 trous, et que l'aiguille du premier cadran ait marché de 15 divisions au-delà du point de départ, et celle du second, de 30 divisions, l'aiguille du premier cadran aura fait 30 tours, plus 15 divisions, et, en supposant que ce cadran porte 100 divisions, le plateau tournant aura fait $30 \times 100 + 15$ tours. Enfin, comme il y a 25 pulsations par tour, il y en aura eu $(30 \times 100 + 15)\,25$ ou 75375. En divisant ce résultat par le nombre de secondes écoulées, on aura le nombre de vibrations pendant une seconde. Remarquons que chaque pulsation correspond à une vibration double d'un corps vibrant ordinaire.

La sirène peut donner des sons quand elle est plongée dans l'eau et qu'elle est traversée par un courant du même liquide; c'est de là que lui

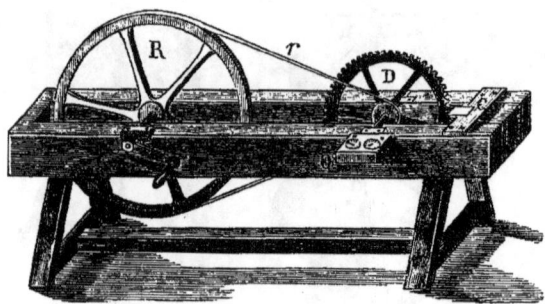

Fig. 208.

est venu son nom. Le son produit est le même, sauf le timbre, que lorsqu'elle marche dans l'air ou dans tout autre gaz; ce qui prouve bien que la hauteur du son ne dépend que du nombre de vibrations.

On reproche à la sirène divers défauts : l'aiguille ne donne pas les fractions de tours du plateau, et il est presque impossible de ménager le vent de manière à conserver un son bien égal pendant toute la durée de l'expérience.

254. Roues dentées. — Savart a employé, pour compter les nombres de vibrations, une roue dentée D (*fig.* 208), que l'on fait tourner aussi régulièrement que possible, au moyen d'une roue R et d'une courroie sans fin r. On présente aux dents de la roue D le bord d'une carte c, qui, dérangée de sa position d'équilibre par le choc des dents, revient vers cette position dans l'intervalle de leur passage, et fait ainsi des vibrations en nombre égal au nombre des dents multiplié par le nombre de tours de la roue D. Ce nombre de tours est donné par un compteur O disposé comme celui de la sirène. Les roues dentées présentent, dans la pratique, les mêmes inconvénients que ce dernier instrument.

255. Méthode graphique. — Dans cette méthode, la plus exacte de toutes, le corps vibrant trace lui-même ses vibrations, de manière qu'il n'y a plus qu'à compter les traits. Le corps vibrant est ordinairement une verge élastique serrée dans un étau, à l'extrémité libre de laquelle on fixe une fine pointe. Après avoir réglé la longueur de la verge de manière qu'elle donne le son voulu, on la fait résonner avec un archet, et l'on approche de la pointe une surface garnie de noir de fumée, et que l'on fait mouvoir. La pointe marque, à chaque demi-vibration, un trait oblique sur le noir de fumée ; et il ne reste plus qu'à compter les traits formés pendant le temps de l'expérience.

Vibroscope. — On a imaginé, pour appliquer cette méthode, divers instruments nommés *vibroscopes*. Dans celui de la *fig.* 209 un cylindre c enduit de noir de fumée, peut tourner autour d'un axe dont la partie supérieure v est filetée et passe dans un écrou soutenu par le pied de l'instrument. L'appareil est équilibré par le poids P, et le cylindre c

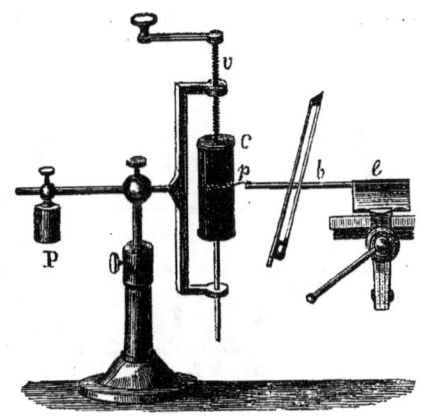

Fig. 209.

peut prendre différentes positions, pour la facilité des expériences. La verge vibrante b, munie de sa pointe p, est pincée en e par un étau. Pendant qu'elle vibre, on fait tourner le cylindre, et la pointe p trace sur le noir de fumée une ligne en forme d'hélice, composée de zigzags très fins. Si l'on a mis le cylindre en mouvement à un instant précis, et pendant un temps mesuré par un chronomètre, il n'y aura plus qu'à compter avec soin les traits en zigzag, pour connaître le nombre de vibrations simples accomplies pendant ce temps.

Wertheim a imaginé de placer, au-dessous de la verge b, un diapason à fourchette, dont le nombre de vibrations par seconde, N, a été déterminé une fois pour toutes, et qui trace une ligne de zigzags parallèle à celle que trace la verge b. On compte ensuite les nombres n, n' de traits marqués, entre deux arêtes du cylindre, par la verge b et par le diapason, et l'on connaît ainsi le rapport $n : n'$ des nombres de vibrations accomplies pendant le même temps par les deux instruments. Le nombre absolu de vibrations de la verge b par seconde, sera alors $N\frac{n}{n'}$. On pourra ainsi connaître ce nombre, sans faire usage de chronomètre.

★ **256. Phonautographe.** — Dans les appareils que nous venons de décrire, il faut prendre l'unisson d'un son, pour en obtenir le nombre de vibrations. Le *phonautographe* de M. L. Scott enregistre les vibrations de l'air telles qu'elles ont été excitées par la cause qui a produit le son. Cet appareil, construit par M. R. Kœnig, consiste en une membrane très délicate n (*fig.* 210) tendue sur un anneau, et dont on fait varier la tension au moyen d'un autre anneau engagé dans le premier, et qu'on enfonce

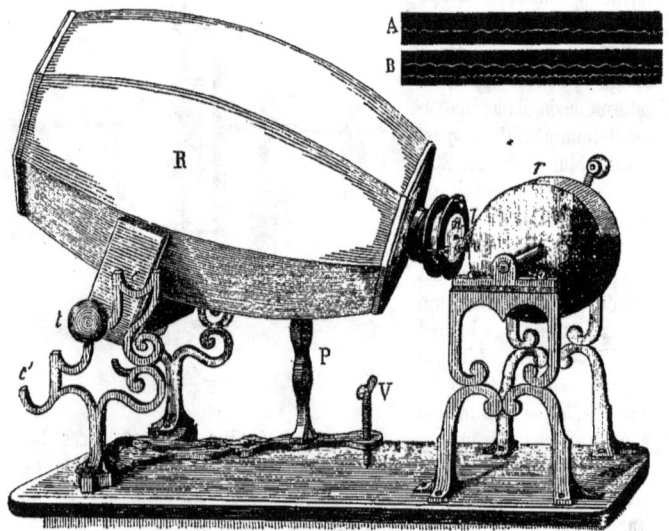

Fig. 210.

plus ou moins, au moyen de vis. Un style très léger, formé d'une soie de porc ou de l'extrémité d'une barbe de plume, est implanté dans un petit cylindre de moelle de sureau collé vers le milieu de la membrane. Pour empêcher qu'une ligne nodale ne passe par le style, on presse la membrane au point où l'on veut en faire passer une, au moyen d'une vis v, appartenant à une règle à languette l portée par le système d'anneaux qui soutiennent la membrane. Ce système est adapté à un gros tube un peu coudé, tournant dans l'ouverture d'un vase, ou *cuve*, R, destiné à renforcer les sons produits à son ouverture, et dont la forme varie suivant la nature des sons à étudier. Tout l'appareil peut être soulevé plus ou moins en faisant reposer les tourillons t de la cuve R sur les divers degrés du support cc', ou en soulevant plus ou moins le support P au moyen de la vis V.

La pointe du style effleure la surface d'un cylindre r, dont l'arbre porte un pas de vis, qui le fait avancer, comme dans le vibroscope (255), et sur lequel on applique une feuille de papier recouverte de noir de fumée au moyen d'une lampe remplie d'huile à brûler mêlée d'un tiers d'huile de résine. Cet enduit, extrêmement léger, est balayé avec la plus grande facilité par le style, qui dessine les vibrations qu'il reçoit de la membrane, pendant qu'on fait tourner le cylindre r. On voit en A et B quelques dessins ainsi obtenus. — Comme la membrane peut vibrer sous l'influence de plusieurs sons simultanés, on peut reconnaître, dans certains cas, par la forme des sinuosités, la trace de sons mélangés au son principal. L'emploi d'un diapason connu, écrivant simultanément ses vibrations, permet d'arriver simplement à l'évaluation du nombre de vibrations sans l'emploi d'un chronomètre.

Pour conserver les zigzags écrits sur le noir de fumée, M. L. Scott le fixe en trempant le papier dans l'alcool, le laissant sécher, puis l'enduisant d'eau albumineuse, ou d'une dissolution de sandaraque dans l'alcool.

257. Résultats. — Au moyen des diverses méthodes que nous venons de décrire, on est arrivé aux résultats suivants :

1° Plus un son est aigu, plus les vibrations qui le produisent sont rapides.

2° Deux sons à l'*unisson* sont produits par le même nombre de vibrations, quelle que soit leur origine, leur timbre et leur intensité.

3° Quand un son est à l'*octave* aiguë d'un autre son, il est produit par un nombre double de vibrations.

4° La hauteur d'un son restant constante quand l'amplitude varie, pourvu qu'elle soit très petite, on en conclut qu'alors les vibrations sont isochrones. La méthode graphique peut servir à mettre ce principe en évidence ; car, si la surface sur laquelle le corps trace ses vibrations se meut uniformément, les traits sont tous également espacés.

258. Limites des sons perceptibles. — Les vibrations trop lentes ou trop rapides ne produisent pas la sensation de son. Depuis Sauveur, on admet que le son le plus grave que l'oreille puisse percevoir correspond à 32 vibrations simples par seconde. Après avoir confirmé ce résultat, Despretz a cherché la limite des sons les plus aigus, et il est parvenu à produire et à apprécier des sons de 73,700 vibrations simples. Pour compter des vibrations aussi rapides, il prenait pour point de départ un diapason donnant un nombre modéré de vibrations, évalué par les méthodes ordinaires, et d'autres diapasons montés sur des caisses renforçantes et donnant l'*octave* aiguë les uns des autres. L'oreille appréciant facilement l'intervalle d'octave, il pouvait calculer les nombres de vibrations des diapasons les plus aigus, un son à l'octave d'un autre étant produit par un nombre double de vibrations (257). — Il est probable qu'on pourrait entendre des sons encore plus aigus, si la très grande rapidité du mouvement vibratoire ne s'opposait à ce que l'amplitude soit assez grande pour produire dans l'air des ébranlements capables d'agir sur l'oreille.

II. Intensité et timbre.

259. L'intensité d'un son dépend d'abord de l'*amplitude* des vibrations du corps sonore. On le reconnaît en faisant fortement vibrer ce corps, et l'abandonnant ensuite à lui-même; on entend le son s'affaiblir à mesure que l'amplitude des vibrations diminue. — On prouve par le calcul, que l'*intensité est proportionnelle au carré de l'amplitude*, toutes circonstances égales d'ailleurs.

L'étendue de la surface du corps vibrant a aussi une grande influence sur l'intensité. Ainsi, une corde vibrante ne produit qu'un son faible, parce qu'elle frappe l'air par une surface très étroite. Une cloche, au contraire, se fait entendre très loin. Si un instrument à cordes produit des sons assez intenses, cela tient à la communication du mouvement vibratoire des cordes, à la caisse, qui agit ensuite sur l'air par une grande surface. C'est par une cause semblable que le son d'un diapason à fourchette est renforcé quand on appuie son pied sur une table, à laquelle il communique ses vibrations.

260. Influence du milieu. — Toutes circonstances égales d'ailleurs, l'intensité du son augmente avec la densité du milieu dans lequel il est produit. Par exemple, on remarque que le son produit sous le récipient de la *fig.* 195, s'entend d'autant moins que l'air a été plus raréfié. Si l'air est comprimé, au contraire, le son s'entend plus fortement. Sur les hautes montagnes, où l'air est peu dense, le bruit d'une arme à feu mérite à peine le nom d'explosion. Dans l'eau, les sons s'entendent beaucoup plus loin, à égalité d'amplitude, que dans l'air; comme l'a constaté Colladon sur le lac de Genève. Franklin entendait à plus de 600 mètres, le bruit de deux cailloux frappés sous l'eau l'un contre l'autre.

261. Variation de l'intensité avec la distance. — *L'intensité du son perçu varie en raison inverse du carré de la distance à laquelle on le perçoit*. Par exemple, si l'on produit, en deux points éloignés, deux sons d'intensité 1 et 4, il faudra, pour les entendre également, se placer sur la ligne droite qui les joint, de manière à être deux fois plus éloigné de celui d'où part le son le plus intense.

On se rend compte de cette loi, en remarquant qu'un ébranlement se transmettant à des tranches d'air infiniment minces de forme sphérique, l'intensité doit être en raison inverse des masses ou des volumes de ces tranches. Or, à égalité d'épaisseur, les volumes des tranches sont proportionnels à leurs surfaces, ou au carré du rayon ; l'intensité est donc en raison inverse du carré de ce rayon, ou de la distance au corps sonore. — Il résulte de là que, dans un tube, dans lequel toutes les tranches sont égales, l'intensité du son ne doit pas varier avec la distance. C'est, en effet, ce qui a lieu, ainsi que Biot l'a constaté dans les tuyaux des aqueducs de Paris. Les sons les plus faibles, comme ceux que l'on émet en parlant très bas à l'oreille de quelqu'un, parvenaient à 951^m de distance sans perdre sensiblement de leur intensité.

262. Influence du vent. — Le vent a une influence bien connue sur l'intensité du son reçu au loin ; il l'augmente dans le sens où il souffle et l'affaiblit, dans le sens contraire. Mais, ce qui est moins connu, c'est que l'intensité est la plus grande dans une direction perpendiculaire à celle du vent. C'est du reste quand l'air est calme que le son se propage le plus loin.

C'est par la tranquillité de l'air pendant la nuit que s'explique l'intensité nocturne du son. Pendant le jour l'air est agité et composé de parties différemment échauffées qui se mêlent imparfaitement ; un rayon sonore, à chaque passage d'une masse d'air dans une autre de densité différente, éprouve une réflexion partielle, de manière que la partie qui passe outre a perdu de son intensité.

263. Du timbre du son. — Le *timbre* du son est une qualité qui nous fait distinguer l'un de l'autre deux sons de même hauteur et de même

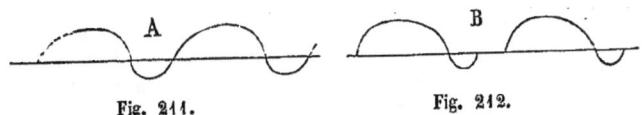

Fig. 211.   Fig. 212.

intensité. C'est ainsi que nous ne confondons pas les sons d'une flûte avec ceux d'un violon ou d'un cor.

Le *timbre* dépend de plusieurs conditions du mouvement vibratoire, qui peuvent exister séparément ou simultanément. Dans les instruments de musique, le timbre est dû le plus souvent à des sons faibles qui accompagnent le son principal, et proviennent ordinairement de la transmission des vibrations aux diverses parties de l'instrument. C'est ainsi que le timbre d'un violon, d'une basse, dépend, à un haut degré, de la matière avec laquelle est construite la caisse, de sa forme et des ouvertures qui y sont pratiquées.

D'autres fois, le timbre est dû à la manière dont varie la vitesse des parties vibrantes pendant qu'elles parcourent l'amplitude de chaque vibration. Les courbes qui représentent les ondes sonores peuvent être de forme variable, et l'onde dilatante peut être différente de l'onde condensante, comme en A (*fig.* 211); il peut aussi se faire qu'il y ait des interruptions entre les ondes successives, comme en B (*fig.* 212). L'impression produite sur l'oreille dépend évidemment de ces circonstances. On peut les réaliser par divers moyens : dans les roues dentées (*fig.* 208), la carte est abaissée avec la vitesse de la dent qui l'attaque, mais elle se relève avec une vitesse différente, dépendant de son élasticité ; et les ondes condensantes et dilatantes n'étant pas identiques, le timbre dépend de la nature du corps frappé par les dents. — Au moyen d'une sirène dont on peut changer le plateau mobile, on reconnaît que le timbre du son produit dépend de la différence entre les grandeurs des trous et de l'espace qui les sépare. Plus cette différence est petite, plus le timbre est doux.

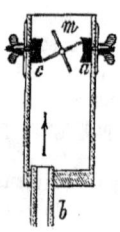

Fig. 213.

Cagnard de Latour a disposé dans un tube mb (*fig.* 213), un moulinet à quatre ailes m, que l'on fait tourner, en soufflant par l'ouverture b. Les ailes du moulinet ferment le passage à l'air pendant un temps qui dépend de l'épaisseur des pièces a et c. Si ce temps est très court, le son est déchirant et désagréable ; si l'on remplace les pièces a, c par d'autres plus épaisses, le son perd de sa rudesse et acquiert un timbre plus doux.

§ 3. — THÉORIE PHYSICO-MUSICALE.

264. Intervalle-accord. — Non seulement notre oreille apprécie le degré d'acuité et de gravité des sons, et sait distinguer, de deux sons quel est le plus grave, mais encore elle a le sentiment du rapport des nombres de vibrations qui leur correspondent ; elle est agréablement impressionnée par les sons voisins dont les nombres de vibrations sont dans des rapports simples, de manière qu'elle puisse en comparer facilement les effets, et éprouve une impression pénible quand le rapport est compliqué.

On nomme *intervalle* de deux sons, le rapport numérique entre leurs nombres de vibrations pendant le même temps, et *accord* la production simultanée de plusieurs sons. Un intervalle ou un accord sont agréables, quand les nombres de vibrations des sons produits sont dans des rapports simples ; on les appelle alors intervalles ou accords *consonnants*; dans le cas contraire, ils sont dits *dissonnants*.

L'accord le plus simple est l'*unisson*, dans lequel les deux sons ont le même nombre de vibrations. Après l'unisson vient l'*octave*, quand les nombres de vibrations sont doubles l'un de l'autre. En représentant par 1 le *son fondamental*, c'est-à-dire celui auquel on compare tous les autres, l'octave aiguë sera représentée par 2, et l'octave grave par $\frac{1}{2}$. La simplicité de l'accord d'octave est telle que l'on peut, dans un accord quelconque, remplacer un des sons, par son octave, sans que l'oreille cesse de goûter cet accord.

Accord parfait. — Après l'*octave*, les accords les plus agréables sont formés de sons dont les nombres de vibrations sont dans les rapports : $\frac{3}{2}, \frac{4}{3}, \frac{5}{4}$; ou $1+\frac{1}{2}, 1+\frac{1}{3}, 1+\frac{1}{4}$. Si l'on fait entendre en même temps les sons $1, \frac{3}{2}, \frac{5}{4}$ on a un accord de trois sons, nommé *accord parfait majeur*, auquel on joint ordinairement l'octave 2 du son fondamental. En réduisant les nombres au même dénominateur, on voit que les nombres de vibrations de ces quatre sons, sont entre eux comme 4, 5, 6, 8.

265. Gamme majeure. — On nomme *gamme* ou *échelle diatonique*, une série de *sept* sons différents, ou degrés (sans compter l'octave), qui sont dans des rapports aussi simples que possible, et que l'on peut combiner à volonté pour former des airs. Les sons qui composent la gamme, se nomment *notes* de la musique : ils ont reçu les noms indiqués dans le tableau suivant :

Noms anglais et allemands....	C,	D,	E,	F,	G,	A,	H,	C.
Noms français et italiens.....	ut ou do,	ré,	mi,	fa,	sol,	la,	si,	ut.
Rapports des nombres de vibrations	1,	$\frac{9}{8}$,	$\frac{5}{4}$,	$\frac{4}{3}$,	$\frac{3}{2}$,	$\frac{5}{3}$,	$\frac{15}{8}$,	2.

Intervalles de la gamme. — Si l'on cherche le rapport entre un son quelconque de la gamme et celui qui le précède immédiatement, on ne trouve que les trois rapports $\frac{9}{8}, \frac{10}{9}$ et $\frac{16}{15}$. Le premier se nomme *ton majeur*, le second *ton mineur*, et le troisième *semi-ton majeur*. Les intervalles se succèdent dans l'ordre suivant :

ut, ré, mi, fa, sol, la, si, ut,
$\frac{9}{8}$ $\frac{10}{9}$ $\frac{16}{15}$ $\frac{9}{8}$ $\frac{10}{9}$ $\frac{9}{8}$ $\frac{16}{15}$
ton majeur   ton mineur   semi-ton majeur   ton majeur   ton mineur   ton majeur   semi-ton majeur

La gamme est donc formée de deux tons, un demi-ton, trois tons et un demi-ton ; ou bien deux fois deux tons et un demi-ton, séparés par un ton; en confondant le ton majeur et le ton mineur.

En prenant le son 2 pour point de départ ou pour son fondamental, on forme une autre gamme, dans laquelle les intervalles des sons restent les mêmes ; seulement tous les nombres de vibrations sont doublés. On indique les sons de cette nouvelle gamme à l'octave de la première, en ajoutant l'indice 2, au nom de chaque note : $ut_2, ré_2, mi_2$, etc. ; et, en montant encore, $ut_3, ré_3...., ut_4...$ Pour les gammes à l'octave grave, on écrira $ut_{-1}, ré_{-1}.... ut_{-2}, ré_{-2}.,..$

266. Sonomètre. — Pour trouver par l'expérience les rapports entre les nombres de vibrations qui correspondent aux notes de la gamme, on

190   ACOUSTIQUE.

emploie ordinairement le *monocorde* ou *sonomètre*. Cet instrument consiste en une caisse en bois élastique (*fig.* 214), sur laquelle un fil métallique AcB, fixé en B et passant sur une poulie *r*, est tendu par un poids P.

Pour obtenir les sons successifs de la gamme, on raccourcit, successivement et d'une quantité convenable, la partie vibrante de la corde, au moyen d'un chevalet mobile *c*; et l'on trouve que les longueurs qui donnent la gamme sont entre elles comme les nombres.

$$1, \quad \frac{8}{9}, \quad \frac{4}{5}, \quad \frac{3}{4}, \quad \frac{2}{3}, \quad \frac{3}{5}, \quad \frac{8}{15}, \quad \frac{1}{2},$$
$$ut, \quad ré, \quad mi, \quad fa, \quad sol, \quad la, \quad si, \quad ut.$$

Les nombres de vibrations d'une même corde étant en raison inverse de ses longueurs successives, on en conclut que les nombres de vibrations

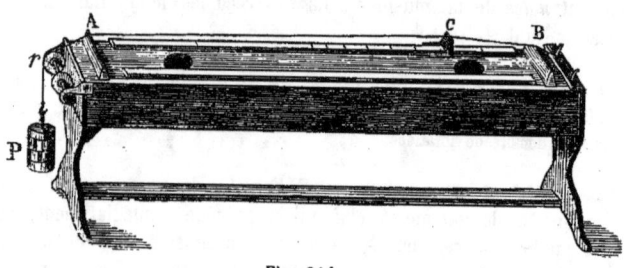

Fig. 214.

des notes sont représentés par les fractions ci-dessus renversées. Une échelle disposée sur le sonomètre, au-dessous de la corde, indique les positions qu'il faut donner au chevalet.

267. Dièses et Bémols. — Ton. — Les sons que peuvent rendre les instruments de musique ayant reçu à l'avance les noms des notes de la gamme, si l'on veut écrire un air avec des gammes plus ou moins graves, suivant le caractère de cet air, on prendra les sons dans différentes octaves. Mais, comme d'une octave à l'autre, il y a trop de distance pour la plupart des cas, on commence la gamme dont on veut faire usage, par une note autre que *ut*. Mais alors pour que les tons et les demi-tons se succèdent toujours dans l'ordre voulu, il est nécessaire de modifier quelques intervalles : on élève certaines notes d'un demi-ton, en multipliant leur nombre de vibrations par $\frac{25}{24}$, ce qui s'appelle *diéser* la note et s'indique par le signe ♯ ; ou bien on les abaisse d'un demi-ton, en multipliant par $\frac{24}{25}$, ce qui s'appelle *bémoliser* la note, et s'indique par le signe ♭. Par exemple, si l'on veut commencer la gamme par *ré*, il faudra, pour qu'elle se compose

DE LA GAMME.

de deux séries de deux tons et d'un demi-ton, séparées par un ton (265), diéser le *fa* et l'*ut*, et l'on aura

ré,   mi,   fa ♯,   sol,   la,   si,   ut ♯,   ré$_2$.
   1   1   ½   1   1   1   ½

Si l'on veut commencer par *fa*, il faudra prendre le *si bémol*, et l'on aura

fa,   sol,   la,   si ♭,   *ut,   ré,   mi,   fa*$_2$
  1   1   ½   1   1   1   ½

Le rapport $\frac{25}{24}$ se nomme *demi-ton mineur*; c'est le plus petit intervalle que l'on emploie généralement en musique. Tout intervalle plus petit se nomme *comma*; on le néglige dans la plupart des cas, quoiqu'une oreille attentive puisse distinguer même un comma de $\frac{80}{81}$, qui est le rapport entre le ton majeur $\frac{9}{8}$ et le ton mineur $\frac{10}{9}$. On voit que, en procédant comme il a été dit plus haut, on confond les *tons majeurs* et les *tons mineurs*, qui ne diffèrent que d'un comma. Cependant, à la longue, cette erreur agit sur l'oreille, et il en résulte que le caractère d'un morceau de musique dépend en partie du *ton* dans lequel il est écrit. Une note *diésée* n'est pas égale à la suivante *bémolisée*; mais elle n'en diffère que d'un *comma*. Ainsi *ré* ♯ ou $\frac{9}{8} \cdot \frac{25}{24} = \frac{75}{64}$, et *mi* ♭, ou $\frac{5}{4} \cdot \frac{24}{25} = \frac{6}{5}$, ont pour rapport $\frac{128}{125}$, qui ne diffère de l'unité que de la quantité très petite $\frac{3}{125}$. Aussi, sur les instruments à sons fixes, comme le piano, un même son sert à représenter une note diésée, et la note suivante bémolisée.

268. Mode mineur. — La gamme dont nous venons de nous occuper se nomme *gamme majeure*, parce que l'accord parfait qui commence par la première note, ou *tonique*, est nommé *tierce majeure*. Il existe une autre gamme nommée *gamme mineure*, dont la tierce commençant par la première note est $\frac{6}{5}$, nommée *tierce mineure*. Les rapports des nombres de vibrations sont les suivants :

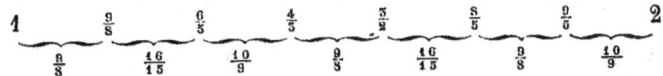

Les tons et demi-tons se succèdent ici comme dans la gamme majeure que l'on commencerait par *la*, au lieu de *ut*. Les airs écrits dans le *mode mineur* ont un caractère triste et mélancolique, qui les fait immédiatement distinguer de ceux qui sont écrits dans le mode majeur.

★ **269. Du tempérament.** — Dans les instruments *à sons fixes*, comme le piano, l'orgue, un même son sert pour une note *diésée*, et la note suivante *bémolisée*, et l'instrument donne alors la *gamme chromatique*; c'est-à-dire une gamme procédant par demi-tons. Ainsi accordé, et d'après les rapports des sons de la gamme commençant par *ut*, il ne donnera pas cependant une gamme juste, quand on voudra commencer par une autre note, tout en introduisant les dièses ou bémols convenables. Par exemple, si l'on veut commencer la gamme par *mi*, et si l'on veut prendre la tierce majeure de *mi*, il faudrait en prendre les $\frac{5}{4}$, c'est-à-dire $\frac{5}{4} \times \frac{5}{4} = \frac{25}{16}$; or, la troisième note, à partir de *mi*, est *sol* ou $\frac{5}{2} = \frac{24}{16}$, qui diffère de $\frac{25}{16}$ de la quantité $\frac{1}{16}$. Le rapport entre ces deux nombres est $\frac{25}{24}$, qui est un demi-ton mineur, et par conséquent ne peut être négligé. La gamme commençant par *mi* aurait donc la tierce majeure fausse, si l'instrument à sons fixes était accordé exactement suivant les rapports de la gamme commençant par *ut*.

Pour éviter cet inconvénient, il suffirait de prendre un *sol* un peu plus haut que celui de la gamme juste, et de le prendre intermédiaire entre $\frac{24}{16}$, qui est celui de la gamme, et $\frac{25}{16}$ qui représente la tierce majeure en partant de *mi*. De cette manière le son *sol* différerait réellement de ce qu'il devrait être pour représenter la quinte de *ut*, il serait un peu trop haut ; et il serait un peu plus bas qu'il ne convient pour représenter la tierce majeure de *mi*. Mais l'erreur étant ainsi partagée serait, dans les deux cas, d'un comma.

Cette manière de procéder se nomme *tempérer*, et l'on appelle *tempéraments* les méthodes par lesquelles on répartit ainsi les erreurs entre plusieurs sons, de manière que chacun d'eux ne soit que très peu altéré. Le *tempérament égal* est le plus généralement adopté : après avoir pris toutes les octaves justes, on distribue, à des intervalles égaux, les douze sons dont se compose la gamme chromatique, en confondant les dièses avec les bémols. Il en résulte que les demi-tons majeurs sont un peu trop petits, et les demi-tons mineurs un peu trop grands. — En appelant x le rapport entre deux sons consécutifs, on aura $x^{12} = 2$ et $x = \sqrt[12]{2} = 1{,}059463$, qui est l'intervalle, commun à tous les sons de la gamme chromatique tempérée.

270. Sons harmoniques. — On nomme *sons harmoniques*, des sons dont les nombres de vibrations sont entre eux comme la série des nombres entiers. En appelant *ut* le son fondamental, les premiers harmoniques seront

1	2	3	4	5	6	7
ut	*ut*$_2$	*sol*$_2$	*ut*$_3$	*mi*$_3$	*sol*$_3$	
son fondamental	octave	octave de la quinte, 12ᵉ majeure.	double octave, 15ᵉ majeure.	double octave de la tierce, 17ᵉ majeure.	double octave de la quinte, 19 majeure	entre *la* $\frac{24}{14}$ et *si* ♭

Ces sons harmoniques sont à remarquer, parce qu'ils se produisent dans une multitude de circonstances. Par exemple, une corde, une cloche, une verge élastique, un tuyau d'orgue, produisent une partie des harmoniques du son fondamental, comme nous le verrons dans le chapitre suivant.

271. Trouver le nombre de vibrations d'un son donné. — En s'appuyant sur les intervalles musicaux, il est facile de trouver le nombre absolu de vibrations correspondant à un son donné. Pour cela, on prend un instrument de musique à *sons continus*, et l'on détermine le nombre de vibrations d'un son seulement, représentant une note connue, par exemple en cherchant la note à l'unisson d'un diapason dont le nombre de vibrations est connu. On cherche ensuite, sur l'instrument, le son à l'unisson du son donné, et l'on voit à quel intervalle musical il se trouve du son connu. Par exemple, l'*ut* grave du violoncelle étant supposé de 128 vibrations simples par seconde, un son qui aurait pour unisson le *mi♭* de l'octave suivante de cet instrument, faisant $\frac{5}{4} \times \frac{24}{25} \times 2$ vibrations, pendant que l'*ut* gravé en fait une, accomplira $\frac{5}{4} \times \frac{24}{25} \times 2 \times 128 = 307,2$ vibrations simples par seconde. Quand le son est plus aigu ou plus grave que ceux que comporte l'instrument, au lieu d'en prendre l'unisson, on en prend l'octave grave ou aiguë, dont on calcule le nombre de vibrations, et l'on a soin de multiplier ou de diviser le résultat par 2.

272. Résultats. — En supposant, avec Chladni, qu'une vibration simple par seconde corresponde à un *ut*, tous les *ut* seront des puissances de 2. L'onde sonore correspondant à une vibration simple par seconde, ayant pour longueur 337^m, ou à peu près 1024 pieds, l'*ut* grave du violoncelle sera de 128 vibrations, et celui du violon, ou ut_3 de 512. Le *la* du diapason ordinaire, ou second *la* du violon sera, en prenant le même point de départ, de $512 \times \frac{5}{3} = 853,3$. Mais le *la* adopté avant 1859, était beaucoup plus élevé ; il était de 896 vibrations dans certains théâtres ; on l'avait élevé peu à peu depuis la Révolution. Pour arrêter ce mouvement ascensionnel si préjudiciable à la voix des chanteurs, un arrêt ministériel du 16 février 1859 a fixé le *la* du *diapason normal*, à 870 vibrations simples par seconde ; ce qui donne $870 \times \frac{3}{5} = 522$ pour ut_3, et 130,5 pour l'*ut* grave du violoncelle. C'est à la température de 15° que les diapasons en acier donnent le nombre 870 ; le son baisse un peu quand la température s'élève.

★ **273. Battements.** — Quand on produit en même temps deux sons graves dont les nombres de vibrations diffèrent peu l'un de l'autre, on entend des alternatives de force et de faiblesse se succédant à intervalles égaux. Si ces alternatives sont assez rapprochées, les coups de force sont seuls distincts, et l'on a le phénomène des *battements*, découvert par Sauveur.

Pour l'expliquer, considérons deux sons voisins, dont les vibrations commencent en même temps ; comme elles ne sont pas de même durée, la coïncidence entre les commencements de deux vibrations provenant des deux sons n'aura plus lieu un instant après, et se reproduira après un certain temps ; alors les ébranlements communiqués à un point de l'air environnant s'ajouteront, tandis qu'à tout autre instant les ondes sonores ne se superposant pas et ne s'ajoutant pas, l'effet produit sera moindre. Les battements sont d'autant plus espacés que les sons sont plus graves et plus voisins l'un de l'autre. C'est ce qui fait que l'oreille est si difficile pour l'unisson; la moindre différence dans les nombres de vibrations produisant des battements désagréables.

Mesure du nombre de vibrations. — Sauveur a tiré parti des battements pour trouver le nombre absolu de vibrations correspondant à deux sons suffisamment graves dont on connaît l'intervalle musical. Prenons, par exemple, deux sons dont les nombres de vibrations soient dans le rapport $\frac{24}{25}$, l'un représentant une note naturelle, et l'autre la même note diésée, et supposons que ces deux sons entendus simultanément, donnent 4 battements par seconde. Il en faudra conclure qu'il y a quatre coïncidences, c'est-à-dire 4×24 vibrations de l'un des sons, et 4×25 de l'autre, ou 96 et 100 vibrations par seconde. Cette méthode s'applique facilement aux instruments de musique dont on peut soutenir le son assez longtemps, comme les instruments à archet, les orgues expressifs, etc.; elle n'exige pas d'autre appareil qu'un chronomètre.

Son résultant. — Expérience de Tartini. — Si les battements sont assez rapprochés pour qu'il y en ait au moins 32 par seconde, ils forment un son grave, nommé *son résultant*, qui est entendu en même temps que les deux sons qui l'engendrent. L'expérience peut se faire au moyen de deux sons forts et soutenus, produits, par exemple, par deux tuyaux d'orgue donnant la quarte; on entend un troisième son beaucoup plus grave.

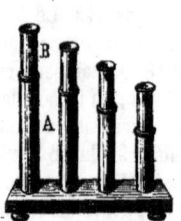

Fig. 215.

274. Distinction entre le bruit et le son. — On nomme bruit toute impression faite sur l'organe de l'ouïe, dont on ne peut apprécier directement le *ton*. Un bruit peut être le résultat d'un mélange de sons qui n'ont entre eux aucun rapport simple; comme, par exemple, le bruit de la mer, du vent dans les arbres, d'une chute d'eau, le sifflement de la vapeur, les mille sons confus que l'on entend près d'une grande ville.

Un bruit n'est souvent qu'un son trop bref pour que l'oreille puisse en apprécier le ton; ainsi les explosions, le claquement du fouet, le bruit résultant d'un choc, ne sont pas habituellement appréciables; mais on peut les rendre comparables entre eux et à d'autres sons, en les faisant entendre à de petits intervalles. La figure 215 représente quatre tubes dans chacun desquels s'enfonce un cylindre qui fait piston. Ces tubes ont les longueurs que devraient avoir des tuyaux d'orgue pour donner l'accord parfait. Si l'on retire brusquement le cylindre B du tuyau A, on entend une petite explosion, analogue à celle qui se produit quand on débouche une bouteille;

mais si l'on vient à retirer les cylindres rapidement les uns après les autres, on reconnaît facilement l'accord parfait. — Quatre morceaux de bois de dimensions convenables, donnent l'accord parfait quand on les jette sur le pavé.

Si l'on souffle, au moyen d'un mélange de gaz hydrogène et d'oxygène, deux bulles d'eau de savon dont les diamètres soient entre eux comme 1 : 2, en les enflammant l'une après l'autre, on reconnaît l'intervalle d'octave. Enfin, on peut facilement, avec un peu d'attention, prendre sur un violon l'unisson des sons brefs produits en frappant sur des corps quelconques.

II. Méthode optique de comparaison des sons.

* **275.** On doit à M. Lissajous une méthode très remarquable qu'il a développée avec beaucoup d'art, au moyen de laquelle on peut, *sans le secours de l'oreille*, comparer deux sons et trouver le rapport de leur nombre de vibrations. Cette méthode désignée par son inventeur sous le nom de *méthode optique*, se prête de la manière la plus heureuse à l'étude d'une foule de questions sur les mouvements vibratoires ; elle s'appuie sur ce que l'impression faite dans l'œil persiste quelques vingtièmes de seconde après que la lumière a cessé d'agir, comme le prouve l'expérience familière d'un

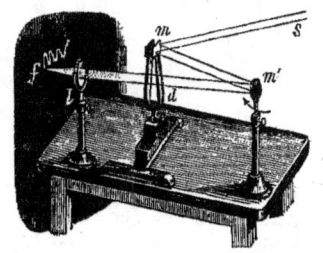

Fig. 246.

charbon ardent, qui produit une courbe continue quand on le fait tourner rapidement ; et sur ce que un rayon lumineux réfléchi par un miroir, s'incline de la quantité 2α, quand le miroir s'incline lui-même de α.

Considérons un diapason à fourchette (*fig.* 216), dont une des branches porte à l'extrémité de sa face convexe un petit miroir plan *m*, l'autre branche portant une masse de même poids, pour que les vibrations se fassent toujours avec facilité. Si le miroir *m* est frappé par un pinceau de rayons solaires *sm*, le pinceau réfléchi *mm'*, reçu dans l'œil ou projeté sur un écran pendant les vibrations, produira, en oscillant, un petit trait lumineux parallèle au plan de la fourchette ; le miroir oscillant lui-même autour d'un axe perpendiculaire à ce plan. Si l'on fait en même temps tourner le diapason sur lui-même, l'image du trait lumineux se déplacera autour de l'axe de rotation, et l'on obtiendra une ligne sinueuse *f*. Quand le corps vibrant ne se prête pas à un déplacement rapide, on reçoit le rayon réfléchi, sur un second miroir *m'*, que l'on fait tourner autour d'un axe perpendiculaire au rayon réfléchi, et situé dans le plan où ce rayon oscille. On voit alors, soit directement dans le miroir m', soit par projection en f, la ligne sinueuse qui prouve l'existence du mouvement vibratoire. La lentille l sert à rassembler dans un espace très étroit les rayons réfléchis en m', de manière que le trait projeté en f soit plus brillant, plus mince et plus net.

276. Composition des vibrations de même direction. — Considérons deux diapasons parallèles, à l'unisson, munis de petits miroirs $m\,m''$ (*fig.* 217) ; un pinceau de rayons lumineux om, réfléchi en m, puis en m' vient former un point lumineux sur un écran placé en t au foyer de la lentille l. Si un des diapasons vibre, le rayon qu'il réfléchit oscille dans un angle double de celui du miroir, et le point lumineux se change en un trait situé dans le plan commun des deux diapasons. Si les deux diapasons vibrent simultanément avec la même amplitude, il y a plusieurs cas à examiner.

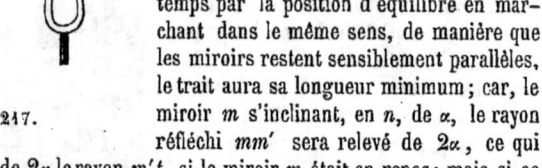

Fig. 217.

1° Si les deux diapasons passent en même temps par la position d'équilibre en marchant dans le même sens, de manière que les miroirs restent sensiblement parallèles, le trait aura sa longueur minimum ; car, le miroir m s'inclinant, en n, de α, le rayon réfléchi mm' sera relevé de 2α, ce qui relèverait aussi de 2α le rayon $m't$, si le miroir m était en repos ; mais si ce dernier s'incline aussi de α, en venant en n', le rayon qu'il réfléchit sera abaissé de 2α, de sorte que le rayon $m't$ ne changeant pas de position, on n'aura en t qu'un point lumineux, comme si les diapasons étaient en repos.

2° Si les diapasons passent au même moment par la position d'équilibre, mais en sens contraire, les miroirs ayant toujours des positions symétriques par rapport à la position d'équilibre, telles que n et n'' par exemple, les déviations imprimées au rayon s'ajouteront, et le trait aura son maximum de longueur.

3° Si les deux diapasons ne passent pas en même temps par la position d'équilibre, la longueur du trait sera intermédiaire entre le maximum et le minimum, et sa longueur différera du maximum, d'une quantité qui dépendra de *la différence de phase*, c'est-à-dire de la fraction du temps d'oscillation t, qui s'écoule entre les instants auxquels les deux diapasons quittent dans le même sens leur position d'équilibre.

277. Composition de deux mouvements rectangulaires. — Quand les miroirs oscillent dans des plans perpendiculaires l'un à l'autre, les déplacements du rayon dans les deux réflexions se font aussi dans ces deux plans, et il en résulte que le point lumineux projeté sur l'écran, décrit une courbe dont la forme dépend du rapport des nombres de vibrations des diapasons, et de la différence de phase. La *fig.* 218 représente la disposition

MÉTHODE OPTIQUE DE COMPARAISON DES SONS.   197

de l'appareil. Les plans des fourchettes d, d' sont perpendiculaires l'un à l'autre. La courbe lumineuse est observée directement à travers une lunette l qui en grossit les dimensions, ou bien elle est reçue sur un écran après interposition d'une lentille.

Voici quelques-uns des résultats de l'expérience. Si les diapasons sont à l'*unisson* et commencent leurs vibrations en même temps, la ligne lumineuse

Fig. 248.

décrite est la diagonale du rectangle construit sur les deux traits que produiraient les diapasons si chacun d'eux vibrait seul. Si les vibrations des diapasons ne coïncident pas, il se produit une ellipse, plus ou moins aplatie, suivant la différence de phase.

Quand les diapasons ne sont pas à l'unisson, le point lumineux décrit

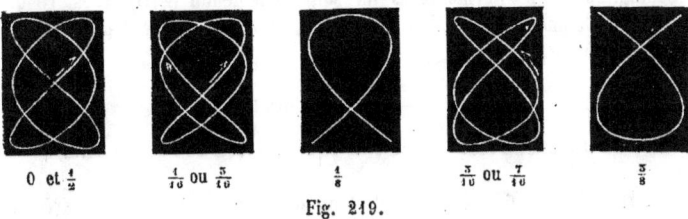

0 et $\frac{1}{2}$ $\frac{1}{10}$ ou $\frac{5}{10}$ $\frac{1}{8}$ $\frac{3}{10}$ ou $\frac{7}{10}$ $\frac{3}{8}$

Fig. 249.

une courbe qui varie avec la différence de phase, et est d'autant plus compliquée que le rapport des nombres de vibrations est moins simple. La *fig*. 219 représente les courbes formées dans le cas de la *quinte*, c'est-à-dire quand les nombres de vibrations sont dans le rapport de 2 à 3. Ces courbes correspondent à des différences de phase indiquées par les fractions qui sont au-dessous. Par exemple, $\frac{5}{16}$ exprime que le diapason le plus aigu passe par la position d'équilibre après le plus grave, et après $\frac{5}{16}$ du temps d'une vibration double de ce dernier.

CHAPITRE IX.

DES LOIS DU MOUVEMENT VIBRATOIRE.

278. Nous allons étudier les lois du mouvement vibratoire, que ce mouvement détermine ou non des sons appréciables. Cependant quand il y aura des sons produits, ils nous fourniront des moyens précieux d'appréciation et de mesure.

La rapidité du mouvement vibratoire d'un corps dépend de sa forme, de ses dimensions et de son élasticité. Ce corps est susceptible de se partager de plusieurs manières en parties vibrantes, séparées par des points, lignes ou surfaces de repos, que l'on nomme *nœuds*, *lignes nodales*, *surfaces nodales*, de manière que, de part et d'autre, des points en repos, le mouvement des molécules ait lieu, au même instant, en sens inverse. Le milieu d'une partie vibrante se nomme *ventre* de vibration, et à chaque mode de division correspond un son particulier. — Les corps peuvent être animés simultanément de plusieurs mouvements vibratoires, correspondants à des modes différents de divisions ; on entend alors plusieurs sons, qui sont ordinairement des *harmoniques* du son fondamental (270). C'est ce qui constitue le phénomène de la *résonnance multiple*, remarqué d'abord sur les cordes vibrantes.

§ 1. — VIBRATIONS DES GAZ.

I. Colonnes d'air à section très petite. — Lois de D. Bernouilli.

279. Une portion d'air ou de tout autre gaz, limitée et séparée de l'atmosphère par des parois solides, peut recevoir un mouvement vibratoire propre, comme un corps solide, mouvement qui se propage au-dehors, s'il existe des ouvertures dans les parois. Le nombre des vibrations dépend de la densité, des dimensions et de la forme de la masse gazeuse, du mode d'ébranlement, et de la disposition des parois qui la contiennent ; car ces parois occasionnent des ondes réfléchies, qui, en se combinant avec les ondes directes, déterminent, en chaque point du gaz, un état vibratoire particulier, d'où dépend le son produit.

280. Mode d'ébranlement des masses d'air. — Pour faire vibrer directement l'air renfermé dans une enveloppe solide, on dispose à une ouverture pratiquée dans la paroi, une lame élastique, qui la ferme en partie et que l'on fait vibrer. Si les vibrations de la lame sont telles que la masse gazeuse puisse vibrer avec la même rapidité, le son est beaucoup plus intense que lorsque la lame vibre en plein air.

On fait encore vibrer l'air au moyen d'*anches*, dont nous parlerons plus tard.

Embouchure de flûte. — Un moyen souvent employé consiste à diriger un courant d'air contre le tranchant d'une lame taillée en biseau, comme cela se pratique dans les tuyaux d'orgue. L'air, poussé par un tube T, *t* (*fig.* 220), sort par une fente étroite nommée *lumière*, et se divise sur le biseau A, *a*, placé exactement en face de la fente.

Fig. 220.

Fig. 221.

L'ouverture comprise entre la lumière et le tranchant du biseau, se nomme la *bouche* du tuyau ; ses bords forment la *lèvre supérieure* et la *lèvre inférieure*. Le tranchant du biseau doit être terminé par une surface plane très étroite. Un pareil système se nomme *embouchure de flûte*, ou *bouche*.

Les vibrations de la colonne gazeuse sont dues au choc de la lame d'air qui se brise contre le tranchant du biseau. En effet, une bouche isolée à lèvre supérieure mobile B (*fig.* 221), donne un son faible, dont la hauteur, indépendante de la substance et de la forme du biseau, dépend de sa distance à la lumière, et de la force du vent. En effet, si l'on fait glisser peu à peu la lèvre B, pour la rapprocher de la lumière, le son monte d'une manière continue; il en est de même quand, la lèvre supérieure étant fixe, on augmente la vitesse du courant d'air.

Nous avons des exemples d'embouchure de flûte, dans certains tuyaux d'orgue, dans le flageolet, le sifflet ordinaire. C'est par un artifice semblable que l'on fait vibrer l'air en soufflant dans une clef forée, dans le trou ovale d'une flûte ; la lumière est remplacée par les lèvres du musicien, et le bord de l'ouverture sur lequel il dirige le souffle, remplace le biseau.

La substance des tuyaux n'a pas d'influence sur la hauteur du son qu'ils produisent, quand leurs parois sont suffisamment épaisses. Dans le cas contraire, ces parois vibrent par communication, et réagissent sur les vibrations de la colonne d'air de manière à en changer le ton. Ainsi, Savart a reconnu que trois tuyaux contenant des colonnes d'air égales, mais dont un est en papier, un autre en bois mince, et le troisième en bois épais, produisent des sons différents. Le tuyau en papier donne le son le plus grave.

281. Nœuds et ventres des tuyaux étroits. — Les lois des vibrations des colonnes d'air renfermées dans des tuyaux prismatiques dont la section est très petite par rapport à la longueur, ont été découvertes par D. Bernouilli [1]. Ces tuyaux peuvent être *ouverts* ou *fermés*. Dans le dernier cas, ils portent, dans les jeux d'orgue, le nom de *bourdons*.

Tuyaux bouchés. — Considérons la colonne d'air renfermée dans un tuyau très étroit, fermé à l'une de ses extrémités ; à l'autre, qui est ouverte, se trouve une lame vibrante. Il se formera une série d'ondes, qui se propageront dans l'intérieur du tuyau, et dont la longueur λ est donnée par la formule $\lambda = v : n$ (240), dans laquelle v représente la vitesse du son, et n le nombre de vibrations accomplies en une seconde par la lame vibrante. Ces ondes se réfléchiront sur le fond du tuyau, et les ondes réfléchies croiseront les ondes directes sans les altérer (242), de manière que les impulsions communiquées aux molécules d'air en chaque point, s'ajouteront si elles sont de même sens, et se retrancheront si elles sont de sens contraire. Cela posé, D. Bernouilli a démontré que :

1° *Il y a des nœuds aux distances du fond du tuyau, égales à un nombre pair de demi-longueurs d'ondulation*, ou égales à $2\frac{1}{2}\lambda$, $4\frac{1}{2}\lambda$....

2° *Il y a des ventres de vibrations, aux distances du fond égales à un nombre impair de fois* $\frac{1}{2}\lambda$, c'est-à-dire à $\frac{1}{2}\lambda$, $3\frac{1}{2}\lambda$, $5\frac{1}{2}\lambda$....

Les *nœuds* sont des sections droites où l'air ne vibre pas, mais où il éprouve des changements continuels de densité. Les *ventres* sont des sections où l'air vibre, sans cependant changer de densité et de pression.

Nota. — Nous prenons ici pour longueur d'ondulation λ, l'espace par-

---

[1] Bernouilli (Daniel), géomètre et physicien célèbre, né à Groningue, en 1700, était fils de Jean Bernouilli et neveu de Jacques Bernouilli, tous deux fameux mathématiciens. Destiné d'abord au commerce, il ne put se résoudre à courir après la fortune, en voyant la gloire que son père et son oncle avaient su conquérir dans la culture des sciences. Après avoir voyagé en Italie et en Russie où il professa les mathématiques, il revint en France (1723) et remporta un grand nombre de prix à l'Académie des Sciences, dont il devint membre, ainsi que des Académies de Berlin, Londres, Pétersbourg. D. Bernouilli fit faire un si grand pas à l'hydrodynamique, qu'on peut dire qu'il l'a créée. L'histoire de sa vie, qui fut calme et heureuse, se réduit à celle de ses travaux. Il mourut à Bâle, en 1782, à l'âge de 82 ans.

HARMONIQUES DES TUYAUX.   201

couru par le son pendant une *vibration simple*, c'est-à-dire que λ est la longueur d'une onde *condensante*, ou d'une onde *dilatante* seulement.

Tuyaux ouverts. — Dans les tuyaux ouverts, il existe aussi des ondes en retour qui marchent en sens opposé des ondes directes, et qui proviennent d'une réflexion sur la première tranche indéfinie qui se trouve en dehors, à l'ouverture du tuyau. Dans cette réflexion, les compressions se transforment en dilatations et réciproquement.

Or, l'expérience montre que, si l'on coupe un tuyau bouché à l'endroit d'un nœud, le son ne change pas, et les ventres et nœuds qui restent conservent la même position. Il en résulte que *les ventres des tuyaux ouverts sont placés à des distances de l'extrémité, égales à un nombre pair de demi-longueurs d'ondulation, et les nœuds à des distances égales à un nombre impair de demi-longueurs d'ondulation.*

282. Sons divers produits par un même tuyau. — Dans les tuyaux *bouchés*, puisqu'il y a nécessairement un nœud au fond et un ventre à l'extrémité opposée, il faut que la longueur l du tuyau contienne un nombre impair de demi-longueurs d'ondulations, c'est-à-dire que l'on ait.

$$l = (2m+1)\frac{\lambda}{2},$$

m étant un nombre entier quelconque. Il faut donc aussi, pour que la colonne d'air vibre, que la lame placée à l'extrémité du tuyau accomplisse des vibrations correspondant à une des longueurs d'onde données par cette formule. Or, on a $\lambda = v : n$, n étant le nombre de vibrations accomplies dans une seconde, et v la vitesse du son dans le gaz qui remplit le tuyau. Portant cette valeur de λ dans la formule, et tirant la valeur de n, on trouve

$$n = \frac{(2m+1)v}{2l}; \quad \text{d'où} \quad n = \frac{v}{2l}, \ 3\frac{v}{2l}, \ 5\frac{v}{2l}, \ 7\frac{v}{2l}\ldots,$$

en faisant successivement m égal à 0, 1, 2, 3...., pour les nombres de vibrations que peut produire le tuyau. Un même tuyau *bouché* peut donc rendre différents sons, dont les nombres de vibrations sont entre eux comme la série des nombres impairs 1, 3, 5....; c'est-à-dire les *harmoniques impairs* du son fondamental. Ce dernier, d'autant plus grave que le tuyau est plus long, correspond au nombre de vibrations $n = v : 2l$. On voit que *les nombres de vibrations donnés, pour un harmonique du même ordre, par plusieurs tuyaux bouchés, sont en raison inverse de leur longueur.*

Harmoniques des tuyaux ouverts. — Comme il y a nécessairement un ventre à chaque extrémité, il y aura au moins un nœud au milieu, et en général, la longueur l devra contenir un nombre pair de fois $\frac{1}{2}\lambda$; on aura donc

$$l = 2m\frac{\lambda}{2} = m\frac{v}{n}; \quad \text{d'où} \quad n = m\frac{v}{l}, \quad \text{et} \quad 2\frac{v}{l}. \quad 3\frac{v}{l}. \quad 4\frac{v}{l}\ldots,$$

pour le nombre de vibrations que peut produire le tuyau, en faisant successivement m égal à 1, 2, 3, 4..., c'est-à-dire la série de tous les harmoniques du son fondamental $v : l$. On voit aussi que *le nombre de vibrations du son le plus grave est en raison inverse de la longueur du tuyau, et double de celui qu'il donnerait s'il était bouché.* Un bourdon donne donc l'*octave grave* du tuyau ouvert de même longueur.

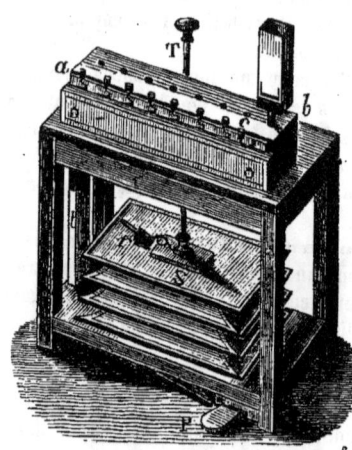

Fig. 222

Il résulte aussi de ces lois, que des bourdons, et les tuyaux ouverts, pour donner les différentes notes de la gamme, devront avoir des longueurs qui soient entre elles comme les nombres 1, $\frac{8}{9}$, $\frac{4}{5}$, $\frac{3}{4}$, $\frac{2}{3}$, $\frac{3}{5}$, $\frac{8}{15}$ (265).

283. Vérification des lois de Bernouilli par l'expérience. — La figure 222 représente la soufflerie au moyen de laquelle se font les expériences. Sous une table est disposé un soufflet S, que l'on enfle, soit au moyen de la pédale P, soit en soulevant la tige T. Le poids de la partie supérieure comprime ensuite l'air, qui passe par le tube t et se rend dans une caisse rectangulaire, ou *sommier*, ab, portant des trous auxquels on adapte les tuyaux. Des soupapes, dont on voit la disposition en S (*fig.* 223), ferment les trous, sur lesquels le ressort r les tient appliquées. Quand on abaisse le bouton c (*fig.* 222 et 223), la soupape est écartée de l'orifice, et le vent passe par le tuyau.

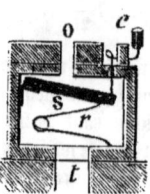

Fig. 223.

Pour obtenir d'abord les différents sons que peut produire un même tuyau, on le fait résonner au moyen d'une embouchure de flûte, dans laquelle on pousse le vent avec d'autant plus de force que l'on veut obtenir un harmonique plus aigu. Un robinet R (*fig.* 224), adapté au pied du tuyau, qui doit être long et étroit, permet de régler la vitesse avec facilité. En l'ouvrant graduellement, on entend d'abord le son fondamental, puis les harmoniques, passant brusquement des uns aux autres. Si le tuyau est bouché, on n'obtient ainsi que les harmoniques impairs.

Position des nœuds et des ventres. — Pour reconnaître la position des nœuds, on enfonce un piston dans le tuyau, et l'on cherche, par tâtonnement, les positions pour lesquelles le son n'est pas modifié. L'expérience se fait avec un long tuyau en verre (*fig.* 224), sur lequel on a marqué d'avance la position des nœuds n, n, n. Quand le piston P est au nœud le plus rapproché de l'embouchure, on a le son fondamental d'un tuyau bouché ayant pour longueur la distance du piston à l'embouchure ; au 2me nœud, on a le même son, mais il représente alors l'harmonique 3 de la colonne d'air comprise entre le piston et l'embouchure ; au 3e nœud, le même son représente l'harmonique 5, etc.

Pour trouver la position des ventres, où la pression est la même qu'à l'extérieur, on cherche en quels points on peut couper le tuyau, sans changer le son produit. L'expérience se fait au moyen d'une longue flûte B (*fig.* 226), composée de plusieurs parties réunies par des vis à l'endroit des ventres v, v, v. On peut enlever les différentes parties les unes après les autres sans changer le son produit. — On emploie encore un tuyau A (*fig.* 225), percé de trous que l'on peut fermer à volonté. Si l'on ouvre les trous pratiqués aux ventres V, V, le son n'est pas modifié ; tandis qu'il monte quand on ouvre les trous a ou b qui ne correspondent pas à des ventres.

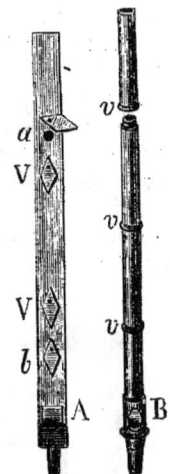

Fig. 225. Fig. 226.

On met en évidence l'influence de la grandeur de la bouche, au moyen d'un tuyau ouvert à lèvre supérieure mobile L (*fig.* 228). Quand la lèvre est écartée de la lumière, on obtient le son fondamental, et quand on l'en rapproche, le son saute à l'octave aiguë.

Enfin, pour montrer qu'un tuyau bouché donne, pour son fondamental, l'octave grave d'un tuyau ouvert de même longueur (282), on emploie un tuyau (*fig.* 227) muni d'une lame à coulisse C, dans laquelle est pratiquée une large ouverture. Le son reste le même, quand l'ouverture correspond à l'axe du tuyau et quand ce dernier est interrompu par la partie pleine de la lame.

Fig. 227.

Fig. 228.

Résultats de l'expérience. — Quand on opère avec des tuyaux à embouchure de flûte, on trouve que les lois de D. Bernouilli ne se vérifient pas exactement : ainsi, le son fondamental est plus grave que ne l'indique la théorie, et les nombres de vibrations de plusieurs tuyaux ne sont pas exactement en raison inverse de leurs longueurs. L'erreur est d'autant plus marquée que leur section est plus grande. En outre, la distance du premier nœud à l'embouchure est moindre que la moitié de la distance entre deux nœuds consécutifs, et la différence est d'autant plus prononcée que le son produit appartient à un harmonique plus élevé. La distance entre deux ventres est au contraire plus grande que ne l'indique la théorie.

Causes du désaccord. — Ce désaccord provient des perturbations apportées dans les tranches d'air, au voisinage de l'embouchure, où l'ébranlement n'a lieu que d'un côté, et du courant d'air qui traverse le tuyau ; aussi les surfaces nodales ne sont-elles pas perpendiculaires à l'axe du tuyau, et ne sont-elles pas même planes, quand il est gros.

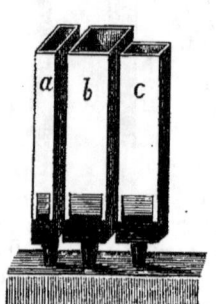

Fig. 229.

* **284. Mesure de la vitesse du son dans les gaz et les liquides.** — La formule $l = \frac{1}{2}\lambda = \frac{1}{2}\frac{v}{n}$ (282) pourrait servir à trouver la vitesse du son dans le gaz qui fait parler un tuyau bouché, si n et l étaient connus, et si les lois de Bernouilli se vérifiaient exactement. Mais Dulong ayant prouvé que la valeur de λ est la même dans un même tuyau traversé par deux gaz différents, on a $\lambda = \frac{1}{2}\frac{v}{n} = \frac{1}{2}\frac{v'}{n'}$, d'où l'on déduira v' en partant de la valeur de v, connue pour l'air.

Wertheim a évalué la vitesse du son dans un liquide en faisant parler, au moyen d'un courant de ce liquide, un tuyau qui y est entièrement plongé.

*II. Masses d'air de formes quelconques.

285. Tuyaux larges. — Quand les colonnes d'air, au lieu d'être très étroites, sont de plus en plus larges, le son, à égale longueur, devient de plus en plus grave. On rend aussi le son plus grave en obstruant l'ouverture d'un tuyau ouvert, et l'on se sert de cette propriété pour accorder les tuyaux d'orgue.

Quand un tuyau a une section rectangulaire, la hauteur du son ne dépend pas de la largeur parallèlement à la bouche, quand celle-ci l'occupe tout entière. En effet, Savart[1] a trouvé que deux tuyaux a et b (*fig.* 229), de même longueur et de même profondeur, mais de largeur différente, donnent le même son ; il n'y a de différence que dans l'intensité, qui est plus grande pour le tuyau le plus large. Le tuyau c, au contraire, qui a même largeur que le tuyau b, mais une profondeur moindre, donne un son plus aigu.

Ce résultat se prouve encore avec le tuyau cylindrique (*fig.* 230), embouché suivant une arête, et dans lequel on peut enfoncer plus ou moins un piston. Dès que ce piston atteint la bouche ab, on peut l'enfoncer de plus en plus, sans changer la hauteur du son ; seulement l'intensité diminue.

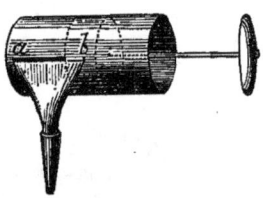

Fig. 230.

Savart a conclu de là que *les phénomènes qui se passent dans les masses d'air dont toutes les tranches perpendiculaires à la bouche sont égales, sont les mêmes que ceux qui se passeraient dans une lame infiniment mince, ébranlée par un de ses angles.*

286. Loi des volumes semblables. — *Les masses d'air de forme semblable, ébranlées par des bouches ayant les mêmes positions relatives et des dimensions proportionnelles, engendrent des sons dont les nombres de vibrations sont en raison inverse des dimensions homologues.* Cette loi s'applique également aux tuyaux ouverts ou bouchés. Pour la vérifier, on emploie ordinairement des tuyaux semblables dont les dimensions homologues sont entre elles comme 1 à 2 ; par exemple, deux tuyaux cubiques ; cylindriques A, a (*fig.* 231) ; sphériques B, b ; prismatiques à bases triangulaires C, c.

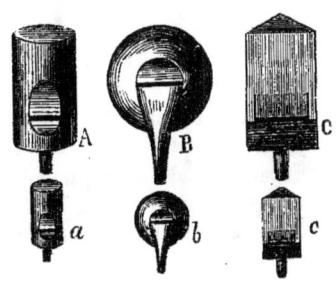

Fig. 231.

Les tuyaux les plus petits donnent l'octave aiguë des tuyaux semblables les plus gros. Dans les tuyaux sphériques, les bouches sont pratiquées suivant un grand cercle et comprennent le même nombre de degrés.

287. Vibrations communiquées aux grandes masses d'air. —

---

[1] Savart (Félix), né à Mézières, en 1791, embrassa la profession de médecin, qu'il quitta bientôt pour se livrer à l'étude des sciences. Il fit sa spécialité de l'*acoustique*, à laquelle il fit faire de remarquables progrès. Entré à l'Institut en 1817, il succéda à Ampère, dans la chaire de physique du Collége de France, et mourut à Paris, en 1841.

Lorsqu'une lame élastique vibre avec une rapidité convenable en présence d'une colonne d'air, celle-ci vibre et renforce le son de la lame. Quand la colonne est très étroite, les sons auxquels elle peut répondre ainsi dépendent seulement de sa longueur, et sont définis par les lois de Bernouilli. Mais si la section est grande, le son est plus grave, comme nous l'avons dit ; de sorte qu'on peut, avec un même tuyau, renforcer des sons de plus en plus graves en augmentant sa section. Une remarque importante, due à Savart, c'est qu'un tuyau très large peut renforcer plusieurs sons compris dans un intervalle d'autant plus étendu que les dimensions transversales sont plus grandes. Un tuyau cubique peut ainsi embrasser une *quinte* entière ; mais il y a toujours un son qui est plus renforcé que les autres. Cela nous explique comment la caisse des instruments à cordes peut renforcer tous les sons qu'on leur fait produire ;

Fig. 232.

c'est que la colonne d'air qu'ils contiennent est très peu profonde par rapport à sa section. Il y a cependant un son plus renforcé que les autres.

Savart a imaginé un appareil d'une grande puissance (*fig.* 232), destiné à mettre cela en évidence : T est un timbre, que l'on fait vibrer au moyen d'un archet, devant l'ouverture d'un large tuyau C bouché avec un piston P. En enfonçant peu à peu ce piston, on donne au tuyau la profondeur convenable pour que le son soit renforcé le plus possible.

III. Tuyaux à anche.

288. On peut ébranler les colonnes d'air au moyen de lames élastiques nommées *anches*, fréquemment employées dans les jeux d'orgue.

Anche battante. — Un tuyau AB (*fig.* 233), nommé *porte-vent*, reçoit le vent par l'extrémité B. L'extrémité opposée est fermée par un bouchon percé A, représenté sur une plus grande échelle en A', et auquel est adaptée une pièce *ab* en bois ou en métal, creusée suivant sa longueur et nommée *rigole*. Une *languette* en laiton *l* peut fermer la rigole en s'appliquant sur ses bords, dont elle se tient naturellement un peu écartée. On peut faire varier la partie libre de la languette, au moyen d'une tige de fer recourbée r'r, nommée *rasette*, que l'on enfonce plus ou moins.

Quand on fait arriver le vent, l'air s'échappe d'abord par la rigole en glissant sous la languette, sa vitesse s'accélère, la languette cède, s'applique sur la rigole, et le courant d'air s'arrête. La languette s'écarte alors par son élasticité, l'air recommence à s'écouler, et quand sa vitesse est devenue assez grande, le passage est de nouveau fermé, et ainsi de suite.

L'anche que nous venons de décrire se nomme *anche battante*. Le son en est criard, ce qui est dû principalement au choc de la languette sur les bords de la rigole ; car on l'adoucit en garnissant ces bords, de peau.

Anche libre. — Il existe une autre espèce d'anche, nommée *anche libre*, ou anche de Grenié, qui donne des sons doux et agréables. La rigole est remplacée par une petite caisse rectangulaire *mn* (*fig.* 234), dont une des faces, en laiton, porte une large fente ou fenêtre, à travers laquelle la languette *l* peut passer en en rasant les bords, de manière à pouvoir s'infléchir en dedans aussi bien qu'en dehors. Pressée par le courant d'air, la languette rentre en dedans ; l'air s'échappe, d'où résulte une diminution momentanée dans la pression ; la languette revient alors par son élasticité, et passe en dehors, en vertu de la vitesse acquise. Elle retourne ensuite sur ses pas, et le courant d'air, qui s'est rétabli, la pousse de nouveau en dedans, en perpétuant ainsi son mouvement vibratoire.

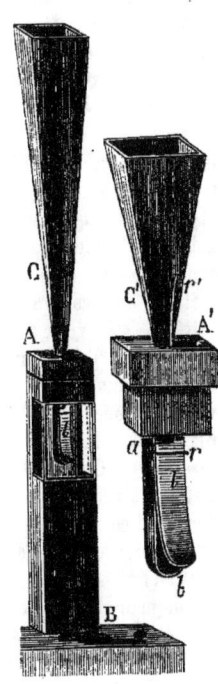

Fig. 233.

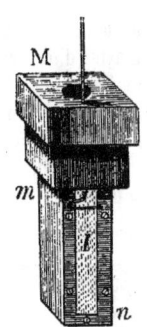

Fig. 234.

★ **289. Théorie de l'anche.** — La rapidité du mouvement vibratoire, d'une anche battante dépend, jusqu'à un certain point, de la vitesse du courant d'air ; le son monte quand on augmente la force du vent, parce que la languette est poussée plus rapidement vers la rigole. Il n'en est pas de même des anches libres ; aussi les emploie-t-on exclusivement dans les *orgues expressifs*, où l'intensité du son est réglée par la pression exercée sur les soufflets. La rapidité des vibrations dépend surtout de la longueur de la languette, de son épaisseur et de la substance avec laquelle elle est construite.

La colonne d'air renfermée dans le porte-vent doit vibrer à l'unisson de la languette, mais il faut pour cela que ses dimensions soient convenables. Il y a cependant une latitude assez grande, parce que le porte-vent est assez gros pour renforcer plusieurs sons différents (287). En même temps ses vibrations peuvent réagir sur celles que produirait l'anche isolée, de manière que le son produit n'est ni celui de l'anche seule, ni celui de la colonne d'air seule, mais un son intermédiaire entre ces deux-là. Cette influence des deux espèces de vibrations est telle que, si la différence entre leur rapidité est trop grande, la languette refuse de vibrer.

On attribuait autrefois le son des tuyaux à anche, aux chocs imprimés à l'air par la languette ; mais Cagnard de Latour a prouvé que le son est dû à la sortie périodique de l'air ; car, lorsqu'on fait vibrer la languette au moyen d'un archet, il n'y a pas de son produit ; tandis que la plus légère insufflation le fait éclater, et d'autant plus intense que le courant d'air est plus fort. La languette agit donc pour intercepter et établir le passage de l'air, et le son est dû à la même cause que dans la sirène.

Pour donner de l'ampleur au son des anches, on adapte à l'ouverture supérieure, des tuyaux de formes variées C, C' (*fig.* 283), nommés *cornets d'harmonie*. La colonne d'air renfermée dans les cornets ne modifie que peu la hauteur du son.

Fig. 235.

* **290. Instruments à anche.** — On peut les diviser en instruments à *bec*, et instruments à *bocal*. Parmi les premiers, nous citerons la clarinette, qui est munie d'une anche battante en roseau, que l'on fait vibrer par le souffle, et dont on fait varier le son en limitant plus ou moins la longueur de la partie vibrante, par la pression des lèvres, qui remplacent ici la rasette des tuyaux d'orgue. La colonne d'air tend à vibrer à l'unisson de l'anche ; mais il y a toujours l'influence de cette colonne, si bien que le son sort beaucoup plus facilement que si le bec était séparé du reste de l'instrument. Il en est de même dans le *hautbois*, le *basson ;* mais ici le bec est formé de deux lames minces et élastiques, entre lesquelles on souffle et que l'on presse avec les lèvres en des points plus ou moins éloignés de l'extrémité libre. Tous ces instruments portent des trous qui produisent les mêmes effets que dans la flûte.

Les instruments à *bocal* (cor, clairon, etc.), sont des instruments à anche. Les lèvres de l'artiste vibrent dans un cône creux, ou dans un hémisphère (*fig.* 235), qui s'adapte au corps de l'instrument, et on peut les observer en employant une embouchure en verre. En rapprochant et tendant plus ou moins les lèvres, on fait varier le nombre de leurs vibrations, et la colonne d'air vibre à l'unisson. Cette coïncidence des vibrations est facile à obtenir, à cause de l'influence de cette dernière colonne sur le mouvement vibratoire des lèvres.

§ 2. — VIBRATIONS DES SOLIDES.

I. Vibrations transversales des cordes.

291. Lois des vibrations transversales des cordes. — Les vibrations *transversales* sont celles dans lesquelles les molécules se déplacent dans une direction perpendiculaire à la plus grande des dimensions du corps, dont les parties éprouvent alors des flexions alternatives de part et d'autre de leur position d'équilibre.

Pour faire vibrer transversalement une corde flexible tendue par ses deux extrémités, on l'écarte de la ligne droite, ce qui la force à s'allonger, et développe par conséquent l'élasticité de tension ; on l'abandonne ensuite à elle-même, elle revient à sa position d'équilibre, la dépasse et finit par s'y arrêter après avoir accompli un certain nombre de vibrations. C'est, le plus souvent, au moyen de l'archet que l'on fait vibrer les cordes ; on emploie aussi la percussion, comme dans les pianos.

Les lois des vibrations des cordes sont comprises dans la formule suivante, qui suppose la corde parfaitement flexible :

$$[1] \qquad n = \sqrt{\frac{gP}{lp}}, \qquad \text{ou} \qquad n = \frac{1}{rl}\sqrt{\frac{P}{\pi\delta}}, \qquad [2]$$

n représente le nombre de vibrations accomplies en une seconde par la corde, P le poids qui la tend, l sa longueur, et p son poids. En remplaçant cette dernière quantité par sa valeur $p = \pi r^2 g l \delta$; δ étant la densité et r le rayon de la corde cylindrique, on obtient la formule [2], qui montre que :

1° *Le nombre de vibrations est en raison inverse de la longueur de la corde* ;

2° *En raison inverse de son diamètre* ;

3° *Proportionnel à la racine carrée de la tension* ;

4° *En raison inverse de la racine carrée de la densité*.

La formule [1] montre que, la densité et le diamètre variant de manière que le poids de la corde reste le même, le nombre de vibrations reste aussi le même.

292. Vérifications par l'expérience. — Pour vérifier ces lois, on se sert du sonomètre (266) : 1° On place un chevalet au milieu, aux deux tiers, aux trois quarts..... de la corde, et la plus grande de ses deux parties produit l'octave, la quinte, la tierce majeure, ... c'est-à-dire des nombres de vibrations qui sont à celui de la corde entière dans les rapports $\frac{1}{2}, \frac{3}{2}, \frac{4}{3}$. — 2° On tend, avec des poids égaux deux cordes de même longueur et de même substance, dont les diamètres sont doubles l'un de l'autre, et l'on voit que la plus grosse donne l'octave grave de la plus fine, — 3° On tend deux cordes identiques avec des poids qui sont entre eux comme 1 est à 4, et la plus tendue donne l'octave aiguë de l'autre. — 4° Enfin, on tend également deux cordes égales, l'une en boyau, l'autre en laiton, dont les densités sont comme 1 est à 9, et la corde à boyau donne l'octave de la quinte, c'est-à-dire un nombre de vibrations triple de celui de l'autre corde.

★ **293. Influence de la rigidité.** — Lorsqu'on fait les expériences avec soin, on trouve que les nombres de vibrations des cordes ne sont pas exactement ceux qu'indique la théorie ; le plus aigu des deux sons que l'on compare est toujours un peu trop bas, et d'autant plus que les cordes sont plus grosses et plus courtes. F. Savart a reconnu que le désaccord vient de ce que la corde n'est pas d'une parfaite flexibilité, comme le suppose la théorie ; elle présente une certaine rigidité, qui se fait sentir surtout aux extrémités fixes, de manière que, au lieu de former une *trochoïde amb* (*fig.* 236), qui coupe la droite *ab* aux points *a* et *b*, ainsi que l'indique la théorie, elle forme une courbe tangente à cette droite, comme on le voit en *am'b*. Les vibrations sont donc dues, en partie, à l'élasticité de flexion de la corde, ce qui en augmente la rapidité ; et l'on voit pourquoi l'erreur est d'autant plus prononcée que la corde est plus courte. Les résultats que donne la théorie sont donc la limite vers laquelle tendent ceux de l'expérience, à mesure que la rigidité devient moins sensible. M. N. Savart est parvenu à faire par l'expérience la part de la rigidité, et il est arrivé à représenter le nombre N de vibrations de la corde, par la formule

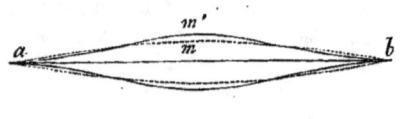

Fig. 236.

$$N^2 = n^2 + v^2,$$

dans laquelle v représente le nombre de vibrations de la corde supposée parfaitement *flexible*, et n ce nombre, quand la corde non tendue, vibre sous l'influence de l'élasticité de flexion seule.

294. Nœuds de vibration. — Une corde vibrante peut se partager en un certain nombre de parties égales *an*, *nn'* *n'b* (*fig.* 237), séparées par des nœuds, de part et d'autre desquels les mouvements sont au même instant en sens inverse ; sans cela le nœud ne pourrait être en repos. Pour produire cette subdivision de la corde, on fait entendre à côté, le son qu'engendrerait l'une des parties égales que l'on veut obtenir. La corde, ébranlée par communication par l'intermédiaire de l'air, répète le même son, et, si on la garnit d'avance de petites bandes ou d'anneaux en papier, on les voit sauter dans les parties vibrantes, et rester en repos sur les nœuds. On peut ainsi faire que la corde se divise en 2, 3, 4, 5.... parties égales, et donne, par conséquent, les harmoniques du son fondamental.

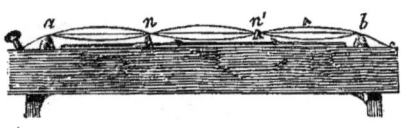

Fig. 237.

Une autre méthode, due à Sauveur [1], consiste à partager la corde en deux parties, par un chevalet n qui la presse légèrement, et de manière que la plus grande contienne un nombre entier de fois la plus petite. Si l'on passe l'archet vers le milieu de la plus petite, l'autre vibre, en se partageant en parties égales à la première, et séparées par des nœuds.

Savart a imaginé un monocorde (*fig.* 238) qui permet de voir les subdivisions de la corde; il consiste en une table noire AB, sur laquelle est tendue une grosse corde filée. Si on la touche légèrement en un point, n, où doit se former un nœud, et qu'on l'attaque vivement avec

Fig. 238.

l'archet à côté de ce point, la corde présente plusieurs parties renflées séparées par des nœuds.

295. Résonnance multiple. — On remarque que, en général, les sons graves sont accompagnés de sons plus aigus. Ce phénomène connu sous le nom de *résonnance multiple*, est surtout remarquable avec les cordes.

---

[1] Sauveur (Joseph), mathématicien et physicien, est né à Laflèche en 1653. Muet jusqu'à l'âge de 7 ans, il conserva toujours de la difficulté à parler. Dès son enfance, il manifesta beaucoup d'aptitude pour la mécanique, se dégoûta plus tard de la philosophie péripatéticienne, et se livra avec ardeur à l'étude des sciences. Il se rendit alors à Paris, où il devint le géomètre à la mode, surtout après qu'il eut établi la théorie mathématique de certains jeux. Il publia un traité des fortifications qui lui valut l'amitié de Vauban, et eut pour élève le prince Eugène et les enfants de France. Reçu à l'Académie des Sciences (1696), il se livra spécialement à l'acoustique, malgré qu'il n'eût ni voix ni oreille, et fit divers travaux sur l'hydraulique. Il mourut d'une fluxion de poitrine, en 1716, à l'âge de 63 ans.

Quand le son qu'elles produisent est intense et de bonne qualité, on entend, avec le son fondamental, l'octave de la quinte et la double octave de la tierce, et, avec un peu d'attention, l'octave et la double octave, c'est-à-dire les harmoniques 2, 3, 4, 5, Mersenne entendait aussi la 17e, la 19e et la 22e. Ces sons harmoniques proviennent de ce que la corde, pendant qu'elle vibre dans son ensemble, se subdivise en parties égales qui vibrent en même temps, en donnant des sons plus aigus. Par exemple, pour le premier harmonique, la corde se partage en deux parties égales et prend les inflexions a, b, c, d, e (*fig.* 239); chaque moitié accomplissant deux vibrations pendant que l'ensemble n'en fait qu'une. Cette explication, qui est la conséquence du principe de la coexistence des petites oscillations (242), peut être vérifiée directement, au moyen du monocorde noir de Savart. Si l'on attaque la corde, avec un archet, près du milieu, on aperçoit un fuseau blanc présentant un étranglement au milieu, et quatre petits fuseaux plus blancs, aa (*fig.* 240), provenant du passage plus fréquent de la corde par les positions où elle se rapproche des limites de son excursion et où le

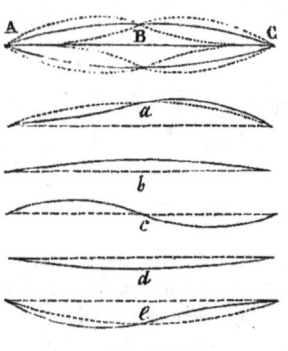

Fig. 239.

Fig. 240.

mouvement d'ensemble se ralentit. Si l'on attaque la corde, près de l'extrémité d'un tiers, d'un quart, d'un cinquième..., on voit deux, trois, quatre... étranglements, dans chacun desquels on distingue des fuseaux plus blancs, près des limites d'excursion.

* **II. Vibrations transversales des verges, des plaques et des membranes.**

296. Verges droites. — Une *verge élastique* est un corps rigide dont deux dimensions sont très petites par rapport à la troisième, de sorte que ce corps présente la forme d'un prisme très allongé, et que la courbure qu'il prend en vibrant peut être représentée par une ligne. La verge peut être : 1° libre à ses deux extrémités ; 2° fixée aux deux bouts ; 3° fixée par un bout seulement; 4° appuyée à un bout et libre à l'autre; 5° fixée par un bout et appuyée à l'autre; 6° appuyée aux deux extrémités.

Indépendamment du son fondamental, une verge peut produire des sons plus aigus, en se partageant en parties vibrantes séparées par des nœuds, ou des lignes nodales perpendiculaires à sa longueur. On reconnaît la position des nœuds en plaçant la verge horizontalement, et y jetant du sable, ou au moyen d'anneaux en papier si elle ne peut retenir le sable. La figure 241 montre comment se subdivise une verge quand elle est libre aux deux bouts et appuyée par deux nœuds, et la figure 242, quand elle est fixée à l'une de ses extrémités. — La manière dont une verge se subdivise et les harmoniques qu'elle produit ont été étudiés en détail par M. Lissajous.

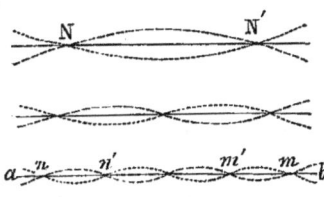

Fig. 241.

Lois. — Le problème des verges élastiques a beaucoup occupé les géomètres; Euler est le premier qui l'ait résolu [1]. Les lois du phénomène sont renfermées dans la formule

$$N = \frac{n^2 e}{l^2} \sqrt{\frac{gr}{\delta}}.$$

N représente le nombre de vibrations par seconde, e l'épaisseur de la verge, comptée dans le plan du mouvement vibratoire, δ sa densité, et r sa rigidité; et enfin n une constante qui dépend de la manière dont la verge est soutenue et du nombre de nœuds qui s'y forment. — Cette formule montre que : 1° *les nombres de vibrations sont indépendants de la largeur de la verge;* 2° *proportionnels à son épaisseur;* 3° *en raison inverse du carré de la longueur ;* 4° *en raison inverse de la racine carrée de la densité.*

La première loi pouvait se prévoir; car, tout se passe de la même manière dans toutes les sections perpendiculaires à la largeur; aussi les lignes nodales, dans les verges plates, sont-elles perpendiculaires à la longueur.

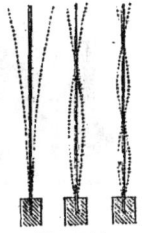

Fig. 242.

297. Verges courbes. — Les sons qu'engendrent les verges courbes dépendent de leur forme et de leur courbure. L'influence de cette dernière

---

[1] Euler (Léonard), géomètre et physicien, né à Bâle en 1707, était fils d'un pasteur de Biechen, qui lui enseigna les éléments des mathématiques. Il devint ensuite l'élève des Bernouillis, et fut appelé, avec eux, par Catherine I`re`, pour former l'Académie de Saint Pétersbourg, dont il enrichit le Recueil d'un grand nombre de mémoires. En 1741, il

se reconnaît surtout dans ces verges en forme de fourchette, que l'on nomme *diapasons*; elles vibrent à peu près comme les verges libres aux deux bouts, et il y a au moins deux nœuds ; mais ces nœuds se rapprochent d'autant plus que la courbure est plus prononcée, comme il est indiqué dans la figure 243. On fait vibrer le diapason, soit en faisant passer entre les branches un cylindre qui les force à s'écarter, soit au moyen d'un archet.

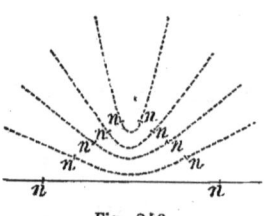

Fig. 243.

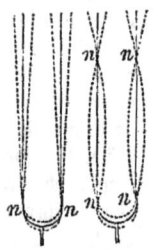

Fig. 244

Quand on choisit convenablement la position de l'archet, on obtient des harmoniques correspondants à 2, 4, 5, 6..... nœuds (*fig.* 244). Le système de trois nœuds n'existe pas. Les premiers de ces harmoniques peuvent être obtenus simultanément, et l'on a ainsi un nouvel exemple de *résonnance multiple*.

On renforce le son du diapason en appuyant sur un corps sonore une petite tige fixée au milieu de la courbure, qui communique au corps sonore les vibrations du ventre qui se trouve en ce point (*fig.* 244). M. Marloye a imaginé de fixer le diapason sur une caisse AB (*fig.* 245), contenant une colonne d'air capable de vibrer à l'unisson. Le son est singulièrement renforcé, et sort si facilement, que deux diapasons ainsi montés se font vibrer mutuellement par l'intermédiaire de l'air, à une distance de plus de 80 mètres.

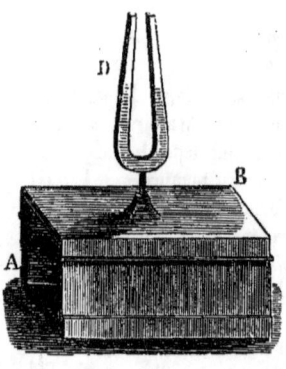

Fig. 245.

298. Vibration des plaques. — Pour faire vibrer une plaque, on la fixe ou on l'appuie par un ou plusieurs points, et l'on passe l'archet sur ses bords. Quand on veut fixer la plaque par son centre de figure, on la serre entre l'extrémité d'une vis *a* (*fig.* 246),

---

vint à Berlin, effrayé du gouvernement cruel du favori Biren, et ne retourna à Saint-Pétersbourg qu'en 1775. Euler fut un mathématicien d'une fécondité extraordinaire. Il appliqua le calcul aux recherches de physique, particulièrement aux questions d'acoustique et d'optique ; il eut une grande part à la découverte de l'achromatisme des lunettes. Il était gai, plein de vivacité. Devenu aveugle à l'âge de 59 ans, il n'en continua pas moins ses recherches scientifiques, et mourut 19 ans après, en 1785.

garnie de liége, et un cône en liége *c* placé au-dessous ; ou bien on la fixe sur un support (*fig.* 247), au moyen d'un clou à vis qui la traverse à son centre.

Quand une plaque résonne, elle se partage en parties vibrantes séparées par des lignes de repos ou *lignes nodales*. Chladni[1] a imaginé, pour les mettre en évidence, de jeter du sable sur la plaque placée horizontalement ; le sable saute sur les parties vibrantes, et finit par s'arrêter sur les lignes de repos, en formant des dessins variés, nommés *figures acoustiques*. Le mouvement a toujours lieu, en sens contraire, au même instant, de chaque côté d'une

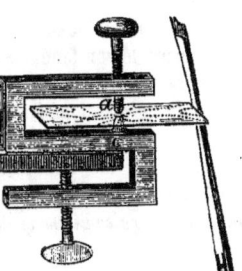

Fig. 246.

Fig. 247.

ligne nodale. Si donc la plaque est divisée par des nodales partant du centre de figure, il y en aura nécessairement un nombre pair.

Les poussières très fines, comme la poudre de lycopode, se rendent sur les ventres de vibration de la plaque, en formant des amas sans cesse agités (*fig.* 247). Ce phénomène est dû à de petits tourbillons d'air, provoqués par le mouvement vibratoire même, et qui, se rencontrant sur les ventres, y entraînent la poussière fine. En effet, si l'on arrête ces tourbillons au moyen d'é-

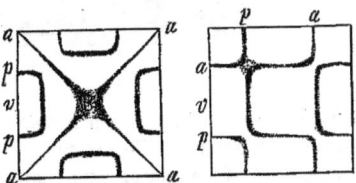

Fig. 248.

crans, on change la forme et la position des amas de poussière ; et, dans le vide, la poussière se place sur les lignes nodales, comme le sable.

Savart a remarqué que les lignes nodales ne se rencontrent jamais, et

---

[1] Chladni (Frédéric), né à Wittemberg en 1756, mort à Breslau en 1827, fut d'abord destiné à la jurisprudence, qu'il abandonna à la mort de son père, pour se consacrer aux sciences. Il publia un traité d'acoustique, dans lequel il développa ses découvertes sur les vibrations des plaques. Il inventa un instrument de musique qu'il nomma *Euphone*, *Clavicylindre*, et voyagea beaucoup pour le faire entendre. On doit à Chladni d'avoir démontré le premier la réalité des aérolithes, dont l'existence n'était pas alors admise dans la science.

qu'elles semblent s'éviter aux points de croisement, quelque compliquée que soit la figure acoustique, comme on le voit dans la *fig.* 248.

Une même plaque peut donner successivement différents sons, et les parties vibrantes séparées par les nodales, sont d'autant plus petites que le son est plus aigu. Savart a étudié en détail les formes des figures acoustiques de diverses plaques rendant des sons de plus en plus aigus, et il est parvenu à les classer d'une manière méthodique.

299. Lois des vibrations des plaques. — Quand deux plaques de même substance et de figure semblable produisent le son fondamental, ou un son plus élevé pour lequel les lignes nodales sont semblables, *les nombres de vibrations sont 1° en raison inverse des carrés des dimensions homologues; 2° proportionnels à l'épaisseur.*

De ces deux lois, en découle une troisième : si les épaisseurs sont proportionnelles aux autres dimensions, c'est-à-dire *si les plaques sont des solides semblables, les nombres de vibrations sont en raison inverse des côtés*

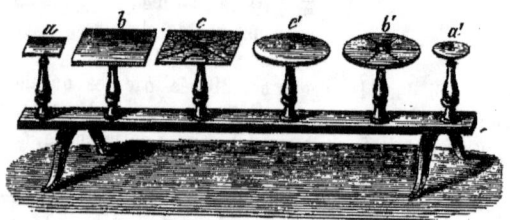

Fig. 249.

homologues. En effet, si n et n' représentent les nombres de vibrations, e, e' les épaisseurs, et l, l' deux côtés homologues satisfaisant à la condition $e : e' = l : l'$, on aura, d'après les deux premières lois

$$n : n' = \frac{e}{l^2} : \frac{e'}{l'^2}, \quad \text{ou} \quad n : n' = l : l'.$$

Cette relation constitue la loi la plus générale du mouvement vibratoire; nous l'avons déjà trouvée pour les masses gazeuses (286).

La *fig.* 249 représente un appareil destiné à démontrer les trois lois ci-dessus. Les plaques a et b, fixées par leur centre de figure, sont de même épaisseur, mais leurs côtés sont entre eux comme 1 : 2; la plus petite donne la double octave de la plus grande. Les plaques c et b sont de même grandeur, mais l'une a une épaisseur double de l'autre, et elle en donne l'octave aiguë. Enfin, la plaque c, dont toutes les dimensions sont doubles de celles de la plaque a, en donne l'octave grave. On arrive aux mêmes résultats avec des plaques circulaires, a', b', c', des plaques triangulaires, etc.

300. Plaques non homogènes. — Une plaque circulaire homogène fixée par son centre, donne deux lignes nodales diamétrales perpendiculaires l'une à l'autre, dont la position dépend de celle du point attaqué par l'archet. Si la lame est elliptique, ou bien si on l'affaiblit dans une direction, au moyen de traits de scie parallèles ne pénétrant que dans une partie de l'épaisseur, les nodales sont fixes, l'une étant suivant le petit axe de l'ellipse, ou parallèle aux traits de scie. Il y a en outre un autre système de nodales présentant la forme de branches d'hyperbole, dont l'axe transverse est perpendiculaire au petit axe de l'ellipse ou parallèle aux traits de scie, c'est-à-dire à la direction de la plus grande résistance à la flexion. Toutes les fois qu'un disque n'est pas homogène, il offre ainsi deux systèmes de nodales. C'est ce qui a lieu, par exemple, pour un disque de bois parallèle aux fibres ligneuses (*fig.* 250). Savart a eu l'idée d'étudier par le même moyen l'élasticité dans les cristaux. Il a reconnu qu'un disque taillé d'une manière quelconque dans un

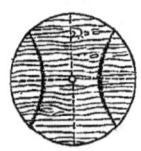

Fig. 250.

cristal ayant un centre de figure, ou taillé dans un cristal symétrique autour d'un axe perpendiculairement à cet axe, se comporte comme une plaque homogène. Mais s'il est taillé obliquement ou parallèlement à l'axe, il présente les nodales diamétrales fixes, ou les nodales hyperboliques, suivant la position donnée à l'archet.

301. Timbres, cloches. — Les nombres de vibration des timbres et des cloches de forme semblable, sont en raison inverse des dimensions homologues, comme pour les plaques. Ces vases de révolution se divisent

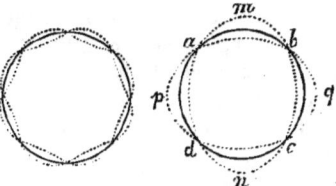

Fig. 251.   Fig. 252.

en parties vibrantes, séparées par des lignes nodales dirigées suivant les méridiens. Il y a quatre parties vibrantes pour le son le plus grave, puis 6, 8..., toujours en nombre pair, et donnant des sons de plus en plus aigus; on voit (*fig.* 251), la position des nœuds a, b, c, d, et des ventres m, n, p, q, pour le son le plus grave, et à gauche, la courbure que prend une section quand il y a 8 nodales. Les différentes sections droites tendent à vibrer avec des vitesses différentes ; mais comme elles sont dépendantes les unes des autres, il s'établit une compensation, comme dans un pendule composé.

On met en évidence les lignes nodales des vases de révolution, soit au moyen de petits pendules attachés aux parois supposées verticales, soit en mettant de l'eau dans l'intérieur ; pendant qu'elles vibrent, il se forme des rides nombreuses en avant des ventres, et l'eau est lancée en gouttelettes fines quand l'amplitude est suffisamment grande (*fig.* 252),

302. Vibrations des membranes. — On fait vibrer les membranes tendues, en produisant à proximité un son intense ; le mouvement vibratoire du corps sonore se transmet à la membrane par l'intermédiaire de l'air. On peut encore fixer au milieu de la membrane, un crin ou une petite tige, que l'on fait vibrer longitudinalement en les frottant avec du drap enduit de colophane.

En faisant vibrer une membrane carrée, au moyen d'un tuyau d'orgue dont il faisait varier le ton en y enfonçant un piston, Savart avait cru remarquer qu'une membrane peut répondre à une infinité de sons passant des uns aux autres d'une manière continue, ainsi que les lignes nodales correspondantes. Mais les recherches mathématiques de Poisson et de M. Lamé sur les vibrations des membranes *carrées*, ont montré qu'elles ne peuvent, ainsi que les cordes, répondre qu'à certains sons séparés par des intervalles déterminés, et à chacun desquels correspond un système de lignes nodales ayant pour type des parallèles aux côtés du carré. MM. J. Bourget et F. Bernard ont retrouvé ces résultats par l'expérience.

* III. Vibrations longitudinales.

303. Vibrations longitudinales des verges. — Les verges rigides peuvent éprouver des vibrations par compression et dilatation, comme les colonnes d'air. Ces vibrations, ayant lieu ordinairement dans le sens de la longueur du corps, se nomment *vibrations longitudinales*. Pour les produire dans une verge, on la tient par le milieu entre les doigts, et on la frotte avec du drap vieux enduit de colophane ; un son aigu accompagne ces frictions, dans quelque sens qu'on les exerce. Les tranches frottées sont pressées les unes contre les autres, puis reviennent, par l'effet de l'élasticité, et éprouvent ainsi des vibrations qui se réfléchissent aux extrémités libres, de manière à produire, par leur croisement avec les ondes directes, des nœuds et des ventres, comme dans les tuyaux ouverts. Quand il s'agit de verges en verre, on les frotte avec du drap mouillé avec de l'eau à laquelle on a ajouté quelques gouttes d'acide chlorhydrique.

On fait vibrer longitudinalement de larges lames, en les fixant normalement, avec de la cire à cacheter, à une autre lame où à un vase de révolution, que l'on fait vibrer transversalement ; comme on le voit en AB et *ab* (*fig.* 253). Les vibrations transversales imprimées par l'archet aux points A et *a*, ébranlent longitudinalement les lames AB, *ab*.

M. Marloye a imaginé un instrument fondé sur les vibrations longitudinales des verges ; il consiste en un socle massif en bois, sur lequel sont implantées 20 verges cylindriques en sapin, donnant la gamme chromatique. On les fait vibrer en les frottant avec les doigts enduits de colophane. Les sons de cet instrument sont doux ; on peut les soutenir et en graduer l'intensité, et il est probable qu'un artiste exercé pourrait en tirer un très bon parti.

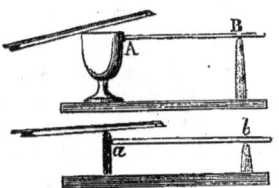

Fig. 253.

304. Lois des vibrations longitudinales des verges. — Ces lois sont les mêmes que pour les colonnes d'air.

1° *Les nombres de vibrations sont en raison inverse de la longueur, pour les verges de même substance.*

2° *La forme et la grandeur de la section de la verge sont sans influence, pourvu que cette section soit très petite par rapport à la longueur.*

3° *Une même verge donne les harmoniques des tuyaux ouverts, quand elle est libre aux deux bouts ; et ceux des tuyaux bouchés, quand elle est fixée à une extrémité.*

Les nœuds ont aussi la même position que dans les tuyaux sonores. Pour faire l'expérience, on tient la verge par un point où doit se trouver

Fig. 254.

un nœud. Quand elle doit être fixée, il faut que l'étau ait une grande masse ; sans cela il vibrerait et altérerait les vibrations de la verge. Les nœuds se reconnaissent en ce qu'on peut les toucher sans modifier le son produit. Le doigt y ressent une impression provenant d'expansions et de contractions qui accompagnent le mouvement longitudinal. Ces lois se vérifient avec des verges en bois, en métal, en verre...., cylindriques, rectangulaires....

Les extrémités libres d'une verge vibrent exactement, comme l'air à l'extrémité ouverte d'un tuyau sonore. On met ce résultat en évidence en plaçant presque horizontalement une longue barre ab (*fig.* 254), fixée par le milieu n, dont on fait plonger, en partie, l'extrémité a dans de l'eau ou du mercure ; quand on la fait vibrer longitudinalement, le liquide est lancé à une grande distance. Une balle b soutenue par une tige en baleine, et appuyée sur l'extrémité de la barre, oscille vivement ; et un petit pendule est lancé avec assez de force pour faire quelquefois un tour entier.

305. Vitesse du son dans les solides. — Chladni a imaginé un moyen simple pour trouver la vitesse du son dans les solides, en partant des vibrations longitudinales. Pour cela on fait vibrer un tuyau très étroit donnant un harmonique dont on évalue le nombre n de vibrations, et pour lequel on mesure, au moyen d'un piston, la distance λ de deux nœuds consécutifs. On tient par le milieu, une verge ayant la longueur λ, et l'on mesure le nombre n' de ses vibrations longitudinales. On a pour le tuyau, $v = n\lambda$, et pour la verge $v' = n'\lambda$, en désignant par v et v' les vitesses du son dans l'air et dans la verge; et par conséquent $v' = vn' : n$. Or le rapport $n' : n$ se déduit de l'intervalle musical qui existe entre les deux sons, et v est connu et égal à 337^m. On aura donc v'. On a trouvé ainsi, en prenant pour unité la vitesse du son dans l'air :

Fanon de baleine	$6\frac{2}{3}$	Acajou	$14\frac{1}{2}$
Etain	$7\frac{1}{2}$	Aluminium	$15\frac{1}{2}$
Argent	9	Saule, pin	16
Cuivre jaune	$10\frac{2}{3}$	Verre	$16\frac{2}{3}$
Cuivre	12	Fer, acier	$16\frac{2}{3}$
Poirier, hêtre, érable	12, à 13	Sapin	$16\frac{2}{3}$, à 18

La longueur des verges de bois est prise dans le sens des fibres. Dans le bois de *noyer, if, chêne, prunier*, la vitesse est la même que dans le cuivre jaune ; et dans le bois d'*ébène, charme, orme, aulne, bouleau*, la même que dans l'acajou. Il faut remarquer que ces nombres, multipliés par 337^m, donnent la vitesse du son dans une file de molécules. Wertheim a démontré que, pour avoir la vitesse dans un espace indéfini, il faut, dans le cas des substances homogènes, multiplier les résultats obtenus par $\sqrt{\frac{3}{2}}$.

306. Lignes nodales des vibrations longitudinales. — Si l'on jette du sable sur la surface, supposée plane et horizontale, d'une verge ou d'une plaque, on le voit s'arranger suivant des lignes de repos. S'il s'agit de verges rondes ou de cordes tendues, on reconnaît les nœuds au moyen d'anneaux en papier. Il y a entre ces lignes nodales et celles des vibrations transversales, des différences notables : 1° les lignes nodales qui accompagnent les vibrations longitudinales ne limitent pas les longueurs d'onde dans lesquelles la verge se divise, car elles sont beaucoup plus nombreuses, et on peut les toucher presque partout sans modifier le son ; 2° le sable ne s'y rend pas en sautant, mais en glissant sur la surface ; 3° ces lignes ne se correspondent pas sur deux faces opposées, mais elles alternent.

Les lignes nodales sont des droites transversales quand la verge est étroite ; quand elle est plus large, elles deviennent courbes, en présentant toujours le même caractère d'alternat sur les deux faces. La figure 255 en montre plusieurs exemples : les lignes ponctuées appartiennent aux nodales de la face postérieure. Ces figures s'obtiennent en faisant vibrer longitudinalement les plaques $a, b, c, d, e,$ au moyen du vase de révolution (*fig.* 253). On renverse l'appareil, pour voir les nodales de la face inférieure.

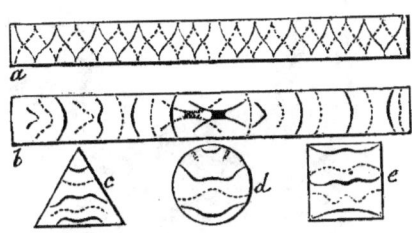

Fig. 255.

M. Terquem a montré que le déplacement du sable est dû aux mouvements des molécules superficielles de la verge, oscillant dans des directions qui dépendent de la coexistence de deux mouvements : l'un parallèle à l'axe et produit par les vibrations longitudinales, l'autre perpendiculaire au premier, et provenant des vibrations transversales. Il prouve, en effet, que pour qu'il y ait des lignes nodales, il faut que la verge puisse, en vibrant transversalement, donner un harmonique à peu près à l'unisson du son longitudinal, et, si l'on produit le son par vibrations transversales, les nodales se dessinent sensiblement dans les mêmes positions que pendant les vibrations longitudinales ; seulement elles se montrent alors des deux côtés.

§ 3. — ORGANE DE L'OUÏE, ET ORGANE VOCAL.

307. I. Organe de l'ouïe. — L'organe de l'ouïe, chez l'homme, se compose de trois parties : *l'oreille externe*, *l'oreille moyenne* et *l'oreille interne*. Les deux dernières sont creusées dans le *rocher*, TR (*fig.* 256), prolongement osseux de l'os temporal TT, qui s'enfonce dans l'intérieur du crâne, de chaque côté de la tête.

L'oreille externe se compose de deux parties : 1° le *pavillon* P, lame demi-ovale, à surface irrégulièrement contournée, dans laquelle on remarque une espèce d'entonnoir arrondi *c*, nommé *conque* ; 2° le conduit *auditif externe a*, qui s'enfonce au fond de la conque et se recourbe un peu, en haut et en avant.

L'oreile moyenne se compose de la *caisse*, ou *tympan*, C, cavité osseuse de forme à peu près hémisphérique, remplie d'air, et séparée de l'oreillle externe par une membrane très délicate *t*, nommée *membrane du tympan*, un peu concave en dehors, et tendue obliquement au fond du conduit auditif. La caisse est percée de quatre ouvertures : une d'elles communique avec un canal membraneux *e*, nommé *trompe d'Eustache*, qui va déboucher dans la partie postérieure des fosses nasales; et sert à établir la communication entre l'air de la caisse et l'atmosphère. Les deux autres,

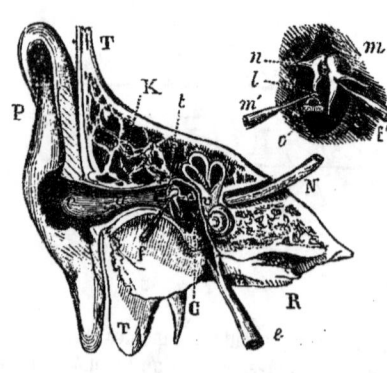

Fig. 256. — 3/4.

la *fenêtre ovale* et la *fenêtre ronde*, sont placées à l'opposé de la membrane du tympan, et sont fermées par une membrane très mince.

Dans la caisse, se trouvent quatre petits os, formant la *chaîne des osselets* ; ils sont représentés à part en *mno*, avec leur grandeur réelle, et leurs positions relatives. Le premier est le *marteau*, *m*, dont une des branches est engagée dans la membrane du tympan, et peut la presser sous l'influence d'un petit muscle f, f'.

Les autres sont l'*enclume n*, l'*os lenticulaire l*, et l'*étrier o*. Le dernier est muni d'un petit muscle *m'* qui l'appuie sur la membrane qui ferme la fenêtre ovale, membrane à laquelle il adhère par sa base.

L'*oreille interne* ou *labyrinthe*, est la partie la plus importante de l'organe auditif ; elle se compose de plusieurs cavités creusées dans le rocher ; 1° le *vestibule v* (*fig.* 256), qui communique avec la caisse par la fenêtre ovale ; 2° les *canaux semi-circulaires*, au nombre de trois, débouchant dans le vestibule ; 3° le *limaçon*, sorte de canal conique enroulé en hélice autour d'une colonne osseuse. Ce canal est partagé en deux par une cloison longitudinale, moitié osseuse, moitié membraneuse, interrompue au sommet, de manière que les deux parties communiquent entre elles. L'une d'elles est, en outre, en communication avec le vestibule, et l'autre avec la caisse, par la fenêtre ronde. L'oreille interne renferme un sac membraneux qui s'enfonce dans presque toutes ses parties, et forme ce qu'on appelle le *labyrinthe membraneux*. L'intérieur du labyrinthe membraneux est rempli par un liquide gélatineux, désigné par Breschet sous le nom de *vitrine auditive*. Dans ce liquide viennent se ramifier les branches d'un nerf spécial, nommé *nerf acoustique* N (*fig.* 256), de manière que les dernières ramifications y soient flottantes. Ce nerf pénètre dans le labyrinthe par un canal osseux, le *conduit auditif interne*. Le vestibule et les canaux paraissent être les parties les plus importantes de l'organe de l'ouïe ; ce sont eux qui disparaissent les derniers, quand on suit la dégradation continue de l'organe de l'ouïe dans l'échelle des animaux.

308. Mécanisme de l'audition. — Voici comment on peut rendre compte du phénomène de l'audition. Les vibrations de l'air se communiquent à la membrane du tympan, dont la tension, variable sous l'influence de la pression du marteau et du muscle *f*, lui permet de répondre à tous les sons compris entre certaines limites. Les vibrations de cette membrane sont transmises par la chaîne des osselets, à la membrane qui ferme la fenêtre ovale, et par l'air de la caisse à celle qui ferme la fenêtre ronde. Le liquide qui remplit le labyrinthe et baigne ces membranes, entre donc lui-même en vibrations, ainsi que les fibres du nerf acoustique qui flottent dans ce liquide ; et de l'ébranlement de ces fibres résulte la sensation du son.

La chaîne des osselets semble destinée à concentrer sur la fenêtre ovale les vibrations de la membrane du tympan, et, par ses irrégularités, à amortir les vibrations trop violentes qui pourraient déchirer la membrane de la fenêtre ovale.

Fig. 257.

L'oreille externe par ses circonvolutions réfléchit les ondes sonores dans le conduit auditif qui forme une sorte de tuyau conique qui les renforce.

309. Cornet acoustique. — Pour suppléer au défaut de sensibilité de l'ouïe, on augmente l'intensité des sons au moyen du *cornet acoustique*. Cet instrument consiste en un tube conique évasé (*fig.* 257), que l'on contourne de diverses façons, et dont le sommet ouvert, *o*, s'engage dans le conduit auditif. Le renforcement des sons par cet instrument a été d'abord attribué à la réflexion des rayons sonores, qui convergeraient ainsi à l'ouverture *o*, et on a cherché la forme la plus favorable pour remplir cette condition : par exemple, on a remplacé le cône par un paraboloïde dont le foyer était à l'orifice *o*. Mais ces différentes formes n'ont que peu d'influence sur le résultat. De plus, la nature des parois, l'état de leur surface intérieure, qui peut être polie ou dépolie, et même recouverte de drap, ne change rien à l'accroissement d'intensité des sons. La seule condition à remplir, c'est que l'ouverture extérieure soit plus grande que celle que l'on engage dans l'oreille. L'effet du cornet acoustique s'explique alors de la manière suivante : les tranches d'air comprimées ou dilatées qui arrivent à l'ouverture extérieure, transmettent leur compression ou dilatation à des tranches de plus en plus petites, et, par conséquent, la transmettent avec une intensité croissante. Les choses se passent comme dans une série de billes élastiques de plus en plus petites; si l'on éloigne la plus grosse, pour la lancer sur la suivante avec une certaine vitesse, la plus petite, placée à l'extrémité opposée de la série, partira avec une vitesse beaucoup plus grande. De cette manière, la tranche qui est en *o* reçoit et transmet à la membrane du tympan une compression, ou une dilatation, beaucoup plus forte qu'en l'absence de l'instrument.

310. II. Organe de la voix. — L'appareil vocal de l'homme est composé du *larynx*, dans lequel se forment les sons, des poumons qui fournissent le vent, enfin de l'arrière-bouche, de la bouche et des fosses nasales. Le vent vient des poumons par la *trachée-artère*, tube formé d'anneaux cartilagineux, interrompus à la partie postérieure dans un $\frac{1}{5}$ environ de leur circonférence, superposés et réunis par des membranes. C'est dans le larynx que se produit la voix; car, si la trachée est perforée au-dessous, l'air s'échappe par l'ouverture, et la production des sons n'est possible qu'après qu'on l'a fermée avec un tampon. En soufflant dans un larynx fraîchement extrait du cadavre, on lui fait rendre des sons.

311. Description du larynx. — La *fig.* 258 représente le larynx dépouillé de ses muscles extérieurs, vu de profil, la *fig.* 259 le représente vu par devant, et la *fig.* 260 est une coupe par un plan vertical dirigé d'avant en arrière. Le larynx est soutenu à sa partie supérieure par un petit os en forme de fer à cheval, nommé *os hyoïde*, *i*, *ii*, (*fig.* 258 et 259); et est formé de plusieurs cartilages : le *cartilage thyroïde*, *t*, placé en avant, formant la saillie nommée *pomme d'Adam*, et réuni à l'os hyoïde par une membrane *m*; au-dessous, le *cartilage cricoïde r*, *r*, de forme annulaire; et les deux cartilages *aryténoïdes a* (*fig.* 258), en forme de pyramides courbes, articulés en arrière au bord du cricoïde, et dont les sommets sont rapprochés l'un de l'autre. Tous ces cartilages peuvent être déplacés les uns par rapport aux autres entre certaines limites, au moyen de muscles spéciaux. Il nous reste encore à signaler l'*épiglotte*, espèce de soupape cartilagineuse *e*, qui garnit l'ouverture par laquelle le larynx communique avec le *pharynx*, sorte d'entonnoir formant la continuation de l'arrière-bouche et communiquant avec l'estomac. L'épiglotte ferme le larynx pendant qu'on avale les aliments, afin de les empêcher de pénétrer dans le larynx, ce qui produirait la suffocation.

Dans l'intérieur du larynx, se trouvent de chaque côté, deux replis *c*, *c*, formés de substance jaune élastique, analogue au tissu des artères. Ces replis sont dirigés un peu obliquement d'avant en arrière, et se nomment *ligaments inférieurs de la glotte* ou *cordes vocales;* ils laissent entre eux une fente nommée *ouverture de la glotte*. Au-dessus, sont deux autres replis *c'*, *c'*, nommés *ligaments supérieurs de la glotte*; l'espace *v* compris entre ces quatre ligaments constitue le *ventricule de la glotte*. Les cordes vocales c, c sont fixées par leur partie postérieure aux cartilages aryténoïdes, qui, par leurs mouvements, peuvent les tendre plus ou moins, et élargir plus ou moins la fente qui les sépare. La *fig.* 261 représente une coupe transversale du larynx de l'homme, faite à travers le ventricule : H est le cartilage thyroïde, r le cartilage cricoïde, a l'un des cartilages aryténoïdes,

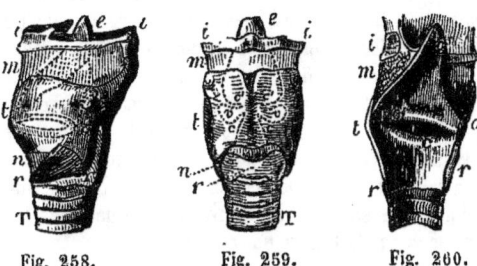

Fig. 258.   Fig. 259.   Fig. 260.

et v le ventricule de la glotte. On voit que ce dernier ne s'étend pas jusqu'à la partie postérieure, de manière que l'ouverture de la glotte peut être regardée comme formée de deux parties 1 et 2, dont la postérieure peut être fermée par les mouvements des arythénoïdes, a.

312. Mécanisme de la voix. — On a de tout temps comparé l'organe vocal à un instrument de musique. Mais le larynx est un appareil spécial dont on ne peut comparer le jeu à celui d'aucun instrument connu. Le son est produit par les cordes vocales, qui vibrent comme des espèces d'anches membraneuses, sous l'influence du courant d'air venant des poumons. Le mouvement vibratoire s'explique ici comme dans les anches libres (287), et la sortie intermittente de l'air produit le son (288). Le ton dépend du degré de tension, de la largeur et de la longueur de l'ouverture de la glotte, déterminées par les déplacements volontaires des cartilages arythé-

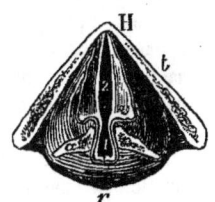

Fig. 261.

noïdes. G. Cuvier compare le jeu des cordes vocales à celui des lèvres qui vibrent dans une embouchure de cor (290), avec une vitesse qui dépend de la tension et du degré d'écartement qu'on leur donne.

On a fait une multitude d'expériences pour confirmer cette théorie. D'abord, pour montrer que les sons sont produits par les cordes vocales, Magendie, M. Longet... ont enlevé sur des animaux, l'épiglotte, les ligaments supérieurs de la glotte, et même la partie supérieure des cartilages

aryténoïdes, sans détruire la propriété de produire des sons. Au contraire, l'altération des cordes vocales, ou la lésion des nerfs qui animent les muscles servant à les tendre, empêche la production des sons. Enfin, en soufflant dans un larynx séparé du cadavre, on voit vibrer les cordes vocales.
— Quand on respire sans émettre de son, l'air passe principalement par la partie postérieure de la glotte [1], (*fig.* 261), partie qui est fermée pendant la production des sons, par le rapprochement des aryténoïdes, ce qui n'empêche pas l'émission des sons d'être possible quand elle est un peu ouverte. Le ventricule fonctionne comme un tuyau renforçant, dont les ligaments supérieurs modifient les dimensions en se rapprochant plus ou moins. Il se comporte comme le tuyau d'un hautbois, d'une clarinette ou d'un cor, sans lequel l'anche de ces instruments ne vibre que difficilement, et ne peut qu'avec peine être amenée au ton voulu. Les fosses nasales, le pharynx, la cavité de la bouche fonctionnent aussi comme tubes renforçants, dont les dimensions se modifient suivant le ton des sons émis, et ont une grande influence sur le timbre de ces sons.

313. Parole. — Aux sons produits dans le larynx, nous pouvons apporter, sans en changer le ton, certaines modifications qui constituent la *voix articulée* ou la *parole*, et qui prennent naissance dans les cavités qui surmontent le larynx. En effet, on peut *prononcer* sans produire de sons véritables; par exemple, quand on parle à voix basse. Comme le dit Mersenne, la voix n'est que la matière de la parole.

Les sons articulés se divisent en *voyelles*, qui peuvent se prolonger autant que la respiration le permet, et correspondent à une situation fixe de tout l'appareil vocal; et en *consonnes* qui ne peuvent être soutenues qu'un moment, ou sont accompagnées de mouvements de certaines parties de cet appareil. Il y a des consonnes que l'on peut soutenir comme l's, l'*f*, mais sans émettre en même temps de son proprement dit. L'*r* fait exception; on peut le soutenir en l'accompagnant d'un son musical.

La prononciation dépend de la position et des mouvements du pharynx, du voile du palais, de la langue et des lèvres. La langue paraît jouer ici le rôle le plus important; cependant d'autres parties peuvent la remplacer, car on cite des exemples de personnes privées de langue, qui prononçaient nettement.

Des expériences récentes de M. Helmholtz montrent que le timbre des *voyelles* est produit par le mélange de plusieurs sons. En effet, il a pu imiter ce timbre, en mélangeant divers sons choisis convenablement pour chacune d'elles, avec des intensités relatives convenables. Par exemple, O s'obtient en combinant les sons 1 et 2; U au moyen des sons 1 et 3;

---

[1] Chez les animaux ruminants, il n'y a ni ligaments supérieurs ni ventricules de la glotte, ce qui ne les empêche pas d'émettre des sons.

É au moyen des sons 1, 3, 5, le son 3 étant plus faible que les autres, etc.

314. Porte-voix. — Pour se faire entendre à une grande distance, on se sert du *porte-voix*. Cet instrument est formé d'un tube un peu conique P*o* (*fig.* 262), terminé en pavillon de cor P. En *o* est l'embouchure, qui peut entourer la bouche sans gêner le mouvement des lèvres.

Pour expliquer le renforcement des sons dans le porte-voix, on admet généralement que les rayons sonores éprouvent plusieurs réflexions sur les parois, de manière à se rapprocher de plus en plus de la direction de l'axe de l'instrument. Mais cette explication n'est pas admissible. En effet, le pavillon a une influence considérable, et il devrait être inutile, dans cette théorie. La forme conique devrait être, au contraire, indispensable, et un tube cylindrique terminé par un pavillon, renforce à peu près autant

Fig. 262.

qu'un tube conique. Hassenfratz ayant doublé l'intérieur d'un porte-voix avec du drap, trouva que l'intensité des sons restait la même, quoique la réflexion des rayons sonores ne pût avoir lieu. Nous ajouterons que les sons émis à travers un porte-voix ne sont pas renforcés dans la direction de son axe seulement, mais dans toutes les directions, que l'instrument soit muni ou non de son pavillon. Par exemple, si l'on parle dans un porte-voix, à une distance de quelques centaines de mètres d'un mur élevé, on entend un écho sensiblement de même force, quand le pavillon est tourné vers le mur, et lorsqu'il est tourné du côté opposé.

L'effet du porte-voix n'est donc pas dû à la réflexion des rayons sonores sur ses parois, mais simplement, comme le remarque Hassenfratz, au renforcement que la colonne d'air qu'il contient fait éprouver aux sons. Quant à l'effet énorme du pavillon, il est de la même nature que celui qu'il produit dans les instruments à vent, et, comme pour ceux-ci, il n'a pas pu encore être expliqué.

FIN DU LIVRE PREMIER.

LIVRE II.

DE LA CHALEUR.

* **315. Fluides impondérables.** — En considérant l'ensemble des phénomènes naturels, les physiciens ont été conduits à admettre deux sortes de matière : l'une tangible et pesante, susceptible de se présenter sous les trois états, *solide*, *liquide* et *gazeux*; l'autre impalpable, sans pesanteur appréciable, d'une mobilité et d'une subtilité extrêmes, et produisant les phénomènes de la *chaleur*, de la *lumière* et de l'*électricité*. La matière pondérable est disséminée dans l'espace en masses isolées, placées à des distances immenses les unes des autres. L'autre espèce de matière est répandue dans tout l'espace, même dans les pores qui séparent les molécules des corps pondérables, et dans le vide le plus parfait que nous puissions faire.

Pendant longtemps, on a regardé la *chaleur*, la *lumière* et l'*électricité* comme des *substances impondérables* différentes ; mais, d'après les progrès qu'a faits la science, on a été conduit à attribuer ces trois ordres de phénomènes à des mouvements vibratoires excités dans une seule et même substance répandue dans tout l'espace, et qu'on a nommée l'*éther*. Dans cette hypothèse, la chaleur, la lumière et l'électricité ne sont plus des substances, mais les résultats de mouvements vibratoires imprimés à l'éther ; de même que le son n'est pas une matière, mais le résultat d'un mouvement imprimé à la matière.

Dans ce livre, nous allons nous occuper spécialement des phénomènes de la chaleur, en les considérant au point de vue expérimental, et sans nous préoccuper de la nature première de cet agent, nature sur laquelle nous donnerons cependant, de temps à autre, quelques indications.

CHAPITRE PREMIER.

DE LA CHALEUR EN GÉNÉRAL. — MESURE DES TEMPÉRATURES.

§ 1. — NOTIONS GÉNÉRALES.

346. Effets généraux de la chaleur. — Les impressions de chaud et de froid sont familières à chacun de nous. La cause qui les détermine par son action plus ou moins intense a reçu le nom de *chaleur*.

Les êtres organisés ne sont pas les seuls à en ressentir l'influence ; les corps bruts eux-mêmes cèdent à son action. La chaleur peut, en effet, changer leur état ; liquéfier les corps solides, faire passer les liquides à l'état de gaz ; et, quand elle ne produit pas des effets aussi intenses, elle agit encore pour dilater les corps (17). Enfin, c'est par l'effet de la chaleur que les molécules sont retenues à distance les unes des autres, et ne peuvent venir jusqu'au contact en obéissant à la force de cohésion (25).

L'étude de la chaleur se divise en deux grandes parties : dans la première, on étudie la chaleur en mouvement, soit hors des corps et s'élançant à travers l'espace, auquel cas elle constitue la *chaleur rayonnante* ; soit dans l'intérieur des corps et s'y propageant de molécule à molécule. Dans la seconde partie, on étudie les effets que produit la chaleur sur les corps, soit pour les dilater, soit pour changer leur état physique.

★ **317. Systèmes de l'émission et des ondulations.** — On a fait sur la nature de la chaleur divers systèmes, parmi lesquels deux seulement ont survécu. Dans le plus ancien, désigné sous le nom de *système de l'émission*, et adopté par les chimistes de la fin du xviiie siècle, la chaleur est attribuée à une substance particulière qui est lancée par les corps chauds en particules excessivement petites, avec une immense vitesse, se réfléchit sur les surfaces des corps qu'elle rencontre, ou les pénètre et se combine avec leurs molécules en proportions diverses. On lui a donné le nom de *calorique*.

Dans l'autre système, connu sous le nom de *système des ondulations*, la chaleur n'est pas une substance ; c'est le résultat de mouvements vibratoires excités dans un milieu très peu dense et très élastique, répandu dans tout l'espace et nommé l'*éther*, par les molécules des corps chauds, qui sont elles-mêmes dans un état vibratoire particulier. Ces mouvements se propagent à travers l'éther avec une vitesse prodigieuse, et se communiquent aux molécules des corps plus froids, qui alors sont échauffés. Dans ce système, on conçoit facilement pourquoi la chaleur n'augmente pas le poids des corps, et comment elle se dégage quand on ébranle leurs molécules par le frottement, ou par tout autre moyen. Ce système correspond à un système semblable, au moyen duquel on explique tous les phénomènes lumineux.

Du reste, l'étude des phénomènes de la chaleur, et la recherche expérimentale de leurs lois, peuvent être poursuivies sans qu'on ait besoin d'adopter l'un ou l'autre des deux systèmes en présence; c'est ainsi que nous procéderons.

318. De la température. — La *température* d'un corps est un état d'équilibre particulier, dans lequel le corps ne perd ni ne gagne de chaleur, et auquel correspond un certain volume déterminé de ce corps. Si l'on pouvait évaluer à chaque instant le volume du corps, on aurait, en comparant successivement ce volume à lui-même, un moyen de comparer les températures successives qu'il possède.

Plusieurs corps sont à la *même température* quand, plongés dans le même milieu, ils ne perdent ni ne gagnent de chaleur. Il ne faudrait pas croire qu'on pût constater l'égalité de température, en touchant successivement ces corps avec la main, et comparant les sensations éprouvées; car, pour qu'il y ait sensation, il faut que la température de la main soit différente de celle du corps touché, et alors il n'y a plus équilibre de chaleur, et l'effet produit dépend de la facilité avec laquelle cet agent se transporte de l'intérieur du corps à sa surface, et de celle-ci à la main, ou suit la route inverse; facilité qui dépend de la nature de la substance.

On ne peut pas davantage apprécier avec la main le degré de température d'un corps; l'effet dépendant de l'état momentané de l'organe, de sorte qu'un même corps peut paraître chaud ou froid, suivant que la main est froide ou chaude. Par exemple, si, après avoir plongé la main droite dans de l'eau glacée et la main gauche dans de l'eau brûlante, on les plonge en même temps dans de l'eau tiède, la main droite éprouvera une impression de chaleur, et la main gauche une impression de froid. Les impressions de chaud et de froid sont donc relatives; un corps paraît *chaud* quand il cède de la chaleur à nos organes, et *froid*, quand il leur en enlève; et cela dépend de l'état des organes.

319. De la mesure des températures. — Pour comparer les températures, on se sert des effets que la chaleur produit sur les corps. L'effet le plus général est la dilatation; c'est aussi le plus facile à observer. Les solides se dilatent très peu; on ne les emploie que pour les hautes températures. Les gaz se dilatent beaucoup, ce qui donnerait aux instruments des dimensions embarrassantes; on ne les emploie généralement que pour les faibles variations de température. Cependant on en fait aussi usage pour celles qui sont très élevées, parce qu'ils ne peuvent plus changer d'état. Pour les températures modérées, on se sert des liquides, qui se dilatent plus que les solides, et dont la fluidité se prête facilement à la mesure des variations de volume. Parmi les liquides on préfère le *mercure*, parce qu'il se dilate plus régulièrement que tous les autres, qu'il se laisse promptement pénétrer par la chaleur et qu'il n'en emprunte que peu au milieu dans lequel il est plongé, pour en partager la température.

Les instruments destinés à comparer les températures se nomment *thermomètres* (θέρμη, *chaleur*, μέτρον *mesure*). Le thermomètre à liquide consiste en un réservoir de verre auquel est adapté un tube capillaire ; le liquide remplit le réservoir et une partie du tube. Quand le liquide se dilate, l'augmentation de volume se porte toute entière dans le tube, et le niveau s'élève d'autant plus que le diamètre est plus petit par rapport à la capacité du réservoir.

§ 2. — DES THERMOMÈTRES.

320. Construction du thermomètre à mercure. — Pour construire un thermomètre à mercure, on choisit un tube capillaire qui soit assez régulier pour qu'une petite colonne de mercure qu'on y fait mouvoir conserve partout la

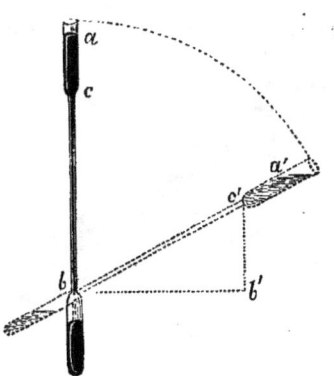

Fig. 263.

même longueur. Quand cela a lieu, le tube est dit *bien calibré*. On souffle à son extrémité un réservoir en forme de boule ou d'olive allongée, *r* (*fig.* 265), ou bien on y soude à la lampe d'émailleur, un réservoir cylindrique en verre.

Pour introduire le mercure dans ce réservoir, il faut employer des artifices particuliers, parce que, le tube étant capillaire, l'air logé dans l'intérieur empêche le liquide d'y descendre. On soude alors à l'extrémité *c* (*fig.* 263), un tube plus gros *ac*, servant d'entonnoir ; on place l'appareil verticalement, et l'on y verse du mercure bien pur. L'air contenu dans le tube supporte la pression atmosphérique augmentée du poids de la colonne *ac* ; il cède, et le mercure descend dans le tube jusqu'en *b*, puis tombe dans le réservoir, jusqu'à ce que l'air qui s'y trouve ait acquis par la diminution de volume, un excès de pression équivalent à la colonne de mercure *ab*. Si alors on incline l'instrument dans la position *ba'*, l'air du réservoir ne supporte plus, en sus de la pression atmosphérique, que la pression d'une colonne égale à $c'b'$; il refoule le mercure dans le tube jusqu'en c', et sort en partie à travers le mercure $c'a'$. Si l'on redresse le tube, l'air resté dans l'intérieur cède, et une nouvelle quantité de mercure pénètre dans l'appareil. En inclinant de nouveau le tube, on fait sortir une nouvelle portion d'air. En continuant ainsi, on parvient à remplir presque entièrement le réservoir, mais non totalement, parce que le peu d'air qui reste à la fin, ne peut refouler le mercure jusqu'en c', l'augmentation de volume qu'il éprouve dans le tube étant alors relativement très grande.

On achève de remplir le thermomètre, en faisant bouillir le mercure. Pour cela, on place l'instrument sur une grille inclinée ac (*fig.* 264) on met des charbons ardents au-dessous du réservoir, et quelques-uns sous l'entonnoir a, et le mercure entre bientôt en ébullition. Quand on laisse ensuite refroidir l'appareil, les vapeurs de mercure se condensent, et le liquide chaud de l'entonnoir, poussé par la pression atmosphérique, remplit totalement l'instrument. De cette manière on purge l'intérieur, de l'humidité et de l'air qui adhèrent aux parois du verre.

Fig. 264.

Une autre méthode consiste à souder à l'extrémité du tube, une ampoule de verre a (*fig.* 265) dans laquelle on introduit du mercure, en l'échauffant pour en faire sortir de l'air, puis plongeant la pointe o dans du mercure, qui y pénètre pendant le refroidissement ; on fait ensuite sortir de l'air du réservoir r en le chauffant à son tour, puis on le laisse refroidir. Du mercure s'y introduit, et on achève en portant l'appareil à l'ébullition, comme ci-dessus.

Fig. 265.

Le thermomètre une fois rempli, il faut en *régler la course*, c'est-à-dire en faire sortir par dilatation, une quantité de mercure telle que le niveau ait la faculté de se déplacer entre certaines limites, sans atteindre l'extrémité du tube, ni le réservoir. On ferme ensuite le tube pendant qu'il est rempli par le mercure dilaté, en fondant au chalumeau, son extrémité qu'on a eu soin d'effiler préalablement. On évite ainsi de laisser de l'air dans l'instrument ; ce fluide aurait l'inconvénient de fausser les indications ; car, lorsque la colonne de mercure arriverait près de l'extrémité du tube, l'air comprimé, réagissant par son élasticité, ferait distendre le réservoir. Quelquefois on souffle au-dessous de la pointe effilée, une petite ampoule a

(*fig.* 270), dans laquelle le mercure se rend quand la température est trop élevée, ce qui évite la rupture de l'instrument.

321. Graduation du thermomètre. — Il reste à appliquer au tube une graduation, qui doit être établie suivant des règles fixes, afin que tous les thermomètres soient comparables entre eux, c'est-à-dire donnent les mêmes indications dans les mêmes circonstances. Pour cela, on a adopté deux températures fixes, que l'on marque sur le tube, et l'on divise ensuite l'intervalle entre les deux points marqués, en un nombre déterminé de parties égales. Les températures adoptées sont celles de la glace fondante et celle de l'eau bouillante.

Point de la glace fondante. — Ce point a été choisi parce qu'on a remarqué que pendant sa fusion la glace conserve une température invariable, dans quelque circonstance que l'on opère. Pour marquer ce point, on plonge le thermomètre dans un vase assez profond pour que l'instrument soit entièrement entouré de glace (*fig.* 266). Celle-ci doit être pilée très fin, pour que l'eau qui la mouille remplisse les interstices, et que le thermomètre soit partout en contact avec un milieu ayant la même température. Comme l'eau de fusion peut prendre à la longue une température plus élevée que celle de la glace, on la fait écouler à mesure qu'elle s'accumule, par un trou pratiqué au fond du vase. Quand le niveau du mercure ne varie plus, on en marque la position sur le tube.

Fig. 266.

Point d'ébullition. — La température de l'eau bouillante reste la même, quelle que soit la violence de l'ébullition. Cette remarque a fourni le second point fixe du thermomètre. Mais il faut observer que la température de l'eau bouillante n'est pas aussi invariable que celle de la glace fondante; elle peut changer d'une expérience à une autre, car elle dépend de la pression atmosphérique, et augmente en même temps qu'elle. C'est pourquoi on est convenu de prendre pour point fixe, la température de l'ébullition de l'eau sous la pression de $0^m,76$.

L'expérience ayant prouvé que la température de la vapeur est égale à celle du liquide à sa surface, on opère en plongeant le thermomètre dans cette vapeur. La *fig.* 267 représente une coupe verticale de l'appareil employé ordinairement. Le thermomètre, t, est suspendu, au moyen d'un bouchon, dans un cylindre c surmontant une petite chaudière dans laquelle l'eau est mise en ébullition. La vapeur entoure le thermomètre, et redescend dans une enveloppe ee, dont elle sort par le tube a. Au moyen de cette disposition, les parois du cylindre c sont à la même température que la vapeur, de sorte que le thermomètre t n'éprouve pas de refroidissement en rayonnant vers ces parois. De temps en temps on le retire en le faisant glisser dans le bouchon qui le soutient, et quand on reconnaît que le niveau du mercure ne varie plus, on en marque la position.

Il est essentiel que la vapeur sorte librement en a de manière à avoir exactement la même pression que l'atmosphère; on vérifie qu'il en est ainsi au moyen du manomètre à eau m. Gay-Lussac ayant remarqué que, sous la même pression, la température d'ébullition de l'eau dépend de la substance de la chaudière, on évite l'incertitude provenant de cette cause, en faisant en sorte qu'aucune partie du thermomètre ne plonge dans l'eau. En effet, Rudberg a reconnu que la température de la vapeur reste la même, quelle que soit la nature du vase, et quelles que soient les petites quantités de sels que l'eau, non distillée, peut contenir.

Fig. 267.

Après qu'on a marqué les points fixes, on divise l'espace qui les sépare en 100 parties d'égale capacité, qui sont aussi d'égale longueur, si le tube est bien calibré. On se sert, dans ce cas, de la machine à diviser (12). On marque zéro au point de la fusion de la glace, 100 au point d'ébullition de l'eau, et l'on porte des divisions de même grandeur au-delà de 100 et au-dessous de zéro, en ayant soin de faire augmenter les numéros en montant, et en descendant, à partir de ce dernier point. L'échelle thermométrique ainsi établie se nomme *échelle centigrade* ou *centésimale*.

322. Correction du point d'ébullition. — Quand la pression atmosphérique n'est pas exactement de $0^m,76$ pendant l'opération, il faut faire une correction. L'expérience montre qu'une différence de 27^{mm} de pression au-dessus ou au-dessous de 760^{mm}, élève ou abaisse de $1°$ centigrade la température de l'ébullition. Pour les faibles variations de la pression atmosphérique, on peut admettre qu'il y a proportionnalité dans ces effets. Si donc la pression atmosphérique est $760^{mm} \pm n$, on posera $27^{mm} : n^{mm} = 1° : x°$; et au lieu de diviser l'intervalle entre les points fixes en 100 parties égales, on le divisera en $100 \pm x$, ou $100 \pm \dfrac{n}{27}$.

Quand on veut une plus grande précision, on consulte des tables dont nous parlerons plus tard, dans lesquelles se trouvent indiquées en dixièmes de degré, les températures de l'ébullition de l'eau, correspondantes aux différentes pressions atmosphériques.

323. Degrés de température. — Chaque division se nomme *un degré centigrade* : c'est l'*unité de température*. Cette unité est donc représentée par la centième partie de la dilatation du mercure *dans le verre*, depuis la température de la glace fondante jusqu'à celle de l'eau bouillante. Nous voyons que les températures indiquées ainsi n'ont rien d'absolu ; ce ne sont que des différences, puisque le point de départ a été choisi arbitrairement. Quand on dit d'une température qu'elle est double, triple d'une autre, on n'énonce donc qu'un résultat numérique, et non un résultat physique, et l'on n'exprime pas qu'il y a deux fois, trois fois plus de chaleur dans le corps. Les températures plus basses que 0° s'indiquent en mettant le signe (—) devant les nombres qui les expriment.

L'échelle du thermomètre est tracée, tantôt sur une plaque de verre, d'ardoise, de métal, sur laquelle on fixe le tube T (*fig.* 268), tantôt sur une bande de papier renfermée dans un gros tube de verre fixé au thermomètre, qui prend alors le nom de *thermomètre à chemise* C (*fig.* 269), et sert principalement pour les liquides. L'échelle des thermomètres de précision (*fig.* 270), est toujours gravée sur le tube même de l'instrument.

324. Différentes échelles thermométriques. — L'échelle centigrade est due à Celsius ; on en a adopté d'autres qu'il faut connaître. Dans l'échelle de Réaumur[1], on partage l'intervalle entre les points fixes en 80 parties égales, de sorte que les degrés du *thermomètre de Réaumur* sont plus grands que ceux du thermomètre centigrade. En Angleterre et en Allemagne on se sert principalement de l'*échelle de Fahrenheit* : l'intervalle entre les points fixes contient 180 divisions ; ces divisions sont portées au-dessous du point de la glace fondante, et, à la 32ᵉ on marque 0° ; de manière que, au point de la glace fondante se trouve 32°, et à l'eau bouillante 32+180=212°.

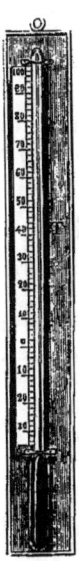

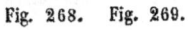

Fig. 268.   Fig. 269.

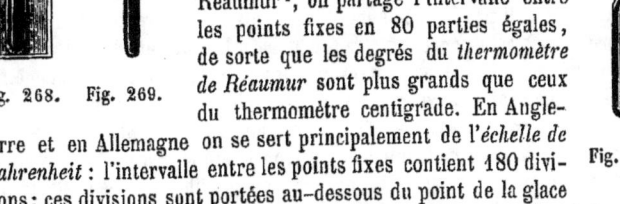

Fig. 270

---

[1] Réaumur (René-Antoine-Fléchault, sieur de), naturaliste et physicien, né à La Rochelle en 1683, mort à Bermondière (Maine), en 1757, était d'une famille de robe. Mais il abandonna bientôt le droit pour les sciences ; vint à Paris en 1703, et fut reçu à l'Académie des Sciences, dès 1708. Il s'est principalement occupé des applications de la science, telles que la fabrication de l'acier, du fer blanc, du verre dévitrifié (*porcelaine de*

L'échelle centésimale a été spécialement adoptée par les savants français, c'est celle que nous employons dans tout le cours de cet ouvrage. Du reste, il est facile de passer des indications données dans une des échelles, à celles qui leur correspondent dans une autre. Soit, par exemple, un nombre R *de degrés de Réaumur* à transformer en un nombre équivalent C de degrés centigrades. 80 degrés Réaumur étant équivalents à 100° centigrades, 1° Réaumur équivaudra à 100 : 80 ou $\frac{5}{4}$ degrés centigrades, et R degrés Réaumur, à $\frac{5}{4}$R degrés centigrades ; on aura donc :

$$C = R \cdot \tfrac{5}{4} ; \qquad \text{d'où} \qquad R = C \cdot \tfrac{4}{5}.$$

La seconde formule sert à passer des degrés centigrades aux degrés Réaumur.

Si l'on donne des degrés Fahrenheit, F, il faut commencer par en retrancher 32°, pour avoir le même point de départ, et l'on aura, pour passer, par exemple, aux degrés centigrades :

$$C = (F-32)\tfrac{100}{180} = (F-32)\tfrac{5}{9} ; \qquad \text{d'où} \qquad F - 32 = C \cdot \tfrac{9}{5}.$$

La seconde formule servira à passer des degrés centigrades aux degrés de Fahrenheit ; on voit qu'il faut ajouter 32° au nombre obtenu, pour se conformer au point de départ particulier de la dernière échelle. Si l'on fait F = 0, on trouve C = 17,77 ; le zéro du thermomètre de Fahrenheit est donc à 17°,77 *centigrades* au-dessous de la glace fondante.

★ **325. Influence du verre sur la marche des thermomètres.** — Les effets que l'on observe dans le thermomètre sont une combinaison de la dilatation du mercure et de celle de l'enveloppe de verre qui le contient. Or, les différentes espèces de verre ne se dilatent pas également, et leur dilatation ne suit pas la même loi. C'est pourquoi différents thermomètres construits avec soin peuvent n'être pas d'accord, surtout dans les hautes températures. Il faut donc, autant que possible, former les thermomètres avec la même espèce de verre, si l'on veut qu'ils soient toujours d'accord.

Déplacement du zéro. — Quand on plonge dans la glace fondante un thermomètre fait depuis longtemps, on trouve que le niveau du mercure se tient un peu au-dessus du point marqué zéro ; la différence peut aller à 2°. Il faut alors corriger les résultats observés, en en retranchant le nombre de degrés dont le zéro s'est déplacé. Ce phénomène est dû à la *trempe* qu'éprouve le verre en se refroidissant rapidement après avoir été porté à la température de l'ébullition du mercure. Cette trempe augmente la capacité

Réaumur), qui fut pris longtemps pour de la porcelaine véritable, dont la matière était alors inconnue. Réaumur fut un des premiers à appliquer au thermomètre une échelle comparable, c'est pourquoi, après la découverte des points fixes, les physiciens donnèrent son nom à l'échelle en 80 parties.

du réservoir, et il se fait peu à peu un travail moléculaire (230) qui diminue insensiblement cette capacité. On évite cet effet en faisant bouillir le mercure dans un bain d'huile qu'on laisse ensuite refroidir lentement.

Despretz a constaté ce fait important que les variations de température auxquelles est soumis un thermomètre, suffisent pour déplacer le zéro, surtout quand elles s'écartent beaucoup de la moyenne. Le déplacement peut être de $\frac{1}{2}$ degré, quand l'instrument est porté à 100°. Il faut donc vérifier la position du zéro, quand le thermomètre a été exposé longtemps à des températures très basses ou très élevées. M. Regnault a construit des thermomètres dans lesquels le zéro ne varie pas de 0°,01 quand on les porte à 100°, en faisant souffler les réservoirs dans des tubes de cristal, dans la verrerie même, immédiatement après qu'ils venaient d'être fabriqués.

326. Limites du thermomètre à mercure. — Le thermomètre à mercure ne peut servir que jusqu'à 360° au-dessus de zéro : au-delà, le mercure entrerait en ébullition et l'instrument serait brisé. Au-dessous de zéro, on ne peut s'en servir que jusqu'à 36° ; à la température de —40°, le mercure se solidifie, et dès —36°, il éprouve des contractions irrégulières qui rendent les indications fautives. Pour les températures inférieures à cette limite, on se sert principalement du *thermomètre à alcool*.

327. Thermomètre à alcool. — L'alcool pur ne se congelant pas, quel que soit le froid qu'on lui fait subir, ce liquide peut servir à former un thermomètre destiné aux basses températures. Pour l'introduire dans le tube, on fait chauffer le réservoir, et on le laisse refroidir pendant qu'on tient l'extrémité du tube plongée dans de l'alcool, coloré avec de l'orseille pour qu'on puisse distinguer la colonne capillaire. Ce liquide monte dans le réservoir, à mesure que l'air se contracte par le refroidissement; on fait alors bouillir, les vapeurs achèvent de chasser l'air, et l'instrument se remplit quand elles se condensent pendant que le tube plonge dans le liquide. Il reste seulement une petite bulle de gaz, qui provient de l'air dissous dans l'alcool (215). On chasse cette bulle d'air en faisant tourner, comme une fronde, le tube thermométrique attaché à une ficelle. On règle ensuite la course, puis on ferme l'extrémité, en ayant soin de laisser de l'air, qui doit s'opposer, par sa pression, à l'ébullition de l'alcool, qui a lieu à une température peu élevée. On marque ensuite les points fixes comme pour le thermomètre à mercure. Pour les points intermédiaires, il faut graduer par comparaison, en prenant des points assez rapprochés, au moyen d'un bon thermomètre à mercure; sans cela les instruments ne seraient pas d'accord, comme il résulte de ce qui suit.

328. Comparaison des thermomètres. — Les thermomètres construits avec des liquides différents, et gradués indépendamment les uns des autres, ne se trouvent pas d'accord quand on les expose à la même tempé-

258   DE LA CHALEUR.

rature. Par exemple, Deluc a trouvé les résultats suivants, en degrés Réaumur, avec des thermomètres remplis de mercure et d'alcool :

Mercure	—10°	—5°	0°	20°	40°	60°	80°
Alcool	—7,7	—3,9	0	16,5	35,1	56,2	80

On voit qu'il n'y a accord que pour les points fixes. D'après M. I. Pierre, l'éther sulfurique donne des résultats beaucoup plus satisfaisants que l'alcool et conviendrait beaucoup mieux pour les très basses températures.

329. De la sensibilité des thermomètres. — Il y a deux espèces de sensibilités, l'une relative à la petitesse des fractions de degré que le thermomètre peut indiquer, l'autre à la rapidité avec laquelle il prend la température du milieu environnant pour en accuser les variations. Pour obtenir la première espèce de sensibilité, il faut employer de grands réservoirs, de manière que chaque degré occupe une grande longueur sur le tube. Pour l'autre, il est nécessaire que l'instrument ne contienne qu'une faible masse de liquide, et présente une surface aussi grande que possible.

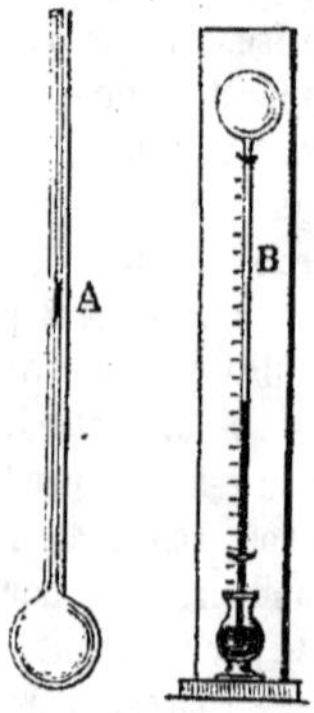

On peut concilier les deux genres de sensibilité, en employant, avec un réservoir de petites dimensions, un tube très fin. Alors, pour que la colonne de mercure soit facile à distinguer, on donne à sa section intérieure la forme d'une ellipse très allongée, de manière que la colonne présente la forme d'une lame, visible, quand on la regarde par ses larges faces, et dont l'aire de la section est cependant très petite.

Fig. 271.   Fig. 272.

330. Thermomètre à air. — Quand on veut constater rapidement de faibles variations de température, on emploie des thermomètres à air. Le plus simple est représenté en A (*fig.* 271); une goutte de liquide ou *index* sert à séparer le gaz intérieur, de l'air atmosphérique, et ses mouvements indiquent les variations de température. — On voit (*fig.* 272) une autre disposition : l'extrémité du tube plonge dans un vase ouvert contenant un liquide ; on fait sortir une partie de l'air en échauffant le réservoir, et le liquide monte dans le tube par le refroidissement. Les variations du niveau indiquent les changements de température. C'est sous ces deux formes que le thermomètre a été inventé par Galilée, sous la première, et par Drebbel [1],

---

[1] Drebbel (Corneille Van), né à Alkmaer (Hollande), en 1572, était, suivant les uns, fils d'un paysan, suivant d'autres, d'une famille opulente. Il s'adonna à l'étude de toutes les sciences, et acquit une telle réputation comme physicien et mécanicien, qu'il passa, dans ces temps d'ignorance, pour magicien. La chronique d'Alkmaer lui attribue une

sous la seconde. Ces instruments sont évidemment influencés par les variations de la pression atmosphérique. Les académiciens de Florence firent les premiers thermomètres à liquide, et Celsius employa les points fixes, à Upsal, en 1744.

331. Thermomètres différentiels. — Leslie a imaginé un thermomètre à air, qui n'est pas influencé par les pressions extérieures. Cet instrument (*fig.* 273) consiste en un tube recourbé, dont les deux branches verticales sont surmontées de deux boules égales. Le tube renferme une colonne *nan'* d'acide sulfurique concentré, liquide qui ne donne pas de vapeurs à la température ordinaire. Si l'on chauffe une des boules, l'air s'y dilate et pousse la colonne du côté opposé. On peut ainsi refouler tout le liquide dans une des boules, et faire ensuite passer de l'air dans cette boule à travers le liquide. En agissant ainsi, on peut, par tâtonnement, arriver à avoir la même masse d'air dans les deux boules, et alors les niveaux n et n' sont sur une même ligne horizontale, quand les températures

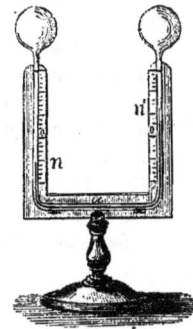

Fig. 273.

des boules sont les mêmes de part et d'autre. On marque zéro à ce niveau commun ; on échauffe ensuite une des boules en l'enveloppant d'un vase que l'on remplit d'eau chaude dont la température est donnée par un thermomètre à mercure. Le vase est fendu pour laisser passer le tube, et l'on ferme ensuite la fente avec du liége. Supposons que la température de l'eau dépasse de 10°, celle de l'air qui entoure l'autre boule, on marquera 10 au niveau du liquide dans les deux branches, et, partageant l'intervalle entre ce point et le point zéro, en 10 parties égales, on aura la grandeur des degrés, que

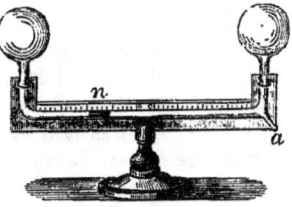

Fig. 274.

l'on portera ensuite, sur chacune des branches, au-dessus et au-dessous du zéro. Tant que les niveaux ne quittent pas les parties verticales du tube, les indications sont d'accord avec celles du thermomètre à mercure.

Thermoscope de Rumfort. — Leslie a donné à son thermomètre différentiel une autre forme, imaginée en même temps par Rumfort, qui a donné à l'instrument le nom de *thermoscope*. Les deux boules (*fig.* 274)

---

foule d'inventions merveilleuses. Il paraît qu'il se plaisait à entretenir, par son charlatanisme, l'idée exagérée qu'on avait de sa science. Drebbel fut en grande faveur auprès du roi d'Angleterre Jacques Ier, et des empereurs d'Allemagne Rodolphe II et Ferdinand III. Il mourut à Londres en 1634.

sont réunies par un long tube horizontal, dans lequel se trouve une goutte d'acide sulfurique concentré, *n*, qui sert d'index. Quand la température des deux boules est la même, l'index doit se trouver au milieu. Pour remplir cette condition, on fait passer l'index dans un petit appendice *a*, après quoi on peut chasser de l'air d'une boule dans l'autre en échauffant celle qui en contient trop. On fait ensuite rentrer l'index dans le tube horizontal en l'inclinant, et l'on arrive par tâtonnement à l'avoir au milieu quand les deux boules sont à la même température. On marque zéro aux deux extrémités de l'index, et l'on détermine un second point, pour avoir la grandeur des degrés, par le même moyen que pour le thermomètre différentiel de Leslie. Tant que l'index du thermoscope reste dans le tube horizontal, ses indications sont comparables entre elles.

332. Pyromètres. — Quand on veut apprécier de très hautes températures, on se sert d'instruments particuliers nommés *Pyromètres* (πῦρ, feu, μέτρον). Le seul qui donne des indications comparables à celles du thermomètre à mercure est le *pyromètre à air*. Mais nous ne le décrirons qu'après avoir parlé de la dilatation des gaz. La *fig.* 275 représente le pyromètre de Brongnard, employé dans les fours à porcelaine. Une barre de fer *ff'* est engagée dans une rainure d'une plaque de porcelaine PP', qui se dilate à peine, même pour de très hautes températures. L'extrémité *f* s'appuie contre le fond de la rainure. Une barre de porcelaine *cf'* passe à travers le mur du fourneau, et presse l'extrémité *c* d'un levier dont les mouvements se transmettent à une aiguille *e*, qui peut parcourir les divisions d'un cadran. Un ressort agit sur cette aiguille, de manière que la barre *cf'* soit toujours appuyée contre la barre *ff'*. Quand cette dernière barre se dilate, l'extrémité *f'* pousse la barre *f'c*, et l'aiguille se met en mouvement. Ce pyromètre ne donne pas les températures en degrés comparables à ceux du thermomètre à mercure ; parce que la dilatabilité des solides n'est pas constante au-dessus de 100°. Mais, dans les opérations industrielles, il suffit de pouvoir retrouver certaines températures qui conviennent aux opérations que l'on veut effectuer.

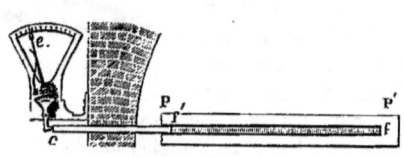

Fig. 275.

Pyromètre de Wedgwood. — Cet instrument consiste en deux règles métalliques A, B (*fig.* 276), fixées sur une tablette et formant entre elles un angle très petit. Pour lui donner moins de longueur, on place une troisième règle C formant avec B un angle égal à celui des deux autres, de manière que l'espace compris entre C et B représente celui qui existerait entre les règles A et B prolongées. La longueur totale des deux espaces angulaires est de 305mm et comprend 240 divisions égales. On prépare de petits cylindres d'argile pétrie avec soin, desséchés, et usés à la lime de manière à entrer dans les règles jusqu'au zéro de la division ; on les calcine ensuite au rouge sombre pour les rendre moins fragiles. Pour évaluer la température d'un foyer, on y plonge un des cylindres d'argile, qui en prend la température et éprouve un *retrait permanent* d'autant plus grand que la température est plus élevée, à cause d'un commencement de vitrification. On laisse ensuite refroidir le cylindre, puis on le fait glisser entre les règles, dans lesquelles il s'enfonce plus ou moins. S'il parvient ainsi à la division 35, on dira que la température était de 35° du pyromètre. Il est évident que, pour que les résultats soient comparables, il faut que les cylindres d'argile soient tous de même nature. Ceux que Wedgwood employait contenaient 47,35 de silice, 44,29 d'alumine et 8,36 d'eau.

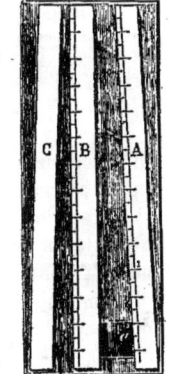

Fig. 276.

§ 2. — THERMO-MULTIPLICATEUR.

333. Thermo-multiplicateur. — Les thermomètres dont nous avons parlé jusqu'à présent sont tous fondés sur la dilatation des corps ; nous allons décrire un appareil thermométrique extrêmement sensible dans lequel on observe des effets de la chaleur tout différents. Voici les deux principes sur lesquels il est fondé.

1° Une aiguille aimantée suspendue horizontalement sur une pointe, se tourne d'elle-même, de manière que son axe soit dirigé à peu près du *nord* au *sud*, propriété qui est utilisée dans la boussole marine.

2° Si l'on forme une courbe *fermée*, au moyen de deux métaux différents B, *cc'* (*fig.* 277), soudés l'un à l'autre en *a* et *a'*, et si on la place très près de l'aiguille aimantée A, de manière qu'une partie de la courbe lui soit parallèle, il n'y a aucun changement dans la position de l'aiguille, tant que les deux soudures *a* et *a'* sont à la même température ; mais si l'une des soudures est plus chaude que l'autre, l'aiguille est déviée et s'approche

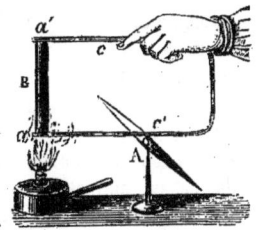

Fig. 277.

d'autant plus de la position perpendiculaire au côté *c'*, que la différence de température des soudures est plus grande. Cet effet est dû à du *fluide électrique* développé par la chaleur, et qui circule dans l'arc métallique, en

16

formant ce qu'on nomme un *courant électrique*. Nobili et Melloni ont tiré parti de ces phénomènes pour comparer les effets calorifiques, par les quantités dont est déviée l'aiguille aimantée.

Si, au lieu de former un circuit au moyen de deux arcs métalliques soudés l'un à l'autre, on le forme au moyen de plusieurs fragments de deux métaux soudés, en *alternant*, les uns aux autres, et si l'on élève la température des soudures *paires* seulement, par exemple en les plongeant en b dans de l'eau chaude (*fig.* 278), tandis que les soudures *impaires* sont plongées en a dans l'eau froide, l'effet sur l'aiguille aimantée, pour une même différence de température, est beaucoup plus prononcé que lorsqu'il n'y a que deux soudures. Ce système de métaux soudés se nomme une *pile thermo-électrique*.

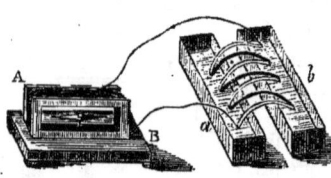

Fig. 278.

On peut aussi rendre l'action du courant électrique sur l'aiguille aimantée beaucoup plus intense, en faisant passer une partie du circuit plusieurs fois autour de cette aiguille, avec la précaution de séparer les différents tours les uns des autres par de la soie, qui empêche le fluide électrique de s'élancer d'un tour à l'autre, de sorte qu'il est forcé de parcourir tout le circuit. On a alors ce qu'on appelle un *galvanomètre*, ou un *réomètre multiplicateur*, AB (*fig.* 278).

334. Description de l'appareil. — L'appareil de Nobili et Melloni se compose de deux parties : 1° une *pile thermo-électrique* ; 2° un *réomètre multiplicateur* destiné à faire connaître, par la déviation de l'aiguille aimantée, l'intensité du courant électrique, et par suite à accuser la différence de température entre les deux ordres de soudures de la pile thermo-électrique.

1° Pile thermo-électrique. — La pile est composée de petits barreaux de bismuth et d'antimoine, de 2 ou 3 centimètres de longueur, soudés alternativement les uns aux autres, et repliés, comme on le voit en ab (*fig.* 279), de manière à former un parallélipipède rectangle cd, dont une des bases contient toutes les soudures paires, tandis que l'autre contient toutes les soudures impaires. En cd, est représenté l'ensemble de la pile ; elle est enveloppée d'une lame mince de laiton, et les barreaux sont séparés les uns des autres par du papier verni. On aperçoit en c et d, les soudures, formant les deux *faces* de la pile. Les deux extrémités de la chaîne métallique aboutissent aux chevilles métalliques o, o' auxquelles sont adaptés des fils de cuivre que l'on met en communication avec le fil qui forme le galvanomètre. Enfin, les deux faces de la pile sont recouvertes d'une légère couche de noir de fumée, qui a la propriété d'absorber la chaleur plus complètement que toute autre substance, comme nous l'établirons plus loin. Un tube t, noirci en dedans et muni d'un écran mobile e, s'adapte à chaque extrémité, pour arrêter les rayons de chaleur qui pourraient tomber trop obliquement sur les faces de la pile.

2° **Réomètre multiplicateur.** — Cette partie de l'appareil (*fig.* 280) est formée d'un fil de cuivre enveloppé de soie, qui fait plusieurs tours sur un cadre ab; une aiguille aimantée est suspendue dans l'intérieur du cadre : par un fil de soie sans torsion f; une seconde aiguille l,

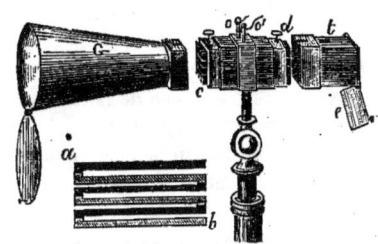

Fig. 279.

fixée parallèlement à la première par l'intermédiaire d'une petite tige verticale qui traverse le haut du cadre ab, marque les déviations sur un limbe horizontal. On commence par orienter le réomètre de manière que les aiguilles aimantées se trouvent dans le plan du cadre. Si, alors, après avoir fait communiquer par des fils métalliques, les chevilles o, o' (*fig.* 279), avec les extrémités n, n' (*fig.* 280) du fil du réomètre, on vient à échauffer l'une des faces de la pile cd (*fig.* 279), l'aiguille l sera déviée. Si, au contraire, on refroidit cette face, ou, ce qui revient au même, si l'on échauffe l'autre, l'aiguille sera encore déviée, mais en sens contraire.

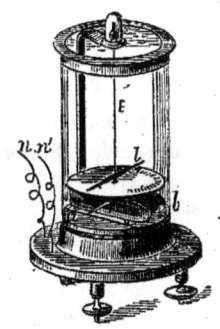

L'appareil que nous venons de décrire est précieux surtout pour constater les effets de la chaleur rayonnante; il est tellement sensible qu'il est affecté par la chaleur naturelle d'une personne placée à une distance de 8 à 10^m, surtout quand on garnit la face qui reçoit la chaleur, d'un cône poli en

Fig. 280.

dedans, C (*fig.* 279), destiné à recevoir une plus grande quantité de chaleur.

★ **335. Tables de graduation.** — Les déviations de l'aiguille du réomètre sont proportionnelles aux effets calorifiques produits par la chaleur rayonnante qui frappe la base de la pile, tant que les déviations ne dépassent pas 20°. Pour les déviations plus grandes, on construit pour chaque appareil, une table donnant l'intensité pour chaque déviation. Melloni a employé pour cela plusieurs méthodes. Voici la plus simple : on fait d'abord agir sur la pile une source de chaleur qui produise une petite déviation, de 10° par exemple. On interpose ensuite une lame de verre, qui intercepte une partie de la chaleur, et la déviation est moindre, par exemple, de 5°; d'où l'on conclura que la lame de verre intercepte *la moitié* des rayons. On approche alors la source, de manière à obtenir une grande déviation, par exemple, de 30°; on interpose la lame, et la déviation, au lieu d'être de 15°, sera, par exemple, de 17°,6, nombre au-dessous de la limite de 20°. Comme la lame de verre intercepte la moitié de la chaleur, on en conclura que les 30 degrés primitifs équivalent à $2 \times 17,6 = 35°,2$.

Nous aurons occasion de faire connaître, par la suite, d'autres instruments thermométriques destinés à des usages spéciaux. Ceux que nous venons de décrire suffisent pour que nous puissions aborder immédiatement l'étude de la chaleur.

CHAPITRE II.

CHALEUR RAYONNANTE.

§ 1. PROPAGATION DE LA CHALEUR RAYONNANTE.

I. Lois de la transmission de la chaleur à distance.

336. La chaleur se propage à distance. — La chaleur peut se propager de deux manières : dans la substance même des corps, de molécule à molécule, ou bien à travers l'espace, et à de grandes distances de la source dont elle émane. Cette chaleur en mouvement hors des corps se nomme *chaleur rayonnante*; son existence est évidente quand il s'agit de la chaleur du soleil, qui nous arrive de 35 millions de lieues à travers l'espace. Mais on a longtemps douté que la *chaleur obscure* possédât les mêmes propriétés. Leslie pensait même que la transmission de la chaleur à distance se faisait par l'intermédiaire de l'air. Mais Scheele a démontré que le renouvellement rapide de l'air, dans l'espace qui sépare le corps d'où émane la chaleur, de celui qui la reçoit, ne change rien aux effets produits. Pour lever tous les doutes, Rumfort a fait l'expérience qui suit.

Un ballon contenant un thermomètre, *a* (*fig.* 281), est soudé à un tube, de plus de 1 mètre de longueur, ouvert en *b*. On remplit le ballon et le tube, de mercure sec et purgé d'air, on ferme l'ouverture avec le doigt, et l'on renverse l'appareil dans une cuvette pleine de mercure, comme pour faire un baromètre. Le mercure quitte le ballon et se soutient dans le tube à une hauteur de $0^m,76$ environ. Ensuite, faisant tourner le tube sur lui-même, on pousse la flamme d'une lampe en *e*, au moyen d'un chalumeau. Le verre se ramollit, la pression atmosphérique le déprime, le tube s'obstrue en *e*, et, soulevant alors le ballon, on le sépare du tube, hermétiquement fermé et parfaitement vide. — Si alors on plonge ce ballon dans l'eau chaude, on voit aussitôt le thermomètre monter par l'effet de la chaleur *rayonnée* par les parois. On peut objecter que la chaleur est arrivée jusqu'au mercure du thermomètre, par l'intermédiaire de sa tige soudée en *a* au ballon; mais, si l'on plonge dans l'eau chaude l'extrémité *a* seulement, le thermomètre ne monte plus, ou ne monte que d'une quantité très petite.

337. Rayonnement apparent du froid. — Si l'on plonge le ballon dans un liquide très froid, le thermomètre baisse, ce que l'on pourrait être tenté d'attribuer à un rayonnement du froid ; mais si, après avoir tenu le ballon pendant quelque temps dans un liquide plus froid encore, on vient à le reporter dans le premier, le thermomètre remonte. Il reçoit donc alors de la chaleur de ce liquide, qui d'abord semblait lancer du froid. Ainsi, les corps les plus froids envoient de la chaleur, et si le thermomètre baisse dans la première expérience, c'est que lui aussi rayonne de la chaleur, et en perd quand il est dans une enceinte plus froide que lui. L'impression de froid que l'on ressent en approchant sa main d'un bloc de glace provient de même de ce que la main rayonne beaucoup de chaleur vers la glace, et non du froid que lance celle-ci ;

Fig. 281.

car, si l'on place le bloc près d'un thermomètre indiquant une température inférieure à la sienne, on voit aussitôt ce thermomètre monter.

Il n'y a donc pas de *rayons frigorifiques*, comme on l'a admis longtemps ; le froid n'est que le résultat d'une perte de chaleur qui n'est pas compensée, d'où résulte une impression particulière, ou, dans le cas des corps bruts, une diminution de volume.

338. Lois de la propagation de la chaleur rayonnante. — La chaleur se propage en ligne droite. Pour le prouver, il suffit de placer entre un foyer de chaleur et l'une des boules d'un thermoscope, une suite d'écrans percés d'une petite ouverture. Ce n'est que lorsque ces ouvertures sont toutes sur une même ligne droite passant par la source de chaleur, que l'on voit le thermoscope indiquer une élévation de température.

Rayon de chaleur. — On nomme *rayon* de chaleur, toute direction prise à partir d'une surface qui émet de la chaleur, et suivant laquelle cette chaleur se propage. De là le nom de *chaleur rayonnante* donné à la chaleur en mouvement hors des corps. Un faisceau de chaleur n'est autre chose qu'un espace conique ou prismatique, dans tous les points duquel passent des rayons de chaleur qui partent du sommet du cône ou de la base du prisme. Les rayons de chaleur peuvent se croiser en un même point sans se gêner ni se modifier.

339. I. Variation de l'intensité avec la distance. — Nous entendons par *intensité* de la chaleur que reçoit un corps, la quantité qui tombe sur l'unité de surface. *Cette intensité varie en raison inverse du carré de la distance.* Pour le démontrer par le raisonnement, considérons un point o (*fig.* 282), d'où émanent dans tous les sens des rayons calorifiques, et soient s et s' deux surfaces sphériques idéales ayant ce point pour centre, et dont les rayons sont d et d'. La totalité de la chaleur émanant du point o traverse chacune de ces deux surfaces. L'*intensité*, c'est-à-dire la portion de cette chaleur reçue par l'unité de surface, sera donc d'autant plus petite que la surface sphérique sera plus grande, et l'on aura, en désignant par i et i' les intensités aux distances d et d', et par s et s' les aires des surfaces sphériques,

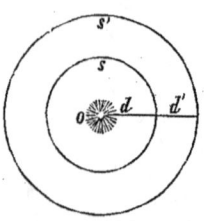

Fig. 282.

$$i : i' = s' : s, \quad \text{ou} \quad i : i' = d'^2 : d^2;$$

car les surfaces des sphères sont entre elles comme les carrés de leurs rayons d et d'. Cela suppose que chaque rayon de chaleur conserve individuellement la même intensité; ce qui a lieu dans le vide. Dans l'air il y a une faible absorption, mais elle est insensible pour les distances que l'on considère ordinairement.

On voit que ce principe résulte de ce que les rayons qui partent du point o vont en divergeant; s'ils étaient parallèles, l'intensité ne varierait pas avec la distance.

Pour vérifier le principe par l'expérience, on emploie le thermo-multiplicateur (344); on fait varier la distance d'une source constante de chaleur à la pile, et l'on trouve que les déviations de l'aiguille aimantée indiquent des effets calorifiques $t, \frac{1}{4}t, \frac{1}{9}t.....$, quand les distances de la source sont 1, 2, 3.....

*** 340. Intensité de la chaleur reçue obliquement.** —*L'intensité de la chaleur reçue par une surface, est proportionnelle au cosinus de l'angle que font les rayons incidents avec la normale à cette surface.* En effet, soit s (*fig.* 283), un faisceau de rayons incidents; nous pouvons le regarder comme formé de rayons parallèles, en supposant que la surface ma soit infiniment petite. Soit ma' une autre surface, faisant un angle différent avec la direction du faisceau s. Chacune des surfaces ma, $m'a$ recevant la totalité des rayons du faisceau s, l'intensité de la chaleur reçue sera, en chaque point, en raison inverse de leur étendue am, am' ; on aura donc

$$i : i' = \overline{m'a} : \overline{ma.} ; \quad \text{ou} \quad i : i' = \sin \overline{m'ma} : \sin \overline{mm'a} = \cos \overline{san} : \cos \overline{san'}$$

an et an' étant les normales aux surfaces ma et $m'a$.

341. De la vitesse de la chaleur. — On n'a pas pu évaluer jusqu'à présent la vitesse avec laquelle la chaleur se transmet. Dans toutes les expériences, elle semble se transmettre instantanément. Mais comme les lois de la chaleur rayonnante et celles de la propagation de la lumière sont exactement les mêmes, on doit penser que les vitesses de transmission de ces deux agents sont, sinon identiques, du moins du même ordre de grandeur. Or, la vitesse de la lumière est de 70 à 80 mille lieues par seconde ; la chaleur

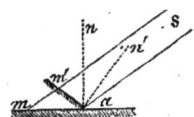

Fig. 283.

possède donc aussi une vitesse extrêmement grande, et telle que, pour les distances que l'on considère à la surface de la terre, on peut la regarder comme se transmettant instantanément.

II. Réflexion de la chaleur.

342. Phénomène de la réflexion. — Lorsque des rayons de chaleur rencontrent la surface de séparation de deux milieux différents, l'expérience montre qu'ils se divisent en deux parties ; l'une qui passe au-delà de la surface de séparation et pénètre dans le second milieu, l'autre qui revient dans le premier. Ce retour des rayons, du même côté de la surface de séparation, constitue le phénomène de la *réflexion* de la chaleur.

On nomme *rayon incident* le rayon calorifique SI (*fig.* 284), avant sa rencontre avec la surface ; et *rayon réfléchi*, le rayon, IR, après sa rencontre. Le point I se nomme *point d'incidence*. L'angle SIN que fait le rayon incident avec la normale IN à la surface

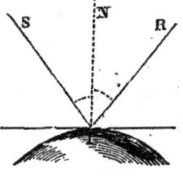

Fig. 284.

de séparation des deux milieux, est l'*angle d'incidence*, et l'angle RIN que fait le rayon réfléchi avec la même normale, l'*angle de réflexion*.

343. Lois de la réflexion. — 1° *Le rayon incident, le rayon réfléchi et la normale au point d'incidence sont dans un même plan.*

2° *L'angle d'incidence est égal à l'angle de réflexion.*

Pour démontrer ces lois directement, on fait tomber un faisceau de rayons partant de la flamme d'une lampe S (*fig.* 285) et limité par l'ouverture de l'écran e, sur une plaque verticale polie m qui le réfléchit, et l'on place la pile p du thermo-multiplicateur de manière qu'elle reçoive le faisceau réfléchi, limité par l'ouverture de l'écran e'. La pile est portée par une règle Ll tournant autour d'un axe vertical qui passe par la surface réfléchissante m. Un disque divisé d permet d'évaluer l'angle que fait le faisceau incident avec le plan m, et, au moyen de l'index i, l'angle que fait le rayon réfléchi avec le même plan m. On trouve que ces deux angles sont égaux, et que le plan des deux faisceaux est horizontal; ce qui prouve les deux lois énoncées.

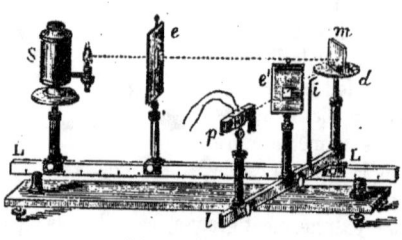

Fig. 285

Cette méthode est peu exacte, à cause de la nécessité d'employer des faisceaux assez gros pour agir sur l'appareil thermométrique, et alors il n'y a rien de précis dans la détermination de leur direction. Cet inconvénient n'existe pas pour la lumière, notre œil pouvant être impressionné par un faisceau lumineux d'une finesse extrême; aussi les lois de la réflexion de la lumière, *qui sont les mêmes que pour la chaleur*, peuvent-elles se démontrer par l'expérience avec une grande précision. Cette circonstance fournit un moyen de prouver les mêmes lois pour la chaleur, en constatant que les rayons calorifiques se réfléchissent en suivant la même route que les rayons lumineux.

344. Miroirs paraboliques. — On peut prouver indirectement les lois de la réflexion de la chaleur, en en montrant les conséquences au moyen des miroirs sphériques ou paraboliques. Il résulte des propriétés de la parabole, que, si les lois sont vraies, et si l'on place un point rayonnant, au *foyer* d'un miroir parabolique, les rayons, après s'être réfléchis sur ce miroir, devront former un faisceau parallèle à son axe. Si, d'un autre côté, on reçoit sur le miroir un faisceau de rayons parallèles à son axe, ces rayons, après la réflexion, devront se croiser au foyer. Ces résultats étant vérifiés par l'expérience, on doit en conclure que la réflexion se fait suivant les lois énoncées.

Miroirs conjugués.—L'expérience se fait, comme pour le son (248), au moyen des *miroirs conjugués* ; deux miroirs paraboliques m et n (*fig.* 286) ordinairement en laiton, sont placés en face l'un de l'autre à une distance de 10 à 15 mètres, de manière que leurs axes coïncident. Au foyer F de l'un d'eux est placée une corbeille en fil de fer remplie de charbons ardents, et au foyer de l'autre, F', est placé un corps inflammable, comme de l'amadou, du fulmi-coton. Au bout de quelques instants, l'inflammation se produit. L'expérience ne réussit pas quand le corps inflammable est hors du foyer du miroir.

345. Propriétés des miroirs sphériques à très petite ouverture.
— Les miroirs sphériques concaves peuvent aussi servir à mettre en évidence des conséquences des lois de la réflexion, de manière que, en les

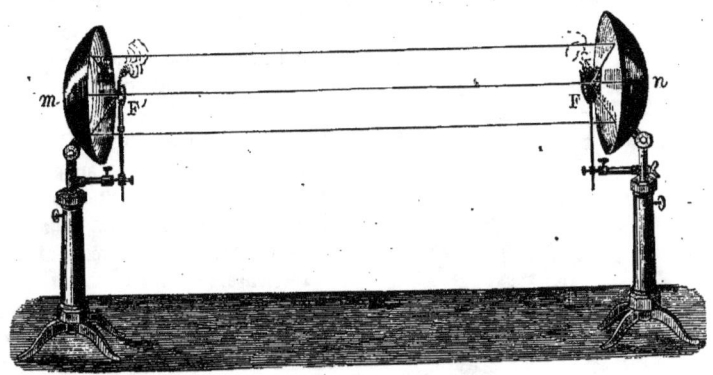

Fig. 286.

vérifiant par l'expérience, on ait une preuve nouvelle de leur exactitude. Soit S (*fig.* 287) un centre de rayonnement calorifique. En joignant le point S au centre de courbure *o* du miroir, on a ce que l'on appelle l'*axe*

secondaire du miroir par rapport au point S. Si cet axe passe par le centre de figure A du miroir à contour circulaire, on le nomme axe principal.

Menons un rayon incident S*m* qui rencontre au point *m*, la surface polie du miroir sphérique *mm'* ; ce rayon se réfléchira suivant *mf* en faisant l'angle

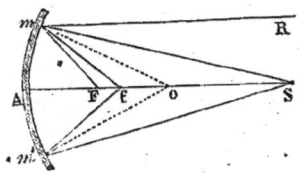

Fig. 287.

omf égal à S*mo*, et viendra couper l'axe So en un point *f*. On démontre que ce point de rencontre est sensiblement le même pour tous les rayons réfléchis émanant du point S, en supposant *que l'arc mm' soit très petit par rapport au rayon de courbure Ao*.

★ En effet, cherchons la valeur de la distance *f*A. L'angle au sommet du triangle *fm*S étant divisé en deux parties égales par la normale *mo*, on a $mf : mS = of : oS$. Désignons par p la distance SA, que nous regardons comme égale à S*m* parce que l'arc A*m* est très petit ; par p' la distance *f*A, égale à *fm* par la même raison ; et enfin par r le rayon de courbure A*o* ; la proportion devient

250   CHALEUR RAYONNANTE.

$$p':p = r-p':p-r; \quad \text{d'où} \quad \frac{1}{p'}+\frac{1}{p}=\frac{2}{r}, \quad [1]$$

en faisant le produit des extrêmes égal à celui des moyens, et divisant tous les termes par $pp'r$. L'expression [1] se nomme la *formule des miroirs sphériques*. On en tirera la valeur de p', ou fA; on voit que cette distance ne dépendra pas de la position particulière du point m, et par conséquent qu'elle serait la même pour tout autre rayon incident que le rayon Sm.

Si le centre calorifique était au point f, il est évident, d'après les lois de la réflexion, que les rayons réfléchis iraient former leur foyer au point S. A cause de cette réciprocité, les points S et f se nomment *foyers conjugués*. Tous ces résultats se vérifient par l'expérience.

346. Foyer principal. — Dans le cas particulier des rayons parallèles, l'axe n'est autre chose que le rayon incident qui passe par le centre o. Le foyer est alors au milieu du rayon de courbure. En effet, soit Rm (*fig.* 287) un rayon parallèle à l'axe oA, et mF le rayon réfléchi qui lui correspond.

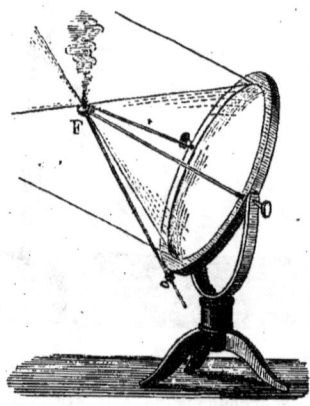

Fig. 288.

Le triangle omF est isocèle ; car les angles moF et Rmo sont égaux comme alternes-internes, et l'angle omF est égal aussi à Rmo, d'après les lois de la réflexion. Le côté oF est donc égal à mF ; et comme mF peut être regardé comme égal à AF, l'arc Am étant très petit, le point F est le milieu de Ao. — Le foyer F formé par les rayons parallèles se nomme *foyer principal* du miroir sphérique.

Réciproquement, si le point rayonnant est placé au foyer principal, les rayons réfléchis forment un faisceau parallèle à l'axe Fo. Il résulte de là que l'expérience des *miroirs conjugués* (*fig.* 286) peut se faire avec des miroirs sphériques.

Miroirs ardents. — Les rayons du soleil étant sensiblement parallèles, à cause de l'immense distance du soleil, si on les reçoit sur un miroir sphérique concave, ils se réunissent, après la réflexion, au foyer principal, où l'on peut enflammer du bois, fondre des métaux, des matières terreuses, suivant l'étendue de la surface du miroir. La *fig.* 288 représente un *miroir ardent* destiné à ces sortes d'expériences. En F est un support destiné à soutenir les substances que l'on veut fondre. — C'est avec de semblables miroirs qu'Archimède incendia, dit-on, les vaisseaux des Romains assiégeant Syracuse. Quoique le fait soit très contestable, la possibilité en a été démontrée par Anthémius, Kircher et Buffon. Ce dernier fit fondre du plomb à 50^m de distance, et de l'argent à 35^m, au moyen d'une machine formée de 100 petits miroirs plans en verre, articulés, et inclinés de manière que l'ensemble formât une surface sphérique.

347. Réflexion diffuse. — Quand on détruit le poli d'un miroir concave, l'effet produit au foyer est considérablement affaibli. Ce résultat provient de la *diffusion* d'une partie de la chaleur, par la surface dépolie.

La chaleur diffuse est due à la réflexion qui se fait, suivant les lois ordinaires, sur le contour des aspérités qui recouvrent les surfaces dépolies, de manière que les rayons réfléchis marchent dans des directions très différentes, à cause des directions aussi très différentes des normales aux divers points de la surface très petite

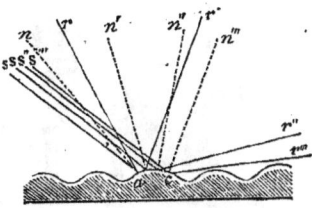

Fig. 289.

d'une même aspérité. Cela se voit sur la *fig.* 289, dans laquelle s, s', s'', s''' représentent des rayons incidents parallèles; n, n', n'', n''' les normales aux points où ces rayons rencontrent une aspérité ac représentée très amplifiée; et r, r', r'', r''' les rayons réfléchis, qui se trouvent distribués dans l'espace angulaire rr'''.

* **III. Pouvoirs diathermanes, et réfraction de la chaleur.**

348. Substances diathermanes. — Il y a des substances qui peuvent être traversées de part en part par une partie des rayons incidents, sans les arrêter pour s'échauffer. C'est ainsi que les rayons calorifiques du soleil passent à travers des lames de verre. On pourrait croire que l'effet produit sur le thermomètre qui reçoit ces rayons, provient de la chaleur absorbée par la lame interposée, qui, après s'être échauffée, rayonnerait vers cet instrument. Mais P. Prevost vit la chaleur traverser une lame de glace, une nappe d'eau de 0^{mm},5 d'épaisseur tombant verticalement, une lame de verre en mouvement dont les parties passant devant l'ouverture d'un écran, se renouvelaient continuellement. Il est donc bien prouvé que la chaleur rayonne à travers certains corps. Comme les substances qui se laissent traverser par la chaleur n'ont pas toutes la propriété de laisser passer la lumière, et *vice versâ*, Melloni a désigné sous le nom de *diathermanes* (διά *à travers*, θέρμη *chaleur*) celles qui sont dans le premier cas. Ce mot correspond, pour la chaleur, au mot *transparent* relativement à la lumière. Un corps *athermane* est celui qui intercepte toute la chaleur incidente, comme les corps *opaques* interceptent toute la lumière. Melloni a fait de nombreuses expériences sur les *pouvoirs diathermanes* des corps, au moyen du thermo-multiplicateur (343). Quand on veut les répéter, on se sert de l'appareil qui suit.

349. Banc de Melloni. — Dans cet appareil (*fig.* 290), on distingue une règle LL qui supporte différentes pièces, que l'on peut déplacer, et fixer

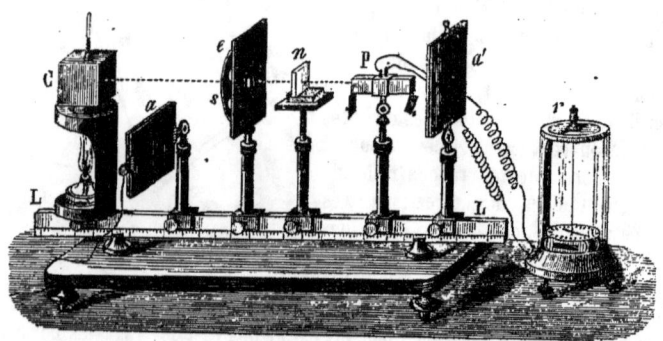

Fig. 290.

au moyen de vis de pression. P est la pile thermo-électrique, et r, le réomètre ; a, a' sont des écrans formés de deux ou trois lames de laiton, et pouvant s'abattre latéralement quand on veut découvrir la pile. C est un vase cubique en métal, rempli d'eau bouillante et échauffé par une lampe à alcool. Melloni a employé d'autres sources de chaleur : une lampe de Locatelli à mèche carrée et sans cheminée de verre, S (*fig.* 285) ; une hélice en platine rendue incandescente dans la flamme d'une lampe à alcool ; et enfin une lame de cuivre noircie, portée à une température constante de 300° à 400°, par la flamme d'une semblable lampe placée par derrière (*fig.* 291).

Pour évaluer la proportion de chaleur passant à travers une lame diathermane n placée derrière l'écran, e (*fig.* 290), on commence par observer la déviation de l'aiguille du galvanomètre r, quand les rayons d'une source tombent directement sur la base de la pile. On interpose ensuite l'écran a, on place la lame en n, et quand l'aiguille est revenue au zéro, on abat l'écran a, et l'on observe la nouvelle déviation de l'aiguille. On représente ordinairement par 100, la quantité de chaleur envoyée directement à la pile, et l'on y rapporte la quantité de chaleur qui traverse la lame. Par exemple, si les déviations successives de l'aiguille sont 16° et 10°, on écrira $16° : 10° = 100 : x$ d'où $x = 62,5$. On exprime souvent ce résultat en disant que, sur 100 rayons de chaleur, la lame en laisse passer 62,5, et en arrête 37,5. Quand on opère sur les liquides, on les place dans des auges ayant deux faces parallèles formées de lames de verre mince, dont on évalue d'abord l'absorption.

350. Pouvoirs diathermanes. — Melloni a d'abord comparé les pouvoirs diathermanes des différentes substances sous la même épaisseur. Il a constaté que ce pouvoir n'est pas en rapport avec leur transparence. Ainsi, l'eau laisse passer moins de chaleur rayonnante que le chlorure de soufre et les huiles, qui sont moins diaphanes ; l'alun, l'acide citrique, qui sont bien transparents, laissent passer moins de chaleur, sous une épaisseur de $1^{mm},5$, qu'une plaque de quartz enfumé de 86^{mm} d'épaisseur, et assez foncée pour qu'on ne puisse voir à travers. Des lames de mica noir, complètement opaques, et de $0^{mm},9$ d'épaisseur, laissent encore passer 0,20 des rayons émanant d'une lampe de Locatelli ; et des lames de verre noir de 1^{mm} d'épaisseur, à travers lesquelles on ne peut même distinguer le soleil, en laissent passer 0,26.

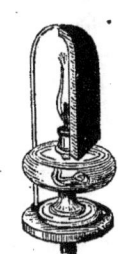

Fig. 291.

Du reste, la quantité de chaleur absorbée augmente avec l'épaisseur de la lame, mais l'absorption est loin d'être proportionnelle à l'épaisseur ; nous verrons plus loin comment on doit interpréter ce phénomène (356).

Sel gemme. — Le sel gemme présente une particularité très remarquable : quand il est limpide, il n'absorbe pas sensiblement de chaleur ; car il en laisse passer constamment 0,923, quelle que soit l'épaisseur de la lame. La perte constante de 0,077 est due aux réflexions qui se font aux deux faces de la lame.

351. Réfraction de la chaleur. — Quand un rayon de chaleur sI (*fig.* 292) pénètre dans un corps diathermane suivant une direction oblique à sa surface, il est dévié, en restant dans le plan de l'angle d'incidence, d'une quantité qui dépend de cet angle et de la nature du corps. Ainsi, au lieu de suivre la direction Is', ce rayon prend une direction différente Ir. Ce phénomène,

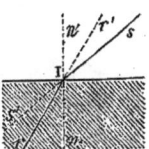

Fig. 292.

qui a lieu aussi pour la lumière, se nomme *réfraction*. Le rayon Ir est le *rayon réfracté*, et l'angle nIr, l'*angle de réfraction*. En général, le rayon réfracté se rapproche de la normale, quand le rayon passe dans un milieu plus dense que celui d'où il vient ; il s'en écarte dans le cas contraire. Ainsi, quand le rayon rI sort, en I, du corps solide pour rentrer dans l'air, il s'écarte de la normale nI, et prend la direction Is, au lieu de continuer dans la direction Ir'.

Les lois de la réfraction seront développées dans l'optique. Ces lois sont les mêmes pour les rayons de chaleur ; car les phénomènes qui en sont les conséquences se manifestent de la même manière pour la chaleur que pour la lumière. Parmi ces phénomènes, il faut citer les effets des *prismes* et ceux des *lentilles*.

352. Prismes. — Un prisme, quand il s'agit de la réfraction, consiste en un milieu terminé par deux plans qui se coupent suivant une droite, qu'on nomme le *sommet* du prisme. Un troisième plan parallèle à cette ligne termine le plus souvent le milieu, de manière à lui donner la forme du prisme triangulaire de la géométrie. Soit ABC (*fig.* 293), la section droite d'un prisme diathermane, et sI un faisceau de rayons parallèles à cette section,

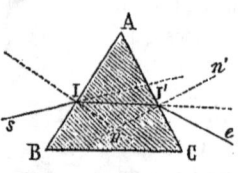

Fig. 293.

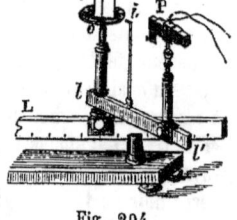

Fig. 294.

tombant sur la face AB. Chaque rayon du faisceau sera dévié en se rapprochant de la normale nI. Arrivé en I', le rayon sera dévié en s'écartant de la normale I'a', et il en résultera que le rayon sortant I'e sera dévié du côté opposé au sommet A du prisme. Ce phénomène, connu depuis longtemps pour les rayons solaires, a été observé par Melloni sur des rayons obscurs, au moyen de l'expérience qui suit : On fixe verticalement sur le plateau d de l'appareil (*fig.* 285), un prisme en sel gemme p (*fig.* 294). Un faisceau de rayons, émanant d'un vase plein d'eau bouillante, et circonscrit par un écran percé, rencontre le prisme, est dévié en le traversant, et vient tomber sur la pile, quand on a donné à celui-ci une position convenable, en tournant peu à peu la règle ll'.

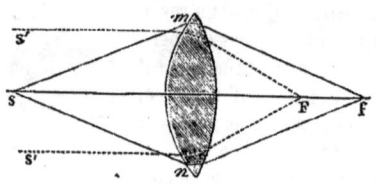

Fig. 295.

353. Propriétés des lentilles. — On nomme *lentille* un milieu terminé par deux surfaces sphériques. La droite qui passe par les centres de ces surfaces forme l'*axe* de la lentille. Soit mn (*fig.* 295), la section faite par un plan passant par son axe sf, d'une lentille à faces convexes en *sel gemme*, et supposons que chacune de ces faces ne soit qu'une portion très petite de la sphère à laquelle elle appartient. L'expérience montre que, si l'on place un point échauffé, s, assez loin de cette lentille, et sur son axe, les rayons, après l'avoir traversée, se rassemblent en un foyer f, où l'on reconnaît une élévation notable de température, qui ne se manifeste plus dès que le thermomètre est hors du foyer. Ce phénomène est une conséquence des lois de la réfraction. Si les rayons incidents, s', s', sont parallèles à l'axe de la lentille, le foyer formé, F, se nomme *foyer principal*. Si le point rayonnant est placé au foyer principal F, les rayons sortent de la lentille parallèlement à son axe.

Verres ardents. — Un verre ardent n'est autre chose qu'une lentille de verre ou de toute autre substance diathermane, destinée à concentrer à son foyer les rayons parallèles du soleil. Quand le diamètre de la lentille est suffisant, les matières combustibles s'enflamment instantanément au foyer; les matières terreuses sont vitrifiées ; les métaux, l'or même sont fondus. On a pu enflammer des corps au moyen de lentilles faites avec de la glace.

Lentilles à échelons. — Dans les grandes lentilles, une partie de la chaleur est absorbée par le verre de la lentille, qui est

Fig. 296.

très épaisse au milieu. Pour éviter cet inconvénient on se sert de *lentilles à échelons* (*fig.* 296). L'une des faces est plane, et sur l'autre face, les différentes parties de la surface sphérique sont rentrées les unes par rapport aux autres, comme on le voit dans la coupe aoa, de manière que l'ensemble est composé de couronnes aa, bb, qui entourent une lentille centrale o. Indépendamment de la diminution d'épaisseur obtenue par cette disposition, on y trouve encore l'avantage de pouvoir donner aux différentes couronnes des courbures telles que les rayons réfractés se réunissent plus exactement au même point. L'idée des lentilles à échelons est due à Buffon : mais ce ne fut qu'en 1811 que Brewster parvint à en construire.

§ 2. — DE LA THERMOCHROSE.

354. — Il existe différentes espèces de rayons lumineux, qui se distinguent les uns des autres par la *couleur* ; et l'on démontre, en optique, que la lumière blanche est composée d'un mélange de différents rayons colorés, en proportions déterminées, et qu'on peut en séparer en faisant passer cette lumière à travers des lames de verre de différentes nuances, qui la tamisent, pour ainsi dire, et ne laissent passer que les rayons de la couleur de la lame. Les rayons colorés passent tous avec la même facilité à travers les lames transparentes *incolores*, mais ils sont interceptés par des lames de substances colorées, en proportion variable suivant leur nuance. Des phénomènes semblables se produisent avec la chaleur, et il existe des rayons calorifiques de différentes qualités comme des rayons lumineux de différentes couleurs. Ce fait capital a été découvert par Delaroche, dès 1811, puis confirmé et développé par Melloni[1], dans une belle série d'expériences suivies avec une grande sagacité et une rare persévérance. Melloni a désigné par le mot *thermochrôse* (θέρμη *chaleur*, χρώζω *colorer*), cette qualité particulière des rayons, qui les fait distinguer les uns des autres. Ce mot correspond donc au mot *couleur*, relativement à la lumière.

355. Preuves de la thermochrôse. — Voici à quels caractères on reconnaît que les rayons calorifiques possèdent des propriétés physiques différentes.

1° Quand des rayons de chaleur *provenant de sources différentes*, traversent une même lame diathermane, la *proportion* que la lame laisse passer est différente ; elle est, le plus souvent, d'autant plus faible que la température de la source est moindre ;

2° Un faisceau qui a traversé une lame, en certaine proportion, passe en plus grande *proportion* à travers une seconde lame de même substance et de même épaisseur, la première ayant arrêté les rayons que la substance ne laisse pas passer ; de même que la lumière qui a traversé un verre rouge, passe en n'éprouvant qu'une faible perte, à travers un second verre rouge.

3° Si la seconde lame est de nature différente, elle peut, au contraire, arrêter une plus grande proportion des rayons qu'elle reçoit ; de même que les rayons sortant du verre rouge, passent en moindre proportion à travers un verre bleu. Par exemple, le mica noir ne laisse passer que 0,004 de la chaleur qui a traversé l'alun, et 0,43 de celle qui a traversé du verre noir. L'acide citrique, au contraire, ne laisse passer que 0,02 de la chaleur qui a traversé le verre noir, et 0,88 de celle qui a traversé l'alun. L'acide citrique et l'alun sont donc de même *thermochrôse* ; et le verre noir et l'alun, de *thermochrôse* différente.

---

[1] Melloni (Macedonio), né à Parme en 1801, y occupait une chaire de physique, lorsqu'il fut forcé de s'expatrier, en 1831, pour cause politique. Il vint d'abord en France, puis à Genève, où il fit ses principales recherches sur la chaleur rayonnante. Il se fixa ensuite en France, obtint en 1839 de retourner en Italie, sur la recommandation d'Arago et de De Humboldt, et fut nommé directeur de l'observatoire météorologique de Naples. Il avait perdu cette place et vivait retiré à Portici, lorsqu'il fut emporté, en moins de 24 heures, par une attaque de choléra, le 10 juillet 1854, à l'âge de 53 ans.

Propriétés du sel gemme. — Le sel gemme pur n'absorbe aucune portion de la chaleur qu'il reçoit, quelle que soit la lame que cette chaleur ait eu à traverser d'abord ; il laisse toujours passer les 0,923 de la chaleur incidente, quelle que soit son épaisseur. Quand il n'est pas tout-à-fait limpide, il absorbe un peu de chaleur, mais la proportion absorbée est la même, quelle que soit la source. On voit donc que le sel gemme se comporte pour les rayons de chaleur, comme les corps transparents *incolores* pour la lumière ; il est dit *athermochroïque* ; tandis que l'alun, le spath d'Islande, qui ne laissent pas passer en égale proportion les rayons de chaleur de différente thermochrôse, sont *thermochroïques*, et comparables aux verres colorés relativement à la lumière.

356. Différente réfrangibilité des rayons de chaleur. — Les rayons lumineux de différente couleur sont différemment réfrangibles ; ils sont plus ou moins déviés en traversant un même prisme. Il en est de même des rayons de différentes thermochrôses. Pour le prouver, Melloni employa une pile dont les soudures d'un même côté étaient en ligne droite, la mit à la place de celle de la *fig.* 294, fit tomber sur le prisme un faisceau de rayons, délimité par son passage à travers la fente verticale étroite

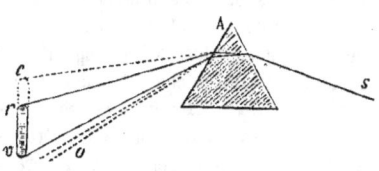

Fig. 297.

d'un écran, et plaça la pile de manière à obtenir le maximum d'effet. Ayant employé des rayons venant de sources différentes, ou ayant traversé diverses lames, il reconnut que l'angle formé par la règle ll' avec la règle L, changeait avec la nature des rayons incidents. Il y a donc toujours une analogie frappante avec les phénomènes lumineux.

357. Décomposition de la chaleur par réfraction. — On sait depuis Newton, que la lumière blanche est composée d'une infinité de rayons colorés doués de réfrangibilités différentes ; d'où il résulte que si l'on fait passer un pinceau cylindrique de rayons solaires, s (*fig.* 297) à travers un prisme A, les divers rayons colorés qui le composent étant différemment déviés, se trouveront séparés les uns des autres. Le faisceau sera donc étalé dans un sens perpendiculaire aux arêtes du prisme, et il formera sur un écran éloigné une image allongée rv, présentant de vives couleurs, et nommée *spectre solaire*. Parmi ces couleurs, on en a remarqué sept principales, qui sont, en commençant du côté de l'arête A du prisme, *rouge, orangé, jaune, vert, bleu, indigo, violet*.

Spectre calorifique. — En même temps que la lumière, les rayons de chaleur solaire sont aussi déviés par le prisme, et éprouvent la décomposition, à cause de l'inégale réfrangibilité de ceux qui ne sont pas de même thermochrôse. En effet, on trouve de la chaleur dans les différents points du spectre lumineux, et même dans l'espace obscur *rc* (*fig*. 297) qui s'étend au-delà du rouge, et cette chaleur est absorbée en proportion différente par une même lame diathermane. Il y a donc un *spectre calorifique*, comme il y a un spectre lumineux. C'est avec un prisme de sel gemme, qui n'absorbe aucun des rayons de différentes thermochrôses, qu'on peut obtenir le spectre calorifique complet. Avec un semblable prisme la chaleur obscure donne aussi un spectre, dans lequel on peut reconnaître les différentes qualités des rayons.

Un faisceau ou *flux* de chaleur doit être considéré comme formé d'un *mélange de rayons de différentes espèces*, et sa composition dépend de la nature de la source d'où il émane. Chaque substance diathermane intercepte de préférence certains de ces rayons, de sorte que la perte dépend de la composition du faisceau, c'est-à-dire de la nature de la source ; et les différentes substances interceptent en proportion différente les rayons d'une même source, suivant la manière dont elles sont *thermochroïques* ; de même que des lames colorées interceptent plus ou moins les rayons d'une même couleur, suivant qu'elles possèdent une nuance ou une autre.

358. Thermochrôse des corps. — Nous savons que les corps non polis, éclairés par une même lumière présentent des couleurs différentes, c'est-à-dire réfléchissent de la lumière *diffuse* affectant différentes teintes. Melloni a reconnu que la chaleur d'une même source réfléchie d'une manière diffuse (347) par la plupart des surfaces non *polies* présente aussi des qualités différentes, c'est-à-dire que ces surfaces sont *thermochroïques* de diverses manières. Ainsi, les rayons diffus réfléchis par une surface mate placée en *m* (*fig*. 285) et reçue par la pile du thermo-multiplicateur, même dans une direction autre que celle des rayons qui font l'angle de réflexion égal à l'angle d'incidence, sont transmis en proportion différente par une même lame diathermane. De plus, une surface donnée peut réfléchir des rayons de différentes qualités, quand elle est frappée par des rayons provenant de sources différentes ; de même qu'une surface colorée présente différentes nuances quand elle est éclairée par des rayons de lumière de différentes couleurs. Il existe des corps, comme certains métaux, qui réfléchissent toujours des rayons diffus de la même espèce que ceux de la source ; ils se comportent comme les corps blancs, qui renvoient de la lumière diffuse de la même couleur que les rayons incidents.

359. Identité d'origine de la chaleur et de la lumière. — Nous venons de voir comment la similitude entre les propriétés des rayons de chaleur et des rayons de lumière se soutient dans tous les détails des expériences. L'analogie se retrouve encore dans d'autres phénomènes qu'on étudie dans l'optique. Il y a plus, on peut prouver qu'un faisceau de lumière *simple* qui produit à la fois des effets lumineux et calorifiques, n'est pas composé de rayons lumineux mêlés à des rayons calorifiques, mais que ce sont les mêmes rayons qui produisent en même temps les deux sortes d'effets. Pour cela, on montre que les deux sortes d'effets sont atténués de la même manière par les milieux interposés, et sont conservés dans les mêmes proportions.

Ce résultat a été établi de la manière suivante par MM. Masson et Jamin. Ayant isolé un pinceau de rayons *simples*, successivement dans toutes les parties d'un spectre lumineux bien pur, ils ont reconnu que des lames incolores de sel gemme, cristal de roche, alun, verre, eau, qui n'affaiblissent pas sensiblement la lumière, laissent aussi passer tous les rayons calorifiques. L'épaisseur du cristal de roche a varié de 1^{mm} à 150. Avec une couche d'eau de 80 centimètres, il n'y avait plus que 75 pour cent de chaleur transmise; mais la lumière était aussi sensiblement affaiblie. Les verres colorés qui arrêtent certains rayons lumineux, arrêtent aussi les rayons calorifiques de même réfrangibilité ; par exemple, la chaleur manque totalement dans les bandes obscures que produit, dans le spectre lumineux, l'interposition du verre bleu de cobalt. Des expériences faites en comparant les intensités des rayons directs de chaleur et de lumière aux intensités des rayons qui avaient traversé une lame colorée, ont montré que les pertes de chaleur et de lumière se font toujours dans les mêmes proportions.

On voit pourquoi il est nécessaire d'opérer sur des rayons simples; c'est que un faisceau composé peut contenir des rayons qui ne produisent que l'effet calorifique ou que l'effet lumineux. Par exemple, nous avons vu que le spectre solaire présente des rayons de *chaleur obscure* au-delà du rouge, celui d'une lampe de Locatelli donne beaucoup plus encore de ces sortes de rayons, et une source à 100° n'en donne pas d'autres, puisqu'il n'y a plus de spectre lumineux. Du reste, l'existence de rayons qui ne produisent pas d'effet lumineux est facile à concevoir, dans le système des ondulations ; on peut comparer ce fait à ce qui a eu lieu pour les vibrations excitées dans l'air, qui ne produisent de son que lorsqu'elles sont suffisamment rapides.

§ 3. — DU REFROIDISSEMENT ET DU RÉCHAUFFEMENT DES CORPS.

I. Loi de Newton.

360. Le refroidissement et l'échauffement des corps dépendent : 1° de la différence de leur température avec celle du milieu ambiant ; 2° de la facilité plus ou moins grande avec laquelle la chaleur se déplace dans leur intérieur ; 3° enfin, de la facilité avec laquelle la chaleur peut passer par leur surface, pour sortir ou pour entrer. Nous allons nous occuper des phénomènes que l'on observe dans ce passage, quand on rend les autres circonstances identiques, ou qu'on annule leur influence.

364. Loi de Newton ou de Richmann. — Dans les expériences que l'on fait à ce sujet, on s'appuie sur la loi suivante énoncée par Newton : *la vitesse du refroidissement ou de l'échauffement d'un corps est proportionnelle à la différence entre sa température et celle du milieu ambiant.* On nomme *vitesse*, la variation de température, pendant une minute ou toute autre unité de temps choisie assez courte pour que la perte ou le gain de chaleur puissent être regardés comme uniformes pendant sa durée. Cette loi empirique n'est qu'approchée; elle n'est suffisamment exacte que pour des différences de température qui ne dépassent pas 20°, la plus élevée des deux ne dépassant pas elle-même 40°. Richmann en a constaté l'exactitude approchée, par un grand nombre d'expériences.

Quand les différences de température et les températures absolues dépassent 20° et 40°, les lois du refroidissement et de l'échauffement sont beaucoup plus compliquées; ce qui tient surtout à ce que l'effet est dû à la fois au rayonnement et à la présence du milieu ambiant. Par exemple, si un corps se refroidit dans une enceinte, on remarque que le refroidissement est plus rapide quand cette enceinte est remplie d'air, que lorsqu'on y a fait le vide. C'est que les couches d'air en contact avec le corps lui enlèvent de la chaleur, se dilatent, puis montent et sont remplacées par d'autres couches qui enlèvent à leur tour de la chaleur au corps. L'hydrogène est, de tous les gaz, celui qui enlève ainsi le plus de chaleur; soit à cause de sa plus grande mobilité, soit à cause de la facilité avec laquelle la chaleur le pénètre. On dit que son *pouvoir refroidissant* est le plus grand.

Les lois générales du refroidissement et de l'échauffement ont été trouvées par Dulong et Petit, en séparant les effets produits par le rayonnement, de ceux qui sont dûs au contact du milieu ambiant [1].

II. Pouvoir émissif.

Nous allons maintenant nous occuper des phénomènes qui se produisent dans le passage de la chaleur à travers la couche superficielle des corps, quand on rend les autres circonstances identiques, ou qu'on annule leur influence.

362. Pouvoir émissif. — La vitesse du refroidissement d'un corps dépend de la nature de sa surface. En effet, si l'on remplit d'eau bouillante deux vases identiques, dont les surfaces soient couvertes de différents enduits, on remarque qu'ils se refroidissent avec des vitesses différentes. On nomme *pouvoir émissif*, ou *pouvoir rayonnant* d'une substance, la faculté plus ou moins grande qu'elle possède de laisser échapper la chaleur au-dehors par rayonnement.

[1] Voir le *Traité de Physique*, 2ᵉ édition, t. II, p. 110 et suivantes.

POUVOIR ÉMISSIF.   261

Le contact de l'air contribuant au refroidissement, Leslie [1] a imaginé, pour comparer les pouvoirs émissifs, une méthode avec laquelle le milieu ambiant n'intervient pas dans le refroidissement.

Appareil de Leslie. — Cet appareil consiste en un vase cubique, s (*fig.* 298), rempli d'eau bouillante, et dont les faces latérales sont revêtues des différentes substances dont on veut comparer les *pouvoirs émissifs*. Ce vase est placé en face d'un miroir sphérique m, destiné à concentrer un grand nombre de rayons sur l'une des boules, f, d'un thermomètre différentiel, placée au foyer conjugué du miroir. L'autre boule est abritée par un écran e.

Les excès indiqués par le thermomètre différentiel, quand il est devenu stationnaire, sont proportionnels aux intensités de la chaleur rayonnée par

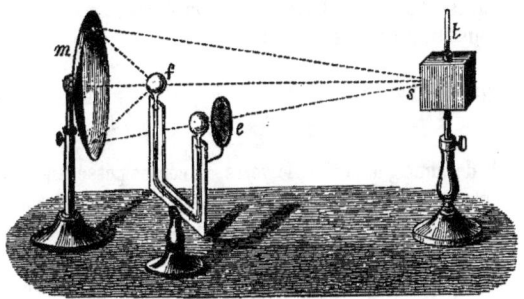

Fig. 298.

le corps. En effet, le miroir reçoit, à chaque instant, une fraction nq de la chaleur, q, émise par le corps, fraction qui dépend de l'ouverture du miroir et de la distance sm. Le miroir réfléchit une fraction m de la chaleur qu'il reçoit, c'est-à-dire la quantité $m.nq$, qui tombe sur la boule du thermomètre. Celle-ci réfléchit une partie de la chaleur qu'elle reçoit, et en absorbe une fraction p, c'est-à-dire la quantité $p.mnq$. La température de la boule focale s'élèvera donc ; mais comme elle rayonne et se refroidit avec une vitesse proportionnelle, d'après la loi de Newton (361), à l'excès qu'elle indique par rapport à la température du milieu ambiant, ou de l'autre boule, ce qu'elle perd va en augmentant, et finit par égaler ce qu'elle reçoit. Alors la température est stationnaire, et l'excès indiqué est proportionnel à la

---

[1] Leslie (John), né dans le comté de Fife (Écosse), mort en 1832, professa les mathématiques, puis les sciences naturelles, à Edimbourg. On lui doit des recherches très originales sur la chaleur rayonnante, sur le froid que produit l'évaporation, l'invention de divers instruments de physique, entre autres de l'hygromètre à cheveu.

quantité de chaleur perdue. Comme cette quantité est égale à la quantité *pmnq* reçue par la boule pendant le même temps, on voit que l'excès de température de cette boule est proportionnel à *pmnq*, ou à la quantité q émise par la surface s; n, m et q restant constants pour un même appareil et pour une même distance. — Si donc on recouvre la surface s, de différentes substances, on pourra comparer leurs pouvoirs émissifs, en comparant les excès donnés par le thermomètre différentiel.

Leslie a comparé par ce moyen les pouvoirs émissifs de différentes substances. Il a reconnu que les résultats ne dépendent que de la couche superficielle, car la nature des faces du cube sur lesquelles on l'applique, n'a pas d'influence. Le noir de fumée lui a donné le pouvoir le plus grand.

D'autres expériences ont été faites depuis, au moyen de la pile thermoélectrique recevant directement le flux calorifique sur une de ses bases. Voici quelques-uns des résultats trouvés ainsi, en représentant par 100 le pouvoir émissif du noir de fumée :

Céruse.	Colle de poisson.	Encre de Chine.	Gomme laque.	Argent laminé.
100	91	85	72	3

Le noir de fumée, le papier, le verre, la céruse possèdent à très peu près le même pouvoir émissif; la couleur, la dureté, la transparence ne paraissent donc pas avoir d'influence sur cette propriété. Les métaux ternis rayonnent plus que les métaux brillants, qui sont les corps doués du plus faible pouvoir émissif. Ces résultats ont été obtenus au moyen d'une source à 100°. Des expériences de MM. de la Provostaye et P. Desains ont prouvé que, *dans les hautes températures*, les rapports entre les pouvoirs émissifs des corps changent. Ainsi, le pouvoir du borate de plomb, sensiblement égal à celui du noir de fumée à 100°, n'en est plus que 0,75, à la température de 550° environ.

363. De l'influence du poli. — Leslie avait trouvé que le pouvoir émissif d'un métal était d'autant plus grand qu'il était moins poli, et il avait conclu de là que les aspérités qui recouvrent une surface dépolie ont la faculté de laisser échapper facilement la chaleur. Mais Melloni a prouvé qu'une même surface possède le même pouvoir émissif, qu'elle soit polie ou non, et que les différences trouvées par Leslie viennent de ce qu'il employait des lames tirées au laminoir, et par là recouvertes sur les deux faces d'une couche plus écrouie et plus dense que les parties intérieures. En rayant la lame, on met à découvert, au fond des sillons, des parties moins denses, en nombre d'autant plus grand que l'on pratique plus de raies. De plus, la couche superficielle peut se distendre par son élasticité, quand on y pratique les sillons, et sa densité diminuer. Le jayet, le marbre, l'ivoire, qui ne sont pas écrouis, donnent les mêmes résultats, qu'ils soient polis ou non.

L'argent coulé rayonne *moins* après qu'on l'a rayé, parce que les grains de la poudre dure avec laquelle on le raie, compriment le métal au fond des sillons et en augmentent la densité.

364. Influence de l'épaisseur de la couche superficielle. — Les métaux appliqués en feuilles extrêmement minces donnent toujours le même rayonnement que des plaques épaisses de même substance. Mais il n'en faudrait pas conclure que l'épaisseur de ces feuilles n'a aucune influence, car le pouvoir rayonnant des métaux est si faible que les différences peuvent échapper à l'observation, et, d'un autre côté, on trouve des substances chez lesquelles l'influence de l'épaisseur de la couche superficielle est évidente. Ainsi, Leslie ayant étendu sur une surface métallique des couches de plus en plus nombreuses et extrêmement minces de colle, d'une dissolution de gomme dans l'eau, ou de gomme laque ou résine dans l'alcool, a vu que le pouvoir émissif augmentait, et ne devenait constant que lorsque la couche avait de $0^{mm},002$ à $0^{mm},004$ d'épaisseur.

Hypothèse du rayonnement particulaire. — On a conclu de là que la chaleur rayonnante part d'une certaine profondeur au-dessous de la surface. Tant que l'épaisseur de la couche superficielle est très faible, les rayons partent des molécules du métal sur lequel cette couche est appliquée, en même temps que de celles de l'enduit. Plus l'épaisseur de ce dernier est grande, moins il y a de molécules métalliques envoyant des rayons au-dehors; et comme le pouvoir émissif du métal est moindre que celui du vernis, on comprend pourquoi l'effet va en augmentant avec l'épaisseur de ce dernier, jusqu'à ce que cette épaisseur soit assez grande pour que les rayons qui partiraient de la plaque métallique soient tous interceptés par les molécules de vernis. — Ces résultats s'expliquent en admettant que chaque particule d'un corps rayonne dans toutes les directions, avec une intensité qui dépend de sa température. Une partie des rayons peut passer au-dehors, quand la particule est assez rapprochée de la surface pour que les particules superficielles ne les interceptent pas. Plus la particule est placée profondément, moins elle laisse échapper au-dehors de la chaleur qu'elle rayonne dans tous les sens. C'est là l'hypothèse du *rayonnement particulaire*.

Il résulte de là que les substances les plus denses doivent avoir généralement le plus faible pouvoir émissif, ce qui a lieu en effet; et que, si l'on augmente la densité d'un corps, on doit diminuer son pouvoir. En effet, les métaux écrouis rayonnent moins que ceux qui ne le sont pas, et l'argent bruni, moins que l'argent déposé chimiquement.

365. Théorie de Melloni. — Melloni, en rapprochant tous ces faits, a émis l'opinion que le pouvoir émissif ne dépend nullement de la nature de la substance, mais seulement de la profondeur de la couche superficielle de molécules qui lancent des rayons au dehors; de sorte que, si cette couche

avait la même épaisseur chez tous les corps, leur pouvoir serait le même.
— Cette théorie a reçu une confirmation inattendue des expériences de MM. Masson et Courtépée, qui ont démontré que les substances réduites en poudre fine ont toutes le même pouvoir émissif. 16 substances, obtenues par précipitation chimique, délayées dans de l'eau contenant un peu de colle de peau, et appliquées sur l'une des faces du vase cubique, ont rayonné autant de chaleur que le noir de fumée.

366. Intensité des rayons émis obliquement. — Nous avons considéré, dans ce qui précède, des rayons émis normalement à la surface rayonnante. Les rayons qui partent de cette surface dans une direction oblique, sont d'autant plus faibles qu'ils s'écartent davantage de la normale. Quand la surface est couverte de noir de fumée, ou d'une substance présentant le même pouvoir émissif, la loi du phénomène est très simple. Voici à ce sujet une expérience de Leslie.

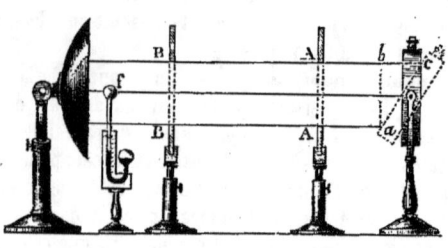

Fig. 299.

On place, en face d'un miroir sphérique (*fig.* 299), un vase *ac* rempli d'eau bouillante et présentant une surface plane recouverte de noir de fumée. Des écrans percés de deux ouvertures égales AA, BB, limitent le faisceau que reçoit le miroir, et sont assez éloignés l'un de l'autre pour que tous les rayons puissent être regardés comme parallèles entre eux. L'expérience montre que l'effet produit reste le même, quelle que soit la position que l'on donne à la surface rayonnante, pourvu que le cylindre ABAB la rencontre par tout son contour, dans toutes les positions qu'on lui donne. *La chaleur rayonnée par la surface ac est donc égale à celle que rayonnerait sa projection ab, sur un plan perpendiculaire à la direction des rayons.*

Il résulte de là qu'une surface courbe envoie la même quantité de chaleur, dans une direction donnée, qu'une surface plane égale à sa projection sur un plan perpendiculaire à cette direction. L'expérience vérifie ce résultat : on prend un vase en forme de demi-sphère ou de demi-cylindre, recouvert de noir de fumée, et l'on reconnaît que la surface courbe tournée du côté d'un thermoscope, produit le même effet que la surface plane.

Pendant longtemps on a cru que ce résultat était vrai pour toutes les substances, mais il n'en est pas ainsi : avec celles qui ont un pouvoir émissif moindre que celui du noir de fumée, on voit l'effet diminuer à mesure que l'inclinaison de la surface *ab* augmente, ainsi que l'ont constaté MM. de la

Provostaye et P. Desains, sur le verre, la céruse, l'ocre rouge. Les rayons, à mesure qu'ils s'éloignent de la normale, s'affaiblissent donc plus rapidement que lorsqu'ils partent du noir de fumée.

★ Dans le cas du noir de fumée, le résultat ci-dessus est susceptible d'un énoncé très simple : l'effet produit restant le même quand la surface rayonnante est égale à ab, et quand elle est égale à ac, il faut que les intensités i et i' des rayons émis par ces surfaces ac et ab soient *en raison inverse* de leur étendue. On a donc

$$i : i' = \overline{ab} : \overline{ac} = \sin \overline{acb} : \sin \overline{cba}.$$

Or, les angles acb et cba sont formés par les surfaces ac et ab, avec la direction des rayons émis ; les *intensités i et i' sont donc proportionnelles aux sinus des angles que font les rayons avec la surface rayonnante, ou aux cosinus de ceux qu'ils font avec la normale à cette surface.*

III. Pouvoir réflecteur.

367. On nomme *pouvoir réflecteur*, ou *réflexibilité* d'un corps, la faculté qu'il possède quand il est poli, de renvoyer une partie de la chaleur incidente. Pour comparer les pouvoirs réflecteurs des différentes substances, Leslie a d'abord procédé en recouvrant successivement le miroir de son appareil, des différentes substances à comparer, et en observant l'effet produit, dans les différents cas, sur le thermomètre focal, par une même source de chaleur. Ce moyen étant dispendieux et incommode, Leslie a appliqué les substances à comparer sur un

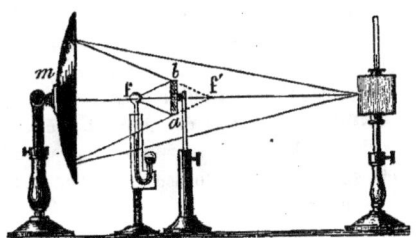

Fig. 300.

disque ab (*fig.* 300), disposé perpendiculairement à l'axe du miroir m, entre ce dernier et le foyer conjugué f' du corps rayonnant. D'après les lois de la réflexion, il est facile de voir que les rayons réfléchis par la surface ab iront se réunir en un point f symétrique du point f' par rapport à cette surface. On place en f l'une des boules d'un thermoscope, et l'excès de la température de cette boule sur celle de l'autre est proportionnel à la quantité de chaleur reçue, et par conséquent à celle que réfléchit la plaque ab. Les excès sont donc entre eux comme les *pouvoirs réflecteurs*.

Melloni et Nobili ont opéré au moyen du multiplicateur. La *fig.* 285 montre la disposition de l'appareil : on place successivement en *m* les lames polies dont on veut comparer les pouvoirs réflecteurs.

En représentant par 100 le pouvoir réflecteur du laiton, Leslie a trouvé les résultats suivants :

Laiton.	100	Plomb.	60
Argent.	90	Etain mouillé de mercure, verre. .	10
Etain en feuilles	85	Verre enduit de cire ou d'huile. . .	5
Acier.	70	Noir de fumée.	0

On voit que le noir de fumée ne réfléchit pas sensiblement de chaleur, et que les autres corps sont rangés dans un ordre inverse de celui qui correspond aux pouvoirs émissifs. — Melloni et Nobili ont trouvé que le mercure est le meilleur réflecteur de la chaleur, puis viennent les autres métaux dans l'ordre assigné par Leslie.

368. Influence de l'épaisseur de la couche superficielle. — Leslie, ayant appliqué des couches de vernis sur la surface du miroir sphérique de son appareil, reconnut que la proportion de chaleur réfléchie diminue à mesure que le nombre de couches augmente, jusqu'à ce que l'épaisseur atteigne $0^{mm},25$ environ ; alors les résultats sont constants. Ce qui s'explique en admettant que la réflexion se fait, non seulement sur les molécules superficielles, mais encore sur celles qui sont au-dessous jusqu'à une certaine profondeur, les rayons obliques traversant les espaces inter-moléculaires, pour venir rencontrer les molécules profondes et se réfléchir contre elles. On remarque que la limite d'épaisseur est la même que celle qui a été trouvée pour le pouvoir émissif (364).

369. Variations du pouvoir réflecteur. — Le pouvoir réflecteur varie avec la source calorifique. Par exemple, le verre et les métaux réfléchissent la chaleur obscure en plus grande *proportion* que la chaleur lumineuse.

Il résulte aussi d'expériences de MM. de la Provostaye et P. Desains, que le pouvoir réflecteur varie avec l'angle d'incidence : il augmente rapidement avec cet angle, pour les substances transparentes, comme le verre ; tandis qu'il est à peu près constant pour les métaux, jusqu'à l'incidence de 70°, au-delà de laquelle il diminue ; et vers 80°, la chaleur réfléchie est à peu près égale aux 0,94 de celle qui est réfléchie sous les petites incidences.

IV. Pouvoir absorbant.

370. Expériences de Leslie. — La faculté plus ou moins grande que possèdent les corps athermanes de laisser passer par leur surface une partie de la chaleur incidente, pour se l'approprier et s'échauffer, constitue le *pouvoir absorbant* ou *admissif* de ces corps ; on le mesure par le rapport entre les quantités de chaleur absorbées et reçues. Ce pouvoir dépend de la nature de la couche superficielle.

Pour comparer les pouvoirs absorbants des corps, Leslie plaçait au foyer du miroir de son appareil, le réservoir d'un thermomètre recouvert successivement des différentes substances à essayer. Plus le thermomètre montait, plus le pouvoir absorbant était considérable.

Cette méthode ne peut donner les rapports entre les pouvoirs, car le thermomètre devient stationnaire, quand il perd autant de chaleur qu'il en reçoit; mais ses pertes ne sont pas, dans les différents cas, proportionnelles aux excès de température, puisque sa surface change, et que les substances qui ont le plus grand pouvoir émissif perdent plus rapidement la chaleur que les autres, à égalité de température.

Melloni a comparé les pouvoirs absorbants par une autre méthode; il plaçait en face de la pile du thermo-multiplicateur, des disques de cuivre mince, noircis du côté de celle-ci, et recouverts des substances à essayer, sur la face opposée qui reçoit les rayons émanant de la source de chaleur. Cette méthode ne donne pas les rapports absolus des pouvoirs absorbants, par la même raison que nous venons d'indiquer pour celle de Leslie; aussi Melloni ne l'a-t-il donnée que comme propre à indiquer, de deux substances, quelle est celle qui a le plus grand pouvoir. Voici quelques-uns des résultats qu'il a trouvés, en prenant pour source de chaleur un vase cubique à 100°.

Noir de fumée.	100	Encre de Chine.	95
Céruse.	150	Gomme laque.	72
Colle de poisson.	91	Métaux.	13

Il est à remarquer que l'ordre, dans lequel se trouvent ces substances, est le même que pour les pouvoirs émissifs. Nous verrons aussi qu'il peut être différent quand on emploie d'autres sources.

Ayant comparé les pouvoirs absorbants de différents tissus blancs, collés sur les disques, Nobili et Melloni ont trouvé l'ordre suivant : *soie*, *laine*, *coton*, *lin* et *chanvre*, la soie ayant le plus grand pouvoir. Pour les métaux, ils ont trouvé la série : *plomb* et *étain*, *fer*, *acier*, *or*, *argent*, *cuivre*.

371. Influence du poli. — Leslie avait trouvé qu'en rayant la surface d'une lame métallique, on augmentait son pouvoir absorbant. Melloni a reconnu que les différences proviennent, comme pour le pouvoir émissif (363), de ce que les raies mettent à découvert des parties moins denses que la couche superficielle écrouie par le passage au laminoir. Des lames d'or et d'argent, coulées et refroidies lentement, absorbent plus de chaleur quand elles sont polies qu'après qu'on les a rayées avec un diamant, parce que la pointe comprime et écrouit le métal au fond des raies. Le jayet, le marbre, l'ivoire, qui ne s'écrouissent pas, ont le même pouvoir absorbant, quand ils sont polis et quand ils sont rayés dans divers sens.

372. Du pouvoir absorbant pour les différents rayons. — La chaleur absorbée par un corps est égale à celle qu'il reçoit, diminuée des quantités qui sont réfléchies *spéculairement* et *d'une manière diffuse*. Or, celles-ci varient avec la nature des rayons incidents (369) ; il doit donc en être de même de la quantité absorbée. C'est, en effet, ce qui a lieu : Melloni, ayant recouvert de noir de fumée l'une des faces de la pile, et l'autre face, d'une autre substance, de blanc de céruse, par exemple, a reconnu que des rayons venant d'une lampe de Locatelli, et ayant traversé des plaques de différentes substances, produisaient sur les deux faces, des effets dont les rapports changeaient suivant la nature des rayons incidents. Les rayons ayant traversé l'alun sont ceux qui sont le moins absorbés par la face blanchie ; ce qui s'explique, puisque l'alun, peu diathermane, ne laisse passer que les rayons les moins susceptibles d'être absorbés. Les rayons qui ont franchi un verre noir sont, au contraire, absorbés en grande proportion ; le verre noir arrêtant les rayons calorifiques lumineux, qui sont les plus faciles à transmettre, ceux qui restent sont donc les plus faciles à absorber.

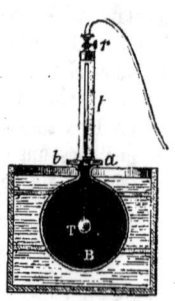

Fig 301.

373. Égalité des pouvoirs émissif et absorbant. — Nous avons vu que la liste des corps par ordre de pouvoirs émissifs, est la même que par ordre de pouvoir absorbant. On a pu démontrer en outre que ces deux pouvoirs sont égaux, du moins quand les différences de température sont faibles ; pour le prouver, Dulong et Petit ont employé un ballon en cuivre B (*fig.* 301), recouvert intérieurement de noir de fumée, et renfermant un thermomètre T, dont la boule en occupait le centre. Ils observaient les degrés du thermomètre, à travers un tube de verre, t, appuyé sur un plateau ba, usé à l'émeri, s'appliquant exactement sur le col du ballon. Le tube t était muni d'un robinet r, auquel était adapté un tuyau de plomb, par lequel on pouvait faire le vide. Le ballon était plongé dans un bain dont on connaissait la température. Le bain était, par exemple, à 10°, on portait le thermomètre à 0°, en le plongeant dans la glace fondante, puis on l'ajustait au col du ballon, on plaçait le tube t, et l'on faisait le vide. Pendant ces diverses opérations le thermomètre montait ; on attendait qu'il eût atteint 5°. Alors on mesurait le temps qu'il mettait à monter de 1°. En second lieu, on entourait le ballon de glace fondante, et l'on portait le thermomètre à 10° ; on l'ajustait à l'appareil, on faisait le vide, et l'on observait le temps qu'il mettait à s'abaisser, de 5° à 4°. On trouva ainsi que ce temps était égal à celui qu'avait employé l'instrument pour monter de 1°, dans la première opération, où la différence de température était la même, mais en sens contraire. Or, l'échauffement et le refroidissement ne provenaient que du pouvoir absorbant et du pouvoir émissif du thermomètre, puisque l'air avait été extrait de l'appareil ; de plus, la loi de Newton (361) était applicable pour d'aussi petites différences de température ; la chaleur entrait donc aussi vite qu'elle sortait, par la surface du thermomètre ; d'où l'on conclut l'égalité des pouvoirs émissif et absorbant, du moins dans les conditions de l'expérience, qui n'a été faite que sur des substances dépourvues de la faculté de réfléchir la chaleur avec diffusion, et au-dessous de 300°, température au-dessus de laquelle le pouvoir émissif d'un même corps varie (362).

374. Explications et applications diverses. —On remarque que la neige fond plus vite autour des arbres et des buissons que dans les endroits qui reçoivent directement les rayons solaires. Melloni a expliqué ces faits en remarquant que les rayons émis par les branchages échauffés, sont d'une autre nature que les rayons directs du soleil, et plus facilement absorbés par la neige, et il a appuyé cette explication sur diverses expériences, entre autres sur la suivante. Ayant rempli un vase, de neige bien unie à la surface, il l'exposa au rayonnement d'une lampe, après avoir suspendu au devant de la partie centrale, un disque de carton mince noirci des deux côtés. La neige fondit et se creusa derrière le disque, beaucoup plus que dans les parties qui recevaient directement les rayons de la lampe. Celle-ci ayant été remplacée par une lame de cuivre à 400°, il se produisit un effet inverse.

La neige ne fond que lentement au soleil, parce qu'elle réfléchit la plus grande partie de la chaleur incidente ; mais si l'on répand du charbon en poudre sur sa surface, elle fond rapidement à cause de la chaleur que lui communiquent par contact les parcelles de charbon qui absorbent rapidement les rayons solaires. On peut ainsi faire fondre la neige suivant des lignes qui forment des dessins, au moyen de poussières de charbon assez rares pour n'être pas visibles. Une pierre posée sur de la glace la fait fondre aux points où elle la touche, après avoir absorbé les rayons du soleil.

Un poêle doit être recouvert d'un enduit noir, si l'on veut qu'il émette beaucoup de chaleur ; s'il est en cuivre poli et brillant, il peut échauffer l'air qui le touche, mais il rayonne à peine, quoique brûlant. Pour faire chauffer rapidement un liquide, il faut que le vase qui le contient soit noirci dans les parties qui reçoivent l'action du feu, et brillant dans toutes les autres parties. Une chambre dont les murs seraient dorés s'échaufferait très vite sous l'influence d'un foyer intérieur ; parce que les rayons calorifiques qui se présenteraient pour sortir seraient réfléchis ; cependant les murs resteraient froids au toucher.

375. Équilibre mobile de température. — Quand plusieurs corps se trouvent dans une même enceinte dont les parois possèdent la même température que chacun d'eux, la quantité de la chaleur qu'ils contiennent ne varie pas. On peut expliquer ce résultat de deux manières différentes ; ou bien en supposant que ces corps ne rayonnent pas de chaleur et n'en reçoivent pas, ou bien en admettant que l'enceinte et les corps rayonnent les uns vers les autres et échangent des rayons de même intensité, de manière que, perdant autant qu'ils reçoivent, leur température reste stationnaire. Si les pouvoirs absorbants et réflecteurs de ces différents corps ne sont pas les mêmes, cette circonstance ne change rien au résultat, car si un corps reçoit des rayons d'intensité i, il en absorbe une partie ni, et réfléchit l'autre, égale à $i(1-n)$. Or, il émet aussi une quantité égale à ni, le pouvoir émissif étant égal au pouvoir absorbant ; il envoie donc aux autres corps la quantité ni, augmentée de la quantité réfléchie $i(1-n)$, c'est-à-dire en tout $ni + i(1-n) = i$. Par conséquent, il envoie la quantité même qu'il a reçue ; il ne gagne donc, ni ne perd de chaleur.

Si un corps est plus froid que ceux qui l'environnent, il s'échauffe en recevant plus de chaleur qu'il n'en émet ; s'il est plus chaud, il lance des rayons plus intenses que ceux qu'il reçoit, et il perd de la chaleur jusqu'à ce qu'il y ait équilibre de température entre tous les corps de l'enceinte ; alors les échanges de chaleur se font également. La température finale ne dépend ni de la masse, ni de la forme, ni de la nature, ni enfin de la position et du nombre des corps ; mais la rapidité avec laquelle l'équilibre s'établit dépend de la masse de chaque corps, de l'état de sa surface, de sa nature et enfin du fluide environnant.

Cette théorie, connue sous le nom d'*équilibre mobile de température*, a été proposée par P. Prevost, de Genève, en 1791. Elle est bien en harmonie avec l'idée que nous nous faisons de la mobilité de la chaleur, et rend facilement compte des phénomènes ; tandis que dans l'autre système on rencontre à chaque pas des difficultés. Par exemple, si un corps est placé dans une enceinte ayant une température supérieure à la sienne, il s'échauffe au moyen des rayons qu'il reçoit des différents points de l'enceinte. Il faudrait donc admettre que ce corps provoque par sa présence le rayonnement de l'enceinte vers lui, et seulement dans sa direction, car d'autres corps ayant la même température que l'enceinte, ne devraient pas recevoir de chaleur, puisqu'ils ne s'échauffent pas. Nous allons indiquer quelques conséquences de la théorie de l'équilibre mobile.

★ **376. Quantité de chaleur qui passe par un point quelconque d'une enceinte.** — Supposons une enceinte dont tous les points sont à la même température, et supposons qu'elle soit complètement dépourvue de pouvoir réflecteur. Un point quelconque de l'intérieur, m (*fig.* 302), recevra des rayons de tous les points de l'enceinte. Considérons un élément ac de la paroi, les rayons émis par cet élément produisent le même effet que ceux qui partiraient de sa projection *ac'* supposée à la même température (366); et celle-ci produit le même effet que les rayons émanant de la portion de surface sphérique *oo'* comprise dans le même cône *amc*; puisque celle-ci lui enverrait le même nombre de rayons, chacun de ces rayons conservant dans tout son trajet la même intensité.

Il résulte de là, que la quantité de chaleur venant de toutes les parties de l'enceinte et passant par le point *m*, est la même que celle qui lui serait envoyée par la surface d'une sphère décrite de ce point avec un rayon égal à l'unité, et ayant la même température que l'enceinte. Le résultat est donc indépendant de la position du point *m*, ainsi que de l'étendue et de la forme de l'enceinte.

Fig. 302.

Si l'on place en *oo'* (*fig.* 302) un écran dénué de pouvoir réflecteur et possédant la même température que l'enceinte, sa présence ne changera rien à la quantité de chaleur qui passe par le point *m*; car cet écran substituera ses propres rayons à ceux de la portion *ac* de l'enceinte. Mais si l'écran possède une température plus élevée que l'enceinte, les rayons qu'il enverra au point *m* seront plus intenses que ceux qu'il intercepte, et la température de ce point s'élèvera. Si, au contraire, l'écran est plus froid, les rayons de chaleur substitués à ceux de *aa'* étant moins intenses, la température du point *m* baissera. Ce résultat, mal interprété, avait d'abord fait admettre l'existence de *rayons frigorifiques*.

Supposons maintenant que l'écran *oo'* ait un pouvoir réfléchissant absolu, c'est-à-dire qu'il n'ait ni pouvoir émissif, ni pouvoir absorbant; il réfléchira vers le point *m* la chaleur qu'il recevra d'une certaine partie de l'enceinte, et sa présence aura pour effet de substituer cette chaleur à celle qu'émet la partie qu'il cache au point *m*. Cela s'applique au cas où la surface réfléchissante *oo'* ferait partie de la surface même de l'enceinte.

Supposons maintenant que les différents éléments de la surface de l'enceinte et des corps qu'elle contient, absorbent une partie de la chaleur et réfléchissent l'autre. Nous pouvons ramener ce cas général aux deux cas particuliers que nous avons examinés, en considérant chaque élément de surface comme composé de deux parties, en général inégales, l'une douée d'un pouvoir réflecteur absolu, et l'autre dénuée de réflexibilité. Chaque élément absorbe donc une partie de la chaleur qu'il reçoit, pour la rayonner ensuite, et réfléchit l'autre; de manière que la totalité de la chaleur renvoyée est la même que si tout l'élément était doué d'un pouvoir réflecteur absolu, ou doué de la faculté d'absorber, et par conséquent d'émettre, toute la chaleur qu'il reçoit.

377. Réflexion apparente du froid. — La théorie de l'équilibre mobile va encore nous servir à rendre compte de l'expérience curieuse de la réflexion apparente du froid. Cette expérience se fait au moyen des deux miroirs conjugués (*fig.* 303) : au foyer *f* de l'un, *m*, on place un vase rempli d'un *mélange réfrigérant*, formé, par exemple, avec de la glace pilée et du sel ordinaire; au foyer de l'autre *n*, on place un thermomètre à air, et on le voit aussitôt baisser. Dans ce cas, les rayons provenant de la partie *ss* de l'enceinte et interceptés par le miroir *n*, sont remplacés par ceux qui, partis du corps froid *f*, tombent sur le miroir *m*, s'y réfléchissent, vont rencontrer le miroir *n*, et sont enfin concentrés sur le thermomètre. En échange, ce dernier envoie au corps *f* des rayons plus intenses, d'où résulte l'abaissement de température observé.

Il n'y a donc pas réflexion de *rayons frigorifiques*, mais simplement échange de rayons de température différente. Les choses se passent comme pour la lumière : si, opérant dans une chambre uniformément éclairée, on met un corps noir en *f*, il se forme une tache *obscure* sur un écran placé au foyer de *n* ; et cependant on ne peut dire que l'*obscurité* se réfléchit.

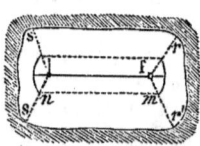

Fig. 303.

CHAPITRE III.

CONDUCTIBILITÉ DES CORPS POUR LA CHALEUR.

§ 1. — CONDUCTIBILITÉ DES SOLIDES.

378. La chaleur peut se propager lentement dans l'intérieur des corps de molécule à molécule, et avec une vitesse très variable, qui dépend de leur nature. Par exemple, si l'on verse de l'eau bouillante dans un vase, sa surface extérieure devient brûlante ; une barre de fer s'échauffe à l'une de ses extrémités, quand l'autre plonge dans un foyer, malgré la précaution que l'on prend de placer un écran qui empêche la chaleur du foyer de *rayonner* vers cette barre. Cette propriété est connue sous le nom de *conductibilité*, ou *pouvoir conducteur*.

Explication de la conductibilité. — Supposons un corps dont on échauffe une partie. Les molécules échauffées rayonnent de tous côtés et lancent la chaleur à celles, plus froides, qui les avoisinent. Celles-ci, échauffées au moyen de la partie de cette chaleur qu'elles absorbent, la rayonnent vers celles qui viennent ensuite, lesquelles s'échauffent à leur tour; et ainsi de suite de proche en proche. Ce mode de propagation est une conséquence du principe du *rayonnement particulaire* (364). La vitesse avec laquelle une molécule perd sa chaleur pour la céder aux molécules voisines, dépend de l'excès de sa température sur celle de ces dernières. Si donc T et t sont les températures de deux molécules voisines M et m, et si l'on applique la loi de Newton, les températures de deux molécules voisines ne pouvant être que très peu différents, la molécule m recevra de M une quantité de chaleur égale à k (T—t), k étant une constante qui dépend de la distance et de la nature des molécules. Si le corps n'était pas homogène, la distance varierait avec la direction de ligne qui joint les deux molécules, et la quantité de chaleur qui passerait dans différentes directions ne serait pas la même. Nous verrons plus loin que l'expérience confirme cette prévision de la théorie.

379. Comparaison des pouvoirs conducteurs des solides. —Quand on ne veut que comparer les conductibilités des solides, on leur

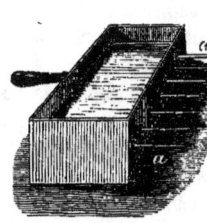

Fig. 304.

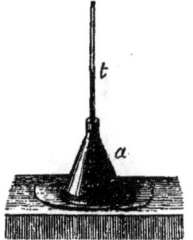

Fig. 305.

donne la forme de petits cylindres égaux, que l'on implante dans la paroi d'une caisse de métal (*fig.* 304), dont elles traversent l'épaisseur. On verse de l'eau bouillante dans cette caisse, et l'on voit, au bout d'un certain temps, que la cire est fondue sur chaque cylindre, jusqu'à une certaine distance de la caisse. Plus cette distance est grande, plus le pouvoir conducteur est prononcé. Ce petit appareil est connu sous le nom d'*appareil d'Ingenhousz*.

Thermomètre de contact. — Quand les corps ne peuvent être façonnés en forme de baguettes, comme les étoffes, les matières filamenteuses, on emploie le *thermomètre de contact* de Fourier. Ce petit instrument consiste en un thermomètre t (*fig.* 305), ajusté au col d'un vase conique a, fermé en dessous par une membrane mince, et rempli de mercure. Le corps dont on veut apprécier le pouvoir conducteur est façonné en lame que l'on pose sur une table entretenue à une température élevée et constante, par exemple sur une caisse en métal dans laquelle on fait passer un courant de vapeur. On applique le thermomètre sur cette lame, la chaleur la traverse, se communique au mercure et de là au thermomètre, qui, perdant une quantité de chaleur proportionnelle à l'excès de sa température sur celle de l'air, finit par devenir stationnaire. Il reçoit alors autant de chaleur qu'il en perd; la quantité de chaleur qui passe dans un temps donné à travers la lame interposée, est donc aussi proportionnelle à l'excès de la température du thermomètre sur celle de l'air ; et l'on pourra, en opérant sur divers corps d'égale épaisseur et assez étendus pour dépasser notablement la base du vase a, comparer leurs pouvoirs conducteurs.

Résultats. — Les corps qui conduisent le mieux la chaleur sont les métaux. Leur grand pouvoir conducteur peut être mis en évidence par une expérience très simple : on applique une fine toile sur une masse de métal poli (*fig.* 306), de manière que le contact soit bien établi, et l'on pose sur le tout, un charbon ardent dont on augmente l'incandescence au moyen d'un courant d'air. La toile ne brûle pas, parce que la chaleur qu'elle reçoit lui est aussitôt enlevée par le métal qu'elle touche, et rapidement disséminée dans sa masse ; la température du tissu ne peut alors s'élever assez pour qu'il se carbonise.

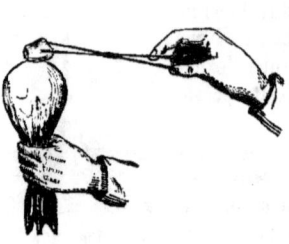

Fig. 306.

C'est par un effet semblable que les métaux nous paraissent plus froids que le bois, les étoffes, quoique ces corps soient à la même température ; la chaleur enlevée à la main ne restant pas au point touché, mais se répandant dans la masse conductrice, de manière qu'une nouvelle quantité est aussitôt soustraite.

De même, un métal chaud produit une impression de chaleur que ne produit pas un corps mauvais conducteur de même température. L'état des surfaces peut modifier ces différences d'impression, le nombre des points en contact avec la main variant suivant que le corps est plus ou moins bien poli.

Les substances pierreuses, le marbre, les briques, le verre surtout sont mauvais conducteurs ; on peut tenir un tube de verre, sans se brûler, très près du point où il est en fusion. Le soufre, les résines sont aussi de très mauvais conducteurs. Les bois desséchés sont dans le même cas ; les plus denses conduisent cependant mieux que les autres. Le charbon conduit assez bien *quand il a été calciné*, autrement il est mauvais conducteur.

Les géomètres et en particulier Fourier, ont traité par le calcul la question de la propagation de la chaleur dans les corps. Ils ont considéré principalement le mouvement de la chaleur dans un mur indéfini, dont les deux faces sont entretenues à des températures constantes, et la propagation dans une barre chauffée à l'une de ses extrémités. Nous allons dire quelques mots de ces deux cas.

★ **380. Lois des températures dans un mur.** — Considérons un mur indéfini dont les deux faces A et B sont entretenues à des températures constantes a et b, et supposons $a > b$. Si la température du mur est d'abord partout égale à b, la chaleur de la face A se transmettra à la couche voisine ; celle-ci échauffera de même la couche suivante, et ainsi de suite jusqu'à la face B, où la chaleur sera enlevée par la cause qui empêche la température b de varier. Au bout d'un temps plus ou moins long, chaque tranche possédera une température constante, et quand il en sera ainsi elle recevra autant de chaleur qu'elle en cédera à la tranche suivante, laquelle cédera aussi ce qu'elle aura reçu, de manière que la quantité de chaleur qui traversera chacune des tranches pendant un temps donné, sera la même pour toutes. On démontre que lorsque cela a lieu, *les températures des couches successives forment une progression arithmétique*. On prouve aussi que la quantité de chaleur, q, qui passe en 1^s à travers une tranche, est proportionnelle à la différence $(a-b)$ des températures des deux faces du mur, et en raison inverse de son épaisseur. Cette quantité q est représentée par la formule $q = k \dfrac{a-b}{e}$.

Coefficient de conductibilité. — k est une constante dépendant de la substance du mur ; on la nomme *coefficient de conductibilité*. Pour savoir ce qu'elle représente, posons dans la formule, $a-b=1°$, et $e=1$; il vient $q=k$. Le *coefficient de conductibilité* est donc *la quantité de chaleur qui passe dans l'unité de temps par l'unité de surface, à travers un mur solide ayant une épaisseur égale à l'unité, et dont les deux faces sont entretenues à des températures constantes différant de $1°$*.

* **381. Loi des températures dans une barre.** — Considérons une barre prismatique dont une des extrémités est entretenue à une température constante. La première tranche transversale non échauffée directement, recevra de la chaleur de celle qui la précède, en perdra une partie par son contour extérieur et communiquera le reste à la tranche suivante. De même, celle-ci perdra par son contour une partie de la chaleur reçue et en cédera à la tranche qui vient après ; et ainsi de suite. Il arrivera un moment où chaque tranche recevra de celle qui la précède, autant de chaleur qu'elle en perdra par son contour et par transmission à la tranche suivante ; alors les températures des différentes tranches seront stationnaires, et la chaleur passant par une tranche, sera égale à celle qui se perd, par le rayonnement et le contact de l'air, dans la portion de la barre qui se trouve au-delà de cette tranche.

Les températures seront de plus en plus faibles à mesure qu'on s'éloignera de l'extrémité échauffée ; de plus, la température, à une même distance de cette extrémité, sera d'autant plus basse que la section de la barre sera plus petite. En effet, si nous considérons des barres de même substance et de sections semblables, le contour par lequel se perd la chaleur varie de l'une à l'autre proportionnellement aux dimensions homologues, et l'aire de la section par laquelle la chaleur passe d'une tranche à la suivante, varie comme le carré de ces dimensions. La perte par le contour est donc moins grande relativement, quand la section est plus grande. C'est pour cela qu'on peut tenir un fil de fer tout près de l'extrémité rougie au feu, tandis que, s'il s'agissait d'une barre de fer, on ne pourrait la prendre impunément qu'à une grande distance de cette extrémité.

Le calcul montre aussi que *les excès de température des tranches de la barre décroissent en progression géométrique, quand les distances à la source croissent en progression arithmétique.* Cette loi a été vérifiée par Biot et par Rumfort, puis par Despretz. La *fig.* 307 représente l'appareil employé par ce dernier physicien. La barre *ab*, soutenue par des supports en bois sec, est échauffée à l'extrémité *a*, par la flamme d'un quinquet à cheminée

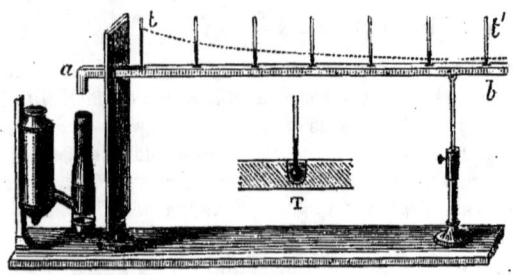

Fig. 307 — 1/12.

opaque. Un écran préserve la barre du rayonnement de la source. Des thermomètres, *tt'*, placés à des distances de 10^{cm} les uns des autres, sont enfoncés dans des cavités remplies de mercure, comme on le voit en T. Les barres étaient recouvertes d'un même vernis, pour leur donner le même pouvoir émissif. Les thermomètres ne devenaient stationnaires qu'au bout de 5 ou 6 heures, avec les substances de faible conductibilité. On retranchait, des températures qu'ils indiquaient, la température de l'air ambiant, et l'on vérifiait si les différences formaient une progression géométrique. La loi a été trouvée exacte avec les métaux qui conduisent bien la chaleur.

Les substances qui conduisent mal, comme le marbre, la terre à briques, s'écartent beaucoup de la loi. Ce qui s'explique facilement, en remarquant que la théorie suppose que la température est la même dans toute l'étendue d'une section de la barre, ce qui ne peut être quand son pouvoir conducteur est faible ; alors la température est plus basse près du contour de chaque tranche, qu'au milieu.

Expériences sur des tiges minces. — Parmi les expériences qui ont été faites sur des tiges trop minces pour qu'on puisse y creuser des cavités, nous citerons celles de MM. Wiedemann et Franz, faites au moyen de l'appareil (*fig.* 308).

La tige *b* est placée dans l'axe d'une cloche horizontale en verre, fermée par un couvercle *cc*, et fixée au couvercle au moyen d'une vis de pression *v*. Son autre extrémité passe par la tubulure, et entre dans un tube *o* fermé à son extrémité extérieure. Pour échauffer la tige *b*, on fait circuler un courant de vapeur dans un manchon *m* qui entoure le tube *o* ; la cloche est plongée dans un vase en zinc *zz*, rempli d'eau destinée à maintenir sa température constante ; on peut en extraire l'air par le tube *r*. Les températures des différents points de la tige *b* sont données par un élément thermo-électrique *t* (333), représenté à part en AB. Il est formé d'un fil de fer soudé en *s* à un fil d'*argentan*, et fixé par deux supports à une plaque

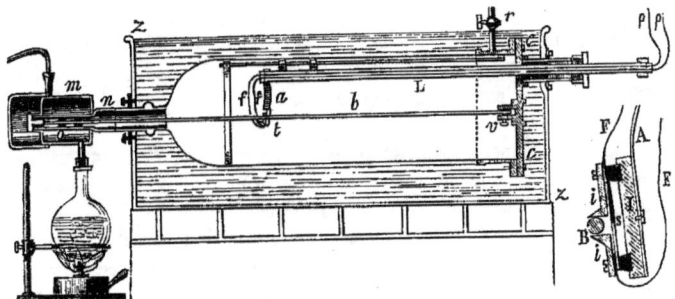

Fig. 308. — 1/10.

d'ivoire I. Deux appendices en ivoire *i*, *i* embrassent la tige, dont on voit la coupe en B, et servent à guider l'élément, quand on lui en fait parcourir les différents points. Cet élément est suspendu à l'extrémité d'un ressort d'acier A, *a*, qui le presse contre la tige, et est soutenu lui-même par un tube en laiton L qui passe en *e* à travers une boîte à cuirs. Les fils de l'élément, *ff*, FF, traversent le tube L sans se toucher, et leurs extrémités ρ, ρ sont mises en communication avec les fils d'un réomètre. — Une table, construite préalablement, donne les températures de la tige correspondantes aux indications du réomètre.

Voici les conductibilités calculées en partant de ces expériences, et en représentant par 100 le pouvoir conducteur de l'argent :

Cuivre	73, 6	Acier	11, 6
Or	53, 2	Plomb	8, 5
Laiton	23, 6	Platine	8, 4
Zinc	19, 3	Palladium	6, 3
Étain	14, 15	Alliage de Rose	2, 8
Fer	11, 9	Bismuth	1, 8

382. Conductibilité dans les corps non homogènes. — MM. de la Rive et de Candolle ont reconnu que le bois conduit beaucoup moins bien, dans le sens perpendiculaire aux fibres, que dans le sens des fibres. Le rapport des conductibilités dans les deux sens est 5 : 3, pour le chêne.

Cristaux. — Les cristaux non symétriques, dans lesquels la densité et l'élasticité ne sont pas uniformes (300), ne possèdent pas le même pouvoir conducteur dans les différentes directions. Ce fait a été constaté par M. de Sénarmont, au moyen de la méthode suivante. On sépare du cristal, soit par clivage, soit par des procédés mécaniques, une lame mince, dans une direction connue. Un trou un peu conique est pratiqué au milieu de la plaque ; on y engage l'extrémité d'un gros fil d'argent assez long, qui apporte au milieu de la lame, la chaleur qu'il reçoit par son extrémité opposée, d'une lampe à alcool. La lame, abritée par un écran, est enduite d'une légère couche de cire, et on la place horizontalement ; on voit alors la cire fondre et former, à la limite de la fusion, un bourrelet liquide qui correspond à une *ligne isotherme*, c'est-à-dire ayant partout la même température, celle de la fusion de la cire.

Voici le principaux résultats trouvés ainsi : 1° Quand la lame est prise dans un corps homogène, comme le verre, ou un cristal symétrique autour d'un point, la ligne isotherme est une circonférence. — 2° Les cristaux symétriques autour d'un axe donnent encore une ligne circulaire, quand la lame est prise perpendiculairement à l'axe ; mais quand elle est prise obliquement, la courbe est elliptique. — 3° Quand le cristal n'est pas symétrique autour d'un axe, la courbe isotherme est toujours elliptique, quelle que soit la direction suivant laquelle la lame ait été taillée. — 4° Une plaque donnant une courbe circulaire, en donne une elliptique quand on la comprime latéralement, la courbe s'aplatissant dans le sens même de la compression.

383. Applications. — On a fréquemment à faire des applications des différences que présentent les pouvoir conducteurs des corps. Les poêles destinés à répandre promptement la chaleur, doivent être en métal. Au contraire, pour empêcher la chaleur de passer, on fait en bois, on garnit d'osier, les anses de certains ustensiles, les manches de certains outils qui doivent être portés à une haute température. Quand on veut prendre un corps chaud, on interpose entre la main et ce corps, des substances mauvaises conductrices. On enveloppe d'étoffes épaisses, de tresses en paille, les tuyaux destinés à transporter l'eau chaude, la vapeur, l'air échauffé.

Les vêtements que l'on appelle chauds ne font qu'empêcher la chaleur du corps de se dissiper au dehors ; ils doivent cette propriété à leur structure spongieuse ; l'air qui remplit les interstices entre leurs filaments étant, comme nous le verrons (387), très mauvais conducteur. Si on les condensait par compression, tout en leur donnant la même épaisseur, on leur ferait perdre de leur efficacité. Les fourrures sont plus chaudes quand le poil

DANS LES LIQUIDES. 279

est tourné en dedans, parce que l'air ne peut s'y renouveler, et y forme une couche stagnante qui arrête la chaleur. Un tissu dense et appliqué sur la peau de manière à en écarter la couche d'air, loin de conserver la chaleur, peut favoriser sa déperdition. C'est ainsi que certains gants collants refroidissent les mains. — Quand on veut empêcher un corps de se refroidir, il faut l'envelopper d'une étoffe épaisse *non comprimée*, ou d'une fourrure. La même précaution doit être prise pour empêcher la chaleur de pénétrer dans les vases où l'on veut conserver de la glace.

Des murs en planches épaisses, formant une double cloison remplie de matières très divisées, comme de la sciure de bois, de l'étoupe, des feuilles sèches, conservent aussi très bien la chaleur, et constituent un système de construction très employé dans les régions glaciales. Des murs mauvais conducteurs conviennent tout aussi bien dans les pays chauds, pour empêcher la chaleur du jour de pénétrer dans les habitations.

§ 2. — CONDUCTIBILITÉ DES FLUIDES.

384. Conductibilité des liquides. — Pour expérimenter la conductibilité des liquides, il faut avoir soin de les échauffer par la partie supérieure, afin que les couches dilatées se trouvant à la partie supérieure ne tendent pas à monter à travers le liquide plus froid pour en mélanger les différentes parties. Voici comment on procède : on plonge dans le liquide un thermomètre différentiel, dont une des boules soit peu éloignée de la surface (*fig.* 309); on verse de l'eau ou de l'huile bouillante dans un vase de métal dont la partie inférieure plonge dans le liquide, et l'on voit, au bout de quelque temps, le niveau se déplacer dans le thermomètre. Comme l'eau n'est pas diathermane pour la chaleur obscure, on ne peut attribuer cet effet au rayonnement.

Fig. 309.

Fig. 340.

La conductibilité du mercure, bien plus grande que celle des autres liquides, peut se constater au moyen d'un thermomètre ordinaire traversant la paroi d'un vase de verre (*fig.* 340). Ce thermomètre est recouvert par le mercure sur lequel se trouve une couche d'alcool enflammé. On voit le thermomètre monter au bout d'un certain temps, de plusieurs degrés. La grande densité du mercure et sa nature métallique expliquent pourquoi son pouvoir conducteur est supérieur à celui des autres liquides.

On pourrait supposer que la chaleur se transmet par les parois du vase, aux parties inférieures du liquide, dont les mouvements mélangeraient ensuite les couches. Mais Murray, ayant employé un vase de glace rempli d'eau à zéro, a vu marcher le thermomètre différentiel ; or, la chaleur communiquée aux parois pouvait bien en fondre une partie, mais ne pouvait les échauffer.

385. Expériences de Despretz. — Les doutes que l'on pouvait conserver sur la conductibilité de l'eau ont été complètement levés par les expériences de Despretz, qui a prouvé, que les températures dans une colonne d'eau verticale, soumise à sa partie supérieure à une source constante de chaleur, forment une progression géométrique décroissante, comme dans une barre solide.

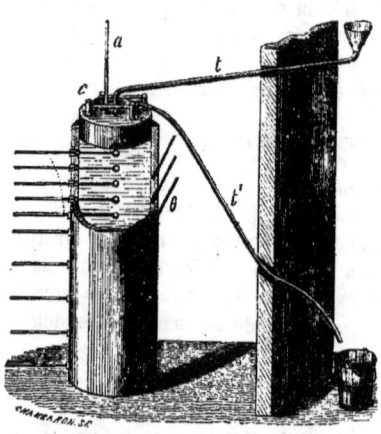

Fig. 311.

L'eau était contenue dans un cylindre de bois ayant un mètre de hauteur (*fig.* 311). Des thermomètres horizontaux, passant à travers la paroi, avaient leur réservoir dans l'axe du vase. Une caisse en cuivre mince, c, reposant sur la partie supérieure de la colonne d'eau, recevait de l'eau bouillante, renouvelée de 5 en 5 minutes. Cette eau arrivait par le tube t, d'une chambre voisine, et sortait par un autre tube t'. Au bout de 32 heures, les thermomètres furent stationnaires, et les six premiers seulement montèrent d'une manière sensible.

Quelques thermomètres, θ, enfoncés dans la paroi, servirent à montrer que la température d'une même couche horizontale va en diminuant du centre à la circonférence, ce qui prouvait que la propagation dans l'eau n'était pas due à la conductibilité des parois du vase.

386. Communication de la chaleur dans les liquides. — Il résulte de tout ce qui précède. que les liquides sont conducteurs, mais très mauvais conducteurs de la chaleur. Quand la chaleur s'y propage, c'est ordinairement par des mouvements provenant de l'ascension de certaines parties rendues moins denses par la dilatation, et de la descente des parties les plus froides. La chaleur est donc *charriée* d'un point à l'autre par le transport des parties qui la contiennent, et non transmise par conductibilité proprement dite. Pour apercevoir ces mouvements, on chauffe, par le milieu du fond, un vase large et profond (*fig.* 312), rempli d'eau à laquelle on a mêlé des poussières de même densité, comme de la sciure de bois, qui, une fois imbibée, y reste en suspension. On distingue un courant ascendant dans l'axe du vase, et des courants descendants le long des parois. Pendant le refroidissement, il se produit des mouvements en sens inverse. On voit donc que, pour échauffer rapidement un liquide, il faudra introduire la chaleur par le fond du vase plutôt que par le côté. Si on chauffait le liquide en dessus, les couches supérieures pourraient bouillir, pendant que les portions situées à une certaine profondeur ne changeraient pas de température. — Il résulte de ce qui précède, que tout ce qui gêne les mouvements d'une masse liquide doit empêcher la chaleur de s'y propager; c'est, en effet, ce que prouve l'expérience.

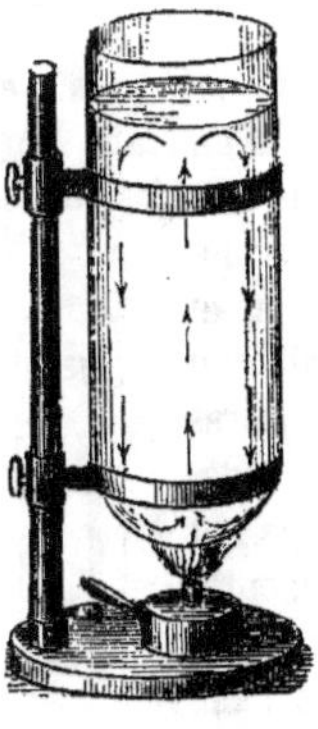

Calorifères à eau chaude. — Les mouvements des masses liquides échauffées par le bas ont été utilisés dans les *calorifères à eau chaude*. Ces appareils consistent en une longue série de tuyaux formant deux systèmes, dans l'un desquels l'eau monte, pendant qu'elle descend dans l'autre, après s'être refroidie en partie, en cédant sa chaleur aux tuyaux. L'eau est échauffée dans une chaudière c (*fig.* 313) dont elle gagne la partie supérieure après s'être dilatée ; elle monte par le tuyau t, qui doit présenter le moins de courbures possible, et arrive dans un réservoir supérieur r, sorte de poêle, où elle se refroidit en cédant de sa chaleur aux parois, puis à l'air de la chambre. Cette eau devenue plus dense, descend par le tuyau t', arrive dans le poêle P, auquel elle cède encore de sa chaleur, et revient à la chaudière c, où elle se réchauffe pour remonter de nouveau.

Fig. 312.

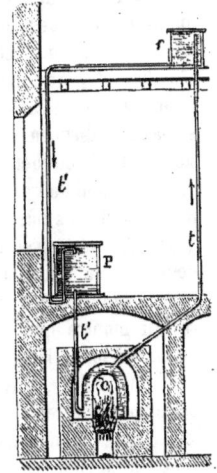

Fig. 313.

387. De la conductibilité des gaz. — La chaleur se propage dans les gaz, par des mouvements semblables à ceux que l'on observe dans les liquides ; seulement ils se produisent avec une bien plus grande facilité, à cause de la faible densité et de la grande dilatabilité des gaz. Ces mouvements empêchent de pouvoir décider si les gaz possèdent une conductibilité proprement dite ; car, si l'on essaie de les échauffer par la partie supérieure, comme ils sont très diathermanes, la chaleur rayonne vers la paroi inférieure du vase qui les contient, l'échauffe, et les gaz en contact avec cette paroi se dilatant, des mouvements se manifestent aussitôt. Comme les gaz n'ont qu'un très faible pouvoir rayonnant, et que la conductibilité est due au rayonnement particulier, on doit penser que, s'ils sont conducteurs, ils le sont à un degré excessivement faible : c'est ce que l'on montre en gênant leurs mouvements, soit au moyen de matières filamenteuses, de duvet, etc. On reconnaît alors que la chaleur ne se propage à travers la masse, que d'une manière insensible.

388. Conductibilité de l'hydrogène. — Parmi les gaz, l'hydrogène, dont nous avons déjà signalé le grand pouvoir refroidissant (360), paraît jouir d'une conductibilité propre assez sensible. En effet, M. Grove, ayant maintenu incandescent un fil de platine f (*fig.* 314), par le passage d'un *courant électrique*, et l'ayant recouvert ensuite d'une éprouvette remplie d'hydrogène, vit l'incandescence cesser aussitôt.

M. Magnus a constaté la conductibilité de l'hydrogène, par le moyen suivant. Il disposa un vase plein d'eau bouillante au haut d'un tube vertical, au bas duquel était un thermomètre. Ce tube étant successivement vide et rempli de gaz, il vit que la température finale du thermomètre était plus haute dans l'hydrogène que dans le vide, et d'autant plus que ce gaz était plus comprimé. Ce gaz ajoutait donc sa conductibilité à l'effet du rayonnement. Avec les autres gaz, la température finale était plus basse que dans le vide, ce qui montre que leur conductibilité ne compense pas ce qui manque à leur diathermanéité. On voit donc que, relativement à la conductibilité, l'hydrogène est, pour les gaz, ce qu'est le mercure pour les liquides. Or, l'hydrogène se comporte dans les actions chimiques d'une manière analogue aux métaux, qui sont les meilleurs conducteurs de la chaleur; si bien que beaucoup de chimistes le considèrent comme un *métal gazeux*. La grande conductibilité relative de ce gaz vient, à son tour, à l'appui de la manière de voir des chimistes.

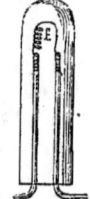

Fig. 314.

389. Applications. — Dans les pays froids, on empêche la chaleur de sortir, à travers les croisées des appartements chauffés, en les fermant par un double vitrage. L'air interposé arrête la chaleur, et pour rendre l'effet plus prononcé, on gêne les mouvements de ce gaz au moyen de lames de verre disposées transversalement. Les doubles vitrages offrent un autre avantage; quand il fait soleil, ils laissent entrer les rayons solaires, tout en empêchant la chaleur ainsi introduite de pouvoir s'échapper par la même voie, comme il résulte de ce qui suit.

Chambre de Saussure. — Cet appareil consiste en une caisse en bois léger et mauvais conducteur, dont l'intérieur est garni de noir de fumée, et dont une des faces est formée par trois lames de verre séparées par des couches d'air. Si l'on présente la face vitrée aux rayons solaires, un thermomètre intérieur peut s'élever jusqu'à 80 à 100°, et l'on peut faire bouillir de l'eau. Pour nous rendre compte de ce résultat, remarquons que la chaleur des rayons solaires qui frappent les parois intérieures, ne pénétrant qu'à une faible profondeur, ces parois s'échauffent beaucoup à leur surface, et échauffent par contact l'air qui les touche. La chaleur introduite est retenue par les parois, qui conduisent mal, et par les lames de verre et les couches d'air qui les séparent. Quant aux rayons émis par les parois échauffées, et dirigés vers la cloison vitrée, ils ne peuvent non plus la franchir, car le verre est très peu diathermane pour les rayons obscurs. Cette cloison laisse donc entrer la chaleur solaire, mais ne lui permet pas de sortir; d'où son accumulation. C'est par les mêmes causes, que l'air s'échauffe notablement sous les cloches de verre dont on recouvre certaines plantes.

390. Mouvements dans les gaz dont les diverses parties ne sont pas à la même température. — Nous avons vu comment la chaleur se propage par des mouvements intestins dans une masse liquide échauffée par le bas (386). Les mêmes phénomènes se produisent dans les gaz; les parties les plus chaudes, moins denses par dilatation, montent et sont remplacées par les plus froides; et ce n'est qu'après que le mélange des parties a rendu la température uniforme, qu'il peut y avoir équilibre. L'air se renouvelle autour des corps qui brûlent, par un effet analogue : les gaz échauffés et très dilatés, provenant de la combustion, s'élèvent en vertu de leur légèreté spécifique, et sont remplacés par l'air environnant, dont une partie active la combustion, se dilate ou est remplacée par des gaz très dilatés, qui montent à leur tour. La fumée qui s'élève au-dessus du bois qui brûle, n'est autre chose qu'un mélange de gaz très dilatés, de vapeurs diverses, et de poussière de charbon.

Dans l'antiquité, le foyer où l'on entretenait le feu, était situé au milieu de la chambre, et la fumée sortait par une ouverture pratiquée au toit. Il en est encore ainsi dans certains pays. Plus tard, le foyer fut placé contre le mur, et la fumée, reçue dans une vaste hotte, s'élevait à travers un large conduit vertical. Vers le XVe siècle, on s'occupa de perfectionner ce système, et l'on y ajouta le chambranle, destiné à rétrécir l'ouverture. Alors l'écoulement de la fumée à travers le conduit n'est plus dû seulement à son ascension verticale, car elle peut suivre un canal oblique, et même marcher de haut en bas; mais il est dû à un effet particulier, qu'on appelle le *tirage*.

Tirage des cheminées. — Si nous supposons le conduit de la cheminée rempli de gaz chauds, la colonne de gaz tendra à s'élever, d'après le principe d'Archimède, avec une force égale à la différence, D, entre son poids et le poids d'un volume égal de l'air froid extérieur. Il se produira alors à la partie inférieure du conduit T (*fig.* 315) une véritable aspiration, semblable à celle qui aurait lieu si la colonne de gaz chaud était remplacée par un piston, sollicité de bas en haut par une force égale à D. Cette force augmente avec le volume de la colonne de gaz. Pour avoir un fort tirage, il faut donc donner à cette colonne une grande hauteur et une grande section. Il faut, de plus, que le gaz ne puisse se refroidir que le moins possible, et enfin qu'il entre à une haute température; par conséquent que tout l'air qui afflue passe à travers le feu, pour en activer la combustion et s'y échauffer. C'est ce qui est loin d'avoir lieu dans nos cheminées d'appartement; une grande masse d'air froid s'introduit dans le conduit, et diminue la température des gaz qui ont eu le contact du feu. On atténue cet inconvénient, au moyen d'un diaphragme cc, qui diminue l'ouverture du chambranle.

Fig. 315.

Dans tout ce qui précède, nous avons fait abstraction des frottements du gaz ascendant, sur les parois du conduit. Pour rendre cette résistance aussi petite que possible, le conduit devra être vertical, et, dans le cas contraire, présenter le moins d'angles possible. L'intérieur devra être très uni et débarrassé de la suie. Un conduit circulaire est préférable à un conduit rectangulaire; car, à égalité de section, le contour du premier est minimum. Les foyers dans lesquels doit être appelée une grande quantité d'air pour brûler beaucoup de combustible à la fois, comme ceux des chaudières à vapeur, sont munis de cheminées larges et très élevées, pour produire un fort tirage.

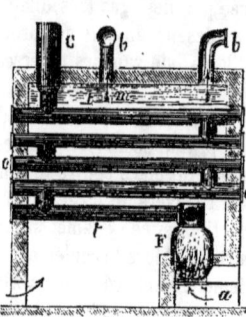

Fig. 316.

Calorifères à air chaud. — Les calorifères à air chaud nous présentent une nouvelle application de la force ascensionnelle de l'air dilaté. On les construit dans deux systèmes différents : dans les uns, la flamme du foyer enveloppe un tuyau plusieurs fois recourbé, dans lequel circule l'air à échauffer, qui se rend ensuite, par différents canaux ascendants, à des ouvertures nommées *bouches de chaleur*; dans les autres, le tuyau est traversé par la flamme du foyer, et l'air à échauffer l'enveloppe extérieurement. Dans le premier cas, une partie de la chaleur, communiquée aux parois du fourneau, est perdue; le dernier système est donc préférable. La *fig.* 316 représente une des nombreuses dispositions adoptées; F est le foyer; la flamme et la fumée sont appelées dans la cheminée c, dont le tirage les force à passer à travers les tuyaux t, t. L'air échauffé au contact des parois de ces tuyaux, monte dans l'espace m et arrive à différentes bouches de chaleur *b, b*, par lesquelles il se répand dans les espaces à chauffer. Cet air est remplacé par l'air qui vient de l'extérieur. Les extrémités *o, o*, peuvent s'ouvrir pour le ramonage des tuyaux. — On adapte souvent aux poêles et même aux cheminées ordinaires, des caisses en tôle, où l'air s'introduit par le bas, s'échauffe au contact des parois, et se répand dans la chambre, par des bouches de chaleur placées à la partie supérieure.

CHAPITRE IV.

DE LA DILATATION.

§ 1. — DILATATIONS DES CORPS SOLIDES.

394. Dilatabilité des corps. — Dans ce chapitre et les deux suivants, nous allons étudier les effets que la chaleur produit sur les corps, à commencer par les *dilatations*.

La chaleur *dilate* tous les corps. Nous avons vu (17) comment on peut le démontrer dans le cas des liquides et des gaz, et dans le cas des solides au moyen du *pyromètre de Sgravesande*. On montre la dilatation en longueur d'une barre, au moyen du *pyromètre à cadran* (fig. 317). La barre *ab* est supportée par deux colonnes dont elle traverse la partie supérieure. Fixée invariablement en *b*, par la vis de pression *v*, elle peut

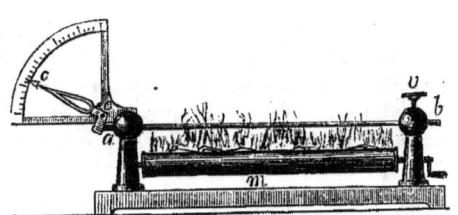

Fig. 317.

glisser en *a*, où son extrémité pousse le petit bras d'un levier coudé *aoc*. On échauffe la barre au moyen d'une lampe à alcool *m*, elle se dilate, presse le bras *ao*, et l'on voit l'extrémité du bras *oc* parcourir les divisions d'un arc divisé. Si l'on éteint la lampe, la barre se contracte, et le bras *oc* redescend par son propre poids.

Il y a des substances qui semblent faire exception à la loi générale de la dilatation. Par exemple, l'argile bien desséchée se contracte quand on la met dans le feu ; mais cela tient à ce que les molécules différentes qui composent cette substance se combinent en partie, il y a commencement de vitrification, et le volume ne reprend pas sa valeur primitive après le refroidissement. Le bois se contracte aussi quand on l'échauffe ; mais c'est qu'il se dessèche, il perd de l'humidité, diminue de poids, et ne reprend pas son volume primitif quand on le refroidit.

392. Effets de la dilatation des solides. — Les corps solides se dilatent moins que les fluides ; cependant leur dilatation produit des effets assez étendus pour qu'il soit nécessaire d'y avoir égard dans une foule de circonstances. C'est à la dilatation qu'est due la rupture des corps mauvais conducteurs exposés brusquement au feu, comme les vases en verre épais ; la dilatation ayant d'abord lieu dans les parties extérieures, les parties non échauffées sont écartées jusqu'à la rupture. — Les pierres des parapets sont quelquefois brisées par les barres de fer scellées à leur partie supérieure pour les lier les unes aux autres. On a soin de laisser un espace de quelques millimètres entre les rails des chemins de fer, afin de leur donner le jeu nécessaire pour qu'ils puissent se dilater librement. Les murs des édifices se dilatent sensiblement. La clef de voûte des grands ponts s'élève et s'abaisse par les variations de température.

On tire parti de la contraction des corps qui se refroidissent, pour fretter les roues des voitures : on entoure la jante d'un cercle de fer fortement chauffé et prenant bien juste. Par le refroidissement, cette bande de fer se contracte et serre fortement le contour de la roue. — La dilatation se fait avec une force prodigieuse ; pour s'opposer à son effet, il faudrait exercer un effort capable de comprimer la barre dilatée, de toute la quantité dont elle s'allonge, effort qui est très considérable. Si la barre est échauffée et fixée par ses extrémités à des obstacles, elle les rapproche quand elle se refroidit ; à moins que la résistance qu'ils opposent n'équivaille à l'effort capable de produire la rupture ou d'allonger cette barre par tension d'une quantité égale à celle dont elle se contracte par le refroidissement. Molard a fait une application heureuse de la force développée par la contraction, pour ramener à leur aplomb les murs d'une des salles du Conservatoire des arts et métiers de Paris, qui avaient été écartés par la poussée d'une voûte.

393. Mesure du coefficient de dilatation linéaire des solides. — On considère, dans les corps solides, la dilatation dans un seul sens ou *dilatation linéaire*, et la *dilatation cubique* ou en volume. On nomme *coefficient de dilatation* linéaire ou cubique, l'augmentation de l'*unité* de longueur ou de volume, pour une élévation de température de 1°.

Les premières expérience pour mesurer le coefficient de dilatation linéaire, ont été faites par Lavoisier[1] et Laplace. L'appareil qu'ils ont

---

[1] Lavoisier (Antoine-Laurent), physicien et père de la chimie moderne, né à Paris en 1743, était fils d'un riche commerçant. Il fit des études brillantes au collége Mazarin,

DILATATIONS. 287

employé consiste en quatre massifs en pierre de taille m, m, m, m (*fig.* 316), entre lesquels est placée une cuve de plus de 2 mètres de long. Dans cette cuve est placée la barre *bo*, que l'on veut étudier, reposant sur des rouleaux soutenus par des bandes de verre l, l, dont on voit la disposition à part en l'; r est un des rouleaux, et o' la section de la barre. Les bandes de verre l, l sont fixées à des traverses horizontales qui s'appuient sur des massifs. L'extrémité qui doit rester fixe s'appuie sur une bande de verre verticale *eo* (*fig.* 316 et 317), soutenue en e, e par une traverse fixée à deux des massifs, et retenue par une autre traverse c, qui l'empêche de reculer. L'autre extrémité b de la barre presse une bande de verre *tb* fixée à une tige cylindrique *aa*, qui peut tourner sur elle-même, et entraîner dans son mouvement une lunette à réticule, L, qui lui est perpendiculaire, et qui décrit un angle quand la barre *bo*, en se dilatant, pousse la bande de verre *tb* et fait ainsi tourner l'axe *aa*. Quand la lunette se déplace, le fil horizontal du réticule

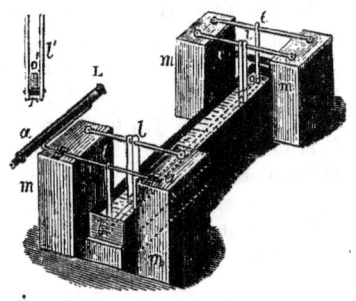

Fig. 318.

parcourt les divisions d'une échelle verticale $\alpha\beta$ (*fig.* 317), placée à une distance d'une cinquantaine de mètres.

Les expériences étaient faites de la manière suivante : la barre était d'abord entourée d'eau à 0°, et l'on observait sur quelle division de l'échelle se projetait le fil de la lunette. On retirait ensuite, par un robinet, l'eau glacée, et on la remplaçait par de l'eau bouillante; la température, donnée par des thermomètres placés à côté de la barre, devenait bientôt stationnaire. On observait alors

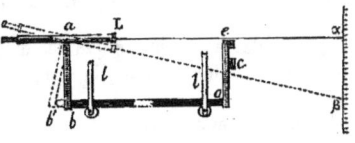

Fig. 319.

sur quelle division de la mire se projetait le fil de la lunette, et l'on en concluait le nombre de divisions que ce fil avait parcourues. Au moyen de ce

---

puis se livra avec ardeur à l'étude des sciences. Reçu à l'Académie des Sciences de Paris dès l'âge de 25 ans, il est nommé fermier général (1768), charge qu'il exerce avec probité, intelligence et dévouement à la chose publique. Doué d'une activité prodigieuse, il fait marcher de front ses recherches scientifiques et les travaux de sa charge. Son laboratoire était, chaque dimanche, le rendez-vous des savants; on y discutait sur les points les plus délicats de la science, on y projetait de nouvelles expériences, qui étaient bientôt exécu-

résultat on calculait la quantité dont la barre s'était allongée. Soient $a\alpha$ et $\alpha\beta$ (*fig.* 317) les deux positions successives de la lunette, et bb' l'allongement cherché de la barre; les triangles abb' et $a\alpha\beta$ étant semblables, on a $bb' : \alpha\beta = ab : a\alpha$. Le rapport entre bb' et $\alpha\beta$ est donc constant et égal à $ab : a\alpha$; si donc ce rapport est une fois connu, on déduira la dilatation bb' de la valeur de $\alpha\beta$. Or, une expérience directe avait donné pour ce rapport $\frac{1}{744}$. La dilatation cherchée est donc $\frac{1}{744} \alpha\beta$; elle est obtenue avec une grande précision, car l'erreur commise dans la mesure de $\alpha\beta$ est divisée par 744.

Il est facile de passer de l'allongement observé l, au coefficient, quand on connaît la longueur L de la barre à 0°, et l'élévation de température t. En effet, l'allongement, pour l'unité de longueur, est L fois plus petit que pour la longueur L ; et pour 1°, t fois plus petit que pour t°. Le coefficient de dilatation sera donc $k = l : Lt$. Cela suppose que la dilatation est la même pour chaque degré. C'est, en effet, ce que Laplace et Lavoisier ont constaté, jusqu'à 100°; car ils ont toujours trouvé la même valeur pour k, quelle que fût l'élévation de température t. Il résulte de là que, jusqu'à 100°, la dilatation des solides est uniforme. Voici quelques-uns des nombres trouvés par cette méthode :

SUBSTANCES.	COEFFICIENTS.	SUBSTANCES.	COEFFICIENTS.
Flint-glass (cristal)..	0,000 008 116	Or pur.........	0,000 014 660
Verre avec plomb...	» 8 719	Cuivre rouge.....	» 17 173
Platine (d'après Borda).	» 8 575	Laiton.........	» 18 782
Verre sans plomb....	» 8 969	Argent pur......	» 19 097
Acier non trempé...	» 10 792	Etain de Malacca....	» 19 376
Acier recuit à 65°...	» 12 995	Plomb.........	» 28 183
Fer doux forgé,....	» 12 204	Zinc..........	» 29 420

Bertholet a remarqué que les métaux les plus dilatables sont les plus fusibles : le zinc, l'étain, le plomb; le moins dilatable est le platine, et le

tées. Lavoisier avait le génie de l'ordre, de la précision, il ne laissait rien de douteux, et évitait de se laisser aller à son imagination. Ses mémoires sur la chaleur, la combustion, la respiration, la fermentation sont des modèles de clarté et de méthode. Lavoisier était remarquable par la douceur de son caractère, sa bienfaisance ; secondé par sa femme, fille du fermier général Paulze, il venait en aide, de toutes manières, aux jeunes savants, dont il dirigeait les premiers essais. En 1794, un de ses protégés fait à la Convention un rapport contre les fermiers généraux, à la suite duquel ils sont envoyés devant le tribunal révolutionnaire. Averti à temps, Lavoisier reste caché pendant deux jours; mais il apprend que son beau-père, que ses collègues sont arrêtés; il va aussitôt se constituer prisonnier, est condamné avec eux, et conduit à l'échafaud le 8 mai 1794. Deux hommes de cœur le Dr Hallé et Loysel osèrent seuls faire des démarches en sa faveur. Dévouement inutile : il mourut avec le calme et la résignation que donnent une conscience pure, et la conviction d'avoir bien mérité de la science et de l'humanité.

verre l'est à peu près au même degré. Il en conclut que, plus un métal s'approche de la température de sa fusion, plus il doit se dilater; de sorte que le coefficient de dilatation doit augmenter à mesure que la température s'élève. Nous verrons bientôt que cette prévision s'est trouvée exacte.

Enfin, il faut remarquer que les nombres consignés dans le tableau ne conviennent qu'approximativement à d'autres échantillons que ceux qui ont servi à les déterminer.

394. Formules des dilatations. — On a souvent à résoudre les problèmes qui suivent :

1° Etant donnée la longueur L d'une barre à 0°, trouver sa longueur L′ à la température t. Soit k le coefficient de dilatation linéaire de la substance de cette barre. La dilatation de l'unité de longueur pour $t°$ sera kt, et la dilatation de L unités de longueur, sera kLt. La longueur, L′, de la barre dilatée sera donc L $+ k$Lt, ou L $(1 + kt)$. On aura donc

$$[1] \qquad L' = L(1+kt); \qquad \text{d'où} \qquad L = \frac{L'}{1+kt}. \qquad [2]$$

La formule [2] donne la longueur à 0°, quand on connaît la longueur L′ à $t°$. La quantité $(1 + kt)$ se nomme *binôme de dilatation*.

2° Etant donnée la longueur L à $t°$, trouver la longueur L′ à $t'°$. D'abord, la longueur à 0° sera $\frac{L}{1+kt}$, d'après la formule [2]; et pour obtenir la longueur à t', il faudra, d'après la formule [1], multiplier la longueur à 0° par le *binôme de dilatation* $1 + kt'$. On aura donc

$$[3] \qquad L' = L\frac{1+kt'}{1+kt}.$$

On peut trouver autrement la valeur de L′ : l'accroissement de température étant $t' - t$, l'augmentation de longueur sera L$k(t' - t)$; la longueur à $t'°$ sera donc

$$[4] \qquad L' = L[1+k(t'-t)].$$

★ Cette formule ne coïncide pas rigoureusement avec la formule [3]; car, en faisant la division algébrique de $1 + kt'$ par $1 + kt$, on trouve pour quotient $1 + (t' - t)(k - k^2 t + k^3 t^2 - \ldots)$. Mais comme k est une fraction très petite (sa plus grande valeur est 0,000031, pour le zinc), k^2, k^3,... doivent être négligés, comme étant des quantités beaucoup plus petites que les erreurs commises en mesurant k. Le quotient devient alors $1 + k(t' - t)$, et la formule [4] revient à la formule [3].

395. Calcul du coefficient de dilatation cubique. — Quand on connaît le coefficient de dilatation linéaire d'un corps *homogène*, il est facile d'en déduire son coefficient de dilatation cubique. En effet, considérons un cube ayant pour côté l'unité de longueur. Ce cube n'est autre chose que l'unité de volume. Si on l'échauffe de 1°, deux faces opposées s'écarteront d'une quantité égale au coefficient de dilatation linéaire, de manière que, en appelant k ce coefficient, le cube aura pour côté $1+k$. Son volume sera donc $(1+k)^3 = 1^3 + 3k + 3k^2 + k^3$. L'augmentation de l'unité de volume pour 1°, ést donc $3k + 3k^2 + k^3$; mais comme k est une fraction très petite, $3k^2$ et k^3 doivent être négligés, et le coefficient de dilatation cubique se réduit à $3k$. On peut donc dire que *le coefficient de dilatation cubique est égal à trois fois le coefficient de dilatation linéaire.*

On verrait de même que le *coefficient de dilatation en surface est égal au double du coefficient de dilatation linéaire.*

Corps non homogènes. — Les calculs précédents supposent que les corps se dilatent également dans tous les sens. Cela n'a pas lieu pour les cristaux non symétriques autour d'un point, qui ne sont pas homogènes. On a reconnu que les angles des faces changent de valeur avec la température, ce qui prouve que l'allongement n'est pas le même dans toutes les directions. Dans tout ce qui suit, nous supposerons des corps homogènes.

Formules des dilatations cubiques. — Quand on connaît le volume V d'un corps homogène à une certaine température t, ainsi que son coefficient de dilatation cubique K, on calcule son volume V′ à une autre température t', au moyen des formules

$$V' = V \frac{1+Kt'}{1+Kt}, \quad \text{ou} \quad V' = V[1+K(t'-t)],$$

qui se démontrent de la même manière que les formules [3] et [4] relatives aux dilatations linéaires.

396. Dilatation des enveloppes. — Les formules qui précèdent s'appliquent aux changements de la capacité intérieure des vases homogènes soumis à l'action de la chaleur. Pour le prouver, il suffit de faire voir qu'une cavité comprise dans une enveloppe solide homogène, augmente de la quantité même dont se dilaterait une masse solide qui la remplirait, et qui serait de la même substance que l'enveloppe. Soit ma et nt (*fig.* 318) deux plans parallèles tangents à la surface intérieure d'un vase. Divisons la paroi en tranches minces, par des plans parallèles à ces plans tangents. Quand on échauffera le vase, les tranches $\alpha, \beta, \gamma\ldots..$ se dilateront, et les plans qui les limitent s'écarteront de quantités proportionnelles à leur épaisseur. Il en résulte que les deux plans tangents ma, nt s'écarteront, de la somme des dilatations des tranches, c'est-à-dire d'une quantité proportionnelle à

Fig 318.

la somme des épaisseurs de ces tranches, ou d'une quantité égale à celle dont s'écarteraient ces mêmes plans s'ils étaient tangents extérieuremen à la masse solide qui remplirait le vase, et à la surface extérieure de laquelle les points *m* et *n* appartiendraient. Ce raisonnement étant indépendant de la direction donnée aux plans *ma*, *nt*, on en doit conclure le principe énoncé.

Preuve expérimentale de la dilatation des enveloppes. — On montre l'augmentation de la capacité intérieure pendant la dilatation, par l'expérience suivante : on plonge dans l'eau chaude un ballon de verre (*fig.* 319) rempli d'un liquide qui occupe une partie du tube capillaire qui le surmonte, et l'on voit, au premier moment, le niveau baisser dans le tube, parce que l'enveloppe s'échauffe la première, se dilate et augmente de capacité. Quand la chaleur a pénétré jusqu'au liquide, ce dernier se dilate à son tour, et comme il est plus dilatable que la substance solide, le niveau s'élève au-delà de sa position initiale.

397. Mesure directe de la dilatation cubique. — Quand on passe du coefficient de dilatation linéaire au coefficient de dilatation cubique, on multiplie par 3 l'erreur commise dans la mesure du premier. Il vaudrait donc mieux mesurer directement le coefficient de dilatation cubique et en déduire le coefficient linéaire, car alors l'erreur serait, au contraire, divisée par 3. C'est ce qu'ont fait Dulong et Petit[1], en partant de la valeur du coefficient de *dilatation absolue* du mercure, et en s'appuyant sur ce principe, que le coefficient de dilatation absolue, D, d'un liquide est égal à son coefficient de dilatation *apparente*, Δ, c'est-à-dire telle qu'on l'observe dans un vase qui se dilate lui-même, augmentée du coefficient de dilatation, K, de l'enveloppe ; de sorte qu'on a $D = \Delta + K$; d'où l'on tire $K = D - \Delta$. Nous verrons plus loin comment Dulong et Petit ont mesuré la dilatation absolue D du mercure. Voici comment on mesure la valeur de Δ.

Fig. 349.

[1] Dulong, chimiste et physicien, né à Rouen en 1785, mort à Paris en 1838, devint orphelin à l'âge de 4 ans, et fut élevé par une tante, à Auxerre. Il ne se fit d'abord remarquer que par ses dispositions musicales, se livra plus tard à l'étude des mathématiques et entra à l'école polytechnique à l'âge de 16 ans. Sorti dans l'artillerie, il donna sa démission à la suite d'une grave maladie, et exerça la médecine. La plupart de ses clients étaient pauvres, il leur fournissait les médicaments qu'ils ne pouvaient se procurer, de sorte que ses ressources diminuaient à mesure que sa clientèle augmentait. En même temps, il se livrait à des recherches de chimie qui lui valurent la protection de Berthollet. Dès lors, il abandonne la médecine, découvre le chlorure d'azote (1811) ; une première explosion n'arrête pas sa curiosité, une seconde lui fait perdre un œil et deux doigts.

Mesure de la dilatation apparente du mercure dans le verre. — On introduit le mercure dans un tube thermométrique muni de son réservoir, et dont la tige est divisée en partie d'égale capacité. On évalue le rapport entre le volume du réservoir et celui d'une division prise pour unité, par la méthode que nous avons fait connaître en parlant du piézomètre (105). Opérant ensuite comme pour construire un thermomètre, on remplit l'appareil de mercure et on y marque les points fixes. Le nombre de divisions compris entre ces deux points donne le nombre d'unités de volume dont s'est dilaté le mercure, de 0° à 100°. Par exemple, si ce nombre est n, et si N représente le nombre de divisions qui correspond au volume du réservoir jusqu'au point où s'arrête le niveau dans la glace fondante, on aura n : N, pour la dilatation totale rapportée à l'unité de volume, et $\dfrac{n}{100 \cdot N}$, pour un degré.

Fig. 320.

Thermomètre à poids. — On peut arriver au même résultat au moyen d'un petit instrument sans graduation, consistant (*fig.* 320) en un simple réservoir r, terminé par un bec recourbé o. Après l'avoir pesé, on le remplit de mercure que l'on purge par l'ébullition, et on le plonge dans la glace fondante en tenant l'orifice o plongé dans du mercure sec et pur. De cette manière, l'appareil se remplit de mercure à la température de 0°. On le pèse alors : et en retranchant le poids du verre, on a le poids P du mercure seul. On plonge ensuite l'appareil dans un liquide dont la température t est connue, et on recueille tout le mercure qui sort par l'effet de la dilatation. Soit p le poids de ce mercure, P—p sera le poids du mercure restant. Or, ce mercure, étant supposé ramené à 0°, laissera au-dessus de lui un espace vide on, dont le volume représentera sa contraction dans le verre, en passant de $t°$ à 0°, ou sa dilatation de 0° à $t°$. Or, les volumes étant ramenés

---

Marié en 1804, puis nommé examinateur à l'Ecole polytechnique, il contracte avec Petit cette association si féconde pour la science, et sitôt brisée par la mort de ce dernier, auquel il succède comme professeur à la même école. Dulong était membre de l'Institut depuis 1823 ; directeur de l'Ecole polytechnique depuis 1830. D'un extérieur froid et réservé, il était d'une bonté inépuisable, qui lui valut l'affection de tous.

Petit (Alexis), né à Vesoul en 1791, entra à l'Ecole polytechnique en 1815, y resta comme répétiteur, puis comme professeur à l'âge de 23 ans. Son nom se trouve lié dans l'histoire de la science à celui de Dulong. Son caractère vif, son élocution brillante contrastaient avec l'extérieur tout opposé de son ami. Aimé de tous, rempli d'espérances, il mourut à l'âge de 29 ans, en 1820, comme épuisé par les efforts d'une intelligence trop précoce, et frappé au cœur de la perte d'une épouse qu'il adorait.

tous à 0°, ils peuvent être représentés par les poids de mercure qui les occupent. p représente donc la dilatation *apparente dans le verre*, du volume $P-p$ pour $t°$, et $\dfrac{p}{(P-p)t}$ représentera cette dilatation pour 1°, et pour l'unité de volume.

On voit que, si la dilatation du mercure dans le verre, Δ, est mesurée une fois pour toutes, en écrivant $\Delta = \dfrac{p}{(P-p)t}$, on aura une égalité d'où l'on pourra tirer la valeur de t supposée inconnue. C'est pour cela que l'instrument a été nommé *thermomètre à poids*; il donne la température sans graduation.

Dulong et Petit ont appliqué la même méthode au fer façonné en forme de réservoir à tube étroit; mais comme il y a, dans ce cas, un peu d'incertitude, parce qu'on ignore s'il ne reste pas quelque bulle d'air, ils ont employé le procédé suivant en s'appuyant sur la connaissance du coefficient du verre.

★ **398. Méthode générale pour mesurer la dilatation cubique.** — Le fragment du corps à étudier est introduit dans un tube de verre, dont on effile ensuite l'extrémité ouverte, comme pour faire un thermomètre à

Fig. 321.

poids. On a soin que ce corps présente des saillies, de manière qu'il ne touche les parois du tube que par quelques points (*fig.* 321). On remplit ensuite le tube, de mercure que l'on dessèche par l'ébullition, et on le fait refroidir dans la glace fondante pendant que l'ouverture plonge dans du mercure sec. L'appareil étant ainsi rempli de mercure à 0°, on le pèse, on le dispose horizontalement dans un bain d'huile, et l'on pèse le mercure qui sort par la pointe. Pour déduire de cette expérience le coefficient de dilatation du corps, on établit une équation qui exprime que le volume du réservoir de verre, à la température à laquelle on l'a porté, est égal au volume dilaté du mercure *qui reste*, augmenté du volume du corps aussi dilaté. — Appelons P le poids du corps, d sa densité à 0°, P' le poids du mercure contenu dans l'appareil à 0°, et d' sa densité à la même température. Les volumes du corps et du mercure seront, à 0°; $\dfrac{P}{d}$ et $\dfrac{P'}{d'}$, et celui du réservoir de verre, aussi à 0°, sera égal à leur somme $\frac{P}{d} + \frac{P'}{d'}$. Soient enfin x, D et K les coefficients de dilatation cubique du corps, du mercure et du verre, et p le poids de mercure sorti de l'appareil à la température T. Le mercure qui reste, ramené à 0°, occupera le volume $\frac{P'-p}{d'}$. On aura donc

$$\left(\frac{P}{d} + \frac{P'}{d'}\right)(1+KT) = \frac{P'-p}{d'}(1+DT) + \frac{P}{d}(1+xT),$$ d'où l'on tire

$$\frac{p}{d'}(1+DT) = \frac{P}{d}xT + \frac{P'}{d'}DT - \left(\frac{P}{d} + \frac{P'}{d'}\right)KT,$$

équation d'où l'on tirera la valeur de x. — Dulong et Petit ont mesuré par ce moyen le coefficient de dilatation cubique du *fer*, du *platine* et du *cuivre*. Comme le cuivre est attaqué par le mercure, ils avaient eu soin d'en oxyder légèrement la surface.

399. Dilatation au-dessus de 100°. — Dulong et Petit ont reconnu que la dilatation des solides, constante jusqu'à 100°, augmente au-delà avec la température, *cette température étant donnée par le thermomètre à air*. Ce résultat se voit facilement dans le tableau qui suit, dans lequel sont inscrits les coefficients de dilatation cubiques *moyens* pour diverses températures données par le thermomètre à air.

	Entre 0° et 100°.	Entre 0° et 200°.	Entre 0° et 300°.
Platine	0,000 008 842	» » »	0,000 009 483
Verre	» 8 613	0,000 009 225	» 10 108
Fer	» 11 821	» » »	» 14 684
Cuivre	» 17 182	» » »	» 18 832

Les dilatations des enveloppes de différentes espèces de verre dépendent de leur composition chimique, et aussi de la manière dont elles ont été travaillées.

On a souvent à faire usage des coefficients de dilatation linéaire ou cubique des corps solides. Nous en avons vu des exemples dans la mesure des poids spécifiques (127), et dans les corrections du baromètre (165).

400. Pendules compensateurs. — La durée des oscillations d'un pendule dépend de sa longueur (82). Or, cette longueur varie avec la température, d'où il résulte qu'une horloge à pendule retarde quand il fait chaud, et avance quand il fait froid. On a donc imaginé les *pendules compensateurs* ou *pendules compensés*, c'est-à-dire des pendules dont la durée de l'oscillation n'est pas affectée par les changements de température. Les premiers ont été imaginés par le célèbre horloger Graham.

Compensateur de Graham. — La tige ab (*fig.* 322) est en verre, et la lentille est remplacée par un réservoir cylindrique en verre bc, contenant du mercure. Quand la température s'élève de $t°$, la longueur $ac=l$ se dilate de la quantité lkt, en appelant k le coefficient de la dilatation linéaire du verre, et le centre de gravité du mercure s'abaisse de cette quantité. La colonne de mercure, en se dilatant, monte dans le vase bc; et si sa hauteur est h, son centre de gravité s'élève de $\frac{1}{2}h\Delta t$, en appelant Δ la dilatation apparente du mercure dans le verre. Si donc on a $lkt=\frac{1}{2}h\Delta t$, ou $lk=\frac{1}{2}h\Delta$, le centre de gravité sera relevé par la dilatation du mercure d'autant qu'il sera abaissé par l'allongement du verre. En prenant $k=\frac{1}{116100}$ et $\Delta=\frac{1}{6480}$, on trouve à peu près $n=\frac{1}{9}l$. Comme le centre d'oscillation du pendule ne se confond pas avec le centre de gravité du mercure, la compensation n'est pas complète; on achève de l'établir, par tâtonnement, en ajoutant ou retranchant un peu de mercure.

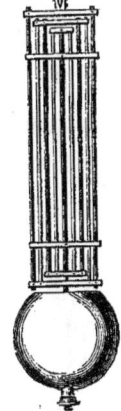

Pendule à cadre ou à gril. — Le pendule compensé le plus employé est celui que J. Harrisson a imaginé peu de temps après l'invention de celui de Graham. Le point de suspension est placé au milieu d'une pièce transversale (*fig.* 323), aux extrémités de laquelle sont fixées deux verges en fer, réunies à leur partie inférieure par une traverse. Cette traverse supporte deux verges en laiton, réunies à leur partie supérieure par une autre traverse à laquelle sont suspendues deux autres verges en fer. Celles-ci supportent deux nouvelles verges de laiton, à la partie supérieure desquelles est enfin suspendue une tige de fer qui porte la lentille. Les traverses sont percées de manière à laisser passer les tiges qu'elles ne soutiennent pas, et deux brides servent à maintenir l'ensemble de l'appareil.

Fig. 322. Fig. 323.

Il est facile de voir que les tiges de laiton étant appuyées par le bas, font remonter la lentille en se dilatant, tandis que les verges de fer la font descendre. Pour qu'elle reste à la même hauteur, il faudra que l'on ait $(f+f'+F)k=(c+c')k'$, en appelant f, f' les longueurs des couples de verges de fer, c et c' celles des couples de verges de laiton, et F la longueur de la tige de fer qui porte la lentille; ou bien $\frac{f+f'+F}{c+c'}=\frac{k}{k'}$. On a à peu près $k':k=\frac{3}{2}$. Ce calcul ne donne qu'une première approximation, car le centre de gravité de la lentille est loin de coïncider avec le centre d'oscillation. On complète la compensation, par tâtonnement, en déplaçant la lentille au moyen de la vis qui est au-dessous. — Si l'on voulait n'employer que deux verges de laiton, et par conséquent trois verges de fer, les premières devraient s'élever au-dessus de l'axe de suspension.

Pendule à levier. — On emploie souvent la disposition suivante. Une lame d'acier, qui porte le pendule (*fig.* 324), traverse une fente pratiquée dans la pièce a, et est fixée à un levier coudé cob, dont le bras ob s'appuie sur une barre de cuivre nb. Cette barre, en se dilatant, pousse le levier, et fait remonter le point c, de manière à compenser l'effet de l'allongement du pendule. Si L est la longueur ab, l la longueur nb, k et k' les coefficients des métaux dont sont formées ces barres, on devra avoir, pour qu'il y ait compensation, $Lk = lk' (oc : ob)$. On achève de compenser, soit en faisant varier la position de la lentille, soit en changeant, au moyen de la vis b, la distance à l'axe o, du point sur lequel agit la barre nb.

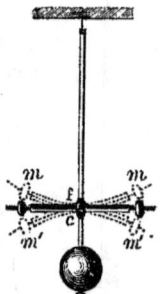

Fig. 325.

401. Lames de compensation. — L'horloger Martin a eu l'idée d'établir la compensation des pendules au moyen d'un système de deux lames métalliques de nature différente, soudées dans toute leur longueur, et fixées transversalement en

Fig. 324.

c à la tige du pendule (*fig.* 325)? Si la lame la plus dilatable est en dessous, le système se courbera suivant mfm, quand la température s'élèvera, de manière à soulever les masses m, m qui sont aux extrémités de la double lame. Si, au contraire, la température baisse, le système se courbera suivant $m'cm'$. Les masses m, m peuvent se déplacer en glissant le long de vis qui les traversent ; de manière qu'on peut les placer, par tâtonnement, à une distance telle que le pendule soit exactement compensé.

Compensateur des chronomètres. — Cette association de deux lames superposées était employée depuis longtemps pour compenser les balanciers des chronomètres. On sait que, dans ces machines si précises, le mouvement est régularisé par une roue, ou balancier, munie d'un ressort spiral (*fig.* 326), et dont la durée des oscillations dépend de la masse de la roue et de son rayon. Or, quand la température s'élève, ce rayon augmente et le chronomètre retarde. Pour empêcher cet effet, il faudrait ramener vers l'axe une partie de la masse du balancier. Pour cela, on fixe sur le contour, des lames a, a, a, formées de deux métaux, dont le plus dilatable est en dehors, et terminées par des vis qui portent de petites masses n, n, n. Quand la chaleur augmente le rayon de la roue, les masses n se rapprochent de l'axe par l'effet de la courbure que prennent les lames. En déplaçant plus ou moins les masses le long des vis qui les portent, on parvient à obtenir que la quantité dont elles se rapprochent compense l'effet de la dilatation du balancier.

402. Thermomètre de A. Breguet. — Cet instrument (*fig.* 327) consiste en une hélice s, suspendue verticalement, formée d'un mince ruban métallique. Ce ruban est composé de lames de *platine*, d'*or* et d'*argent* superposées et soudées ensemble, l'or étant entre les deux autres métaux. L'extrémité inférieure de l'hélice soutient une aiguille horizontale qui parcourt les divisions d'un cadran. Quand la température s'élève, chaque spire de l'hélice diminue de courbure, parce que l'argent, qui est en dedans, se dilate plus que le platine, et l'aiguille change de position. Pour obtenir la grandeur d'un degré sur le cadran divisé, on porte l'instrument à deux températures différentes t et t', données par un thermomètre à mercure, et l'on divise la distance entre les deux positions successives de l'aiguille, en un nombre $t' - t$ de parties égales. L'anneau a, qui soutient l'hélice s, peut tourner dans son support, de manière qu'on peut placer l'aiguille sur le zéro de la division, avant de commencer les expériences. Une tige t est destinée à empêcher les oscillations de l'hélice quand on transporte l'instrument. — Le thermomètre de Breguet est surtout utile quand on veut observer des variations rapides de température ; sa faible masse lui permettant de se mettre en équilibre, avec une grande rapidité.

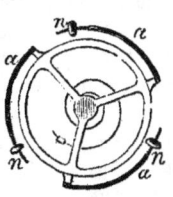

Fig. 326.

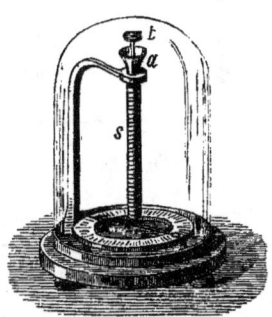

Fig. 327.

§ 2. — **DILATATION DES LIQUIDES.**

403. Dilatation absolue du mercure. — Dans les liquides, on a à distinguer la dilatation *apparente*, qui varie avec la nature du vase qui les contient (397), et la dilatation absolue.

Dulong et Petit ont évalué directement la dilatation absolue du mercure en s'appuyant sur le principe suivant, dont la première idée est due à Boyle.

Considérons deux tubes verticaux A et B (*fig.* 328) contenant du mercure et communiquant au moyen d'un tube horizontal *c*, assez long et assez étroit pour que le liquide d'une colonne ne puisse se mêler à celui de l'autre, quand ils sont à des températures différentes. Pour que ces liquides soient en équilibre, il faut et il suffit que les hauteurs, comptées à partir de l'axe du tube *c*, soient en raison inverse de leurs densités (116). On a donc, en appelant d et d' les densités du mercure aux températures $0°$ et $t°$, et en représentant par h et h' les hauteurs des colonnes de mercure ayant ces densités, $h : h' = d' : d$. De plus, si l'on représente par v et v' les volumes d'une même masse de mercure aux températures $0°$ et $t°$, et par conséquent ayant les densités d et d' ; on aura $v : v' = d' : d$. En combinant cette proportion avec la précédente, on trouve

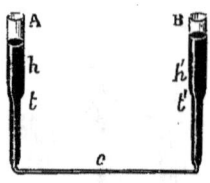

Fig. 328.

$$h : h' = v : v', \qquad \text{d'où} \qquad \frac{v'-v}{vt} = \frac{h'-h}{ht},$$

en divisant les deux membres par t. Or, $v'-v$ est l'augmentation qu'éprouve le volume v en passant de $0°$ à $t°$; $\dfrac{v'-v}{vt}$ est donc le coefficient de dilatation absolue du mercure. On voit qu'il suffit, pour obtenir ce coefficient, de mesurer les quantités h, h' et t, qui sont indépendantes des dimensions des vases communiquants.

L'appareil au moyen duquel Dulong et Petit ont appliqué la méthode qui précède, est représenté dans la *fig.* 329. Les tubes communiquants ont la forme A*c*B (*fig.* 328) ; la partie supérieure des branches verticales est assez large pour qu'il n'y ait pas d'effet capillaire. Ces branches sont réunies par un tube horizontal très fin *c*, ayant partout le même diamètre. Ce tube s'appuie sur une barre de fer horizontale TF (*fig.* 329), en forme de T, bien dressée en dessus. Elle porte deux niveaux à bulle d'air *n*, *n'* perpendiculaires l'un à l'autre, et repose par trois pieds, sur une table munie de vis calantes. Les tubes verticaux sont soutenus par des montants en fer ; celui de la branche A porte à sa partie supérieure un crochet *r* qui sert de repère pour la mesure des hauteurs. Il est entouré, ainsi que la branche A, d'un cylindre de fer-blanc destiné à recevoir de la glace fondante ; une échancrure permet d'apercevoir le niveau du mercure, en écartant la glace. La branche B est entourée d'un manchon en cuivre, qui porte deux prolongements horizontaux en forme de demi-cylindre *m*, *m*, au-dessous desquels est fixée, par des vis, une plaque de métal ; de manière que la barre TF soit entièrement enveloppée. Du mastic placé en *m*, *m*, et appliqué sur la barre, permet de maintenir du liquide dans le manchon. Ce manchon, fermé à sa partie supérieure, est rempli totalement d'huile, qu'on échauffe par le moyen d'un fourneau en briques, dont on voit la moitié dans la figure. L'excédant de l'huile, qui se dilate par la chaleur, s'écoule par le tube h. Le mastic m, m est en dehors du fourneau, et on l'arrose avec de l'eau, pour l'empêcher de brûler ou de se fendre. La température de l'huile est donnée par un thermomètre à poids, dont le réservoir occupe toute la profondeur du bain, et par un pyromètre à air, t (414). Enfin, un cathétomètre est installé assez loin, à égale distance des tubes A et B.

Les expériences se faisaient de la manière suivante : quand la température avait atteint la limite où l'on voulait observer, on fermait toutes les issues du fourneau, pour maintenir cette température stationnaire, on observait les thermomètres, et l'on mesurait les hauteurs des colonnes au-

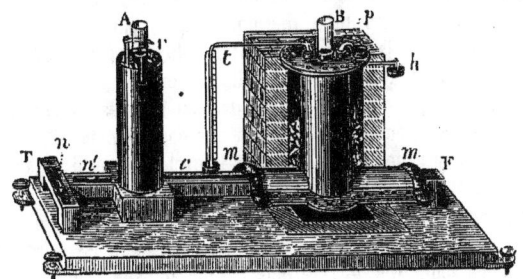

Fig. 329.

dessus de l'axe du tube c. Pour cela on ajoutait ou l'on retranchait du mercure à la colonne B, de manière que le niveau s'élevât d'un demi-millimètre à peu près, au-dessus du couvercle du manchon. On mesurait ensuite, avec le cathétomètre, la distance verticale de ce niveau au repère r; puis, écartant la glace, on observait la distance verticale du même repère r au niveau dans la branche A. La différence de ces deux distances donnait la quantité $h'—h$. Pour avoir h, il suffisait de connaître la distance du repère r à l'axe du tube c, distance qui était invariable, à cause de la présence de la glace fondante. Cette distance, d'un peu plus de $\frac{1}{2}$ mètre, avait été relevée d'avance avec beaucoup de soin ; en la représentant par R, et appelant δ la distance du repère au niveau dans le tube A, on a évidemment $h = R - \delta$.

Par cette méthode, Dulong et Petit ont reconnu que la dilatation du mercure est uniforme jusqu'à 100°, mais que au-delà elle va en augmentant, quand on mesure les températures au moyen du thermomètre à air.

Ces résultats ont été confirmés par M. Regnault au moyen d'un appareil perfectionné, dans lequel les colonnes de mercure avaient 1 mètre et demi de hauteur. Dans le tableau qui suit sont inscrites les dilatations moyennes absolues du mercure entre 0° et 100, 200 et 300° du thermomètre à air.

Température du thermomètre à air.	Coefficients moyens d'après Dulong et Petit.	Coefficients moyens d'après M. Regnault.
Entre 0° et 100°	$\frac{1}{5550} = 0{,}00018018$	$0{,}00018153$
200	$\frac{1}{5425} = 0{,}00018433$	$0{,}00018403$
300	$\frac{1}{5300} = 0{,}00018868$	$0{,}00018658$

404. Mesure de la dilatation des liquides quelconques. — Nous avons vu comment, en partant du coefficient de dilatation absolue du mercure, on peut évaluer celui d'une enveloppe de verre (397). Il est facile ensuite d'obtenir la dilatation absolue d'un liquide, en mesurant d'abord sa dilatation apparente dans un tube thermométrique, par la méthode que nous avons indiquée pour la dilatation apparente du mercure (397). On ajoute ensuite à cette dilatation apparente, celle du verre.

Deluc, un des premiers qui ait fait des expériences exactes sur la dilatation des liquides, employait le moyen que nous venons d'indiquer, mais sans tenir compte de la dilatation de l'enveloppe, qu'il regardait comme négligeable, et il a établi cette loi, confirmée depuis, que *la dilatation des liquides, pour un degré, va en augmentant à mesure que la température s'élève, à partir de zéro*. On ne peut donc plus, dans les calculs des volumes liquides, employer un *coefficient*; on emploie alors les dilatations totales entre 0° et les températures données.

★ Biot, en discutant les observations de Deluc, a reconnu qu'on peut représenter les dilatations des liquides qu'il a considérés, par une formule empirique de la forme $\delta_t = at + bt^2 + ct^3$, dans laquelle δ_t représente la dilatation totale de 0° à $t°$, et a, b, c des constantes, que l'on détermine, pour chaque liquide, au moyen de trois observations directes. Il n'y a pas de terme constant, car on doit avoir $\delta_t = 0$, quand on fait $t = 0$. La formule sert à calculer, dans chaque cas, la valeur de δ_t dont on a besoin. Ces formules empiriques s'emploient toutes les fois qu'on ne trouve pas de loi simple; elles remplacent les constructions graphiques.

Voici quelques résultats trouvés par Dalton, pour la *dilatation totale* de divers liquides entre 0° et 100°. Il est à remarquer que certains de ces liquides bouillent naturellement au-dessous de cette température; mais quand ils sont privés d'air, ils peuvent supporter une température supérieure à leur point d'ébullition. Les nombres qui suivent ne sont pas corrigés de la dilatation du verre; ils représentent donc les *dilatations apparentes* dans cette substance :

Acide nitrique	$\frac{1}{9}=0,11$	Acide chlorhydrique	$\frac{1}{17}=0,06$
Alcool	$\frac{1}{9}=0,11$	Acide sulfurique	$\frac{1}{17}=0,06$
Huiles fixes	$\frac{1}{12}=0,08$	Eau saturée de sel	$\frac{1}{20}=0,05$
Éther sulfurique	$\frac{1}{14}=0,07$	Eau pure	$\frac{1}{22}=0,0466$
Essence de térébenthine	$\frac{1}{14}=0,07$	Mercure	$\frac{1}{50}=0,02$

★405. Expériences près du point d'ébullition, et au-delà. — Le travail le plus complet qui ait été fait sur la dilatation des liquides est celui de M. I. Pierre. Il a opéré sur quarante-quatre liquides différents préparés dans un grand état de pureté, purgés d'air par l'ébullition, et renfermés dans un tube thermométrique plongé dans une grande masse d'eau ou d'huile dont il observait la température. Il tenait compte de la dilatation du verre. Parmi les résultats trouvés, il faut mentionner le grand accroissement de la dilatation dans le voisinage du point d'ébullition.

M. Drion a cherché alors ce qu'elle serait au-delà de ce point, en opérant avec un tube thermométrique fermé et très résistant, dans lequel la vapeur accumulée empêchait, par sa pression, le liquide de bouillir ; et il a vu la dilatation pour 1° dépasser celle de l'air, qui est considérable. Par exemple, l'éther qui bout à 36° se dilate, pour un degré, 3, 5 fois plus à 130° qu'à 0°, et une fois et demi autant que l'air. L'acide sulfureux liquide se dilate environ 3 fois plus que l'air, à 130°.

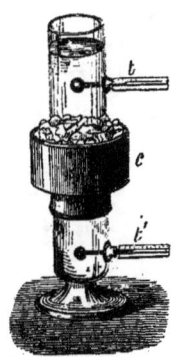

Fig. 330.

406. Maximum de densité de l'eau. — L'eau présente relativement à la dilatation, une particularité très curieuse. Si on la porte de 0° à 4°, au lieu de se dilater, elle se contracte, pour se dilater au-delà, à la manière des autres liquides. L'eau a donc un minimum de volume, ou un maximum de densité, à la température de 4°.

Ce phénomène a été observé d'abord par les académiciens de Florence, vers 1670 : ayant fait refroidir de l'eau dans un tube thermométrique, ils virent le niveau remonter, quand la température s'approchait de 0°. Hooke objecta que ce résultat n'était qu'apparent, et qu'il était dû à une contraction plus rapide de l'enveloppe.

Pour lever tous les doutes, il faut opérer par un moyen indépendant de la dilatation de l'enveloppe. La *fig.* 330 représente l'appareil, connu sous le nom d'*appareil à couronne*, dont on se sert habituellement pour cela : un bassin annulaire, c, entoure la partie moyenne d'un vase cylindrique rempli d'eau à 0° ; on verse de l'eau tiède en c, et le thermomètre t' marque bientôt 4°, pendant que le thermomètre t marque encore 0°.

On opère aussi en remplissant le vase, d'eau au-dessus de 4°, et mettant un mélange réfrigérant dans le bassin *c*. Au bout de quelque temps, le thermomètre inférieur marque 4°, pendant que le thermomètre supérieur est à zéro.

L'existence du maximum de densité de l'eau explique ce fait, remarqué par de Saussure, que la température du fond des lacs profonds est égale à 4° en toutes saisons. Dès que l'eau de la surface a atteint la température de 4°, elle tombe au fond, où elle ne peut s'échauffer, si la profondeur est assez grande pour que la chaleur des rayons solaires soit entièrement absorbée par les couches supérieures du liquide.

Dilatation de l'eau au-dessous de zéro. — Il est possible d'amener l'eau au-dessous de zéro sans qu'elle se congèle, en prenant certaines précautions que nous indiquerons plus tard ; on remarque alors qu'elle continue à se dilater en se refroidissant, tandis que la glace se contracte aux mêmes températures.

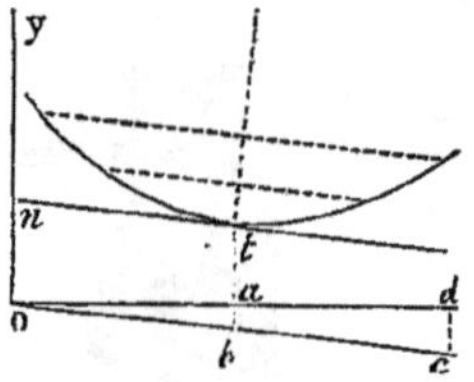

407. Détermination du maximum de densité. — On a fait beaucoup d'expériences pour déterminer exactement à quelle température a lieu le maximum de densité de l'eau. Les plus complètes sont dues à Despretz : après avoir suivi attentivement la marche d'un thermomètre à eau, pendant son refroidissement dans le voisinage de 0°, il construisit

Fig. 331.

une courbe (*fig.* 331) en prenant pour abcisses les températures, et pour ordonnées des lignes proportionnelles aux nombres indiqués par les divisions du tube. La courbe diffère peu d'une parabole, à une certaine distance du maximum de densité ; elle représente les variations de la dilatation *apparente*. Pour tenir compte de la dilatation du verre, Despretz prit une certaine température $od = t°$, et sur la verticale dc, une longueur égale à la dilatation de l'enveloppe pour $t°$; la ligne oc lui donna alors les dilatations régulières du verre entre 0° et $t°$; et les dilatations absolues du liquide sont égales aux ordonnées comptées à partir de la ligne oc. En menant une tangente à la courbe, parallèlement à cette ligne, le point de contact fait connaître la température oa, pour laquelle le volume est minimum. Cette construction semble ne donner le point de contact que d'une manière incertaine ; mais comme la courbe est une parabole dans le voisinage de ce point, on l'obtient exactement, en menant deux cordes parallèles à oc et en faisant passer par le milieu de ces cordes, une sécante qui coupe la courbe au point de contact cherché.

Despretz a aussi reconnu que l'eau de mer et les dissolutions aqueuses de sels ont un maximum de densité ; seulement, ce maximum se présente à une température inférieure au point de congélation. Ce n'est donc qu'en maintenant l'état liquide au-dessous de ce point, qu'on peut observer le maximum de densité de ces dissolutions.

§ 2. — DILATATION DES GAZ.

I. Formules, et mesure des coefficients.

408. Formules relatives aux dilatations des gaz. — Il y a deux sortes de formules relatives aux dilatations des gaz : les unes font connaître les changements de volume produits par la chaleur, quand la pression reste constante ; les autres donnent les pressions quand le volume ne change pas. Les premières se trouvent au moyen des raisonnements que nous avons faits pour les corps solides (394).

Soit V le volume d'un gaz à la température de 0°, et a son coefficient de dilatation, le volume V' à la température t' sera

$$[1] \quad V' = V(1+at'); \qquad \text{d'où} \qquad V = \frac{V'}{1+at'}, \qquad [2]$$

pour le volume à 0° en fonction du volume à $t'°$. Le volume V" à $t"°$, en fonction du volume V' à $t'°$, sera alors

$$[3] \qquad V'' = V'\frac{1+at''}{1+at'}.$$

Variations de pression d'un gaz par la chaleur. — Considérons un gaz dont la pression est P, à 0° : on le porte à la température t, sans que son volume change ; alors sa force élastique augmente, et il est évident que l'augmentation est celle que l'on obtiendrait si la dilatation avait d'abord pu se faire librement et qu'on eût ensuite ramené le volume à sa valeur primitive. Or, en appelant V le volume à 0°, le volume à $t°$ est V$(1+at)$, et ce volume, ramené à la valeur V, aura, d'après la loi de Mariotte, une force élastique P' donnée par la proportion

$$V : V(1+at) = P : P', \qquad \text{qui donne}$$

$$[5] \quad P' = P(1+at), \quad \text{d'où} \quad [6] \quad P = \frac{P'}{1+at}; \quad \text{et} \quad P'' = P'\frac{1+at''}{1+at'}, \quad [7]$$

pour la pression P" à la température $t"$, en fonction de la pression P' à la température t', toujours en supposant le volume invariable.

Si le volume change, soit V' le volume sous la pression P' et à la température t', et V" sa valeur quand la pression est P" et la température $t"$; on aura $P'' = P'\frac{V'}{V''}\frac{1+at''}{1+at'}$. On a donc, pour la formule la plus générale, en remarquant en outre que les volumes sont en raison inverse des densités D', D'' (95) ;

$$\frac{V''}{V'} = \frac{P'}{P''} \frac{1+at''}{1+at'} = \frac{D'}{D''}.$$

409. Mesures des dilatations des gaz. — On a fait un grand nombre d'expériences pour mesurer les dilatations des gaz ; mais on n'a pas d'abord trouvé de résultats constants, parce qu'on ne prenait pas assez de soins pour les dessécher. Gay-Lussac[1], en 1807, est parvenu à obtenir de meilleurs résultats, au moyen de la méthode qui suit.

Fig. 332.

Méthode de Gay-Lussac. — Le gaz était contenu dans un tube thermométrique i (*fig.* 332), dont les divisions, d'égale capacité, étaient dans un rapport connu avec le volume du réservoir. Pour remplir ce tube de gaz bien sec, Gay-Lussac commençait par le remplir de mercure purgé par l'ébullition, comme pour faire un thermomètre ; il ajustait ensuite à la tige, un gros tube de verre c, rempli de fragments de chlorure de calcium. Renversant alors l'appareil verticalement, il engageait dans le tube un fil de platine, et imprimait quelques secousses. L'air, ou le gaz, glissait alors à travers l'espace qui reste entre le fil de platine et le mercure, et s'intro-

---

[1] Gay-Lussac (Joseph-Louis), physicien et chimiste, né en 1778 à Saint-Léonard (Haute-Vienne), mort à Paris en 1850, était fils d'un magistrat Limousin. Il fit ses études à Paris dans diverses institutions, au milieu des difficultés matérielles occasionnées par la disette (1795). Il était alors aussi turbulent et aventureux, jouant le jour et travaillant la nuit, qu'il devint plus tard grave et sérieux. Au sortir de l'Ecole polytechnique, il devint l'élève préféré du chimiste Berthollet (1800), puis répétiteur des cours de Fourcroy. En 1804, il fit les deux ascensions aérostatiques dont nous avons parlé (p. 126) ; se lia ensuite avec de Humboldt, avec lequel il parcourut l'Europe, pour recueillir des observations sur le magnétisme terrestre, et entra à l'Institut en 1806. Quelques années après il rencontra dans une maison de commerce, lisant un livre de chimie, la fille d'un musicien d'Auxerre, ruiné en 1794 par la suppression des établissements où il enseignait ; elle était digne de lui, et il contracta avec elle une union, qui fut constamment heureuse. On doit à Gay-Lussac des recherches sur les gaz, sur les effets de la pile voltaïque, sur la chaleur, sur les alcoomètres, etc. Mais c'est surtout comme chimiste qu'il est célèbre. Pendant ses recherches sur le potassium et le sodium, il faillit perdre la vue par un accident, et resta à peu près aveugle pendant plus d'un an. C'est à Gay-Lussac que sont dues les premières lois sur les combinaisons, lois qui ont permis d'apporter la rigueur mathématique dans les questions de chimie.

duisait dans le réservoir, après s'être desséché en traversant le chlorure de calcium. On avait soin de retirer le fil de platine pendant qu'il restait encore une petite bulle de mercure, qu'on laissait pour servir d'index. Le tube était ensuite fixé, au moyen d'un bouchon, dans une caisse remplie d'eau (*fig.* 332), placée sur un fourneau. Des thermomètres t, t' donnaient la température de l'eau. Pour que tout le gaz fût bien à la température du bain, on enfonçait le tube à gaz dans l'intérieur de la caisse, de manière que l'index fût tout près de la paroi.

Soit v le volume occupé par le gaz quand l'eau est à 0°, et v' le volume indiqué quand il est porté à la température t. Le volume occupé réellement par le gaz est alors $v'(1+\text{K}t)$, K étant le coefficient du verre. Soit encore h et h' les hauteurs du baromètre lorsqu'on observe les volumes v et v'. Le volume du gaz $v'(1+\text{K}t)$ ramené à la pression h sera $v'(1+\text{K}t)h' : h$. L'augmentation de volume produite par la chaleur sera donc, $v'(1+\text{K}t)\dfrac{h'}{h}-v$; et l'accroissement de l'unité de volume pour 1°, c'est-à-dire le coefficient de dilatation, sera donné par la formule

$$a = \frac{v'(1+\text{K}t)\dfrac{h'}{h} - v}{vt} \ ; \quad \text{qui se réduit à} \quad a = \frac{v'-v}{vt},$$

si l'on néglige la dilatation du verre, et si l'on suppose que la pression atmosphérique n'a pas changé pendant l'expérience.

410. Résultats. — Gay-Lussac est arrivé à la loi suivante, une des plus belles de la physique : *tous les gaz ont le même coefficient de dilatation*, et ils se dilatent uniformément jusqu'à la température de 100° donnée par le thermomètre à mercure. Nous allons voir que l'égalité des coefficients n'est vraie que pour les gaz qui n'ont pu être liquéfiés.

Le nombre trouvé par Gay Lussac pour le coefficient de dilatation des gaz est $a = \frac{1}{267} = 0{,}00375$. Ce nombre était adopté par tous les physiciens, lorsqu'un savant suédois, Rudberg, annonça qu'il était trop fort. M. Magnus et M. Regnault, en 1841, se sont alors livrés à des expériences nombreuses, qui ont confirmé le fait annoncé par Rudberg, et ils ont trouvé pour coefficient de l'air et des autres gaz non liquéfiables, le nombre $\frac{1}{273} = 0{,}003665$.

411. Expériences de M. Regnault. — Les expériences de M. Regnault ont été faites par plusieurs méthodes très précises, indépendantes les unes des autres. Nous allons en décrire deux.

Première méthode. — L'air est contenu dans un réservoir cylindrique (*fig.* 303), terminé par un tube capillaire recourbé à angle droit à son extrémité effilée o. Ce réservoir est fixé par un bouchon, dans une étuve à ébullition. Pour le dessécher et le remplir d'air sec, on l'ajuste au moyen de tubes de caoutchouc o, o, à des tubes recourbés t, t, remplis de fragments de pierre ponce imbibés d'acide sulfurique concentré, et communiquant avec une pompe pneumatique P (197). Quand l'eau est en ébullition dans l'étuve, on fait le vide dans le réservoir a et l'on y laisse entrer l'air lentement, une trentaine de fois. L'air qui rentre se dessèche au contact de l'acide, et à la fin de l'opération, le réservoir est rempli d'air complétement desséché. On détache alors les tubes en caoutchouc o, o, et l'on ferme au chalumeau la pointe du tube o.

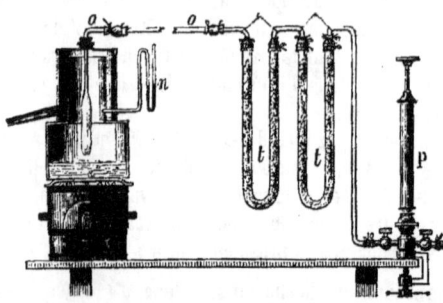

Fig. 333.

Le réservoir est alors rempli d'air sec à la pression atmosphérique, et à la température T de l'eau bouillante.

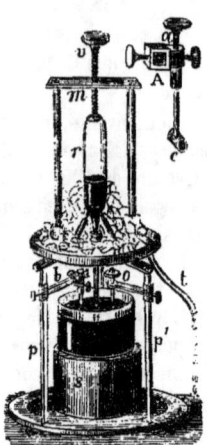

Fig. 334.

Le réservoir, après qu'il s'est refroidi, est disposé verticalement en r sur le support mpp' (fig. 334); des tiges à vis le soutiennent sur un plateau circulaire qu'il traverse, et la vis v achève de l'assujettir. Le pied p supporte une petite cuiller remplie de cire, représentée à part sur une plus grande échelle en c; elle peut s'élever ou s'abaisser au moyen de la tige a, et peut s'avancer le long du bras b.

Cela posé, on approche un vase rempli de mercure, de manière que la pointe effilée du réservoir r plonge de 5 à 6^{cm}, et l'on casse la pointe avec une pince; aussitôt le mercure monte dans le réservoir r. On entoure alors ce réservoir, de glace fondante, et quand il est parvenu à 0°, on amène au niveau du mercure, l'extrémité inférieure d'une vis o portée par un bras fixé au pied p'. On ferme ensuite le tube, en approchant la cuiller c, que l'on fait glisser sur la pièce b jusqu'à ce que la pointe du tube s'engage dans la cire qui la remplit. On note en même temps la hauteur H du baromètre. On enlève ensuite la glace, et quand l'appareil a pris la température ambiante t, on mesure la hauteur du mercure au-dessus de la cuvette. Pour cela, il suffit de mesurer, au cathétomètre, la distance du niveau dans le réservoir r, à la pointe supérieure de la vis o, et d'y ajouter la longueur de cette vis.

On enlève ensuite le réservoir r, et on le pèse, avec le mercure qu'il contient. On le remplit ensuite, à 0°, de mercure purgé par l'ébullition, et on le pèse de nouveau, puis on le porte dans l'appareil à ébullition (*fig.* 333), et on recueille le mercure qui sort, afin d'en conclure le coefficient de dilatation de l'enveloppe de verre (397).

Pour calculer le coefficient a de dilatation de l'air, soit h la hauteur, et P le poids, du mercure soulevé dans l'appareil à 0°; P' le poids du mercure qui le remplit à 0°; H la hauteur du baromètre au moment où l'on a fermé au chalumeau la pointe effilée, et H' cette hauteur au moment où on l'a bouchée à la cire. Le volume occupé par le gaz sous la pression H et à la température T de l'étuve à ébullition, est $(P'-P)(1+aT)\dfrac{H'-h}{H}$. Ce volume est aussi celui, $P'(1+KT)$, de l'appareil dilaté; on a donc

[1] $$(P'-P)(1+aT)\dfrac{H'-h}{H} = P'(1+KT).$$

d'où l'on tire la valeur de a.

★ 412. Seconde méthode. — Dans cette méthode, le volume du gaz reste constant, et la dilatation a pour effet de changer sa force élastique.

Le gaz est introduit dans un ballon B (*fig.* 335), de près d'un litre de capacité, muni d'un tube capillaire da, par lequel on le met en communication, au moyen d'un caoutchouc a, avec le tube manométrique en siphon $\alpha\beta\gamma$, qui porte un robinet en fer à sa partie inférieure. Le ballon est fixé dans une étuve à ébullition. En a est une pièce de cuivre à trois branches, portant un tube p, par lequel on remplit le ballon B de gaz sec, au moyen de l'appareil Ptt (*fig.* 333), pendant que l'eau bout dans l'étuve. On dessèche, par le même moyen, le manomètre, on y verse du mercure sec, puis on ajuste les

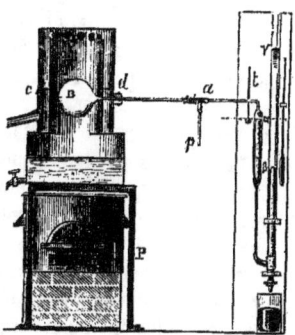

Fig. 335.

tubes en a. On fait ensuite écouler du mercure par le robinet du manomètre, jusqu'à ce que le niveau, qui est le même dans les deux branches, arrive à un repère α. On sépare alors l'appareil à dessication, on ferme au chalumeau l'extrémité p, et l'on note la hauteur H du baromètre. On laisse ensuite refroidir le ballon, et on l'entoure de glace fondante. En même temps, on fait sortir du mercure du manomètre, par son robinet, de manière que le niveau reste en α dans la branche de gauche. Quand la température du ballon est à 0°, on mesure la distance $\alpha\beta = h$ des niveaux dans les deux branches, et l'on observe la hauteur H' du baromètre.

Pour déduire de ces données le coefficient de dilatation du gaz entre 0° et la température T de l'étuve, il faut connaître le volume de l'espace $d a \alpha$, dont la température t est donnée par le thermomètre t (*fig.* 335). Soit r, ce volume, V celui du ballon à 0°, et δ la densité du gaz à 0° et sous la pression de 760^{mm}; le poids du gaz, lorsque le ballon est à la température T et l'espace $d a \alpha$ à la température t, sera représenté par l'expression

$$r(1+kt)\frac{\delta}{1+at}\frac{H}{760} + V(1+kT)\frac{\delta}{1+aT}\frac{H}{760}$$

k étant le coefficient de dilatation du verre. Quand ensuite le ballon est entouré de glace fondante, la pression du gaz est H' $-h$, et si t' est la température extérieure, le poids du gaz sera

$$r\frac{\delta}{1+at'}\frac{H'-h}{760} + V\delta\frac{H'-h}{760}.$$

En égalant ces deux expressions d'un même poids de gaz, il vient

[2] $$\frac{r(1+kt)}{1+at}H + V\frac{1+kT}{1+aT}H = \left(\frac{r}{1+at'} + V\right)(H'-h);$$

équation d'où l'on tirera la valeur de a.

413. Conclusions. — M. Regnault a fait beaucoup d'expériences sous des pressions supérieures et inférieures à celles de l'atmosphère; il a aussi expérimenté en conservant au gaz la même pression, de manière à n'avoir pas à employer la loi de Mariotte, qui n'est pas applicable à tous les gaz (187). Voici les résultats généraux auxquels il est arrivé :

1° Les gaz qui n'ont pu être liquéfiés ont des coefficients sensiblement égaux sous la pression atmosphérique; mais il n'en est plus de même de ceux qui ont été liquéfiés.

2° Le coefficient de dilatation des gaz, *sauf pour l'hydrogène*, augmente avec la pression, et d'autant plus qu'ils s'écartent davantage de la loi de Mariotte; de sorte que les différences entre les coefficients des divers gaz diffèrent d'autant plus que leurs pressions sont plus fortes, et par conséquent d'autant moins qu'elles sont plus faibles. La loi de l'égalité de dilatation des gaz peut donc être considérée comme une *loi limite*, qui s'approche d'autant plus d'être exacte qu'ils sont moins comprimés, et par conséquent plus éloignés de leur point de liquéfaction. Au reste, les différences entre les *coefficients* des gaz étudiés n'affectent jamais que la quatrième décimale, et de trois unités au plus; on peut donc dire que les coefficients de tous les agz sont égaux à 0,0036, à moins de 3 dix-millièmes.

Voici les nombres trouvés par M. Regnault pour les coefficients de dilatation de 7 gaz, entre 0° et 100°, sous la pression atmosphérique :

Air.	0,002670		Protoxyde d'azote.	0,003719
Hydrogène.	0,003661		Acide sulfureux.	0,003903
Oxyde de carbone.	0,003669		Cyanogène.	0,003877
Acide carbonique.	0,003710			

⋆ **414. Pyromètre à air.** — Le tube à réservoir des *figures* 333, 334, manipulé comme il a été dit (411), et l'appareil (*fig.* 335) peuvent servir de *pyromètre à air* et donner la température T du milieu dans lequel on les plonge, le premier au moyen de l'équation [1] (411), le second au moyen de l'équation [2] (412), en supposant qu'on remplace a dans ces équations par le coefficient de dilatation de l'air.

M. Pouillet avait, antérieurement, employé la dernière disposition, seulement le ballon était en platine, afin qu'il pût résister aux plus hautes températures. Au moyen de cet appareil, il a trouvé les nombres qui suivent :

Couleurs du platine.	Températures.	Couleurs.	Températures.
Rouge naissant.	525°	Orangé foncé.	1100°
Rouge sombre.	700	Orangé clair.	1200
Rouge cerise.	900	Blanc.	1300
Cerise clair.	1000	Blanc éblouissant.	1500

⋆ **415. Comparaison du thermomètre à mercure au thermomètre à air.** — Dulong et Petit, ayant mesuré les dilatations de l'air jusqu'à 300° du thermomètre à mercure, par les deux méthodes auxquelles M. Regnault a apporté depuis de si notables perfectionnements (411, 412), trouvèrent que le coefficient moyen va en diminuant à partir de 100°. Il suit de là que les températures données par le thermomètre à air, la dilatation de ce gaz étant supposée constante, sont, au-delà de 100°, plus basses que celles qu'indique le thermomètre à mercure. Voici les nombres trouvés par Dulong et Petit :

Thermomètre à mercure ..	100°	150°	200°	250°	300°
Thermomètre à air.	100	148,7	197,05	244,17	291,77
Différence.	0	1,3	2,95	5,83	8,23

On peut, du reste, passer facilement de l'indication T, du thermomètre à mercure à celle, τ, du thermomètre à air, en écrivant $1+a\tau = 1+xT$; x étant le coefficient moyen de dilatation de l'air entre 0° et T°, et a son coefficient entre 0° et 100° ; et l'on peut, en faisant varier T et mesurant la valeur correspondante de x, construire une table donnant pour chaque valeur de T, la valeur correspondante τ du thermomètre fondé sur la dilatation de l'air supposée constante.

Ici se présente une question importante : est-ce le mercure qui se dilate irrégulièrement au-delà de 100°, de manière à indiquer des températures trop fortes, ou bien est-ce l'air qui se dilate réellement de moins en moins ? Les physiciens ont adopté la première opinion, et ils considèrent les indications du pyromètre à air comme celles qui sont le mieux en rapport avec les augmentations de chaleur introduite dans les corps. Voici les considérations principales sur lesquelles on appuie cette manière de voir.

1° La dilatation des liquides croît avec la température, et il serait surprenant que le mercure fît seul exception ; 2° l'égalité des coefficients de l'air et de l'hydrogène a été vérifiée jusqu'à 300°, ce qui serait bien difficile à concevoir s'ils se dilataient irrégulièrement ; 3° dans les gaz permanents, qui suivent la loi de Mariotte presque exactement, la cohésion ne se fait que très faiblement sentir, comme l'atteste aussi l'égalité de leur dilatation. Cependant elle se fait un peu sentir, puisque le coefficient de ces gaz augmente avec la pression, sauf pour l'hydrogène ; 4° enfin, ce qui confirme dans cette opinion de la régularité de dilatation de l'air, c'est que les lois trouvées par Dulong et Petit dans leur travail sur le refroidissement, ne sont susceptibles d'énoncé simple, qu'autant que les températures sont indiquées au moyen de la dilatation de l'air supposée constante.

II. Mesure de la densité des gaz.

416. La densité des gaz varie dans des proportions considérables, quand leur température et leur pression changent. De plus, cette densité est très petite par rapport à l'eau ; aussi a-t-on coutume de rapporter les densités des gaz, non plus à l'eau mais à l'air. Il est ensuite facile d'obtenir le poids spécifique des mêmes gaz par rapport à l'eau, quand on connaît le poids spécifique de l'air par rapport à ce liquide (130).

Les gaz qui n'ont pu être liquéfiés obéissant à la loi de Mariotte et se dilatant également, surtout pour les variations de pression et de température de l'atmosphère, on peut définir leur densité par rapport à l'air : *le rapport entre le poids de volumes égaux de gaz et d'air sous la même pression et à la même température.* Il en est de même des gaz qui ont pu être liquéfiés, si l'on a soin de les comparer à l'air à une température assez éloignée de leur point de liquéfaction, et sous une faible pression.

417. Mode d'expérience. — Pour mesurer la densité d'un gaz, par rapport à l'air, il n'y a qu'à peser un ballon de verre à robinet, successivement vide, rempli de ce gaz et rempli d'air. En retranchant du résultat des deux dernières pesées, celui de la première, on obtient le poids de volumes égaux de gaz et d'air, et il reste à les diviser l'un par l'autre.

Cette méthode, très simple en principe, exige de nombreuses précautions à cause du faible poids des gaz. Voici comment ont procédé Biot et Arago ; on visse le ballon, B (*fig.* 336), sur la machine pneumatique, on fait le vide et on laisse rentrer de l'air par le robinet latéral, de manière que cet air traverse d'abord le tube T rempli de fragments de chlorure de calcium ; on répète plusieurs fois cette opération, de manière à bien dessécher le ballon. On fait le vide une dernière fois, en ayant soin d'observer la hauteur h du mercure dans l'éprouvette de la machine pneumatique, on ferme le robinet du ballon et on le pèse, en le suspendant directement au fléau de la balance, après y avoir vissé un petit crochet accompagné d'une coupe c, dans laquelle on peut placer des poids. On remet alors le ballon sur la machine pneumatique, et l'on y fait rentrer de l'air desséché, sous la pression atmosphérique ; puis on pèse le ballon. Soit p le poids obtenu, et π celui

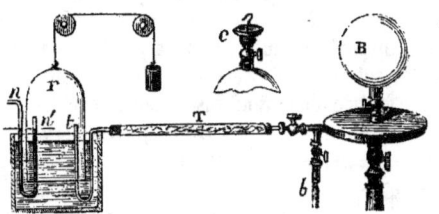

Fig. 336.

du ballon vide ; $p-\pi$ sera le poids de l'air introduit, à la température t de l'expérience, et sous la pression atmosphérique, H, diminuée de celle, h, qui restait dans le ballon vide.

On remplit ensuite le ballon du gaz dont on veut mesurer la densité. Ce gaz, recueilli d'avance dans un gazomètre r, entre dans le ballon vide, en passant par le tube t, et le tube T dans lequel il se dessèche. On répète plusieurs fois l'opération, de manière à enlever le peu d'air qui restait dans le ballon. On fait une dernière fois le vide, en observant la hauteur h' du mercure dans l'éprouvette, et l'on mesure le poids π' du ballon. On le remplit enfin de gaz sec, sous la pression atmosphérique H'. Un tube recourbé nn', ouvert aux deux bouts, et qui contient une colonne d'eau, sert à reconnaître si la pression dans le gazomètre est bien égale à celle de l'atmosphère. On prend ensuite le poids p' du ballon plein de gaz. Le poids du gaz seul, $p'-\pi'$, ramené à la pression de 760^{mm} et à la température de 0°, sera, en appelant V le volume du ballon à 0°, et t' la température quand on a pesé le gaz, $(p'-\pi')\dfrac{760}{H'-h'} \cdot \dfrac{273+t'}{273} \cdot \dfrac{1}{(1+Kt')}$, K étant le coefficient de dilatation du verre, et $\frac{1}{273}$ celui du gaz. On calcule de même ce que serait le poids de l'air à la température 0° et sous la pression 760^{mm}; et, en divisant ces deux résultats l'un par l'autre, on trouve, pour densité du gaz par rapport à l'air.

$$D = \frac{p'-\pi'}{p-\pi} \cdot \frac{H-h}{H'-h'} \cdot \frac{273+t'}{273+t} \cdot \frac{1+Kt}{1+Kt'}.$$

On voit qu'il n'est pas nécessaire de connaître la capacité du ballon.

418. Expériences de MM. Dumas et Boussingault. — MM. Dumas et Boussingault ont mesuré la densité de l'*oxygène*, de l'*hydrogène* et de l'*azote*, en perfectionnant beaucoup la méthode qui précède. Le gaz, au lieu d'être recueilli d'avance dans un gazomètre, où il se mêle avec les gaz dissous dans l'eau, était introduit dans le ballon, à mesure qu'il se produisait, et après avoir traversé des tubes en U disposés comme ceux de la *fig.* 333, et destinés, les uns à le purifier, les autres à le dessécher. Le ballon était renfermé dans une cave artificielle formée d'un grand vase en zinc à doubles parois (*fig.* 337),

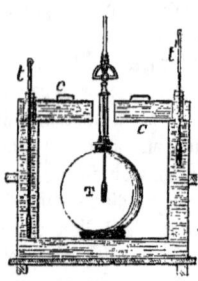

Fig. 337.

entre lesquelles il y avait de l'eau. La température du gaz dans le ballon était donnée exactement par un thermomètre T qui y était suspendu; ce qui est bien plus exact que de prendre la température de l'air environnant.

Pour peser le ballon, on le suspendait à la balance, dans une armoire doublée en plomb (*fig.* 338), garnie d'une couche de chaux vive, *c*, pour dessécher l'air, et dont un thermomètre indiquait la température.

419. Expériences de M. Regnault. —Dans la méthode perfectionnée dont nous venons de parler, il y a encore quelques incertitudes provenant de la perte de poids du ballon dans l'air, et de la couche d'humidité variable qui adhère extérieu-

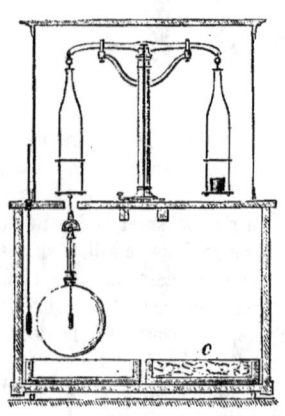

Fig. 338.

rement au verre. M. Regnault évite ces incertitudes par un moyen bien simple; il fait équilibre au ballon plein de gaz, avec un autre ballon de même grosseur et fabriqué avec le même verre. Les deux ballons éprouvent les mêmes pertes, et M. Regnault a vu l'équilibre se maintenir pendant quinze jours, malgré les changements de température, de pression et d'humidité de l'atmosphère.

Pour éviter les corrections relatives aux dilatations, le ballon qui contient le gaz est entouré de glace fondante (*fig.* 339), on y fait le vide, on le remplit de gaz sous la pression atmosphérique, puis on l'essuie et on le suspend à la balance, ainsi que l'autre ballon, dans une armoire semblable à celle de la *fig.* 338, et l'on attend, pour le peser, qu'il en ait pris la température.

Pour mesurer la pression dans le ballon, après qu'on y a fait le vide, M. Regnault se servait du *manomètre barométrique* (*fig.* 339) : bb est un baromètre plongeant dans une cuvette en fonte à deux compartiments, dans l'un desquels plonge le tube tt', qui communique par sa partie supérieure avec le ballon, au moyen d'un tube en plomb ta, qui part d'une tubulure à trois branches a. Le

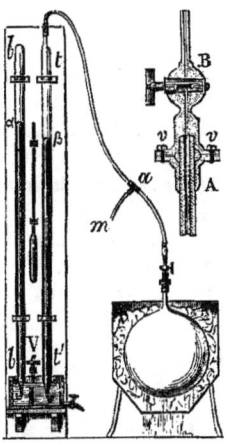

Fig. 339.

tube m communique avec la machine pneumatique. On mesure au cathétomètre la différence de niveau $\alpha\beta = h$, puis la hauteur H du baromètre, en se servant de la vis d'affleurement V.

Voici quelques-uns des résultats trouvés par M. Regnault.

Gaz	Densité	Poids d'un litre de gaz à 0° et à 760^{mm}.
Air.	1	1^{gr},293187
Azote.	0,97137	1,256167
Oxygène.	1,10563	1,429802
Hydrogène.	0,06926	0,089578
Acide carbonique.	1,52901	1,977414

420. Poids spécifique de l'air. — Pour obtenir la densité des gaz par rapport à l'eau à 4°, il suffit de multiplier leur densité par rapport à l'air, par la densité, par rapport à ce liquide, de l'air à 0° et sous la pression de 760^{mm}. Pour déterminer ce dernier terme, on mesure comme ci-dessus le poids $A = (p - \pi) \dfrac{760}{H - h} \cdot \dfrac{273 + t}{273} \dfrac{1}{1 + Kt}$ de l'air sec qui remplit un ballon à robinet, sous la pression de 760^{mm} et à la température 0°. On pèse ensuite ce ballon rempli d'eau distillée. Soit P le poids obtenu, t' la température, et π le poids du ballon vide. Si nous représentons par δ la dilatation de l'eau, de 4° à t'°, on aura $E = (P-\pi)\dfrac{1+\delta}{1+Kt}$, pour le poids de l'eau à 4° qui remplirait le ballon ayant la capacité qui correspond à la température de 0° ; alors A : E sera le poids spécifique de l'air par rapport à l'eau. MM. Biot et Arago ont trouvé ainsi le nombre 0,00013. M. Regnault a repris ces expériences en prenant une multitude de précautions nouvelles, et il a trouvé le nombre 0,0001293.

On conclut de là qu'un litre d'air à 0° et sous la pression de 760^{mm} pèse 1^{gr},293, ou environ 1^{gr},3 ; puisque un litre d'eau à 4° pèse 1000^{gr}.

En multipliant 1^{gr},293 par la densité d'un gaz par rapport à l'air, on aura le poids, p, d'un litre de ce gaz à la température zéro, et sous la pression de 760^{mm}. Si l'on veut obtenir ce poids, p', à une autre température, t, et sous une autre pression, il faudra appliquer la méthode de calcul employée plus haut (417), et l'on aura

$$p' = p\,\dfrac{H}{760} \cdot \dfrac{273}{273+t}.$$

421. Cas où le gaz attaque les métaux. — Il y a des gaz qui attaquent le cuivre des robinets, par exemple le chlore. Pour prendre la densité d'un semblable gaz, on se sert d'un flacon bouché à l'émeri, dont on a déterminé d'avance la capacité (140). On fait ensuite arriver le gaz sec par un tube qui va jusqu'au fond du flacon, que l'on tient renversé, si le gaz est moins dense que l'air. Le gaz refoule l'air qui remplit le flacon, et, en en laissant perdre une certaine quantité, on est certain qu'il ne reste plus ni air ni humidité dans le flacon. On retire alors doucement le tube pendant que le gaz continue à se dégager, et l'on ferme le flacon avec un bouchon de verre. Soit p' le poids du flacon ainsi rempli, p son poids quand il a été rempli d'air sec, par le même moyen ; $(p'-p)$ est la différence entre le poids du gaz et le poids d'un égal volume d'air, le poids du verre disparaissant dans la soustraction. En ajoutant à cette différence $(p'-p)$, le poids de l'air qui remplit le flacon, on aura le poids du gaz. Or, en appelant V la capacité du flacon à 0°, t la température, et H la hauteur du baromètre au moment de l'expérience, et enfin δ la densité de l'air à 0° et sous la pression de 760^{mm}, par rapport à l'eau à 4°, le poids a de l'air contenu dans le flacon sera

$$a = V \cdot \delta\,\dfrac{H}{760}\,\dfrac{273}{273+t}, \quad \text{et la densité sera} \quad \dfrac{p'-p+a}{a}$$

CHAPITRE V.

CAPACITÉS CALORIFIQUES.

§ 1. — CAPACITÉ DES SOLIDES ET DES LIQUIDES.

422. Définitions. — On ne peut connaître la quantité absolue de chaleur que doit absorber un corps pour que sa température s'élève de 1°. Mais on est parvenu à découvrir que cette quantité n'est pas la même pour les différentes substances ; elles n'ont pas besoin de recevoir toutes la même quantité de chaleur pour s'échauffer d'un degré ; ce que l'on exprime en disant qu'elles n'ont pas la même *capacité pour la chaleur*. Ce fait capital a été découvert par Black [1] vers 1760.

On nomme *capacité calorifique*, ou *chaleur spécifique* d'un corps, la quantité de chaleur qu'il doit perdre ou gagner pour que sa température varie de 1° sous l'unité de poids.

Calorie. — On a choisi pour *unité de chaleur, la quantité de chaleur que doit recevoir ou perdre l'unité de masse de l'eau, pour s'échauffer ou se refroidir de* 1°, c'est-à-dire la *chaleur spécifique* de l'eau. Cette unité a reçu le nom de *calorie*. Il ne faut pas confondre cette espèce d'unité avec l'unité de température ou *degré*. Ce dernier est l'effet, et l'autre la cause ; et pour accroître d'une unité la température de masses égales de différentes substances, il faut des nombres différents d'*unités de chaleur*.

Voici comment on le prouve. Si d'abord on mêle deux masses égales d'eau, l'une à $t°$, l'autre à $t'°$, la masse la plus froide s'échauffe aux dépens de la plus chaude, qui cède de sa chaleur à la première, jusqu'à ce que la température du mélange soit uniforme, et l'on trouve que cette température est égale à la moyenne $\frac{1}{2}(t+t')$, quand la chaleur que le vase a pu gagner ou perdre est négligeable. Si maintenant, au lieu de la seconde masse d'eau à $t'°$, on prend une masse égale de mercure à $t'°$, et si t' est plus petit que t, l'expérience montre que la température finale, θ, du mélange, est beaucoup plus élevée que la moyenne ; ce qui prouve que la

---

[1] Black (Joseph), chimiste écossais, né à Bordeaux en 1728, mort en 1799, commença par professer la médecine à Glasgow, puis la chimie à Edimbourg, où ses leçons excitèrent un véritable enthousiasme. La découverte des capacités différentes des corps pour la chaleur, et celle de la chaleur latente ont immortalisé son nom. Un des premiers, il soupçonna qu'il y avait d'autres gaz que l'air, et distingua l'acide carbonique.

température de l'eau a moins baissé que celle du mercure n'a monté. La chaleur perdue par l'eau, pour que sa température baisse de $(t-\theta°)$ a donc été capable d'élever d'un plus grand nombre de degrés une masse égale de mercure. Il faut donc moins de chaleur au mercure qu'à l'eau pour s'échauffer de 1° ; ces deux corps ont donc des *capacités calorifiques* différentes.

Les physiciens ont employé deux méthodes principales pour mesurer les *chaleurs spécifiques* des corps : la méthode des mélanges et celle de la fusion de la glace.

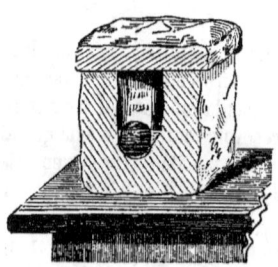

Fig. 340.

423. Méthode par la fusion de la glace. — Cette méthode, célèbre par les travaux de Laplace et Lavoisier, est fondée sur ce résultat de l'expérience, qu'il faut 79,25 *calories* pour faire passer 1 gramme de glace à 0°, à l'état d'eau aussi à 0°. Cela posé, on creuse dans un bloc de glace pure et sans fissures une cavité (*fig.* 340), qu'une plaque de glace sert à fermer exactement. La glace étant à la température de 0° et la cavité bien essuyée, on y place le corps dont on veut mesurer la chaleur spécifique, après avoir évalué son poids P et sa température T. Le corps se refroidit, en fondant une portion de la glace, et sa température finit par arriver à 0°. On rassemble alors l'eau de fusion et on la pèse. Soit p son poids. Il a fallu 79,25 $\times$ p *calories* pour fondre ce poids p de glace ; cette quantité de chaleur est égale à celle que le corps a cédée pour descendre de T° à 0°. Or, par définition, l'unité de poids du corps doit perdre, pour se refroidir de 1°, une quantité de chaleur égale à sa chaleur spécifique x. Le poids, P, pour s'abaisser de T° devra donc perdre $x \times$ TP unités de chaleur. On aura donc

$$\text{TP}x = 79{,}25 \cdot p \ ; \qquad \text{d'où} \qquad x = \frac{79{,}25 \cdot p}{\text{TP}}.$$

Nous avons admis dans ce calcul, que la quantité de chaleur correspondante à chaque degré de température d'un même corps est la même, ou que la quantité de chaleur nécessaire pour produire une certaine variation de température lui est proportionnelle. L'expérience montre qu'il en est ainsi jusqu'à 100°, pour la plupart des corps solides ; en effet, les résultats obtenus restent les mêmes, quelle que soit la température T.

Calorimètre de Laplace et Lavoisier. — La difficulté de se procurer des blocs de glace assez gros et sans fissures, a fait imaginer le *calorimètre de glace* (*fig.* 341). Cet appareil est formé de trois enveloppes ; la plus petite est criblée de trous et reçoit le corps, que l'on entoure de glace pilée, substance dont on remplit aussi l'intervalle qui existe entre les différentes enveloppes. Des couvercles garnis de glace ferment l'appareil à sa partie supérieure. La chaleur que perd le corps fait fondre une partie de la glace qui l'entoure et de celle de l'espace B ; l'eau de fusion est recueillie par le robinet r. La glace placée dans l'intervalle AAB et sur les couvercles, empêche la chaleur extérieure de se faire sentir dans l'enceinte B, cette chaleur ne pouvant que fondre la glace qui touche l'enveloppe extérieure AA. L'eau de fusion se dégage par le robinet r'. Au bout de 30 heures environ, la température du corps est descendue à 0° ; on pèse l'eau recueillie par le robinet r, et l'on calcule, comme ci-dessus, la chaleur spécifique du corps.

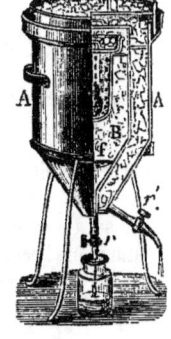

Fig. 341. — 1/16.

La méthode du calorimètre de glace laisse quelque incertitude, à cause de l'eau qui reste engagée entre les fragments de glace, et qui n'est pas la même au commencement de l'expérience et à la fin, puisque, la glace ayant fondu en partie, les fragments n'ont plus ni la même forme ni les mêmes positions relatives. On atténue cette cause d'erreur, en opérant sur de grandes masses de corps. Il arrive aussi que l'air circule entre les fragments de glace et en fond un peu ; c'est pourquoi il faut opérer à une température de 4° ou 5°, au plus.

424. Méthode des mélanges. — On prend un vase cylindrique de laiton mince et poli, C (*fig.* 342), contenant un certain poids p d'eau, dont on connaît la température t ; ce vase nommé *calorimètre*, n'est soutenu que par des fils tendus, de manière qu'il ne peut perdre ni gagner de chaleur par son support.

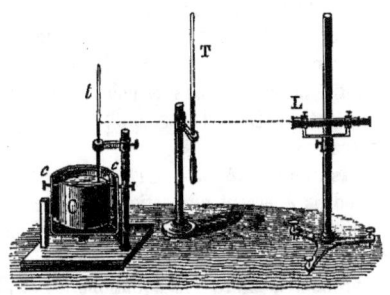

Fig. 342.

Le corps dont on veut mesurer la chaleur spécifique est porté dans une étuve, ou dans de l'eau chaude, dont on connaît la température T, et soutenu par un fil très fin. On le transporte rapidement dans le calorimètre, on agite, bientôt la température du bain devient stationnaire et on la mesure avec soin. Pour déduire de ce résultat la chaleur spécifique x

du corps, nous allons écrire une équation exprimant que la quantité de chaleur gagnée par l'eau est égale à celle que le corps a perdue. Soit θ la température finale du bain, et P le poids du corps. La quantité de chaleur gagnée par l'eau, pour s'échauffer de $(θ—t)°$, est $p(θ—t)$, puisqu'il faut une unité de chaleur pour échauffer l'unité de poids d'eau, de 1°. Le corps, en se refroidissant de $(T—θ)°$, perd $Px(T—θ)$ unités de chaleur; puisqu'il doit perdre x par degré sous l'unité de poids; et l'on a

[1] $$Px(T—θ) = p(θ—t); \quad \text{d'où l'on tire} \quad x = \frac{p(θ—t)}{P(T—θ)}.$$

Nous avons supposé, dans ce calcul, que toute la chaleur abandonnée par le corps était absorbée par l'eau. Or, une partie de cette chaleur est reçue par le vase; il faut donc ajouter à la chaleur reçue par l'eau celle qu'absorbe le vase. Ce vase, en métal très mince, est à chaque instant à la même température que l'eau, il s'échauffe donc de $(θ—t)°$, et en appelant $π$ son poids et y sa chaleur spécifique, il absorbe $πy(θ—t)$; l'équation sera donc

[2] $$Px(T—θ) = p(θ—t) + πy(θ—t) = (p + πy)(θ—t).$$

Cette équation contient, indépendamment de l'inconnue x, la valeur y de la chaleur spécifique du vase. Si cette quantité n'est pas connue, on la détermine d'avance, en prenant pour le poids P, un morceau de la substance dont est formé le vase; alors x et y sont une seule et même quantité.

Equivalents en eau. — Si l'on désigne par y la chaleur spécifique d'un corps et par $π$ son poids, la quantité de chaleur nécessaire pour élever sa température de 1° sera $πy$. Or, un poids d'eau devrait être égal à $πy$ pour s'élever de 1° avec la même quantité de chaleur; c'est pourquoi le produit $πy$ se nomme l'*équivalent en eau* du corps. Ce poids d'eau met en jeu la même quantité de chaleur que le poids $π$ du corps, pour une même variation de température. Dans la formule [2], $πy$ représente donc l'équivalent du vase en eau.

Cas des liquides. — La méthode des mélanges s'applique aux liquides. Quand ils exercent une action chimique sur l'eau, on les renferme dans un vase mince, dont on connaît la chaleur spécifique c et le poids $π'$, et qui possède toujours la même température que le liquide. Il faut alors ajouter au premier membre des équations [1] et [2], la quantité de chaleur cédée par ce vase, c'est-à-dire le terme $π'c(T—θ)$. Il faudrait de même renfermer les corps solides dans des vases si l'eau exerçait sur eux une action chimique.

425. Corrections. — Il y a plusieurs corrections à faire aux résultats donnés par la méthode des mélanges, toute la chaleur abandonnée par le corps n'étant pas reçue par l'eau. Nous venons de voir comment on tient compte de celle qu'absorbe le vase. Il faut, en outre, ajouter au second membre de l'équation [2] les quantités de chaleur absorbées par le thermomètre. Pour cela, il faudrait connaître le poids du verre et celui du mercure; mais on peut, plus simplement, mesurer préalablement la capacité moyenne de l'instrument en le plongeant seul après l'avoir porté à T°, dans l'eau du calorimètre. Alors, en conservant les mêmes notations, et appelant z la quantité de chaleur abandonnée par la masse du thermomètre pour s'abaisser de 1°, on aura $z(T-\theta)=(p+\pi y)(\theta-t)$; d'où l'on tirera la valeur de z qui représentera l'*équivalent en eau* du thermomètre.

Perte extérieure de chaleur. — Une partie de la chaleur reçue par le calorimètre se perd par le rayonnement et le contact de l'air. On rend cette perte très faible, en choisissant les données de manière que la température du mélange s'élève peu au-dessus de la température de l'air; en employant un vase bien poli, et l'appuyant sur des cordons de soie tendus dans un cylindre cc (*fig.* 342) en laiton bien poli en dedans, et fermé en dessous pour empêcher les courants d'air. On atténue encore cette perte, par la *méthode de compensation* de Rumfort : On commence l'expérience en donnant à l'eau une température *inférieure* à la température de l'air, et l'on choisit le poids P du corps, de façon que θ dépasse cette dernière température, du même nombre de degrés; alors, pendant la première partie de l'expérience, le vase reçoit une certaine quantité de chaleur, de l'extérieur, et il en perd pendant la seconde partie; il y a donc une certaine compensation. Cependant les quantités reçues et perdues ne sont pas égales, parce que le calorimètre s'échauffe d'abord rapidement, de manière que le temps nécessaire pour que sa température atteigne celle du milieu ambiant est très court. Il s'échauffe ensuite de plus en plus lentement, de sorte que la seconde partie de l'expérience durant beaucoup plus que la première, il y a toujours une perte de chaleur qui n'est pas compensée.

426. Expériences de M. Regnault. — Dans la méthode des mélanges, la plus grande difficulté consiste dans la détermination exacte de la température du corps au moment où il est plongé dans le calorimètre. M. Regnault a imaginé un appareil au moyen duquel il évite toute incertitude dans cette détermination, ainsi que dans celle des autres données qui entrent dans la formule. La *fig.* 343 représente une coupe de cet appareil. La substance à étudier est mise, en fragments, dans une petite corbeille en fils de laiton, P, au milieu de laquelle est ménagé un espace cylindrique qui reçoit le réservoir d'un thermomètre. Cette corbeille est suspendue par des fils de soie, dans une étuve composée de trois enveloppes en fer-blanc. L'espace P est rempli d'air. L'espace VV est parcouru par un courant de vapeur d'eau, venant de la chaudière C et s'échappant ensuite par un tube qui la conduit dans le serpentin s, où elle se condense. L'enveloppe extérieure retient autour des parois de la capacité VV une couche d'air, qui empêche le refroidissement.

Le support du calorimètre peut glisser dans une rainure, pour être amené en M au-dessous de l'étuve. Une enveloppe coudée en fer-blanc DD, remplie d'eau que l'on renouvelle souvent, préserve l'espace M du rayonnement de l'étuve et de la chaudière C. En rr est une ouverture, fermée au moyen d'un double registre, par laquelle on peut faire tomber la corbeille dans le calorimètre m quand il est amené en M. Un thermomètre t, dont le réservoir occupe toute la profondeur du calorimètre, en donne la température. Le thermomètre fixe T donne celle de l'air ambiant, pour les corrections.

Dans chaque expérience on attend que le thermomètre P ait pris une température fixe, ce qui exige environ deux heures; et l'on prend, de loin avec une lunette, la température des thermomètres t et T. On amène alors le calorimètre en M, en levant l'écran e; et, tirant le registre rr, on fait descendre la corbeille dans le calorimètre, puis on le ramène en m devant

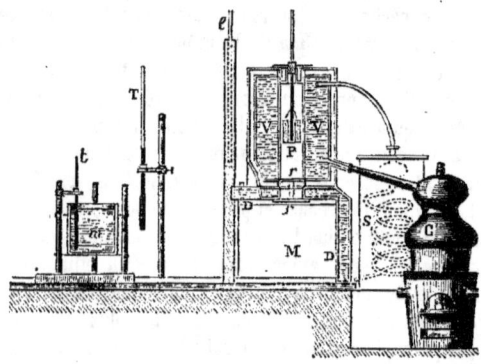

Fig. 343.

la lunette. Un aide agite la corbeille dans l'eau, en la tenant suspendue par son fil, pendant qu'on observe la marche du thermomètre t, qui atteint ordinairement son maximum au bout de une à deux minutes. Il est évident qu'il faut tenir compte dans le calcul, de la masse de la corbeille, et faire toutes les corrections.

427. Résultats généraux. — 1° L'eau possède la plus grande chaleur spécifique; c'est pourquoi elle s'échauffe et se refroidit si lentement, et possède un très grand pouvoir refroidissant. Il résulte aussi de là que les capacités des autres corps sont exprimées par des fractions.

2° En général, une même substance présente une plus grande capacité à l'état liquide qu'à l'état solide. Comme exemple, nous citerons la glace, dont la capacité est $\frac{4}{9}$, celle de l'eau étant 1. Il y a des corps, comme le mercure, le phosphore, pour lesquels la différence des capacités sous les deux états est à peine sensible.

3° Les corps les moins *denses* ont généralement la plus grande capacité. Ainsi, les métaux usuels, qui sont très denses, absorbent peu de chaleur pour s'échauffer, et parmi eux, les plus denses possédent la plus faible capacité. Par exemple l'or, le platine, le mercure ont pour chaleur spécifique 0,032 environ ; d'où il résulte que la quantité de chaleur nécessaire pour porter l'eau de 0° à 100°, élèverait la température de ces métaux de 3125°, c'est-à-dire au-delà du rouge-blanc éblouissant. L'argent a pour capacité 0,056 ; le cuivre, le zinc, 0,095 ; le fer, le nickel, 0,11 ; le potassium, qui est moins dense que l'eau, a donné 0,17.

4° La capacité calorifique d'un même corps solide dépend du mode d'agrégation de ses molécules, et, par suite, des actions physiques ou mécaniques auxquelles on l'a soumis. On peut dire que, en général, tout ce qui augmente la densité, comme l'écrouissage des métaux, diminue la capacité pour la chaleur. Le carbonate de chaux, à l'état d'aragonite, de spath d'Islande, de marbre ; le charbon à l'état de diamant, graphite, anthracite, charbon de bois, présentent des capacités différentes.

5° Quand on ne dépasse pas la température de 100°, la capacité des corps solides peu fusibles est sensiblement constante, mais au-delà de 100° elle va en augmentant, comme la dilatation. C'est ce qui résulte des nombres suivants trouvés par Dulong et Petit :

CAPACITÉS MOYENNES.		CAPACITÉS MOYENNES.	
Entre 0° et 100°.	Entre 0° et 300°.	Entre 0° et 100°.	Entre 0° et 300°.
Fer........ 0,1098	0,1218	Argent.... 0,0557	0,0611
Mercure... 0,0330	0,0350	Cuivre.... 0,0949	0,1013
Zinc....... 0,0927	0,1015	Platine... 0,0355	0,0355
Antimoine. 0,0507	0,0549	Verre..... 0,1770	0,1990

L'augmentation est d'autant plus sensible que le corps est plus près de son point de fusion. Ainsi, elle est insensible pour le platine, et M. Regnault a trouvé, pour le plomb, 0,03065 entre 10° et — 77°, et 0,0313 entre 10° et 100°. Le phosphore, qui fond à 45°, lui a donné 0,1740 entre — 77° et 10° et 0,1788 entre —21° et 70°.

Chez la plupart des liquides, l'augmentation de capacité, comme celle de la dilatation, commence à se faire sentir bien au-dessous de 100° ; pour l'eau, elle est à peine sensible jusqu'à 100°.

★ **428. Loi des chaleurs spécifiques des atomes simples.** — Dulong et Petit ayant mesuré la chaleur spécifique de treize corps simples, ont découvert, en 1819, la loi suivante, une des plus belles de la physique ; *les* *atomes de tous les corps simples possèdent la même capacité pour la chaleur.* En effet, en multipliant la chaleur spécifique, c, d'un corps simple quelconque par son poids atomique, p, ils ont trouvé sensiblement le même produit. Or ce produit pc représente la quantité de chaleur absorbée par le poids p de la substance pour s'échauffer de 1°.

La loi de Dulong et Petit peut aussi s'énoncer ainsi : *les chaleurs spécifiques des corps simples sont en raison inverse de leurs poids atomiques.*

Il y a certains corps simples dont le poids atomique n'a pu être déterminé d'une manière certaine au moyen des données de la chimie ; quand il en est ainsi, l'hésitation ne porte que sur des nombres qui sont des multiples très simples les uns des autres. La loi de Dulong et Petit indique alors quel est le nombre qu'on doit adopter.

M. Regnault a soumis cette loi à une vérification attentive, sur tous les corps simples qu'il a pu se procurer à un état convenable de pureté. Voici quelques-uns des résultats auxquels il est arrivé :

	Chaleurs spécifiques c.	Poids atomique p.	Produit $p.c$.
Cuivre	0,09515	395,70	37,849
Fer	0,11379	339,24	38,597
Plomb	0,03140	1294,50	40,647
Étain	0,05623	735,29	41,345
Or	0,03244	1243,01	40,328
Soufre	0,20259	201,17	40,754
Sodium	0,2934	143,60	42,100

Le produit pc n'est pas exactement le même pour tous les corps ; mais il ne varie que de 38 à 42, tandis que les poids atomiques varient de 200 à 1290. Les différences sont cependant bien plus grandes que celles qui résultent des erreurs d'observation ; mais il faut considérer que la chaleur spécifique est mesurée à des distances différentes du point de fusion des divers corps, et qu'elle varie pour un même corps, avec l'état d'agrégation des molécules.

★ **429. Loi des capacités des atomes des corps composés.** — M. Newmann a découvert, sur quelques carbonates et quelques sulfures, la loi suivante généralisée par M. Regnault, à la suite d'un nombre immense d'expériences : *Dans tous les corps composés de même composition atomique et de constitution chimique semblable, les chaleurs spécifiques sont en raison inverse des poids atomiques.* Cette loi se vérifie dans les mêmes limites que celle des corps simples.

M. Woestyn a démontré que cette loi revient à dire que la capacité de la molécule composée est égale à la somme des capacités des atomes simples qui la constituent, la capacité de ces derniers n'étant pas modifiée quand ils entrent dans la combinaison. En effet, en appelant P, p, p', p''...

les poids atomiques du composé et de ses éléments, C, c, c', c'' ... les chaleurs spécifiques et n, n', n'' ;... les nombres d'atomes simples qui entrent dans l'atome composé, ces quantités satisfont à l'équation
$P \cdot C = npc + n'p'c' + n'' p'' c'' + \ldots$

* § 2. — CHALEUR SPÉCIFIQUE DES GAZ.

430. Définitions. — Les gaz étant soumis à des lois simples quand on considère leurs volumes, on a été conduit naturellement à rapporter leur capacité, au volume et non plus à la masse ; et l'on définit la chaleur spécifique d'un gaz sous une certaine pression, *la quantité de chaleur nécessaire pour élever de* $1°$ *l'unité de volume de ce gaz.* Du reste, il est toujours facile, étant donnée la quantité, q, de chaleur absorbée par l'unité de volume d'un gaz pour s'échauffer de $1°$, d'en déduire la quantité qui sera absorbée par l'unité de poids. En effet, si l'unité de volume pèse d, la quantité de chaleur absorbée par l'unité de poids sera $q : d$.

On a distingué deux espèces de chaleurs spécifiques des gaz rapportées aux volumes : la *chaleur spécifique à pression constante*, quand le gaz qui s'échauffe peut se dilater librement sans changer de pression, et la *chaleur spécifique à volume constant*, quand, ne pouvant se dilater, il est forcé de conserver son volume en augmentant de force élastique. On a admis pendant longtemps que la première de ces capacités surpassait la seconde de toute la quantité de chaleur nécessaire pour produire la dilatation du gaz, quantité qui n'est pas absorbée quand il n'est pas libre de se dilater. Mais il résulte de recherches assez récentes qu'il n'y a pas de différence sensible entre ces deux espèces de capacités.

431. Lois des capacités des gaz. — On a fait, depuis un siècle, un grand nombre d'expériences pour mesurer les capacités des gaz. La difficulté vient surtout de leur faible masse, et, par suite, de l'importance relative des moindres causes d'erreur. Delaroche et Bérard, en 1812, sont parvenus à de bons résultats en faisant passer dans le calorimètre rempli d'eau, à travers un serpentin, une assez grande masse de gaz. Ce gaz entrait à une température connue T, et le serpentin était assez long pour que le gaz sortît toujours à la température de l'eau. Cette température s'élevant de t à t' pendant la durée de l'expérience, on supposait que le gaz était sorti constamment à la température moyenne $\frac{1}{2}(t+t') = \tau$, de sorte qu'il s'était refroidi de $T - \tau$. En appelant V son volume, P le poids de l'eau joint à l'équivalent en eau du calorimètre et du serpentin, θ la température finale, on avait, pour calculer la capacité x du gaz rapportée à l'unité de volume, l'égalité

$$Vx(T - \tau) = P(\theta - t).$$

D'autres expériences ont été faites depuis par MM. de la Rive et Marcet au moyen d'une méthode toute différente, puis par Dulong, et enfin par M. Regnault qui a suivi la méthode de Delaroche et Bérard, en perfectionnant considérablement les appareils. Après ces simples indications [1], nous allons donner les principaux résultats auxquels on est arrivé.

432. Résultats. — 1° *Les capacités en volumes des gaz simples permanents sont sensiblement égales.* Le chlore et la vapeur de brome ont aussi sensiblement la même capacité; mais elle est très supérieure à celle des autres gaz simples.

2° *Les gaz composés formés de gaz simples qui se sont combinés sans condensation, ont la même capacité que les gaz simples* (Dulong).

3° *La capacité* EN POIDS *d'un corps gazeux est plus faible que celle du même corps liquide;* quelquefois moindre de moitié, comme pour le brome.

Voici quelques-uns des nombres trouvés par M. Regnault :

	Chaleur spécifique.		Chaleur spécifique.
Air.	0,2374	Chlore.	0,2962
Oxygène.	0,2405	Brome.	0,2990
Azote.	0,2370	Gaz ammoniac.	0,2996
Hydrogène.	0,2359	Acide carbonique.	0,3307
Bioxyde d'azote.	0,2406	Protoxyde d'azote.	0,3447
Oxyde de carbone.	0,2370	Hydrogène bicarboné.	0,4106

CHAPITRE VI.

CHANGEMENTS D'ÉTAT DES CORPS. — VAPEURS.

§ 1. — FUSION ET SOLIDIFICATION.

I. Lois de la fusion et de la solidification.

433. Fusion des corps solides. — Quand on échauffe suffisamment un corps solide, il fond, c'est-à-dire qu'il passe à l'état *liquide*. Le liquide formé se dilate, si l'on continue à élever la température, puis il se transforme à son tour et passe à l'état de *vapeur* ou de *gaz*. Si l'on vient au contraire à refroidir un gaz, il se condense à l'état liquide, puis se solidifie, si le refroidissement est suffisant. Nous allons étudier les lois de ces passages successifs d'un état à un autre.

Lois de la fusion. — 1° *Chaque substance fond à une température déterminée, qu'on appelle son point de fusion.* Ainsi, le mercure solide fond à — 40°, la glace à 0°, le plomb à 325°, le fer au rouge blanc.

[1] Voir le *Traité de Physique*, 2e édition, t. II, p. 267 à 282.

2° *Quand la fusion est commencée, la température du corps solide n'augmente plus ; elle ne peut dépasser le point de fusion.*

3° *Pour la plupart des substances, il y a un changement brusque de volume au moment du passage à l'état liquide, le plus souvent une augmentation.*

Substances réfractaires. — On nommait autrefois substances *fixes* ou *réfractaires*, celles qui n'avaient pu être fondues. Ces termes s'appliquent aujourd'hui, dans un sens plus restreint, aux corps qui ne fondent que difficilement, comme le platine. La grande différence qui existe entre les points de fusion des corps fusibles avait conduit à admettre que tous fondraient, si leur température était suffisamment élevée. L'expérience a confirmé cette prévision, et l'on a vu diminuer chaque jour le nombre des substances infusibles. Il y a des corps qui ne peuvent être fondus qu'au moyen de l'*électricité*, des *miroirs ardents*, ou du *chalumeau à hydrogène et oxygène* ; par exemple, le platine, la silice. Cependant M. Sainte-Claire Deville est parvenu à fondre ces deux corps au feu de forge, dans un creuset en chaux, en faisant arriver l'air du soufflet par une couronne de petits trous dans toute la masse du combustible, et en employant un coke très dur en petits fragments, provenant des résidus de la combustion imparfaite de la houille. Le même physicien a pu, avec M. Debray, fondre plusieurs kilos de platine à la fois, dans un fourneau en chaux, au moyen d'un mélange de gaz inflammable et d'oxygène arrivant de deux gazomètres séparés. Despretz a fondu la chaux, l'alumine, le bore, le silicium, au moyen de l'électricité fournie par une pile de 600 couples. Il est parvenu à ramollir le charbon, par le même moyen.

Procédé de Hall. — Certaines substances se décomposent par l'action de la chaleur, avant d'entrer en fusion. Hall a pu cependant en fondre quelques-unes, comme la craie, la houille, la corne. Il renfermait ces substances dans des tubes de fer hermétiquement fermés, de manière que les gaz provenant d'une petite partie décomposée exerçaient une pression énorme, qui empêchait le reste de se décomposer. La craie fond ainsi, et prend souvent, après s'être refroidie, l'aspect du marbre saccharoïde. La sciure de bois se transforme en un charbon bitumineux semblable à la houille, et brûlant avec une flamme brillante.

Fusion vitrée. — La plupart des corps passent brusquement à l'état liquide, comme la glace, les métaux ; d'autres, au contraire, se ramollissent par degré, de sorte que le passage d'un état à l'autre se fait graduellement, et que le point de fusion ne peut être fixé. L'acide phosphorique, les silex, les résines, la poix..., sont dans ce cas. Ce mode de fusion se nomme *fusion vitrée*, le verre le présentant à un haut degré ; c'est même sur cette propriété que sont fondés les divers procédés que l'on emploie pour souffler et travailler cette substance.

On trouvera dans le tableau qui suit les points de fusion de divers corps.

Substances.	Points de fusion.	Substances.	Points de fusion.
Mercure	— 39°	Camphre	175°
Brome	— 20	Etain	235
Suif	33	Bismuth	260
Spermaceti	49	Plomb	325
Stéarine	55	Zinc	362
Acide margarique	60	Antimoine	433
Cire blanche	68	Argent pur	1000
Acide stéarique	70	Fonte blanche	1050
Phosphore	44	Fonte grise	1100
Potassium	58	Or ($\frac{1}{10}$ cuivre)	1180
Sodium	90	Or pur	1250
Iode	107	Acier	1400
Soufre	111	Fer doux	1500

434. Chaleur latente de liquidité. — De la seconde loi, constatée d'abord sur la glace fondante, par les académiciens de Florence, Black a conclu que toute la chaleur cédée au corps disparaissait, et était employée à produire l'état liquide ; une plus grande quantité de chaleur, ne fait que fondre dans le même temps une plus grande quantité de la substance. Un corps à l'état liquide posséderait donc une quantité considérable de chaleur, insensible à nos organes, et ne produisant pas d'effet sur le thermomètre. Cette chaleur a reçu le nom de *chaleur latente*, par opposition au nom de *chaleur sensible* donné à la chaleur qui produit les changements de température. — L'absorption de cette chaleur latente est mise en évidence dans l'expérience suivante : on mélange 1 kil. d'eau à 80°, avec un kil. de glace à 0° ; toute la glace fond, et l'on a 2 kil. d'eau à 0°. Les 80 unités de chaleur abandonnées par l'eau à 80°, ont donc disparu et ont été employées à liquéfier le kilogramme de glace.

* **435. Changement du point de fusion avec la pression.** — Des considérations théoriques avaient fait penser à M. J. Thomson qu'il devait y avoir, sous l'influence de la compression, un léger abaissement du point de fusion de la glace. Pour vérifier ce résultat, M. W. Thomson a introduit dans l'appareil d'Œrsted pour la compressibilité de l'eau (185) un thermomètre très sensible renfermé dans un tube très épais t (*fig.* 344) contenant du mercure. Au fond était de la glace pure. Une rondelle de plomb r supportait d'autre glace, et l'espace restant était rempli d'eau. Le thermomètre étant à 0°, on comprima l'eau, en enfonçant le piston au moyen de la vis v, et l'on vit le thermomètre baisser. L'eau en contact avec la glace se trouvait donc au-dessous de zéro, ce qui montre que le point de congélation était abaissé. Cet abaissement était de 0°,13 quand la pression, donnée par le manomètre n, était de 16,8 atmosphères. M. Mousson, au moyen de compressions énormes, a obtenu un abaissement de —18°.

L'eau se dilatant en se congelant, comme nous le verrons bientôt (438), la théorie indiquait que la compression devait *élever* le point de fusion des corps qui se contractent en se solidifiant. C'est ce que M. Bunsen a vérifié sur le blanc de baleine, qui fond à 47°,7 sous la pression de 760^{mm}, et à 50°,9 sur celle de 156 atmosphères ; et sur la paraffine qui fond à 46° sous la pression de 760^{mm} et à 49°,9 sous celle de 100 atmosphères.

436. Lois de la solidification des liquides. — Quand on enlève de la chaleur à un liquide, il passe à l'état solide. La *solidification* porte le nom de *congélation* quand elle se fait à une basse température.

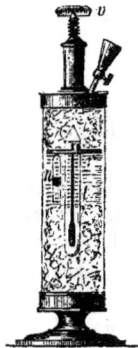

Fig. 344.

1° *Le point de solidification est fixe pour chaque substance, et le même que le point de fusion.* A la température du point de fusion, la moindre soustraction de chaleur fait solidifier une partie du corps s'il est liquide, et la moindre addition de chaleur en fait fondre une partie, s'il est à l'état solide. Les corps qui passent graduellement de l'état solide à l'état liquide, présentent la même particularité pendant la solidification.

2° *Pendant tout le temps de la solidification, la température du liquide ne peut s'abaisser*, quelle que soit la quantité de chaleur soustraite à chaque instant ; seulement la congélation est d'autant plus rapide que le froid est plus intense. Ce résultat s'explique par la transformation de la *chaleur latente de liquidité*, en chaleur *sensible*. Cette chaleur rétablit continuellement la température ; sans cela la congélation, au lieu de se faire graduellement, se ferait subitement et en même temps dans toute la masse, dès que le point de congélation serait atteint.

Il y a des liquides qui n'ont pu être congelés, comme le sulfure de carbone, l'alcool absolu et plusieurs autres d'origine organique. Cependant l'alcool a pu être amené par Despretz, à un degré de consistance tel que le vase qui le contenait pouvait être renversé sans qu'il s'écoulât. La grande différence entre les points de solidification des divers liquides, autorise à penser que ces liquides se congèleraient si l'on pouvait les refroidir suffisamment.

437. Surfusion. — La température d'un liquide peut être abaissée au-dessous du point de solidification sans qu'il change d'état. Ainsi, la température de l'eau peut être abaissée à —12° sans qu'elle cesse d'être liquide. L'étain, le phosphore fondus, qui se solidifient à 228°, et 44° peuvent rester liquides à 225°, et 22°. Ce phénomène, désigné sous le nom de *surfusion*, a été étudié en détail sur l'eau. On a reconnu que, pour qu'elle reste liquide au-dessous de zéro, il faut que ses différentes parties soient en repos parfait les unes par rapport aux autres. Il suffit alors, pour la faire congeler en partie, d'y projeter une parcelle de glace, autour de laquelle s'accumule aussitôt un amas de glace; ou bien d'imprimer au vase un mouvement vibratoire, ou un choc, par lequel les molécules soient déplacées les unes par rapport aux autres. En même temps, *la température remonte subitement à zéro*, par le dégagement de la chaleur latente qui devient sensible; ce qui limite la quantité de glace formée.

Le phénomène de la *surfusion* s'explique par l'inertie des molécules, qui sont les unes par rapport aux autres dans un état d'équilibre instable, rendu permanent par la viscosité du liquide. Cet équilibre est rompu par le contact d'une parcelle de glace, ou par des vibrations.

On peut encore maintenir l'eau au-dessous de 0°, en la renfermant dans des tubes très capillaires; l'action des parois gêne les mouvements des molécules, au point d'empêcher leurs déplacements relatifs. Despretz a pu ainsi maintenir de l'eau à —20°.

438. Changement de volume. — Au moment de la solidification, il y a généralement un notable changement de volume. Ce changement est ordinairement une contraction; mais il y a quelques substances qui éprouvent une augmentation; ce sont l'*eau*; la *fonte de fer*; le *bismuth*; l'*antimoine*; l'*acide sulfurique*, à 3 atomes d'eau, qui se congèle vers 6°; et, d'après M. Ermann, l'alliage formé de 1 partie de plomb, 1 d'étain et 4 de bismuth.

L'augmentation de volume de l'eau qui se congèle est prouvée par ce fait que la glace flotte sur l'eau, ce qui démontre qu'elle est moins dense que ce liquide. D'après M. Dufour, la densité de la glace est, en moyenne, 0,9175 par rapport à l'eau à zéro, ce qui indique une augmentation de volume de $\frac{1}{11}$ au moment de la congélation. On pourrait supposer que cette augmentation n'est qu'apparente, et due à un certain désordre dans l'entrecroisement des aiguilles de glace; mais la force avec laquelle se fait l'expansion montre qu'il y a là un phénomène moléculaire.

439. Force expansive de la glace. — Si l'on remplit d'eau un tube de fer, par exemple un canon de pistolet dont on a bouché la lumière, et si, après avoir fermé l'ouverture avec un bouchon à vis, on le plonge dans un mélange réfrigérant, au bout de quelque temps, on entend un craquement, et l'on reconnaît que le tube a été fendu dans une certaine étendue. La glace retirée du tube est opaque et flotte sur l'eau bouillante. La grande résistance du fer n'a donc pu empêcher l'expansion de se produire.

Le major E. William, à Québec, ayant exposé à un froid vif des bombes remplies d'eau, dont il avait fermé le trou de fusée avec un bouchon de fer enfoncé fortement, vit le bouchon sauter à plus de 13 mètres, et un cylindre de glace sortir de l'ouverture. D'autres fois, le bouchon ayant résisté, la bombe fut brisée, et une lame de glace s'échappa par la fente (*fig.* 345).

La force expansive de la glace explique pourquoi les vases, les tuyaux remplis d'eau se brisent par la gelée. Quand un vase n'est pas entièrement rempli, la glace qui se forme présente une proéminence à sa surface. Les pierres gélives tombent en poussière quand vient le dégel ; ce sont des pierres très poreuses qui, imbibées d'eau, se divisent en tous sens par son expansion quand elle vient à geler.

440. Mesure du coefficient de chaleur latente de fusion de la glace. — On nomme coefficient de chaleur latente d'un corps, la quantité de chaleur nécessaire pour fondre l'unité de poids de ce corps. Ce coefficient se détermine par la méthode des mélanges. On plonge dans un poids connu d'eau chaude, un certain poids de glace à 0°. Cette glace fond, et l'on observe la température finale du mélange. Soit t la température de l'eau,

Fig. 345.

P son poids augmenté de l'équivalent du vase en eau (424), p le poids de la glace, et l le coefficient de chaleur latente cherché ; il faudra, pour déterminer l, exprimer que la quantité de chaleur lp absorbée par la glace à 0° peut se transformer en eau aussi à 0°, plus celle, $p\theta$, qu'absorbe l'eau de fusion pour passer de 0° à θ°, est égale à la chaleur, $P(t-\theta)$, que perd le poids P d'eau en s'abaissant de t à θ. On a donc

$$lp + p\theta = P(t-\theta) ; \qquad \text{d'où} \qquad l = \frac{P(t-\theta) - p\theta}{p}$$

MM. de la Provostaye et P. Desains ont appliqué cette méthode avec infiniment de soins. L'un d'eux essuyait avec du papier Joseph, un morceau de glace à 0°, et le plongeait dans le calorimètre, au moment où l'autre notait la température de l'eau : l'augmentation de poids du calorimètre représentait le poids de la glace introduite. Toutes les corrections que nous avons indiquées en parlant des chaleurs spécifiques étaient faites, et l'on a trouvé ainsi qu'il faut 79,25 calories pour fondre l'unité de poids de l'eau.

Ce résultat a été confirmé par les expériences de M. Regnault et de M. Person.

La grande quantité de chaleur nécessaire à la fusion de la glace joue un grand rôle dans la nature ; elle nous explique pourquoi la neige est si longtemps à fondre, et les grandes masses d'eau si longtemps à se congeler.

* **441. Mesure de la chaleur latente des métaux, etc.** — Pour prendre la chaleur latente de fusion des corps autres que la glace, on les fait fondre, et l'on cherche, par la méthode des mélanges, la quantité de chaleur qu'ils abandonnent en se solidifiant. Soit, par exemple, p le poids d'un métal en fusion ; P celui de l'eau et de l'équivalent en eau du calorimètre, dont la température est t ; θ la température finale du mélange ; c la chaleur spécifique du métal à l'état solide, et l sa chaleur latente ; on aura, pour déterminer l, l'équation $lp + pc(T - \theta) = P(\theta - t)$; T étant la température de fusion du métal, température qu'il possède quand on le verse dans le calorimètre. Cette méthode présente de grandes difficultés dans la pratique, surtout quand T est très élevé, à cause de l'accroissement notable de température que prend le calorimètre, de la perte de chaleur qu'il éprouve alors par le contact du milieu ambiant, de la chaleur enlevée par la vapeur qui se dégage au moment du contact du corps en fusion, et enfin de la perte de chaleur qu'éprouve ce corps pendant qu'on le transporte dans le calorimètre. Le plus grand travail sur les chaleurs latentes de fusion est dû à M. Person ; dans le tableau qui suit sont réunis quelques-uns des résultats qu'il a obtenus.

CORPS.	POINT DE FUSION.	CHALEUR LATENTE.	CORPS.	POINT DE FUSION.	CHALEUR LATENTE.
Argent.	»	21,07	Nitrate de pot. .	339°	47,37
Bismuth. . . .	266°,8	12,64	Phosphore . . .	44,2	5,03
Cadmium. . . .	520,7	13.66	Plomb.	326,2	5,37
Etain	237,7	14,25	Soufre.	115	9,37
Mercure. . . .	— 40	2,83	Zinc.	415,3	28,13

II. Liquéfaction par dissolution.

442. Dissolution d'un solide dans un liquide. — Un corps solide, mis en contact avec un liquide, peut disparaître en prenant lui-même la forme liquide, sans l'intervention de la chaleur ; on dit qu'il s'est *dissous*. Par exemple le sucre, le sel, dans l'eau ; l'or, l'argent, dans le mercure.

Ce phénomène est souvent précédé d'une combinaison, que contracte le corps solide avec le dissolvant ; de sorte que ce n'est plus le corps solide employé qui se dissout, mais bien la combinaison qu'il a d'abord formée avec le liquide.

Quand une semblable combinaison se fait, il peut y avoir dégagement de chaleur ; quand, au contraire, il ne se forme pas de combinaison, la dissolution est accompagnée d'un refroidissement dû à une absorption de chaleur latente. Par exemple, quand on dissout de l'azotate d'ammoniaque dans l'eau à 0°, la température descend à —26°, et l'on utilise le froid ainsi obtenu, pour faire de la glace. Si l'on jette dans du mercure, des fragments de plomb, de bismuth et d'étain, ils se dissolvent et la température s'abaisse de 15 ou 20°.

État de saturation. — Une quantité déterminée d'un liquide, ne dissout pas ordinairement une quantité indéfinie de la substance donnée ; il arrive un moment où ce liquide refuse d'en prendre davantage ; on dit qu'il est *saturé*. La quantité maximum de substance dissoute augmente le plus souvent avec la température. Il y a des corps, comme la potasse, qui se dissolvent en quantité indéfinie dans l'eau ; il n'y a pas alors de point de saturation.

443. Retour de la substance dissoute à l'état solide. — Quand on abandonne une dissolution saturée, à l'évaporation spontanée, ou bien quand on laisse refroidir lentement, une dissolution faite à chaud et saturée, elle laisse déposer la substance dissoute, sous forme de *cristaux*, qui se montrent à la surface et sur les parois du vase. Les molécules qui se séparent de la dissolution ont une tendance marquée à se déposer sur les cristaux déjà formés, et cette tendance est tellement prononcée, que, si plusieurs sels sont dissous dans le même liquide, on peut les faire déposer séparément sur des cristaux de leur espèce.

Changement de volume. — Quand un sel cristallise, il y a, le plus souvent, augmentation de volume. La force expansive du sulfate de soude, au moment où il cristallise, peut servir à reconnaître les pierres gélives : on trempe un fragment de pierre dans une dissolution de ce sel saturée à chaud, et l'on observe si ce fragment se fendille pendant la cristallisation.

Abaissement de la température au-dessous du point de saturation. — Une dissolution chaude saturée peut être refroidie sans déposer de cristaux ; elle est alors *sursaturée* ; l'immersion d'un cristal de sel détermine aussitôt la cristallisation, et *la température remonte subitement au point qui correspond à la saturation*.

Il y a certaines circonstances qui modifient singulièrement le phénomène. Supposons qu'on prenne une dissolution saturée de sulfate de soude, renfermée dans un réservoir de verre terminé par un tube effilé qu'on a fermé à la lampe pendant l'ébullition, de manière qu'il n'y ait pas d'air : le refroidissement ne fait pas cristalliser le sel ; mais, si l'on brise le tube, la cristallisation se fait tout-à-coup, et il y a un dégagement de chaleur qui, de latente, devient sensible. Ce résultat n'est pas dû à la pression de l'air; car si, laissant le tube ouvert, on recouvre la dissolution d'une couche d'huile, la cristallisation n'a pas lieu, tandis qu'on la produit instantanément, en insufflant de l'air à travers la couche d'huile. Il faut donc attribuer la cristallisation au contact de l'air, ou plutôt de son oxygène, car l'azote seul ne produit aucun effet.

444. Mélanges frigorifiques. — C'est à l'absorption de la chaleur par dissolution qu'est dû le froid produit par les *mélanges frigorifiques* ou *réfrigérants*. Ces mélanges sont formés de plusieurs substances, *dont une au moins est solide*, et qui peuvent se combiner spontanément, de manière à donner naissance à un composé *liquide*. L'action chimique qui se produit est accompagnée d'un dégagement de chaleur; il faut donc, pour obtenir du froid, que la quantité de chaleur absorbée par la liquéfaction de la substance solide soit plus grande que celle que dégage l'action chimique. Par exemple, si l'on mêle 1 partie d'acide sulfurique concentré avec 4 parties de glace, ces deux corps s'unissent en formant une combinaison liquide, et la température descend à —20°, parce que la glace absorbe, en passant à l'état liquide, non seulement toute la chaleur dégagée par l'action chimique, mais encore une partie de la chaleur sensible du mélange. Si, au contraire, on mêle 4 d'acide avec 1 de glace, on obtient une élévation de température de 50 à 60°, parce que la petite quantité de glace qui devient liquide n'absorbe qu'une partie de la chaleur de combinaison.

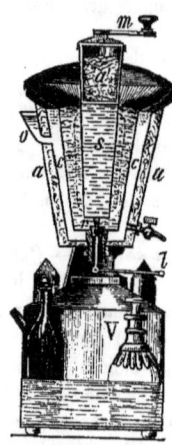

Fig. 346.

Les mélanges que l'on emploie le plus souvent sont ceux de glace et de sel marin, d'eau et d'azotate d'ammoniaque, de sulfate de soude et d'acide chlorhydrique. Après l'opération, on retrouve le sel des deux premiers, par l'évaporation au soleil ou sur le feu; et le sel du dernier, en distillant le mélange dans un alambic en verre, ce qui permet de recueillir l'acide.

Le froid produit par les mélanges frigorifiques a nécessairement une limite, car l'action chimique qui détermine la liquéfaction du sel cesse d'avoir lieu quand la température est trop basse; et même, à cette température, le sel se séparerait de la dissolution, si elle était faite d'avance. Pour obtenir le maximum de froid, il faut employer les sels en poudre fine, bien secs, mais contenant cependant toute leur eau de cristallisation, et faire le mélange peu à peu en agitant continuellement. On doit enfin prendre toutes les précautions possibles pour éviter la communication de la chaleur extérieure ; et pour cela, on entoure le vase dans lequel on fait le mélange, de plusieurs enveloppes concentriques.

Dans le *congélateur Villeneuve* (*fig*. 346), il y a trois enveloppes; entre l'enveloppe extérieure *aa* et la suivante, se trouve un corps mauvais conducteur; dans l'espace *cc*, on met de l'eau ou de la glace. La substance à congeler est placée dans un vase en étain, *s*, nommé *sorbetière* ou *sarbotière*, plongé dans le mélange qui remplit le vase intérieur. Le couvercle de ce vase renferme des matières non conductrices *a'*, et porte une manivelle *m* destinée à le faire tourner; il est muni d'ailettes obliques qui agitent le mélange. Quand ce mélange a perdu son efficacité, on ouvre la soupape *r* au moyen du levier *l*, et le liquide tombe dans le vase V, où il sert à rafraîchir les boissons.

Les mélanges frigorifiques les plus puissants sont formés avec l'acide carbonique solide. La température de ce corps, à l'air libre, descend à près de —80°. En y mêlant de l'éther, qui le rend bon conducteur, on forme une pâte frigorifique qui a été employée à liquéfier et congeler divers gaz. En ajoutant du protoxyde d'azote liquide à cette pâte, on forme le mélange frigorifique le plus énergique que l'on connaisse. C'est avec ce mélange que Despretz a amené l'alcool à une consistance pâteuse. Le tableau suivant indique la composition des mélanges réfrigérants les plus employés, avec l'abaissement de température qu'ils produisent.

Substances.	Parties.	Abaissement à partir de 10°.	Froid produit.
Neige ou glace pilée.	2	— 17°	27°
Sel marin.	1		
Neige ou glace.	3	»	50°
Chlorure de calcium.	4		
Sulfate de soude.	8	— 17	27
Acide chlorhydrique.	5		
Sulfate de soude.	5	— 8	18
Acide sulfurique à 36°.	4		
Phosphate de soude.	9	— 29	39
Acide azotique.	4		
Eau.	1	— 16	26
Azotate d'ammoniaque.	1		

§ 2. — PASSAGE A L'ÉTAT GAZEUX, ET LIQUÉFACTION DES GAZ.

I. Phénomènes généraux.

445. Vaporisation des liquides. — Quand on élève la température d'un liquide, sa viscosité diminue généralement, il devient plus fluide, et, arrivé à une certaine température, il entre en *ébullition*, c'est-à-dire qu'il passe à l'état de gaz ou de vapeur, sous forme de bulles qui partent des parois échauffées du vase, montent à travers le liquide et viennent crever à sa surface. Ce phénomène, désigné sous le nom de *vaporisation*, est soumis aux lois suivantes :

1° *La température d'ébullition d'un liquide est toujours la même, sous la même pression, et dans un vase de même substance ;*

2° *La température du liquide reste constante pendant tout le temps de l'ébullition* ; si l'on fournit une plus grande quantité de chaleur au vase, on ne fait qu'activer la production de la vapeur, mais la température du liquide ne s'élève pas davantage ;

3° *Le volume de la vapeur est beaucoup plus grand que celui de la masse de liquide qui l'a fournie* ; par exemple, l'eau donne un volume de vapeur environ 1700 fois plus grand que le sien.

Voici les points d'ébullition de différentes substances, sous la pression de 76 centimètres de mercure :

Acide sulfureux..	—10°	Eau.	100°
Éther sulfurique.	37	Essence de térébenthine.	157
Carbure de soufre.	47	Phosphore.	290
Brome..	60	Huile de lin..	316
Chloroforme.	63	Acide sulfurique concentré.	325
Alcool.	79	Mercure.	360
Huile des Hollandais..	82	Soufre.	400
Acide nitrique concentré..	86		

On voit que les températures auxquelles les différentes substances se vaporisent, sont très différentes. Les corps très réfractaires peuvent être réduits en vapeur à des températures très élevées. Au moyen des verres ardents ou du chalumeau à hydrogène et oxygène, on fait bouillir l'argent, l'or, le platine.

446. Évaporation. — La plupart des liquides peuvent aussi passer à l'état de vapeur, *spontanément*, à des températures très différentes inférieures au point d'ébullition, et seulement par leur surface; on dit qu'ils s'*évaporent*. L'évaporation est d'autant plus rapide que la température est plus rapprochée du point d'ébullition. C'est par l'évaporation, que l'eau finit par disparaître d'un vase ouvert; que la couche liquide qui mouille les corps disparaît quand ils sèchent.

Le mercure s'évapore à la température ordinaire, comme l'a prouvé M. Faraday : ayant suspendu horizontalement une lame d'or au bouchon d'un flacon contenant du mercure, il trouva, au bout de six semaines, dans un lieu froid et obscur, la feuille d'or blanchie par le mercure, qui n'avait pu parvenir jusqu'à elle qu'à l'état de vapeur. Il faut conclure de là que, dans le vide le plus parfait que nous puissions faire, le vide du baromètre, il existe encore des traces de matière pondérable, puisqu'il y a de la vapeur de mercure.

Il y a des corps qui ne paraissent pas s'évaporer à la température ordinaire, par exemple, l'acide sulfurique concentré. Si l'on met de cet acide sous le récipient de la machine pneumatique, à côté d'une dissolution de baryte, et que l'on fasse le vide, ce qui favorise l'évaporation, comme nous allons le voir, l'eau de baryte reste limpide, et cependant il suffit de la moindre parcelle d'acide sulfurique pour la troubler.

Sublimation. — Il y a des corps qui *se subliment*, c'est-à-dire qui passent à l'état gazeux sans passer par l'état liquide ; par exemple, le camphre, l'arsenic, l'iode. La neige peut aussi s'évaporer sans passer par l'état liquide, ce qui explique sa disparition de la surface de la terre, par un froid sec, et sans qu'elle ait fondu.

447. Chaleur latente d'élasticité. — Pour expliquer la constance de la température de l'eau pendant l'ébullition, Black a admis que la chaleur fournie au liquide devient *latente* en le transformant en fluide élastique. La *chaleur latente* d'élasticité reparaît à l'état de chaleur sensible, quand on fait passer la vapeur à l'état liquide ; ce que l'on obtient en la refroidissant ou en la comprimant suffisamment. Par exemple, si l'on fait arriver par un tube, un courant de vapeur d'eau à 100°, dans 1 kil. d'eau à zéro, on trouve qu'il suffit de moins de 200 grammes de vapeur, pour porter cette eau à 50°, tandis qu'il faudrait y mêler 1 kil. d'eau à 100° pour obtenir le même échauffement de 50°.

Quand le liquide s'évapore spontanément sans qu'on lui fournisse de chaleur, on observe, dans ce liquide et dans les corps en contact, un abaissement de température ; ce qui montre qu'il faut aussi de la chaleur latente, pour faire passer le liquide à l'état gazeux par *évaporation*. Vient-on, par exemple, à plonger la main dans l'eau tiède, dès qu'on la retire on éprouve une impression de froid produite par l'évaporation. L'éther, beaucoup plus volatil que l'eau, produit beaucoup plus vivement cet effet. On peut faire geler de l'eau dans un petit matras, en l'enveloppant de coton mouillé avec de l'éther dont on favorise l'évaporation par un courant d'air. On peut enfin solidifier le mercure, au moyen de l'acide sulfureux liquéfié, en mettant les deux liquides dans un même vase, autour duquel on fait le vide. Par ce procédé, M. Bussy a pu obtenir un froid de —68°.

448. Congélation de l'eau dans le vide. — Leslie a montré que l'eau peut être congelée par le froid que produit sa propre évaporation. On met sous le récipient de la machine pneumatique (*fig.* 347), une capsule en argent, contenant une mince couche d'eau. Au-dessous, est un vase rempli d'acide sulfurique concentré. On fait le vide, l'eau s'évapore et tend à remplir l'espace ; mais comme l'acide sulfurique absorbe la vapeur qui se forme, l'évaporation continue et l'eau perd assez de chaleur pour se congeler.

Wollaston a imaginé de se débarrasser de la vapeur, en la condensant par le froid. L'eau à congeler est alors placée dans un gros tube en verre ac (*fig.* 348), dont on a chassé l'air par l'ébullition avant de fermer l'extrémité c à la lampe. On entoure le haut de ce tube, d'un mélange réfrigérant, de manière que la vapeur se condense dans le haut du tube, en formant une couche de glace. Il se fait alors une évaporation continuelle de l'eau qui se trouve en a, et ce liquide ne tarde pas à se congeler. Sous cette forme, l'expérience est moins frappante, parce qu'on se sert d'un mélange réfrigérant.

449. Applications. — Le froid produit par l'évaporation nous donne l'explication de la fraîcheur qui se répand dans une chambre quand on en mouille le plancher, surtout quand l'air s'y renouvelle continuellement. Au Bengale, on garnit les fenêtres, de rameaux mouillés, munis de leurs feuilles ; l'air qui s'introduit se refroidit, en passant à travers le feuillage, sur lequel il active l'évaporation.

Fig. 347.

Fig. 348.

La fraîcheur qui règne dans les bois touffus, pendant les plus grandes chaleurs de l'été, est due à l'évaporation qui se fait à la surface des feuilles, et sur le sol ordinairement humide. — Si la température du corps de l'homme s'élève à peine quand il fait très chaud, c'est que la surface de la peau est refroidie par la transpiration insensible, qui se trouve activée par la chaleur, de manière à en neutraliser les effets.

Alcarasas. — On nomme ainsi des vases en terre poreuse et demi-cuite, à travers laquelle l'eau peut suinter. On les expose à un faible courant d'air, et l'évaporation qui se fait continuellement à leur surface extérieure toujours mouillée, peut refroidir l'eau jusqu'à 10° à 12°, quand la température extérieure est à 30°. Employés, depuis un temps immémorial, en Egypte, en Perse, dans l'Inde, en Chine, ils ont été importés en Europe par les Arabes.

La congélation de l'eau par son évaporation dans le vide a été appliquée dans l'industrie à la production en grand de la glace. M. Rizet, et M. Carré ont utilisé le froid produit par l'évaporation de l'éther ; puis, M. Carré a employé le gaz ammoniac liquéfié par la compression, qui se volatilise avec une rapidité très grande dans le vide, en absorbant une énorme quantité de chaleur. Rappelons en outre que ce gaz se dissout dans l'eau dans la proportion de 480 fois le volume de ce liquide, que la chaleur le chasse de

PASSAGE A L'ÉTAT GAZEUX.

cette dissolution, et nous aurons tous les éléments nécessaires pour comprendre la méthode de M. Carré.

La *fig.* 349 représente un des appareils. Il se compose d'une petite chaudière C et d'un récipient R communiquants par un tube t, et dont on a chassé l'air. La chaudière C est remplie aux trois quarts, d'une dissolution concentrée de gaz ammoniac dans l'eau. On fait chauffer cette dissolution, le gaz est chassé, se trouve fortement comprimé dans l'espace resserré qui lui est offert, et se liquéfie dans le récipient R, qui est plongé dans l'eau.

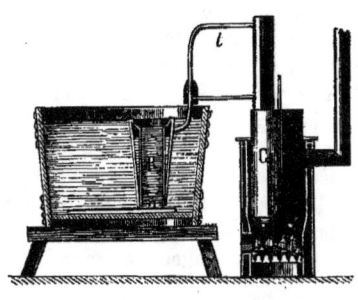

Fig. 349.

On enlève alors la chaudière C de dessus le feu, et on la plonge à son tour dans l'eau. L'eau refroidie qu'elle contient alors absorbe et dissout rapidement le gaz ammoniac, et il se fait dans l'ammoniaque liquéfiée du récipient, une évaporation rapide qui occasionne un refroidissement qui peut aller jusqu'à —40°, et peut congeler un kil. ou $\frac{1}{2}$ kil. d'eau dans une enveloppe métallique qui entoure le récipient. On produit donc ainsi de la glace au moyen du feu, et à très bas prix, car 1 kil. de charbon de bois suffit pour fabriquer 3 kil. de glace. — Indépendamment de cet appareil intermittent, M. Carré construit des appareils qui fonctionnent d'une manière continue, et donnent de 25 à 200 kil. de glace par heure, suivant les dimensions.

II. — Formation des vapeurs à la surface.

450. La vapeur se forme spontanément dans le vide. — Pour constater ce phénomène, on prend un tube de baromètre rempli de mercure purgé d'air et d'humidité par l'ébullition, et renversé sur une cuvette très profonde, et l'on fait passer un peu de liquide, d'alcool par exemple, dans la chambre vide. Pour cela, on remplit une petite éprouvette de ce liquide, après en avoir chassé l'air par l'ébullition ; on la renverse sur le mercure en tenant l'ouverture fermée avec le doigt, puis on la retourne au-dessous du tube barométrique. Ou bien encore on retourne ce dernier, après l'avoir fermé, on ôte un peu de mercure, que l'on remplace par du liquide bouillant, et, fermant l'ouverture avec le doigt, on le redresse dans sa cuvette. Dans les deux cas, le liquide se rend à travers le mercure, dans la chambre barométrique, et l'on voit ce métal descendre et s'arrêter presque aussitôt, de manière à ne conserver qu'une partie de la hauteur du baromètre. C'est que le liquide a produit de la vapeur qui se répand dans le vide, et fait baisser la colonne de mercure. La force élastique de cette vapeur est égale à la différence ab (*fig.* 350) entre la hauteur d'un baromètre b et celle h du mercure dans le tube à vapeur V. En effet, cette force, f, jointe à la colonne h, fait équilibre à la pression H de l'atmosphère ; on a donc $f + h = H$; d'où $f = H - h$.

Si l'on soulève rapidement le tube à vapeur, de manière à augmenter l'espace qui reste au-dessus du mercure, la distance du niveau de ce dernier au niveau de la cuvette ne varie pas, pourvu qu'il y ait du liquide en excès. Il faut donc qu'il se soit formé de nouvelle vapeur, qui remplisse le volume mn qui a été ajouté, de manière que la tension reste la même. Si, au contraire, on enfonce le tube dans la cuvette, de manière à diminuer l'espace qu'occupe la vapeur, la colonne de mercure conserve encore sa même hauteur, parce que la vapeur qui occupait l'espace qui a été supprimé, se liquéfie et perd toute force de ressort ; de sorte que la vapeur répandue dans l'espace qui subsiste, conserve sa même tension. De ces expériences, Dalton [1] a conclu les lois suivantes :

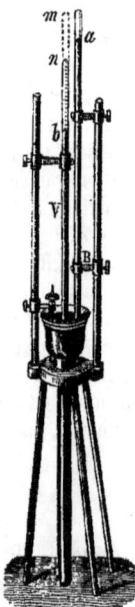

Fig 350.

1° *Un liquide placé dans le vide fournit de la vapeur qui atteint instantanément une tension maximum*. Si l'on augmente l'espace qu'occupe cette vapeur, il s'en forme d'autre instantanément, pour remplir le nouvel espace, de manière que la masse de vapeur est proportionnelle au volume qu'elle occupe.

2° *La tension maximum ne peut être augmentée par une diminution de volume ou par la compression*, celle-ci ayant pour effet de détruire la vapeur qui occupait l'espace supprimé, en la faisant repasser à l'état liquide.

L'espace qui contient ainsi de la vapeur au *maximum de tension* est dit *saturé* de vapeur ; il ne serait pas saturé si la quantité de liquide était trop faible pour fournir le volume de vapeur nécessaire à la saturation.

Tension des liquides. — Les lois qui précèdent montrent qu'un liquide ne peut subsister qu'autant qu'une pression suffisante, exercée à sa surface, s'oppose à son expansion. Il possède donc une tendance à prendre l'état

---

[1] Dalton (John), physicien et chimiste, né à Englesfield (Cumberland), en 1766, mort à Manchester en 1844, professa d'abord les mathématiques, puis s'adonna aux sciences physiques. Une partie de ses belles recherches sur les gaz et sur les vapeurs, ont été faites dans la petite ville de Dumphries, au moyen d'instruments imparfaits qu'il construisait lui-même, réduit qu'il était aux modestes ressources que lui procuraient des leçons particulières de mathématiques.

gazeux. Cette tendance est, comme nous allons le voir, d'autant plus prononcée que la température est plus élevée ; on la nomme la *tension* du liquide.

451. Circonstances dont dépend la tension maximum. — 1° La tension maximum d'une vapeur dans le vide dépend de la nature du liquide. Pour le démontrer, on se sert du *faisceau barométrique* (*fig.* 351), composé de plusieurs tubes de baromètre fixés à deux plateaux circulaires, mobiles autour d'un axe vertical *oo*. Ces tubes contiennent différents liquides, et plongent tous dans une même cuvette. En faisant tourner l'appareil autour de l'axe *oo*, on les amène successivement en présence d'un baromètre sec B, pour comparer les hauteurs des colonnes de mercure.

2° La tension maximum augmente rapidement avec la température. Pour le prouver, on se sert de l'appareil de Dalton (*fig.* 352) ; deux baromètres, l'un sec, *b*, l'autre contenant de la vapeur, *v*, plongent dans une petite chaudière pleine de mercure. Ils sont enveloppés par un manchon en verre contenant de l'eau, qui déprime le mercure dans le manchon, d'une quantité égale à $\frac{1}{14}$ environ de la hauteur de l'eau. On échauffe ce dernier liquide par l'intermédiaire du mercure, et l'on voit que la distance verticale des niveaux *b* et *v* augmente à mesure que la température s'élève.

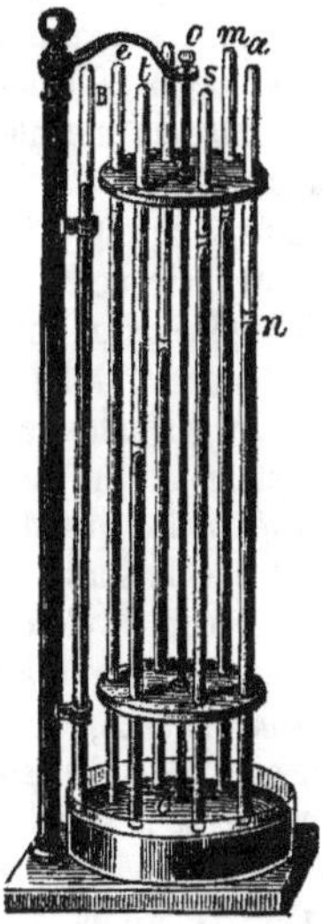

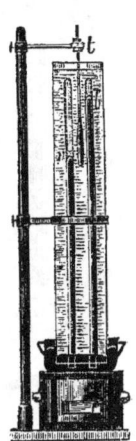

Fig. 351.

Fig. 352.

452. Vapeurs non saturées. — Si l'on offre à une vapeur un espace plus grand à occuper, sans qu'il y ait excès de liquide, sa densité et sa force élastique diminuent, comme chez les gaz proprement dits, en suivant à peu près la loi de Mariotte. Si on l'échauffe, elle se dilate, et son coefficient de dilatation ne diffère de celui des gaz proprement dits, que de quantités comparables à celles dont les coefficients de ces gaz diffèrent entre eux. Si le volume est invariable, la pression augmente et peut se calculer approximativement comme celle des gaz échauffés.

453. Formation des vapeurs dans les gaz. — Quand la vapeur se forme à la surface d'un liquide, dans un espace limité contenant un gaz, elle finit par y prendre une tension maximum, comme dans le vide, et l'on dit alors que le gaz est *saturé* de vapeur ; seulement cet état de saturation n'est atteint qu'au bout d'un temps assez long, tandis que, dans le vide, il s'établit instantanément.

454. Loi. — *La force élastique de la vapeur qui sature un espace plein de gaz, est la même que dans le vide.* Pour démontrer cette loi, due à Dalton, Gay-Lussac emploie l'appareil (*fig.* 353). Un gros tube t, muni de deux robinets en fer r, r', communique avec un tube vertical cn. Le tube t étant rempli de mercure bien sec, on enlève la pièce sa, et l'on visse en r' le ballon b rempli de gaz bien desséché; puis on ouvre les robinets r', r, et celui du ballon. Le mercure s'écoule en r et le gaz pénètre dans le tube t. On ferme ensuite les robinets, et l'on observe le niveau du mercure en t et n. La force élastique du gaz est donnée par la différence des niveaux, augmentée de la hauteur du baromètre. On remplace alors le ballon par la pièce sa, qui n'est autre chose qu'un robinet à cuvette (235), et l'on verse du liquide dans l'entonnoir a. Faisant ensuite tourner plusieurs fois le robinet s, on introduit du liquide goutte à goutte dans le tube t. Ce liquide produit de la vapeur, dont la tension s'ajoute à celle du gaz, et le niveau baisse en t et monte en n. On attend qu'il y ait saturation, ce qui a lieu quand les niveaux ne se déplacent plus, et que la surface du mercure en t, reste mouillée. On verse alors du mercure jusqu'en n', de manière à ramener le niveau t à sa position première, et le gaz à son volume primitif. Alors l'excès de la pression actuelle sur celle qui existait avant l'introduction du liquide, représente la tension h de la vapeur qui sature le gaz à la température de l'expérience. Et si l'on introduit de ce même liquide dans la chambre d'un baromètre, on trouve que la dépression produite est égale à h, quand la température est la même.

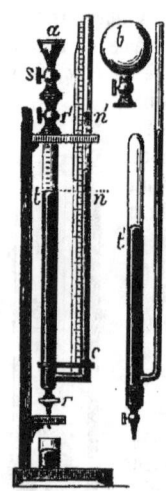

Fig. 353.

Quand le liquide, comme par exemple l'éther, dissout les corps gras qui garnissent les robinets, les gaz pouvant s'échapper par les joints, l'appareil est modifié comme on le voit en t' (*fig.* 353); le robinet supérieur est supprimé, et l'on introduit du gaz dans le tube t' par le bas, en le plaçant sur la cuve à mercure. On verse ensuite de l'éther dans le tube latéral et, faisant sortir du mercure par le robinet inférieur, on fait en sorte que la colonne d'éther arrive à la jonction des deux tubes, de manière qu'une partie de ce liquide pénètre en t'. On verse ensuite du mercure dans le tube latéral, et l'on achève l'expérience comme il a été dit ci-dessus.

455. Causes qui activent l'évaporation. — Il résulte de la loi qui précède, que la rapidité de l'évaporation d'un liquide dans un espace rempli d'air dépend : 1° de la température du liquide et de l'étendue de sa surface;

2° de la température de l'air ; 3° de la quantité de vapeur qu'il peut contenir d'avance ; 4° de la facilité avec laquelle les couches d'air en contact avec le liquide et qui tendent à se saturer, sont remplacées par d'autres couches plus sèches. C'est pour cela que le vent sèche les corps mouillés ; qu'on refroidit un liquide en soufflant dessus, l'évaporation, qui est ainsi activée, étant accompagnée d'une absorption de chaleur latente.

456. Précipitation de la vapeur. — Le poids de vapeur nécessaire pour saturer un espace vide ou plein de gaz est d'autant plus petit que la température est plus basse. Il en résulte que, si l'on vient à refroidir un espace saturé, une partie de la vapeur se précipitera à l'état liquide. Il n'est même pas nécessaire que l'espace soit saturé, si on le refroidit assez pour qu'il le devienne avec la quantité de vapeur qu'il contient. C'est ainsi que l'air humide, refroidi par le contact des corps très froids, laisse déposer des gouttelettes d'eau à leur surface. Si le refroidissement se fait dans la masse gazeuse, la précipitation a lieu dans tous les points de cette masse. Pour faire l'expérience, on raréfie rapidement de l'air humide contenu dans un récipient, ce qui le refroidit, comme nous le verrons plus tard ; on voit alors apparaître une espèce de brouillard formé de gouttelettes d'eau très fines, qui restent en suspension dans l'air, à cause de leur faible poids. Ce brouillard disparaît en peu d'instants, chaque gouttelette s'évaporant dans le gaz, qui a bientôt repris la température ambiante. De même, la vapeur pure ou mêlée d'air, chassée dans un espace plus froid, forme un brouillard, parce qu'il y en a plus qu'il n'est nécessaire pour saturer l'espace où elle arrive. Si cet espace est indéfini et non saturé d'avance, les gouttelettes disparaissent bientôt en s'évaporant dans les portions d'air plus éloignées. C'est ce qui a lieu, par exemple, quand, par un temps froid et humide, on distingue son haleine. Les légers nuages qui s'exhalent de l'eau chaude sont dûs à la même cause. Il faut remarquer que ces nuages, que l'on désigne improprement sous le nom de vapeur, sont composés de gouttelettes d'eau ; la vapeur d'eau proprement dite est invisible et transparente comme l'air.

457. Tension maximum dans une enceinte à température inégale. — Considérons une enceinte vide, de forme quelconque et contenant un liquide qui ne soit pas dans l'endroit le plus froid. Ce liquide fournira de la vapeur avec la tension maximum qui correspond à sa température ; cette vapeur se répandra dans tout l'espace, en vertu du principe de la diffusion des gaz (213) et tendra à y établir partout la même pression. Or, cette pression étant trop grande pour la température de la partie la plus froide de l'enceinte, une portion de la vapeur s'y condensera. Mais alors la tension dans tout l'espace étant diminuée, il n'y aura plus saturation, près du liquide ; de nouvelles vapeurs se produiront, une nouvelle condensation se fera dans la partie froide, et ainsi de suite jusqu'à ce que tout le liquide s'y soit ainsi transporté par *distillation*. Alors la pression dans l'enceinte sera partout égale à la tension maximum qui correspond à la température des endroits les plus froids. — Si l'enceinte contient du gaz, cet état final s'établira de la même manière, seulement au bout d'un temps beaucoup plus long.

458. Alambic. — Les principes qui précèdent servent à expliquer ce qui se passe dans l'*alambic*. Cet appareil très ancien, dont l'invention est attribuée aux Arabes, a reçu depuis un demi-siècle de nombreux perfectionnements, ayant pour objet d'accélérer l'opération et d'économiser le combustible. Réduit à sa plus grande simplicité, il se compose de trois parties (*fig.* 354) : la *cucurbite* oC, le *chapiteau*, c, et le *réfrigérant*, RSr. La cucurbite contient le liquide que l'on veut distiller. Ce liquide étant porté à l'ébullition, sa vapeur s'élève dans le chapiteau et passe dans un serpentin S, entouré d'eau froide, où elle se liquéfie, sa tension étant plus grande que celle qui correspond à la température du serpentin. Le liquide, ainsi régénéré, sort en r.

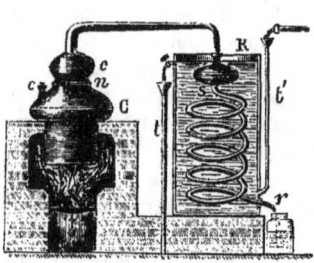

Fig. 354.

Comme l'eau du réfrigérant s'échauffe rapidement par la chaleur latente qu'abandonne la vapeur qui se condense (447), il faut la renouveler souvent ; le mieux est de la faire arriver d'une manière continue par un tube extérieur t', qui la conduit au fond du réfrigérant, tandis que l'eau chaude supérieure tombe par un *trop-plein*, dans le tube t. On renouvelle le liquide dans la cucurbite par l'orifice o, sans avoir besoin de démonter l'appareil.

C'est avec l'alambic qu'on distille le vin pour en séparer l'alcool, qui, étant plus volatil que l'eau, distille en plus grande proportion. L'eau-de-vie, ainsi obtenue, étant distillée de nouveau et à petit feu, donne l'alcool du commerce. — Sur les navires, on se procure de l'eau douce en distillant l'eau de mer au moyen d'appareils perfectionnés dépensant très peu de combustible.

459. Problèmes sur les vapeurs. — La loi du mélange des gaz et des vapeurs permet de résoudre divers problèmes importants :

1° Étant donné le volume V d'un gaz sec, trouver son volume V' quand il est saturé de vapeur à la même température t et sous la même pression P. Si nous appelons F la force élastique de la vapeur à saturation sous la température t, la pression du gaz seul dans le mélange dont la pression est P, sera P—F ; alors on aura d'après la loi de Mariotte, V' : V=P : (P—F).

2° Étant donné un volume V de gaz saturé à la température t et sous la pression P, trouver son volume V′, aussi saturé, à la température t' et sous la pression P′. Soient F et F′ les tensions de la vapeur aux températures t et t'. Les pressions dues au gaz seul, à ces deux températures, seront P—F et P′—F′. Alors, d'après la loi de Mariotte et celle des dilatations, ou aura :

[1] $$\frac{V'}{V} = \frac{P-F}{P'-F'} \cdot \frac{273+t'}{273+t}.$$

Si le gaz n'est pas en contact avec un excès de liquide, et si l'on a $t' > t$, il pourra se faire que l'espace ne soit plus saturé, et alors la formule ne pourra pas s'appliquer. Pour savoir quand cela aura lieu, soient D et D′ les densités de la vapeur à saturation aux températures t et t', sous les pressions F et F′. En appliquant à la vapeur les formules des dilatations des gaz et la loi de Mariotte, on aura

[2] $$\frac{D'}{D} = \frac{F'}{F} \cdot \frac{273+t}{273+t'}; \quad \text{d'où} \quad \frac{V'D'}{VD} = \frac{PF'-FF'}{P'F-FF'}, \quad [3]$$

en multipliant l'équation [2] terme à terme par la précédente [1]. La formule [3] donne le rapport des masses de vapeur qui saturent les volumes V et V′ aux températures t et t'. Pour que la masse de vapeur VD soit assez grande pour saturer le volume V′ à la température t', il faut que PF′ soit plus petit que P′F; car alors V′D′ sera moindre que VD, et un excès de vapeur se condensera; alors la formule [1] sera applicable. Il en sera de même si l'on a PF′=P′F; mais il n'y aura pas de précipitation. Enfin, si PF′ est plus grand que P′F, on aura VD<V′D′, et le volume V′ à la température t' n'étant pas saturé, la formule [1] ne sera plus applicable.

II. De l'ébullition.

460. Quand on échauffe un liquide dans un vase ouvert, les couches en contact avec les parois échauffées sont bientôt assez chaudes pour que la vapeur qu'elles tendent à produire soit capable de vaincre la pression de l'atmosphère et celle de l'eau supérieure. On voit alors des bulles de vapeur se détacher des parois du vase, monter à travers le liquide en diminuant de volume, puis se condenser, et disparaître en arrivant dans les couches supérieures, qui sont moins chaudes. Les mouvements de ces bulles et leur succession rapide produisent des apparences de cônes irréguliers, faciles à distinguer dans un vase de verre, A (*fig.* 355). Le liquide, en se précipitant dans l'espace abandonné par chaque bulle qui se condense, produit une petite secousse, d'où résulte ce bruissement particulier qui précède l'ébullition, et que l'on indique en disant que l'eau *chante*. La chaleur latente abandonnée par les bulles condensées, et l'agitation produite par leur ascension, ont bientôt échauffé les couches supérieures. Les bulles de vapeur arrivent dès lors jusqu'au niveau, en augmentant de volume à cause de l'évaporation qui se fait par toute leur surface intérieure, et à cause de la diminution de la pression du liquide à mesure qu'elles s'élèvent. Elles présentent alors l'apparence de troncs de cônes irréguliers dont la plus petite base est en bas, B (*fig*. 356) ; et l'ébullition est en pleine activité.

La température de l'ébullition dépend : 1° de la nature du liquide ; 2° de la pression extérieure ; 3° des substances dissoutes dans le liquide ; 4° de la surface intérieure du vase.

Fig 355.   Fig 356.

461. Effets de la pression. Loi de Dalton. — Dalton a reconnu par l'expérience que *la force élastique de la vapeur pendant l'ébullition est égale à la pression extérieure*. Ce résultat est facile à concevoir ; car la vapeur, pour subsister sous forme de bulles dans le liquide, doit pouvoir résister à la pression à laquelle elle est soumise. Cette loi se prouve au moyen de l'appareil (*fig*. 352) : quand l'eau du manchon est à la température d'ébullition dans un vase ouvert, du liquide contenu dans le tube, le mercure dans ce tube descend au niveau de la cuvette. Cette égalité entre la tension de la vapeur et la pression extérieure sert de caractère au phénomène de l'ébullition ; elle explique pourquoi un siphon, une pompe aspirante, ne peuvent fonctionner avec de l'eau bouillante, dont les vapeurs remplacent la pression atmosphérique.

Il résulte aussi de là, que la température de l'eau pure ne peut être portée au-dessus de 100°, sous la pression de 760^{mm} ; si l'on fournit plus de chaleur, la vaporisation est plus rapide, mais la température ne s'élève pas, à cause de la chaleur latente enlevée. Si l'on veut échauffer de l'eau au-dessus de 100°, il faut exercer une grande pression sur sa surface ; c'est ce que l'on peut faire au moyen de la vapeur elle-même.

Marmite de Papin. — Cet appareil, nommé aussi *digesteur de Papin*, consiste en un vase très résistant, R (*fig*. 357), fermé par un couvercle maintenu par une vis vv, qui prend son écrou dans un arc métallique très fort, fixé au vase par des clavettes c, c. Des bandes de carton mouillé sont interposées entre le bord du vase et le couvercle. Un levier, L, chargé par un poids P, presse sur un rond de carton qui ferme un ajutage adapté au couvercle. Quand on fait chauffer le vase R rempli d'eau, la vapeur, qui n'a pas d'issue, s'accumule au-dessus du liquide, y exerce une pression croissante, de manière que l'ébullition est empêchée, et que la température s'élève de plus en plus. Le levier L, qui ferme l'orifice o, est destiné à

DE L'ÉBULLITION.   545

limiter la tension de la vapeur, qui finirait par faire éclater l'appareil. Quand cette vapeur atteint une certaine limite, elle soulève le levier en *o*, et s'échappe au-dehors. Cette disposition constitue la *soupape de sûreté*, une des plus utiles inventions de Papin.

La température que l'on peut donner à l'eau dans la marmite de Papin est assez élevée pour y fondre de l'étain et du plomb. La force dissolvante de cette eau est considérable ; les os s'y ramollissent, la gélatine qu'ils contiennent est dissoute, et l'on a tiré parti de ces effets pour préparer du bouillon de gélatine, avec des os.

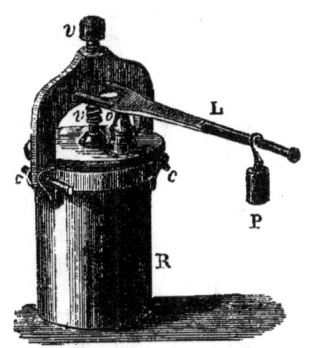

Fig. 357.

462. Ebullition sous les faibles pressions. — Si l'on diminue la pression qui s'exerce sur un liquide, l'ébullition devra se faire à une température plus basse. C'est, en effet, ce qui a lieu : on met sous le récipient de la machine pneumatique, un vase rempli d'eau à une température, *t*, inférieure à 100° (*fig.* 358). On raréfie l'air, et dès que sa force élastique est devenue égale à la tension que possède la vapeur à *t*°, l'ébullition se produit. Elle cesse un instant après, à cause du refroidissement résultant de l'absorption de la chaleur latente, par la vapeur qui s'est formée. Pour la faire recommencer, il suffit de raréfier encore un peu l'air. On remarque que les bulles de vapeur prennent naissance dans les parties supérieures du liquide ; c'est là, en effet, que la pression est la plus faible.

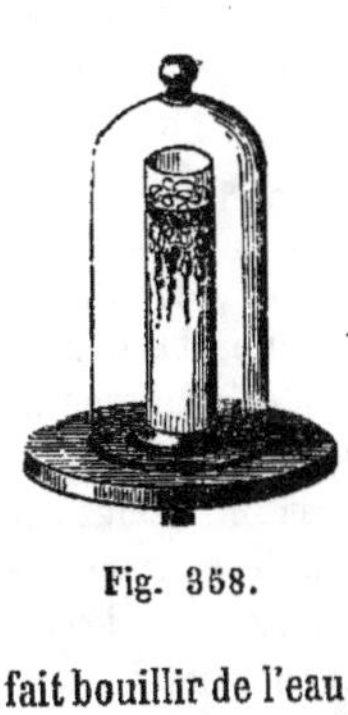

Fig. 358.

Fig. 359.

On peut encore faire l'expérience suivante : on fait bouillir de l'eau dans un ballon ; l'air est bientôt entraîné par la vapeur ; on bouche alors hermétiquement le ballon, et on le renverse (*fig.* 359). Si, au bout de quelque temps, on verse de l'eau froide sur sa surface, l'ébullition se reproduit, la vapeur qui remplit le ballon se condensant par le contact des parois refroidies, d'où résulte une diminution de pression.

546 CHANGEMENTS D'ÉTAT DES CORPS.

Sur une haute montagne, l'ébullition de l'eau a lieu à une température plus basse que dans la plaine, parce que la pression diminue à mesure qu'on s'élève dans l'atmosphère.

Dans l'industrie, pour activer l'évaporation, on fait le vide au-dessus des chaudières, tantôt en chassant l'air par la vapeur même et fermant ensuite toutes les ouvertures, tantôt au moyen de machines pneumatiques. L'ébullition se fait alors à une température inférieure à 100°. La vapeur est condensée dans des réfrigérants, et le liquide régénéré se rend dans un vase fermé, d'où on l'extrait de temps en temps. Cette méthode est appliquée dans les raffineries de sucre, pour concentrer les sirops.

463. Thermomètre barométrique. — L'égalité entre la pression extérieure et la tension de la vapeur pendant l'ébullition, a fait songer à déduire la première de la seconde supposée connue ; par exemple, à évaluer la pression sur une montagne au moyen de la température de l'ébullition, pour calculer ensuite sa hauteur en partant de cette pression, au moyen des formules connues (168). Pour que cette méthode donne une précision comparable à celle du baromètre, il faut que les degrés du thermomètre occupent un espace de 27^{mm}, car la température de l'ébullition ne varie que de $\frac{1}{27}$ de degré pour une variation de pression de 1 millimètre de mercure. Du reste, on n'a besoin que des degrés compris entre 85 et 100 ; le thermomètre pourra donc être très court quoique ayant de grandes divisions. Avec un thermomètre aussi sensible, la méthode de l'ébullition est beaucoup plus commode dans les voyages que l'observation directe du baromètre, l'appareil qu'elle exige étant moins volumineux, moins pesant et moins fragile.

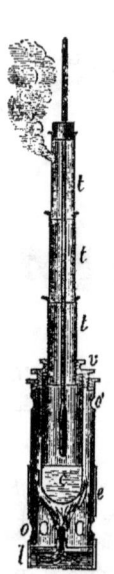
Fig. 360.

Hypsomètre. — M. Regnault a imaginé un appareil très portatif, destiné à ces sortes d'expériences : il consiste en une petite chaudière en cuivre c (*fig.* 360), enveloppée par un cylindre de laiton oo', qui soutient une lampe à alcool l, destinée à porter à l'ébullition l'eau que l'on met dans la chaudière ; des tubes t, t, t, vissés en v, et pouvant rentrer les uns dans les autres, comme les tuyaux d'une lunette, soutiennent le thermomètre. La vapeur s'échappe par une ouverture latérale ménagée dans le tube supérieur, et l'air nécessaire à la combustion de la lampe s'introduit par les ouvertures o, et sort en o'. Un écran cylindrique e, présentant diverses échancrures, sert à fermer celles de ces ouvertures qui sont du côté du vent. Cet instrument, avec les tubes rentrés, n'a que 15^{cm} de hauteur. Pour l'usage de cet appareil, M. Regnault a construit, par les méthodes que nous indiquerons plus tard (477), des tables donnant les tensions de la vapeur d'eau pour chaque dixième de degré, entre 85° et 101°.

464. Influence des gaz dissous. — La présence de l'air dissous dans un liquide en facilite l'ébullition; tandis que, si ce liquide est privé de gaz dissous, sa température peut être élevée au-dessus du point de l'ébullition sans qu'elle se manifeste. C'est Deluc qui le premier a observé ce résultat: il a pu porter de l'eau purgée d'air renfermée dans un matras à long col, à la température de 112°, sans qu'il y eût ébullition. Ce qu'il a expliqué par la cohésion propre du liquide, qui fait que ses molécules ne peuvent se séparer pour prendre l'état de vapeur. Si, au contraire, il y a de l'air dissous, ce gaz se sépare sous forme de petites bulles, qui produisent autant de solutions de continuité, c'est-à-dire de surfaces libres, sur lesquelles la vapeur prend naissance. Si l'ébullition continue dans un vase ouvert, c'est que l'air se renouvelle par la surface; en effet, si le vase est surmonté d'un long col, l'ébullition se fait bientôt péniblement et par soubresauts.

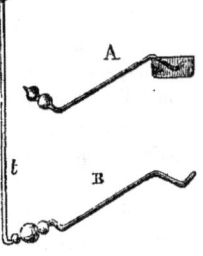

Fig. 361.

Cette explication a été reproduite, en 1846, par M. Donny, dans un travail très curieux, où il décrit plusieurs expériences frappantes : Ayant préparé avec soin une espèce de marteau d'eau A (*fig.* 361), il en plongea l'extrémité dans de l'eau salée, à une température de plus de 130°, sans qu'il y eût ébullition ; cependant la pression exercée à la surface de l'eau était extrêmement faible. Vers 138°, il y eut une vaporisation brusque, et l'eau fut lancée violemment dans les boules.

Dans une autre expérience, M. Donny plongea verticalement dans l'eau bouillante un marteau d'eau ordinaire purgé d'air avec beaucoup de soin, et quand la température fut à 100°, il en coupa la partie supérieure, et le chauffa rapidement dans la flamme d'une lampe à alcool. Il se produisit bientôt une explosion violente, et toute l'eau fut projetée hors du tube. Cette expérience donne la clef de certaines explosions de chaudières à vapeur.

465. Influence des substances dissoutes, sur l'ébullition. — La température de l'ébullition n'est pas modifiée par les substances mélangées ou en suspension dans les liquides; il n'en est plus de même quand ces substances sont combinées ou en dissolution. Si l'on dissout un liquide dans un autre, le point d'ébullition est intermédiaire entre les points d'ébullition de ces liquides. Le plus volatil se vaporise en plus grande proportion que l'autre, la température s'élève, et le moins volatil donne des vapeurs de plus en plus abondantes, jusqu'à ce qu'il reste seul. C'est ainsi que l'alcool distille en plus grande proportion que l'eau, dans les alambics qui servent à extraire l'eau-de-vie, du vin.

Dissolutions salines. — Les sels dissous dans l'eau retardent toujours son point d'ébullition, et d'autant plus que la proportion de sel est plus grande. Par exemple, de l'eau contenant 10, 20, 30, 40 pour cent de sel marin, bout à 101°,5 ; 103°,5 ; 105°,5 et 108°. M. Legrand a reconnu que la température d'une dissolution non saturée s'élève peu à peu à mesure qu'elle se concentre par l'évaporation, et reste fixe quand elle est saturée. La faculté de retarder le point d'ébullition ne dépend pas seulement de la solubilité, mais elle paraît due principalement à une affinité spéciale du sel pour l'eau.

On ne doit pas prendre pour point d'ébullition d'une dissolution saturée, la température au moment où le sel commence à se déposer, mais celle qui a lieu pendant qu'il se dépose. En effet, malgré l'agitation du liquide, le point de saturation est dépassé et la température s'élève de plus en plus ; mais, dès que le dépôt de sel a commencé, cette température descend et ne varie plus.

Rudberg a reconnu que *un thermomètre plongé dans la vapeur fournie par une dissolution saline en ébullition, indique la même température que si cette vapeur se dégageait de l'eau pure*, quoique la dissolution ait une température supérieure à celle de l'eau bouillante. Ce résultat a été vérifié et expliqué par M. Regnault.

Le tableau suivant donne les points d'ébullition trouvés par M. Legrand, pour quelques dissolutions saturées :

Sels en dissolution.	Poids de sel dans 100 d'eau.	Point d'ébullition.
Chlorure de sodium.	41,2	108°,4
Carbonate de soude.	48,5	104,63
Nitrate de soude.	224,8	121,0
Nitrate d'ammoniaque.	infini	180,0
Sel ammoniac.	88,9	114,2
Chlorure de calcium.	325,0	179,5
Carbonate de potasse.	205,0	135,0
Nitrate de chaux.	362,0	151,0
Acétate de potasse.	793,2	169,0

466. Influence du vase sur l'ébullition. — Gay-Lussac a remarqué que l'eau bout à une température plus élevée, quelquefois de 1°, dans un vase de verre que dans un vase de métal. La différence dépend de la nature du verre. M. Marcet a reconnu que dans les vases de verre neufs, l'ébullition se fait vers 101° ; elle ne se fait plus qu'à 105 à 106° quand on a détruit, en y faisant séjourner de l'acide sulfurique ou de la potasse, ou en frottant avec du papier mouillé, les poussières dont le verre neuf est revêtu. — Gay-Lussac attribue le retard de l'ébullition dans le verre, à l'adhésion des molécules liquides au verre, adhésion qui les empêche de quitter sa surface pour prendre l'état gazeux. C'est pourquoi l'ébullition se fait péniblement dans un vase de verre ; on entend un bruit assez prononcé, les bulles sont grosses, peu nombreuses, et ne partent que d'un petit nombre de points. En même temps, la température éprouve des oscillations assez prononcées, à cause de la chaleur latente enlevée par les grosses bulles qui se détachent. Dans un vase de métal, les bulles sont plus petites, plus nombreuses et partent d'un grand nombre de points ; en même temps, la température est moins élevée. Pour s'en assurer, il suffit de jeter dans de l'eau dont l'ébullition vient de s'arrêter dans un vase de verre, un peu de limaille métallique, l'ébullition reprend aussitôt ; mais elle cesse un instant après, à cause de l'abaissement de température résultant de la chaleur emportée à l'état latent par la vapeur qui s'est formée. Dans un vase de verre enduit de soufre ou de gomme laque, l'ébullition a lieu à 99°,7 à 99°8.

L'adhérence au verre est très prononcée avec l'acide sulfurique. Il en résulte que la température de ce liquide s'élève au-dessus du point d'ébullition, puis une bulle se détache, grossit énormément à cause de la chaleur qu'elle trouve accumulée, et vient crever à la surface, en soulevant la masse liquide, qui, en retombant, imprime une secousse qui peut briser le vase. Une partie de cet effet doit être attribuée à la cohésion du liquide (464) très prononcée dans l'acide sulfurique, qui est visqueux. On évite ces *soubresauts* en mettant au fond des cornues de verre, de petits fragments de fil de platine, sur lesquels les bulles de vapeur prennent naissance avec régularité ; ou bien en chauffant les cornues latéralement, au lieu de les chauffer par le fond.

★ **467. Phénomènes produits dans les vases chauds.** — Quand on projette un liquide goutte à goutte dans un creuset de métal incandescent, ce liquide s'arrondit sur son contour, comme une goutte de mercure sur du verre, reste transparent sans aucune apparence d'ébullition, et s'évapore lentement.

Eller paraît avoir le premier observé ce phénomène, vers 1746. Dix ans après, Leidenfrost s'en est occupé spécialement, ce qui a fait désigner l'expérience sous le nom d'*expérience de Leidenfrost*. Un grand nombre de physiciens, et en dernier lieu M. Boutigny, ont fait des recherches suivies sur ce sujet.

Pour faire les expériences, un des moyens les plus commodes consiste à chauffer une capsule dans la flamme d'un éolipyle à jet vertical (*fig.* 362) :

une lampe à alcool l fait bouillir de l'esprit de vin contenu dans un vase annulaire a. La vapeur sort verticalement par un tube recourbé $o'o$, s'enflamme et se précipite sur le fond de la capsule c, qui ne tarde pas à rougir. — On se sert de capsules en métal, porcelaine, verre. Tantôt le globule liquide est en repos, tantôt il tourne rapidement sur lui-même, en oscillant et prenant la forme d'une étoile (*fig.* 363). On peut aussi opérer sur de grandes masses liquides; ainsi, M. Pouillet a pu remplir entièrement d'eau, un grand creuset de platine rougi au feu, et l'y conserver pendant des heures sans que son poids diminuât notablement. Il y a évidemment absence de contact entre le liquide et la surface incandescente; car, si l'on dispose, comme l'a fait M. Boutigny, un globule d'eau rendu opaque par du noir de fumée, sur une plaque horizontale d'argent portée au rouge, on peut apercevoir la flamme d'une bougie entre la surface inférieure du globule et la plaque. Si l'on vient à laisser refroidir la surface, il arrive un moment où le contact se rétablit, et l'ébullition se produit aussitôt avec violence.

Fig. 362.

La température minimum pour laquelle il y a séparation, est d'autant plus basse que le liquide est plus volatil. Elle est environ de 142° pour l'eau, de 134° pour l'alcool, et de 62° pour l'éther.

Dans ces expériences, on peut remplacer le corps solide par un liquide : une goutte d'eau reste sur de l'essence de térébenthine très chaude, quoique plus dense qu'elle; de l'eau, de l'alcool, de l'éther, sur de l'acide sulfurique presque bouillant. Avec certaines précautions, on peut empiler ainsi plusieurs liquides les uns sur les autres.

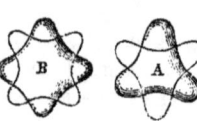

Fig. 363.

La température du liquide, d'autant plus élevée que le vase est plus chaud, est toujours inférieure à celle de l'ébullition de ce liquide. Si donc on emploie l'acide sulfureux liquide, qui bout à —10°, le liquide restera toujours au-dessous de zéro, et, si l'on y plonge un petit matras rempli d'eau, ce liquide se congèlera. C'est ainsi que M. Boutigny a formé de la glace au fond d'un creuset, quoiqu'il fût incandescent.

M. Faraday est allé plus loin encore; il a congelé du mercure au milieu d'un mélange d'éther et d'acide carbonique solide, qui avait pris la forme globulaire dans un creuset ardent. Il versa d'abord l'éther, puis l'acide solide, et y plongea ensuite une petite capsule en métal, contenant 31 grammes de mercure, qui fut congelé en 2 ou 3 secondes. Ici nous avons un globule qui est probablement à une température de —100°.

★ **468. Explication de ces phénomènes.** — M. Boutigny nomme *état sphéroïdal*, l'état dans lequel se trouve le liquide quand il ne mouille plus la surface chaude. Pour expliquer le phénomène, il faut 1° faire connaître la cause qui détruit le contact entre la surface chaude et le liquide ; 2° rendre compte de l'absence d'ébullition de ce dernier.

1° Répulsion exercée par la surface chaude. — Nous avons vu (142) qu'un liquide cesse de mouiller une surface quand sa cohésion propre est plus grande que le double de sa cohésion pour le solide. Or, cette dernière cohésion est diminuée par la chaleur, et nous savons qu'un liquide qui mouille le verre, cesse de le mouiller à une température suffisamment élevée, et est déprimé dans un tube capillaire (143). Alors, non-seulement il n'y a plus contact, mais encore il y a répulsion. En effet, si l'on plonge dans l'eau une masse de platine incandescent, elle paraît enveloppée d'une mince lame argentine qui indique qu'il n'y a pas contact. Une goutte d'eau déposée dans une petite corbeille incandescente en fils de platine, ne tombe pas par les mailles. Ici, la vapeur interposée ne peut concourir à soulever le globule, comme dans une capsule, où elle peut, en se dégageant latéralement, produire les mouvements oscillatoires dont nous avons parlé (467).

La vapeur interposée semble aussi éprouver une répulsion de la part de la surface chaude ; car une capsule d'argent incandescente n'est pas attaquée par l'acide azotique ; une capsule de fer, de zinc, par l'acide sulfurique. Il est facile de concevoir que le liquide, qui ne touche pas la surface, ne l'attaque pas ; mais les vapeurs qui les séparent exerceraient leur action chimique, si elles n'éprouvaient pas elles-mêmes une répulsion qui les empêche de venir au contact.

Mode d'échauffement du globule. — Le liquide ne touchant pas le vase, la chaleur ne lui arrive que sous forme de rayons émanant de la surface chaude ; une partie de ces rayons est réfléchie par la surface du liquide, l'autre pénètre ; mais comme le liquide est diathermane, elle le traverse en grande partie sans être absorbée. Le liquide retient donc peu de chaleur, et comme cette chaleur lui est enlevée par l'évaporation, d'autant plus rapidement qu'il est plus volatil, sa température sera d'autant plus basse que son point d'ébullition est lui-même plus bas.

Nous voyons donc que les phénomènes qui se passent dans les vases incandescents s'expliquent naturellement au moyen des lois de la chaleur. Ils dépendent simplement du rapport entre la cohésion propre du liquide et sa cohésion pour le corps sur lequel il s'appuie ; la chaleur modifie ce rapport en diminuant la dernière, et quand il n'y a plus contact, la chaleur ne peut pénétrer qu'en petite quantité dans le liquide.

532 CHANGEMENTS D'ÉTAT DES CORPS.

* 469. Incombustibilité momentanée des tissus vivants. — Les phénomènes qui viennent de nous occuper expliquent comment on peut plonger impunément la main dans du plomb, du cuivre, de la fonte en fusion ; soulever un fer rouge, passer la langue sur sa surface sans se brûler, pourvu qu'il soit bien incandescent. Ces faits étaient connus depuis longtemps des fondeurs, mais on n'y croyait pas généralement, lorsque M. Boutigny est venu les constater et les éprouver par lui-même. Depuis, beaucoup de physiciens en ont fait l'expérience. Voici comment on les explique. La surface de la peau est toujours humide, surtout sous l'influence de l'appréhension qu'on ne peut s'empêcher d'éprouver au moment d'expérimenter, et il n'y a pas contact entre la peau et le corps chaud. Il vaut mieux, du reste, mouiller la main avec de l'eau ou de l'éther. Il est évident qu'il ne faut prolonger l'épreuve que pendant un temps très court ; il ne faudrait pas pourtant, comme le remarque M. Boutigny, aller trop vite, car alors le choc de la main contre le métal en fusion, pourrait vaincre la répulsion et produire le contact.

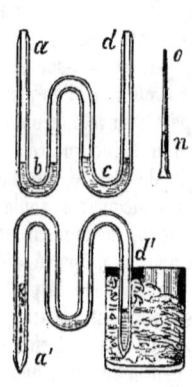

Fig. 364

IV. Liquéfaction des vapeurs et des gaz.

470. Les gaz doivent être considérés comme des vapeurs très éloignées du point de saturation. On pourra donc les liquéfier en les amenant à ce point, soit par un refroidissement suffisant, soit par une grande compression, ou enfin par ces deux moyens réunis. Il y a des gaz qui se liquéfient facilement, comme l'acide sulfureux, qu'il suffit de porter à —10° sous la pression atmosphérique. L'acide hypoazotique peut être considéré comme à la limite des corps liquides et de ceux qui sont gazeux à la température ordinaire ; car il se liquéfie à +28 degrés.

Le premier gaz qui ait été liquéfié est le gaz ammoniac, par Van-Marum. L'acide sulfureux a été liquéfié par Monge et Clouet, en le faisant arriver dans un vase à 10° au-dessous de zéro.

En 1823, Davy et M. Faraday ont liquéfié plusieurs autres gaz, par une méthode très simple : on introduit dans un tube de verre très épais courbé en forme d'U renversé les ingrédiens qui, mélangés et échauffés, doivent produire le gaz, on les rassemble à l'une des extrémités qui est bouchée, puis on ferme l'autre à la lampe et on la plonge dans un mélange réfrigérant. On chauffe alors l'extrémité opposée, pour faire dégager le gaz, qui, ne pouvant s'échapper, s'accumule dans le tube, et se dépose à l'état liquide dans l'extrémité refroidie. — Quand les substances mélangées réagissent à la température ordinaire, comme on ne pourrait fermer le tube, à cause de l'expansion du gaz qui écarterait les parties ramollies du verre, on emploie un tube 3 fois recourbé *abcd* (*fig.* 364). Les substances sont introduites en *b* et *c*; et, après avoir fermé les extrémités *a* et *d*, on renverse le tube *a' d'* en faisant passer les substances dans la même extrémité. Pour mesurer la pression du gaz, M. Faraday introduisait dans le tube, un petit manomètre à air, formé d'un tube effilé *no*, dans la partie moyenne duquel était engagée une bulle de mercure, dont la position, sur une graduation établie d'avance, indiquait la pression.

471. Appareil de Thilorier. — Thilorier, en 1835, est parvenu, non seulement à obtenir de grandes quantités d'acide carbonique liquide,

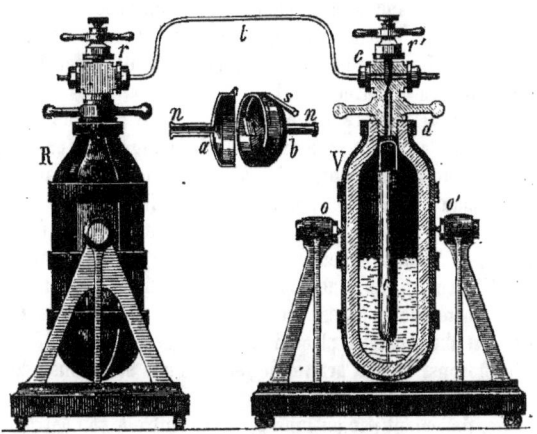

Fig. 365.

mais encore à le congeler, ce qui n'avait encore été fait pour aucun gaz. L'appareil de Thilorier consiste en un vase en fonte V (*fig.* 365), mobile autour d'un axe *oo'* ; sa capacité est de 6 à 7 litres. Après avoir enlevé la pièce à vis *cd*, on y introduit du bicarbonate de soude, et on remplit d'acide sulfurique l'éprouvette en cuivre *c*, puis on ferme l'ouverture du réservoir au moyen du bouchon à vis *ab*. On fait ensuite osciller ce réservoir autour de *oo'*, de manière à renverser l'acide sulfurique, en plusieurs fois, sur le bicarbonate, et l'acide carbonique se dégage. On reçoit ce gaz dans un récipient R, dans lequel il passe par un tube en cuivre *t*, ajusté au moyen d'écrous roulants. En *r* et *r'* sont des vis garnies de plomb qui doivent retenir le gaz sous les plus fortes pressions. L'acide carbonique se liquéfie dans le récipient R, parce que la température y est moins élevée que dans le réservoir V, où l'action chimique produit de la chaleur. Au bout de 8 à 10 minutes, le bicarbonate de soude a dégagé tout l'acide carbonique qu'il contenait. En répétant l'opération cinq ou six fois, on peut obtenir deux litres d'acide carbonique liquide.

L'appareil de Thilorier devant supporter des pressions qui peuvent aller à plus de 100 atmosphères, la fonte de fer avec laquelle on le construit, n'offre pas une sécurité suffisante. A l'Ecole de pharmacie de Paris, un appareil éclata et emporta les deux jambes au préparateur, M. Hervy. — M. Deleuil est parvenu à consolider les récipients, au moyen de cercles de fer très épais, serrant des bandes épaisses de même métal, qui enveloppent tout l'appareil d'une sorte de réseau, comme on le voit dans la *fig.* 365 ; ce système est susceptible d'une énorme résistance. — MM. Mareska et Donny ont obtenu une résistance encore plus grande : un vase en plomb est appliqué exactement sur un autre vase, en cuivre, entouré de cercles en fer forgé, juxtaposés. Les deux fonds sont soutenus par des plaques de fer reliées au moyen de barres de même métal.

Congélation de l'acide carbonique. — On recueille l'acide carbonique liquide, en le faisant sortir par un tube plongeant dans le liquide, qui est projeté avec force au dehors. Là il s'évapore, la chaleur latente absorbée le refroidit jusqu'à — 70°, et une partie se solidifie.

Un jet de gaz carbonique, sortant sous une pression de 30 ou 40 atmosphères, se refroidit tellement en arrivant à l'air libre, par la dilatation énorme qu'il éprouve, que, non seulement il se liquéfie, mais encore il se solidifie ; de sorte que le jet est accompagné de flocons blancs qui voltigent dans l'air ; un thermomètre placé dans ce jet descend à — 93°. Pour rassembler les flocons, on fait arriver le jet dans une boîte ronde composée de deux parties a et b (*fig.* 365), pouvant s'adapter l'une à l'autre. Le gaz arrive tangentiellement par un tube s, et rencontre à son entrée une petite lame oblique qui lui fait prendre un mouvement de rotation, de manière que les flocons se rassemblent en une masse spongieuse. Des tubes n, n laissent échapper l'excédant du gaz.

L'acide carbonique neigeux se volatilise lentement à l'air, ce qui tient à la chaleur latente enlevée par les parties qui passent à l'état gazeux, et à sa mauvaise conductibilité. Posé sur la peau, il ne produit pas de sensation bien vive de froid ; c'est qu'il en est séparé par l'atmosphère de gaz qui se dégage. Mais si l'on établit le contact en appuyant dessus, on éprouve une sensation douloureuse, semblable à celle d'une brûlure, et la peau est brunie comme si l'on avait touché un fer rouge.

Si l'on mêle de l'acide carbonique neigeux avec de l'éther, qui le rend bon conducteur, l'évaporation devient plus active et la température s'abaisse à —90°. Dans le vide, elle va jusqu'à —100°. Ce mélange réfrigérant, nommé *mélange de Thilorier*, congèle 1^{kil} de mercure en peu de temps. M. Faraday s'en est servi pour congeler l'acide carbonique liquide, en masse compacte, en y plongeant un tube contenant ce liquide. Le solide formé présente alors l'apparence d'un morceau de glace bien transparente.

472. Méthode de M. Natterer. — M. Natterer a pu liquéfier, puis solidifier d'assez grandes quantités de gaz, en les comprimant directement au moyen d'une pompe foulante, et M. Bianchi a construit, sur les indications de M. Dumas, un appareil (*fig.* 366 et 367) destiné à appliquer commodément cette méthode. Le gaz, desséché, arrive par le tube s (*fig.* 366) dans la pompe p (*fig.* 367), qui le refoule dans un réservoir os en fer forgé, capable de supporter des pressions de 600 à 700 atmosphères. Une soupape à tête sphérique s empêche le gaz comprimé de sortir de ce réservoir. Comme certains gaz liquéfiés attaquent le fer, l'intérieur est recouvert d'une lame de cuivre. Le mouvement est imprimé à la pompe foulante, au moyen d'un arbre coudé muni d'un volant m (*fig.* 367); la pièce r sert à guider la tige du piston. Un gros tube e, dans lequel circule de l'eau, refroidit le corps de pompe, qui s'échauffe rapidement, tant par la chaleur que développe le frottement que par celle que produit la compression du gaz. Enfin, un vase G (*fig.* 366 et 367), vissé au bas du réservoir os, contient de la glace ou un mélange réfrigérant. Quand on veut recueillir le liquide obtenu, on sépare le réservoir, de la pompe foulante, et l'on fait sortir ce liquide par l'orifice o, en renversant l'appareil et retirant le bouchon à vis. Le liquide est reçu dans un tube en verre mince de 3 ou 4^{cm} de diamètre, ajusté au moyen d'un bouchon, au col d'un flacon contenant de la ponce sulfurique (*fig.* 368). Sans cette précaution, l'humidité se congèlerait sur le tube et empêcherait de voir dans l'intérieur.

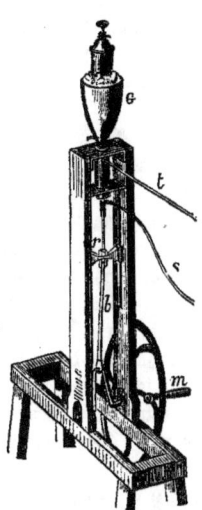

Fig. 366.

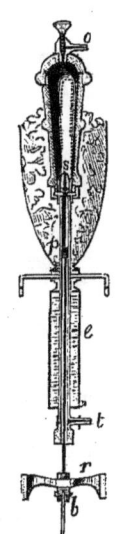

Fig. 367.

Cet appareil a été employé particulièrement à liquéfier le protoxyde d'azote. Dans ce cas, le piston ne doit pas être graissé, mais seulement mouillé avec de l'eau; car le protoxyde d'azote brûlerait le corps gras, sous l'influence de la chaleur dégagée par la compression. Le protoxyde d'azote liquide, produit, en s'évaporant, un froid très intense, capable d'en congeler une partie sous le récipient de la machine pneumatique. La température est si basse que les métaux qu'on y plonge produisent le même bruit qu'un fer rouge dans l'eau. Le protoxyde d'azote liquide est plus froid que l'acide carbonique solide mêlé d'éther; car si l'on plonge dans ce mélange, le tube qui le contient, il entre en ébullition. Si l'on jette dans ce tube un charbon incandescent, il brûle avec un éclat très vif, comme dans le protoxyde gazeux (*fig.* 368), et l'on a, dans un même tube, une chaleur rouge-blanc, et au-dessous une température capable de congeler le mercure. Le protoxyde liquide mélangé à l'acide carbonique solide et à l'éther, constitue le mélange réfrigérant le plus énergique que l'on connaisse; dans ce mélange, l'alcool devient pâteux.

Fig 368.

473. Nouvelles expériences de M. Faraday. — M. Faraday a repris, en 1845, ses expériences sur la liquéfaction des gaz, en profitant du froid intense que l'on peut obtenir au moyen de l'acide carbonique solide. Le gaz était comprimé jusqu'à 50 atmosphères, dans un tube en U dont la partie courbe était plongée dans le mélange de Thilorier. Ce mélange pouvait être placé sous un récipient tubulé, dont la tubulure était traversée par l'une des branches du tube en U; une boîte à étoupes permettait d'abaisser ou de soulever ce tube pour voir dans l'intérieur de la partie courbe. Quand on faisait le vide sous le récipient, la température s'abaissait à —110°, tellement que la tension du gaz dégagé du mélange n'était plus que de 30^{mm} environ.

Il n'y a que *cinq* gaz qui n'ont pas pu encore être liquéfiés : l'*hydrogène*, l'*oxygène*, l'*azote*, l'*oxyde de carbone* et le *bioxyde d'azote*. Voici le tableau de ceux qui ont pu être liquéfiés et solidifiés. Les gaz, dont les noms sont précédés d'un (*) peuvent se liquéfier, sans compression, par un froid de —80°. Pour ceux qu'on n'a pu congeler, la température a été portée jusqu'à —110°.

Ont été liquéfiés seulement.	Ont été congelés.	
Gaz oléfiant.	*Acide bromhydriq., à — 8°	*Ammoniaque, à —75°
Acide chlorhydrique.	*Cyanogène, à — 35°	
Acide fluoborique.		Acide sulfureux, à —76°
Acide fluosilicique.	*Acide iodhydrique, à — 51°	
Hydrogène phosphoré.		*Acide sulfhydrique, à —86°
*Hydrogène arséniqué.	*Acide carbonique, à — 58°	
*Chlore.	Oxyde de chlore, à — 60°	Protoxyde d'azote, à — 100°

§ 3. — PROPRIÉTÉS PHYSIQUES DES VAPEURS.

I. Mesure des forces élastiques des vapeurs.

474. Méthodes de Dalton. — La mesure des tensions des vapeurs à saturation a été l'objet des travaux d'un grand nombre de physiciens. Dalton, un des premiers, a construit des tables de tension donnant pour chaque température, la force élastique de la vapeur à saturation. Il se servait de l'appareil (*fig.* 369) décrit plus haut (451) ; il portait l'eau du manchon à une température, donnée par plusieurs thermomètres plongés à différentes profondeurs, et la différence des hauteurs des colonnes de mercure dans les deux tubes barométriques, ramenée à 0°, donnait la tension de la vapeur. Car cette tension f, jointe à la colonne de mercure h qui s'élève du niveau extérieur de la cuvette, au niveau v, fait équilibre à la pression atmosphérique H ; on a donc

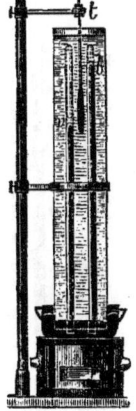

Fig. 369.

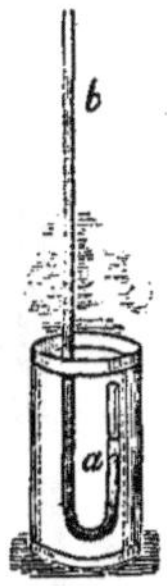

$$f + h = H ; \qquad \text{d'où} \qquad f = H - h.$$

On ne peut opérer ainsi que jusqu'à 100° ; au-delà, le niveau dans le tube à vapeur descendant au-dessous de celui de la chaudière. Dalton employait alors le petit appareil (*fig.* 370) ; la tension était donnée par la différence de niveau ab dans les deux branches, augmentée de la hauteur du baromètre. Cette méthode n'est pas susceptible de précision, à cause de la difficulté de connaître la température moyenne de la colonne de mercure ab, pour la ramener à 0°. M. Regnault a reconnu aussi que la première, telle que l'employait Dalton, ne peut donner que des résultats approchés, à cause de la difficulté de rendre uniforme la température de la colonne d'eau du manchon.

Fig. 370.

* **475. Expériences de M. Regnault.** — M. Regnault, auquel est dû le plus grand travail que l'on ait fait sur les tensions des vapeurs dans les basses et dans les hautes températures, a d'abord expérimenté entre 0° et 100° par la méthode de Dalton, en la débarrassant des causes d'erreur qui la rendent inexacte.

La *fig.* 371 donne une idée de la disposition adoptée : le baromètre t' et le tube à vapeur t, aussi semblables que possible, sont plongés dans une même cuvette munie d'une vis à deux pointes o, destinée à faciliter la vérification du baromètre t'. Ces tubes traversent des tubulures garnies de caoutchouc, placées au fond d'une caisse V en tôle galvanisée, portant antérieurement une glace verticale, qui permet d'apercevoir le haut des tubes t, t'. La caisse est remplie d'eau, qu'on agite continuellement et dont on maintient la température constante au moyen d'une lampe à alcool, quand cette température est plus élevée que celle de l'air. On mesure au cathétomètre la différence de niveau dans les deux tubes, et on la ramène à 0°. Il est évident qu'il faut que le niveau du mercure dans le tube à vapeur se trouve toujours dans l'intérieur de la caisse.

Dans une autre série d'expériences, M. Regnault a procédé de la manière suivante : un ballon B de 500^{cm} cubes environ (*fig.* 371) renferme une petite ampoule entièrement remplie de liquide purgé d'air. Ce ballon communique avec une tubulure en cuivre à trois branches e. La branche antérieure est fixée à un tube recourbé soudé à l'extrémité du tube à vapeur t, et la tubulure supérieure sert à mettre le ballon en communication avec une machine pneumatique, par l'intermédiaire de tubes, n, remplis de pierre ponce imbibée d'acide sulfurique. Après avoir desséché l'appareil, en faisant le vide et laissant rentrer l'air un grand nombre de fois, on fait une dernière fois le vide aussi exactement que possible, puis on ferme à la lampe le tube ei. On enveloppe ensuite le ballon B, de glace fondante, et l'on mesure la tension de l'air sec qui est resté dans le ballon, en relevant au cathétomètre la différence des colonnes dans les tubes t et t'. On enlève ensuite la glace, et, chauffant le ballon avec quelques charbons, on fait éclater l'ampoule. On remplit ensuite la caisse V d'eau que l'on chauffe à diverses températures ; la tension de la vapeur est donnée par la différence des colonnes, diminuée de la dépression produite par l'air qui reste dans le ballon, et la température est indiquée par un thermomètre T, plongé dans le bain, qu'on agite vivement.

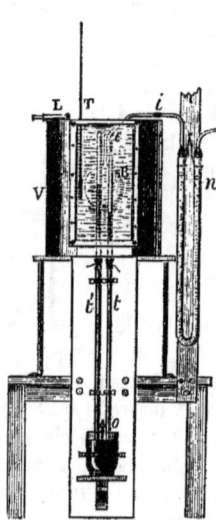

Fig. 371.

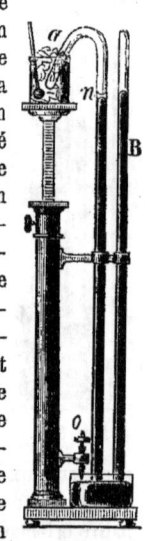

Fig. 372.

* **476. Cas des basses températures.** — Gay-Lussac a employé la méthode suivante : le liquide est introduit dans un tube barométrique recourbé, comme on le voit en na (*fig.* 372). L'extrémité de la chambre vide plonge dans un mélange réfrigérant, et le liquide s'y rend tout entier par distillation (457). La vapeur prend alors la tension qui correspond à la température du mélange réfrigérant, température indiquée par un thermomètre, et cette tension est mesurée par la différence de niveau dans le tube à vapeur et dans le baromètre B. Gay-Lussac a reconnu ainsi que la glace produit de la vapeur, et que sa force élastique est égale à celle de l'eau à la même température.

M. Regnault a aussi opéré au-dessous de zéro, en employant l'appareil (*fig.* 371). La caisse V était remplacée par un vase de verre qui entourait le ballon, et dans lequel on mettait une dissolution de chlorure de calcium, dont on abaissait progressivement la température en y projetant de la glace.

★ **477. Mesure des tensions dans les hautes températures.** — Il est nécessaire pour l'emploi de la vapeur comme force motrice de connaître les températures qui correspondent aux fortes pressions. Les premières expériences exactes pour atteindre ce but, ont été faites, en 1829, par Dulong et Arago jusqu'à 24 atmosphères. La *fig.* 373 représente l'appareil qu'ils ont employé : *c* est une chaudière en tôle de 80 litres environ de capacité, formée d'une partie cylindrique et de deux parties hémisphériques, réunies par des boulons. Elle est munie d'une soupape de sûreté. La partie supérieure communique par un tube en fer, avec un réservoir en fonte *r*, contenant du mercure, qui s'élève d'autre part dans le *manomètre à air m*, et dont le niveau s'observe dans le tube latéral *n*. Cette partie de l'appareil avait déjà servi à Dulong et Arago dans leurs recherches sur la loi de Mariotte (184). Le tube de communication *tsr* con-

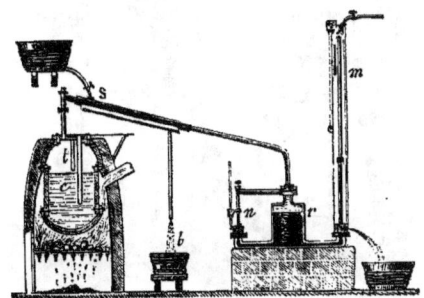

Fig. 373.

tient de l'eau, et est continuellement refroidi par un courant d'eau, qui sort en *b*, de manière qu'il reste toujours plein ; la vapeur s'y condensant lorsque le niveau vient à baisser. La température dans la chaudière est donnée par deux thermomètres plongeant dans des tubes de fer *t*, remplis de mercure, qui les préservent de la compression ; l'un des tubes s'enfonce dans l'eau, tandis que l'autre est seulement plongé dans la vapeur. La tension donnée par le manomètre était égale à la force élastique de l'air du manomètre *m*, calculée d'après son volume, augmentée du poids de la colonne de mercure soulevée en *m*, comptée à partir du niveau *n*, diminuée enfin de la pression exercée par la colonne d'eau ayant pour hauteur la distance des niveaux *s* et *r*.

Expériences de M. Regnault. — Dans les expériences de Dulong et Arago, la moindre erreur sur la mesure du faible volume occupé par l'air lors des fortes pressions, devient importante. M. Regnault a mesuré les pressions directement au moyen d'une colonne de mercure, et en partant, comme l'avait fait Dalton, du principe de l'égalité entre la tension de la vapeur pendant l'ébullition, et la pression extérieure. La *fig.* 374 représente l'appareil employé par M. Regnault. Une chaudière en cuivre, *a*, communique par un tube oblique, avec un ballon B de 24 litres de capacité, entouré d'eau à la température ambiante. Le tube oblique est entouré d'un manchon T, dans lequel on fait circuler de l'eau froide, qui entre en *o* et sort en *o'*. Le ballon est surmonté d'un ajutage à deux branches, dans l'une desquelles on mastique le tube de l'appareil manométrique I, tandis que l'autre *r* est mise en communication par le tube *v* avec une machine pneumatique ou une pompe de compression, au moyen desquelles on peut établir dans tout l'appareil la pression que l'on veut, pression mesurée par le manomètre I. La tem-

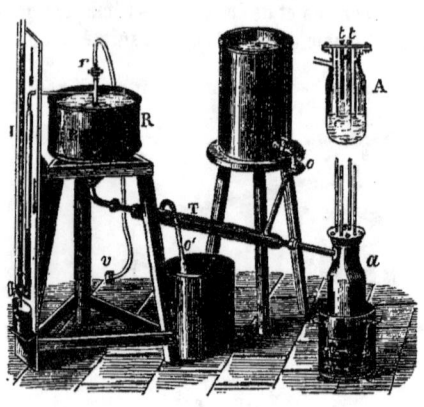

Fig. 374.

pérature de l'eau renfermée dans la chaudière *a* est donnée par quatre thermomètres plongeant dans des tubes en fer remplis de mercure. Deux de ces tubes s'enfoncent dans l'eau bouillante, et les deux autres, seulement dans la vapeur, comme on le voit dans la coupe de la chaudière, figurée en A. Ces thermomètres ont toujours marché d'accord. On commence par établir une certaine pression dans l'intérieur de l'appareil, puis on fait bouillir le liquide, dont la température est donnée par les quatre thermomètres. La force élastique de la vapeur reste alors constamment égale à la pression qui règne dans l'appareil ; car la vapeur produite est condensée à mesure, dans la partie du tube qu'enveloppe le manchon T. Avec cette méthode les observations se font facilement, au moment que l'on choisit, et sans qu'on ait à se préoccuper de maintenir la température constante.

Dans le cas des hautes pressions, M. Regnault a employé une chaudière susceptible d'une plus grande résistance que celle de la *fig.* 374. Un des tubes de fer du couvercle, plus gros que les autres, contenait le réservoir d'un thermomètre à air.(414). Le ballon B était remplacé par un réservoir en cuivre très fort, de 280 litres de capacité, communiquant avec une machine à comprimer l'air, et avec le manomètre à air libre ab (*fig.* 149) (p. 130), qui avait déjà servi à M. Regnault, dans ses recherches sur la loi de Mariotte.

M. Regnault a pu opérer ainsi jusqu'à 28 atmosphères. A 30 atmosphères, la chaudière était tellement distendue, qu'il eût été imprudent d'aller au-delà.

★ **478. Résultats.** — L'expérience montre que la tension des vapeurs à saturation croît bien plus rapidement que la température, mais on n'a pas pu saisir la loi théorique qui lie ces deux quantités. M. Regnault a représenté la marche du phénomène, au moyen d'une courbe (4) en prenant les températures pour abcisses, et les tensions pour ordonnées. Il a aussi représenté les résultats de ses expériences par une formule empirique de la forme
$$\text{Log } F = a + b\alpha^t + c\beta^t$$
dans laquelle F représente la tension de la vapeur, et a, b, c, α, β, des constantes dont on détermine la valeur au moyen de cinq résultats d'observations. Les nombres donnés par cette formule diffèrent à peine de ceux que donne l'expérience ou la construction graphique. Dans le tableau qui suit, la plupart des nombres ont été obtenus au moyen de la courbe.

Température.	Tension.	Température.	Tension.	Température.	Tension.
— 30°	0^{mm},37	60°	148^{mm},79	150°	3572^{mm}
— 20	0,91	70	233,09	160	4647
— 10	2,08	80	354,64	170	5960
0	4,60	90	525,45	180	7545
10	9,16	100	760,00	190	9428
20	17,39	110	1073,70	200	11660
30	31,55	120	1489,00	210	14308
40	54,91	130	2029,00	220	17390
50	91,98	140	2713,00	230	20915

★**479. Tension des vapeurs de divers liquides.** —Dalton a proposé la loi suivante : *les tensions des vapeurs des divers liquides sont égales à des températures également distantes de leurs points d'ébullition respectifs*. Cette loi permettrait de déduire les forces élastiques de la vapeur d'un liquide quelconque, de celles de la vapeur d'eau aux mêmes distances des points d'ébullition ; mais comme elle n'est pas exacte, des expériences directes étaient nécessaires. Elles ont été faites par M. Regnault par l'une et l'autre des méthodes ci-dessus, sur les vapeurs d'un très grand nombre de liquides volatils à divers degrés, ou provenant de gaz liquéfiés, ou de dissolutions de différents sels. Le tableau suivant donne une partie des résultats obtenus par cet éminent physicien.

562 CHANGEMENTS D'ÉTAT DES CORPS.

TEMPÉRATURES.	ALCOOL.	ÉTHER.	SULFURE de carbone.	CHLOROFORME.	MERCURE.
— 20°	3^{mm},3	67^{mm},5	43^{mm},5	»	»
— 10	6,6	113,3	81,0	»	»
0	12,8	183,3	132,0	»	0^{mm},020
10	24,3	286,4	203,0	»	0,027
20	44,5	433,3	304,8	160,5	0,037
40	133,6	909,6	617,0	366,2	0,077
60	350,3	1728,5	1163,7	754,0	0,164
80	812,7	3024,4	2033,8	1404,6	0,353
100	1694,9	4950,8	3329,5	2426,5	0,745
150	7258,7	»	»	7226,5	4,266

II. Mesure des chaleurs latentes des vapeurs.

480. Après divers essais de Black, Papin, Watt, Rumfort[1] a mesuré la chaleur latente de la vapeur au moyen de son calorimètre à serpentin, qui a été adopté, avec des modifications, par la plupart des physiciens qui sont venus après lui. La *fig.* 375

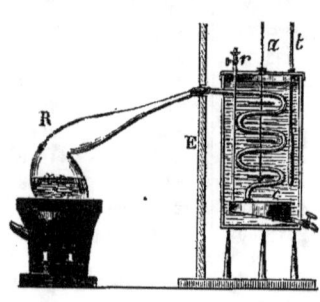

Fig. 375.

représente l'appareil tel qu'on l'emploie ordinairement : la vapeur se produit dans une cornue R, dont le col incliné communique avec le serpentin d'un calorimètre en cuivre *ac*. Le liquide qui se condense dans le col incliné, retombe dans la cornue. Le calorimètre est soutenu sur trois pointes de bois, et muni d'un couvercle pour empêcher l'évaporation. La température de l'eau qu'il contient est donnée par le thermomètre *t*, pendant qu'on fait mouvoir l'agitateur *a*. L'eau fournie par la vapeur condensée dans le serpentin, se rend dans une caisse *c* complètement fermée, où elle prend la température du calorimètre. A la fin

---

[1] Rumfort (Benjamin-Thomson, comte de), physicien philanthrope, né en 1753 dans un petit canton du New-Hampshire, nommé Conford (autrefois Rumfort), mort à Auteuil en 1814, eut une vie très agitée. Très jeune, il perd son père, sa mère se remarie ; destiné d'abord au commerce, il étudie les sciences et épouse, à 19 ans, une riche veuve, la quitte, pour ne plus la revoir, lors de la retraite des troupes anglaises sur Boston, est

de l'expérience, on la retire par le robinet inférieur, et on la pèse ; on a ainsi le poids de la vapeur qui a traversé l'appareil. On peut opérer sous différentes pressions en condensant ou raréfiant l'air par le robinet r. En appelant P le poids de l'eau du calorimètre et de son équivalent en eau, t sa température initiale, T celle de la vapeur, déduite de la tension qui règne dans l'appareil, θ la température finale, p le poids de la vapeur condensée, et enfin c la chaleur spécifique du liquide sur lequel on opère, on aura, pour déterminer la chaleur latente de la vapeur,

$$[1] \qquad pl + pc\,(T - \theta) = P\,(\theta - t),$$

qui exprime que la quantité de chaleur pl cédée par le poids p de vapeur pour se liquéfier, plus la quantité $pc\,(T - \theta)$ abandonnée par le liquide condensé, est égale à la quantité de chaleur P $(\theta - t)$, gagnée par le calorimètre.

Pour éviter la perte de chaleur extérieure, on commence l'opération à quelques degrés au-dessous de la température ambiante, et on la termine quand le calorimètre arrive à un même nombre de degrés au-dessus.

Il existe deux autres causes d'erreur : la première provient de la chaleur communiquée au serpentin par le col de la cornue ; la seconde est due à l'eau entraînée par la vapeur, à l'état de gouttelettes, et qui, s'ajoutant au poids de la vapeur, rend le résultat trop faible. On reconnaît qu'il y a de l'eau entraînée, en employant de l'eau salée ; on trouve un peu de sel dans le vase c. On atténue cette cause d'erreur en évitant de produire une ébullition trop vive, et en prolongeant le serpentin jusqu'en R, dans la cornue.

Résultats. — Despretz a trouvé, par la méthode qui précède, qu'il faut 540 calories à 1 gramme d'eau à 100°, pour passer à l'état de vapeur. Ce même nombre a été retrouvé par M. Brix, au moyen d'un appareil analogue, dans lequel le serpentin était remplacé par un vase annulaire ; il diffère peu de celui qu'a trouvé depuis M. Regnault.

Despretz a aussi déterminé la chaleur latente de vaporisation, de l'*alcool*,

chargé de porter en Angleterre la nouvelle de l'évacuation de cette ville (1776), s'y fait remarquer, et est nommé sous-secrétaire d'Etat et membre de la Société royale de Londres. En 1782, il retourne en Amérique combattre les insurgés, et revient en Europe après la reconnaissance de l'indépendance des Etats-Unis, prend du service auprès de l'Electeur de Bavière, abolit la mendicité à Munich, perfectionne les manufactures, applique la science à l'amélioration du sort des masses, invente les soupes économiques qui portent son nom, etc., et fait de nombreuses expériences sur les applications de la chaleur. Après la mort de l'Electeur, il se fixe en France, épouse la veuve de Lavoisier, et meurt presque subitement à l'âge de 61 ans. Rumfort était froid et méthodique et d'une sobriété excessive, repoussant tout ce qui était superflu. On lui doit de nombreux travaux sur les applications de la chaleur à l'économie domestique et industrielle, sur le chauffage, la photométrie, l'économie politique, etc.

de l'*éther* et de l'*essence de térébenthine*. Il a trouvé les nombres 334,9, 174, 5 et 166,2. MM. Fabre et Silbermann ont opéré sur divers liquides d'origine organique, au moyen d'un calorimètre à mercure d'une nature toute spéciale. Il est à remarquer que tous les liquides étudiés ont conduit à des nombres de beaucoup inférieurs à la chaleur latente de vaporisation de l'eau.

★ **481. De la chaleur latente de la vapeur d'eau sous différentes pressions.** — Dans les expériences qui précèdent, la chaleur latente n'est mesurée que sous des pressions peu différentes de 760^{mm}. M. Regnault, au moyen d'appareils perfectionnés, a pu expérimenter jusqu'à 14 atmosphères de pression, et il a reconnu que *la chaleur latente de la vapeur d'eau diminue, quand la température augmente*. Il a représenté les résultats par la formule suivante :

$$\lambda = 606,5 + 0,305 t, \quad \text{ou} \quad \lambda = 0,305\,(1988,5 + t).$$

Dans laquelle λ représente la *chaleur totale*, c'est-à-dire la chaleur latente augmentée de la température t de la vapeur. Ainsi, à 100° on a $\lambda = 637$, et par conséquent la chaleur latente est de 537 calories. A 0° la chaleur totale est égale à la chaleur latente, et a pour valeur 606,5[1].

482. Application de la chaleur latente de la vapeur d'eau. — Un gramme d'eau exige 537 calories pour se vaporiser à 100°, et la vapeur formée cède cette même quantité de chaleur pour se condenser. Il résulte de là qu'en transportant la vapeur par des tuyaux, dans des vases où elle puisse se condenser, on transportera au loin la chaleur qu'on a fournie pour la produire. C'est sur ce principe qu'est fondé le chauffage par la vapeur.

Calorimètres à vapeur. — Ces appareils, destinés à chauffer les différentes parties d'un édifice, se composent : 1° d'une chaudière à vapeur, disposée comme celle des moteurs à vapeur ; 2° de tuyaux dans lesquels doit circuler la vapeur ; 3° de récipients à grande surface destinés à la condenser, et à céder au-dehors la chaleur qu'elle abandonne. On donne aux tuyaux une pente convenable, pour que l'eau qui s'y condense revienne à la chaudière. Il faut éviter surtout que ces tuyaux présentent des courbures en forme de siphon renversé ; car l'eau s'y accumulerait, et le tuyau serait obstrué. A la partie supérieure, sont des robinets ou *souffleurs*, destinés à laisser échapper l'air quand on met l'appareil en train. Le palais de la Bourse, à Paris, et celui de l'Institut, sont chauffés par des appareils qui peuvent être cités comme des modèles de ce genre de chauffage.

On emploie souvent la vapeur, dans différentes industries, pour chauffer de grandes masses liquides avec un seul foyer. Tantôt la vapeur traverse

[1] Voir le traité de *Physique*, 2ᵉ édition, tome II, p. 374 à 378.

un serpentin métallique qui parcourt les différentes parties du liquide, qui peut alors être renfermé dans des vases de bois; tantôt elle circule dans une double enveloppe, autour de la surface extérieure de vases métalliques. Indépendamment de la facilité de pouvoir chauffer plus régulièrement que par tout autre moyen, et de distribuer à volonté dans plusieurs appareils la chaleur produite par un seul foyer, on trouve encore dans ce système, l'avantage d'être sûr que la température ne dépasse pas celle qu'on donne à la vapeur.

* III. Mesure de la densité des vapeurs.

483. Méthode de Gay-Lussac. — Il est très important pour les usages de la chimie, de connaître la densité des corps à l'état gazeux. Quand ils ne se présentent pas naturellement à cet état, on se sert de la densité de leur vapeur. Gay-Lussac a procédé en renversant le problème : au lieu de chercher le poids d'un volume donné de vapeur, il a cherché, de la manière suivante, le volume occupé par un poids connu : une éprouvette graduée c (*fig.* 376) remplie de mercure sec, est renversée dans une chaudière remplie du même liquide. On connaît le volume qui correspond à chaque division. On y fait passer une petite ampoule de verre a, pleine de liquide purgé d'air par l'ébullition, et pesé avec soin. L'ampoule se rend à la partie supérieure de l'éprouvette, qu'on entoure alors d'un manchon en verre m, enfoncé dans le mercure de la chaudière, et qu'on remplit d'eau ou d'huile. On chauffe la chaudière, la chaleur se transmet dans toutes les parties de l'appareil, et l'ampoule est brisée par la dilatation du liquide qu'elle contient ; alors la tension de la vapeur produite fait baisser le mercure dans l'éprouvette. On attend que tout le liquide soit réduit en vapeur ; ce qui a lieu quand la surface du mercure n'est plus mouillée. La tension de la vapeur se mesure en retranchant de la hauteur du baromètre, la colonne de mercure ramenée à zéro, qui s'élève dans l'éprouvette.

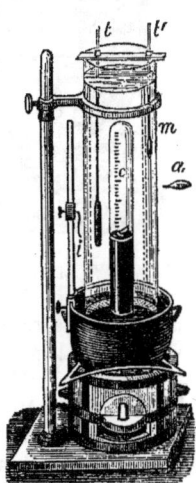

Fig. 376.

La température est donnée par plusieurs thermomètres t, t', placés à différentes hauteurs dans le manchon, dont on agite le liquide. Quand cette température est fixe, on observe, sur la division de l'éprouvette, le volume occupé par la vapeur. Soit v le volume donné par la division ; le volume réel est $v(1+\mathrm{K}T)$, T étant la température et K le coefficient de dilatation du verre. Ce volume est celui d'un poids connu de vapeur à la température t et sous la pression h; en le divisant par le poids, $p' = v(1+\mathrm{KT})\,1^{\mathrm{gr}}3,\ \dfrac{273}{273+t}\ \dfrac{h}{760}$, d'un même volume d'air sous la même pression et à la même température, on obtient la densité de la vapeur par rapport à l'air.

484. Méthode de M. Dumas. — Cette méthode permet d'opérer à des températures élevées. On emploie un ballon B (*fig.* 377) dont la capacité est connue, muni d'une longue pointe effilée à la lampe. Après l'avoir bien lavé et bien desséché, on y introduit une certaine quantité de la substance dont on veut étudier la vapeur. Ce ballon est ensuite plongé et maintenu dans un bain formé avec des dissolutions salines, de l'huile ou des alliages plus ou moins fusibles, suivant la température à laquelle on veut porter le ballon. Un thermomètre à poids t, ou un thermomètre à air, donne la température du bain. La substance forme bientôt de la vapeur, qui sort par la pointe effilée, sous l'apparence d'un petit nuage. Tout l'air est entraîné, et bientôt on voit cesser la sortie de la vapeur; ce qui indique qu'il ne reste plus de substance à vaporiser, et que le ballon est rempli de vapeur sous la pression atmosphérique P, et à la température du bain T. On attend que cette température devienne stationnaire, ce que l'on obtient en fermant les ouvertures du fourneau. On ferme alors au chalumeau, la pointe effilée. Le ballon étant refroidi, on le pèse, et l'on en retranche le poids du ballon plein d'air ramené à la même pression et à la même température. On déduit du résultat, par le même calcul que pour la mesure des densités des gaz dans un flacon sans robinet (424), le poids de la vapeur qui le remplissait sous la pression P et à la température T. Le volume de ce poids de vapeur était, à cette température, $V(1+\mathrm{KT})$, en désignant par K le coefficient de dilatation du verre, et par V le volume du ballon à $0°$; et l'on divise le poids de la vapeur par celui d'un égal volume d'air dans les mêmes conditions.

Fig. 377.

Comme il peut rester un peu d'air dans le ballon, il est bon, à la fin de l'expérience, de briser sa pointe sur le mercure. Comme la vapeur s'est condensée, le mercure s'introduit, et si l'on voit qu'il reste une bulle d'air, on la transvase, sous le mercure, dans une éprouvette graduée, et l'on mesure son volume ainsi que la température et la pression correspondantes; d'où l'on conclut son poids, qui doit être retranché de celui de la vapeur.

DENSITÉ DES VAPEURS. 567

Quand la température doit beaucoup dépasser 400°, cette méthode présente de grandes difficultés. Cependant MM. Sainte-Claire Deville et L. Troost ont expérimenté sur des substances ne bouillant qu'à des températures très élevées. Pour produire ces températures, ils ont eu recours à l'ébullition de différents liquides, le mercure, le soufre, le chlorure de zinc, le cadmium qui bout à 860°, le zinc qui bout à 1040°. Au-dessus de 800°, le ballon de verre était remplacé par un ballon en porcelaine de Bayeux, qui ne se ramollit pas à des températures de plus de 1200°. Ce ballon, B (*fig.* 378), était placé dans un cylindre en fer muni d'un couvercle contenant la substance en ébullition. Un diaphragme en tôle DD, préservait le ballon du rayonnement des parois. On chauffait soit avec la flamme du gaz, soit avec le charbon. Les vapeurs du liquide en ébullition se condensaient dans le tube T, et coulaient au-dehors.

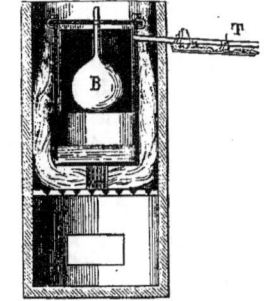

Fig. 378.

L'expérience se faisait à peu près comme dans la méthode de M. Dumas. L'ouverture était fondue au moyen d'un chalumeau à hydrogène et oxygène.

485. Résultats. — Le tableau suivant contient quelques-uns des nombres obtenus par Gay-Lussac et par M. Dumas :

Noms des substances.	Densité des vapeurs, d'après Gay-Lussac.	Noms des substances.	Densité des vapeurs, d'après M. Dumas.
Eau	0,6235	Iode	8,716
Alcool	1,6138	Soufre	6,350
Éther sulfurique	2,5860	Mercure	6,976
Sulfure de carbone	2,6447	Phosphore	4,320
Essence de térébenthine	5,0130	Perchlorure d'étain	9,200

La densité de la vapeur d'une même substance par rapport à l'air dans les mêmes conditions, diminue d'abord quand la température augmente, et ne devient constante qu'à une certaine distance du point de saturation. A mesure qu'on se rapproche de ce point, les densités sont donc plus grandes, ou les volumes plus petits, que ne l'indiquerait la loi de Mariotte, comme cela a lieu pour les gaz voisins de leur point de liquéfaction (443). Cela résulte des expériences de M. Regnault sur la vapeur d'eau, et de M. Bineau sur celle des acides acétique et formique. M. Cahours, en opérant par la méthode de M. Dumas et à différentes températures, a reconnu que les densités des vapeurs de l'*eau*, l'*éther*, l'*alcool* et ses *congénères*, deviennent constantes à 30 à 35° du point d'ébullition. Pour l'acide acétique, la densité, égale à 3,20, vers 125°, s'abaisse à 2,08, vers 250°, température à partir de laquelle elle reste constante. Les densités de la vapeur de *perchlorure de phosphore* et d'*acide butyrique* ne sont sensiblement constantes qu'à partir de 300° et 261°.

D'après les expériences de MM. Sainte-Claire Deville et Troost, la densité de la vapeur d'*iode* reste à peu près la même, et égale à 8,70, aux températures 440°, 860° et 1040°. La vapeur de *soufre*, qui a pour densité 6,6 vers 500°, a donné 2,23 à 860° et à 1034°. Le *sélénium* a donné 7,67 et 6,37 aux mêmes températures.

486. Rapport entre les volumes de la vapeur et du liquide qui l'a formée. — Quand on connaît la densité d'une vapeur, il est facile d'en calculer le poids, en multipliant cette densité par son volume. On peut également calculer le volume de vapeur fourni par un volume donné de liquide. Considérons, par exemple, la vapeur d'eau : sa densité par rapport à l'air est 0,623, ou environ $\frac{5}{8}$. En la multipliant par le poids spécifique 0,013 $\frac{273}{273+100}$, de l'air à la même

Fig. 379.   température, on trouve à peu près $\frac{1}{1680}$ pour la densité de la vapeur d'eau par rapport à l'eau à 4°. Les volumes d'une même masse étant en raison inverse des densités, on voit que le volume de vapeur à 100° fourni par un litre d'eau est de 1680 litres.

Lorsque la pression est très grande, on peut obtenir, à une température élevée, de la vapeur dont la densité, et par conséquent le volume, diffère peu de la densité et du volume du liquide qui a produit cette vapeur. M. Cagnard de Latour remplit d'*éther*, un réservoir r (*fig.* 379) soudé à un tube recourbé contenant du mercure, et le ferma à la lampe. L'appareil ayant été plongé dans un alliage en fusion, tout le liquide passa à l'état de vapeur et disparut, et cette vapeur n'occupait guère que le double du volume du liquide. De l'air logé en a indiquait la pression. L'*alcool* donna le même résultat. Avec l'eau, l'appareil a toujours éclaté avant que tout le liquide ne fût réduit en vapeur.

§ 4. — HYGROMÉTRIE.

487. De l'humidité de l'air et de ses effets. — L'*hygrométrie* (ὑγρός humide, μέτρον) a pour objet la mesure de la quantité de vapeur d'eau répandue dans l'air. On prouve qu'il y a toujours de la vapeur dans l'atmosphère, en mettant dans un vase, de la glace ou un mélange réfrigérant ; on voit bientôt des gouttelettes d'eau ou une pellicule de glace, provenant de la vapeur contenue dans l'air, se déposer sur les parois. Il y a des corps qui absorbent chimiquement cette vapeur, en assez grande abondance pour s'y dissoudre : comme la potasse, la soude; ils sont dits *déliquescents*.

L'humidité de l'air agit aussi sur une foule de substances organiques : le bois, l'ivoire, la corne, les poils des animaux, les membranes, s'étendent par l'humidité. Elle gonfle les cordes composées de fibres tordues, les raccourcit et diminue leur torsion.

Les changements de volume des substances organiques par l'humidité, se font avec une grande énergie. Pour détacher des blocs de pierre, dans les carrières, on creuse un sillon assez profond, dans lequel on enfonce des coins en bois, que l'on humecte ensuite ; le bois se gonfle avec tant de force que le bloc se sépare. C'est l'humidité qui, en gonflant le bois, ferme hermétiquement les joints des barriques pleines. Le raccourcissement des cordes par l'humidité sert aussi à soulever des masses énormes ; il suffit de tendre fortement une corde attachée, d'une part à la masse, et d'autre part à un obstacle fixe, puis de mouiller la corde. Cette méthode a été appliquée à Venise, vers l'an 1200, pour dresser les deux colonnes de granit de la place Saint-Marc. 400 ans après, on en a encore fait usage pour l'érection de l'obélisque de Sixte-Quint, à Rome ; ce n'est qu'après que l'appareil eut été préparé et reconnu insuffisant qu'on s'avisa de mouiller les cordes.

488. De l'état hygrométrique. — L'*état d'humidité*, ou l'*état hygrométrique*, ne dépend pas de la quantité absolue de vapeur contenue dans un certain volume d'air, mais de la distance à laquelle cet air se trouve de l'état de saturation. Or, nous avons vu qu'il faut d'autant plus de vapeur pour saturer l'air, que sa température est plus élevée. L'air peut donc être très humide avec peu de vapeur s'il est froid, et très sec avec une plus grande quantité de vapeur, s'il est chaud. Quand un poêle échauffe rapidement l'air d'une chambre, cet air s'éloigne du point de saturation, quoique la quantité de vapeur qu'il renferme reste la même.

On définit l'*état hygrométrique* de l'air, *le rapport entre le poids de vapeur qu'il contient, et celui qu'il contiendrait s'il était saturé à la même température*. Ordinairement on remplace les poids, par les forces élastiques, qui leur sont à peu près proportionnelles. On a imaginé une foule de méthodes pour apprécier l'état hygrométrique ; elles peuvent se rapporter à quatre principales : 1° méthodes par absorption chimique de la vapeur; 2° action de l'humidité sur les substances organiques ; 3° condensation de la vapeur atmosphérique ; 4° refroidissement d'un thermomètre mouillé. Les instruments destinés à appliquer ces diverses méthodes se nomment *hygromètres*.

570   CHANGEMENTS D'ÉTAT DES CORPS.

★ 489. Méthode chimique. — Cette méthode est rigoureuse et peut servir à contrôler les autres. L'air dont on veut déterminer l'état hygrométrique, est aspiré avec une vitesse uniforme dans un vase V (*fig.* 380), dont l'eau s'écoule par le tuyau *c*, et dans lequel il arrive par le tube *t* et le robinet *r*. Ce vase aspirateur a été jaugé avec soin par des pesées, à une température connue. Avant d'arriver en *r*, l'air traverse les tubes A et B remplis de pierre ponce imbibée d'acide sulfurique, où il dépose toute son humidité. Un troisième tube, C, est destiné à arrêter l'humidité qui pourrait venir du vase aspirateur ; un thermomètre très sensible, que l'on consulte de loin, de 5 minutes en 5 minutes, est suspendu au point où l'on puise l'air. A la fin de l'expérience, on sépare les tubes A et B, et on les pèse ; l'excès de leur poids actuel sur celui qu'ils avaient avant l'expérience, fait connaître le poids de la vapeur que contient un volume d'air égal à la capacité de l'aspirateur.

Connaissant ainsi le poids, P, de la vapeur que contenait le volume d'air qui a traversé les tubes A et B, il faut en déduire la force élastique f de cette vapeur. Pour cela, nous allons en calculer le poids, en partant des données de l'expérience ; et en l'égalant à P, nous aurons une équation d'où nous tirerons la valeur de f. Il faut d'abord trouver le volume de la vapeur ; ce volume est égal à celui de l'air qui la contenait, air dont la pression est égale à $(H-f)$, en appelant H la hauteur du baromètre. Cet air, entré dans l'aspirateur, y occupe le volume V de cet appareil ; mais alors cet air est saturé de vapeur dont la tension F est donnée par les tables. La pression de cet air est donc $(H-F)$, et son volume, si la pression était $(H-f)$, serait $V\dfrac{H-F}{H-f}$, d'après la loi de Mariotte. Le poids, π, de cet air à la pression $(H-f)$ sera, en appelant p le poids de l'unité de volume de l'air à 0° et à 760^{mm}, t sa température et a son coefficient de dilatation,

$$\pi = V p \frac{H-F}{760} \frac{1}{1+at}.$$

Si maintenant nous désignons par δ la densité de la vapeur d'eau par rapport à l'air à la même pression f, et à la même température, t, cette densité par rapport à l'air, à la pression $(H-f)$, sera $\delta' = \delta \dfrac{f}{H-f}$, et le poids de la vapeur sera $\pi \delta'$, ou

$$P = V p \frac{H-F}{760} \frac{1}{1+at} \frac{\delta f}{H-f}.$$

En mettant à la place de P sa valeur donnée par l'expérience, on tirera la valeur de f, et en la divisant par F on aura l'état hygrométrique.

Aspirateur double. — Pour faire passer un grand volume d'air dans les tubes A, B, C, on emploie l'aspirateur double (*fig.* 380). Deux vases égaux V, V', en verre ou en métal, communiquant par le canal *cc*, peuvent basculer autour de l'arbre fixe *oo'*, en tournant avec les manchons *n*, *n'* ajustés à frottement doux sur cet arbre. Dans la position de la figure, l'eau tombe du vase V dans le vase V', et l'air est aspiré dans le vase V, par le tube *t*, qui communique avec le robinet *r*, par le canal *or* pratiqué dans l'arbre fixe. L'air du vase V' s'échappe en même temps par le canal *o' r'*. Quand le vase V est vide, on ferme un robinet que porte le tube *cc*, et l'on retourne l'appareil de manière à mettre le vase V' en haut ; ouvrant ensuite le robinet du canal *cc*, l'aspiration se fait dans le vase supérieur, et l'air du vase inférieur s'échappe en *r'*.

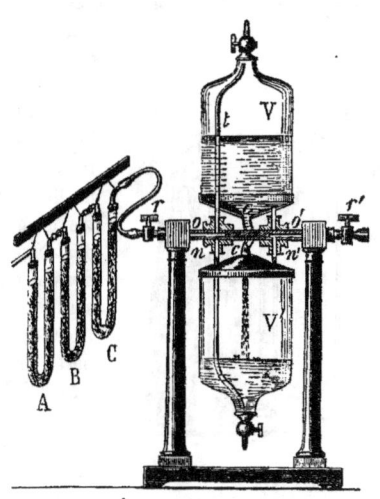

Fig. 380.

★ **490. Hygromètres par absorption.** — La méthode chimique ne donne que l'état moyen de l'air pendant l'expérience, qui dure plusieurs heures et exige une manipulation assez longue. Un moyen plus prompt consiste à observer l'action de l'humidité sur les substances organiques. Les premiers instruments qu'on a construits pour cela ne sont que des *hygroscopes* et non des *hygromètres*. Deluc a imaginé un hygroscope fait comme un thermomètre à mercure ; le réservoir est en ivoire, et s'étend par l'humidité. Chiminello formait ce réservoir d'un tuyau de plume, et D. Wilson, d'une vessie de rat. Ces instruments sont évidemment influencés par les changements de température.

On a imaginé beaucoup d'*hygroscopes par torsion* : une corde à boyau, fixée par l'une de ses extrémités, porte à l'autre une aiguille, qui tourne par l'humidité, dans le sens qui correspond à une diminution de torsion. La *fig.* 381 représente une disposition devenue populaire. Un personnage en carton porte un capuchon *n* formé d'un morceau de papier replié comme on le voit en *n'*, et fixé à l'extrémité d'une corde à boyau, dont l'autre extrémité tient en *c* à un tube porté par la tablette *a*. Ce tube est percé de trous pour laisser passer l'air. Quand l'humidité augmente, la corde à boyau se détord et ramène le capuchon sur la tête du personnage. Les hygroscopes par torsion servent ordinairement à prédire les changements de temps ; quand l'air est très humide, il est probable qu'il pleuvra.

491. Hygromètre à cheveu. — Cet instrument, désigné aussi sous le nom d'*hygromètre de Saussure*[1], se compose d'un cadran métallique (*fig.* 382), dont on néglige les dilatations, à la partie supérieure duquel est attaché un cheveu cc', qui s'enroule par son extrémité inférieure autour d'une poulie très mobile. Un cadran enroulé en sens contraire porte un poids très léger, qui maintient le cheveu toujours tendu. A l'axe de la poulie est fixée, par son centre de gravité, une aiguille dont la pointe parcourt un arc divisé. l est une pince qui sert à soutenir le poids et à fixer la poulie quand on transporte l'instrument, et v une vis destinée à donner au point d'attache c du cheveu la position convenable. Quand l'humidité augmente, le cheveu s'allonge et l'aiguille monte.

Fig. 381.

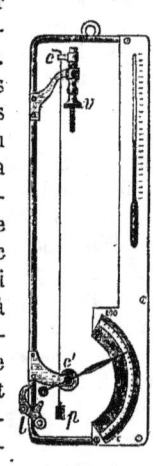

Fig. 382.

Le cheveu doit être fin, doux au toucher ; il faut le débarrasser de la substance grasse qui le recouvre et repousse l'humidité. Pour cela, de Saussure le faisait bouillir dans de l'eau contenant environ 0,01 de

---

[1] De Saussure (Horace-Benedict), naturaliste et physicien, est né à Genève en 1740. Lié avec Pictet, Jalabert et Haller, il se livra avec ardeur à l'étude des sciences physiques qu'il enseigna à Genève dès l'âge de 21 ans. Il parcourut une partie de l'Europe pour y faire des observations géologiques, explora les Alpes en naturaliste, séjournant sur les sommets, mesurant leur hauteur au moyen du baromètre, et publia son célèbre *Voyage dans les Alpes*. On lui doit l'invention ou le perfectionnement de plusieurs instruments d'observation. Considéré des savants, il fut nommé membre du conseil des deux cents à Genève, puis membre de l'Assemblée nationale en France, après que Genève eut été réunie à la République française. Les émotions pénibles qu'il éprouva de la perte de sa fortune et des excès de la Révolution, brisèrent sa santé ; il mourut paralytique, à Genève, en 1799.

carbonate de soude. M. Regnault préfère laisser séjourner les cheveux pendant 24 heures, dans l'éther.

Graduation. — Pour graduer l'hygromètre à cheveu, on détermine deux points fixes, qui sont celui de *la saturation* et celui de *la sécheresse extrême*. Pour le premier de ces points, on suspend l'instrument dans un vase de verre mouillé et contenant de l'eau, semblable à celui de la *fig.* 383, et l'on note le point où s'arrête l'aiguille. — Pour le point de sécheresse absolue, on place l'hygromètre dans un vase, au fond duquel il y a du chlorure de calcium, ou mieux de l'acide sulfurique concentré, et dont on ferme l'ouverture au moyen d'une plaque de verre. On divise ensuite l'intervalle entre les points fixes en 100 parties égales, qui sont les *degrés* de l'hygromètre ; on met le zéro au point de sécheresse extrême.

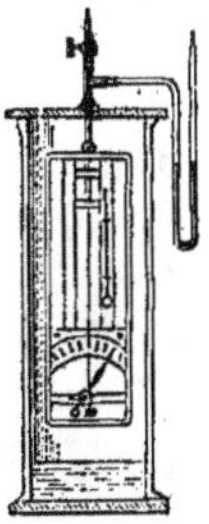

492. Tables hygrométriques. — L'hygromètre à cheveu donne les mêmes indications à différentes températures, quand l'état hygrométrique est le même. Mais ses degrés ne sont pas comparables entre eux, c'est-à-dire que les différents états d'humidité de l'air ne sont pas proportionnels aux nombres de degrés indiqués par l'instrument. Par exemple, l'état hygrométrique étant 0,1 ; 0,5 et 0,9, l'instrument marque environ 20°, 72°, 95°. Plusieurs physiciens ont donc cherché à construire des tables indiquant l'état hygrométrique correspondant à un nombre donné de degrés.

Fig. 383.

Méthode de Gay-Lussac. — Cette méthode est fondée sur ce principe, que la tension maximum de la vapeur produite par une dissolution saline est d'autant plus petite que cette dissolution contient plus de sel ; la tendance du liquide à s'évaporer étant contrebalancée par son affinité pour le sel, en même temps que par la pression de la vapeur formée. L'hygromètre est suspendu au couvercle d'un vase de verre, au fond duquel se trouve une couche de la dissolution saline. Le couvercle est luté avec soin. Quand l'aiguille est stationnaire, on note la division à laquelle elle correspond. En même temps, une petite partie de la dissolution est introduite dans le vide d'un baromètre, à la même température que le vase, et l'on mesure la tension de sa vapeur. On divise ensuite cette tension par la tension maximum donnée par l'eau pure à la même température, et l'on obtient ainsi l'état hygrométrique correspondant au nombre de degrés indiqué. En opérant successivement avec des dissolutions diversement concentrées, Gay-Lussac a obtenu 10 termes de la table cherchée. On obtient les termes intermédiaires, par une formule empirique, ou en construisant la courbe des résultats donnés par l'expérience. Cette courbe est une branche d'hyperbole dont la concavité est tournée vers les axes sur lesquels sont comptés les états hygrométriques et les degrés de l'hygromètre.

* **Expériences de M. Regnault.** — Une table construite avec un hygromètre à cheveu, ne convient pas à tous les autres; car M. Regnault a reconnu que, si les hygromètres construits avec des cheveux identiques dégraissés dans la même opération, sont sensiblement d'accord, il n'en est plus de même, le plus souvent, quand ils sont construits avec des cheveux différents ou préparés différemment. Les indications peuvent différer de 5°. Des cheveux identiques, mais tendus par des poids différents, ne s'allongent pas non plus de la même manière. Il faut donc construire une table pour chaque instrument; et pour un même instrument, quand on change le cheveu. C'est pourquoi nous ne donnons pas ici de table hygrométrique.

M. Regnault a cherché à simplifier la construction de ces tables. Il a d'abord préparé des mélanges d'acide sulfurique contenant 2, 3, 4, 5, 6, 8, 10, 12, 18 parties d'eau, pour une d'acide anhydre ; puis il a construit des tables donnant les tensions des vapeurs de ces différentes solutions, entre 0° et 50°.

Cela fait, pour graduer l'hygromètre, M. Regnault marque d'abord le point d'humidité extrême. Il rejette le point de sécheresse extrême, parce que le cheveu se trouve alors hors de son état normal. L'instrument est ensuite placé dans un vase cylindrique en verre (*fig.* 383), dont l'ouverture supérieure se ferme exactement au moyen d'un plan de verre, et dans lequel on met successivement les diverses dissolutions d'acide sulfurique. Le vide est fait dans l'appareil, par le tube à robinet adapté au couvercle, et l'hygromètre atteint rapidement son état stationnaire, en marquant le même nombre de degrés que dans l'air.

* **493. Hygromètres à condensation.** — Le Roy, médecin à Montpellier, a imaginé, en 1752, de déterminer l'état hygrométrique en cherchant à quelle température il faut refroidir l'air pour que la vapeur qu'il contient suffise pour le saturer. On prend un gobelet en argent poli contenant de l'eau, qu'on refroidit peu à peu en y jetant de petits morceaux de glace. Le gobelet refroidit par son contact la couche d'air enveloppante, et, au bout d'un certain temps, il se dépose un léger brouillard qui vient ternir la surface de l'argent. Un thermomètre donne la température de l'eau au moment où ce phénomène se produit. Comme cette température est évidemment un peu trop basse, puisqu'il y a condensation de vapeur, on attend, et l'on voit à quelle température le dépôt disparaît. La moyenne θ, des deux températures observées, est prise pour le *point de rosée*, c'est-à-dire pour la température à laquelle l'air doit être abaissé pour se trouver saturé au moyen de la quantité de vapeur qu'il contient. Si f est la tension maximum de la vapeur à la température θ, et F la tension maximum à la température ambiante, $f:$F sera l'état hygrométrique.

Hygromètre de Daniell. — Pour appliquer cette méthode, Daniell a imaginé un instrument dans lequel le froid est produit par l'évaporation de l'éther. Un tube deux fois recourbé (*fig.* 384) est terminé par deux boules : l'une, B, est à moitié remplie d'éther, dont un petit thermomètre donne la température; l'autre, m, est enveloppée d'une fine batiste. Avant de fermer la pointe effilée qui la termine, on a chassé l'air de l'appareil, au moyen de la vapeur d'éther. Pour se servir de cet instrument, on projette des gouttes d'éther sur la boule m au moyen d'un petit flacon, f, auquel on a adapté un bouchon foré. L'éther, divisé par la batiste, s'évapore rapidement et refroidit la boule m; la vapeur qui remplit le tube se condense alors dans cette boule. L'éther de la boule B fournissant ensuite de nouvelles vapeurs, cette boule se refroidit, et bientôt l'air qui la touche laisse déposer sa vapeur, à une température donnée par le thermomètre intérieur. On observe ensuite la température à laquelle le dépôt disparaît, et l'on prend la moyenne θ.

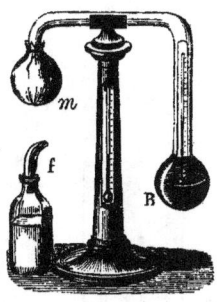

Fig. 384.

L'hygromètre de Daniell présente divers inconvénients : 1° la température qui correspond au point de rosée n'existe dans la boule B qu'à la surface de l'éther, le thermomètre doit donc donner une température trop élevée ; 2° la présence de l'opérateur modifie l'état hygrométrique et la température de l'air; 3° l'éther du commerce contient de l'eau, dont la vapeur modifie aussi l'état hygrométrique; 4° enfin, l'instrument ne fonctionne plus quand l'air est très sec et la température élevée.

* **Hygromètre condenseur de M. Regnault.** — Cet instrument est exempt des inconvénients que nous venons d'énumérer ; il est représenté dans la *fig.* 385 : ab est un gros tube de verre, ouvert par les deux bouts, et ajusté à sa partie inférieure à un dé en argent mince et poli b, ayant

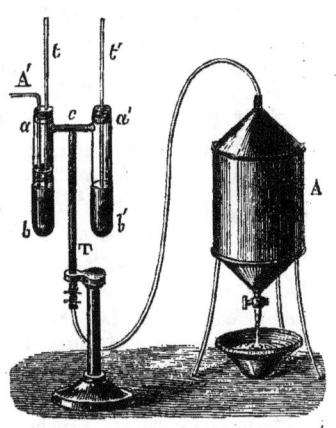

Fig. 385.

20^{mm} de diamètre et 44^{mm} de hauteur. L'ouverture supérieure du tube est fermée par un bouchon soutenant un thermomètre t, et laissant passer un tube A' qui s'enfonce jusqu'au fond du dé d'argent. La partie supérieure du tube ab est mise en communication avec l'aspirateur A, par la tubulure *c* et le tuyau en cuivre *c*T, suivi d'un tube en caoutchouc. *a'b'* est un tube semblable à *ab*, mais ne contenant pas d'éther.

Quand on fait écouler l'eau de l'aspirateur, l'air pénètre par le tube A' à travers l'éther, et le refroidit en emportant de la vapeur. Bientôt la rosée se dépose en *b*, à un instant d'autant plus facile à saisir, que l'on a le dé *b'* pour terme de comparaison. On arrête alors l'écoulement de l'aspirateur, et l'on observe la température à laquelle la rosée disparaît. On connaît ainsi les limites de température entre lesquelles se trouve compris le point de rosée. On répète l'expérience en faisant écouler l'eau plus lentement, et l'on obtient des limites plus rapprochées. On peut ainsi, en 3 ou 4 minutes, déterminer le point de rosée, à $\frac{1}{20}$ de degré près.

On voit que la vapeur d'éther ne se répand pas dans l'air, et que l'observateur qui dirige l'aspirateur peut être très éloigné du tube *ab*, qu'il observe avec une lunette. L'agitation que les bulles d'air produisent dans l'éther y rend la température uniforme. Le pouvoir refroidissant du courant d'air est tel qu'on arrive toujours au point de rosée; on peut même, par les plus grandes chaleurs de l'été, faire congeler l'eau déposée.

Dans les voyages, on supprime le vase aspirateur, et l'on fait passer l'air, en soufflant avec la bouche, par un long tube flexible plongeant dans l'éther. On peut aussi remplacer l'éther par l'alcool, ce qui est important dans les pays chauds, où le premier liquide est difficile à conserver; il faut alors augmenter la vitesse du courant d'air.

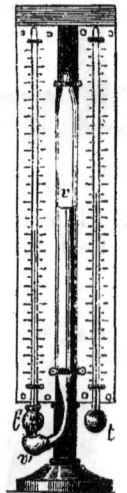

Fig. 386.

* 494. Hygromètres par évaporation. — Leslie a cherché à déterminer l'état d'humidité de l'air, par une méthode, dont la première idée paraît due à Hutton, et qui consiste à observer la rapidité de l'évaporation de l'eau, rapidité déduite elle-même de l'abaissement de température qu'elle produit. L'appareil employé par Leslie n'était autre chose que son thermomètre différentiel, dont une des boules était garnie d'une toile constamment mouillée. M. August, de Berlin, a publié plusieurs Mémoires sur cette méthode, et a donné le nom de *psychromètre* (ψυχρός *frais*, μέτρον), à l'instrument qui sert à l'appliquer.

Psychromètre d'August. — Cet instrument consiste en deux thermomètres très sensibles *t*, *t'* (*fig.* 386), dont un, *t'*, a sa boule enveloppée de batiste continuellement humectée au moyen d'un faisceau de fils, qui plonge dans le réservoir *v'*. Le tube *v*, fermé à sa partie supérieure, est destiné à maintenir un niveau constant dans ce réservoir. Le thermomètre mouillé finit par devenir stationnaire, parce que son rayonnement diminue, ainsi que l'évaporation, à mesure que sa température s'abaisse, pendant que l'air qui se renouvelle continuellement à sa surface lui fournit de la chaleur. On observe les températures des deux thermomètres, et on en déduit l'état hygrométrique x, au moyen de la formule.

[1] $$x = F - A(t-t')h$$

dans laquelle F est la tension de la vapeur à saturation à la température t' du thermomètre mouillé, t la température ambiante, et h la hauteur du baromètre. M. Regnault a cherché, quel nombre il faut mettre à la place de la constante A pour que les valeurs de x soient d'accord avec celles que donne la méthode chimique. Il a reconnu que les valeurs de A doivent être différentes, suivant l'exposition de l'instrument. Par exemple, dans une chambre fermée, il faut faire A égal à 0,00128, et dans une cour entourée de constructions élevées, à 0,00074; ce qui doit être attribué au rayonnement différent des corps environnants. On trouve la valeur de A en portant dans la formule [1] les valeurs de t, t', h et F données par une expérience, et à la place de x, l'état hygrométrique obtenu par la méthode chimique.

Il résulte des recherches de M. Regnault que le psychromètre, dont l'observation n'exige aucune manipulation, donne des résultats suffisamment approchés, dans la plupart des cas.

§ 5. — MACHINES A VAPEUR.

I. Machines à vapeur fixes.

495. De l'origine de la machine à vapeur. — Des écrivains ont voulu faire remonter jusqu'à l'antiquité la plus reculée l'origine des machines à vapeur. Héron d'Alexandrie décrit, en effet, dans ses *Spiritalia*, un éolipyle tournant, dont la *fig.* 387 donne une idée : une sphère creuse, mobile autour d'un diamètre oo', reçoit de la vapeur par le support creux c et

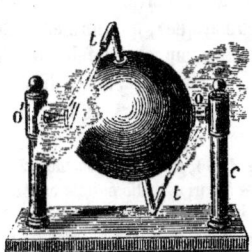

Fig. 387.

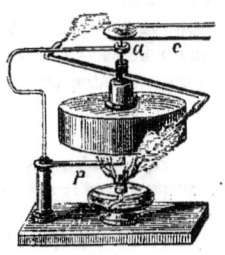

Fig. 388.

le pivot foré o. Elle porte deux tubes t, t, coudés dans un plan perpendiculaire à oo' ; et elle tourne, par un effet de réaction, quand la vapeur s'échappe par les orifices de ces tubes. La *fig.* 388 représente un appareil très commode pour répéter cette expérience : un vase cylindrique, contenant de l'eau en ébullition, tourne sur lui-même, pendant que la vapeur sort par deux tubes, coudés dans un plan horizontal. Le vase est soutenu par une pointe verticale qui termine le support *p*, et il est maintenu en *a* par un anneau dans lequel tourne la tige qui le surmonte.

Fig. 389.

L'expérience de Héron n'est qu'une simple expérience de curiosité. Cependant les anciens avaient une idée assez exacte de la force de ressort de la vapeur ; car Sénèque attribue les tremblements de terre à l'expansion de la vapeur engendrée par le feu souterrain.

Salomon de Caus, vers 1615, cite l'expérience suivante : on prend une balle de cuivre (*fig.* 389), dans laquelle s'enfonce un tube *t*, on y introduit de l'eau par l'ouverture *a*, dont on ferme ensuite le robinet, et on la met sur le feu. Au bout de quelques instants, l'eau, poussée par la vapeur, jaillit par le tube *t*. Mais c'est à tort que l'on a regardé Salomon de Caus comme ayant eu le premier l'idée d'employer la vapeur pour élever l'eau ; il n'avait voulu que faire une expérience curieuse, qu'il ne donne même pas comme étant de lui, et ce n'est qu'en 1698 que Savery construisit une machine à élever l'eau au moyen de la pression directe de la vapeur.

Expérience de Papin. — Otto de Guericke, au moyen de la machine pneumatique qu'il venait d'inventer, avait montré les effets de la pression atmosphérique, et l'on songeait de tous côtés à tirer parti de cette force. En expérimentant dans cette voie, Papin[1], que l'on doit regarder comme le véritable inventeur de la machine à vapeur, chercha les moyens de produire le vide avec économie ; il imagina d'abord de faire mouvoir, au moyen du vent ou d'une chute d'eau, des machines pneumatiques, qui auraient communiqué par de longs tuyaux avec un corps de pompe, pour faire le vide sous un piston renfermé dans son intérieur. Il pourrait ainsi, disait-il, « transporter au loin la force des rivières. » Après divers essais, il eut

---

[1] Papin (Denis), physicien célèbre, né à Blois vers 1650, était fils d'un médecin, et pratiqua d'abord la médecine après avoir pris ses grades à Paris. Il alla ensuite en Angleterre où Boyle l'associa à ses travaux sur les gaz, et fut reçu membre de la Société Royale de Londres (1681). De retour en France, il fut forcé de s'expatrier à cause de la révocation de l'édit de Nantes, se réfugia auprès du landgrave de Hesse, et professa les mathématiques à Marbourg, où il mourut en 1710. On doit à Papin divers perfectionnements de la machine pneumatique, l'*art de ramollir les os* au moyen de la marmite qui porte son nom, etc., et enfin l'invention de la machine à vapeur, qui a révolutionné l'industrie, la navigation et tous les moyens de transport. Cependant Papin attend encore l'érection, dans sa ville natale, de la statue dont une souscription publique a fait les frais, et dont le modèle, dû à David d'Angers, est déposé au musée du Château de Blois.

l'idée de faire le vide, en remplissant le corps de pompe de vapeur, et en la condensant ensuite par le froid. Il prit donc un cylindre fermé par le bas, contenant un peu d'eau, et y enfonça un piston, P (*fig.* 390). L'air s'échappa par un petit trou qu'il boucha ensuite au moyen de la tige *o*. Ayant alors apporté du feu sous le cylindre, l'eau entra en ébullition, et la vapeur souleva le piston jusqu'au haut du corps de pompe. Le feu fut ensuite enlevé, la vapeur se condensa, et le piston descendit sous l'effort de la pression atmosphérique. Le feu fut ensuite rapproché, et le piston remonta, pour redescendre quand la vapeur se fut de nouveau condensée.

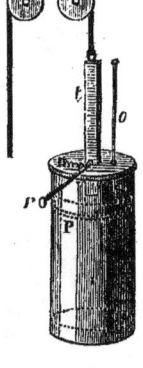

Fig. 390.

Cette expérience fondamentale fut publiée dans les actes de Leipsick, en 1790.

Papin ne se contente pas de la décrire ; il entre dans de nombreux détails sur les applications que l'on peut faire du mouvement de va et vient de son piston, soit pour faire mouvoir des pompes et épuiser l'eau des mines, soit pour faire marcher des *rames tournantes* adaptées à des bateaux.

On a cru pendant longtemps qu'il s'en était tenu à de simples essais faits sur une petite échelle, mais il résulte d'une correspondance de Papin avec Leibnitz, retrouvée récemment par M. Kuhlmann, de l'Université de Hanovre, que Papin a fait exécuter une machine à piston, avec des dimensions assez grandes pour qu'elle pût servir à faire marcher un bateau au moyen de roues à aubes. Les droits de Papin à l'invention des machines dans lesquelles la vapeur fait mouvoir un piston dans un corps de pompe, sont donc établis d'une manière irrécusable, tant au point de vue de l'idée théorique, qu'à celui de la réalisation pratique.

496. Machines atmosphériques. — En 1705, un forgeron de Darmouth, Newcomen, s'associa avec Cowley et Savery, pour appliquer le système de piston de Papin à l'épuisement des mines. La machine qu'ils construisirent à cet effet est connue sous le nom de *machine atmosphérique*; elle est représentée dans la *fig.* 391. Un corps de pompe muni d'un piston P communique par le bas avec la chaudière C. La tige du piston est attachée par une chaîne, à un levier très fort BB, nommé *balancier*, dont l'autre extrémité soutient la tige T de la pompe qu'il s'agit de faire mouvoir. Pour que cette tige et celle du piston P marchent verticalement, les chaînes s'enroulent sur des arcs B, B. Deux robinets, ou soupapes, *r*, *r'*, servent à faire communiquer le bas du corps de pompe, successivement avec la chaudière et avec un réservoir R contenant de l'eau que lui fournit la pompe *p*, mise en mouvement par la machine même. Supposons le robinet *r* ouvert et r' fermé, la vapeur passe sous le piston, et pour peu que sa tension dépasse la pression atmosphérique, le piston s'élève, étant équilibré par un contrepoids Q placé de l'autre côté du balancier. Quand le piston est arrivé au haut de sa course, on ferme le robinet r et l'on ouvre le robinet r' ;

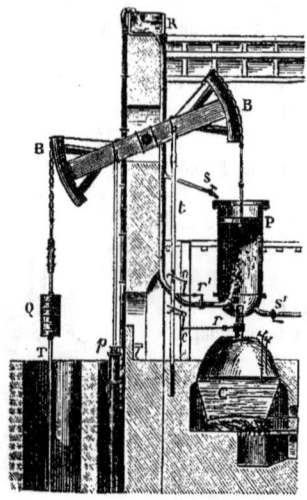

Fig. 391.

l'eau, sortant par un grand nombre de petits orifices, jaillit à travers la vapeur, et la condense rapidement par son contact direct; le vide se fait et la pression atmosphérique fait descendre le piston, avec une force de 1 kilogr. environ par centimètre carré de surface (171).

La manœuvre des robinets r et r' était d'abord confiée à un ouvrier. Un jour, un enfant, nommé Humphrey Potter, chargé de cette tâche, imagina d'attacher au levier des soupapes r, r', deux ficelles qu'il fixa par l'autre bout au balancier, de manière que celui-ci, en montant et descendant, faisait ouvrir et fermer les soupapes, invention qui fut ensuite perfectionnée.

497. Condenseur de Watt. — La machine atmosphérique de Newcomen présente l'inconvénient majeur de faire perdre une quantité notable de vapeur, qui se condense dans le corps de pompe refroidi par l'injection d'eau froide. Watt[1] imagina alors d'opérer la condensation en dehors du corps de pompe, dans un vase à part, nommé *condenseur*. L'eau injectée

---

[1] Watt (James), physicien et mécanicien écossais, né à Greenock, en 1736, était fils d'un fabricant d'instruments, qui sut reconnaître l'aptitude de son fils pour les sciences, et le laissa travailler à sa guise, à cause de sa faible santé. A 21 ans, Watt voulut monter, à Glasgow, un atelier d'instruments de marine, mais la corporation des arts et métiers s'y opposa. L'Université lui accorda alors, dans son hôtel, un modeste local, qui devint bientôt le rendez-vous des savants et des littérateurs. Là il passe les nuits à des recherches scientifiques et invente le condenseur (1765). Pour exploiter sa découverte, il se met en relation avec l'ingénieur Roebuck; mais ce dernier ayant été ruiné, Watt s'occupe pendant 8 ans de canaux, de ponts, d'améliorations de ports. Enfin, on l'associe avec Boulton. Il commençait à retirer quelque fruit de ses travaux quand il se voit contester ses découvertes, et n'obtient justice qu'après sept années de procès (1799). Watt était bienveillant, simple, aimant la justice. On lui doit le chauffage par la vapeur, la découverte de la composition de l'eau, et une foule de machines ingénieuses. Il mourut à l'âge de 82 ans, en 1819, à sa terre de Houthfield, près Birmingham. Plusieurs villes d'Angleterre lui ont élevé des statues.

et l'air qui s'en dégage dans le vide, sont enlevés continuellement par une pompe, nommée *pompe à air*, mise en jeu par la machine elle-même. Le corps de pompe reste donc toujours brûlant, et les premières portions de vapeur introduite peuvent alors agir sans éprouver la condensation.

498. Machine à double effet. — Dans la machine précédente, dite *à simple effet*, le piston est poussé dans les deux sens opposés par des efforts très inégaux, puisque ce n'est que dans le mouvement de descente qu'il reçoit la pression motrice. Cette inégalité présente un grave inconvénient, quand il s'agit d'appliquer la machine à des appareils qui exigent un mouvement régulier, comme les métiers à filer ou à tisser. Watt a alors imaginé la *machine à double effet*, dans laquelle la vapeur agit alternativement de chaque côté du piston. — Dans cette machine (*fig.* 392), le corps de pompe est fermé par un couvercle, que traverse la tige du piston par l'intermédiaire d'une *boîte à étoupes*. Sa partie supérieure et sa partie inférieure sont mises en communication, tantôt avec la chaudière C, tantôt avec le condenseur c, par les robinets r, s, r', s'. Supposons d'abord que les robinets r et s' soient ouverts, et les deux autres fermés. La vapeur passe au-dessus du piston et le fait descendre, pendant que l'air, ou la vapeur, qui se trouve au-dessous, se rend dans le condenseur par le

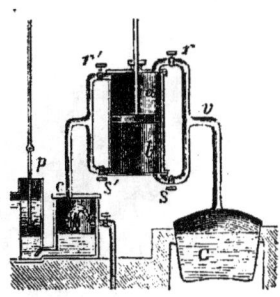

Fig. 392.

robinet s'. La pompe p nommée *pompe à air*, enlève l'eau et l'air de ce dernier. Quand le piston est arrivé au bas de sa course, on ouvre, à leur tour, les robinets r' et s, et l'on ferme les deux autres. La vapeur passe alors au-dessous du piston et le soulève; tandis que celle qui remplit la partie supérieure du corps de pompe, se précipite dans le condenseur, par le robinet r'.

499. Distribution de la vapeur. — La machine elle-même est chargée de faire passer la vapeur d'un côté du piston, ou de la conduire dans le condenseur. Les pièces destinées à cet usage, et qui remplacent les robinets r, r', s, s' (*fig.* 392), se nomment la *distribution*; il y en a de différentes sortes; un des systèmes les plus usités est le *tiroir* que nous allons décrire.

Tiroir à coquille. — Imaginons un prisme rectangulaire en métal (*fig.* 393), creusé d'un côté, comme on le voit dans la coupe transversale T. Cette pièce glisse dans l'intérieur de la *boîte* de distribution *ea* communiquant avec la chaudière par le tuyau v. L'une des faces du tiroir s'applique exactement sur une surface bien dressée, dans laquelle sont pratiquées trois

582   CHANGEMENTS D'ÉTAT DES CORPS.

ouvertures, communiquant, l'une, *o*, avec le condenseur, et les deux autres avec la partie supérieure et la partie inférieure du corps de pompe. Dans la position *t* du tiroir, la vapeur passe au-dessus du piston, et la partie inférieure du corps de pompe communique avec le condenseur par la cavité pratiquée dans le tiroir. L'inverse a lieu dans la position *t'* ; c'est alors la partie supérieure du corps de pompe qui communique, par l'ouverture *o'*, avec le condenseur. Le mouvement est imprimé au tiroir par la tige *t*, qui traverse une *boîte à étoupes*.

Excentrique. — Le tiroir est conduit par la machine elle-même. Dans les machines à double effet, le mouvement d'oscillation du balancier est transformé en un mouvement de rotation imprimé à un arbre horizontal muni d'un volant. Cet arbre, O (*fig.* 393), porte un *excentrique*, *r*, qui n'est

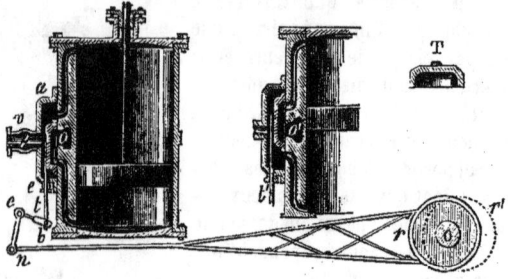

Fig. 393.

autre chose qu'une roue dont le plan est perpendiculaire à l'axe de l'arbre, mais dont le centre est en dehors de cet axe, de manière qu'elle ne tourne pas autour de son centre de figure. On voit en *r* et *r'* deux de ses positions diamétralement opposées. Un anneau, portant un système de tringles *rn*, enveloppe l'excentrique, qui peut tourner dans cet anneau, de manière que le point *n* prend un mouvement de va et vient qui le rapproche et l'éloigne alternativement de O, à chaque tour que fait l'excentrique. L'extrémité *n* est articulée à un levier coudé *nch*, qui agit sur la tige *t* du tiroir de manière à régler l'introduction de la vapeur.

500. Machines à détente. — Au lieu de laisser entrer la vapeur pendant tout le temps de la course du piston, on dispose le tiroir de manière à ne la laisser entrer que pendant une partie de cette course, ce qui produit une grande économie de vapeur, et, par conséquent, de combustible. La vapeur introduite, agit ensuite par sa force de ressort ou par *détente*, avec une force décroissante, qui dépend de l'augmentation de volume qu'elle éprouve, et que l'on peut calculer approximativement, pour chaque position du piston, en appliquant la loi de Mariotte. On reconnaît facilement l'avantage de la détente : si, par exemple, la vapeur n'entre que pendant $\frac{1}{3}$ de la course du piston, elle produit d'abord $\frac{1}{3}$ du travail qu'elle effectuerait si elle entrait pendant toute la course, et l'on dépense trois fois moins de vapeur. On gagne ensuite tout le travail effectué par la détente.

501. Description de la machine de Watt. — Il est facile, au moyen des détails qui précèdent, de se rendre compte de l'ensemble de la machine de Watt à double effet (*fig.* 394) : le corps de pompe P reçoit

Fig. 394.

la vapeur par le tuyau V, qui la conduit d'abord dans la boîte de distribution b. La tige du piston est articulée, par l'intermédiaire d'un *parallélogramme* αβγ avec l'extrémité du balancier αα', levier très fort, ordinairement en fonte, mobile sur deux tourillons qu'il porte en son milieu. Le parallélogramme a pour effet de permettre à la tige du piston de se mouvoir en ligne droite, quoique l'extrémité α du balancier décrive un arc de cercle. L'autre extrémité α' de ce balancier est articulée avec une bielle B, articulée elle-même par son autre extrémité à une manivelle m fixée à l'arbre qu'il s'agit de faire tourner; de manière que le mouvement d'oscillation que reçoit la bielle, se transforme en un mouvement de rotation. Un volant FF, très pesant, sert à régulariser les mouvements, et en même temps à faire franchir, par sa vitesse acquise, les deux *points morts* ou *instants critiques*, qui correspondent aux positions où la bielle est sur le prolongement de la manivelle *m*. A l'arbre du volant, est adapté l'excentrique qui fait mouvoir le tiroir, par l'intermédiaire des tringles T.

En C est le condenseur, dans lequel on règle l'arrivée de l'eau d'injection au moyen du robinet *rr*. Cette eau vient d'une bâche alimentée par la pompe à puits Q, mise en mouvement par le balancier. A est la pompe à air; l'eau chaude qu'elle extrait du condenseur C est conduite au-dehors par un tuyau *e*; une partie, passant par le tube *t*, est aspirée par la pompe d'alimentation *p*, qui la refoule dans la chaudière, pour remplacer l'eau qui disparaît à l'état de vapeur.

Modérateur à force centrifuge. — Pour rendre régulière la vitesse d'une machine, malgré les changements dans les résistances qu'elle peut avoir à vaincre, Watt a imaginé de faire varier l'arrivée de la vapeur dans la boîte de distribution, de manière à en fournir une moindre quantité quand la vitesse s'accélère. Il a employé pour cela le *modérateur*, ou *régulateur à force centrifuge*, que l'on voit en R (*fig.* 394). Cet appareil consiste en un parallélogramme articulé, dont deux côtés portent des boules très lourdes. Il reçoit de l'arbre du volant, un mouvement de rotation autour de l'axe *oo*, par la corde sans fin *c* et les roues dentées *s*. Quand la vitesse de la machine augmente, la force centrifuge fait écarter les boules, et l'anneau *a* monte; il descend, au contraire, quand la vitesse diminue. Cet anneau porte une gorge dans laquelle s'engage à frottement doux, une fourchette qui termine un levier *al*; de manière que le bras *an* s'élève et s'abaisse en même temps que l'anneau *a*. L'autre bras agit, par l'intermédiaire d'une tige *x*, sur une clef que l'on voit dans le tuyau d'arrivée V, de manière à gêner plus ou moins le passage de la vapeur.

502. Machines horizontales. — La machine de Watt à condensation est d'un poids énorme et occupe un grand espace. Le balancier et le système qui sert à le soutenir sont surtout d'une installation difficile et coûteuse. Aujourd'hui on emploie beaucoup une disposition très simple, dont la *fig.* 395 peut donner une idée. Le corps de pompe P est placé horizontalement, et la tige du piston est guidée par une pièce en T qui la termine, et dont les extrémités glissent dans deux *glissières* fixes, *a*, parallèles à la tige. Une bielle *b* communique le mouvement du piston à la manivelle *o* du volant R. L a figure représente une machine montée sur des roues et nommée *locomobile*, très employée dans les travaux agricoles et les travaux publics. La chaudière à vapeur est placée en dessous, et est disposée comme celle des locomotives (506). Cette machine n'a pas de condenseur, comme celles dont nous allons parler.

503. Machines à haute pression. — Au lieu de condenser la vapeur qui sort du corps de pompe, on peut la laisser simplement s'échapper dans l'atmosphère ; mais il est évident que, dans ce cas, le piston éprouve du côté vers lequel il marche, une résistance égale à la pression atmosphérique. La vapeur qui le presse du côté opposé doit donc posséder une tension égale au moins à deux atmosphères, si l'on veut qu'elle produise un effet équivalent à celui d'une atmosphère quand il y a condensation. La machine porte alors le nom de *machine à haute pression* ; on réserve le nom de

Fig. 395.

machine à basse pression à celle dans laquelle la tension de la vapeur de la chaudière n'atteint pas deux atmosphères ; alors il y a toujours un condenseur.

Les machines à haute pression et sans condensation sont plus simples que les machines à basse pression ; il y a de moins le condenseur et sa pompe d'alimentation, la pompe à air, et il n'y a plus besoin de la grande quantité d'eau froide destinée à alimenter le condenseur. Dans ces machines, la pression est poussée jusqu'à 9 à 10 atmosphères.

II. Chaudières à vapeur.

504. Les *chaudières*, ou *générateurs à vapeur*, destinées à fournir la vapeur au corps de pompe des machines, se font ordinairement en tôle de fer. Leur forme est très variable ; la plus convenable est celle d'un cylindre terminé par deux hémisphères. La capacité étant alors maximum, la tension de la vapeur ne peut, en modifiant la forme, produire des déchirures par flexion ; la pression n'agit alors que par traction, et nous savons que c'est aux efforts exercés ainsi que les corps résistent le mieux (225).

Chaudières à haute pression. — Les chaudières dans lesquelles la vapeur doit posséder une forte pression, sont ordinairement cylindriques, et sont munies de *tubes bouilleurs*. La *fig.* 397 représente une de ces chaudières vue de côté, avec une coupe longitudinale du fourneau, dont la *fig.* 398 montre la partie antérieure, et la *fig.* 396 une coupe transversale. Les mêmes lettres indiquent les mêmes objets sur les trois figures. v est la prise de vapeur. Bb (*fig.* 397) et b, b (*fig.* 398) sont les *bouilleurs* : ils consistent en deux tubes dont le diamètre est plus petit que celui de la chaudière, communiquant avec elle par les tuyaux P, P, P nommés *puisards*. Ils sont fermés à l'extrémité antérieure par des *autoclaves* : l'ouverture a une forme ovale, ainsi que la plaque qui doit la fermer, celle-ci, un peu plus grande, s'introduit en la présentant par son petit diamètre;

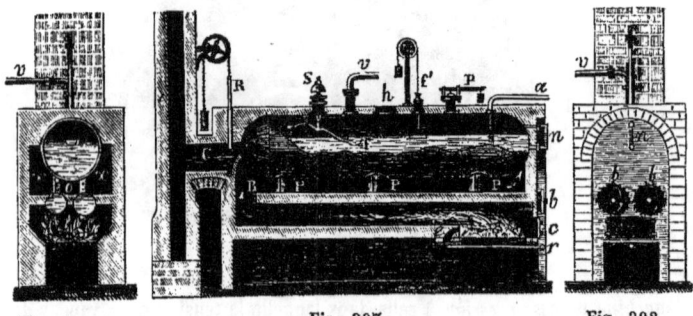

Fig. 396.   Fig. 397.   Fig. 398.

on la retourne ensuite et on l'applique contre le bord de l'ouverture, de dedans en dehors. Un mastic au minium qu'on a eu soin d'interposer empêche les fuites.

La chaudière est renfermée dans un fourneau en briques dont les bouilleurs traversent la paroi antérieure, comme on le voit en b, b (*fig.* 398), de manière qu'il est facile de les nettoyer en ouvrant les autoclaves. R est un registre au moyen duquel on règle le tirage de la cheminée. On jette du combustible sur la grille du foyer par la porte c, qui reste ensuite fermée. La flamme échauffe d'abord les bouilleurs en dessous, puis elle passe en B (*fig.* 397), et circule dans l'espace o (*fig.* 396), limité latéralement par deux cloisons en briques, construites entre les puisards, et en dessous par une cloison horizontale placée à la hauteur des bouilleurs, et dont on voit une coupe longitudinale dans la *fig.* 397, et une coupe transversale dans la *fig.* 396. La flamme revient ensuite à la cheminée par les espaces xx, dans lesquels elle échauffe le corps principal de la chaudière. La partie de la chaudière atteinte directement par la flamme ou la fumée se nomme *surface de chauffe*.

Alimentation. — Les chaudières à haute pression sont alimentées par une pompe foulante, ordinairement à piston plongeur (207), mue par la machine. On la remplace aujourd'hui avec avantage par l'*injecteur Giffart*, appareil original, dont aucune pièce n'est mobile, et qui, complètement indépendant de la machine, n'est qu'une annexe de la chaudière, pouvant l'alimenter pendant le repos.

505. Appareils de sûreté. — Les chaudières sont accompagnées de divers appareils de sûreté, qui sont les *soupapes de sûreté*, les *manomètres* et les *indicateurs du niveau*.

Soupape de sûreté. — Pour limiter la tension de la vapeur dans une chaudière, on ménage à sa partie supérieure une ouverture fermée par une soupape chargée, que la vapeur doit soulever dès qu'elle atteint une certaine pression. Si s est l'aire de l'ouverture en centimètres carrés, P la pression en centimètres de mercure, que doit atteindre la vapeur pour que la soupape se soulève, cette pression équivaudra au nombre de grammes $sP \times 13,6$. Le poids de la

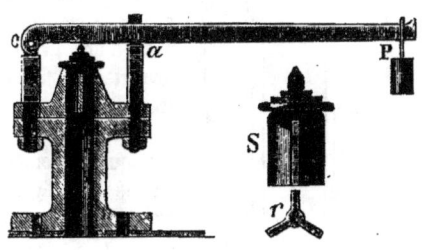

Fig. 399.

soupape et de sa charge devra donc, pour faire équilibre à l'effort de la vapeur, être égal à $s(P-H)13,6$; H représentant la pression atmosphérique, qui doit être retranchée de P, puisqu'elle contrebalance une partie, H, de la pression de la vapeur.

La soupape de sûreté a été inventée par Papin. La *fig.* 399 montre comment on la dispose ordinairement. Elle s'applique sur l'extrémité d'une tubulure placée à la partie supérieure de la chaudière, et est pressée par un levier horizontal cP chargé d'un poids, et guidé dans ses mouvements par une pièce a. La soupape est représentée à part en S; elle se compose d'un plateau circulaire, qui s'applique exactement sur le contour aminci de l'ouverture. Trois ailettes, disposées au-dessous, et dont on voit la coupe en r, servent à guider la soupape dans la tubulure qu'elle est destinée à fermer. On met ordinairement deux soupapes sur la même chaudière, pour plus de sécurité.

Manomètres. — Pour connaître à chaque instant la pression de la vapeur, on met la chaudière en communication avec un manomètre. Tantôt on emploie les manomètres à air, tantôt les manomètres métalliques (189). En France, dans les machines fixes on emploie le *manomètre à air libre*. Le plus simple de ces appareils (*fig.* 400) consiste en un tube vertical plongeant dans un réservoir de mercure renfermé dans un vase complètement fermé communiquant avec la chaudière par un tube à robinet, r. La pression de la vapeur soulève le mercure dans le tube. Souvent les positions du niveau sont indiquées par une aiguille e suspendue à un cordon qui passe sur une poulie, et est attaché à un flotteur qui suit les mouvements du mercure en f.

Quand la pression dépasse 5 atmosphères, on emploie le manomètre de chaussenot (*fig.* 401). Un tube en fer replié en U contient du mercure ; il est enfoncé dans le sol, et est en communication avec la vapeur de la chaudière par le robinet du vase en fonte v. Cette vapeur presse sur l'eau qui remplit le vase v, et fait monter le mercure dans un gros tube de verre lt muni d'une graduation établie directement par l'expérience. Comme le tube lt possède un plus grand diamètre que le tube de fer, les déplacements du niveau dans le premier sont assez peu étendus pour que l'observation en soit facile. Le vase r est destiné à recevoir le mercure qui pourrait être projeté par une augmentation brusque de la pression.

Indicateurs du niveau. — L'abaissement de niveau au-dessous de la surface de chauffe est une des causes les plus fréquentes d'explosion ; aussi s'est-on appliqué à perfectionner les appareils d'alimentation et ceux qui font connaître la position du niveau.

Tube à niveau. — Le plus souvent, les chaudières à vapeur sont munies d'un *tube à niveau*, n (*fig.* 397 et 398) : deux tubes métalliques, dont l'un communique avec la vapeur et l'autre avec l'eau de la chaudière, sont réunis par un tube vertical en cristal, dans lequel le niveau se tient à la même hauteur que dans la chaudière, d'après la théorie des vases communiquants. Des robinets, habituellement ouverts, sont placés aux extrémités du tube de cristal ; on les fermerait si ce tube venait à être brisé par accident.

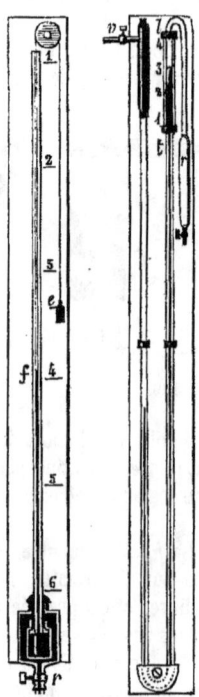

Fig. 400.   Fig. 401.

Flotteur à indicateur et à sifflet d'alarme. — Cet appareil, qui se voit en f' dans la *fig.* 397, consiste en un flotteur qui suit le niveau de l'eau. Ce flotteur est attaché à un contre-poids, par un fil métallique qui traverse une boîte à étoupe f', et passe sur une poulie de renvoi. La position du niveau est indiquée, soit par la position du contre-poids, soit par une aiguille fixée à l'axe de la poulie.

Les appareils à niveau que nous venons de citer, demandent à être observés fréquemment. La négligence pourrait donc en rendre les indications inutiles. Le *flotteur à sifflet d'alarme* appelle l'attention, dès que le niveau s'abaisse trop. Le flotteur f (*fig.* 497) est fixé à l'une des extrémités d'un levier, dont l'autre extrémité porte un contre-poids, et dont on voit le point d'appui en O (*fig.* 402). En c, est un bouchon conique en cuivre, qui ferme l'orifice d'un tube par lequel la vapeur s'échappe, quand le flotteur fixé au bras F descend au-dessous de la limite assignée. La vapeur produit alors un son intense, en traversant un sifflet métallique, composé d'une cloche renversée S, à bords tranchants, contre lesquels vient se briser une lame de vapeur sortant par une fente circulaire oo qui se trouve au-dessous. On voit en sf (*fig.* 397), l'ensemble de l'appareil.

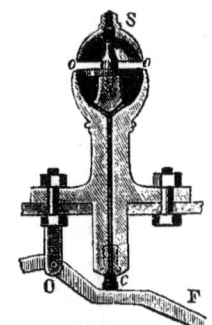

Fig. 402.

III. — Locomotives.

506. Description de la locomotive. — La principale difficulté qu'il y avait à vaincre dans la construction des locomotives était d'obtenir une grande surface de chauffe, dans un espace nécessairement restreint. Cette difficulté a été vaincue à la même époque par Seguin en France, et par G. Stephenson en Angleterre, par l'emploi des chaudières tubulaires.

La *fig.* 403 représente la coupe longitudinale d'une locomotive à six roues. On y distingue deux parties principales : la chaudière avec son foyer, et le mécanisme que la vapeur fait mouvoir. Le corps de la chaudière est cylindrique ; à l'une de ses extrémités se trouve une cavité rectangulaire F entourée d'eau de tous côtés, excepté en bas ; on la nomme *boîte à feu*. Toutes les parties planes sont reliées par des tirants qui s'opposent aux flexions. La porte o sert à jeter le combustible sur la grille, à laquelle l'air arrive par une large ouverture n. Des tubes c, c, c, qui vont de la boîte à feu à l'extrémité opposée de la chaudière, sont entourés par l'eau qu'elle contient. Leur diamètre est de 4 à 5^{cm} ; il y en a ordinairement de 100 à 125, et la surface de chauffe peut dépasser 70 mètres carrés. La flamme traverse ces tubes, et se rend dans *la boîte à fumée* DV, que surmonte la cheminée. En p est une large porte que l'on ouvre pour nettoyer les tubes. La *fig.* 404 représente une coupe transversale à travers la boîte à fumée ; on y voit les extrémités des tubes. Les soupapes de sûreté, m, m' (*fig.* 403), sont chargées par des ressorts r, r', dont on peut faire varier la tension au moyen de vis v, v'. En x est un sifflet pour les signaux ; il est semblable à celui de la *fig.* 402, seulement il est muni d'un robinet placé à la portée du mécanicien. P est un des deux corps de pompe placés l'un à côté de l'autre, près de la boîte à fumée. L'extrémité de la tige du piston est guidée par une glissière fixe ; elle agit par l'intermédiaire de la bielle K, sur l'une des manivelles de l'essieu des *roues motrices* M, qui sont fixées à cet essieu et tournent avec lui. La tige du tiroir dont on voit la coupe au-dessus du corps de pompe P, est guidée en α, et reçoit son mouvement d'un levier conduit par la bielle f et l'excentrique c. aa est la pompe d'alimentation, dont le piston plongeur est lié à l'extrémité de la tige du piston P.

Fig. 403.

L'eau est refoulée dans la chaudière par le tube θ, et vient, par le tube tt, d'un réservoir placé sur un wagon d'approvisionnement nommé *tender*, qui suit toujours la locomotive. La prise de vapeur se fait par l'extrémité [I d'un tuyau, qui s'élève dans l'intérieur d'un dôme, afin de diminuer la quantité d'eau entraînée par la vapeur. Ce tuyau, coudé en R, arrive dans la boîte à fumée, où il se bifurque et envoie aux deux corps de pompe des branches, qui se voient en oo (*fig.* 404). En R (*fig.* 403), est le robinet d'entrée de la vapeur, sa tige passe au-dehors à travers une boîte à étoupe, et elle porte un levier au moyen duquel on la fait tourner. Au lieu d'un robinet, on emploie souvent différents systèmes de vannes.

La vapeur, après avoir agi dans les corps de pompe, s'échappe par les tubes cv, $c'v$ (*fig.* 404), V (*fig.* 403), qui la conduisent dans la cheminée, par la tuyère D. Cette vapeur sortant à haute pression, et à des instants très rapprochés, puisqu'à chaque tour de roue il y a quatre sorties, il se fait une espèce de tirage artificiel qui supplée au défaut de longueur de la cheminée, nécessairement très courte, et force la flamme à franchir les tubes qui traversent la chaudière. Ce tirage artificiel n'a lieu que pendant la marche, et il est d'autant plus énergique que la vitesse est plus grande, et par suite, que la vapeur est plus rapidement dépensée.

Châssis. — La chaudière et tout le mécanisme de la locomotive sont fixés à un cadre de fer qu'on appelle le *châssis*. On voit dans la *fig.* 404 les bandes de fer obliques, ou oreilles, qui servent à fixer la chaudière au châssis. Ce dernier s'appuie sur les essieux tournants des roues, par l'intermédiaire de puissants ressorts en acier. En O (*fig.* 403) est le *chasse-pierre*, destiné à écarter les obstacles qui pourraient se trouver sur les rails.

507. Translation de la locomotive. — Dans les locomotives, la vapeur fait tourner directement une paire de roues nommées *roues motrices*. Et si la machine avance, c'est que ces roues ne peuvent glisser sur les rails. Cependant, quand la résistance à vaincre est trop grande, ces roues tournent sur place en glissant. L'adhérence des roues motrices aux rails

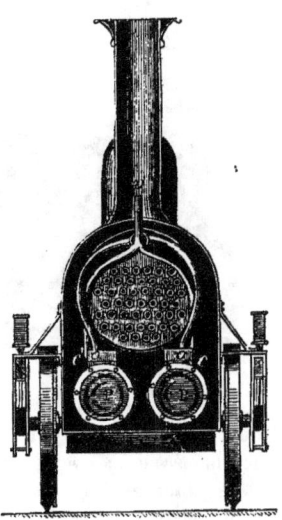

Fig. 404.

est proportionnelle à la charge qu'elles supportent. Du reste, il y a toujours un peu de glissement, et l'espace parcouru est toujours moindre que celui que l'on obtient en multipliant la circonférence des roues par le nombre de tours. Cette perte est plus marquée quand les rails sont humides. — Quand on veut remorquer de lourds convois ou franchir de fortes pentes, on donne le même diamètre aux six roues, et on les réunit par des bielles, articulées à des manivelles égales; de manière que les pistons impriment le mouvement aux six roues, et qu'il y ait six points d'adhérence sur les rails au lieu de deux. Souvent on réunit ainsi quatre roues seulement. On a fait des locomotives à petite vitesse pour les marchandises ayant 8, 12 et même 14 roues égales, ainsi réunies.

Dans les machines dites *à grande vitesse*, les roues motrices doivent avoir un grand diamètre, afin que le mouvement de translation soit très grand à chaque tour. Mais la machine ne peut remorquer qu'un petit nombre de wagons. La *fig*. 405 représente une locomotive à grande vitesse, dans le système Crampton. V est la prise de vapeur, *v* la boîte de distribution placée au-dessus du corps de pompe, et *o* le tube qui conduit la vapeur, du corps de pompe dans la cheminée. *a* est la pompe d'alimen-

Fig. 405.

tation, qui aspire par le tube *a'* l'eau que porte le *tender*. M indique la place du mécanicien entre les roues motrices.

508. Changement de marche. — Une locomotive doit pouvoir, à volonté, marcher en avant ou en arrière. Il faut de plus que le mécanicien puisse opérer le changement, de la place qu'il occupe derrière la boîte à

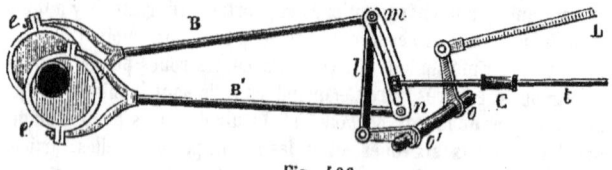

Fig. 406.

feu. Un des systèmes les plus employés pour cela est la *glissière Stephenson* (*fig*. 406), qui offre aussi l'avantage de permettre de faire varier la détente pendant la marche, en modifiant l'étendue de la course du *tiroir*. Deux excentriques opposés *e*, *e'* sont fixés à l'arbre des roues motrices ; ils font mouvoir les deux bielles B, B' articulées à la *glissière mn* en forme d'arc, qui oscille autour d'un point placé vers son milieu. t est la tige du tiroir; elle est guidée en C, et reçoit un mouvement de va et vient, de l'arc mn. L'étendue et le sens de ce mouvement dépendent de la position qu'occupe sur l'arc, l'extrémité de la tige du tiroir. Pour faire varier cette position, on soulève plus ou moins l'arc mn, au moyen de la barre articulée l et d'un levier mobile autour de l'axe oo', sur lequel on agit au moyen de la barre L, dont l'extrémité est ensuite arrêtée dans la position voulue.

CHAPITRE VII.

SOURCES DE CHALEUR.

509. La chaleur ne peut exister sans la matière pondérable ; elle provient toujours d'un corps dans lequel elle prend naissance sous l'influence de différentes causes, que l'on nomme *sources de chaleur*. On divise les sources de chaleur en *sources naturelles* comme le soleil, la chaleur terrestre, la chaleur des animaux ; *sources physiques et mécaniques*, comme le frottement, la compression, et *sources chimiques*. Il est une autre source de chaleur, l'*électricité*; mais nous n'en parlerons que dans le livre suivant.

Pour produire du froid, on emploie différents moyens, qui reviennent presque tous à rendre latente une partie de la chaleur sensible que contiennent les corps, comme nous en avons vu des exemples dans les mélanges réfrigérants (444) et dans le froid produit par l'évaporation (448).

§ 1. — SOURCES NATURELLES.

510. Insolation. — La source la plus abondante de chaleur pour la surface du globe est le *soleil*. L'exposition aux rayons solaires se nomme *insolation*. Le soleil se présente à nous sous forme d'un disque soutendant un angle de 32' en moyenne ; son diamètre est égal à 112 fois celui de la terre.

Quantité de chaleur fournie par le soleil. — La quantité de chaleur que le soleil communique dans un temps donné à une surface sur laquelle ses rayons tombent normalement, dépend de la hauteur de l'astre au-dessus de l'horizon, et de la pureté de l'atmosphère. Chacun a pu remarquer combien la chaleur du soleil, en même temps que son éclat, est faible près de l'horizon, même quand le ciel est pur. Cela tient à ce que l'air absorbe une partie de la chaleur qui le traverse, en s'échauffant à ses dépens ; et la couche traversée est d'autant plus épaisse que le soleil est plus près de l'horizon.

Il résulte des expériences de M. Pouillet, faites avec un appareil qu'il nomme *pyrhéliomètre*, que la quantité moyenne de chaleur que le soleil verse annuellement sur un centimètre carré de la surface de la terre supposée dépourvue d'atmosphère, est, en nombre rond, de 231000 *calories*. Cette quantité suffirait pour fondre, en un an, une couche de glace de près de 4 mètres d'épaisseur qui recouvrirait la surface du globe. Une partie de cette chaleur est absorbée par l'atmosphère, et la surface du sol n'en reçoit à peu près que de 0,73 à 0,50, suivant la pureté de l'air.

La quantité de chaleur solaire que reçoit le globe n'est qu'une très petite fraction de celle qu'envoie le soleil dans tous les sens. Celle-ci est, *par minute*, de 84888 calories, quantité capable de fondre, en une minute, une couche de glace enveloppant le soleil et ayant 11^m,8 d'épaisseur ; en un jour, une couche de 4,25 lieues, et en une année une couche de 1547 lieues [1]. Il faut bien remarquer que tous ces nombres ne sont qu'approximatifs.

511. Chaleur propre du globe. — Le globe terrestre possède une chaleur propre intérieure, dont l'existence est attestée par l'accroissement de température qu'on observe quand on s'enfonce au-dessous de sa surface. Cet accroissement a été constaté par des observations faites dans les mines, et sur les eaux des puits artésiens. On admet qu'il est à peu près de 1° pour une profondeur de 30 mètres ; mais ce nombre varie beaucoup, suivant la conductibilité du sol.

En admettant que la loi de l'accroissement de 1° pour 30^m reste la même à toute profondeur, et en partant de la température de 10° à la surface du sol, on trouverait 100°, à 2700^m de profondeur ; on aurait, à 12 lieues, la température du fer fondu ; et à 20 lieues environ, toutes les matières minérales connues seraient en fusion.

Feu central. — Pour expliquer cette chaleur intérieure du globe, on admet que la terre a été d'abord une masse liquide, qui a pris d'elle-même la forme sphérique, un peu modifiée par le mouvement de rotation (61). La surface s'est ensuite solidifiée par le refroidissement dû au rayonnement, de manière que le globe est actuellement formé d'une masse en fusion recouverte d'une croûte solide. C'est là l'hypothèse du *feu central*. Si l'on admet la loi de 1° par 30^m, la couche solide ne doit avoir qu'une dizaine de lieues d'épaisseur, c'est-à-dire moins de $\frac{1}{120}$ du rayon de la terre. Elle serait représentée par une feuille de papier, sur un globe de 2 décimètres de diamètre. Les sources thermales nous apportent des indices de la haute

[1] Voir le *Traité de Physique*, 2e édition, t. II, p. 530 à 539.

température des parties inférieures de cette couche ; et les déjections volcaniques, des spécimens des matières en fusion qu'elles recouvrent.

512. Sources physiologiques de chaleur. — Les animaux dégagent continuellement de la chaleur pendant leur vie. Chez les animaux à *sang chaud*, qui sont les mammifères et les oiseaux, cette chaleur compense à chaque instant les pertes extérieures, de manière que leur température reste sensiblement constante. Chez les autres, dits à *sang froid*, la température n'a plus rien de fixe ; la chaleur se produit si lentement qu'elle est enlevée à chaque instant par les causes extérieures, de sorte que leur température ne dépasse que très peu celle du milieu ambiant, et peut éprouver des variations considérables, sans que leur existence soit compromise.

La température de l'homme, observée dans les muscles, est de 37° environ, et ne varie guère que de 1° d'un individu à un autre ; celle des mammifères varie de 37° à 40° en général ; et celle des oiseaux est généralement comprise entre 38° et 44°.

La chaleur dégagée par les animaux pendant leur vie, doit être attribuée aux actions chimiques très complexes qui s'accomplissent dans la profondeur des organes, sous l'influence du système nerveux.

Les végétaux dégagent aussi un peu de chaleur, qui élève leur température d'une fraction de degré au-dessus de la température ambiante. Dans certaines fleurs, pendant la fécondation, cette température s'élève davantage. Dans l'*Arum vulgare*, elle peut dépasser de 7°, et dans l'*Arum cordifolium* de l'île de France, de 30° la température ambiante.

§ 2. — SOURCES PHYSIQUES ET MÉCANIQUES.

513. Frottement. — Les actions mécaniques au moyen desquelles on peut produire de la chaleur sont le *frottement*, la *compression*, et toutes les opérations par lesquelles on peut déformer les corps. Occupons-nous d'abord du frottement.

Quand on frotte deux corps l'un contre l'autre, ils s'échauffent, d'une quantité qui dépend de la nature et de l'état des surfaces, de la pression et de la vitesse. Par exemple, si l'on se frotte les mains, elles s'échauffent. Deux morceaux de bois frottés vivement l'un sur l'autre ne tardent pas à répandre de la fumée ; les tourillons des machines, les essieux des voitures deviennent brûlants quand on néglige de les graisser, et l'on voit quelquefois alors le moyeu des roues s'enflammer. Rumfort ayant détaché d'une masse de bronze plongée dans l'eau, 45 grammes de parcelles, au moyen d'un foret obtus, trouva qu'il s'était dégagé 450 calories environ.

MM. Baumont et Mayer ont tiré parti des effets du frottement, pour construire une machine qui transforme le travail mécanique en chaleur.

Elle consiste essentiellement en un cylindre un peu conique garni d'étoupes toujours graissées d'huile, et tournant, en pressant les parois, dans une enveloppe de cuivre entourée d'eau. Cette machine, faisant 400 tours par minute, porte en quelques heures 400 litres d'eau à la température de 130°.

Briquet à pierre. — Les étincelles que l'on fait jaillir quand on frappe tangentiellement une lame d'acier trempé contre le tranchant d'un silex, sont dues à la chaleur que produit le frottement énergique que l'on exerce par ce moyen. Le silex entame l'acier, en arrache des parcelles, qui sont portées à une température assez élevée pour s'enflammer et brûler au contact de l'air. En tombant sur de l'amadou, sur de la poudre, elles y mettent le feu.

On explique de la même manière, les étincelles que le fer des chevaux fait jaillir sur les pavés, celles qui s'échappent des meules sur lesquelles on aiguise les outils. Si l'on n'a pas soin de mouiller la meule, l'acier s'échauffe et prend une teinte bleue qui atteste que la chaleur dégagée par le frottement a détruit une partie de la trempe.

514. Déformation. — Quand on déforme les corps ductiles, il se développe de la chaleur. Par exemple, ils deviennent brûlants en passant à la filière ou sous le laminoir. Quand une barre d'un métal ductile est sur le point de rompre par traction, il se forme un étranglement à l'endroit où doit se faire la séparation, et le métal devient brûlant en ce point. — Quand on plie plusieurs fois de suite en sens contraire une barre flexible, elle s'échauffe fortement.

Percussion. — En frappant deux coups de marteau sur un clou posé sur une enclume, de manière à l'aplatir successivement dans deux sens opposés, il devient assez chaud pour enflammer de l'amadou. Une baguette de fer battue à coups redoublés devient rouge ; et une masse de plomb soumise à la même épreuve finit par fondre, et s'éparpille en gouttelettes sous le marteau. Ces effets sont dus, en partie, au frottement énergique qui se produit entre les molécules, qui sont violemment déplacées les unes par rapport aux autres.

515. Compression. — La compression dégage de la chaleur, mais en quantité limitée comme ses effets. Des disques d'or, d'argent, de cuivre, deviennent brûlants sous le choc du balancier à frapper les monnaies.

Compression des gaz. Briquet à air. — Quand on comprime brusquement et fortement un gaz, sa température peut être portée jusqu'au rouge. On le prouve au moyen du *briquet à air*, ou *briquet pneumatique* (*fig.* 407), qui consiste en un tube de métal ou de verre, fermé à l'une de ses extrémités, et contenant un piston. Quand on enfonce brusquement ce piston, la chaleur développée est assez élevée pour enflammer de l'amadou placé dans une cavité ménagée à l'extrémité du piston. Pour qu'il y ait inflammation, il faut que l'air soit réduit au douzième de son volume environ.

516. Froid dû à l'expansion des gaz. — Si la compression échauffe les gaz, leur expansion est accompagnée d'un refroidissement. Pour le prouver, on place un thermomètre de Breguet (402) sous le récipient de la machine pneumatique ; pendant qu'on raréfie l'air, on voit l'aiguille marcher du côté du froid. Elle revient bientôt sur ses pas, parce que l'équilibre de température avec les corps environnants se rétablit. Si alors on laisse rentrer l'air sous le récipient, le mouvement de l'aiguille indique qu'il y a échauffement, l'air introduit le premier étant comprimé par celui qui entre ensuite.

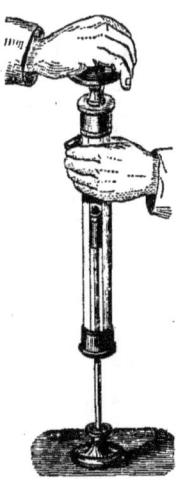

Gay-Lussac a reconnu que l'*élévation de température produite par une certaine augmentation de pression est égale à l'abaissement produit par une diminution de pression égale*. Il a démontré cette loi au moyen de l'appareil (*fig.* 408) : deux ballons de même capacité sont réunis par un tube adapté à des robinets, et contiennent des thermomètres à air égaux *t, t*. L'un de ces ballons étant vide et l'autre plein de gaz, on ouvre les robinets. Le thermomètre du ballon plein de gaz, baisse aussitôt ; tandis que celui que renferme le ballon vide monte ; et, quand l'expérience est faite avec soin, les déplacements des index sont de même étendue sur les deux thermomètres.

Fig. 407.

Quand on laisse échapper par un petit orifice, de l'air humide comprimé à 3 ou 4 atmosphères, le gaz se refroidit tellement par l'expansion subite qu'il éprouve, qu'il dépose sur une boule de verre un petit amas de glace provenant de la vapeur d'eau congelée. — C'est par le froid produit par son expansion, que l'acide carbonique se solidifie en sortant d'un récipient dans lequel il est très comprimé (471).

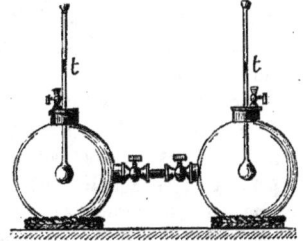

Quand la vapeur sort d'une chaudière à haute pression, elle se refroidit, de manière qu'en y plongeant la main, on éprouve une impression de fraîcheur. L'expérience peut se faire avec la marmite de Papin (*fig.* 409). Si la pression de la vapeur ne dépassait pas celle de l'atmosphère, elle sortirait à la température de 100°, et l'on ne

Fig. 408.

pourrait impunément y plonger la main. — C'est par la même raison que l'air chassé des lèvres par une petite ouverture, est relativement frais; tandis que, s'il sort librement par une large ouverture, il présente la température des poumons.

517. Chaleur dégagée par l'absorption des gaz, et par l'imbibition. — Les solides très poreux sont susceptibles d'absorber et de condenser dans leurs pores des quantités quelquefois considérables de gaz. Par exemple, si l'on étouffe un charbon ardent sous le mercure, et qu'on l'introduise dans une éprouvette remplie de gaz reposant sur le même liquide, on voit le mercure monter à mesure que le gaz est absorbé. Le charbon de bois absorbe ainsi 4 à 5 fois son volume d'air, et 90 fois son volume de gaz ammoniac. Le noir de platine ou platine en poudre impalpable, l'éponge de platine, absorbent plusieurs centaines de fois leur volume d'hydrogène, et cette condensation de gaz est accompagnée d'un dégagement de chaleur tel, que le métal devient incandescent. Du reste, des expériences de M. Fabre ont montré que la condensation du gaz ne peut expliquer la totalité de la chaleur dégagée; il y a donc une autre cause, provenant de l'action particulière qu'exercent les molécules du solide sur celles du gaz, et que Mitscherlich a nommé *affinité capillaire*.

Fig. 409.

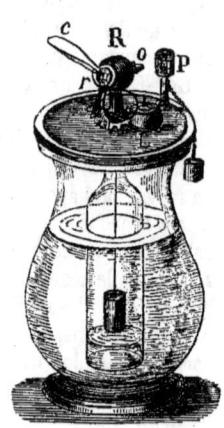

Fig. 410.

Briquet à gaz hydrogène. — Cet instrument a été inventé par Dœbéreiner; la *fig.* 410 représente une des formes qu'on lui donne ordinairement. Le vase V contient de l'eau mêlée d'acide sulfurique; une cloche, portant un robinet, R, plonge dans ce liquide et soutient un cylindre de zinc. La réaction de l'eau acidulée sur le zinc produit du gaz hydrogène, qui s'accumule dans la cloche, augmente de pression et y fait baisser le niveau, de manière que bientôt le zinc n'est plus baigné par le liquide. Alors le dégagement d'hydrogène s'arrête. Quand on ouvre le robinet R, le jet de gaz, dirigé par un orifice très fin, *o*, sur un morceau de mousse de platine disposé en P, le rend incandescent, et s'enflamme au moyen de la chaleur dégagée. En appuyant sur la clef *c* du robinet, on fait en même temps mouvoir, au moyen de deux secteurs dentés, une petite lampe L dont la mèche vient se mettre dans le jet de gaz enflammé. Quand on cesse de presser en *c*, le robinet se ferme de lui-même par l'action d'un ressort *r*, et la lampe reprend sa première position.

Imbibition. — M. Pouillet a reconnu qu'il se dégage de la chaleur quand on imbibe d'eau les corps très divisés. L'élévation de température n'est que de quelques dixièmes de degrés, quand il s'agit de minéraux en poudre, pierres, métaux, oxydes; mais elle peut atteindre 10° avec les substances organiques.

§ 3. — CHALEUR DÉGAGÉE DANS LES COMBINAISONS CHIMIQUES.

548. Toutes les fois que deux corps se combinent, il y a dégagement de chaleur, à moins que, comme dans les mélanges réfrigérants, il n'y ait de la chaleur qui disparaisse à l'état latent. Par exemple, quand on verse de l'eau sur la chaux vive, la température s'élève assez pour enflammer de la poudre contenue dans un tube qu'on enfonce dans la masse échauffée. On peut même, en versant l'eau peu à peu, enflammer de menus copeaux. — Si l'on mélange dans une fiole, de la limaille de cuivre et du soufre en poudre, il n'y a pas d'action chimique à la température ordinaire; mais si l'on fait chauffer le mélange, le soufre fond, et tout à coup la masse devient incandescente, par la chaleur qui se dégage pendant que la combinaison s'effectue. Quand l'action chimique est très lente, comme dans la formation de la rouille, la chaleur dégagée se dissipe à mesure, et l'on ne peut l'observer.

Combustion. — On nomme *combustion* la combinaison d'un corps, ou de ses éléments, avec l'oxygène, quand cette combinaison est accompagnée d'un dégagement de chaleur et de lumière. Pour qu'une combustion se fasse dans l'oxygène ou dans l'air, il faut généralement *allumer* le corps qui doit *brûler*; ce qui se fait en portant un de ses points à une haute température. Sous l'influence de cette température, la combinaison commence; la chaleur qu'elle dégage se communique aux parties voisines, qui peuvent alors se combiner à leur tour avec l'oxygène, et ainsi de suite de proche en proche. C'est ainsi que le charbon, le bois continuent à brûler quand on les a allumés. C'est par la combustion qu'on se procure ordinairement la chaleur et la lumière, dans l'industrie et dans les usages domestiques. On active la combustion en fournissant de grandes quantités d'air; elle est extrêmement vive dans l'oxygène pur.

519. De la flamme. — La flamme n'est autre chose qu'un gaz devenu lumineux sous l'influence d'une température très élevée, produite le plus souvent par sa combinaison avec l'oxygène. Au-delà de l'espace dans lequel a lieu cette combinaison, le gaz n'est plus lumineux, c'est pourquoi la flamme est limitée ; elle est mobile comme le gaz lui-même. Quand on allume une bougie, la chaleur communiquée à la mèche décompose la matière végétale dont elle est formée ; ce qui donne lieu à un dégagement de gaz combustible, qui se combine avec l'oxygène de l'air et forme une flamme. La chaleur dégagée dans cette combustion fait fondre le corps gras, qui monte dans la mèche par capillarité. Là, il est décomposé par la chaleur, en donnant naissance à un gaz qui brûle à son tour et produit la chaleur nécessaire pour fondre et décomposer une nouvelle portion du corps gras ; et ainsi de suite. — Si l'on souffle brusquement la flamme d'une bougie, on disperse le gaz inflammable dans une grande masse d'air, ce qui le refroidit assez pour que la combustion cesse.

Pour qu'une flamme soit brillante, il faut qu'elle contienne une matière solide. C'est ce qui a lieu dans la flamme du gaz d'éclairage, des bougies. Le gaz qui brûle est une combinaison d'hydrogène et de carbone ; l'hydrogène s'empare d'abord de l'oxygène de l'air, et le carbone se dépose en poussière fine incandescente, qui donne son éclat à la flamme. Ce carbone brûle ensuite un peu plus haut en formant de l'acide carbonique. Si l'air n'est pas assez abondant pour fournir à cette seconde combustion, le carbone apparaît sous forme d'une fumée noire. La flamme si chaude de l'hydrogène, qui ne contient pas de matières solides, est très pâle. Si l'on y introduit un corps solide, comme des fils métalliques, des fils d'amiante, ces corps en prennent la température, et répandent un vif éclat.

520. Propriété des toiles métalliques. — Une toile métallique contenant de 100 à 140 mailles par centimètre carré, intercepte complètement la flamme ; en effet, si l'on abaisse sur elle une semblable toile, on voit qu'elle ne passe pas au-delà. Cependant, du gaz inflammable traverse la toile, car on peut l'allumer au-dessus, et il continue ensuite à brûler. De la poudre, du fulmi-coton, ne peuvent être enflammés à travers une toile métallique, tant qu'elle n'est pas assez échauffée pour les enflammer par son contact. On a voulu expliquer ces effets par le refroidissement que font éprouver au gaz, les fils de métal bons conducteurs de la chaleur. Mais cette explication est insuffisante ; car, lorsque la toile métallique, portée au rouge, ne peut refroidir que faiblement le gaz, elle continue à intercepter la flamme. De plus, J. Aldini a montré qu'une toile d'amiante produit les mêmes effets qu'une toile métallique, quoique l'amiante conduise très mal la chaleur.

Lampes de sûreté. — Davy, qui a découvert les propriétés des toiles métalliques, s'en est servi pour construire une lampe pouvant être plongée impunément dans un mélange détonant. La flamme de cette lampe (*fig.* 411) est entièrement entourée d'une toile métallique. L est le réservoir d'huile ; on le remplit par l'orifice latéral *o*. La reconnaissance des mineurs a donné à cette lampe le nom de *Davyne* ; quand on la plonge dans un mélange détonant, l'inflammation du mélange a lieu en dedans, mais elle ne peut se propager au dehors. Le plus souvent alors, l'explosion intérieure éteint la flamme. Le mineur, averti par cet accident, doit s'éloigner aussitôt d'une atmosphère peu respirable ; mais il lui est difficile de se conduire au milieu de l'obscurité. Pour parer à cet inconvénient, Davy a disposé dans la flamme de la lampe de sûreté, une hélice en fil de platine a (*fig.* 412), qui reste incandescente, après que la lampe s'est éteinte, tant qu'elle reste plongée dans l'atmosphère inflammable, et répand une lueur qui suffit pour que le mineur puisse se diriger dans les galeries.

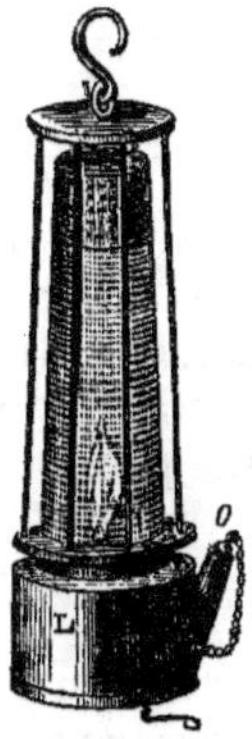

★ **521. Quantité de chaleur dégagée par les combinaisons.** — On a fait un grand nombre d'expériences pour évaluer le nombre de calories dégagées par la combinaison de poids donnés des divers corps. Laplace et Lavoisier, Rumfort, Dulong, Despretz, M. Hess, ont fait à ce sujet des recherches importantes ; mais le travail le plus étendu est celui de MM. Fabre et Silbermann. La méthode employée par les divers physiciens consiste, en général, à effectuer la combinaison dans un vase clos plongé dans un calorimètre, et à faire sortir les produits gazeux, à travers un serpentin dans lequel ils déposent leur chaleur [1].

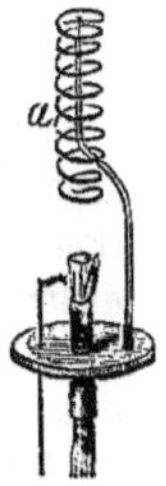

Fig 411.   Fig. 412.

Les expériences les plus nombreuses ont été faites sur les combustions. Voici quelques-uns des résultats trouvés par MM. Fabre et Silbermann :

	Calories dégagées par 1 gramme.		Calories dégagées par 1 gramme.
Hydrogène	34462	Charbon de bois	8080
Gaz des marais	13063	Graphite	7796
Gaz oléfiant	11858	Alcool	7184
Essence de térébenthine	10852	Sulfure de carbone	3400
Cire d'abeille	10496	Oxyde de carbone	2403
Ether sulfurique	9028	Soufre	2262

[1] Voir le *Traité de physique*, 2ᵉ édition, t. II, p. 478 à 504.

CHAPITRE VIII.

PHÉNOMÈNES MÉTÉOROLOGIQUES DÉPENDANT DE LA CHALEUR. — CLIMATOLOGIE.

522. Définitions. — La *météorologie* (μετέωρος, élevé, λόγος, discours) a pour objet l'étude des phénomènes qui se passent dans l'atmosphère. Nous allons parler, dans ce chapitre, des *météores* qui dépendent de la distribution de la chaleur à la surface du globe et de la vapeur d'eau répandue en plus ou moins grande quantité dans l'air. Ces phénomènes exercent une influence directe sur les êtres organisés, principalement sur les végétaux qui, fixés au sol, en subissent les effets sans pouvoir s'y soustraire.

Climatologie. — La météorologie peut se diviser en deux parties : dans l'une, on cherche à expliquer les phénomènes, en montrant comment ils se rattachent aux lois de la physique; dans l'autre, on les observe en eux-mêmes, on constate leur fréquence, leur intensité, l'ordre de leur succession, afin de caractériser le *climat* du lieu des observations. On nomme *climat* (χλῖμαξ, degré) d'une contrée, l'ensemble de tous les phénomènes atmosphériques qui peuvent exercer une influence quelconque sur les êtres organisés. Ces phénomènes sont principalement ceux qui vont nous occuper dans ce chapitre, et sont relatifs à la distribution de la chaleur et de l'humidité de l'air. La *climatologie* ou étude des climats, est encore peu avancée. Les circonstances qui influent sur les climats sont si nombreuses et si variées, et elles se compliquent tellement par leur coexistence, qu'il faut un très grand nombre d'observations pour démêler les lois de leur évolution.

§ 1. — DISTRIBUTION DE LA CHALEUR A LA SURFACE DU GLOBE.

I. Température de l'air.

523. Manière d'observer la température de l'air. — Les thermomètres destinés aux observations météorologiques doivent, dans nos climats, avoir une échelle comprise entre $-25°$ et $50°$. Les degrés doivent être assez grands pour qu'on puisse marquer les dixièmes. L'instrument doit être placé à environ 2 mètres au-dessus du sol, à l'ombre et exposé au nord.

On dispose ordinairement deux plateaux de bois, l'un au-dessus, l'autre au-dessous, pour le préserver du rayonnement du sol et de celui de l'atmosphère.

Thermomètre à maximum et à minimum. — On a souvent besoin de connaître le *maximum* et le *minimum* des températures qui ont eu lieu pendant un certain temps. On emploie pour cela des instruments spéciaux qui en conservent les indications ; les plus simples sont ceux de Rutherfort. Le thermomètre à maximum i (*fig.* 413) est un thermomètre horizontal à mercure, dans lequel le mercure pousse, en se dilatant, un petit cylindre d'acier ou d'émail i, qui reste au point où il a été transporté, quand ensuite le mercure se contracte ; conservant ainsi l'indication de la plus haute température qu'a marquée l'instrument.

Le thermomètre à *minimum* est à alcool. Un petit cylindre en émail, i',

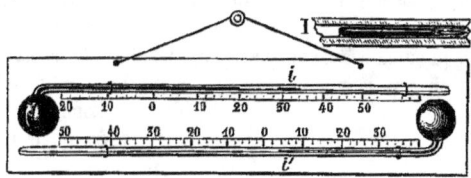

Fig. 413.

noyé dans le liquide, qui le mouille, sert d'index. Quand la colonne d'alcool se contracte, le ménisque qui la termine entraîne l'index, à cause de son adhérence capillaire ; et, si le liquide vient ensuite à se dilater, le ménisque concave se sépare de l'index, et l'abandonne au point où il avait été entraîné du côté du réservoir. On voit, en I, l'index, i', représenté avec sa grandeur naturelle. Le tube est coudé près du réservoir, pour empêcher l'index de s'introduire dans ce dernier.

Pour installer l'appareil, on commence par ramener les index aux extrémités des colonnes thermométriques. Il suffit pour cela d'abaisser le côté gauche de la tablette qui porte les deux tubes ; les réservoirs étant à l'opposé l'un de l'autre, les index glissent jusqu'aux extrémités des colonnes.

Dans les observatoires, on se sert aujourd'hui d'appareils munis d'un mouvement d'horlogerie et disposés, au moyen de divers artifices, de manière à enregistrer d'eux-mêmes leurs indications à intervalles de temps égaux.

524. Températures moyennes du jour. — Si l'on observe le thermomètre pendant 24 heures en un lieu donné, à des intervalles de temps assez rapprochés pour que les changements soient peu étendus pendant chacun d'eux, et si l'on divise la somme des températures obtenues, par le nombre des observations, on a la *température moyenne* du jour. Comme les variations sont assez lentes, il suffit d'observer d'heure en heure. Cette manière d'opérer est fort assujettissante; heureusement qu'on a reconnu que la moyenne obtenue coïncide avec celle qui serait donnée par trois observations seulement, faites une à *midi*, et les autres au *lever* et au *coucher* du soleil. Enfin, de Humboldt a reconnu que la moyenne entre le *maximum* et le *minimum* coïncide, à quelques dixièmes de degré près, avec la moyenne du jour. On peut donc se contenter d'observer le thermomètre à maximum et à minimum, méthode qui n'exige plus la présence de l'observateur à heure fixe.

Si l'on divise par le nombre des jours d'un mois, la somme des moyennes des jours de ce mois, on a la *moyenne mensuelle*. En divisant par 12 la somme des 12 moyennes mensuelles, on a enfin la *moyenne annuelle*.

Moyenne d'un lieu. — La moyenne annuelle n'est pas la même tous les ans en un même lieu. Si l'on fait la somme des moyennes annuelles observées pendant un certain nombre d'années, et qu'on divise cette somme par ce nombre, on obtient la *température moyenne du lieu*, et avec d'autant plus d'exactitude qu'on embrasse un plus grand nombre d'années. Par exemple, à Paris, des observations poursuivies pendant 30 ans ont donné la moyenne 10°,67. Comme la différence la plus grande d'une année à l'autre n'atteint pas tout-à-fait 3°, il est évident que l'erreur sur la moyenne trouvée ne peut être de plus de $\frac{3}{30}$ ou $\frac{1}{10}$ de degré. Il faut au moins 10 années d'observations, pour obtenir une bonne moyenne.

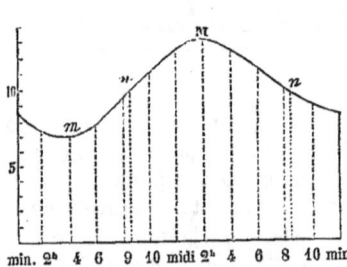

Fig. 414.

525. Marche diurne de la température en un même lieu. — Pour avoir une idée générale de la marche de la température pendant la journée, il faut se débarrasser de l'influence des saisons, et des variations accidentelles. Pour cela, on prend, *pour chaque heure du jour*, la moyenne des températures observées à cette heure pendant plusieurs années. La *fig*. 414 montre la marche moyenne de cette température pendant 24 heures à Paris. Les abcisses représentent les heures, et les ordonnées, les températures à l'échelle de 2^{mm} par degré. On voit que l'air s'échauffe pendant 10 heures, de 4 heures du matin à 2 heures du soir. A partir de 2 heures, l'action du soleil sur le sol et sur les couches inférieures de l'atmosphère est trop faible pour compenser le refroidissement par rayonnement, et la température baisse jusqu'à 4 heures du matin, c'est-à-dire pendant 14 heures.

Si l'on prend la moyenne entre le maximum et le minimum *moyens*, on trouve 10°,80, qui diffère à peine de la moyenne de Paris, 10°,67.

526. Moyennes mensuelles; marche annuelle. — Les climats dépendent tout particulièrement des variations de la température d'un mois à l'autre, et des maximum et minimum qu'on observe aux différentes époques de l'année.

Bouvard a calculé à Paris les moyennes des différents mois, et leur maximum et leur minimum moyens, d'après 16 années d'observations. La *fig.* 415 fait embrasser d'un seul coup d'œil les résultats qu'il a trouvés. Les températures sont représentées par les ordonnées, à l'échelle de 1^{mm} pour 1°. Les courbes supérieure et inférieure passent par les extrémités des maximum et des minimum des différents mois, et la courbe tracée en points correspond aux moyennes mensuelles.

On voit que, pour Paris : 1° Les mois les plus chauds de l'année sont juillet et août; le maximum tombe le 26 juillet. — 2° Le mois le plus froid est janvier; le minimum se présente vers le 15 de ce mois. — 3° La différence entre le minimum et le maximum est plus grande dans les mois chauds que dans les mois froids; le rayonnement de la terre vers l'espace étant d'autant plus prononcé pendant la nuit que la température est plus élevée pendant le jour. — 4° La moyenne du mois d'avril se

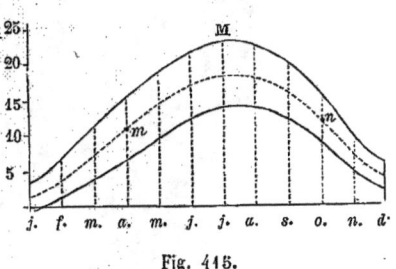

Fig. 415.

confond, à un dixième de degré près, avec la moyenne annuelle, et celle du mois d'octobre en diffère peu. Il résulte de cette dernière remarque qu'il suffit, à Paris, pour obtenir la moyenne annuelle, d'observer la température chaque jour du mois d'avril.

Marche annuelle de la température. — L'inspection de la courbe des moyennes mensuelles *mn* (*fig.* 415) montre comment la température croît, de janvier en juillet, pour décroître ensuite. La loi paraît être sensiblement la même dans tout l'hémisphère nord. Cette marche de la température s'explique par les changements qui surviennent dans la durée des jours et des nuits, et dans la hauteur du soleil au-dessus de l'horizon à midi, changements dus eux-mêmes à l'inclinaison de l'axe de la terre sur le plan de l'écliptique.

527. Saisons météorologiques. — Le maximum et le minimum de la température annuelle n'ayant pas lieu à l'époque des solstices, les météorologistes ont généralement adopté une division de l'année en *saisons météorologiques*, différentes des saisons astronomiques. Le minimum de l'année ayant lieu vers le 15 janvier, ce jour est pris pour le milieu de l'*hiver*, qui se compose alors des mois de décembre, janvier et février. Le *printemps* est formé des trois mois suivants, l'*été* des mois de juin, juillet et août, et l'*automne*, de septembre, octobre et novembre. Le *minimum*, le *maximum*, et la *moyenne* annuelle qui tombe en avril et en octobre, se trouvent ainsi placés vers le milieu des saisons.

528. Moyennes à différentes latitudes. — La température moyenne des lieux situés aux différents points d'un même méridien va en diminuant

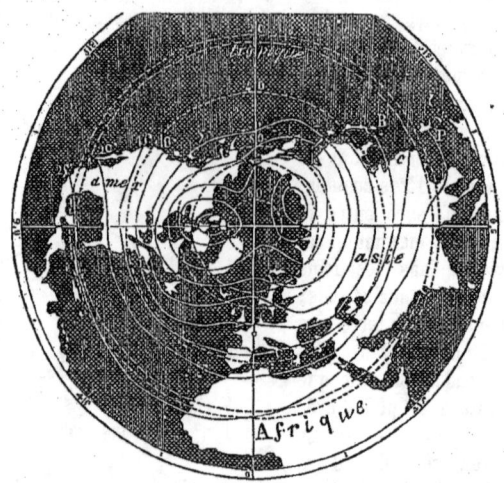

Fig. 416.

à mesure qu'on s'éloigne de l'équateur ; ce qui s'explique par la diminution de hauteur du soleil à midi au-dessus de l'horizon. Mais cette moyenne dépend aussi de diverses causes qui font qu'elle n'est pas la même sur tous les points d'un même *parallèle* géographique. En effet, si l'on fait passer une ligne par tous les lieux qui possèdent une même température moyenne, on trouve que cette ligne n'est pas une circonférence parallèle à l'équateur, et qu'elle est d'autant plus irrégulière qu'elle correspond à une température moyenne plus basse.

Lignes et bandes isothermes. — De Humbolt nomme *lignes isothermes* (ἴσος, égal, θέρμος, chaud), des courbes tracées sur la surface du globe, passant par tous les points qui ont même température moyenne, et il a tracé, en 1817, quelques-unes de ces lignes. M. Kaemtz, en 1831, a repris et développé le travail de De Humboldt. La *fig.* 416 montre les courbes isothermes de 25°, 20°, 15°, 10°, 5°, 0°, —5°, —10°, et —15° ; les quatre premières sont interrompues dans le grand Océan. En comparant ces courbes aux parallèles de 20°, 40°, 60° et 80° de latitude, on voit facilement qu'elles s'éloignent des pôles, dans l'Asie et dans l'Amérique. Ce sont donc des continents plus froids que l'Europe et que le grand Océan. A partir de l'isotherme de 5°, on voit se dessiner deux inflexions qui tournent leur convexité vers le pôle. Ces inflexions se prononcent de plus en plus, de manière que la courbe tend à prendre la forme d'un 8 ; puis, elle se sépare en deux parties distinctes, de manière à envelopper deux points voisins des pôles, où la température moyenne est plus basse que partout ailleurs, sans excepter le pôle terrestre, et qu'on nomme *pôles du froid*.

La ligne isotherme dont la température moyenne est la plus élevée, se nomme l'*équateur thermal*. M. Berghauss a reconnu qu'elle s'élève de quelques degrés vers le nord, dans l'intérieur de l'Afrique, et coupe la ligne équinoxiale en deux points opposés situés, l'un dans l'île de Sumatra, et l'autre sur la côte du Pérou ; d'où l'on peut conclure qu'elle redescend vers le sud dans le grand Océan.

Zones isothermes. — Les météorologistes partagent généralement la surface du globe en *sept zones isothermes*, de la manière suivante :

1 Zone torride, ou équatoriale......... de 30° à 25°	4 Zone tempérée..... de 15 à 10
2 Zone chaude......... de 25 à 20	5 Zone froide....... de 10 à 5
3 Zone douce....... de 20 à 15	6 Zone très froide.... de 5 à 0
	7 Zone glaciale, ou pol. de 0 à —1

529. Moyennes hivernale et estivale. — La nature d'un climat ne dépend pas seulement de la température moyenne, mais encore de la plus basse et de la plus élevée. Par exemple, avec une même moyenne, les hivers peuvent être très doux ou assez rigoureux pour faire périr certaines espèces animales ou végétales, et les étés très chauds ou trop modérés pour que certains fruits puissent mûrir. Par exemple, à Paris, avec une moyenne de plus de 10°, le raisin ne donne qu'un vin à peine potable, tandis qu'à Astrakan, sur la mer Caspienne, tous les fruits sont exquis, et cependant la moyenne n'est que de 9°. Il est donc important de considérer séparément les températures moyennes de l'hiver et de l'été.

Si l'on fait passer des lignes par les points qui possèdent les mêmes *moyennes hivernales*, on obtient ce que de Humboldt appelle des lignes *isochimènes* (ἴσος, égal ; χειμὼν, hiver). Il nomme lignes *isothères* (ἴσος, θέρος, été), des lignes qui passent par les points qui ont la même moyenne estivale. Les courbes isothères et isochimènes, beaucoup plus irrégulières et moins connues que les lignes isothermes, ne leur sont pas parallèles, et peuvent même les couper.

En général, sur un même méridien, la différence entre les moyennes estivale et hivernale est d'autant plus grande que la moyenne annuelle est plus basse. Ces résultats s'expliquent par l'augmentation des différences entre les jours et les nuits, à mesure qu'on s'avance vers le pôle.

530. Températures extrêmes. — Les températures extrêmes qui se produisent pendant l'année, forment un élément important du climat. En effet, un froid intense, ne durât-il que quelques jours, peut suffire pour faire périr certaines plantes, et en rendre la culture impossible. On procède ordinairement en prenant la moyenne des plus hautes ou des plus basses températures observées pendant plusieurs années. On a reconnu ainsi que les extrêmes sont d'autant plus écartés l'un de l'autre que la température moyenne est plus basse, c'est-à-dire la latitude plus élevée ; résultat analogue à celui que nous avions déjà remarqué relativement aux moyennes hivernales et estivales (529).

La plus forte chaleur qu'on ait notée sur la surface du globe est 54° ; elle a été supportée par Lyon et Ritchie à l'oasis de Mourzouck. La plus basse température, —56°, a été observée par Black au nord de l'Amérique.

531. Classification des climats. — On a distingué les climats les uns des autres, non seulement d'après la température moyenne, mais encore d'après l'écart des températures extrêmes. On désigne sous le nom de *climats excessifs*, ceux dans lesquels les extrêmes diffèrent beaucoup. Quand la différence est modérée, on a un *climat variable* ; et un *climat uniforme* ou *constant*, quand la différence est faible. Paris possède un climat *variable* ; la différence entre la moyenne du mois le plus chaud 18°,01, et celle du plus froid, 3°,59, est de 14°,42. Les climats de New-York, Pékin et Moscou sont *excessifs* ; la différence entre le mois le plus chaud et le plus froid étant de 30°,8 ; 33°,2 et 27°,7. Les îles Feroe et Shetland jouissent d'un climat *constant*; car les différences entre les moyennes estivales (11°,6 et 11°,9) et les moyennes hivernales (3°,9 et 4°) ne sont que de 7°,7, et 7°,9.

Les climats constants appartiennent aux îles basses et aux côtes, et les climats excessifs, à l'intérieur des continents. De là les noms de *climats marins* et *climats continentaux*, donnés aux climats constants et aux climats excessifs.

532. Des causes qui modifient les climats. — Les climats sont influencés par l'étendue relative des mers et des terres, la direction et la configuration des côtes, le relief des continents, la direction des chaînes de montagnes, les vents régnants, les courants de la mer, la nature du sol, la végétation qui le recouvre, etc.

Si la surface de la terre était unie et partout identique, la distribution de la température ne dépendrait que de la latitude ; mais il n'en est pas ainsi. On peut dire, en général, que le voisinage des grandes masses d'eau élève la température *moyenne* et rapproche les extrêmes. Ce résultat s'explique facilement : les rayons solaires pénétrant à une certaine profondeur dans la mer, échauffent une couche d'eau épaisse, de manière que la température de la surface ne s'élève pas beaucoup pendant l'été. D'un autre côté, la température de l'eau s'abaisse peu pendant l'hiver, parce que la faible chaleur de la surface s'étend à une grande profondeur. Or, l'air en contact avec la mer lui emprunte de la chaleur et la transporte sur les terres voisines. — Les vents de mer adoucissent le froid pendant l'hiver, et diminuent la chaleur pendant l'été. Ainsi, les vents d'ouest, qui soufflent très fréquemment, surtout pendant l'hiver, donnent aux côtes occidentales des deux continents un climat plus égal que celui des côtes orientales. De plus, ces vents humides n'activent pas l'évaporation, qui est une cause de refroidissement; et, en précipitant leur vapeur, pendant l'hiver, ils forment une brume qui empêche le refroidissement par rayonnement vers l'espace.

Sur les continents, au contraire, dans les parties éloignées de la mer, la transparence de l'atmosphère, qui favorise à la fois l'irradiation solaire et le rayonnement vers l'espace, l'accumulation de la chaleur dans les couches superficielles du sol, qui s'échauffent considérablement et se refroidissent de même, rendent les climats *excessifs*.

L'Europe, dans laquelle on remarque beaucoup de golfes et de mers intérieures, possède un *climat marin*, surtout sous le méridien du mont Blanc, qui rencontre relativement le moins de terre. A partir de ce méridien, les extrêmes se séparent un peu quand on marche vers l'ouest, et de plus en plus quand on s'avance vers l'est. Ainsi, le climat de la Chine est *excessif*; à Pékin, où la température moyenne est la même qu'en Bretagne, l'été est plus chaud qu'au Caire, et l'hiver aussi rigoureux qu'à Upsal. En Amérique, tandis que la nouvelle Californie jouit d'un climat uniforme, la partie orientale des Etats-Unis possède un climat excessif.

L'état climatologique des pays voisins de la mer est aussi dû, en partie, à certains courants marins qui apportent vers les côtes, notamment vers les deux rives de l'Atlantique, des masses d'eau échauffées par le soleil de l'équateur. Ces courants tendent à élever la température des côtes de l'Europe occidentale, ainsi que de quelques points des côtes orientales de l'Amérique.

533. Décroissement de la température à mesure qu'on s'élève. — La température s'abaisse à mesure qu'on s'élève au-dessus de la surface de la terre. Les observations faites dans les ascensions aérostatiques et sur les hautes montagnes, ont mis ce fait en évidence. — La loi de cette diminution n'est pas bien connue. Cependant, quand on ne dépasse pas 3 ou 4 mille mètres de hauteur, on peut admettre, en moyenne, une diminution de 1° pour 180 mètres de hauteur. Pour les hauteurs plus considérables, M. Saigey a représenté les résultats par une courbe (*fig.* 417), dont les ordonnées indiquent de quelle quantité il faut s'élever pour trouver un même abaissement de température. Ces ordonnées sont représentées à l'échelle de 1^{mm} pour 1000^m. On voit que, la température du sol étant supposée de 30°, les hauteurs qui correspondent à une même diminution de température vont d'abord en croissant assez régulièrement jusqu'à la hauteur de 4000^m, pour laquelle la température est de 10° environ. Au-delà, les hauteurs correspondantes à 1° de moins, croissent un peu moins vite, puis de plus en plus rapidement. Cela revient à dire que, d'abord, le refroidissement, à mesure qu'on s'élève, va en s'accélérant; cette accélération est le plus prononcée vers 3000^m de hauteur, et, plus haut, elle est de moins en moins prononcée à mesure qu'on s'approche des limites de l'atmosphère. — Tout cela suppose qu'en prenant la moyenne d'un grand nombre de résultats, on a fait disparaître l'effet des circonstances qui modifient le décroissement; telles que l'heure, la saison et la latitude du lieu.

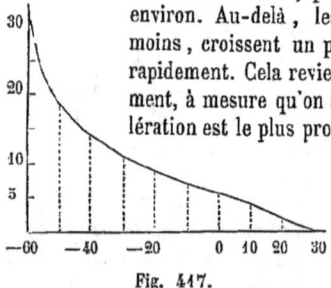

Fig. 417.

Neiges perpétuelles. — Le froid des hautes régions de l'atmosphère est attesté par les *neiges perpétuelles* qui couvrent les cîmes des hautes montagnes. Ces neiges ont une limite inférieure qui varie avec les saisons. L'*amplitude* de ces variations, de 25 à 30^m sous l'équateur, va en augmentant à mesure qu'on s'en éloigne. Par exemple, dans les Andes, elle est de 600 à 750^m, sous la latitude de 19 à 20°. On prend pour *limite des neiges perpétuelles*, le niveau auquel elles s'arrêtent pendant l'été. De loin, cette limite paraît horizontale, et il en part de longues traînées blanches, formées par les glaciers. Cette limite va généralement en s'abaissant quand on s'avance vers les pôles. Mais il se présente de nombreuses anomalies: ce n'est pas entre les tropiques qu'elle est la plus élevée, et le phénomène est d'autant plus irrégulier qu'on s'avance davantage vers les pôles.

Causes du froid des hautes régions de l'air. — La chaleur que reçoit l'atmosphère vient du soleil; une partie des rayons de cet astre la traverse et parvient à la surface du sol, l'autre est absorbée par l'air et sert à l'échauffer; mais la proportion absorbée est d'autant plus petite que l'air est plus pur et moins dense. Les couches supérieures de l'atmosphère s'échauffent donc peu, tandis que les couches inférieures, plus denses et moins pures, absorbent une bien plus grande proportion de chaleur. En outre, les rayons qui arrivent jusqu'au sol, l'échauffent, il cède ensuite sa chaleur à l'air qui le touche, et émet à travers l'atmosphère des rayons de chaleur obscure pour lesquels l'air est moins diathermane que pour les rayons lumineux. Ces rayons obscurs sont donc absorbés par les couches inférieures, avant de parvenir aux couches plus élevées. Les premières s'échauffent donc de trois manières : par l'absorption des rayons directs du soleil, par le contact du sol échauffé, et par l'absorption des rayons obscurs émis par la surface de la terre. On voit qu'il se produit là un effet analogue à celui que l'on observe dans la chambre de Saussure (389).

Les couches inférieures échauffées et dilatées tendent bien à s'élever en vertu de leur légèreté spécifique, et à transporter ainsi de la chaleur dans les régions supérieures. Mais il faut remarquer que ces couches, en montant, sont soumises à des pressions décroissantes, et par conséquent se raréfient, ce qui les refroidit (516). Du reste, ces mouvements n'ont lieu que tout près de la surface de la terre, quand le soleil échauffe fortement le sol ; et ils n'ont pas lieu dans l'ensemble de l'atmosphère.

534. Température des espaces planétaires. — Fourier a admis le premier que l'espace dans lequel se meuvent les planètes possède une température propre, due aux rayons de chaleur émis par tous les corps célestes, en exceptant le soleil et les planètes de notre système. Cette température est nécessairement plus basse que la plus faible qu'on a pu observer dans les régions polaires. Or, on a vu le thermomètre descendre à —57°, ce nombre donne donc un premier aperçu de la température de l'espace. M. Saigey, au moyen de diverses considérations, est arrivé au chiffre —60°. M. Pouillet a déduit d'expériences faites, avec un instrument particulier nommé *actinomètre*, le nombre —140°.

Quel que soit le nombre qu'on adopte, il est certain que la température de l'espace est très basse. Le sol que nous habitons se trouve donc dans une singulière situation : d'un côté règne la chaleur excessive du feu central, et de l'autre le froid de l'espace. La croûte solide intercepte par son épaisseur la chaleur qui vient de l'intérieur, tandis que l'atmosphère empêche la chaleur de la terre de se dissiper trop rapidement dans l'espace.

535. Effets du rayonnement nocturne. — Quand l'atmosphère est pure, les corps placés à la surface de la terre rayonnent vers les espaces planétaires, qui ne leur envoient en échange que des rayons très faibles, de manière qu'ils se refroidissent au-dessous de la température ambiante. Wilson est le premier qui ait observé les effets du rayonnement nocturne ; il trouva, vers la fin de 1783, qu'un thermomètre couché sur la neige marquait —21°,7, pendant qu'un instrument semblable suspendu à 4 pieds de hauteur, marquait —13°,9. Des nuages étant survenus, le thermomètre inférieur remonta à —13°,9. Pictet et Six constatèrent que l'herbe présentait, pendant une nuit calme et sereine, 7° à 8° de moins que l'air à 2^m de hauteur. Wells a surtout multiplié ces sortes d'expériences, dans ses recherches sur la rosée.

Depuis un temps immémorial, on se sert, au Bengale, pour fabriquer de la glace, du froid produit par le rayonnement. Des vases plats, remplis d'eau sont disposés dans une excavation remplie de paille de maïs. Un rebord en terre règne tout autour et retient l'air refroidi. Quand le ciel est serein, l'air calme et au-dessous de 10°, l'eau se congèle, même quand un thermomètre couché sur la paille marque 5°. Wells est parvenu, en Angleterre, à faire de la glace, pendant l'été, par le même moyen.

Plusieurs causes diminuent les effets du rayonnement nocturne. Nous citerons d'abord le vent, qui renouvelle sans cesse autour des corps, l'air, qui leur cède de la chaleur. Les brouillards, les nuages, agissent, en substituant les rayons qu'ils émettent à ceux beaucoup plus faibles de l'espace. C'est quand le ciel est serein, que le froid est surtout vif pendant l'hiver. En brûlant du fumier, pour dégager une épaisse fumée et former un nuage artificiel, on peut préserver les vignes de la gelée. Tous les obstacles qui cachent une partie du ciel, empêchent ou atténuent les effets du rayonnement nocturne. En 1794, les vignes de la Bourgogne furent gelées, excepté celles qui étaient plantées d'arbres. Pendant les nuits sereines, il fait moins froid sous les arbres, au pied des murs, qu'en rase campagne.

Lune rousse. — Les cultivateurs désignent sous ce nom la lune qui devient pleine à la fin d'avril ou dans le courant de mai. Ils attribuent à ses rayons la propriété de faire roussir, c'est-à-dire geler, les bourgeons alors jeunes et gorgés de sève. Cet effet est dû au froid produit par le rayonnement vers l'espace, la présence de la lune ne faisant qu'attester que le ciel est pur. Pour préserver les plantes, les jardiniers disposent des nattes ou autres abris, dont l'efficacité vient, non de ce qu'ils interceptent les rayons de la lune, mais de ce qu'ils cachent une partie du ciel.

II. Température de la terre et des eaux.

536. Température du sol à différentes profondeurs. — Les rayons solaires produisent dans les couches supérieures de la terre des variations diurnes et annuelles de température, qui dépendent de la conductibilité du sol, de l'état de sa surface, et de sa perméabilité, qui permet aux eaux pluviales de transporter à une profondeur plus ou moins grande la chaleur de la surface. Il y a une profondeur à laquelle les variations diurnes disparaissent; il en est de même pour les variations annuelles. En France, la limite des variations diurnes est à 1^m environ de profondeur.

La couche dans laquelle les variations annuelles cessent d'être sensibles, se nomme *couche invariable*; elle se trouve à une profondeur d'autant plus petite, que les extrêmes diffèrent moins, c'est-à-dire qu'on s'approche davantage de l'équateur, où elle n'est qu'à quelques mètres, tandis qu'en France elle se trouve à 20 à 30^m, et en Allemagne entre 6^m et 10^m.

C'est à partir de cette couche que l'influence de la chaleur centrale commence à se manifester. Depuis un temps immémorial, on avait remarqué que les cavernes, les caves profondes paraissaient froides en été et chaudes en hiver, résultat qui s'explique par la constance de leur température, qui contraste avec celle de l'air. Cassini, en 1671, reconnut que la température des caves de l'Observatoire de Paris, dont la profondeur est de $27^m,60$, ne change pas pendant l'année ; et un thermomètre donnant $\frac{1}{200}$ de degrés y fut établi pour constater indéfiniment cette constance. Ce thermomètre marque $11°,82$, température un peu supérieure à la moyenne de Paris, qui est $10°,67$.

Application à la moyenne d'un lieu. — L'expérience a montré que les moyennes annuelles observées à différentes profondeurs sont égales entre elles, et que la température de la couche invariable est égale à la moyenne de l'air. De là une méthode prompte pour trouver la moyenne des lieux où l'on ne peut séjourner. Mais il faut éviter de descendre au-delà de la *première* couche invariable; autrement la température pourrait être influencée par la chaleur centrale.

Température des sources. — On peut aussi déduire la moyenne d'un lieu, de la température des sources qui ne varient pas pendant l'année. Mais il faut se mettre en garde contre les erreurs qui pourraient provenir de leur passage par des canaux très profonds, ou de leur participation à la température des pluies qui les alimentent. Les observations faites dans les puits, où l'eau séjourne assez longtemps pour partager la température du sol, donnent des résultats qui semblent devoir être plus sûrs.

537. Température de la mer. — La surface de la mer s'échauffe et se refroidit moins rapidement que celle du sol, comme nous l'avons déjà dit (532) ; elle n'éprouve donc que de très faibles variations diurnes.

L'air qui recouvre la mer, tendant à en prendre la température, n'éprouve que des variations périodiques peu étendues. En pleine mer, les variations diurnes ne dépassent pas 1 à 2° dans la zone torride, et 2 à 3° dans les zones tempérées. Le minimum a lieu vers le lever du soleil, comme sur les continents, mais le maximum paraît se montrer vers midi au lieu de 2 heures.

Entre les tropiques, la moyenne de l'air est ordinairement un peu supérieure à celle de la surface de l'eau. Mais, à partir de la latitude de 25°, l'eau est le plus souvent plus chaude que l'air, et ce résultat, d'autant plus constant qu'on s'approche davantage du pôle, ne souffre presque plus d'exception dans les mers glaciales, où l'air est bien plus froid que l'eau.

La température de la surface de la mer s'abaisse, en général, quand on s'éloigne de l'équateur. Entre les tropiques, elle ne dépasse pas 30°, et ne descend guère au-dessous de 20 à 25° ; et elle est sensiblement constante jusqu'à 27° de latitude. Dans les mers polaires, cette température est rarement supérieure à 0°, même pendant l'été.

Profondeur. — *Entre les tropiques*, la température de la mer va en diminuant, d'abord rapidement, puis très lentement, jusqu'à la profondeur de 1600^m. Si l'on dépasse le 25e degré de latitude, on trouve que le décroissement est moins prononcé, et on l'a vu se transformer en une augmentation de température, du 65e au 70e degré, mais seulement pendant l'hiver.

Il est à remarquer que partout où la mer est peu profonde, la température de l'eau est plus basse que dans les endroits profonds.

538. Causes qui modifient la température des mers. — Si l'échauffement des mers ne dépendait que de l'action du soleil, leur température serait beaucoup plus haute à l'équateur, et dans les mers polaires on ne la trouverait pas beaucoup plus élevée au fond qu'à la surface. Mais cette température est notablement influencée par les courants. Parmi ceux-ci, nous citerons le *courant équatorial*, qui traverse l'Atlantique de l'est à l'ouest. Il semble partir du cap de Bonne-Espérance, d'où il va en s'élargissant jusqu'au cap Saint-Roch, où il se partage en deux branches : la plus importante, G (*fig.* 419), se dirige vers le nord avec une vitesse de 7 kilomètres environ par heure, s'enfonce dans le golfe du Mexique, traverse le canal de Bahama, longe le banc de Terre-Neuve, et, arrivé à la latitude de 49°, tourne brusquement à l'est en se dirigeant vers l'Angleterre et la Norwège. Il descend ensuite le long de la côte occidentale de l'Europe et de l'Afrique, pour revenir dans le grand courant des tropiques, parcourant ainsi un immense circuit, en trois ans et demi environ.

§ 2. — DES MOUVEMENTS DE L'ATMOSPHÈRE ET DES VENTS.

I. Du Vent.

539. Du vent en général. — L'étude du vent a beaucoup d'importance en climatologie; car, la direction des vents dominants, leur fréquence, leur force, leur état de sécheresse ou d'humidité, ont une grande influence sur la végétation. Les vents agissent encore en transportant à de grandes distances la chaleur ou le froid des régions qu'ils ont traversées ; ils adoucissent certains climats, et sont une des causes de la pluie, sur les continents, comme nous le verrons (555).

Il y a à considérer dans le vent sa *direction* et sa *vitesse de translation*. — Le mouvement des nuages fait connaître la direction des courants élevés; pour ceux qui règnent près de la surface de la terre, on observe la déviation de la fumée, ou l'on se sert de divers appareils nommés *anémoscopes*, et dont la girouette ordinaire nous offre un exemple. — La vitesse se détermine au moyen des *anémomètres* : tantôt on oppose à l'action du vent une surface qu'il déplace plus ou moins, tantôt un *moulinet* qui tourne d'autant plus rapidement que le vent est plus fort [1].

[1] Voir le traité de *Physique*, 2e édition, tome II, p. 589 à 612.

Les marins appellent *vent frais* un vent qui parcourt 10^m en 1^s, *grand frais* le vent de 15^m, *très grand frais* celui de 20^m. Ils nomment *tempête*, un vent de 25 à 30^m, et *ouragan* celui de 35 à 45^m. Un ouragan de 45^m, non-seulement déracine les plus gros arbres, mais encore renverse des édifices solidement construits.

540. Causes générales des vents. — C'est à Hadley et Franklin que sont dues les premières notions exactes sur les causes du vent, qui provient le plus souvent de la distribution inégale de la chaleur à la surface de la terre. — Considérons une région étendue ACB (*fig.* 418), dans laquelle la surface du sol est différemment garnie : en C, elle est dénudée et susceptible de s'échauffer fortement ; en A et B, elle est humide, couverte de végétation ou ombragée par des nuages. L'air qui couvre la partie C étant plus dilaté que celui qui l'entoure, montera et sera remplacé par l'air qui affluera horizontalement des régions A et B. Il y aura donc des courants

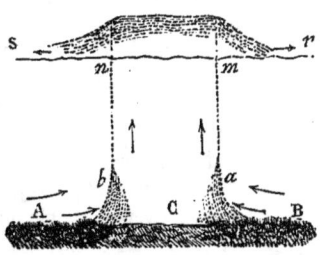

Fig. 418.

dirigés dans le sens des flèches. En même temps, la colonne d'air dilatée *bamn* s'élevant au-dessus de la limite *nm* des colonnes voisines, se déversera sur elles de chaque côté, dans le sens des flèches *s* et *r*, de manière à engendrer des courants supérieurs qui marcheront en sens contraire des vents de terre A*b*, B*a*, et donneront lieu, à une certaine distance, à des courants descendants, pour remplacer l'air de A et B, qui se dirige vers la région échauffée.

A l'appui de cette explication, Franklin cite l'expérience suivante : On place une bougie au bas d'une porte ouverte séparant deux chambres ayant des températures différentes ; et l'on voit la flamme s'incliner du côté de la chambre la plus chaude. Le contraire a lieu quand on place la bougie tout en haut. Enfin, entre les deux courants opposés ainsi constatés, on trouve une couche d'air en repos, où la flamme ne s'incline ni d'un côté ni de l'autre.

Le vent peut être dû à une autre cause : quand une grande quantité de vapeur se résout en pluie, il se produit une grande diminution de pression, puisque l'eau occupe un volume 1680 fois plus petit que la vapeur qui la fournit (486). L'air des régions voisines se précipite donc pour combler ce vide, et il se produit un vent ordinairement violent.

Il résulte de ce qui précède, que le vent se manifeste d'abord auprès de la colonne d'air échauffée : l'air voisin se précipite dans l'espace abandonné par la colonne ascendante, se raréfie, et cette raréfaction se communique de proche en proche, comme cela a lieu pour les ondes dilatantes du son (238), de manière que le vent se propage en sens inverse de celui dans lequel il souffle. Les vents qui se propagent ainsi se nomment *vents d'aspiration*. On nomme *vents d'insufflation* ceux qui se propagent dans le sens même où ils soufflent ; comme les vents de retour des régions supérieures de l'atmosphère.

On divise les vents en vents *irréguliers* ou *accidentels*, vents *périodiques*, et vents *constants*. Les vents périodiques sont les *brises* et les *moussons*.

541. Brises. — On désigne sous le nom de *brises*, des vents périodiques qui soufflent sur les côtes. Vers 8 heures du matin, le sol commence à s'échauffer, tandis que les eaux de la mer conservent à peu près la même température. Il s'établit donc au-dessus de la terre, un courant d'air ascendant qui appelle l'air de la mer, et forme la *brise de mer ou du matin*, qui dure jusqu'à 4 à 5 heures du soir ; on en profite pour entrer dans le port. De 5 heures du soir au coucher du soleil, il y a un temps de repos, après lequel le sol se refroidit par rayonnement, fait partager son refroidissement à l'air qui le recouvre, tandis que l'air de la mer dont la température ne s'abaisse pas sensiblement, forme une colonne ascendante qui appelle l'air de la côte ; et l'on a *la brise du soir* ou *de terre*, qui dure jusqu'au lever du soleil, et sert à sortir du port.

On voit que les brises doivent être très faibles par un temps couvert. Elles sont accompagnées d'un contre-courant dans les parties élevées de l'atmosphère, comme on l'a reconnu au mouvement des nuages. La brise du soir dure plus longtemps que la brise du matin, mais celle-ci est plus prononcée.

Brises de montagnes. — M. Fournet a observé dans les montagnes, des mouvements atmosphériques analogues aux brises. Le soleil, à son lever, échauffe d'abord les sommités ; de là, un appel d'air vers la montagne. Plus tard, le soleil pénètre au fond des vallées, qui s'échauffent plus facilement que les sommets élevés, et bientôt l'air le plus froid coule dans les parties basses.

542. Moussons. — On nomme *moussons*, des vents périodiques qui règnent principalement dans les mers resserrées ou formant de vastes golfes. Ces vents soufflent, pendant six mois dans un sens, et pendant les six autres en sens opposé. Voici comment on les explique : à partir du mois d'avril, dans notre hémisphère, l'échauffement *moyen* de la terre est plus grand que celui de la mer ; c'est l'époque de la *mousson de printemps* qui souffle vers la terre. La *mousson d'automne* commence en octobre ; elle souffle vers la mer qui est alors plus échauffée que la terre. Dans l'émisphère austral, où les saisons sont inverses, c'est la mousson qui commence en avril qui souffle vers la côte. A l'époque où les moussons changent de direction, il y a, dans certaines mers, un temps de calme plus ou moins prolongé; d'autres fois, le changement se fait brusquement, et est accompagné de coups de vent et de tempêtes.

C'est principalement dans la *mer des Indes* et dans les bras de mer qui séparent les grandes îles de l'Océanie, que l'on observe les moussons les mieux caractérisées. Ces moussons sont marquées par une flèche à deux pointes, dans la *fig.* 419, l'extrémité marquée *e* indique le sens du vent pendant la mousson d'été.

543. Vents alizés. — On nomme ainsi des vents qui soufflent constamment de l'est à l'ouest dans le voisinage de l'équateur. Hadley en a donné l'explication suivante, qui a été généralement adoptée. — Supposons d'abord que la surface de la terre soit partout identique; l'air, entre les

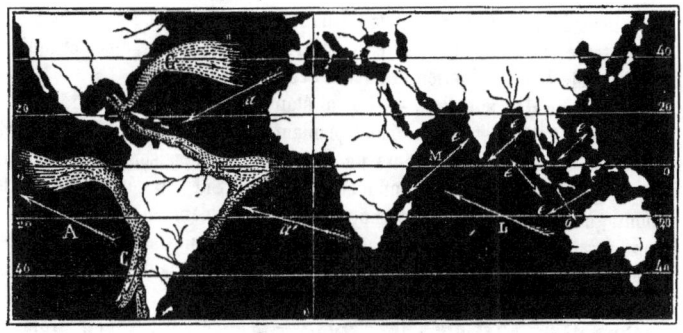

Fig. 419.

tropiques, étant plus échauffé que dans les zones tempérées, s'élèvera et sera remplacé par de l'air affluant des tropiques; d'où il résulterait des courants dirigés des pôles vers l'équateur, si la terre était en repos. Mais elle tourne sur elle-même, et ses différents points sont animés de vitesses de translation d'autant plus petites qu'ils sont plus rapprochés des pôles. Lors donc que l'air des pôles s'avancera vers l'équateur, il se trouvera animé d'une vitesse, parallèle à l'équateur, plus petite que celle des points où il parviendra; il restera donc en arrière, et il en résultera un courant d'air dirigé en sens inverse du mouvement de la terre, c'est-à-dire un vent du *nord-est* dans notre hémisphère, et du *sud-est* dans l'hémisphère austral. Ces courants se rencontrant sur l'équateur, se combineront pour former un vent dirigé de l'*est* à l'*ouest*.

En outre, il y a dans les régions supérieures de l'atmosphère des courants de retour dirigés de l'équateur vers les pôles et de l'*ouest* à l'*est*; parce que l'air qui vient de l'équateur arrive sur les différents parallèles avec des vitesses plus grandes que celles qu'ils possèdent. Cet air forme, dans l'hémisphère nord, un vent de *sud-ouest* au-dessus de l'alizé du *nord-est* ; et dans l'hémisphère austral, un vent du *nord-ouest*, au-dessus de l'alizé du *sud-est*. Ces vents supérieurs transportent quelquefois au loin les cendres lancées à une grande hauteur par certains volcans.

Les vents alizés ne présentent pas la régularité qui résulterait de la supposition que nous avons faite, que la surface de la terre est uniforme. La distribution des mers, le relief des continents, la direction des chaînes de montagne les modifient notablement ; aussi ne les observe-t-on que dans les mers libres. Sur la carte (*fig.* 419), ils sont indiqués par les flèches A, *a*, *a'* et L.

544. Vents irréguliers. — Les vents irréguliers sont d'autant plus fréquents que la latitude est plus élevée. Entre les tropiques, les vents réguliers dominent et gênent la formation des autres ; de plus, la surface de la terre y est presque entièrement recouverte par la mer, ce qui est défavorable à la production des vents accidentels.

Influence des saisons. — Le sol étant plus chaud que la surface de la mer pendant l'été, et moins chaud pendant l'hiver, les vents de mer dominent pendant l'été, et les vents de terre pendant la saison froide. L'heure de la journée a aussi une influence marquée. Sur les côtes et dans les montagnes, les brises interviennent évidemment dans le résultat. Mais la configuration du sol, l'état de sa surface, la direction des vallées, le voisinage des eaux..., exercent une influence trop variable pour qu'il soit possible de rien énoncer de général sur ce sujet.

Caractères physiques des vents. — Les vents peuvent être froids ou chauds, secs ou humides, chargés de certaines poussières, etc.

La température du vent dépend de la région d'où il vient et des contrées qu'il a traversées. En général, les vents du sud et de mer sont chauds et humides, les vents du nord et de terre sont froids et secs. Quand le vent parcourt un pays humide, il active l'évaporation et se refroidit. Les saisons ont une grande influence sur la température du vent venant d'une direction donnée, parce qu'elles modifient l'état de la surface du sol.

Dans les déserts de l'Afrique, de l'Arabie, de la Perse..., il s'élève parfois des vents secs et brûlants, qui soulèvent le sable et l'emportent à de grandes distances. Ces vents ont reçu différents noms : *simoun* dans le désert de Sahara, *chamsin* en Egypte, *harmattan* dans la Guinée....., ils font baisser le baromètre, et produisent sur les plantes et les animaux des effets qui s'expliquent par leur haute température et leur état de sécheresse extrême. La respiration est haletante, le gosier enflammé, la soif ardente ; les lèvres, les yeux deviennent secs et douloureux.

II. Phénomènes barométriques.

545. Moyennes barométriques. — Les variations continuelles de la pression atmosphérique, proviennent des changements de la température, et des déplacements d'air qui en sont la conséquence. Il y a à considérer dans les hauteurs barométriques, les moyennes du jour, du mois, de l'année, et enfin la moyenne du lieu. Pour obtenir la moyenne du jour, il suffit d'observer d'heure en heure. — Pour obtenir la moyenne du lieu, on peut prendre la hauteur *maximum* et la hauteur *minimum* de chaque jour, et chercher les valeurs moyennes de ces hauteurs pendant plusieurs années. A Paris, le *maximum* se manifeste à 9 heures du matin, et le *minimum* à 3 heures du soir. Si l'on prend ensuite la moyenne entre le maximum et le minimum moyens, on trouve qu'elle coïncide avec la moyenne du lieu. Enfin, une seule observation faite chaque jour entre midi et une heure peut aussi donner cette moyenne, comme il résulte des observations faites par Bouvard, de 1816 à 1826. L'heure exacte à laquelle il convient d'observer dépend de la latitude ; c'est midi et demi pour Paris, et une heure, entre les tropiques. Le moment change aussi un peu avec les saisons.

546. Hauteur moyenne au niveau de la mer. — La *hauteur moyenne* au niveau de la mer est, en France, 761^{mm},35. A Paris, elle n'est que 756^{mm}, à cause de la hauteur de cette ville au-dessus de l'Océan. Cette hauteur varie *avec la latitude* ; elle augmente régulièrement de l'équateur au 38e degré environ, et diminue ensuite quand on continue à s'avancer vers le nord.

Inégalité des moyennes mensuelles. — La hauteur moyenne n'est pas la même dans les différentes saisons. Si l'on prend celle des mois de janvier de plusieurs années consécutives, celle des mois de février, de mars....., on trouve que cette moyenne diminue généralement du commencement de l'hiver à l'été, et augmente ensuite jusqu'à l'hiver. Les différences sont le plus prononcées pour les basses latitudes, du moins dans l'hémisphère nord.

547. Variations accidentelles. — Pour comparer facilement les moyennes barométriques des jours successifs, on emploie la méthode graphique. On représente les jours sur une droite horizontale qui correspond à la moyenne annuelle, et à partir de cette droite, on porte sur des ordonnées, au-dessus ou au-dessous, les différences entre cette moyenne annuelle et celle du jour considéré.

On a reconnu ainsi que : 1° l'amplitude des variations accidentelles est plus grande en hiver qu'en été ; 2° elle augmente notablement avec la latitude ; tandis qu'elle n'est que de 6 millimètres sous l'équateur, elle s'élève à 30 millimètres sous le tropique du cancer, à 40 millimètres en France, et à 60 millimètres à la latitude de 65°. De plus, la *différence d'amplitude* d'une saison à l'autre, est d'autant plus marquée qu'on s'approche davantage du pôle. On remarque enfin que le baromètre descend au-dessous de la moyenne plus qu'il ne monte au-dessus ; 3° en prenant la moyenne des hauteurs à midi, quand le vent souffle dans une même direction, on a reconnu que, généralement, la pression est *maximum* quand le vent vient du nord ou de l'intérieur des continents, et *minimum*, quand il souffle du sud ou de la mer.

Lignes isobarométriques. — M. Kaemtz nomme ainsi des lignes tracées sur la surface du globe et passant par les lieux où *la moyenne des amplitudes* observées pendant toute l'année est la même. Ces lignes courent dans la direction des parallèles géographiques ; mais elles ne coïncident pas avec eux, et sont assez irrégulières. Elles correspondent à des amplitudes de plus en plus grandes à mesure qu'on s'avance vers le nord, et elles se resserrent latéralement en se rapprochant de la forme d'un 8, pour former ensuite deux systèmes séparés, dont les centres, ou *pôles des oscillations irrégulières* du baromètre, paraissent être situés dans les mers qui séparent les deux continents.

548. Variations horaires. — En prenant les moyennes hauteurs correspondantes aux différentes heures du jour, de manière à faire disparaître les variations accidentelles, on reconnaît des mouvements réguliers dans la pression atmosphérique. C'est de Humboldt qui, par des observations de jour et de nuit, publiées en 1807, a démontré l'existence de ces mouvements entre les tropiques. Ils existent aussi à des latitudes plus élevées ; mais pour les distinguer, il faut prendre les moyennes d'un grand nombre d'observations. A l'équateur, ils sont faciles à reconnaître parce que les variations accidentelles sont trop faibles pour les masquer ; si bien que de Humboldt, à l'inspection de la colonne barométrique, pouvait indiquer l'heure à 15 à 17 minutes près. Dans ces régions, on remarque deux minimum et deux maximum aux heures indiquées ci-dessous, et qui s'écartent de la moyenne, des quantités inscrites à la deuxième ligne :

$4^h 13^m$ matin $9^h 23^m$ matin $4^h 8^m$ soir $10^h 23^m$ soir
—0,49 (1er *minim.*)   +1,46 (1er *maxim.*)   —1,09 (2d *minim.*)   +0,38 (2d *maxim.*)

La courbe O (*fig.* 420) représente les variations régulières au quintuple de la grandeur réelle. La différence entre le maximum du matin et le minimum du soir, qui sont les plus prononcés, se nomme la *grande période*. Elle est, à l'équateur, de $2^{mm},55$, et à Paris de $0^{mm},756$ seulement.

Dans l'hémisphère boréal, les heures des maximum et des minimum sont les mêmes, quelle que soit la latitude : $3^h 45^m$ du matin et $4^h 5^m$ du soir, pour les *minimum* ; 9ʰ 37ᵐ du matin et 10ʰ 11ᵐ du soir, pour les *maximum*. Ces heures changent avec les saisons ; ainsi, le maximum du matin, qui a lieu de 9 à 10 heures pendant l'hiver, se montre de 7 à 8 heures pendant l'été ; et le minimum du soir, qui arrive entre 2 et 3 heures pendant l'hiver, a lieu entre 4 et 5 heures pendant l'été.

L'*amplitude* des variations horaires dépend : 1° de la saison ; elle est maximum en juin et juillet et minimum en hiver ; 2° de la latitude ; elle diminue à mesure qu'on s'éloigne de l'équateur ; comme on le voit sur la *fig*. 420, dans laquelle les courbes O, P, S représentent les variations, dans le grand Océan, à Padoue et à Pétersbourg. Les variations horaires cessent de se montrer vers la latitude de 60°.

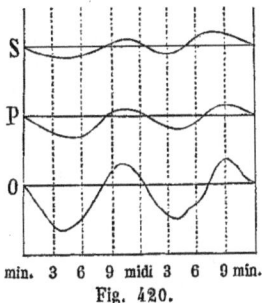
Fig. 420.

§ 3. — MÉTÉORES AQUEUX.

I. Humidité de l'air. — Rosée.

549. Résultats d'observations hygrométriques. — Les *météores aqueux* ou *hydrométéores* sont ceux qui sont produits par la vapeur d'eau contenue dans l'air, comme la rosée, la pluie, la neige. Voyons d'abord quels sont les résultats généraux auxquels ont conduit les méthodes hygrométriques.

On peut dire, en général, que la *quantité absolue* de vapeur croît avec la température. Elle augmente donc quand on se rapproche de l'équateur. Elle est aussi plus grande sur mer que sur les côtes, et sur les côtes que dans l'intérieur des continents, où l'on trouve souvent d'immenses espaces desséchés, comme les déserts de l'Afrique et de l'Asie, les steppes de la Sibérie, les plaines de l'Orénoque, l'intérieur de la Nouvelle-Hollande d'où soufflent des vents très secs. — Dans nos climats, l'air est rarement saturé. En moyenne, l'air contient environ la moitié de la vapeur nécessaire à sa saturation ; et en minimum $\frac{1}{4}$ de cette quantité.

Par le beau temps, quand on s'élève dans l'atmosphère, l'*état hygrométrique* diminue, comme l'ont constaté Deluc et de Saussure dans les Alpes, et de Humboldt dans les Andes. Gay-Lussac, à 7000ᵐ de hauteur, a vu l'hygromètre à cheveu descendre à 26°, ce qui correspondait à un état hygrométrique égal à $\frac{1}{6}$, et à une quantité absolue de vapeur très petite, car la température n'était que de —10°.

Variations diurnes. — La *quantité absolue* de vapeur de l'air est minimum un peu avant le lever du soleil, et va ensuite en croissant à mesure que la chaleur active l'évaporation. L'*état hygrométrique*, au contraire, est au maximum au lever du soleil, à cause de la basse température, et va en diminuant ensuite, malgré la production de nouvelles vapeurs, à cause de l'échauffement de l'atmosphère. — *En hiver*, la quantité absolue de vapeur augmente jusqu'au moment où le thermomètre commence à baisser; il y a ensuite précipitation de vapeur et augmentation de l'état hygrométrique. — *En été*, la quantité absolue d'humidité atteint son maximum avant midi, puis elle diminue en même temps que l'état hygrométrique; ce que l'on peut attribuer aux courants ascendants, qui emportent les vapeurs dans les régions supérieures. Le minimum a lieu au moment de la plus grande chaleur, puis l'état hygrométrique augmente assez régulièrement jusqu'au lendemain matin.

Variations mensuelles. — A Halle, l'état hygrométrique est maximum en janvier et minimum en juillet; mais les quantités absolues de vapeur suivent une marche inverse. Cette marche paraît être la même dans tous les pays où l'on a observé, même dans l'Inde, d'après M. Prinsep. Les vents régnants compliquent singulièrement ces résultats, les uns apportant l'humidité, et d'autres la sécheresse.

550. De la rosée. — On donne le nom de *rosée* à des gouttelettes d'eau que l'on trouve sur la plupart des corps exposés à l'air libre, à la suite des nuits calmes et sereines.

Les circonstances favorables à la formation de la rosée sont de trois sortes :

1° *L'état de l'atmosphère* : la rosée ne se dépose que pendant les nuits calmes et sereines. Quand le ciel est couvert et qu'il fait du vent, il n'y a pas de rosée; cependant un vent léger est favorable, surtout quand il a passé au-dessus de grandes étendues d'eau. Plus la différence de température entre le jour et la nuit est considérable et plus l'air est humide, plus il y a de rosée. Ces dernières conditions sont remplies principalement au printemps et surtout en automne.

2° *La situation du corps* : la rosée se montre surtout sur les corps éloignés de tout obstacle qui pourrait leur cacher une partie du ciel. Sous les arbres, près des édifices, il n'y a pas ou il n'y a que peu de rosée.

3° *La nature du corps* : des corps placés dans la même exposition ne se recouvrent pas également de rosée; pour qu'ils en reçoivent, il faut qu'ils soient mauvais conducteurs et doués d'un grand pouvoir émissif. Les métaux, qui conduisent bien la chaleur et la rayonnent faiblement, ne reçoivent donc que peu de rosée.

Nous voyons, en nous rappelant les effets du rayonnement nocturne (535), que les circonstances favorables à la rosée sont celles qui favorisent le refroidissement des corps à leur surface.

551. Théorie de la rosée. — On a regardé pendant longtemps la rosée comme une espèce de pluie fine provoquée par le froid de la nuit. Mais s'il en était ainsi, la rosée devrait se montrer également sur tous les corps.

C'est au docteur Wells que nous devons l'explication de la rosée. Il a commencé par prouver qu'elle ne tombe pas comme une pluie. Par exemple, ayant placé deux flocons de laine pesant également, l'un à l'air libre, l'autre au fond d'un cylindre vertical, le premier se chargea de 8 fois plus d'humidité que l'autre. Après avoir constaté qu'un thermomètre placé sur l'herbe courte pouvait marquer jusqu'à 8° de moins qu'un thermomètre placé à un mètre au-dessus du sol, Wells a expliqué la rosée ainsi qu'il suit.

Les corps placés à la surface de la terre rayonnent vers l'espace, et leur surface se refroidit d'autant plus que leur pouvoir émissif est plus grand, et qu'ils voient une plus grande partie du ciel ; l'air qui les touche est refroidi par leur contact, et finit par se trouver saturé au moyen de la vapeur qu'il contient. Si la température s'abaisse encore un peu, cette vapeur se dépose sous forme de rosée. Les choses se passent comme dans les hygromètres de condensation ; toute la différence consiste en ce que le refroidissement est dû ici au rayonnement vers l'espace. Un vent léger, en renouvelant

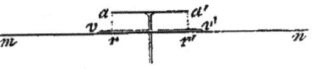

Fig. 421.

l'air qui a ainsi déposé son excès de vapeur, rend la rosée plus abondante ; tandis qu'un vent prononcé en empêche la production, en réchauffant les corps par son contact, et en ne laissant pas aux couches d'air le temps de se refroidir.

Melloni a fait une expérience qui résume pour ainsi dire toutes celles qui servent de base à la théorie de Wells. Il prit un disque de fer-blanc mn (fig. 421), dont la partie centrale vv' était recouverte d'une couche épaisse de vernis. Un autre disque en fer-blanc aa', moins large que le cercle verni, était fixé à une distance de 5^{mm} de ce dernier. Cet appareil ayant été exposé horizontalement en plein air, par un ciel pur, la partie vernie, qui dépassait de 5^{mm} le disque aa', se refroidit par rayonnement et se couvrit de rosée ; puis, le froid se communiquant aux parties voisines, la rosée se propagea vers le centre jusqu'à une certaine distance, ainsi que du côté de la circonférence, où la propagation fut plus prompte, parce que les parties, une fois humectées, rayonnaient vers l'espace. Ce qu'il y a surtout à remarquer, c'est que le dessous des parties mv, $v'n$, se couvrit de rosée, de la même manière que la partie supérieure, et au même instant sur les points qui se correspondaient. Le disque supérieur aa' restait sec, la rosée ne tombe donc pas du ciel. Elle ne vient pas non plus de la terre, comme on l'a soutenu longtemps, car la partie centrale rr' restait sèche en dessous.

Melloni a complété la théorie de Wells en montrant que le dépôt de la rosée est précédé de la formation préalable d'une couche d'air froid qui touche le sol, et provient de l'air qui s'est refroidi au contact des plantes, et a glissé dans les parties basses, parce qu'il est devenu plus dense.

L'existence de cette couche d'air froid explique pourquoi la partie moyenne de l'herbe se couvre de rosée avant l'extrémité; pourquoi une planche couverte de toile cirée et placée tout près de la terre peut recevoir de la rosée en dessous avant qu'il ne s'en dépose en dessus. Il n'y a que peu de rosée sur les arbustes, les plantes élevées; parce que l'air refroidi tombe à travers le feuillage, pour être remplacé par d'autre air plus chaud. Les petites îles, les navires en pleine mer ne reçoivent pas de rosée, le refroidissement de l'air ne pouvant avoir lieu à cause du contact des eaux, dont la température s'abaisse à peine pendant la nuit. Dans certaines mers, particulièrement dans la mer des Indes, les navires sont avertis de l'approche des côtes, par le dépôt de la rosée sur les cordages; c'est que la brise de terre amène du rivage l'air qui s'est refroidi pendant la nuit et s'est rapproché de l'état de saturation. Dans les pays arides, comme les déserts de l'Afrique et de l'Asie, des voyageurs ont pu être avertis du voisinage de lacs ou de fleuves, par l'apparition de la rosée.

552. Givre. — Le *givre* ou *gelée blanche* se forme comme la rosée : quand la température des corps descend au-dessous de 0°, l'humidité de l'air passe à l'état solide *sans passer par l'état liquide*. On dit souvent que le givre est de la rosée congelée ; mais il est facile de voir que la vapeur ne s'est pas déposée d'abord à l'état liquide ; car, s'il en était ainsi, le givre se présenterait sous forme de glace polie transparente, tandis qu'il forme une couche blanche, opaque, dans laquelle on distingue souvent des prismes implantés les uns à côté des autres à la surface des corps. C'est au printemps et en automne que les corps peuvent se refroidir assez par le rayonnement pour qu'il y ait formation de givre.

Les couches de glace arborisées qui se voient pendant l'hiver sur les vitres, dans des appartements, s'expliquent comme le givre ; elles forment une espèce de rideau qui retient la chaleur intérieure.

II. Météores produits par la condensation des vapeurs dans l'atmosphère.

553. Condensation des vapeurs dans l'atmosphère. — Lorsque l'air se refroidit par une cause quelconque, de manière à se trouver saturé par la vapeur qu'il contient, cette vapeur se précipite sous la forme de gouttelettes d'eau extrêmement fines, qui restent en suspension à cause de leur faible poids, comme ces poussières fines et sèches que l'air soutient

FORME DES NUAGES.   425

malgré leur grande densité. Ces gouttelettes d'eau troublent la transparence de l'air; elles forment les *brouillards* ou les *nuages*, suivant qu'elles se montrent près de la surface de la terre ou dans les régions élevées de l'atmosphère. On peut réaliser en petit la production d'un nuage, en raréfiant rapidement de l'air humide sous un récipient : on voit un léger brouillard, qui se dissipe bientôt, parce que l'air, refroidi d'abord par la raréfaction, se réchauffe au contact du récipient, et les gouttelettes repassent à l'état de vapeur.

Formes des nuages. — Vus de près, les nuages ressemblent tout à fait à des brouillards, et les voyageurs qui voient dans les montagnes des

Nimbus.   Cumulus.   Stratus.   Cirro-cumulus.   Cirrus
Fig. 422.

nuages à contours bien déterminés, sont tout étonnés en pénétrant dans leur intérieur, de ne plus leur trouver de limite certaine.

Les nuages présentent des formes très variées. Howard les a ramenés à quelques types principaux, dont les plus importants sont représentés dans la *fig.* 422. Les *cumulus* sont des nuages à contours arrondis, comme amoncelés, présentant à leur partie inférieure une base plane et horizontale. On les désigne souvent sous le nom de *nuages d'été*. — Les *stratus* sont disposés en couches horizontales; ils apparaissent principalement au coucher du soleil, et disparaissent à son lever. — Les *cirrus* présentent l'apparence de flocons déliés, irrégulièrement distribués; ils se montrent quand, après le beau temps, le baromètre commence à baisser et le vent du sud à souffler. Ce sont les nuages les plus élevés; ils sont formés d'aiguilles de glace en suspension dans l'air. C'est, en effet, dans ces sortes de nuages qu'apparaissent les *halos* et les *parhélies*, météores produits par le jeu de la lumière dans de petits prismes de glace. — Les *nimbus* sont des nuages sombres très étendus et donnant de la pluie. Souvent ils sont limités d'une manière tranchée; souvent aussi ils couvrent toute l'étendue du ciel.

Outre ces quatre types, on observe d'autres espèces de nuages, que l'on désigne en associant les noms de ceux auxquels ils ressemblent le plus. Ainsi, l'on distingue les *cirro-stratus*, les *cumulo-stratus* et les *cirro-cumulus*. Quand ces derniers couvrent une assez grande étendue, on dit que le ciel est *pommelé*.

La hauteur des nuages est très variable. Un brouillard peut être regardé comme un nuage qui touche la terre; on voit des nuages assez bas pour cacher le haut des édifices; et enfin Gay-Lussac, à 7000^m de hauteur, voyait au-dessus de sa tête des nuages qui lui semblaient à 5000^m, ce qui fait en tout 12000^m. A cette hauteur, la pression n'est que de 60^{mm}, et la température de — 34°. La région où il se forme le plus de nuages est celle dans laquelle la température décroît le plus rapidement; elle est située à 3000^m de hauteur environ.

554. Formation et suspension des nuages. — Les vapeurs produites à la surface de la terre par la chaleur solaire, tendent, par leur force expansive, à se répandre en tous sens, notamment de bas en haut, et à former une atmosphère de vapeur de densité décroissant avec la hauteur, indépendante de celle que forme l'air. La présence de ce dernier gaz ne fait que ralentir la diffusion de la vapeur. Si la température était la même à toute hauteur, et si l'air était en repos, il finirait par s'établir un état d'équilibre, dans lequel chaque couche de vapeur aurait une force élastique égale au poids des couches supérieures. Mais comme la température s'abaisse à mesure qu'on s'élève, la vapeur se condense en gouttelettes, en arrivant dans les régions élevées de l'atmosphère. De nouvelles vapeurs viennent alors des parties inférieures, la vapeur qui s'y trouve ne supportant plus un poids suffisant pour faire équilibre à sa force élastique, et il se forme un nuage.

On voit qu'il n'y a pas lieu de chercher comment les gouttelettes montent, puisqu'elles ne se forment qu'après que l'eau qui les compose s'est élevée à l'état de vapeur invisible, par la force expansive propre à tous les fluides élastiques. Aussi l'hypothèse de la *vapeur vésiculaire* consistant en globules creux remplis d'air humide, qui s'élèverait comme des ballons, doit-elle être rejetée, comme inutile, et comme n'étant fondée sur aucune preuve valable.

Des nuages peuvent encore provenir de vapeurs terrestres transportées à une grande hauteur par les courants d'air ascendants que provoque l'échauffement du sol. Ces courants donnent naissance ordinairement à des *cumulus*, et souvent le ciel, pur le matin, est rempli de ces nuages à midi. Saussure explique les formes arrondies des *cumulus*, par la pénétration dans les couches élevées, de la colonne d'air ascendante, dont ces nuages dessinent alors la limite supérieure.

Quand il fait chaud, on remarque souvent plusieurs étages de nuages superposés, dont les plus élevés se forment les derniers, au moyen de vapeur engendrée par le soleil aux dépens des gouttelettes de la partie supérieure de la couche qui est au-dessous. Cette vapeur s'élève par expansion, parvient dans des couches plus élevées et plus froides, et se condense en formant un nouveau nuage.

On voit souvent des nuages se former dans les montagnes autour des pics isolés, par le froid qu'ils communiquent à l'air. Souvent ils sont emportés par le vent et se dissipent un peu plus loin en retrouvant une température plus élevée; mais ils sont sans cesse reproduits par l'air affluent, qui se refroidit à son tour, de manière que le nuage est permanent, mais constitué par des gouttelettes d'eau sans cesse renouvelées.

La suspension des nuages est due à plusieurs causes : d'abord aux courants ascendants qui règnent pendant le jour; aussi les cumulus s'abaissent-ils le soir, quand ces courants s'affaiblissent. Du reste, souvent les particules des nuages tombent réellement; mais une fois arrivées dans des couches d'air plus chaudes et non saturées, elles s'évaporent, de sorte que le nuage s'use, pour ainsi dire, par la partie inférieure, et finit souvent par disparaître complètement. De là la forme aplatie des cumulus à leur partie inférieure, et les changements continuels de forme que présentent les nuages.

555. De la pluie. — Les nuages que l'on voit flotter dans l'air ne donnent pas généralement de pluie. La pluie vient ordinairement de *nimbus*, qui la produisent dès le moment de leur formation.

Formation des nimbus. — Hutton, dés 1784, expliquait les *nimbus* au moyen du principe suivant : quand deux masses d'air, saturées et de température différente, se rencontrent, la température moyenne du mélange est trop faible pour qu'il puisse contenir toute la vapeur de ces masses d'air réunies. Cela tient à ce que la tension maximum de la vapeur décroît beaucoup moins vite que la température (478); ce qui fait que l'air le plus froid, en s'échauffant, prend moins de vapeur pour achever de se saturer, que l'air le plus chaud n'en abandonne en se refroidissant du même nombre de degrés. Il y aura donc précipitation de vapeur. Le même résultat pourra avoir lieu, si les deux masses d'air, sans être saturées, sont très humides. Quand deux courants d'air se rencontreront dans les régions élevées de l'atmosphère, il pourra donc se former un *nimbus*, et il tombera de la pluie, les gouttelettes grossissant rapidement.

Ce mode de formation des nimbus ne suffit pas pour expliquer la fréquence du phénomère de la pluie. M. Babinet a indiqué une autre cause, qui permet de rendre compte d'une foule de particularités relatives à ce météore : quand le vent rencontre un obstacle, l'air en mouvement s'élève, en vertu de sa vitesse acquise, se refroidit en se raréfiant, et abandonne à l'état de pluie toute la vapeur qui dépasse la quantité nécessaire à sa saturation. On voit pourquoi le vent de mer donne de la pluie : retardé par la résistance qu'oppose à sa marche le relief des côtes, les arbres, les collines..., il fait obstacle à la marche de l'air affluent, et ce dernier s'élève, se refroidit et donne d'autant plus de pluie qu'il est plus chaud et plus humide. C'est ainsi que, en France, les vents d'ouest fournissent les pluies qui alimentent les bassins des fleuves qui se jettent dans l'Océan.

Quand un vent humide rencontre une chaîne de montagnes, l'air en mouvement s'élève sur ses flancs en se refroidissant, et dépose ces neiges éternelles, où les grands cours d'eau prennent leur source. C'est ainsi que, dans les Alpes, les vents d'ouest donnent naissance au Rhône et au Rhin, et le vent d'est, au Danube.

Serein. — Quelquefois, il tombe pendant quelques instants à la fin de certaines journées chaudes et humides, une pluie très fine, sans nuage, due à un refroidissement rapide de l'air après le coucher du soleil. On a donné le nom de *serein* à ce phénomène.

556. Des quantités de pluie. — Les instruments dont on se sert pour évaluer l'épaisseur de la couche d'eau qui tombe en un lieu à l'état de pluie, se nomment *pluviomètres* ou *udomètres*. Le plus simple consiste en un vase cylindrique (*fig.* 423), portant un tube latéral en verre, t, muni d'une échelle qui permet d'évaluer l'épaisseur de la couche d'eau. Ce vase est fermé par un entonnoir a, pour éviter les pertes par évaporation.

Fig. 423.

On a remarqué que deux udomètres identiques placés dans le même lieu à des hauteurs différentes, ne reçoivent pas la même quantité de pluie, le plus bas en reçoit un peu plus que l'autre. Il paraît que ce résultat est dû à l'action du vent, qui, en se divisant autour de l'appareil, éparpille les gouttes de pluie ; de sorte qu'il en reçoit moins quand, placé plus haut, il est plus exposé à l'action du vent.

Répartition des pluies. — Dans l'océan Atlantique, partout où règnent les vents alizés, il ne tombe pas de pluie ; mais il pleut souvent dans les parties calmes. De l'équateur à l'un et l'autre tropique, s'étendent deux zones à *pluies semi-annuelles*. On y distingue la saison des pluies, qui dure 6 mois, mais se réduit à 3 mois quand on se rapproche du tropique. Cette saison commence quand le soleil passe au solstice, et la saison *sèche*, quand il se trouve du côté opposé de l'équateur. En dehors des tropiques, les pluies n'offrent plus la même régularité.

557. De la neige. — Quand un nimbus se forme dans un espace très froid, la vapeur se condense à l'état solide, *sans passer par l'état liquide*, comme dans la formation du givre (552), en donnant naissance à une multitude de particules de glace, qui s'accrochent les unes aux autres, en formant une masse très lâche, qui tombe lentement ; on a alors de la *neige*. Souvent cette neige fond avant d'arriver à terre, et l'on a vu la neige tomber sur la montagne, pendant que le même nuage versait de la pluie dans la plaine. Les flocons de neige sont composés de petits cristaux en forme d'étoile, accrochés les uns aux autres. Ces cristaux présentent 3,

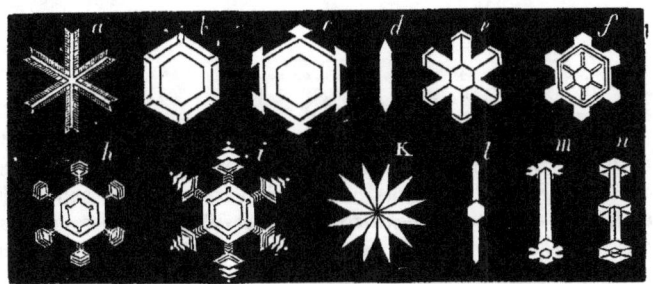

Fig. 424.

6 ou 12 parties disposées avec une grande régularité autour d'un point ou d'un axe, en formant entre elles des angles de 120°, 60° ou 30°. Visibles seulement à l'aide de la loupe, ils peuvent cependant avoir quelquefois jusqu'à 5^{mm} de diamètre. La *fig.* 424 représente quelques-unes des formes très variées de ces petits cristaux. On peut les distinguer en recevant, par un froid sec, les flocons de neige sur du drap noir.

Neige rouge. — On a observé quelquefois dans les montagnes et dans les régions polaires, de la neige d'un rouge vif. Cette couleur est due à une poussière rouge formée d'un champignon microscopique, auquel on a donné le nom d'*uredo nivealis*. On a pu reproduire et multiplier ce champignon dans l'eau ou la neige, et ce n'est que sur celle-ci qu'il présente sa teinte rouge.

Grésil. — Quand l'air est agité, les parcelles glacées peuvent se grouper irrégulièrement en formant de petites masses opaques, ou demi-transparentes auxquelles on donne le nom de *grésil*. Dans nos climats, le grésil tombe ordinairement au commencement du printemps.

LIVRE III.

ÉLECTRICITÉ ET MAGNÉTISME.

558. Nous allons, dans ce livre, étudier les propriétés d'un agent naturel, dont la découverte appartient aux modernes, et qu'ils ont nommé *électricité*. Pendant longtemps, on a admis l'existence d'un autre agent, désigné sous le nom de *magnétisme*, qui servait à expliquer toute une classe de phénomènes. Mais nous verrons que le magnétisme doit être considéré comme une manière d'être particulière de l'électricité.

Nous allons d'abord nous occuper des phénomènes du magnétisme tels qu'ils se manifestent dans le fer et quelques autres substances où ses effets sont intenses. Dans la plupart des autres corps, ils ne se produisent qu'au moyen d'appareils d'une grande puissance, que nous ferons connaître après avoir étudié les principales propriétés de l'électricité. C'est alors que nous montrerons la généralité du magnétisme, et que nous ferons voir comment les phénomènes magnétiques dépendent de l'agent électrique.

CHAPITRE PREMIER.

DU MAGNÉTISME.

§ 1. — PROPRIÉTÉS GÉNÉRALES DES AIMANTS.

559. Aimants naturels et artificiels. — On trouve dans certaines mines de fer, une pierre noire ou brune nommée *pierre d'aimant*, qui a la propriété d'attirer le fer et quelques autres substances. Cette pierre est un oxyde de fer (Fe^3O^4), nommé par les minéralogistes *fer oxydulé* ou *fer* *magnétique*; c'est un minerai de fer des moins oxygénés. Suivant Aristote, l'aimant était connu de Thalès de Milet, 600 ans avant notre ère. Son nom, en grec μαγνητης, vient de celui de la ville de Magnésie, en Lydie, près du mont Sipyle, sur lequel furent trouvés les premiers aimants. Du nom grec de l'aimant on a fait le mot *magnétisme* et ses différents dérivés.

On fabrique des *aimants artificiels*, qui consistent en barreaux d'acier auxquels on communique toutes les propriétés des aimants naturels, par des procédés que nous décrirons plus tard. Tout ce que nous allons dire s'applique aussi bien aux aimants artificiels qu'aux aimants naturels.

560. De l'attraction magnétique. — Pour constater l'attraction magnétique, il suffit de rouler un aimant dans la limaille de fer; on la voit s'attacher à sa surface en formant des houppes plus ou moins longues. On peut encore se servir du *pendule magnétique*, qui consiste en une balle de fer suspendue à un fil. On reconnaît que l'attraction diminue d'intensité quand la distance augmente, et qu'elle s'exerce à travers toutes les substances connues non magnétiques.

On nomme corps magnétiques tous ceux qui sont attirés par les aimants. Ces corps sont le *fer*, la *fonte*, l'*acier*, les *oxydes de fer*, le *cobalt*, le *chrôme*, le *nickel*, et enfin le *manganèse*; mais ce dernier métal ne donne de signes de magnétisme qu'à 20 ou 25° au-dessous de zéro.

Influence de la température. — Le fer cesse d'être magnétique au rouge cerise, et la fonte de fer au rouge blanc. Le cobalt reste magnétique aux plus hautes températures; le chrôme cesse de l'être un peu au-dessous du rouge sombre; et le nickel vers 350°. Le manganèse ne commence à devenir magnétique que vers —20°. On a conclu de là que tous les corps deviendraient magnétiques si l'on pouvait les refroidir suffisamment.

561. Pôles des aimants. — Les différents points de la surface d'un aimant ne jouissent pas au même degré de la vertu attractive. Gilbert a

Fig. 425.

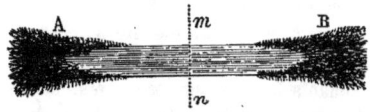
Fig. 426.

reconnu qu'il y a toujours deux régions opposées où l'attraction est le plus prononcée; on les nomme *pôles* de l'aimant. Entre les deux pôles, se trouve une ligne, sur laquelle il n'y a pas d'attraction; on l'appelle *ligne neutre* ou *ligne moyenne*. — Quand l'aimant est allongé, les pôles sont ordinairement placés aux extrémités, et il y a au milieu un espace neutre plus ou moins étendu. Pour montrer l'existence des pôles, il suffit de rouler l'aimant dans la limaille de fer; on la voit s'attacher aux pôles, tandis que la ligne neutre n'en retient aucune parcelle, comme on le voit dans les *fig.* 425, 426 dont la première représente un aimant naturel, et la seconde un aimant artificiel. *mn* est la ligne neutre.

Spectre magnétique. — Pour montrer les pôles et la ligne neutre, Gilbert a imaginé l'expérience suivante : on met sur un barreau aimanté horizontal, une feuille de carton sur laquelle on projette de la limaille de fer. Les parcelles prennent alors un arrangement régulier, en obéissant à l'attraction magnétique, comme on le voit dans la *fig.* 427. La tendance à se porter vers les pôles et l'absence d'action sur la ligne moyenne, sont

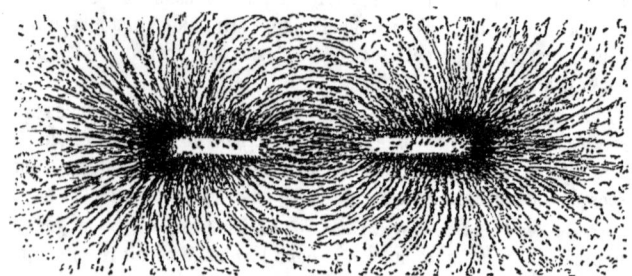

Fig. 427.

nettement indiquées par la forme des courbes dessinées par les parcelles de limaille. C'est là l'expérience du *spectre* ou *fantôme magnétique*. De Haldat conserve le dessin que forme la limaille, en opérant sur une lame de verre, et appliquant dessus, une feuille de papier enduite de colle d'amidon mêlée de gélatine; la limaille s'attache à la colle et reste adhérente au papier.

562. Pôles de même nom et de nom contraire. — Supposons maintenant que, au lieu de faire agir un aimant sur le fer, on fasse agir des aimants les uns sur les autres, et considérons plusieurs aimants suspendus sur une pointe (*fig.* 428) par leur centre de gravité, et auxquels on présente *une même extrémité* d'un autre aimant; on verra que certains pôles seront attirés, tandis que d'autres seront repoussés. Les pôles sur lesquels l'action est la même sont appelés *pôles de même nom*; ceux sur lesquels elle est différente, sont dits *de nom contraire*.

Loi. — Une fois qu'on a distingué les pôles des deux espèces, on reconnaît que *les pôles de même nom se repoussent, et les pôles de nom contraire s'attirent*.

On remarque aussi que les deux pôles opposés d'un même aimant sont de nom contraire.

On désigne les deux pôles opposés d'un aimant, par les noms de *pôle positif* et *pôle négatif*, et on les indique par les signes + et — de l'algèbre.

Ces noms sont relatifs ; cependant, on peut désigner les pôles d'une manière absolue, en se fondant sur la propriété, qu'ont les aimants suspendus librement par leur milieu, de prendre spontanément une direction à peu près parallèle au méridien, de manière que les pôles qui sont tournés du même côté soient tous de même nom. Dans chaque aimant, le pôle qui regarde le nord se nomme *pôle nord*, et celui qui regarde le sud, *pôle sud*.

Différence entre les aimants et les corps magnétiques. — L'existence des pôles, de nature différente dans les *aimants*, les distingue nettement des corps simplement *magnétiques*. En effet, tous les points de ces derniers attirent également les deux pôles d'un aimant, tandis que les aimants agissent différemment par leurs pôles opposés.

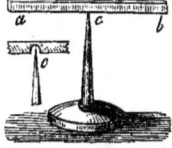

Fig. 428.

563. Points conséquents. — Les pôles situés aux extrémités d'un même aimant sont de nom contraire. Cependant il peut en être autrement ; mais alors il y a, entre ces deux pôles, des pôles intermédiaires, auxquels on donne le nom de *points conséquents*, et que l'on reconnaît en roulant les aimants dans la limaille de fer (*fig.* 429). En faisant agir ces pôles sur une aiguille aimantée, on trouve qu'ils sont alternativement positifs et négatifs. Il en résulte que, s'il y a un nombre *pair* de points conséquents, les pôles extrêmes sont de nom contraire, comme en *mn*, et s'il y en a un nombre *impair*, les pôles extrêmes sont de même nom, comme en *ac*. Un aimant qui présente un ou plusieurs points conséquents, peut être considéré comme formé de plusieurs aimants placés les uns au bout des autres, et réunis par des pôles de même nom. Par exemple, l'aimant *mon* (*fig.* 429) peut être considéré comme formé de trois aimants, *m*, *o* et *n*, les deux premiers réunis par le pôle positif, et les deux autres par le pôle négatif.

Fig. 429.

564. Théorie du magnétisme. — On a fait beaucoup d'hypothèses pour expliquer les propriétés de l'aimant. Celle de Coulomb présente seule une valeur scientifique, et se plie, de la manière la plus heureuse, à l'explication de tous les faits connus de son temps. On a reconnu d'abord qu'on peut enlever à un aimant ses propriétés magnétiques, par certaines frictions faites avec un autre aimant, par la chaleur, ou par un choc. Dans ces

434   MAGNÉTISME.

diverses opérations, la matière de l'aimant n'éprouvant pas de modification, on a pensé que les propriétés magnétiques n'appartiennent pas en propre à la matière pondérable. En partant de là, Coulomb a formulé l'hypothèse suivante, qui est, pour ainsi dire, la traduction des phénomènes : on admet qu'il existe dans les aimants deux fluides impondérables nommés *fluides magnétiques*, exerçant leur effet, l'un au pôle positif, l'autre au pôle négatif. Chacun de ces fluides agit par répulsion sur le fluide de la même espèce, et par attraction sur le fluide de nom contraire.

565. Décomposition du fluide neutre du fer. — Si l'on approche l'extrémité d'un barreau de fer du pôle d'un aimant, ce barreau devient lui-même un aimant, et attire de la limaille ou un autre barreau de fer. Ce dernier se trouve aussi aimanté, et attire de même la limaille. On peut ainsi suspendre à un aimant, une série de morceaux de fer, qui se soutiennent les uns les autres (*fig.* 430) ; c'est ce qu'on nomme la *chaîne magnétique*. Mais, si l'on vient à éloigner l'aimant du morceau de fer supérieur, tous les autres tombent aussitôt. Ce n'est donc que sous l'influence de l'aimant que les morceaux de fer sont constitués momentanément à l'état d'aimantation. On comprend aussi pourquoi la limaille de fer s'arrange en filaments (560) ; chaque parcelle en attirant une autre, de manière qu'il se forme une multitude de petites chaînes magnétiques.

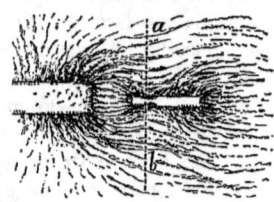

Fig. 431.

Fig. 430.

L'état d'aimantation d'un barreau de fer placé sur le prolongement d'un aimant peut aussi se reconnaître en formant le spectre magnétique, comme on le voit dans la *fig.* 431 ; on y distingue les pôles de l'aimant temporaire que forme le fer, et sa ligne neutre sur la droite *ab*.

Pour expliquer ces résultats, Coulomb admet que tous les corps magnétiques contiennent les deux fluides, combinés de manière à ne produire aucun effet, et constituant ce qu'il nomme *fluide magnétique neutre*. Quand on approche l'un des pôles d'un aimant, le fluide neutre du fer est décomposé ; le fluide de nom contraire provenant de cette décomposition est attiré vers le pôle de l'aimant, et le fluide de même nom est repoussé. Le fer forme alors un aimant, dont le pôle le plus rapproché est attiré par celui de l'aimant proprement dit, plus fortement que le pôle opposé n'est repoussé, à cause de la plus grande distance. Ainsi s'explique l'attraction sur le fer, par celles qu'exercent l'un sur l'autre les deux fluides en présence. Quand on éloigne l'aimant proprement dit, les fluides magnétiques séparés dans le fer par son influence, se recombinent, parce qu'ils s'attirent, forment du fluide neutre, et tout signe d'aimantation disparaît.

Une expérience curieuse, connue sous le nom de *paradoxe magnétique*, vient encore à l'appui de cette théorie. On suspend un morceau de fer à l'un des pôles d'un aimant A (*fig.* 432), et l'on en approche peu à peu le pôle contraire d'un autre aimant B. On voit bientôt le morceau de fer se détacher et tomber ; c'est que l'influence du pôle de l'aimant B, détruit la décomposition des fluides, produite par le pôle contraire de l'aimant A.

566. Des éléments magnétiques. — Si l'on brise en deux une aiguille aimantée(*fig.* 433), chaque moitié devient un aimant complet ayant ses pôles et sa ligne moyenne. Chaque moitié, brisée de même, donne deux nouveaux aimants complets : en un mot, quelque petite que soit la parcelle que l'on sépare d'un aimant, elle présente deux pôles et une ligne moyenne. Pour expliquer ce résultat, Coulomb admet que les fluides magnétiques résident dans des espaces insensibles nommés *éléments magnétiques*, et qui

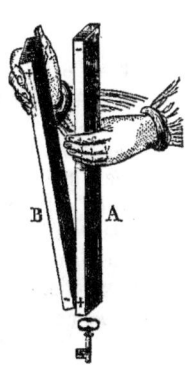

Fig. 432.

sont disposés comme des aimants excessivement petits, ayant tous leurs pôles de même nom tournés du même côté. Les fluides ne résident donc pas séparément dans chaque moitié de l'aimant, mais on les y trouve l'un et l'autre. On imite cet état des aimants, en remplissant, de très petits aimants obtenus en brisant des fils d'acier aimantés, un tube de carton, de manière qu'ils soient tous orientés de la même manière. L'ensemble se comporte comme un aimant unique.

Fig. 433.

En soumettant au calcul les effets des divers éléments magnétiques les uns sur les autres, et admettant que les intensités des actions magnétiques varient en raison inverse des carrés des distances, comme nous le verrons plus loin (584), Poisson a démontré, par l'analyse mathématique, que la force magnétique diminue rapidement, du milieu aux extrémités, et qu'il existe deux pôles et une ligne moyenne.

567. Les fluides magnétiques ne se transportent pas. — Quand le fer est soumis à l'action d'un aimant, les fluides positif et négatif provenant de la décomposition du fluide neutre ne se transportent pas aux extrémités, mais la décomposition se fait dans chaque élément magnétique. En effet, si l'on sépare au moyen de cisailles, une partie d'un brin de fil de fer suspendu à un aimant, le fragment qui se détache se trouve à l'état neutre ;

ce qui prouve que ce fragment contenait des quantités égales des deux fluides. — En outre, le fluide magnétique ne peut sortir des aimants, pas plus que des substances simplement magnétiques; et les aimants peuvent, sans perdre de leur force, communiquer leurs propriétés aux corps susceptibles d'être aimantés.

568. Pôles mathématiques d'un aimant. — Considérons un centre magnétique, contenant, par exemple, du fluide *positif*, et situé à une distance assez grande pour que les droites menées de ce centre aux différents points d'un aimant puissent être regardées comme parallèles. Chacun des points de la moitié *négative* de l'aimant est attiré, et d'autant plus fortement qu'il est plus rapproché de l'extrémité. Toutes les attractions parallèles ont une résultante, dont le point d'application est situé dans l'intérieur de l'aimant, à une certaine distance de l'extrémité. Ce point d'application se nomme *pôle* de l'aimant. Il existe un pôle semblable dans l'autre moitié, qui est le point d'application de la résultante des forces *répulsives* exercées par le centre magnétique considéré. On voit que le mot *pôle* reçoit ici un sens différent de celui que nous lui avons donné jusqu'à présent.

569. Force coërcitive. — Les fluides magnétiques séparés dans un barreau de fer par l'influence d'un aimant, se recomposent dès que cet aimant est éloigné, à cause de l'attraction qu'ils exercent l'un sur l'autre. Si, malgré cette attraction, il n'en est pas de même dans les aimants, il faut qu'il existe dans ceux-ci une cause qui s'oppose à la recomposition des fluides. Cette cause inconnue a reçu le nom de *force coërcitive*. Le caractère de cette force est de s'opposer, dans les éléments magnétiques, aux mouvements des fluides tendant soit à les séparer, soit à les réunir après la séparation.

La force coërcitive dépend à la fois de la nature du corps magnétique et de l'arrangement de ses molécules. On peut dire, en général, que tout ce qui augmente la dureté augmente aussi cette force. Par exemple, l'acier recuit ne possède pas la force coërcitive, qu'il possède quand il est trempé. Le *fer doux* n'a pas de force coërcitive; mais il en possède quand il a été écroui ou rendu cassant par le mélange d'un peu de soufre, de phosphore, d'arsenic, de charbon. La force coërcitive est encore modifiée instantanément par le choc; et l'on peut détruire l'aimantation d'un aimant au moyen d'un coup de marteau. D'un autre côté, si l'on frappe par le bout, d'un coup sec, une barre de fer soumise à l'action d'un aimant, elle reste aimantée; le choc a donc développé, au moins pour quelque temps, de la force coërcitive. Enfin, la chaleur fait céder la force coërcitive, affaiblit les aimants, et peut même leur enlever toute trace d'aimantation quand elle est très forte.

L'attraction d'un aimant sur un corps simplement magnétique, devant être précédée d'une décomposition de fluide neutre, un aimant doit être sans action sur un corps dans lequel la force coërcitive s'oppose au déplacement des fluides. C'est pourquoi l'acier fortement trempé n'est pas attiré par un aimant. Cependant, si l'aimant est très puissant, la force coërcitive, qui est limitée comme toutes les forces, cède, et le fluide neutre se décompose plus ou moins lentement. Mais quand l'aimant est ensuite éloigné, la décomposition persiste, et l'acier reste aimanté.

§ 2. — ACTION DE LA TERRE SUR LES AIMANTS.

I. Déclinaison.

570. Direction de l'aiguille aimantée. — Un aimant en équilibre sur une pointe, se dirige spontanément de manière qu'une de ses extrémités soit tournée vers le nord et l'autre vers le sud. Pour observer ce phénomène, on emploie de préférence de petits aimants minces et allongés connus sous le nom d'*aiguilles aimantées*. On a cru pendant longtemps que l'axe de l'aiguille aimantée se plaçait exactement dans le méridien géographique; mais il n'en est pas ainsi. On donne le nom de *déclinaison* à l'angle que fait avec le méridien du lieu, le plan vertical qui passe par l'axe de l'aiguille. Ce plan vertical s'appelle *méridien magnétique*.

571. Lignes isogoniques. — La déclinaison n'est pas la même à tous les points de la surface du globe. L'extrémité nord de l'aiguille se trouve tantôt à l'est, tantôt à l'ouest du méridien géographique, ce que l'on indique en disant que la déclinaison est *orientale* ou *occidentale*. On a tracé sur les globes terrestres, des courbes, nommées *lignes isogoniques*, sur lesquelles la déclinaison est partout la même. On en a représenté quelques-unes en lignes ponctuées sur la carte de la *fig.* 434. On voit qu'elles courent généralement du nord au sud. Elles sont fort irrégulières; mais il faut remarquer que leurs formes sont altérées, dans les latitudes élevées, par le système de projection de Mercator, adopté dans cette carte.

Pôles magnétiques. — Les lignes isogoniques convergent vers deux points placés près des pôles géographiques, et nommés *pôles magnétiques*.

Lignes sans déclinaison. — Parmi les lignes isogoniques, il faut remarquer les *lignes sans déclinaison*, c'est-à-dire la série des points sur lesquels l'axe de l'aiguille aimantée coïncide avec le méridien géographique. Une de ces lignes, représentée sur la figure en traits continus, commence au nord-ouest de la baie d'Hudson, et vient rencontrer le méridien de Paris vers le 65e degré de latitude australe. Une seconde ligne sans déclinaison, partant au sud, du point *a*, traverse la Nouvelle-Hollande, enveloppe dans une vaste sinuosité, l'Océanie et les deux Indes, puis, longe le Japon, et vient aboutir à la Sibérie. Une autre branche, dont on voit l'extrémité en *c*, traverse la mer Blanche. On pense qu'elle n'est que la continuation de la courbe de l'Océanie, à laquelle elle se joindrait à travers l'Asie, où les observations manquent. Il y a donc deux systèmes de lignes sans déclinaison; on peut les regarder comme se continuant l'une avec l'autre par les régions polaires, de manière à ne former qu'une seule courbe faisant le tour de la terre.

Entre les deux lignes sans déclinaison de la figure, c'est-à-dire dans l'Océan Atlantique et dans presque tout l'ancien continent, la déclinaison est *occidentale*; en dehors elle est *orientale*, et elle diminue à mesure qu'on se rapproche de ces lignes.

572 Variations séculaires de la déclinaison. — La déclinaison éprouve en un même lieu, des changements très lents nommés *variations*

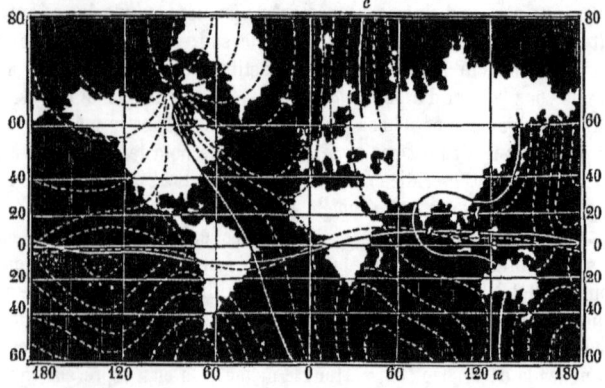

Fig. 434.

séculaires, et consistant en oscillations de l'aiguille, dont chacune dure des siècles, et pendant lesquelles les *lignes isogoniques* et les lignes sans déclinaison se déplacent nécessairement. Ces déplacements, qui sont très lents, ont lieu de l'est à l'ouest; la figure 434 est pour l'année 1823. En 1663, la déclinaison était nulle à Paris, et la ligne sans déclinaison qui coupe les deux Amériques passait alors par cette ville. — En 1580, elle était orientale, et de $11°,30'$; elle est devenue occidentale, à partir de 1663, a atteint son maximum, $22°,34'$, en 1814, et a été depuis constamment en diminuant; en 1860, elle n'était plus que de $19°,32'$.

573. Variations diurnes et annuelles de la déclinaison. — La déclinaison éprouve chaque jour des variations périodiques, d'autant plus sensibles qu'on se rapproche davantage des pôles magnétiques. L'amplitude de ces variations, découvertes par Graham, en 1722, est de moins d'un degré, et il faut, pour les suivre, des instruments d'une grande précision. On les étudie avec assiduité, dans l'espoir d'en saisir la cause ; et l'on a même construit, dans une foule de pays, des observatoires destinés spécialement à les observer, et munis d'instruments spéciaux. Voici, d'après le P. Secchi l'énoncé général du phénomène :

1° *Les variations diurnes de la déclinaison suivent en chaque lieu le temps local* ; elles sont donc en rapport avec la position du soleil. 2° Le pôle de l'aiguille tourné du côté opposé au parallèle que décrit le soleil, fait chaque jour une double excursion : 4 à 5 heures avant midi, ce pôle est au maximum de distance du méridien magnétique vers l'est ; de là il marche vers l'ouest avec une vitesse croissante, qui atteint son maximum à peu près au moment où le soleil passe par le méridien magnétique. Une ou deux heures après, l'aiguille s'arrête pour revenir sur ses pas jusqu'au coucher du soleil. Le pôle considéré semble donc fuir cet astre. Pendant la nuit, quand le soleil passe au méridien inférieur, la même oscillation se répète, mais avec une moindre amplitude. — Les heures limites changent avec les saisons, elles avancent généralement en été et retardent en hiver, et les amplitudes sont à peu près proportionnelles aux arcs parcourus par le soleil le jour et la nuit.

Il résulte de la seconde loi que 1° les mouvements de l'un des pôles de l'aiguille dans un hémisphère, sont les mêmes que ceux de l'autre pôle dans l'hémisphère opposé, ou bien que le pôle nord prend des mouvements inverses aux mêmes heures et sur le même méridien dans les deux hémisphères. Arago a conclu de là, qu'il doit y avoir une ligne sans variations diurnes, dans le voisinage de l'équateur.

Variations annuelles. — En prenant chaque jour la moyenne des déclinaisons maximum et minimum, d'où l'on déduit la moyenne mensuelle, Cassini a reconnu, en 1786, qu'il existe une variation annuelle dépendant de la position du soleil de part et d'autre de l'équateur. Pendant les mois d'avril, mai, juin, juillet, compris entre l'équinoxe de printemps et le solstice d'été, l'extrémité nord de l'aiguille rétrograde vers l'est ; pendant les neuf mois suivants, la marche générale est vers l'ouest. L'amplitude de ces oscillations n'est que de quelques minutes, et semble augmenter et diminuer en même temps que la rapidité du mouvement séculaire.

574. Perturbations de l'aiguille aimantée. — L'aiguille de déclinaison éprouve assez souvent des déviations accidentelles, qui n'atteignent pas ordinairement un degré, pour revenir au bout de quelques heures à sa position normale. Les tremblements de terre et les éruptions volcaniques sont des causes de ces perturbations ; mais elles n'agissent qu'à de petites distances. C'est surtout lors de l'apparition des *aurores boréales* que les perturbations sont manifestes. Les aurores boréales, sur lesquelles nous reviendrons, consistent en un arc immense à contours diffus, qui entoure le pôle, et dont s'échappent des ramifications ou rayonnements lumineux animés de mouvements plus ou moins rapides. Pendant ces apparitions, l'aiguille de déclinaison est déviée, même dans les pays où le météore n'est pas visible; de manière qu'on a pu souvent, à l'inspection de l'aiguille, annoncer la présence d'une aurore boréale dont on ne voyait aucun signe. Les déviations, de 20′ au plus dans nos climats, augmentent quand on se rapproche du pôle. On a remarqué d'abord, que le point le plus élevé de l'arc est situé dans le méridien magnétique de l'aiguille considérée. Cette aiguille reste assez tranquille quand cet arc lumineux est immobile; mais quand il darde des rayons, elle oscille, et quelquefois de plusieurs degrés, et d'autant plus que l'éclat de l'aurore boréale est plus vif. Généralement, la déclinaison varie à l'avance, et prédit pour ainsi dire le phénomène; d'autres fois elle ne commence à changer que quelque temps après la formation de l'arc lumineux.

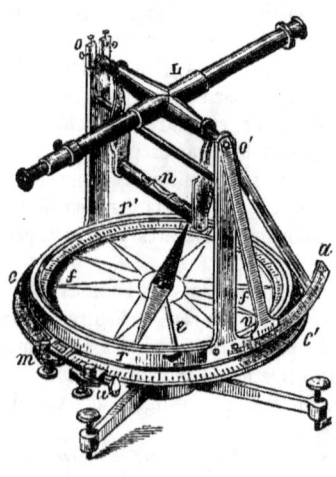

Fig. 435.

575. Boussoles de déclinaison. — Les instruments destinés à mesurer la déclinaison se nomment *boussoles de déclinaison*. La *fig.* 435 représente un de ces instruments : rr' est une boîte circulaire en cuivre, au centre de laquelle est suspendue, sur une pointe, une aiguille horizontale dont les extrémités parcourent un cercle divisé en degrés; une glace préserve cette aiguille des agitations de l'air. La boîte rr' peut tourner autour d'un axe fixé verticalement à son centre, en dessous, et engagé dans un tube porté par le pied de l'instrument. Elle est munie de deux verniers opposés, qui parcourent les divisions d'un cercle horizontal cc' fixé au pied de l'instrument. Cette boîte porte deux montants verticaux qui soutiennent une lunette à réticule L, mobile autour d'un arbre horizontal oo' parallèle au cercle cc'. L'axe optique de la lunette décrit dans ses mouvements autour de oo', un plan vertical qui passe par le centre de la boîte rr'. Une ligne diamétrale, tracée sur le fond de cette boîte, figure la trace de ce plan sur le fond; on la nomme *ligne de foi*.

La *fig.* 436 représente en *sn* l'aiguille de la boussole. Cette aiguille a la forme d'un losange; on en voit la coupe verticale en SN. Au centre de

BOUSSOLES DE DÉCLINAISON.

figure est un trou circulaire par lequel on peut l'ajuster exactement sur la chappe *c*, ou l'en séparer à volonté. La chappe est formée d'une agate creusée pour recevoir la pointe du pivot, et enchâssée dans un petit plateau en cuivre qui se relève autour d'elle, de manière à former un cylindre vertical exactement de même diamètre que le trou central de l'aiguille.

Pour observer, on cherche l'angle que fait l'aiguille aimantée avec le plan vertical qui passe par une étoile connue. Pour cela, on fait tourner la boîte *rfr'* de manière à amener le centre du réticule de la lunette sur l'étoile, et l'on observe l'angle que fait alors la ligne de foi avec l'ai-

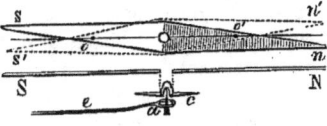

Fig. 436.

guille aimantée. Il reste ensuite à trouver, par les moyens astronomiques, l'angle que fait le plan vertical qui passe par l'étoile, à l'heure de l'observation, avec le méridien géographique. Cet angle est ajouté au premier angle observé, quand le méridien se trouve du même côté de l'aiguille que le plan vertical observé; on l'en retranche dans le cas contraire.

Méthode de retournement. — Dans cette manière d'opérer, on observe en réalité l'angle que fait la ligne de foi avec l'*axe de figure* de l'aiguille. Mais il peut arriver que cet axe ne coïncide pas avec l'axe magnétique; par exemple, ce dernier peut être dirigé suivant *oo'* (*fig.* 441). Pour éviter cette cause d'erreur, après avoir observé l'angle que fait l'axe de figure avec la ligne de foi, on enlève l'aiguille de dessus la chappe, et on l'y remet après l'avoir retournée de manière que la face qui était en dessus se trouve en dessous. L'axe magnétique prendra spontanément la même direction que dans la première observation, mais l'axe de figure aura une position différente, que nous trouverons en faisant tourner l'aiguille *ns*, autour de *oo'*, de manière qu'elle vienne en *n's'*. On voit que l'axe magnétique divise en deux parties égales l'angle des axes de figure *n's'*, *ns*. L'angle formé par l'axe magnétique avec la ligne de foi est

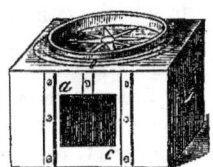

Fig. 437.

donc la moyenne entre les angles que fait successivement l'axe de figure avec la même ligne, quand on retourne l'aiguille.

Boussole marine. — Cet instrument, connu aussi sous le nom de *compas des variations*, se compose d'une boîte cylindrique en cuivre (*fig.* 437), soutenue par une suspension de Cardan (164), c'est-à-dire mobile autour de deux axes horizontaux perpendiculaires l'un à l'autre; l'un, dirigé suivant un diamètre de la base supérieure du cylindre, tourne sur un anneau mobile autour d'un axe perpendiculaire à ce diamètre et porté par la caisse qui enveloppe tout l'instrument. Cette suspension fait que la base supérieure de la boîte cylindrique reste horizontale, de quelque manière que s'incline le navire. Le fond de cette boîte porte un pivot sur lequel est suspendue l'aiguille aimantée. Sur cette aiguille est collé un disque de papier rendu rigide par une lame de talc très mince, portant les degrés de la circonférence et les signes des vents. Le zéro de la division correspond à l'axe de l'aiguille aimantée, dont l'extrémité nord est indiquée par un signe particulier, et l'intérieur de la boîte porte seulement une ligne de foi dirigée suivant l'axe du navire. Quand on veut l'angle que fait l'aiguille avec le méridien, on observe l'angle qu'elle fait avec la ligne de foi, et l'on en retranche ou l'on y ajoute la déclinaison supposée connue. Pendant la nuit, on dispose une lampe, dont la lumière pénètre, par l'ouverture ac, dans la caisse qui renferme l'instrument, et vient éclairer par dessous le disque divisé, en passant à travers le fond de la boîte cylindrique, qui est formé d'une lame de verre dépoli.

II. Inclinaison.

576. Quand une aiguille d'acier est suspendue par un axe horizontal passant par son centre de gravité, elle reste en équilibre de quelque manière qu'on la place dans le plan vertical. Mais si elle est aimantée, elle prend une position fixe inclinée sur l'horizon. Quand l'aiguille est mobile dans le plan du méridien magnétique, le plus petit des angles qu'elle fait avec l'horizon se nomme l'*inclinaison*. Cet angle augmente quand on écarte du méridien magnétique le plan vertical dans lequel se meut l'aiguille, et elle prend la position verticale quand ce plan est perpendiculaire au méridien magnétique. L'inclinaison a été découverte à Londres, en 1576, par Robert Norman ; pour la mesurer et vérifier les phénomènes que nous venons de décrire, on se sert de la *boussole d'inclinaison*.

Boussole d'inclinaison. — L'aiguille aimantée ab (*fig.* 438) porte un axe transversal en acier passant par son centre de gravité, et parfaitement cylindrique. Cet axe roule sur la tranche de deux lames parallèles en agate, portées par deux traverses horizontales dirigées suivant le diamètre d'un cercle vertical. Ce cercle, divisé en degrés, est fixé aux traverses horizontales, soutenues elles-mêmes par deux colonnes. Une cage de verre enveloppe cette partie de l'appareil, qui peut tourner autour d'un axe vertical porté par le pied de l'instrument, de quantités angulaires mesurées, par un vernier, sur le cercle fixe c. Le niveau n sert à reconnaître si ce cercle est horizontal.

Pour observer l'inclinaison, on commence par placer le cercle vertical dans le méridien magnétique ; soit en cherchant la position pour laquelle l'aiguille fait le plus petit angle avec l'horizon ; soit en cherchant celle pour laquelle elle est verticale, après quoi l'on fait marcher le vernier de 90°.

Indépendamment du défaut de régularité dans l'aimantation, dont on évite l'influence par la méthode de retournement (575), il y a ici à considérer que le centre de gravité peut ne pas se trouver exactement sur l'axe de rotation de l'aiguille. Pour éviter cette cause d'erreur, on répète l'opération dans la même position du cercle vertical, mais après avoir aimanté l'aiguille en sens inverse, de manière que l'extrémité qui s'inclinait vers la terre se trouve en haut ; et l'on prend la moyenne entre les angles obtenus dans les deux états d'aimantation. On fait donc en tout quatre observations, dont on prend la moyenne.

577. Lignes isoclines. — L'inclinaison change d'un point à un autre de la surface du globe. Dans notre hémisphère, c'est l'extrémité nord de l'aiguille aimantée qui plonge vers la terre ; à Paris, son axe fait avec l'horizon un angle de 66° environ. A mesure qu'on se rapproche du pôle, cet angle augmente. Si, au contraire, on marche vers l'équateur, on le voit diminuer ; et près de cette ligne, on trouve un point où l'aiguille se tient horizontale. Si l'on dépasse ce point, en marchant vers le sud, l'inclinaison reparaît ; c'est alors l'extrémité *sud* de l'aiguille qui s'abaisse, et de plus en plus à mesure qu'on se rapproche du pôle austral de la terre.

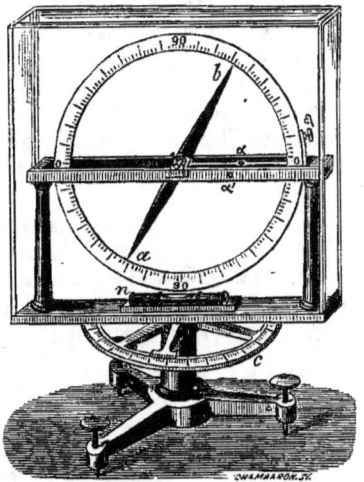

Fig. 438.

On nomme *lignes isoclines* des courbes tracées sur le globe terrestre, sur chacune desquelles l'*inclinaison* est la même. Ces lignes sont irrégulières et courent dans le sens des parallèles géographiques. En se resserrant de plus en plus, autour des pôles, elles marquent deux points qui sont les *pôles magnétiques*. Ces pôles jouissent de cette propriété, que l'aiguille d'inclinaison s'y place verticalement.

Équateur magnétique. — Sur chaque méridien, il y a un point où l'inclinaison est nulle : tous les points où cette particularité se présente forment une courbe continue, s'écartant peu de l'équateur géographique, qu'elle coupe en plusieurs points ; on la nomme *ligne sans inclinaison* ou *équateur magnétique*. Elle est représentée (*fig*. 434) par une ligne ponctuée; on voit qu'elle affecte une forme assez irrégulière.

578. Variations de l'inclinaison. — L'inclinaison éprouve des variations *séculaires*, diurnes et annuelles, et des perturbations; mais ces changements sont bien moins prononcés que pour la déclinaison. En Europe, l'inclinaison a constamment diminué depuis qu'on l'observe. A Paris, elle était de 75° en 1671, et de 66°,25 en 1851. Ces variations séculaires apportent des changements continuels dans la figure des lignes isoclines et de l'équateur magnétique; les points où cette dernière ligne coupe l'équateur géographique marchent lentement vers l'ouest.

L'inclinaison éprouve aussi des variations diurnes, qui suivent des phases analogues à celles de la déclinaison, mais avec une avance de 3 heures. L'amplitude est de 4' à 5' environ. Il y a aussi des variations annuelles : l'inclinaison est maximum en été et minimum en hiver, et l'amplitude de ces variations est de 15' environ.

III. Théorie de l'aimant terrestre.

579. La terre agit comme un aimant. — Dès qu'on eut découvert la direction que prend spontanément l'aiguille aimantée, on chercha à l'expliquer. Gilbert[1] repoussant toutes les hypothèses bizarres qui furent d'abord proposées, en développa une qu'il appuya sur un grand nombre de preuves, et qui a longtemps suffi à la science. Cette hypothèse consiste à considérer la terre comme un aimant gigantesque dont la ligne neutre serait à l'équateur magnétique, et dont les pôles seraient situés près de l'axe, de part et d'autre du centre. Voici les expériences à l'appui :

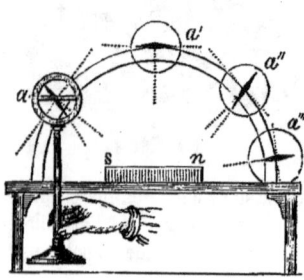

Fig. 439.

1° Une aiguille aimantée placée sur un aimant, se dirige suivant l'axe de ce dernier, de manière que les pôles de nom contraire soient en regard; de même qu'elle se dirige du nord au sud quand elle est abandonnée à elle-même.

2° On place un aimant *sn* (*fig*. 439) au centre et dans le plan d'un

---

[1] Gilbert (Guillaume), physicien anglais, né à Colchester en 1540, mort en 1603, prit ses grades hors de l'Angleterre et devint médecin de la reine Elisabeth, qui le combla de faveurs. On peut le regarder comme le créateur du magnétisme et de l'électricité, qu'il fit sortir d'une enfance de près de vingt siècles. Il jouit, auprès de ses contemporains, d'une très grande réputation. Galilée l'appelle « grand, à exciter l'envie. »

demi-cercle qui représente un méridien terrestre, et l'on porte une aiguille aimantée *a* aux différents points de ce demi-cercle, dans le plan duquel elle est mobile; on la voit faire des angles de plus en plus petits avec la tangente à la circonférence, quand, partant de *a*, on l'approche de la position *a'*, où elle se confond avec la tangente; puis elle s'incline de plus en plus, par le pôle de nom contraire au pôle *n*, comme on le voit en *a''*, et finit par prendre en *a'''*, la direction de la normale à la circonférence. En assimilant la tangente à une horizontale terrestre, on a une imitation des variations qu'éprouve l'inclinaison quand on transporte l'aiguille sur un même méridien.

. 3° **Action de la terre sur le fer.** — Les aimants décomposent le magnétisme neutre du fer doux; si donc la terre se comporte comme un aimant, elle doit produire le même effet. Or, si l'on dresse verticalement une barre de fer doux AB (*fig.* 440), elle devient un aimant, dont le pôle nord se trouve en bas. En effet, si l'on en approche une aiguille aimantée *ba*, son pôle nord est attiré par les parties supérieures de la barre, et repoussé par les parties inférieures, et en M, où il y a une ligne neutre, elle reste indifférente. Si l'on retourne la barre bout à bout, elle présente encore un pôle nord à sa partie inférieure. Dans l'hémisphère austral, elle prendrait un pôle sud, en bas. — Si l'on frappe d'un coup de marteau l'extrémité de la barre pendant qu'elle est verticale, elle conserve pendant quelque temps son état d'aimantation, le choc développant de la force coërcitive (569). Pour avoir le maximum d'effet, il faudrait placer la barre parallèlement à l'aiguille d'inclinaison, qui indique, comme nous allons le voir, la direction de la force magnétique du globe.

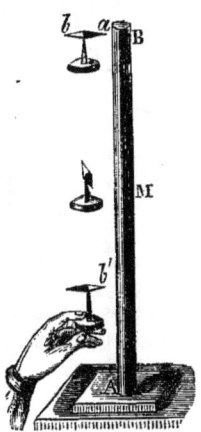

Fig. 440.

Toutes les barres de fer verticales, les tiges des paratonnerres, les espagnolettes des croisées, les tuyaux de poêle en tôle, sont aimantés par l'influence terrestre.

580. Pôle austral et pôle boréal des aimants. — La terre se comportant comme un aimant dont la ligne neutre serait l'équateur magnétique, on a donné le nom de *fluide boréal* à celui qui domine au pôle boréal, et le nom de *fluide austral* à celui qui domine à l'autre pôle. Comme les fluides de noms contraires s'attirent, on doit admettre que le fluide qui agit au pôle *nord* d'un aimant est du fluide *austral*, et que celui qui agit au pôle *sud*, est du fluide *boréal*. De là l'usage où l'on est, principalement en France, d'appeler le *pôle nord* d'un aimant *pôle austral*, et le *pôle sud*, *pôle boréal*. Ces expressions sont en apparence contradictoires; mais les mots pôle nord et pôle sud s'appliquent aux points qui regardent le nord et le sud ; ils expriment simplement le fait, et sont indépendants de toute théorie ; tandis que les termes *pôle austral* et *pôle boréal* désignent la nature des fluides qui dominent dans les diverses parties de l'aimant.

584. L'action de la terre sur un aimant ne peut que le diriger. — Soit o, o' (*fig.* 441) les pôles mathématiques d'une aiguille aimantée mobile dans le méridien magnétique. En o est appliquée une force attractive ob, et en o' une force répulsive $o'b'$, provenant des actions magnétiques de l'hémisphère terrestre qui se trouve du côté du pôle o. Ces deux forces sont égales et parallèles, car la longueur oo' est insensible par rapport à la distance au point d'où elles émanent. De même l'hémisphère qui se trouve du côté de o' donne deux forces $o'a'$, oa égales, parallèles et de sens contraire. Les forces appliquées aux pôles o et o' peuvent se remplacer par les deux résultantes or, $o'r'$, qui sont égales,

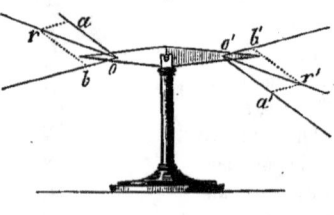

Fig. 441.

parallèles et de sens contraire, et forment un couple (54). Ce couple a pour effet de faire tourner l'aiguille, jusqu'à ce que la ligne oo' se trouve dans la direction des forces or, $o'.r'$. — Il résulte de là que *la direction de l'aiguille d'inclinaison, est celle de l'action magnétique du globe au lieu où l'on opère.*

Un couple ne pouvant que faire tourner le système auquel il est appliqué, l'action de la terre ne peut imprimer à un aimant aucun mouvement de translation. Ce résultat se vérifie par l'expérience. D'abord, pour montrer que l'action terrestre ne donne pas de composante verticale, on suspend un petit barreau d'acier au bassin d'une balance, et l'on établit l'équilibre ; on aimante ensuite ce barreau, et l'on constate que l'équilibre a toujours lieu, dans quelque position qu'on le place. Il n'y a pas non plus de composante horizontale, car un aimant placé sur un morceau de liége flottant sur l'eau, tourne sur lui-même pour se placer dans le méridien magnétique, mais ne se transporte pas ; une aiguille aimantée a (*fig.* 442), posée horizontalement sur une bande de bois ac suspendue par un fil sans torsion, se place exactement dans le méridien magnétique, quelle que soit sa position sur la bande de bois. Enfin, si l'on suspend une aiguille aimantée à un long fil, ce fil reste exactement vertical. — On conclut de là qu'il ne peut pas y avoir d'action oblique à l'horizon, car elle pourrait se décomposer en deux

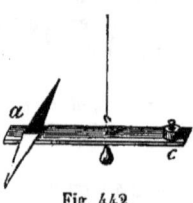

Fig. 442.

forces, l'une horizontale et l'autre verticale, et nous venons de voir que de semblables composantes n'existent pas.

582. Aiguilles astatiques. — On nomme *aiguille astatique* une aiguille aimantée qui n'est pas influencée par le magnétisme terrestre. On peut rendre une aiguille aimantée astatique, en disposant dans le méridien magnétique, un aimant dont le pôle le plus rapproché de l'aiguille exerce sur elle une action opposée à celle du magnétisme terrestre. En éloignant plus ou moins cet aimant, on finit par rendre l'aiguille indifférente. L'aimant doit être assez fort pour agir à une grande distance, afin que, la différence de distance des deux pôles de l'aiguille étant insensible dans toutes ses positions, l'action de l'aimant forme un couple à forces constantes.

On obtient encore un système *astatique* au moyen de deux aiguilles identiques et de même force magnétique ab, $a'b'$ (*fig.* 443), réunies l'une à l'autre par une tige rigide n, et dont les pôles opposés sont tournés du même côté. Il est

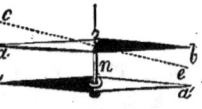

Fig. 443.

évident que les actions de la terre sur les deux aiguilles se contrebalancent. Si l'une d'elles, ab, est plus faible que l'autre, on l'incline de manière à la rapprocher de la direction de l'aiguille d'inclinaison, ce qui augmente la composante horizontale de l'action terrestre.

★ **583. Mesure de la force magnétique du globe.** — Pour achever d'établir la théorie de l'aimant terrestre, il nous reste à montrer que l'intensité de la force magnétique du globe augmente à mesure qu'on se rapproche de l'un ou de l'autre pôle. On peut procéder, soit au moyen de l'aiguille d'inclinaison, soit au moyen de l'aiguille de déclinaison.

1° **Oscillations de l'aiguille d'inclinaison.** — Si l'on dérange de sa position d'équilibre, *de 3° à 4° au plus*, une aiguille aimantée mobile dans le méridien magnétique, elle fait des oscillations isochrones, sous l'influence des forces appliquées à ses deux pôles. Ces oscillations sont soumises aux mêmes lois que celles du pendule (87); les forces magnétiques qui les produisent sont donc proportionnelles aux carrés des nombres d'oscillations accomplies pendant un même temps (82). En désignant par n et n' les nombres d'oscillations faites pendant le même temps, par une même aiguille dans deux pays différents, et par F et F' les forces magnétiques du globe en ces deux pays, on aura

$$F : F' = n^2 : n'^2.$$

Il est essentiel que l'aiguille conserve exactement son état magnétique pendant toute la durée du voyage. On revient donc au point de départ, et l'on y répète les expériences ; on doit retrouver les mêmes nombres d'oscillations si l'aiguille n'a pas changé.

2° **Oscillations de l'aiguille de déclinaison.** — L'aiguille de déclinaison étant horizontale, et n'ayant pas la direction de la force magnétique du globe, on décompose cette force, F, en deux autres, l'une verticale, détruite par la suspension de l'aiguille, l'autre, f, horizontale, parallèle au méridien magnétique, et sous l'influence de laquelle se font les oscillations. En appelant i l'inclinaison au lieu d'observation, nous aurons $f = \text{F} \cos i$. Si donc on appelle n, n' les nombres d'oscillations pour deux stations différentes, i et i' les inclinaisons, et F, F' les intensités magnétiques en ces deux stations ; on aura

$$\frac{n^2}{n'^2} = \frac{f}{f'} = \frac{\text{F} \cos i}{\text{F}' \cos i'} ; \quad \text{d'où} \quad \frac{\text{F}}{\text{F}'} = \frac{n^2 \cos i'}{n'^2 \cos i}.$$

l'aiguille de déclinaison pouvant être suspendue d'une manière très mobile par un fil de soie sans torsion, on la préfère à l'aiguille d'inclinaison.

Résultats. — L'intensité magnétique du globe augmente à mesure qu'on s'éloigne de l'équateur magnétique. On a construit, sous le nom de *lignes isodynamiques*, des courbes sur lesquelles l'intensité est partout la même. Ces courbes sont irrégulières, comme les lignes isoclines, avec lesquelles elles ne se confondent pas.

L'intensité en un même lieu éprouve des *variations diurnes* très faibles, et d'autant plus sensibles que la latitude est plus élevée.

L'intensité diminue un peu quand on s'éloigne de la surface de la terre dans les aérostats.

Ces résultats sont favorables à l'hypothèse de l'aimant terrestre. Cette hypothèse rend donc compte de l'ensemble des phénomènes relatifs à l'action du globe sur les aimants ; mais on ne peut la plier à l'explication des variations séculaires et périodiques, qu'en faisant de nouvelles hypothèses. Nous verrons que ces variations se conçoivent facilement dans un autre système, dont nous parlerons plus loin, dans lequel on attribue les phénomènes magnétiques à l'*électricité*.

§ 3. — COMPARAISON DES FORCES MAGNÉTIQUES.

I. Lois des attractions et répulsions magnétiques.

584. *Les intensités des attractions et des répulsions magnétiques varient en raison inverse des carrés des distances aux centres d'action.* Cette loi a été démontrée par Coulomb[1], par la méthode des oscillations, et au moyen de la balance de torsion.

---

[1] Coulomb (Charles-Auguste), ingénieur et physicien, né à Angoulême en 1736 d'une famille de magistrats, mort en 1806, servit d'abord dans le génie, à la Martinique,

LOIS DES ATTRACTIONS ET RÉPULSIONS.

Méthode des oscillations. — Une aiguille *astatique* est soumise à l'action d'un aimant vertical, assez long pour qu'un seul de ses pôles puisse agir sur l'aiguille. On mesure la distance des deux pôles en présence, et l'on compte les oscillations faites pendant un temps donné. On répète la même opération pour une distance différente. Si m et m' représentent les forces magnétiques aux distances d et d', et n et n' les nombres d'oscillations accomplies pendant le même temps à ces deux distances, on aura (583) $n^2 : n'^2 = m : m'$. Or, l'expérience montre que les quantités n, n', d, d' satisfont à la relation $n : n' = d' : d$, on a donc $m : m' = d'^2 : d^2$.

★ On peut aussi opérer au moyen d'une aiguille aimantée non astatique : soit N le nombre d'oscillations qu'elle fait sous l'influence seule de la terre, n ce nombre quand elle oscille sous l'influence des actions réunies du globe et du pôle d'un aimant placé dans le méridien magnétique, et n' ce nombre quand l'aimant est plus éloigné ; en appelant F, m, m' les forces magnétiques du globe, et de l'aimant aux deux distances considérées, on aura

$$N^2 : n^2 = F : m+F, \quad N'^2 : n'^2 = F : m'+F, \quad \text{d'où, } componendo,$$
$$n^2 - N^2 : N^2 = m : F, \quad \text{et} \quad n'^2 - N'^2 : N'^2 = m' : F, \quad \text{et enfin}$$
$$m : m' = n^2 - N^2 : n'^2 - N'^2,$$

en divisant ces deux égalités terme à terme.

★ **585. Balance magnétique.** — Dans la seconde méthode, on emploie la *balance de torsion* ou *balance de Coulomb*. Cet instrument, très précis, consiste en une cage de verre, cylindrique ou rectangulaire (*fig.* 444), fermée par une glace surmontée à son centre d'un tube de verre t. A la partie supérieure de ce tube est suspendu un fil métallique, qui soutient une aiguille aimantée horizontale ac. La cage est entourée, à la hauteur de l'aiguille, d'une bande de papier sur laquelle sont tracées des divisions qui

---

revint en France à cause de sa santé, se fit remarquer par ses travaux sur diverses parties de la mécanique pratique, le frottement, l'élasticité. Consulté sur un projet de canaux proposé aux Etats de Bretagne, il montre que la dépense est hors de proportion avec les avantages attendus, fait prévaloir son avis malgré de puissantes influences, qui se vengent en le faisant détenir à l'Abbaye, comme ayant accepté une mission auprès des Etats, sans l'autorisation du ministre de la guerre. Révolté de cette injustice, il donne sa démission, qui n'est pas acceptée, est renvoyé en Bretagne où il soutient le même avis. Les Etats, convaincus, et admirant sa fermeté, lui font les offres les plus brillantes, qu'il refuse, se contentant d'accepter le don d'un chronomètre dont ils lui font hommage. Admis à l'Académie des sciences, puis nommé intendant des eaux et forêts en 1784, il se démet de toutes ses places, lors de la Révolution, et vit retiré, au milieu de sa famille. Coulomb était d'un caractère ferme, en même temps doux et bienveillant. Son plus beau titre scientifique est la découverte des lois des forces magnétiques et électriques. On lui doit aussi un ouvrage sur les moyens de construire sous l'eau.

correspondent à des angles de 1°. Ces divisions sont les degrés de la circonférence, quand la cage est cylindrique. Le fil de suspension s'enroule sur un petit treuil, représenté à part en o, surmontant un cône métallique qui s'enfonce à frottement doux dans un disque divisé en degrés. Ce disque peut tourner sur une virole v fixée au tube t, et portant un vernier. Il résulte de cette disposition, qu'on peut tordre le fil par le haut, soit en faisant tourner le cône r, soit en faisant tourner le disque gradué.

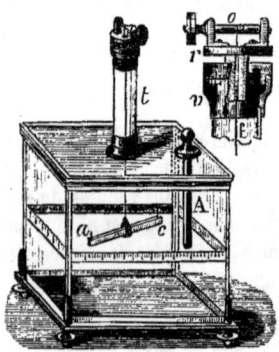

Fig. 444.

L'aiguille ac étant placée dans le méridien magnétique sans que le fil soit tordu, on en approche, *dans ce méridien*, le pôle d'un aimant A, qui passe par une ouverture pratiquée dans le couvercle de la cage. Si les pôles en présence sont de même nom, l'aiguille est repoussée, et fait avec le méridien magnétique un angle que l'on connaît au moyen de la division qui entoure la cage. Cet angle est aussi l'angle de torsion, et peut servir de mesure à la force de torsion. Cette force, jointe à l'action magnétique qu'exerce la terre, fait équilibre à la répulsion de l'aimant, à la distance où son pôle se trouve du pôle de l'aiguille ac. Si donc nous représentons par m la répulsion magnétique, par α la force de torsion, et par θ celle qu'il faudrait pour amener l'aiguille dans la position qu'elle occupe, si elle était soumise à l'influence de la terre seule, on aura $m = \alpha + \theta$, pour la valeur de la répulsion magnétique, à la distance représentée par l'angle d'écart.

Si maintenant on tourne la virole supérieure d'une quantité β, de manière à rapprocher le pôle c, de l'aimant A, la répulsion sera exercée à une distance moindre, et si α_1 est l'angle que fait l'aiguille avec le méridien magnétique, $\beta + \alpha_1$ sera l'angle de torsion. En appelant θ_1 la torsion qui représente l'action terrestre dans la même position de l'aiguille, et m_1 l'action répulsive qu'exercent l'un sur l'autre les deux pôles en présence, on aura $m_1 = \beta + \alpha_1 + \theta_1$. L'expérience montre que les valeurs de m et m_1 satisfont à la relation $m : m_1 = \alpha_1^2 : \alpha^2$.

Pour vérifier la loi du carré des distances dans le cas des attractions, il faut tordre le fil par le haut, de manière à écarter l'extrémité c de l'aiguille, du pôle de l'aimant A qui l'attire. L'angle de torsion est alors égal à la quantité dont on a fait tourner la virole supérieure, diminuée de l'angle que fait l'aiguille avec le méridien magnétique, et l'attraction m' est donnée par l'égalité $m' = \beta - \alpha - \theta_1$, en adoptant les mêmes notations que ci-dessus.

Dans cette manière d'opérer, il y a différentes causes d'erreur : 1° les points de l'aimant fixe qui agissent sur l'aiguille mobile ne sont pas seulement ceux qui se trouvent dans le plan horizontal qui la contient ; des points placés au-dessous et au-dessus de ce plan agissent aussi, et d'une manière plus sensible, relativement, quand la distance est plus grande, l'obliquité étant alors moins prononcée ; 2° les distances sont comptées sur des arcs au lieu de l'être sur leur corde ; 3° l'action s'exerce obliquement à la direction de l'aiguille. Mais, comme on prend les distances trop grandes en les comptant sur l'arc, et les forces aussi trop grandes en les considérant tout entières, au lieu de prendre leur composante normale à l'aiguille, ces deux causes d'erreur se compensent à peu près. On sait, du reste, en tenir compte, au moyen d'un calcul assez simple.

★ **586. Comparaison de la force des aimants.** — Pendant longtemps, on a comparé la force des aimants, en cherchant le poids maximum qu'ils pouvaient porter. Ce moyen ne donnait qu'une approximation grossière. Aujourd'hui, on emploie la méthode des oscillations, ou bien on se sert de la balance de torsion. Par la méthode des oscillations, on procède comme nous l'avons indiqué ci-dessus (584) ; seulement, au lieu d'un même aimant placé à différentes distances, on fait agir successivement les aimants que l'on veut comparer, en les plaçant toujours à la même distance de l'aiguille d'épreuve. Celle-ci doit être assez éloignée pour que son état magnétique ne soit pas modifié par les aimants. — La balance de torsion s'emploie comme il est dit ci-dessus (585) ; seulement, après avoir introduit successivement en A (*fig.* 444) chacun des aimants que l'on veut comparer, on a soin de donner toujours le même écart à l'aiguille mobile, par rapport au méridien magnétique, ce qu'on obtient en tordant plus ou moins par le haut le fil de suspension.

★ **587. Distribution du magnétisme dans les aimants, suivant la longueur.** — C'est encore à Coulomb que nous devons les recherches les plus exactes sur ce sujet ; il a procédé au moyen de sa balance magnétique, ou par la méthode des oscillations. — Pour appliquer cette dernière méthode, Coulomb faisait osciller un petit aimant a (*fig.* 445) suspendu à un fil de cocon, en face des différentes sections d'un fil d'acier aimanté oo', placé verticalement dans le méridien magnétique. L'aimant a, dont on voit la coupe en b, avait reçu le maximum d'aimantation, afin que son état ne pût pas être influencé par le magnétisme différent des divers points de l'aiguille oo', dont il était toujours également éloigné. En désignant par m et m' les intensités magnétiques en deux points différents, par N, n, n' les nombres d'oscillations de l'aimant a sous l'influence de la terre seule, et sous cette influence réunie à celle d'un des deux points considérés, on a (584)

$$m : m' = n^2 - N^2 : n'^2 - N^2.$$

Distribution dans un aimant linéaire. — Coulomb a représenté les intensités aux différents points d'une aiguille linéaire oo', par des perpendiculaires dont il a réuni les extrémités par une courbe ; seulement il a doublé les résultats obtenus aux deux extrémités, parce que l'aimant oscillant a est sollicité par des points placés au-dessus et au-dessous de la section de l'aiguille oo' située à la même hauteur, et qu'il manque la moitié de ces points quand on arrive à l'extrémité.

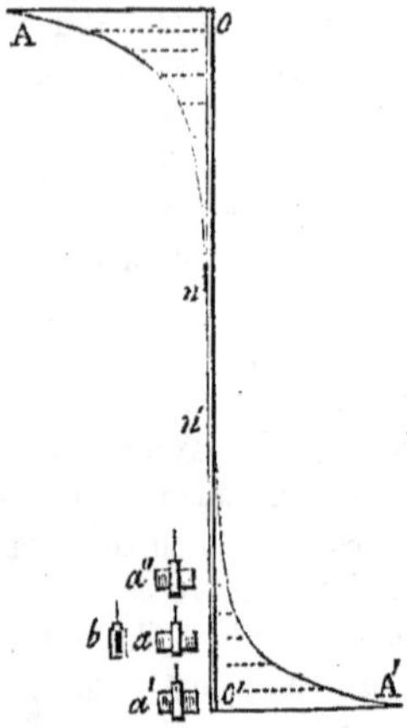

La *fig.* 445 montre la forme de la courbe, quand l'aimant est cylindrique et très-mince. On voit qu'il y a un espace neutre nn', à partir duquel la force magnétique va en augmentant de plus en plus rapidement. La courbe reste la même pour des aimants de même section mais de longueur différente, pourvu que cette longueur dépasse 25 centimètres ; l'espace neutre nn' varie seul.

Fig. 445.

Les *pôles* de l'aimant oo' correspondent au centre de gravité des surfaces Aon, A'$o'n'$; et eurs distances aux extrémités des aiguilles *cylindriques* sont entre elles à peu près comme leurs diamètres. Quand l'aimant est court, les pôles sont placés à une distance des extrémités un peu plus grande que $\frac{1}{6}$ de leur longueur, et l'excès est d'autant plus petit que l'aimant est plus court.

§ 4. — PROCÉDÉS D'AIMANTATION.

588. Aimanter, c'est décomposer le fluide neutre, dans les éléments magnétiques des substances douées de force coërcitive. On aimante au moyen d'aimants, au moyen du magnétisme du globe, et par l'électricité. Nous ne considérerons ici que l'aimantation par les aimants et par la terre. L'action de l'électricité, qui fournit le moyen le plus énergique, ne sera étudiée que plus tard.

Saturation. — Il y a pour chaque corps, un maximum d'aimantation qui dépend de sa nature, de son volume, de sa forme et surtout de la *force coërcitive* qu'il possède. Quand on a donné le maximum d'aimantation, on dit que le corps est *aimanté à saturation*.

Méthode de la simple touche. — On fait glisser le barreau à aimanter plusieurs fois de suite sur le pôle d'un aimant, en ayant soin de toujours marcher dans le même sens, de manière que chaque élément magnétique soit soumis à son tour à l'action directe du pôle de l'aimant. L'extrémité, la dernière touchée, prend un pôle contraire à celui de l'aimant.

PROCÉDÉS D'AIMANTATION. 455

Cette méthode ne donne pas une aimantation régulière et ne convient qu'à de petits aimants.

589. Méthode de la double touche. — Cette méthode, connue aussi sous le nom de *méthode d'Æpinus*, se pratique au moyen de quatre aimants. On place le barreau à aimanter entre les pôles contraires de deux forts aimants a, b (*fig.* 446). On appuie au milieu deux autres aimants c, d qu'on incline de 15 à 20°; on les sépare par un petit morceau de bois o, et l'on a soin que le pôle de chacun d'eux soit de

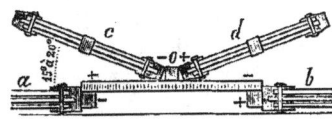

Fig. 446.

même nom que celui de l'aimant fixe qui est du même côté. On fait ensuite glisser les aimants mobiles, d'une extrémité à l'autre du barreau, en les laissant dans la même position relative, et de manière que les deux moitiés du barreau subissent le même nombre de frictions. Les aimants fixes sont destinés à empêcher la recomposition des fluides, dans les éléments magnétiques qui sont en dehors des points touchés; ils aident aussi, par leur influence, à la décomposition du fluide neutre. Quand le barreau est fort et épais, il faut répéter l'opération sur ses quatre faces. Cette méthode est la plus efficace que l'on connaisse; elle a cependant l'inconvénient de donner quelquefois des points conséquents, et une aimantation peu régulière.

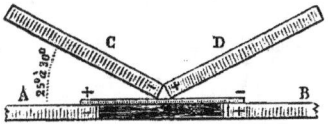

Fig. 447.

Méthode de la touche séparée, dite de Duhamel. — Les choses sont disposées comme pour appliquer le procédé d'Æpinus; seulement les aimants mobiles, C et D (*fig.* 447), sont inclinés de 25 à 30°, et ne sont plus séparés par un morceau de bois. On les écarte ensuite l'un de l'autre, en les faisant glisser sur chaque moitié du barreau. Quand ils sont arrivés aux extrémités, on les enlève pour les reporter au milieu, on les écarte de nouveau, et ainsi de suite.

L'ébranlement moléculaire produit par les frictions, est nécessaire pour faire céder peu à peu la force coërcitive. — Quand on veut fortifier un barreau non saturé, il ne faut pas employer d'aimants plus faibles que ceux qui ont servi à l'aimanter la première fois; l'ébranlement déterminerait une recomposition d'une partie des fluides séparés, et l'aimant ne conserverait que la force que les barreaux employés lui auraient donnée, s'ils l'avaient trouvé à l'état neutre.

590. Aimantation par la terre. — 1° On place une barre de fer parallèlement à l'aiguille d'inclinaison et on la frappe sur le bout avec un marteau. Le choc développe de la force coërcitive, et la barre conserve pendant un temps assez long l'état magnétique produit par la terre (579).

2° On se procure facilement des aimants, en tordant des brins de fil de fer placés verticalement. L'écrouissage produit par la torsion développe de la force coërcitive, et ces fils de fer conservent l'aimantation produite par l'influence du globe. En liant ensemble plusieurs de ces petits aimants, et plaçant tous les pôles nord du même côté, on obtient un aimant assez fort.

3° Pour aimanter un barreau d'acier, on le place parallèlement à l'aiguille d'inclinaison, entre deux barres de fer dirigées dans son prolongement, et on le frotte avec une troisième barre de fer verticale, en ayant soin d'aller toujours dans le même sens. Après avoir aimanté ainsi 4 barreaux d'acier, on s'en sert pour en aimanter d'autres par les procédés ordinaires.

591. De la force des aimants. — La force des aimants saturés dépend de leur volume, de leur forme, de la température, et surtout du degré de trempe de l'acier avec lequel on les fabrique. Plus la trempe est dure, plus la force coërcitive est grande ; et c'est depuis que Knight a découvert cette influence de la trempe, vers 1744, qu'on a pu faire des aimants artificiels énergiques.

La chaleur a une grande influence sur la force des aimants ; elle les affaiblit, et à la chaleur rouge, toute trace d'aimantation disparaît. Quand la température s'élève peu, les aimants ne sont affaiblis que d'une manière passagère, et ils reprennent leur première force quand la température revient à son premier point. De là, la nécessité, quand on compare les forces magnétiques du globe en différents lieux (583), de ramener les résultats à ce qu'ils seraient, si l'aiguille avait toujours conservé la même force magnétique qu'à la température de zéro.

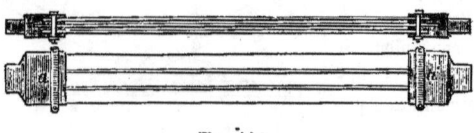

Fig. 448.

Faisceaux magnétiques. — L'expérience prouve que les petits aimants sont proportionnellement plus puissants que les gros; on en voit qui portent jusqu'à 100 fois leur propre poids. D'un autre côté, il est difficile de tremper sans les déformer, et d'aimanter à saturation de gros barreaux d'acier. Ces considérations ont suggéré à Knight l'idée de réunir plusieurs barreaux, formant ce qu'on nomme un *faisceau magnétique*.

La puissance d'un faisceau n'est pas proportionnelle au nombre des lames qui le composent. Cela tient à ce que les barreaux réagissent les uns sur les autres, de manière à s'affaiblir mutuellement. Pour diminuer cet inconvénient, on leur donne des longueurs différentes, de manière que leurs extrémités soient disposées en gradins, ceux du milieu dépassant tous les autres. La *fig.* 448 représente un faisceau magnétique, vu de profil, et de face en *aa'*. Ce faisceau est formé de trois couches de lames, dont celles du milieu dépassent les autres. Ces lames ne se touchent pas, et leurs extrémités sont enchâssées dans des masses de fer doux *a*, *a'*, dans lesquelles il se développe, par influence, un pôle de même nom que celui qui est du même côté dans les lames.

M. Bazin a eu l'idée de recourber les barreaux aimantés, en forme de fer à cheval, de manière à faire agir les deux pôles sur un même *portant* auquel on suspend les poids que l'on veut faire porter à l'aimant. La *fig.* 449 représente un aimant ainsi fait, et formé de plusieurs lames disposées en faisceau.

Les aimants en fer à cheval soutiennent beaucoup plus que le double de la charge que porterait un de leurs pôles ; c'est qu'il se fait dans le portant, sous l'action des deux pôles réunis, une décomposition magnétique, qui réagit ensuite pour augmenter la puissance de l'aimant. Aussi, la forme et les dimensions du portant ont-elles une grande influence sur la limite de charge, et c'est par tâtonnement qu'on arrive à lui donner les proportions les plus convenables.

Effet de la surcharge. — La décomposition magnétique qui se fait dans le portant produit un phénomène assez singulier. Quand on charge un aimant peu à peu, on

Fig. 449.

peut, au bout de plusieurs jours, arriver à lui faire porter plus du double de ce qu'il porte ordinairement. Mais si l'on détache le portant, l'aimant reprend subitement sa force primitive.

592. Des armatures. — La force des aimants peut s'altérer, soit par des chocs, soit par les changements de température, soit enfin par l'action terrestre. Pour leur conserver toute leur force, Knight a imaginé de les disposer par paires dans une même boîte, en les plaçant parallèlement et les séparant par une règle de bois *aa*, de manière que les pôles opposés soient tournés du même côté ; comme on le voit dans la *fig.* 450. Aux extrémités, sont

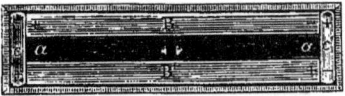

Fig. 450.

adaptés de petits barreaux de fer doux *c*, *c'*, qui se nomment *contacts*, *armures*, ou *armatures*. Il se fait une décomposition de fluide neutre dans ces barreaux, comme l'indiquent les signes + et —, et les fluides en présence dans le fer et dans les aimants, empêchent, en s'attirant, la recomposition dans ces derniers.

Aimants naturels armés. — Les aimants naturels, généralement faibles, prennent une force étonnante quand on les garnit de pièces de fer, ou *armatures* convenablement disposées. La *fig.* 451 représente un aimant naturel *armé*. Après avoir cherché la région des pôles de la pierre d'aimant A, on y polit deux faces parallèles, sur lesquelles on applique, aussi exactement que possible, deux plaques de fer doux, qui recouvrent toute la surface. Ces plaques, fixées par des bandes de cuivre, et nommées *ailes* ou *jambes* de l'armature, sont terminées par des masses *a*, *a'*, ou *pieds*, qui s'avancent en dessous, de manière à s'appuyer exactement sur la face inférieure de l'aimant, auquel on donne la forme d'un parallélipipède rectangle. *cc'* est le *portant* ou *contact*, auquel on suspend la charge.

Fig. 451.

Le rôle des armatures est facile à comprendre : le fluide neutre de l'aile est décomposé par l'action du pôle de l'aimant qui est de son côté. Le fluide attiré dans l'aile réagit sur celui de l'aimant, et y détermine une décomposition plus complète ; de manière que la force de l'aimant est considérablement augmentée. De plus, le magnétisme reçoit une meilleure direction ; et l'on peut enfin utiliser en même temps les deux pôles. Aussi, l'aimant peut-il soutenir jusqu'à 200 fois la charge qu'il portait avant d'être armé. Pour arriver à de semblables résultats, il faut donner aux différentes parties des armatures une forme et des dimensions convenables auxquelles on arrive par tâtonnement.

CHAPITRE II.

ÉLECTRICITÉ STATIQUE.

§ 1. — DÉVELOPPEMENT DE L'ÉLECTRICITÉ PAR LE FROTTEMENT. — THÉORIE DES DEUX FLUIDES.

I. Développement de l'électricité par le frottement.

593. Phénomènes généraux. — Quand on frotte du verre, de la résine, du soufre..... avec de l'étoffe, du cuir, des feuilles de plomb..., les corps frottés acquièrent la propriété d'attirer les corps légers, tels que de petits morceaux de papier ou de moelle de sureau, des lambeaux de feuilles d'or, des barbes de plume, etc. (*fig.* 452). Si le corps frotté est assez gros, en en approchant le doigt, on entend un léger pétillement, et, dans l'obscurité, on aperçoit une petite étincelle brillante. Enfin, quand on approche ce corps du visage ou des mains, on éprouve une impression semblable à celle que produit une toile d'araignée. Si l'on passe la main sur toute la surface du corps frotté, il perd les propriétés que le frottement lui avait communiquées.

La cause de ces phénomènes a reçu le nom d'*électricité*, du nom grec de l'ambre ou succin (ἤλεκτρον) sur lequel la propriété attractive a été signalée, par Thalès de Milet, 600 ans avant notre ère. Avant le XVIᵉ siècle, on ne connaissait que l'ambre et le jayet, ayant la propriété de *s'électriser*, lorsque Gilbert constata cette propriété sur la plupart des pierres précieuses et sur une foule d'autres corps.

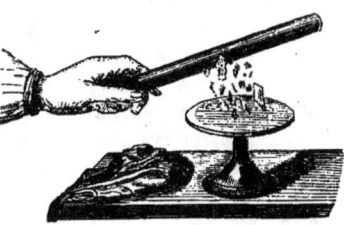

Fig. 452.

Électroscopes. — Pour expérimenter, on peut employer le *pendule électrique* (*fig.* 454), formé d'une balle de moelle de sureau suspendue à un fil. On se sert encore de l'*aiguille électrique* (*fig.* 453), qui n'est autre chose qu'un petit levier mobile sur un pivot, et terminé par deux balles métalliques. Ces divers instruments se nomment des *électroscopes*.

L'expérience montre que les attractions électriques s'exercent à travers les corps; par exemple, à travers les parois d'une cloche de verre (*fig.* 453).

594. Propagation de l'électricité dans certains corps. — Pendant longtemps on a divisé les corps en corps *idio-électriques* ou susceptibles de s'électriser par le frottement, et corps *anélectriques*, qui ne pouvaient s'électriser. Mais cette distinction ne tarda pas à disparaître de la science, pour être remplacée par une autre.

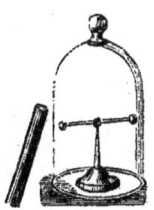

Fig 453.

Gray, physicien anglais, aidé de Weller, découvrit par hasard, en 1727, que la vertu électrique peut se propager dans certains corps. Ayant frotté un tube de verre fermé par un bouchon de liége, il vit avec surprise, le bouchon attirer, quoiqu'il n'eût pas été frotté. Il en conclut qu'il avait reçu cette propriété, du verre, par communication. Il implanta alors dans le bouchon une longue tige de sapin et reconnut que la faculté d'attirer s'était propagée jusqu'à son extrémité. Enfin, s'étant placé à une fenêtre élevée, et ayant suspendu au bouchon un fil de fer qui descendait presque jusqu'au sol, il frotta le tube de verre, et vit l'extrémité inférieure du fil de fer attirer des corps légers qu'un autre observateur en approchait. Cette transmission de la vertu attractive se fait avec une rapidité telle qu'on peut la regarder comme instantanée ; c'est pourquoi on a considéré l'électricité comme un *fluide*, se répandant dans certains corps avec une excessive rapidité, et on l'a nommé *fluide électrique*.

595. Corps bons ou mauvais conducteurs de l'électricité. — Dufay a reconnu en outre qu'il n'y a que les corps *anélectriques* qui se prêtent ainsi à la propagation de l'électricité. Les corps *idio-électriques* s'opposent au contraire à son passage. De là la division des corps en *bons conducteurs* et en *mauvais conducteurs* de l'électricité. Ces derniers se nomment aussi *corps isolants*, parce qu'on s'en sert pour séparer du sol les corps bons conducteurs sur lesquels on veut conserver l'électricité. Sans cette précaution, elle se perdrait dans la terre, qui, considérée à ce point de vue, porte le nom de *réservoir commun*.

Parmi les corps isolants, nous citerons la *gomme laque*, la cire d'Espagne, le diamant, les pierres précieuses transparentes, les résines, le soufre, l'ambre, le verre, la porcelaine, le caoutchouc, la gutta-percha, la soie... L'air sec est mauvais conducteur, sans cela les phénomènes électriques nous seraient inconnus. Remarquons que les plus mauvais conducteurs laissent toujours un peu passer l'électricité.

Les bons conducteurs sont les métaux, le corps des animaux, la plombagine, le coke, le lin, le chanvre, les liquides, excepté les huiles. Le charbon de bois présente une particularité importante : calciné, il conduit bien, tandis qu'il est mauvais conducteur dans son état ordinaire. Nous avons vu qu'il en est de même pour la chaleur. On peut dire, en général, que les corps solides qui sont bons ou mauvais conducteurs pour la chaleur, sont dans le même cas pour l'électricité.

Les pierres, les briques, la moelle de sureau, les bois, quand ils sont secs, conduisent imparfaitement l'électricité.

Les vapeurs, particulièrement la vapeur d'eau, conduisent bien ; aussi, l'air devient-il conducteur quand il est humide, ce qui rend alors les expériences d'électricité très difficiles. Le verre condense facilement l'humidité, et laisse alors passer l'électricité ; dans ce cas, on le dessèche au moyen de linges chauds. Souvent on le recouvre, dans les appareils électriques, d'une couche de gomme laque, qui n'est pas hygrométrique.

Le pouvoir conducteur d'une même substance solide peut dépendre de sa structure : ainsi, le diamant est mauvais conducteur, tandis que la plombagine conduit bien. Le verre pulvérisé et la fleur de soufre conduisent assez bien. La cire, le suif conduisent à l'état liquide, mais non à l'état solide. La glace froide et sèche isole, tandis que l'eau conduit.

En général, la chaleur rend conducteurs les solides isolants.

596. Tous les corps s'électrisent par le frottement. — Après que Gray eut distingué les corps isolants, Dufay [1] prouva que tous les corps s'électrisent par le frottement, quand on a soin de tenir ceux qui sont bons conducteurs, par l'intermédiaire de corps isolants. Ainsi, on peut électriser un cylindre de métal en le fixant à un tube de verre. On peut électriser même le corps des animaux : si l'on passe la main sur le dos d'un chat, ses poils se hérissent, sont attirés par la main, et dans l'obscurité, par un temps sec, chaque friction est accompagnée d'une lueur. Les cheveux longs s'électrisent par le passage du peigne, surtout les blonds. On peut tirer des étincelles, de deux personnes montées sur des blocs de résine qui s'opposent à la perte de l'électricité, et dont l'une passe le peigne dans les cheveux de l'autre, ou la frappe avec une peau de chat.

Le frottement des liquides produit aussi de l'électricité : quand on agite du mercure bien sec dans un verre, ou qu'on déplace le niveau dans le tube d'un baromètre, on voit des lueurs dans l'obscurité, et le verre est électrisé. Dans l'expérience de la pluie de mercure (20), on aperçoit des lueurs assez vives, et le tube de verre attire les corps légers, après avoir reçu de l'électricité, des gouttelettes de mercure qui l'ont touché dans leur chute. — On peut, par un temps bien sec, électriser des lames de verre, au moyen du vent d'un soufflet.

II. Théorie des deux électricités. — Décomposition par influence.

597. Des deux espèces d'électricité. — Si l'on suspend une balle de moelle du sureau *a par un fil de soie* (*fig.* 454), et qu'on en approche un cylindre de résine électrisé, la balle est attirée; mais dès qu'elle a touché le cylindre, l'attraction se change en répulsion, *r*. Or, la balle, qui est isolée, avait emprunté de l'électricité à la résine, car si l'on approche la main de cette balle, elle est aussitôt attirée. Si on lui enlève son électricité en la touchant, elle est de nouveau attirée par la résine, puis repoussée, après l'avoir touchée. Si alors on approche un bâton de verre électrisé, de la balle repoussée par la résine, elle est attirée, et l'attraction est plus vive

---

[1] Dufay (Charles-François de Cisternay), physicien et chimiste, né à Paris en 1698, d'une très ancienne famille originaire de Touraine, reçut une éducation à la fois militaire et littéraire, fut lieutenant à 14 ans, mais quitta bientôt le service à cause de sa santé délicate et de son amour pour les sciences. Reçu à l'Académie des Sciences, puis nommé intendant du Jardin des Plantes (1732), il fit sortir cet établissement de l'état de décadence où il était tombé; fit des voyages en Angleterre et en Hollande pour y chercher des modèles. Expérimentateur d'une rare sagacité, il fit faire un grand pas à l'étude de l'électricité. Il mourut de la petite vérole, en 1739, après avoir désigné Buffon pour son successeur au Jardin des Plantes.

que si la balle était à l'état naturel. — De même si l'on fait toucher la balle de moelle de sureau au verre électrisé, elle en est repoussée; mais elle est alors attirée par la résine électrisée. On voit donc que la balle, *dans un même état*, est repoussée par l'une des substances électrisées et attirée par l'autre; d'où l'on a conclu que l'électricité développée par le frottement sur le verre, est d'une espèce différente de celle que reçoit la résine. La première a reçu le nom d'*électricité vitrée* ou *électricité positive*, et l'autre le nom d'*électricité résineuse* ou *électricité négative*, et on les désigne par les signes $+$ et $-$. Nous verrons plus loin que l'espèce d'électricité que reçoit le verre ou la résine, dépend de la nature du corps avec lequel on les frotte; c'est pourquoi, pour que la définition des deux électricités soit complète, nous dirons que l'*électricité vitrée est celle qui se dégage sur le verre, et l'électricité résineuse celle qui se dégage sur la résine, quand on les frotte avec de la laine.*

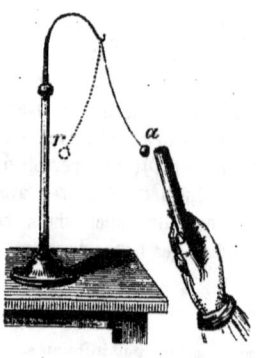

Fig. 454.

Actions mutuelles des deux fluides. — Remarquons que lorsqu'il y a répulsion, les deux corps en présence sont chargés de la même espèce d'électricité, et quand il y a attraction, ils renferment des électricités différentes. Or, il est naturel d'admettre que les actions attractives ou répulsives sont la conséquence de celles qu'exercent les deux fluides l'un sur l'autre. On dira donc, comme pour le magnétisme, que *les électricités de nom contraire s'attirent, et que celles de même nom se repoussent.* Cette loi peut se vérifier avec deux pendules, qui se repoussent quand ils sont chargés de la même électricité, et s'attirent quand ils sont chargés d'électricités contraires.

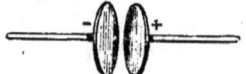

Fig. 455.

Si l'on approche d'un pendule électrisé par la résine, un corps quelconque électrisé, il y aura attraction ou répulsion. Dans le premier cas, le corps est chargé d'électricité vitrée, et dans le second, d'électricité résineuse.

598. Production simultanée des deux électricités. — C'est Dufay qui a distingué les deux espèces d'électricité. Plus tard, Wilke a montré qu'elles se produisent toujours en même temps; l'une se portant sur le corps frotté, et l'autre sur le corps frottant. Si, ordinairement, on n'en aperçoit qu'une, c'est que l'autre se perd dans le réservoir commun, le corps qui la reçoit n'étant pas isolé. Si l'on frotte l'un contre l'autre deux plateaux tenus par des manches de verre (*fig.* 455), et qu'on les sépare ensuite brusquement, on les trouve chargés d'électricités de nom contraire ; ce que l'on reconnaît au moyen du pendule électrique préalablement chargé d'une électricité connue.

La nature de l'électricité que prend un corps, dépend de la substance avec laquelle on le frotte, puisque celle-ci a aussi une certaine tendance, à prendre une électricité plutôt que l'autre. Ainsi, le verre s'électrise positivement quand on le frotte avec du drap, et négativement, avec une peau de chat. Dans la liste qui suit, les substances frottées avec celles qui suivent prennent l'électricité positive ; et l'électricité négative, quand on les frotte avec celles qui les précèdent.

1. *Peau de chat.*   4. *Plumes.*   7. *Soie.*
2. *Verre poli.*   5. *Bois.*   8. *Gomme laque.*
3. *Laine.*   6. *Papier.*   9. *Verre dépoli.*

Le mercure paraît être la substance qui a le plus de tendance à prendre l'électricité négative : un bâton de résine s'électrise *positivement* quand on le plonge dans le mercure et qu'on l'en retire aussitôt.

Influence de la surface. — La nature de l'électricité que prend un corps dépend de l'état de sa surface. C'est ainsi que le verre poli frotté avec du drap, s'électrise positivement, et négativement quand il est dépoli. Si l'on frotte l'une sur l'autre, deux plaques de verre dont une soit polie et l'autre dépolie, la dernière prend l'électricité *négative*.

Influence de la chaleur. — M. Dessaigne a découvert que la chaleur donne aux corps une tendance à prendre le fluide négatif. Si l'on frotte l'un sur l'autre deux disques de verre, dont un soit plus chaud que l'autre, le plus chaud prend le fluide négatif. Si l'on frotte un bâton de verre avec une feuille de plomb, on l'électrise positivement ; mais si, en pressant fortement, on vient à l'échauffer, il s'électrise négativement.

Un ruban de soie blanc frotté sur un ruban noir, qui est plus rude, prend l'électricité vitrée, et le ruban noir, le fluide résineux. Si l'on pose deux bandes de soie blanches l'une sur l'autre, et qu'on passe l'angle d'une règle sur celle qui est en dessus, elle s'électrise négativement, tandis que celle de dessous prend l'électricité positive. Un ruban de soie frotté par un ruban identique que l'on fait glisser transversalement en un de ses points, prend le fluide négatif, et le ruban mobile, le fluide positif. On voit que c'est toujours le ruban qui reçoit le plus de frottement et, par suite s'échauffe le plus, qui reçoit le fluide négatif.

599. Des théories électriques. Hypothèse de Symmer. — Nous avons maintenant les éléments nécessaires pour établir la théorie électrique généralement adoptée. Dans cette théorie, on admet l'existence de deux fluides particuliers, l'*électricité vitrée* et l'*électricité résineuse*. Chacune d'elles repousse le fluide de même espèce et attire celui d'espèce contraire. On admet, en outre, que tous les corps contiennent, en quantité indéfinie, une troisième espèce de fluide nommée *électricité neutre*, formée par la réunion de l'électricité vitrée et de l'électricité résineuse. Le frottement, par un mode d'action qui nous est inconnu, décompose le fluide neutre en séparant les deux électricités, qui se portent l'une sur le corps frotté, l'autre sur le corps frottant. Du reste, la nature des électricités est tout à fait inconnue; tout ce qu'on peut dire, c'est qu'elles se comportent comme des fluides très subtils, tendant à se répandre en vertu de la répulsion qui existe entre leurs parties ; se répandant, en effet, sur les corps conducteurs, avec une rapidité extrême, et ne pouvant se mouvoir que difficilement dans les corps mauvais conducteurs.

Hypothèse de Franklin. — L'hypothèse des deux fluides est due au physicien anglais Symmer ; elle a été précédée de beaucoup d'autres, qui ont été toutes abandonnées. Une d'elles, encore célèbre, et qui fut accueillie avec transport, est celle de Franklin, qui n'admet qu'une seule espèce d'électricité, dont les parties se repoussent entre elles. Cette électricité est unie aux molécules des corps en quantité dépendant de leur nature, et constituant, pour chacun d'eux, un état d'équilibre naturel dans lequel ce fluide ne produit aucun effet extérieur. Vient-on à augmenter cette dose d'électricité, le corps est électrisé *en plus* ou *positivement* ; vient-on, au contraire, à la diminuer, il est électrisé *en moins* ou *négativement*. C'est là l'origine des noms d'électricité *positive* et d'électricité *négative*. Le frottement de deux corps fait passer l'électricité, de l'un d'eux sur l'autre, de sorte qu'ils sont électrisés, l'un *en plus* et l'autre *en moins* ; si on les met en communication, l'équilibre se rétablit. L'hypothèse de Franklin donne lieu à bien des objections. Les expériences de Dufay firent songer à admettre deux fluides, et c'est alors que Symmer proposa sa théorie, au moyen de laquelle il put rendre compte de tous les phénomènes connus de son temps. La *décomposition par influence*, dont nous allons traiter, n'a fait que la confirmer, et nous aurons à signaler plus d'une fois des phénomènes dans lesquels se manifestent des caractères distincts des deux électricités.

Remarque. — Cependant la théorie de Symmer n'est pas à l'abri d'objections ; elle repose sur une hypothèse, celle de l'existence de *fluides* particuliers, auxquels on attribue des propriétés qui ne sont que la traduction des phénomènes. Ces fluides doivent donc être considérés comme une sorte de symbolisme, une espèce de formule servant à représenter les faits. Tout ce qu'on peut affirmer, c'est que certaines actions exercées sur les corps y développent des forces agissant d'une manière opposée, et dont la nature nous est inconnue. Mais, comme l'hypothèse des deux électricités se plie facilement à l'interprétation des phénomènes, et qu'elle a permis de prévoir une foule de faits que l'expérience a ensuite vérifiés, on doit la considérer comme formant un jalon sur le chemin qui doit conduire plus tard à la découverte de la cause première. Il faudra probablement un jour renoncer à l'idée des fluides, mais le mode d'action de la cause réelle devra être, sans doute, toujours interprété de la même manière, car les choses se passent comme s'ils existaient.

600. Décomposition de l'électricité par influence. — Dans la théorie de Symmer, on admet que tous les corps contiennent une quantité indéfinie de *fluide neutre*, et que l'électrisation consiste dans la séparation des deux électricités qui le composent. Cette hypothèse est confirmée par le phénomène de la *décomposition par influence*.

Considérons un cylindre métallique isolé AB (*fig.* 456), au-dessous duquel on a suspendu, par des fils de lin, des couples de balles de sureau

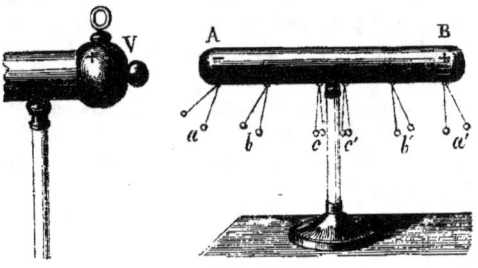

Fig. 456.

a, b, c, c', b', a', et approchons de ce cylindre un corps électrisé V. Aussitôt, nous verrons les balles de sureau de chaque couple s'écarter l'une de l'autre, et d'autant plus qu'elles sont plus rapprochées des extrémités ; celles du milieu restant seules en repos. Ces effets prouvent la présence de l'électricité aux extrémités du cylindre AB. On reconnaît en outre, au moyen d'un bâton de résine électrisé, que l'extrémité A est chargée de fluide de nom contraire à celui du corps V, tandis que l'extrémité B renferme du fluide de même nom. Ce résultat est aussi indiqué par l'inclinaison des balles a et a', les premières se portant vers le corps V, tandis que les autres s'en écartent.

Ces faits s'expliquent facilement dans la théorie de Symmer : le fluide neutre contenu dans le corps AB, est décomposé par l'influence de l'électricité du corps V, laquelle attire l'électricité de nom contraire et repousse l'électricité de même nom, de manière à les séparer en vainquant leur attraction mutuelle, et à produire des quantités égales des deux fluides. C'est là ce qu'on appelle *électrisation par influence*, ou *induction électrostatique*. Si l'on éloigne le corps V, ou si on lui enlève son électricité, les fluides séparés sur le corps AB se recombinent en obéissant à leur attraction mutuelle, et ce corps rentre à l'état neutre. Il y a ici analogie avec ce qui se passe dans la décomposition du fluide magnétique neutre du fer doux sous l'influence d'un aimant (565); seulement, tandis qu'il n'y a pas transport des fluides magnétiques, il y a ici réellement transport des deux électricités aux extrémités du corps AB ; en effet, si l'on forme ce corps, de deux parties A et B soutenues chacune par une colonne de verre, et si on les sépare pendant que s'exerce l'influence du corps V, chaque partie emporte l'électricité qu'elle a reçue.

Si l'on place plusieurs cylindres semblables à AB les uns à la suite des autres, le second éprouve, par l'action de l'électricité accumulée en B, une décomposition par influence, et agit de même sur le troisième, et ainsi de suite ; seulement les décompositions sont de plus en plus faibles.

601. Limite de l'électrisation par influence. — La décomposition par influence ne peut séparer que des quantités limitées d'électricité positive et négative. En effet, pour qu'une nouvelle quantité de fluide neutre se décompose, il faut que les électricités qui tendent à se séparer se dirigent, l'une vers l'extrémité A, et l'autre vers B ; mais les électricités déjà accumulées en A et B agissent par répulsion pour s'opposer à ce mouvement ; lors donc qu'elles seront en quantité suffisante, elles contrebalanceront l'action du corps V.

Si l'on fait communiquer le cylindre AB avec le sol, pendant que la décomposition a lieu, les pendules c', b', a' (*fig.* 456) retombent, tandis que les pendules a, b s'écartent davantage ; et le cylindre AB ne possède plus que l'électricité de nom contraire à celle du corps V, que nous supposons positive. L'électricité positive de AB s'est écoulée dans le sol, en vertu de sa tendance à se disperser, et aussi parce qu'elle est repoussée ; tandis que l'électricité négative est retenue par attraction, et se porte plus complètement vers l'extrémité A, parce qu'elle est débarrassée de l'attraction du fluide positif. De plus, la quantité d'électricité négative augmente instantanément par une nouvelle décomposition de fluide neutre, l'action de l'électricité négative qu'il y avait d'abord ne suffisant plus, quand elle est seule, pour contrebalancer l'action du fluide de V et empêcher une nouvelle décomposition. Du reste, il y a toujours moins d'électricité négative en A qu'il n'y en a de positive en V, parce que l'électricité de V agit à une plus grande distance que celle qui est en A, sur le fluide neutre de AB.

Il est à remarquer qu'on obtient le même résultat en établissant la communication avec le sol par l'extrémité A. Pour expliquer, dans ce cas, la disparition du fluide positif, remarquons qu'il se fait une décomposition par influence dans le fluide neutre du conducteur avec lequel on établit la communication ; le fluide positif provenant de cette décomposition est repoussé dans le sol, et le fluide négatif vient en A. Ce fluide est en plus

DÉCOMPOSITION PAR INFLUENCE. 465

grande quantité que celui qui se trouve en A, d'après ce que nous venons de voir ; l'excédant se répandra donc sur le corps AB, et, arrivé en B, détruira le fluide positif qui s'y trouve, en formant du fluide neutre. — A l'appui de cette explication, on fait communiquer le point A avec un long conducteur isolé, et l'on voit les pendules a s'écarter, et les pendules a' se rapprocher en partie seulement ; la décomposition dans le long conducteur étant limitée, parce que l'électricité repoussée ne se perd pas dans le sol.

Si, après avoir fait communiquer le corps AB avec le sol, puis avoir supprimé cette communication, on enlève le corps V, l'électricité négative se répand sur le corps AB, et les pendules s'écartent également aux deux extrémités, mais moins que ne le faisaient d'abord les pendules a.

Souvent, quand on enlève le corps V pendant que les deux fluides séparés sont encore sur le corps AB, on voit que les pendules a et a' continuent à s'écarter un peu, et l'on trouve qu'ils renferment du fluide contraire à celui du corps V. C'est qu'une partie du fluide repoussé s'est écoulée à travers l'air humide, et c'est, en effet, quand l'air est humide que ce résultat s'observe.

★ **601. Induction dans les mauvais conducteurs.** — Quand un corps mauvais conducteur est soumis à l'action d'un corps électrisé, il prend un état électrique intérieur dans lequel ses molécules présentent les électricités contraires en deux points opposés de leur masse. Cet état est analogue à l'état magnétique que prend le fer doux sous l'influence d'un aimant (565). Cet état, qui peut n'être que passager comme celui du fer doux, a été désigné par M. Faraday, sous le nom de *polarisation électrique*. M. Buff ayant superposé quatre disques très minces en résine, et frotté la base supérieure du premier, vit la base inférieure prendre d'elle-même le fluide positif, et les disques présenter, après la séparation, des fluides contraires sur leurs deux faces.

On voit que, tandis que les fluides magnétiques séparés ne peuvent quitter les éléments magnétiques, dans les corps isolants l'électricité polaire peut passer d'une molécule à l'autre, avec une rapidité qui dépend de l'intensité de l'action exercée, et du pouvoir plus ou moins isolant de la substance. — Les corps *bons conducteurs* subissent aussi la polarisation moléculaire ; mais ils se distinguent des mauvais conducteurs par la facilité avec laquelle les électricités quittent les éléments électriques, pour se porter aux points du corps vers lesquels elles sont sollicitées[1].

La décomposition de l'électricité par influence a été découverte par Canton, en 1753 ; elle sert à expliquer un grand nombre de phénomènes. Nous allons l'appliquer immédiatement, à l'explication des attractions et répulsions électriques, à la théorie des électromètres et de la machine électrique, et enfin à l'explication de l'étincelle électrique.

[1] Voir le *Traité de physique*, 2e édition, t. III, p. 195 à 208.

III. Explication des attractions et répulsions. — Electromètres.

602. Attractions et répulsions des corps électrisés. — Les actions électriques s'exercent entre les fluides électriques ; les corps électrisés ne se déplacent donc qu'en vertu d'une cause qui leur fait suivre l'électricité qu'ils contiennent. Il y a plusieurs cas à examiner :

1° Si le corps est électrisé et *mauvais conducteur*, l'électricité adhère à ses molécules, et il est alors forcé de suivre le mouvement du fluide qu'il contient. Les effets sont les mêmes dans le vide et dans l'air.

2° Si le corps électrisé, B (*fig.* 458), est *bon conducteur*, et soumis à l'action d'un corps A chargé d'électricité de même nom, l'électricité de B

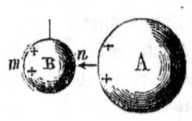

Fig. 458

est repoussée en m, où elle s'arrête, parce que l'air, mauvais conducteur, s'oppose à son mouvement au-delà de la surface du corps. Cette électricité appuie sur l'air, de manière à contre-balancer en partie la pression qu'il exerce en m. L'excès de la pression qui existe en n forcera donc le corps B à s'éloigner du corps A. — Si les deux corps sont chargés d'électricités contraires, on verra de même que le corps B devra s'avancer vers le corps A.

603. Corps à l'état naturel. — 1° Supposons que le corps à l'état neutre b (*fig.* 459), bon conducteur et isolé, soit soumis à l'action d'un

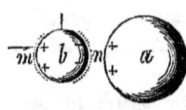

Fig. 459.

corps a électrisé positivement. Le fluide neutre de b sera décomposé par influence, et l'électricité négative, attirée en n, agira sur l'air de manière à détruire une partie de sa pression. Le fluide positif repoussé en m en fera autant de son côté, mais moins fortement, parce que la distance au corps a est plus grande ; la pression atmosphérique sera

donc contre-balancée en moins grande proportion du côté m que du côté n, et l'excès de la pression en m poussera le corps b vers le corps a. — Si le corps b n'est pas isolé, le fluide repoussé s'écoulera dans le sol, et l'attraction sera beaucoup plus vive que lorsqu'il est isolé, auquel cas le mouvement n'est produit que par une différence d'action. C'est pourquoi un pendule électrique obéit bien plus facilement aux corps électrisés, quand le fil est de lin que lorsqu'il est de soie.

Il peut arriver qu'un corps conducteur *électrisé*, b, soumis à l'action d'un autre corps a contenant la même espèce d'électricité, soit attiré au lieu d'être repoussé ; c'est qu'il y a décomposition par l'influence de l'électricité neutre du corps b. Le fluide repoussé va se joindre à celui que possède déjà le corps, et le fluide attiré se porte vers le corps a ; et il arrive, dans le cas où il y a attraction, que l'action de ce dernier fluide sur l'air l'emporte, à cause de la moindre distance, sur celle qu'exerce le fluide repoussé, quoique ce dernier soit en plus grande quantité.

2° Si le corps b est mauvais conducteur, la décomposition par influence ne peut s'effectuer, et il n'y a pas attraction. Cependant, quand l'action électrique est énergique, la décomposition peut se faire, la résistance au déplacement des fluides étant vaincue, et l'attraction se manifeste. On voit qu'il y a ici analogie avec ce qui se passe quand on soumet à l'action d'un fort aimant un corps doué de force coërcitive (569); et, de même que, dans ce dernier, la décomposition magnétique persiste, de même les fluides électriques restent séparés quand on enlève le corps a.

604. On a imaginé une foule de petits appareils pour mettre en jeu les actions électriques. Nous citerons seulement les principaux.

Carillon électrique. — Deux timbres a, c (*fig.* 460) sont suspendus à une barre métallique; l'un, a, par une chaîne; l'autre, c, par un cordon de soie. Ce dernier est mis en communication avec le sol au moyen d'une chaîne. La barre est accrochée à une machine électrique, et entre les

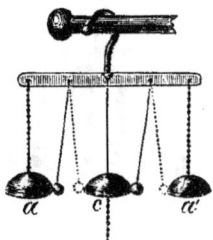

Fig. 460.

deux timbres est suspendue, *par un fil de soie*, une balle métallique. L'électricité de la machine se répand sur le timbre a, qui attire le pendule, puis le repousse dès qu'il y a eu contact. De plus, ce pendule est alors attiré par le timbre c, qui est à l'état neutre, le touche et lui cède son électricité, qui va dans le sol. Alors le pendule est de nouveau attiré par le timbre a, et frappe ainsi alternativement les deux timbres. En ajoutant un troisième timbre a', et un second pendule, on a un double carillon.

Appareil à grêle. Théâtre électrique. — Une cloche de verre (*fig.* 461) soutient un plateau métallique communiquant avec une machine électrique. La cloche repose sur un second plateau qui communique avec le sol, et sur lequel on a placé des balles de moelle de sureau. Ces petits corps sont attirés par le plateau supérieur, puis font de rapides oscillations entre les

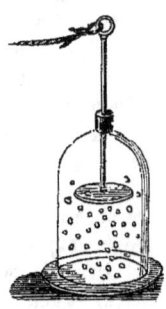

Fig. 461.

deux plateaux, prenant de l'électricité au plateau supérieur, et rentrant à l'état neutre en retombant sur le plateau inférieur.— On fait aussi l'expérience en renversant sur le plateau, une cloche de verre dont on a électrisé l'intérieur en y faisant jaillir l'électricité par une pointe. Les balles oscillent jusqu'à ce qu'elles aient enlevé presque toute l'électricité de la cloche.

Si, entre deux plateaux P, c (*fig.* 462), on place de petits personnages en moelle de sureau, ils sautent en allant de l'un à l'autre, et on a le *théâtre électrique* ou *danse des pantins*.

Arrosoir électrique. — Un vase métallique (*fig.* 463) porte des ajutages capillaires, par lesquels de l'eau s'échappe goutte à goutte. Si l'on suspend ce vase à la machine électrique, l'eau s'échappe de chaque ajutage en formant un jet divergent de gouttelettes fines, à cause de la répulsion mutuelle des parcelles d'eau électrisées.

605. Électroscopes et électromètres. — Les *électroscopes* sont de petits appareils destinés à reconnaître la présence de l'électricité. L'*aiguille électrique* et le pendule électrique de Gray sont donc des électroscopes. Les *électromètres* doivent, de plus, donner une idée des charges d'électricité.

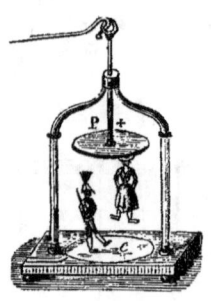

Fig. 462.

Fig 463.

La *fig.* 464 représente l'électromètre ordinaire : une cloche de verre est traversée à sa partie supérieure, par une tige métallique terminée en dehors par un bouton B, et à laquelle sont suspendus en dedans deux fils terminés par deux balles de moelle de sureau *m*, ou bien deux brins de paille d'herbe fine très mobiles *p*, ou enfin deux bandes *o*, prises dans une feuille d'or, et appliquées l'une sur l'autre. Quand le bouton B reçoit de l'électricité, les balles, pailles ou feuilles d'or s'écartent, et l'on peut évaluer l'angle d'écart sur un arc divisé, gravé sur la cloche de verre. Deux bandes d'étain *cc'* sont collées en dedans sur les parois de la cloche ; elles sont destinées à décharger l'électromètre quand les pailles s'écartent au point de toucher ces parois. Sans cette précaution, le verre recevrait de l'électricité, qu'il garderait parce qu'il est mauvais conducteur, ce qui generait les expériences que l'on voudrait faire ensuite. De plus, ces bandes d'étain réagissent pour augmenter l'angle d'écart. La partie supérieure de la cloche est garnie de gomme laque, pour empêcher l'humidité de se déposer sur le verre, et l'on introduit dans l'intérieur, des fragments de chlorure de calcium ou de chaux vive, pour que l'air y soit bien sec.

Quand l'électricité que l'on veut reconnaître, se trouve sur un corps mauvais conducteur, on ne touche pas le bouton B avec ce corps, mais on se contente de l'en approcher peu à peu. Il se fait alors une décomposition par influence dans le fluide neutre du bouton B ; le fluide de même nom est repoussé dans les pailles, et le fluide de nom contraire est attiré en B. On touche ensuite le bouton avec le doigt, l'électricité repoussée passe dans le sol, et les pailles se rapprochent ; ôtant le doigt et retirant ensuite le corps électrisé, on voit les pailles s'écarter sous l'influence du fluide de nom contraire resté seul dans l'appareil.

L'électricité que renferme l'électromètre est de nom contraire à celle du corps qui a servi à le charger. Pour reconnaître de quelle nature est cette électricité, on approche du bouton B un corps chargé d'une électricité connue ; par exemple, un bâton de verre électrisé positivement. Si l'élec-

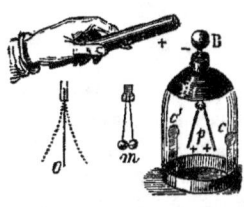

Fig. 464.

tromètre contient du fluide positif, ce fluide est repoussé du bouton, et les pailles divergent davantage ; si, au contraire, il contient de l'électricité négative, les pailles se rapprochent, cette électricité étant attirée dans le bouton. Il faut avoir soin de n'approcher que lentement le bâton de verre ; car, dans le dernier cas, après que l'électricité des pailles a été attirée dans le bouton, il peut se faire une décomposition par influence de fluide neutre, et l'électricité repoussée ferait écarter les pailles après qu'elles se seraient resserrées. Si l'on approchait trop vivement le bâton de verre, le premier mouvement pourrait n'avoir pas le temps de s'effectuer, et on serait induit en erreur sur la nature de l'électricité que contient l'électromètre.

Les électromètres à pendules divergents ont été inventés par Nollet[1]. Dans la plupart de ces instruments, les angles d'écart ne sont pas proportionnels aux quantités d'électricités qu'ils contiennent. Mais Volta a reconnu qu'il en est ainsi quand on emploie des pailles, tant que l'angle d'écart ne dépasse pas 30°.

Nous ferons connaître d'autres *électromètres* et d'autres *électroscopes*, quand nous aurons à parler des expériences dans lesquelles on en fait particulièrement usage.

IV. Machines électriques.

606. Une machine électrique consiste essentiellement en un corps frottant, un corps frotté et des conducteurs isolés sur lesquels s'accumule l'électricité. La première machine électrique a été imaginée par Otto de

---

[1] Nollet (Jean-Antoine), né au village de Pimbré (Oise), en 1700, mort à Paris en 1770, embrassa l'état ecclésiastique, puis se livra avec ardeur à l'étude de la physique. Etant allé à Londres avec Dufay, Duhamel et de Jussieu, il fut reçu membre de la Société Royale (1734), et en 1739 nommé à l'Académie des Sciences de Paris. Il fit, avec un immense succès, un cours public de physique expérimentale, qui commença la série de ceux qu'on a ouverts depuis, tant en France qu'à l'étranger ; fut appelé à enseigner la physi-

Guericke. Elle consistait en un globe de soufre ou de résine s (*fig.* 465) auquel on imprimait un rapide mouvement de rotation, au moyen d'une roue et d'une corde sans fin, et sur lequel on appuyait les mains pour exercer le frottement. Boze, en 1741, suspendit par des cordons de soie, un cylindre en fer-blanc mn, qui recueillait l'électricité au moyen d'une chaîne c descendant près de la surface de ce globe, et Winkler remplaça les mains par des coussins en cuir. En 1766, Ramsden remplaça le globe tournant par un plateau de verre.

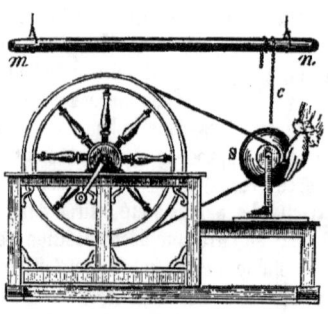

Fig. 465.

607. Machine de Ramsden. — Cette machine se compose d'un plateau circulaire en verre (*fig.* 466), mobile autour d'un axe horizontal à manivelle m. Ce plateau est pressé entre deux paires de coussins élastiques, fixés à deux montants verticaux qui portent l'axe de rotation. Des conducteurs $ff'cc'$, ordinairement en laiton, sont soutenus par des colonnes isolantes en verre. Les parties f, f' recourbées en fer à cheval, se nomment les *mâchoires* ; elles sont garnies en dedans de pointes métalliques, dont les extrémités sont très près des faces du plateau de verre.

Quand on fait tourner ce plateau, il se développe de l'électricité ; le fluide négatif se porte sur les coussins, et de là passe dans le sol, avec lequel ils communiquent, et le fluide positif se porte sur le plateau. Quand les parties électrisées de ce dernier arrivent dans les mâchoires f, f', elles y décomposent par influence le fluide neutre ; le fluide positif est repoussé dans les conducteurs c, c', et le fluide négatif, attiré dans les pointes, s'écoule et se précipite sur le plateau de verre, où il se combine avec l'électricité positive, pour former du fluide neutre. L'écoulement est visible dans l'obscurité, et chaque pointe est garnie d'une petite aigrette lumineuse. On emploie des pointes, parce qu'elles ont la propriété, comme nous le verrons (623), de laisser sortir très facilement l'électricité. Le mouvement de rotation continuant, l'électricité positive du plateau se renouvelle à chaque instant.

---

que au dauphin, et publia ses leçons. L'abbé Nollet a joui, de son vivant, d'une immense réputation. On lui doit de nombreuses expériences sur l'électricité, et une théorie électrique ingénieuse ; mais son plus grand mérite, aux yeux de la postérité, est d'avoir rendu populaire, en la présentant sous une forme attrayante, une science qui paraissait n'être abordable que pour les savants de profession.

On voit que l'électricité ne se trouve sur le plateau, que sur les deux quarts dont le mouvement a lieu d'un coussin à la mâchoire voisine. Dans ce trajet, une partie de l'électricité du verre se perd par le contact de l'air, quand il est humide. Pour diminuer la perte, on garantit chacun des quarts dont nous venons de parler, au moyen d'un secteur formé d'une double

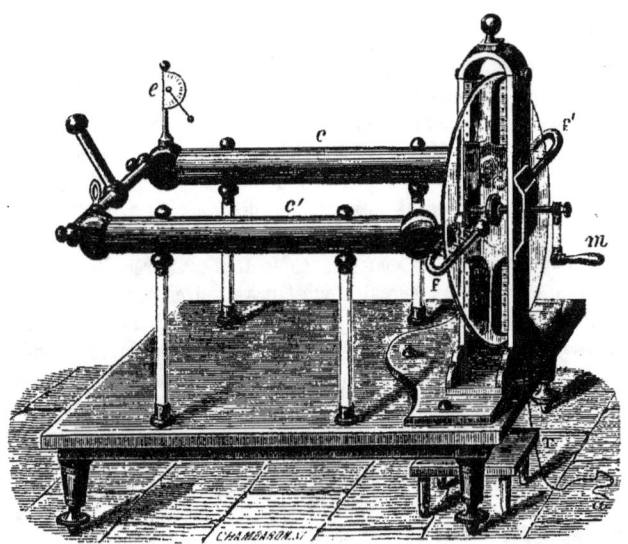

Fig. 466.

lame de taffetas (*fig.* 467), fixé aux coussins ou aux montants qui les soutiennent.

Limite de charge. — La quantité d'électricité qui s'accumule sur les conducteurs de la machine électrique, n'augmente pas indéfiniment; elle est limitée, comme la décomposition par influence elle-même (600). De plus, les pertes qui se produisent, soit par l'air, soit par les colonnes isolantes, augmentent avec la quantité d'électricité accumulée, et finissent par être égales, à chaque instant, à celle que fournit le frottement. Par conséquent, plus on tournera rapidement, plus celle-ci sera grande, et plus la limite de charge sera élevée.

Tout ce qui augmente la déperdition diminue la charge des conducteurs. Il faut citer en première ligne l'humidité de l'air, qui agit, soit en enlevant par son contact l'électricité des conducteurs ou du plateau, soit en se déposant sur ce dernier, qui alors ne fournit que peu d'électricité. Dans ce cas, il faut le sécher, en en approchant du feu ou en y appliquant des serviettes chaudes, ou bien faire sur le plateau quelques traits avec du suif, qui repousse l'humidité.

608. Electromètre à cadran ou de Henley. — Pour juger de la charge de la machine électrique, on se sert de l'*électromètre de Henley*, qui se voit en *e* (*fig.* 466). Le petit pendule de cet instrument est repoussé par son support, et l'angle d'écart se mesure sur un cercle divisé. Quand la machine fonctionne bien, le pendule s'élève au-dessus de l'horizontale, parce qu'il subit l'action répulsive du conducteur *c*, sur lequel est fixé l'instrument.

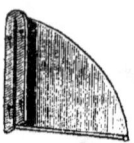

Fig. 467.

La quantité d'électricité fournie aux conducteurs, dépend évidemment de l'étendue des surfaces frottées, c'est-à-dire de la grandeur du plateau et des coussins ; elle dépend aussi de l'état de leur surface.

Des coussins. — Les coussins se font en peau rembourrée avec du crin ; on les enduit de différentes substances, qui constituent en réalité le corps frottant. Nous indiquerons d'abord le deutosulfure d'étain, dit or *musif* ou *mussif*, matière friable, que l'on fait adhérer aux coussins en les enduisant d'un peu de suif. On emploie encore différents amalgames contenant de l'étain et du zinc. Quand la machine ne donne que de faibles résultats, il suffit souvent, pour lui rendre son énergie, de démonter les coussins et de les frotter l'un sur l'autre, de manière à déplacer la matière adhérente.

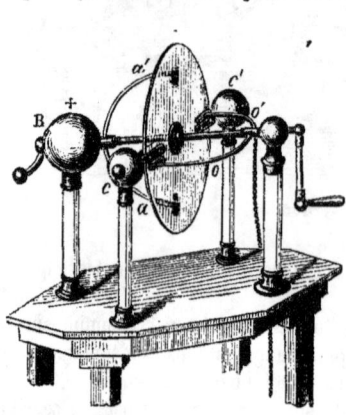

Fig. 468.

Van-Marum a imaginé une espèce de coussin qui a été remise en faveur, assez récemment, par M. Perrault-Steiner : la peau de daim est appliquée sur une plaque de bois, et recouverte par un morceau de taffetas garni en dessous et en dessus de feuilles d'étain, par lesquelles elle est facilement débarrassée de l'électricité négative. On recouvre cette espèce de coussin, d'un amalgame particulier composé de mercure, zinc, étain avec un peu de bismuth.

609. Machine de Van-Marum. — Cette machine donne l'une ou l'autre électricité, à volonté. Un plateau de verre (*fig.* 468), dont l'axe est soutenu par deux colonnes isolantes, est pressé aux extrémités de son diamètre horizontal, par des coussins portés par des boules isolées c,c'. Deux arcs métalliques oo', aa', fixés à des manchons que traverse l'axe, peuvent se placer soit dans un plan vertical, soit dans un plan horizontal, et y rester pendant que le plateau tourne. Ces arcs portent à leurs extrémités des pièces garnies de pointes. L'arc oo' communique avec le sol par une chaîne.

Quand l'arc aa' est vertical, et l'arc oo' horizontal et en contact avec les coussins, la machine fonctionne comme celle de Ramsden, et la sphère B se charge d'électricité positive. Si, au contraire, on place l'arc oo' verticalement, et l'arc aa' horizontalement, les branches appuyées sur les coussins,

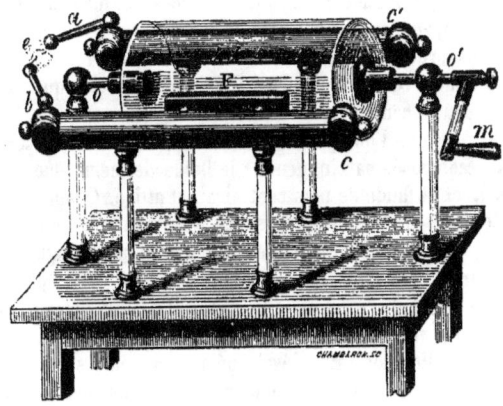

Fig. 469.

la sphère B recueille l'électricité négative des coussins, et l'électricité positive dont se charge l'arc oo', passe dans le sol.

610. Machine de Nairne. — Cette machine, employée surtout en Angleterre, donne en même temps les deux électricités. Elle se compose d'un cylindre en verre que l'on fait tourner autour de son axe oo' (*fig.* 469), au moyen de la manivelle m. De part et d'autre de ce cylindre, sont deux conducteurs isolés c et c'. L'un, c, porte un coussin F, pressé par un ressort contre le cylindre de verre ; l'autre, c', est garni de pointes dirigées vers ce cylindre. L'électricité négative du coussin est recueillie par le conducteur c, tandis que le conducteur c', se charge par influence d'électricité positive. Quand on n'a besoin que d'une seule espèce d'électricité, on fait communiquer avec le sol, le conducteur sur lequel se porte l'autre, afin d'augmenter la décomposition produite par le frottement.

611. Expériences diverses. — On fait avec la machine électrique différentes expériences dont nous avons déjà cité quelques-unes. Parmi les effets les plus remarquables de ces appareils il faut citer l'*étincelle électrique*, qui se produit quand on en approche un corps conducteur en communication avec le sol. C'est à la longueur et à la grosseur du trait lumineux, que l'on juge de la puissance et du bon état de la machine.

Étincelle électrique. — L'étincelle électrique est le résultat de la combinaison des deux électricités à travers un milieu mauvais conducteur, qui est ordinairement l'air. Pour le prouver, on n'a qu'à rapprocher les extrémités des pièces mobiles a et b (*fig.* 468), de la machine de Nairne. Quand la distance est assez petite, l'attraction mutuelle des électricités contraires des deux conducteurs surmonte la résistance de l'air, et elles se précipitent l'une vers l'autre par intermittences, en formant de vives étincelles, e, accompagnées de petites explosions.

On produit ordinairement l'étincelle, en approchant d'un conducteur électrisé, un autre corps conducteur. Il est facile de voir que l'étincelle est encore due ici à la combinaison des deux fluides.

1º Si le corps que l'on approche communique avec le sol, son électricité neutre est décomposée par influence : le fluide de même nom est repoussé dans le sol, et le fluide de nom contraire est attiré. Quand la distance est assez petite, les deux fluides en présence se précipitent l'un vers l'autre à travers l'air, et produisent une étincelle, d'autant plus longue que le conducteur électrisé est plus fortement chargé, et aussi, qu'il a plus d'étendue. L'influence de l'étendue s'explique en remarquant que l'électricité du conducteur se porte vers le point dont on approche le corps, en obéissant à l'attraction du fluide contraire développé par influence sur ce dernier. Or, plus il y a d'électricité sur le conducteur, d'après son étendue, plus la quantité qui s'accumule ainsi entre les points en présence est grande et agit fortement pour vaincre la résistance de l'air.

2º Quand le corps que l'on approche du conducteur électrisé est isolé, l'étincelle ne part qu'à une faible distance, et le corps reste chargé d'électricité de même nom que celle du conducteur. Supposons ce dernier électrisé positivement ; la décomposition par influence se fait sur le corps isolé qu'on en approche ; mais le fluide positif repoussé restant sur ce corps, restreint cette décomposition, agit par répulsion sur le fluide du conducteur électrisé, et l'empêche de s'accumuler au point le plus rapproché. Quand l'étincelle a jailli, l'électricité repoussée se retrouve, sur le corps, en quantité précisément égale à celle qui a disparu sur le conducteur électrisé, les deux fluides séparés par influence étant toujours en quantité équivalente. C'est ce qui avait fait croire d'abord que l'étincelle était le résultat du passage de l'électricité d'un corps sur un autre. Nous étudierons plus tard les propriétés de l'étincelle et ses divers effets.

Tabouret isolant. — On peut tirer des étincelles du corps d'une personne communiquant avec le conducteur de la machine électrique, et montée sur un *tabouret isolant*, T (*fig.* 466), qui n'est autre chose qu'une petite table à pieds de verre. La personne électrisée n'éprouve aucune sensation particulière, si ce n'est aux cheveux, qui se dressent par leur répulsion mutuelle. Cet effet augmente quand un observateur non isolé approche la main, dans laquelle il se fait une décomposition par influence.

Conducteurs secondaires. — La quantité totale d'électricité que reçoivent les conducteurs dépend, toutes choses égales d'ailleurs, de l'étendue de leur surface. Quand on veut rassembler beaucoup d'électricité, on les fait communiquer avec d'autres conducteurs suspendus par des cordons de soie, et que l'on nomme *conducteurs secondaires*. L'expérience a prouvé que des cylindres étroits et très longs recueillent plus d'électricité, à égalité de surface, que des cylindres plus gros. Volta employait de petits cylindres de 13^{mm},5 de diamètre, et de 2^m,60 de longueur ; deux de ces cylindres étaient suspendus parallèlement, à des cordons de soie, et les autres étaient posés transversalement sur ceux-ci, de manière à ne pas se toucher.

Les plus fortes machines électriques qu'on ait construites sont dans le système de Ramsden. Mais

Fig. 470. — 1/20.

leurs effets sont bien dépassés par ceux de la machine toute spéciale qui nous reste à décrire.

* **612. Machine hydro-électrique d'Armstrong.** — Dans cette machine, l'électricité est produite par le choc de la vapeur, en partie condensée. Elle est représentée dans la *fig.* 470. Cp, est une chaudière cylindrique à foyer intérieur, disposée comme celle des locomotives. s est la soupape de sûreté, n le tube à niveau, p la porte du foyer, et C la cheminée. Cette chaudière est isolée par des colonnes de verre. Quand on ouvre le robinet r, la vapeur passe dans un réservoir cylindrique horizontal K, d'où elle se rend, par des tubes, aux ajutages a. On voit en V la coupe d'un de ces ajutages ; le jet de vapeur se brise contre la lame o, puis traverse un canal pratiqué dans un tronc de cône en buis b, maintenu par le couvercle à vis n. Pour que la vapeur soit mêlée de gout-

476   ÉLECTRICITÉ STATIQUE.

telettes d'eau, les tubes traversent une boîte c, dans laquelle ils sont continuellement mouillés par des mèches de coton plongeant dans une couche d'eau ; ce qui fait que la vapeur se condense en partie, avant d'arriver aux ajutages. Le tube ct conduit dans la cheminée les vapeurs qui se dégagent de la boîte c.

Le frottement dans l'ajutage, des gouttelettes d'eau emportées par la vapeur, dégage de l'électricité ; le fluide négatif se porte sur la chaudière isolée, et le fluide positif, emporté par la vapeur, est recueilli par un cadre v garni de pointes, que l'on présente aux jets de vapeur, et qui est fixé sur un globe isolé B. On met les pointes très près des ajutages quand on veut beaucoup d'électricité ; on les éloigne à 10 ou 12^{cm} quand on veut obtenir, non une grande quantité d'électricité, mais une forte *tension*, c'est-à-dire de l'électricité capable de donner de longues étincelles. Quand on n'a besoin que d'une seule espèce de fluide, on fait communiquer avec le sol le corps sur lequel se porte l'autre ; sans cette précaution, une partie des deux fluides se combine à travers le jet de vapeur. La quantité d'électricité est d'autant plus grande que la pression de la vapeur est plus forte ; on lui donne ordinairement 5 à 6 atmosphères.

Fig. 471.

Les machines hydro-électriques produisent des effets étonnants. Elles peuvent donner des étincelles de plusieurs décimètres de longueur et de plusieurs centimètres d'épaisseur. Pour obtenir de bons résultats, il faut que l'eau soit pure et la chaudière bien nettoyée en dedans.

613. Electrophore. — Dans les laboratoires de chimie, on a souvent besoin d'étincelles électriques pour enflammer des mélanges gazeux. A une machine électrique qui serait trop embarrassante, on préfère l'*électrophore* (φορέω, porter). Cet instrument, imaginé par Volta, consiste en un plateau d'un mélange résineux coulé dans un moule en bois ou en métal rr' (*fig.* 471), sur lequel on pose un plateau métallique c muni d'un manche de verre v. On commence par électriser le plateau de résine, en le frottant avec une peau de chat. On pose ensuite le plateau c sur la résine, qu'il ne touche que par un très petit nombre de points ; de sorte qu'on peut regarder les deux surfaces comme séparées par une couche d'air. Il se fait donc alors une décomposition par influence dans le fluide neutre du plateau c, l'électricité positive est attirée du côté de la résine, et la négative est repoussée à la partie supérieure, où l'on pourrait en reconnaître la présence au moyen d'un électromètre de Henley. Si l'on enlève le plateau c par son manche de verre, tout y rentre à l'état neutre. Mais, si auparavant on fait passer le fluide négatif dans le sol, en posant le doigt sur le plateau, quand ensuite, ayant enlevé le doigt, on soulève ce plateau, on le trouve chargé d'électricité positive, et l'on peut en tirer une étincelle. On pourra répéter cette opération un très grand nombre de fois, parce que l'électricité de la résine ne passe pas dans le plateau c; l'instrument peut donc conserver son électricité pendant longtemps quand on le renferme dans un espace dont l'air est bien sec, et c'est de là que vient le nom d'*électrophore*.

§ 2. — LOIS DES FORCES ÉLECTRIQUES. DISTRIBUTION DE L'ÉLECTRICITÉ SUR LES CORPS CONDUCTEURS.

I. Lois des attractions et répulsions électriques.

614. Balance électrique. — Les lois suivant lesquelles varient les intensités des forces électriques, avec les distances et les charges, ont été découvertes par Coulomb, au moyen de la *balance électrique*, qui constitue l'*électromètre* le plus précis. Cet instrument est disposé à peu près comme la balance magnétique (585). Une cage de verre, cylindrique ou carrée (*fig.* 472), est fermée par un couvercle, qui porte un tube t, à la partie supérieure duquel est suspendu un fil métallique. Ce fil soutient une aiguille horizontale en gomme laque ar, à l'extrémité de laquelle est fixé un petit disque vertical en papier doré ou en clinquant r. On peut tordre le fil par son extrémité supérieure, soit en faisant tourner une virole dont les divisions passent devant un vernier fixe c; soit au moyen d'un bouton auquel est attaché le fil, et qui peut tourner sur lui-même pendant que le micromètre reste en repos. Une division en degrés, tracée autour de la cage cylindrique, à la hauteur de l'aiguille ar, sert à en mesurer les déplacements angulaires. Le couvercle porte une ouverture par laquelle on introduit une boule électrisée, b, soutenue par une tige de gomme laque. De la chaux vive ou du chlorure de calcium, placés au fond de l'appareil, en dessèchent l'air.

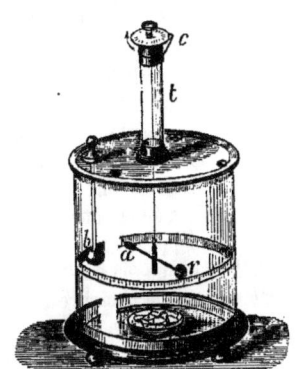

Fig. 472. — 1/12.

615. Lois.. — 1° *Les attractions et les répulsions électriques varient en raison inverse des carrés des distances*;

2° *Les attractions et répulsions électriques sont en raison composée des quantités d'électricité libre des corps en présence.*

Si donc f est l'attraction ou la répulsion de deux corps électrisés, à l'unité de distance, pour des charges égales à l'unité, l'action, à la distance d, pour des charges e et e', sera $\frac{fee'}{d^2}$. Ces lois sont celles de la gravitation (65).

1° Pour la première loi, on fait en sorte que le disque r soit en contact avec la boule b en l'absence de toute torsion du fil de suspension. On charge ensuite cette boule d'électricité, on la remet en place, et le disque r s'en écarte dès qu'il en a été touché. Quand l'aiguille s'arrête, c'est que la répulsion électrique fait équilibre à la force de torsion. Cette force est mesurée par l'angle de torsion, qui est égal à l'angle, α, que fait l'aiguille avec sa position primitive ; on a donc $e = t\alpha$, t étant la force de torsion pour 1°. On fait ensuite tourner le micromètre supérieur d'une quantité β, de manière à amener le disque r à une distance de la boule b, mesurée par un arc α', moindre que α. L'angle de torsion est alors égal à $\beta + \alpha'$, et la répulsion électrique, à la distance α', est $e' = t(\beta + \alpha')$. Or, l'expérience montre que l'on a toujours $e : e' = \alpha'^2 : \alpha^2$; ce qui exprime la première loi.

2° Pour vérifier la seconde loi, Coulomb remplaçait le disque r par une balle de moelle de sureau. Après avoir observé la répulsion à une distance connue, et l'angle de torsion qui la mesurait, il enlevait à la boule b la moitié de son électricité, en lui faisant toucher une boule identique isolée. L'aiguille de gomme laque, dont il ne modifiait pas la charge, s'éloignait moins alors de la boule b ; et quand, en tournant le micromètre, il avait obtenu le même écart que dans la première expérience, l'angle de torsion n'était plus que la moitié de ce qu'il était alors. En enlevant encore la moitié de l'électricité restant sur la boule b, il trouvait une torsion quatre fois plus petite pour la même distance, et ainsi de suite.

On voit que cette méthode peut servir à comparer les charges électriques de différents corps : il suffit de voir, pour chacun d'eux, quel est l'angle de torsion nécessaire pour déterminer un angle d'écart constant.

Cas des attractions. — Quand on veut observer les lois des attractions, il faut commencer par écarter l'aiguille de gomme laque, de la boule b, sans qu'il y ait de torsion dans le fil de suspension. On donne ensuite au disque de clinquant une certaine électricité, et à la boule b une électricité contraire. L'attraction agissant, l'aiguille se rapprochera, et la force de torsion développée *pourra* finir par contre-balancer cette attraction. On fera ensuite varier la distance, en faisant tourner le micromètre supérieur de la balance, et l'on comparera les angles de torsion aux distances. Pour éviter que les balles ne se touchent par l'effet des oscillations, on tend dans l'appareil un fil de soie qui empêche l'aiguille de trop s'approcher de la balle fixe.

Causes d'erreur. — Dans ces expériences, on compte les distances sur des arcs, au lieu de les compter sur leur corde, et la force qui fait équilibre à la torsion n'est qu'une composante de la force attractive ou répulsive. Ces deux causes d'erreur tendent à se compenser, comme pour le magnétisme (585). On sait en tenir compte par le calcul, et Biot a reconnu, en discutant les expériences de Coulomb, qu'il y a compensation presque complète.

Coulomb a aussi retrouvé les lois ci-dessus par la méthode des oscillations, dont nous avons indiqué le principe en traitant du *magnétisme* (584). L'aiguille oscillante était suspendue par un fil de cocon, et renfermée dans une cage en verre semblable à celle de la balance électrique.

★ Les expériences qui précèdent ont été répétées par un physicien anglais M. Harris, au moyen d'appareils perfectionnés ; et il a trouvé que les lois de Coulomb ne se vérifiaient pas toujours. Ce résultat a excité une vive émotion parmi les physiciens. Mais on n'a pas tardé à reconnaître l'intervention de causes accidentelles, signalées par M. Harris lui-même, qui expliquent les anomalies. En effet, elles ne se présentent que pour les distances très petites, auquel cas, les fluides se portent vers les surfaces en présence, lorsqu'il y a attraction, et vers les points opposés, lorsqu'il y a répulsion. La distance moyenne des parties électrisées ne peut donc plus être représentée par celle des centres de figure. Il se fait aussi une décomposition de fluide neutre, qui tend à diminuer la répulsion, et peut même la changer en attraction, comme nous l'avons vu. M. Marié Davy a répété avec soin les expériences de M. Harris, et il a reconnu que la loi des distances se vérifie sensiblement sur deux boules électrisées, quand leur distance dépasse 9 à 10 fois leur rayon.

Les lois de Coulomb sont donc exactes pour les éléments électriques ; mais si l'on veut les retrouver par l'expérience, il faut opérer sur des corps d'assez petites dimensions pour que des distances respectives de leurs divers points puissent être regardées comme égales entre elles, et qui soient assez éloignés pour qu'il ne s'y fasse pas de déplacement sensible de fluide, et qu'il n'y ait pas de décomposition de fluide neutre par influence. Quand ces conditions ne sont pas remplies, on peut calculer, par l'analyse, les actions, en tenant compte des déplacements de fluide. C'est ce qu'a fait M. Roche, en partant des lois de Coulomb appliquées à chacun des éléments électrisés, et les résultats du calcul se sont trouvés d'accord avec ceux que l'expérience a donnés à M. Marié Davy, ce qui confirme les lois de Coulomb.

★ **646. Déperdition de l'électricité par le contact de l'air.** — Dans les expériences qui précèdent, il est nécessaire de tenir compte de la déperdition de l'électricité soit par le contact de l'air, soit par les supports.

Pour trouver la loi de la déperdition de l'électricité par le contact de l'air, Coulomb produisait un certain écart de l'aiguille de la balance électrique, au moyen d'une balle électrisée et isolée *complètement* par une tige de gomme laque de dimensions convenables; puis, l'écart diminuant peu à peu par la déperdition due au contact de l'air, il le ramenait à sa première valeur, de 3 minutes en 3^m, en diminuant la torsion au moyen du micromètre supérieur, et il évaluait les pertes d'électricité, par les diminutions qu'il fallait faire subir à l'angle de torsion. Il a reconnu ainsi que : 1° la déperdition augmente avec le degré d'humidité ; 2° pour un même état de l'air, la déperdition est proportionnelle à la tension ; d'où il résulte que le rapport de la quantité perdue à la quantité totale est constant, loi qui n'est autre chose que la loi de Newton relative à la chaleur (360).

La perte par l'air est négligeable quand on opère par un temps sec et qu'on n'emploie que de faibles charges. Dans les expériences de Coulomb, la déperdition était si faible, que les boules, écartées de 30°, ne se rapprochaient que de 1° en trois minutes ; or, il ne lui en fallait que deux, pour faire deux observations comparables.

M. Matteucci a fait une étude approfondie de la déperdition par divers gaz, au moyen d'une balance électrique disposée de manière qu'on pût y faire le vide et y introduire différents gaz plus ou moins humides. Voici quelques-uns des résultats auxquels il est arrivé :

1° L'*agitation de l'air diminue la perte de l'électricité.* La boule isolée retirée de la balance et laissée à l'air libre pendant 10 minutes, était reportée dans la balance, et la perte était plus faible quand la boule avait été agitée dans l'air ou exposée au vent d'un soufflet que lorsqu'elle était restée en repos. — Ce résultat est dû à ce que les molécules de l'air même le plus sec, prennent de l'électricité aux corps, et sont alors repoussées, puis remplacées par d'autres. Or, il faut à ces molécules un certain temps pour prendre de l'électricité, à cause de leur mauvaise conductibilité ; si donc elles ne séjournent pas au contact des corps, elles n'ont pas le temps de leur enlever de l'électricité ; de même qu'une boule de résine ne prend pas d'électricité à un conducteur qu'elle ne touche qu'un instant, tandis qu'elle s'électrise, si le contact a quelque durée.

2° *Dans les gaz secs, la perte est la même pour l'électricité vitrée et pour l'électricité résineuse, quand la tension n'est pas trop forte.* Pour les fortes tensions, *le fluide négatif se perd le plus rapidement.*

3° La perte *dans l'air sec*, est d'autant plus lente que le gaz est plus raréfié. Ce qui s'explique par le moindre nombre de molécules d'air qui touchent le corps électrisé.

★ **617. Déperdition par les supports.** — Pour évaluer la déperdition d'une balle électrisée par la tige cylindrique qui la soutenait, Coulomb mesurait la perte totale, au moyen de la balance de torsion, et en retranchait la perte due à l'air, calculée en partant d'une observation préalable donnant la déperdition correspondante à l'état de l'atmosphère. Il est évident que la tige devait isoler complètement quand il faisait cette dernière observation.

Coulomb a reconnu ainsi, que la perte par un support est d'autant plus petite qu'il est plus mince et plus long. Ce qui se conçoit facilement, puisqu'alors il y a moins de points livrant passage à l'électricité, et plus d'espace résistant à franchir. Pour une même substance et pour un diamètre donné, il y a une longueur minimum qui isole complètement. Cette longueur, pour chaque substance, est proportionnelle au carré de la charge électrique. La gomme laque est la substance qui isole le mieux; une tige de 1^{mm} de diamètre, et de 40 à 45^{mm} de longueur, isole complètement, pour des charges modérées. Un cordon de soie de même grosseur doit être dix fois plus long pour donner le même résultat.

Pénétration dans les corps isolants. — M. Faraday et M. Matteucci ont reconnu que l'électricité ne se répand pas seulement à la surface des corps isolants, mais qu'elle pénètre dans leur intérieur, à une profondeur plus ou moins grande qui dépend de leur nature. Par exemple, si l'on électrise un gros cylindre d'acide stéarique, en appuyant une de ses bases sur le conducteur d'une machine électrique, et qu'on enlève ensuite tout signe d'électricité en posant cette base sur un plateau métallique, on y trouve bientôt de l'électricité venue des parties intérieures. Un cylindre de soufre qui a reçu de l'électricité positive, puis de l'électricité négative, reste d'abord électrisé négativement à sa surface; mais au bout d'un certain temps, on y trouve du fluide positif, qui est venu de l'intérieur.

★ **618. Conductibilité superficielle des cristaux.** — La conductibilité électrique d'un même cristal dans différentes directions est, comme l'élasticité (300), la conductibilité pour la chaleur (382) et la dilatation (395), en relation avec l'arrangement moléculaire qu'indique sa forme. C'est ce que de Senarmont a prouvé par la méthode ingénieuse suivante. Il recouvre la face du cristal, d'une feuille d'étain présentant une large ouverture circulaire à contours bien nets, obtenue avec un emporte-pièce. Cette feuille d'étain, collée avec une dissolution claire de gélatine ou de vernis, se replie de manière à envelopper tout le cristal, et communique avec le sol. Au centre de la partie circulaire découverte, s'appuie normalement l'extrémité d'une pointe isolée, par laquelle on fait arriver continuellement de l'électricité *positive*, qui s'échappe de la pointe en rayonnant, et glisse sur la surface découverte, pour gagner les bords de la feuille d'étain. En opérant dans l'air raréfié sous un récipient, on voit une lueur violacée qui part de la pointe, et forme une nappe lumineuse. Sur les substances homogènes, verre, résine, et sur les faces des cristaux symétriques autour d'un point, cette lueur s'épanouit régulièrement. Il en est de même pour les faces normales à l'axe, des cristaux symétriques autour d'une droite. Mais sur les faces obliques à l'axe, et sur une face quelconque des cristaux non symétriques autour d'un axe, la lueur affecte la forme d'une ligne diamétrale lumineuse, un peu épanouie à ses extrémités, et dans laquelle on distingue un courant partant du centre.

II. Distribution de l'électricité en équilibre, sur les corps conducteurs.

619. L'électricité se porte à la surface des corps conducteurs. — Ce principe important a été découvert par Beccaria. Voici par quelles expériences on le démontre :

1° On prend un vase isolé à parois très minces et de forme quelconque (*fig.* 473). Après l'avoir électrisé, on introduit dans son intérieur, par une ouverture o, dont on a grand soin de ne pas toucher les bords, un disque de papier doré b, fixé à une tige de gomme laque, et on lui fait toucher la paroi interne ; on retire ensuite le disque, et l'on trouve qu'il ne contient pas d'électricité. Si, au contraire, on lui fait toucher la paroi extérieure, on le retire électrisé. Ce petit disque isolé se nomme *plan d'épreuve*.

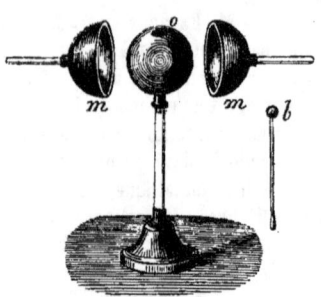

Fig. 473.

2° On applique sur une sphère (*fig.* 473) deux calottes hémisphériques en métal m, m, que l'on tient par des manches isolants. Après avoir électrisé le système, on retire brusquement et *au même instant* les deux calottes, et l'on trouve que la sphère intérieure ne contient pas d'électricité ; la totalité a été emportée par les calottes, sur lesquelles on peut en reconnaître la présence.

3° Pour prouver que l'électricité n'occupe au-dessous de la surface qu'une épaisseur imperceptible, on prend deux sphères isolées, de même diamètre, l'une en métal massif, l'autre en gomme laque et dorée. On charge l'une de ces boules d'électricité, et l'on mesure la charge au moyen du *plan d'épreuve* qu'on applique sur la sphère électrisée, et qu'on porte ensuite dans la balance électrique. On fait ensuite communiquer cette sphère avec l'autre, qui est à l'état naturel, et l'on reconnaît, au moyen d'un plan d'épreuve, que chacune de ces sphères présente une charge égale à la moitié de celle qu'avait d'abord la première. Il faut donc, puisque les surfaces sont égales, que la couche électrique ait la même épaisseur sur les deux sphères. Or, sur la sphère en gomme laque dorée, l'électricité n'a pu se répandre que dans la couche d'or excessivement mince qui la recouvre ; le fluide doit donc occuper, sur la sphère massive, une épaisseur tout aussi petite.

4° On fixe à un anneau, porté par une colonne isolante, un cône en mousseline (*fig.* 474), et l'on reconnaît, après l'avoir électrisé, que toute l'électricité se trouve sur sa surface extérieure. Si ensuite on le retourne au moyen du fil de soie cc', de manière que la surface qui était à l'intérieur passe à l'extérieur, l'électricité se transporte sur cette dernière surface, et celle qui a été retournée en dedans n'en conserve aucune trace (Faraday).

Fig. 474.

5° On enroule autour d'un cylindre isolé par des cordons de soie r, r (*fig.* 475), une bande de toile, V, à laquelle sont suspendus des électroscopes e, e' ; on élec-

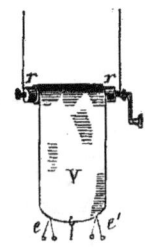

Fig. 475.

trise le cylindre, puis on déroule la toile au moyen d'une manivelle en verre. On voit alors les électroscopes se rapprocher ; toute l'électricité étant à la surface extérieure, qui augmente quand on déroule la toile. Quand on l'enroule ensuite, on voit les électroscopes s'écarter de nouveau.

★ **620. Explication de l'accumulation de l'électricité à la surface des corps conducteurs.** — On peut se rendre compte de l'accumulation de l'électricité à la surface des corps, par la répulsion qu'elle exerce sur elle-même. On démontre qu'il résulte des lois de Coulomb, qu'une enveloppe électrisée n'a pas d'action sur un point placé dans son intérieur. Si donc nous supposons le corps divisé en couches concentriques infiniment minces, une particule d'électricité placée à la surface d'une de ces couches n'éprouvera aucune répulsion de la part de l'électricité répandue dans les couches qui lui sont extérieures ; elle sera au contraire repoussée par le fluide que pourraient contenir les couches plus rapprochées du centre, et devra s'en éloigner jusqu'à ce qu'elle soit parvenue à la surface. Une fois arrivée là, l'électricité agira bien toujours pour s'étendre, à cause des répulsions mutuelles des parties opposées de la surface ; mais elle sera arrêtée par l'air, qui est mauvais conducteur. Quand l'air est humide, il devient conducteur, et l'électricité se dissipe. Il en est de même dans le vide, et le fluide qui s'échappe peut être visible dans l'obscurité, sous l'apparence d'une lueur rayonnante. — On voit que ce n'est pas par sa *pression* que l'air s'oppose à la dispersion de l'électricité, mais simplement par l'obstacle qu'il oppose, comme mauvais conducteur, au passage du fluide ; il agit comme le ferait une enveloppe de gomme laque.

621. Epaisseur de la couche électrique. — Tension. — On admet généralement que l'électricité occupe une certaine épaisseur, excessivement petite, au-dessous de la surface mathématique des corps. La couche électrique présente donc deux surfaces : l'une est celle du corps ; l'autre est située au-dessous, et n'est parallèle à la première que dans le cas d'une sphère.

Du reste, l'électricité accumulée en un point de la surface d'un corps est toujours repoussée par celle des points opposés ; de sorte qu'elle exerce sur l'air un effort, auquel il doit résister pour que l'électricité ne se perde pas. C'est cet effort, inégal aux différents points des corps non sphériques, qui constitue ce que l'on nomme la *tension* de l'électricité. Quand cette tension est assez grande pour vaincre la résistance de l'air, l'électricité s'échappe, en formant dans l'obscurité des lueurs plus ou moins vives.

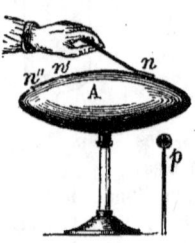

Fig. 476.

Laplace a démontré par l'analyse, en partant des lois de Coulomb, que *la tension en un point est proportionnelle au carré de l'épaisseur de la couche électrique*.

622. Distribution de l'électricité à la surface des corps. — L'électricité répandue à la surface des corps conducteurs n'y est pas distribuée uniformément, si ce n'est quand la forme est sphérique. Coulomb a étudié cette distribution par la méthode qui suit.

Méthode du plan d'épreuve. — Pour comparer les tensions électriques en deux points d'un même corps, A (*fig.* 476), ou de deux corps différents, on applique le *plan d'épreuve p*, exactement sur la surface en un de ces points, n, et on le porte dans la balance électrique, dont l'aiguille a été chargée d'avance de la même espèce d'électricité ; l'aiguille s'écarte, et l'angle de torsion mesure la répulsion exercée. On opère de même pour l'autre point, en ayant soin de ne pas changer la charge de l'aiguille, et de la ramener, au moyen du micromètre supérieur, à la même position que dans la première expérience. Les angles de torsion observés sont alors entre eux comme les charges successives du plan d'épreuve. Or, celles-ci sont entre elles comme les tensions aux points touchés ; car la face extérieure du disque remplace la portion de surface qu'il recouvre, l'électricité fuira donc cette dernière, et se portera sur la face extérieure du disque, en conservant la même tension, s'il est assez mince pour ne pas modifier sensiblement la forme du corps.

Coulomb a trouvé par ce moyen différents résultats dans lesquels on reconnaît l'influence de la répulsion que l'électricité exerce sur elle-même :.

1° Sur un disque métallique, l'électricité s'accumule vers le contour ; 2° sur un cylindre terminé par des hémisphères, la tension est faible au milieu, et d'autant plus grande aux extrémités, que le diamètre est plus petit par rapport à la longueur. — Quand le cylindre va en s'amincissant vers l'extrémité, la tension augmente encore plus rapidement à mesure qu'on s'en approche ; et enfin, si l'extrémité forme une pointe, la tension y devient si forte que l'air cède, et l'électricité s'échappe en formant une aigrette lumineuse, visible dans l'obscurité.

623. Pouvoir des pointes. — Poisson a retrouvé par l'analyse mathématique tous les résultats obtenus par Coulomb, en partant de l'hypothèse des deux électricités s'attirant en raison composée des quantités de fluide et en raison inverse des carrés des distances. Voici quelques-uns des résultats auxquels il est parvenu :

1° Si l'on a plusieurs ellipsoïdes de révolution ayant le même équateur et des axes différents, les tensions aux sommets sont proportionnelles aux axes. Si donc l'axe s'allonge de plus en plus, la tension augmente de même, et si l'axe s'allonge tellement que le sommet se transforme en une pointe conique, le calcul indique que la tension y devient *infinie*. La résistance de l'air ne peut donc plus s'opposer à la sortie de l'électricité, et l'expérience montre en effet qu'elle s'écoule alors d'une manière continue, et sans bruit appréciable. Les pointes se comportent relativement à un conducteur électrisé, comme des orifices relativement à un vase rempli de gaz comprimé. C'est pourquoi on évite les pointes et les angles sur les conducteurs des appareils électriques, et qu'on en arrondit avec soin tous les contours.

Pointe présentée à un conducteur. — Les pointes ont encore la faculté, quand elles communiquent avec le sol, de décharger les conducteurs auxquels on les présente. Franklin expliquait ce résultat en disant que les pointes *soutiraient* l'électricité du conducteur. Mais les choses se passent tout autrement : le fluide neutre de la pointe est décomposé par l'influence de l'électricité du conducteur ; le fluide de même nom est repoussé dans le sol, et le fluide de nom contraire, attiré dans la pointe, se porte sur le conducteur, et neutralise l'électricité qu'il contient.

Pointe isolée. — Si la pointe est isolée, elle n'enlève que très peu d'électricité aux conducteurs auxquels on la présente ; car le fluide repoussé, ne pouvant passer dans le sol, s'oppose bientôt à la décomposition du fluide neutre. Il n'y a donc de neutralisé sur le conducteur électrisé qu'une quantité de fluide égale à celle qui est décomposée sur le corps qui porte la pointe, lequel contiendra autant d'électricité que le conducteur en aura perdu.

624. Mouvements dus à l'écoulement de l'électricité par les pointes. — Quand l'électricité s'échappe par une pointe, l'air est électrisé

486   ÉLECTRICITÉ STATIQUE.

et par conséquent repoussé, d'où il résulte un courant de gaz, que l'on peut constater, soit en lui présentant la main, auquel cas on sent un léger souffle, soit en approchant de la pointe dirigée horizontalement, la flamme d'une bougie ; cette flamme est chassée latéralement (*fig.* 477) et peut s'éteindre si la machine est très forte. Si la bougie est placée sur le conducteur électrisé, on peut encore chasser la flamme, en lui présentant une pointe communiquant avec le sol.

Tourniquet électrique. — Ce petit instrument consiste (*fig.* 478) en une chappe, mobile sur un pivot, et portant des tiges métalliques horizontales terminées en pointe recourbée. On fixe l'instrument sur le conducteur d'une machine électrique, et on le voit tourner en sens contraire de l'écoulement de l'électricité par les pointes. — Si l'on place l'appareil, non isolé, à une certaine distance de la machine, le mouvement a lieu, par l'écoulement de l'électricité de nom contraire dégagée par influence. — On a d'abord voulu expliquer le mouvement du tourniquet, par un effet de réaction analogue à celui que produisent les fluides pondérables (114) ; mais Aimé a prouvé que ce mouvement est dû à la répulsion qui s'exerce entre l'air électrisé et la pointe elle-même ; répulsion qui chasse l'air d'une part, comme nous venons de le voir, et, de l'autre, fait rétrograder la pointe. Quand le tourniquet est sous une cloche, il s'arrête quand tout l'air est électrisé. La rotation a lieu dans l'huile, liquide mauvais conducteur, mais non dans l'eau.

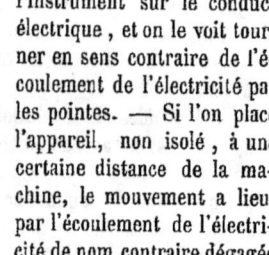
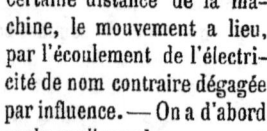
Fig. 477.

Fig. 478.

§ 3. — CONDENSATEUR ÉLECTRIQUE. — EFFETS DE LA DÉCHARGE.

I. **Théorie du condensateur.**

625. Condensateur électrique. — Considérons une lame isolante *ca* (*fig.* 479) sur laquelle sont appliqués deux plateaux métalliques AA et BB, plus petits, isolés et munis de petits pendules *a* et *b*. Faisons communiquer par un fil, le plateau A avec une machine électrique, ce plateau se chargera d'électricité, que nous supposerons positive, et la charge atteindra son maximum quand la tension au point d'arrivée sera égale à celle de la machine, et le pendule *a* s'écartera. En même temps on verra le pendule *b* s'écarter aussi, par suite d'une décomposition par influence qui se fera dans le plateau B. Mais il s'écartera moins que le pendule a ; car il y aura moins de fluide positif en B qu'en A (601).

Supposons maintenant qu'on sépare le plateau A, de la machine, et qu'on fasse communiquer B avec le sol. On verra aussitôt le pendule b retomber tout à fait, parce que le fluide positif de B passera dans le sol. Mais en même temps le pendule a s'abaissera notablement. Pour expliquer ce dernier résultat, remarquons que l'électricité de A, obéissant à l'attraction du fluide négatif resté seul sur B, se portera vers la lame isolante ; de sorte qu'il n'en restera que très peu sur la face extérieure. Cet effet ne pouvait avoir lieu avant qu'on n'eût chassé dans le sol le fluide positif de B, parce que ce fluide contre-balançait l'action du fluide négatif, et d'autant plus complètement que ce plateau B est plus mince. Remarquons aussi que toute l'électricité de A n'est pas attirée ainsi contre la lame isolante ; en effet, il y a moins de fluide négatif en B que de fluide positif en A ; une partie de ce dernier se portera d'abord vers la lame isolante, puis s'opposera, par répulsion, à l'arrivée d'une nouvelle quantité de fluide de même nom.

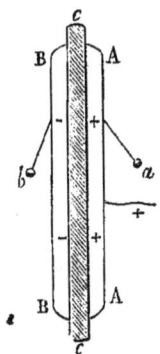

Fig. 479.

La portion qui restera sera aussi fortement repoussée qu'attirée par le fluide négatif de B ; elle sera donc complètement libre ; et comme le fluide qui l'attire est plus éloigné que le fluide qui la repousse, ce dernier sera en moindre quantité que l'électricité négative de B.

On voit donc que l'électricité du plateau A se partage en deux parties, l'une libre, l'autre attirée vers la lame isolante. Celle-ci est dite *électricité dissimulée* ou *latente*, non pas qu'elle soit dans un état particulier ; mais parce qu'elle n'est pas sensible à l'extérieur du plateau. On voit que toute l'électricité du plateau B est dissimulée.

La quantité d'électricité qui reste libre en A possède une tension beaucoup plus faible que celle qui avait lieu avant qu'on eût fait communiquer B avec le sol. Cette tension est donc actuellement moindre que celle de la machine qui a fourni l'électricité. Si donc on fait de nouveau communiquer cette machine avec le plateau A, elle fournira de nouvelle électricité, jusqu'à ce que la tension du fluide libre en A soit de nouveau égale à celle de la machine. Cette nouvelle électricité déterminera une nouvelle décomposition par influence dans le plateau B, et le pendule b s'écartera. Si ensuite, après avoir supprimé la communication de A avec la machine, on fait communiquer B avec le sol, le pendule b retombera, et le pendule a se rapprochera, parce que la plus grande partie du fluide positif reçue en second lieu par le plateau A, sera rendue latente par la nouvelle quantité de fluide négatif produite par influence sur le plateau B ; et il y aura en A, une plus grande quantité d'électricité positive dissimulée, et aussi une plus grande quantité de fluide libre. On voit aussi que l'électricité négative de B sera entièrement dissimulée, et qu'elle sera en plus grande quantité que celle qui est dissimulée en A. — En répétant de nouveau la même série d'opérations, on fournira aux deux plateaux A et B de nouvelles quantités d'électricité, et l'on en *condensera* ainsi des quantités énormes, qu'ils n'auraient pu recevoir s'ils n'avaient pas été en présence l'un de l'autre.

626. Condensateur. — A cause de cette propriété, le système des deux plateaux conducteurs séparés par une lame isolante, a reçu le nom de *condensateur électrique*. Le plateau A, qui reçoit directement l'électricité, se nomme *plateau collecteur*, l'autre, *plateau condensateur*.

Condensateur d'Æpinus. — Pour suivre facilement toutes les phases des opérations que nous avons décrites, on emploie un condensateur à parties mobiles (*fig.* 480). Les deux plateaux A et B, soutenus par des colonnes de verre P, P', et munis d'électromètres a, b, peuvent s'éloigner ou se rapprocher l'un de l'autre, quand on fait marcher, au moyen d'un pignon denté à manivelle m, deux crémaillères, représentées à part en c, c', fixées aux pieds des colonnes. La lame isolante I est une plaque de verre qui peut s'enlever, et est alors remplacée par une couche d'air. Si, dans ce cas, on écarte les plateaux A et B, les électricités qui se trouvaient retenues à leur surface intérieure deviennent libres, et les pendules s'écartent, pour retomber quand on rapproche les plateaux.

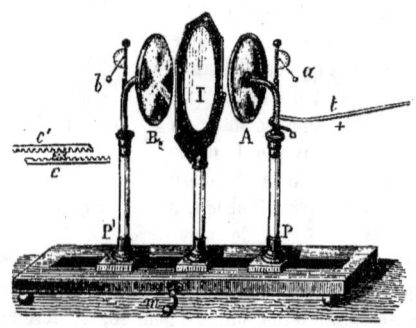

Fig. 480.

Charge du condensateur. — Pour charger un condensateur, au lieu de procéder par intermittences, comme nous l'avons supposé pour analyser les mouvements d'électricité dans les plateaux, on fait communiquer l'un d'eux avec le sol, et l'autre avec la machine électrique, qui lui fournit de l'électricité d'une manière continue.

Limite de charge. — Les quantités d'électricité que l'on peut accumuler sur les deux plateaux sont limitées par deux causes : 1° la quantité d'électricité libre augmente sur le plateau A, en même temps que la quantité totale qu'il reçoit : il arrivera donc un moment où cette électricité libre aura une tension telle que la machine électrique ne pourra plus céder d'électricité à ce plateau ; 2° il peut arriver, avant qu'on n'ait atteint le maximum de charge, que la lame isolante ne puisse résister à l'attraction des deux fluides accumulés de part et d'autre; alors ces fluides se combineront à travers cette lame, qui sera percée.

Force condensante. — La quantité d'électricité accumulée dans un condensateur dépend du rapport entre la quantité totale d'électricité que contient le plateau collecteur, et la quantité qui s'y trouve libre. Ce rapport se nomme *force condensante*. Si, par exemple, la quantité totale d'électricité est égale à 100 fois la quantité d'électricité libre, il est évident que le plateau contiendra 100 fois plus d'électricité qu'il n'en aurait reçu de la même machine, s'il n'eût pas fait partie d'un condensateur. — On a reconnu que la force condensante est d'autant plus grande que l'épaisseur de la lame isolante est plus petite.

627. Décharge du condensateur. — 1° On peut décharger le condensateur en touchant alternativement les plateaux isolés; c'est ce qu'on nomme la *décharge par contacts successifs*. Si d'abord on touche le plateau A (*fig.* 479), l'électricité libre passe dans le sol; mais alors une partie du fluide de B devient libre, puisque tout ce qui était sur A concourait à maintenir ce fluide contre la lame isolante. On touche à son tour le plateau B, pour faire passer dans le sol son fluide libre, ce qui met en liberté une petite partie du fluide du plateau A, que l'on touche à son tour; et ainsi de suite. On ne peut, du reste, décharger complètement l'appareil que par un nombre *infini* de contacts successifs ; car chaque contact n'enlève qu'une partie de l'électricité qui reste sur le plateau touché, on en laisse donc toujours une certaine quantité.

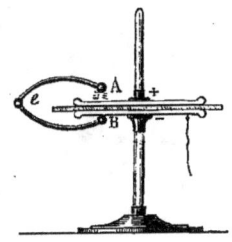

Fig. 481.

2° **Décharge instantanée.** — Si l'on met les deux plateaux du condensateur en communication au moyen d'un arc métallique, on obtient une vive étincelle, et le condensateur est déchargé subitement. Pour expliquer le phénomène, supposons d'abord que l'arc métallique e (*fig.* 481) soit appuyé sur le plateau B, qui ne contient pas d'électricité libre. Dans ce cas, le fluide libre du plateau A décompose par influence, avant qu'il n'y ait contact, le fluide neutre de l'arc e, repousse le fluide positif vers le plateau B, et attirant le fluide négatif, se combine avec lui en produisant une étincelle, dès que la distance est assez petite, et il y a ainsi neutralisation d'une partie du fluide de A. Une petite portion de l'électricité négative de B, devient donc libre, et se répand sur l'arc e, où elle est détruite par la positive qui vient d'y être repoussée. Alors de nouvelle électricité libre apparaît sur le plateau A, agit de même sur le fluide neutre de l'arc e, et une nouvelle étincelle se produit…, et ainsi de suite jusqu'à ce que le condensateur soit entièrement déchargé. Ces décompositions et recompositions de fluide se succèdent avec la rapidité de l'éclair, et d'une manière continue, de sorte qu'il n'y a en réalité qu'une seule étincelle.

Si l'arc isolé est appuyé d'abord sur le plateau A qui contient l'électricité libre, une partie de cette électricité se répand sur cet arc, et quitte ainsi le plateau. Une petite quantité de fluide négatif de B devient donc libre, et se trouvant en présence du fluide positif qui s'est répandu dans l'arc, se combine avec lui à travers l'air, dès que la distance est assez petite. La décharge s'achève ensuite comme ci-dessus.

Commotion électrique. — Si l'on touche en même temps, avec les mains, les deux plateaux d'un condensateur, les électricités se combinent à travers les bras, et l'on éprouve une secousse violente accompagnée d'une contraction des muscles et d'une douleur vive mais instantanée, principalement aux articulations des poignets, des bras, et à la poitrine. Ce phénomène est connu sous le nom de *commotion électrique*.

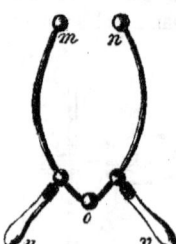

Fig. 482.

Fig. 483.

Excitateur. — Comme la commotion des grands condensateurs est dangereuse, on les décharge au moyen de l'*excitateur* (*fig.* 482), formé de deux arcs métalliques terminés en boule, om, on articulés en o, et que l'on tient au moyen de manches de verre, v, v. Ces manches deviennent inutiles, pour les petits condensateurs, l'électricité suivant de préférence les métaux.

628. Bouteille de Leyde. — On construit souvent le condensateur avec un flacon de verre (*fig.* 483), revêtu à l'extérieur d'une feuille d'étain n'allant pas jusqu'en haut, et rempli dans l'intérieur, de feuilles d'or qui remplacent la seconde lame métallique. Une tige à crochet c, fixée par un bouchon, communique avec l'intérieur. Sous cette forme, le condensateur porte le nom de *bouteille de Leyde*. La lame d'étain forme ce que l'on nomme l'*armature extérieure* de la bouteille, et les feuilles d'or, l'*armature intérieure*. Pour charger la bouteille de Leyde, on la tient par la *panse*, et l'on fait communiquer le bouton c avec la machine électrique.

C'est sous la forme de la bouteille, que le condensateur a été découvert, à Leyde, en 1746. Cuneus, élève de Muschenbroek, en répétant les expériences de son maître, eut l'idée d'électriser de l'eau dans un vase de verre qu'il tenait à la main. Ayant voulu retirer avec l'autre main, le fil de fer par lequel l'électricité passait dans l'eau, il ressentit une violente commotion, qui l'effraya vivement et l'étonna encore davantage. On voit que l'eau formait l'armature intérieure d'un véritable condensateur, dont la main appliquée à l'extérieur formait l'autre armature. La nouvelle de cette expérience se répandit rapidement, et les récits exagérés qui en furent faits contribuèrent singulièrement à exciter la curiosité. Nollet répéta l'expérience sur 300 soldats, *formant la chaîne*, c'est-à-dire se donnant la main deux à deux. La main du premier homme de la série étant appuyée sur l'armature extérieure de la bouteille, au moment où le dernier touchait le bouton, les 300 hommes reçurent simultanément la commotion. Bevis, et plus tard Watson, appliquèrent des feuilles d'étain sur le verre, et employèrent des condensateurs plans, dont la théorie fut ensuite établie, principalement par Æpinus.

629. Effets produits par l'électricité libre de la bouteille. — Quand on charge la bouteille de Leyde par l'intérieur, qui remplace alors le plateau collecteur du condensateur, le bouton possède de l'électricité libre dont on a tiré parti dans les expériences suivantes.

Carillon à bouteille. — Une balle métallique est suspendue par un fil de soie, entre un timbre fixé à la tige d'une bouteille de Leyde chargée, et un autre timbre placé à côté (*fig.* 484), et communiquant avec l'armature extérieure. La balle est attirée par l'électricité libre du timbre de

Fig. 484.

gauche, s'électrise en le touchant, est repoussée, et vient se décharger en frappant le timbre de droite; après quoi elle est de nouveau attirée, car il y a toujours de l'électricité libre en dedans, l'armature extérieure n'étant pas isolée.

★ **Figures de Leichtenberg.** — L'expérience suivante montre la différence de propagation des électricités sur les matières résineuses. On prend un plateau de résine bien uni et à l'état neutre, et l'on dépose sur sa surface, au moyen du bouton d'une bouteille de Leyde que l'on tient par la panse, de l'électricité *positive*, suivant des lignes quelconques. On répète cette opération, mais en suivant d'autres lignes, après avoir chargé l'intérieur de la bouteille d'électricité *négative*. On a ainsi des lignes électrisées positivement, et d'autres négativement. On projette alors sur le plateau ainsi préparé, un mélange de poudres fines de minium et de soufre, au moyen d'un petit soufflet dans lequel on les a introduites. Les deux poudres s'électrisent en passant par la tuyère du soufflet; le soufre, qui est électrisé négativement se porte sur les courbes électrisées positivement, et le minium sur celles qui ont reçu le fluide négatif. On a donc des lignes jaunes et des lignes rouges. Ce qu'il y a de remarquable, c'est que les lignes jaunes présentent des ramifications multipliées et divergentes, tandis que les rouges ont des contours unis, ce qui indique une différence dans la manière dont les fluides déposés successivement par la bouteille, se sont propagés à la surface de la résine. C'est là l'expérience célèbre des *figures de Leichtenberg*, qui produisit une vive sensation, parce qu'elle mettait en évidence un nouveau caractère distinctif entre les deux électricités.

630. L'électricité du condensateur adhère à la lame isolante. — Pour prouver ce résultat, on se sert d'une bouteille de Leyde à armatures mobiles (*fig.* 485), composée d'un vase en métal un peu conique b; dans lequel on enfonce un vase en verre v, qui s'y adapte aussi exactement que possible, et dans lequel on introduit un second vase de métal a, muni d'un crochet. Après avoir chargé ce condensateur, on enlève le vase intérieur a, au moyen d'une baguette de verre, puis on retire le vase de verre v. Après avoir reconnu que ce vase est fortement électrisé, et avoir touché les deux armatures, on recompose le condensateur, en ayant soin de tenir le vase a avec une tige isolante ; et l'on peut ensuite en obtenir une forte décharge.

Fig. 485.

Fig. 486.

On peut encore séparer les plateaux d'un condensateur plan isolé (*fig.* 481) ; on leur trouve très peu d'électricité, et l'on reconnaît, au moyen d'un électroscope, que les deux faces de la lame isolante sont fortement chargées d'électricités de nom contraire. Si l'on rétablit les plateaux, on peut ensuite obtenir une forte décharge. Les plateaux ne jouent donc pas d'autre rôle que de recueillir sur la lame isolante, en chaque point qu'ils touchent, l'électricité qui s'y trouve, pour la transporter aux points où aboutit l'excitateur. Pour prouver ce dernier point, on se sert d'une bouteille dont l'armature extérieure est formée par de l'aventurine, et dont le bouton est assez rapproché de cette armature, pour que la décharge ait lieu d'elle-même (*fig.* 486). On la suspend à la machine électrique, l'anneau métallique qui est au bas de l'armature extérieure communiquant avec le sol ; et il se fait de temps en temps des décharges, à chacune desquelles on voit une foule de lignes sinueuses d'un vif éclat, convergeant vers le point où aboutit l'étincelle, et indiquant le mouvement de l'électricité vers ce point.

Si l'on sépare les plateaux d'un condensateur chargé, et si l'on touche avec deux doigts les faces de la lame isolante, on n'éprouve pas de commotion, parce que l'électricité ne peut se déplacer sur le verre pour se rendre aux points de contact. Mais si l'on applique les mains sur ces deux faces, on reçoit une commotion provenant de toute l'électricité qui adhère aux parties de la lame recouvertes par les mains.

L'adhérence de l'électricité à la lame isolante est telle que tout ne contribue pas à la première décharge. Au bout de quelque temps, on peut obtenir une petite étincelle, plus tard une troisième et une quatrième, encore plus faibles. Ces étincelles sont produites en partie par les portions de fluides qui ont pénétré à une certaine profondeur dans la lame isolante (617).

Fig. 487.

Fig. 488.

634. Jarres. batteries. — Quand on a besoin de condensateurs à grande surface, on se sert des *jarres* et des *batteries électriques*.

Une *jarre* est un condensateur formé d'un grand vase de verre à large ouverture, par laquelle on peut coller une feuille d'étain en dedans aussi bien qu'en dehors (*fig.* 487). Une tige t, qui s'appuie au fond, sert à charger la jarre, pendant que son armature extérieure communique avec le sol.

Batteries électriques. — On nomme ainsi une réunion de plusieurs jarres, placées dans une même boîte doublée d'étain (*fig.* 488), de manière que toutes les armatures extérieures communiquent avec le sol par une chaîne, K. Toutes les armatures intérieures communiquent entre elles par des tringles métalliques, qui réunissent des tiges fixées par un bouchon à l'ouverture de chaque jarre, et auxquelles sont attachés des fils de laiton qui vont toucher le fond. On réunit souvent plusieurs batteries dont on fait communiquer, au moyen de tringles, les armatures intérieures.

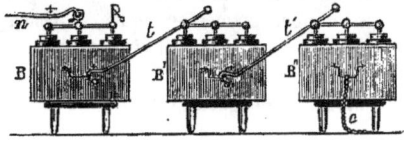

Fig. 489.

★ **Charge par cascade.** — Quand une batterie présente une grande surface, il faut, pour la charger, de grandes quantités d'électricité, et l'opération devient longue et pénible. On la rend beaucoup plus prompte, en divisant la batterie en plusieurs parties B, B′, B″ (*fig.* 489), que l'on isole sur des tabourets à pieds de verre, et que l'on fait communiquer entre elles au moyen de tringles t, t', de manière que l'armature *extérieure* de B, qui reçoit l'électricité en n, communique avec l'armature *intérieure* de la suivante B' ; l'armature extérieure de celle-ci, communique avec l'intérieur de B'', dont l'armature extérieure communique avec le sol par une chaîne c. Avec cette disposition, le fluide repoussé dans l'armature extérieure de B passe dans l'intérieur de B' ; de même, le fluide repoussé à l'extérieur de B' passe dans l'intérieur de B''. On n'a donc à fournir que l'électricité nécessaire pour charger la première batterie partielle B.

632. Electroscope condensateur de Volta. — Cet appareil est destiné à reconnaître l'électricité d'une source *continue*, donnant de l'électricité à tension trop faible pour qu'on puisse en constater directement la présence. Il consiste en un électromètre à feuilles d'or f, surmonté d'un condensateur PP' dont les plateaux sont, l'*un* et l'*autre*, garnis d'une mince couche de gomme laque. Les deux couches réunies forment une lame isolante, se séparant en deux parties quand on enlève le plateau supérieur. On fait communiquer la source électrique avec le plateau P', pendant que le plateau P communique avec le sol par la tige t. Au bout d'un certain temps, on supprime cette communication, et l'on enlève le plateau P', par le manche isolant m. La couche de gomme laque du plateau P' emporte avec elle le fluide de ce plateau, tandis que le fluide de nom contraire développé dans le plateau P, devient libre et fait écarter les feuilles d'or. Les petites colonnes a, a réagissent pour augmenter l'écart, et déchargent les feuilles d'or quand elles s'écartent trop. — L'électroscope condensateur doit être desséché avec soin ; on l'entoure d'une cage de verre dont le socle est muni d'un tiroir contenant de la chaux vive.

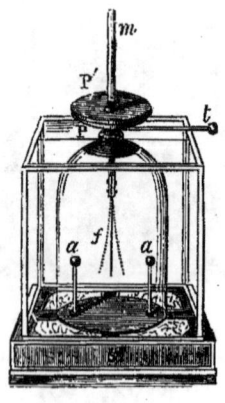

Fig. 490.

III. Effets de la décharge électrique.

633. Quand les deux électricités se combinent à travers des corps qui ne lui livrent pas un passage assez libre, soit parce qu'ils sont mauvais conducteurs, soit parce qu'ils ne présentent pas de dimensions suffisantes, il se produit divers effets que nous allons examiner.

Effets physiologiques. — Les effets physiologiques sont ceux que l'on produit sur les êtres organisés. Le premier à signaler est la commotion produite par la décharge à travers une partie du corps. L'expérience se fait ordinairement avec la bouteille de Leyde ; mais il faut remarquer qu'on peut éprouver une commotion tout aussi forte, en tirant d'une main une étincelle d'une forte machine pendant que l'autre main communique avec le sol par un fil de fer. Quand la surface d'un condensateur dépasse 5 ou 6 décimètres carrés, la commotion se fait sentir jusque dans la poitrine, et devient dangereuse.

On peut, au moyen de batteries à grande surface, tuer des animaux. Pour faire l'expérience, on place l'animal sur un plateau conducteur communiquant avec l'armature extérieure de la batterie, et l'on fait communiquer, au moyen de l'excitateur, quelques points de son corps avec l'armature intérieure. Au moment de l'explosion, l'animal fait un mouvement convulsif et tombe mort. La batterie doit présenter une surface d'autant plus grande que l'animal est de plus forte taille.

Choc en retour. — Quand on approche la main d'un conducteur fortement chargé, on peut ressentir une secousse dans le bras, au moment où un autre observateur décharge ce conducteur. C'est qu'il s'est fait une décomposition par influence dans le fluide neutre du bras, et les électricités séparées s'y recombinent, au moment où le conducteur est déchargé. Cet effet, connu sous le nom de *choc latéral*, *choc en retour*, peut s'observer sur les membres d'une grenouille fraîchement tuée, que l'on suspend par des conducteurs près d'une machine dont on tire des étincelles, une des pattes communiquant avec le sol par un fil métallique. Les membres éprouvent un mouvement convulsif à chaque décharge.

634. Effets physiques. — Les effets physiques consistent en inflammations, fusions et volatilisations de diverses substances. Quand on tire une étincelle avec le doigt, on n'éprouve pas de sensation de chaleur ; cependant l'étincelle peut enflammer les substances combustibles. Si l'on fait jaillir une étincelle même très petite sur de l'éther contenu dans un vase métallique communiquant avec le sol, ce liquide s'enflamme. On rend l'expérience plus frappante en faisant jaillir l'étincelle, du doigt d'une personne montée sur un tabouret isolant (*fig.* 491), ou bien en plaçant le vase sur la machine électrique et lui présentant le doigt.

Fig. 491.

Les corps solides peuvent être enflammés par de fortes étincelles fournies par une machine électrique ou par une batterie. Du linge à demi brûlé, de l'amadou, de l'étoupe saupoudrée de résine ou de soufre, s'allument assez facilement.

On a appliqué l'étincelle à l'inflammation des fourneaux de mine, en faisant passer la décharge d'une bouteille de Leyde à travers un mélange de *sulfure d'antimoine* et d'*oxychlorate de potasse* plongé dans la poudre. Le mélange communique avec l'armature intérieure de la bouteille, par un fil isolé au moyen d'une enveloppe de gutta-percha, et avec l'armature extérieure, par le sol.

Pistolet de Volta. — Les mélanges gazeux explosifs s'enflamment sous l'influence de la plus petite étincelle. On en fait l'expérience au moyen du *pistolet de Volta* (*fig.* 492), qui consiste en un vase en métal dans lequel entre une tige métallique bc, mastiquée et isolée dans un tube de verre, et dont l'extrémité intérieure est très rapprochée de la paroi du vase. Si l'on fait communiquer ce vase avec le sol, et le bouton b avec un corps électrisé, l'étincelle jaillit dans l'intérieur entre l'extrémité de la tige et la paroi du vase, et si ce vase est rempli d'un mélange gazeux explosif, la détonation a lieu, et le bouchon qui ferme l'ouverture par laquelle on introduit les gaz, est lancé au loin. Ordinairement, on remplit le pistolet de Volta de gaz hydrogène, et l'on souffle dans l'intérieur, pour y introduire de l'air.

Eudiomètre de Volta. — Cet instrument, en usage dans les laboratoires de chimie, sert surtout à étudier la composition des gaz. Un gros tube de verre (*fig.* 493), terminé par des viroles à robinet r, r' est surmonté d'une petite cuvette, et repose sur un pied en forme d'entonnoir. La virole supérieure communique avec le sol, et en o se trouve un petit appareil à étincelle semblable à celui du pistolet de Volta. — Supposons, par exemple,

Fig. 492.

qu'on veuille connaître dans quelles proportions l'oxygène et l'hydrogène se combinent pour former l'eau. On remplit entièrement l'eudiomètre d'eau ; puis, le robinet supérieur étant fermé, on y introduit sous l'eau des volumes *égaux* d'hydrogène et d'oxygène, mesurés dans un tube gradué. On fait jaillir l'étincelle en approchant du bouton o le plateau d'un électrophore ; et l'on voit une vive lumière produite par la combinaison d'une partie de ces gaz. On visse alors au fond de la cuvette supérieure, un tube plein d'eau T, et ouvrant le robinet r, on y fait passer le gaz restant. On ferme ensuite le robinet r ; on dévisse le tube T, et, le fermant avec le pouce, on le transporte dans la cuve à eau. On reconnaît que le gaz occupe un volume égal au quart de celui du mélange introduit ; et que c'est de l'oxygène pur, d'où l'on conclut que l'eau est formée de 1 volume d'hydrogène et de $\frac{1}{2}$ volume d'oxygène.

Fig. 493.

635. Fusion de fils métalliques. — Quand on fait passer la décharge d'une batterie à travers un fil métallique assez fin pour que le fluide éprouve une grande résistance, ce fil s'échauffe, fond ou se volatilise, suivant la force de la batterie. Pour faire l'expérience, on emploie l'*excitateur universel*.

Excitateur universel. — Deux tiges métalliques ac, $a'c'$ (*fig.* 494), pouvant glisser dans des tubes a, a' isolés sur des colonnes de verre, sont terminées par des pointes sur lesquelles on peut visser des boules creuses c, c'. La tige ca, étant en communication avec l'armature extérieure d'une batterie, on fait communiquer l'autre tige $c'a'$, avec l'intérieur, au moyen de l'excitateur. On peut encore attacher à la tige $c'a'$, une chaîne dont l'autre bout est fixé à une boule portée par un manche isolant, et avec laquelle on touche l'armature intérieure. La décharge passe alors entre les deux boules c, c'.

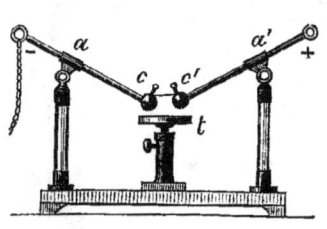

Fig. 494.

Fig. 495.

Pour faire fondre un fil métallique, on le fixe entre les boules c, c'. Au moment de l'explosion, on le voit sauter en globules. Quand la décharge est très forte, il est réduit en vapeur et disparaît.
Plus ce fil est fin, plus il est facilement fondu ; chaque point de la section recevant d'autant plus d'électricité que cette section est plus petite. Il faut aussi que le fil soit court quand on ne dispose que de faibles charges ; autrement il ralentit la décharge, et l'action est moins brusque et moins efficace. On remarque aussi que les fils les moins conducteurs sont plus facilement fondus. Ainsi une décharge qui fond un fil de platine, peut ne pas fondre un fil de fer, et surtout un fil de cuivre, de mêmes dimensions. — Quand le fil n'est pas fondu, souvent il diminue de longueur en augmentant légèrement de diamètre ; quelquefois, il prend une forme ondulée, quand il n'est pas tendu. — La *fig.* 495 représente un petit appareil au moyen duquel on peut fondre un fil f, dans l'eau.

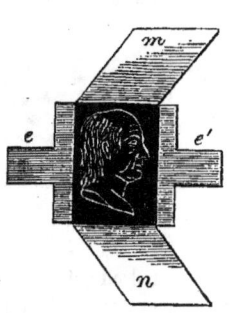

Fig. 496.

Presse électrique. — Si l'on applique un ruban de satin blanc sur un fil d'or tendu sur l'excitateur universel, l'or est volatilisé par la décharge, et il se dépose sur le ruban une bande brune formée par de l'or très divisé. Singer a tiré parti de ce résultat pour imprimer des dessins sur la soie. On découpe des jours dans une carte, de manière à former un dessin (*fig.* 496), et on l'applique sur un ruban de

498   ÉLECTRICITÉ STATIQUE.

satin blanc. Par dessus, on étend une feuille d'or qui touche deux lames d'étain e, e', et on l'assujettit au moyen de bandes de carton m, n, que l'on rabat par dessus. Le tout étant comprimé entre les tablettes aa', b de la *presse électrique* (*fig.* 497), on fait passer la décharge à travers la feuille d'or. Le métal est volatilisé, et se dépose sur la soie à travers les découpures de la carte, en reproduisant le dessin de ces découpures.

636. III. Effets mécaniques de la décharge. — Il faut citer d'abord la secousse produite dans les fluides à travers lesquels se fait la décharge, secousse qui explique l'explosion qui l'accompagne, et peut être mise en évidence au moyen de divers appareils.

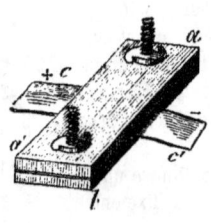

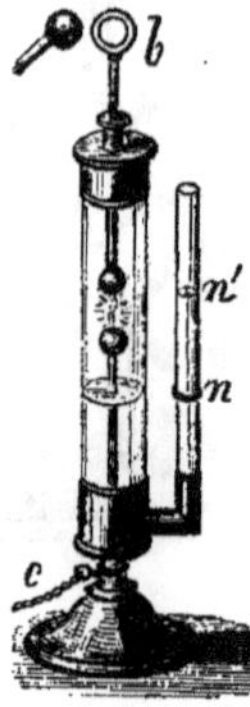

Fig. 497.

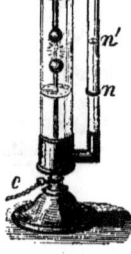

Fig. 498.

Thermomètre de Kinnersley. — Un gros tube (*fig.* 498), complétement fermé, communique par le bas avec un tube plus étroit nn' ouvert par le haut; il y a de l'eau dans la partie inférieure de l'appareil. Quand on fait jaillir l'étincelle entre les deux boules qui sont dans le gros tube, le liquide est brusquement soulevé, de n en n', par la secousse produite dans l'air, et redescend aussitôt. Quand l'étincelle est forte, le liquide peut jaillir hors du tube nn'. Le nom de thermomètre, donné à cet instrument, vient de ce qu'il fait voir que le passage de l'étincelle est accompagné d'une élévation de température; car le liquide ne retombe pas au premier moment exactement au niveau n; ce qui montre que l'air a été dilaté par la chaleur.

Fig. 500.

Fig. 499.

Mortier électrique. — L'expansion de l'air logé en o (*fig.* 499) lance la petite balle placée au-dessus, quand on fait jaillir l'étincelle entre les deux tiges métalliques qui traversent les parois du petit mortier d'ivoire.

Décharge à travers les liquides. — Deux tiges isolées a et b (*fig.* 500) sont entourées de gomme laque dans les parties qui plongent dans un liquide mauvais conducteur, excepté aux extrémités. L'une est mise en communication avec le sol, l'autre avec une forte machine électrique.

EFFETS PHYSIQUES.   499

Au moment où part l'étincelle, le liquide est projeté au loin, et quand le vase est rempli et complètement fermé, il peut être brisé; le liquide éprouve donc, comme l'air, une violente commotion.

Si l'on place une lame isolante ou peu conductrice entre les deux boules de l'excitateur universel, elle est brisée ou percée par la décharge d'une batterie suffisamment puissante. L'étincelle d'une forte machine électrique peut produire les mêmes effets : celle de certaines machines peut percer de part en part un livre de 200 feuillets.

Perce-verre. — Quand on veut percer une lame de verre, on emploie souvent le *perce-verre* (*fig.* 501) : la lame *v* est placée sur un gros tube de verre, entre deux pointes isolées l'une de l'autre, en face desquelles on met une goutte d'huile pour empêcher l'électricité de se disperser. Quand on fait passer la décharge entre les pointes, au moyen des boutons *a* et *b*, la lame est percée. Le trou est rond, à peine étoilé, à contours mats, et quelquefois il reste rempli de verre en poudre. Il faut une puissante batterie pour percer une lame de $\frac{1}{2}$ millimètre d'épaisseur.

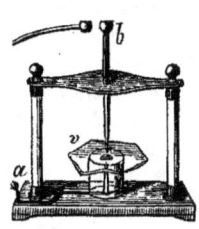

Fig. 501.

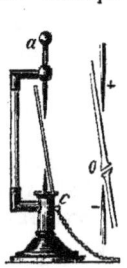

Fig. 502.

Perce-carte. — Pour percer une feuille de carton, on emploie le *perce-carte* (*fig.* 502) qui est disposé de manière à mettre en évidence deux résultats curieux. On fait partir l'étincelle entre les pointes *a* et *c* qui sont isolées l'une de l'autre, et la carte, placée très obliquement, comme dans la figure, se trouve percée. Les bords du trou, *o*, sont relevés sur les deux faces de la carte. On explique ce résultat par la décomposition par influence qui se fait dans la carte, de manière qu'il y a en réalité deux étincelles, partant de l'une et de l'autre face pour aboutir à la pointe qui est du même côté.
— On remarque, de plus, que le trou *o* est beaucoup plus rapproché de la pointe négative que de la positive. La présence de l'air intervient dans ce phénomène singulier; car le trou se rapproche du milieu à mesure que la pression est plus faible. Pour expliquer ces faits, on a coutume de dire que le fluide positif se transporte plus rapidement à travers l'air, que le fluide négatif; de sorte que, faisant plus de chemin dans le même temps, le point de la carte où se joignent les fluides est plus rapproché de la pointe négative.

Corps brisés. — Quand on fait passer une forte décharge à travers un morceau de bois dans le sens des fibres, en engageant dans ces extrémités les pointes de l'excitateur universel, il éclate en plusieurs morceaux. Un fil de fer très fin, tendu dans un tube de verre, le brise au moment où il est réduit en poussière; si ce n'est quand ce fil est enveloppé de papier. Quand le fil est entouré d'un liquide, remplissant le tube, le choc est extrêmement violent; on peut briser ainsi des canons de pistolet.

Parcelles arrachées. — Quand une forte décharge passe entre deux boules de métal, des parcelles sont enlevées à chacune d'elles et vont se déposer sur l'autre. Ce phénomène d'abord observé par Muschenbroeck et Brugnatelli a été étudié en détail par Fusinieri en 1843. Il sert à expliquer les différentes couleurs que présente l'étincelle suivant la nature des corps d'où on la tire. Par exemple, sur le fer, l'étincelle est blanche; sur le cuivre, verte; sur le charbon, jaune; sur l'ivoire et le buis, cramoisie.

Déplacements par choc latéral. — Priestley, en cherchant à imiter certains effets de la foudre, a reconnu que des corps situés près du point où a lieu une forte décharge peuvent être vivement déplacés. Ainsi, des morceaux de liège, de bois, sont chassés à plusieurs centimètres de distance. M. Pouillet attribue ces déplacements brusques à la décomposition par influence, qui se fait avec une telle instantanéité et une telle énergie, que les corps, dont la conductibilité est imparfaite, sont entraînés par les fluides qui ne peuvent se déplacer dans leur intérieur avec une rapidité suffisante.

637. IV. Effets chimiques de la décharge. — Si l'on fait passer une série d'étincelles dans une éprouvette placée sur le mercure et remplie des gaz suivants : *gaz oléfiant, acide sulfhydrique, acide chlorhydrique, protoxyde d'azote, gaz ammoniac, phosphure d'hydrogène*, ils sont décomposés, et leurs éléments séparés. L'*acide carbonique* se décompose en oxyde de carbone et oxygène. La décharge peut aussi décomposer les liquides isolants qu'elle traverse : l'éther, les huiles grasses, les huiles essentielles. Les huiles donnent du gaz oléfiant, de l'hydrogène et de l'oxygène. La décharge peut encore produire des combinaisons : une série d'étincelles à travers l'air, produit de l'acide azotique, en déterminant la combinaison d'un peu d'oxygène et d'azote.

Quand on fait passer une série d'étincelles à travers de l'oxygène pur, ce gaz exhale une odeur particulière et prend des propriétés chimiques nouvelles. Cet oxygène, ainsi modifié par l'électricité, a reçu de M. Schœbein le nom d'*ozone* (ὄζω, sentir).

V. Effets magnétiques. — La décharge d'une bouteille de Leyde suffit pour aimanter de petites aiguilles d'acier, et pour intervertir les pôles d'une aiguille aimantée. Mais ces résultats ne s'obtiennent pas d'une manière certaine. Du reste nous reviendrons sur les actions chimiques et magnétiques de l'électricité, lorsque nous étudierons les effets qu'elle produit quand elle est à l'état de courant continu.

638. VI. Effets lumineux. — Nous avons eu occasion de citer plusieurs circonstances où l'électricité produit des effets lumineux, et il est à

EFFETS LUMINEUX.

remarquer qu'il n'en est ainsi que lorsqu'elle est en mouvement. Tant que l'électricité est en équilibre sur les corps, tant qu'elle reste *électricité statique*, elle ne donne aucune apparence lumineuse. Mais si elle se déplace, par exemple quand elle s'échappe par une pointe, quand elle s'écoule dans le sol en grande quantité, par un conducteur à petite section; quand elle s'élance entre deux corps, elle peut donner une lumière plus ou moins vive. L'*étincelle*, dont nous allons d'abord nous occuper, nous présente la lumière électrique dans son plus vif éclat.

639. De la forme de l'étincelle. — La forme de l'étincelle, dans les gaz, dépend de sa longueur. Elle est rectiligne quand elle est suffisamment courte. Quand la distance dépasse 5 ou 6 centimètres, le

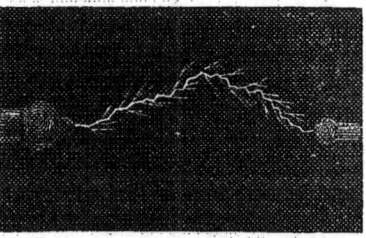

Fig. 503.

trait lumineux commence à présenter des sinuosités; et quand la distance est plus grande encore, il est très irrégulier : tantôt c'est une courbe brillante très sinueuse (*fig.* 503) laissant échapper de fines ramifications dans diverses directions; tantôt il présente la forme d'un zigzag à angles aigus. Cette dernière forme, plus rare que l'autre, se manifeste particulièrement quand les charges sont très fortes. Il arrive aussi, parfois, que l'étincelle se divise en plusieurs branches, quand elle est très longue.

M. Harris a reconnu que, pour une même charge, la distance à laquelle part l'étincelle est en raison inverse de la densité de l'air plus ou moins raréfié. Cette distance dépend aussi de la nature du gaz; en général, elle est d'autant plus grande, que ce gaz est moins dense, à égalité de pression. M. Faraday a remarqué, en outre, que l'étincelle présente différentes couleurs dans les différents gaz.

La forme irrégulière de l'étincelle a été attribuée à la résistance de l'air qui, refoulé brusquement par l'impétuosité du fluide, est comprimé dans le sens où il s'élance, de manière à offrir plus de résistance; ce qui force l'électricité à changer de direction. L'expérience suivante vient à l'appui de cette explication.

Fig. 504.

Œuf électrique. — Un vase en verre de forme ovale (*fig.* 504), muni d'un robinet par lequel on peut extraire l'air, porte deux tiges métalliques terminées par des boules, et dont une traverse une boîte à cuirs qui permet de l'enfoncer plus ou moins. On fait communiquer une des tiges avec une

502 ÉLECTRICITÉ STATIQUE.

machine électrique, et l'autre avec le sol, et l'on voit des étincelles sinueuses jaillir entre les deux boules. Si l'on raréfie un peu l'air, les étincelles sont moins sinueuses et peuvent s'élancer à une plus grande distance. Enfin, quand la pression n'est plus que de quelques millimètres, l'électricité passe d'une manière continue entre les deux boules, en formant un sphéroïde lumineux, connu sous le nom d'*œuf électrique*, ou d'*œuf philosophique*, noms que l'on donne aussi à l'appareil. L'ovale lumineux est d'autant plus renflé, que l'air est plus raréfié, et en même temps d'un éclat d'autant plus faible, surtout dans la partie moyenne, où il présente une teinte violette.

640. Jeux de l'étincelle électrique. — On trouve dans les cabinets de physique une foule d'appareils disposés de manière à multiplier l'étincelle, et à produire des effets variés. Le principe de tous ces appareils est le même : on colle, en séries, sur du verre, de petits morceaux de feuille d'étain a, b, c, d, e (*fig.* 505), souvent en forme de losanges, laissant entre eux un petit espace. Si l'on fait communiquer l'extrémité a de la série avec une machine électrique, et l'autre extrémité avec le sol, l'électricité positive arrivée en a, décompose par influence le fluide neutre de b; l'électricité positive provenant de cette décomposition agit de même sur c, et ainsi de suite jusqu'au dernier morceau d'étain, dont le fluide positif passe dans le sol. Dès que la charge est assez forte en a, l'étincelle jaillit entre a et b. Elle se produit en même temps entre b et c, parce que le fluide négatif de b étant détruit, son fluide positif se porte subitement vers c, et y détermine une nouvelle décomposition de fluide neutre, et l'étincelle part. La destruction du fluide négatif qui en résulte sur c, détermine de même la décharge entre c et d; et ainsi de suite de proche en proche, et les étincelles apparaissent au même instant dans tous les intervalles.

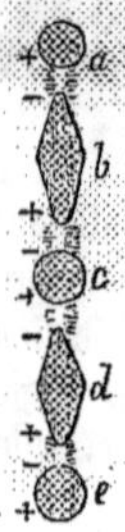

Fig. 505.

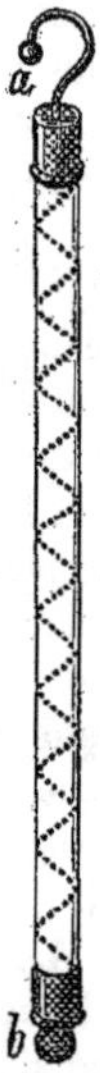

Fig. 506.

Tubes et carreaux étincelants. — Quand les morceaux d'étain sont collés sur des tubes de verre, on a les *tubes étincelants* (*fig.* 506). Quand ils sont collés sur des lames de verre, on a les *carreaux* ou *tableaux étincelants*. Pour former des dessins étincelants dont les lignes puissent s'entre-croiser, on emploie la disposition qui suit. On colle sur la lame de verre (*fig.* 507) une bande d'étain très étroite, allant d'un côté à l'autre, et formant une ligne continue, dont une des extrémités communique avec le sol par le pied de l'instrument, et l'autre aboutit à une sphère placée à la partie supérieure; et l'on pratique sur cette bande des solutions de continuité, formant un dessin. Quand on fait arriver de l'électricité par la boule supérieure, il se produit une étincelle à chaque solution de continuité. Plus les parties parallèles sont étroites et rapprochées, plus le dessin comporte de petits détails.

641. Lumière dans l'écoulement continu de l'électricité. — Au lieu de se produire par explosion, comme dans l'étincelle, la lumière électrique peut être continue, comme nous en avons vu des exemples dans l'œuf électrique.

Aigrette. — Quand l'électricité s'échappe dans l'air, d'une partie saillante d'un conducteur fortement électrisé *positivement*, elle présente l'apparence d'une aigrette lumineuse divergente, dont l'éclat, assez vif au point de départ, où se trouve souvent une sorte de pédicule rectiligne de teinte violette, va en diminuant à mesure qu'elle s'épanouit. Cette aigrette est composée de petits traits brillants ramifiés (*fig.* 508). On entend en même temps une sorte de pétillement. Pour observer ce phénomène, on place sur le conducteur d'une forte machine électrique, une petite boule métallique ; plus elle est petite, plus l'aigrette est faible. Le bruit est en même temps plus continu, plus aigu, et les traits brillants de l'aigrette sont moins distincts. Quand enfin on se sert d'une pointe, l'aigrette n'est plus qu'une lueur continue, et l'on n'entend aucun bruit.

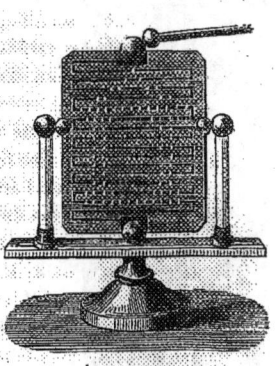

Fig. 507

M. Faraday explique ces diverses apparences, en admettant que l'aigrette et le pétillement qui l'accompagne sont formés de petites étincelles jaillissant entre les particules de l'air, comme entre les losanges des tubes étincelants. On rend l'aigrette plus sensible, comme on pouvait le prévoir, en approchant du point d'où elle part, un corps bon conducteur non isolé, qui se charge par influence, d'une électricité contraire à celle de la machine, et agit dans le même sens que cette dernière pour *polariser* les particules de l'air ; aussi l'aigrette prend-elle alors des dimensions et un éclat beaucoup plus grand, en se dirigeant du côté du corps que l'on approche. Elle change aussi d'aspect suivant le gaz dans lequel on la produit.

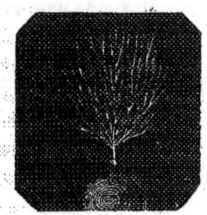

Fig. 508.

En général, l'aigrette formée par l'électricité positive est plus belle que celle que donne le fluide négatif. C'est surtout aux pointes que la différence devient sensible ; tandis que l'électricité positive forme une gerbe épanouie, le fluide négatif ne donne qu'un point lumineux. Quand on raréfie l'air, la différence est moins marquée. On peut, du reste, donner à l'aigrette négative la même apparence qu'à la positive, en fournissant beaucoup plus d'électricité; d'où M. Faraday a conclu que les différences proviennent de ce que l'électricité négative s'échappe plus facilement dans l'air que la positive; de manière que la charge de la première est toujours relativement faible.

642. Lumière électrique dans le vide. — Si l'aigrette n'est qu'une décharge à travers le milieu ambiant, on ne doit plus apercevoir de lumière électrique dans le vide. En effet, si l'on fait passer l'électricité à travers un tube de plusieurs mètres dans lequel on a raréfié l'air le plus possible, on ne distingue plus d'aigrette proprement dite, mais le tube est rempli d'une lueur purpurine, qui semble marcher tumultueusement dans le sens de l'électricité positive, et qui augmente d'éclat dans les points dont on approche un corps bon conducteur.

Le vide le plus parfait que nous puissions faire est le vide barométrique. Cavendish a expérimenté dans cette espèce de vide, au moyen du *double baromètre* (*fig.* 509), dont les deux branches contiennent des colonnes de mercure qui font équilibre à la pression atmosphérique, et plongent dans des cuvettes séparées. On fait communiquer une des

Fig. 509.

cuvettes avec une machine électrique, et l'autre avec le sol; l'électricité passe d'une cuvette à l'autre à travers les colonnes de mercure et l'espace vide, qui paraît alors rempli d'une lueur agitée à peine visible. Nous savons que la chambre barométrique n'est pas absolument vide de matière pondérable; elle renferme de la vapeur de mercure (446) très rare, il est vrai; mais aussi la lueur est-elle excessivement faible, et Davy a reconnu qu'elle devient plus apparente quand on élève la température.

§ 4. — MÉTÉORES ÉLECTRIQUES.

I. Du tonnerre.

643. Origine du tonnerre. — Le tonnerre se manifeste dans les orages. Un orage consiste en une pluie à grosses gouttes, tombant de nuages épais au milieu desquels s'élancent de longs sillons de lumière ou *éclairs*, suivis d'un bruit intense nommé *roulement du tonnerre*. Quand l'éclair aboutit à un point de la surface de la terre, on dit que ce point est frappé de la *foudre*. La foudre n'est donc autre chose que l'éclair arrivant jusqu'à terre; on dit alors vulgairement que le tonnerre tombe.

De la cause du tonnerre. — Pendant longtemps on n'a fait sur la cause du tonnerre que des hypothèses invraisemblables; ce n'est qu'après la découverte de l'étincelle électrique, que les physiciens soupçonnèrent une certaine analogie entre ce phénomène et celui du tonnerre, et ce fut Franklin [1] qui prouva qu'ils sont dûs à la même cause. Etant parvenu à fondre des fils métalliques par la décharge de la bouteille, et à volatiliser la dorure d'un objet en bois, sans brûler ce dernier, il compara ces effets à ceux de la foudre, qu'on a vu fondre l'argent dans une bourse sans la brûler, et la pointe d'une épée dans son fourreau sans l'endommager. Dès lors, il eut des idées bien arrêtées sur la cause du tonnerre; et il travailla à prouver la présence de l'électricité dans les nuages orageux. Il venait de découvrir le pouvoir des pointes, et pensa d'abord à *soutirer*, suivant l'expression erronée d'alors, le fluide des nuages, au moyen d'une pointe de fer isolée fixée au sommet d'un clocher que l'on construisait à Philadelphie. En attendant, il publia ses idées, et d'Alibart fit, le premier, l'expérience en mai 1752. Il dressa à Marly-La-Ville, une longue barre de fer isolée et terminée en pointe, et put en tirer des étincelles pendant le passage d'un nuage orageux. Cette expérience fut répétée souvent depuis. D'Alibart et Canton adaptèrent à la barre un carrillon électrique qui avertissait de la présence de l'électricité, et qui, de plus, constituait un appareil

---

[1] Franklin (Benjamin), physicien et moraliste célèbre, né à Boston (Massachussetts), en 1706, était fils d'un pauvre fabricant de savon qui ne put que lui faire apprendre à lire, écrire et compter. Voyant le goût de son fils pour les livres, il le mit, à l'âge de 12 ans, chez son frère, imprimeur, où le jeune apprenti employa ses loisirs à étudier avec ardeur. Franklin alla ensuite à Philadelphie, où le gouverneur de la province lui offrit la direction d'une imprimerie et l'envoya en Angleterre en chercher le matériel. Arrivé à Londres, il fut déçu dans ses espérances et travailla chez divers imprimeurs. Là, il s'imposa des règles sévères de conduite, qu'il sut faire adopter de ses camarades d'atelier, et après avoir fait quelques économies, retourna à Philadelphie, où il se trouva bientôt à la tête d'une imprimerie (1729) et vécut dès lors dans une noble aisance. Il fonda une société où l'on discutait sur la physique et sur les sciences morales et politiques. C'est alors qu'il expliqua la bouteille de Leyde, et inventa le paratonnerre, etc. A partir de 1744, il joua un rôle politique important; porta plusieurs fois en Angleterre les réclamations de ses compatriotes; vint à Paris solliciter l'aide de la France, y fut accueilli avec enthousiasme (1776), et signa l'acte d'affranchissement de sa patrie (1783). Ferme, modéré, patient, Franklin a rendu de grands services à ses concitoyens par ses écrits sur la philosophie pratique, dans lesquels règne un jugement solide et un grand bon sens. Il mourut à Philadelphie, en 1790, entouré de la reconnaissance de son pays et de l'admiration des deux mondes. En France, l'Assemblée nationale porta son deuil, et Turgot composa pour son portrait, ce vers célèbre : « *Eripuit cœlo fulmen sceptrum que tyrannis.* »

préservateur, par lequel l'électricité pouvait facilement s'écouler dans le sol, à cause de la faible distance des timbres.

Cerf-volant électrique. — Cependant Franklin, las d'attendre l'achèvement de son clocher, eut l'idée de lancer vers les nuages un cerf-volant armé d'une pointe. La corde était retenue à son extrémité inférieure par un cordon de soie. D'abord il n'obtint aucun résultat; mais la pluie ayant mouillé la corde, il vit des filaments se dresser, et ayant aussitôt approché le doigt, d'une clef suspendue à la corde, il obtint de nombreuses étincelles.

Cette expérience fut faite en 1752. Un an après, Romas, ignorant les essais du célèbre Américain, faisait en France des expériences semblables. Ayant eu l'idée de rendre la corde du cerf-volant conductrice, en l'entrelaçant avec un fil métallique, il obtint des résultats d'une intensité remarquable. Les étincelles, qu'il tirait au moyen d'un excitateur, avaient jusqu'à 4^m de longueur et 3^{cm} d'épaisseur, et produisaient plus de bruit qu'un coup de pistolet.

644. De l'éclair. — Il résulte de ces expériences, que les nuages orageux contiennent des quantités prodigieuses d'électricité. Cette électricité est tantôt positive et tantôt négative; et l'on a vu souvent l'électricité donnée par une pointe isolée, changer de signe plusieurs fois en une heure. Nous ne rechercherons pas, pour le moment, d'où vient cette électricité; nous remarquerons seulement que, le plus souvent, il y a au moins deux couches de nuages, entre lesquelles jaillissent les éclairs.

L'éclair n'est autre chose qu'une immense étincelle électrique partant entre deux nuages; il affecte la forme sinueuse ou en zigzag de l'étincelle, et, comme elle, n'a pas de durée appréciable. Considérons donc deux nuages en présence l'un de l'autre, l'un électrisé positivement et l'autre négativement. Ces deux nuages vont s'attirer, et quand la distance sera assez petite, la décharge aura lieu. L'énorme longueur du trait lumineux (quelquefois plus de 10 kilomètres) ne vient pas seulement de l'énorme tension des électricités, mais aussi de ce que l'air des hautes régions de l'atmosphère étant très raréfié et très humide, n'oppose qu'un faible obstacle à la réunion des fluides. En outre, il peut exister des lambeaux de nuages, ou des gouttelettes disséminées formant comme un léger brouillard, dont les particules jouent le rôle des losanges des tubes étincelants.

Les mêmes nuages donnent successivement un grand nombre de décharges; ce qui tient à leur imparfaite conductibilité, qui fait que chaque éclair ne les décharge que partiellement. Mais bientôt ces éclairs deviennent de plus en plus rares et de plus en plus faibles, et l'orage s'apaise peu à peu. Une partie de l'électricité des nuages est aussi enlevée par la pluie abondante qui accompagne les orages, et qui éprouve souvent une recrudescence marquée après chaque coup de tonnerre.

Eclairs de seconde classe. — Indépendamment des éclairs dont nous venons de parler, qu'il nomme *éclairs de première classe*, Arago distingue des *éclairs de seconde classe*, qui consistent en lueurs instantanées, qui illuminent les nuages, tantôt sur leur contour seulement, tantôt par toute leur surface. Il ne paraît pas qu'elles soient accompagnées de bruit perceptible. On peut regarder ces sortes d'éclairs comme des décharges ou des mouvements brusques d'électricité, qui se font dans l'intérieur d'un même nuage imparfaitement conducteur, en produisant des lueurs analogues à celles que l'on observe sur une lame de verre humide avec laquelle on cherche à décharger une machine électrique.

Les éclairs, dits *éclairs de chaleur*, qu'on aperçoit souvent à l'horizon, le soir des journées chaudes, sont produits par des orages lointains, dont le bruit ne parvient pas jusqu'à l'observateur. En effet, le bruit du tonnerre ne parvient qu'à 5 à 6 lieues, tandis que la lueur des éclairs, reflétée par l'atmosphère, se distingue à plus de 25 lieues.

Globes fulminants. — En temps d'orage et après un coup de tonnerre, on voit quelquefois près du sol des globes lumineux, qui se meuvent avec lenteur, en allant çà et là, puis tout à coup éclatent avec fracas, en lançant autour d'eux des traits éblouissants, et en brisant avec violence tout ce qui se trouve à proximité, comme pourrait le faire l'explosion d'une mine. Ces globes laissent quelquefois à leur suite une traînée d'étincelles; leur éclat a été comparé à celui du fer rouge, à celui de la lune; leur diamètre varie généralement de 3 à 40 centimètres; ils ne semblent pas avoir de préférence pour les bons conducteurs. Cette espèce de foudre, désignée sous les noms de *foudre globulaire*, *tonnerre en boule*, *globe fulminant*, n'a pu être expliquée, et l'on n'est pas parvenu à l'imiter artificiellement. L'apparition du globe de feu paraît avoir toujours été précédée d'un coup de foudre. S'il en était toujours ainsi, il pourrait se faire que les globes fulminants fussent un effet ou un produit de la foudre, et non la foudre elle-même.

645. Roulement du tonnerre. — La décharge de nos appareils produit une explosion instantanée, tandis que le bruit du tonnerre se prolonge avec des variations d'intensité irrégulières, suivies d'un grondement sourd qui va en s'affaiblissant graduellement. On a d'abord attribué ce résultat à des échos renvoyés par des montagnes ou par des nuages; mais alors le bruit devrait aller en diminuant d'intensité, puisque les sons réfléchis qui arrivent les derniers auraient parcouru le plus d'espace. Il faut donc chercher une autre cause, tout en reconnaissant que des réflexions sur les nuages peuvent contribuer à l'effet général, en produisant le grondement sourd qui termine les coups de tonnerre.

Voici comment R. Hooke a expliqué le roulement du tonnerre : l'éclair n'ayant pas de durée appréciable, l'ébranlement qu'il produit dans l'air existe au même instant dans tous les points de son parcours. Or, un ébranlement se propage avec une vitesse de 337ᵐ par seconde (244). Les ébranlements produits en a, c, b (*fig.* 510), arriveront donc à l'oreille d'un observateur placé en A, les uns après les autres. Par exemple, si la différence entre les distances bA et cA est de 337ᵐ, le son engendré en c arrivera en A, une seconde après celui qui a pris naissance en a. Comme il y a une infinité d'autres distances intermédiaires, passant des unes aux autres d'une manière continue, le bruit sera lui-même continu.

Fig. 510.

Les changements d'intensité proviennent de deux causes : 1° l'éclair, dans ses vastes sinuosités, passe à travers des couches d'air de densité très différente. Or, l'intensité du son à son origine, dépend de la densité du milieu ébranlé (260); 2° plusieurs points de l'éclair peuvent être à la même distance de l'observateur, et les ébranlements qui y sont produits arrivant au même instant à l'oreille, produisent un renforcement prononcé.

★ **646. Formation des nuages orageux.** — Voici comment on conçoit l'électrisation des nuages orageux : Dans les journées chaudes, comme nous le verrons bientôt (655), l'air est assez fortement électrisé, ainsi que la vapeur qu'il contient. Quand cette vapeur se condense en gouttelettes pour former un nuage, les gouttelettes conservent l'électricité que contenait la vapeur, en la resserrant dans le volume beaucoup moindre qu'elles occupent à l'état liquide, de sorte qu'elles sont entourées d'une petite atmosphère d'électricité, qui pénètre la couche d'air humide qui les sépare les unes des autres. Si la tension électrique n'est pas trop grande, les choses restent en cet état, et l'on a un nuage ordinaire; mais si la tension est forte, l'électricité passe d'une gouttelette à l'autre, pour se rendre à la surface du nuage, soit avec lenteur, à cause de l'imparfaite conductibilité de l'air humide, soit par des décharges simultanées entre les gouttelettes, en donnant lieu à des éclairs de 2ᵉ classe (644). Ces déplacements d'électricité à travers une masse discontinue, non homogène et dont les parties sont mobiles, ne peuvent avoir lieu sans des changements relatifs de position dans ces parties, ce qui contribue à produire certains mouvements intestins, que l'on remarque dans les nuages orageux.

Quand l'électricité s'est portée à la surface du nuage, elle y présente une énorme tension, d'autant plus grande que le volume de ce nuage est plus considérable ; car la surface est proportionnelle au carré des dimensions linéaires, tandis que le volume ou l'espace occupé d'abord par l'électricité, est proportionnel au cube de ces dimensions. Dès que la tension est devenue suffisante à la surface, les éclairs jaillissent entre les nuages voisins. Les particules aqueuses, ne laissant passer l'électricité de l'intérieur à la surface, qu'avec une certaine lenteur, cette surface reprend bientôt la tension perdue dans les premières décharges, et il se produit de nouveaux éclairs.

647. De la foudre. Quand un nuage électrisé est assez rapproché du sol, il en décompose par influence l'électricité neutre, principalement dans les objets élevés, attire vers la surface l'électricité contraire, et refoule dans les profondeurs de la terre, celle de même nom. Le nuage est alors soumis à une attraction, qui accumule son électricité dans ses parties inférieures, et les deux fluides en présence se joignent à travers l'air. Le point du sol où aboutit l'étincelle est dit *foudroyé*.

Les objets les plus exposés à la foudre sont ceux qui sont les plus élevés et les meilleurs conducteurs : les clochers, les arbres. On ne saurait donc trop recommander de *ne jamais se réfugier sous les arbres isolés*, *pendant les orages* : il faut aussi éviter le voisinage des meules de blé, de paille, de fourrage.

Quand la foudre frappe un édifice, on reconnaît, par les traces qu'elle laisse, que la route parcourue, *en un temps inappréciable*, est très irrégulière ; mais un examen attentif prouve que toutes les fois qu'il y a un changement brusque de direction, il est provoqué par quelque cause, le plus souvent par la présence de pièces de métal ; et l'on a vu la foudre qui avait produit dans un édifice des dégâts réparés avec soin, suivre exactement la même route, plusieurs années après.

648. Effets de la foudre. — Ces effets sont les mêmes que ceux de la décharge de nos batteries, mais beaucoup plus intenses.

Effets physiques et mécaniques. — La foudre met le feu aux matières combustibles, fond les fils de fer des sonnettes, soude les anneaux des grosses chaînes, soude les marteaux des horloges à la cloche. — Des corps non conducteurs, comme des vases de verre, des briques, sont fondus sur les bords ; on observe sur les montagnes, des rochers vitrifiés à leur surface par la foudre. — Quand la foudre frappe certains terrains sablonneux recouvrant des couches humides, elle fond le sable en formant un tube vitrifié et lisse en dedans, et recouvert en dehors de grains de sable agglutinés. La longueur de ces tubes, nommés *fulgurites* ou *tubes fulminaires*, peut aller jusqu'à 10 mètres ; le diamètre intérieur est de 1 à 50^{mm}. Beudant, Hachette et Savart ont obtenu des tubes analogues aux fulgurites, en déchargeant une forte batterie à travers des couches de verre pilé, ou de sable mêlé de sel.

La foudre brise les corps imparfaitement conducteurs : les pierres volent en éclats, les murs sont percés; les arbres fendus et divisés en lanières minces, souvent complétement desséchées. Le fluide passe ordinairement entre le bois et l'écorce, qui est projetée au loin : c'est là, en effet, que le pouvoir conducteur est plus prononcé à cause de l'accumulation de la sève.

Effets chimiques et magnétiques. — L'éclair en traversant l'atmosphère détermine la combinaison d'une petite quantité d'azote et d'oxygène. (637). Aussi, les gouttes des pluies d'orage sont-elles quelquefois acides; et c'est à l'acide azotique ainsi formé, que l'on attribue la formation du salpêtre naturel.

Fig. 511.

Souvent la foudre aimante les objets d'acier, les outils. Quand un navire est foudroyé, il peut arriver que l'aimantation des aiguilles des boussoles soit détruite, ou que les pôles soient renversés, de manière que l'extrémité marquée *nord* se tourne vers le sud; ou bien encore, l'axe magnétique est déplacé et fait un angle avec l'axe de figure. Il est donc important de vérifier les boussoles des navires qui viennent d'être foudroyés.

Effets physiologiques. — La foudre renverse, blesse, tue les hommes et les animaux. On remarque généralement que les cadavres entrent rapidement en putréfaction. Tantôt le corps ne porte aucune marque extérieure du passage du redoutable météore; tantôt de longs sillons où la peau est enlevée, des plaies saignantes, des brûlures, se montrent en divers points du corps.

On a vu des animaux renversés ou tués par un effet de *choc en retour* (633), au moment où la foudre éclatait à une très grande distance du point où ils se trouvaient. Par exemple une décomposition s'est faite dans l'électricité neutre des objets placés en B (*fig.* 511), sous l'influence d'un nuage A fortement électrisé positivement, le fluide négatif a été attiré vers la surface de la terre, et le fluide positif refoulé dans ses profondeurs. Si la foudre frappe en P, le nuage sera en partie déchargé, et les fluides décomposés en B se rejoindront subitement à travers les corps terrestres, de manière à faire éprouver une violente commotion aux êtres animés qui pourraient se trouver en ce point.

Feu Saint-Elme. — L'action par influence exercée par les nuages orageux, produit souvent, aux parties saillantes des corps terrestres, des *aigrettes lumineuses* accompagnées quelquefois d'un léger sifflement, comme celles que produisent les machines électriques. Ces aigrettes ont été souvent observées par les anciens, qui en tiraient divers présages; elles se montrent assez souvent sur les navires, aux extrémités des mâts et des vergues, aux filaments des cordages. Les anciens les désignaient, dans ce cas, sous le nom de *Castor* et *Pollux*; les marins modernes les appellent *feu Saint-Elme*, et y rattachent une foule d'idées superstitieuses.

649. De la grêle. — La grêle vient de nuages orageux très épais; elle tombe vers le commencement de l'orage et jamais après, et dans un espace beaucoup moins étendu que l'orage lui-même, n'atteignant qu'une bande étroite de terrain, et ne restant en un même lieu que peu de temps, un quart d'heure au plus. Avant la chute des *grêlons*, on entend souvent un bruit particulier plus ou moins intense, qui paraît sortir du nuage.

Les *grêlons*, souvent de forme sphéroïdale, peuvent être aussi très irréguliers (*fig.* 512). On en rencontre qui présentent la forme de pyramides, *c*, et qui sont des fragments de masses sphéroïdales qui se sont brisées en secteurs. La grosseur des grêlons est très variable : on en a vu peser jusqu'à 2 kilogrammes.

Il ne faut pas confondre avec la grêle, le simple *grésil* (557); les véritables grêlons tombent pendant les orages, ils ont séjourné pendant quelque temps dans les nuages; au centre, on distingue un noyau opaque autour duquel sont une ou plusieurs couches alternativement transparentes et opaques, comme en *a, b, d* (*fig.* 512).

Fig. 512.

★ Volta a donné une explication de la grêle, dans laquelle il suppose que des particules de glace oscillent entre deux nuages électrisés d'une manière contraire, comme les balles de sureau de l'appareil à grêle (604), et produisent, en s'entrechoquant, le bruit qui précède leur chute. En même temps, ils grossissent en condensant de nouvelles vapeurs, qui forment les couches successives dont ils sont composés. Bientôt ils deviennent trop gros pour que les forces électriques puissent lutter avec la pesanteur, et se précipitent à la surface de la terre. Cette explication est sujette à bien des objections, et le phénomène est bien moins simple que ne le supposait Volta. Voici comment on peut concevoir la formation de la grêle :

Les nuages à grêle sont ordinairement engendrés par deux vents opposés, l'un froid et l'autre chaud, quand le conflit est violent et la quantité d'électricité accumulée considérable. Cette électricité détermine une répulsion entre les gouttelettes d'eau du nuage; de là, expansion, gonflement, et production de ces contours arrondis et nets que présentent les nuages orageux. Cette expansion est accompagnée d'un refroidissement (516), qui se joint à celui qu'apporte le vent froid, et de nouvelles vapeurs se condensent en aiguilles de glace qui, s'amassant en petites pelottes, forment du grésil. Les différentes parties du nuage étant électrisées à des degrés différents, ou d'une manière opposée, les grains de grésil sont sollicités dans diverses directions, prennent l'électricité des régions qu'ils traversent, sont repoussés d'un autre côté, et éprouvent ainsi une agitation qui s'ajoute à celle que produisent les tourbillons provenant de la rencontre des deux vents. Ils grossissent par condensation de vapeur, ou dépôt de gouttelettes qui se congèlent, et finissent par s'échapper du nuage quand ils ont acquis un certain poids[1].

* **650. Trombes.** — Il est bien avéré aujourd'hui que l'électricité joue un grand rôle dans le phénomène des *trombes*. Une trombe consiste en une

Fig. 513.

colonne de la nature des nuages, plus ou moins contournée, allant d'une nuée à la surface de la terre, et animée le plus souvent d'un mouvement giratoire rapide, et d'un mouvement de translation. L'air tourbillonne souvent jusqu'à une certaine distance autour de la colonne, dont la couleur est d'un gris plus ou moins foncé. Le diamètre inférieur varie, de moins de 1 mètre à plusieurs mètres. Les trombes se forment sur les eaux ou sur la terre.

Trombes de mer. — Ces trombes se forment généralement pendant les grandes chaleurs. On aperçoit d'abord un point de la base d'un nuage orageux s'abaisser en forme de protubérance conique, qui s'allonge plus ou moins rapidement en s'inclinant et flottant sous l'action du vent. En même temps, les eaux de la mer semblent bouillonner et sont soulevées en

---

[1] Voy. sur les météores électriques, le *Traité de phys.*, 2e édit., t. III, p. 209 à 279.

formant une espèce de brouillard qui s'unit au cône descendant, et dès lors la trombe est constituée. Dans la *fig*. 513, on voit deux trombes de mer au moment où elles viennent de se former. Elles produisent ordinairement un bruit semblable à celui d'une cascade. Malheur au navire qui se trouve engagé dans le tourbillon ; il est entraîné et submergé. Les marins ont coutume, pour conjurer le danger, de lancer des boulets à travers la colonne ; et ils parviennent quelquefois à la rompre.

Trombes terrestres. — Les trombes terrestres sont moins fréquentes que les autres ; heureusement, car elles peuvent produire des dévastations épouvantables. Leur apparition est précédée d'une chaleur étouffante, d'un calme complet et d'un abaissement rapide du baromètre. Bientôt une colonne sombre s'abaisse d'un nuage orageux et se termine, à quelques mètres au-dessus du sol, par une calotte de feu. La trombe se déplace en brisant ou déracinant les arbres, renversant les murs, enlevant les toits des habitations, et transportant les débris à de grandes distances.

Les trombes paraissent dues à une communication électrique établie entre un nuage fortement électrisé et le sol ; souvent, il en sort des éclairs, et on les a vues se porter sur les constructions qui renfermaient de grandes masses métalliques, et produire une foule d'effets semblables à ceux de l'électricité.

Fig. 514.

651. Des paratonnerres. — De tout temps, on a essayé divers moyens de se préserver de la foudre, mais ce n'est que depuis qu'on a découvert la cause de ce météore, qu'on est arrivé à en conjurer les effets. Dans certains pays, on a cherché à combattre l'orage en sonnant les cloches ; mais, quoiqu'il paraisse bien établi aujourd'hui que cette pratique n'a aucune influence bonne ou mauvaise, elle doit être interdite par tous les moyens possibles, à cause du danger auquel sont exposés les sonneurs ; les clochers étant fréquemment foudroyés. En 1785, on a constaté, en Allemagne, que, dans l'espace de 33 ans, la foudre a frappé 386 clochers, et tué 120 sonneurs.

Lorsque Franklin eut découvert le pouvoir des pointes, il songea à s'en servir pour décharger les nuages de leur électricité, et inventa le *paratonnerre*. Un paratonnerre consiste en une barre de fer verticale terminée en pointe, *ab* (*fig*. 514), et communiquant avec le sol, au moyen d'un *con-*

ducteur métallique non interrompu *bcde*. Cet appareil se place sur le point le plus élevé de l'édifice que l'on veut préserver.

652. Double rôle du paratonnerre. — 1° Le paratonnerre préserve l'édifice des effets de la foudre, qui évidemment en frappera de préférence l'extrémité parce qu'elle est au point le plus élevé, et que la décomposition par influence s'y fait plus complètement que dans le bois ou la pierre. Le fluide trouvant ensuite un conducteur continu, ira se perdre dans le sol, sans occasionner de dégâts.

Espace préservé. — D'après un grand nombre d'observations, on admet généralement qu'un paratonnerre préserve les points placés dans un rayon égal au double de sa hauteur au-dessus du plan horizontal considéré. Il faut donc armer les grands édifices de plusieurs paratonnerres, et les placer à une distance les uns des autres égale à quatre fois leur hauteur.

Quand l'édifice contient de grandes masses métalliques, comme des gouttières, des parties de toitures en plomb ou zinc, il peut arriver que la foudre les frappe quoique placées dans le rayon préservé. Pour éviter les conséquences de cet accident, on fait communiquer ces masses avec le sol, par le conducteur du paratonnerre.

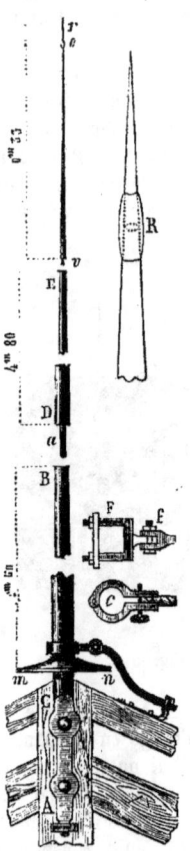

Fig. 515.

2° **Action préventive.** — Le paratonnerre neutralise peu à peu l'électricité des nuages, et diminue leur tension, de manière à prévenir l'explosion de la foudre. En effet, l'électricité du nuage décompose par influence le fluide neutre du paratonnerre, refoule dans le sol le fluide de même nom, et attire le fluide de nom contraire. Ce dernier s'*échappant par la pointe*, se porte sur le nuage, vers lequel il est attiré, et neutralise le fluide qui s'y trouve. La sortie de l'électricité par la pointe produit souvent une aigrette visible dans l'obscurité, et le flux d'électricité qui descend dans le sol, produit quelquefois une lueur autour du conducteur. Aussi, est-il dangereux de s'approcher de ce conducteur en temps d'orage ; car, si le fluide éprouvait quelque difficulté à pénétrer dans le sol, une partie pourrait se détourner sur l'imprudent trop rapproché.

653. Construction des paratonnerres. — 1° La *tige* du paratonnerre est formée d'une barre de fer, fixée verticalement à la charpente du toit, et munie d'une embase *mn* (*fig.* 515), destinée à écarter l'eau de la pluie.

Le fer étant sujet à se rouiller, *la pointe* est formée par une tige conique *vo* en cuivre, fixée à la tige de fer au moyen d'une vis *v* maintenue par des goupilles. L'extrémité de la pointe est terminée par une petite aiguille en platine *r* soudée à l'argent, en *o*, à la tige de cuivre, et consolidée au moyen d'un petit manchon en cuivre, comme on le voit en R.

Une pointe effilée étant sujette à se fondre, on emploie souvent aujourd'hui un cône en platine, à angle de 30°, A (*fig.* 516), vissé à l'extrémité de la tige de fer. On peut le remplacer par une capsule de platine B (*fig.* 517), soudée à un cône en fer qui la remplit exactement. On peut encore, à la rigueur, employer un cône en cuivre doré C (*fig.* 518), vissé à l'extrémité de la tige de fer.

2° Le *conducteur* est formé de barres de fer ayant 17^{mm} de diamètre quand elles sont cylindriques, et 15^{mm} d'épaisseur quand elles sont carrées. Il est soutenu sur le toit par des fourchettes fixées à la charpente ; et le long des murs, par des crampons. On emploie aussi pour conducteurs des câbles en fil de fer.

Fig. 516.    Fig. 517. 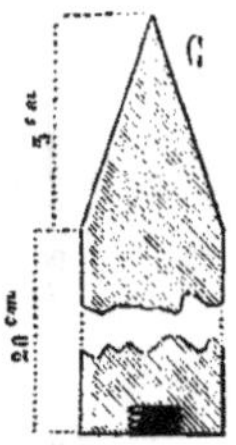   Fig. 518.

3° *La communication avec le sol* est la partie du paratonnerre qui demande le plus d'attention. Si l'on a un puits à sa disposition, on y fait descendre le conducteur, de manière qu'il plonge dans l'eau par plusieurs branches, *e* (*fig.* 514). La barre de fer se rend, du pied de l'édifice au puits, à travers un canal, revêtu de briques ne se joignant pas exactement, et rempli de *charbon calciné*.

Quand il n'y a pas de puits à proximité, on fore, avec une large sonde, un trou vertical, assez profond pour atteindre une couche aquifère. Dans l'axe du trou, on fixe l'extrémité de la barre terminée par plusieurs branches, et on remplit le trou avec du coke en très petits morceaux, ou du *charbon calciné*, par exemple la *braise de boulanger*, *f* (*fig.* 514). Le charbon ordinaire ne peut convenir, car il est mauvais conducteur (595) ; on ne saurait trop insister sur ce point. Un paratonnerre qui communique intimement avec le sol ne peut être dangereux ; mais cette condition est essentielle. Si elle n'est pas remplie convenablement, l'édifice est plus exposé qu'en l'absence de l'appareil, à cause de la grande élévation et de la nature métallique de ce dernier. Quand la communication avec le sol est bien établie, l'édifice est préservé, et même, si la pointe est en bon état, le paratonnerre

516   ÉLECTRICITÉ STATIQUE.

ne peut en général être frappé par la foudre ; de même qu'une étincelle ne peut venir frapper une pointe qu'on présente à un conducteur électrisé.

Quand on considère les dégâts qu'occasionne la foudre, les incendies qu'elle allume, et les accidents redoutables auxquels sont exposés les habitants des maisons foudroyées, on ne comprend pas comment tous les édifices élevés des villes, les maisons isolées, et particulièrement les clochers des églises de campagne, ne sont pas toujours armés de paratonnerres. Sur mer, les coups de foudre sont très fréquents, et les accidents bien plus à redouter, puisqu'ils peuvent entraîner la perte du navire avec tout ce qu'il contient ; aussi doit-on surmonter au moins un des mâts d'un paratonnerre.

II. De l'électricité atmosphérique.

654. Manière d'observer l'électricité de l'atmosphère. — L'atmosphère est presque toujours plus ou moins électrisée ; et l'on peut alors tirer des étincelles, de barres isolées terminées en pointe. Pour étudier cette électricité, tantôt on emploie des appareils fixes, comme la barre de d'Alibart (643), tantôt des électromètres particuliers. La *fig.* 519 représente un de ces instruments, qui consiste en un électromètre à paille (*fig.* 519) garanti de la pluie par un chapeau *c*, et surmonté d'une longue pointe composée de plusieurs parties vissées en *a*, *a*. Le fluide neutre de l'instrument est décomposé par influence par l'électricité de l'air, l'électricité de nom contraire est attirée dans la pointe et s'échappe, pendant que l'électricité de même nom que celle de l'air est repoussée dans les pailles et les fait diverger.

Fig. 549.

Fig. 520.

On procède encore en lançant à travers l'air une balle métallique qui prend l'électricité de tous les points où elle passe (*fig.* 520). Cette balle est attachée par un fil conducteur, à un anneau *a* qui glisse le long de la tige *b* et se sépare de l'appareil, quand la balle est lancée avec assez de force. On remplace aussi la balle par une flèche qu'on lance au moyen d'un arc. Dans ces expériences, la tige *b* ne doit pas être terminée en pointe, afin que l'appareil conserve son électricité, et qu'on puisse en reconnaître la nature.

655. Électricité de l'air par les temps sereins. — Quand le temps est serein, l'atmosphère contient toujours de l'*électricité positive*. Pour l'observer, il faut opérer dans un lieu découvert ; car, au fond des vallées étroites, dans les rues des villes, on ne trouve pas d'électricité.

On a reconnu que l'électricité positive de l'air, nulle à 1^m environ du sol, augmente de tension à mesure qu'on s'élève. — Elle éprouve des *variations mensuelles*, étant bien plus grande en hiver qu'en été ; et des *variations diurnes*, présentant chaque jour deux maximum et un minimum à des heures qui changent avec les saisons ; il y a un second minimum pendant la nuit.

Quand le temps n'est pas serein, l'état électrique de l'air est généralement très variable et très irrégulier.

Origine de l'électricité atmosphérique. — On attribue généralement l'électricité de l'air à l'évaporation des eaux naturelles, lorsqu'elles tiennent en dissolution différentes substances salines. M. Pouillet, qui a découvert cette dernière condition, opérait avec l'électromètre condensateur, sur lequel il posait un creuset chaud en platine, dans lequel il projetait des dissolutions de divers sels.

M. Matteucci, ayant isolé une plaque de métal de 33 décimètres carrés, recouverte de terre mouillée avec de l'eau salée, l'exposa aux rayons solaires après l'avoir mise en communication avec le bouton d'un électromètre ; les feuilles d'or s'écartèrent par de l'électricité négative. S'il agitait l'air au-dessus de la plaque, les résultats étaient encore plus marqués, l'agitation activant l'évaporation et entraînant la vapeur formée. Les vapeurs qui se forment à la surface de la terre emportent donc dans l'atmosphère de grandes quantités d'électricité positive. Il résulte aussi de là que le sol doit recevoir continuellement de l'électricité négative, qui est retenue à sa surface par l'attraction de l'électricité de l'air, et s'accumule dans les objets élevés, les arbres, les montagnes. Cet état négatif du sol est augmenté par la décomposition par influence que produit l'électricité de l'air.

Nous devons dire que tous les physiciens ne sont pas d'accord pour voir dans l'évaporation la source de la quantité énorme d'électricité que contient l'atmosphère et qui s'amasse dans les nuages orageux (646) ; on peut donc dire que l'origine de l'électricité des orages n'est pas parfaitement connue. Il peut se faire que le conflit des vents contraires qui engendrent souvent les nuages orageux développe une grande quantité d'électricité qui s'ajoute à celle que les vapeurs ont recueillie dans l'atmosphère.

656. Aurores polaires. — Les *aurores polaires*, nommées aussi *aurores boréales*, se rattachent à la présence de l'électricité dans l'atmosphère. Ce majestueux météore suit une marche assez constante ; il naît, se développe, et passe successivement, avant de disparaître, par une série de phases plus ou moins brillantes.

Plusieurs heures avant l'apparition du phénomène, l'agitation de l'aiguille aimantée indique une perturbation dans l'équilibre magnétique du globe, quelquefois assez intense pour contrarier le jeu des télégraphes électriques. Bientôt l'air se rembrunit vers le pôle et forme un segment circulaire sombre, que borde ensuite un arc lumineux dont les extrémités s'appuient sur l'horizon. Cet arc augmente d'épaisseur et d'éclat, son point le plus élevé est à peu près dans le méridien magnétique, et il est souvent agité pendant des heures entières par une sorte d'effervescence et par des ondu-

Fig. 521.

lations continuelles. Plus tard, on y distingue des stries rayonnantes, il semble mordre sur le segment obscur, en certains points d'où s'élancent normalement des bandes brillantes, ou *rayons*, plus vives au milieu que sur les bords, et se détachant nettement sur le ciel (*fig.* 521). Ces rayons montent avec une vitesse plus ou moins rapide, comparable à celle des fusées d'artifice, se brisent, se multiplient, dépassent le zénith, et finissent par envahir toute la voûte céleste, en formant une coupole de feu mobile comme les flots de la mer, et dont tous les éléments convergent vers un point situé sur le prolongement de l'*aiguille d'inclinaison* (576), en formant ce qu'on nomme la *couronne*. La formation de la couronne annonce la fin du phénomène : les arcs perdent leur éclat, les rayons s'affaiblissent, et tout finit par disparaître.

C'est surtout dans les zones glaciales que les aurores polaires se montrent avec toute leur magnificence. On y voit souvent l'arc lumineux monter avec plus ou moins de rapidité, tout en dardant ses rayons, et en conservant quelquefois les mêmes points de réunion avec l'horizon ; il finit par dépasser le zénith, se sépare quelquefois alors de l'horizon, et apparaît comme une immense bande striée dans le sens transversal, dardant des rayons, animée de mouvements d'ondulation, et formant les courbes les plus gracieuses, comme une longue draperie agitée par le vent.

M. De la Rive a donné de l'aurore polaire, une explication que nous résumerons en quelques mots : L'électricité positive transportée dans les hautes régions de l'atmosphère intertropicale par les courants ascendants que la chaleur produit dans la zone torride, se rend vers les pôles, se condense en traversant des parallèles de plus en plus petits, et gagne la terre à travers les particules glacées qui flottent dans l'air des régions polaires, en donnant une multitude d'étincelles qui forment l'arc et ses rayons. Cette électricité forme en même temps, dans le sol, un courant irrégulier dirigé vers l'équateur, et qui produit l'agitation de l'aiguille aimantée.

CHAPITRE III.

ÉLECTRICITÉ VOLTAÏQUE.

§ 1. — GALVANISME. — PILES VOLTAÏQUES.

657. Dans les actions chimiques, il y a production des deux électricités, et l'on peut, par divers moyens, les recueillir, au moins en partie, sur deux conducteurs différents. Parmi les phénomènes chimiques, il faut distinguer l'action de certains liquides sur les métaux. Cette action dégage beaucoup d'électricité ; mais on a méconnu pendant longtemps l'origine de cette électricité, et on l'a attribuée d'abord à une force que l'on supposait agir au contact des corps de nature différente. Volta a basé sur cette hypothèse toute une théorie ingénieuse, qui a joui pendant longtemps d'une grande faveur, et l'a conduit à imaginer l'instrument le plus merveilleux et le plus fécond en applications qu'il ait été donné aux physiciens d'utiliser, la *pile de Volta*. C'est à Galvani que l'on doit la découverte des faits qui ont provoqué les recherches de Volta ; c'est pourquoi on a donné le nom de *galvanisme* à la branche de physique qui fut créée à la suite de ces brillantes expériences. On lui donne aussi le nom d'*électricité dynamique*, parce qu'on y considère l'électricité à l'état de mouvement dans un fil de métal, à travers lequel les deux fluides se réunissent, en formant ce qu'on nomme un *courant électrique*. Dans cet état de mouvement, l'électricité produit des effets nouveaux qu'elle ne peut produire à l'état statique, et qui ne pouvaient être découverts qu'après l'invention de la *pile de Volta*, les machines électriques ordinaires ne fournissant, en un temps donné, que des quantités d'électricité très petites comparativement à celles que donne la pile. D'un autre côté, l'électricité fournie par cette dernière, présente une *tension* trop faible, généralement, pour qu'on puisse s'en servir à démontrer les propriétés de l'électricité statique.

I. Galvanisme. — Piles à un liquide.

658. Expériences de Galvani. — En 1780, Galvani [1], en étudiant l'influence de l'électricité sur les nerfs, remarqua par hasard des convulsions dans les membres dépouillés d'une grenouille fraîchement tuée, au moment où l'on déchargeait une machine électrique placée à proximité. Ce n'était là qu'un effet de *choc en retour*, bien connu de Galvani, qui voulut étudier les circonstances du phénomène, dans l'espérance de démontrer l'identité du fluide nerveux et de l'électricité.

Dans le cours de ces recherches, il fut conduit à chercher si la décharge des nuages orageux produirait le même effet que celle d'une machine ; un jour, en 1786, ayant suspendu à un balcon *en fer* les membres inférieurs d'une grenouille, au moyen d'un crochet *en cuivre* qui traversait la moelle épinière, il vit, avec surprise, ces membres s'agiter convulsivement en l'absence de tout orage, et il remarqua que cela avait lieu au moment où les membres venaient accidentellement toucher le fer du balcon. Les contractions avaient donc lieu quand un arc conducteur établissait une communication entre les muscles et les nerfs, et Galvani constata qu'elles étaient bien plus vives quand l'arc était formé de deux métaux différents placés l'un à la suite de l'autre. Il se trouva dès lors en possession d'un fait nouveau, qui est devenu le point de départ d'une longue suite de brillantes découvertes, et a donné naissance à plusieurs branches des plus étendues et des plus importantes de la physique.

---

[1] Galvani (Louis), physiologiste et physicien célèbre, né à Bologne, en 1737, étudia d'abord la théologie, les mathématiques, puis l'anatomie et la physiologie qu'il professa à l'Université de Bologne. Ayant refusé de prêter serment à la république Cisalpine, il fut dépouillé de ses emplois ; et, réduit presque à l'indigence, il fut recueilli chez son frère. Cependant la république Cisalpine, par égard pour sa grande célébrité, lui rendit sa chaire, mais il avait été frappé d'une maladie de langueur à laquelle il succomba bientôt, en 1798, à l'âge de 61 ans.

GALVANISME. 521

Pour répéter l'expérience de Galvani, on coupe en deux, avec des ciseaux, une grenouille vivante, vers la région lombaire; on dépouille les membres inférieurs, et l'on met à découvert les deux faisceaux de nerfs qui se voient de chaque côté de la colonne vertébrale (*fig.* 522). On engage sous ces faisceaux, l'une des branches d'un arc *zoc*, formé de deux métaux différents, par exemple de cuivre, *c*, et de zinc, *z*, et l'on appuie l'autre branche sur les jambes pendantes de l'animal; on les voit aussitôt s'agiter convulsivement. — Au lieu de cet arc, on peut employer deux disques de métaux différents : on appuie le bord de l'un d'eux sur les muscles lombaires, le bord de l'autre sur les nerfs, puis on rabat l'un des disques sur l'autre, de manière à le lui faire toucher; aussitôt les mouvements convulsifs se manifestent. Au bout de quelque temps, la raideur cadavérique empêche la reproduction du phénomène. Les animaux à sang froid conviennent le mieux, pour ces sortes d'expériences, parce que leurs muscles sont plus excitables, et conservent plus longtemps leur irritabilité.

659. Théorie de Galvani. — Galvani attribua les contractions de la grenouille, à une électricité propre qu'il supposait exister dans le corps des animaux, et il assimilait le corps de la grenouille à une bouteille de Leyde, dont les muscles et les nerfs formeraient les armatures, et qui serait chargée d'un fluide analogue à l'électricité. Cette théorie eut d'abord un succès universel; mais elle fut bientôt abandonnée. Volta[1], professeur à Pavie, frappé de la nécessité d'employer deux métaux différents quand on voulait produire des contractions prononcées, combattit l'explication de Galvani. Il soutint que le corps de la grenouille ne jouait dans le phénomène

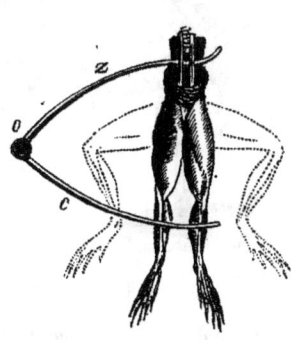

Fig. 522.

---

[1] Volta (Alexandre), un des plus grands physiciens des temps modernes, né à Côme (Milanais), en 1745, fit de brillantes études dans cette ville; il correspondait avec Nollet dès l'âge de 18 ans, et fut nommé, à 24 ans, professeur de physique à Côme. Il parcourut ensuite la Suisse (1777), et en rapporta la pomme de terre; fut nommé professeur à Pavie où ses cours furent suivis avec enthousiasme, et se maria à l'âge de 49 ans. En 1801, il fut appelé à Paris, pour y répéter ses expériences sur la pile, par le général Bonaparte, pour lequel il devint comme le type du génie, et qui le combla d'honneurs (1801). Chez Volta, une intelligence grande et juste s'unissait au désintéressement, à la bonté et à la simplicité de cœur. Nommé membre de toutes les grandes Académies, il ne connut pas l'orgueil. En 1819, il se retira à Côme, où il mourut sept ans après, en 1827, après une carrière heureuse de 82 ans.

qu'un rôle purement passif, et que l'électricité dont on observait les effets, prenait naissance dans l'arc de communication. Il avança que le *contact* entre les molécules différentes des deux métaux qui composent cet arc, détruisait l'équilibre du fluide neutre, et déterminait sa décomposition : l'une des électricités était chassée sur l'un des métaux, et l'autre sur le métal juxtaposé. Ces deux fluides se combinant ensuite à travers les membres, très excitables, de la grenouille, y déterminaient des contractions.

Galvani et ses partisans se défendirent longtemps avec ardeur ; mais Pfaff, ou, suivant d'autres, Volta et Fowler, ayant montré que les convulsions se produisent aussi bien au moment où l'on supprime la communication, qu'au moment où on l'établit, la théorie de Galvani fut abandonnée, et les idées de Volta furent généralement adoptées.

660. Expériences de Volta. — Volta a fait un grand nombre d'expériences pour montrer qu'il se produit de l'électricité dans le contact des métaux ; nous citerons les suivantes :

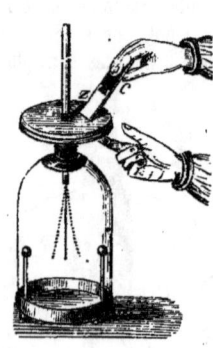

Fig. 523.

On soude l'une au bout de l'autre une lame de zinc et une lame de cuivre, comme on le voit en *zc* (*fig.* 523) ; on prend la première entre les doigts, et l'on appuie l'autre sur le condensateur de l'électromètre. Au bout de quelque temps, on trouve les feuilles d'or chargées de fluide positif ; d'où l'on conclut que le plateau collecteur avait reçu, du cuivre, du fluide négatif. — Pour recueillir l'électricité positive qui se porte sur le zinc, on tient le cuivre avec la main, et l'on fait communiquer le zinc avec le plateau de l'électromètre ; seulement, il faut que ce dernier soit en zinc, ou, s'il est en cuivre, qu'il soit séparé de la lame de zinc par du papier mouillé. Sans ces précautions, il y aurait deux points où du zinc serait en contact avec du cuivre, et les effets se contrarieraient.

Force électromotrice. — Volta crut pouvoir conclure de ces expériences, qu'il se développe de l'électricité au contact des corps conducteurs, qu'il nomme, à cause de cette propriété, *corps électromoteurs*. Les métaux seraient les *électromoteurs* les plus parfaits. Les liquides en contact avec les métaux ne le seraient que très peu. Volta a donné le nom de *force électromotrice* à la cause inconnue qui agit au contact pour décomposer le fluide neutre ; il s'est appliqué à déterminer les propriétés et la manière d'agir de cette force, et cette étude l'a conduit à la découverte de l'instrument que nous allons décrire.

661. Pile de Volta. — La pile de Volta se compose de disques de

ÉLECTRICITÉ VOLTAÏQUE.

deux métaux différents, ordinairement le *zinc* et le *cuivre*, empilés dans un ordre déterminé, avec interposition de rondelles de drap imbibées d'eau acidulée avec de l'acide sulfurique. On place d'abord un disque de cuivre c (*fig.* 524) et un disque de zinc z, puis une rondelle de drap, sur laquelle on pose un second disque de cuivre c', puis un disque de zinc r', et une nouvelle rondelle de drap..... et ainsi de suite, en ayant soin de suivre toujours le même ordre. Si ce système, désigné sous le nom de *pile*, communique avec le sol, les différents disques seront chargés d'électricité *positive*, dont la tension ira en augmentant de c en z''. — Si l'on eût commencé par un disque de zinc au lieu d'un disque de cuivre, la pile serait chargée d'électricité négative.

Définitions. — Le système de disques empilés que nous venons de décrire, se nomme *pile de Volta*, *pile voltaïque*, ou encore *pile galvanique*. La réunion d'un disque de zinc et d'un disque de cuivre se nomme un *couple*, une *paire* ou un *élément* de la pile. La *fig.* 525 représente l'ensemble de la pile; des colonnes de verre la soutiennent latéralement. Les disques doivent être bien décapés du côté où ils se touchent; souvent on les soude deux à deux. Les rondelles de drap ou de carton sont mouillées avec de l'eau salée, ou acidulée par de l'acide sulfurique et un peu d'acide azotique; on met ordinairement $\frac{1}{16}$ du premier, et $\frac{1}{20}$ du second. Le liquide attaquant le zinc bien plus que le cuivre, on donne aux disques de zinc une plus grande épaisseur qu'aux disques de cuivre.

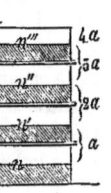

Fig. 524.

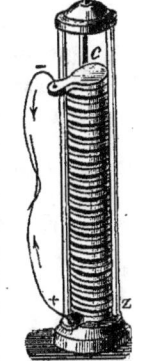

Fig. 525.

Les extrémités de la pile se nomment ses pôles; on distingue le *pôle positif* et le *pôle négatif*. On attache aux disques extrêmes, des fils métalliques dont les extrémités portent aussi, par extension, le nom de *pôles*. Ces fils se nomment les *réophores* de la pile; ils sont destinés à conduire l'électricité là où l'on veut la faire agir.

662. Pile en activité. — Si l'on réunit les deux pôles de la pile par un fil métallique, il se fait aussitôt, dans tous les couples, un mouvement d'électricité, qui fait dire que la pile est *en activité*. L'électricité enlevée à l'extrémité o' (*fig.* 524) se renouvelle sans cesse, et son dégagement est accompagné d'une production d'électricité de nom contraire qui se rend au pôle o, et se réunit à travers le fil métallique f, f' à l'électricité du pôle o'.

Si l'on établit la communication entre les pôles au moyen des bras, on ressent une commotion d'autant plus forte que le nombre de couples est plus grand. Cette commotion peut être renouvelée aussi souvent que l'on veut, puisque la pile se recharge d'elle-même aussitôt qu'on l'a déchargée. Elle se comporte donc comme une bouteille de Leyde qui se rechargerait immédiatement d'elle-même. Au moment où l'on rapproche les extrémités des électrodes f, f' (*fig.* 524), on voit jaillir une étincelle, quand la distance est assez petite. Cette distance dépend de la tension ou du nombre des couples. On peut aussi reproduire cette étincelle aussi souvent que l'on veut.

663. Pile isolée. — Si la pile, au lieu d'être en communication avec le sol par l'un de ses pôles, était isolée, l'électricité y serait distribuée tout autrement. Pour trouver cette distribution, considérons deux piles égales non isolées, commençant en bas, l'une par le cuivre, et l'autre par le zinc. La première contiendra du fluide positif, et la seconde du fluide négatif. Renversons cette dernière, de manière que son zinc inférieur vienne s'appliquer sur le cuivre qui est au bas de la première, en ayant soin de séparer ces deux disques par une rondelle de drap, on formera une pile unique dont tous les disques se trouveront dans le même ordre, et dont une moitié sera chargée d'électricité positive, et l'autre d'électricité négative ; car les disques du milieu étant à l'état neutre, il n'y aura rien de changé dans l'état électrique de tous les autres. Alors la tension aux deux pôles sera moindre que celle qui aurait lieu à l'un des pôles d'une pile non isolée ayant le même nombre de couples.

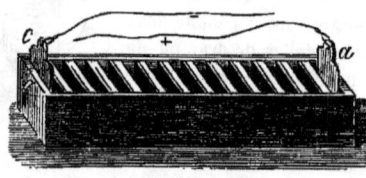

Fig. 526.

Si l'on met la pile isolée en activité, les phénomènes se passent dans chaque moitié comme dans la pile non isolée ; seulement les fluides, en même quantité, qui arrivent dans la rondelle du milieu, s'y neutralisent, au lieu de passer dans le sol. Du reste, quand la pile non isolée est en activité, l'électricité ne tarde pas à s'y distribuer comme dans la pile isolée ; c'est-à-dire que les deux moitiés renferment des électricités contraires, et que la rondelle qui se trouve au milieu est à l'état neutre.

664. Différentes espèces de piles. — La pile, telle que nous l'avons décrite (*fig.* 625), se nomme *pile à colonne* ; comme elle présente plusieurs inconvénients, et est longue à monter, on a imaginé diverses autres dispositions, dont nous allons faire connaître quelques-unes.

Pile à auge, ou de Cruikshank. — Les couples de cette pile sont formés de deux plaques rectangulaires en zinc et en cuivre, appliquées et soudées l'une sur l'autre, et placées parallèlement les unes aux autres, de manière que le zinc soit toujours tourné du même côté, dans une auge en bois qu'elles divisent en compartiments égaux (*fig.* 526). Un mastic résineux sert à fixer les couples et à les isoler les uns des autres. On remplit les compartiments d'eau acidulée, et des lames de cuivre a et c, munies de fils métalliques, reçoivent les électricités accumulées dans les compartiments extrêmes. Le pôle positif se trouve en a du côté du zinc. Quand on ne veut plus faire usage de cette pile, on enlève l'eau acidulée, et on lave les couples à grande eau.

Pile à couronne de tasses. — Chaque couple de cette pile, qui est très facile à construire, est formé d'une bande métallique repliée en forme de fer à cheval, et composée de zinc z (*fig.* 527), et de cuivre c, soudés l'un à l'autre en o. Des vases ou *tasses*, placés les uns à la suite des autres, contiennent de l'eau acidulée, et chacun d'eux reçoit une branche cuivre et une branche zinc, appartenant à deux couples voisins. Ces branches ne doivent pas se toucher; elles communiquent par l'eau acidulée. Les électricités qui s'accumulent

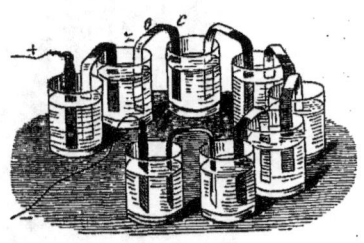

Fig. 527.

dans les vases extrêmes sont reçues par des lames de cuivre. Le pôle positif se trouve au vase extrême dans lequel plonge une branche en zinc, et le pôle négatif au vase extrême qui reçoit une branche en cuivre. Avec une centaine de couples, on éprouve des commotions assez fortes, quand on plonge les doigts dans les deux vases extrêmes.

Pile de Wollaston. — Wollaston ayant reconnu qu'il y a beaucoup d'avantage à donner au cuivre une plus grande surface qu'au zinc, a recourbé la lame de cuivre de manière à envelopper la lame de zinc, comme on le voit en $c\ c\ c$ (*fig.* 528). La lame de zinc est soudée au cuivre c' de l'élément suivant, et est séparée du cuivre ccc par de petits morceaux de bois. La *fig.* 529 représente l'ensemble d'une pile de Wollaston. Les éléments sont fixés, en deux rangées, sur les barres de bois aa, bb que l'on peut élever ou abaisser à

Fig. 528.

volonté, au moyen de chaînes qui passent sur des poulies de renvoi, et viennent s'enrouler sur un treuil t, que l'on fait mouvoir au moyen de la manivelle m et d'un système d'engrenage. Quand on abaisse les couples,

526   ÉLECTRICITÉ VOLTAÏQUE.

chacun d'eux plonge dans un vase plein d'eau acidulée qui fait communiquer une lame de cuivre d'un couple avec le zinc du suivant.

Pile en hélice. — Quand on a besoin d'éléments à très grande surface, on emploie la *pile en hélice*. Pour construire un élément de cette pile, on

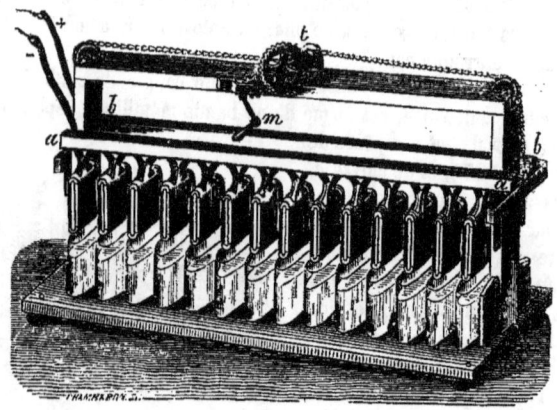

Fig. 529.

enroule en spirale autour d'un cylindre de bois r, r. (*fig.* 530), une lame de zinc et une lame de cuivre, en ayant soin de les séparer par des bandes de drap ou par des baguettes d'osier. Les deux faces de la lame de zinc se trouvent ainsi dans presque toute leur étendue, en présence d'une surface de cuivre, et réciproquement; comme on le voit dans la coupe transversale (*fig.* 531) où la ligne forte représente le zinc. — Quand on veut se servir de cet élément, on le plonge dans un tonneau rempli d'eau acidulée. Aux lames de zinc et de cuivre sont soudées des réophores f, f'. En o est le contact de deux métaux; la lame de cuivre c est destinée, d'après la théorie de Volta, à recueillir l'électricité qui se porte sur le zinc, et qui passe sur cette lame, c, à travers l'eau acidulée. — Quand on veut réunir plusieurs couples, on fait communiquer, au moyen de larges bandes de cuivre, le zinc de chacun d'eux avec le cuivre du suivant, et ainsi de suite. Ces couples sont fixés à des barres de bois, que l'on élève

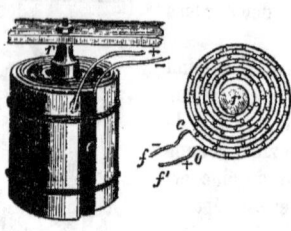

Fig. 530.   Fig. 531.

ou que l'on abaisse à volonté, au moyen d'un treuil disposé comme celui de la *fig.* 529.

Pile de Muncke. — Dans cette pile, les lames de zinc *zz*, et de cuivre, *cc*, dont on voit une coupe horizontale (*fig.* 533), sont soudées suivant une ligne verticale, et pliées en forme d'U. Elles sont maintenues en dessus et en dessous par une ou plusieurs petites barres de bois, comme on le voit dans la *fig.* 532, qui représente l'ensemble de l'appareil, et sont engagées les unes dans les autres (*fig.* 533), de manière que chaque lame de zinc se trouve entre deux lames de cuivre, et réciproquement. Tous les couples sont plongés dans une même auge remplie d'eau acidulée. La pile de Muncke est surtout avantageuse quand on a besoin d'un grand nombre d'éléments.

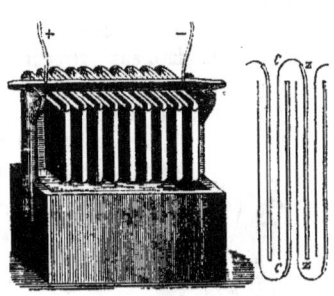

Fig. 532.   Fig. 533.

665. Batterie voltaïque. — En réunissant plusieurs piles semblables, on forme une *batterie voltaïque*, ou *batterie galvanique*. Il y a deux manières de procéder : 1° on met les piles les unes à la suite des autres, de manière que le zinc soit, dans toutes, du même côté, et l'on réunit, au moyen d'arcs métalliques, les pôles voisins. On voit (*fig.* 534) comment on effectue cette réunion avec les piles à auges ; l'arc A est terminé par des lames qui plongent dans les compartiments extrêmes des auges voisines. L'ensemble forme alors une pile ayant un nombre de couples égal à la somme des couples de toutes les auges.

2° On place des piles égales, parallèlement, les unes à côté des autres, de manière que le zinc soit du même côté, et l'on fait communiquer entre eux tous les pôles positifs, et entre eux tous les pôles négatifs, au moyen d'arcs métalliques, *abcr* (*fig.* 635). On a alors une

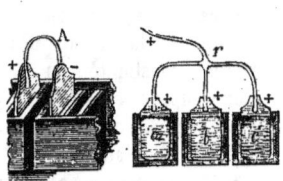

Fig. 534.   Fig. 535.

pile dont les couples sont en même nombre que dans chaque auge, mais dont la surface, dans le cas de la figure, est triple de celle de l'élément d'une des auges. Nous verrons plus loin que, suivant les effets que l'on veut produire, il importe d'avoir des éléments, tantôt grands, ou arrangés *en batterie*; tantôt nombreux, ou arrangés *en série*.

★ **666. Piles sèches.** — On a cherché à construire des piles sans liquide ;

mais on n'a obtenu ainsi que des appareils très faibles. Voici comment on construit une pile sèche d'après la méthode de Zamboni : On colle une feuille d'étain sur une feuille de papier un peu humide, et l'on enduit la face opposée, d'une couche de peroxyde de manganèse en poudre, que l'on fait adhérer en frottant avec un bouchon. On superpose plusieurs feuilles ainsi préparées, en mettant l'étain toujours du même côté, puis on détache, au moyen d'un emporte-pièce, des groupes de rondelles qu'on superpose, toujours dans le même ordre, de manière à réunir plusieurs milliers de couples. On place aux extrémités de cette pile des disques métalliques, que l'on presse et que l'on maintient par des cordons de soie attachés, pendant la pression, à des crochets. On enveloppe ensuite la pile de soufre ou de gomme laque, pour la préserver du contact de l'air. Ces piles, même avec un très grand nombre d'éléments, ne donnent que de très faibles résultats, et, au bout de quelques années, elles cessent de fonctionner.

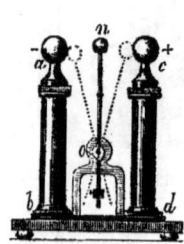

Fig. 536. — 1/6.

Applications. — On a construit une foule de petits appareils dans lesquels les électricités qui se renouvellent sans cesse aux pôles des piles sèches, produisent différents effets d'attraction et répulsion. Par exemple, on dispose verticalement deux piles de Zamboni *ab*, *cd* (*fig.* 536), dont les pôles sont en sens inverse, et qui communiquent entre elles par leur partie inférieure. Un pendule *on*, dont la balle isolée vient toucher alternativement les boutons électrisés *a* et *c*, oscille continuellement de l'un à l'autre.

Electroscope de Bohnenberger. — Si l'on suspend entre deux piles sèches égales, disposées comme celles de la *fig.* 536, une feuille d'or placée à égale distance des boutons *a* et *c*, on aura un électroscope d'une extrême sensibilité ; car la moindre quantité d'électricité fournie à la feuille d'or rompant l'équilibre, la fait s'incliner vers le bouton qui est électrisé d'une manière contraire. Une cloche de verre préserve la feuille d'or des agitations de l'air.

667. Courants voltaïques. — Le conflit électrique qui a lieu dans le fil métallique qui réunit les deux pôles d'une pile se nomme *courant électrique* ou *courant voltaïque*. On nomme *circuit*, la série de conducteurs non interrompus formés par la pile et par les corps qui établissent la communication entre ses deux pôles. Le circuit est dit *ouvert* quand il y a une interruption que ne peut franchir l'électricité ; dans le cas contraire, il est dit *fermé*.

Sens du courant. — Les deux électricités accumulées aux pôles de la pile, vont l'une vers l'autre à travers le circuit. On ne peut donc dire que le courant marche dans un sens plutôt que dans l'autre. Cependant, pour faire connaître de quel côté se trouve le pôle positif de la pile, on est convenu d'indiquer dans quel sens marche l'électricité positive, et c'est là ce qu'on prend pour *sens du courant*. On dit donc que *le courant va du pôle positif au pôle négatif*; mais il ne faut voir dans ces mots qu'une manière conventionnelle de s'exprimer.

Manière de reconnaître le passage d'un courant dans un circuit. — Les courants produisent différents effets que nous étudierons plus tard, mais il en est un que nous devons dès à présent signaler. Si l'on dispose une partie d'un fil métallique parcouru par un courant, au-dessus d'une *aiguille aimantée* mobile dans un plan horizontal, elle quitte le méridien magnétique et se met en croix avec le courant. Si cette aiguille était *astatique* (582), elle se placerait exactement perpendiculaire au courant; mais comme elle est sollicitée par le magnétisme terrestre, elle ne se place pas tout-à-fait suivant la perpendiculaire, et s'approche d'autant plus de cette position que la quantité d'électricité qui passe est plus grande.

Quand on change le sens du courant, l'aiguille se retourne bout à bout. Il en est de même quand, sans changer le sens du courant, on fait passer au-dessous de l'aiguille, le fil qui était au-dessus. La *fig.* 537 représente un appareil au moyen duquel on fait facilement ces diverses expériences.

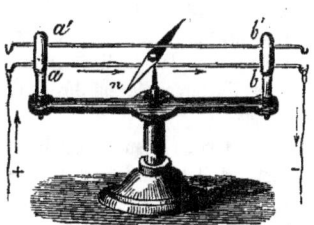

Fig. 537.

Les fils *ab*, *a'b'* sont isolés l'un de l'autre par des colonnes de verre *aa'*, *bb'*. On accroche aux deux bouts d'un de ces fils, les réophores de la pile, et l'on peut faire passer le courant dans quatre conditions différentes: au-dessus ou au-dessous de l'aiguille aimantée *n*, de droite à gauche ou de gauche à droite.

Règle d'Ampère. — On peut réunir en un seul énoncé les divers résultats que l'on obtient ainsi : On suppose un observateur couché le long du courant de manière que ce courant marche de ses pieds à sa tête, et regardant le centre de l'aiguille; on nomme *droite* et *gauche du courant*, la droite et la gauche de l'observateur ainsi placé. Cela posé, l'expérience montre que, dans tous les cas, le pôle *nord*, ou pôle *austral* (580), de l'aiguille aimantée se tourne à la *gauche* du courant.

Multiplicateur. — Pour rendre plus efficace l'action du courant sur l'aiguille aimantée, on fait passer le fil plusieurs fois autour de cette aiguille, en ayant soin de l'envelopper de soie ou de coton, pour que l'électricité ne puisse sauter d'un tour à l'autre. La *fig.* 538 représente un instrument

34

construit d'après ce principe; le fil enveloppé de soie est enroulé autour d'un cadre en bois; *a* et *b* sont les extrémités de ce fil. L'aiguille aimantée, *sn* est suspendue dans le cadre, dont on a soin de placer le plan dans le méridien magnétique. Cet instrument, auquel on donne différentes formes, se nomme *multiplicateur*, *galvanomètre* ou *réomètre* (ρέος, courant).

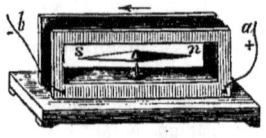

Fig. 538.

668. Électricité dynamique. — On a donné le nom d'électricité *dynamique* à celle qui est en mouvement dans un fil métallique réunissant les deux pôles d'une pile. Cette électricité ne se porte pas à la surface du fil, mais il passe en égale quantité dans tous les points de sa section; en effet, l'aiguille aimantée est déviée de la même quantité, quand on remplace le fil conjonctif cylindrique par un fil d'une autre forme, ou même par plusieurs fils en faisceau, dont la surface est très différente, pourvu que la longueur et l'aire de la section restent les mêmes. En outre, le *courant* présente la même intensité et produit exactement les mêmes effets dans toutes les parties du circuit, quelque long qu'il soit. Par exemple, l'aiguille aimantée est déviée de la même quantité dans tous les points de ce circuit.

Ce dernier résultat est incompatible avec la supposition d'un transport réel des électricités à travers le fil conjonctif; mais on l'explique facilement, en considérant le courant comme formé par des décharges se faisant dans le fil conjonctif entre toutes ses molécules, décharges analogues à celles qui se produisent dans les tubes étincelants; et il n'y a plus alors de raison pour que les propriétés soient différentes aux divers points d'un même circuit.

II. Théorie chimique de la pile.

669. Origine de l'électricité de la pile. — La théorie de Volta, après avoir joui d'une vogue immense, est maintenant abandonnée. On a reconnu que l'électricité de la pile n'est pas due à une action s'exerçant au contact des métaux qui la composent, mais à l'action chimique qu'exerce l'eau acidulée sur le zinc.

On peut prouver d'abord que l'électricité ne prend pas naissance au point où les métaux sont en contact. En effet, si l'on plonge un couple zinc-cuivre, *z*, *c* (*fig.* 539), dans deux vases isolés V, U contenant le même liquide, le vase V communiquant avec le sol par un conducteur en platine *p*, et si l'on fait communiquer, au moyen d'un fil de platine isolé *r*, le point *z* avec l'un des plateaux de l'électromètre, ce plateau se charge aussitôt d'électricité négative, comme si la communication était établie avec le cuivre *c*, ou avec le liquide du vase U. Or, si l'électricité se produisait au contact des métaux on devrait trouver du fluide positif au point *z*.

En second lieu, le sens du courant ne dépend pas seulement des métaux en contact, mais aussi des liquides qui les baignent. Par exemple, si on forme un couple avec du *cuivre*, et du *fer* ou de l'*étain*, le pôle négatif se trouve du côté du cuivre, dans de l'eau salée ou acidulée, ou contenant de la potasse. Le pôle négatif se trouve, au contraire, du côté de l'autre métal quand on plonge le couple dans l'ammoniaque; c'est que ce liquide attaque le cuivre plus activement que le fer ou l'étain, et le cuivre reçoit l'électricité négative, qui passe ensuite dans le métal en contact. Un couple *plomb* et *cuivre* ou *fer* a son pôle positif du côté

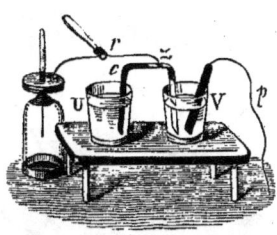

Fig. 539.

du plomb dans l'acide nitrique étendu, et du côté du cuivre dans le même acide concentré. On a observé beaucoup d'autres *inversions* de ce genre. La *fig.* 540 montre comment on dispose l'expérience; les lames de platine *e*, *e'* sont fixées au fil d'un multiplicateur, et l'on n'obtient un courant qu'autant que l'un des métaux est attaqué par le liquide. — Ajoutons qu'on obtient un courant avec un arc formé d'un seul métal, quand on plonge ses extrémités dans des liquides différents qui l'attaquent inégalement.

Dans l'expérience de Galvani (658), c'est principalement l'oxydation du zinc par l'humidité des muscles de la grenouille, qui produit les commotions. — Dans l'expérience de Volta (660), la petite quantité d'électricité qui charge le condensateur, provient de l'action chimique exercée par l'air et par les doigts humides

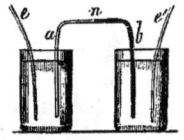

Fig. 540.

sur le zinc, action qui ternit le zinc s'il est bien poli; et l'on recueille beaucoup plus d'électricité quand on mouille les doigts avec de l'eau acidulée. — Dans les piles sèches, l'action chimique provient de l'humidité du papier qui réunit les couples; au bout de quelques années, quand toute l'humidité a été dépensée, le dégagement d'électricité cesse.

★ **670. Electricité dégagée dans les actions chimiques.** — Pour qu'on ait le droit d'attribuer l'électricité de la pile à une action chimique, il est nécessaire de prouver directement que les actions chimiques sont accompagnées d'un dégagement d'électricité, et d'expérimenter en évitant qu'il y ait deux métaux différents en contact. Nous ne considérerons ici que deux cas, celui de la combinaison d'un acide avec une base pour former un sel, et celui de l'action d'un liquide sur un métal.

1° Formation des sels. — On place l'acide et la base en dissolution, dans deux vases en verre A et B (*fig.* 541), dans lesquels on plonge des lames de platine fixées aux deux extrémités du fil *en platine* d'un multiplicateur, et l'on réunit les deux liquides au moyen d'une mèche de coton ou d'amiante mouillée. L'acide et la base des vases A et B montant par capillarité dans cette mèche, s'y joignent, et aussitôt l'aiguille indique un courant allant de l'acide à la base par le multiplicateur. L'acide prend donc l'électricité positive, et la base, la négative. Ici, on ne peut supposer un effet de contact de deux métaux, puisqu'il n'y en a qu'un seul. Cette méthode est due à M. Becquerel.

Fig. 541.

Indépendamment du courant qui parcourt le fil métallique du multiplicateur, il s'en produit un autre dans le liquide, qui va de la base à l'acide, sur lequel se porte le fluide positif, et qui est comme la continuation du courant qui parcourt le fil.

Une autre méthode très simple, consiste à fixer aux extrémités du fil du multiplicateur, des disques égaux en platine, sur lesquels on applique deux rondelles de papier trempées dans les dissolutions qu'on veut faire agir l'une sur l'autre; on appuie les deux rondelles l'une sur l'autre, et le courant se manifeste aussitôt.

Fig. 542.

2° Action des liquides sur les métaux. — Si l'on plonge dans un même acide deux métaux différents réunis par le fil du multiplicateur, on remarque toujours un courant qui va, par le multiplicateur, du métal le moins attaqué à celui qui l'est le plus. Mais, comme il y a dans ce cas au moins deux métaux en contact, on pourrait attribuer à ce contact le dégagement d'électricité observé.

Voici comment on opère avec un seul métal : on plonge dans de l'acide nitrique l'un des bouts *a* (*fig.* 542) du fil de cuivre d'un multiplicateur, et quelques instants après, l'autre bout *b*. L'acide nitrique agissant le plus fortement sur le cuivre au moment de son immersion, le fil plongé en dernier lieu se trouve plus attaqué que l'autre, et l'aiguille aimantée est déviée, de manière à indiquer un courant allant, par le multiplicateur, de l'extrémité a, la moins attaquée, à l'extrémité b. Le fil attaqué, b, reçoit donc le fluide négatif, et le fluide positif chassé de sa surface dans le liquide, est reçu par le fil a. — On voit qu'il y a aussi, à travers le liquide, un courant qui est comme la continuation de celui du multiplicateur. — En réalité, il y a deux courants dans le fil métallique, puisque ses deux extrémités sont attaquées; mais l'un d'eux l'emporte sur l'autre, et détermine le sens de la déviation de l'aiguille.

Si l'on plonge dans l'acide nitrique, les deux bouts du fil *en platine* d'un multiplicateur, l'aiguille aimantée ne bouge pas. Mais si l'on fait glisser une goutte d'acide chlorhydrique le long d'une des extrémités du fil, le mélange des deux acides attaque le platine, et l'on a un courant qui va de l'extrémité non attaquée à celle qui a reçu l'acide chlorhydrique. Si l'on plonge deux lames de zinc, l'une dans l'acide sulfurique concentré et l'autre dans l'acide faible, occupant les branches d'un tube en U, l'acide faible attaque le plus fortement le métal, et le courant marche, par le multiplicateur, de l'acide concentré à l'acide étendu.

En général, la lame métallique attaquée prend l'électricité *négative*, pendant que la positive se répand dans le liquide ; de sorte que le courant va, dans le multiplicateur, de la lame la moins attaquée à celle qui l'est le plus.

* **671. Couple électrochimique.** — On voit, d'après ce qui précède, que le couple *électrochimique* est réellement formé d'un zinc et d'un cuivre séparés par du liquide, et non d'un zinc et d'un cuivre juxtaposés, comme dans la théorie de Volta ; le cuivre en contact avec un zinc ne faisant que transmettre l'électricité négative qui passe sur ce dernier pendant l'action chimique qui s'exerce à sa surface.

Puisque l'action chimique est la source de l'électricité dégagée par un couple métallique, on voit qu'on doit chercher à associer deux métaux dont l'un soit attaqué fortement par le liquide, et l'autre le moins possible ; l'intensité du courant sera d'autant plus grande que la différence d'action chimique sera elle-même plus grande.

* **672. Théorie chimique de la pile à plusieurs couples.** — Considérons, par exemple, trois couples égaux de zinc et cuivre cz, $c'z'$, $c''z''$ (*fig.* 543), séparés par de l'eau acidulée qui n'attaque que le zinc, et qui agisse d'une manière identique sur tous les couples, en y développant les mêmes quantités d'électricité. L'action chimique exercée sur le zinc z produit les deux électricités. Une partie se recombine à la surface même, mais il reste du fluide *positif* qui se répand dans le liquide zc', et du fluide *négatif* qui se porte sur le zinc z, et passe de là dans le cuivre c, puis dans l'eau acidulée où plonge l'électrode e. De même il y a de l'électricité dégagée à la surface du zinc z'. Le fluide *positif* se répand dans le liquide $z'c''$, et le fluide *négatif* sur $z'c'$, et de là dans le liquide $c'z$, où il neutralise le fluide positif provenant du couple cz. Le fluide *positif* qui vient en $z'c''$ est, de même, neutralisé par le fluide *négatif* provenant de l'action chimique exercée sur z'', et le fluide *positif* provenant de cette dernière action se rend enfin sur l'électrode f, qui forme le pôle positif de la pile.

Il y a donc à chaque extrémité de la pile, un excès d'électricité libre qui augmente très rapidement par la continuité de l'action chimique, mais qui atteint bientôt un maximum de tension, même si l'on suppose les électrodes séparées. En effet, les électricités des pôles se rejoignent à travers la pile même, et avec d'autant plus d'énergie que leur tension est plus grande. Il arrivera donc un moment où cette tension sera telle que la quantité ainsi détruite sera égale, à chaque instant, à celle que fournit l'action chimique. Le maximum de tension sera donc d'autant plus élevé que l'action chimique sera plus active, et que les fluides éprouveront plus de résistance à traverser la pile. Or, cette résistance s'accroît avec le nombre des couples, à cause de l'augmentation d'espace à parcourir.

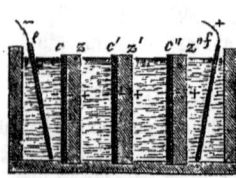

Fig. 543.

Si l'on réunit les pôles par un fil réophore, une partie des électricités accumulées passera par ces conducteurs, en formant le courant, et en quantité d'autant plus grande qu'ils offriront moins de résistance. Si ces conducteurs renfermaient des fils très fins, des interruptions que l'électricité dût franchir, des liquides peu conducteurs, si enfin le fil conjonctif était très long, la portion des fluides qui le parcourraient serait moindre, comme l'indiquerait l'aiguille aimantée ; alors une plus grande proportion se recombinerait à travers la pile même, dont il faudrait augmenter la résistance en augmentant le nombre des couples.

Quand la conductibilité du liquide de la pile est faible, la tension aux pôles tend à augmenter. C'est ce qui a lieu dans les piles sèches ; mais, d'un autre côté, le peu d'énergie de l'action chimique, fait qu'elles ne se rechargent que lentement quand on les a déchargées. Une pile zinc et cuivre montée avec de l'eau pure, est dans le même cas ; quoique l'action chimique soit faible, elle finit par présenter à ses pôles de fortes tensions, seulement il faut plus ou moins de temps pour atteindre le maximum que l'on obtient immédiatement quand l'eau est acidulée.

Il résulte de la théorie qui précède, qu'un seul couple doit donner la même quantité d'électricité (qu'il ne faut pas confondre avec la tension) que plusieurs couples égaux, *quand les pôles sont réunis par un conducteur ne présentant pas de résistance sensible* ; car ces pôles ne reçoivent que les électricités des couples extrêmes. C'est, en effet, ce qui a lieu, et le cou rant de plusieurs couples égaux ne dévie guère plus l'aiguille aimantée que celui que produit l'un d'eux isolément. La réunion de plusieurs couples a donc seulement pour effet, en augmentant la résistance de la pile, de rendre plus grande la proportion des électricités qui traversent la partie extérieure du circuit. Quand cette partie offre très peu de résistance, il faut donc se contenter d'un petit nombre de couples.

III. De l'affaiblissement de la pile. — Piles à deux liquides.

673. Une pile voltaïque dont le circuit est fermé, s'affaiblit d'abord rapidement, puis, plus lentement, de manière à ne donner bientôt que de faibles quantités d'électricité, même quand le liquide est en assez grande quantité autour de chaque couple, pour ne pas s'altérer sensiblement. Si l'on ouvre le circuit, la pile reprend peu à peu sa première énergie.

L'affaiblissement est dû principalement aux dépôts qui se forment sur les lames métalliques, par suite de la décomposition du liquide par l'action chimique. Sur les plaques les moins attaquées, comme le cuivre, il se dépose des bases ou de l'hydrogène ; et sur le zinc, des acides ou des corps analogues. C'est surtout sur la lame la moins attaquée que se forment les dépôts, ceux qui se portent sur la lame attaquée étant généralement dissous par le fait même de l'action chimique. Ainsi, les lames de cuivre plongées dans l'eau acidulée par l'acide sulfurique, se recouvrent d'hydrogène provenant de la décomposition de l'eau, et ce gaz forme une couche isolante qui empêche le passage de l'électricité, de la lame dans le liquide, et constitue une couche oxydable produisant les électricités en sens contraire de celles que produit le zinc. On rend momentanément de l'énergie à la pile de Wollaston en retirant les couples pour les replonger aussitôt, ce mouvement enlevant en partie les dépôts.

On voit pourquoi il y a avantage à donner une grande surface au cuivre, l'hydrogène étant alors en couche moins épaisse en chaque point ; et pourquoi il est bon d'ajouter un peu d'acide azotique à l'acide sulfurique, le premier acide absorbant l'hydrogène en lui cédant de l'oxygène, et passant à l'état d'acide hypo-azotique.

Pour avoir une pile à courant constant, il faut donc avant tout empêcher la formation du dépôt d'hydrogène. C'est ce qu'on est parvenu à faire dans *les piles à deux liquides*, nommées aussi *piles cloisonnées*. Il existe un grand nombre d'espèces de ces piles ; nous allons décrire les plus employées.

674. Pile de Daniell. — Cette pile, dont la *fig.* 544 représente un couple, est une des plus constantes que l'on connaisse. Le vase V contient de l'eau acidulée par l'acide sulfurique, dans laquelle plonge une lame de zinc z courbée en cylindre, et munie d'une bande de cuivre z'. Dans l'intérieur de ce cylindre, se trouve un *vase poreux* contenant une dissolution de *sulfate de cuivre*, dans laquelle plonge une lame de cuivre cc'. La *fig*. 545 représente la section par un plan vertical, d'un couple de Daniell, dans lequel la lame cylindrique de cuivre est remplacée par un simple fil c de même métal.

Le vase poreux, perméable aux liquides, permet à l'électricité de passer, tout en s'opposant au mélange de ces liquides. On le fait en porcelaine dégourdie ou en terre de pipe; on en a fait aussi en vessie, en cuir, en toile, même en bois.

Dans le couple de Daniell, l'action chimique exercée par l'acide sulfurique sur le zinc, produit du sulfate de zinc, et du gaz hydrogène qui tend à se porter sur le cuivre; mais comme ce gaz rencontre le sulfate de cuivre, il le décompose en se substituant au cuivre, qui se dépose sur la lame de cuivre c (*fig*. 544), ou en houppe sur le fil c (*fig*. 545). Cet hydrogène forme de l'eau avec l'oxygène de l'oxyde de cuivre, et l'acide sulfurique du sulfate est mis en liberté.

L'électricité négative se porte toujours sur le zinc, et la positive se rend sur le cuivre à travers le liquide. Pour que le courant soit constant, il faut que les liquides, surtout le sulfate de cuivre, conservent leur état de concentration.

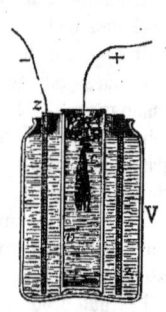

Fig. 544.   Fig. 545.

Pour le sulfate, on en met des cristaux dans une corbeille, comme on le voit *fig*. 545; ou, quand la pile doit servir longtemps, dans un ballon B (*fig*. 544), dont le col plonge dans la dissolution, et dans lequel les cristaux sont retenus par un bouchon échancré. La dissolution saturée tombe au fond du vase poreux, et est remplacée par celle qui s'est affaiblie et qui est moins forte.

L'eau acidulée perd peu à peu son acide, qui forme du sulfate de zinc. Ce sulfate allant au fond, la pile est d'abord peu affaiblie par cette cause. Quand elle doit fonctionner longtemps, on y fait arriver de l'acide sulfurique goutte à goutte, et l'on enlève de temps en temps les couches inférieures saturées de sulfate de zinc, au moyen d'un siphon.

Quand on veut former une pile de plusieurs couples, on réunit le zinc de chacun d'eux avec le cuivre du suivant, au moyen de vis, après avoir bien décapé les extrémités des bandes de cuivre, z', c' de chaque couple.

675. Piles à acide azotique autour du métal inactif. — Ces piles, moins constantes que celle de Daniell, donnent un courant plus intense ; elles ont été imaginées par M. Grove.

Pile de Grove. — On donne à cette pile la même forme qu'à celle de Daniell, dont elle diffère en ce que la lame de cuivre est remplacée par une lame de platine, et en ce que le vase poreux est rempli d'*acide azotique*. Le gaz hydrogène dégagé dans l'action de l'eau acidulée sur le zinc est arrêté par l'acide azotique, dont il prend une partie de l'oxygène en le faisant passer à l'état d'acide hypo-azotique.

Pile à charbon ou de Bunsen. — Le platine finissant par devenir très cassant sous l'influence de l'électricité, M. Grove eut l'idée, dès 1830, de le remplacer par du charbon. Mais ses essais étaient passés presque inaperçus, lorsque M. Bunsen, en 1843, eut aussi l'idée d'employer du charbon pour former la substance inactive du couple à acide azotique. Il imagina une espèce de charbon qu'on obtient en calcinant dans un moule en tôle, du coke en poudre impalpable mélangé avec la moitié de son poids de houille. On emploie aussi des prismes de cette plombagine artificielle qui se forme dans les cornues où l'on prépare le gaz d'éclairage. La *fig.* 546 représente

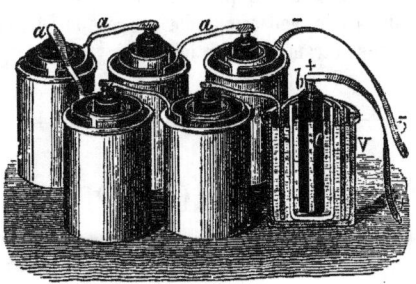

Fig. 546.

6 couples de la pile de Bunsen. En V est une coupe passant par l'axe de l'un de ces couples ; *c* est le charbon. Pour faire communiquer les couples entre eux, tantôt on entoure le charbon d'un collier serré par une vis, et muni d'une bande de cuivre qui va se réunir au moyen d'une pince à vis à une bande semblable soudée au zinc du couple suivant ; tantôt on termine les bandes *a, a, a...* soudées au zinc, par des troncs de cône en cuivre *b* (*fig.* 546) qu'on enfonce dans des trous pratiqués dans le cylindre de charbon. La bonne conductibilité des liquides rend cette pile très énergique ; mais quand elle fonctionne pendant quelque temps, l'acide azotique s'échauffe et répand des vapeurs d'acide hypo-azotique qui sont très incommodes. Cependant c'est celle qu'on emploie le plus souvent dans les applications industrielles de l'électricité. En France, on a adopté deux modèles principaux, l'un de 20 à 22^{cm} de hauteur, l'autre de 13 à 14.

676. Zinc distillé ; amalgamé. — Si l'on construit une pile en employant du zinc pur obtenu par distillation, ce métal n'est attaqué par l'eau acidulée que lorsque les électrodes sont réunies ; tandis que le zinc impur du commerce est attaqué inutilement, même quand le circuit étant ouvert, on ne fait pas usage de la pile. Il y a donc un grand avantage à employer le zinc distillé ; et cela s'applique également aux piles à deux liquides et aux piles à un seul liquide.

M. Kemp a découvert que le zinc ordinaire jouit des mêmes propriétés que le zinc distillé, quand on l'a amalgamé à sa surface. Pour faire cette opération, on étend du mercure des deux côtés de la lame, en frottant avec un tampon imbibé d'eau acidulée par l'acide sulfurique, qui décape le zinc. La surface de ce métal se trouve alors recouverte d'une couche d'un amalgame homogène, dont tous les points sont également oxydables, et qui n'est attaquée, quand le zinc entre dans la composition d'une pile, qu'autant que le circuit reste fermé. En outre, il se produit beaucoup plus d'électricité que si le zinc n'était pas amalgamé. La théorie chimique de la pile rend compte de ces résultats ; mais l'exposé de cette explication nous entraînerait trop loin [1].

CHAPITRE IV.

EFFETS PRODUITS PAR LES COURANTS.

§ 1. — EFFETS PHYSIOLOGIQUES.

677. Les courants produisent différents effets dans les corps qu'ils traversent : 1° *Effets physiologiques*, 2° *effets physiques et mécaniques*, 3° *effets chimiques*, 4° *effets magnétiques*. Nous ne parlerons pas dans ce chapitre des effets magnétiques, qui font l'objet d'une branche particulière de la physique, l'*électro-magnétisme*, qui sera traité dans un chapitre à part.

678. Effets sur les animaux morts. — Les effets physiologiques consistent dans les phénomènes produits sur les animaux morts ou vivants. Leur intensité dépend surtout du nombre des couples de la pile, parce que la tension des électricités doit être assez grande pour vaincre la résistance que les tissus, bien moins conducteurs que les métaux, opposent au passage des courants.

La première expérience à citer est celle de la grenouille de Galvani (658). Après l'invention de la pile, on fit agir cet appareil sur des animaux ou des

---

[1] Voir le *Traité de physique*, 2ᵉ édition, t. III, p. 334 à 337.

parties d'animaux de grande taille. Aldini ayant fait communiquer, au moyen de tiges métalliques, l'intérieur des oreilles de la tête d'un bœuf récemment tué, avec les deux pôles de la pile, vit aussitôt les yeux tourner dans leur orbite, les oreilles et la langue s'agiter, et les naseaux s'enfler, comme dans la plus violente colère. Des cadavres de bœufs, moutons, chiens, lapins, poulets, lui ont aussi donné des mouvements analogues à ceux qui se produisent pendant la vie.

Les expériences les plus frappantes sont celles qu'on a faites sur des cadavres humains ; nous citerons celles qui ont été faites à Glasgow par Andrew Ure sur le cadavre d'un supplicié. L'un des pôles d'une pile à colonne de 270 couples ayant été mis en communication avec la moëlle épinière mise à nu au-dessous de la nuque, et l'autre pôle, avec une incision faite au talon, la jambe, préalablement repliée sur elle-même, fut lancée avec violence. L'un des pôles ayant été introduit dans une incision faite près de la septième côte, et l'autre pôle mis en contact avec un nerf du cou, tous les mouvements qui accompagnent la respiration se produisirent.

Un nerf du sourcil ayant été touché avec l'un des pôles, pendant que l'autre était enfoncé dans l'incision faite au talon, les muscles de la face se contractèrent d'une manière effroyable. Le courant ayant été dirigé de la moëlle épinière au nerf ulnaire, dans le coude, ou à une légère incision faite à un doigt, les doigts et le bras s'agitèrent convulsivement. Du reste, tous ces mouvements étaient incertains et désordonnés.

Les muscles qui ne sont pas soumis à la volonté, comme le cœur, la tunique musculaire de l'estomac ou des intestins, sont aussi susceptibles de se contracter pendant le passage d'un courant.

Conditions de la contraction. — 1° Pour qu'il y ait contraction, il faut que le courant parcoure les nerfs dans le sens de leur longueur ; s'il ne fait que traverser les masses musculaires, il n'y a pas d'effets, à moins qu'il ne soit très énergique, et ne vienne à rencontrer les ramifications nerveuses qui s'y distribuent.

2° Les contractions ne se manifestent qu'au moment où l'on introduit le courant dans les muscles, et au moment où on le supprime ; il n'y en a pas pendant tout le temps qu'il circule avec une intensité constante.

679. Effets sur les êtres vivants ; commotion voltaïque. — Quand on fait communiquer les pôles d'une pile au moyen d'une partie du corps, on éprouve une secousse accompagnée de douleurs d'autant plus fortes que la pile se compose d'un plus grand nombre de couples. Gay-Lussac ayant éprouvé la commotion des 600 couples de la batterie à auges de l'Ecole polytechnique, s'en ressentit pendant plus de 24 heures, et conserva pendant tout ce temps une grande faiblesse dans les bras. La commotion d'une pile de Bunsen de 100 couples est très dangereuse. Quand la pile n'est pas très forte, il faut mouiller les mains avec de l'eau salée, pour augmenter la conductibilité de l'épiderme, et saisir des cylindres métalliques fixés aux réophores.

La commotion se fait sentir au moment où l'on établit la communication, puis on n'éprouve plus qu'un léger frémissement dans les muscles, accompagné d'une irritation sourde particulière. Une nouvelle commotion se produit au moment où l'on interrompt la communication.

Il résulte des expériences de M. Marianini, que, dans les muscles où le courant passe dans le sens des ramifications des nerfs, il y a contraction sans douleur vive, quand on l'établit, et douleur sans contraction, quand on le supprime. C'est le contraire dans les muscles où le courant marche en sens inverse des ramifications des nerfs.

On emploie les commotions répétées pour rétablir les fonctions vitales dans les muscles paralysés, mais on se sert pour cela aujourd'hui d'appareils d'*induction*, qui sont bien préférables, et que nous décrirons plus tard. Nous verrons, en même temps, les divers moyens employés pour obtenir les intermittences dans le passage du courant.

680. Effets des courants continus. — Si un courant continu ne fait pas contracter les muscles, il agit néanmoins sur les nerfs, dont il diminue peu à peu l'irritabilité. Il peut aussi transporter des fluides à travers les tissus organiques, ranimer les actions vitales, rétablir certaines fonctions, modifier les sécrétions, les exhalations.

Aldini a pu ranimer des chiens et autres animaux noyés, ou asphyxiés au moyen de gaz, en faisant passer un courant, de la bouche au rectum. MM. Pouillet, Magendie, Andral et Roulin ont fait une série d'expériences analogues : des cochons d'Inde asphyxiés, ne donnant plus signe de vie depuis une demi-heure, furent rappelés à la vie ; le mouvement respiratoire étant rétabli, le cœur se contracta et la circulation reprit son cours. — Ces phénomènes et un grand nombre d'autres sont invoqués par certains physiologistes à l'appui de l'hypothèse de l'identité du *fluide nerveux* et de l'électricité.

§ 2. — EFFETS PHYSIQUES DES COURANTS.

I. Effets calorifiques et mécaniques.

681. Échauffement des fils métalliques. — La pile de Volta venait à peine d'être découverte, que Thénard et Hachette reconnaissaient que la décharge de ses pôles peut, comme celle des batteries, faire rougir, fondre ou volatiliser des fils métalliques. — L'échauffement d'un même fil persiste pendant tout le temps du passage du courant, et est le même dans toute sa longueur. Il augmente avec la quantité d'électricité qui passe dans un temps

EFFETS MÉCANIQUES.   541

donné, par conséquent avec l'*étendue* des couples de la pile. Par exemple, un seul couple de Wollaston peut faire rougir un fil très fin, ce que ne pourrait faire une pile à couronne de 100 couples. La *fig.* 547 montre comment on dispose l'expérience ; *a* et *c* sont les électrodes. Plus le fil est fin, court et mauvais conducteur, plus il s'échauffe. On voit facilement pourquoi un fil fin rougit mieux qu'un fil plus gros ; c'est qu'il passe plus d'électricité par chaque point du premier. La longueur n'a d'influence qu'en modifiant la résistance que le courant éprouve à parcourir le fil, dont la section est beaucoup plus petite que celle des réophores, ce qui fait que le courant est affaibli, une plus grande proportion des électricités se recombinant à travers la pile (672). Mais si l'on a soin de laisser au courant toujours la même intensité, en augmentant le nombre des couples quand le fil est plus long, on obtient le même échauffement.

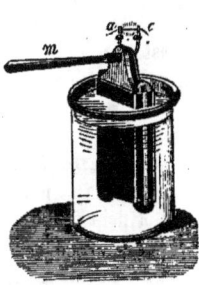

Fig. 547.

On met en évidence l'influence de la conductibilité du fil, en faisant passer le courant à travers deux fils différents de même longueur et même diamètre, soudés l'un au bout de l'autre ; le fil le moins conducteur peut fondre ou rougir, pendant que l'autre ne change pas d'aspect.

★ **682. Lois de Joule.** — *Lorsqu'un courant traverse un fil métallique homogène, le nombre des calories dégagées dans l'unité de temps est proportionnel* : 1° *à la résistance que ce fil oppose au passage de l'électricité ;* 2° *au carré de l'intensité du courant ;* cette intensité étant mesurée par la quantité d'eau que peut décomposer le courant pendant l'unité de temps dans un *voltamètre,* instrument que nous décrirons plus tard. Pour démontrer ces lois, M. Joule faisait passer le courant dans un fil métallique enroulé en hélice sur un tube de verre plongé lui-même dans l'eau d'un petit calorimètre (424). Comme l'eau conduit imparfaitement, le courant ne pouvait sauter d'une spire à l'autre. La quantité de chaleur dégagée dans un temps donné était déduite de l'élévation de température de l'eau. La quantité d'électricité qui avait traversé le fil pendant le même temps, était évaluée, en prenant pour unité *la quantité d'électricité capable de décomposer, en une heure,* 100 *grains d'eau*. Le courant constant capable de fournir cette quantité déviait l'aiguille du réomètre, de 33°,5 ; de sorte que la déviation permettait de calculer, en fonction de cette unité, la quantité d'électricité passée en un temps donné. — Ces lois ont été vérifiées par M. Lenz, E. Becquerel et Botto.

★ **683. Influence du milieu sur l'échauffement des fils.** — Quand on plonge dans l'eau un fil parcouru par un courant capable de le faire rougir, il cesse d'être incandescent. Il y a à cela une autre cause que le froid produit par le contact de l'eau ; c'est que *le refroidissement augmente la conductibilité du fil*, et nous savons que l'effet calorifique diminue en même temps que la résistance. D'un autre côté, l'intensité du courant augmente quand la conductibilité du fil diminue et qu'on ne change rien au reste du circuit. Un fil plongé dans un milieu refroidissant prendra donc une température qui dépendra à la fois de ces deux causes, qui agissent en sens inverse. Davy a fait à ce sujet l'expérience curieuse qui suit : pendant qu'un fil est porté au rouge cerise par le passage d'un courant, on en plonge la partie moyenne dans l'eau, ou on la touche avec un morceau de glace ; on voit aussitôt le reste du fil devenir rouge blanc et même fondre : c'est que le courant est devenu plus intense, parce que la résistance de la partie refroidie a diminué. Si, au contraire, on fait rougir à blanc le milieu du fil, au moyen d'une flamme, les parties extrêmes deviennent obscures.

684. Effets mécaniques. — Le passage prolongé d'un courant peut modifier la structure de certains métaux et diminuer leur ténacité ; mais les principaux effets mécaniques des courants sont les transports de liquide à travers des cloisons poreuses.

Si l'on plonge les électrodes d'une pile de 60 à 80 couples dans des masses d'eau séparées l'une de l'autre par une membrane de vessie, ou par un vase poreux, on voit l'eau baisser peu à peu du côté du pôle positif, et s'élever de l'autre côté. D'autres liquides donnent les mêmes résultats ; toujours le transport se fait, à travers la cloison, dans le sens de la propagation du fluide positif.

M. Wiedemann a reconnu que : 1° *Les quantités de liquide transportées dans des temps égaux sont proportionnelles aux intensités des courants* ; 2° *elles sont indépendantes de l'épaisseur et de la surface du vase poreux*. En opérant avec des liquides différents, on a constaté que la quantité transportée augmente avec la résistance du liquide. L'acide sulfurique étendu d'eau, qui est bon conducteur, n'est pas transporté en quantité appréciable.

II. Chaleur et lumière dans l'arc voltaïque.

685. De l'arc voltaïque. — Quand on laisse une petite solution de continuité dans le fil qui réunit les deux pôles d'une forte pile, on obtient des étincelles tellement rapprochées, qu'elles forment une lumière continue, dont l'éclat est surtout éblouissant quand on la fait jaillir entre deux pointes d'un charbon conducteur, comme la plombagine. Quand la pile est composée d'un grand nombre de couples, on peut éloigner les charbons, de plusieurs centimètres, et l'espace qui les sépare reste constamment rempli par une bande éblouissante un peu ovale. Cette bande lumineuse, désignée sous le nom d'*arc voltaïque*, a été observée pour la première fois par Davy, au moyen d'une pile à couronne de 2000 couples. L'arc voltaïque s'obtient facilement aujourd'hui avec les piles à charbon. Il suffit de 60 couples du grand format, pour produire de brillants effets. On peut opérer dans le vide et dans divers gaz, au moyen de l'appareil (*fig.* 548). La tige *t* peut glisser dans une boîte à cuir qui permet de rapprocher plus ou moins les charbons. Pour que l'arc lumineux se produise, il faut d'abord que les pointes soient très rapprochées ; mais une fois que l'électricité a pu franchir l'espace qui les sépare, on peut écarter les charbons, sans que la lumière cesse de briller, et à une distance bien plus grande dans le vide que dans les gaz. — Quand on opère dans l'air, les charbons brûlent et leur distance augmente ; il faut donc les rapprocher de temps en temps.

686. Transport de particules dans l'arc voltaïque. — Il se fait, *du pôle positif au pôle négatif*, un transport de particules incandescentes de charbon, qu'on peut distinguer en regardant à travers des verres colorés. Ces particules font paraître l'arc comme agité, et leur répulsion mutuelle concourt à lui donner sa forme ovale. Le charbon négatif s'allonge peu à peu en cône, par l'accumulation des particules transportées, et le charbon positif présente une cavité, telle que la masse accumulée au pôle négatif pourrait s'y mouler presque exactement. Quand on opère dans l'air, la pointe négative ne s'accroît pas autant, à cause de la combustion d'une partie des particules, et le charbon négatif est terminé par une surface plane, sans doute à cause de la combustion des bords de la cavité conique.

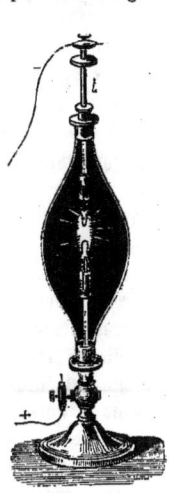

Fig. 548.

Le transport de particules dans l'arc voltaïque, explique pourquoi on peut écarter les charbons quand l'électricité a commencé à franchir l'espace qui les sépare ; les particules servant d'intermédiaire, comme les losanges des tubes étincelants (640). Aussi, peut-on faire jaillir l'arc lumineux sans rapprocher d'abord les charbons, en faisant partir entre eux une forte étincelle électrique, qui produit un transport de particules (636). Un courant d'air peut rompre l'arc, sans doute en entraînant les particules.

Le transport de particules a lieu avec d'autres électrodes que le charbon, et l'arc peut persister à une distance d'autant plus grande, que les particules peuvent être arrachées plus facilement, soit à cause de la faible ténacité, soit à cause de la fusibilité des électrodes. — L'expérience montre que la température est plus grande au pôle positif qu'au pôle négatif. Par exemple, si les électrodes sont en platine, il peut y avoir fusion à l'électrode positive pendant que l'autre n'est que faiblement chauffée ; ce qui explique pourquoi le transport des particules se fait du pôle positif au pôle négatif.

Comme, malgré les particules interposées, l'espace compris entre les électrodes présente toujours une grande résistance, il faut employer un grand nombre de couples associés en série. Quand on réunit plusieurs séries, ce qui revient à employer des couples à plus grande surface (665), l'arc, à égalité de tension et de longueur, donne une lumière plus vive.

687. Propriétés de l'arc voltaïque. — On distingue dans l'arc voltaïque des propriétés *magnétiques*, *calorifiques* et *lumineuses*.

Magnétisme. — Davy a reconnu que l'arc voltaïque est attiré par le pôle d'un fort aimant présenté transversalement, ou en est repoussé, suivant le sens du courant et le pôle de l'aimant, en prenant une courbure d'autant plus prononcée que l'aimant est plus fort.

Chaleur. — La chaleur de l'arc voltaïque est la plus intense que l'on connaisse; elle peut fondre, volatiliser les substances les plus réfractaires. Ces substances sont placées dans une cavité creusée à l'extrémité du charbon inférieur, par lequel on fait arriver le fluide positif. Au moyen de 600 couples de Bunsen, disposés en 6 séries parallèles, Despretz a pu volatiliser l'oxyde de zinc, la chaux, la magnésie, le bore, le silicium, le titane, le tungstène. Un cylindre de charbon pur s'est ramolli au point de se courber sous son propre poids; le diamant s'est transformé en graphite. En opérant pendant très longtemps, le même physicien a trouvé sur un faisceau de fils de platine formant l'électrode négative, un dépôt noir, parsemé de petits octaèdres microscopiques, les uns noirs, les autres translucides, ayant la dureté du diamant.

Lumière. — Tandis que la chaleur réside surtout à l'électrode positive (684), la lumière de l'arc prend d'abord naissance au pôle négatif, et s'étend ensuite jusqu'à l'autre pôle. Cette lumière ressemble beaucoup à celle du soleil, et possède beaucoup de ses propriétés : elle produit les mêmes actions chimiques, et peut même la remplacer dans les opérations de la *photographie*.

688. Eclairage électrique. — Après l'invention des piles à charbon, dont il suffit de réunir 50 éléments pour obtenir un arc de 7 à 8 millimètres de longueur, on a conçu l'idée d'appliquer l'arc voltaïque à l'éclairage.

Dans les premiers essais, on était obligé d'avoir constamment près de l'appareil, une personne chargée de rapprocher les charbons, qui s'usent plus ou moins rapidement. On a imaginé depuis des *régulateurs* très ingénieux, au moyen desquels les charbons sont rapprochés convenablement, dès qu'ils se sont raccourcis d'une certaine quantité. Le mouvement qui leur est imprimé est la conséquence de l'affaiblissement qu'éprouve le courant par l'augmentation de la distance. Ces appareils fonctionnent donc d'eux-mêmes; leur jeu est fondé sur l'emploi d'un *électro-aimant*; nous y reviendrons plus tard.

ÉLECTRO-CHIMIE.

Depuis l'invention des régulateurs, la lumière électrique a reçu une foule d'applications; on s'en est servi pour éclairer les travaux de nuit, pour embellir les fêtes publiques, pour produire différents effets dans les théâtres. On l'emploie pour remplacer les rayons solaires dans les expériences d'optique, pour éclairer les phares, etc. Nous verrons plus tard comment on peut produire économiquement cette lumière, au moyen des appareils d'*induction*.

§ 2. — EFFETS CHIMIQUES DES COURANTS. — ÉLECTRO-CHIMIE.

I. Décompositions produites par les courants.

689. L'étude des actions chimiques que produisent les courants électriques forme l'*électro-chimie*. On peut regarder comme se rattachant à cette science, les détails que nous avons donnés sur les sources chimiques d'électricité, et sur la théorie chimique de la pile (669).

Les effets chimiques des courants consistent principalement dans les décompositions qu'ils produisent quand ils traversent un corps composé, liquide ou en dissolution. Les résultats dépendent à la fois du nombre et de la grandeur des éléments de la pile; il en faut un certain nombre pour que la décomposition commence, et une fois ce nombre réalisé, la décomposition est d'autant plus rapide que les éléments ont une plus grande surface, c'est-à-dire qu'il passe une plus grande quantité d'électricité en un temps donné.

690. Décomposition de l'eau. — Le premier cas de décomposition observé est celui de l'eau. En 1800, Carlisle et Nickolson, ayant monté une pile à colonne avec des disques de zinc et d'argent, sentirent une odeur analogue à celle du gaz hydrogène produit par un mélange d'eau, d'acide sulfurique et de zinc. Ayant alors fait passer le courant à

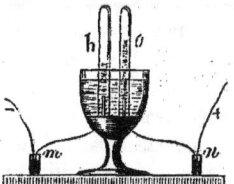

Fig. 549.

travers de l'eau, ils virent du gaz hydrogène se dégager au pôle positif, et des traces d'oxydation se manifester au pôle négatif.

Voltamètre. — Pour produire la décomposition de l'eau, on emploie un petit appareil nommé *voltamètre* (*fig.* 549). Un vase de verre est traversé par des fils de platine isolés, dont les extrémités sortent en dedans du vase. On met leur partie extérieure en communication avec les pôles d'une pile. Le vase contient de l'eau, à laquelle on mêle quelques gouttes d'acide sulfurique, quand la pile n'a pas un grand nombre d'éléments, pour rendre le liquide meilleur conducteur, et l'on fait communiquer les deux fils, en m et n, avec les pôles de la pile. On voit aussitôt partir de chaque point des fils de platine, de petites bulles de gaz, que l'on recueille dans des éprouvettes en verre.

o, h, placées au-dessus. — Ce qu'il y a de très remarquable, c'est que les éléments de l'eau se dégagent séparément; l'oxygène apparaît seul en o, sur le fil qui apporte l'électricité positive, et l'hydrogène en h sur celui qui apporte l'électricité négative. C'est ainsi que l'eau fut pour la première fois décomposée, et ses éléments recueillis séparément. En h, on trouve deux fois plus de gaz qu'en o; ce qui montre que l'eau est formée de 2 volumes d'hydrogène pour 1 volume d'oxygène. Cependant, quand l'opération dure longtemps, ces proportions peuvent être altérées, surtout quand les fils de platine sont remplacés par des lames. Il manque le plus souvent un peu d'oxygène, qui se combine à l'état naissant avec l'eau, pour former de l'*eau oxygénée*. L'hydrogène peut ensuite être absorbé par l'oxygène de l'eau oxygénée, qui arrive jusqu'à lui en se répandant dans le liquide.

Electrolyse. — M. Faraday a désigné sous le nom d'*électrolytes* (ἤλεκτρον, λυω, délier), les substances décomposables directement par les courants, et dont les éléments sont séparés les uns des autres comme dans la décomposition de l'eau.

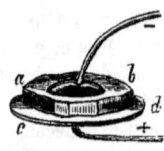

Fig. 550.

Du mot *électrolyte* dérivent plusieurs autres termes: *électrolyser* signifie décomposer par le courant; *électrolysation* ou *électrolyse*, l'action d'électrolyser, etc. M. Faraday désigne sous le nom d'*électrode* (ὁδός chemin), tout point par lequel le courant entre ou pénètre dans un corps, et par conséquent les extrémités des réophores de la pile.

691. Décomposition des oxydes en général. — Les oxydes autres que l'eau peuvent aussi être décomposés par les courants. L'expérience la plus remarquable à cet égard est celle qui a conduit Davy[1] à la découverte des métaux alcalins. Davy plaça un fragment de potasse rendu conducteur par l'humidité (*fig.* 550), sur une lame isolée en platine, cd, fixée au pôle positif d'une pile de 250 couples, et il vit apparaître au pôle négatif, des globules d'un brillant métallique, dont la plupart brûlaient avec explosion, tandis que d'autres se conservaient, mais se recouvraient rapidement d'une couche blanche, en s'oxydant au contact de l'air; en

---

[1] Davy (Humphry), chimiste célèbre, né en 1775, à Penzance (comté de Cornouailles), mort à Genève en 1829, fut placé chez un chirurgien-pharmacien; il y prit le goût de la chimie, et fut remarqué par le Dr Beddoes, qui lui donna la direction de son institution médicale, près Bristol. Là, Davy se lia avec Rumfort, professa la chimie avec un grand succès, à l'institution pour le progrès de la physique, créée par ce dernier, fit ensuite un cours de chimie agricole, et entra, en 1803, à la Société Royale dont il devint président en 1820. En 1813, il fit un voyage en France avec sa femme. Davy avait une imagination ardente qui lui fit comprendre toute la portée du moyen d'analyse fourni par la pile; indépendamment de ses brillantes recherches sur l'électro-chimie, on lui doit la découverte du protoxyde d'azote, diverses applications importantes, entr'autres la *lampe de sûreté* des mineurs, et d'avoir prouvé que le chlore est un corps simple.

même temps, de l'oxygène se rendait au pôle positif. Les globules se rendant au pôle négatif étaient formés d'un métal nouveau, auquel il donna le nom de *potassium*; métal mou comme la cire, plus léger que l'eau, et ayant la propriété de la décomposer à la température ordinaire. — On obtient le potassium à l'abri du contact de l'air, par un moyen, dû à Seebeck, qui permet en outre d'opérer avec un nombre beaucoup plus petit de couples. On met du mercure dans une cavité du fragment de potasse *ab* (*fig*. 550), et l'on y enfonce le fil négatif de la pile. Le potassium prend naissance au milieu du mercure, et forme avec lui un amalgame, que l'on distille ensuite à l'abri de l'air, dans les vapeurs d'huile de naphte, pour vaporiser le mercure. Si l'on remplit la cavité d'huile de naphte, le potassium apparaît sous forme de globules, dans ce liquide qui le préserve de l'oxydation; mais il faut alors une pile très forte, par exemple, de 20 à 30 couples à charbon.

On a reconnu, par la même méthode, que les autres alcalis et les substances désignées sous le nom de *terres*, ne sont aussi que des oxydes de certains métaux, qu'on est parvenu à isoler depuis, par des méthodes purement chimiques.

Les oxydes anhydres, comme l'oxyde de zinc, les oxydes de cuivre, l'oxyde d'argent..., qui ne sont pas conducteurs, ne peuvent être décomposés à l'état solide; alors on les dissout dans l'ammoniaque, ou bien on les fond par la chaleur, ce qui les rend le plus souvent bons conducteurs. La

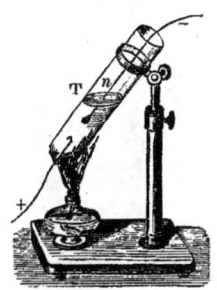

Fig. 551.

fig. 551 représente une des dispositions employées pour opérer sur les corps en fusion.

★ **De l'ammonium.** — Si, ayant rempli de mercure une cavité pratiquée dans un morceau de sel ammoniac humide, on opère comme sur la potasse, on voit le mercure se gonfler et acquérir un volume 5 à 6 fois plus grand, en prenant une consistance pâteuse. Berzélius a admis qu'il s'est formé un amalgame d'un radical, qu'il a nommé *ammonium*, analogue par ses propriétés aux métaux alcalins, et qui entrerait dans la composition de l'ammoniaque.

692. Acides et composés binaires non oxygénés. — Quand un acide oxygéné est décomposé par un courant, l'oxygène se dégage toujours au pôle positif, et la substance unie à ce gaz se dépose au pôle négatif.

Avec les acides hydrogénés, comme les acides chlorhydrique, bromhydrique, sulfhydrique..., l'hydrogène se rend toujours au pôle négatif, et la substance à laquelle il est uni, au pôle positif.

Les composés binaires métalliques, comme les chlorures, sulfures..., en dissolution dans l'eau, sont décomposés directement : le métal se porte au pôle négatif, comme dans la décomposition des oxydes métalliques. Quand le métal est capable d'agir sur l'eau à froid, comme le potassium, la décomposition est suivie d'une action secondaire : Au pôle négatif, l'eau est décomposée par le métal, qui s'empare de son oxygène pour former un oxyde, et l'hydrogène se dégage. Les iodures sont surtout facilement décomposables : si l'on trempe dans une dissolution d'*iodure de potassium*, une bande de papier enduite d'amidon, un seul couple suffit pour qu'on voie apparaître au pôle positif, une tache bleue provenant de l'action de l'iode sur l'amidon. — Quand la substance est insoluble, on la fond ; si elle est alors conductrice, la décomposition a lieu.

693. Corps électro-positifs et électro-négatifs. — Dans les décompositions produites par les courants, on donne le nom de corps *électro-positifs* à ceux qui se rendent au pôle *négatif*, et de corps *électro-négatifs*, à ceux qui se rendent au pôle *positif*.

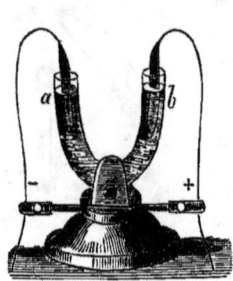

Fig. 552.

Ainsi, dans la décomposition de l'eau, l'hydrogène est électro-positif, et l'oxygène électro-négatif. Ces dénominations viennent de ce que l'on suppose que les molécules qui entrent dans un composé sont naturellement électrisées, et comme les électricités contraires s'attirent, les molécules électrisées *positivement* ou *électro-positives* sont sollicitées vers le pôle négatif de la pile, et réciproquement. Du reste, une même substance peut être électro-positive ou électro-négative, suivant la nature de celle avec laquelle elle est combinée.

694. Décomposition des sels oxygénés. — Si l'on plonge des électrodes de platine dans une dissolution d'un sel contenant un métal incapable de décomposer l'eau, le sel est décomposé, l'acide se porte au pôle positif avec l'oxygène de la base, qui elle-même est décomposée, et le métal se dépose au pôle négatif. C'est ce qui a lieu, par exemple, pour le sulfate de cuivre, l'azotate d'argent. Quand le courant est très énergique, l'acide lui-même peut être décomposé ; son oxygène se dégage au pôle positif, et la substance à laquelle il est uni, au pôle négatif.

Quand le métal du sel est susceptible de décomposer l'eau, on trouve au pôle négatif, la base du sel décomposé, et il y a en même temps dégagement d'oxygène et d'hydrogène, qui se rendent aux pôles. C'est ce qui a lieu, par exemple, avec le sulfate neutre de potasse.

L'expérience se fait au moyen d'un tube en U (*fig.* 552), dans lequel on met le sel en dissolution dans l'eau. Des lames de platine accrochées aux fils de la pile plongent dans les branches *a* et *b*. Si l'on colore la dissolution au moyen de sirop de violette, qui a la propriété de rougir au contact des acides et de verdir au contact des bases alcalines, on la verra rougir en *b*, et devenir verte en *a*.

Ce résultat peut s'expliquer de deux manières : 1° on peut supposer que l'acide et la base sont simplement séparés, et que leur séparation est accompagnée de la décomposition d'un peu d'eau ; 2° on peut admettre que les choses se passent d'abord comme avec le sulfate de cuivre ; mais que le potassium, mis en liberté au pôle négatif, décompose l'eau, en formant de la potasse et dégageant l'hydrogène, qui se rend avec la potasse formée, au pôle négatif. A l'appui de cette dernière explication, on a fait l'expérience suivante : on prend pour électrode négative, du mercure renfermé dans un tube recourbé *ac* (*fig.* 553), le potassium s'amalgame avec la surface du mercure, au moins en partie, et échappe ainsi à l'action de l'eau.

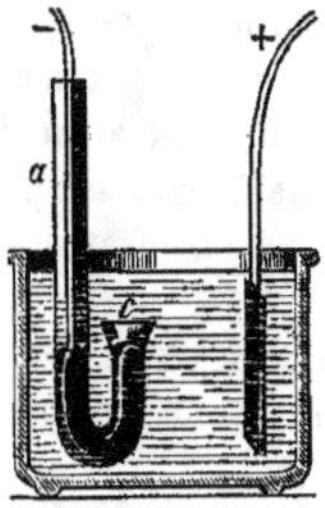

* **695. Anneaux de Nobili.** — Le dépôt qui se forme sur les lames servant d'électrodes présente, quand il est en couche très mince, des couleurs irisées semblables à celles que produisent toujours les lames excessivement minces, comme nous le verrons dans l'optique. Voici comment on opère. On fait communiquer avec l'un des pôles d'une pile, une plaque horizontale, de platine, argent ou acier *ab* (*fig.* 554), garnie d'un rebord en cire, sur laquelle on verse une dissolution électrolytique. On enfonce verticalement dans cette dissolution un fil de platine communiquant avec l'autre pôle, et enveloppé d'une matière isolante, excepté à son extrémité qu'on place très près de la plaque. Quand on fait passer à travers ce système un courant assez faible, il se forme bientôt sur la plaque, des anneaux de différentes couleurs ; dus à un dépôt d'oxyde ou de métal, quand la plaque est négative, et probablement à une altération de la surface par les acides, quand elle est positive. Avec l'acétate de plomb, ces anneaux présentent les couleurs de l'arc-en-ciel.

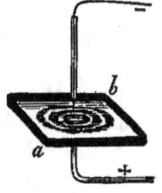

Fig. 553.

Fig. 554.

* **696. Transport des éléments à travers plusieurs dissolutions**. — Berzélius et Hisinger ont les premiers appelé l'attention sur le transport aux électrodes, des éléments séparés dans l'électrolyse ; mais c'est Davy qui a montré toute l'importance de ce phénomène, et a fait voir qu'il peut se produire, même à travers une série de dissolutions réunies par des conducteurs humides.

Considérons trois vases, *a*, *m*, *c* (*fig.* 555) réunis deux à deux par une mèche de coton mouillé A, ou par un tube en siphon, T, rempli d'eau ou d'argile humide. En a il y a une dissolution d'un sel neutre alcalin ; en c et en m, de l'eau distillée, et les liquides des trois vases sont colorés avec du sirop de violette. Dès que le courant est établi, la base du sel apparaît autour de l'électrode négative, où la liqueur se colore en vert ; et l'acide, à l'électrode positive, où elle prend la couleur rouge. Le liquide de m ne change pas de couleur ; cependant il a dû être traversé par l'acide se ren-

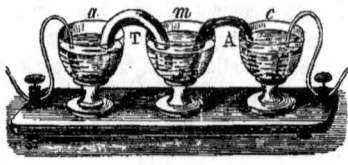

Fig. 555.

dant dans le vase c, si le vase a reçoit l'électrode négative, et par la base, si ce vase reçoit l'électrode positive.

S'il y a en m une dissolution de potasse, et que le sel soit dans le vase négatif, l'acide apparaîtra encore au pôle positif, après avoir traversé la potasse *sans se combiner avec elle*. Si, le sel étant dans le vase positif, il y a un acide en m, la base apparaît de même en c, après avoir traversé cet acide. Il faut une pile assez forte et un temps assez long pour que ces effets se manifestent, à cause de la faible conductibilité de l'eau.

Quand la base et l'acide qui se rencontrent dans le vase m sont susceptibles de former un sel insoluble, ils se combinent en formant un précipité, et le vase c ne reçoit plus l'élément qui devait s'y rendre.

697. Théorie de Grotthuss. — Pour expliquer l'apparition aux électrodes des éléments séparés dans l'électrolyse, Grotthuss, dès 1805, a proposé une théorie ingénieuse, qui s'appuie sur une hypothèse due à Davy, consistant à considérer les molécules réunies dans un composé, comme constituées dans des états électriques opposés. Considérons, par exemple, l'eau, et soit ac (*fig.* 556) une file de molécules placées entre les électrodes de platine p', p, et supposons que l'hydrogène, dont les atomes sont représentés par des points noirs, soit électrisé positivement, et que l'oxygène, dont l'atome est représenté par un cercle blanc, soit électrisé négativement. Les molécules d'eau obéissant aux actions des électricités accumulées sur les électrodes, vont se tourner comme l'indique la figure. L'hydrogène de chacune d'elles sera attiré par p', et repoussé par p du côté de p'. L'oxygène sera, de même, sollicité du côté de p. Si ces actions sont assez énergiques, l'hydrogène de la molécule a sera séparé de son oxygène et se dégagera au pôle p'. L'oxygène de cette molécule, repoussé par p', rencontrera l'hydrogène de la molécule suivante m, et se

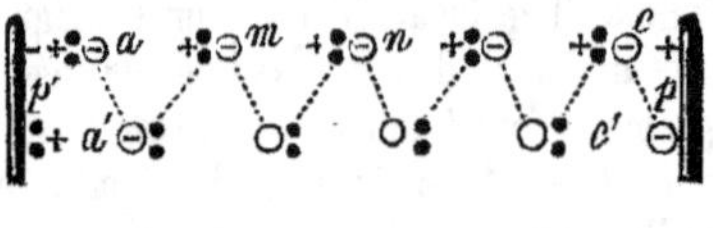

Fig. 556.

combinera avec lui. De même l'oxygène, séparé de m, se combinera avec l'hydrogène de n, et ainsi de suite, de manière que l'oxygène de la molécule c se trouvera mis en liberté, et que la série ac prendra l'état indiqué en $a'c'$. Les choses se passeront de la même manière dans toutes les séries de molécules que l'on pourra imaginer entre les électrodes. Cette explication s'applique à tous les composés binaires. On voit qu'il n'y a pas là réellement transport des éléments.

Dans le cas des sels, dont le métal apparaît seul au pôle négatif, et dans celui du transport à travers plusieurs vases, le phénomène est plus compliqué ; mais on peut encore en rendre compte en appliquant l'hypothèse de Grotthuss [1].

★ **698. Polarisation des électrodes.** — Les lames de platine qui ont servi d'électrode possèdent la propriété de donner un courant quand, ayant supprimé la pile, on les réunit par un fil métallique. Ce *courant secondaire* découvert par M. de La Rive, est dirigé en sens contraire de celui que la pile avait fourni. Il se produit encore quand, après avoir essuyé et lavé avec de l'eau les lames de platine, on les plonge dans un liquide autre que l'électrolyte qu'elles ont servi à décomposer. On peut montrer l'existence de ce courant, par une expérience très simple : on décompose l'eau dans deux voltamètres V, V' (*fig.* 557), réunis dans le même circuit au moyen d'un fil métallique m.

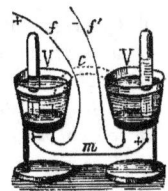

Fig. 557.

Au bout de quelque temps, on supprime les communications f, f' avec la pile, et l'on fait communiquer les liquides des vases, au moyen d'une mèche de coton mouillé c. On voit le gaz continuer à se dégager pendant quelque temps sur les électrodes que réunit le fil m ; seulement l'hydrogène apparaît là où se dégageait l'oxygène, et vice-versâ.

Le courant secondaire est dû aux substances solides, liquides ou gazeuses, déposées sur les électrodes, qui sont dites alors *polarisées*. Ces substances réagissent les unes sur les autres à travers le liquide, et produisent un courant qui va, dans ce liquide, du dépôt qui joue le rôle de base à celui qui joue le rôle d'acide. Pour le prouver, il suffit de tremper des lames neuves, l'une dans un acide, l'autre dans une base, de les réunir par un réomètre après les avoir essuyées et lavées, et de les plonger dans de l'eau ; on a aussitôt un courant.

699. Lois de l'électrolyse. — Les plus importantes de ces lois ont été découvertes par M. Faraday.

1° *L'action décomposante d'un courant, ou sa puissance chimique, est la même dans toutes ses parties.* En effet, si l'on introduit plusieurs

---

[1] Voyez *Traité de Physique*, 2ᵉ édition, t. III, p. 458.

voltamètres dans le même circuit, on trouve, au bout d'un certain temps, des quantités égales d'oxygène et d'hydrogène dans chacun d'eux.

2° *La quantité de substance décomposée est proportionnelle à la quantité d'électricité qui passe dans un temps donné.* En effet, si le courant se bifurque en *o* (*fig.* 558) pour traverser deux voltamètres identiques *a* et *b*, de manière qu'il passe autant d'électricité dans chacun d'eux, on trouve en *a* et *b* les mêmes quantités de gaz au bout du même temps, et ces quantités sont égales à la moitié de celle que l'on trouve dans le voltamètre *m*, par lequel passe une quantité double d'électricité. Si l'un des voltamètres *a* ou *b*, présentant

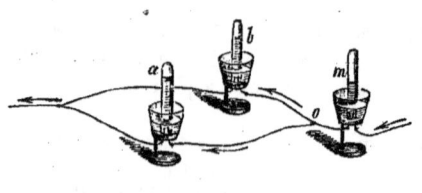

Fig. 558.

plus de résistance que l'autre, ne reçoit pas la moitié de l'électricité qui passe en *m*, il arrive toujours que la somme des quantités de gaz recueillies en *a* et *b* est égale à la quantité recueillie en *m*.

3° *La quantité de substance décomposée est proportionnelle à l'intensité du courant mesurée par le galvanomètre.* En effet, si l'on observe le temps employé pour recueillir deux centimètres cubes d'hydrogène, on trouve le même nombre, pour le produit de ce temps, par l'intensité magnétique du courant. Cette loi a été trouvée par M. Pouillet.

4° *Quand un même courant traverse successivement plusieurs électrolytes, les poids des éléments séparés sont entre eux comme leurs* ÉQUIVALENTS CHIMIQUES. Cette belle loi, connue plus particulièrement sous le nom de *loi de Faraday*, contient celles qui précèdent ; elle a d'abord été établie au moyen des composés binaires, oxydes, chlorures, iodures, cyanures.... renfermant un équivalent de chaque substance. — M. Matteucci a reconnu qu'elle s'applique aux sels neutres dont la base contient un équivalent d'oxygène pour un équivalent de métal ; pour chaque équivalent d'hydrogène dégagé dans le voltamètre, il y a un équivalent de métal déposé, ou un équivalent de sel décomposé. Ainsi, quand on fait passer à travers plusieurs dissolutions de différents sels, *a*, *b*, *c*...., réunies par des lames de platine (*fig.* 559), un courant qui traverse également un voltamètre V, on trouve que les poids respectifs des métaux déposés sur les lames de platine, et le poids de l'hydrogène déduit de son volume, sont entre eux comme les *équivalents chimiques* de ces substances.

En partant de cette loi, on a nommé *équivalent d'électricité dynamique* la quantité d'électricité capable de dégager un équivalent d'hydrogène, ou de déposer un équivalent de métal, dans la décomposition de l'eau ou d'un sel métallique.

GALVANOPLASTIE.   555

4° **Travail chimique dans la pile.** — Les lois de l'électrolyse montrent que le travail chimique est le même dans toutes les parties d'un courant. Cette loi s'applique aussi au travail chimique qui s'accomplit dans l'intérieur de chaque couple de la pile qui fait partie du circuit, c'est-à-dire que *le travail chimique intérieur qui engendre l'électricité dans chaque couple, est équivalent au travail chimique produit en un point quelconque du circuit extérieur.* Il est évident que cette loi suppose qu'il ne se produit d'action chimique dans la pile qu'autant que le

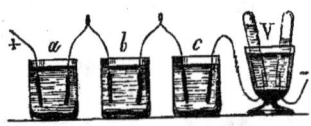

Fig. 559.

circuit est fermé (676). Il résulte de cette loi qu'il faut dissoudre un équivalent de zinc dans le couple, pour engendrer un *équivalent* d'électricité, nécessaire à la décomposition d'un équivalent d'eau.

II. Galvanoplastie. Dorure et argenture galvanique.

700. La *galvanoplastie* est l'art de déposer, sur des corps servant d'électrode négative, les métaux contenus dans des dissolutions décomposées par un courant, soit en couche mince adhérente, comme dans la dorure, soit en couche épaisse susceptible de se détacher de l'électrode, qui est alors au moule, pour en reproduire les reliefs. Cette dernière espèce de dépôts est l'objet particulier de la *galvanoplastie* proprement dite, qui forme ainsi une branche de la galvanoplastie en général.

701. Galvanoplastie. — Cet art a été découvert en 1838 par M. Jacobi, physicien de Saint-Pétersbourg. On avait remarqué, dès le temps de Volta, que le cuivre déposé à l'électrode négative était quelquefois cohérent, au lieu d'être pulvérulent, mais on n'avait pas songé à en faire des applications, et l'on n'avait pas saisi les conditions nécessaires pour réussir ; voici ces conditions :

1° Le courant doit être faible, sans toutefois l'être trop. S'il était trop intense, le dépôt serait pulvérulent, et s'il était trop faible, il serait cristallin et cassant.

2° Il faut que le courant soit sensiblement constant. Ce qui exige aussi que la dissolution conserve la même conductibilité et, par conséquent, reste au même état de saturation. Quand il s'agit de sulfate de cuivre, on remplit cette dernière condition au moyen de cristaux de sulfate, qui se dissolvent à mesure que la dissolution s'appauvrit. Il faut aussi que la dissolution soit mêlée d'un peu d'acide sulfurique en excès ; si elle était neutre, le dépôt serait cristallin.

Électrode soluble. — Un autre moyen de maintenir la dissolution au même état de saturation, consiste à prendre pour électrode positive, une large plaque de cuivre. L'acide mis en liberté, se portant sur cette plaque, en dissout un équivalent, pour chaque équivalent d'acide, c'est-à-dire pour un équivalent de métal déposé à l'électrode négative. Cette plaque se nomme *électrode soluble*.

702. Appareils. — On distingue les *appareils simples*, qui fournissent eux-mêmes l'électricité nécessaire à l'opération, et les *appareils composés*, dans lesquels on fait usage d'une pile proprement dite.

Fig. 560.

Appareil simple. — Un vase divisé en deux par une cloison poreuse (*fig.* 560), contient, d'un côté, une solution de sulfate de cuivre dans laquelle on plonge le moule m, la face à reproduire tournée du côté de la cloison. L'autre compartiment renferme de l'eau acidulée par l'acide sulfurique, et une lame de zinc z, réunie au moule par un fil métallique. L'action chimique exercée par le zinc développe de l'électricité, et le sulfate décomposé dépose son cuivre sur le moule. Une corbeille c contient des cristaux destinés à entretenir la saturation.

Appareil composé. — Une cuve AB (*fig.* 561) contient la dissolution de sulfate de cuivre. Le moule mm, placé au fond, communique avec le

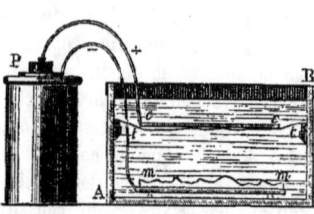

Fig. 561.

pôle négatif d'une pile à courant constant P. La lame de cuivre cc forme l'électrode soluble; elle est soutenue par une toile tt, qui empêche les impuretés que pourrait contenir la lame de cuivre cc, de tomber sur le moule.

La *fig.* 562 représente une disposition qui permet d'opérer sur plusieurs moules à la fois. On les suspend verticalement à des baguettes de métal ab, ce, communiquant avec le pôle négatif d'une pile. Une troisième baguette soutient des lames de cuivre formant l'électrode soluble, placées entre les deux séries de moules et communiquant avec le pôle positif.

Le cuivre n'est pas le seul métal employé dans la galvanoplastie. L'or, l'argent, le platine donnent aussi de très bons résultats.

703. Des moules. — Les moules sont métalliques ou non métalliques. Les moules de métal se font souvent par dépôt électro-chimique de cuivre sur l'objet lui-même. On en a ainsi une contre-épreuve dans laquelle on dépose ensuite du cuivre. On fait encore des moules en plomb, en alliage fusible de d'Arcet; on coule l'alliage sur une surface horizontale, et l'on applique dessus l'objet à mouler. Avec les moules métalliques, on a à craindre l'adhérence du dépôt au moule. Pour l'empêcher, on saupoudre la surface de plombagine en poudre impalpable, ou bien on l'expose un instant à la fumée d'une flamme de résine; c'est ce qu'on appelle *voiler* le moule. Le côté qui ne doit pas recevoir de cuivre est recouvert d'une couche de cire; et, s'il y a lieu, un rebord de carton limite le contour du dépôt.

Les moules non métalliques étant mauvais conducteurs, on rend leur surface conductrice, au moyen de plombagine en poussière impalpable, que l'on applique en couche imperceptible, au blaireau ou à la brosse. C'est ce qu'on appelle *métalliser* la surface. On fait des moules en cire, gélatine, stéarine, et en plâtre que l'on rend imperméable par l'immersion dans la stéarine fondue. La gutta-percha convient surtout aux objets en ronde-bosse, sa flexibilité se prêtant facilement à la dépouille, dans les portions qui présentent des enfoncements.

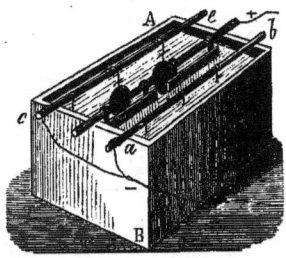

Fig. 562.

Pour les vases, les statuettes, on fait le moule en deux ou plusieurs parties qu'on ajuste et soude avec de la cire, après les avoir *métallisées* en dedans. La dissolution doit pénétrer dans la cavité intérieure, dans laquelle on plonge l'électrode positive, qui envoie des ramifications dans les parties les plus enfoncées.

Quand on veut opérer sur une grande statue, les différentes parties du moule en plâtre, rendues imperméables par la stéarine et métallisées à l'intérieur, sont jointes avec soin, de manière à former une espèce de vase dans lequel on verse la dissolution qui reçoit l'électrode positive.

Au lieu de prendre copie d'un objet, on peut revêtir les objets en fonte, d'une couche de cuivre, assez mince pour ne pas altérer sensiblement les détails de la surface, et assez épaisse pour ne pas se détacher par lamelles. C'est ainsi que M. Oudry a recouvert d'une couche de cuivre, de 1^{mm} environ d'épaisseur, les grandes fontaines en fonte de Paris. Un enduit isolant sépare la couche de cuivre du fer, pour empêcher l'action galvanique des métaux à contact.

704. Dorure, argenture, etc., galvanique. — Avant la découverte de la pile, on dorait toujours au moyen du mercure; on étendait sur la surface bien décapée du cuivre, du bronze, une couche d'un amalgame d'or ou d'argent; on chauffait pour faire évaporer le mercure, et le métal précieux restait adhérent. Or, la présence des vapeurs de mercure est un danger pour la santé et même pour la vie des opérateurs, danger que les fourneaux perfectionnés n'ont pu faire disparaître entièrement. Aujourd'hui, on remplace généralement ce procédé, par la méthode galvanique.

Brugnatelli, dès 1805, avait doré des médailles d'argent, en les plongeant dans une dissolution d'ammoniure d'or, pendant qu'elles communiquaient avec le pôle négatif d'une pile. M. de La Rive parvint ensuite à dorer le platine ; les autres métaux étaient attaqués par la dissolution, ce qui empêchait l'or d'adhérer. Plus tard, encouragé par les résultats obtenus dans la galvanoplastie, il reprit ses recherches et parvint à dorer l'argent et le laiton.

Enfin, MM. de Ruolz et Elkington perfectionnèrent le procédé et le rendirent pratique.

La *fig.* 563 représente un des appareils au moyen desquels on opère. PP' est la pile, composée ordinairement de 5 ou 6 couples de Daniell. La dissolution est contenue dans une grande cuve traversée par deux tiges dorées ac, $a'c'$, placées un peu au-dessous du niveau. L'une, $a'c'$, communique avec le pôle positif et soutient des lames d'or o, o', qui servent d'électrodes solubles ; l'autre, ac, communique avec le pôle négatif. Des fils tendus entre les deux tiges servent à suspendre les objets, qui communiquent métalliquement avec ac. Le bain est formé d'une dissolution de cyanure double de potassium et d'or, ou de potassium et d'argent si l'on veut argenter.

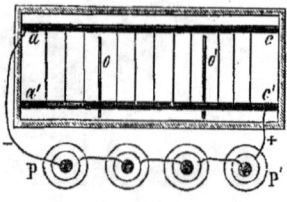

Fig. 563.

Dérochage, décapage. — Il faut commencer par *dérocher* la pièce à dorer, c'est-à-dire la chauffer fortement pour détruire les matières grasses, puis on la *décape* en la trempant dans divers acides, pour enlever la couche d'oxyde qui s'est formée. Souvent on emploie pour cela un mélange d'acide sulfurique et d'acide nitrique, auquel on ajoute de la suie, du sel marin ; on lave à l'eau, et on sèche dans la sciure de bois chaude. Quand on le peut, on décape à sec, à l'émeri ou à la pierre ponce. — La condition la plus importante pour avoir une couche adhérente, est d'employer une dissolution *alcaline*, pour empêcher l'acide mis en liberté d'attaquer le métal, et c'est en cela même que consiste la découverte de MM. Elkington et de Ruolz. Cette condition une fois remplie, l'adhérence est d'autant plus grande que le courant est plus faible, et la dissolution plus étendue. L'épaisseur de la couche d'or est proportionnelle, toutes circonstances égales d'ailleurs, à la durée de l'opération ; de sorte qu'il est facile de savoir, à chaque instant, à quelle épaisseur on est arrivé, quand on a une fois constaté le poids d'or qui se dépose sur un décimètre carré pendant l'unité de temps. L'opération marche plus vite à chaud qu'à froid, et la rapidité ne dépend pas de la nature du métal à dorer. — On peut dorer par ce moyen l'argent, le platine, l'étain, le cuivre et ses alliages. Le fer et l'acier doivent être recouverts d'abord d'une mince couche de cuivre.

*CHAPITRE V.

SOURCES D'ÉLECTRICITÉ. INTENSITÉ DES COURANTS.

§ 1. — SOURCES D'ÉLECTRICITÉ.

I. Sources mécaniques et physiologiques.

705. Toutes les fois qu'on ébranle les molécules des corps, ou qu'on les dérange de leur état d'équilibre, il se dégage de l'électricité. Les sources d'électricité, sont : 1° les *actions mécaniques*, comme le frottement, la compression ; 2° les *actions chimiques* ; 3° la *chaleur* ; 4° les *phénomènes vitaux* ; 5° enfin les *actions magnétiques*, qui seront l'objet d'un chapitre spécial. Nous avons vu comment l'électricité et ses principales propriétés ont été découvertes en la produisant au moyen du frottement (593). Nous avons parlé aussi des actions chimiques (670) ; nous allons nous occuper des autres sources d'électricités, et d'abord des actions mécaniques autres que le frottement.

706. Électricité produite par la pression. — Si l'on presse deux corps l'un contre l'autre et qu'on les sépare vivement, on les trouve chargés d'électricités contraires. Ce fait a été découvert par Æpinus, au moyen de deux plaques de verre. Plus tard, Libes ayant légèrement pressé un disque métallique isolé, contre une feuille de taffetas gommé appliquée sur du bois, trouva, après la séparation, le métal électrisé *négativement*, et le taffetas *positivement*. Ce résultat ne peut être attribué au frottement, car, si l'on frotte les deux surfaces, le métal prend le fluide positif.

Pression des cristaux. — Haüy ayant pressé entre ses doigts, pendant un temps très court, une lame de spath d'Islande, la trouva électrisée positivement. Une foule de cristaux naturels éprouvent le même effet. Il faut que les faces soient brillantes et polies, comme celles que l'on obtient par le clivage. L'espèce d'électricité dépend à la fois de la nature du cristal et de la substance qui le presse.

Un fait remarquable, c'est que les cristaux électrisés par pression, conservent leur électricité pendant longtemps. Le spath d'Islande est le corps qui présente cette propriété au plus haut degré ; on l'a vu rester électrisé pendant 11 jours. L'aragonite ne reste électrisée que pendant une heure; le cristal de roche, le diamant, pendant 15 ou 20 minutes environ.

Aiguille électrique. — Haüy a appliqué la faculté conservatrice du spath, à la construction d'un électroscope qui fait connaître immédiatement la nature de l'électricité. Cet instrument (*fig.* 564) consiste en une aiguille mobile, portant à l'une de ses extrémités une lame de spath d'Islande, *a*, que l'on électrise positivement par la pression des doigts. On peut ensuite reconnaître facilement la nature de l'électricité des corps qu'on en approche.

Fig. 564.

707. Electricité produite par le clivage. — Lorsqu'on sépare par clivage, des lames de mica, elles répandent de la lumière visible dans l'obscurité; et quand on les tient par des tiges de gomme laque, on les trouve électrisées d'une manière opposée, et d'autant plus, que la séparation est faite plus vivement. Divers minéraux cristallisés bien desséchés, les sulfates de chaux et de baryte, le talc, les topazes produisent les mêmes effets. La galène, les pyrites, qui conduisent bien l'électricité, ne donnent aucun résultat.

Si l'on dédouble une carte à jouer, on trouve les deux moitiés électrisées d'une manière contraire. Si l'on coule du soufre, de la résine, dans un vase conique de verre, de bois, etc., et que l'on vienne à séparer la matière solidifiée des parois du vase, ce dernier est électrisé positivement, et la résine négativement.

708. Ébranlement direct des molécules. — Quand on écrase un corps, il produit souvent une lueur électrique visible dans l'obscurité. C'est ce qui a lieu pour la craie broyée sous le marteau, le sucre écrasé entre les doigts. Le choc des silex produit aussi une lueur attribuée à la même cause. Pendant qu'un fil passe à la filière, il y a déviation dans l'aiguille d'un réomètre mis en communication avec ses extrémités.

Quand on lime, ou qu'on racle certaines substances peu conductrices, comme le soufre, les résines, la cire, le bois, le chocolat, les parcelles détachées, reçues sur le plateau d'un électroscope, sont électrisées.

709. Sources physiologiques d'électricité. — Il paraît bien démontré aujourd'hui qu'il se dégage de l'électricité dans le corps des animaux, sous l'influence de la vie[1]. Il existe aussi un certain nombre de poissons qui possèdent la faculté de produire et de lancer extérieurement de grandes quantités d'électricité, produite dans un organe spécial. Nous ne considérerons ici que ce cas remarquable.

Poissons électriques. — Les anciens avaient observé dans la Méditer-

---

[1] Voyez le *Traité de physique*, 2e édit., t. III, p. 288 à 296.

ranée, un poisson plat, ayant la propriété de donner des secousses *engourdissantes* quand on le touchait, et de tuer ou d'engourdir les animaux qui passaient près de lui ; ils le nommèrent *torpedo*, d'où nous avons fait Torpille (*fig.* 566). Les modernes ont découvert d'autres espèces de poissons donnant des commotions, parmi lesquels le plus grand est le gymnote, qui peut atteindre 2^m,50 de longueur.

Fig. 565.

C'est en touchant avec les deux mains deux régions correspondantes du dos et du ventre de la torpille qu'on obtient les plus fortes commotions. Du reste, elles dépendent de la volonté de l'animal ; car on peut le toucher sans rien éprouver. Mais si on l'excite, il donne aussitôt plusieurs décharges, avec une rapidité prodigieuse. Quand il est continuellement excité, il perd peu à peu son énergie, et les commotions, de plus en plus faibles, finissent par devenir presque nulles, et ce n'est qu'après un long repos que l'animal reprend toute sa vivacité.

Lorsqu'on eut découvert la bouteille de Leyde, on compara la commotion qu'elle produit à celle de la torpille, et l'on a reconnu que les effets de ce poisson sont dûs à l'électricité. En effet, 1° on peut en obtenir des étincelles électriques. Walsh en obtint du gymnote. Pour en obtenir au moyen de la torpille, M. Matteucci l'étend entre deux plateaux métalliques isolés (*fig.* 565), soutenant deux boules de métal *o* qui portent des feuilles d'or placées à une très petite distance l'une de l'autre. Quand on appuie sur le plateau supérieur, pour exciter l'animal, on voit une petite étincelle jaillir entre les feuilles d'or. — 2° Si l'on met les extrémités du fil d'un galvanomètre en rapport avec la face dorsale et la face abdominale d'une torpille, l'aiguille aimantée est déviée brusquement à chaque décharge,

Fig. 566.

et indique un courant allant du dos au ventre, par le réomètre. — 3° On peut produire des décompositions chimiques : si l'on place le poisson entre deux disques de platine isolés, sur lesquels on étend des feuilles de papier trempées dans une dissolution d'iodure de potassium, et qu'on réunit par un fil de platine, on voit, après un certain nombre de décharges, apparaître l'iode sous forme d'une tache rougeâtre, du côté du ventre; c'est-à-dire au point où le fil de platine apporte le fluide positif de la face dorsale.

710. De l'organe électrique. — L'organe électrique de la torpille est composé de tubes aponévrotiques A (*fig.* 566), ayant la forme de prismes hexagonaux, accolés les uns aux autres comme les alvéoles des abeilles. Ils forment deux masses semi-lunaires, *e*, disposées symétriquement aux deux côtés de la tête, contre les branchies, et sont dirigés de la région dorsale à la région abdominale. Chaque prisme est divisé transversalement par des cloisons membraneuses très rapprochées, formant des cellules remplies d'une substance demi-fluide; ils ressemblent ainsi à la pile à colonne. De très gros troncs nerveux, partant du cerveau *c*, se ramifient dans chaque organe. — Chez le gymnote, les prismes sont dirigés de la tête à la queue, et les pôles électriques sont placés dans ces deux régions du corps.

II. Pyro-électricité. — Courants thermo-électriques.

711. La chaleur, en dilatant les corps, détruit l'équilibre de leurs molécules. Il en résulte une séparation des deux électricités. Ces fluides tendent à se recombiner aussitôt; mais si quelque cause les porte à se rendre en des points différents du corps échauffé, ils restent séparés, et l'on peut en constater la présence. C'est ce qui a lieu dans les corps non homogènes, comme certains cristaux, ou quand la chaleur se distribue inégalement.

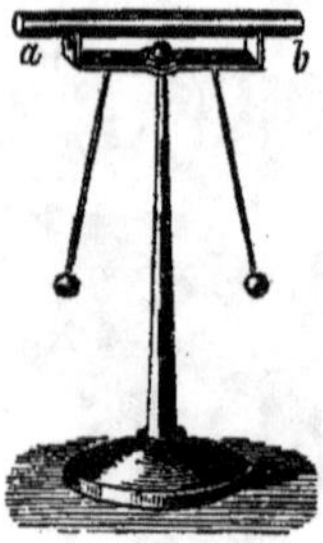

712. Electricité de la tourmaline. — Certains cristaux ont la propriété de devenir électriques pendant que leur température varie entre certaines limites. Ce phénomène, désigné sous le nom de *pyro-électricité*, a d'abord été constaté sur la tourmaline. Pour observer les propriétés de la tourmaline, Haüy posait le cristal préalablement chauffé, *ab* (*fig.* 567) sur un support lesté convenablement, et muni d'une chappe en agate reposant sur une pointe. M. Becquerel le suspendait au moyen d'une chape en papier et d'un fil de soie sans torsion, dans un cylindre de verre fermé en bas, par une plaque métallique dont il élevait la température.

Fig. 567.

Résultats — 1° La tourmaline n'est électrique que pendant que sa température varie; quand cette température reste stationnaire, il n'y a aucun signe d'électricité. — 2° Quand une tourmaline est échauffée régulièrement, une des moitiés, celle qui est terminée par 3 facettes, est électrisée *positivement*, et l'autre, terminée par 6 facettes, négativement. On peut s'assurer, au moyen du *plan d'épreuve*, que la charge diminue des extrémités au milieu, où se trouve un espace neutre. — 3° Pendant le refroidissement, l'état électrique est inverse. Le renversement des pôles se fait à l'instant où la température reste stationnaire avant de décroître. — 4° Si une moitié seulement du prisme est échauffée ou refroidie, elle présente seule l'électricité qui lui correspond ; l'autre restant neutre. — 5° Quand une des moitiés s'échauffe, pendant que l'autre se refroidit, elles reçoivent toutes les deux la même espèce d'électricité. — 6° Si l'on brise transversalement une tourmaline en voie de refroidissement, chaque fragment présente deux pôles opposés, comme lorsqu'on brise un aimant, et les plus petites parcelles sont dans le même cas. — 7° L'électricité de la tourmaline se répand au dehors ; on peut l'étudier avec le plan d'épreuve, et s'en servir soit pour charger un électroscope, soit pour produire un courant. — 8° La tourmaline n'est pas le seul cristal qui soit pyro-électrique : la topaze du Brésil, l'axinite, et plusieurs autres cristaux sont dans le même cas.

713. Courants thermo-électriques. — Seebeck, de Berlin, a découvert, en 1821, que la chaleur peut produire des courants dans des circuits métalliques. Il composa un circuit fermé, avec un barreau de bismuth et une lame de cuivre soudés l'un à l'autre, chauffa l'une des deux soudures, et le circuit fut parcouru par un courant électrique assez intense pour dévier l'aiguille aimantée, et allant de la soudure chaude à la soudure froide par le cuivre. L'expérience se fait facilement avec l'appareil *ca* (*fig.* 568) ; une règle de bismuth, *ca*, soutient le pivot de l'aiguille, par-dessus laquelle passe la lame de cuivre, soudée en *a* et *c*.

Fig. 568

Au lieu de chauffer la soudure *a*, on peut la refroidir, alors le courant change de sens. On a donné à cette sorte de courant le nom de courant *thermo-électrique*, et l'on réserve le nom de *courants hydro-électriques* à ceux que produisent les piles ordinaires.

Tous les métaux peuvent, à différents degrés, donner des courants thermo-électriques. Pour les observer, quand ils sont faibles, on introduit un multiplicateur dans le circuit. Mais les électricités n'ayant qu'une faible tension et n'éprouvant que très peu de difficulté à se recomposer à travers la soudure, le multiplicateur doit être formé d'un gros fil ne faisant qu'un petit nombre de tours, afin qu'il ne résiste pas sensiblement au passage du courant. — Le sens de ce courant dépend des métaux associés ; ainsi, dans un circuit formé d'antimoine et de cuivre, le courant marche en sens contraire de celui qu'on observe dans le circuit bismuth et cuivre. Dans la liste suivante, chaque métal reçoit, près de la soudure chaude, le fluide positif avec ceux qui le suivent, et le fluide négatif avec ceux qui le précèdent : *Antimoine, Arsenic, Fer, Zinc, Or, Cuivre, Laiton, Rhodium, Plomb, Etain, Argent, Manganèse, Cobalt, Palladium, Platine, Nickel, Bismuth.* — L'antimoine et le bismuth sont aux extrémités de la série ; ils donnent, quand on les réunit, le courant le plus intense.

M. Becquerel a reconnu que *lorsqu'une des soudures est à zéro*, l'intensité du courant est proportionnelle à la température de l'autre, quand cette température ne dépasse pas 140° pour le couple *fer* et *cuivre*, et quand elle ne dépasse pas 50°, pour la plupart des autres métaux. Au-delà de ces limites, l'accroissement de l'intensité diminue, devient nul (vers 300° pour le couple *fer-cuivre*), et au-delà le courant change de sens.

714. Circuit composé d'un seul métal. — M. Becquerel explique les courants thermo-électriques, par l'inégalité dans la propagation de la chaleur de part et d'autre de la soudure, à cause de l'inégale conductibilité des métaux en contact. On peut cependant obtenir un courant avec un seul métal, mais à la condition de faire en sorte que la chaleur se propage d'une manière différente de part et d'autre du point échauffé.

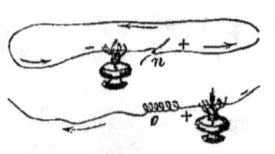

Fig. 569.

Par exemple, si l'on accroche l'un à l'autre, en *n* (*fig.* 569), deux fils de cuivre, de laiton, ou d'acier mis en communication avec un réomètre, et qu'on chauffe l'un d'eux auprès du point de jonction, on obtient un courant quand il s'est formé un peu d'oxyde. Ce courant va du fil froid au fil chaud par le réomètre. Si l'on rapproche peu à peu la flamme du point de jonction, et qu'on le dépasse, le courant s'affaiblit, devient nul et reparaît en sens contraire. — Le platine ne donne pas de courant dans les mêmes conditions ; c'est que sa surface ne s'oxydant pas au point de jonction, la chaleur n'éprouve pas de difficulté à le franchir. Mais on peut obtenir un courant avec un fil continu de platine, en contournant en hélice une portion de ce fil, *o* (*fig.* 569), et chauffant à côté. Le courant va de l'hélice au point échauffé, par le réomètre. On obtient le même résultat, en réunissant les extrémités de deux fils de platine de grosseur différente, et chauffant le plus fin auprès du point de jonction.

Seebeck a obtenu des courants thermo-électriques, mais de sens indéterminé, en chauffant un point d'un circuit formé d'un seul métal à structure cristalline, comme le bismuth, l'antimoine. — Un fil d'acier recuit à une extrémité et trempé à l'autre, un fil de cuivre, laiton, argent, etc., écroui à une extrémité, et dont les bouts sont mis en rapport avec un réomètre à fil court, donnent un courant, quand on les chauffe au milieu. Le sens de ce courant dépend de la nature du métal.

Pour augmenter l'intensité du courant, M. Magnus prend un long fil, dont il écrouit des portions égales séparées par des intervalles de même longueur. Il enroule ce fil sur un châssis, de manière que les points de séparation des parties recuites et des parties écrouies soient alternativement de deux côtés opposés, et il échauffe tous les points qui sont d'un même côté. Il forme ainsi une espèce de pile thermo-électrique, disposée d'une manière analogue à celle de M. Botto, citée plus bas (715).

715. Piles thermo-électriques. — Peu de temps après la découverte de Seebeck, Fourier et Œrsted réunirent plusieurs alternatives de barreaux de deux métaux différents, pour obtenir une plus forte tension,

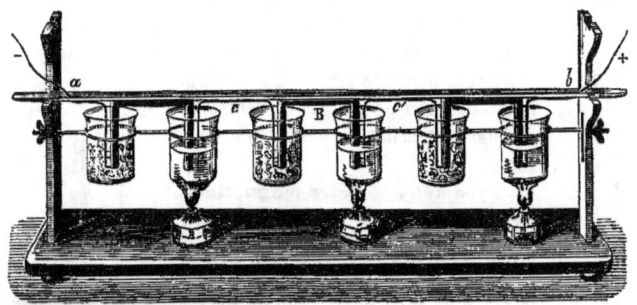

Fig. 570.

comme dans les piles de Volta quand on rassemble plusieurs couples. La fig. 570 représente une *pile thermo-électrique* construite d'après ce principe. Chaque couple est formé d'un barreau de bismuth courbé en forme de fer à cheval, B, aux extrémités duquel sont soudées des bandes de cuivre c, c' qui se relèvent et se recourbent pour aller se souder au bismuth des couples voisins. Les soudures s'enfoncent dans des vases pleins, alternativement, d'eau chaude et de glace fondante. Les couples sont fixés à la barre ab, au moyen de laquelle on peut les retirer des vases.

Effets des piles thermo-électriques. — Ces piles, qui dévient si facilement l'aiguille aimantée quand le circuit extérieur n'oppose pas de résistance, ne peuvent produire d'effets physiques et chimiques, que lorsqu'elles sont composées d'un très grand nombre de couples, ce qui augmente dans une grande proportion la résistance intérieure. M. Botto est parvenu à décomposer l'eau, au moyen d'une pile de 120 couples, formée de 120 fils de platine soudés alternativement à 120 fragments de fil de fer. Le système était enroulé en hélice autour d'une règle, de grosseur telle que toutes les soudures paires se trouvaient sur une même ligne droite. Ces soudures étaient chauffées au moyen d'une lampe à alcool ayant la longueur de l'hélice. M. Becquerel a pu décomposer des sels avec un seul couple thermo-électrique formé de fer et de cuivre ; mais il avait soin de prendre pour électrodes plongeant dans la dissolution, des lames du métal même qui entrait dans la base du sel. L'attraction moléculaire exercée par le métal, sur les molécules de même nature entrant dans la composition du sel, favorisait alors la décomposition.

716. Applications à la mesure des températures. — Une des applications les plus heureuses des courants thermo-électriques est celle qu'on en a faite à la mesure des températures. Nous avons décrit (334) la pile thermo-électrique de Nobili et Melloni, disposée spécialement pour cet usage. Nous ajouterons seulement que le fil du réomètre qui fait partie de l'appareil, doit être gros et d'une faible longueur, afin de ne pas présenter de résistance sensible au passage du courant.

Pyromètre électro-magnétique de M. Pouillet. — Dans cet instrument, qui s'applique aux températures les plus élevées, le couple thermo-électrique est formé d'un tube de fer ab (*fig.* 571), dont l'un des bouts c est fermé par un tampon de même métal, dans lequel est incorporée l'extrémité d'un fil de platine oo'. Ce fil, tendu suivant l'axe du

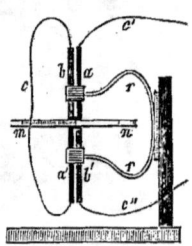

Fig. 572.

tube, vient se souder à une lame de cuivre r' fixée à une pièce de bois f. Un second fil de platine r, incorporé dans un tampon foré en fer o', engagé dans l'extrémité b du tube ab, se soude à une autre lame de cuivre r. Les lames r, r' sont mises en communication avec le fil d'un réomètre, et l'extrémité a est plongée dans le milieu dont on veut obtenir la température.

M. Pouillet a construit des tables de graduation pour divers appareils semblables, en comparant leurs indications à celles du pyromètre à air (414).

Fig. 571.

Pince thermo-électrique de Peltier. — Cet instrument, destiné à évaluer la température des différents points d'un corps, consiste en deux couples très déliés ab, $a'b'$ (*fig.* 572), formés de bismuth b, b' et d'antimoine a, a', et dont on applique les soudures de part et d'autre de la section de la tige mn, dont on veut connaître la température. Ces deux couples, réunis par un fil de cuivre c, communiquent avec un réomètre à fil court, au moyen des fils c', c''. Un ressort rr soutient les deux couples, et les presse contre la tige *mn*. Quand on a affaire à un corps volumineux, on n'emploie qu'un seul couple, dont on appuie l'une des soudures sur le point considéré.

§ 2. — LOIS DES INTENSITÉS DES COURANTS ÉLECTRIQUES.

717. Mesure de l'intensité des courants. — Avant la découverte de l'action des courants sur l'aiguille aimantée, on évaluait leur intensité au moyen du voltamètre. Mais cette méthode ne peut s'appliquer qu'aux courants qui restent constants pendant un temps assez long, et qui sont assez intenses pour produire des décompositions rapides. Aujourd'hui on se sert de l'aiguille aimantée. Nous avons fait connaître le principe du multiplicateur, et indiqué comment il peut servir à constater l'existence des plus faibles courants (667). Quand on veut que l'instrument serve à comparer les intensités de ces courants, on dispose un cercle gradué au-dessous de l'aiguille.

Réomètre différentiel. — Cet instrument, imaginé par M. Becquerel, sert à évaluer la différence des intensités de deux courants. Il ne diffère des réomètres ordinaires qu'en ce qu'il y a deux fils enroulés autour du cadre. Ces deux fils sont de mêmes dimensions, de même métal, et distribués de la même manière sur le cadre. Pour remplir cette dernière condition, on les tord l'un avec l'autre régulièrement, puis on les enroule ensemble. Quand on veut comparer deux courants, on les fait passer en sens contraire dans ces deux fils. Le sens de la déviation de l'aiguille indique quel est le courant le plus intense, et la grandeur de cette déviation sert à mesurer la différence.

Boussole des sinus. — Il est évident que si le plan du cadre d'un réomètre conservait toujours la même position par rapport à l'aiguille aimantée, les intensités des deux courants successifs seraient entre elles comme les composantes efficaces de la force magnétique terrestre. Or, la composante efficace nf (*fig.* 573) a pour valeur $t \sin \alpha$, en appelant t la composante horizontale de la force terrestre, et α l'angle que fait l'aiguille avec le méridien magnétique mm'. On peut donc dire que les intensités des courants sont alors entre elles comme les *sinus* des déviations. Un réomètre ordinaire peut constituer une *boussole des sinus*, quand on a soin de faire tourner le cadre de manière que le zéro du cadran vienne toujours se placer sous l'aiguille.

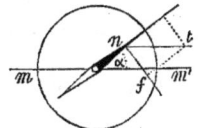

Fig. 573.

La *fig.* 574 représente une *boussole des sinus*. Le fil, recouvert de soie, dont on voit les extrémités en f, f', fait un ou plusieurs tours sur le cercle AA′, au centre duquel se trouve l'aiguille aimantée *e* avec son limbe gradué. Une tige légère, en baleine ou en roseau, est fixée perpendiculairement au milieu de l'aiguille, et sert à observer sa position avec une exactitude d'autant plus grande que cette tige est plus longue. Le cercle AA′ peut tourner autour d'un axe vertical, de quantités angulaires données par le vernier *v*, qui parcourt les divisions d'un cercle horizontal *cc'*. Pendant le passage du courant, on fait tourner le plan AA′, de manière que l'aiguille corresponde toujours au zéro. Le vernier donne alors l'angle que fait le plan AA′, et par conséquent l'aiguille *e*, avec le méridien magnétique ; angle dont il reste ensuite à prendre le *sinus*. — Au lieu de maintenir l'aiguille au zéro du limbe qu'elle parcourt, on peut l'astreindre à faire un angle constant avec le plan du cercle AA′, et faire varier ainsi la sensibilité de l'instrument, qui est la plus grande quand on maintient l'aiguille sur le zéro, car alors le courant agit avec le plus d'efficacité.

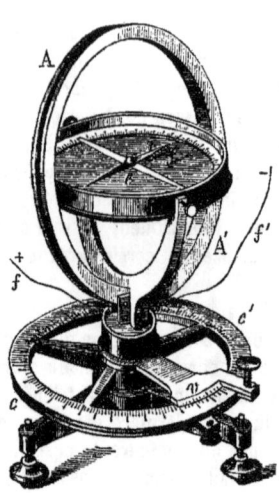

Fig. 574.

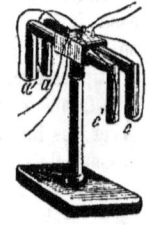

Fig. 575.

718. Lois de la résistance des fils d'après leurs dimensions. — *La résistance qu'un fil métallique, introduit dans un circuit, oppose au passage de l'électricité, est en raison directe de sa longueur et en raison inverse de sa section.* Ces lois peuvent aussi s'énoncer de la manière suivante : *la conductibilité d'un fil métallique est en raison inverse de sa longueur, et en raison directe de sa section.*

Ces lois ont été découvertes par Davy. Pour les démontrer, M. Pouillet fait passer dans les deux fils qu'il compare, les courants de deux couples thermo-électriques identiques (*fig.* 575), formés de deux barreaux de bismuth *ac*, *a'c'*, auxquels sont soudés des fils de cuivre de même longueur. Les extrémités *a*, *a'*, et les extrémités *c*, *c'* étant plongées dans les mêmes bains, on s'assure d'abord que les deux courants sont égaux, en les faisant passer en sens inverse dans un *réomètre différentiel*.

Cela posé, on complète le circuit de chaque couple, avec deux brins du même fil de cuivre, que l'on enroule en partie sur le cadre d'un même réomètre, de manière que les nombres de tours soient proportionnels aux longueurs des fils. Par exemple, si le fil de cuivre du couple ac est 4 fois plus long que celui du couple $a'c'$, on fera faire au premier fil quatre tours sur le cadre, et au second un tour seulement, les parties enroulées étant recouvertes de soie. Si l'on fait alors passer les deux courants en sens contraire dans les deux fils, on voit l'aiguille du réomètre rester au zéro. Le fil le plus long doit donc agir quatre fois sur l'aiguille, pour contrebalancer l'action du plus court, qui n'agit qu'une fois ; le courant qui parcourt ce dernier est donc quatre fois plus intense, quoique provenant d'une source identique. — La loi des sections se vérifie de la même manière, en faisant faire à deux fils de même longueur des nombres de tours sur le cadre, en raison inverse de leur section.

La boussole des sinus peut servir à constater facilement les mêmes lois avec une pile *constante* quelconque ; il suffit de mesurer d'abord l'intensité du courant qu'elle fournit, puis d'introduire successivement dans le circuit des fils de même substance et de dimensions différentes, et d'observer la diminution d'intensité que la présence de ces fils fait éprouver au courant. Cette diminution est en raison directe des longueurs, et en raison inverse des sections des fils.

Ces lois sont applicables aux colonnes liquides, pourvu que leur longueur soit au moins 8 à 10 fois leur diamètre.

719. Longueur réduite. Réostat. — Si nous désignons par c, l, s la conductibilité, la longueur et la section d'un fil ; par c', l', s' les mêmes quantités pour un second fil, il résulte des lois énoncées, et de ce que la résistance d'un fil est en raison inverse de sa conductibilité, que ces deux fils feront éprouver la même diminution d'intensité à un même courant, quand on aura la condition

$$\frac{l}{sc} = \frac{l'}{c's'}, \quad \text{ou} \quad ls'c' = l'sc ; \quad \text{d'où} \quad l = l'\frac{sc}{s'c'}.$$

La troisième expression donne la longueur que doit avoir un fil de section s et de conductibilité c, pour produire le même effet qu'un autre fil donné, de longueur l', de section s', et de conductibilité c'. La valeur de l se nomme la *longueur réduite* du premier fil par rapport au second.

Si l'on avait plusieurs fils introduits les uns à la suite des autres, dans un circuit, la longueur d'un fil unique de section s et de conductibilité c qui produirait la même résistance, s'obtiendrait en ajoutant les longueurs réduites de tous les fils donnés.

Réostat. — On peut trouver par l'expérience la longueur réduite d'une partie d'un circuit, en introduisant à sa place une longueur du fil auquel on veut le comparer, telle que le réomètre donne la même déviation. Cette opération peut se faire commodément au moyen d'appareils spéciaux nommés *réostats*.

Le réostat de la *fig.* 576 consiste en deux cylindres égaux et parallèles aa', cc'. Sur le cylindre aa' est creusée une rainure en hélice, dans laquelle est enroulé un fil fin en cuivre, soudé par un bout à un anneau que porte le cylindre à son extrémité. Ce cylindre est en bois. L'autre bout du fil est fixé au second cylindre, qui est en laiton. Les deux cylindres peuvent tourner dans le même sens et avec des vitesses égales, au moyen d'une manivelle et d'un engrenage, de manière que le fil abandonne l'un des cylindres, pendant qu'il s'enroule sur l'autre. Un index o fait connaître le nombre de tours et de fractions de tours. Pour introduire l'appareil dans un circuit, on met les fils de ce dernier en communication avec deux ressorts r, r', qui glissent, l'un, r', sur le cylindre de laiton, l'autre, r, sur la virole du cylindre de bois. Le courant parcourt alors *tous les tours* du fil dans la portion a' qui se trouve sur le cylindre de bois, passe de là au cylindre de laiton qu'il traverse immédiatement, en abandonnant la portion de fil c qui l'enveloppe, et arrive au ressort r', comme on le voit dans la figure. P est la pile qui fournit l'électricité, et R un réomètre. On voit que, plus il y aura de fil enroulé sur le cylindre de bois, plus sera grande la longueur de fil introduite dans le circuit par le réostat. On pourra donc toujours, en faisant varier cette longueur, amener l'aiguille du réomètre dans une position déterminée. — Quand on veut introduire une résistance très grande qui dépasse les limites de l'instrument, on introduit en outre dans le circuit, une bobine b' du même fil de cuivre enveloppé de soie, et ayant une longueur et un diamètre connus. On a plusieurs bobines bb' portant des fils de différentes longueurs, et on peut les faire parcourir soit séparément, soit toutes ensemble par le courant, suivant la résistance dont on a besoin. Les dimensions des fils étant connues, on calcule facilement la résistance additionnelle qu'ils produisent.

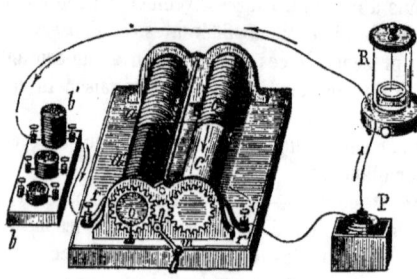

Fig. 576.

720. Lois de Ohm et Pouillet. — Dans ce qui précède, nous n'avons considéré que la diminution qu'un fil de métal interposé dans un circuit fait éprouver à l'intensité d'un courant donné d'avance. Nous allons maintenant parler des lois relatives aux causes dont dépend cette intensité, causes qui sont : 1° la force électromotrice, quelle qu'en soit l'origine, qui fournit l'électricité ; 2° les résistances que le fluide peut éprouver à se propager dans le circuit. Les lois dont il s'agit sont connues sous le nom de *lois de Ohm*, parce que c'est M. Ohm d'Erlangen qui les a découvertes en partant de considérations théoriques, et les a publiées en 1827. Elles étaient si peu connues en France, que M. Pouillet, 8 ans plus tard, faisait de belles recherches sur le même sujet, et arrivait, par la méthode expérimentale, à la plupart des résultats trouvés par le physicien allemand. Pour énoncer ces lois, nous supposerons d'abord que le courant est produit par une pile thermo-électrique.

Lois. — L'intensité du courant d'une *pile thermo-électrique* est 1° proportionnelle à la force électro-motrice ; 2° en raison inverse de la résistance R du fil interpolaire. Cette résistance étant proportionnelle à la longueur, l, et en raison inverse de la section, s, et de la conductibilité, c, du fil, on aura, en désignant par E la force électro-motrice,

$$I = \frac{E}{R} = \frac{E}{klsc},$$

k étant une constante. L'intensité est donc en raison inverse de la longueur, et en raison directe de la section et de la conductibilité du fil interpolaire. Si ce fil était composé de plusieurs parties de dimension et de substance différentes, on pourrait appliquer la loi des longueurs, en remplaçant celles des différentes parties, par leurs *longueurs réduites* rapportées à un fil donné.

Dans le cas des *piles hydro-électriques*, ces lois ne se vérifient plus, ce qui tient à la résistance de la pile qui fait partie du circuit, résistance qui est insensible dans les piles thermo-électriques. Il est donc naturel d'ajouter à la résistance du fil conjonctif, la résistance r de la pile. On aurait ainsi, successivement, pour deux fils conjonctifs de résistance R et R', les intensités

$$I = \frac{E}{R+r}, \quad I' = \frac{E}{R'+r} ; \quad \text{d'où} \quad I(R+r) = I'(R'+r)$$

en égalant les deux valeurs de E tirées des deux premières équations. La dernière donne $r = \frac{I'R' - IR}{I - I'}$, pour la résistance de la pile. Or, on trouve toujours la même valeur, quelle que soit R et R', ce qui prouve, *à posteriori*, qu'il fallait bien ajouter la résistance constante de la pile, à celle du circuit extérieur. — Si l'on remplace la résistance r, par une longueur de fil produisant la même résistance, c'est-à-dire par sa longueur réduite, on pourra dire que l'*intensité du courant est en raison inverse de la longueur totale du circuit*.

721. Comparaison des conductibilités. — Dans les formules qui précèdent il entre deux termes dont les physiciens ont déterminé les valeurs avec beaucoup de soin ; ce sont la *force électro-motrice* des différents genres de couples, et la *conductibilité* des fils métalliques. Nous ne nous occuperons pas de la force électro-motrice, et nous nous contenterons de donner quelques indications sur la conductibilité [1].

M. Pouillet a mesuré les conductibilités de divers métaux, au moyen de ses deux couples thermo-électriques identiques (*fig.* 575). Les courants produits par ces deux couples a, a' (*fig.* 577) passaient en sens inverse dans un réomètre différentiel r. Dans l'un des circuits était interposé le fil à essayer f, et dans l'autre, un réostat à fil de platine cb. Ce fil, tendu par un poids p, communiquait avec le circuit, par son extrémité c, et en m, au moyen d'un curseur formé d'un morceau de liège pouvant glisser sur le fil de platine, et portant une cavité remplie de mercure. Le fil traversait ce liquide, dans lequel plongeait l'extrémité du fil réophore. En déplaçant le curseur, on arrivait à ramener l'aiguille du réomètre au zéro. Quand cela avait lieu, les deux circuits ne différant que par le fil f et par le réostat, on voit que le fil f présentait la même résistance que la partie mc du fil de platine. Si donc l, s, c étaient la longueur, la section et la conductibilité du premier fil, l', s', c' les mêmes quantités pour le fil de platine, on avait, d'après les lois des résistances (718) $\frac{s'c'}{l'} = \frac{sc}{l}$, d'où $\frac{c}{c'} = \frac{s'l}{sl'}$. —M. Pouillet a ensuite comparé la conductibilité de son fil de platine à celle du mercure, qui était renfermé dans un tube de verre de diamètre connu.

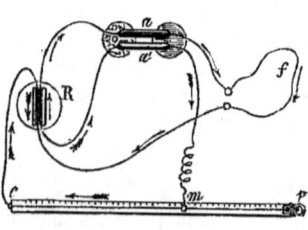

Fig 577.

M. Becquerel, M. Lenz,..... et surtout M. Ed. Becquerel, ont aussi fait de nombreuses expériences sur la mesure des conductibilités. Ce dernier physicien est arrivé aux résultats qui suivent, en prenant pour terme de comparaison la conductibilité de l'argent recuit représentée par 100 :

Cuivre,	Or,	Zinc,	Étain,	Fer,	Plomb,	Platine,	Mercure.
91,4	65	24	13,6	12,3	8,25	8	1,8

Il est à remarquer que cet ordre est le même que pour les conductibilités pour la chaleur (381). Quand un métal est écroui, il conduit un peu moins que lorsqu'il est recuit. M. Pouillet a reconnu que de très petites quantités de matières étrangères modifient notablement la conductibilité des métaux. La chaleur la *diminue* beaucoup, et suivant une loi différente pour chaque métal ; par exemple, à 0°, 100° et 200°, celle de l'or est 80, 65 et 54 ;

---

[1] Voir le *Traité de Physique*, 2ᵉ édition, t. III, p. 554 à 595.

par rapport à celle du cuivre à 0°, prise pour terme de comparaison ; celle du platine 14, 11 et 9 ; et celle du cuivre 100, 73 et 55.

Liquides. — M. Pouillet a reconnu que le liquide qui conduit le mieux, conduit immensément moins que le métal le moins bon conducteur. Ainsi, une dissolution saturée de sulfate de cuivre conduit 2 546 680 fois moins que le platine et 16 500 000 fois moins que le cuivre. En l'étendant de 1, 2, 4 volumes d'eau, la conductibilité n'est plus que 0,64 ; 0,44 et 0,31 de ce qu'elle est à l'état de saturation. L'eau distillée conduit 400 fois moins ; par conséquent, 6 milliards 400 millions de fois moins que le cuivre. L'eau contenant $\frac{1}{200000}$ d'acide sulfurique conduit 6 fois mieux que l'eau distillée.

La chaleur *augmente* la conductibilité des liquides, tandis qu'elle diminue celle des solides. Cela tient à ce que l'électricité se propage dans les liquides par l'effet de l'électrolyse, qui est facilitée par la chaleur. Cependant, il est constant que l'électricité peut aussi se propager directement dans les liquides, comme cela a lieu, par exemple, pour le mercure, qui est un corps simple.

Enfin, nous ajouterons que les gaz deviennent conducteurs à la chaleur rouge ; et d'autant plus qu'ils sont plus chauds et plus raréfiés ; mais leur conductibilité est toujours très petite ; car celle de l'air, au rouge, est 30000 fois environ celle de l'eau contenant $\frac{1}{200000}$ de sulfate de cuivre.

CHAPITRE VI.

ÉLECTRO-MAGNÉTISME ET ÉLECTRO-DYNAMIQUE.

§ 1. — ACTION DES COURANTS SUR LES AIMANTS.

722. Découverte de l'électro-magnétisme. — Les physiciens n'ont possédé pendant longtemps que des notions vagues sur la corrélation du magnétisme et de l'électricité. On avait bien remarqué quelques effets de la foudre et des décharges des batteries, sur des fils d'acier et sur des aiguilles aimantées : on avait vu l'aiguille de la boussole s'agiter sous l'influence du feu Saint-Elme ; mais ces faits étaient isolés et sans lien théorique. On essaya plus tard de faire agir les pôles de la pile sur les aimants ; mais comme on avait soin de ne pas fermer le circuit, pour ne pas décharger la pile, parce qu'on ignorait alors ce que c'était que l'électricité dynamique, on n'avait garde de rien obtenir. Enfin, OErsted [1] découvrit, en 1819, le fait capital de la déviation de l'aiguille aimantée par le courant (667).

OErsted expliquait ce phénomène, par l'action d'un tourbillon de fluide circulant autour du fil ; explication inadmissible. Ampère réunit dans un seul énoncé les différentes circonstances du phénomène, en disant que *l'aiguille tend à se mettre en croix avec le courant, de manière que son pôle nord soit à la gauche de ce dernier* (667). Schweigger imagina le multiplicateur ; Colladon fit voir, avec cet instrument, que l'aiguille aimantée peut être déviée par un courant d'électricité due au frottement ; et l'*électricité dynamique* fut définie et distinguée de l'électricité statique par Ampère.

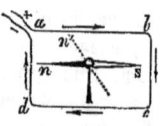

Fig. 578.

723. Théorie des réomètres. — Nous avons déjà décrit le *réomètre* ou *galvanomètre* (667), et quelques autres instruments spéciaux du même genre (717). Il nous reste à donner la théorie de ces instruments, et à montrer d'abord que les quatre parties ab, bc, cd, da (*fig.* 578) d'un tour du fil enroulé sur le cadre, concourent à pousser le pôle nord du même côté. En effet, si le courant marche dans le sens des flèches, on voit, en appliquant la règle d'Ampère aux quatre parties, que le pôle nord sera poussé par chacune d'elles derrière le plan de la figure.

On ne peut augmenter indéfiniment la sensibilité de l'appareil en multipliant le nombre des tours, à cause de la résistance qu'éprouve le

---

[1] OErsted (Jean-Christian), est né en 1777, dans l'île de Langeland (archipel du Danemarck). A 12 ans, il travaille comme apprenti dans la pharmacie de son père, étudie les sciences physiques, le latin, le grec, est envoyé à 17 ans au collége de Copenhague, et est reçu docteur en philosophie (1799). Un an après, il est nommé adjoint de l'Académie de médecine, entreprend un premier voyage, visite l'Allemagne, la Hollande, vient à Paris, où il se lie avec les savants de l'époque. De retour à Copenhague, il professe la physique à l'Université de cette ville. Persuadé qu'il devait exister des relations entre le magnétisme et l'électricité, il avait fait sur ce sujet des essais infructueux, lorsque, au milieu d'une leçon publique, l'idée lui vint que c'est à l'état de mouvement que l'électricité doit agir sur l'aimant. Aussitôt il annonce l'expérience qu'il va tenter, approche le fil conjonctif d'une aiguille aimantée, et voit aussitôt se produire la déviation. Ce fait capital, fécondé par le génie d'Ampère, donne naissance à l'*électro-magnétisme*. Dès lors la réputation d'OErsted fut portée à son comble. D'un caractère ouvert, bon, affable, il devint l'idole de ses concitoyens, qui fêtèrent avec enthousiasme le jubilé de la 50ᵉ année de son entrée dans l'enseignement public. A cette occasion, il fut comblé d'honneurs, et une résidence délicieuse lui fut donnée pour le reste de ses jours. Malheureusement, il ne put même s'y installer, et mourut peu de temps après, à l'âge de 73 ans, en 1851.

courant à parcourir le fil du réomètre, résistance qui augmente avec sa longueur (718). Ce n'est donc que lorsque l'électricité présente une assez forte tension, qu'on peut impunément augmenter beaucoup le nombre des tours.

Multiplicateur à deux aiguilles. — Pour que l'action d'un courant sur l'aiguille aimantée soit intense, il faut que cette aiguille soit très forte, et en même temps que l'action de la terre pour la diriger soit très faible. Pour remplir ces deux conditions, en apparence inconciliables, on emploie deux aiguilles parallèles ns, $n's'$ (fig. 579), fixées invariablement l'une à l'autre, de manière que les pôles contraires soient d'un même côté (582). On donne à ces aiguilles à peu près la même force, de manière que le magnétisme terrestre n'ait sur le système qu'elles forment qu'une faible action.

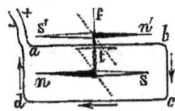

Fig. 579.

Ce système est suspendu par un fil de soie sans torsion f, de manière que l'une des aiguilles soit dans l'intérieur du cadre, et l'autre en dessus. La tige t, qui les lie entre elles, passe librement dans un tube de verre vertical qui traverse le haut du cadre. Il est facile de voir que la partie ab du courant pousse du même côté, derrière le plan de la figure, les pôles n et s'. Quant aux parties bc, cd, da, elles tendent à amener s' en avant; mais l'expérience montre que leur action, à cause de la plus grande distance, est moindre sur $n's'$ que l'action de la partie ab seule. La déviation est donc beaucoup plus grande que s'il n'y avait qu'une seule aiguille ns; l'action de la terre étant très faible, et celle du courant s'exerçant à la fois sur les deux aiguilles, et avec une très grande intensité, parce qu'elles peuvent être individuellement très fortes.

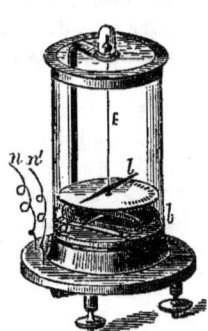

Fig. 580.

Description du réomètre à deux aiguilles. — La fig. 580 représente un réomètre à deux aiguilles. ab est le cadre, de bois ou d'ivoire, sur lequel est enroulé le fil de cuivre enveloppé de soie, dont les extrémités sortent en n et n'. Au-dessous de l'aiguille supérieure, l, se trouve un disque divisé destiné à indiquer les angles de déviation. Le centre et le zéro sont sur une droite parallèle au plan du cadre, plan qu'on a soin de placer dans le méridien magnétique, en le faisant tourner, au moyen d'un bouton placé au-dessous de l'appareil. Le disque divisé est en cuivre, afin, comme nous l'expliquerons plus tard, d'amortir les oscillations de l'aiguille l, qui en est très rapprochée. Le système des aiguilles est suspendu par un fil de soie sans torsion f, et le tout est entouré d'une cloche de verre portée par le socle, qui est muni de vis calantes.

574   ÉLECTRO-MAGNÉTISME.

* 724. Loi des actions électro-magnétiques. — L'action d'un courant sur une aiguille aimantée dépend de la quantité d'électricité qui passe, et par conséquent de la grandeur des couples de la pile (665). Cette action diminue avec la distance; Biot et Savart ont cherché par l'expérience les lois de cette diminution. Pour cela, ils ont suspendu par un fil de cocon, à un support t (*fig.* 581), un barreau d'acier très court et fortement aimanté a, rendu astatique par un aimant A convenablement placé. cc est un fil métallique vertical de 3 mètres de longueur, dans lequel

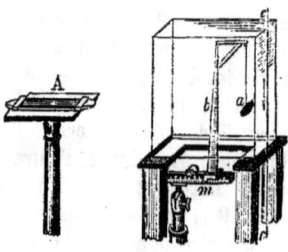

Fig. 581.

passe un courant, qu'on peut regarder comme indéfini dans les deux sens. Le petit aimant a se place de lui-même perpendiculairement à la plus courte distance de son centre au fil cc, dont il peut être plus ou moins éloigné au moyen d'un pignon denté et d'une crémaillère m portant une division. Si l'on dérange l'aimant a de sa position d'équilibre, il oscille, et le carré du nombre des oscillations accomplies pendant un temps donné est proportionnel à la force

électro-magnétique (584). On a trouvé ainsi que *l'action du courant varie en raison inverse de la simple distance*, en supposant que cette distance soit assez grande pour que l'action reste la même sur les deux pôles de l'aimant a dans toutes ses positions.

Courant angulaire. — Si le courant se compose de deux parties indéfinies ab, ac (*fig.* 582) également inclinées par rapport au plan horizontal

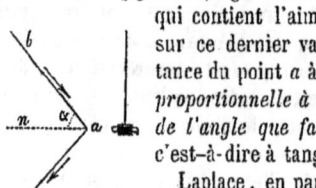

Fig. 582.

qui contient l'aimant, l'intensité de l'action qu'il exerce sur ce dernier varie toujours en raison inverse de la distance du point a à l'aimant, et de plus cette *intensité est proportionnelle à la tangente trigonométrique de la moitié de l'angle que fait le courant avec le plan horizontal*; c'est-à-dire à $\tan \frac{1}{2} \alpha$.

Laplace, en parlant des lois expérimentales de Biot et Savart, a trouvé, par le calcul, que *l'action d'un élément de courant sur une particule magnétique varie en raison inverse du carré de la distance.*

725. Action des courants sur le magnétisme neutre. — En septembre 1820, Arago ayant plongé dans la limaille de fer, le fil conjonctif d'une pile, le retira couvert d'une couche épaisse de limaille, qui se détachait dès qu'il ouvrait le circuit. La limaille ne se dispose pas en houppes hérissées, comme sur un aimant, mais elle s'étend en couche unie, dans laquelle les parcelles de fer sont arrangées en séries circulaires entourant le fil réophore comme des anneaux. Le courant n'agit pas sur les substances non magnétiques; ce qui exclut toute idée d'une action attractive produite par de l'électricité statique. Arago a pu ensuite aimanter de petites aiguilles d'acier trempé, en les plaçant en croix sur le fil réophore : le pôle nord s'est toujours formé à la gauche du courant.

726. Aimantation dans les hélices. — Pour aimanter une baguette d'acier *ab* (*fig.* 583), on la place dans un tube de verre, autour duquel le fil réophore s'enroule en hélice. On fait passer un courant dans ce fil, et le maximum d'aimantation est produit instantanément.

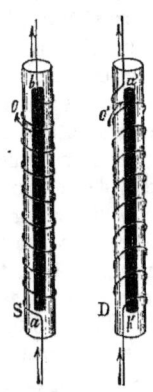

Fig. 583.

On distingue deux sortes d'hélices : l'*hélice dextrorsum*, D, est celle qui, ayant son axe vertical, s'enroule de droite à gauche en descendant et du côté de l'observateur qui la regarde ; l'*hélice sinistrorsum*, S, s'enroule au contraire de gauche à droite en descendant. Les vis ordinaires sont des hélices *dextrorsum*. Il est facile de voir que, avec cette dernière espèce d'hélice, le pôle *nord* de l'aimant formé, $a'b'$, est à l'extrémité a', par laquelle sort le courant ; car c'est là que serait la gauche d'un observateur couché sur une spire, comme est la flèche o', et regardant l'aiguille. On voit de même que, avec l'hélice *sinistrorsum* S, le pôle *nord*, a, se trouve à l'extrémité par laquelle entre le courant.

Fig. 584.

Quand on veut produire une forte aimantation, on prend un fil de cuivre enveloppé de soie, et on l'enroule en hélice autour du tube de verre, de manière que les spires se touchent. Mais il faut ici, comme pour les réomètres, que la résistance de la pile soit très grande, pour qu'il y ait avantage à augmenter beaucoup le nombre de tours du fil. Malgré tout, on ne peut aimanter que faiblement les tiges d'acier trempé ; il marque ici l'ébranlement moléculaire qui fait céder la force coërcitive (589).

Points conséquents. — Pour obtenir des points conséquents, il suffit de changer le sens de l'hélice partout où l'on veut en produire. Ainsi, en a et b' (*fig.* 584) il y aura des points conséquents ; l'hélice étant sinistrorsum de b en a, dextrorsum de a en b', et sinistrorsum de b' en a'. Les points b, b' sont des pôles sud, et les points a, a' des pôles nord.

727. Aimantation par l'électricité de tension. — Arago a reconnu qu'on peut aimanter au moyen de l'électricité due au frottement. Mais les résultats sont bien moins prononcés qu'avec le courant voltaïque, parce que la *quantité* absolue d'électricité fournie par les plus puissantes machines électriques est très faible. Le moyen le plus efficace consiste à décharger à travers l'hélice, une batterie à grande surface, en faisant en sorte que la décharge ait une durée appréciable. Pour cela, on arme l'une des extrémités du fil de l'hélice, d'une pointe que l'on approche de l'armature intérieure de la batterie, dont l'armature extérieure communique avec l'autre extrémité du même fil.

728. Electro-aimant. — Si l'on introduit un barreau de fer doux dans une hélice, il s'aimante pendant le passage du courant, avec d'autant plus de facilité qu'il n'y a pas ici de force coërcitive à vaincre. Mais le magnétisme disparaît aussitôt que le courant est interrompu ; c'est pourquoi l'appareil se nomme *électro-aimant*. L'hélice se forme avec un fil de cuivre enveloppé de soie, auquel on fait faire un grand nombre de tours autour du barreau de fer doux. C'est ce qui constitue l'*hélice magnétisante*. Souvent, le barreau de fer est recourbé en fer à cheval, et le fil est enroulé autour des deux branches, de manière que les deux hélices soient la continuation l'une de l'autre quand le fer est supposé redressé. La *fig.* 585 représente un électro-aimant Ac, porté par un fort châssis en bois. En A est le barreau de fer doux, dont les branches verticales sont entourées par les deux parties de l'hélice magnétisante. c est un portant en fer doux, auquel sont suspendues, par un crochet, des tringles de fer soutenant une planche IT, sur laquelle on peut placer des poids, ou faire monter plusieurs personnes, pendant le passage du courant. — Si l'on enlève le portant et qu'on présente aux pôles une assiette remplie de clous, on les voit obéir, à distance, à l'action magnétique, et rester suspendus les uns aux autres en formant une longue traînée qui représente, sur une grande échelle, ces houppes de limaille que les aimants ordinaires retiennent à leur surface.

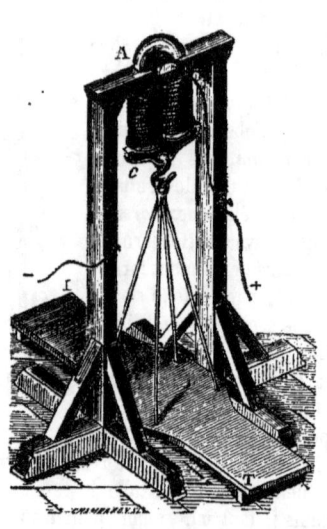

Fig. 585.

729. De la cessation des effets avec le courant. — Dès qu'on supprime le courant, l'électro-aimant rentre à l'état neutre, et la charge se détache. Mais il faut, pour qu'il ne reste pas du tout de magnétisme décomposé, que le barreau soit complètement dépourvu de force coërcitive. On emploie donc du fer aussi pur que possible, on le recuit à plusieurs reprises après lui avoir donné sa forme, puis on achève de le travailler à la lime, pour éviter de l'écrouir. Malgré toutes les précautions, il est bien rare qu'il ne reste pas un peu de force coërcitive.

Magnétisme rémanent. — Quand la charge suspendue à un électro-aimant est inférieure au quart environ du maximum qu'il peut porter, l'armature ne se détache pas et reste adhérente après la suppression du courant. Si on la sépare violemment, l'électro-aimant rentre à peu près à l'état neutre, tout en conservant cependant encore un peu de magnétisme, en quantité d'autant plus grande que le contact a été plus prolongé. On a cherché à expliquer ces résultats, par l'influence du magnétisme développé dans le fer de l'armature, sur celui du fer de l'électro-aimant. — Le magnétisme, qui persiste sous l'influence de l'armature après la suppression du courant, est désigné sous le nom de *magnétisme rémanent*; il présente de graves inconvénients dans une foule d'applications. Il disparaît presque totalement, quand on empêche qu'il y ait contact entre l'électro-aimant et son armature, en interposant une lame de bois, ivoire, carton, ou de petites chevilles de cuivre.

* **730. De la puissance des électro-aimants.** — La force d'un électro-aimant dépend de plusieurs conditions :

1º *Intensité du courant.* — D'abord proportionnelle à cette intensité, la force magnétique s'accroît ensuite de moins en moins quand l'intensité du courant augmente, et finit par atteindre un *maximum*. L'électro-aimant est alors aimanté *à saturation*, et ce serait inutilement qu'on augmenterait la force du courant.

2º *Dimensions du fil de l'hélice magnétisante.* — La force magnétique augmente avec le nombre de tours du fil, et celle qui est développée dans un même barreau avec une même pile, atteint son maximum quand la résistance de l'hélice est égale à celle du reste du circuit. De sorte que, quand ce dernier est très résistant, comme dans les lignes télégraphiques dont la longueur est considérable, il y a avantage à employer une hélice à fil très fin faisant un grand nombre de tours.

3º *Dimensions du fer doux.* — Plus le barreau de fer est gros, plus on peut développer de force magnétique, et la force maximum est sensiblement proportionnelle au carré du diamètre. Du reste, le barreau peut être creux, pourvu que l'épaisseur soit au moins égale au huitième du diamètre extérieur du cylindre. L'armature a aussi une grande influence sur la charge maximum que peut porter l'appareil, comme pour les aimants (594).

* **II. Application des électro-aimants à l'étude du magnétisme.**

731. L'énorme puissance magnétique qui se développe dans les électro-aimants a permis de reculer les limites de la science du magnétisme, et de jeter un jour nouveau sur ce qui se passe dans le fer pendant l'aimantation.

Changements de forme du fer dans une hélice. — Quand on fait passer un courant dans une hélice enveloppant une baguette de fer horizontale de 30^{cm} de longueur et de 1^{cm} de diamètre légèrement infléchie par un poids, elle se redresse aussitôt. Cette baguette s'allonge en même temps, mais d'une quantité extrêmement petite. Une baguette de fer doux f, f' fixée en son milieu e (*fig.* 586) et entourée par une hélice de plus de 1800 tours, s'allonge, et en même temps s'infléchit quand la barre ne coïncide pas avec l'axe de l'hélice. Des microscopes m, m' servent à observer les déplacements des extrémités, qui ne sont que de quelques dixièmes de millimètre.

Sons produits par les courants. — Les mouvements de totalité observés dans les expériences que nous venons de citer, sont la consé-

Fig. 586.

quence de déplacements moléculaires produits sous l'action du courant. Ces mouvements peuvent être assez prononcés pour produire des vibrations sonores. Pour rendre le son plus durable, on fait passer le courant par intermittences, dans une hélice qui enveloppe une baguette de fer doux ou un fil de fer tendu sur un sonomètre. A chaque passage du courant, il se produit un déplacement moléculaire, que l'élasticité détruit dès que le courant cesse, et qui se reproduit aussitôt qu'il est rétabli. Dans une baguette telle que celle de la *fig.* 586, le son est celui de vibrations longitudinales ; dans une corde tendue, celui des vibrations transversales accompagné de ses principaux harmoniques.

732. Universalité du magnétisme. — On a, pendant longtemps, considéré le magnétisme comme appartenant en propre à quelques substances, à la tête desquelles se trouve le fer. Après la découverte de l'électro-magnétisme, on a soupçonné que, si les aimants étaient assez puissants, ils agiraient sur tous les corps ; mais ce n'est qu'au moyen des électro-aimants que la question a pu être tranchée. M. Faraday ayant découvert, en 1845, que les corps transparents, soumis à l'action de forts électro-aimants, modifient, d'une certaine manière, les rayons lumineux

DIAMAGNÉTISME.   579

qui les traversent, en conclut que les aimants changent l'arrangement des molécules des corps, et agissent sur tous avec plus ou moins d'intensité.

Pour faire l'expérience, on emploie aujourd'hui l'appareil (*fig.* 587), construit par M. Ruhmkorff, et qui consiste en un électro-aimant, d'une forme particulière, dont le fer doux, $amnFprb$, est recourbé 4 fois. BB' sont les deux bobines qui en enveloppent les extrémités, de manière que les pôles a et b soient de nom contraire. Les barreaux coudés mn, pr, peuvent être fixés sur une barre de fer F, à différentes distances l'un de l'autre, au moyen de vis v, v', de manière qu'on peut faire varier la distance des pôles. Avant de circuler dans les bobines, le courant passe par un petit appareil, c, nommé *commutateur*, que nous décrirons plus tard (743), qui permet de changer à volonté le sens du courant dans les bobines B, B'. Une règle graduée ll' porte un curseur qui soutient une tige t, à laquelle est suspendu le corps à étudier, auquel on donne la forme d'une mince baguette.

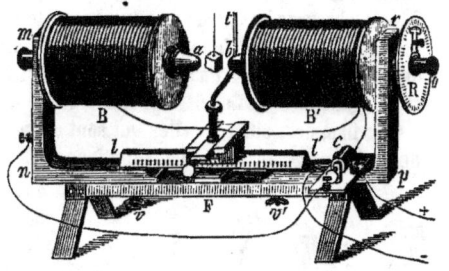

Fig. 587.

Diamagnétisme. — Quand une baguette contenant des parcelles de fer, est suspendue entre les deux pôles de l'électro-aimant, elle se dirige, sous l'influence du magnétisme, suivant les pôles de ce dernier, ou prend la *direction axiale*. Il en est de même d'une foule d'autres substances, qui sont par conséquent magnétiques, mais très peu, car elles oscillent lentement quand on les dérange de la position axiale. Mais il y a une foule d'autres substances, qui, au contraire, se placent *transversalement*, ou prennent la *direction équatoriale*; elles sont *repoussées* par l'électro-aimant, comme on peut s'en assurer en leur donnant la forme d'une petite balle, que l'on voit s'éloigner du pôle dont on l'approche. Ces substances, beaucoup plus nombreuses que celles qui sont attirées, ont été appelées, par M. Faraday, *diamagnétiques*. A leur tête, il faut placer le *bismuth*. Le plomb, le zinc, le cuivre, le quartz, le verre, le sel marin, le plâtre, le charbon, le soufre, la plupart des corps organisés, sont aussi diamagnétiques.

Liquides. — Les liquides sont magnétiques ou diamagnétiques. Pour le reconnaître, M. Plucker, arme les pôles d'un électro-aimant, de pièces polaires plates et arrondies (*fig.* 588), sur lesquelles il pose un verre de montre contenant le liquide à essayer. Quand ce liquide est *magnétique*, on le voit se porter vers les arêtes des pièces polaires, en se creusant au milieu (*fig.* 589). Le protochlorure de fer présente ce résultat d'une manière remarquable. Quand le liquide est *diamagnétique*, il s'éloigne des pièces polaires, en formant une petite colline transversale (*fig.* 588). C'est ce qui a lieu pour l'eau, l'alcool, le sang, le mercure,

Fig. 588.   Fig. 589.

Gaz. — Un petit tube de verre très mince, rempli d'*oxygène* et suspendu dans une éprouvette dont on extrait l'air, prend la direction *axiale*. L'oxygène est donc magnétique ; car le tube du verre seul tendrait à prendre la direction équatoriale. On peut encore opérer en faisant absorber l'oxygène par une baguette de charbon, qui prend encore la direction axiale, quoique le charbon soit diamagnétique. Les gaz autres que l'oxygène sont diamagnétiques, surtout l'hydrogène et le gaz d'éclairage. Quelques-uns n'ont cependant donné que des résultats douteux.

Les flammes, surtout celles qui sont chargées de beaucoup de particules de charbon (519), sont diamagnétiques. La *fig.* 590 montre comment on

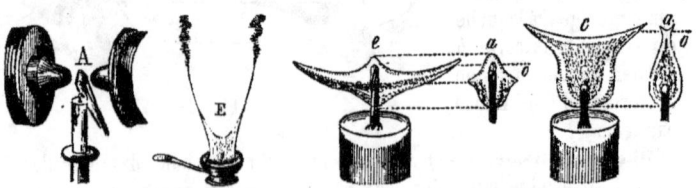

Fig. 590.   Fig. 591.

dispose l'expérience : la flamme, A, est déprimée et rejetée latéralement. Quand la ligne des pôles rencontre l'axe de figure de la flamme, celle-ci s'aplatit en s'étendant de chaque côté et prenant différentes formes, qui dépendent de la distance des pôles à la mèche. On voit dans la *fig.* 591, les formes que prend la flamme d'une chandelle de suif quand cette ligne se trouve à la hauteur *o*, *o*. En *a*, *a* est représentée la section de la flamme par un plan passant par la ligne des pôles, et en *e* et *c* la flamme telle qu'elle est étendue dans le sens équatorial. On voit aussi en E (*fig.* 590) la forme que prend la flamme de l'essence de térébenthine ; elle se termine à la partie supérieure par une fumée très épaisse formant deux branches séparées.

M. Faraday a reconnu que les résultats obtenus avec les différents corps dépendent du milieu ambiant. Ainsi, une dissolution magnétique de sulfate de fer, est diamagnétique quand le tube qui la contient est plongé dans une dissolution plus concentrée du même sel. Des phénomènes semblables ont été constatés dans les gaz. De sorte que les effets que l'on observe dans l'air, ne sont autre chose que ceux qui auraient lieu dans le vide, diminués de l'effet que produirait le magnétisme sur le fluide déplacé. Il est facile de saisir l'analogie de cet énoncé avec celui du principe d'Archimède, relatif à l'action de la pesanteur sur les corps plongés. M. E. Becquerel explique par là le diamagnétisme ; suivant lui, tous les corps seraient *magnétiques*, et ceux qui paraissent diamagnétiques, seraient seulement moins magnétiques que le milieu ambiant, même que le vide, qui est rempli par l'*éther* (315), qui possèderait un certain magnétisme.

III. Applications mécaniques. — Télégraphes électriques.

733. Dès qu'on eut remarqué la grande vitesse de propagation de l'électricité, on songea à tirer parti de cet agent pour transmettre des signaux. Franklin paraît avoir conçu le premier cette idée, sans qu'il l'ait cependant précisément formulée. Divers essais ont été faits, en 1774, au moyen de l'électricité fournie par les machines à frottement ; mais la nécessité d'isoler complètement les fils, constituait une grande difficulté, qui n'a été levée qu'après la découverte de la pile. Onze ans après l'invention de Volta, Sœmmering, à Munich, employa les courants pour transmettre des signaux, qui étaient formés par le dégagement de gaz produit dans un certain nombre de voltamètres. Aussitôt après la découverte de l'action du courant sur l'aiguille aimantée, Ampère songea à en tirer parti pour faire des signaux. Dès lors, les essais se multiplièrent ; mais on employa d'abord autant de fils entre les deux stations que de signes à produire. Aujourd'hui on n'emploie plus qu'un seul fil nommé *fil de ligne*, et le circuit est complété par la terre avec laquelle les appareils sont mis en communication. Les premiers télégraphes qui aient fonctionné régulièrement ont été construits en 1837, par M. Wheatstone, en Angleterre, et Stenheil, en Allemagne.

Un télégraphe électrique se compose essentiellement de quatre parties principales :

1° La *communication* entre les stations, formée en partie par un fil métallique isolé, en partie par la terre ; 2° le *manipulateur* ou *transmetteur*, au moyen duquel on lance l'électricité dans le fil de communication, de manière à produire les signaux à la station opposée ; 3° le *récepteur*, placé à cette station, destiné à former ces signaux ; 4° la *pile*, ordinairement une pile de Daniell, destinée à fournir l'électricité. Nous nous occuperons d'abord des récepteurs et des manipulateurs. Il en existe un grand nombre d'espèces différentes ; nous allons décrire les deux qui sont le plus employés en France.

734. Télégraphe à cadran de M. Breguet. — Cet appareil indique sur un cadran les lettres de l'alphabet, de sorte que tout le monde en peut comprendre les signes. De plus, le manipulateur peut être mis en mouvement par le premier venu auquel on a montré une fois la manière d'opérer. Aussi cet appareil est-il très employé dans les chemins de fer, où il est utile que la plupart des employés puissent, à l'occasion, envoyer et recevoir une dépêche.

Récepteur. — La *fig.* 592 représente le récepteur vu par derrière, la plaque AB formant le devant de l'appareil. rr est une roue, qui tend toujours à tourner dans le sens de la flèche, sous l'influence d'un mouvement d'horlogerie constamment monté, et qui n'est pas représenté dans la figure. L'arbre de cette roue porte, du côté opposé de la plaque AB, une aiguille e destinée à indiquer successivement les signes tracés sur un cadran vertical qq. La roue rr porte des dents obliques, et elle est arrêtée par une palette α affermie sur l'axe oo'. Une autre palette β, placée sur le même axe, à une distance de la première, égale à la moitié de l'intervalle de deux dents, est placée dans un plan différent passant par l'axe oo'; de manière que si, en faisant tourner cet axe, on fait avancer la palette β à la

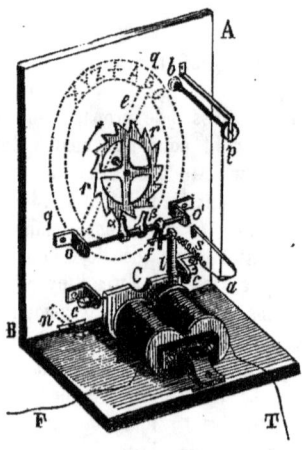

Fig. 592.

place de α, celui-ci abandonne la dent qu'elle retenait, la roue tourne, mais un instant après elle est arrêtée par la palette β, sur laquelle vient frapper la dent suivante, après que la roue s'est déplacée de la moitié de la largeur d'une dent. Si l'axe oo' reprend sa première position, un déplacement égal de la roue aura lieu, et la palette α viendra de nouveau l'arrêter. Comme *il y a un nombre de dents égal à la moitié du nombre des signes*, à chaque mouvement de va-et-vient des palettes, la roue avance d'une dent, et l'aiguille franchit deux signes.

Ces mouvements de va-et-vient des palettes sont produits par ceux du contact, C, d'un électro-aimant E. Ce contact oscille autour d'un axe cc, et porte un levier l, qui agit, par l'intermédiaire de la fourchette f, sur l'axe oo', de manière à faire osciller les palettes α, β. Si donc on lance, de la station opposée, un courant dans l'électro-aimant, par le fil de ligne F, courant qui retourne à la pile, après avoir circulé dans l'électro-aimant, par le fil T qui plonge dans le sol, la palette β vient prendre la place de α

et l'aiguille l passe d'un signe sur le suivant ; si l'on supprime le courant, le contact s'écarte de l'électro-aimant, sous l'influence du *ressort de rappel s*, et l'aiguille marche encore d'un signe.

En n est un levier destiné à faire osciller le contact directement pour placer l'aiguille à l'avance, sur un signe convenu ; par exemple, sur le signe de repos $+$ nommé *final*. Pour que l'appareil fonctionne régulièrement, il faut que le ressort de rappel s ait une tension en rapport avec la force de l'électro-aimant, force qui varie avec la distance d'où le courant est lancé, et avec les pertes que l'électricité éprouve par l'humidité de l'atmosphère. On modifie la tension, en faisant tourner un bouton b ; le fil ap, qui passe dans un anneau a, s'enroule sur la poulie p, et tend plus ou moins le ressort s.

Manipulateur. — Un disque métallique sur lequel sont gravés les mêmes signes que sur le cadran du récepteur (*fig.* 593), est fixé par trois colonnes, sur une table horizontale en bois. Une manivelle ou *manette m*, mobile autour d'un axe parallèle au plateau, peut être soulevée et portée successivement sur les différentes lettres, et y être arrêtée au moyen d'un talon qui

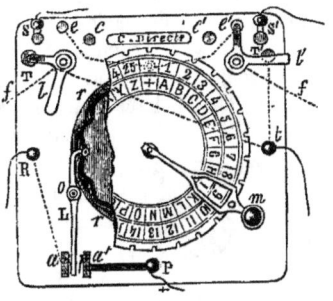

Fig. 593.

s'enfonce dans des crans taillés sur le contour du disque ; elle entraîne dans son mouvement un axe vertical auquel est fixée une roue métallique rr. Dans l'épaisseur de cette roue est creusée une rainure présentant des sinuosités régulières, dont les parties convexes sont en nombre égal à la moitié du nombre des signes. Sur la figure, le disque est déchiré pour laisser voir la roue. Dans la rainure, s'enfonce une cheville adaptée à l'extrémité d'un levier de métal L, qui prend un mouvement d'oscillation autour du point o, pendant que la roue rr tourne sur elle-même. En même temps, l'extrémité de ce levier vient toucher alternativement des arrêts garnis de ressorts, a, a'. L'un de ces arrêts, a', communique en P avec un des pôles de la pile. Le fil de la ligne aboutit en f, à l'axe d'un levier coudé, dit *conjoncteur*, dont on porte l'extrémité sur un petit disque de cuivre e', communiquant avec la roue métallique rr. Quand on fait tourner cette roue, en faisant franchir à la manette m, par exemple, dix signes, le levier L touche 5 fois l'arrêt a', et s'en écarte 5 fois, de sorte que le courant est lancé 5 fois dans le fil de ligne f, et est 5 fois interrompu. Il en résulte que le contact C (*fig.* 592) du récepteur de la station opposée fait 5 oscillations complètes, et laisse passer 5 dents de la roue rr, et par conséquent fait franchir 10 signes à l'aiguille e. Si donc l'aiguille e et la manette m (*fig.* 593) sont placées d'abord sur le même signe, elles indiqueront encore le même signe, quand on arrêtera la manette sur une lettre donnée.

★ On voit dans la *fig.* 593 diverses pièces dont nous allons maintenant indiquer l'usage. Au manipulateur, aboutissent deux fils de ligne f, f, l'un venant d'une station éloignée située à droite, l'autre d'une station située à gauche. Chacun de ces fils aboutit à l'axe d'un levier coudé ou *conjoncteur* l, l', que l'on peut transporter successivement sur de petits disques de cuivre T, s, e, c ; T', s', e', c' dits *goutte de suif*. s, s' communiquent avec une *sonnerie*, ou *avertisseur*, destinée à appeler l'attention de l'employé, au moment où il doit, à son tour, recevoir une dépêche sur son récepteur ; e, e communiquent avec la roue rr, et par conséquent avec le levier L ; T, T' communiquent avec le sol par le bouton t.

Les conjoncteurs étant tournés en s et s', et la manette m placée sur le *final* +, le fil de ligne communique avec la sonnerie, et le levier L s'appuie sur l'arrêt a ; l'appareil est alors au repos. Si on lance un courant, de la station opposée, il fait agir la sonnerie, l'employé, averti, tourne les conjoncteurs sur e, e', et répond qu'il est prêt. Alors les courants venant de la station de droite, par exemple, passent de f en e', dans la roue rr, le levier L, l'arrêt a et le récepteur de la station communiquant avec R, dont ils font marcher l'aiguille ; de là, ils passent dans le sol. Pour répondre, il suffit de faire tourner convenablement la manette m. Le courant de la pile, qui arrive en P, est établi quand le levier L s'appuie en a', et il passe, par ce levier, le plateau rr et la goutte de suif e, dans le fil de ligne qui aboutit en f, fait jouer l'aiguille du récepteur de la station opposée, dont la manette a dû être portée sur le final +, et revient à la pile par la terre.

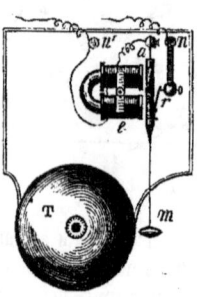

Fig. 594.

En temps d'orage, on porte les conjoncteurs en T, T', et le fil de ligne communique avec la terre. Quand ils s'appuient en c, c', le courant de la ligne ne passe pas par le récepteur de la station, mais il continue sa route et va faire jouer le récepteur d'une station plus éloignée, les gouttes c, c' communiquant entre elles.

★ **735. Sonnerie ou avertisseur.** — Cet appareil consiste en un mouvement d'horlogerie faisant battre un marteau sur un timbre. Une des roues porte un arrêt qui vient buter contre un levier terminé par une pièce de fer doux. Un électro-aimant, dans lequel le courant est lancé pendant un instant, attirant la pièce de fer doux, écarte le levier, et l'appareil se met à sonner, jusqu'à ce que, la roue ayant fait un tour entier, le levier, revenu à sa première position par l'effet d'un ressort, l'arrête de nouveau.

La *fig.* 594 représente une sonnerie dite à *trembleur*, dans laquelle l'impulsion est imprimée au marteau par le courant même. Le courant de la ligne passe par les boutons n, n', dans l'électro-aimant e, en parcourant la partie ar du manche, en fer, du marteau m, qui est attiré. Le courant est alors interrompu en r, et le marteau revient sur ses pas sous l'action du ressort a par lequel il est fixé, et le circuit est ainsi fermé en r; le marteau est donc de nouveau attiré, et ainsi de suite. Dans ces mouvements, qui se succèdent rapidement, la tête du marteau frappe sur le timbre T, tant que le courant passe dans l'appareil.

736. Télégraphe enregistreur de Morse. — Cet appareil, d'une simplicité admirable, a été adopté successivement en Amérique et dans presque tous les Etats de l'Europe. La *fig.* 595 représente le *récepteur*. L' L est un levier pouvant osciller autour de l'axe o, sous l'influence

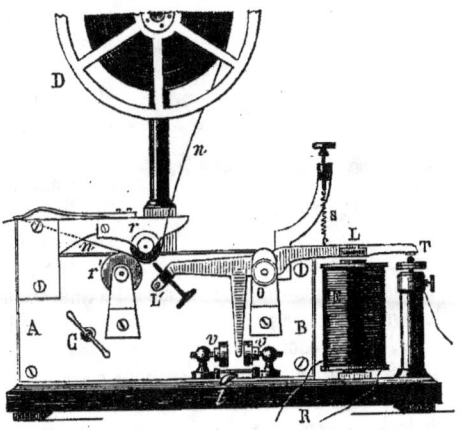

Fig. 595. — 1/4.

de l'électro-aimant E et du ressort de rappel s; les oscillations sont limitées par les têtes de vis v, v. Ce levier porte en L' une pointe émoussée, ou *style*, qui s'appuie sur un ruban de papier nn, enroulé sur le dévidoir D. Ce ruban est entraîné par deux rouleaux tournants r, r', entre lesquels il est pressé comme entre les cylindres d'un laminoir. Un des rouleaux, r', est mu par un mouvement d'horlogerie placé derrière la plaque AB, et qui se monte au moyen de la clef C.

Quand le levier s'élève en L', la pointe fait, par pression, sur le papier, un trait plus ou moins long. Une rainure pratiquée circulairement sur le cylindre r, au-dessous du style, facilite le refoulement du papier; et une rainure semblable du cylindre r' empêche l'empreinte d'être effacée quand le ruban passe entre les deux cylindres. Si le courant ne passe dans l'électro-aimant que pendant un instant, le style trace un point un peu allongé ; si le courant passe pendant un temps plus long, le style marque un trait. C'est par la combinaison des points et des traits que l'on forme les différents signes. Voici, par exemple, ceux qui indiquent les premières lettres de l'alphabet.

```
.—   —...   —..   .   ....   —.   ....   ..   .———
a    b      c     d   e      f   g      h    i    j
```

Le mouvement d'horlogerie ne doit marcher que pendant la transmission des signaux ; l'employé met les rouages en mouvement, en poussant la tige l, dès qu'il entend le bruit que fait le levier oscillant. Ce bruit est même assez fort pour dispenser d'avoir une sonnerie d'appel.

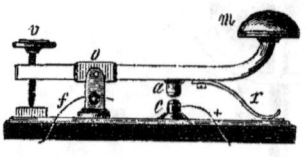

Fig. 596. — 1/3.

Manipulateur. — Cet appareil, désigné sous le nom de *clef* ou *levier-clef*, consiste en un levier métallique om (*fig.* 596), mobile autour de l'axe o, qui communique avec le fil de ligne f. Une borne, ou *enclume*, c, communique avec l'un des pôles de la pile. Si l'on abaisse le levier, en appuyant la main sur la tête m, le marteau a vient toucher l'enclume c, et le circuit est fermé. Quand on cesse d'appuyer en m, le levier se relève par l'action du ressort r, et le circuit est ouvert. Il suffit donc, pour produire à la station opposée des points ou des traits, d'appuyer sur la tête m pendant un temps très court, ou pendant un temps double ou triple du premier. La vis v sert à régler l'amplitude des oscillations du levier. — On peut, avec l'appareil de Morse, écrire de 10 à 14 mots par minute.

La lecture des traits formés par le refoulement du papier étant assez pénible, on a cherché à les produire en noir, au moyen de diverses dispositions. M. Digney a imaginé celle qui suit : au-dessus de la bande de papier, avant qu'elle s'engage entre les rouleaux r, r' (*fig.* 595), se trouve une petite molette dont la tranche est toujours garnie d'encre grasse. Le levier L'L, au lieu du style L', porte une tête plate, qui, lorsqu'elle se relève, fait appuyer légèrement la bande de papier sur la molette, dont l'encre forme alors sur le papier, un point ou un trait, suivant la durée du courant. Comme le papier ne fait que toucher légèrement la molette, le courant n'a pas besoin d'une grande intensité pour faire marcher l'appareil ; tandis que, lorsqu'on emploie le système à pointe sèche, il faut, si la distance est considérable, disposer d'un grand nombre de couples, ou bien employer un *relai*.

★ **737. Relai.** — Cet appareil imaginé par M. Wheatstone, lance dans le récepteur, le courant d'une pile voisine, de 3 ou 4 couples, dite *pile locale*, précisément à l'instant où le courant de la station opposée est lui-même lancé dans la ligne. Il existe plusieurs espèces de relais ; la *fig.* 597 représente un des systèmes les plus simples. Le courant de la ligne, f, t, met en activité un électro-aimant ; celui-ci abaisse le levier L mobile autour de l'axe o, et le met en contact avec une vis v qui communique avec l'un des pôles de la *pile locale* P, de manière à fermer le circuit de celle-ci, dont l'autre pôle communique par le ressort de rappel r, avec le levier L. En R, est placé le *récepteur*, qui est mis ainsi en mouvement par la pile locale.

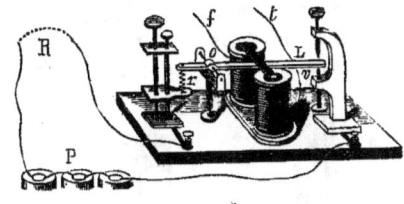

Fig. 597.

★ **738. Télégraphe électro-chimique.** — Supposons que, dans le récepteur (*fig.* 595), l'électro-aimant soit supprimé, que le cylindre r soit en métal et communique avec le pôle positif de la pile locale, pendant que le levier L′ L communique avec le pôle négatif. Supposons, en outre, que le style soit en fer et constamment appuyé sur la bande de papier, et que celle-ci soit imbibée d'une dissolution contenant 5 parties de cyanure de potassium, et 150 d'azotate d'ammoniaque destiné à attirer l'humidité de l'air. Quand le courant passera du style au cylindre r, à travers la bande de papier, le cyanure sera décomposé, le cyanogène se portera sur le style de fer, et donnera, en se combinant avec lui, du *bleu de prusse*, qui marquera des points ou des traits, suivant la durée du passage du courant. Tel est le principe du télégraphe électro-chimique construit par M. Bain, et perfectionné par M. Pouget-Maisonneuve.

739. Des systèmes de transmission. — Pour faire communiquer les postes télégraphiques, on emploie trois systèmes différents : les *fils aériens*, les *fils souterrains*, et les *fils sous-marins*.

Fils aériens. — Les fils aériens sont formés de fils de fer de 4^{mm} de diamètre, galvanisés, c'est-à-dire recouverts d'une couche de zinc qui les préserve de la rouille, et soutenus, à des distances de 20 à 50 mètres, et à des hauteurs de 6 à 10 mètres, par des poteaux en bois de pin, injectés, pour qu'ils se conservent plus longtemps, avec du sulfate de cuivre ou du pyrolignite de fer. Les fils sont isolés par des pièces de porcelaine, de verre ou de faïence fixées aux poteaux. En France, on se sert d'espèces de cloches en porcelaine vernie, sous lesquelles est scellé, au soufre, un crochet de fer, qui se trouve ainsi à l'abri de la pluie, et dans lequel passe le fil, a (*fig.* 598). Aux endroits où le fil doit changer de direction, on le fait passer dans des anneaux en porcelaine, a', fixés au poteau. En Angleterre, les fils passent souvent à travers des tubes de faïence fixés sur une planche séparée du poteau par une plaque de faïence (*fig.* 599). D'autres fois, le fil fait un ou deux tours sur une espèce de champignon en porcelaine c, c' *fig.* 600. A des distances de 500 à 1000 mètres, se trouvent des mâts plus forts que les autres, dits *poteaux tendeurs*, auxquels est adapté un système de deux petits treuils en fer galvanisé t (*fig.* 601), sou-

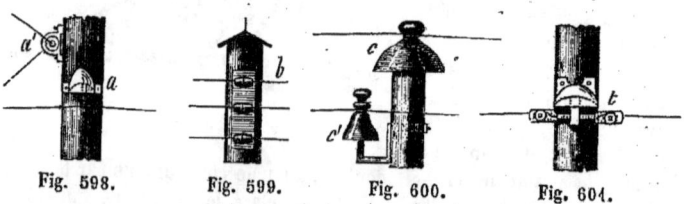

Fig. 598.   Fig. 599.   Fig. 600.   Fig. 601.

tenus par un chapeau en porcelaine, et autour desquels s'enroulent les extrémités des fils, de manière qu'on peut les tendre plus ou moins.

Introduction de la terre dans le circuit. — Dans le principe, il fallait deux fils de ligne, afin que le circuit fût fermé. En 1858, Stenheil remplaça l'un des fils par la terre, ce que l'on fait toujours maintenant. La résistance du circuit total est ainsi considérablement diminuée. Il résulte, en effet, des expériences de M. Matteucci, et de celles de M. Breguet, que la terre n'oppose pas de résistance sensible au courant; car l'intensité de ce dernier devient double, quand on remplace le fil de retour par le sol. Pour expliquer le rôle de la terre dans le circuit, les uns la considèrent comme un conducteur d'une section tellement grande qu'elle ne présente pas de résistance au passage de l'électricité; d'autres admettent que les électricités de signe contraire qui pénètrent dans la terre aux extrémités de la ligne, se perdent dans ce *réservoir commun*, s'y anéantissent, de sorte que la résistance de cette partie du circuit est nulle.

Quoi qu'il en soit, la découverte de la transmission par la terre a apporté une grande économie dans l'établissement des lignes, en permettant de supprimer un des fils. La communication avec le sol s'établit, soit au moyen de puits, dans l'eau desquels on fait plonger l'extrémité du fil terminé par une large lame métallique; soit, quand le sol est humide, au moyen d'un vieux rail que l'on enfonce profondément, et auquel on soude l'extrémité du fil. Quand le sol n'est pas très bon conducteur, on entoure la barre de fer, de coke en petits fragments sur lesquels on dirige les eaux pluviales.

★ **740. Effets de l'électricité atmosphérique.** — Les fils aériens sont exposés de plusieurs manières aux actions de l'électricité de l'atmosphère. Par les temps sereins, et quand le vent déplace des masses d'air électrisées, il se développe, par induction, dans les fils, des courants qui font jouer les appareils, et viennent brouiller les signes que l'on veut produire. Ces effets se manifestent encore sous l'influence des nuages orageux et sous celle des *aurores boréales*. Enfin, il peut arriver que la foudre frappe les poteaux, les brise, les renverse, ou qu'en parcourant la ligne, le fluide vienne fondre les fils des électro-aimants, et produire dans les stations, des décharges dangereuses. On évite ces derniers inconvénients au moyen d'appareils nommés *parafoudres*.

Parafoudres. — Sur une table verticale en bois (*fig.* 602) est fixé un conjoncteur *abrp*, à l'axe duquel aboutit le fil de ligne *f*. Ce conjoncteur porte trois branches qui peuvent être portées sur des boutons en cuivre ou *gouttes de suif a, b, t, r*. Le ressort moyen communique seul, par l'axe, avec le fil de ligne; les deux autres sont séparés de l'axe par une virole d'ivoire, mais communiquent entre eux par un anneau métallique qui enveloppe cette virole. Les deux plaques de laiton D, D' garnies de pointes opposées deux à deux, constituent le *déchargeur*. Deux boutons à vis A et B sont réunis par un fil de fer très fin protégé par un tube ou par deux lames de verre. Les gouttes de suif *a, b*, communiquent avec D, D', et *t* et *r*, avec les bornes T et R, par des bandes de cuivre appliquées derrière la table, et dirigées comme l'indiquent les lignes ponctuées. La borne T, communique avec la terre, et la borne R, avec le récepteur de la station. Cela posé, si le conjoncteur est placé comme dans la figure, son

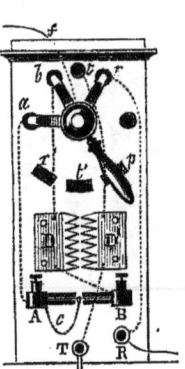

Fig. 602.

manche au-dessus de la plaque *p* sur laquelle est écrit le mot *parafoudre*, le courant de la ligne passe en *b* par le ressort moyen, vient en B après avoir traversé la plaque D, parcourt le fil de fer BA, remonte en *a*, franchit l'arc *ar*, et va dans le récepteur par la borne R. — Si la foudre frappe le fil de ligne *f*, le fil fin AB est brûlé, ce qui sépare le récepteur, de la ligne, et l'électricité passant de D en D' par les pointes opposées, va se perdre dans le sol en passant en D'T. Le déchargeur DD' sert aussi, pendant que l'appareil fonctionne, à enlever l'excédant d'électricité que le fil de ligne peut recevoir de l'atmosphère, et à atténuer ainsi les perturbations qu'elle produit dans les signaux. — Si l'on tourne le conjoncteur de manière que le ressort du milieu vienne en *r*, la ligne communique directement avec le récepteur; c'est ce que l'on fait quand il n'y a pas à craindre les effets de l'électricité atmosphérique, ou quand le fil AB a été brisé. Un anneau passé dans ce fil et attaché à la chaînette *c*, permet de reconnaître si ce fil est intact. Quand l'appareil est au repos, on a toujours soin de placer le conjoncteur verticalement, le manche sur la plaque t' qui porte le mot *terre*, et alors le fil de ligne est en communication directe avec le sol, par la borne T.

741. Fils souterrains et câbles sous-marins. — Les fils souterrains, d'abord très employés, ne sont plus usités que dans le parcours des grandes villes. Ils sont étendus alors dans une auge en bois, sur un lit de bitume, et recouverts d'une couche épaisse de la même substance. L'établissement de ces fils est coûteux, mais ils durent indéfiniment, et sont protégés contre la malveillance.

Câbles sous-marins. — La *fig.* 603 représente un tronçon aa' et une coupe transversale A du câble qui réunit la France à l'Angleterre. Ce câble contient 4 fils de cuivre, recouverts de gutta-percha en deux couches superposées; le tout est enveloppé d'étoupes goudronnées, et recouvert en dernier lieu d'une armure formée de 10 gros fils de fer galvanisés tordus ensemble. Ce câble pèse 180,000 kil., sur une longueur de 30 kilomètres. Depuis, on a donné un moindre poids aux câbles; on ne les préserve par une enveloppe de fil de fer, que dans le voisinages des côtes, et sur les hauts fonds, quand il y a des rochers. On voit en B la coupe du câble d'Irlande; il ne contient qu'un seul fil de cuivre, et ne pèse que 610 kilos par kilomètre.

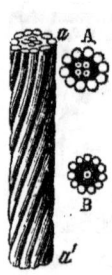

Fig. 603.

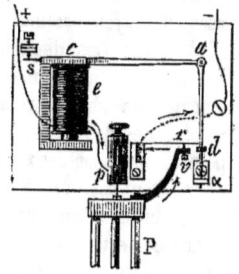

Fig. 604.

*★ **742. Horloges électriques.*** — Dans les applications de l'électro-magnétisme à la mesure du temps, on peut se proposer deux problèmes principaux : 1° construire une horloge à pendule dont le mouvement soit perpétué au moyen de l'électricité ; 2° communiquer le mouvement d'un *régulateur* ou horloge type, aux aiguilles de divers cadrans éloignés les uns des autres.

Horloge de M. Froment. — Le pendule P (*fig.* 604) est suspendu par une lame d'acier communiquant en p avec le fil d'un électro-aimant e. Une vis v placée latéralement vient toucher, à la fin de chaque excursion vers la droite, un léger ressort r, dont l'extrémité libre est soutenue par un petit disque d fixé à une tige verticale da guidée dans l'anneau α. Cette tige est articulée avec le prolongement ac du contact c, dont le point d'appui est sur le bord de l'électro-aimant e. Le ressort r communique avec l'un des pôles d'une pile, dont l'autre pôle communique avec le fil de l'électro-aimant. On voit que le circuit est fermé par pvr, toutes les fois que, le pendule se portant vers la droite, la vis v vient toucher le ressort r. Alors le contact c est attiré, la tige ad s'abaisse ainsi que le disque d, et le ressort r, devenu libre, presse par son élasticité la vis v, et donne une petite impulsion au pendule, qui arrivera à sa limite d'amplitude, pour le faire revenir sur ses pas. Dès que la vis v se sépare du ressort r, le courant est interrompu, et le contact c se relevant par l'action du ressort de rappel s, le disque d soulève le ressort r, qui, par son élasticité de flexion donnera une nouvelle impulsion au pendule, quand la vis v viendra de nouveau toucher ce ressort.

Compteur. — Il s'agit maintenant de transmettre le mouvement oscillatoire du pendule, à un *compteur* ou système de deux aiguilles indiquant sur un cadran les heures et les minutes. La *fig.* 605 représente un compteur dû à M. Froment. Le courant, interrompu et rétabli successivement par les oscillations du pendule, passe par un électro-aimant EE qui attire le contact db. Ce contact, quand il est attiré, redresse le système

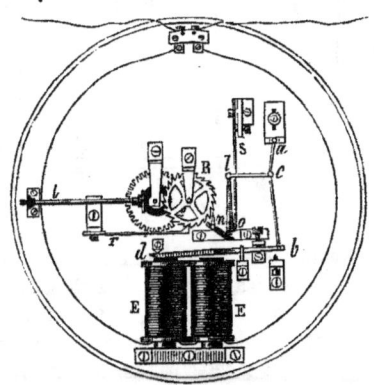

Fig. 605.

des tringles articulées bca, et tire vers la droite la tige cl, articulée au levier coudé lon. Un cliquet n s'enfonce alors entre les dents obliques de la roue R, et la fait avancer d'une dent à chaque mouvement, et, par conséquent, à chaque oscillation du pendule. Si ce dernier bat la seconde, et si la roue R porte 60 dents, une aiguille fixée à son axe marquera les secondes; et, par un système de roues dentées, il sera facile de faire mouvoir deux autres aiguilles marquant les minutes et les heures. Les tringles articulées bca sont destinées à transmettre graduellement et sans choc, le mouvement du contact bd, à la roue R. Le ressort d'arrêt r empêche le recul de cette roue, quand le cliquet revient sur ses pas par l'action du ressort de rappel s. La tige t, à laquelle on adapte une clef, sert à faire mouvoir les aiguilles, pour les mettre sur l'heure quand on veut régler l'appareil.

Quand on veut communiquer le mouvement d'une horloge ordinaire à un compteur plus ou moins éloigné, on charge le pendule de celle-ci de fermer et d'ouvrir le circuit aux instants convenables. Mais, comme la moindre résistance peut modifier le mouvement de ce pendule, il a fallu employer des dispositions particulières. Voici celle qui a été imaginée par

M. L. Foucault. P (*fig.* 606) est la tige du pendule, et r, r' sont deux ressorts qui ferment le circuit quand ils se touchent en a. La jonction est établie par le pendule, au moyen d'une tige t articulée en o avec une pointe qui s'appuie sur le ressort r. Le point o est relié au pendule par la tige b, et le contact a lieu en a, au moment où ce pendule passe par la verticale.

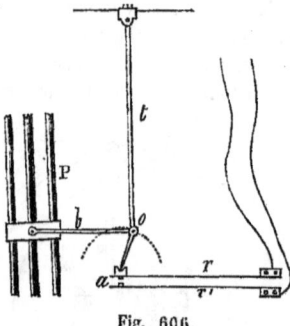

Fig. 606.

★ **743. Régulateur de la lumière électrique.** — Pour rapprocher, à mesure qu'ils s'usent, les charbons qui forment l'arc voltaïque (685), on emploie différents appareils, qui fonctionnent sous l'influence même du courant qui produit l'arc lumineux. Le premier *régulateur* a été inventé par M. L. Foucault. La *fig.* 607 représente un de ceux qu'a imaginés M. Duboscq. Les deux charbons c, c' sont fixés à des tubes métalliques t, t' pouvant monter et descendre verticalement. Le premier, t, est sollicité à monter par un ressort renfermé dans un barillet sur lequel s'enroule un cordon e, qui passe sur une poulie de renvoi. L'autre tube, t', est retenu par un cordon de soie enroulé autour d'une seconde poulie r, et passant sur trois poulies de renvoi; il descend par son propre poids quand cette poulie tourne avec le barillet. Le mouvement du barillet se transmet, par l'intermédiaire de rouages et d'une vis sans fin, à une dernière roue dentée horizontale qui est arrêtée par un crochet que pousse le levier i. Ce n'est que lorsque ce crochet s'écarte des dents, en s'élevant, que les rouages peuvent se mettre en mouvement. Or, il faut que cela ait lieu quand la distance entre les charbons a augmenté, par la combustion ou le transport des parcelles. Pour remplir cette condition, on fait passer le courant qui produit l'arc voltaïque, dans le fil de l'électro-aimant E; les flèches indiquent la route que suit ce courant, qui entre en o' et sort en o. Le fer doux de l'électro-aimant est foré, de manière à laisser passer et à guider le tube t. Tant que le courant n'est pas trop affaibli par la distance qu'il a à franchir entre les charbons, l'électro-aimant retient

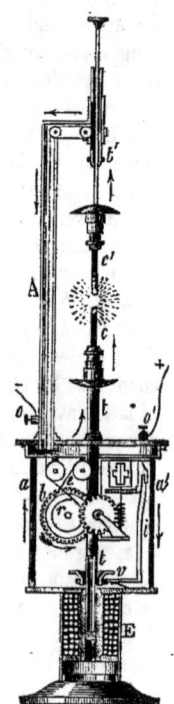

Fig. 607.

son armature v, le levier i est abaissé, et les rouages sont arrêtés. Mais quand cette distance a sensiblement augmenté, l'armature s'écarte par l'effet d'un ressort placé au-dessous, les rouages deviennent libres, le barillet tourne et les charbons se rapprochent. Mais alors le courant reprend son intensité première, l'armature est attirée, et les rouages sont arrêtés de nouveau par la tige i.

Comme le charbon positif s'use à peu près deux fois plus vite que l'autre, les diamètres du cylindre b et de la poulie r sont doubles l'un de l'autre, de manière que le charbon c se déplaçant deux fois plus que l'autre, l'arc voltaïque conserve sa même position. — Les cordons qui soutiennent les charbons étant sujets à se rompre, M. Dubosc a construit un nouveau modèle de son appareil, dans lequel des roues dentées de diamètre convenable tournant en sens contraire agissent sur des crémaillères adaptées aux porte-charbon. Le charbon supérieur est alors soutenu par une potence qui glisse dans un tube vertical.

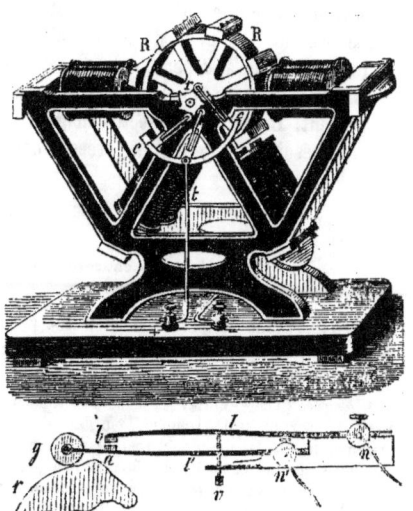

Fig. 608.

★ **744. Moteurs électro-magnétiques.** — On a cherché à utiliser la force magnétique que les courants développent dans les électro-aimants, pour faire mouvoir des machines. On a imaginé pour cet objet divers appareils. La *fig.* 608 représente un système construit par M. Froment. RR est une roue dont le contour est garni de huit barreaux de fer doux parallèles à son axe. Quatre électro-aimants, fixés à un bâti en fonte, agissent sur ces barreaux, qui viennent raser leurs surfaces polaires sans cependant les toucher. Un *interrupteur* ou *distributeur*, mis en action par une roue à cames r, sert à faire passer le courant d'une pile dans les électro-aimants, aux moments convenables. Le courant arrive d'abord, par la tige t, dans un arc métallique fixe cc. Il passe de là dans les électro-aimants, par l'intermédiaire de trois pièces à galet, dont une se voit à part au bas de la figure. Une de ces pièces correspond aux deux électro-aimants inférieurs, et les deux autres aux deux supérieurs. Le courant arrivant dans l'arc cc, passe par le bouton n dans le ressort l fixé à une pièce d'ivoire; puis, par l'intermédiaire des cylindres de platine a, b, quand ils sont en contact, dans le ressort l', qui communique, par le bouton n', avec le fil de l'électro-aimant. Le circuit est fermé en ab par la roue r, dont les quatre cames viennent successivement soulever le galet g, adapté à l'extrémité du ressort l'. La vis v permet de régler l'écart des deux ressorts. Les électro-aimants n'agissant avec énergie qu'à une faible distance, le courant ne doit passer qu'au moment où le barreau arrive à proximité de leurs pôles, et être interrompu dès que la distance est minimum. Afin de régulariser le mouvement, on fait en sorte que les électro-aimants agissent les uns après les autres.

On a fait beaucoup d'efforts pour perfectionner les moteurs électro-magnétiques et en rendre l'usage économique. Mais tous ceux qu'on a construits jusqu'à présent occasionnent une dépense en zinc et acide, bien supérieure à ce que coûte le combustible des machines à vapeur de même force. En outre, le poids de ces machines est énorme ; on n'a guère dépassé la force d'un cheval vapeur, et l'appareil pesait plus de 800 kilogrammes ; on est effrayé du poids que devrait avoir un appareil de la force de 100 chevaux seulement. Les moteurs électro-magnétiques sont cependant utiles quand on n'a besoin que de petites forces fonctionnant d'une manière régulière.

§ 2. — ÉLECTRO-DYNAMIQUE.

I. Action des courants les uns sur les autres.

745. A peine l'expérience d'Œrsted (722) était-elle connue, qu'Ampère[1] découvrait un phénomène nouveau, l'action des courants électriques les

---

[1] Ampère (André-Marie) est né en 1775, dans le petit village de Poleymieux, près de Lyon. Il apprend seul à compter avec des cailloux, avant de connaître les chiffres, lit avec avidité tous les livres qu'il rencontre, les 20 volumes in-folio de l'Encyclopédie, les classiques anciens et modernes. Doué d'une prodigieuse mémoire, il retient tout. En 1793, la mort de son père, frappé par la hache révolutionnaire, le jette dans une sorte d'idiotisme, dont il est tiré, en lisant Horace et J.-J. Rousseau, par la passion des vers et celle de la botanique. En 1796, il donne des leçons de mathématiques à Lyon, se marie en 1799, devient professeur à l'école centrale de Bourg, se fait remarquer par ses recherches mathématiques sur les jeux de hasard, et est appelé à Paris par Lalande et Delambre, puis nommé répétiteur à l'École polytechnique. Reçu à l'Institut (1813), il partage son temps entre les savants et les philosophes, se livre à de nombreuses recherches sur les mathématiques et la psychologie, et découvre l'électro-dynamique (1820). Nommé professeur au Collège de France, il défend contre Cuvier l'unité de composition des êtres organisés. — Le caractère d'Ampère était un mélange de bonhomie et de naïveté allant jusqu'à la crédulité. Timide, bon, sensible, les malheurs publics le jetaient dans le découragement. Ses distractions sont célèbres, mais on les a beaucoup exagérées. Passant successivement d'une activité fébrile à une indolence complète, il comparait lui-même avec regret ce qu'il avait fait avec ce qu'il aurait pu faire. Son dernier travail est un essai de classification des connaissances humaines, dans lequel il prouve qu'elles lui sont toutes familières. Il mourut à Marseille, en 1836, pendant une tournée d'inspecteur général de l'Université.

uns sur les autres, et entreprenait une belle série de recherches expérimentales et théoriques, qui l'ont conduit à la création d'une science nouvelle, l'*électro-dynamique*.

Commutateurs. — Dans les expériences que nous allons décrire, il est souvent utile de changer le sens des courants. On emploie pour cela des instruments, désignés sous le nom de *commutateurs*.

Ampère a imaginé le premier *commutateur*, dit *à bascule* (*fig.* 609 et 610) ab, $a'b'$, cd sont des rigoles creusées dans une planche, et remplies de mercure, et c', d' deux cavités remplies du même liquide et réunies par une bande de cuivre $c'd'$, qui croise la rigole cd en passant par dessus. Les pôles de la pile s'enfoncent dans le mercure, en a, a', et les extrémités de la partie T du circuit, dans laquelle on veut changer à volonté le sens du courant, dans les cavités d, d'. Si l'on joint a, c et c', a' par des arcs

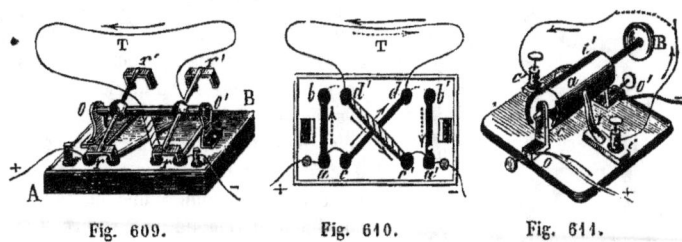

Fig. 609.   Fig. 610.   Fig. 611.

métalliques, le courant marche, en T, dans le sens dTd'. Si, au contraire, on réunit bd' et $b'd$, le courant marche comme les flèches ponctuées. — La disposition des quatre arcs qui servent à établir les communications, se voit dans la *fig.* 609; ils sont adaptés aux extrémités de leviers rr', rr' fixés perpendiculairement à l'axe oo', au moyen duquel on peut les faire basculer, de manière à établir les communications par les arcs r, r, ou par les arcs r', r', à volonté.

La *fig.* 611 représente le *commutateur* de M. Ruhmkorff. Un cylindre d'ivoire, a, est recouvert en partie de deux plaques de cuivre c, i', dont l'une, c, communique avec le support o auquel s'attache le fil positif de la pile, et l'autre avec le support o', auquel s'attache le fil négatif. Deux ressorts opposés s'appuient sur le cylindre; le premier, r, communique avec l'une des extrémités du fil du circuit, fixée à la *borne* à vis i; l'autre communique, par la borne c', avec l'autre extrémité. Dans la position figurée du cylindre, le courant entre en o, passe par la plaque c dans le ressort r, parcourt le circuit et revient à la pile par c', la plaque i' et le support o'. Si l'on tourne le cylindre a, de 180°, au moyen du bouton B, de manière à mettre la plaque i' en contact avec le ressort r, et la plaque c avec le ressort opposé, le courant passe de c en c', et revient à la pile par le ressort r et le support o'. Si les extrémités des ressorts tombent entre les plaques métalliques, le courant est interrompu.

746. Les actions que les conducteurs parcourus par des courants exercent les uns sur les autres, s'énoncent en substituant au mot *conducteur* le mot *courant*. Ces actions sont très variées, mais elles peuvent toutes se déduire de 5 principes d'expériences établis par Ampère et que nous allons passer en revue.

I. Actions des courants parallèles. — *Deux courants parallèles s'attirent quand ils sont de même sens, et se repoussent quand ils sont de sens contraire.* Pour prouver ce principe, il faut rendre mobile une partie du circuit. Ampère a rempli cette condition au moyen d'un mode de suspension très ingénieux, dont la *fig.* 612 donnera une idée. *cbndo* représente un fil de cuivre plié en forme de rectangle, et pouvant tourner autour d'un axe vertical qui le partage en deux parties égales. Une des extrémités, o, de ce fil se recourbe et porte une pointe d'acier, qui pivote sur une lame de verre fixée au fond d'une petite coupe métallique o remplie de mercure. En n est un anneau assez large pour ne pas toucher la colonne no. L'autre extrémité du fil de cuivre porte une petite coupe en métal c remplie de mercure, dans laquelle s'enfonce, sans en toucher le fond, une tige t, qui communique par une bande de cuivre avec la colonne métallique B.

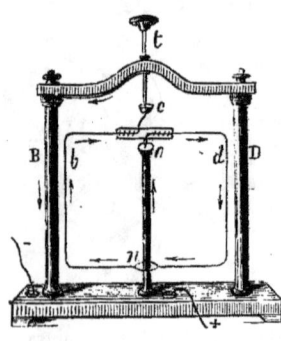

Fig. 612.

Le pôle positif d'une pile étant mis en communication avec le pied de la colonne no, le courant monte par cette colonne, suit dans le rectangle mobile la direction des flèches, et revient à la pile par la coupe c, la tige t et la colonne B, dont le pied communique avec le pôle négatif. On obtient ainsi deux portions de courants parallèles B, b, dont l'une, b, est mobile. — Si ces deux portions marchent en sens opposé, comme dans la figure, on voit la partie b s'éloigner vivement de la colonne B en décrivant un cylindre autour de no. Si, au contraire, on retourne le rectangle, de manière à mettre le côté d auprès de B, les courants en présence sont de même sens, et l'on voit la partie d marcher vers B, et finir par s'arrêter à la plus petite distance possible, après avoir fait quelques oscillations.

747. II. Actions des courants croisés. — *Quand deux courants se croisent, ils s'attirent quand ils marchent dans le même sens par rapport au point de croisement, et se repoussent dans le cas contraire.* Le point de croisement doit s'entendre d'un point quelconque de la perpendiculaire, commune aux courants. Soient *ab*, *cd* (*fig.* 613) deux courants qui se croisent sans se rencontrer, et qui sont dirigés dans le sens des flèches.

D'après l'énoncé, les parties *ao*, *co* qui marchent en même temps vers le point *o*, et les parties *bo*, *do* qui s'en éloignent aussi en même temps, s'attirent; tandis que les parties *od*, *oa*, et *ob*, *oc*, dont l'une s'éloigne du point *o* tandis que l'autre s'en approche, se repoussent. Si donc l'un des courants est mobile autour du point *o*, il tournera jusqu'à ce qu'il soit parallèle à l'autre, et de même sens.

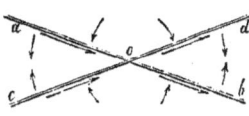

Fig. 613.

La *fig.* 614 représente en coupe, et la *fig.* 615 en perspective, un appareil, au moyen duquel on prouve ce principe. Au centre d'un vase annulaire VV*uu* rempli d'eau acidulée, s'élève une colonne métallique *rc*, surmontée

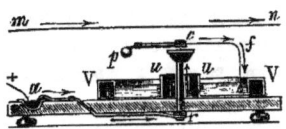

Fig. 614.

Fig. 615.

d'une coupe pleine de mercure. Un fil de cuivre *cf*, dont l'extrémité recourbée *f* plonge dans l'eau acidulée, pivote sur une pointe reposant au fond de la coupe *c*; ce fil est équilibré par une petite masse *p*. Les pôles d'une pile aboutissent à des cavités pleines de mercure *a*, *b* qui communiquent par des bandes de cuivre, l'une, *a*, avec la colonne *rc*, l'autre *b*, avec le vase annulaire et l'eau acidulée qu'il contient; de manière que, si l'électricité positive arrive en *a*, le courant marche de *c* en *f* dans le fil *cf*. En plaçant un autre courant rectiligne *mn* horizontalement au-dessus du point *c*, on vérifie le principe énoncé. — Au moyen de l'appareil

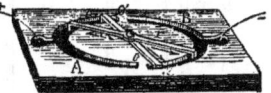

Fig. 616.

(*fig.* 616), on montre que deux courants croisés se placent de manière à être parallèles et de même sens. Deux rigoles demi-circulaires A, B sont creusées dans une table de bois et sont séparées par des cloisons en bois *o*, *o'*; elles contiennent du mercure et communiquent avec les pôles d'une forte pile. *ac* est une bande de fer dont les extrémités recourbées plongent dans le mercure des rigoles, et *r* une aiguille très légère appuyée par une chappe en agate, sur une pointe isolée fixée au centre de l'appareil. Le courant se partage entre cette aiguille et la bande *ac*, et l'aiguille tourne jusqu'à ce que le courant y soit parallèle à celui que parcourt *ac*, et de même sens.

★ **748. III. Les parties consécutives d'un même courant se repoussent.** — Pour mettre ce principe en évidence, Ampère emploie un vase allongé en bois (*fig.* 617), partagé par une cloison isolante, en deux compartiments contenant du mercure. Sur ce liquide flotte un gros fil de cuivre *ac*, recourbé en fer à cheval, de manière que la courbure *ac* puisse passer par dessus la cloison, sans la toucher. Les branches parallèles de ce fil sont placées tout près des électrodes d'une pile, qui plongent dans le mercure ; de sorte que le courant passe d'un compartiment à l'autre par l'arc *ac*. Dès que le courant est établi, on voit le fil de cuivre s'éloigner vivement des extrémités des électrodes.

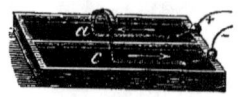

Fig. 617.

Ce principe est une conséquence du précédent ; car chaque point d'un fil réophore peut être considéré comme le point de croisement de deux courants faisant entre eux un angle de 180°, et dirigés dans un sens opposé par rapport au sommet de cet angle ; ils doivent donc se repousser mutuellement.

749. IV. Actions des courants contraires. — *Deux courants contraires de même longueur faisant partie d'un même circuit, attirent et repoussent avec la même intensité.* Pour prouver ce principe, on présente parallèlement au côté *mn* d'un rectangle *pmn* parcouru par un courant (*fig.* 618), un fil de cuivre replié sur lui-même, *f*, dans lequel passe aussi un courant. On trouve que ce système n'exerce aucune action sur le côté *mn*. L'attraction exercée par l'une des parties de *f* est donc égale à la répulsion exercée par l'autre.

750. V. Courants sinueux. — *Un courant quelconque produit le même effet qu'un courant sinueux de même intensité, qui s'écarte très peu du premier par rapport aux distances auxquelles ils agissent.* Ce principe se démontre au moyen de l'appareil (*fig.* 618), en remplaçant le double fil *f* par le double fil S, dont les parties sinueuse et rectiligne sont parcourues en sens contraire par le même courant : on constate qu'il n'y a aucun effet produit sur le courant mobile *mn*.

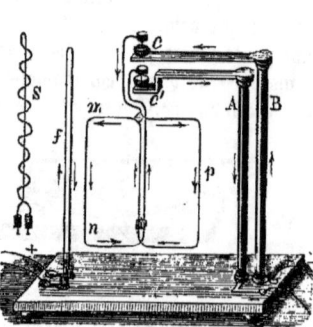

Fig. 618.

★ **Composition et décomposition des courants.** — Il résulte du principe précédent qu'une petite portion rectiligne de courant ab (*fig.* 619), peut être remplacée par deux autres ac, cb de même intensité terminées aux points a et b, ou par les parties égales ac, ae. D'où l'on voit qu'on peut appliquer aux courants la règle du parallélogramme des forces, pour les composer et les décomposer. Il faut seulement remarquer que ce ne sont pas les forces des courants qui sont composées ou décomposées ; mais ce sont les courants eux-mêmes qui sont remplacés par d'autres, de longueur convenable pour produire le même effet.

Au moyen des cinq principes qui précèdent, on peut rendre facilement compte de ce qui se passe quand on met deux courants en présence, dans des conditions données. Nous allons examiner quelques-unes de ces conséquences et montrer comment on les vérifie par l'expérience.

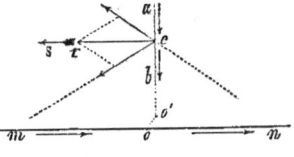

Fig. 649.   Fig. 620.

751. Action d'un courant indéfini sur un courant fini perpendiculaire, et mobile parallèlement à lui-même. — Soit le courant fini ab (*fig.* 620) dirigé vers le courant indéfini mn, et oo' la perpendiculaire commune à leurs deux directions. Le courant ab et la partie om du courant indéfini s'attirent, comme marchant en même temps vers le point de croisement. ab est, au contraire, repoussé par la partie on qui s'éloigne du point de croisement. Les deux actions appliquées en c sont égales et également inclinées par rapport à ab ; leur résultante cr est donc perpendiculaire à ab, qui est entraîné en sens contraire du courant mn. — Il serait facile de voir que, si le courant ab marchait de b en a, il se déplacerait parallèlement à lui-même dans le sens du courant mn.

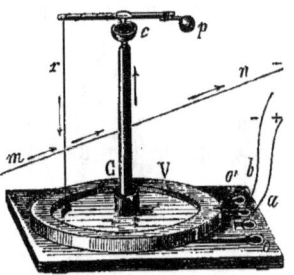

Fig. 621.

Pour vérifier cette conséquence, on se sert d'un appareil à vase annulaire V (*fig.* 621), disposé comme celui de la *fig.* 615 ; seulement la colonne centrale Cc (*fig.* 621) est beaucoup plus haute. Dans la coupe c, pivote, sur une pointe métallique, un balancier en bois supportant un fil vertical de cuivre r, dont une des extrémités plonge dans l'eau acidulée, tandis que l'autre communique avec la colonne Cc. Un courant horizontal mn

étant approché de la partie inférieure du courant fini r, on voit ce dernier se mouvoir de manière à se porter du côté m s'il est descendant comme dans la figure, et du côté n, s'il est ascendant.

752. Rotation d'un courant rectiligne fini sous l'influence d'un courant rectiligne indéfini. — Soit oa (*fig.* 622) un courant fini pouvant tourner dans un même plan autour du point o, vers lequel nous supposerons qu'il marche, et mn le courant indéfini. Le courant oa est attiré par la partie Am, qui s'éloigne comme lui du point de croisement A, et est repoussé par la partie nA ; il tournera donc dans le sens de la flèche s. Arrivé à la position oc, il est repoussé par le courant mn, auquel il est alors parallèle, passe au-dessus de cc', par exemple en oe, où il est attiré par nE et repoussé par Em ; devient parallèle à mn en oc', est attiré ; puis descend au-dessous

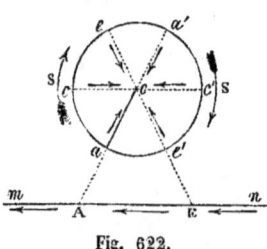

Fig. 622.

de cc' et est de nouveau sollicité de droite à gauche. oa tournera donc d'une manière continue, et en marchant dans le sens du courant mn dans ses positions les plus rapprochées de ce courant. Si on renversait le courant dans ao, la rotation changerait de sens.

Pour vérifier ces résultats, on se sert de l'appareil de la *fig.* 615. On tend le courant indéfini, dans un plan horizontal peu éloigné de celui dans lequel se meut le courant mobile, et l'on voit ce dernier tourner d'une manière continue, et dans le sens prévu. Si l'on renverse l'un des deux courants, le mouvement change de sens.

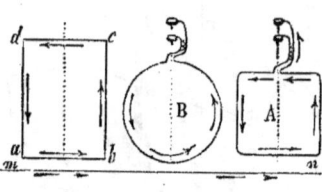

Fig. 623.

753. Conséquences. — Un courant rectangulaire fermé $abcd$ (*fig.* 623) soumis à l'action d'un courant indéfini mn, prend une position d'équilibre dans laquelle son plan est parallèle à mn, de manière que les courants soient de même sens dans la partie parallèle, ab, la plus rapprochée de mn. En effet, la partie da s'approchant du courant indéfini, est entraînée en sens inverse de ce courant, et la partie cb, dans le même sens. En outre, la partie ab tend à se placer parallèlement et de même sens (748). Quant à l'action sur la partie dc, elle tend à faire tourner le système en sens contraire, mais les trois autres actions l'emportent.

Si le courant mn était très éloigné, les actions sur les parties horizontales s'entre-détruiraient, et la position d'équilibre ne dépendrait que de

ÉLECTRO-DYNAMIQUE.   601

celles qui s'exercent sur les parties verticales. Si le courant *mn* était auprès du côté *dc*, le plan *ac* tournerait de 180°.

Tout cela s'applique à un circuit fermé *de forme quelconque*, car chaque élément oblique peut être remplacé par deux autres, l'un vertical, l'autre horizontal (750).

Pour vérifier ces résultats, on suspend au support de la *fig.* 618, les circuits fermés A ou B (*fig.* 623) ; on les voit se placer parallèlement à un courant horizontal très long qu'on en approche, de manière que les courants soient de même sens dans la partie la plus rapprochée.

754. Action d'un courant circulaire sur un courant fini perpendiculaire à son plan. — Soit *ac* (*fig.* 624) un courant vertical fini, mobile autour d'un axe parallèle *oo'* passant par le centre du courant circulaire horizontal *nam*. Si nous considérons les parties *m* et *n* les plus voisines de *ac* et le point de croisement *aa*, il est facile de reconnaître que la partie *n* attire le courant *ca*, comme s'approchant en même temps du point de croisement, tandis que la partie *m* le repousse. Le courant mobile tournera donc en sens contraire du courant circulaire ; il tournerait dans le même sens s'il allait de *a* en *c*. L'effet serait le même, si la distance *oa* était plus grande que le rayon du courant circulaire.

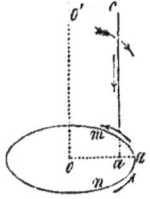

Fig. 624.

Ces résultats se vérifient au moyen de l'appareil de la *fig.* 621. Après avoir enlevé le courant *mn*, on entoure le vase V, d'un ruban de cuivre enveloppé de soie, faisant plusieurs tours *mn* (*fig.* 625), qu'on loge dans l'épaisseur des parois du vase V (*fig.* 621), et dont les extrémités communiquent avec les pôles de la pile, par les coupes à mercure *o*, *o'*. On a aussi coutume de substituer au courant unique *r* le double courant *fof'* (*fig.* 625), dont les deux parties *f* et *f'* reçoivent l'impulsion dans le même sens. On voit le système mobile tourner d'un mouvement uniforme dans le sens prévu. On peut

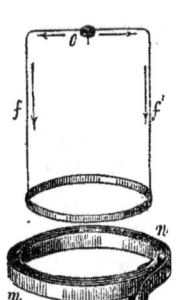

Fig. 625.

enfin employer une seule et même pile, pour faire passer l'électricité dans toutes les parties de l'appareil. Il suffit pour cela de joindre les coupes *o*, *a* et *b*, *o'* (*fig.* 621), auquel cas le courant de la pile se partage entre le multiplicateur circulaire et le courant mobile ; ou bien de joindre *bo'* et de plonger le fil négatif de la pile en *o*, de sorte que le courant passe du système mobile dans le multiplicateur circulaire.

III. Actions des aimants et de la terre sur les courants.

755. Actions des aimants sur les courants. — Il résulte du principe de l'égalité entre l'action et la réaction que, si les courants agissent sur les aimants, réciproquement les aimants doivent agir sur les courants. C'est, en effet, ce qui a lieu : vient-on à placer un aimant horizontal au-dessus du conducteur mobile cf de l'appareil (*fig.* 615), ou de l'aiguille r de l'appareil (*fig.* 616), après avoir enlevé le courant indéfini mn ou le conducteur fixe ac, on voit le conducteur mobile cf ou r se mettre en croix avec l'aimant, de manière que le pôle nord de ce dernier se trouve à la gauche du courant. On peut encore placer l'aimant horizontalement au-dessous des circuits mobiles A ou B (*fig.* 623), ou dans leur intérieur, on les voit toujours se placer de manière que leur plan soit perpendiculaire à l'aimant, et que le pôle austral de ce dernier soit à la gauche de chaque partie du courant.

La terre se comportant comme un aimant (579), il était naturel de penser qu'elle devait avoir une action sur les courants mobiles. C'est, en effet, ce qu'Ampère a reconnu.

756. Action de la terre sur un courant fermé. — Un circuit fermé mobile autour d'un axe vertical, se tourne spontanément dans une direction perpendiculaire au méridien magnétique, de manière que le courant marche de l'Est à l'Ouest dans sa partie inférieure. Ce résultat se prouve au moyen d'un des circuits de la *fig.* 623, que l'on suspend sur le support de la *fig.* 648.

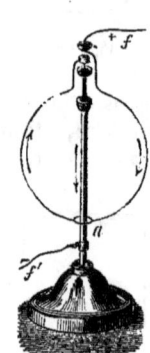

Fig. 626.

— Comme le circuit mobile ne peut tourner librement dans tous les sens à cause du système de suspension, on emploie souvent l'appareil *fig.* 626 : le courant arrive par le fil f dans une petite coupe pleine de mercure fixée à l'extrémité du circuit circulaire. Ce circuit pivote sur une pointe enfoncée dans une autre coupe portée par une colonne métallique, par laquelle le courant descend pour sortir par le fil f'. En a est un anneau qui enveloppe la colonne, sans la toucher. On voit toujours le circuit mobile se placer perpendiculairement au méridien magnétique, de manière que le courant marche de l'Est à l'Ouest dans la partie inférieure.

M. A. de La Rive a imaginé un petit appareil qui fonctionne sans pile, parce qu'il fournit lui-même l'électricité. Les extrémités du fil de cuivre, qui forme plusieurs tours, afin d'augmenter l'effet (*fig.* 627), sont soudées l'une à une lame de cuivre, l'autre à une lame de zinc, lames qui traversent un disque de liège flottant sur de l'eau acidulée. L'action chimique exercée par le liquide sur le zinc produit un courant, et l'appareil s'oriente, en tournant sur le liquide, de manière qu'une aiguille de bois *ns* perpendiculaire au plan du circuit se place dans le méridien magnétique, le courant marchant de l'Est à l'Ouest dans la partie inférieure.

Ampère a aussi reproduit le phénomène correspondant à l'*inclinaison* de l'aiguille aimantée : un circuit plan de forme quelconque (*fig.* 628) est mobile autour d'un axe *oo'*, perpendiculaire au méridien magnétique et passant par son centre de gravité. Le courant, arrivant, par exemple, par la colonne de droite, entre par la partie *o'* de l'axe, dans le circuit mobile, qu'il parcourt, et retourne à la pile par *c'co* et par la colonne de gauche. En *c*

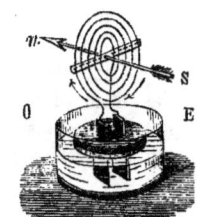

Fig. 627.

et *c'* les parties qui se croisent sont séparées par des lames de bois. Dès que le courant est établi, le circuit mobile s'incline de manière que la flèche BA, perpendiculaire à son plan, soit parallèle à l'*aiguille d'inclinaison*.

757. Courants astatiques. — L'action de la terre intervient dans la plupart des expériences d'électro-dynamique. Pour n'être pas induit en erreur par cette cause, on a soin de répéter chaque expérience en renversant le courant fixe, de manière à changer le sens de l'action. Quand on emploie des courants fermés, on les dispose de manière que l'action de la terre sur l'une des moitiés soit contrebalancée par son action inverse sur l'autre moitié, comme dans la *fig.* 629, où les parties égales A et B dans lesquelles le courant circule en sens contraire, tendent à se placer d'une manière opposée, sous l'influence terrestre. On formerait

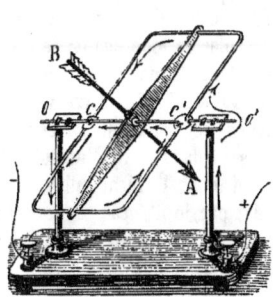

Fig. 628.

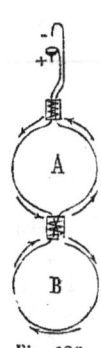

Fig. 629.

un autre système astatique, en suspendant les deux cercles A et B dans une position horizontale, par le milieu de la partie qui les réunit. Le circuit mobile de la *fig.* 618 forme aussi un système astatique.

758. Hypothèse des courants terrestres. — Ampère ayant rapproché le phénomène de la direction d'un circuit fermé par la terre, de l'action que produit sur le même circuit un courant indéfini (753), expliqua l'action terrestre en admettant qu'il existe dans le globe un système de courants électriques marchant de l'Est à l'Ouest. En effet, de semblables courants auraient pour effet de placer le circuit fermé parallèlement à leur direction commune, et de manière que le courant marche de l'Est à l'Ouest dans la partie inférieure du circuit.

Cette hypothèse des courants terrestres rend facilement compte de la direction de l'aiguille aimantée, car un semblable courant doit la tourner de manière que le pôle austral soit à sa gauche ; ce qui a lieu, en effet, le nord étant à la gauche d'un courant qui marcherait de l'Est à l'Ouest. Il n'est donc plus nécessaire pour expliquer les actions magnétiques du globe, de le considérer comme un aimant. De plus, la nouvelle hypothèse doit être préférée ; car la terre produit, comme nous allons le voir, tous les effets d'un courant indéfini marchant de l'Est à l'Ouest, effets qu'on ne peut expliquer dans l'autre hypothèse.

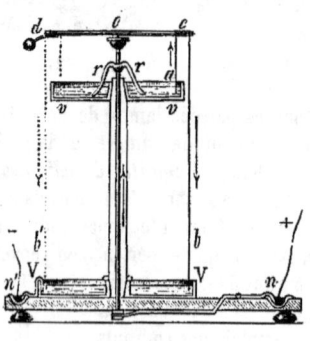

Fig. 630.

759. Action de la terre sur un courant vertical. — Si la terre agit comme un courant marchant de l'Est à l'Ouest, un courant vertical mobile autour d'un axe vertical doit se porter à l'Est s'il est descendant, et à l'Ouest s'il est ascendant (620). Pour vérifier cette conséquence, on se sert de l'appareil (*fig.* 630). VV, *vv* sont deux vases annulaires contenant de l'eau acidulée dans laquelle plongent les extrémités d'un fil de cuivre vertical *acb*, plié de manière qu'il n'y ait pas de parties horizontales. Le courant est introduit en *n*, suit une tige de cuivre passant dans l'axe d'un tube de verre qui sert de support au vase *vv*, se rend dans l'eau acidulée de ce dernier vase, par les languettes *r*, *r*, et de là, par le fil *acb*, dans l'eau acidulée du vase VV, qui communique par la coupe *n'* avec l'autre pôle de la pile. Le courant descendant dans le fil métallique, on voit ce fil se porter à l'Est. Si l'on renverse le courant, le fil se porte à l'Ouest.

760. Rotation d'un courant horizontal par la terre. — On emploie l'appareil qui sert à produire la rotation d'un courant fini par un courant indéfini (*fig.* 615); seulement on supprime ce dernier, qui est remplacé par le courant terrestre. Quand on opère dans l'hémisphère nord, le système mobile tourne d'un mouvement uniforme de l'Est à l'Ouest en passant par le Sud, si le courant mobile va de la circonférence au centre; et de l'Ouest à l'Est, quand il va du centre à la circonférence.

L'appareil de la *fig.* 631 fournit lui-même le courant qui doit prendre un mouvement de rotation. *zz* est un vase *de zinc* rempli d'eau acidulée, au centre duquel s'élève une colonne de cuivre *r* surmontée d'une coupe à

THÉORIE DU MAGNÉTISME.   605

mercure dans laquelle pivote le conducteur mobile *crc*, dont les parties verticales sont réunies dans l'eau acidulée par un cercle léger en cuivre. Le zinc attaqué par l'acide prend l'électricité négative, et le liquide, le fluide positif, qui monte par les fils *cc*, et retourne au zinc par la colonne *r*. Avec cet appareil, la rotation se fait de l'Est à l'Ouest par le Sud.

IV Théorie électro-dynamique du magnétisme.
— **Solénoïdes.**

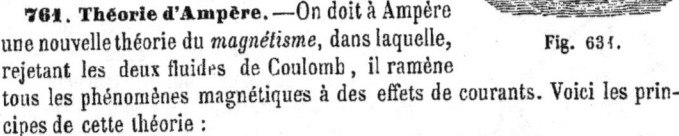

Fig. 631.

761. Théorie d'Ampère. — On doit à Ampère une nouvelle théorie du *magnétisme*, dans laquelle, rejetant les deux fluides de Coulomb, il ramène tous les phénomènes magnétiques à des effets de courants. Voici les principes de cette théorie :

1° Les particules des aimants sont entourées de petits courants circulaires *perpendiculaires à l'axe de l'aimant*, et tous dirigés dans le même sens.

2° Ces petits courants, nommés *courants d'Ampère*, existent aussi dans les substances simplement magnétiques, mais leurs plans n'ont aucune direction constante, de manière que les actions qu'ils tendent à produire s'entre-détruisent.

3° L'aimantation a pour effet de donner à ces petits courants les directions qu'ils possèdent dans les aimants. Du reste, tous les petits courants moléculaires placés dans une même section transversale d'un aimant, produisent le même effet qu'un courant unique de même sens et d'intensité convenable, qui suivrait le contour de la section, comme en S (*fig.* 632).

Cette nouvelle théorie rend compte avec la plus grande facilité de tous les phénomènes du magnétisme et de l'électro-magnétisme.

762. Explication des phénomènes magnétiques et électro-magnétiques. — 1° On voit d'abord pourquoi chaque portion d'un aimant brisé présente les mêmes propriétés que l'ensemble ; tout étant disposé de la même manière dans les fragments et dans l'aimant entier.

2° **Action directrice de la terre.** — Le courant terrestre dirigeant un courant fermé perpendiculairement au méridien magnétique, de manière que dans la partie inférieure le courant marche de l'Est à l'Ouest (756), il en sera de même de tous les courants élémentaires de l'aimant, dont l'axe devra se placer dans le méridien magnétique. Une fois dans cette position, les courants élémentaires marchant, dans leur partie inférieure, de l'Est à l'Ouest, on pourra marquer sur la surface de l'aimant, la direction du courant enveloppant qui peut les remplacer. Si l'on regarde la base de l'aimant tournée du côté du Sud, S (*fig.* 632), ce qui suppose que l'on regarde vers le Nord, ce courant marchera de droite à gauche à la partie inférieure, c'est-à-dire dans le sens du mouvement des aiguilles d'une montre. Il sera donc toujours facile de trouver le sens des courants, dans un aimant dont on connaîtra les pôles.

3° **Actions des aimants sur les courants.** — Un courant rectiligne tourne un aimant transversalement à sa direction, le pôle Nord à sa gauche ; c'est que, dans cette position, les courants d'Ampère sont parallèles au courant rectiligne, et de même sens dans la partie la plus voisine (753).

4° **Actions mutuelles des aimants.** — Si l'on met en présence deux pôles de nom contraire, les courants iront dans le même sens dans ces pôles,

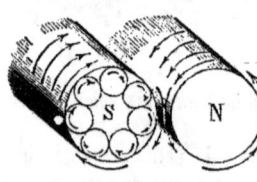

Fig. 632.

puisque les aimants auxquels ils appartiennent sont disposés comme deux portions d'un même aimant coupé en deux à l'endroit des pôles qui se touchent ; il y aura donc attraction. Si l'on retourne bout à bout l'un des aimants, les courants y seront de sens contraire à ceux de l'autre aimant, et les pôles en présence se repousseront. Si les aimants, au lieu d'être sur le prolongement l'un de l'autre, sont l'un à côté de l'autre (*fig.* 632), on voit qu'ils devront s'attirer si les pôles contraires sont du même côté, car les parties les plus rapprochées seront alors de même sens ; et se repousser, si les pôles en présence sont de même nom.

5° **Aimantation.** — Pour aimanter, il faut donner aux courants d'Ampère, une même direction. C'est ce que l'on peut faire au moyen d'un courant, qui dirige les courants élémentaires parallèlement à sa propre direction, de manière qu'ils aillent dans le même sens que lui dans les parties les plus rapprochées. Les hélices, en agissant tout autour du barreau et sur un grand nombre de sections, produisent une aimantation plus forte.

Un aimant agit de la même manière que l'hélice, par les courants élémentaires, tous dirigés dans le même sens, qu'il contient. S'il y a de la force coërcitive, la direction donnée aux courants d'Ampère persiste, et l'aimantation est permanente. S'il n'y a pas de force coërcitive, ces courants retombent dans leur confusion primitive ; c'est ce qui a lieu dans les électro-aimants.

Il résulte de là que l'aimantation doit avoir un *maximum*, quand tous les courants sont tous et complètement orientés. C'est, en effet, ce qui a lieu, comme nous l'avons vu plus haut (730).

763. Solénoïdes. — Ampère désigne sous le nom de *solénoïde*, un système de courants circulaires infiniment petits, infiniment rapprochés, de même sens, et tous normaux à une même ligne, droite ou courbe. Un aimant doit donc être considéré comme un faisceau de *solénoïdes*. Pour confirmer sa théorie du magnétisme, Ampère a construit des systèmes de courants circulaires imitant la disposition des *solénoïdes*, et il a reproduit avec eux tous les phénomènes que produisent les aimants. La *fig.* 634 représente un de ces *solénoïdes* artificiels : un fil de cuivre est plié de manière à former des cercles parallèles *rr*...., communiquant les uns avec les autres par de petites portions rectilignes *a*, *a*,.... perpendiculaires à leur plan, et dont les actions sont neutralisées par celles de parties rectilignes dirigées suivant l'axe du système, se relevant ensuite en *f*, *f′* et se terminant par des crochets *c*, *c′* qui servent à suspendre le système d'une manière très mobile. Les flèches indiquent le sens du courant dans ses différentes parties, quand le pôle positif de la pile communique avec la coupe *c*.

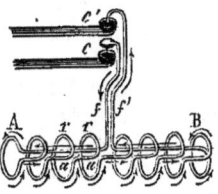

Fig. 633.

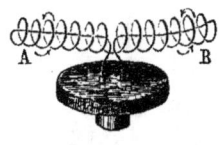

Fig. 634.

Un fil enroulé en hélice, et dont les extrémités reviennent suivant l'axe, comme on le voit en AB (*fig.* 634), produit les mêmes effets ; car, d'après le principe de la décomposition des courants (750), chaque spire peut être remplacée par ses deux projections, l'une, circulaire, sur un plan perpendiculaire à l'axe ; l'autre, rectiligne, sur une droite parallèle à l'axe, et cette dernière est neutralisée, par les parties rectilignes du courant qui reviennent suivant l'axe. Le solénoïde de la *fig.* 634 est porté par un flotteur et ses extrémités sont soudées à des lames de zinc et de cuivre qui fournissent le courant qui doit le parcourir. Pour donner une grande énergie à un solénoïde, on le forme d'un fil fin recouvert de soie et faisant un grand nombre de tours juxta-posés, sur un cylindre de carton, comme *ab* (*fig.* 635).

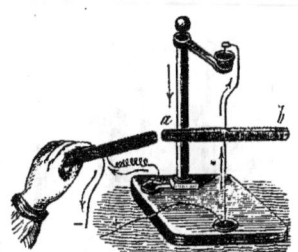

Fig. 635.

Les propriétés des solénoïdes sont les mêmes que celles des aimants.
1° Un solénoïde se dirige dans le méridien magnétique, de manière que, dans la partie inférieure de chaque spire, le courant marche de l'Est à l'Ouest. On doit donc y distinguer, comme dans les aimants, *un pôle Nord* et *un pôle Sud*. — 2° Si le solénoïde était mobile autour d'un axe perpendiculaire au méridien magnétique, son axe se dirigerait parallèlement à l'aiguille d'inclinaison, d'après ce que nous avons vu (756). — 3° Un cou-

rant indéfini tourne un solénoïde en croix avec lui-même, de manière que son pôle Nord soit à sa gauche. — 4° Deux solénoïdes se repoussent par les extrémités de même nom, et s'attirent par les extrémités de nom contraire. — 5° Un aimant et un solénoïde agissent l'un sur l'autre comme deux solénoïdes ou comme deux aimants. Dans la fig. 636, on voit un solénoïde mobile *ab*, avec lequel on peut faire ces différentes expériences. Quand on fait agir deux solénoïdes l'un sur l'autre, on peut les faire parcourir par le même courant. La théorie d'Ampère est encore confirmée par les phénomènes suivants.

764. Rotation des courants par les aimants. — Si les aimants peuvent être considérés comme des systèmes de courants circulaires, ils doivent produire sur les courants mobiles, les mouvements que produisent les courants circulaires. On prouve qu'il en est ainsi au moyen de l'appareil (*fig.* 636), composé d'un vase métallique *vv* rempli d'eau acidulée portant une large ouverture par laquelle on peut introduire verticalement un aimant *ns*. Un circuit mobile *ab* pivote

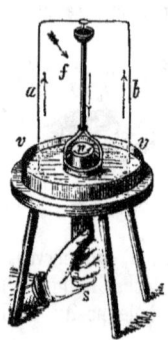

Fig. 636.

à l'extrémité de la colonne centrale qui est isolée du vase *vv*, et communique avec l'un des pôles d'une pile, pendant que le vase communique avec l'autre pôle. Si *n* est le pôle nord de l'aimant, et si le courant descend dans les fils *a* et *b*, le système mobile tourne dans le sens de la flèche *f*, comme l'indique la théorie. On peut changer le sens du mouvement, soit en renversant le courant, soit en remplaçant le pôle nord de l'aimant, par le pôle sud. Un solénoïde mis à la place de l'aimant produit exactement les mêmes effets.

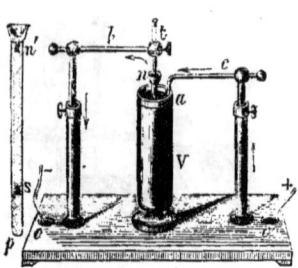

Fig. 637.

765. Rotation des aimants par les courants. — Supposons une éprouvette V (*fig.* 637), remplie de mercure dans lequel flotte un aimant vertical *n*, représenté à part en *n's*, lesté par un cylindre de platine *p*. En *n* est vissée une petite coupe contenant du mercure dans lequel s'enfonce une pointe de métal *t*. Cette pointe communique, par *ob*, avec l'un des pôles d'une pile, dont l'autre pôle communique avec le mercure de l'éprouvette, par *o'c* et par un anneau, *a*, qui plonge dans ce liquide. L'électricité positive arrivant en *o'* et la négative en *o*, le courant passe, de l'anneau *a* à l'aimant *n*, en suivant la surface du mercure, et retourne à la pile par la pointe *t* et le bras *b*. On voit alors l'aimant tourner sur lui-même. Si on le renverse de manière à mettre le pôle sud en haut, il se meut en sens contraire. Si, sans renverser l'aimant, on change le sens du courant, le sens de la rotation change aussi.

Si, au lieu de placer l'aimant dans l'axe de l'éprouvette, on le place en dehors de cet axe, et qu'on enfonce la tige t dans le mercure, l'aimant se transporte autour de cette tige, et le sens du mouvement de rotation est le même que celui de l'aimant tournant sur lui-même.

* Ces mouvements, inexplicables dans la théorie des fluides magnétiques, sont la conséquence de la théorie d'Ampère. Soit ac (*fig.* 638), le pôle nord de l'aimant placé dans l'axe de l'appareil et dans lequel les courants circulaires ont la direction des flèches, et soit n un des courants qui circulent sur le mercure, en allant, par exemple, du centre à la circonférence. Le courant n attire la partie a du courant de l'aimant, qui s'éloigne comme lui du point de croisement, et repousse la partie c qui s'approche de ce point. Il y a donc rotation de l'aimant dans le sens de la flèche r. Tous les courants qui glissent sur le mercure agissant de la même manière que le courant n, le mouvement sera très rapide. On voit qu'il se fait en sens contraire du courant de l'aimant, quand son pôle nord est en haut et que le courant extérieur est dirigé du centre à la circonférence; c'est, en effet, ce que l'expérience constate.

Fig. 638.

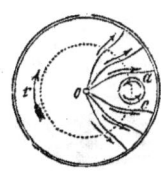

Fig. 639.

Considérons, en second lieu, le cas où l'aimant, ac (*fig.* 639), est hors de l'axe, et supposons que les courants marchent en rayonnant sur la surface du mercure, du centre à la circonférence, de manière qu'il en passe de part et d'autre de l'aimant. On voit que la partie c des courants qu'il contient, est attirée par les courants qui glissent sur le mercure du même côté. La partie a est, au contraire, repoussée par ceux qui se trouvent de son côté; de sorte que l'aimant est sollicité de a en c; et comme il en est de même dans toutes les positions qu'il peut prendre, il tournera d'une manière continue dans le sens de la flèche r. On augmente l'effet en recouvrant l'aimant de gomme laque, pour l'empêcher d'être traversé par les courants, qui sont alors forcés de l'envelopper, comme on le voit dans la figure.

Nous voyons combien la théorie d'Ampère rend facilement compte de tous les phénomènes; la découverte de l'*induction électro-dynamique* est venue lui apporter une nouvelle confirmation, en permettant de développer de l'électricité au moyen d'aimants, et de reproduire avec cette électricité tous les effets dont est capable cet agent, soit à l'état statique, soit à l'état dynamique.

§ 3 — COURANTS D'INDUCTION.

I. Induction par les courants et les aimants.

765. Induction par les courants. — Les phénomènes de l'*induction électro-dynamique* ont été découverts par M. Faraday, en 1832. C'est là une de ces découvertes primordiales, qui ouvrent des voies nouvelles, et servent de point de départ à une longue suite de recherches fécondes. Voici l'énoncé des principaux faits :

1° Si l'on approche rapidement un fil réophore d'un circuit fermé, il se produit aussitôt dans ce circuit un courant, nommé *courant induit* ou *courant d'induction*. Ce courant est *inverse*, c'est-à-dire de sens contraire au *courant inducteur* qui parcourt le fil réophore ;

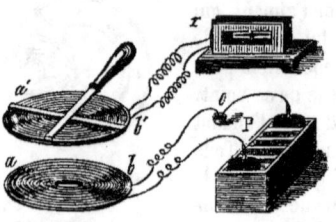

Fig. 640.

2° Le courant induit n'a qu'une durée insensible ; il disparaît donc aussitôt après avoir pris naissance ;

3° Quand on éloigne le courant *inducteur*, il se manifeste dans le circuit fermé un nouveau courant *induit* ; mais, cette fois, il est *direct*, c'est-à-dire de même sens que le courant inducteur.

Pour produire facilement ces courants d'induction, on enroule, en forme de spirale plane $a'b'$ (*fig.* 640), un fil de cuivre recouvert de soie, et l'on joint ses extrémités à celles du fil d'un réomètre r, de manière à former un circuit fermé. Une autre spirale ab est parcourue par le courant d'une pile P. Si l'on approche brusquement la spirale $a'b'$ de la spirale ab, ou réciproquement, l'aiguille du réomètre se dévie aussitôt, de manière à indiquer dans $a'b'$ un courant de sens contraire au courant qui parcourt ab, et immédiatement après cette aiguille revient à sa position d'équilibre, en oscillant de part et d'autre de cette position ; le courant induit n'a donc qu'une durée insensible. Quand on éloigne rapidement la spirale $a'b'$, l'aiguille se dévie en sens contraire de sa première déviation, de manière à indiquer un courant induit de même sens que le courant inducteur.

Au lieu d'approcher ou d'éloigner l'une des spirales, on peut les laisser appliquées l'une sur l'autre et introduire subitement le courant dans ab, ou le supprimer, ce qui se fait facilement au moyen d'une capsule remplie de mercure, o. Quand on veut opérer par cette méthode, on se sert, de préférence, d'une bobine en bois B (*fig.* 642), sur laquelle on enroule ensemble deux fils recouverts de soie, dont les bouts sortent en r, r' et c, c'. L'un des fils, rr', est mis en communication avec le réomètre, et l'autre, cc', avec la pile; l'aiguille du réomètre accuse l'existence du courant instantané *inverse* au moment où l'on introduit le courant dans cc', et celle du courant *direct* au moment où on le supprime. Du reste, il suffit de modifier l'intensité du courant inducteur, pour qu'il se produise un courant induit, *inverse* quand on augmente cette intensité, et *direct* quand on la diminue.

766. Induction Leyd-électrique. — La décharge de la bouteille de Leyde peut produire des courants induits. La *fig.* 641 représente l'appareil avec lequel se fait l'expérience. Deux plateaux en verre A et B, que l'on peut rapprocher plus ou moins l'un de l'autre, portent sur leur face intérieure une spirale formée d'un fil de cuivre recouvert de soie et enduit de gomme laque. Les extrémités de chaque spirale aboutissent à des boutons extérieurs placés, l'un au centre, l'autre près du bord de chaque disque. On décharge la bouteille en aa' à travers l'une des spirales, et un observateur qui tient à la main des cylindres fixés aux fils, f, f', reçoit une forte commotion. Il y a ici deux courants successifs : le premier *inverse*, quand le courant de la bouteille s'introduit, l'autre *direct*, quand il cesse. Quand on veut produire d'autres effets que la commotion, le sens de l'action résultante dépend de celui des deux courants successifs qui l'emporte sur l'autre. Un des moyens de reconnaître ce sens consiste à faire passer le courant induit dans une hélice qui entoure une baguette d'acier; le pôle nord de l'aimant formé est du côté par où sort le courant induit qui l'emporte. Les causes qui ralentissent la décharge tendent à donner au courant induit résultant un sens inverse de celui du courant inducteur; tandis que le courant induit est de même sens, quand le circuit inducteur n'offre que peu de résistance, ou que la tension est assez forte pour la vaincre facilement.

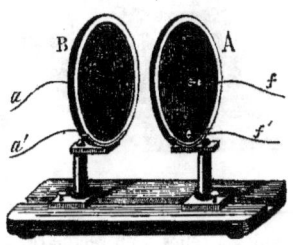

Fig. 641.

767. Induction magnéto-électrique. — Les courants d'induction ont permis de soumettre à une nouvelle épreuve la théorie électromagnétique d'Ampère, en montrant que les aimants sont capables de produire des courants induits. Pour faire l'expérience, on prend une bobine creuse en bois, comme celle de la *fig.* 642; seulement on a soin de réunir les bouts r, c des fils, de manière qu'ils n'en forment plus qu'un seul, dont on met les extrémités n', c en rapport avec un réomètre. Au moment où l'on enfonce brusquement un aimant ns dans la bobine, on voit l'aiguille se dévier, de manière à indiquer un courant induit de sens contraire aux courants d'Ampère dans l'aimant (762); puis l'aiguille revient à sa position d'équilibre. Elle est de nouveau déviée, et du côté opposé, quand on retire brusquement l'aimant. — Si l'on enfonce cet aimant, par son autre pôle, les déviations de l'aiguille se font en sens inverse, comme il était facile de le prévoir.

En général, tant que l'aimant enfoncé dans une bobine reste au repos, il n'y a aucun résultat; mais il suffit de le déplacer, par exemple de l'enfoncer ou de le retirer un peu, pour obtenir un effet sensible.

Tous ces phénomènes se reproduisent en employant un solénoïde au lieu d'aimant.

On peut encore opérer en plaçant dans la bobine, un barreau de fer doux dont on approche et on éloigne rapidement le pôle d'un aimant, de manière à aimanter brusquement ce fer, pour le laisser ensuite revenir à l'état neutre. Les effets sont les mêmes, les courants d'Ampère prenant dans le fer la même direction que dans l'aimant.

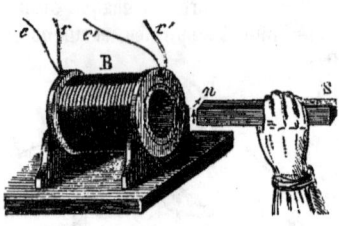

Fig. 642.

Expérience de Page. M. Page a obtenu des courants induits en modifiant simplement l'état magnétique d'un aimant, au moyen du fer doux : un fil de cuivre recouvert de soie est enroulé autour d'un aimant, et ses extrémités sont unies à celles d'un réomètre. Quand on approche brusquement de l'aimant, son armature, elle en augmente la force par influence, en produisant une sursaturation, et il se développe dans l'hélice un courant induit *inverse*. Quand on éloigne l'armature, l'aimant revient à son intensité primitive et il se produit un courant induit *direct*.

768. Influence du fer doux sur l'induction électro-dynamique. — Si l'on met dans l'axe de la bobine (*fig.* 642) un barreau de fer doux, et qu'on développe un courant induit dans le fil rr', au moyen de courants directs lancés dans le fil cc', les effets sont beaucoup plus intenses qu'en l'absence du barreau. Ce phénomène tient à ce que le fer s'aimante au moment où l'on introduit le courant inducteur, et agit comme un solénoïde dont les courants, de même sens que le courant inducteur, ajoutent leurs effets à celui de ce dernier, avec lequel ils naissent et disparaissent. — L'expérience montre qu'un faisceau de fils de fer produit encore plus d'effet qu'un barreau massif.

769. Induction par la terre. — Le globe terrestre pouvant être considéré comme un aimant, ou plutôt comme un solénoïde dans lequel les courants circulent de l'Est à l'Ouest, il doit être capable de produire des courants induits ; c'est en effet ce qui a lieu. L'expérience se fait, entr'autres, au moyen de l'appareil (*fig.* 643); AA est un cerceau en bois, de 1 mètre de diamètre environ, muni d'une gorge dans laquelle un fil de cuivre entouré de soie fait plusieurs tours. Ce cerceau peut tourner autour d'un axe oo' porté par le cadre MN, mobile lui-même autour d'un axe horizontal cc'. Les extrémités du fil induit aboutissent à des anneaux métalliques isolés l'un de l'autre a, a', sur lesquels s'appuient deux petits ressorts portés par une pièce de bois n, auxquels on fixe les extrémités f, f du fil d'un réomètre.

L'axe oo étant dans le méridien magnétique, et le cadre MN ainsi que le cerceau étant perpendiculaires à l'*aiguille d'inclinaison*, si l'on fait faire au cerceau un tour entier en $\frac{1}{4}$ minute environ, avec une vitesse uniforme, autour de l'axe oo', on voit l'aiguille du réomètre se dévier peu à peu, de manière à indiquer, dans le fil du cerceau, un courant induit direct, qui augmente graduellement, jusqu'au moment où le cerceau, ayant tourné de 90°, se trouve vertical. Alors la déviation de l'aiguille est de 19°; puis cette déviation diminue, pour devenir nulle quand le cerceau a tourné de 180°. Le mouvement continuant, l'aiguille se dévie de nouveau, mais en sens contraire. La déviation atteint encore son maximum quand le cerceau

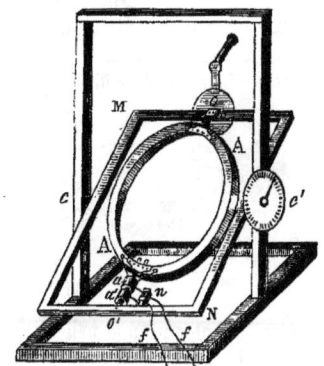

Fig. 643.

passe par le plan vertical, puis elle diminue jusqu'à la fin du tour entier.

★ **770. Loi de Lenz.** — M. Lenz a résumé dans l'énoncé qui suit, les différents cas dans lesquels se manifeste l'induction : *Toutes les fois qu'on déplace rapidement un courant ou un aimant dans le voisinage d'un circuit fermé, il se forme dans ce circuit un courant induit de sens tel qu'en agissant, suivant les lois de l'électro-dynamique, sur le courant inducteur ou sur l'aimant, il leur communiquerait un mouvement inverse de celui qu'on leur donne pour produire l'induction.* Il résulte de là que, si le mouvement imprimé au courant inducteur ou à l'aimant est instantané, le courant induit est lui-même instantané; si ce mouvement est continu, le courant induit est lui-même continu. Par exemple, un courant inducteur approché parallèlement d'une partie d'un circuit fermé, y développe un courant induit de sens contraire; car un semblable courant introduit dans le circuit fermé, repousserait le courant inducteur. Si l'on éloigne ce dernier, il se produira un courant induit de même sens que lui, car un semblable courant tendrait à le rapprocher.

771. Induction d'un courant sur lui-même. — La suppression d'un courant dans un fil très long, surtout quand il est replié sur lui-même en spirale ou en hélice, donne naissance à un courant induit instantané qui circule dans le fil même qui reçoit le courant inducteur. Par exemple, si l'on fait passer le courant d'une pile de quelques couples, dans un fil contenant une hélice, on observe une vive étincelle au moment où l'on retire une des extrémités du fil, d'une capsule pleine de mercure servant à fermer le circuit. Si le fil est court, il n'y a pas d'étincelle, ou il n'y en a qu'une très faible. Si l'on saisit dans les mains des cylindres de laiton, de manière à fermer un circuit dans lequel se trouve une pile et un électro-aimant; et si l'on met les cylindres en contact, pour que le courant passe directement de l'un à l'autre, puis qu'on les sépare, on ressent aussitôt une forte commotion. M. Faraday a prouvé que tous ces effets sont dus à un courant induit instantané produit, par la cessation du courant dans chaque spire, sur la spire voisine. Ce phénomène est connu sous les noms d'*induction réfléchie*, d'*induction d'un courant sur lui-même*, et de *réaction des plis d'une hélice* ; et le courant produit se nomme *extra-courant*.

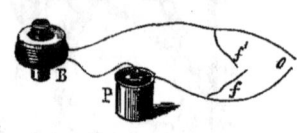

Fig. 644.

Pour mettre en évidence l'extra-courant, on soude en deux points du circuit contenant une hélice B (*fig.* 644) deux fils *f*, *f'*, entre lesquels on place les appareils destinés à recevoir le courant induit. Au moment où l'on ouvre en *o* ce circuit, parcouru par le courant d'un couple, P, l'extra-courant produit se précipite dans les fils de dérivation *ff'*. On peut ainsi obtenir en *ff'* la commotion, l'étincelle, les décompositions chimiques, l'aimantation, la déviation de l'aiguille aimantée ; faire rougir et fondre un fil fin. On reconnaît que l'extra-courant est *direct*, c'est-à-dire de même sens que le courant inducteur. Tous les effets sont singulièrement augmentés par la présence d'un barreau de fer doux dans l'hélice. Ils existent encore, mais sont beaucoup plus faibles, quand le fil de l'hélice est développé en ligne droite.

Il se produit aussi un courant induit dans une hélice, au moment où l'on y introduit le courant de la pile ; mais le circuit étant alors fermé, il faut certaines précautions pour dériver ce courant à l'extérieur et pouvoir l'observer. Il est, comme on devait s'y attendre, de sens contraire au courant de la pile.

★ **772. Magnétisme par mouvement.** — Arago, en 1824, ayant fait osciller une aiguille aimantée dans une boîte en cuivre, remarqua que l'amplitude décroissait avec une grande rapidité, et que l'aiguille s'arrêtait après 3 ou 4 oscillations, quand elle était très près du fond de la boîte, comme si elle eût été plongée dans de l'eau.

Puisque le voisinage d'une plaque métallique ralentit les oscillations d'un aimant, il était naturel de penser que, si la plaque était en mouvement, elle pourrait entraîner l'aimant. C'est ce qu'Arago s'est empressé de vérifier. La *fig.* 645 représente l'appareil avec lequel il a fait l'expérience. Le disque est fixé à un arbre vertical qui tourne sous l'influence d'un mouvement d'horlogerie, et il est recouvert d'une feuille de parchemin tendue sur un cadre. L'aimant *an* est équilibré sur une pointe courte, dont le pied, large et mince, s'appuie sur la membrane tendue; ou bien il est suspendu à un fil de soie sans torsion *f*. Quand le disque tourne, l'aiguille est entraînée dans le sens du mouvement, puis s'arrête, en faisant avec le méridien magnétique un angle qui dépend de l'épaisseur et de la nature du disque, les disques les *meilleurs conducteurs* agissant le plus efficacement. Cet angle augmente avec la vitesse de rotation, et, quand la vitesse est assez grande pour que l'aimant éprouve une déviation un peu supérieure à 90°, cet aimant tourne d'une manière continue dans le sens du disque.

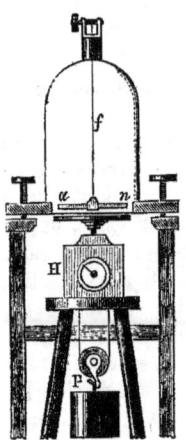

Fig. 645.

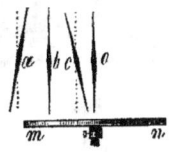

Fig. 646.

Indépendamment de la composante qui entraîne l'aimant et est parallèle au disque et perpendiculaire à son rayon, il en existe deux autres, l'une perpendiculaire au disque, l'autre parallèle à son rayon. La première se reconnaît en suspendant l'aimant verticalement au bassin d'une balance en équilibre, au-dessus du disque tournant; l'aimant est repoussé, quel que soit le pôle qui se trouve en bas. Pour constater la composante parallèle au rayon, on approche du disque, une aiguille verticale mobile dans un plan vertical qui passe par le centre. Quel que soit le pôle inférieur, il est repoussé tant que l'aiguille reste en dehors du disque, comme en *a* (*fig.* 646). La répulsion diminue à mesure qu'on avance vers le centre, devient nulle, et l'aiguille, *b*, se tient verticalement; puis la force change de sens, comme on le voit en *c*, augmente d'abord d'intensité, pour diminuer ensuite et redevenir nulle en *o*, au-dessus du centre.

Des fentes rapprochées pratiquées suivant les rayons du disque, empêchent tous ces effets.

Explication du magnétisme par mouvement. — Les phénomènes qui précèdent ont été expliqués par M. Faraday en montrant qu'il se produit dans le disque, sous l'influence de l'aimant, des courants induits, qui agissent ensuite sur l'aimant pour le déplacer s'il est mobile. Pour montrer l'existence de ces courants induits, M. Faraday a employé l'appareil (*fig.* 647). A est un fort aimant entre les pôles très rapprochés duquel tourne un disque de cuivre. L'axe de ce disque communique, par le ressort *r*, avec une des extrémités du fil d'un réomètre, et le contour, avec l'autre extrémité du même fil, par l'intermédiaire du ressort *r'*. Les bords du disque sont amalgamés, pour rendre le contact plus intime. Pendant la rotation, l'aiguille est déviée, et le sens de la déviation reste le même, quel que soit le point de contact du ressort *r'* ; mais son étendue varie avec la position de ce point ; elle est d'autant plus grande qu'il est plus rapproché des pôles de l'aimant. Quand on change le sens de la rotation, le courant est renversé. On peut aussi faire communiquer les deux bouts du fil du réomètre avec le contour du disque. Alors le sens du courant dépend du bout qui est le plus rapproché des pôles de l'aimant.

Fig. 647.

* **773. Induction par mouvement, dans des masses de forme quelconque** — Si l'on suspend entre les pôles d'un puissant électro-aimant, par un cordon fortement tendu, un cube en cuivre, en argent..., ce cube se met à tourner avec une vitesse croissante. Si alors on lance dans l'électro-aimant, le courant de 25 à 30 couples, on voit le cube tournant s'arrêter subitement, pour recommencer à tourner sous l'influence de la force de torsion, dès qu'on supprime le courant. L'expérience se fait au moyen de l'appareil de M. Ruhmkorff (*fig.* 587), décrit plus haut (p. 579). Ce phénomène, découvert par M. Faraday, s'explique par les courants d'induction qui se développent dans le cube en mouvement, à l'instant où le courant est lancé dans l'électro-aimant, et sur lesquels ce dernier agit avec assez d'énergie pour arrêter le cube. Quand ensuite ce cube, sollicité par la torsion du fil, tend à se mouvoir, le moindre déplacement qu'il éprouve suffit pour y développer des courants induits, à cause de l'énorme force magnétique qui s'exerce sur lui, et il est sans cesse ramené au repos. Si l'on remplace le cube par un anneau de cuivre suspendu verticalement, et ouvert à sa partie inférieure, le mouvement n'est plus anéanti ; les courants ne pouvant se développer dans l'anneau brisé. Si l'on ferme l'anneau au moyen d'un fil métallique, le phénomène se produit comme avec une masse cubique.

* **774. Courants induits de différents ordres.** — Les courants induits produits par la fermeture et par la rupture du courant inducteur étant de sens contraire, on doit se demander ce qui se passerait, si le courant inducteur cessait immédiatement après avoir commencé, c'est-à-dire si, étant lui-même un courant induit, il était instantané. M. Henry de

Princeton, qui a fait les premières expériences sur ce sujet, disposa un certain nombre de spirales, de la manière suivante : la spirale a (*fig.* 648) reçoit le courant inducteur venant d'une pile. Tout près de la spirale a s'en trouve une autre b, dans laquelle le courant inducteur, au moment où il est lancé ou supprimé en a, développe un courant induit nommé *courant induit primaire*, c'est le courant induit ordinaire, que nous avons examiné précédemment. Ce courant *instantané* parcourt la spirale c, et développe, dans l'hélice d, un autre courant induit dit *courant induit secondaire*. Celui-ci parcourant à son tour l'hélice m, agit sur la spirale n et y développe un *courant induit tertiaire*; et ainsi de suite. L'aimantation d'une aiguille d'acier dans une hélice, e, permet d'étudier le sens et l'intensité des

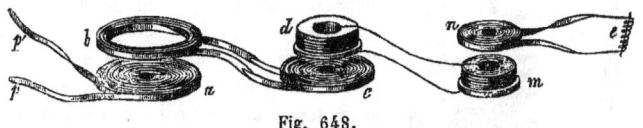

Fig. 648.

courants induits des divers ordres, courants qui ne produisent pas de déviation appréciable sur le réomètre, excepté le courant induit primaire.

M. Henry a reconnu que les *courants induits par des courants induits, produisent l'aimantation d'une aiguille d'acier, comme s'ils étaient de sens contraire à ces derniers*. Or, comme il se produit successivement deux courants, l'un inverse, au moment où le courant induit de l'hélice inductrice prend naissance, l'autre direct, au moment où il cesse, il faut que le dernier soit le plus intense.

II. Machines d'induction.

775. Machines magnéto-électriques. — Ces appareils produisent, au moyen d'aimants, des quantités d'électricité assez grandes pour en obtenir tous les effets propres à cet agent tant à l'état statique qu'à l'état dynamique.

Machine de Pixii. — Un aimant en fer à cheval acb (*fig.* 649) peut tourner autour d'un axe vertical co, au moyen d'une roue r et d'un pignon denté. Les pôles de l'aimant rasent, sans les toucher, les extrémités du fer doux d'un électro-aimant AB, dont le fil de cuivre est destiné à recevoir les courants induits. Les bobines de chaque branche se nomment *bobines d'induction*. Quand les pôles a et b de l'aimant (*fig.* 650) s'approchent des extrémités c, c' de l'électro-aimant, il se produit dans le fil de ce dernier, un courant induit de sens contraire aux courants de l'aimant. Ce courant augmente d'intensité à mesure que la distance diminue, et son maximum a lieu à l'instant où les pôles de l'aimant arrivent en face des extrémités c, c'. Les ordonnées de la courbe AmB peuvent servir à représenter ces variations d'intensité. — Quand les pôles s'éloignent ensuite en $a'b'$, il se produit un nouveau courant induit direct, par conséquent de sens contraire au précédent, dont l'intensité diminue à mesure que la distance augmente, comme le représente la courbe BnC. Les pôles de l'aimant, après avoir tourné de 90°, s'approchent de nouveau des branches de fer doux, en $b''a''$, et produisent un courant induit inverse, mais de sens contraire au premier AmB, parce que les pôles de l'aimant ont changé de place. Ce troisième courant est donc de même sens que le second BnC, dont il est comme la continuation, et auquel il se superpose en partie, car le pôle a' se rapproche de c', en même temps qu'il s'éloigne de c ; de sorte que le maximum d'intensité a lieu quand la ligne des pôles de l'aimant est perpendiculaire à celle de l'électro-aimant. La courbe BoD représente les intensités du courant provenant de la superposition des deux courants successifs, représentés séparément par les courbes BnC et CpD. Le courant induit qui aura lieu ensuite, au moment de l'éloignement des pôles, b''', a''', devant être de sens contraire au précédent, sera DrE, de même sens que le premier AmB. On voit donc qu'il y aura à chaque tour, quatre courants induits, les moyens marchant dans un même sens, et les deux extrêmes dans le sens opposé. Si donc la rotation est assez rapide pour qu'il n'y ait pas d'interruption sensible entre deux courants consécutifs de même sens, comme en BoD, et si l'on commence à compter les tours en B, au moment où l'aimant s'écarte de l'électro-aimant, on ne trouvera à chaque révolution que deux courants se succédant en sens contraire.

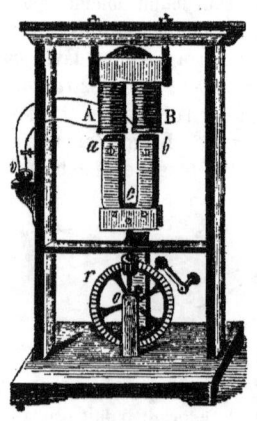

Fig. 649.

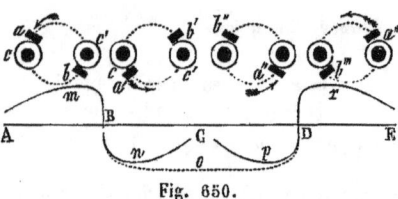

Fig. 650.

Pour obtenir des étincelles électriques au moyen de cet appareil, on enfonce l'un des bouts du fil de l'électro-aimant dans un vase plein de mercure, v (*fig.* 649), pendant que l'autre bout affleure la surface de ce liquide légèrement agité pendant le mouvement de rotation ; et l'on voit jaillir de petites étincelles au point d'affleurement. — Si l'on prend dans les mains mouillées avec de l'eau salée ou acidulée, des cylindres métalliques fixés aux extrémités du fil, on reçoit des commotions qui se répètent à chaque changement de sens du courant. — Si l'on ferme le circuit avec un voltamètre, l'eau est décomposée ; seulement, comme le courant marche successivement dans les deux sens, on recueille à chaque électrode un mélange d'oxygène et d'hydrogène. Pour recueillir les gaz séparés, on emploie un *commutateur*, mis en mouvement par l'arbre tournant de manière à renverser le courant au moment où il change de sens autour de l'électro-aimant, et à lui conserver ainsi une direction constante, dans la partie du circuit précédée par le commutateur. Tous les phénomènes se produisent plus commodément avec les appareils que nous allons décrire.

772. Machines de Saxton et Clarke. — Dans la machine de Saxton, l'aimant est fixe et horizontal, et l'électro-aimant tourne en présence de ses pôles, autour d'un axe horizontal. M. Clarke a perfectionné cet appareil, et lui a donné la forme sous laquelle il est représenté, en coupe et en perspective, dans la *fig.* 651. A, A' est un fort aimant en fer à cheval, maintenu par une traverse tt, t' contre des vis, qu'on enfonce plus ou moins dans une table verticale TT, T', pour régler la position de l'aimant. aa est l'électro-aimant, mobile autour d'un axe horizontal qui passe entre les branches de l'aimant. $a'a'$ est la coupe d'un autre électro-aimant à fil plus court, qui peut se substituer au premier. Les extrémités libres des branches de l'électro-aimant rasent la surface de l'aimant ; elles sont réunies par une bande de cuivre, qui porte en son milieu une vis qu'on adapte à un écrou pratiqué dans l'axe oo'. Cet axe reçoit un mouvement de rotation, de la roue R, R' et d'une corde sans fin passant sur la poulie p. Les extrémités du fil de l'électro-aimant sont soudées, l'une à un arbre métallique c, c' fixé au milieu de la bande de fer aa, $a'a'$, qui forme la partie dorsale de l'électro-aimant, l'autre à un anneau métallique α, séparé de l'arbre, par une virole d'ivoire. On peut fermer le circuit, en réunissant par un arc métallique l'anneau α à l'arbre c, c'.

Pour fermer le circuit, on a disposé, au-dessous du cylindre c, c', deux plaques épaisses en laiton n, n', isolées par une pièce de bois. Ces plaques portent des ressorts, dont un, r, s'appuie sur l'anneau α, et l'autre, r', communique avec l'arbre, directement ou par l'intermédiaire de pièces diverses fixées à cet arbre. De cette façon, les extrémités du circuit induit sont en n et n' ; on le fermera donc en réunissant ces deux plaques.

Commotion. — Pour éprouver la commotion de la machine de Clarke, on enfonce dans des trous pratiqués dans les plaques n, n', des fils de cuivre f, f' terminés par des poignées en métal, ou *manipules*, M, M', que l'on prend dans les mains, mouillées avec de l'eau salée ou acidulée pour rendre l'épiderme conducteur. On éprouve une commotion à chaque changement de sens des courants induits. Mais, comme les mains conduisent assez mal, les courants induits, et par suite les commotions, sont faibles. Pour les rendre plus fortes, les ressorts r, r' étant toujours en communication, l'un, r, avec l'anneau a, l'autre, r', avec le cylindre c, on adapte à ce cylindre, au moyen d'une vis de pression, une pièce de rupture, ou *disjoncteur*, en métal, représentée à part en D (*fig.* 651). Une languette métallique l s'appuie sur le disjoncteur, qui est disposé de manière que la languette l cesse d'en toucher les parties renflées, au moment où les branches de l'électro-aimant arrivent dans la position verticale, ce qui a lieu deux fois à chaque tour. Alors le circuit est inter-

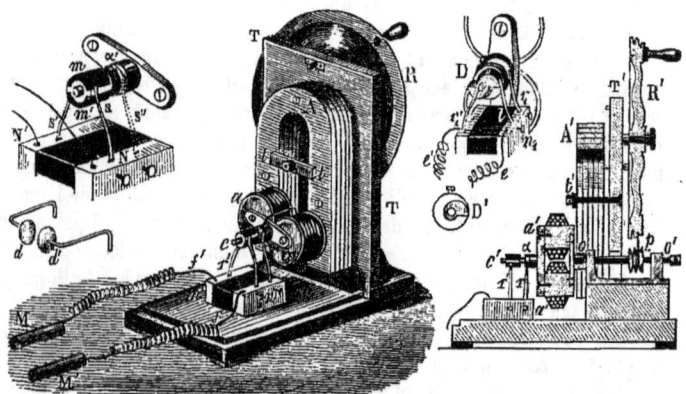

Fig. 651.

rompu en l, et cela au moment où le courant induit est à son maximum d'intensité. Tant que la languette l touche le disjoncteur, le courant induit passe par $r_1 n_1 l$, trajet dans lequel il trouve peu de résistance ; mais, au moment où le circuit est interrompu en l, le courant, arrivé à son maximum d'intensité, n'ayant pas d'autre issue, se précipite dans l'arc de dérivation e, e', dont fait partie l'observateur, qui reçoit alors une forte commotion. La commotion se répète ainsi deux fois à chaque tour. Elle est très forte quand le fil de l'électro-aimant est long et fin, de manière à présenter une résistance comparable à celle qu'oppose l'arc de dérivation. On donne ordinairement au fil, de 1200 à 1500 mètres de longueur ; les commotions sont alors insupportables, même quand les mains ne sont pas mouillées. Elles ont pour effet de contracter les muscles et de faire serrer involontairement les manipules. On en augmente le nombre et l'intensité en tournant plus vite, et on peut les faire éprouver à plusieurs personnes formant la chaîne. — Quand on veut communiquer la commotion à différentes parties du corps, pour les applications médicales, on remplace les manipules par des cylindres métalliques contenant des éponges mouillées avec de l'eau salée, que l'on applique sur la peau.

Actions chimiques. — Si l'on met les fils f, f' en rapport avec un voltamètre, l'eau est décomposée pendant la rotation ; et si l'on veut obtenir les gaz séparés, il faut ne laisser passer que les courants d'un même sens. Pour cela, on emploie le disjoncteur D' (*fig.* 651), qui ne touche le ressort l qu'une fois à chaque tour. Il vaut encore mieux renverser l'un des deux courants qui se suivent, de manière à leur donner le même sens dans la partie du circuit qui contient le voltamètre. Pour cela, on adapte à l'arbre c, divers commutateurs. Le plus simple, représenté à part en mm', n'est autre chose que celui de M. Ruhmkorff (745). L'une des bandes métalliques m communique avec l'anneau α' auquel aboutit l'une des extrémités du fil induit ; l'autre, m', par une vis de pression, avec l'arbre c, auquel aboutit l'autre extrémité de ce fil. Des ressorts s, s' s'appuient sur le cylindre d'ivoire, de manière à faire passer le courant dans les plaques N, N' quand ces ressorts touchent les bandes m, m', et à le renverser au moment où il change de sens dans le fil induit, c'est-à-dire au moment où l'électro-aimant passe par la position horizontale.

Si l'on fixe aux plaques N, N', deux disques de platine d, d', entre lesquels on interpose un morceau de papier de tournesol mouillé avec une dissolution saline neutre, le sel se décompose, et l'acide colore le papier.

Le commutateur mm' peut remplacer, pour les commotions, le disjoncteur D ; il suffit pour cela d'ajouter un troisième ressort s'', qui s'appuie sur l'anneau α', de manière que le circuit soit fermé par la plaque N quand la bande m' touche le ressort s, et que le courant ne trouve d'autre passage que le fil de dérivation, quand elle touche la bande m.

Manière d'obtenir de l'électricité statique. — On dispose sur l'arbre c, le disjoncteur D', et l'on fait communiquer un des fils f, f' avec l'armature extérieure d'une bouteille de Leyde ; puis, pendant la rotation, on fait toucher, aussi rapidement que possible, au bouton de la bouteille, l'extrémité de l'autre fil tenu par un manche isolant, de manière à n'obtenir qu'une seule étincelle. Si l'on cherchait à en obtenir plusieurs, on déchargerait la bouteille, dont les armatures communiqueraient par les fils de l'électro-aimant. On peut ensuite charger un électroscope, en le faisant communiquer avec l'armature intérieure de la bouteille.

Étincelle. — L'électro-aimant à long fil aa qui sert aux effets physiologiques et chimiques, et que l'on nomme *armature d'intensité*, ne convient pas pour obtenir les effets physiques. On emploie alors l'électro-aimant $a'a'$, nommé *armature de quantité*, dont le fer présente une plus grande masse, et dont le fil, plus gros, n'a que 40 mètres de longueur. Si l'on fixe à l'arbre c' de cet électro-aimant, le disjoncteur D, on distingue de petites étincelles à l'extrémité de la languette l, au moment où les parties renflées viennent la toucher. Pour en obtenir de plus fortes, on adapte aux fils f, f' des porte-crayons dans lesquels on fixe des pointes en plombagine, qu'on rapproche, et entre lesquelles on voit jaillir deux étincelles à chaque tour. Il vaut mieux encore enlever le disjoncteur et le remplacer par un système de deux pointes, a (*fig.* 652), dirigées suivant les pôles de l'électro-aimant. Pendant le mouvement de rotation, ces pointes plon-

Fig. 652.

gent dans du mercure contenu dans une petite coupe métallique c fixée à la plaque n, ainsi que le ressort r. Chaque pointe donne une vive étincelle au moment où, sortant du mercure, le circuit est rompu. Cette étincelle peut enflammer de l'éther versé sur le mercure.

Si l'on remplace l'anneau à pointe, par la virole métallique r à laquelle on peut adapter des tiges t de divers métaux; et la coupe c, par un ressort terminé par le même métal, et touchant à chaque tour la tige t, on obtient de petites étincelles dont la couleur dépend de la nature du métal.

Actions magnétiques. — On dispose sur l'arbre c, le commutateur mm' (*fig.* 651), et l'on fait communiquer les fils f, f' avec le fil d'un réomètre; l'aiguille est déviée pendant le mouvement de la machine. Si l'on remplace le réomètre par un petit électro-aimant, on peut lui faire porter des poids de plusieurs hectogrammes.

Actions calorifiques. — On fixe aux plaques n' et n (*fig.* 651) des fils de cuivre, entre lesquels est tendu un fil de platine fin et court; ce fil rougit pendant que l'appareil tourne très vite. On opère, soit avec le commutateur mm', soit avec le disjoncteur D.

On a reconnu qu'il y a un maximum de vitesse de rotation de l'appareil, au-delà duquel tous les effets diminuent. Ce maximum s'abaisse quand la résistance du circuit induit augmente.

★ **777. Applications des courants magnéto-électriques.** — On peut, au moyen des appareils *magnéto-électriques*, obtenir beaucoup d'électricité, mais à la condition de dépenser une certaine quantité de travail mécanique pour les mettre en mouvement. Néanmoins, ils nous présentent le moyen le plus économique d'engendrer l'électricité, et l'on en a déjà fait plusieurs applications. En Angletere, on emploie de puissants appareils pour la galvanoplastie. M. Nollet a construit une machine qui fournit assez d'électricité pour entretenir simultanément plusieurs arcs voltaïques, pour l'éclairage électrique. Cette machine contient 48 forts aimants en fer à cheval, distribués autour d'une roue, en 8 rangées de six parallèles à l'axe de la roue. Cette roue porte 16 rangées d'électro-aimants droits avec leur bobine d'induction, passant entre les aimants fixes. L'arbre de la roue porte un commutateur disposé de manière à renverser le courant 8 fois à chaque tour.

Du reste, le commutateur n'est pas nécessaire quand on veut appliquer l'appareil spécialement à l'éclairage, car la lumière reste calme quand on le supprime. Les courants changeant alors de sens à chaque instant, les charbons s'usent également, et le régulateur (743) consiste en un simple mouvement d'horlogerie qui les fait marcher avec une même vitesse, que l'on règle en inclinant plus ou moins les ailettes d'un volant. L'application de l'électricité à l'éclairage des phares, des places publiques, etc., peut donc être regardée comme résolue au point de vue de l'économie; une petite machine à vapeur de deux chevaux suffit pour faire mouvoir l'appareil Nollet, en fournissant une belle lumière.

* **778. Appareils magnéto-électriques à commotions.** — Les courants d'induction ont été appliqués avec avantage aux usages médicaux. Mais l'appareil de Clarke, à cause de son volume et de son poids, étant peu commode, on a imaginé des appareils de moindres dimensions disposés

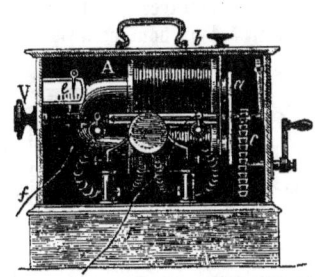

Fig. 653.

spécialement pour donner des commotions. La *fig.* 653 représente celui de M. Breton, dans lequel les courants sont excités par la méthode de M. Page (767). Un barreau de fer doux a reçoit un mouvement rapide de rotation en face des pôles d'un aimant A, au moyen d'une roue à manivelle et d'une chaîne sans fin e. Autour des branches de l'aimant, sont enroulés les fils induits. Quand on ne veut employer que les courants d'un même sens, on introduit dans le circuit une roue r dont le contour est alternativement en bois et en métal, et qui reçoit son mouvement de rotation, de la manivelle. Ce mouvement est tel, que les courants d'un certain sens passent par les parties métalliques, tandis que les courants opposés sont interceptés par le bois. Pour graduer la force des commotions, on éloigne plus ou moins l'aimant, du barreau tournant, au moyen d'une vis de rappel V. De plus, il y a deux fils enroulés sur les branches de l'aimant; l'un gros et assez court, l'autre fin et beaucoup plus long, superposé au premier. Ces deux fils reçoivent de l'aimant, des courants induits de même sens; mais ceux du fil court donnent de faibles commotions, tandis que celles du fil fin sont très énergiques, et d'autant plus que le mouvement de rotation est plus rapide.

M. Duchenne a construit un appareil électro-médical analogue au précédent, et qu'il nomme appareil *magnéto-faradique.*

* **779. Appareils à commotions électro-voltaïques.** — Nous venons de décrire des appareils d'induction *magnéto-électriques.* Dans ceux qui nous restent à faire connaître, l'induction est produite par les courants voltaïques. Ces appareils, assez nombreux, diffèrent principalement par le *réotome,* système destiné à produire la rupture du courant inducteur, et par les dispositions qui permettent de modifier l'intensité des courants induits. La *fig.* 654 représente un petit appareil qui donne des commotions énergiques avec un simple couple à charbon de 10 centimètres de hauteur. Sur une bobine de bois, E, sont enroulés deux fils recouverts de soie. Le premier, assez gros, constitue le fil inducteur ; l'autre, beaucoup plus fin et formant un très grand nombre de tours, appartient au circuit induit ; il aboutit à deux boutons à vis $o'o'$, auxquels on fixe les réophores qui doivent transmettre les courants induits.

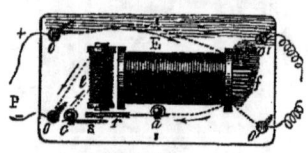

Fig. 654.

Les extrémités du fil inducteur sont fixées aux boutons o, o, auxquels aboutissent les électrodes P du couple voltaïque. Le courant, après avoir parcouru la bobine E, arrive au support métallique a, parcourt les ressorts r et s quand ils se touchent, passe dans le support c, et retourne à la pile après avoir circulé dans l'hélice magnétisante d'un petit électro-aimant e. Cet électro-aimant attire le ressort, de fer r, ce qui rompt le circuit en sr, alors le ressort r revient en arrière, le circuit est de nouveau fermé, et l'électro-aimant attire le ressort, de manière à rompre de nouveau le circuit, et ainsi de suite. Ce système se nomme un *trembleur.* Pour modifier la rapidité des oscillations du *trembleur,* on écarte plus ou moins de l'électro-aimant les ressorts r et s, en faisant tourner sur eux-mêmes les supports c et a. On fait varier l'intensité des courants induits, en enfonçant plus ou moins dans la bobine E, des fils de fer f en nombre variable. Les commotions, assez faibles en l'absence du fer, deviennent insupportables quand le faisceau est introduit.

Appareil volta-faradique de M. Duchenne. — Dans cet appareil (*fig.* 655), le couple est renfermé dans un tiroir T, où il peut rester amorcé pendant plusieurs mois. Ce couple est composé d'une caisse en zinc z, qui s'ajuste dans le tiroir, et renferme une masse rectangulaire de charbon de cornue, qui la remplit exactement. On verse dans la caisse un peu d'eau salée, et l'on imbibe le charbon, d'acide azotique que l'on verse dans une rigole u, creusée à sa partie supérieure. Ce système constitue un couple à charbon sans diaphragme. Deux boutons à vis v, v' communiquent avec le zinc et avec le charbon ; et, quand le tiroir T se trouve enfoncé de la même manière qu'un second tiroir T', ces boutons touchent des lames de platine e, e', auxquelles sont soudées les extrémités du fil inducteur. Le courant du couple passe d'abord par un réomètre fixé dans le tiroir T', et de là dans un ressort qui s'appuie sur la roue dentée à manivelle r, servant de *réotome*. De l'arbre de cette roue, le courant est conduit dans un *trembleur*, dont on règle les vibrations au moyen de la vis c. Si l'on veut employer le trembleur, on place la roue r de manière que le ressort s'appuie sur une partie métallique. Si l'on veut se servir de la roue dentée, on serre la vis c de manière à établir une communication permanente entre les ressorts du trembleur. Le courant passe ensuite dans une hélice contenant un faisceau de fils de fer, et arrive enfin à la lame de platine e', et au bouton v'. Autour de l'hélice, est enroulé un long fil très fin qui constitue le fil induit, dont les extrémités aboutissent à deux boutons, auxquels on fixe les réophores destinés à recueillir les courants induits.

Fig. 655.

On fait varier l'intensité de ces courants, de deux manières différentes : 1° au moyen d'un tube de verre m rempli d'eau, dont le fond métallique communique avec le réophore f, et dans lequel on peut enfoncer plus ou moins une tige θ mise en rapport, par la virole supérieure du tube, avec l'extrémité du fil induit. Les courants induits sont d'autant plus affaiblis que la tige θ est moins enfoncée ; 2° on retire plus ou moins deux manchons concentriques en cuivre, enveloppant, l'un l'hélice induite, et l'autre, le faisceau de fer doux ; plus les manchons sont enfoncés, plus les courants induits sont affaiblis, par d'autres courants qui se produisent dans ces manchons.

★ **780. Machine de Ruhmkorff.** — Cet appareil désigné souvent sous le nom de *bobine de Ruhmkorff*, produit des effets de tension extraordinaires, des commotions foudroyantes, et des étincelles de plusieurs centimètres de longueur. L'hélice a une grande longueur, parce que c'est plutôt du nombre des spires que de leur grandeur que dépend l'intensité des courants induits. L'appareil se compose d'un faisceau de fils de fer doux, réunis à leurs extrémités par des disques de même substance, m, (*fig.* 656) et enveloppé d'un cylindre de carton sur lequel sont enroulés deux fils de cuivre recouverts de soie, dont les tours sont isolés avec beaucoup de soin, au moyen de gomme laque. Le premier fil a 2 millimètres de diamètre ; c'est lui qui doit recevoir le courant inducteur de la pile. Le

40

second fil, qui n'a que $\frac{1}{4}^{mm}$ de diamètre, est enroulé sur le premier, et forme le circuit induit. Il fait de 25 à 30 mille tours, et peut avoir plus de 10 kilomètres de longueur. Les extrémités de ce fil sortent en i et i', et sont fixées à des viroles isolées par des colonnes de verre, auxquelles on adapte les réophores e, e' destinés à recueillir les courants induits. Deux disques de verre v, v' retiennent les fils de la bobine. Les extrémités du fil inducteur sortent de cette bobine, l'un en f, l'autre en f', et sont mis en communication avec les électrodes p et n de la pile, par l'intermédiaire des ressorts du commutateur R, dont le support de gauche communique avec le fil f, par une bande de cuivre appliquée sur la table de l'appareil, et celui de droite avec le fil f', par une bande semblable qui passe derrière la bobine et aboutit en c', et par les pièces $c'c$, or, qui forment l'*interrupteur*. La lame de cuivre $c'c$ porte un cylindre c, nommé *enclume*, dont la

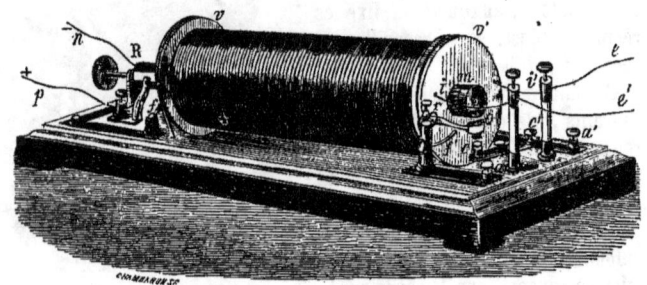

Fig. 656.

base supérieure est garnie d'un disque de platine. Sur ce cylindre s'appuie un appendice, aussi en platine, fixé sous la tête du fer doux o d'un *marteau*, or, mobile à charnière, sur la colonne métallique r à laquelle aboutit l'extrémité f' du fil inducteur. Quand le marteau est abaissé, le circuit inducteur est *fermé* ; alors, le marteau est attiré par le fer doux m, et le circuit est rompu en oc ; le marteau retombe alors, le courant inducteur est rétabli, et ainsi de suite. Une vis placée entre c et c', et qui s'appuie sur la table de l'appareil, permet de soulever plus ou moins l'*enclume* c et de modifier ainsi la rapidité des interruptions. Les bornes a, a' servent à fixer des réophores, quand on veut recueillir l'*extra-courant* (471) qui se produit dans le fil inducteur pendant les interruptions.

Condensateur annexé au circuit inducteur. — M. Fizeau ayant découvert qu'on augmente beaucoup l'intensité des courants induits en faisant communiquer avec les armatures d'un condensateur, deux points du circuit *inducteur* pris de part et d'autre de l'interrupteur, M. Ruhmkorff a fait communiquer les boutons a, a', qui appartiennent à ce circuit, avec les armatures d'un condensateur. Ce condensateur est formé d'une bande de taffetas gommé de 4^m de longueur, sur les deux faces de laquelle sont collées des feuilles d'étain, et qui est repliée entre deux autres bandes de taffetas, de manière à pouvoir être logée dans l'épaisseur de la table de l'appareil.

★ **784. Effets de la machine de Ruhmkorff.** — Quand le circuit induit de l'appareil est fermé par un bon conducteur, il se produit des courants induits alternativement de sens contraire ; *directs* au moment de la rupture du circuit, quand le marteau est attiré, et *inverses* quand le marteau retombe sur l'enclume. M. Poggendorff a reconnu que ces deux sortes de courants sont égaux en quantités, mais que les courants *directs* ont une moindre durée, et, par conséquent, une plus forte tension. Quand le circuit induit est interrompu, les courants *directs* peuvent seuls passer, et les extrémités du fil présentent des pôles bien caractérisés.

Commotion. — Avec un ou deux couples à charbon, l'appareil de Ruhmkorff donne des commotions foudroyantes auxquelles il serait plus que téméraire de s'exposer. En touchant seulement du doigt le fil induit quand le circuit est fermé, on reçoit une violente secousse, même quand ce fil est recouvert de soie au point touché. Il faut donc employer les plus grandes précautions, et ne jamais oublier de rompre le courant inducteur, au moyen du commutateur R (*fig*. 656), pendant qu'on prépare les expériences.

Étincelle. — Si l'on ajoute aux extrémités du fil induit, de gros fils de cuivre dont les extrémités soient fixées à une petite distance l'une de l'autre, on obtient un jet presque continu d'étincelles d'un blanc éclatant, formant un faisceau de trois ou quatre traits sinueux, dans une agitation continuelle. Une seule suffit pour charger une batterie à grande surface. Ces étincelles sont d'autant plus longues que les interruptions sont moins rapprochées. On peut en obtenir, de 50 centimètres de longueur et plus, et produire avec ces étincelles tous les effets qu'on obtient de celles des machines électriques ou des batteries. Un des effets les plus remarquables est la perforation d'une plaque de verre. Le fil négatif est entouré d'une épaisse couche de gomme laque, et s'appuie sur la plaque en face du point où s'appuie, de l'autre côté, l'extrémité du fil positif. La plaque est percée d'un canal fin et sinueux et quelquefois bifurqué. M. Ruhmkorff, avec un appareil de dimensions exceptionnelles dont le fil induit a jusqu'à 120,000 mètres de longueur, a pu percer une masse de verre de 5 ou 6 centimètres d'épaisseur. M. Du Moncel a songé le premier à employer l'étincelle de l'appareil de Ruhmkorff à l'inflammation des fourneaux de mine. Mais la puissance calorifique des étincelles d'induction est tellement faible, qu'on peut les faire jaillir à travers la poudre, sans l'enflammer. M. Ruhmkorff a levé la difficulté au moyen des fusées de M. Stateham. Pour confectionner ces fusées, on prend deux fragments de fil de cuivre f, f' (*fig.* 657), recouverts de gutta-percha; on les entortille et on les recourbe de manière à rapprocher leurs extrémités dépouillées de l'enveloppe isolante, comme on le voit en o. On fait ensuite entrer ces extrémités dans un cylindre de gutta-percha vulcanisée, c'est-à-dire soufrée, que l'on a enlevé d'un fil de cuivre qu'il recouvrait depuis longtemps, et dans lequel on a pratiqué une échancrure qui permet de voir les extrémités, o, des fils f, f'. On garnit ces extrémités de fulminate de mercure, on remplit l'échancrure de poudre et on l'enfonce dans une cartouche pleine de la même matière. Le tube en gutta-percha est garni en dedans d'une couche de sulfure de cuivre, qui s'est formée aux dépens du fil qu'il recouvrait, et c'est ce sulfure qui, en s'enflammant par l'étincelle d'induction, détermine l'explosion de la poudre. Il faut toujours essayer d'avance la fusée; car, s'il n'y avait pas assez de sulfure de cuivre, l'inflammation pourrait ne pas avoir lieu, et s'il y en avait trop, le courant induit trouvant dans cette substance un bon conducteur, passerait sans étincelles. Dans des expériences faites à la Villette, par M. Ruhmkorff et le colonel Verdu, on put enflammer la poudre à une distance de 26,000 mètres.

Fig. 657.

★ **782. Lumière des courants induits dans le vide.** — Quand on fait passer les courants induits de la bobine de Ruhmkorff, à travers le vide de l'*œuf électrique* (*fig.* 657), on voit constamment se produire deux lumières différentes; l'une de couleur violette, enveloppe complètement la boule et la tige par lesquelles arrive l'électricité *négative*; l'autre, d'un rouge de feu, semble adhérente à la boule *positive*, et forme une sorte de corps ovale qui s'étend vers la boule négative.

Stratification de la lumière électrique. — Peu de temps après l'invention de la bobine de Ruhmkorff, M. Grove ayant opéré dans le vide fait sur du phosphore, vit la lueur qui joignait les deux boules, divisée en couches minces transversales brillantes, séparées par des couches sombres continuellement agitées. Ce phénomène, désigné sous le nom de *stratification de la lumière électrique*, était découvert vers la même époque par M. Ruhmkorff, et par M. Quet, dans le vide fait sur la vapeur d'alcool. — Pour obtenir de belles stratifications, M. Quet fait le vide dans l'œuf électrique (*fig.* 658) contenant des vapeurs d'esprit de bois, ou d'essence de térébenthine, d'alcool, d'huile de naphte, de bichlorure d'étain, etc., ou enfin renfermant du fluorure de calcium, puis il fait communiquer les électrodes a et b avec les colonnes de l'appareil de Ruhmkorff, et il soulève le marteau avec la main, de manière à ne faire passer qu'un courant induit à la fois. On voit alors les stratifications se dessiner nettement, sans être gênées par les mouvements vibratoires ou gyratoires qui se manifestent quand le marteau oscille très rapidement; et l'on peut reproduire le phénomène aussi souvent que l'on veut. La *fig.* 658 donne une idée de l'aspect que présente la lumière stratifiée. La boule positive b est enveloppée, ainsi que la tige qui la porte, de trois couches de lumière violette, dont la seconde est beaucoup plus sombre que les deux autres ; puis vient un espace obscur, et enfin des couches alternativement rouges et sombres qui s'étendent jusqu'à la boule positive. Ces couches sont courbes ; M. Quet en a obtenu de sensiblement planes en opérant dans un récipient cylindrique. Du reste, les apparences de la lumière stratifiée, le nombre et l'épaisseur des couches, dépendent de la nature des vapeurs employées et de la tension du courant induit. Avec 30 couples et l'adjonction d'un condensateur, il n'y a plus de stratifications, et l'œuf semble rempli de gaz d'éclairage enflammé et de couleur uniforme.

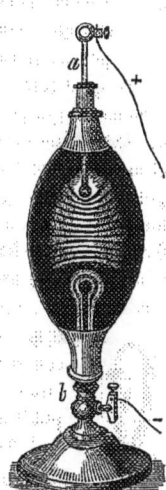

Fig. 658.

Tubes de Geissler. — La disposition des stratifications dépend aussi de la forme des récipients. M. Geissler, artiste à Bonn, fabrique des tubes à ampoules de formes très variées, fermés hermétiquement à la lampe, après qu'on y a fait le vide en y laissant des traces de vapeurs diverses. La *fig.* 659 représente un de ces tubes ; les extrémités du fil induit sont mises en communication avec des fils de platine n, p, scellés dans le verre. Les strates sont ordinairement convexes vers le fil négatif n qui est enveloppé d'une auréole mince et brillante, autour de laquelle règne une lumière douce et sans stratifications. Les strates sont d'autant

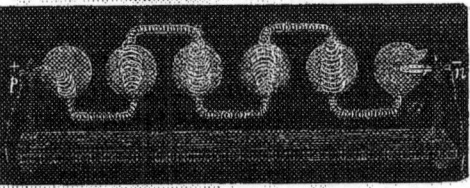

Fig. 659.

plus brillantes et plus épaisses que le tube est plus étroit au point où on les observe. En même temps, les parois du tube présentent un éclat particulier désigné sous le nom de *fluorescence*.

LIVRE IV.

OPTIQUE.

CHAPITRE PREMIER.

DE LA LUMIÈRE. PROPAGATION. PHOTOMÉTRIE.

§ 1. — NATURE ET PROPAGATION DE LA LUMIÈRE.

783. De la lumière. Hypothèses sur sa nature. — L'*optique* a pour objet l'étude de la lumière. La *lumière* est la cause de la vision, c'est l'agent qui sert d'intermédiaire entre nos yeux et les corps que nous voyons.

On a fait bien des hypothèses sur la nature de la lumière. Dans le *système de l'émission*, dont Newton a posé les principes et développé les conséquences, on admet que les corps lumineux, lancent dans toutes les directions, et avec une excessive rapidité, des particules de nature spéciale et d'une ténuité extrême, qui viennent impressionner nos yeux. A chaque couleur différente correspondent des particules d'espèce différente.

Dans le *système des ondulations*, dont Huyghens peut être regardé comme le créateur, on suppose que l'espace est occupé par l'*éther* (315), milieu très subtil et très élastique, qui remplit aussi les pores de la matière. Les molécules des corps lumineux sont animées de mouvements vibratoires très rapides, qui se communiquent à l'éther, et s'y propagent (comme le son dans l'air), et viennent ébranler les fibres nerveuses du fond de l'œil. Les couleurs dépendent de la rapidité des vibrations. Ce système a d'abord été peu goûté. Mais, depuis les travaux de Hyoung et surtout de Fresnel, il a réuni tous les suffrages, à cause de la facilité avec laquelle il rend compte des faits les plus compliqués, dans leurs plus fins détails, sans qu'il soit nécessaire de faire, comme dans le système de l'émission, d'hypothèse particulière pour chaque ordre de phénomène.

784. Sources de lumières. — Les corps lumineux par eux-mêmes, ou qui produisent de la lumière, sont dits *sources de lumière*. Chacun des points de leur surface est un centre d'où la lumière s'élance dans une foule de directions. Les corps non lumineux par eux-mêmes ne peuvent être *vus*, qu'à la condition d'être *éclairés*, c'est-à-dire de recevoir de la lumière venant d'une source lumineuse. Ils renvoient cette lumière, suivant des conditions que nous expliquerons (799), et se comportent alors comme des corps lumineux par eux-mêmes ; mais ils ne peuvent être vus dans l'obscurité.

On distingue deux espèces de sources de lumière, les unes *permanentes*, comme le soleil, les étoiles, d'où la lumière nous arrive après avoir traversé des espaces immenses ; les autres *accidentelles,* que l'on peut diviser en *sources artificielles et sources naturelles.* Les premières sont produites par l'art, en mettant les corps dans des conditions convenables, ordinairement en les portant à une température suffisamment élevée. En effet, l'expérience prouve que tous les corps, vers 400 ou 500 degrés, deviennent lumineux, c'est-à-dire sont visibles dans l'obscurité. Tels sont les corps solides que l'on fait rougir au feu.

Le plus souvent, les corps lumineux rayonnent aussi de la chaleur. Cependant, ils peuvent, dans certains cas, produire de la lumière sans chaleur sensible ; ils sont dits *phosphorescents*. La plupart des corps solides sont phosphorescents pendant un temps plus ou moins long à la suite de certaines excitations ; comme les décharges électriques, l'action de la chaleur, et surtout l'exposition aux rayons solaires. Il en est d'autres qui sont phosphorescents spontanément, par l'effet de certaines actions chimiques lentes ; telles sont certaines substances organiques en décomposition. Divers animaux répandent aussi de la lumière sans chaleur ; par exemple, les lampyres ou vers luisants.

785. La lumière se propage en ligne droite. — *Quand la lumière se transmet sans obstacle dans un milieu homogène, elle marche en ligne droite.* Car, si l'on dispose entre l'œil et un point lumineux, plusieurs écrans percés d'un petit trou, on ne peut apercevoir le point lumineux qu'autant que tous les trous sont sur une même ligne droite passant par ce point. Si l'on fait entrer la lumière du soleil par une ouverture pratiquée dans le volet d'une chambre obscure, elle illumine les poussières en suspension dans l'air, et l'on voit qu'elle forme un cylindre passant par l'ouverture.

On nomme *rayon de lumière*, toute direction partant d'un point d'un corps lumineux, et suivant laquelle la lumière se propage. Un *faisceau de lumière* est un cylindre dont chaque point est traversé par un rayon parallèle aux arêtes ; on le nomme *pinceau*, quand sa section est très petite. Nous ne pouvons isoler un simple rayon ; les plus fins pinceaux sont toujours composés d'un nombre infini de rayons.

786. De la vision. — De tous les rayons divergents qui partent d'un point lumineux, une petite portion entre dans l'œil par l'ouverture de *la pupille*. Cette portion forme un pinceau conique, qui a pour base cette ouverture, et dont le sommet est au point lumineux. Ces rayons, pénétrant dans l'œil, agissent sur les dernières ramifications d'un nerf spécial, le *nerf optique* ; d'où résulte l'impression de lumière et le phénomène de la *vision*. Nous étudierons plus tard le mécanisme de cette fonction ; pour le moment, nous remarquerons que l'impression est produite au fond de l'œil même, et que cependant nous avons la faculté de reconnaître la position et la distance du point lumineux. Mais cela n'a lieu qu'à la suite de l'éducation de l'organe, qui a fini par s'habituer, en comparant certaines conditions de l'impression, avec la distance connue par le moyen du tact, à

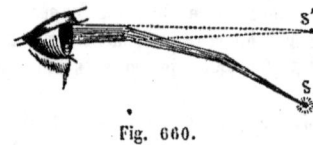

Fig. 660.

voir le point lumineux au sommet du cône de rayons divergents entrant par l'ouverture de la pupille.

Il résulte de ce principe que, si un pinceau de rayon partant d'un certain point *s* (*fig.* 660) entre dans l'œil, après avoir subi, par des causes quelconques, différentes déviations, ce point, *s*, sera vu en *s'*, point de rencontre des prolongements des dernières directions que présentent les rayons avant d'entrer dans l'œil. Ainsi, ce que l'œil perçoit, c'est le degré de divergence des rayons, et c'est par un acte intellectuel subséquent qu'on a conscience de la position du sommet du cône, correspondante à ce degré de divergence, et qu'on y rapporte la position du point lumineux.

Rayon visuel. Diamètre apparent. — On nomme *rayon visuel*, l'axe du pinceau conique qui entre dans l'œil, ou la ligne allant du sommet du cône au centre de la pupille. Si l'on mène des rayons visuels aux extrémités d'un diamètre transversal d'un corps, l'angle de ces rayons ayant son sommet au centre de la pupille, se nomme le *diamètre apparent* ou *diamètre angulaire* de ce corps. Si, au lieu des extrémités d'un diamètre, on considère deux points isolés, on a leur *distance angulaire*.

787. Corps transparents et corps opaques. — Il y a des corps à travers lesquels les rayons de lumière passent en conservant leur individualité et restant toujours distincts les uns des autres ; ils sont dits *diaphanes* ou *transparents* ; en regardant à travers ces corps, on peut distinguer nettement les objets. Tels sont le verre, l'eau, les gaz... D'autres laissent passer la lumière, mais en mêlant les rayons, de manière qu'on ne peut distinguer nettement les objets qui sont du côté opposé ; on les nomme corps *translucides* ; tels sont le verre dépoli, le papier, l'albâtre, la corne, etc.

Il y a enfin des corps qui interceptent complètement les rayons lumineux ;

ce sont les corps *opaques*, comme les métaux, le bois, les pierres.... Ces corps laissent cependant passer la lumière, quand ils sont extrêmement minces. C'est ce qui a lieu, par exemple, pour l'or en feuilles de 0^{mm},001 d'épaisseur, qui laisse passer une lumière verdâtre.

788. Ombre. — Quand un point lumineux isolé *s* (*fig.* 661) envoie des rayons sur un corps opaque, ces rayons sont interceptés, et il y a, du côté opposé du corps, un espace privé de lumière qu'on appelle l'*ombre*. Si l'on place un écran derrière le corps, une partie de cet écran n'est pas éclairée, et constitue l'*ombre portée*. Pour avoir la limite de l'ombre, on mène par le point *s* une tangente au corps, et on la fait tourner en l'appuyant constamment sur sa surface, de manière à engendrer un cône enveloppant.

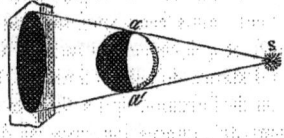

Fig. 661.

L'intersection de la surface de ce cône avec l'écran, forme la limite géométrique de l'ombre portée, et la courbe de contact du corps avec la surface du cône, est la ligne de séparation de l'ombre et de la lumière sur le corps.

* Diffraction. — Les rayons de lumière partant d'un point et rasant la surface du corps opaque, semblent s'infléchir suivant des lois particulières, de manière qu'il y a de la lumière dans l'ombre géométrique, et de l'obscurité en certains points placés en dehors de cette ombre. Ce phénomène, désigné sous le nom de *diffraction*, ne s'observe pas habituellement, parce qu'on n'a que rarement affaire à *un seul point* lumineux, mais ordinairement à un corps présentant une infinité de points rayonnants.

789. Pénombre. — Considérons maintenant un corps lumineux de dimensions finies RR' (*fig.* 662), et soit *aa'* un corps opaque. Si nous

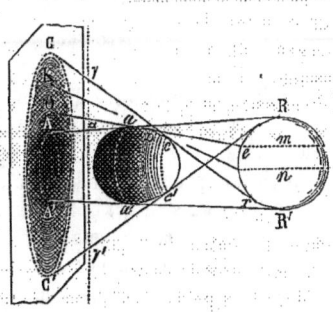

Fig. 662.

construisons un cône enveloppant les deux corps, en faisant tourner la tangente commune *extérieure* AB, nous obtiendrons une courbe AA' sur l'écran, et une autre *aa'*, sur le corps, qui limiteront sur l'écran et sur le corps un espace dans lequel il ne parviendra pas de lumière. Si maintenant nous construisons un second cône, en faisant tourner la tangente *intérieure* C*cr*, ce cône donnera deux courbes CC', *cc'*, au-delà desquelles le corps et l'écran recevront des rayons lumineux de tous les points du corps RR'.

Entre les courbes AA' CC', et aa' cc', il ne parviendra de rayons que d'une partie du corps RR', d'autant plus petite que le point considéré sera plus rapproché de l'ombre absolue. Par exemple, s'il s'agit du point O, on voit, en menant de ce point une tangente, Ooc, au corps opaque, qu'il ne parviendra en O que la lumière émanant de la partie Rm du corps lumineux ; et il en sera de même en o sur le corps opaque. Le point K ne recevra de même que la lumière émanant de la partie Rn. L'espace compris entre les deux courbes, tant sur l'écran que sur le corps opaque, sera donc éclairé inégalement, et de plus en plus à partir de la limite de l'ombre absolue. Cet espace se nomme *pénombre*.

On voit que la pénombre est d'autant plus étendue que les deux corps sont plus rapprochés l'un de l'autre, et que l'écran est plus éloigné du corps opaque. Si, par exemple, l'écran était en $\gamma\gamma'$, la pénombre aurait pour largeur $\gamma\alpha$, moindre que AC.

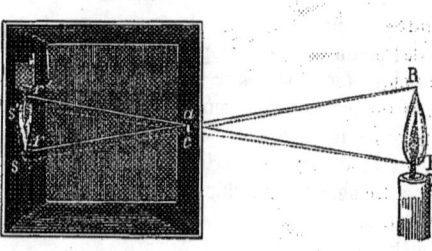

Fig. 663.

790. Images produites par les très petites ouvertures. — Quand la lumière partant d'un corps, entre dans une chambre obscure par une très petite ouverture, elle vient peindre sur un écran opposé, une image de ce corps, quelle que soit la forme de l'ouverture. Pour expliquer ce phénomène, imaginons que chaque point du corps lumineux soit le sommet d'un pinceau pyramidal de lumière allant former sur l'écran une image de l'ouverture, sr, $s'r$ (*fig.* 663). Si ces images n'avaient pas de dimensions appréciables, on conçoit que chaque pinceau pourrait être considéré comme un simple rayon, et que l'écran recevrait une image renversée de l'objet. Les petites images empiétant les unes sur les autres, formeront aussi une image de l'objet, mais un peu confuse, et d'autant plus que l'ouverture sera plus grande.

Chaque jour, nous sommes témoins d'effets produits par les petites ouvertures : dans les chambres fermées, souvent la lumière pénétrant par de petites ouvertures des volets, vient peindre sur les murs les images plus ou moins confuses des objets extérieurs. Les rayons solaires, en passant par les interstices des feuilles des arbres, forment sur le sol des images arrondies, ordinairement elliptiques, les rayons venant frapper obliquement le sol. La lune donne ainsi des images représentant ses différentes phases.

Chambre noire simple. — Cet appareil, imaginé en 1560 par J.-B.

Porta, consiste simplement en une boîte (*fig.* 663), dans laquelle la lumière ne peut pénétrer que par une très petite ouverture *ac* pratiquée dans une plaque mince. La lumière lancée par les objets extérieurs vient peindre leur image renversée sur un écran opposé au trou. Cette image est évidemment d'autant plus grande, que l'écran est plus éloigné; mais en même temps elle est moins brillante, la même quantité de lumière se trouvant répartie sur une plus grande surface. Pour que l'image soit nette, il faut que l'ouverture soit très petite; mais alors le nombre des rayons qui tombent au même point de l'écran étant moindre, l'image présente peu d'éclat. Si l'on agrandit l'ouverture, l'image est plus brillante, mais moins nette. Nous verrons plus tard comment Porta a évité ce double écueil, par l'emploi d'une lentille.

794. Vitesse de la lumière.
— C'est à l'astronome danois Rœmer qu'est due la première évaluation de la vitesse de la lumière. Il prit ses distances dans les espaces planétaires, et se servit des éclipses du premier des quatre satellites de Jupiter, qui sont visibles avec une lunette. Jupiter, J, (*fig.* 664) accomplit sa révolution autour du soleil, S, en 11 ans et

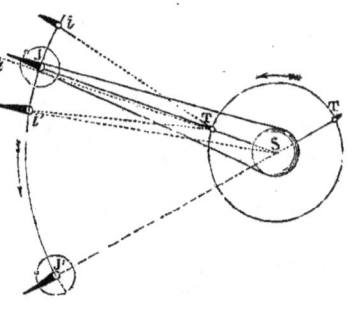

Fig. 664.

10 mois environ, et le premier satellite accomplit, en 42 heures et 30 minutes, sa révolution *synodique* autour de la planète; c'est-à-dire qu'il met ce temps à revenir à une même position par rapport à une ligne JS qui joindrait le centre de Jupiter à celui du soleil, ligne qui se déplace avec la planète. Pour obtenir le nombre de $42^h 30^m$, on a cherché le temps qui s'écoule entre deux *immersions* consécutives du satellite dans le cône d'ombre projeté derrière la planète. Pour cela, on a observé un assez grand nombre d'immersions, et l'on a divisé le temps total par le nombre des éclipses. Cela doit se faire dans le voisinage des conjonctions ou des oppositions; parce que les distances iT, JT, i'T de Jupiter à la terre T, ne changeant pas alors sensiblement d'un jour à l'autre, la vitesse de la lumière n'a pas d'influence sur le résultat.

Cela posé, on observe l'heure exacte d'une immersion du satellite, en J dans le voisinage de l'opposition; puis, quelques mois plus tard, l'heure exacte d'une autre immersion, en J′ dans le voisinage de la conjonction. La terre étant venue en T′ lors de cette seconde observation, la distance T′J′ de la terre à Jupiter est plus grande que lors de la première, de tout le diamètre de l'orbite terrestre; le moment de l'immersion paraîtra donc retardé, par rapport à ce qu'il eût été si la distance n'avait pas varié, de tout le temps nécessaire à la lumière pour traverser le diamètre de cette orbite. Si ce temps était insensible, en divisant l'intervalle écoulé entre les deux observations, par $42^h\ 30^m$, on devrait trouver un *nombre entier* représentant le nombre d'éclipses accomplies. Or, on trouve un reste de 16 minutes 26 secondes, qui provient du retard apporté au moment de la seconde observation. La lumière emploie donc $16^m\ 26^s$ à franchir le diamètre de l'orbite terrestre. Divisant ce diamètre, qui est d'environ 76 461 000 lieues de 4 kilomètres, par $16^m\ 26^s$, on trouve 77 000 lieues, ou 8 fois environ le tour de la terre, pour l'espace parcouru en 1^s, c'est-à-dire pour la vitesse de la lumière. On ne peut répondre de l'exactitude du second chiffre, à cause des incertitudes des observations.

La lumière du soleil met $8^m\ 13^s$ à nous venir du soleil; un boulet de canon qui conserverait toujours sa vitesse initiale, emploierait 17 ans à franchir le même espace. La lumière met environ $1^h\ 18^m$ à aller du soleil à Saturne, et 4^h à aller jusqu'à Uranus. Les étoiles sont tellement éloignées, que la lumière des plus rapprochées met au moins 5 ans à nous parvenir.

On doit à M. L. Foucault et à M. Fizeau des méthodes expérimentales d'une précision extrême, qui leur ont permis de mesurer la vitesse de la lumière, non seulement sur des distances de quelques kilomètres, mais même sur des distances de quelques mètres [1].

§ 2. — PHOTOMÉTRIE.

792. La *photométrie* est la partie de l'optique qui s'occupe des lois de l'intensité de la lumière, et de là comparaison des intensités des diverses sources lumineuses. Nous allons d'abord établir le principe suivant:

Variations de l'intensité avec la distance. — *L'intensité de la lumière émanant d'un point, varie en raison inverse du carré de la distance.* Nous entendons par *intensité*, la quantité de lumière reçue par l'unité de surface. Cette loi se démontre de la même manière que pour la chaleur rayonnante (339); elle suppose que chaque rayon conserve individuellement son intensité, c'est-à-dire qu'aucune partie n'est absorbée par le milieu ambiant. On peut la vérifier par l'expérience, en réunissant plusieurs bougies égales, pour former des sources d'intensité 4, 9, 16... fois plus intenses; et l'on reconnaît, au moyen des photomètres que nous allons décrire, que ces systèmes doivent être placés à une distance double, triple, quadruple..., pour éclairer une surface donnée, de la même manière qu'une seule bougie.

[1] Voyez le *Traité de physique*, 2e édition, t. IV, p. 23 et 449.

793. Comparaison des intensités de deux lumières. — Les instruments au moyen desquels on compare les intensités des sources lumineuses se nomment *photomètres* (φῶς lumière, μέτρον). On entend par *intensité* d'une source, la quantité de lumière répandue sur l'unité de surface à l'unité de distance.

Photomètre de Rumfort. — Cet appareil, que l'on peut construire en quelques minutes, est le plus simple et un des plus exacts que l'on connaisse. Il consiste en une feuille de papier verticale *mn*, et MN (*fig.* 665) derrière laquelle est fixé verticalement un petit cylindre *a*, A. Les deux lumières *l*, *l'*; L, L', étant placées à peu près sur la perpendiculaire à *mn* passant par l'axe du cylindre *a*, ce cylindre projette deux ombres *o*, *o'* sur

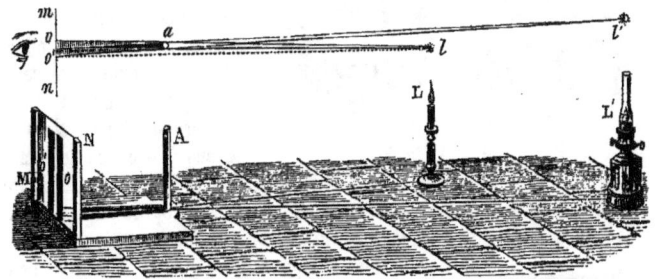

Fig. 665.

l'écran. Chacune de ces ombres est éclairée par l'une des lumières seulement. Ainsi, l'ombre *o'*, formée par la lumière *l'*, est éclairée par des rayons, tels que *lo'*, émanant de *l*. Le reste de l'écran est illuminé par les deux lumières à la fois. On éloigne la plus intense jusqu'à ce que les deux ombres paraissent de même teinte, pour l'œil placé du côté opposé, sur la perpendiculaire au milieu du plan *mn*. Pour rendre la comparaison plus facile, on déplace latéralement l'une des lumières, de manière que les deux ombres se touchent sans empiéter l'une sur l'autre. Alors la plus petite différence de teinte devient sensible. Quand on est arrivé à l'égalité des ombres, les intensités des lumières sont en raison *directe* des carrés de leurs distances à l'écran MN. En effet, soit I et I' les intensités des deux lumières, et D, D' leurs distances à l'écran. Les intensités, à ces distances, sont égales à $\frac{I}{D^2}$, $\frac{I'}{D'^2}$; et comme elles sont égales entre elles, on a $\frac{I}{D^2} = \frac{I'}{D'^2}$ ou I : I' = D² : D'².

★ **794. Photomètre de Wheatstone.** — Ce petit instrument, destiné à comparer les lumières artificielles, est plus précis qu'on ne pourrait le croire au premier abord ; il est surtout employé pour comparer les becs de gaz. Il consiste en une boîte cylindrique C, de 5^{cm} de diamètre (*fig.* 666), traversée suivant son axe par un arbre, auquel on imprime un mouvement de rotation, au moyen d'une manivelle n, et de deux roues dentées intérieures. Cet arbre entraîne un bras a, à l'extrémité duquel tourne un pignon dont les dents s'engagent dans d'autres dents taillées dans le pourtour du cylindre. Ces dents étant en nombre quadruple de celles du pignon, ce dernier fait quatre tours pendant que le bras a en fait un. On enfonce dans des aiguilles que porte le pignon, un disque de liége d sur lequel est collée une ampoule de verre m étamée en dedans, représentée en M avec sa grandeur réelle. La lumière produit, par réflexion sur l'ampoule, un point brillant qui décrit un cercle pendant la rotation du levier a, si ce point se trouve exactement sur l'axe du pignon. Ce cercle paraît, à cause de la durée de l'impression dans l'œil, sous la forme d'un trait brillant et continu, quand la vitesse de rotation est suffisante. Quand le point brillant n'est pas sur l'axe du pignon, il décrit une courbe à quatre parties égales, dont la forme dépend de la distance du point brillant à l'axe du pignon. Si cette distance est assez grande, la courbe affecte la forme qui se voit en A.

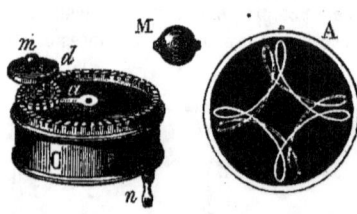

Fig. 666.

Cela posé, si l'on fait tomber sur l'appareil les rayons des deux lumières que l'on veut comparer, chacune d'elles produit sur l'ampoule un point brillant, et l'on voit deux courbes, comme en A. On éloigne la plus intense des sources, jusqu'à ce que les deux courbes présentent le même éclat, ce qui se reconnaît facilement, parce qu'elles sont entrelacées l'une dans l'autre ; et l'on prend le rapport des carrés des distances.

CHAPITRE II.

CATOPTRIQUE.

§ 1. — LOIS DE LA RÉFLEXION. — MIROIRS PLANS.

795. Réflexion de la lumière. — Quand un rayon de lumière rencontre la surface de séparation de deux milieux, une partie plus ou moins considérable de la lumière de ce rayon, au lieu de passer outre, revient du

LOIS DE LA RÉFLEXION.

même côté du plan tangent à la surface. Ce phénomène se nomme *réflexion*, et la partie de l'optique dans laquelle on l'étudie, est la *catoptrique*. La portion de lumière qui n'est pas réfléchie se partage en deux parties, l'une qui pénètre dans le second milieu, s'il est transparent, l'autre qui est éteinte ou absorbée.

Le *point d'incidence*, le *rayon incident* et le *rayon réfléchi*, l'*angle d'incidence* et l'*angle de réflexion*, se définissent de la même manière que dans la réflexion de la chaleur (342).

796. Lois de la réflexion. — Ces lois sont les mêmes que pour la chaleur rayonnante : 1° *L'angle d'incidence est égal à l'angle de réflexion*. 2° *Le rayon incident, le rayon réfléchi et la normale, sont dans un même plan*. Ces lois se prouvent par l'expérience, de la manière suivante : on prend un cercle divisé en degrés (*fig.* 667), au centre duquel est placé un miroir plan perpendiculaire à son plan. Ce cercle porte deux curseurs m et c ; le premier est muni d'une plaque percée d'un petit trou, et le second, e, soutient un disque en papier dont le centre est marqué. Les rayons du soleil, ou d'une source artificielle, sont réfléchis par un miroir m, de manière que le mince pinceau qui passe par l'ouverture de la plaque tombe au centre i du cercle ; là, il se réfléchit, et l'on place le curseur e de manière que le faisceau réfléchi passe par le centre du disque.

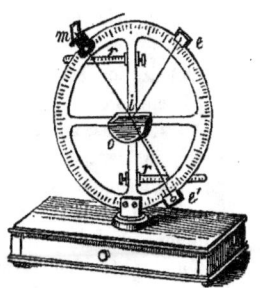

Fig. 667.

On trouve toujours une position pour laquelle cela a lieu ; ce qui prouve que le rayon réfléchi est dirigé, comme le rayon incident, dans un plan parallèle au plan du cercle, plan qui contient la normale au miroir. De plus, l'arc compris entre les deux curseurs, est partagé en deux parties égales par la normale au miroir en i, ce qui démontre la première loi. — Dans cet appareil, on remplace souvent la plaque m et l'écran e par des tubes à canal étroit et noirci, dirigés vers le centre, et à travers lesquels on fait passer le rayon incident et le rayon réfléchi.

Deuxième méthode. — Pour avoir une démonstration expérimentale plus précise, on emploie un cercle vertical gradué (*fig.* 668), au centre c duquel tourne une lunette Ll à réticule. Près de cet appareil, est disposé un miroir horizontal i, formé le plus souvent par du mercure. On commence par viser avec la lunette, dans la direction ca', un point lumineux très éloigné, par exemple une étoile assez voisine du pôle pour qu'elle ne se déplace pas sensiblement pendant la durée de l'expérience. Tournant ensuite la lunette dans la direction Ll, on vise l'image du même point lumineux, vue par réflexion dans le miroir, et on l'amène au point de croisement des fils du réticule. Comme cela est toujours possible, la seconde loi se trouve démontrée. — De plus, on remarque que les arcs el' et el, situés de part et d'autre de l'horizontale cn, sont égaux ; d'où l'on conclut

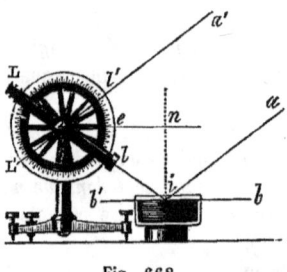
Fig. 668.

la seconde loi. En effet, les rayons ai et $a'c$ partant d'un point extrêmement éloigné, doivent être considérés comme parallèles ; les angles $a'cn$ et aib sont donc égaux comme correspondants, et les angles nci, cib', égaux comme alternes-internes. Les angles $a'cn$ et nci étant égaux, il en est donc de même des angles aib, et cib', et par conséquent de leurs compléments nia et cin. — La mesure des angles $a'cn$ et nci pouvant se faire ici avec la plus grande précision, la démonstration est aussi satisfaisante que peut l'être une démonstration expérimentale.

797. Construction du rayon réfléchi. — Soit si (*fig.* 669), un rayon incident donné rencontrant une surface plane réfléchissante. D'un point quelconque, s, pris sur ce rayon, abaissons la perpendiculaire sp sur le plan du miroir, et prolongeons-la d'une quantité ps' égale à sp. Nous obtenons ainsi un point s' symétrique du point s. Joignant s' au point d'incidence i, et prolongeant $s'i$, la droite ir, située dans le plan sin, sera le rayon réfléchi. En effet, les obliques is et is' s'écartant également du pied

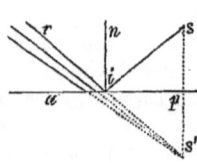
Fig. 669.

de la perpendiculaire ip au milieu de ss', on a $sip = s'ip = ria$, et par conséquent $sin = rin$. ir est donc bien le rayon réfléchi.

Pour obtenir le rayon réfléchi produit par un rayon incident si, on construira donc le point s' *symétrique* du point s, et l'on mènera la droite $s'ir$. Comme, pour tout autre rayon incident émanant du point s, il faudrait faire la même construction, on voit que les prolongements de tous les rayons réfléchis par la surface plane, se rencontrent derrière le miroir, au point s' symétrique du point s. Ce point de rencontre se nomme un *foyer*. Comme ce ne sont pas, ici, les rayons réfléchis eux-mêmes, mais seulement leurs prolongements qui s'y rencontrent, on le nomme *foyer virtuel* ou *imaginaire*.

On voit que le faisceau conserve, après la réflexion, le même degré de divergence qu'auparavant. On reconnaîtrait, de même, qu'un faisceau convergent, allant de r en i, conserve le même degré de convergence après la réflexion, et le point de convergence s des rayons réfléchis, qui est alors un *foyer réel*, est symétrique du point de rencontre s' des rayons incidents prolongés derrière le miroir. — Si les rayons incidents sont parallèles, il en sera de même des rayons réfléchis.

798. Images vues dans les miroirs plans. — On nomme, en général, *miroir*, une surface polie destinée à produire par réflexion les images des objets. Dans le *miroir plan*, les images sont vues derrière sa surface, et dans une position symétrique. En effet, soit ac (*fig.* 670) un objet placé devant le miroir plan mm. D'après ce qui précède, les rayons partant du point a, formeront après la réflexion, un cône dont le sommet est a', point symétrique de a. De sorte que l'œil placé en O, rapportant la position du point d'où émanent les rayons qui entrent dans la pupille, au sommet a' du cône qu'ils forment quand on les prolonge, ce point imaginaire a' sera vu comme s'il existait réellement (786). On ferait la même construction pour tous les points de l'objet ac ; son image aa' est donc placée symétriquement derrière le miroir.

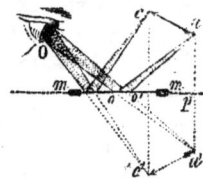

Fig. 670.

On peut construire facilement les rayons incidents qui, partant d'un point de l'objet, fournissent les rayons réfléchis qui entrent dans l'œil. Considérons par exemple le point a, il suffira de joindre le point a' aux bords de l'ouverture de la pupille, et de joindre au point a, l'intersection oo' avec la surface du miroir, du cône ainsi formé ; aoo' sera le pinceau incident cherché. Ce pinceau ne sera plus le même si l'œil change de place, mais le lieu $c'a'$ de l'image est indépendant de la position de l'œil. On comprend aussi que l'on puisse voir l'image du point a, même quand il sera en dehors de la limite m du miroir, à la condition que l'œil sera suffisamment éloigné du côté opposé.

799. Réflexion diffuse. — La lumière réfléchie par une suface polie est dite réfléchie *spéculairement*. Quand la surface n'est pas polie, elle réfléchit encore la lumière, mais les rayons sont renvoyés dans toutes sortes

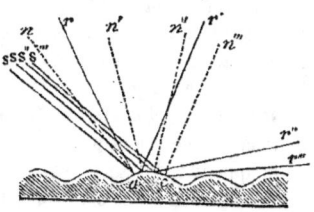

Fig. 671.

de directions. La lumière ainsi réfléchie est dite *lumière diffuse* ou *réfléchie irrégulièrement*. Cependant elle suit les lois ordinaires de la réflexion, et ce sont les innombrables aspérités qui recouvrent les surfaces non polies, qui font que les rayons réfléchis s'élancent dans une infinité de directions différentes. Soit en effet, une surface non polie, et s, s', s'', s''' (*fig.* 671) des rayons parallèles tombant sur la surface courbe formée par l'aspérité ac, et n, n', n'', n''' des normales aux points d'incidence.

Les rayons donneront, en faisant l'angle de réflexion égal à l'angle d'incidence, les rayons réfléchis divergents r, r', r'', r'''. Ces rayons prolongés se rencontrent à très peu près en un même point situé à une distance insensible au-dessous de la surface *éclairée*, de sorte que l'œil placé sur le trajet d'une partie de ces rayons, voit le point de concours *comme s'il était lumineux par lui-même*. Ce raisonnement pouvant s'appliquer à tous les points d'une surface dépolie, on voit que cette surface, frappée par la lumière, se comportera comme une surface lumineuse par elle-même.

Si tous les corps étaient parfaitement polis, nous ne verrions que ceux qui sont lumineux par eux-mêmes, ainsi que leur image reproduite par réflexion à la surface des autres. C'est ainsi que nous ne voyons pas une glace bien polie, et que nous n'en connaissons la présence que par le cadre qui la limite et les images qu'y forment les objets environnants. Si quelquefois on peut en distinguer la surface, c'est qu'elle est ternie par de la poussière ou toute autre cause, et qu'elle renvoie un peu de lumière diffuse.

Indépendamment de la faculté de réfléchir dans toutes les directions la lumière qui les frappe, une foule de surfaces dépolies possèdent aussi la propriété de la renvoyer avec une couleur différente de celle de la lumière incidente. C'est de cette propriété, que nous étudierons à part, que viennent les *couleurs* des corps.

On peut mettre en évidence la lumière réfléchie avec diffusion, en recevant dans une chambre obscure les rayons solaires, sur une surface non polie; on voit aussitôt la chambre illuminée par la lumière diffuse, dont les rayons ont la couleur qui appartient à cette surface.

C'est par la lumière réfléchie avec diffusion, que l'intérieur d'une chambre est éclairé dans les points qui ne sont pas en face des fenêtres, et que l'obscurité n'est pas complète dans l'ombre portée et dans celle qui se trouve sur les corps.

800. Images multiples dans les miroirs étamés. — Les miroirs de glace étamés sont préférables aux miroirs métalliques sous le rapport de la quantité de lumière réfléchie; mais ils présentent un inconvénient grave quand on les emploie aux expériences d'optique. La lumière, se réfléchissant non seulement à la surface postérieure du verre, sur la couche d'amalgame, mais encore sur la surface antérieure, chaque rayon incident donne plusieurs rayons réfléchis, de manière que chaque point lumineux fournit plusieurs images.

Pour nous rendre compte de ce résultat, considérons un rayon incident am (*fig.* 672) tombant sur la glace LL' étamée en dessous. Ce rayon se réfléchit d'abord en n sur la première surface, en donnant une image, a', symétrique du point lumineux a; mais il ne se réfléchit qu'en faible proportion; la plus grande partie pénètre suivant nB dans la lame de verre, en éprouvant un changement de direction comme nous le verrons plus tard (815), et se réfléchit en dedans, au point B, sur la surface étamée. Le rayon réfléchi, arrivé en N, émerge en partie, et prend la direction NR parallèle à nr, car tout est symétrique par rapport à la normale Bp. Ce rayon est dans le même cas que s'il se réfléchissait au point de rencontre o des rayons an et NR prolongés, sur une surface oc parallèle à Ln. L'image formée par les rayons réfléchis en B est donc en A, point symétrique de a par rapport à la surface c. Le rayon réfléchi BN n'émerge pas entièrement; une partie se réfléchit en dedans suivant Nb', et vient émerger en partie suivant $n'r'$, rayon qui est dans le même cas que s'il était réfléchi en o', et provenait d'un rayon incident a_1No' partant du point a_1, symétrique du point A par rapport à la surface LN. Il y aura donc une troisième image a'' symétrique de a_1 par rapport à $o'c$; et ainsi de suite. — L'expérience se fait facilement au moyen d'une bougie dont on cache la flamme par un écran ne laissant passer la lumière que par une fente étroite; les images de la fente paraissent les unes derrière les autres, d'autant plus écartées qu'on regarde plus obliquement et l'on peut en distinguer jusqu'à six. La plus brillante, la seule qu'on remarque ordinairement, est la seconde, A; les suivantes sont

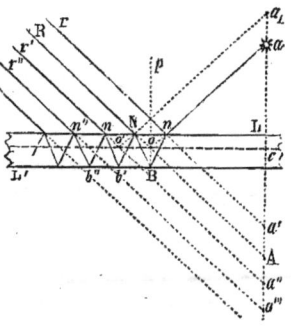

Fig. 672.

de plus en plus faibles. Si la lame de verre a une teinte bleuâtre, la première image seule ne présente pas cette teinte, comme on devait s'y attendre.

★ **801. Images multiples formées par deux miroirs plans parallèles.** — Considérons deux miroirs plans parallèles mn et pc (*fig.* 672 *bis*) et un point lumineux o placé entre ces deux miroirs. Le point o fera une première image, o', dans le miroir mn, à une distance no' égale à no. Les rayons réfléchis sur mn rencontreront pc, et comme ils sont dans le même cas que s'ils partaient du foyer virtuel o', ils formeront en o'', à une distance $co'' = co'$, une image de o'. De même, les rayons réfléchis sur pc rencontrant le miroir mn de la même manière que s'ils partaient du foyer virtuel o'', donneront une troisième image o''', à une distance no''' égale à no'', et ainsi de suite. Il y aura donc un nombre infini d'images; mais comme à chaque réflexion il y aura une perte de lumière, ces images seront de plus en plus faibles et finiront par n'être plus distinctes. Si l'on veut construire le pinceau qui, entrant dans l'œil, fait voir l'image o^{IV}, on joindra ce point aux bords de la pupille; puis, au point o''', l'intersection p avec le miroir pc, du pinceau conique ainsi obtenu; l'intersection q au point o''; l'intersection r au point o'; et enfin l'intersection t au point lumineux o.

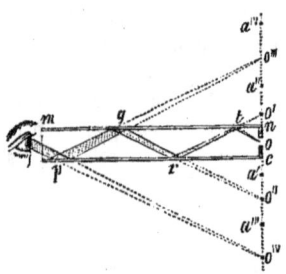

Fig. 672 *bis*.

On obtiendra ainsi le pinceau brisé $otrqp$, qui, entrant dans l'œil, fait voir l'image o^{iv}.

Indépendamment de la série d'images o', o'', o'''..., il se produit une autre série a', a'', a'''... d'images intercalées entre les premières, et qui sont formées par les rayons qui, partant de o, se réfléchissent d'abord sur le miroir pc, au lieu de commencer par le miroir mn. Il est facile de voir que si le point o est à égale distance des deux miroirs, les images consécutives appartenant indifféremment aux deux séries, seront équidistantes et à des distances égales à celles des miroirs. On observe les diverses images dont nous venons de parler quand, dans une chambre, il se trouve deux glaces parallèles et opposées. On peut distinguer les unes des autres les images appartenant aux deux séries, en employant un corps qui présente à chacun des miroirs une face de couleur différente.

⋆ **802. Cas de deux miroirs qui se coupent.** — Quand les deux miroirs forment un angle, il se produit encore deux séries d'images, et il

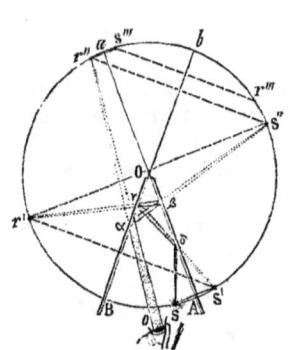

Fig. 673.

est facile de voir qu'elles sont toutes situées sur une circonférence passant par le point lumineux et ayant son centre à l'intersection des miroirs. En effet, soient AO et OB (*fig.* 673) les deux miroirs, et s le point lumineux. L'image de ce point dans le miroir AO sera le point symétrique s'; et ss' est la corde d'une circonférence ayant son centre en O. Le point s' pouvant être considéré comme le point de départ des rayons réfléchis par AO (796), donnera l'image r' sur le second miroir, et $s'r'$ sera aussi une corde de la circonférence. De même, le point r', considéré comme centre de rayonnement, donnera l'image s'' dans le miroir AO; et s'' donnera l'image r''.

Il est facile de voir que les images successives s', s'', s'''... se rapprochent de plus en plus de la ligne AOa. De même, les images r', r''... se rapprochent de plus en plus de la ligne B0*b*. On arrivera donc à une image tellement rapprochée de ces lignes, que le point symétrique que l'on construira pour avoir l'image suivante tombera dans l'angle *a*O*b*. C'est ce qui a lieu pour l'image r'', qui donne le point symétrique s'''. Alors, les rayons réfléchis qui forment le point s''' par leur rencontre, ne pourra plus donner de nouveaux rayons réfléchis, parce que ce point s''' se trouve derrière chacun des miroirs. Il est évident, en effet, qu'un foyer virtuel ne peut donner de rayons réfléchis sur un miroir, qu'autant qu'il se trouve du côté de la face réfléchissante, puisque les rayons marchent comme s'ils émanaient de ce foyer. L'image s''' sera donc la dernière. Le nombre d'images ne peut donc pas être infini; dans le cas de la figure, il n'y en a que cinq.

Pour construire le pinceau qui, entrant dans l'œil, *o*, fait voir une des images, par exemple r'', on joindra r'' aux bords de la pupille, puis l'intersection α du pinceau $r''o$ avec OB, au point s''; l'intersection β du cône αs'',

Fig. 674.

Fig. 675.

au point r'; l'intersection γ, au point s'; et enfin, l'intersection δ, au point s. On obtiendra ainsi le pinceau brisé sδγβαo qui fait voir l'image r''.

Kaléidoscope. — Le kaléidoscope de M. Brewster est une application des réflexions multiples sur deux miroirs inclinés. Il consiste en un tube de carton dans lequel sont disposés deux miroirs *a*, *b*; *a'*, *b'* (*fig.* 674) formant un angle que l'on peut modifier au moyen de la vis *n*, *n'*. Entre deux lames de verre *v*, *v'*, dont la dernière est dépolie, sont placés de petits corps de couleurs diverses. Quand on regarde par l'ouverture *o*, on voit les images de ces corps former des figures symétriques, dont on varie la disposition en déplaçant ces corps par quelques secousses.

Caisses catoptriques. — Si au lieu de deux miroirs, on en emploie un plus grand nombre formant un prisme, on a ce que l'on nomme une *caisse catoptrique* (*fig.* 675). Le prisme est placé verticalement, et la base supérieure est formée par une lame de verre dépolie ou une membrane. On regarde dans l'intérieur de la caisse, par de petites ouvertures, *o*, pratiquées dans le haut de chaque miroir, et l'on voit les objets placés dans l'intérieur, reproduits un très grand nombre de fois dans un espace beaucoup plus grand que celui qu'occupe l'instrument. Au moyen d'une caisse à six miroirs, dans laquelle on dispose de petits modèles d'arbres, de navires ou de soldats, on voit par les réflexions multiples, une immense forêt, une flotte innombrable, ou toute une armée, occupant un espace qui dépasse énormément l'étendue de la caisse.

803. Porte-lumière. — On fait des applications nombreuses des miroirs plans dans divers instruments d'optique. On fait aussi usage de la réflexion sur les surfaces planes, dans les *goniomètres* de réflexion, destinés à mesurer les angles des cristaux. Nous ne citerons ici que le *porte-lumière*.

Dans les expériences d'optique, on a souvent besoin de faire entrer dans la chambre obscure, un faisceau de rayons solaires conservant une direction donnée, malgré le mouvement du soleil. Pour atteindre ce but, on emploie des appareils nommés *héliostats*, munis d'un miroir, mû par un mouvement d'horlogerie de manière à renvoyer les rayons réfléchis dans une direction constante [1]. Mais, comme ces instruments sont coûteux et longs à installer, quand on n'a pas besoin d'une grande exactitude, on se sert du *porte-lumière* à réflexion. Cet appareil (*fig.* 676) consiste en un miroir MM' placé en dehors du volet de la chambre obscure, et pouvant recevoir deux mouvements; l'un autour d'un axe perpendiculaire

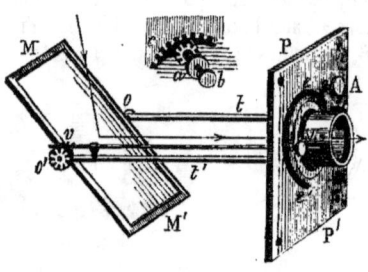

Fig. 676.

au volet, l'autre autour d'un axe parallèle. *t, t'* sont deux montants qui soutiennent l'axe parallèle *oo'* ; ils sont fixés à un plateau circulaire denté, renfermé dans une double plaque PP' que l'on adapte, au moyen de vis, à l'ouverture du volet. On peut faire tourner ce plateau sur lui-même, au moyen d'un pignon denté dont la tête A est en dedans de la chambre. Le mouvement autour de *oo'* est imprimé au miroir par une petite roue dentée *o'*, et une vis sans fin *v* que l'on fait aussi tourner, de l'intérieur, au moyen du bouton V. La tige de la vis est portée par le plateau denté, et se meut avec lui en passant par une fente circulaire *ee'*. En agissant sur les deux boutons A et V, on donne au miroir une position telle que les rayons réfléchis entrent suivant une direction donnée, par l'ouverture ménagée au centre de la plaque ; et il suffit d'agir de temps en temps sur les deux boutons A et V, pour ramener les rayons réfléchis dans cette direction, quand ils la quittent par l'effet du mouvement du soleil.

Pour rendre cette manœuvre plus commode, M. Duboscq a réuni les deux boutons, comme on le voit en *ab*, en faisant passer la tige de la vis sans fin dans l'axe du pignon denté. Ce dernier se déplace alors avec le

---

[1] Voir le *Traité de Physique*, 2ᵉ édition, t. IV, p. 59 à 71.

plateau circulaire que porte le miroir, et lui imprime son mouvement en engrenant dans une couronne fixe c, dont les dents sont dirigées vers le centre.

§ 2. — MIROIRS SPHÉRIQUES.

804. Définitions. — Un miroir sphérique peut être *concave* ou *convexe* ; il est ordinairement limité par un contour circulaire. On nomme alors *axe principal*, une droite passant par le centre de figure A (*fig.* 677) et par le centre o de la sphère dont ce miroir fait partie. Un plan mené par cet axe, coupe le miroir suivant un arc de cercle mn, qu'on nomme *section méridienne*, et le nombre de degrés contenus dans cet arc s'appelle l'*ouverture* ou l'*amplitude* du miroir.

805. Propriétés des miroirs à ouverture très petite. — Considérons un point lumineux situé sur l'axe principal OA (*fig.* 677), et soit sa un rayon tombant sur la surface du miroir ; ce rayon se réfléchira comme sur un plan ; car la surface sphérique peut être considérée comme se confondant avec son plan tangent au point d'incidence a. Menons la normale oa, qui n'est autre chose que le rayon de la sphère, et faisons, dans ce plan oas, un angle oaf égal à oas ; af sera le rayon réfléchi, qui vient couper l'axe au point f. On démontre que tous les rayons incidents partant de s et tombant sur la section méridienne mn, coupent aussi l'axe sensiblement au même point f, *quand l'arc mn, ne contient qu'un très petit nombre de degrés*; autrement dit, quand le miroir ne forme qu'une très petite portion de la sphère à laquelle il appartient. On pourra dire la même chose pour toutes les sections méridiennes ; de sorte que tous les rayons émanant du point s et réfléchis par le miroir se croiseront au point f. Ce point se nomme *foyer* du point s.

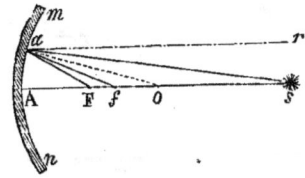

Fig. 677.

Formule des miroirs sphériques. — La propriété qui précède se prouve par la méthode que nous avons suivie en traitant de la réflexion de la chaleur (345), et l'on arrive à la formule

[1] $$\frac{1}{p} + \frac{1}{p'} = \frac{2}{R} = \frac{1}{a};$$

dans laquelle p et p' sont les distances du point lumineux et du foyer au miroir, et $R = 2a$ le rayon de courbure de ce dernier. Cette formule, qui n'est rigoureusement vraie que pour les miroirs dont l'ouverture est infiniment petite, montre que la valeur de p' reste la même quel que soit le rayon incident considéré, puisque cette valeur ne dépend que de a ou $\frac{1}{2}R$, et de p. Tous les rayons réfléchis iront donc couper l'axe en un même point.

Foyers conjugués. — Si le point lumineux était en f à la place qu'occupe le foyer, il résulte des lois de la réflexion que le nouveau foyer se formerait en s, comme cela a lieu aussi pour la réflexion de la chaleur (345). C'est pourquoi les points s et f se nomment *foyers conjugués*.

Foyer principal. — Dans le cas des rayons parallèles à l'axe principal, tel que ra, le foyer, F, se nomme *foyer principal*. On démontrerait, comme dans le cas de la réflexion de la chaleur (346), qu'il est situé sur l'axe, à une distance égale du miroir et de son centre. C'est ce qu'indique la formule [1]; car, si l'on y fait $p=\infty$, pour exprimer que les rayons venant de l'infini sont parallèles, on trouve $p'=\frac{1}{2}R=a$. La quantité a se nomme la *distance focale principale* du miroir; elle est égale à la moitié de son rayon de courbure. Si le point lumineux était au foyer principal, les rayons réfléchis seraient évidemment parallèles à l'axe principal.

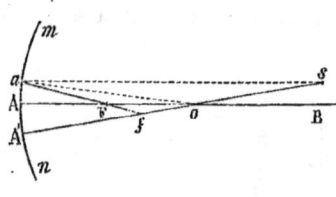

Fig. 678.

806. Point lumineux hors de l'axe principal. — Considérons maintenant un point lumineux s (*fig.* 678) placé hors de l'axe principal AB. Si nous joignons ce point au centre o, nous aurons l'*axe secondaire correspondant au point s*. Cet axe jouit des mêmes propriétés que l'axe principal, pourvu que la distance A'm du point A' où il perce la surface de la sphère à laquelle appartient le miroir, au point le plus éloigné m du bord de ce dernier, ne comprenne qu'un petit nombre de degrés. Les rayons émanant du point s formeront donc après la réflexion, un foyer f placé sur l'axe secondaire sA' qui correspond à ce point. Si les rayons sont parallèles entre eux, ils forment leur foyer sur l'axe parallèle à leur direction commune, et au milieu du rayon de courbure.

Construction du foyer conjugué. — On déduit de ce qui précède un moyen de trouver la position du foyer conjugué, sans s'astreindre à construire un angle égal à un autre angle. Soit par exemple le point s (*fig.* 678), on mènera par le centre o, un axe AoB différent de sA', et par le point s, un rayon incident, sa, parallèle à ce nouvel axe. On sait que le rayon réfléchi, aF, coupe la droite AoB au milieu F du rayon oA. En joignant donc les points a et F, et prolongeant la droite aF jusqu'à sa rencontre avec l'axe soA', on aura le foyer conjugué f du point s. — Quand le point s est situé hors de l'axe principal, on prend ordinairement pour axe auxiliaire AoB, l'axe principal lui-même.

807. Positions relatives des foyers conjugués. — La position du foyer dépendant de celle du point lumineux, cherchons comment le premier point se déplace quand l'autre se rapproche de plus en plus du miroir : 1° Considérons d'abord des rayons lumineux venant de l'infini, c'est-à-dire parallèles entre eux, et soit *an* (*fig.* 679) un de ces rayons, nous savons que le foyer *h* se fait alors au milieu F du rayon de courbure A*o*. — 2° Si le point lumineux se rapproche et vient en *s*, l'angle d'incidence diminue ; le rayon réfléchi se rapproche donc de la normale, et le foyer, *f*, s'avance vers le centre. — 3° En *o*, l'angle d'incidence étant nul, le rayon revient sur lui-même et le foyer se confond avec le point lumineux. — 4° Ce dernier point dépassant le centre, le rayon incident passe au-dessous de la normale ; le rayon réfléchi passera donc au-dessus. Ainsi, le point lumineux

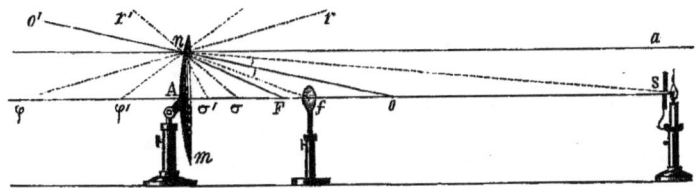

Fig. 679.

venant en *f*, son foyer conjugué sera en *s*. Quand ce point viendra en F, les rayons réfléchis seront parallèles à *na*. — 5° Si le point lumineux vient en σ, entre le foyer principal et le miroir, l'angle d'incidence sera plus grand que F*no* ; l'angle de réflexion devra donc être plus grand que *ona*, et le rayon réfléchi viendra en *nr*, au-dessus de *na*, et ne pourra couper l'axe qu'en φ, sur son prolongement, et d'autant plus près du miroir que le point σ en sera lui-même plus rapproché. Le foyer est alors *virtuel* (796), et il se trouve sur le miroir quand le point lumineux arrive lui-même sur ce miroir.

On voit que, dans les *miroirs concaves*, le foyer peut occuper tous les points de l'axe, excepté ceux qui sont entre le foyer principal et le miroir.

On peut vérifier la plupart de ces résultats, au moyen d'une bougie munie d'un écran *s*, percé d'un petit trou qui représente le point lumineux ; on cherche, sur un autre écran en papier, *f*, la position du foyer, quand il est réel.

808. Miroirs convexes. — Quand le miroir sphérique est *convexe*, les rayons réfléchis ne peuvent rencontrer l'axe. En effet, soit *sn* (*fig.* 680) un rayon incident, et *on* la normale ; le rayon réfléchi devant se trouver de l'autre côté de cette normale par rapport au rayon incident *sn*, s'écarte de l'axe *os*, et ne peut le rencontrer. Mais le prolongement géométrique *nf* du rayon réfléchi rencontre cet axe en un point f; et, quand l'ouverture du miroir est très petite, les prolongements de tous les rayons réfléchis coupent l'axe en un même point, qui est *un foyer virtuel*. Quand les rayons incidents sont parallèles, ce foyer virtuel est situé au milieu du rayon, et se nomme *foyer principal*. Il est facile de voir que, à mesure que le point lumineux se rapproche du miroir, son foyer conjugué virtuel s'en rapproche également; et que ces deux points se confondent sur le miroir même.

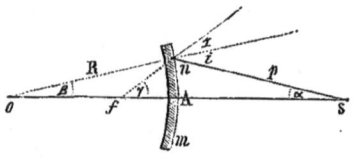

Fig. 680.

On voit que, dans les miroirs convexes, le foyer virtuel ne peut se trouver qu'entre le foyer principal et le miroir, espace dans lequel le foyer ne peut jamais se trouver dans le cas des miroirs concaves.

809. Mesure du rayon des miroirs sphériques. — Quand on veut appliquer la formule des miroirs, il faut connaître leur rayon de courbure. Dans le cas d'un miroir concave, il n'y a qu'à le présenter aux rayons solaires, qui peuvent être considérés comme parallèles, et à chercher sur un petit écran la position du foyer principal, où se croisent les rayons réfléchis. La plus courte distance de ce point au miroir est égale à la moitié du rayon (805).

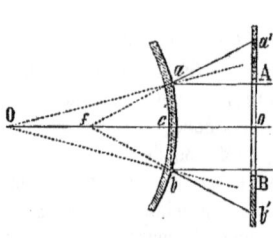

Fig. 681.

Quand le miroir est convexe, on applique une bande de papier noir sur sa surface, suivant un grand cercle. Dans cette bande sont ménagés deux petits trous a, b (fig. 681), qui laissent voir la surface, et qui sont assez rapprochés pour qu'on puisse regarder l'arc ab comme se confondant avec sa corde. On expose ce miroir aux rayons solaires, en plaçant au devant, un écran $a'b'$ parallèle à la corde ab, et percé d'une large ouverture AB. Les deux pinceaux réfléchis en a et b viennent illuminer l'écran en a', b', et l'on mesure, avec un compas, les distances ab, $a'b'$, et Aa. Le point f, où se rencontrent les prolongements des rayons réfléchis aa', bb' est le foyer principal. Or, les triangles semblables fab, $fa'b'$, donnent $ab : a'b' = fc : fc = fc : fc + aA$; d'où l'on tire la valeur de fc, qui est la moitié du rayon cherché. — Si l'on éloigne l'écran de manière que $a'b'$ soit égal au double de ab, on a immédiatement et sans calculs $cf = aA$.

★ **810. Aberration de sphéricité.** — Quand le miroir sphérique mam' (fig. 682) n'a pas une ouverture très petite, les rayons réfléchis, dans une même section méridienne, ne se croisent pas exactement au même point; mais ils se coupent deux à deux, en formant une courbe *acef*. Si l'on fait tourner la figure autour de l'axe A*s*, cette courbe engendre une surface de révolution nommée *surface caustique*, ou simplement *caustique* (καυστικός brûlant), sur laquelle l'intensité de la lumière réfléchie, comme celle de la chaleur réfléchie, est plus grande que partout ailleurs, parce que en chaque point de cette surface, il se croise au moins deux rayons réfléchis. — *mvm'* représente la section méridienne de la caustique virtuelle formée par les rayons réfléchis sur le miroir convexe *m*B*m'*. Quand le miroir a une ouverture très petite, il ne reste que le sommet *f* de la causti-

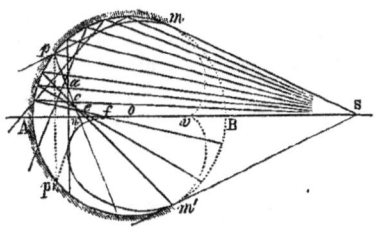

Fig. 682.

que; les rayons réfléchis se croisent donc dans un espace très petit, qui représente alors le foyer conjugué du point *s*. Quand le miroir n'est pas à très petite ouverture, les rayons qui se croisent en *e*, *c*, *a*... jettent de la lumière autour du foyer *f*, qui se détache alors moins nettement, et c'est ce qui constitue l'*aberration de sphéricité* des miroirs.

811. Images au foyer des miroirs sphériques concaves. — Considérons un objet *ab* (*fig*. 683), placé au-delà du foyer principal du miroir sphérique concave *mn*, supposé très petit par rapport à son rayon; tous les rayons lumineux partant du point *a*, et tombant sur le miroir, près de l'axe *a*O*d*, iront, après la réflexion, se croiser au point *a'*, foyer conjugué du point *a*. Le point *b* ira, de même, faire son foyer en *b'* sur son axe *b*O*e*, le point *c* en *c'* sur l'axe *c*O*c'*, et ainsi des autres points de l'objet *ab*. Si

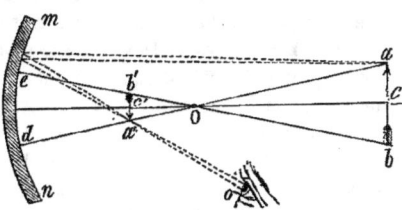

Fig. 683.

donc on place en *a'b'* un écran blanc, chaque foyer illuminera un point de l'écran, ce point renverra la lumière reçue, d'une manière diffuse en la faisant diverger, et l'on verra sur l'écran une image, *a'b'*, de l'objet *ab* avec la couleur et l'éclat relatif de ses différents points. On voit que cette image sera *renversée*; elle sera située entre le foyer principal et le centre, quand l'objet sera au-delà de ce dernier point; et au-delà du centre, quand l'objet sera entre le foyer principal et le centre. La position de l'image sera toujours donnée par la formule [1] (805). Si l'objet était entre le foyer principal et le miroir, l'image serait *virtuelle*; elle n'existerait donc pas en réalité et ne pourrait être reçue sur un écran. L'image est toujours *virtuelle*, quand le miroir est convexe.

★ **812. Grandeur de l'image.** — L'image réelle, toujours renversée, est tantôt plus petite, tantôt plus grande que l'objet; sa grandeur ne dépend que du rayon de courbure du miroir, et de la distance de l'objet. Pour calculer le rapport entre les hauteurs de l'objet et de son image, désignons toujours par p et p' leurs distances au miroir, par D et D' leurs hauteurs, et par $2a$ le rayon de courbure. Les triangles semblables aOb, $a'Ob'$ (*fig.* 683) donnent

$$\frac{ab}{a'b'} = \frac{Oc}{Oc'}; \quad \text{ou} \quad \frac{D}{D'} = \frac{p-2a}{2a-p}; \quad \text{ou enfin} \quad \frac{D}{D'} = \frac{p-a}{a},$$

en remplaçant p' par sa valeur $p' = ap : (p-a)$ donnée par la formule [1] (805). On voit que le rapport D : D' augmente en même temps que p; par conséquent, D' est d'autant plus petit par rapport à D que l'objet est plus éloigné du miroir. Tant que l'objet est au-delà du centre, on a $p > 2a$, et D' est toujours plus petit que D. Si l'objet est au centre, on a $p = 2a$, et D = D'. Si p' est entre le centre et le foyer principal, on a $p < 2a$; et D' est plus grand que D, et d'autant plus que p est plus petit. Si p est égal à a, on a D : D' = 0; l'image est donc infinie, et en même temps située à l'infini. Si, enfin, l'on a $p < a$, le rapport devient négatif; ce qui veut dire que l'image n'existe pas; et, en effet, elle est alors virtuelle.

Tous ces résultats se vérifient facilement par l'expérience, qui se fait très commodément avec une bougie, dans une chambre obscure.

813. Images vues dans les miroirs sphériques. — L'image *réelle* formée par un objet suffisamment éloigné d'un miroir sphérique concave, peut être vue directement par un observateur placé au-delà de cette image. En effet, chaque point de l'image étant le lieu où se croisent les rayons réfléchis provenant du point correspondant de l'objet, devient le point de départ de rayons divergents qui, entrant dans l'œil, font voir ce point comme s'il était un centre lumineux; et l'*image aérienne* de l'objet est vue comme si elle était un objet matériel. Les images *virtuelles* formées dans les miroirs convexes, et dans les miroirs concaves, quand l'objet en est plus près que le foyer principal, peuvent aussi être vues, de même que les images virtuelles des miroirs plans.

Miroirs concaves. — Il y a deux cas à examiner : 1° si l'objet est situé entre le foyer principal et le miroir, l'image est vue derrière le miroir; elle est grossie et droite (c'est-à-dire non renversée), quelle que soit la distance de l'œil. Soit O (*fig.* 684) le centre du miroir concave, et AB l'objet. Considérons à part le point A, et menons l'axe AO qui lui correspond. Les rayons émanant de ce point et réfléchis par le miroir, iront former derrière lui un *foyer virtuel* a (807); et, puisque tous les rayons réfléchis prolongés passent par le point a, on obtiendra ceux de ces rayons qui entrent dans l'œil, en menant des droites, du point a au contour de la pupille, et joignant au point A, les points de rencontre de ces droites avec le miroir. On obtient ainsi le pinceau réfléchi Aie, dont le sommet est en a, de manière qu'on verra le point a comme s'il était un point lumineux (786). De même, l'image du point B se verra en b, celle du point C en c, etc.

La *fig*. 683 représente le pinceau qui entre dans l'œil, dans le cas où le point lumineux est au-delà du foyer principal. Il faut que l'œil o soit placé plus loin que l'image, de manière à recevoir les rayons divergents.

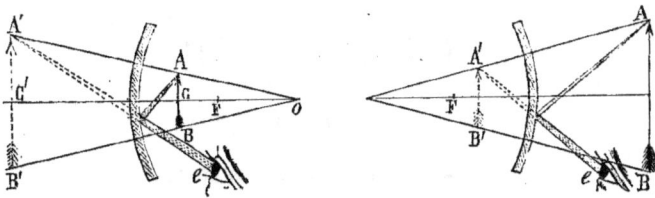

Fig. 684.

L'image AB est alors en avant du miroir, renversée, et plus petite que l'objet s'il est au-delà du centre, et plus grande s'il est en deçà.

Miroirs convexes. — Dans ce cas, l'image est toujours droite et plus petite que l'objet. On voit à droite de la *fig*. 684 la construction à faire pour trouver la position de l'image, qui est d'autant plus petite que le rayon de courbure du miroir est lui-même plus petit, et l'objet plus éloigné.

★ **814. Miroirs paraboliques. — Phares de réflexion.** — Quand des rayons lumineux tombent sur la surface d'un miroir parabolique concave, parallèlement à son axe de révolution, après la réflexion, ils se rencontrent tous exactement au foyer géométrique du miroir, quelle que soit sa grandeur. Ce résultat est une conséquence immédiate des propriétés de la parabole, et s'explique ici, comme dans le cas des rayons de chaleur (344). Quand le point lumineux est placé au foyer du miroir, les rayons réfléchis sont parallèles à l'axe.

Phares. — L'application la plus importante des miroirs paraboliques est celle qu'en ont faite Teulère et Borda, aux phares de réflexion. Une lampe à cheminée, à une ou plusieurs mèches concentriques, est placée au foyer du miroir, dont l'axe est horizontal, de manière que la lumière est réfléchie en un faisceau cylindrique, qui ne perd pas de son intensité par l'effet de la distance. Plusieurs miroirs semblables, disposés circulairement autour d'un même support, éclairent tous les points de l'horizon. En faisant tourner le support sur lui-même, au moyen de rouages à poids, on peut faire que le faisceau lancé par un même miroir parcoure successivement tous les points de l'horizon.

Malgré la puissance des miroirs paraboliques, la perte de la moitié environ de la lumière dans la réflexion, et l'altération rapide de leur surface métallique, ont fait préférer généralement, pour les phares, les appareils de *réfraction*, dont nous parlerons plus tard (842).

CHAPITRE III.

DIOPTRIQUE.

§ 1. — DE LA RÉFRACTION ET DE SES LOIS.

I. Réfraction dans les solides et les liquides.

815. De la réfraction. — Quand un rayon de lumière passe obliquement d'un milieu homogène dans un autre milieu homogène de nature différente, ce rayon est dévié de sa direction primitive. En même temps, il se colore de diverses nuances. Le phénomène de la déviation est désigné sous le nom de *réfraction*, et la coloration, sous le nom de *dispersion*. Nous avons donc ici deux phénomènes distincts à considérer. L'étude du premier, constitue la *dioptrique*. L'étude du second fait partie de la *chromatique*, qui sera l'objet du chapitre suivant.

Double réfraction. — Il y a des corps *non homogènes*, particulièrement les cristaux non symétriques autour d'un point, dans lesquels le rayon pénètre, en se divisant en deux autres. Ce phénomène est désigné sous le nom de *double réfraction*. Nous ne nous occuperons ici que de la *réfraction simple*.

816. Expériences par lesquelles on constate la réfraction. — Posons d'abord quelques définitions. On nomme *point d'incidence* ou *point d'immersion*, le point par lequel le rayon incident traverse la surface de séparation des deux milieux. Ce point se nomme point d'*émersion* ou d'*émergence*, quand on considère le rayon comme sortant du premier milieu pour pénétrer dans le second. Le rayon dévié dans le second milieu se nomme *rayon réfracté*, et l'angle qu'il fait avec la normale menée par le point d'incidence à la surface de séparation, *angle de réfraction*.

Pour observer le phénomène de la réfraction, on fait entrer dans une chambre obscure un pinceau de rayons solaires que l'on fait tomber au fond d'un vase, en un point a (*fig.* 685), que l'on marque avec soin. On remplit ensuite le vase d'eau, et l'on voit que le faisceau aboutit à un point c plus rapproché de la normale In. Il y a donc eu déviation. Si le vase est une caisse rectangulaire à parois de verre, et si l'eau est trouble et l'air rempli de poussières en suspension, on peut suivre la marche des faisceaux *incident* et *réfracté*, et voir le changement de direction qui se fait à la surface du liquide.

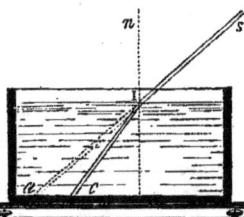

Fig. 685.

Corps plus ou moins réfringents. — Quand l'angle de réfraction est moindre que l'angle d'incidence, on dit que le milieu dans lequel pénètre le rayon, est *plus réfringent* que le milieu d'où il vient. Dans le cas contraire, c'est ce dernier milieu qui est le plus réfringent. En général, de deux corps, le plus réfringent est le plus dense ; mais il y a quelques exceptions, pour certains corps dont les densités diffèrent peu.

Explication de quelques phénomènes. — La réfraction sert à expliquer différents effets, qui peuvent être donnés comme des preuves indirectes de ce phénomène.

1° On met un corps a (*fig.* 686) au fond d'un vase, et l'on place l'œil en o, de manière que le bord du vase se projette sur l'objet, c'est-à-dire que le pinceau ao qui entre dans l'œil, rase le bord du vase. On verse ensuite de l'eau, et l'on voit aussitôt que l'objet a paraît relevé en a'. C'est que le pinceau ao qui entrait dans l'œil, s'écartant de la normale en sortant dans l'air, qui est moins réfringent que l'eau, se dirige en o' au-dessous de l'œil ; et un autre pinceau aco, s'écartant de la normale cn à sa sortie du liquide, entre dans cet organe, qui rapporte la position du point a, en a', sommet du tronc de cône que forme le pinceau émergent co.

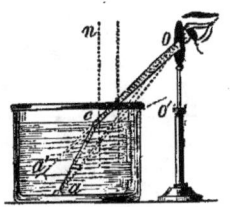

Fig 686.

2° Un bâton ba (*fig.* 687) enfoncé dans l'eau, paraît brisé au point e, où il sort de ce liquide ; c'est que son extrémité a est vue en a', et ses autres points dans l'espace $a'e$.

817. Lois de la réfraction. — Ces lois, connues sous le nom de lois de Descartes [1], avaient été découvertes antérieurement par Snellius, qui les avait énoncées sous une forme plus compliquée. Voici l'énoncé de Descartes : 1° *Le rayon incident, le rayon réfracté et la normale, sont dans un même plan.* 2° *Pour les deux mêmes milieux, le rapport entre le sinus de l'angle d'incidence et le sinus de l'angle de réfraction est constant, quel que soit l'angle d'incidence.*

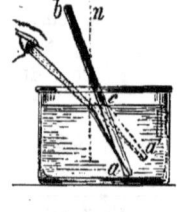

Fig. 687.

Pour constater ces lois, on emploie l'appareil de MM. Soleil et Silbermann (*fig.* 688). AA est un cercle vertical gradué, au centre duquel se meuvent deux alidades aa', oe, placées par derrière. L'alidade double aa' porte un miroir m destiné à renvoyer les rayons solaires dans la direction du centre, à travers un petit trou pratiqué dans un diaphragme qui ferme le tube a. En a' est implantée une petite aiguille perpendiculaire à l'alidade. L'autre alidade oe, représentée de profil en $o'e'$, est aussi munie d'une aiguille e' et d'un tube à diaphragme percé t. En avant du cercle, est fixé un vase cylindrique en verre, dont l'axe horizontal passe par le centre, et qui est rempli de liquide jusqu'au niveau de ce centre.

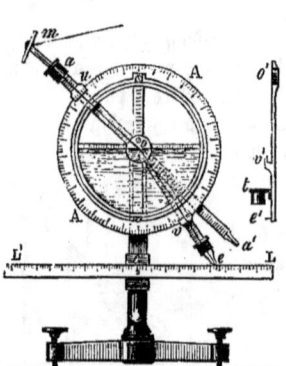

Fig. 688.

Pour vérifier les lois de la réfraction, on fait arriver un rayon incident ao au centre du cercle; ce rayon entre dans le liquide en se réfractant, et en sort sans éprouver de nouvelle déviation, parce qu'il est normal à la surface de sortie. On dispose ensuite l'alidade oe de manière que le rayon réfracté passe par le trou du diaphragme du tube t, puis on élève ou l'on abaisse une règle divisée $L'L$ de manière que la petite aiguille e de l'alidade en touche le bord supérieur. La distance ec représente alors le *sinus* de l'angle de réfraction. On relève ensuite l'alidade oe, et faisant monter la règle jusqu'à ce qu'elle touche l'aiguille de l'alidade aa', on obtient de même le *sinus* de l'angle coa', qui est égal à l'angle d'incidence ; puis on

---

[1] Descartes (René), philosophe, mathématicien et physicien célèbre, est né à La Haye, dans le département d'Indre-et-Loire, en 1596. Son père, conseiller au Parlement de Rennes, l'envoya chez les jésuites de la Flèche, où il se lia avec Mersenne. A 17 ans, il alla à Paris, seul, et s'y livra à l'étude. Volontaire dans l'armée de Maurice de Nassau

calcule le rapport de ces deux sinus. — On répète ensuite l'expérience en choisissant d'autres angles d'incidence, et l'on trouve toujours le même rapport ; ce qui vérifie la seconde loi. Quant à la première loi, elle résulte de ce que les rayons incident et réfracté passent par les ouvertures des diaphragmes, qui sont également distantes du plan du cercle vertical, et sont, par conséquent, dans un plan normal à la surface du liquide. — On peut procéder aussi en mesurant les angles d'incidence et de réfraction au moyen des verniers u et v, v' adaptés aux alidades, et cherchant les *sinus* de ces angles, dans les tables trigonométriques.

L'appareil qui précède peut servir à vérifier les lois de la réflexion de la lumière ; il suffit, pour cela, de porter l'alidade oe au-dessus de la surface réfléchissante du liquide, que l'on peut remplacer par un petit miroir plan, et de mesurer les angles d'incidence et de réflexion. De même, l'appareil décrit plus haut pour constater les lois de la réflexion (*fig.* 667) peut servir à celles de la réfraction. On remplace alors le miroir central par un vase demi-cylindrique io, et l'on porte le curseur e, en e', pour recevoir le rayon réfracté. Des règles divisées rr, pouvant glisser sur le diamètre vertical du cercle, donnent les *sinus* des angles d'incidence et de réfraction, quand on ne veut pas se servir des tables trigonométriques.

818. Indice ou rapport de réfraction. — Le rapport entre les *sinus* des angles d'incidence, i, et de réfraction, r, formés par un rayon qui passe du vide dans un milieu transparent, se nomme *indice* ou *rapport de réfraction absolu* de ce milieu. En le désignant par n, on a donc :

$$\frac{\sin i}{\sin r} = n$$

Le plus grand indice de réfraction est égal à 3 ; il appartient au chromate de plomb. Celui de l'eau est 1,336, et celui du verre ordinaire 1,5 environ. Quand le rayon de lumière passe d'un milieu pondérable dans un autre, le rapport des sinus se nomme l'*indice de réfraction relatif* des deux milieux.

(1617), puis dans celle du duc de Bavière, une trop forte contention d'esprit sur la nécessité de réformer la philosophie, lui occasionna des hallucinations. Il quitta le service en 1620, voyagea en Allemagne, revint à Paris, puis se retira en Hollande où il publia le discours de la *Méthode* (1637) et divers écrits sur la philosophie. Accusé d'athéisme à cause de ses œuvres philosophiques, il n'échappa à une condamnation infamante qu'à cause de sa qualité d'étranger (1643). Pendant que beaucoup de philosophes attaquaient ses doctrines, Elisabeth, fille de l'électeur palatin Frédéric V, l'admirait, Mazarin lui accordait une pension, et la reine Christine l'appelait à sa cour, où il se rendit (1649). Là, la reine voulant l'entretenir chaque jour dès cinq heures du matin, dans une de ces visites, il fut pris d'une fluxion de poitrine, dont il mourut en 1650, à peine âgé de 54 ans. Ses restes furent transportés en France et inhumés dans l'église Sainte-Geneviève (1667). On doit à Descartes de remarquables travaux sur la physique et les mathématiques, la découverte de l'application de l'algèbre à la géométrie, un traité de dioptrique (1637), l'explication de l'arc-en-ciel, etc.

Loi de réciprocité. — Les rayons incident et réfracté étant construits, si l'on suppose que la lumière marche en sens contraire, c'est-à-dire si l'on prend le rayon réfracté pour rayon incident, le rayon incident primitif deviendra le nouveau rayon *réfracté*. Ce résultat est un cas particulier d'une loi générale d'optique qu'on peut énoncer ainsi : *La lumière qui traverse un système de corps transparents, suit toujours le même chemin, quel que soit le sens dans lequel elle se propage.* Cela posé, quand on donne l'indice de réfraction relatif à deux milieux, on prend toujours pour numérateur du rapport, le *sinus* du plus grand des deux angles formés avec la normale, à moins qu'on n'avertisse du contraire. Il en résulte que les nombres qui représentent les indices de réfraction sont toujours plus grands que l'unité.

819. Angle limite. — Quand un rayon passe d'un milieu dans un autre moins réfringent, il peut arriver qu'aucune portion de lumière ne franchisse la surface de séparation. En effet, si l'on éloigne peu à peu de la normale, le rayon incident *so* (*fig.* 689), l'angle de réfraction *r* augmentera ; et comme il est toujours plus grand que l'angle d'incidence *i*, il deviendra égal à 90° avant que ce dernier n'atteigne cette valeur. Soit L on l'angle d'incidence qui correspond à l'angle de réfraction égal à 90°; le rayon réfracté *oc* sera alors couché sur la surface de séparation.

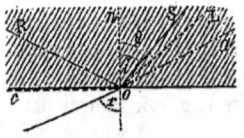

Fig. 689.

Si maintenant on augmente encore l'angle d'incidence, comme l'angle de réfraction ne peut pas dépasser 90°, on ne peut prévoir ce qui arrivera. Or, l'expérience montre qu'aucune partie du rayon incident ne franchit alors la surface de séparation, et que le rayon *ao* se réfléchit *en totalité* dans le premier milieu, suivant *o*R, en obéissant aux lois ordinaires de la réflexion. C'est là le phénomène de la *réflexion totale*, découvert par Kepler.

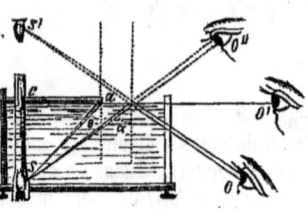

Fig. 690.

Vérifications expérimentales. — Pour montrer la réflexion totale et l'angle limite, on se sert d'une cuve remplie d'eau (*fig.* 690) dont le fond laisse passer une cheminée de verre *sc*, dans laquelle est une flamme. Un écran *ca* recouvre en partie la surface du liquide. Quand il n'y a pas d'eau dans la cuve, on peut, en plaçant l'œil en *o″*, voir la flamme. Mais quand il y a de l'eau, on ne peut plus l'apercevoir, si le bord *a* de l'écran est assez avancé pour que l'angle fait par le rayon *sa* avec la normale en *a* soit au moins égal à l'angle limite θ. Alors aucun des rayons rencontrant la surface libre du liquide ne peut émerger, les angles avec la normale allant en augmentant à mesure que le point d'incidence s'éloigne de *sa*. Si alors, la paroi de droite de la cuve étant en verre, on place l'œil en *o*, on voit, par *réflexion totale*, l'image *s'* de la flamme.

820. Valeur de l'angle limite. — L'angle qui correspond au rayon réfracté couché sur la surface *oc* (*fig.* 689) se nomme *angle limite* : c'est le plus grand angle d'incidence pour lequel il existe un rayon émergent dans le milieu le moins réfringent. La valeur de cet angle est liée à l'indice de réfraction relatif *n* des substances considérées. En effet, on a $\frac{\sin i}{\sin r} = n$, *i* étant toujours le plus grand des deux angles (818). Quand cet angle est égal à 90°, l'angle *r* dans le milieu le plus réfringent devient l'angle limite θ ; et l'on a alors $\frac{\sin 90°}{\sin \theta} = n$, d'où $\sin \theta = \frac{1}{n}$. L'angle limite est donc d'autant plus grand que l'indice de réfraction est plus petit. Pour l'eau, il est de 48°35' ; pour le verre, de 41° environ.

II. Réfraction atmosphérique. — Mirage.

821. Réfraction atmosphérique. — Les gaz réfractent la lumière, mais faiblement. Ce phénomène se remarque surtout sur les rayons des astres pénétrant dans l'atmosphère. Considérons, une étoile placée dans la direction S (*fig.* 691) un peu au-dessous de l'horizon du point *m* de la surface de la terre. Cette étoile, ne pourrait être vue de ce point s'il n'y avait pas réfraction. Supposons l'atmosphère partagée en couches concentriques infiniment minces, dont la densité croît à mesure qu'on descend. Un rayon S*a*, en pénétrant dans la première couche d'air, se rapprochera de la normale *an''''*, et prendra la direction *ac* ; en pénétrant en *c* dans la seconde couche, qui est plus dense que la première, il se rapprochera aussi de la normale *cn'''*, et ainsi de suite jusqu'à ce qu'il parvienne au point *m*,

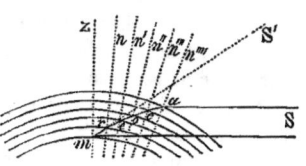

Fig. 691.

après avoir décrit une ligne brisée, qui devient une courbe continue quand les couches d'air sont infiniment minces. L'observateur placé en *m* verra alors l'étoile en S', dans la direction du dernier élément *rm* de la courbe. Cet astre paraîtra donc au-dessus de l'horizon, tandis que, en réalité, il se trouve un peu au-dessous. Cela donne l'explication des éclipses de lune observées pendant que le soleil *paraissait* être encore au-dessus de l'horizon.

La *réfraction atmosphérique*, appelée souvent *réfraction astronomique*, est nulle pour les rayons verticaux, et d'autant plus prononcée pour les rayons obliques, qu'ils sont plus rapprochés de l'horizon, près duquel ils ont à traverser des couches d'air plus nombreuses, plus denses et plus inclinées sur leur direction. C'est pour cela que le soleil et la lune, paraissent aplatis dans le sens vertical, quand ils sont près de l'horizon, les rayons envoyés par les parties inférieures étant plus déviés que ceux qui viennent des parties supérieures, lesquels paraissent alors moins relevés que les autres[1]. — C'est à la réfraction des rayons lumineux dans l'air irrégulièrement dilaté et en mouvement, qu'est dû le tremblement apparent des objets vus derrière une surface fortement échauffée, comme celle d'un poêle, ou d'une plaine frappée par le soleil. Les sommets des montagnes, paraissent plus hauts qu'ils ne sont; les rayons qui arrivent à l'observateur placé dans la plaine étant infléchis en pénétrant dans les couches inférieures de l'atmosphère.

822. Du mirage. — Le *mirage* est un phénomène atmosphérique qui fait apercevoir une image renversée des objets, qui semblent réfléchis dans une couche brillante comme une nappe d'eau. On le voit surtout dans les plaines sablonneuses échauffées par le soleil. Il est fréquent dans l'Arabie et l'Egypte. On l'observe souvent sur la plage de Dunkerque, dans la plaine de la Crau, près des bouches du Rhône. M. Huddart paraît avoir entrevu la cause de ce phénomène ; et Monge en a donné l'explication comme il suit, après en avoir été souvent témoin, lors de la campagne d'Egypte, en 1798.

Supposons une plaine de sable à peu près horizontale, frappée par les rayons du soleil. Le sable s'échauffe rapidement, et la couche d'air qui le touche en reçoit de la chaleur par contact, se dilate et tend alors à s'élever. Mais comme la couche dilatée présente la même tendance dans une grande étendue, il ne se forme pas de courants ascendants, et l'air chaud ne peut que se mêler plus ou moins aux couches immédiatement au-dessus. Celles-ci tendent, au contraire, à descendre, de manière à donner naissance à de petits courants contraires formés d'air inégalement dilaté; ce qui fait que les objets vus à travers ces couches, paraissent agités. Comme ces mêmes effets se reproduisent continuellement, il y aura toujours près du sol des couches plus chaudes et plus dilatées que celles qui sont au-dessus, lesquelles, mêlées avec de l'air chaud qu'elles ont reçu, seront aussi plus chaudes que celles qui leur sont superposées ; et ainsi de suite jusqu'à une certaine hauteur. Vers le milieu de la journée, la densité de l'air ira donc en augmentant à partir du sol jusqu'à une cer-

---

[1] Les constellations et les astres paraissent en même temps beaucoup plus grands près de l'horizon que près du zénith. Nous reviendrons plus tard sur cette illusion, en parlant du jugement de la grandeur des objets, lorsque nous étudierons la vision.

taine hauteur. Soit a (*fig.* 692) un point d'un objet quelconque, et o la position de l'observateur. Un rayon ao cheminant à peu près en ligne droite dans une même couche d'air, fera voir le point a; mais en même temps, un rayon ac, dirigé obliquement de haut en bas, s'écartera de plus en plus de la verticale, en passant successivement dans des couches de moins en moins réfringentes, et finira par rencontrer la surface de séparation mm' de deux d'entre elles, en faisant avec la normale, n, un angle plus grand que l'angle limite. Ce rayon éprouvera alors la réflexion totale, se relèvera en traversant des couches de plus en plus denses, et viendra enfin en o dans l'œil de l'observateur, qui verra en a' une image du point a. Il en sera de même des autres points de l'objet. Comme les rayons venant du ciel se réfléchissent de la même manière, ils forment une image brillante, en forme de nappe horizontale, dont l'éclat empêche de distinguer le sol, et qui ressemble à un lac dans lequel se réfléchirait l'image de l'objet ab.

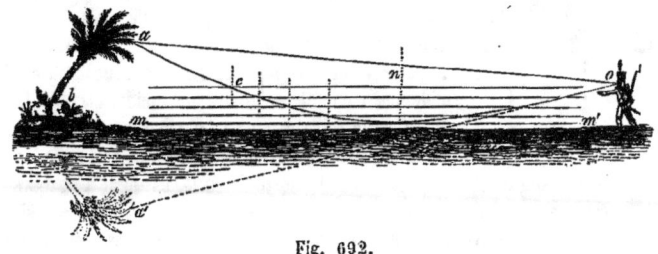

Fig. 692.

Comme l'angle limite est ici nécessairement très grand, puisque son *sinus* est égal à $1 : n$ et que n, indice relatif de deux couches d'air consécutives, ne peut être que très petit, le rayon ac doit être très oblique; ce qui exige que l'observateur soit très éloigné, et l'objet peu élevé au-dessus du sol. C'est pour cela que la nappe d'eau apparente ne se voit que dans les pays de plaine, les rayons venant du ciel ne pouvant partir de très bas que s'il n'y a pas de montagnes à l'horizon. Celles-ci ne pourraient envoyer que des rayons faibles, au milieu desquels l'image de l'objet ne pourrait pas se détacher, par une teinte plus sombre. On voit aussi qu'il faut que l'air soit calme, et que le phénomène ne doit se montrer qu'après une certaine heure.

Pour confirmer la théorie de Monge, on chauffe fortement et uniformément une caisse en tôle, soit en l'exposant au soleil, soit en la remplissant de charbons ardents; et en plaçant l'œil très près de la surface, on voit les images renversées de petits objets placés sur le bord opposé.

Le mirage se produit souvent sur mer, quand l'air est plus froid que l'eau. On observe aussi quelquefois le *mirage renversé*, le *mirage latéral*, dans lesquels l'image paraît en l'air, ou sur le côté. Ces phénomènes s'expliquent comme le mirage ordinaire, par une certaine distribution de la température dans les couches élevées de l'atmosphère, ou dans des couches verticales.

§ 2. — RÉFRACTION A TRAVERS LES MILIEUX TERMINÉS PAR DES PLANS. PRISMES.

823. Milieu terminé par deux plans parallèles. — Quand un rayon traverse un milieu de part en part, il y a à distinguer, indépendamment des rayons incident et réfracté, le *rayon émergent*, c'est-à-dire le rayon à sa sortie du milieu traversé. L'angle du rayon émergent avec la normale, se nomme *angle d'émergence*.

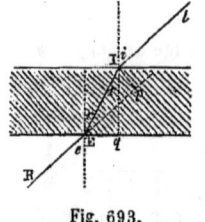

Fig. 693.

Quand le milieu est terminé par deux plans parallèles, les rayons ne sont pas déviés; ils éprouvent seulement un déplacement latéral, qui dépend de l'épaisseur et de la nature du milieu, et de l'angle d'incidence. En effet, soit un rayon incident lI (*fig.* 693). Il entre en faisant avec la normale un angle r différent de i; mais comme les normales en I et en E sont parallèles, l'angle intérieur, fait avec la normale en E, est égal à r. L'angle d'émergence, e, est donc égal à i; car on a, $\sin i = n \sin r$, et $\sin e = n \sin r$.

824. Des prismes. — Quand un corps transparent est terminé par deux surfaces formant un angle, on lui donne le nom de *prisme*, parce que, devant être limité du côté opposé à l'arête d'intersection, on le termine ordinairement par une surface plane parallèle à cette arête, ce qui lui donne la forme d'un prisme triangulaire. On nomme *arête* ou *sommet* du prisme, l'intersection des deux faces que traverse le rayon lumineux. La troisième face, qui ne sert pas, et qui pourrait être dépolie ou noircie, se nomme la *base* du prisme. On voit que ce mot n'a pas ici la même signification qu'en géométrie. La *fig.* 694 représente un prisme, P, monté sur un pied; et pouvant tourner sur lui-même et s'incliner plus ou moins, de manière à se prêter facilement aux expériences.

Fig. 694.

Déviation produite par les prismes. — Un prisme a pour effet de dévier du côté de sa base, les rayons qui le traversent. En effet, considérons un rayon incident si (*fig.* 695), situé dans une section droite ABC du prisme. Ce rayon entre suivant IE, en se rapprochant de la normale, et vient frapper la seconde face en E; là, il éprouve en sortant une nouvelle réfraction, dans laquelle il s'écarte de la normale ai'; de sorte que ces deux déviations successives le rabattent vers la base BC.

La déviation par le prisme se vérifie par l'expérience, en faisant passer à travers un prisme un pinceau de rayons solaires qui a traversé une lame de verre coloré, de manière qu'il n'éprouve pas la *dispersion* (815). On peut aussi regarder un point, à travers le prisme; ce point paraît *relevé vers le sommet*. En effet, soit s le point (*fig.* 696); le pinceau de rayon qui

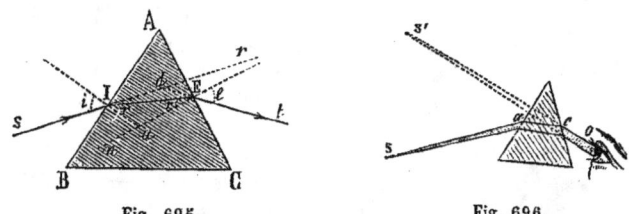

Fig. 695. Fig. 696.

entre dans l'œil est $saco$, et le point s paraît relevé en s', sur le prolongement de de la partie co.

Nous avons supposé le prisme plongé dans un milieu, comme l'air, moins réfringent que sa substance. Si le milieu environnant était plus réfringent que le prisme, les résultats seraient inverses; c'est-à-dire que le rayon serait dévié *vers le sommet*; comme on peut le reconnaître par les mêmes raisonnements que ci-dessus.

825. Valeur de l'angle de déviation. — On nomme *angle de déviation*, l'angle rdt (*fig.* 695) que fait le rayon émergent avec le prolongement du rayon incident; c'est la quantité angulaire dont a tourné ce dernier rayon pour prendre la direction dt du rayon émergent. Il est facile de trouver la valeur, D, de cette déviation, en fonction des angles d'incidence, i, et d'émergence, e. Le triangle IdE (*fig.* 695) donne $rdt = \mathrm{D} = d\mathrm{IE} + d\mathrm{EI} = i - r + e - r'$, en appelant r et r' les angles faits par le rayon réfracté IE avec les normales aux deux faces. Or, le triangle IaE donne $r + r' = \mathrm{I}an = \mathrm{A}$, en désignant par A l'angle du prisme; on a donc, enfin

$$\mathrm{D} = i + e - \mathrm{A}.$$

Quand l'angle du prisme est très petit, et que le rayon incident passe à peu près perpendiculairement au plan bissecteur de cet angle, les angles faits avec les deux normales sont eux-mêmes très petits. On peut les substituer à leur *sinus*, et alors la relation $\sin i = n \sin r$ devient $i = nr$. On a de même $e = nr'$; d'où $i + e = n(r + r') = n\mathrm{A}$; et la valeur de D devient

$$\mathrm{D} = (n-1)a,$$

664   DIOPTRIQUE.

formule qui montre que la déviation augmente en même temps que l'indice de réfraction, et qu'elle est sensiblement proportionnelle à l'angle du prisme.

Prismes à angle variable. — Le calcul montre que la déviation, pour une même incidence, augmente avec l'angle du prisme. Ce résultat se vérifie au moyen du prisme à angle variable (*fig.* 697). Deux plaques parallèles *aa'*, *bb'* sont réunies par un fond horizontal *oo'* fixé au pied de l'instrument. Deux glaces *oc*, *o'c'* peuvent glisser à frottement entre les deux plaques, en tournant autour des charnières *o*, *o'*. On verse de l'eau dans l'appareil, qui forme ainsi un prisme liquide dont on peut faire varier l'angle. Cet angle se mesure sur des divisions tracées aux extrémités de la plaque *bb'*, arrondies en arc de cercle. — On peut encore employer le système ABC (*fig.* 698) : une échancrure cylindrique est pratiquée dans le prisme

Fig. 697.

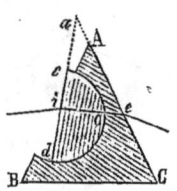

Fig. 698.

ABC parallèlement à ses arêtes, et contient un demi-cylindre *cod* de même substance que le prisme. Ce demi-cylindre peut tourner autour de son axe, de manière que la face *cd* forme successivement différents angles avec la face AC. Un rayon *ie*, en passant en *o*, n'éprouve pas de déviation, puisque les deux milieux qui se suivent sont les mêmes ; il est donc dans le même cas que s'il traversait un prisme formé d'une seule pièce, et ayant un angle égal à *daC*.

826. Minimum de déviation. — La déviation d'un rayon à travers un prisme dépend de l'angle d'incidence, et elle prend une valeur *minimum* quand cet angle est égal à l'angle d'émergence ; ou, ce qui revient au même, quand le rayon réfracté dans le prisme est également incliné sur ses deux faces.

Ce résultat peut se démontrer par le calcul ; pour le vérifier par l'expérience, on marque le point où un pinceau de rayons solaires rencontre un écran vertical, on place un prisme horizontal dans le trajet de ce pinceau, et on le fait tourner peu à peu, toujours dans le même sens, autour d'un axe parallèle à ses arêtes. On voit le point de rencontre du faisceau dévié avec l'écran, se rapprocher peu à peu du point marqué, puis s'arrêter un instant, pour recommencer à s'en éloigner. Si le prisme est placé perpendiculairement au centre d'un cercle gradué semblable à celui de la *fig.* 688, de manière qu'on puisse suivre les directions des rayons incident et émergent ; on reconnaît que le minimum de déviation a lieu quand ces rayons sont également inclinés sur les faces du prisme.

Si le prisme était formé d'une substance moins réfringente que le milieu ambiant, le rayon, qui serait dévié vers le sommet (824), éprouverait un *maximum* de déviation, au lieu d'un minimum, quand les angles d'incidence et d'émergence seraient égaux.

★ **827. Limite des rayons qui peuvent émerger.** — Il est facile de voir que l'angle intérieur que fait le rayon réfracté avec la normale au point d'émergence, augmente à mesure que le rayon incident si ($fig.$ 699), se relève vers le sommet A du prisme. Si donc nous supposons le prisme indéfini du côté de la base, l'angle intérieur finira toujours par devenir égal à l'angle limite, et si le rayon incident se relève davantage, il éprouvera la réflexion totale et n'émergera pas (819). Si, par exemple,

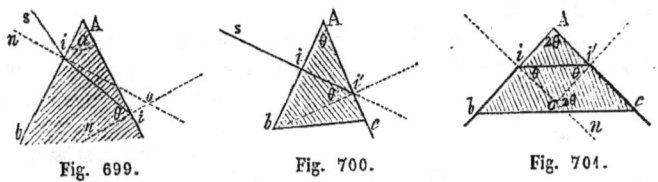

Fig. 699.　　　　Fig. 700.　　　　Fig. 701.

l'angle θ ($fig.$ 699) est égal à l'angle limite, tous les rayons incidents tombant dans l'angle siA ne pourront émerger.

Pour trouver l'angle sin qui correspond au rayon limite si, remarquons que, dans le triangle ioi, on a $\theta = r + o = r + A$; d'où $r = \theta — A$. On a aussi $\sin i = n \sin r$; donc $\sin i = n \sin (\theta — A)$. — Si A est égal à θ, on aura $i = 0$, et tous les rayons incidents placés dans l'angle droit siA ($fig.$ 700) ne pourront donner de rayon émergent ; cela peut se voir directement ; car le rayon si entre sans éprouver de déviation, et l'angle $ii'b$ des deux normales est égal à l'angle θ du prisme. — Si l'on a $A = 2\theta$, il vient $\sin i = -n \sin \theta$; l'angle de réfraction est donc égal à l'angle limite θ, et, par conséquent, l'angle d'incidence est égal à 90°. Il n'y aura donc que le rayon bi couché sur la surface, qui puisse émerger. C'est ce qu'on peut voir directement, car l'angle A étant égal à 2θ ($fig.$ 701), on a $oii' + oi'i = i'on = 2\theta$; et les angles $oi'i$, oii' ne pouvant être plus grands que l'angle limite, chacun d'eux est égal à θ. Les rayons incident et émergent ne peuvent donc être que bi et $i'c$.

Si l'angle A est plus grand que 2θ, aucun rayon ne pourra émerger. Si donc la base du prisme est noircie, et s'il est placé transversalement dans l'ouverture d'un volet de manière à la fermer, il ne laissera pénétrer aucun rayon de lumière. — Tous ces résultats peuvent se vérifier au moyen d'un prisme à angle variable. Dans le cas d'un prisme de verre, il suffit que l'angle soit de 90° pour qu'aucun rayon ne puisse émerger ; un prisme d'eau devrait avoir un angle de 96°.

★ **828. Mesure des indices de réfraction.** — C'est au moyen des propriétés des prismes qu'on mesure ordinairement les indices de réfraction des solides. On taille un prisme avec la substance, on mesure son angle, et l'on observe la déviation minimum d'un rayon qui le traverse. On a en général, pour la déviation, $D = i + e - A$, i et e étant les angles d'incidence et d'émergence (825). Dans le cas du minimum, e est égal à i, et il vient $D = 2i - A$, d'où $i = \frac{1}{2}(D + A)$. De plus, les angles du rayon réfracté avec les normales étant alors égaux, et leur somme étant égale à a, chacun d'eux est égal à $\frac{1}{2}a$. On a donc pour la valeur de l'indice $n = \dfrac{\sin i}{\sin r} = \dfrac{\sin \frac{1}{2}(D+A)}{\sin \frac{1}{2}A}$. Voici maintenant comment on mesure avec précision la déviation D.

On installe le prisme verticalement sur un support mobile autour d'un axe vertical, on vise avec la lunette d'un cercle répétiteur o (*fig.* 702),

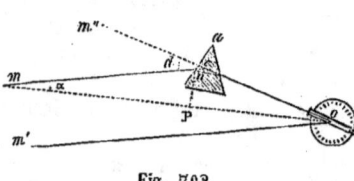

Fig. 702.

une mire très éloignée, d'abord directement, suivant om', puis à travers le prisme, a, suivant onm, et l'on fait tourner ce prisme sur son support, jusqu'à ce que l'angle $m''om'$ que font entre elles les deux directions successives de la lunette, soit le plus petit possible. Cet angle est alors égal à la déviation minimum $m''cm$, si l'on suppose que la mire est assez éloignée pour que les rayons mn, $m'o$ soient parallèles.

Quand la mire n'est pas assez éloignée pour qu'on puisse regarder les rayons om' et nm comme parallèles, on tient compte de l'angle qu'il font entre eux. Soit m la mire, α cet angle, et o l'angle $m''om$. La somme des angles du triangle mco étant égale à 180°, on a

$$180° = \alpha + o + (180° - m''cm) = \alpha + o + 180° - (2i - A);$$

d'où $i = \frac{1}{2}(A + o + \alpha)$,   et par conséquent la valeur de n devient

$$n = \frac{\sin \frac{1}{2}(A + o + \alpha)}{\sin \frac{1}{2}A}.$$

Cette méthode, due à Newton, s'applique aux liquides. On les renferme dans le *prisme-flacon* (*fig.* 703), qui consiste en un prisme de verre percé transversalement d'un ou plusieurs trous o, o', fermés par des lames de verre à faces bien parallèles, appliquées sur les faces du prisme. Un petit canal c, c', perpendiculaire à la base du prisme, sert à introduire le liquide, qui prend ainsi la forme d'un prisme, dont on mesure l'angle, et auquel on applique la méthode de Newton.

★ **829. Chambre claire.** — La *chambre claire*, ou *camera lucida*, nous offre une application des propriétés des prismes et du phénomène de la réflexion totale. Elle permet de dessiner les objets, en suivant sur le papier, le contour de leur image formée par l'instrument. La *chambre noire* servant au même usage, on a nommé, par opposition, *chambre claire*, l'instrument dont nous allons nous occuper, parce que les images s'y forment dans un espace éclairé.

Chambre claire de Wollaston.
— Cet instrument consiste en un prisme horizontal quadrangulaire ABDC (*fig.* 704), présentant un angle droit A et un angle très obtus D. La face AB est verticale et tournée du côté des objets à dessiner, de manière que les rayons, entrant à très peu

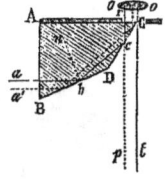

Fig. 704.

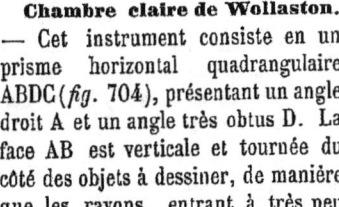

Fig. 703.

près normalement à cette face, ne sont pas sensiblement déviés. Ces rayons éprouvent, sur la face BD, la réflexion totale, se réfléchissent de nouveau totalement sur DC, et sortent sans déviation sensible par le bord de la face AC. L'œil qui reçoit ces rayons, voit alors l'image des objets, dans le prolongement, p, des rayons émergents. L'œil doit être placé très près du bord de l'arête C, de manière que la pupille oo dépassant un peu cette arête, reçoive les rayons directs, tels que t, venant du papier, avec la pointe d'un crayon. L'observateur, placé du côté C, voit l'image droite, les rayons, tels que a', qui émanent des parties inférieures des objets, sortant plus près de l'angle C que ceux, tels que a, qui viennent des parties supérieures.

Chambre claire d'Amici. — Il faut une certaine habitude pour placer l'œil convenablement sur le bord du prisme de Wollaston, malgré la précaution que l'on prend d'appliquer sur la face AC une plaque de cuivre percée d'un trou par lequel on doit regarder. La chambre claire d'Amici (*fig.* 705) est d'un usage beaucoup plus facile. Un prisme isocèle horizontal

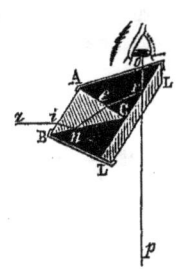

Fig. 705.

ABC s'appuie par une arête sur une lame de verre à faces parallèles faisant un angle de 45° avec la face BC. L'œil placé en o peut voir à travers cette lame, dans la direction op, la pointe du crayon avec lequel on dessine, et en même temps il reçoit, dans la même direction, le rayon *ainero*, venant d'un point de l'objet, et réfléchi en *n*, puis en *r* sur la face

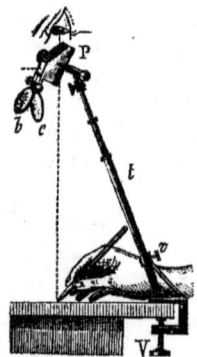

Fig. 706.

supérieure de la lame de verre. Comme les rayons qui viennent du crayon et ceux qui émanent de l'objet, entrent dans la pupille par le même point, il n'y a plus de difficulté à placer l'œil. La lame de verre et le prisme sont enveloppés d'une feuille de métal qui laisse à découvert la face AB par laquelle entrent les rayons qui viennent des objets, et la face LL, par laquelle on voit le papier sur lequel on dessine. En *o* est une petite ouverture, à laquelle on applique l'œil. — La *fig.* 706 représente la disposition de l'appareil. Le prisme, P, est soutenu par une tige *t* fixée à la table, et à l'extrémité de laquelle il peut tourner dans tous les sens. *b* et *c* sont des verres colorés, qu'on place sur le trajet des rayons qui produisent l'image, quand elle

est plus éclatante que le papier sur lequel on dessine.

§ 3. — MILIEUX TERMINÉS PAR DEUX SURFACES SPHÉRIQUES. — LENTILLES.

I. Propriétés des lentilles sphériques.

830. Des lentilles. — On nomme *lentille*, en optique, un corps transparent terminé par deux surfaces sphériques. Quand les deux surfaces ne se rencontrent pas, elles sont réunies par une surface cylindrique, qui ne joue aucun rôle dans les expériences. Une de ces surfaces peut être plane, puisque le plan peut être considéré comme une surface sphérique dont le rayon est devenu infini.

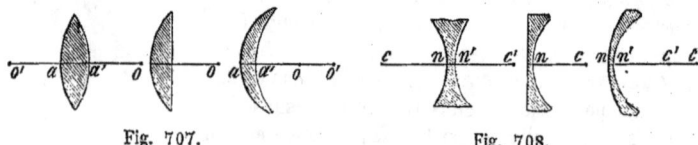

Fig. 707.   Fig. 708.

L'*axe principal* d'une lentille est la ligne droite qui passe par les centres des deux *surfaces* sphériques qui la terminent. Quand une des faces est plane, l'axe est la perpendiculaire abaissée du centre de la face courbe, sur la face plane.

Différentes sortes de lentilles. — On divise les lentilles en *lentilles convergentes* et *lentilles divergentes*. Les premières ont la propriété de rapprocher les uns des autres, ou de faire *converger*, les rayons qui les traversent; on les reconnaît en ce qu'elles sont plus épaisses au milieu que près du contour. Les secondes font, au contraire, *diverger* les rayons lumineux; elles sont plus minces au milieu que sur les bords.

Il y a trois espèces de lentilles *convergentes* (*fig.* 707) : 1° la lentille *bi-convexe*, dont les deux faces sont convexes; les centres o, o' des surfaces sphériques a, a', sont du côté opposé à ces surfaces. 2° La lentille *plan-convexe*, dont une des faces est plane; le centre unique o est du côté opposé à la surface courbe. 3° Le *ménisque convergent*, dont une des faces est concave, et possède un rayon de courbure $a'o'$ plus grand que celui de la surface convexe, de manière que l'épaisseur est toujours plus grande au milieu; le centre o' de la surface concave est le plus éloigné de la lentille.

Il y a trois espèces de lentilles *divergentes* (*fig.* 708), qui correspondent aux trois précédentes : 1° La lentille *bi-concave*; les centres sont du côté des surfaces qui leur correspondent. 2° La lentille *plan-concave*; le centre de la surface courbe est de son côté. 3° Le *ménisque divergent*; le rayon $n'c'$ de la surface concave est moindre que celui de la surface convexe.

On nomme *ouverture* d'une lentille, l'angle sous-tendu par la surface dont le rayon de courbure est le plus petit, et ayant son sommet au centre de courbure de cette surface. Nous supposerons toujours que l'ouverture des lentilles est très petite et que leur épaisseur est négligeable.

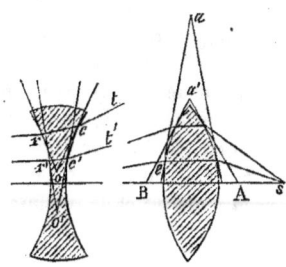

Fig. 709.

831. Propriétés générales des lentilles. — Pour concevoir comment les lentilles plus épaisses au milieu que sur les bords peuvent rendre convergents les rayons émanant d'un point s (*fig.* 709), il suffit de remarquer qu'un rayon, se, qui traverse une semblable lentille, est dans le même cas que s'il traversait un prisme limité par les deux plans tangents aux points d'incidence et d'émergence, prisme dont le sommet a serait tourné du côté opposé à l'axe de la lentille. Le rayon émergent serait donc dévié vers cet axe. Dans le cas des lentilles plus minces au milieu, les deux plans tangents forment un prisme cor, $c'o'r'$, dont le sommet o, o' est du côté de l'axe; les rayons émergents t, t' sont donc déviés de manière à s'écarter de cet axe; ils sont donc rendus plus divergents.

Foyers conjugués. — On démontre, et l'expérience vérifie, que les rayons partis d'un point s (*fig.* 711), situé sur l'axe principal oo' d'une lentille très mince et à petite ouverture, vont, après l'avoir traversée, se croiser en un même point f nommé *foyer conjugué* du point lumineux. Si ce point occupait la place du foyer f, sa position première, s, deviendrait le nouveau foyer.

Foyer principal. — Quand les rayons incidents rI sont parallèles à l'axe principal oo', le foyer, F, se nomme *foyer principal*, et la distance lF de ce point à la lentille, *distance focale principale*. Cette distance dépend à la fois de l'indice de réfraction n, et des rayons de courbure R, R' des faces de la lentille. En la représentant par a, on démontre que l'on a

$$l\mathrm{F} = a = \frac{\mathrm{RR}'}{(n-1)(\mathrm{R}+\mathrm{R}')}.$$

On voit que a est d'autant plus petit que l'indice n est plus grand. Si l'une des faces est concave, il faut prendre négativement le rayon qui lui correspond. Si elle est plane, il faut faire ce rayon infini.

Quand la lentille est divergente, la valeur de a est négative. Ce qui montre que le foyer principal se fait du même côté que le point lumineux ; en effet, les rayons sortent alors en *divergeant*, et ce n'est que leurs prolongements qui viennent couper l'axe en formant un *foyer virtuel*. Le foyer conjugué des rayons provenant d'un point situé sur l'axe principal est aussi virtuel dans le cas des lentilles divergentes.

Formule des lentilles. — En supposant toujours une lentille très mince et à petite ouverture, et représentant par p et p' les distances du point lumineux et de son foyer à la lentille, on démontre que l'on a

$$\frac{1}{p} + \frac{1}{p'} = \frac{1}{a}. \qquad [1]$$

C'est là la formule des lentilles ; elle est semblable à celle des miroirs sphériques ; seulement la distance focale principale, a, dépend de trois choses, tandis que pour les miroirs elle ne dépend que de leur rayon de courbure. De cette formule, on peut tirer la valeur de p', qui dépend de p et de a et par conséquent de l'indice de réfraction et des courbures des faces de la lentille.

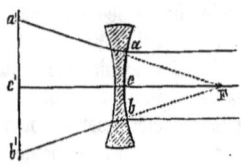

Fig. 710.

832. Détermination de la distance focale principale. — Quand la lentille est *convergente*, on fait tomber les rayons solaires parallèlement à son axe sur sa surface, et l'on cherche, avec un écran, la section la plus petite du cône émergent. L'écran se trouve alors au foyer principal. — Si la lentille est *divergente*, on applique sur l'une de ses faces une bande de papier noir, en ménageant deux petits trous a, b (*fig.* 710), situés à la même distance de l'axe sur un même grand cercle. Faisant ensuite tomber les rayons solaires sur cette face, parallèlement à l'axe, on reçoit sur un écran $a'b'$, perpendiculaire à cet axe, les pinceaux émergents aa', bb'. On mesure la distance $a'b'$ et la distance $c'c$. On a alors $a'b' : ab = c'F : cF = c'c + cF : cF$; d'où l'on tire la valeur de cF.

833. Position relative des foyers conjugués. — De la discussion de la valeur de p' tirée de la formule [1] (831), ainsi que de l'expérience, on déduit les résultats suivants : 1° quand le point lumineux est à l'infini, c'est-à-dire quand les rayons sont parallèles à l'axe, le foyer, F (*fig.* 711) est le foyer principal. Pour le construire, soit rI un rayon incident ; en I, il se réfracte en se rapprochant de la normale $o'Im$, avec laquelle il fait un angle r donné par la formule $\sin i = n \sin r$ (818). Au point d'émergence, e, il se réfracte de nouveau en s'éloignant de la normale oen, et vient couper l'axe au point F, qui est le foyer principal. — 2° Le point lumineux se rapprochant, et venant en s, le foyer f se formera plus loin de la lentille que le point F, et s'éloignera d'autant plus que le point s se rapprochera davantage. En effet, le rayon incident sI formant avec la normale $o'Im$ un angle plus grand que rIm, le rayon réfracté Ie' se dirigera au-dessus

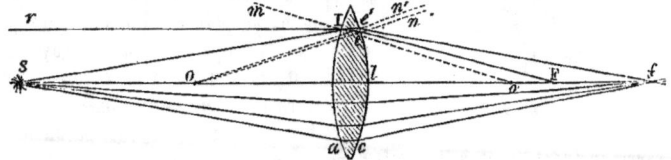

Fig. 711.

de Ie. Il fera donc, avec la normale $oe'n'$, un angle plus petit que celui que fait le rayon Ie avec la normale oen, si l'on suppose que l'angle de ces deux normales est négligeable ; ce qui a lieu, l'épaisseur Ie' de la lentille, étant très petite, et, par conséquent, la distance ee'. Le rayon émergent $e'f$ s'écartera donc moins de la normale $oe'n$ que le rayon eF ne s'écarte de la normale oen. Le point f, où le premier rayon coupera l'axe, sera donc plus éloigné de la lentille que le point F. — 3° Quand le point lumineux est à une distance de la lentille double de la distance focale principale lF, le foyer se fait à une distance égale, du côté opposé. — 4° Quand le point lumineux est au foyer principal, les rayons émergents sont parallèles à l'axe ; le foyer est donc à l'infini. — 5° Quand le point lumineux se rapproche encore de la lentille, le foyer est *virtuel* et du même côté que le point lumineux ; c'est-à-dire que les rayons *physiques* ne se rencontrent plus ; mais seulement leurs prolongements. — 6° Le foyer virtuel s'approche de la lentille en même temps que le point lumineux, et se confond avec lui sur sa surface même. — On voit que le foyer conjugué peut occuper tous les points de l'axe, excepté ceux qui sont compris entre le foyer principal et la lentille.

Quand la lentille est *divergente*, le foyer virtuel ne peut se trouver qu'entre le foyer principal et la lentille, dont il se rapproche en même temps que le point lumineux.

834. Centre optique d'une lentille. — Nous avons supposé jusqu'à présent que le point lumineux était situé sur l'axe de la lentille. Nous allons considérer maintenant le cas où il n'en est pas ainsi, et nous supposerons toujours que le point lumineux est très peu éloigné de l'axe principal par rapport à sa distance à la lentille ; ce qui a toujours lieu dans les instruments d'optique.

Nous allons d'abord démontrer que, parmi les rayons qui partent d'un point lumineux situé hors de l'axe, il y en a toujours un qui traverse la lentille sans éprouver de déviation. Menons à la face a (*fig.* 712), un plan tangent en un point n peu éloigné de l'axe oo' ; il sera toujours possible de mener un autre plan tangent à la face a' et parallèle au premier. Car, si nous abaissons une perpendiculaire $o'n'$, du centre o' sur le premier plan, un plan tangent au point n' lui sera parallèle. Joignons les points n, n' ; un rayon incident, qui donnerait un rayon réfracté traversant la lentille suivant nn', donnerait un rayon émergent parallèle au rayon incident, puisqu'il serait dans le même cas que s'il traversait un milieu terminé par deux plans parallèles. Or, un semblable rayon existe toujours ; car, si nous faisons tourner le rayon sn dans le plan de la figure autour du point n, nous finirons par trouver un angle d'incidence tel que l'angle de réfraction soit égal à cno.

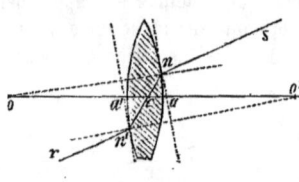

Fig. 712.

Nous allons maintenant montrer que le point c où le rayon réfracté coupe l'axe, est le même pour tous les rayons réfractés qui correspondent à des rayons incident et émergent parallèles entre eux ; d'où il faudra conclure qu'il existe pour chaque point lumineux peu éloigné de l'axe, un rayon incident qui émerge sans déviation ; car, en faisant tourner nn' autour du point c, on finira par trouver un angle de réfraction correspondant à un rayon incident passant par le point donné. Cherchons donc la position du point c, ou sa distance à la face an. Les triangles $nco, n'co'$, semblables puisque les normales on et $o'n'$ sont parallèles, donnent, en appelant R et R' les rayons de courbure,

$$\overline{oc} : \overline{o'c} = \overline{on} : \overline{o'n'} = R : R' ;$$

d'où $\quad \overline{on} - \overline{oc} : \overline{o'n'} - \overline{o'c} = R : R',\quad$ ou $\quad \overline{ac} : \overline{ca'} = R : R'.$

Le point c partage donc l'épaisseur e de la lentille en parties proportionnelles aux rayons de courbure de ses faces. On tire de là

$$ac + a'c : \overline{ac} = R+R' : R ; \quad \text{d'où} \quad \overline{ac} = \frac{Re}{R+R'},$$

valeur qui ne dépend que des quantités constantes R, R', e. Le point c, où tous les rayons qui traversent la lentille sans éprouver de déviation, coupent l'axe, se nomme *centre optique* de cette lentille.

835. Discussion. — Prenons la valeur de *ca* positivement quand elle est comptée à gauche du point *a*. Si l'on a $R = R'$, le centre optique *c* se trouve au milieu de l'épaisseur de la lentille, puisque l'on a alors $ac = \frac{1}{2}e$. Si la lentille est plan convexe, on a $R = \infty$, et il vient $ac = e$; le centre optique est donc situé sur la face courbe; ce qu'il est facile de voir directement. En effet, quelque soit le point d'immergence sur la face plane A*a* (*fig.* 713), le point d'émergence devra être en *c*, seul point où un plan tangent à la face courbe soit parallèle à A*a*. — Dans le cas du ménisque convergent, R est négatif et plus grand que R'. La valeur de *ca* (*fig.* 712), devient alors $\frac{Re}{R-R'}$; quantité positive et plus grande que *e*. Le centre optique, *c* (*fig.* 713) se trouve donc hors de la lentille, du côté de la face convexe. Ce que l'on peut reconnaître

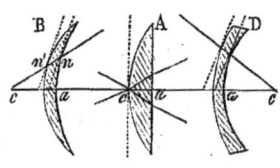

Fig. 713.

directement, en remarquant que les points de contact des plans tangents parallèles, sont du même côté de l'axe, et que celui qui se trouve sur la surface concave en est plus éloigné que l'autre, comme on le voit en *n*, *n'*.

Si la lentille est *divergente* et bi-concave, il faut changer les signes de R et R'; ce qui ne modifie pas le signe de *ca* ; le centre optique sera donc toujours dans l'épaisseur de la lentille, et au milieu si l'on a $R = R'$. Dans le cas de la lentille plan-concave, on a $R = \infty$, et $ca = e$; le centre optique se trouve donc sur la face courbe. Enfin, dans le cas du ménisque divergent, il faut faire R seulement négatif, et le supposer plus petit que R'; la face *a* est concave, et la valeur $ac = \frac{Re}{R'-R}$ est négative et plus grande que *e*; ce qui montre que le centre optique se trouve hors de la lentille, du côté de la face qui a le plus petit rayon, qui est ici la face concave. On peut le voir directement; car les points de contact des plans tangents parallèles, sont du même côté de l'axe, et celui de la face concave est le plus rapproché de cet axe, comme on le voit en D*a* (*fig.* 713).

836. Foyers conjugués sur les axes secondaires. — Un rayon qui traverse une lentille en passant par son centre optique, n'éprouve pas de déviation, mais seulement un déplacement latéral, qui est négligeable comme l'épaisseur de la lentille. On peut donc regarder ce rayon comme formant une ligne droite. Cette droite se nomme l'*axe secondaire* du point lumineux qui a fourni le rayon. Or, on démontre qu'un point lumineux situé hors de l'axe principal, donne un foyer conjugué *sur son axe secondaire*, pourvu que ce dernier fasse un très petit angle avec l'axe de la lentille. La formule [1] (831) s'applique également ici, *a* conservant la même valeur, toutes les propriétés des lentilles relatives aux points lumineux placés sur l'axe principal, se retrouvent pour ceux qui sont placés sur un axe secondaire, et ce que nous avons dit des positions relatives des foyers conjugués s'y applique également.

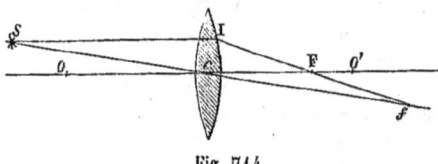

Fig. 714.

On peut facilement trouver la position du foyer conjugué d'un point donné, quand on connaît la distance focale principale; il n'y a qu'à mener par le point donné *s* un rayon incident parallèle à l'axe principal *oo'* (*fig.* 714). Ce rayon ira couper cet axe au foyer principal F. En joignant donc le point I, au point F, on aura un rayon émergent, et le point *f* où

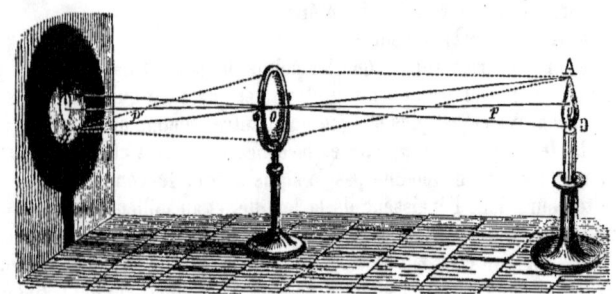

Fig. 715.

il coupera l'axe secondaire *sf* mené par le point *s* et par le centre optique *c* sera le foyer conjugué du point *s*.

837. Images formées au foyer des lentilles convergentes. — Considérons un objet AC (*fig.* 715) placé à une distance d'une lentille convergente, plus grande que son foyer principal. Tous les rayons partant du point A et traversant la lentille, vont converger en un point *a* de l'axe secondaire A*oa* ; *o* étant le centre optique. De même, le point C fera son foyer ou son image en *c*, sur l'axe secondaire C*oc*, et ainsi des autres points de l'objet. On aura donc, sur un écran placé en *ac*, une image *renversée* de l'objet AC. Si l'on fait l'expérience dans la chambre noire, au moyen d'une bougie, on remarque que l'image se trouve au milieu d'un espace circulaire obscur, qui n'est autre chose que l'ombre de la lentille sur l'écran ; car les rayons qui la traversent étant tous déviés vers les différents foyers qu'ils forment, l'écran ne reçoit de lumière dans l'intérieur de l'ombre géométrique, qu'aux divers points de cette image. Le reste de l'écran est faiblement éclairé par les rayons directs venant de la bougie.

La grandeur de l'image s'obtient au moyen de la proportion $ac : AC = p' : p$; p et p' étant les distances de l'objet et de son image à la lentille.

838. Aberration de sphéricité des lentilles. — Quand une lentille n'a pas une ouverture très petite, les rayons émergents, provenant de rayons parallèles, ou de rayons partant d'un point situé sur l'axe principal ou sur un axe secondaire peu incliné sur ce dernier, ne se croisent plus en un même point. Ceux qui émergent près du bord de la lentille, tels que na, $n'a$ (fig. 716), vont couper l'axe plus près de la lentille que ceux qui passent vers le milieu, et ceux qui traversent une même section passant par l'axe principal, se coupent deux à deux, de manière à former une courbe convexe vers l'axe cfc', et dans l'espace, une surface courbe

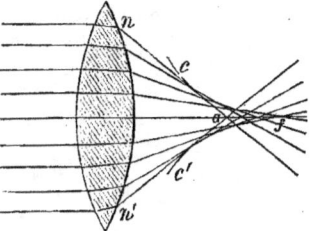

Fig. 716.

nommée *caustique* par réfraction, analogue à celle que forment les miroirs sphériques (810), c'est là ce qui constitue l'*aberration de sphéricité* des lentilles. Si l'on cherche avec un écran, le foyer du point lumineux, on le voit entouré d'une auréole, formée par les rayons qui coupent l'axe en deçà du foyer f. S'il s'agit de l'image d'un objet, on la voit de même entourée d'une auréole qui en trouble la netteté, et qu'on peut faire disparaître en interceptant, au moyen d'un écran annulaire, les rayons qui passent près des bords de la lentille.

L'aberration est moindre pour les lentilles ayant une face plane, ou une face concave, quand cette face est tournée du côté du foyer conjugué le plus rapproché. Deux lentilles plan-convexes réunies, donnent moins d'aberration qu'une seule lentille de même diamètre et de même distance focale que le système.

II. Applications des images réelles formées par les lentilles.

839. Chambre noire. — Les images qui se forment au foyer des lentilles convergentes ont reçu des applications dans plusieurs instruments d'optique. J.-B. Porta, après avoir inventé la chambre noire simple (790), imagina de remplacer la petite ouverture, par une large ouverture munie d'une lentille convergente, formant dans l'intérieur de la caisse une image renversée des objets extérieurs. L'instrument ainsi construit se nomme *chambre noire composée*. L'image formée au foyer de la lentille est d'autant plus éclatante qu'il y a plus de rayons concentrés en chaque point, c'est-à-dire que le diamètre de la lentille est plus grand. L'écran sur lequel on reçoit cette image, doit être placé à une distance déterminée, qui dépend de celle de l'objet; il en résulte que les points situés à différentes distances de la lentille, ne peuvent se peindre avec la même netteté. Cependant, quand ces objets sont tous très éloignés, comme de grandes différences de distances n'en apportent alors que de très faibles dans la position de l'image, toutes les parties paraissent également nettes.

Chambre noire à tiroir. — Le renversement de l'image formée dans la chambre noire peut être évité par divers moyens. La *fig.* 717 représente.

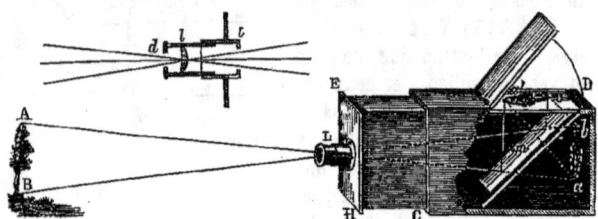

Fig. 717.

une chambre noire portative, dite *à tiroir*, dont se servent les paysagistes. L est la lentille, nommée *objectif* parce qu'on la tourne vers les objets dont on veut former l'image; on en voit la coupe en l; un diaphragme d arrête les rayons qui tombent trop près du bord, pour éviter l'aberration de sphéricité. Cette lentille est adaptée à un tube qui peut glisser dans un autre fixé à la caisse HD. Cette caisse est noircie en dedans, et la lumière ne peut y pénétrer qu'à travers la lentille. Un miroir plan, m, incliné à 45°, réfléchit, sur une lame de verre horizontale v, les rayons qui ont traversé l'objectif. Si l'on enlevait ce miroir, les images se formeraient en ba; mais les rayons qui convergeraient en a sont réfléchis, et viennent converger sur la lame de verre $a'v$, en un point a' symétrique du point a (797). De même, l'image qui se formerait en b se forme en v, et ainsi des autres. On voit que l'image ba étant renversée, celle qui se formera en $b'v$ sera droite pour un observateur placé derrière le miroir m. Cet observateur doit être enveloppé d'une draperie noire, qui empêche la lumière extérieure de tomber sur la surface $a'v$. On règle la distance de l'écran à la lentille d'après l'éloignement des objets, ce qui s'appelle mettre l'instrument *au point*, en faisant glisser la partie EC de la boîte, dans la partie CD, et l'on termine en enfonçant plus ou moins le tube L.

Chambre noire verticale. — Trois pieds (*fig.* 719) soutiennent une tablette T, sur laquelle on place une feuille de papier. L'objectif est représenté à part en ll' (*fig.* 719); il est ajusté dans un tube vertical pouvant glisser, pour la *mise au point*, dans un disque horizontal en bois, auquel sont articulés les trois pieds. Un miroir métallique mm', incliné à 45°, renvoie suivant la verticale, les rayons, sensiblement horizontaux, qui viennent des objets éloignés; de manière que l'image vient se peindre sur la feuille de papier AB, comme si les rayons partaient des points, tels

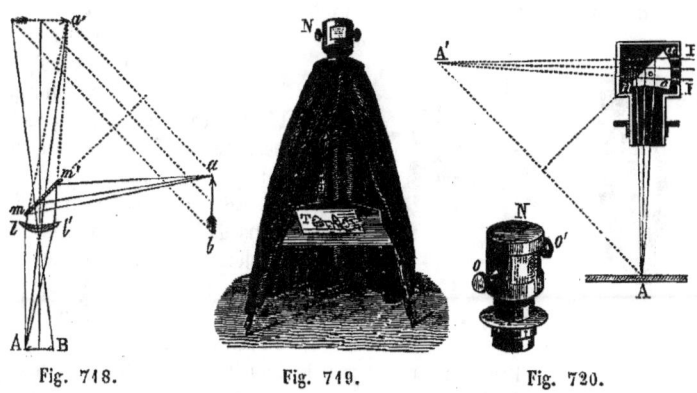

Fig. 718.   Fig. 719.   Fig. 720.

que a', symétriques de ceux de l'objet ab par rapport au plan du miroir mm'. Un rideau noir empêche la lumière extérieure de se répandre sur la feuille de papier.

Prisme-menisque. — M. Ch. Chevalier a employé un prisme qui sert à la fois de lentille et de réflecteur, et dont on voit la section droite en anc (*fig.* 720); la surface antérieure, tournée vers les objets, est de forme sphérique convexe. Si le milieu était indéfini derrière cette surface, des rayons I, I partant d'un point lumineux, feraient leur foyer en A'. Mais les rayons qui convergent vers A' se réfléchissent *totalement* en dedans, sur la surface an inclinée à 45° sur l'horizon, et se réunissent en A, point symétrique de A' par rapport au plan an. On donne une légère courbure concave à la face d'émergence nc, pour que les rayons convergents, sortant dans une direction normale à cette face, n'éprouvent pas de nouvelle déviation. On voit en N l'ensemble du prisme et de sa garniture métallique; il peut se mouvoir autour d'un axe horizontal oo', de manière à se tourner, entre certaines limites, vers les objets dont on veut obtenir l'image. Le tube qui termine verticalement la garniture, peut glisser dans un anneau fixe, pour la mise au point. L'appareil de la *fig.* 719 est muni du prisme-ménisque.

★ **840. Lanterne magique.** — La *lanterne magique* (*fig.* 721), imaginée par le P. Kirker, consiste en une caisse contenant une lampe à réflecteur L, et portant un système de deux lentilles convergentes ajustées dans le tube T, et dont on voit la coupe en *l*, *l'*. L'une, *l'*, dite *demi-boule*, est plan-convexe ; l'autre, plus petite, *l*, se nomme l'objectif.

Des dessins, dont le système des lentilles doit former l'image sur un écran, sont peints avec des couleurs translucides, sur une lame de verre, *a*, que l'on fait glisser entre la lampe et le système des lentilles. On renverse le dessin pour que son image soit droite. Comme ce dessin est très près de la demi-boule, si l'on en rapproche l'objectif, il faut éloigner l'instrument de l'écran, pour que l'image continue à s'y peindre nettement (833) ; en même temps, cette image grandit.

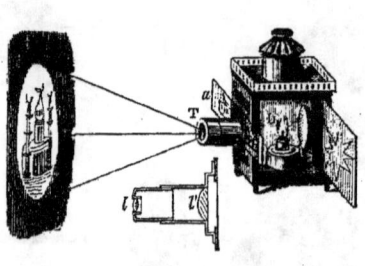

Fig. 721.

Fantasmagorie. — Les illusions de la fantasmagorie sont produites au moyen d'un appareil analogue à la lanterne magique. Les peintures translucides se détachent sur un fond opaque, de manière que l'écran ne reçoit pas de lumière en dehors de l'image. L'appareil est placé dans une chambre séparée de celle qu'occupent les spectateurs, par un écran translucide sur lequel on projette les images. Les spectateurs, plongés dans une obscurité complète, n'ont aucun moyen de juger de la distance à laquelle ils se trouvent de ces images. Il en résulte que, si l'on fait en sorte que celles-ci grandissent rapidement, on s'imagine qu'elles s'avancent ; si, au contraire, on en diminue les dimensions, elles semblent s'éloigner. Pour produire ces effets, on change la distance de l'appareil à l'écran, en ayant soin de faire varier en même temps l'intervalle des deux lentilles, de manière que l'image se fasse toujours exactement sur l'écran.

★ **841. Microscope solaire.** — Le microscope solaire est destiné à projetter, avec un énorme grossissement, les images d'objets extrêmement petits. L'image étant fortement grossie, il faut, pour qu'elle ne soit pas trop obscure, que l'objet soit très vivement éclairé. C'est à quoi l'on parvient en concentrant sur lui les rayons du soleil, au moyen de lentilles. La *fig.* 722 représente en *m*R une coupe de l'instrument, et en *m'*R' une vue générale. Les mêmes lettres indiquent les mêmes objets sur les deux dessins. Les rayons solaires sont renvoyés horizontalement sur une lentille L, par un miroir, mobile comme celui du porte-lumière (803). Après avoir traversé la lentille L, ils sont reçus par une seconde lentille *c*, que l'on peut déplacer au moyen d'une crémaillère et d'un pignon denté, de manière à amener sur l'objet l'image très petite et très éclatante du soleil. L'objet est fixé sur une lame de verre *v* maintenue entre deux plaques trouées *p*, *p'*, que des ressorts *rr* serrent l'une contre l'autre. Les rayons lancés par l'objet très éclairé, traversent une lentille à court foyer, *o*, nommée *objectif*, qui forme, à une grande distance, une image renversée et d'autant plus grossie que l'objet est plus près du foyer de l'objectif.

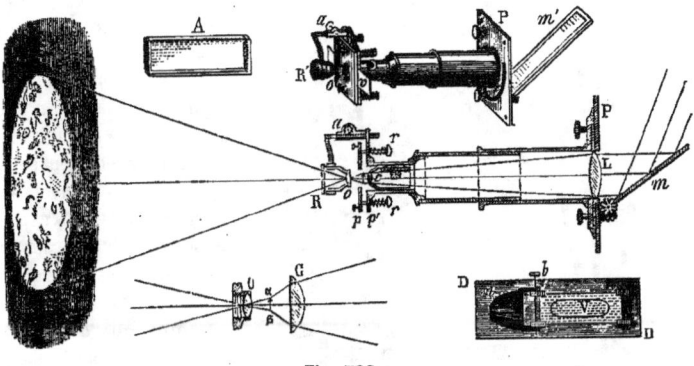

Fig. 722.

Cet objectif est représenté à part en O, en grandeur réelle; C est la lentille qui concentre sur l'objet αβ, l'image solaire d'autant plus brillante qu'elle est plus petite. Une crémaillère et un pignon denté *a*, *a*, permettent de déplacer l'objectif jusqu'à ce que l'image se fasse nettement sur l'écran. — On voit que l'objet est éclairé par derrière, mais les corps très petits étant ordinairement translucides, cela n'a pas d'inconvénient.

Le microscope solaire est souvent employé pour montrer à une assemblée les détails de l'organisation de très petits animaux, la structure des tissus des plantes, les animaux infusoires contenus dans certains liquides, dont on dépose une goutte sur une lame de verre qu'on glisse entre les plaques *p*, *p'*. — Une expérience curieuse, est celle de la cristallisation du *sel ammoniac* ; on met une goutte de la dissolution sur la lame de verre ; l'évaporation est activée par la chaleur du soleil, et l'on voit bientôt se former des points sombres d'où partent, comme des fusées, des bandes délicatement découpées en feuille de fougère, s'allongeant à vue d'œil, et s'entrecroisant dans tous les sens. — On peut montrer aussi la circulation du sang dans la membrane des doigts d'une grenouille, ou dans celle qui borde la queue du têtard. DD (*fig.* 722) représente le petit appareil au moyen duquel on emprisonne le corps du têtard dans une calotte à jours, *n*, articulée en *b* avec une lame de verre V.

Microscope à gaz. — M. Galy-Cazalat, en éclairant l'objet au moyen d'un mélange d'oxygène et d'hydrogène enflammé et projeté sur un cône en chaux, a créé le *microscope à gaz*, qui ne diffère que par ce mode d'éclairage, du microscope solaire.

Microscope photo-électrique. — MM. Donné et Foucault ont imaginé d'employer, pour éclairer l'objet, la lumière de l'arc voltaïque (685).

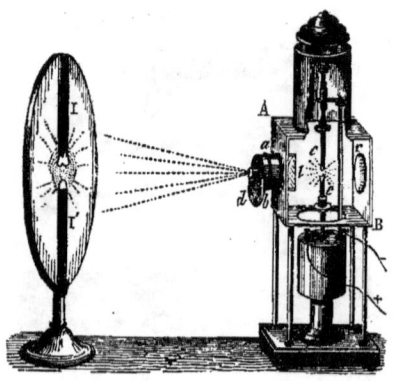

Fig. 723.

Les charbons *c*, *c* (*fig.* 723) sont renfermés dans une caisse cubique AB munie d'une lentille plan-convexe *l*, qui rassemble les rayons lumineux en un faisceau parallèle. Un réflecteur sphérique en verre *r*, renvoie sur la lentille ceux de ces rayons qui sont lancés du côté opposé. Le microscope solaire se visse en *ab*.

Lampe photo-électrique. — L'appareil de la *fig.* 723, nommé *lampe photo-électrique*, est fréquemment employé aujourd'hui dans les cours d'optique, pour remplacer les rayons solaires. La lentille *l* peut s'enfoncer plus ou moins. On adapte en *ab*, des diaphragmes présentant des ouvertures appropriées à chaque genre d'expérience.

Une des expériences les plus curieuses, consiste à projeter sur un écran l'image même des charbons, I, I′, en plaçant convenablement la lentille *l*, et couvrant le réflecteur *r* d'un écran. On voit ainsi la forme que prennent les extrémités des charbons ; celui qui apporte l'électricité positive s'usant en s'amincissant, l'autre, en se creusant en forme de coupe. On remarque en même temps les mouvements intermittents par lesquels ils se rapprochent sous l'influence du régulateur. On distingue aussi le transport des particules ; on voit une espèce de poussière lumineuse qui se précipite du pôle positif au pôle négatif. On remarque enfin, au moment où l'on ferme le circuit, que la lumière se manifeste d'abord au pôle négatif (687).

Nous ferons connaître plus tard les applications des lentilles aux instruments grossissants qui viennent en aide à notre vue. Il nous reste, pour le moment, à parler de leur emploi dans la construction des phares.

★ **842. Phares dioptriques.** — Fresnel[1] a fait faire un immense progrès à l'éclairage des phares, en substituant aux miroirs paraboliques, dont nous avons parlé (814), des systèmes de lentilles destinées à rendre parallèles les rayons émanant d'une flamme. Il fallait d'abord construire des lentilles de grandes dimensions dépourvues d'aberration de sphéricité, et assez minces pour qu'il n'y eût pas d'absorption sensible de lumière. C'est à quoi Fresnel est parvenu, au moyen des *lentilles à échelons* ou *lentilles polyzonales* (353). La courbure de la section de chacun des anneaux de verre qui composent ces lentilles est établie de manière qu'il n'y ait pas d'aberration de sphéricité ; c'est dire que les surfaces de ces anneaux n'appartiennent pas à des sphères concentriques.

Comme exemple, nous citerons un *feu tournant* de premier ordre (*fig.* 724). Des panneaux *l, l*, formés de portions rectangulaires de lentilles à échelons, sont disposés verticalement autour d'une forte lampe à plusieurs mèches concentriques, de manière à former un tambour prismatique dont l'axe passe par le foyer principal de chaque lentille. On peut ainsi, avec une seule lumière, lancer des faisceaux parallèles dans autant de directions que l'on veut, tandis qu'avec les miroirs paraboliques, il faut autant de lumières que de faisceaux.

Indépendamment de cette partie de l'appareil, qui constitue le système *dioptrique*, il y a un système réflecteur destiné à renvoyer horizontalement les rayons dirigés en haut et en bas. Ces rayons sont réfléchis par deux séries de couronnes de miroirs en verre étamé *nn, n'n'*, échelonnés en jalousies, et soutenus par des tringles *t, t*, portées par un plateau D fixé à la colonne D*c*. Chaque couronne est composée d'un grand nombre de pièces, dont les sections faites par des plans passant par l'axe de l'appareil, présentent la courbure d'une parabole à axe horizontal ayant son foyer au centre lumineux ; de manière que tous les rayons tombant sur une même

---

[1] Fresnel (Augustin-Jean), le Newton de l'optique, est né en 1788, à Broglie (Eure). Son père, architecte, employé à la construction des forts de Cherbourg, s'était retiré, lors de la tourmente révolutionnaire, dans une modeste propriété, près de Caen, où il se consacra à l'éducation de ses quatre fils. Augustin apprenait difficilement ; à 8 ans, il savait à peine lire, mais en même temps il se livrait à des expériences suivies, sur les conditions du jeu de certains jouets destinés à lancer des projectiles. A 16 ans il entra à l'Ecole polytechnique et en sortit dans les ponts et chaussées. En 1815, il abandonna le service actif et publia, en dix ans, tous ses beaux mémoires sur l'optique, dans lesquels il établit le système des ondulations sur des bases aussi solides que celui de la gravitation de Newton. D'une complexion faible, mais sobre et jouissant du calme que donne une conscience pure, Fresnel paraissait devoir fournir une longue carrière, lorsqu'il fut emporté par une hémoptysie, en 1827, à peine âgé de 39 ans.

section sont réfléchis horizontalement. Le système des lentilles est soutenu par des tringles f, f, f, f, extérieures aux couronnes inférieures, et fixées au cercle aa. Des consoles b, b, portées par un manchon m qui enveloppe l'arbre Dc soutiennent le cercle aa. Le manchon s'appuie sur des galets qui lui permettent de tourner facilement sur une plate-forme p fixée à la colonne Dc. Le système des lentilles est maintenu, à sa partie supérieure, par un tourillon o qui traverse la barre fixe AB, et il reçoit un mouvement de rotation régulier d'un système d'horlogerie H, dont la dernière roue r mène un disque denté adapté au manchon m. Il résulte de ce mouvement, que les divers faisceaux parallèles parcourent l'horizon et viennent passer les uns après les autres par un même point, en y produisant une vive lumière ou un *éclat*, suivi d'une obscurité relative ou *éclipse*, quand le point considéré se trouve compris dans l'espace qui sépare deux faisceaux voisins; alors il ne reçoit que la lumière envoyée par le système réflecteur fixe. Le nombre d'éclats par minute, qui n'est pas le même pour les différents phares situés sur une même côte, sert à les distinguer les uns des autres.

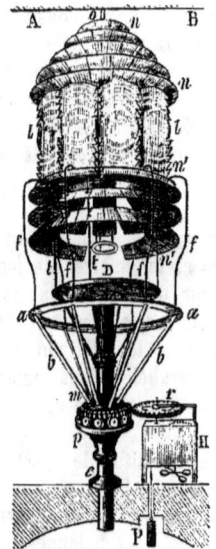

Fig. 724.

Tout l'appareil est renfermé dans une cage, surmontée d'un toit en cuivre, et garnie de glaces épaisses capables de résister aux vents les plus violents, et au choc des oiseaux de mer, qui parfois se précipitent vers la lumière. Un phare de premier ordre se voit à une distance de 10 à 15 lieues. On a encore augmenté cette portée en employant la lumière électrique (688).

CHAPITRE IV.

CHROMATIQUE.

§ 1. — DISPERSION, OU DÉCOMPOSITION DE LA LUMIÈRE PAR RÉFRACTION.

843. Des couleurs. — La lumière rayonnée par les corps lumineux, ou renvoyée d'une manière diffuse par les corps éclairés, produit sur l'organe de la vue, des impressions diverses qui nous font distinguer les couleurs. La partie de l'optique qui traite des couleurs se nomme la *chromatique*, science créée par Newton ; avant lui on n'avait sur ce sujet que des notions vagues ou erronées.

Les couleurs peuvent être considérées dans les rayons lumineux, ou dans les corps éclairés, qui les renvoient d'une manière diffuse et avec des teintes qui dépendent de leur substance et de l'état de leur surface. Nous considérerons d'abord les couleurs, dans les rayons lumineux.

844. Dispersion. Spectre solaire. — Si l'on fait passer à travers un prisme P (*fig.* 725) un mince pinceau tP de rayons solaires, ce pinceau est dévié vers la base, et si on le reçoit sur un écran blanc, on reconnaît qu'il s'étale en éventail, perpendiculairement aux arêtes du prisme, c'est-à-dire dans le plan de réfraction ; tandis qu'il conserve ses dimensions dans le sens parallèle à ces arêtes. Si l'écran est suffisamment éloigné, l'image allongée se montre colorée des nuances les plus vives, se succédant d'une extrémité à l'autre. Newton a donné à cette image le nom de *spectre solaire*,

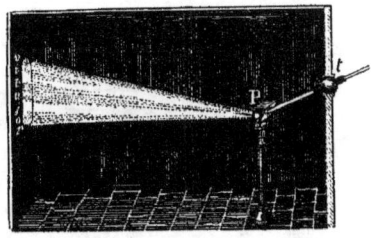

Fig. 725.

et au phénomène de l'apparition des couleurs dans le faisceau réfracté, le nom de *dispersion*. La forme du spectre est un rectangle, si l'ouverture du volet est elle-même rectangulaire. Les bords latéraux sont nettement terminés, mais les extrémités sont diffuses. Quand l'ouverture est circulaire, les extrémités sont arrondies en demi-cercle.

Newton a distingué dans le spectre solaire sept couleurs *principales*, qui sont, en commençant du côté de la base du prisme,

violet, indigo, bleu, vert, jaune, orangé, rouge;

série facile à retenir, parce qu'elle forme un vers alexandrin. Ces sept couleurs, désignées souvent sous les noms de *couleurs du spectre, couleurs de l'iris*, ne sont pas les seules qui composent le spectre ; car on remarque qu'elles se fondent les unes dans les autres, de manière qu'on ne peut leur reconnaître de limites précises ; il y a donc une infinité de couleurs intermédiaires.

La plupart des sources lumineuses donnent aussi un spectre, généralement moins brillant que celui du soleil, les couleurs sont toujours disposées dans le même ordre, mais quelques-unes peuvent manquer, et être remplacées par des espaces obscurs.

845. De l'étendue du spectre solaire. — 1° La longueur du spectre augmente avec l'angle du prisme; comme on peut le constater au moyen des prismes à angle variables (825). Pour avoir un beau spectre, on emploie un prisme en *flint-glass* dont l'angle est au moins de 60°, et l'ouverture du volet ne doit avoir que 2 à 3 millimètres dans le sens perpendiculaire aux arêtes du prisme.

2° L'étendue du spectre dépend de la substance du prisme. On le reconnaît au moyen du *polyprisme* AB (*fig.* 726), composé de plusieurs prismes de même angle, mais de substance différente; on fait tomber sur ce système un faisceau mince, et assez large dans le sens des arêtes, pour rencontrer à la fois tous les prismes, et l'on obtient plusieurs spectres placés les uns à côté des autres, et de position et d'étendue très différentes. Si les prismes sont incolores, on remarque que tous les spectres présentent les mêmes couleurs disposées dans le même ordre; mais ces couleurs n'y occupent pas des espaces proportionnels. Par exemple, avec un prisme de verre ordinaire ou *crown-glass*, le rouge occupe relativement plus de place que dans le spectre formé par un prisme de même angle en *flint-glass* ou cristal, et le spectre de ce dernier renferme plus de violet que celui du premier prisme.

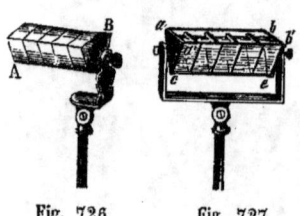

Fig. 726.   Fig. 727.

Pour faire la même expérience avec des prismes liquides, on emploie le petit appareil *ae* (*fig.* 727). Les deux lames de verre *abce*, *a'b'ce* sont à faces bien parallèles, et on remplit les compartiments avec différents liquides. Le sulfure de carbone donne un très beau spectre; celui que produit l'eau, est peu étalé; on le rend très brillant, en y dissolvant de l'acétate de plomb.

846. Théorie de Newton. — Newton a expliqué le phénomène de la dispersion au moyen des trois principes suivants :

1° *La lumière blanche n'est pas simple*, mais composée d'une infinité de rayons différents présentant les couleurs que l'on observe dans le spectre.

2° *Ces divers rayons sont inégalement réfrangibles*; ce qui fait qu'ils se séparent les uns des autres, en se réfractant. La *dispersion* n'est donc autre chose que la *décomposition* de la lumière dans l'acte de la réfraction.

3° Les rayons qui composent le spectre sont *simples* et *indécomposables*, et à chaque couleur correspond un degré de réfrangibilité particulier.

Pour établir cette théorie, il faut prouver : 1° que les divers rayons colorés ont des réfrangibilités différentes allant en croissant, du rouge au violet; 2° qu'ils sont indécomposables par une nouvelle réfraction; 3° que tous les rayons colorés qui composent le spectre étant réunis et mélangés, forment de la lumière blanche. C'est ce que Newton a établi, au moyen de nombreuses expériences dont nous allons citer les plus importantes.

847. Les divers rayons colorés sont inégalement réfrangibles.
— 1° On isole un très mince pinceau de rayons sortant d'un prisme P (*fig.* 728), en faisant tomber le spectre *e* sur un écran percé d'un petit

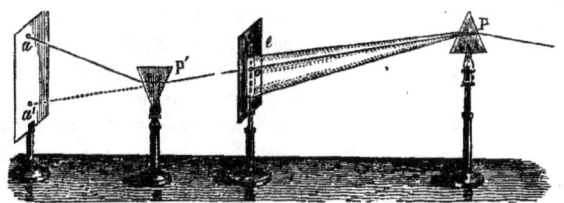

Fig. 728.

trou, qui laisse passer le pinceau que l'on veut isoler. Ce pinceau traverse un second prisme P', qui le dévie vers sa base, et que l'on tourne de manière à obtenir le minimum de déviation. La distance aa' de l'image a projetée sur un écran, à l'image directe a' que forme le rayon quand le prisme P' est enlevé, sert de mesure à la déviation. En opérant ainsi avec les rayons des différentes couleurs, on trouve que la distance aa' est plus grande pour les rayons violets que pour tous les autres, et va en diminuant du violet au rouge, pour lequel elle est la plus petite. — On remarque en même temps que le pinceau isolé n'est pas *dispersé* en traversant le second prisme; il doit donc être considéré comme simple.

2° On fait l'expérience des *prismes croisés*. Le spectre formé par le prisme P (*fig.* 729), est reçu sur un second prisme

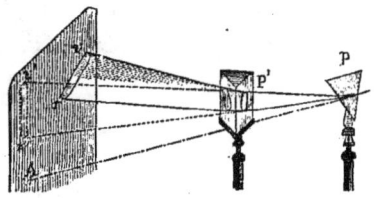

Fig. 729.

P', perpendiculaire au premier. Les rayons sont de nouveau déviés par le prisme P', et le spectre $r'v'$ est rejeté du côté de sa base, en rv, et *obliquement*, de manière que l'extrémité violette v se trouve plus éloignée du spectre direct $r'v'$, que l'extrémité rouge r. Ce qui prouve que les rayons violets ont été plus déviés par le second prisme, que les autres rayons. Les bords du spectre ainsi déplacé étant rectilignes, on en conclut que la réfrangibilité des rayons colorés croît d'une manière continue du rouge au violet, comme on pouvait le prévoir, puisque les couleurs se fondent les unes dans les autres.

3° Afin qu'on ne puisse attribuer l'inégale réfrangibilité à une modification que les rayons éprouveraient en traversant le premier prisme, on place parallèlement aux arêtes d'un prisme, ABC (*fig.* 730), une bande de papier B*r*, dont une moitié, *b*, est bleue, et l'autre, *r*, rouge. En regardant cette bande à travers le prisme, on voit les deux moitiés, séparées l'une de l'autre; la partie bleue, *b'*, est plus relevée vers le sommet, que la partie rouge *r'*. Ce qui prouve que les rayons émis par la bande bleue, arrivent dans l'œil après avoir été plus déviés que les rayons rouges.

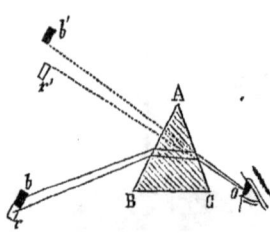

Fig. 730.

848. Le mélange des couleurs du spectre forme du blanc. — Newton a réuni les couleurs du spectre, soit en ramenant au parallélisme les rayons divergents qui le forment, soit en les rassemblant en un même point :

1° On reçoit le faisceau *s*, dispersé par un prisme, P (*fig.* 731), sur un second prisme P' de même angle et de même substance, mais ayant son sommet tourné du côté opposé à celui du premier. Les rayons sont alors ramenés au parallélisme, et forment un faisceau de lumière *blanche*. Si les prismes n'ont pas exactement le même angle et ne sont pas de même substance, on arrive au même résultat quand les différences sont peu prononcées, en donnant au second prisme une position convenable. — On peut encore prendre une cuve rectangulaire en verre, *ab* (*fig.* 732), partagée en deux par une cloison diagonale *cc'*; on verse de l'eau dans un des compartiments *acc'*, et l'on fait passer un faisceau, *s*, à travers le prisme formé par la cloison et par l'une des faces, *ac'*. Ce faisceau donne un spectre *rv* ; mais le faisceau est ramené, en *e*, à sa forme cylindrique et à sa blancheur primitive, dès qu'on remplit d'eau le second compartiment, qui forme un prisme dont l'angle est opposé à celui du premier.

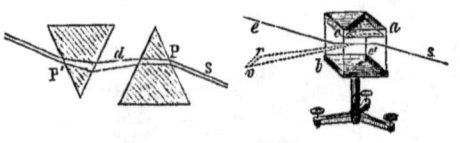

Fig. 731.   Fig. 732.

2° On recompose la lumière blanche, en rassemblant en un même point tous les rayons colorés du spectre, au moyen d'une lentille *rv* (*fig.* 733) ou d'un miroir concave. Les rayons se croisent en F, foyer conjugué du point e, et continuent leur route, en produisant un second spectre $r'v'$ renversé par rapport à rv. Il en est encore de même quand ces rayons se réfléchissent en F, sur un miroir plan; on obtient un spectre $r''v''$ symétrique de $r'v'$ par rapport au plan de ce miroir. Les différents rayons colorés ne forment pas leur foyer au même point, mais dans un espace assez petit; si l'on place un écran blanc dans cet espace, chaque couleur est réfléchie d'une manière diffuse et se mêle aux autres, en formant une tache blanche, entourée cependant d'une auréole

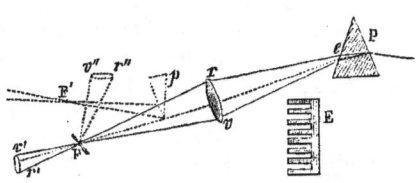

Fig. 733.

violette provenant des rayons qui font leur foyer le plus près de la lentille.

Si l'on intercepte, avec une règle parallèle aux arêtes du prisme, quelques-uns des rayons colorés, l'image focale F n'est plus blanche, et sa couleur change quand on déplace la règle. Pour intercepter des couleurs non contiguës, on emploie un écran découpé E.

3° On peut encore rassembler en un même point les rayons dispersés par un prisme, au moyen de 7 petits miroirs plan (*fig.* 734) pouvant tourner autour d'un axe vertical et d'un axe horizontal, et être rapprochés plus ou moins les uns des autres sur la barre ba. On les place et on les incline de manière que chacun d'eux reçoive une des couleurs principales du faisceau dispersé, et que les 7 faisceaux réfléchis se croisent en un même point, où ils forment de la lumière blanche.

4° La durée des impressions produites dans l'œil a suggéré à Newton l'expérience suivante : on divise un disque de carton en 7 secteurs peints des couleurs du spectre,

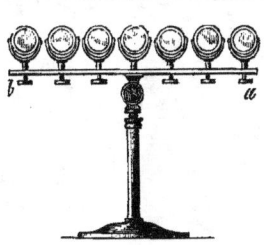

Fig. 734.

et d'étendue convenable. Quand on fait tourner rapidement ce disque, il paraît blanc. — Les couleurs s'altérant peu à peu, au bout de quelque temps le résultat cesse d'être satisfaisant. M. Duboscq, emploie des secteurs en verre coloré ou en gélatine, à travers lesquels on regarde la lumière des nuées. Cette lumière conserve sa blancheur pendant le mouvement de rotation.

849. Raies du spectre. — Quand on forme, au moyen d'un prisme bien homogène un spectre très pur, on y remarque une multitude de raies noires très fines parallèles aux arêtes du prisme, réparties irrégulièrement dans toute l'étendue du spectre, et ne tombant pas généralement aux limites, d'ailleurs très indécises, des couleurs principales. Fraunhofer remarqua 8 raies principales, faciles à distinguer par leur position et leur intensité; il les désigna par les premières lettres de l'alphabet, en commençant par l'extrémité rouge du spectre. La *fig.* 735 représente les 8 raies principales de Fraunhofer, avec une foule d'autres. Parmi lesquelles il en est encore deux à remarquer : l'une dans le rouge, *a*, formée de 8 lignes fines, l'autre située en *b* dans le vert près de E, et formée de trois lignes fines dont les deux plus fortes sont séparées par un espace brillant.

Si la substance du prisme change, les distances relatives des raies sont seules modifiées, comme les espaces occupés par les diverses couleurs.

Les raies du spectre permettent de distinguer les unes des autres les diverses sources lumineuses. Car elles sont distribuées différemment pour les différentes sources, tandis qu'elles conservent la même distribution dans les spectres formés par une même source, même quand les rayons qui en émanent ont subi une ou plusieurs réflexions. Ainsi, la lumière du soleil, directe ou réfléchie par une surface blanche, la lumière des nuées, celle de la lune et des planètes, qui proviennent de la même source, donnent des raies disposées de la même manière ; tandis que les étoiles observées à travers un prisme donnent des spectres à raies noires, distribuées autrement que dans le spectre solaire, et d'une manière différente quand on passe d'une étoile à une autre.

Quand le pinceau de lumière traverse un gaz coloré avant de rencontrer le prisme, il se manifeste de nouvelles raies noires, ou plutôt des bandes, qui s'étalent de plus en plus à mesure que la densité du gaz augmente.

Les vapeurs d'acide hypoazotique produisent à un haut degré ce phénomène, qui a conduit à attribuer les raies du spectre solaire à une absorbtion par l'atmosphère, de certains rayons composant la lumière blanche.

Raies brillantes. — Le spectre produit, au moyen de la lumière électrique ou de la plupart des flammes, présente des *raies brillantes* de la couleur de la partie du spectre dans laquelle on les observe. Ces raies paraissent dues à la présence de métaux dans l'arc électrique ou dans les flammes. En effet, si l'on introduit dans une flamme des sels métalliques, la présence du métal

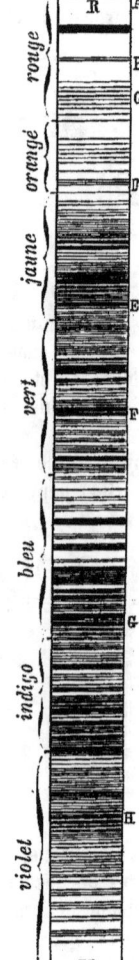

Fig. 735.

détermine aussitôt certaines raies brillantes qui lui sont particulières, et peuvent servir à déceler sa présence. De là une méthode nouvelle d'analyse qualitative, imaginée par MM. Kirchhoff et Bunsen, et qui a déjà conduit à la découverte de plusieurs métaux nouveaux, entr'autres le *rubidium* et le *cœsium*. Ce mode d'analyse est désigné sous le nom d'analyse spectrale, et les appareils à prisme, destinés à observer les raies et à en relever leurs positions, se nomment *spectroscopes*.

850. De l'achromatisme. — Toutes les fois qu'un rayon est dévié par réfraction, il est décomposé et les couleurs apparaissent. C'est ce qui a lieu dans la déviation à travers un prisme, et aussi dans celle qu'éprouvent les rayons à travers les lentilles. Ainsi, les rayons violets, plus déviés que les rouges, font leur foyer plus près de la lentille ; de sorte que les images focales sont irisées sur leur contour. C'est ce qui constitue l'*aberration de réfrangibilité* ou *aberration chromatique* des lentilles. Dans le cas des prismes, on peut faire disparaître les couleurs des rayons, au moyen d'un second prisme renversé par rapport au premier. Newton croyait que la différence des indices de réfraction des rayons rouges et violets, ou *coefficient de dispersion*, était proportionnelle à l'indice de réfraction des rayons moyens ; de sorte qu'il n'était possible de détruire la coloration au moyen d'un second prisme de substance différente, qu'en faisant disparaître toute déviation. Mais Dollond a reconnu, en 1757, que la dispersion est loin d'être proportionnelle à la déviation, de sorte qu'il est possible, avec deux prismes de substances différentes et d'angles convenables, l'un en crown-glass, par exemple, l'autre en flint, de ramener au parallélisme deux espèces de rayons colorés, tout en leur conservant une certaine déviation. Au moyen de trois prismes, on peut achromatiser trois couleurs ; quatre au moyen de quatre prismes, etc. Ordinairement on ne ramène au parallélisme que deux sortes de rayons colorés, les autres s'y trouvent aussi alors sensiblement ramenés.

Pour former une lentille achromatique, on applique l'une sur l'autre, une lentille convergente de crown-glass, et une lentille divergente de flint, dont les faces en contact présentent la même courbure. Les courbures de la première lentille étant données, on cherche quel rayon il faut donner à la face extérieure de la seconde, pour que les rayons que l'on veut achromatiser, se réunissent au même foyer. Tantôt on achromatise les couleurs extrêmes du spectre ; tantôt le jaune et le bleu, comme étant les plus apparentes ; les autres couleurs se trouvent alors sensiblement détruites. On arrive à un résultat plus satisfaisant en employant trois lentilles, au moyen desquelles on peut achromatiser directement trois couleurs [1].

[1] Voyez le *Traité de physique*, 2ᵉ édition, t. IV, p. 255 à 269.

II. Décomposition de la lumière par absorption et par réflexion. Couleurs des corps.

851. Décomposition de la lumière par absorption. — Certains milieux ont la propriété de donner à la lumière blanche qui les traverse, une couleur d'autant plus prononcée qu'ils sont en couche plus épaisse; tels sont les verres et les liquides dits *colorés*. On explique ce résultat en admettant que ces milieux absorbent en différentes proportions, les divers rayons qui composent la lumière blanche. Ainsi, un verre rouge est celui qui absorbe beaucoup moins de rayons rouges que de rayons de toute autre couleur. Si les rayons émergents sont d'un rouge simple, comme avec une lame de verre colorée par le protoxyde de cuivre, c'est que la substance est *opaque* pour tous les rayons autres que les rouges. Pour confirmer cette explication, on regarde un spectre à travers le verre rouge; on ne voit que la partie rouge; les rayons provenant des autres parties étant interceptés. Si le verre n'est pas d'une couleur simple, on aperçoit plusieurs couleurs; par exemple, avec un verre bleu azur, on voit le rouge et le violet du spectre.

Si l'on fait passer les rayons qui ont traversé un verre rouge, à travers un second verre de même couleur, ce dernier n'absorbe qu'une très faible proportion de la lumière qu'il reçoit; les rayons qui ne peuvent traverser ayant été arrêtés par la première lame. Si, au contraire, le second verre était d'une couleur verte ne pouvant laisser passer les rayons rouges, les deux verres superposés formeraient un écran opaque. Nous avons vu que les rayons de chaleur donnent, en traversant des lames *diathermanes*, des résultats semblables, qui s'expliquent de la même manière (355).

Un milieu *incolore* est celui qui laisse passer en même proportion toutes les espèces de rayons colorés.

852. De la décomposition de la lumière par réflexion. — Des corps différents, éclairés par la même lumière blanche, peuvent présenter des couleurs différentes. Pour expliquer ces couleurs, Newton admet que ces corps *décomposent* à leur surface la lumière incidente, en absorbant une partie des rayons qui la composent, et réfléchissant l'autre *diffusément* (799); de manière que celle-ci est colorée parce qu'elle n'est pas composée de rayons simples réunis dans les mêmes proportions que dans la lumière incidente. Les corps *noirs* sont ceux qui absorbent toute la lumière incidente; les corps *blancs*, ceux qui réfléchissent en mêmes proportions tous les rayons qui la composent. Entre ces deux extrêmes se trouvent une infinité de corps qui réfléchissent les divers rayons colorés en proportions très différentes. Ainsi, un corps rouge est celui qui réfléchit principalement les rayons rouges; un corps jaune réfléchit en plus grande proportion les rayons jaunes, etc. Voici quelques expériences qui viennent à l'appui de cette explication.

1° Si l'on fait tomber sur une surface *blanche* les rayons dispersés par un prisme, chaque point réfléchit la lumière qu'il reçoit, et paraît de la couleur de cette lumière. Si la surface est *rouge*, elle est très éclatante dans la partie rouge du spectre, mais les autres couleurs sont faibles ; la surface rouge réfléchissant abondamment les rayons rouges, mais en faible proportion les autres rayons. Si le corps est susceptible d'absorber totalement certains rayons, on voit des parties noires dans le spectre ; et, si l'on éclaire le corps avec cette espèce de rayons seulement, il paraît noir.

2° Si l'on éclaire un même corps coloré, au moyen de différentes sources lumineuses, il peut présenter successivement des couleurs différentes ; les spectres formés par ces diverses sources n'étant pas composés des mêmes couleurs dans les mêmes proportions. C'est ainsi que des corps verts à la lumière du jour, paraissent bleus à celle d'une lampe ; les rayons jaunes étant moins nombreux dans le spectre de la flamme, que dans le spectre solaire. Certains verts d'eau paraissen fauves à la lampe. Les teints bruns paraissent plus blancs à la lumière des bougies. La flamme de l'alcool salé est sensiblement *monochromatique* ; elle n'émet guère que des rayons jaunes. Si l'on éclaire avec cette flamme des bandes présentant les couleurs du spectre, les bandes jaune, orangé et rouge paraissent jaunes ; et les autres, noires ou grises, parce qu'elles ne reçoivent pas de rayons qu'elles soient susceptibles de réfléchir. Éclairé par cette flamme, le visage prend une teinte livide, les rayons rouges que la peau est propre à réfléchir, manquant dans la lumière qui l'éclaire.

853. Analyse de la couleur des corps et des sources lumineuses. — Les couleurs des corps sont généralement composées ; pour les analyser, on applique sur la surface du corps, une feuille de papier noir présentant une fente à bords soigneusement noircis, laissant voir une bande très étroite de la surface colorée ; et l'on regarde cette bande, bien éclairée, à travers un prisme parallèle à sa direction. On aperçoit alors un spectre, dans lequel on distingue les couleurs simples formant la couleur composée du corps. On explique ce résultat en considérant la bande comme formée de bandes superposées de couleur simple, donnant des images d'autant plus relevées vers le sommet que les rayons colorés qu'elles émettent sont plus réfrangibles (847).

854. Couleurs complémentaires. — Newton désigne ainsi deux couleurs dont le mélange produit du blanc. Si l'on dévie une partie des rayons sortant du prisme P (*fig.* 733), au moyen d'un prisme placé en *p*, les couleurs obtenues en F et F' sont complémentaires, puisque leur réunion formerait du blanc. En avançant plus ou moins le prisme *p*, on fera varier les deux couleurs complémentaires. On peut encore prendre deux disques à secteurs colorés des nuances du spectre (818), couvrir, sur l'un d'eux, certains secteurs avec du papier noir, et laisser ces mêmes secteurs seuls à découvert sur l'autre ; ces disques présenteront des couleurs complémentaires pendant la rotation. On trouve, ainsi, que les couleurs *rouge* et *vert*, *orangé* et *bleu*, *jaune* et *violet*, sont complémentaires l'une de l'autre.

§ 3. — PROPRIÉTÉS PARTICULIÈRES DES RAYONS COLORÉS.

★ **855.** Les divers rayons colorés qui composent le spectre présentent des intensités *lumineuses* et *calorifiques*, inégales, et produisent des *effets phosphorogéniques* et *chimiques* différents.

Effets lumineux. — L'intensité de la lumière du spectre solaire est *maximum* dans les parties jaune et verte. On peut s'en assurer en cherchant à quelle distance maximum on peut lire une page imprimée, quand elle est éclairée successivement par les différentes parties du spectre.

Propriétés calorifiques. — Le spectre lumineux est accompagné d'un *spectre calorifique*, qu'on a cru d'abord en être indépendant; mais nous avons vu comment on a prouvé que, partout où il y a à la fois lumière et chaleur, ce sont les mêmes rayons qui produisent à la fois les deux sortes d'effets. Nous n'avons donc qu'à renvoyer à ce que nous avons dit à ce sujet (359).

Effets phosphorogéniques. — La lumière a la propriété de rendre phosphorescentes certaines substances (784). Si l'on étend sur du papier enduit de gomme, de la poudre de *sulfure de baryum* (phosphore de Canton), et qu'on l'expose, dans la chambre noire, à l'action d'un spectre bien pur, on reconnaît, en fermant l'ouverture du volet, que la phosphorescence a été excitée dans la partie violette, et s'étend dans la partie obscure au-delà du violet. On remarque aussi, dans le *spectre phosphorogénique*, des raies qui occupent exactement les mêmes positions que celles du spectre lumineux, ce qui prouve que les rayons phosphorogéniques sont les mêmes que les rayons lumineux. — Les rayons rouges qui ne produisent pas la phosphorescence, l'éteignent quand elle existe, après l'avoir surexcitée pendant quelques instants.

Fluorescence. — Les rayons *invisibles* qui s'étendent au-delà du violet, ont la propriété de faire répandre une lumière bleuâtre à certaines substances ; par exemple, les dissolutions de sulfate de quinine, d'orseille, de tournesol ; certains échantillons de spath fluor, d'où est venu le nom de *fluorescence* donné à ce phénomène.

856. Actions chimiques de la lumière. — La lumière est capable de produire certaines actions chimiques. Par exemple, elle détermine la combinaison du chlore et de l'hydrogène ; elle décompose les sels d'argent, d'or, de platine, qui abandonnent une partie de leur métal ; fait pâlir les couleurs appliquées sur les tissus, sur les papiers de tenture. Elle préside à la formation de la matière colorante des feuilles et des fleurs; les parties qui sont dans l'obscurité restent d'un blanc jaunâtre, et sont plus molles que celles qui croissent au grand jour.

La lumière solaire est celle qui produit tous ces effets avec le plus d'activité, et parmi les rayons simples qui la composent, ce sont les rayons violets qui sont les plus efficaces; l'action allant en décroissant, des rayons rouges aux rayons violets, et s'étendant dans la partie obscure au-delà du violet. — M. Edm. Becquerel a reconnu que le maximum d'effet n'a pas lieu dans la même partie du spectre pour les diverses substances chimiques, et que, si les rayons rouges ne produisent pas d'action chimique sur une substance préparée dans une obscurité complète, ils agissent pour continuer l'action, quand elle a été commencée par de la lumière contenant des rayons violets. C'est pourquoi il nomme les rayons rouges *rayons continuateurs*, en réservant le nom de *rayons excitateurs* à ceux qui agissent directement.

Quand on emploie un spectre bien pur et rendu fixe par l'emploi d'un héliostat (803), la partie modifiée par la lumière, nommée *spectre chimique*, est couverte de raies de la même couleur que la substance avant qu'elle n'ait été altérée, et occupant précisément les mêmes positions que les raies du spectre lumineux. Il y a en outre des raies dans la partie obscure au-delà du violet, où s'étend l'action chimique. On a conclu de la coïncidence des raies des spectres chimiques et lumineux, que ce sont les mêmes rayons qui produisent à la fois les deux sortes d'effets, là où ils existent simultanément, et par conséquent aussi les effets *calorifiques* et *phosphorogéniques*.

857. Photographie. — Une des applications des plus heureuses des actions chimiques de la lumière, est la photographie. Le problème qu'on s'y propose consiste à fixer sur un écran les images des objets extérieurs formés dans la chambre noire. De 1802 à 1829, divers essais avaient été faits au moyen du chlorure d'argent, par Wedgwood, Davy, Charles, mais le dessin obtenu devait être conservé dans l'obscurité; sans cette précaution, la lumière continuant à agir, le tableau prenait bientôt une teinte uniforme. A la suite de recherches poursuivies de 1813 à 1829, J.-N. Niepce reproduisit des gravures, sur une couche de bitume de Judée déposée sur une plaque argentée. En 1826, il s'associa avec le peintre Daguerre, qui perfectionna le procédé, découvrit bientôt l'extrême sensibilité de l'iodure d'argent, et imagina son procédé de photographie au mercure, qui excita, lors de sa publication, en 1839, un enthousiasme dont on rencontre peu d'exemples dans l'histoire de la science.

858. Photographie sur métal, ou daguerréotypie. — Les plaques sur lesquelles on fixe les images de la chambre noire sont des lames de cuivre argentées.

1° On commence par polir la surface argentée, au moyen d'un tampon de coton, et de tripoli fin mêlé de quelques gouttes d'alcool, et l'on achève en frottant avec une peau de daim saupoudrée de colcothar ; puis on essuie avec un frottoir garni de velours ou de peau de chamois. Le succès dépend surtout de cette première opération.

2° La plaque est fixée dans un cadre de bois, et exposée horizontalement dans une boîte, aux vapeurs qui se dégagent spontanément de l'iode. Il se forme de l'iodure d'argent, et l'on attend que la surface ait pris une couleur jaune d'or.

3° La plaque, abritée par un écran qui ferme le cadre qui l'entoure, est ensuite exposée pendant quelques minutes dans la chambre noire, à l'endroit où se forme l'image focale qu'il s'agit de reproduire. La lumière agit en chaque point de la couche d'iodure d'argent, avec d'autant plus d'intensité qu'elle est plus vive.

4° La plaque, sur laquelle on ne distingue encore rien, est ensuite exposée, sous une inclinaison de 45°, à la vapeur de mercure, dans une boîte dont le fond en tôle porte une cavité formant capsule et contenant du mercure. On chauffe la capsule en dessous, jusqu'à 60° environ. L'image apparaît alors, et l'on en suit le développement, en éclairant la plaque par une bougie, à travers un verre rouge adapté à la boîte. Des gouttelettes microscopiques de mercure, d'autant plus rapprochées que l'iodure d'argent a été plus fortement impressionné, se sont déposées sur la plaque ; de sorte que les parties de l'image qui étaient vivement éclairées sont d'une blancheur mate plus ou moins prononcée, et les endroits qui étaient peu éclairés, présentent la surface nue et miroitante de l'argent.

5° Il reste à enlever l'iodure qui n'a pas été altéré, afin que la lumière ne puisse plus agir sur l'épreuve. Pour cela, on plonge la plaque au fond d'un vase plat rempli d'eau contenant $\frac{1}{10}$ d'hyposulfite de soude, que l'on fait passer plusieurs fois sur la plaque. L'iodure non décomposé est dissous, l'argent reprend sa couleur ordinaire dans les parties que le mercure n'a pas recouvertes, et on lave alors à l'eau pure.

6° Les clairs étant formés par des gouttelettes de mercure, le moindre frottement suffit pour effacer l'image. Pour lui donner plus de solidité, on verse sur la plaque placée horizontalement, une couche d'une solution de chlorure d'or mêlée d'hyposulfite de soude, et l'on chauffe avec une lampe à alcool ; il se dépose alors une couche d'or, qui recouvre l'argent et les gouttelettes de mercure, en formant une sorte de vernis qui rehausse le ton de l'épreuve, et lui permet de résister à un frottement modéré.

Les épreuves obtenues par Daguerre exigeaient 15 minutes environ d'exposition dans la chambre noire, ce qui rendait impossible l'application au portrait. Depuis, on est parvenu à réduire la durée de l'exposition à quelques secondes ; d'abord par l'emploi d'objectifs perfectionnés, mais surtout par l'augmentation de sensibilité de la couche, au moyen du brôme.

859. Du daguerréotype. — La chambre noire dont on fait usage dans la photographie, a reçu le nom de *daguerréotype* (*fig.* 736). L'image se forme sur la paroi verticale opposée à l'objectif. Cette paroi peut être éloignée plus ou moins de l'objectif, au moyen d'un tirage à coulisse ou à soufflet D.

On voit en O (*fig.* 736) la coupe de l'*objectif*. Il se compose de deux lentilles achromatiques L, *l*, pouvant se rapprocher plus ou moins l'une de l'autre, au moyen d'un pignon *p* et d'une crémaillère. On commence par mettre au point, sur une lame de verre dépolie du côté intérieur, *e*, que l'on observe en s'enveloppant d'un drap noir. On couvre l'objectif avec le disque *a*, on remplace la lame de verre par la plaque sensible, on retire l'écran qui cache cette dernière, et l'on découvre l'objectif.

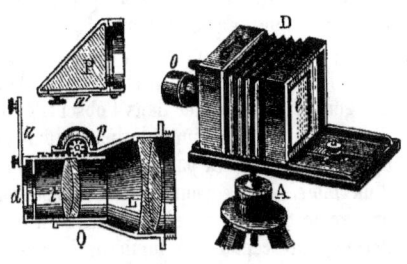

Fig. 736.

860. Photographie sur papier et sur verre. — Avant que Daguerre n'eût publié sa méthode de photographie sur plaque, M. Talbot, en Angleterre, avait découvert, sans la publier, la photographie sur papier. Mais sa méthode était fort incertaine, et ne devint praticable qu'après les perfectionnements qu'y apporta M. Blanquart-Evrard. Par cette méthode, on obtient une épreuve *négative*, c'est-à-dire dans laquelle les clairs sont remplacés par les ombres, et *vice versâ*. Mais cette épreuve négative peut servir à obtenir un grand nombre d'épreuves *positives*, dans lesquelles les ombres et les clairs occupent leur place naturelle.

Aujourd'hui, l'épreuve négative, que l'on nomme aussi *cliché*, s'obtient tantôt sur papier, tantôt sur verre. Dans le second cas, il faut recouvrir la lame de verre d'une pellicule d'une substance qui serve de véhicule à la matière impressionnable. Cette pellicule est formée d'albumine, ou de *collodion*, que l'on obtient en dissolvant le *pyroxide* ou *fulmi-coton*, dans un mélange d'éther sulfurique et d'alcool.

Pour opérer avec le collodion, on y mêle de l'iodure de potassium, on le verse sur la lame de verre bien nettoyée, on fait écouler l'excès de liquide, et il reste un voile de collodion. Avant qu'il ne soit sec, on plonge dans une solution de 4^{gr} d'azotate d'argent dans 60 d'eau distillée. Pendant cette opération, qui doit se faire dans l'obscurité, il se forme de l'*iodure d'argent*, qui donne à la couche une apparence laiteuse. On expose ensuite à la chambre noire. Quand on retire la plaque de verre, l'image est invisible. Pour la faire apparaître, on verse une solution saturée d'*acide pyrogallique*, qui continue la réduction des sels d'argent, et d'autant plus rapidement que la lumière les a plus vivement impressionnés. Les parties blanches de l'image sont donc sombres sur l'épreuve, et les parties ombrées, claires. On plonge ensuite dans un bain d'hyposulfite de soude, qui dissout les sels d'argent non décomposés, et on lave à l'eau pure.

Epreuves positives. — Quand l'épreuve négative est sur papier, on la rend translucide en la plongeant dans la cire vierge en fusion, puis la pressant entre des feuilles de papier buvard, au moyen d'un fer chaud, jusqu'à ce que ce papier n'enlève plus de cire. Cette épreuve négative, ou celle qui a été faite sur verre, est posée sur une feuille de papier sensible. Cette feuille se prépare en la posant d'abord sur une dissolution d'azotate d'argent, faisant sécher dans l'obscurité, et plongeant dans une dissolution d'iodure et de bromure de potassium ; il se forme de l'*iodure* et du *bromure d'argent*. Ce papier, séché dans l'obscurité, peut être conservé plus d'un mois. Après avoir posé le *cliché* sur la feuille ainsi préparée, on expose le tout au soleil, le cliché en dessus. Les parties noires de ce dernier interceptant la lumière, la feuille inférieure se noircit sur les blancs, et l'on obtient une épreuve dans laquelle les blancs sont à la place des noirs du cliché négatif et réciproquement ; c'est-à-dire une épreuve *positive*. Du reste, on n'a pas besoin d'attendre que l'image apparaisse, on peut la *développer* au moyen de l'acide pyrogallique, ce qui abrège beaucoup ; puis on lave à l'hyposulfite de soude et à l'eau pure[1].

§ 4. — MÉTÉORES LUMINEUX DÉPENDANT DE LA DÉCOMPOSITION DE LA LUMIÈRE.

861. La décomposition de la lumière produit divers météores lumineux, parmi lesquels les plus brillants sont l'*arc-en-ciel*, les *halos* et les *couronnes*.

862. Arc-en-ciel. — L'*arc-en-ciel* ou *iris*, consiste en une bande d'apparence circulaire, dans la largeur de laquelle sont distribuées les couleurs du spectre, le rouge en dehors, et qui se montre dans la région du ciel opposée au soleil, quand il y tombe de la pluie. Le diamètre angulaire de l'arc est constant, et son centre se trouve toujours sur une droite passant par l'œil de l'observateur et par le centre du soleil ; de manière que le point culminant de l'arc est d'autant plus élevé que le soleil est plus près de l'horizon. Cet arc, nommé *arc principal* ou *arc intérieur*, est souvent

[1] Voir le *Traité de physique*, 2ᵉ édition, t. IV, p. 232 à 245.

accompagné d'un second arc concentrique, de plus grand rayon, mais dans lequel les couleurs, beaucoup plus pâles, sont distribuées dans un ordre inverse, c'est-à-dire que le rouge est en dedans. On le nomme *arc extérieur* ou *second arc*.

C'est à Descartes qu'est due la théorie de l'arc-en-ciel; mais il laissa son œuvre incomplète; il ne put rendre compte de l'ordre des couleurs dans les deux arcs, parce qu'il ignorait les lois de la dispersion. Il était réservé à Newton de compléter la théorie de Descartes.

Rayons efficaces. — Le phénomène de l'arc-en-ciel est produit par la réfraction et la réflexion des rayons lumineux dans les gouttes de pluie, dont la forme est sensiblement sphérique. Il nous faut donc commencer par étudier la marche d'un rayon dans une sphère transparente. Considérons un rayon *simple sa* (*fig.* 737) dirigé dans le plan d'un grand cercle, et

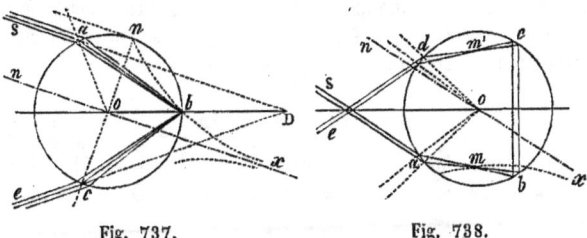

Fig. 737.   Fig. 738.

cherchons la déviation qu'il a éprouvée quand il émerge. Ce rayon se réfracte d'abord suivant *ab*, en faisant avec la normale *oa* un angle plus petit que l'angle d'incidence. Arrivé en *b*, il se réfléchit en partie, en faisant avec la normale *ob* des angles égaux à *abo*, et émerge en *c*, en s'écartant de la normale *oc*, et en faisant avec le rayon incident *sa*, un angle *sDe*, que l'on nomme la *déviation*,

Si l'on considère deux rayons parallèles de même espèce, comme la valeur de D dépend de l'angle d'incidence, qui n'est pas le même pour ces deux rayons, on voit que, en général, les rayons émergents ne seront pas parallèles, et divergeront après s'être croisés, ou sans s'être croisés. Un pinceau de rayons parallèles donnera donc un faisceau divergent, incapable d'agir sur l'œil à une grande distance. Mais si la valeur de D est susceptible de prendre une valeur *maximum* ou *minimum* pour une certaine incidence, i; comme, dans le voisinage des maximum et des minimum, les quantités varient d'une manière insensible, les rayons incidents voisins de celui qui entre sous l'incidence i, éprouveront tous la même déviation, et donneront un faisceau cylindrique, conservant son intensité à une grande distance. Les rayons qui sont dans ce cas se nomment *rayons efficaces*.

Les rayons efficaces suivent, dans la sphère, une marche symétrique ; le faisceau qu'ils forment converge au point de réflexion, b ($fig.$ 737) ; alors la droite oD, qui passe par le sommet de l'angle de déviation sDe, divise la figure en deux parties égales, et le faisceau réfléchi bc, symétrique de ab, donne un faisceau émergent cylindrique ce.

Si nous considérons des rayons qui émergent après avoir subi *deux* réflexions, tels que ceux qui composent le faisceau $sabcde$ ($fig.$ 738), il faut, pour que le faisceau émergent, de, soit *efficace*, que le faisceau soit cylindrique entre les deux points de réflexion b et c ; car alors le faisceau cde étant symétrique de sab par rapport au diamètre perpendiculaire à cb, de sera un faisceau cylindrique. — Tout cela se démontre par le calcul. On prouve aussi que les valeurs de i et D qui correspondent aux rayons efficaces ne dépendent que de l'indice de réfraction de l'eau. Ces valeurs seront donc différentes pour les divers rayons simples qui composent la lumière blanche. Si l'on considère une sphère d'eau, on a pour les indices des rayons extrêmes du spectre, $n_v = \frac{109}{81}$, et $n_v = \frac{108}{81} = \frac{4}{3}$; et l'on trouve, pour la déviation qui correspond aux rayons efficaces :

	Dans le cas d'une seule réflexion.	Dans le cas de deux réflexions
Pour les rayons *violets*,	$D_v = 40°\ 17'$.	$D'_v = 54°\ 9'\ 20''$.
Pour les rayons *rouges*,	$D_r = 42°\ 1'\ 40''$.	$D'_r = 50°\ 58'\ 50''$.

863. Explication de l'arc intérieur. — L'arc intérieur est produit par les rayons solaires qui ont éprouvé une seule réflexion dans les gouttes sphériques de pluie. Ces gouttes se succédant très rapidement, il y en a toujours quelques-unes qui rencontrent une droite fixe, de manière que leur centre soit à une distance donnée de cette droite. Les choses se passent donc comme si une de ces gouttes était fixe. Cela posé, soit o la position de l'œil de l'observateur ($fig.$ 739), so une droite passant par le point inférieur du disque solaire, et à laquelle tous les rayons partant de ce point sont parallèles, à cause de l'immense distance du soleil. Menons la droite ov faisant avec soa, du côté opposé au soleil, l'angle aov égal à la déviation $D_v = 40°\ 17'$, qui correspond aux rayons *violets* efficaces. Il y aura à chaque instant sur cette ligne une goutte de pluie dans une position convenable pour réfléchir suivant vo, les rayons violets efficaces provenant du faisceau incident s_1i, parallèle à so ; l'angle s_1io étant égal à D_v. L'observateur verra donc un point violet dans la direction ov. Supposons que le plan de la figure tourne autour de soa ; tout se passant de la même manière dans chaque position de ce plan, pourvu qu'il rencontre des gouttes de pluie, l'observateur verra une ligne violette qui, se trouvant sur la surface d'un cône dont son œil occupe le sommet, se projettera sur le ciel sous forme d'un arc de cercle ayant son centre sur s*oa*. — Faisons la même construction pour le bord supérieur du soleil ; nous aurons une direction ov_1 suivant laquelle on verra aussi un point violet; et comme on peut raisonner de la même manière pour tous les points du disque solaire, on voit que l'observateur verra dans le plan de la figure, un trait violet vv_1, et par conséquent une bande circulaire violette ayant une épaisseur angulaire v_1ov égale à *sos'*, c'est-à-dire au diamètre apparent du soleil, dont la valeur moyenne est de 30'.

Menons la droite *or* faisant avec *soa* un angle égal à la déviation $D_r = 42° 1' 40''$ qui correspond aux rayons rouges, et une seconde droite

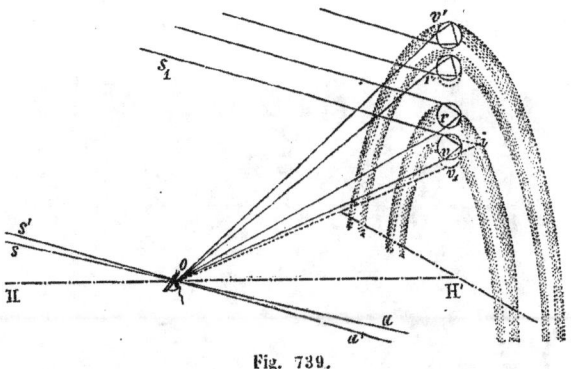

Fig. 739.

faisant le même angle avec *s'oa*, nous verrons, de même, qu'il arrivera de la lumière rouge dans l'angle que font ces deux droites, et que, par conséquent l'observateur verra une bande circulaire rouge d'épaisseur égale au diamètre apparent du soleil, et placée au-dessus de la bande violette.

Les rayons colorés autres que les rouges et les violets, éprouvant des déviations comprises entre celles des rayons de ces deux nuances, produiront d'autres arcs colorés distribués entre les bandes rouge et violette. Tous ces arcs auront 30' d'épaisseur ; ils se superposeront donc en partie, et les couleurs en seront peu distinctes, excepté celles des deux bords de l'arc.

L'éclat de l'arc dépend du diamètre des gouttes d'eau ; car les faisceaux efficaces ont une section d'autant plus grande, que ces gouttes sont plus grosses. C'est pourquoi les gouttelettes très fines qui forment les nuages, ne produisent pas d'arc-en-ciel ; les faisceaux efficaces étant trop fins pour produire une impression distincte de celle de la lumière diffuse répandue dans l'atmosphère.

864. Explication de l'arc extérieur. — L'arc extérieur, ou second arc, est produit par des rayons qui ont éprouvé deux réflexions dans l'intérieur des gouttes de pluie; c'est pourquoi il est beaucoup plus faible que le premier, une partie des rayons émergeant à chaque réflexion. On se rend compte des diverses particularités de cet arc, par une construction semblable à celle que l'on fait pour l'arc intérieur, en menant les droites or', ov' (*fig.* 739) faisant avec soa des angles égaux aux déviations $D'_r = 50° 58' 50''$, et $D'_v = 54° 9' 20''$. D'_v étant plus grand que D'_r, le violet sera en dehors et le rouge en dedans. La distance angulaire entre les bords les plus rapprochés des deux arcs, sera $D'_r - D_r = 12° 7' 40''$, ce que l'expérience vérifie.

865. Des halos et des phénomènes concomitants. — Ces phénomènes sont produits par de petits cristaux de glace flottant dans l'atmo-

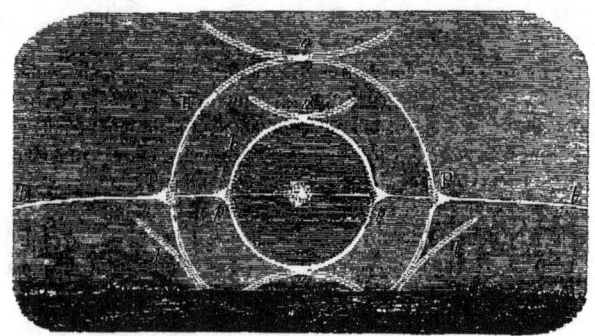

Fig. 740.

sphère. Ces cristaux réfractent ou réfléchissent les rayons solaires, en produisant différents effets dont nous allons d'abord énumérer les principaux.

1° Les *halos* sont deux cercles verticaux h, H (*fig.* 740), dont le soleil occupe le centre, d'un rouge pâle en dedans, et blancs ou bleuâtres en dehors, le diamètre angulaire de ces cercles est constant : le demi-diamètre du *halo intérieur* ou *petit halo*, h, est de 22 à 23°, et celui du *halo extérieur* H, de 46°. L'intérieur du petit halo présente une teinte foncée qui contraste avec l'éclat de l'atmosphère à l'extérieur, et forme une aire sombre, qui suffit pour faire remarquer le phénomène quand le cercle coloré est à peine visible.

2° Les *parhélies* ou *faux soleils*, sont des taches diffuses p, p, qui se montrent aux extrémités du diamètre *horizontal* du petit halo, quand le soleil est à moins de 50° au-dessus de l'horizon; elles sont colorées en rouge en dedans. Il se forme aussi des parhélies, P, P, sur le halo de 46°, mais très rarement.

3° On voit assez souvent des *arcs tangents a, a* aux extrémités du diamètre vertical du petit halo. Ils sont bordés de rouge en dedans.

4° Le halo de 46° peut aussi être accompagné d'*arcs tangents*. Les uns, *c*, sont tangents aux extrémités du diamètre vertical; ils sont horizontaux et ont pour pôle le zénith de l'observateur. Les autres sont tangents en des points situés entre les extrémités du diamètre vertical et du diamètre horizontal; ce sont les arcs *infra-latéraux l, l*, et *supra-latéraux*.

Les apparences qui précèdent sont produites par réfraction, comme l'attestent les couleurs qu'elles présentent; celles qui suivent, dépourvues de couleurs, sont dues à la réflexion.

5° Le *cercle parhélique* est un cercle blanc horizontal *bpb* ayant son pôle au zénith, et passant par le centre du soleil, en coupant les deux halos.

6° L'*anthélie* est une image très diffuse du soleil, de même couleur que lui et située sur le cercle parhélique, à l'opposé de cet astre. Quelquefois deux arcs blancs se croisent obliquement sur l'anthélie et s'étendent à des distances qui peuvent être considérables. L'anthélie peut être aussi accompagné de plusieurs images du soleil faibles et diffuses, situées de part et d'autre et symétriquement sur le même cercle; on les nomme *paranthélies*.

Les phénomènes que nous venons d'énumérer peuvent être accompagnés de diverses autres apparences, mais très rares. Ils peuvent être produits par la lune. Mais leur éclat est alors beaucoup plus faible, et les couleurs sont à peine distinctes.

866. Explication des halos, etc. — Le petit halo a été expliqué par Mariotte et Venturi. Supposons qu'il y ait en suspension dans l'air, entre le soleil et l'observateur, une multitude de petites aiguilles prismatiques de glace, dont les faces forment des angles de 60°, orientées et tournées sur elles-mêmes de toutes les manières : celles qui sont à peu près perpendiculaires à un plan quelconque passant par le soleil et par l'œil de l'observateur, enverront de la lumière réfractée, suivant toutes les directions dans ce plan. Mais il y aura une direction dans laquelle la lumière sera le plus intense. En effet, les prismes, qui sont placés de manière à donner le *minimum de déviation*, peuvent être un peu tournés sur eux-mêmes sans que cette déviation change sensiblement. C'est donc comme si les prismes ainsi placés étaient plus nombreux que tous les autres. Les rayons qui passent par l'œil après avoir éprouvé la déviation minimum, se nomment *rayons efficaces*.

La *déviation minimum* dans un prisme de glace présentant un angle de 60°, est $d = 21° 50',2$, ou à très peu près 22°, pour les rayons rouges.

Cela posé, soit *pos* (*fig.* 751) un plan quelconque mené par l'œil *o* de l'observateur et par le centre du soleil, et *p* un prisme perpendiculaire à ce plan. Les rayons partant d'un point du soleil étant parallèles à la droite *so* qui passe par ce point, la déviation dans le prisme *p*, d'un rayon arrivant en *o*, sera égale à l'angle *o*. Si donc le prisme est à une distance angulaire du soleil égale à 22°, les rayons qui en émergent arriveront à l'œil après avoir éprouvé la déviation minimum; la lumière sera plus vive dans cette direction que dans toute autre, et l'on observera un point rouge. Si l'on fait la même construction pour tous les points du disque solaire, on aura dans le plan *sop* une bande rouge ; et, si l'on fait tourner ce plan autour de *so*, un cercle rouge ayant le demi-diamètre angulaire, 22°, du petit halo. Les autres rayons colorés ayant des indices plus grands que les rayons rouges, on voit que *d* sera plus grand, et par conséquent les cercles jaune, vert, etc., se disposeront en dehors du cercle rouge.

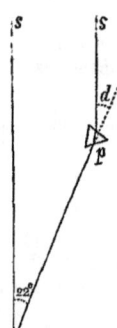

Fig. 741.

Explication des parhélies. — Si l'atmosphère est calme, la plupart des aiguilles de glace, gênées par la résistance de l'air, tomberont verticalement. L'éclat du halo sera alors beaucoup plus vif à chaque extrémité du diamètre horizontal, où il y aura une tache brillante, rouge en dedans, qui n'est autre chose que le *parhélie*.

La teinte sombre que nous avons signalée dans l'intérieur du petit halo s'explique facilement ; car il ne peut arriver aucun rayon réfracté par les prismes de glace, dans une direction formant avec *os* un angle moindre que 22°, c'est-à-dire moindre que le minimum. A une distance angulaire du soleil plus grande que 22°, il y aura, parmi les prismes orientés de toutes les manières, quelques-uns qui enverront dans l'œil des rayons réfractés, ce qui explique l'éclat de l'atmosphère en dehors du petit halo.

Halo de 46°. — Pour expliquer le halo de 46°, il n'y a qu'à répéter ce que nous venons de dire pour le petit halo. Seulement, il faut considérer des angles réfringents de 90°, au lieu d'angles de 60°, angles qui existent dans des prismes hexagonaux à bases planes, dont on a souvent constaté l'existence, et qui présentent douze angles de 90°, formés par les deux bases avec les six faces latérales. Dans ce cas, la déviation par les rayons efficaces est de 45° 44′ ; valeur qui coïncide aussi exactement qu'on peut le désirer avec le demi-diamètre apparent du halo extérieur.

Cercle parhélique. — Ce cercle, horizontal, aussi nommé *cercle blanc*, est produit par la réflexion des rayons solaires sur des prismes verticaux supposés en majorité, et orientés de manière à envoyer des rayons réfléchis à l'observateur.

867. Des couronnes. — On nomme ainsi des cercles irisés, ayant le rouge à l'extérieur, contrairement à ce qui a lieu dans les halos, et entourant le soleil ou la lune. Il peut y en avoir plusieurs équidistants, mais leur diamètre angulaire n'a rien de constant. Le demi-diamètre du premier cercle peut varier de 1 $\frac{1}{2}$ à 4°. Les couronnes sont produites par les gouttelettes fines et régulières de très légers nuages voilant le soleil ou la lune. On en voit de semblables, en regardant la flamme d'une lampe, à travers une lame de verre saupoudrée d'une poussière *à grains réguliers*, comme de la poudre de lycopode, ou sur laquelle on a simplement déposé un léger brouillard au moyen de l'haleine. L'expérience montre que les diamètres angulaires des couronnes sont en raison inverse des dimensions linéaires des particules, et indépendants de leur abondance et de leur mode de distribution. On est parvenu à expliquer les couronnes formées ainsi par des poussières fines, et l'explication s'applique à celles qui se forment autour du soleil et de la lune.

CHAPITRE V.

DE LA VISION SIMPLE ET AIDÉE DES INSTRUMENTS GROSSISSANTS.

§ 1. — DE LA VISION SIMPLE.

I. Description de l'organe de la vue et mécanisme de la vision.

868. Appareil de la vision chez l'homme. — La vision peut être *simple*, quand l'organe de la vue est abandonné à ses seules ressources, ou *composée*, quand il est aidé par des instruments d'optique destinés à en étendre les limites. Nous allons d'abord nous occuper de la *vision simple*.

L'appareil de la vision chez l'homme consiste principalement en deux globes, NT (*fig.* 752), contenant divers fluides, logés dans des cavités osseuses nommées *orbites* de l'œil. Trois paires de muscles, dont une se voit en *m*, *m*, servent à les mouvoir. Chaque globe est retenu dans son orbite par ces six muscles, et aussi par une membrane, *aa*, qui adhère à sa surface antérieure, et se rattache à la partie interne des paupières *p*, *p*. Cette membrane, nommée *conjonctive*, se replie sur elle-même quand celles-ci se ferment, et, dans ce mouvement, elle étend sur la surface antérieure de l'œil un liquide aqueux destiné à l'humecter, et sécrété par la *glande lacrymale*, située derrière la conjonctive, à la partie externe et supérieure du globe de chaque œil.

869. Description du globe de l'œil. — La *fig.* 742 représente une coupe du globe de l'œil, par un plan vertical dirigé d'avant en arrière. Ce globe est formé d'une enveloppe composée de deux parties de courbure différente. L'une, *ss*, très résistante, blanche, opaque, forme la plus grande partie de l'enveloppe; on la nomme *cornée opaque* ou *sclérotique*. L'autre, T, d'un moindre rayon, placée en avant, est transparente et incolore, et se nomme *cornée transparente*.

Iris, pupille. — Derrière la cornée transparente est tendue verticalement la membrane de l'*iris*, *ii*, diaphragme circulaire, coloré en brun, bleu ou gris, et formant la *prunelle*, autour de laquelle on aperçoit une partie de la sclérotique formant le blanc de l'œil. La membrane de l'iris est

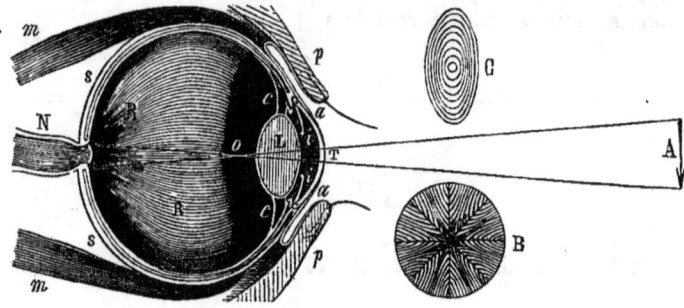

Fig. 742.

composée de fibres rayonnantes; elle est percée d'une ouverture circulaire nommée *pupille*. Cette ouverture peut s'agrandir par la contraction, par plissement, des fibres rayonnantes de l'iris, ce qui a lieu quand la lumière est faible; et se rétrécir, par la contraction des fibres circulaires formant un bourrelet sur le contour de la pupille du côté interne, ce qui a lieu quand la lumière est vive.

Cristallin. — Derrière la pupille se trouve le *cristallin* L, corps lenticulaire transparent, assez mou, et dont la face postérieure est plus convexe que l'antérieure. Il contient de l'albumine et de la gélatine en quantités telles qu'il se coagule entièrement dans l'eau bouillante. Il est formé de couches superposées, figurées à part en C, dont l'indice de réfraction va en augmentant de l'extérieur à l'intérieur, et composé de fibres transparentes que l'on sépare par macération dans l'acide nitrique, et qui sont entrelacées d'une manière assez compliquée, B (*fig.* 742). Le cristallin est soutenu, sur son contour, par une membrane plissée, la *couronne ciliaire*, dont les plis triangulaires se nomment *procès ciliaires*. La ligne droite, qui passe par le centre de la pupille et le centre de figure du cristallin, forme l'*axe de l'œil*.

Chambres de l'œil. — Le cristallin et la couronne ciliaire divisent l'œil en deux parties inégales nommées *chambre antérieure* et *postérieure*. La chambre antérieure est remplie d'un liquide, l'*humeur aqueuse*, qui n'est que de l'eau contenant de très petites quantités de gélatine et d'albumine. La *chambre postérieure* est remplie d'une substance transparente incolore, ayant la consistance d'une gelée tremblante ; c'est l'*humeur vitrée*, dont l'indice de réfraction est 1,339.

Hyaloïde. — Le corps vitré est enveloppé par une membrane transparente très délicate, l'*hyaloïde*, dont une partie recouvre le cristallin pour former la *capsule cristalline*.

Choroïde. — L'intérieur de la sclérotique est tapissé par la *choroïde*, membrane mince sur laquelle est appliquée l'hyaloïde, et dont la face antérieure est recouverte d'un pigmentum noir. Elle s'étend en avant sur la partie postérieure de l'iris, où elle constitue l'*uvée*, qui lui donne sa couleur.

Rétine. — La partie la plus importante de l'œil, celle qui reçoit l'impression de la lumière, est la *rétine*, membrane nerveuse, formée par l'épanouissement d'un gros nerf, le *nerf optique*, N (*fig.* 742), qui traverse la sclérotique et la choroïde, sur lesquelles il étale ses fibriles RR, en formant un réseau très délicat.

870. Mécanisme de la vision. — Considérons un objet A (*fig.* 742) situé à une distance assez grande de l'œil ; les rayons qui, partis de ses différents points, entreront par la pupille, ayant à traverser différents milieux terminés par des surfaces à peu près sphériques, iront former sur la *rétine* une image renversée de l'objet A. Pour construire cette image, il faudra mener des différents points de A, des axes secondaires passant par le centre optique, *o*, du système lenticulaire composé du cristallin et du ménisque que forme l'humeur aqueuse ; centre optique qui paraît être situé dans le corps vitré, à une petite distance du cristallin. Nous obtiendrons ainsi le lieu de l'image très petite de l'objet. Cette image est renversée, et chacun de ses points étant le foyer conjugué d'un point correspondant de l'objet, la rétine sera impressionnée par la lumière qui y est concentrée, et l'impression se transmettra jusqu'au cerveau, par l'intermédiaire du nerf optique.

Vérification par l'expérience. — Le phénomène de la vision consiste dans la formation de l'image au fond de l'œil. L'existence de cette image, découverte par Kepler, peut se constater directement : on prend un œil fraîchement extrait du cadavre, et, après l'avoir débarrassé des muscles et des masses de graisse qui l'enveloppent, on amincit la partie postérieure de la sclérotique, au point de la rendre translucide. On engage ensuite l'œil ainsi préparé, dans une ouverture pratiquée au volet d'une chambre obscure, et l'on voit, à travers la rétine et la sclérotique, l'image renversée et très petite des objets extérieurs. — En expérimentant avec des yeux d'animaux albinos, par exemple, de lapins blancs, dont la sclérotique est translucide, il n'y a qu'à enlever les muscles et la graisse.

871. De la netteté de la vision. — Nous admettons, avec tous les physiologistes, que la perception est nette quand l'image sur la rétine est nette, et réciproquement. La netteté avec laquelle nous distinguons les détails des objets qui ne sont ni trop petits, ni trop éloignés ou trop rapprochés, nous prouve que l'œil est dépourvu d'aberration de sphéricité. Cela tient : 1° à la forme de la cornée et des faces du cristallin, qui ne sont pas sphériques, mais présentent la forme d'ellipsoïdes de révolution ; 2° à la membrane de l'iris, diaphragme à ouverture variable, qui arrête les rayons trop écartés de l'axe du cristallin, et se rétrécit quand on regarde des objets très rapprochés. — L'œil est *achromatique* lors de la vision nette ; car les objets vus directement ne sont pas irisés sur leur contour. On a admis pendant longtemps que cet achromatisme était vrai d'une manière absolue, et on a cherché à l'expliquer par la réunion de plusieurs masses lenticulaires formées par les différentes humeurs de l'œil et par les couches superposées du cristallin. Mais on admet aujourd'hui que les rayons de différentes couleurs font leur foyer à des distances différentes du cristallin, et que, si les images des objets vus nettement ne sont pas irisées, cela tient à ce que les rayons fort peu divergents qui passent par la pupille, n'étant que très peu déviés, et la distance focale étant très petite, la dispersion est insensible. — Voici une expérience qui prouve le *chromatisme* de l'œil : Si l'on regarde une étoile à travers un prisme, on aperçoit un spectre très étroit, qui devrait avoir partout la même largeur, si le foyer de chaque couleur se faisait à la même distance. Or, si l'on regarde l'extrémité rouge, la partie violette paraît élargie en éventail, ce qui prouve que les rayons violets ne font pas leur foyer sur la rétine. Si, au contraire, on regarde l'extrémité violette, la partie rouge paraît à son tour étalée.

872. Portée de la vue. — Quand on a une bonne vue, on peut voir nettement, depuis 15^{cm}, jusqu'à une distance indéfinie. Il y a une distance pour laquelle on voit, sinon plus nettement, du moins avec moins de fatigue. Cette distance est de 15 à 20^{cm} pour les bonnes vues ; c'est celle à laquelle on place la page qu'on veut lire. On la nomme *distance de la vision distincte*.

873. Ajustement de l'œil. — La position des images, dans la chambre noire, variant avec la distance des corps, on doit se demander comment il se fait que les images faites sur la rétine restent nettes pour différentes distances de l'objet. Il est évident d'abord que l'œil doit se modifier pour voir nettement à différentes distances, autrement dit, qu'il doit *s'accommoder aux distances*. En effet, si l'on regarde, même avec un seul œil, un objet rapproché, les objets éloignés placés dans la même direction, sont vus confusément. Réciproquement, si l'on regarde spécialement ces derniers, ceux qui sont plus rapprochés paraissent confus à leur tour.

On a fait un grand nombre d'hypothèses sur la manière dont l'œil s'adapte aux distances; on a invoqué successivement des modifications de toutes les parties de l'organe. On a reconnu enfin qu'elles ont lieu dans le cristallin, qui constitue une lentille à foyer variable, dont la distance focale principale se raccourcit, quand les objets en se rapprochant tendent à former leur image au-delà de la rétine, et s'allonge, quand ils s'éloignent. Voici comment ce fait a été démontré, vers 1858, par M. Cramer, en Hollande, et par M. Helmholtz, en Allemagne. On approche une bougie, de l'œil d'une personne placée dans une chambre obscure, et à laquelle on fait regarder un objet éloigné. On voit dans son œil, trois images : l'image antérieure est droite, virtuelle et formée par la cornée; l'image postérieure, droite aussi, se fait par réflexion sur la surface antérieure du cristallin ; l'image moyenne, plus petite et *renversée*, est réelle ; elle est produite par la surface postérieure du cristallin agissant comme miroir concave. Si l'on fait regarder à la personne en expérience un objet rapproché, tout à coup on voit l'image postérieure s'avancer vers la première, qui ne change pas de position, ce qui indique que la surface antérieure du cristallin est devenue plus convexe. En même temps, l'image postérieure est plus vive, et M. Helmholtz a reconnu, par des mesures précises, qu'elle a diminué. L'image moyenne ne semble pas changer de place; mais comme elle devient plus vive et plus petite, on doit en conclure que la face postérieure du cristallin devient aussi plus convexe.

874. Défauts de la vue. Besicles. — Nous avons dit que l'on peut distinguer nettement depuis 15 à 20^{cm}, jusqu'à une distance indéfinie. Mais cela n'a lieu que pour les vues bonnes et flexibles. Il n'en est pas de même des yeux affectés du *presbytisme* ou de la *myopie*, défauts très fréquents de la vue.

Chez les *presbytes*, l'image tend à se faire derrière la rétine, et le minimum de distance de la vision nette est beaucoup augmenté ; on dit qu'ils ont la *vue longue*. Le plus souvent ils peuvent voir nettement à toute distance plus grande que cette limite. Le presbytisme (πρέσβυς, vieillard) se rencontre surtout chez les vieillards ; il est dû, le plus souvent, à la diminution d'épaisseur du cristallin, qui perd de sa substance sous l'influence de l'âge.

La *myopie* (μύω, cligner ; ὄψις, vue), présente de nombreuses variétés. Tantôt la vision nette n'a lieu qu'à une seule distance, qui est très petite, ce qui indique un manque complet de flexibilité de l'œil ; tantôt elle peut avoir lieu entre certaines limites plus ou moins resserrées, de manière qu'elle est confuse à de grandes distances. Chez les myopes, l'image tend à se former en avant de la rétine ; ce qui provient le plus souvent de ce que le cristallin est trop épais, ou la cornée trop convexe. La myopie peut s'acquérir par l'habitude de regarder de très près de petits objets, par l'usage fréquent de la loupe ou du microscope, par l'abus de la lecture.

Besicles. — Pour suppléer aux imperfections de la vue, on se sert de lentilles à très long foyer, nommées *besicles* ou *lunettes*.

Les *presbytes*, qui ne peuvent voir qu'à des distances trop grandes pour lire commodément, placent devant chaque œil une lentille *convergente* à très long foyer, qui donne aux rayons partant d'un point rapproché, s, (*fig.* 743) le même degré de *divergence* que s'ils partaient d'un point plus éloigné, s', situé à la distance de la vision distincte. Le point s' est donc

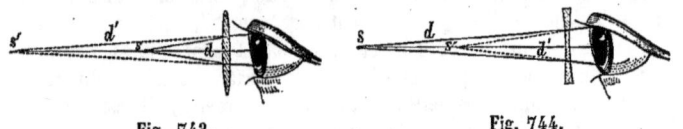

Fig. 743.   Fig. 744.

le foyer conjugué *virtuel* du point s, et la distance focale de la lentille devra être d'autant plus petite que la distance de la vision distincte du presbyte sera plus grande.

Les *myopes* se servent de verres divergents. Soit s (*fig.* 744) le point lumineux, et s' la position très rapprochée qu'il devrait avoir pour que la vision fût nette. La lentille divergente devra être telle que les rayons partant du point s divergent en émargeant, comme s'ils venaient de s'.

* **II. Phénomènes relatifs à la sensibilité de la rétine.**

875. De la sensibilité de la rétine. — La sensibilité de la rétine est spéciale pour la lumière : on peut pincer, déchirer cette membrane, sur des animaux, sans qu'ils paraissent s'en apercevoir. Certaines actions mécaniques peuvent néanmoins communiquer aux fibres de la rétine le même mode d'ébranlement que la lumière. C'est ainsi qu'une pression latérale du globe de l'œil fait apercevoir des lueurs dans l'obscurité.

Point sensible. — L'image n'est bien nette que dans un espace très petit autour de l'axe de l'œil. Cet espace se nomme *point sensible*. Cependant, quand on veut distinguer un objet peu éclatant, comme une comète à peine visible, il faut regarder à côté, de manière que l'image se projette à une certaine distance de l'axe, en des points où la sensibilité est moins émoussée. On peut alors sentir la faible lumière de l'objet, mais on n'en distingue que confusément la forme.

876. Punctum cœcum. — Il y a un petit espace de la rétine, sur lequel la lumière n'agit que très faiblement. Cet espace n'est autre chose que l'extrémité du nerf optique, au point où il pénètre dans l'œil. On le nomme *punctum cœcum*. On en démontre l'existence par l'expérience suivante : on marque sur un plan, deux points n, n' (*fig.* 745) situés à une distance de 10^{cm} environ l'un de l'autre ; puis, fermant un œil, on place l'autre sur la perpendiculaire no, de manière que la ligne des yeux soit parallèle à nn'. Rapprochant ensuite l'œil peu à peu, tout en le maintenant sur la perpendiculaire no, quand on arrive à une distance de 25 à 30^{cm}, on voit le point n' disparaître subitement. C'est que l'image a' de ce point se déplace sur le fond de l'œil A, en s'écartant de l'image fixe a formée par le point n, et finit par tomber en b' sur l'extrémité du nerf optique. L'image du point n' reparaît dès que l'œil se rapproche ou s'éloigne de nn'.

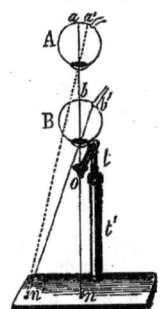

Fig. 745.

Irradiation. — Quand on regarde d'une certaine distance, un corps très brillant, il semble empiéter sur le fond plus sombre qui l'entoure, de manière à paraître plus grand qu'il n'est réellement. Par exemple, si l'on dessine un rond blanc sur un fond noir, et un rond noir de même grandeur sur un fond blanc, et qu'on les expose au soleil, le disque blanc paraît plus grand que le noir. Si même ce dernier est très petit, le fond blanc, en empiétant sur lui, peut le faire disparaître. Si l'on cache à moitié une flamme, au moyen d'un écran, le bord de l'écran paraît échancré à l'endroit où il la coupe. — On explique l'irradiation, en admettant que l'impression produite sur la rétine par les rayons intenses, se propage au-delà du contour de l'image formée.

877. Durée de l'impression. — L'impression produite sur la rétine, dure quelques instants après que la cause qui l'a produite a cessé d'agir. Par exemple, si l'on fait passer plusieurs fois de suite et très rapidement un charbon ardent derrière une petite ouverture, elle paraît constamment illuminée ; l'impression produite pendant un des passages persiste donc encore, quand le charbon passe de nouveau. Un objet brillant qui tourne avec rapidité, produit une courbe continue. La durée de l'impression varie suivant l'éclat de la lumière ; on peut dire qu'elle est en moyenne de $\frac{1}{10}$ de seconde environ. Nous avons eu plusieurs fois à citer des applications de ce phénomène ; nous rappellerons le photomètre de Wehatstone (794), le disque de Newton (848), les expériences de M. Lissajous sur la comparaison des mouvements vibratoires (275). On a aussi construit divers instruments dont le jeu est fondé sur cette persistance des impressions ; nous citerons le suivant :

Phénakisticope. — Imaginons un même dessin répété un certain nombre de fois près du contour d'un disque de carton, et regardons-le à travers des ouvertures équidistantes en nombre égal, pratiquées près du bord d'un autre disque un peu plus grand, et tournant dans le même sens avec la même vitesse, nous verrons le dessin comme s'il était au repos. Si maintenant nous supposons que les dessins représentent un même sujet dans des attitudes qui changent un peu quand on passe de l'un à l'autre, les impressions successives produites dans l'œil feront voir le sujet dans des positions se modifiant progressivement, de manière qu'il semblera s'animer et exécuter les mouvements qui correspondent aux diverses attitudes représentées. L'instrument ainsi formé est le *phénakisticope* de M. Plateau.

*III. Rapport entre le jugement et la sensation.

878. L'excitation que produit la lumière a lieu sur la rétine ; c'est l'image qu'elle reçoit que nous percevons, et nous avons la faculté de remonter, de l'impression produite par les différents points de cette image à la cause extérieure qui lui a donné naissance. Nous pouvons apprécier la distance des points d'où émane la lumière, juger de la forme et de la grandeur des objets, nous rendre compte de leurs positions relatives. Mais ces divers jugements ne se font pas avec sûreté, les erreurs et les illusions sont fréquentes, et le moindre changement dans les habitudes de l'observateur suffit pour le jeter bien loin de la vérité.

879. Pourquoi on ne voit pas renversé. — Remarquons d'abord que l'âme n'est pas un personnage debout, regardant l'image renversée formée sur la rétine ; le jugement de la situation des objets ne dépendra donc pas nécessairement de celle de l'image. Les géomètres, Descartes, Kepler...., puis Musschenbroek, expliquent ce fait par le sentiment que nous avons de la direction dans laquelle arrivent les rayons, de manière que nous rapportons les positions des points lumineux aux axes secondaires qui leur correspondent, axes qui se croisent au centre optique de l'œil. Cette théorie a été développée par d'Alembert, puis par M. Brewster, qui a posé en principe que *nous transportons l'impression reçue, dans la direction normale à la surface de la rétine*, qui est à peu près sphérique. Nous transportons donc en bas l'impression reçue en haut dans l'œil, et réciproquement.

880. Pourquoi on ne voit pas double. — Nous avons deux yeux dans chacun desquels se forme l'image des objets ; comment se fait-il que ces objets ne nous paraissent pas doubles ? Ce résultat vient simplement de l'habitude que nous avons contractée de sentir certains points des deux rétines impressionnés simultanément, quand elles reçoivent la lumière émanant d'un même centre. Ces points, nommés *points identiques*, sont situés à la rencontre des rétines avec les axes des yeux convergeant vers le centre lumineux. Si l'on pousse l'un des yeux avec le doigt, de manière que les images ne se fassent plus en des points identiques, on voit double.

Du reste, cet effet de l'habitude se manifeste dans d'autres organes des sens, par exemple dans le toucher, et l'on ne sent pas 10 objets quand on palpe un même corps au moyen des 10 doigts. Mais si l'on vient à toucher un même corps au moyen de deux doigts croisés l'un sur l'autre, de manière que ce corps les touche en des points qui, d'habitude, ne sont impressionnés simultanément que par deux corps différents, on *sentira double*, et malgré la certitude que l'on a de la présence d'un seul corps, on aura quelque peine à se défendre de l'illusion.

881. Jugement de la distance. — Le jugement que nous portons de la distance des objets est fondé sur des éléments très complexes, et n'est un peu certain que pour les petites distances. Les impressions se forment dans l'œil; et ce n'est qu'à la suite d'une longue expérience qu'on peut rapporter à une cause extérieure l'ébranlement produit sur la rétine. L'éducation de l'organe se fait, à cet égard, par la comparaison fréquemment répétée entre les données du tact, qui permet d'apprécier les distances, et celles de la vue. On finit par avoir conscience du degré de convergence des axes des yeux, et de l'effort que chaque œil doit faire pour s'adapter à chaque distance, et l'on en déduit cette distance. Le concours des deux yeux joue ici le rôle le plus important, comme il est facile de s'en assurer en regardant avec un seul œil; alors on se trompe gravement, même pour les distances assez petites. Par exemple, ce n'est qu'avec incertitude qu'on peut, en fermant un œil, faire passer une baguette dans un anneau vu de profil.

Ce qu'on apprécie, en définitive, c'est le degré de divergence du faisceau qui entre par la pupille, degré de divergence qui détermine l'état que doit prendre l'œil pour voir nettement. Il en résulte que, quelle que soit la position du point lumineux, il apparaît toujours au sommet du cône formé par les rayons divergents qui entrent dans l'œil, prolongés s'il est nécessaire. Ce fait, établi par Barrow, est la source d'une foule d'illusions d'optique; il nous a servi à expliquer les effets des miroirs plans ou courbes.

Quand il s'agit d'objets situés à de grandes distances, les éléments d'appréciation dont nous venons de parler nous manquent, les axes des yeux ne changeant plus sensiblement de position relative, et l'œil n'ayant plus besoin de s'adapter. Le jugement de la distance ne peut alors se fonder que sur des données assez incertaines. Par exemple, plus les objets interposés sont nombreux, plus la distance paraît grande ; parce qu'ils forment autant de points de repère qui servent à l'évaluer. Un clocher vu par-dessus un toit qui cache tous les objets intermédiaires, semble toucher au toit, quoiqu'il en soit très éloigné. — La grandeur connue des objets peut aussi aider à apprécier leurs distances, leur image sur la rétine étant d'autant plus petite qu'ils sont plus éloignés. C'est ainsi qu'on juge de la distance d'un navire, par la difficulté plus ou moins grande d'en distinguer les détails. C'est en agrandissant les images de la fantasmagorie (840), qu'on produit, dans l'obscurité, l'illusion qui fait croire que ces images se rapprochent.

882. Jugement de la grandeur. — Quand plusieurs objets sont à la même distance de l'œil, nous jugeons de leurs grandeurs relatives, en comparant les dimensions des images faites sur la rétine ; ces dimensions étant alors entre elles comme les diamètres apparents des objets. Mais quand les distances sont différentes, le jugement que nous portons dépend à la fois des dimensions de l'image faite sur la rétine, et de l'idée que nous nous faisons de la distance des objets. A égalité de grandeur de l'image faite sur la rétine, nous jugeons les objets d'autant plus grands que nous les supposons plus éloignés ; une longue expérience nous ayant appris que l'éloignement d'un objet est accompagné d'une diminution dans les dimensions de l'image. Il résulte de là que tout ce qui peut nous tromper sur les distances, nous trompe également sur les grandeurs. Par exemple, l'interposition d'un grand nombre d'objets faisant juger les distances plus grandes, fait paraître plus grands les corps situés au-delà. C'est pour cela que les constellations, la lune, le soleil, paraissent beaucoup plus grands près de l'horizon qu'au zénith, quoique leur diamètre angulaire soit moindre ; les objets terrestres interposés faisant paraître la distance plus grande. Si l'on regarde l'astre à travers un tube qui empêche de voir les objets terrestres, l'illusion disparaît.

883. Appréciation du relief. — Influence des deux yeux. — Un des éléments les plus importants du jugement du relief des corps rapprochés, se trouve dans l'action simultanée des deux yeux. — Ce rôle de la double vision a été découvert, vers 1833, par M. Wheatstone. — Quand on regarde un même corps peu éloigné, successivement avec chaque œil, on en aperçoit l'*ensemble* sous deux aspects différents : avec l'un des yeux, les positions relatives des lignes ne sont pas les mêmes qu'avec l'autre, et l'on voit du côté de cet œil certaines parties du corps qu'on ne voit pas avec l'autre, les deux yeux n'étant pas situés de la même manière par rapport au corps. Par exemple, un cube sera vu comme en A (*fig.* 746), quand on le regardera avec l'œil gauche, et comme en B, avec l'œil droit. Un tronc de cône dont la petite base est tournée vers les yeux, sera vu comme en C (*fig.* 747) avec l'œil gauche, et comme en D, avec l'œil droit. Quand donc on regardera avec les deux yeux, les deux images faites sur les rétines ne seront pas identiques. On distinguera trois parties; la première, vue en même temps par les deux yeux, et dont les sensations se confondront (880); les deux autres, vues par un œil seulement, et qui s'ajouteront, dans l'image, de part et d'autre de la partie commune. De la combinaison de ces diverses sensations résultera le sentiment des trois dimensions et du relief du corps.

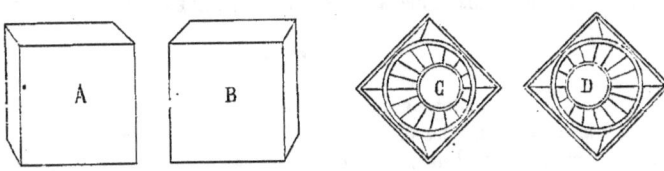

Fig. 746.   Fig. 747.

Stéréoscope. — En partant de ces principes, M. Wheatstone a imaginé le *stéréoscope*, appareil qui fait voir en relief, des dessins faits sur une surface plane, d'objets à trois dimensions. Il faut d'abord préparer deux dessins de l'objet, l'un le représentant tel qu'on le voit avec l'œil droit, l'autre tel qu'on le voit avec l'œil gauche, puis faire en sorte que, celui de droite étant vu par l'œil droit seulement, et celui de gauche, par l'œil gauche, les deux dessins paraissent superposés. Pour remplir ces conditions, M. Wheatstone employait des miroirs plans. M. Brewster a beaucoup simplifié l'appareil, en substituant la réfraction à la réflexion. La *fig.* 748 représente le *stéréoscope de réfraction*, et la *fig.* 749 en montre une coupe par un plan passant par la ligne des yeux.

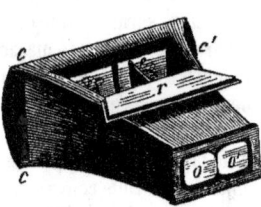

Fig. 748.

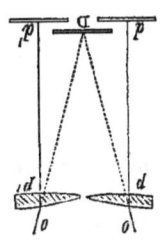

Fig. 749.

Considérons d'abord deux prismes p, p', opposés par leur angle, qui est très aigu, et soient d, d' les deux *dessins stéréoscopiques*. Les yeux étant placés en o, o', chacun d'eux ne verra qu'un seul des dessins, parce qu'il y a un écran qui s'étend du sommet des prismes à la ligne de séparation des deux dessins. Les rayons lumineux qui traversent ces prismes, sont déviés de manière que les images des points d, d' se superposent en D, où l'on voit l'image en relief de l'objet dessiné.

Au lieu de prismes, M. Brewster met en p, p' deux portions d'une même lentille convergente, de manière que l'image est grossie comme par une loupe, et éloignée à la distance de la vision distincte.

Dans la *fig.* 748, les lettres sont les mêmes que dans la précédente. L'intérieur de la boîte est noirci ; *e* est l'écran qui sépare les deux dessins, et *r* une petite porte garnie d'une feuille d'étain, que l'on incline de manière à réfléchir de la lumière sur le dessin.

§ 2. — DES INSTRUMENTS GROSSISSANTS QUI VIENNENT EN AIDE A LA VISION.

I. Microscopes.

884. Loupe ou microscope simple. — Les microscopes sont destinés à faire distinguer les objets très petits. Il en existe deux espèces : le *microscope simple* ou *loupe*, et le *microscope composé*.

La *loupe* consiste simplement en une lentille convergente à court foyer, destinée à faire voir les objets grossis. Pour obtenir ce résultat, il faut que l'objet soit placé entre la lentille et son foyer principal, et très près de ce dernier. Soit *ab* (*fig.* 750) un très petit objet ; il faudrait, pour le voir sous un diamètre angulaire suffisant, l'approcher très près de l'œil ; mais alors la vision serait confuse. Il faudrait donc, tout en plaçant l'objet très près de l'œil, donner aux rayons qui entrent par la pupille, le même degré de divergence que s'ils partaient de la distance de la vision distincte. C'est ce qu'on réalise en interposant entre l'œil et l'objet une lentille convergente dont le foyer *f* est un peu au-delà de l'objet. Dans cette position de l'objet, le foyer formé par les rayons partant de chacun de ses points, est *virtuel* et situé plus loin de la lentille, du même côté (833). Il en résulte qu'il se forme quelque part en AB une image droite et virtuelle de l'objet *ab*, que l'on peut construire, en joignant les extrémités *a* et *b* de l'objet au centre optique *o* de la lentille, et appliquant la règle donnée plus haut (836). Les rayons qui traversent la lentille en sortent avec le même degré de divergence que s'ils partaient des divers points de l'image virtuelle AB ; et, si la distance *o*C est convenable, on verra cette image virtuelle comme si elle était un objet réel.

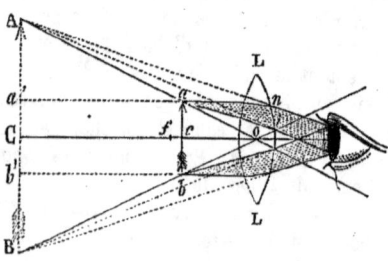

Fig. 750.

Il est facile de construire le faisceau qui, partant d'un point *a* de l'objet *ab*, fait voir l'image A de ce point. On commence par joindre le point A au contour de la pupille; on obtient ainsi un cône A*ni*, qui rencontre en *ni* la surface antérieure de la lentille. Joignant ensuite les points *n* et *i* au point *a*, et négligeant l'épaisseur de la lentille, on obtient les limites du faisceau incident *ani*, qui entre dans l'œil et fait voir l'image virtuelle A. Ce faisceau est ombré dans la figure, ainsi que celui qui fait voir l'image B du point *b*.

885. Calcul du grossissement. — Le grossissement de la loupe est le rapport entre les diamètres angulaires de l'image AB (*fig.* 750) et de l'objet placé à la même distance *o*C. Or, si l'objet était en *a'b'*, *à la distance de la vision distincte*, son diamètre angulaire serait *a'ob'*, si nous négligeons la distance de l'œil à la loupe. Le grossissement *en diamètre* est donc représenté par le rapport des angles A*o*B et *a'ob'*, ou, sensiblement, par celui des longueurs AB et *a'b'* = *ab*. Représentons par *d* la distance *o*C de la vision distincte, par *f* la distance focale *of* de la lentille, et supposons que la distance de l'objet à la lentille soit égale à *of* dont elle diffère très peu; les triangles *aco* et AC*o* donneront $\frac{AC}{ac} = \frac{AB}{ab} = \frac{d}{f}$. Le grossissement est donc sensiblement égal au rapport entre la distance de la vision distincte et la distance focale principale de la lentille. Il sera d'autant plus grand que la lentille aura un foyer plus court, et que la vue de l'observateur sera plus longue. Les loupes très grossissantes devront donc être très petites, pour avoir un foyer très court tout en ne présentant pas une trop grande aberration de sphéricité (838). — Quand on a le grossissement en diamètre, on en déduit le grossissement en surface, en élevant le premier au carré.

886. Microscope composé. — Dans le microscope composé, il y a deux lentilles ou systèmes de lentilles fonctionnant séparément. La première lentille *oo'* (*fig.* 751) se nomme l'*objectif*, parce qu'elle est tournée vers l'objet très petit *ab*, que l'on veut grossir. Cet objet est placé au-delà et très près du foyer principal de l'objectif, qui en donne alors une image *réelle*, renversée et grossie *a'b'* (833). On construit cette image en menant les axes optiques *aa'*, *bb'* par le centre optique de l'objectif. — La seconde lentille, nommée *oculaire*, joue le rôle d'une loupe servant à regarder l'image aérienne *a'b'*, de chacun des points de laquelle partent des rayons divergents.

AB étant l'image virtuelle ainsi obtenue, il est facile de construire le faisceau lumineux qui, partant d'un point de l'objet, entre dans l'œil. Par exemple, considérons le point *a*; nous construirons le cône A*p'*, qui a son sommet au point A, et entre dans la pupille *pp'*; nous joindrons au point *a'* l'intersection *v'* de ce cône avec l'oculaire, et prolongeant le pinceau *v'a'* jusqu'à sa rencontre avec l'objectif *oo'*, puis joignant l'intersection *oo'*, au point a, nous obtiendrons le faisceau $aoo'a'$, $a'v'p'$, qui entre en p' dans la pupille, et fait voir l'image virtuelle A du point a. On a construit de même, sur la figure, le faisceau qui correspond au point b. — Si le faisceau $a'oo'$ prolongé ne rencontre pas l'objectif, c'est que le point a est en dehors du champ de l'instrument.

L'objet étant très près du foyer de l'objectif, de très petits déplacements déterminent de grandes variations dans la position de l'image réelle $a'b'$; l'ajustement de l'instrument demande donc une certaine attention. On met au point, soit en déplaçant l'oculaire, soit en faisant varier la distance de l'objet. Pour les vues longues, il faut retirer l'oculaire, afin que son foyer, qui est au-delà de $a'b'$, se rapprochant de cette image, l'image virtuelle BA se forme plus loin ; ou bien éloigner l'objet de l'objectif, ce qui rapproche aussi l'image réelle, du foyer de l'oculaire. Les myopes devront faire l'inverse.

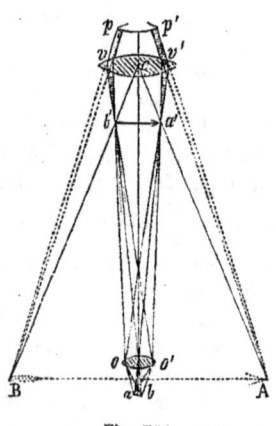

Fig. 751.

887. Champ. — Pour éviter l'aberration de sphéricité produite par les rayons tombant trop obliquement sur l'oculaire, on limite l'image réelle, au moyen d'un diaphragme placé en $a'b'$; et il n'y a que les points qui font leur image dans l'intérieur de l'ouverture de ce diaphragme, qui peuvent être vus à travers l'oculaire. Or, ces points sont contenus dans un cône dont le sommet est au centre optique de l'objectif, et qui a pour base l'ouverture du diaphragme. La surface de ce cône, prolongée au-delà de l'objectif, limite donc sur le porte-objet, l'espace dans lequel sont renfermés les points qui peuvent être vus. Cet espace constitue le champ de l'instrument. On dit ordinairement que le champ est l'espace limité par un cône ayant pour base le contour de l'oculaire, ce cône différant très peu de celui qui a pour base l'ouverture du diaphragme.

Pour augmenter le champ, on compose l'oculaire, de deux lentilles disposées comme dans la fig. 752. La première, c, se nomme lentille de champ, ou oculaire de Campani ; elle a pour effet de rapprocher les faisceaux qui émergent de l'objectif, ce qui rend l'image plus petite, il est vrai, mais en même temps plus nette et plus brillante.

* **888. Achromatisme du microscope** — L'objectif du microscope donne une image irisée sur son contour, défaut que rend plus sensible le grossissement produit par l'oculaire. On peut corriger ce défaut en for-

mant l'oculaire de deux lentilles convergentes. Soit o l'objectif (*fig.* 752), et or', os' les axes optiques qui passent par les extrémités d'un objet ab. Les rayons de différentes couleurs formeront une série d'images renfermées dans l'angle $r'os'$; l'image rouge $r's'$ étant la plus éloignée, et l'image violette $v'u'$, la plus rapprochée du point o. Si l'on place en c, avant le lieu de ces images, une lentille convergente, elle recevra des rayons convergents venant de chaque point de l'objet, et il se formera, au lieu de l'image rouge réelle $s'r'$, une autre image réelle sr, placée dans l'angle $r'cs'$ des axes secondaires $r'c$, $s'c$. L'image violette ira se former en uv, plus près de la lentille c, parce que la distance cv' est plus petite que la distance cr. Si l'on joint les extrémités ru, su de ces images, par les droites vrc', usc', les extrémités des autres images se trouveront sensiblement sur ces droites ; et si l'on place en c' le centre optique d'une lentille convergente, dont la distance focale soit un peu plus grande que $c'u$, les extrémités su, rv des images vues à travers cette lentille se superposeront, et il n'y aura plus d'auréole irisée. Les deux lentilles c, c' sont fixées à un tube noirci en dedans, nommé *porte-oculaire*.

Objectifs achromatiques. — Quand il s'agit de très forts grossissements, la disposition qui précède ne donne pas des images assez nettes. On emploie alors des objectifs achromatiques, composés de lentilles de substances différentes, appliquées les unes sur les autres, et tellement petites, qu'il faut s'aider d'une loupe pour bien les distinguer. Comme il est difficile de donner à ces lentilles des courbures très prononcées, on a coutume d'en employer plusieurs vissées les unes à la suite des autres, produisant le même effet qu'une seule à plus court foyer.

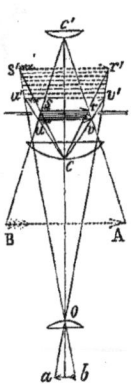

Fig. 752.

889. Description du microscope composé. — Le microscope composé paraît avoir été inventé par Zacharie Jansen, vers 1590, à l'époque où le télescope prenait naissance ; on lui donne des formes très variées.

Comme exemple, nous décrirons le microscope (*fig.* 753), construit par M. Nachet. L'objectif achromatique est vissé à l'extrémité inférieure d'un tuyau noirci en dedans, dont l'autre extrémité reçoit l'oculaire. Le tuyau, ou *corps* du microscope, est fixé à une petite colonne, qui soutient aussi le *porte-objet*, plaque trouée sur laquelle on pose une lame de verre portant l'objet à observer. La colonne est articulée au pied de l'instrument, de manière à pouvoir s'incliner plus ou moins, pour la commodité des observations. Le porte-objet est fixe ; pour mettre au point, on commence par enfoncer plus ou moins l'oculaire dans le tuyau, puis on achève en agissant sur la vis qui se voit à l'extrémité de la colonne articulée, et qui fait mouvoir le corps de l'instrument, de manière à le rapprocher ou à l'éloigner du porte-objet.

L'objet doit être d'autant plus vivement éclairé que le grossissement est plus fort. Quand il est transparent ou translucide, on l'éclaire en dessous au moyen d'un miroir sphérique concave, qui concentre sur lui la lumière des nuées, du soleil ou d'une lampe. Un écran circulaire fixé sur le porte-objet, et dont le contour porte des ouvertures de différentes grandeurs, sert à restreindre plus ou moins l'espace éclairé. Quand l'objet n'est pas transparent, on l'éclaire en dessus au moyen d'une lentille convergente, qui est représentée relevée, sur la figure.

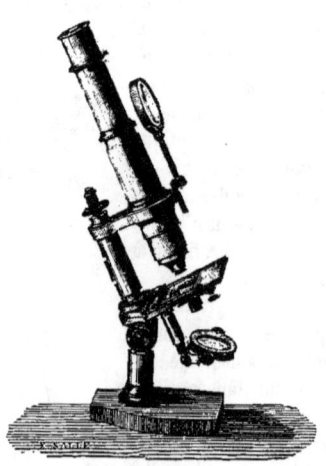

Fig. 753.

890. Calcul du grossissement. — Le grossissement se calcule en multipliant celui de l'objectif par celui de l'oculaire. Nous avons vu comment on calcule le grossissement de l'oculaire, qui se comporte ici comme une simple loupe (885). Pour obtenir le grossissement de l'objectif, on place sur le porte-objet un micromètre tracé sur verre, donnant les centièmes de millimètre, et l'on compte le nombre, n, de divisions visibles dans l'ouverture du diaphragme. On mesure ensuite le diamètre de cette ouverture au moyen du même micromètre, et l'on a le grossissement de l'objectif en divisant par n, le nombre de divisions comprises dans ce diamètre. La présence de l'oculaire ne change rien au résultat, son grossissement affectant de la même manière l'image réelle et le diamètre du diaphragme.

891. Chambre claire. Mesure du grossissement. — On peut ajuster au porte-oculaire du microscope, différents systèmes de *chambres claires* (829), au moyen desquelles on dessine les images grossies par l'instrument. Nous citerons celle de M. Nachet. Un prisme *abd* (*fig.* 754), dont la section est un parallélogramme, et dont l'angle en *a* est égal à 45°, est placé de manière que la face horizontale *ac* soit en dehors du corps de l'instrument, et la face oblique *dc*, au-dessus de l'oculaire. Un petit cylindre en verre, *o*, collé à la face *dc* au moyen de mastic en larmes, laisse passer les rayons émergeant de l'oculaire, sans les dévier, pendant que les rayons venant de la pointe du crayon arrivent dans l'œil, suivant une direction parallèle à celle des premiers, après avoir subi deux réflexions totales sur les faces *ab* et *cd*, de manière qu'on peut suivre avec la pointe du crayon, les contours de l'image grossie se projetant sur une feuille de papier étendue auprès de l'instrument.

La *chambre claire* peut être employée à mesurer directement le grossissement. Pour cela, on place sur le porte-objet, un micromètre tracé sur verre et donnant les centièmes de millimètre. L'image grossie de ces divisions se projette sur une règle divisée en millimètres, placée à la distance de la vision distincte, sur la feuille de papier de la chambre claire, et l'on voit combien de millimètres sont couverts par une division grossie du micromètre. S'il y en a n, le grossissement G sera évidemment $G = 100 \times n$.

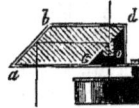

Fig. 754.

II. Lunettes et télescopes

892. Les *télescopes* sont des instruments à travers lesquels les objets éloignés sont vus sous un diamètre apparent plus grand qu'à l'œil nu. On distingue le *télescope de réfraction*, dans lequel on n'emploie que des lentilles, et que l'on nomme plus particulièrement *lunette*, et le *télescope catadioptrique*, nommé aussi simplement *télescope*, et dans lequel il y a réflexion sur un miroir sphérique. Nous allons d'abord nous occuper des télescopes de réfraction.

893. Lunette astronomique. — Cet instrument se compose essentiellement de deux lentilles convergentes : l'*objectif*, tourné vers les objets que l'on veut voir, et l'*oculaire*, auquel on applique l'œil. L'objectif *mn* (*fig.* 755) donne d'abord une image réelle renversée, $a'b'$ de l'objet ab, image beaucoup plus petite que l'objet, à cause de la grande distance de ce dernier. On regarde ensuite cette *image aérienne* $a'b'$ à la loupe, au moyen de l'oculaire ll', placé à une distance de $a'b'$ un peu moindre que sa distance focale principale. On voit alors une image AB de l'objet, virtuelle et *renversée*.

On met au point en faisant varier la distance de l'oculaire à l'objectif. Il faut enfoncer l'oculaire pour les myopes, et le retirer pour les presbytes. Il faut aussi l'enfoncer d'autant plus que l'objet observé est plus éloigné, l'image focale se rapprochant de l'objectif quand l'objet s'en éloigne (833).

Pour construire le pinceau lumineux qui entre dans la pupille, p, et fait voir l'image, A, d'un point a, on joint le point A au contour de la pupille ; puis, au point a', l'intersection du cône Ap avec l'oculaire ; on prolonge en $a'nn'$ le cône ainsi obtenu, et l'on joint enfin l'intersection nn' de ce cône avec l'objectif, au point lumineux a. On obtient ainsi le faisceau $ann'a'p$

qui fait voir l'image A du point a. On a construit aussi, sur la figure, le faisceau bmb', qui correspond au point b, et fait voir son image B.

On voit que le rôle de l'objectif consiste à fournir une image aérienne de l'objet, image que l'on regarde ensuite à la loupe. Comme cette image doit être fortement grossie, il faut qu'elle soit très brillante. On remplit cette condition en donnant à l'objectif une grande ouverture, afin qu'il concentre en chaque point de l'image réelle un grand nombre de rayons partant de l'objet. Pour n'avoir pas d'aberration de sphéricité, il faut en même temps que le foyer de l'objectif soit très éloigné. Cela nous explique pourquoi les fortes lunettes sont très longues, et ont un objectif de grand diamètre.

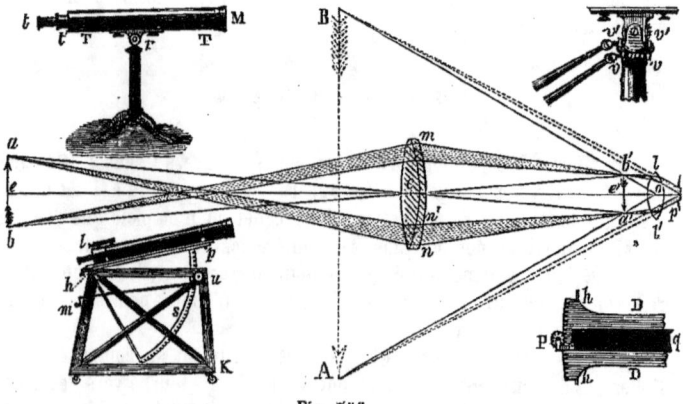

Fig. 755.

Champ. — Comme pour le microscope composé (887), le champ est limité par la surface d'un cône ayant son sommet au centre optique c de l'objectif, et ayant pour base le contour de l'oculaire, ou plus exactement l'ouverture d'un diaphragme placé en $a'b'$. Comme l'oculaire est d'autant plus petit qu'il grossit davantage, on voit que le champ sera d'autant moins étendu que la lunette sera plus forte. Remarquons aussi que les faisceaux sortent de l'oculaire en convergeant les uns vers les autres ; il y a donc une distance à laquelle l'œil profitera de tout le champ, tandis que, en deçà ou au-delà, il ne pourrait voir tout le champ à la fois. Le croisement des faisceaux en p forme le *cercle de Ramsden* ou *point oculaire* ; on y place un diaphragme dont le trou se nomme *œilleton*, et contre lequel on applique l'œil. Ce diaphragme est inutile dant le cas des forts grossissements, car le cercle de Ramsden est alors tellement rapproché de l'oculaire, qu'il faut placer l'œil le plus près possible.

894. Disposition de la lunette astronomique. — L'objectif est enchâssé dans un anneau métallique, vissé à l'extrémité d'un tuyau, ordinairement en laiton, noirci en dedans. L'oculaire est adapté à l'extrémité d'un tube plus étroit, pouvant s'enfoncer plus ou moins dans le tuyau, pour *mettre au point*. On voit en *t*M (*fig.* 755) une lunette montée sur un pied, auquel elle est articulée, en *r*, de manière à pouvoir tourner autour d'un axe horizontal. TT est le *corps* de la lunette, *t* le tube porte-oculaire, qui s'enfonce dans un second tube *t'*. Après avoir mis au point approximativement, on achève, en faisant mouvoir le tube *t'*, au moyen d'un pignon denté, T, agissant sur une crémaillère fixée à ce tube.

Il faut une certaine habitude pour *pointer* la lunette, c'est-à-dire pour la diriger de manière que l'astre que l'on veut observer soit dans le champ. Pour faciliter l'opération, les deux mouvements sont souvent imprimés au corps T au moyen de vis sans fin; l'une agissant sur l'axe vertical, l'autre sur l'axe horizontal. Ces vis sont représentées à part en *vv* et *v'v'* (*fig.* 755). On les fait tourner au moyen de baguettes, articulées par des charnières universelles. — Dans le cas de forts grossissements, la lunette, longue et pesante, ne peut être appuyée en un seul point, et, de plus, il faut que ses mouvements se fassent très lentement. Il existe différents systèmes de supports pour ces sortes de lunettes. Le croquis *l*K (*fig.* 755) donne une idée d'une des dispositions adoptées. La lunette est posée sur une tablette en bois *hp*, appuyée sur une seconde tablette plus large, sur laquelle elle peut glisser en tournant autour d'un boulon *p*. La tablette inférieure peut tourner autour d'une charnière horizontale *h*, portée par le pied en charpente *mu*K de l'instrument. Pour faire mouvoir la lunette dans un plan vertical, on fait tourner, au moyen de la manivelle *m*, une vis sans fin *u*, dont la roue entraîne un pignon qui engrène dans un arc denté *s*, fixé sur la tablette inférieure. — Le mouvement dans le plan horizontal est produit au moyen d'un pignon fixé à la tablette supérieure, et engagé dans des dents fixes de la tablette inférieure ayant leur centre au pivot *p*; comme on le voit en P*q*, où DD est la tablette inférieure, mobile autour de l'axe horizontal *hh*, *q* la tablette supérieure, et P le pignon denté. Comme le boulon *p* est très éloigné du pignon P, de grands déplacements de ce dernier correspondent à de très petits déplacements angulaires de l'axe de la lunette.

★ **895. Achromatisme des lunettes.** — L'objectif est achromatique, et composé de deux lentilles, l'une biconvexe en crown-glass, l'autre concave-convexe en flint. Quelquefois il y a trois lentilles.

Cauchoix a fait des objectifs dont le crown était remplacé par du cristal de roche, ce qui permet de réduire la longueur de la lunette, d'un tiers environ avec les mêmes courbures, et, par conséquent, sans augmenter l'aberration de sphéricité. L'instrument se nomme alors *lunette vitro-cristalline*.

Disposition de l'oculaire. — Quand on veut obtenir un très fort grossissement, on sacrifie quelque chose de la netteté, et l'on emploie un oculaire simple. On pourrait construire des oculaires achromatiques en superposant deux lentilles, mais le grossissement serait trop faible. Campani a imaginé de composer l'oculaire, de deux lentilles plan-convexes de même substance. Dans l'oculaire *positif*, ou de *Ramsden*, les deux lentilles sont situées au-delà de l'image focale faite par l'objectif; dans ce cas, leurs surfaces convexes sont tournées l'une vers l'autre. Dans l'oculaire *négatif*, ou de *Huyghens*, l'image réelle se forme entre les deux lentilles, dont les faces planes sont alors tournées vers l'œil. C'est un oculaire semblable qu'on emploie pour achromatiser les microscopes (888). La lentille qui se trouve du côté de l'objectif se nomme *verre de champ* ou lentille collective parce qu'elle augmente le champ de l'instrument, mais au détriment de l'étendue de l'image focale. Dans ce cas, le *réticule* doit être placé entre les deux lentilles. Le système de Ramsden présente cet avantage, que le *micromètre*, placé en dehors du tube porte-oculaire, peut recevoir divers mécanismes au moyen desquels on fait mouvoir les fils, pour certaines observations astronomiques.

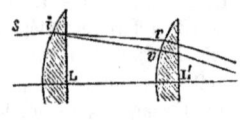

Fig. 756.

L'achromatisme du double oculaire s'obtient par un artifice particulier, en compensant l'une par l'autre l'aberration de réfrangibilité et l'aberration de sphéricité, qui ne sont sensibles que pour les rayons qui traversent les lentilles à une certaine distance de l'axe. Soit L (*fig.* 756) la première lentille, et *si* un rayon venant de l'objectif; ce rayon forme le faisceau dispersé *riv*, qui rencontre la seconde lentille, L', plus petite que la première. Le rayon violet *iv* la rencontrant plus près de l'axe que le rayon rouge, est moins dévié que lui; et, si les courbures sont convenables, ces rayons formeront un pinceau cylindrique, et, par conséquent, incolore. — Du reste, ce n'est que par des tâtonnements et des soins multipliés, qu'on arrive à obtenir des oculaires, comme des objectifs, dépourvus d'aberration de réfrangibilité aussi bien que de sphéricité.

896. Calcul et mesure du grossissement. — Le grossissement linéaire n'est autre chose que le rapport des diamètres apparents BoA et acb (*fig.* 755) que présente l'objet vu dans la lunette et vu à l'œil nu, ou le rapport $Boc : ace$ de la moitié de ces angles. Au lieu des angles eux-mêmes, on considère leur tangente et l'on suppose que l'image $b'a'$ se trouve au foyer principal de l'objectif et au foyer principal de l'oculaire; ce qui est sensiblement vrai, l'objet ab étant à une très grande distance de l'instrument. F et f désignant les distances focales des deux lentilles, les triangles rectangles $b'e'o$, $b'e'c$ donnent

$$\tan b'oe' = \frac{b'e'}{oe'} = \frac{b'e'}{f}; \quad \tan b'ce' = \frac{b'e'}{ce'} = \frac{b'e'}{F}; \quad \text{d'où} \quad \frac{\tan b'oe'}{\tan b'ce'} = \frac{F}{f}.$$

Le grossissement est donc égal au rapport des distances focales de l'objectif et de l'oculaire. On voit qu'il faut, pour que la lunette grossisse beaucoup, que l'objectif ait un très long foyer, et l'oculaire un très court.

Mesure directe du grossissement. — On regarde à travers la lunette, une échelle divisée placée à une grande distance, pendant qu'avec l'autre œil on la voit directement. La lunette étant dirigée de manière que les deux échelles se superposent, on compte le nombre n de divisions vues à l'œil nu, qui se trouvent comprises dans une seule division vue dans la lunette. Ce nombre représente évidemment le grossissement linéaire. — Quand il s'agit d'une forte lunette, le tuyau cache l'échelle, à l'œil extérieur. M. Pouillet emploie alors une espèce de chambre claire, qui se fixe à l'oculaire o au moyen de vis v, v' (fig. 757), et qui est composée de deux miroirs m, n inclinés à 45°. Le miroir n est percé d'un petit trou par lequel on voit l'échelle à travers la lunette, pendant que les rayons réfléchis sur les deux miroirs la font voir telle qu'elle apparaîtrait à l'œil nu. — Cette méthode s'applique aux instruments qui nous restent à décrire.

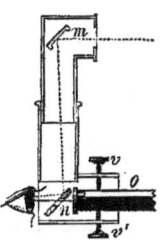

Fig. 757.

897. Lunette terrestre. — La lunette astronomique renverse les images, ce qui est un grand inconvénient quand l'instrument est destiné à observer les objets terrestres. Le P. Rheita a fait disparaître cet inconvénient en disposant deux lentilles convergentes entre l'objectif et l'oculaire. L'instrument se nomme alors *lunette d'approche* ou *longue-vue*.

La fig. 758 représente le porte-oculaire de cet instrument. ca est l'image réelle renversée fournie par l'objectif. Une lentille o est placée à une distance de cette image égale à sa distance focale principale, de manière que les rayons partis d'un point de l'image réelle sortent tous de cette lentille parallèlement à l'axe optique qui leur correspond. Par exemple, les points a et c donnent les faisceaux cylindriques rn, $r'n'$ qui se croisent à une certaine distance de la lentille o. Une seconde lentille, o', placée au-delà du point de croisement, fait converger les rayons de chaque faisceau cylindrique, sur l'axe secondaire correspondant à ce faisceau ; c'est-à-dire sur la droite menée par le centre optique o', parallèlement à ce

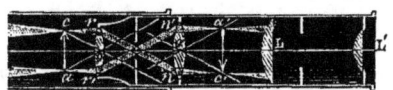

Fig. 758.

faisceau. Par exemple, les faisceaux fournis par les points a et c donneront des images a', c' de ces points, situées à une distance de la lentille o' égale à sa distance focale principale. L'image $a'c'$ sera renversée par rapport à ac, et par conséquent, droite par rapport à l'objet. Si les deux lentilles o, o' ont le même foyer, les deux images ac, $a'c'$ sont égales. L'image $a'c'$ est ensuite vue à travers le système oculaire LL', comme dans la lunette astronomique.

898. Lunette de Galilée. — La lunette de Galilée montre les objets droits, avec deux verres seulement. L'oculaire, o (*fig.* 759), est divergent, et placé plus près de l'objectif O que l'image réelle ab que formerait ce dernier. Les rayons qui convergent vers les points de cette image, sont rendus divergents par l'oculaire, et vont former l'image virtuelle AB, dont les extrémités sont situées sur les axes secondaires passant par les points a et b. On a ombré, sur la figure, les faisceaux qui, partant des extrémités de l'objet, font voir les images A et B de ces extrémités.

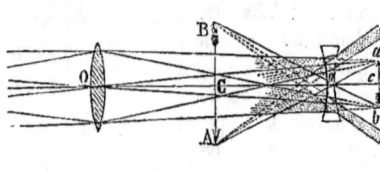

Fig. 759.

Le *grossissement* est égal à $\dfrac{\tan aoc}{\tan aOc} = \dfrac{Oc}{oc} = \dfrac{F}{a}$, en supposant que la distance oc soit égale à la distance focale principale, a, de l'oculaire.

On voit que les faisceaux s'écartent les uns des autres en sortant de l'oculaire; de sorte que le *champ* est peu étendu. Pour l'avoir le plus grand possible, il faut mettre l'œil tout près de l'oculaire. Le champ se mesure alors par l'angle sous-tendu par le diamètre de la pupille, et ayant son sommet au centre de l'objectif. Il ne dépend donc pas de la grandeur de l'oculaire, pourvu que cet oculaire ne soit pas moindre que la pupille; et il peut être représenté par le diamètre de la pupille, divisé par la distance des deux verres.

C'est au moyen de la combinaison d'un verre convergent et d'un verre divergent que les lunettes ont été inventées, en 1590, par Zacharie Jansen, lunetier à Middebourg. Galilée ayant entendu parler de cette invention, devina la construction de l'instrument, et eut l'idée de s'en servir pour étudier les astres. Les lunettes de spectacle ne sont autre chose que des lunettes de Galilée.

899. Télescope de réflexion. — Dans ces instruments, l'image réelle destinée à être grossie par l'oculaire, est formée par un miroir concave [1].

---

[1] Ce miroir est ordinairement fait d'une espèce de bronze, composé de 20 parties de cuivre, 9 d'étain et 8 d'arsenic blanc.

Télescope de Newton. — Cet instrument se compose d'un miroir sphérique concave mr (*fig.* 760), dont le centre est en O, et qui réfléchit les rayons partant d'un objet éloigné, de manière à en donner une image réelle renversée $a'b'$, située un peu au-delà du foyer principal (807). Mais avant le lieu de cette image, les rayons convergents qui tendent à la former, sont reçus par un petit miroir plan, nn, incliné à 45° sur l'axe principal du miroir sphérique, de manière que l'image réelle est rejetée latéralement en a, où on la grossit au moyen de l'oculaire o. Le miroir nn est ordinairement remplacé par la face hypothénuse d'un prisme rectangulaire, sur laquelle les rayons éprouvent la réflexion totale.

On a ombré, sur la figure, le pinceau lumineux, qui, réfléchi en r par le miroir rm, puis par le prisme nn, entre en o dans la pupille, et fait voir l'image A de l'extrémité de l'objet correspondant au point a'.

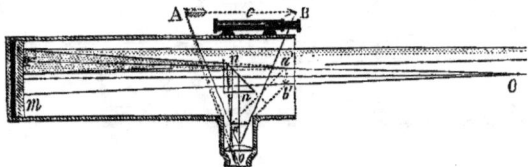

Fig. 760.

Si l'on représente par F et f les distances focales du miroir rm et de l'oculaire, le grossissement sera représenté par $F : f$, comme pour la lunette astronomique. — L'observateur ne regardant pas dans la direction de l'objet, pour pointer l'instrument, un *chercheur* est indispensable ; on nomme ainsi une petite lunette dont l'axe est parallèle à celui du télescope, de manière que lorsqu'un astre se trouve au centre du champ du chercheur, il se trouve dans le champ de l'instrument. On voit en l (*fig.* 755) un chercheur annexé à la lunette lp.

★ **900. Télescope de Gregori.** — Cet instrument se dirige vers l'objet que l'on observe, et donne les images droites. Le miroir concave M (*fig.* 761) est percé à son centre de figure, d'une ouverture à laquelle on ajuste le tube oculaire. Au-delà de l'image focale réelle $a'b'$ est disposé un petit miroir sphérique concave m, à une distance telle que l'image $a'b'$ soit entre son foyer principal et son centre o, de manière que la distance des deux miroirs est un peu plus grande que la somme de leurs distances focales. Les rayons qui se croisent aux différents points de l'image $a'b'$, sont réfléchis par le miroir m, et vont faire en $\alpha\beta$, au-delà du centre o, une image renversée, de $a'b'$. Cette image $\alpha\beta$, réelle et grossie, est observée au moyen de l'oculaire l. La position de l'image $\alpha\beta$ dépendant de la distance de $a'b'$ au miroir m, on met au point en déplaçant ce miroir, au moyen d'une vis de rappel Vv ; une fente pratiquée dans le tuyau du télescope permet ce déplacement. — On a ombré, sur la figure, le pinceau de rayons $b_1 rb'r'\beta lc$ qui, partant de l'extrémité inférieure de l'objet, fait voir son image en B.

901. Télescope d'Herschell. — La découverte des lentilles achromatiques avait fait généralement renoncer aux télescopes catadioptriques, auxquels on reprochait la perte de lumière produite dans la réflexion. Plus tard, la difficulté d'obtenir de grands objectifs achromatiques a fait revenir aux miroirs. W. Herschell [1] les a portés à un grand degré de perfection, et en a construit un grand nombre, dont un de $1^m,47$ de dia-

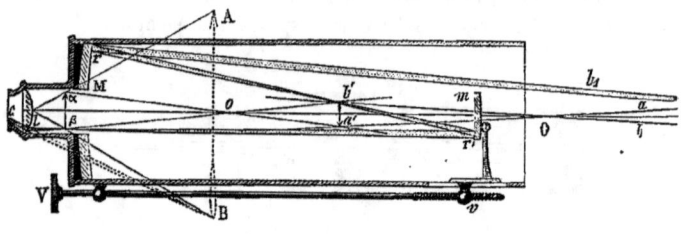

Fig. 764.

mètre. D'abord, il rejeta l'image latéralement, suivant la méthode de Newton ; mais plus tard, en 1786, il supprima le miroir plan et se contenta d'incliner légèrement le miroir, m (fig. 762), par rapport à l'axe de l'instrument, de manière que le miroir, formant comme une portion d'un miroir plus grand dont l'axe principal eût été l'arête inférieure du tuyau,

---

[1] Herschell (William), né à Hanovre en 1738, était fils d'un musicien habile, qui lui enseigna son art. A l'âge de 21 ans, il va en Angleterre, avec un de ses frères, où, après avoir éprouvé de cruelles privations, il devient instructeur de musique d'un régiment, puis organiste. L'étude de la théorie de la musique par Smith, le force à apprendre l'algèbre, qui le conduit elle-même à étudier l'optique. Un petit télescope lui étant tombé entre les mains, il se prend d'enthousiasme pour l'étude du ciel, et, comme il ne pouvait se procurer un instrument plus grand, il entreprend d'en construire lui-même. C'est par centaines qu'il faut compter les miroirs qu'il a travaillés. Le roi Georges III lui fit une pension de 7,500 francs, et lui donna une habitation près du château de Windsor, à Slough, « le lieu du monde où il s'est fait le plus de découvertes. » Là, aidé de sa sœur, il publia une foule de Mémoires sur la *Structure des cieux*, dont il explora les profondeurs avec une persévérance infatigable, étudiant particulièrement les nébuleuses, et créant l'astronomie stellaire. Il mourut doucement en 1822, à l'âge de 83 ans, laissant un fils, John Herschell, auquel l'optique et l'astronomie doivent aussi de nombreux perfectionnements.

l'image se formait près du bord de l'ouverture, où se trouvait l'oculaire *o*. La suppression de la réflexion sur le miroir plan augmentait la clarté de certains télescopes, dans le rapport de 61 à 75, de manière à permettre de distinguer des astres très faibles, et invisibles quand il y avait une seconde réflexion. Le miroir, *m* (*fig.* 762) était placé au fond d'un tuyau en tôle, soutenu par un système de mâts inclinés, portés eux-mêmes par une plate-forme de 13 mètres de diamètre, pouvant tourner sur 24 rouleaux. Un système de cordages et de poulies permettait de faire varier l'inclinaison du tuyau, et l'observateur se plaçait dans une petite galerie suspendue à son ouverture.

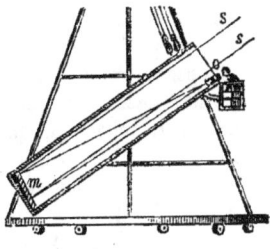

Fig. 762.

Lord Rosse a construit en 1842 à Birr ou Parsonstown, en Irlande, un télescope dont les proportions dépassent de beaucoup celles du grand télescope d'Herschell. Le miroir a 1^m,83 de largeur et 16^m,76 de foyer; il pèse 3800 kilogrammes.

902. Télescope à miroir de verre. — M. L. Foucault a récemment rappelé fortement l'attention sur les télescopes à réflecteurs, en substituant

Fig. 763.

aux miroirs métalliques, des miroirs de verre, travaillés de manière à faire disparaître toute aberration de sphéricité. Ces miroirs, argentés en dedans par les procédés chimiques, donnent une netteté et une clarté surprenantes. La proportion de lumière réfléchie est environ trois fois plus grande, sous l'incidence de 45°, qu'avec les meilleurs miroirs en alliage ordinaire. Un de ces miroirs, ayant 11^{cm} de diamètre et 52^{cm} de foyer, supporte un grossissement de 150 à 200 fois, avec une lumière suffisante pour les objets terrestres. Une lunette de même force devrait être deux fois plus longue, et coûterait plus du double. Au lieu de l'oculaire ordinaire, M. Foucault emploie un microscope composé, de manière à ne pas introduire de nouvelles aberrations dans une image qui en est complètement exempte.

L'observatoire de Paris possède un grand télescope à miroir argenté dont le diamètre a 80 centimètres d'ouverture, et qui a permis de distinguer l'astre qui accompagne l'étoile *Sirius*, astre qui n'avait pu être encore distingué qu'au moyen de la grande lunette de Cambridge, par M. Clarke. La *fig.* 763 donne une idée du mode d'installation du télescope de l'observatoire. AB est une plate-forme parallèle à l'équateur, et pouvant tourner autour de son centre, sur des galets. Deux montants, dont un se voit en *m*, supportent le tuyau du télescope, qu'on peut incliner plus ou moins, de quantités angulaires mesurées, sur le cercle divisé *r*, au moyen du vernier *u*. En *o*, est l'oculaire, et en *c* un chercheur. Quand l'astre se trouve dans le champ de l'instrument, on le lui fait suivre en faisant tourner la vis sans fin *v*, au moyen de la baguette *b* à charnière universelle. La vis sans fin agit sur une couronne dentée, dont on peut l'écarter, quand on veut faire tourner rapidement la plate-forme AB.

FIN.

CHOIX

DE PROBLÈMES DE PHYSIQUE.

PESANTEUR.

1. La vitesse d'un boulet de canon à la sortie de la pièce est V ; on demande de quelle hauteur ce boulet devrait tomber verticalement, pour acquérir la même vitesse ? (On négligera la résistance de l'air).

2. Pour mesurer la profondeur d'un puits, on y laisse tomber un corps, et, observant l'instant où ce corps frappe le fond, on mesure le temps qu'il a mis à y arriver ; quelle est la profondeur du puits ? (On négligera la résistance de l'air).

3. La pesanteur étant égale à 9,8327, au pôle, calculer l'attraction de la terre sur la lune, dont la distance au centre du globe est égale à 16 fois le rayon de ce dernier.

4. Un corps placé dans le bassin d'une balance fait équilibre à $8^{gr},2$; si on le place dans le second bassin, il fait équilibre à $7^{gr},7$. On demande le poids de ce corps.

5. Les deux masses suspendues au fil de la machine d'Atwood pèsent chacune 42^{gr} ; le poids additionnel pèse 10^{gr} ; on demande 1° la vitesse acquise au bout de 3″, 2° l'espace parcouru. On connaît l'intensité de la pesanteur, et l'on néglige toutes les résistances passives.

6. On donne le rayon et la densité moyenne de la terre, le rayon et la densité moyenne de Jupiter ; et l'on demande quelle est la pesanteur à la surface de la planète ? (On néglige les effets de la force centrifuge).

HYDROSTATIQUE.

7. On remplace le petit corps de pompe d'une presse hydraulique, par un tuyau vertical de longueur indéfinie ayant un diamètre de 4 centimètres. Le diamètre du piston du gros corps de pompe est de 32 centimètres. On demande quel poids d'eau, à la température de 4°, il faudra verser dans le tube, pour maintenir en équilibre le gros piston chargé d'un poids de 1000 kilogrammes, en y comprenant son propre poids? (On négligera les frottements).

8. On soude l'un à l'autre deux cylindres de même diamètre ; l'un en bois ayant pour densité 0,6 ; l'autre en verre ayant pour densité 2,5. On demande quel doit être le rapport entre les longueurs de ces cylindres, pour qu'ils restent en équilibre au milieu d'une masse d'eau à la température de 4°.

9. Deux sphères égales de volume V sont suspendues sous les bassins d'une balance hydrostatique en équilibre. On les plonge entièrement, l'une dans de l'eau à 4°, l'autre dans de l'huile de naphte, dont la densité est de 0,85. Quel poids faudra-t-il employer pour rétablir l'équilibre, et dans quel bassin faudra-t-il le mettre?

10. Deux sphères inégales, mais d'un même poids, l'une en métal, dont la densité est 10, l'autre en ivoire, dont la densité est 1,9, sont suspendues aux bassins de la balance hydrostatique. On les plonge dans de l'eau à 4° ; on demande quel poids il faudra pour rétablir l'équilibre, et de quel côté il faudra le placer.

11. Même problème, en remplaçant l'eau par de l'éther, dont la densité est 0,715.

12. Un vase plein d'eau est en équilibre dans le bassin d'une balance. On plonge entièrement une masse de plomb, pesant 88^{gr} et dont la densité est 11, dans ce liquide, dans lequel on la tient suspendue par un fil. On demande si l'équilibre subsistera, et, s'il est rompu, quel poids il faudra pour le rétablir, et de quel côté il faudra le placer?

PNEUMATIQUE.

13. Dans un baromètre à tube bien cylindrique et gradué, il s'est introduit une quantité inconnue d'air. On demande comment il faudra expérimenter pour mesurer la pression atmosphérique au moyen de cet instrument, dont on suppose la cuvette très profonde.

14. Le tube cylindrique d'un baromètre est suspendu par un fil, au bassin d'une balance ; le poids du verre est de 64^{gr}, et la section intérieure du tube de 4 centimètres carrés. On demande le poids nécessaire pour faire équilibre à ce tube, quand la pression atmosphérique est de 77 centimètres. (On négligera la perte de poids de la partie du tube qui plonge dans le mercure).

15. Dans un corps de pompe muni d'un piston de 3 décimètres de diamètre, on a raréfié l'air en ne lui laissant qu'une pression de 3 centimètres de mercure. Quel effort, en kilogrammes, faudra-t-il faire pour empêcher le piston de s'enfoncer dans le corps de pompe, le baromètre marquant 68 centimètres ? (On néglige les frottements).

16. Dans un manomètre à tube cylindrique, et dont le niveau de la cuvette ne varie pas sensiblement, le mercure s'est élevé jusqu'aux deux tiers de l'espace occupé par l'air. On demande quelle pression s'exerce dans la cuvette. On suppose que l'air occupe une longueur de 24 centimètres dans le tube, et que les deux niveaux sont dans un même plan horizontal, quand l'appareil est soumis à la pression atmosphérique.

17. L'eau s'élève dans le tuyau d'aspiration d'une pompe aspirante à une hauteur verticale de 5 mètres. 1° Quelle est la pression de l'air dans le corps de pompe ? 2° Quel effort faut-il faire pour soulever le piston, abstraction faite des frottements ?

18. Une masse de bois, dont la densité est 0,60, pèse 1522^{gr} dans l'air. On demande quel serait son poids dans le vide, le baromètre marquant 0^m,70, et la température étant de 25° au moment de l'expérience ?

19. La capacité d'un aérostat gonflé au gaz hydrogène est de 400 mètres cubes ; le poids de l'enveloppe et de tout ce que porte l'appareil est de 300 kilogrammes. On demande : 1° la force ascensionnelle, en kilogrammes, la pression étant supposée de 0^m,76 ; 2° quelle est la pression de la couche d'air à 0° dans laquelle l'appareil restera en équilibre, en supposant que le gaz ne puisse s'échapper, que l'enveloppe conserve toujours la même capacité, et que la température de l'hydrogène soit toujours égale à celle de l'air ambiant. On prendra pour la densité de l'hydrogène par rapport à l'air, le nombre 0,07.

ACOUSTIQUE,

20. Un ingénieur hydrographe voulant évaluer la distance d'un écueil sur lequel il se trouve, à un point de la côte voisine, envoie un aide sur ce point, et lui ordonne de tirer un coup de fusil. Il s'écoule $2^s,5$ entre l'instant où il voit la flamme et le moment où il entend l'explosion. Quelle est la distance de l'écueil au point de la côte ? (La température de l'air est de $10°$).

21. On laisse tomber verticalement une pierre au fond d'un précipice ; il s'écoule 3 secondes entre le moment où on a lâché la pierre, et le moment où l'on entend le bruit qu'elle produit en frappant le fond. Quelle est la profondeur du précipice ? (La température de l'air est de $16°$).

22. Un observateur tire un coup de fusil ; il s'écoule 6 secondes avant que l'écho ne lui renvoie le bruit de l'explosion. A quelle distance se trouve-t-il de l'obstacle qui réfléchit le son ? (Température, $10°$).

23. On frappe sur l'extrémité d'une longue conduite de tuyaux en fonte remplie d'air ; un observateur placé à l'extrémité opposée entend deux sons ; le premier transmis par le métal, le second par l'air. Il s'écoule $1^s,5$ entre les moments d'arrivée des deux sons. On demande la vitesse du son dans la fonte, celle de l'air étant connue, et la longueur de la conduite étant de 2 kilomètres.

24. Calculer la longueur de l'onde de l'*ut* grave du violoncelle, accomplissant 158 vibrations par seconde. (Température $16°$).

25. Une corde tendue par un poids de 9 kil., donne le son *ut*, formant 128 vibrations simples par seconde. 1° Quel sera le nombre de vibrations accomplies par la même corde tendue par un poids de 81 kil. ? 2° Quel sera, dans l'échelle diatonique, le nom du son produit ?

26. Le son fondamental d'un tuyau bouché de $1^m,31$ de longueur correspond à 128 vibrations simples par seconde. Quelle longueur devrait avoir un autre tuyau bouché, 1° pour que le 3e harmonique soit aussi de 128 vibrations ; 2° pour que le 3e harmonique soit la tierce aiguë du son fondamental du premier tuyau ?

27. En frappant sur deux sphères homogènes de même substance, on reconnaît que les sons brefs produits sont à la quinte l'un de l'autre ; en déduire le rapport des poids de ces deux sphères.

CHALEUR.

28. On expose une masse d'un alliage dont le point de fusion est 132°, au rayonnement d'un foyer de chaleur, placé à une distance de 4 mètres, et cette masse commence à fondre. On demande à quelle distance minimum du même foyer il faudra placer une masse de suif, dont le point de fusion est 33°, pour qu'elle ne fonde pas. (On suppose le foyer assez resserré pour qu'on puisse le considérer comme un point).

29. La capacité d'un vase de verre est de 25 centimètres cubes à la température de 0°. On demande quelle masse de mercure il faudra y introduire, pour que la capacité de l'espace restant ne change pas, quand on fera varier la température entre 0° et 100°. On connaît les coefficients de dilatation cubique du verre, et de dilatation absolue du mercure.

30. Une barre de fer de $1^m,50$ de longueur est suspendue verticalement à une potence verticale en cuivre. On demande quelle devra être la hauteur de cette potence, pour que l'extrémité inférieure de la barre de fer ne change pas de position quand la température variera. On sait que les coefficients de dilatation du fer et du cuivre sont entre eux comme 3 est à 5.

31. Une médaille est brûlante au sortir du balancier. On demande comment il faudra expérimenter pour en trouver la température. On connaît le poids de la médaille et la capacité calorifique du métal dont elle est formée.

32. Il faut 79 calories pour fondre 1 kil. de glace. A quelle température cette quantité de chaleur est-elle capable de porter 2 kilogrammes d'or, dont la capacité calorifique est 0,03.

33. On mélange 1 kilogramme d'acide sulfurique à la température 0°, avec 4 kilogrammes de glace aussi à 0°, le mélange s'abaisse à 20° au-dessous de zéro. On demande le nombre de calories dégagées par la combinaison chimique de l'acide sulfurique avec la glace, en supposant que la capacité de cette combinaison soit la même que celle de l'eau, et en négligeant les pertes ou gains de chaleur du vase.

34. Quel est le poids d'eau qui doit s'évaporer pour abaisser de 5° la température de 1 litre d'eau, dans un alcarazas dont le poids est 75 grammes et la capacité calorifique 0,9? (On négligera la chaleur fournie par l'air ambiant).

55. Quel poids d'eau faudrait-il évaporer dans le vide, pour congeler 10 grammes d'eau prise à 5°, dans un vase de laiton pesant 12 grammes, et dont la capacité calorifique est 0,09. On négligera la chaleur fournie par le milieu ambiant.

56. Quel poids de vapeur à 100 faudra-t-il faire condenser dans une masse d'eau de 10 litres, pour en élever la température, de 5° à 45°? Le vase qui contient cette eau est en cuivre, dont la chaleur spécifique est 0,095, et pèse 3 kilogrammes.

57. Un alambic a distillé 3 litres d'eau. Le réfrigérant contient 15 litres d'eau à 10° ; il est en cuivre ainsi que le serpentin et toutes les pièces qu'il contient, et le poids total du cuivre est de 8 kil. On demande la température finale du réfrigérant, en supposant que l'eau distillée sorte à chaque instant à la température de ce réfrigérant?

58. Les conditions étant les mêmes, on remplace l'eau du réfrigérant par de la glace pilée à 0°. On demande quel poids de cette glace sera fondu pendant la distillation des 3 litres d'eau, que l'on suppose sortir du serpentin constamment à la température de 10°?

59. La surface d'une soupape de sûreté est de 3 décimètres carrés ; elle soulève un levier du 3ᵉ genre dont les bras sont dans le rapport de 1 à 10 ; on demande quel poids il faut suspendre à l'extrémité du plus long bras, pour que la soupape se soulève quand la vapeur arrive à une pression de 298 centimètres de mercure ? (On négligera le poids du levier et celui de la soupape).

40. Même problème, en supposant que la soupape pèse 525 grammes, que le levier ait pour longueur totale 62 centimètres, qu'il pèse 2 kilogrammes et ait dans toute sa longueur la même section.

ÉLECTRICITÉ ET MAGNÉTISME.

41. Un pendule électrique isolé portant une balle de plomb, s'écarte de 5° de la verticale, sous l'influence d'un corps électrisé placé à la hauteur de la balle, à une distance de 2 mètres. Quel sera l'écart, quand la distance sera de 3 mètres ? On suppose les angles assez petits pour qu'on puisse les prendre pour leur *sinus*.

42. Une aiguille d'inclinaison fait 25 oscillations par seconde dans le méridien magnétique. Dans un autre lieu elle en fait 28, quel est le rapport des intensités magnétiques de la terre aux deux stations ?

43. Un aimant fait osciller une aiguille astatique placée à 1 mètre de distance. Un autre aimant doit être placé à une distance de 3 mètres pour faire osciller la même aiguille de la même manière. On demande le rapport entre les intensités magnétiques des deux aimants.

44. Comment se placera l'aiguille de la boussole d'*inclinaison*, quand le plan vertical dans lequel elle est mobile sera dirigé perpendiculairement au méridien magnétique ?

OPTIQUE.

45. Deux lumières ont les intensités 3 et 7 ; on demande dans quelle position il faudra placer un écran sur la ligne droite qui les joint, pour qu'il soit également éclairé par chacune d'elles : 1° quand l'écran est placé entre les deux sources ; 2° quand il est placé sur le prolongement de la droite qui les joint. La distance des deux lumières est de 4 mètres.

46. On cesse de pouvoir lire une page d'écriture, quand la lumière qui l'éclaire se trouve à quatre mètres de cette page. Quand on se sert d'une autre lumière, la distance limite est de 3 mètres. On demande le rapport des intensités des deux lumières.

47. Un rayon lumineux se réfléchit sur deux miroirs plans inclinés l'un par rapport à l'autre, le plan d'incidence étant perpendiculaire à la ligne d'intersection des miroirs ; démontrer que le rayon incident et le second rayon réfléchi forment un angle double de celui des miroirs.

48. Un miroir plan frappé par un rayon de lumière tourne autour d'un axe perpendiculaire au plan d'incidence, démontrer que le rayon réfléchi se déplace d'une quantité angulaire double de celle dont tourne le miroir.

49. Une surface plane est dressée parallèlement et en avant d'un miroir plan. Un observateur placé entre les deux, regarde d'un seul œil placé sur la normale au centre du miroir, les images des objets distribués sur la surface plane. On demande de construire géométriquement sur cette surface, les limites dans lesquelles doivent être renfermés les objets, pour être vus dans le miroir par l'observateur.

756 PROBLÈMES.

30. Le miroir d'un porte-lumière renvoie dans la chambre obscure, un rayon faisant un angle de 15° avec l'horizon. On demande de combien de degrés il faudra faire tourner ce miroir, autour de l'axe parallèle à son plan, pour que le rayon réfléchi soit incliné de 25° sur l'horizon.

31. On ferme un tube noirci en dedans et engagé dans le volet de la chambre obscure, au moyen d'un bouchon de verre, dont la face extérieure est normale au tube. On demande quel angle devra faire l'autre face avec l'axe du tube pour qu'aucun rayon entrant parallèlement à cet axe ne puisse pénétrer dans la chambre obscure.

32. Quand on regarde le fond horizontal d'un bassin plein d'eau, ce bassin paraît moins profond que lorsqu'il est vide. Pourquoi?

33. Comment pourrait-on redresser l'image dans la lunette astronomique, au moyen d'une seule lentille convergente placée entre l'objectif et l'oculaire? Construire le pinceau de rayons qui, partant d'un point de l'objet, entre dans l'œil de l'observateur, et fait voir l'image de ce point.

TABLE DES MATIÈRES.

LIVRE I.

PHYSIQUE MÉCANIQUE.

CHAP. I. — NOTIONS GÉNÉRALES.
§ 1. — Définitions. Objet de la physique. 1
Lois. Représentations graphiques. Causes. 3
§ 2. — De la méthode en physique. 4
Mesures de précision. Vernier. Cathétomètre. 5
Vis micrométrique. Machine à diviser. 7
Méthodes de précision. 9

CHAP. II. — PROPRIÉTÉS ET CONSTITUTION DES CORPS.
§ 1. — Propriétés générales de la matière. 10
Etendue. Impénétrabilité. 10
Des trois états de la matière. . . . 11
Compressibilité. Dilatabilité. 12
Divisibilité. Atomes. 13
Porosité. 15
Mobilité. Inertie. 16
§ 2. — Forces moléculaires. . . 18
Expériences sur la cohésion. 20

CHAP. III. — DU MOUVEMENT ET DES FORCES.
§ 1. — Mouvement en lui-même. 23
Mouvement uniforme; varié. 23
Mouvement composé. Parallélogramme des vitesses. 25
§ 2. — Des Forces. 26
Mesure des forces dynamomètres. . . 27
Mesure par les effets. Masse. Quantité de mouvement. 29
Composition des forces concourantes, parallélogramme des forces. . . . 30

Forces parallèles; centre des forces parallèles. 32
Travail des forces. Machines; effet utile. 34
Action égale et opposée à la réaction . 36
§ 3. — Mouvement curviligne. 36
Force centrifuge. Lois. Expériences. . 37

CHAP. IV. — PESANTEUR.
§ 1. — Définitions. Centre de gravité. 39
Lois de Kepler. Gravitation. 40
Direction de la pesanteur; poids; centre de gravité. 42
Equilibre des corps pesants. Base de sustentation. 43
§ 2. — Lois de la pesanteur . 46
Machine d'Atwood. 48
Machine à indications continues. . . 50
Conséquences des lois. 51
§ 3. — Intensité de la pesanteur. Pendule. 52
Pendule simple. Pendule composé. . . 53
Applications du pendule. 55
Preuve du mouvement de la terre. . . 56
Mesure de l'intensité de la pesanteur . 57
Pendule à seconde. 58
Variations de la pesanteur. 58
§ 4. — Masses et poids. Balance. 60
Du levier. Levier droit. 61
Balance. Sensibilité. Description. . . 62

CHAP. V. — LIQUIDES.
§ 1. — Hydrostatique. 67
Compressibilité des liquides. 67
Principes de l'hydrostatique. 69

TABLE DES MATIÈRES.

	pages
Presse hydraulique	70
Equilibre des liquides pesants	72
Pression sur le fond des vases	73
Pression latérale	75
Paradoxe hydrostatique. Réaction	77
Vases communiquants. Niveaux	78
Corps plongés. Principe d'Archimède	80
Equilibre des corps flottants	82
Liquides superposés	84
Mesure des poids spécifiques	85
Aréomètres à volume constant	86
Poids spécifiques des liquides	89
Aréomètres à poids constant. Volumètre	90
Mesure des volumes. Perte de poids d'un corps dans l'air	94

§ 2. — **Phénomènes capillaires** 95
Loi de Jurin. Hauteur entre deux lames. 96
Mouvements produits par la capillarité. 98
Endosmose. 99

§ 3. — **Notions d'hydrodynamique** 100
Principe de Toricelli. 100
Contraction de la veine 101
Jets d'eau. Puits artésiens. 102
Constitution de la veine liquide. 103

CHAP. VI. — CORPS GAZEUX.

§ 1. — **Propriétés générales des gaz.** 106
Poids des gaz. Atmosphère. 107

§ 2. — **Pression atmosphérique** 108
Baromètre. Théorie. 108
Baromètre de Fortin. Corrections. 112
Baromètre de Gay-Lussac. 115
Hauteurs par le baromètre. 116
Baromètre à cadran. B. sans liquide. 118
Effets de la pression atmosphérique. 119
Aérostats. 122
Parachutes. 126

§ 3 — **Lois de la compression des gaz.** 127
Loi de Mariotte pour l'air. 127
Cas des gaz autres que l'air. 129
Applications de la loi de Mariotte; manomètres. 133

§ 4. — **Machines à dilater ou comprimer les gaz.** 134
Machine pneumatique. 134
Description de la machine à deux corps de pompe. 136
Machine à double épuisement; machine à double effet. 139
Machine à comprimer les gaz. 141
Effets de l'air comprimé; appareils divers. 143

§ 5. — **Appareils dont le jeu dépend de la pression atmosphérique.** — Pompe aspirante. 145
Pompes foulantes. 147
Siphon. Vases diabètes. 148
Ecoulements intermittents. 150
Ecoulements constants. Flacon de Mariotte. 151

§ 6. — **Mélange des gaz entre eux.** 153
Mélange avec les liquides. 154

CHAP. VII. — CORPS A L'ÉTAT SOLIDE.

§ 1. — **Elasticité.** 156
Elasticité de tension et de compression. 157
Elasticité de flexion et de torsion. 158

§ 2. — **Résistance à la rupture** 160

§ 3. — **Propriétés dépendant de la stabilité des molécules.** 162
Ductilité, dureté. Fragilité, etc. 163
Causes qui modifient ces propriétés. 164

CHAP. VIII. — ACOUSTIQUE.

§ 1. — **Du son et de sa propagation.** — Vibrations des corps sonores. 166
Mode de propagation du son. 169
Ondes sonores. 172
Mesure de la vitesse du son dans l'air. 173
Vitesse du son dans l'eau. 176
Réflexion du son. Echos. 177

§ 2. — **Des qualités du son.** — Ton ou hauteur du son. 179

	pages.		pages.
Mesure du nombre de vibrations.		Masses d'air de forme quelconque.	204
Sirène.	180	Tuyaux à anche.	206
Roues dentées.	182	Instruments à anche.	208
Méthode graphique; vibroscope; phonautographe.	183	§ 2. — **Vibrations des solides.** — Vibrations transversales des cordes.	209
Limite des sons perceptibles.	185	Influence de la rigidité.	210
Intensité du son. Timbre.	186	Résonnance multiple.	211
§ 3. — **Théorie physico-musicale..**	188	Vibrations transversales des verges droites et courbes.	212
Accord parfait. Gamme majeure.	189	Vibrations des plaques, lignes nodales.	214
Sonomètre; dièses, bémols	190	Plaques non homogènes. Vases de révolution.	217
Tempérament.	191	Vibrations des membranes.	218
Sons harmoniques.	192	Vibrations longitudinales des verges.	219
Battements; son résultant; bruit.	193	Vitesse du son dans les solides.	220
Méthode optique de comparaison des sons.	195	Lignes nodales des vibrations longitudinales.	220
CHAP. IX. — **LOIS DES MOUVEMENTS VIBRATOIRES.**		§ 3. — **Organe de l'ouïe.**	221
§ 1. — Vibrations des gaz.	198	Audition. Cornet acoustique.	223
Lois de D. Bernouilli. Nœuds et ventres	200	Organe vocal; larynx	224
Harmoniques des tuyaux ouverts et bouchés.	201	Parole. Porte-voix.	226
Vérifications expérimentales.	202		

LIVRE II.

DE LA CHALEUR.

CHAP. I. — **DE LA CHALEUR. TEMPÉRATURES.**		Rayonnement apparent du froid. Rayons de chaleur.	245
Effets généraux. Systèmes de l'émission et des ondulations.	229	Lois des intensités.	246
Construction du thermomètre à mercure.	231	Réflexion de la chaleur.	247
Graduation du thermomètre.	233	Miroirs paraboliques; conjugués.	248
Echelles thermométriques.	235	Miroirs sphériques; ardents.	249
Thermomètre à alcool.	237	Réflexion diffuse.	251
Thermomètre à air; différentiel.	238	Substances diathermanes.	251
Pyromètres.	240	Réfraction de la chaleur; prismes. Lentilles.	253
§ 4. — Thermo-multiplicateur.	241	§ 2. — **Thermochrose.**	255
Tables de graduation.	243	Inégale réfrangibilité des rayons; spectre calorifique.	257
CHAP. II. — **CHALEUR RAYONNANTE.**		Identité des rayons calorifiques et lumineux.	258
§ 2. — Propagation de la chaleur à distance.	244	§ 3. — **Du refroidissement des corps; loi de Newton.**	259

	pages.
Pouvoirs émissifs	260
Rayonnement particulaire. Théorie de Melloni	263
Rayons émis obliquement	264
Pouvoir réflecteur	265
Pouvoir absorbant	266
Egalité des pouvoirs émissif et absorbant	268
Equilibre mobile de température	270
Réflexion apparente du froid	271

CHAP. III. — CONDUCTIBILITÉ POUR LA CHALEUR.

§ 1. — **Conductibilité des solides**	272
Loi des températures dans un mur	274
Loi dans une barre	275
Corps non homogènes; conductibilité dans les cristaux	278
§ 2. — **Conductibilité des liquides**	279
Propagation de la chaleur dans les liquides	280
Conductibilité des gaz; chambre de Saussure	281
Mouvement dans les gaz à température inégale	283
Tirage des cheminées. Calorifères	283

CHAP. IV. — DILATATIONS.

§ 1. — **Dilatations des solides**	285
Mesure de la dilatation linéaire	286
Formules. Calcul du coefficient de dilatation cubique	289
Mesure de la dilatation cubique	291
Dilatation apparente du mercure; thermomètre à poids	292
Dilatations au-dessus de 100°	294
Pendules compensateurs, etc.	294
§ 2. — **Dilatation des liquides.**	
—Dilatation absolue du mercure	297
Liquides quelconques	300
Maximum de densité de l'eau	301
§ 3. — **Dilatation des gaz.** — Formules des dilatations des gaz	303
Méthode de Gay-Lussac	304
Expériences de M. Regnault	305

	pages
Pyromètre à air; comparaison des thermomètres	309
Mesure de la densité des gaz	310
Poids spécifique de l'air	313

CHAP. V. — CAPACITÉS CALORIFIQUES.

§ 1. — **Capacités des solides et des liquides.** — Calorie	315
Méthode par la fusion de la glace	316
Méthode des mélanges	317
Expériences de M. Regnault	319
Résultats généraux	320
Lois des capacités des atomes	321
§ 2. — **Capacités des gaz.** — Lois. Résultats	323

CHAP. VI.—CHANGEMENTS D'ÉTAT DES CORPS. — VAPEURS.

§ 1. — **Fusion et solidification.** — Fusion des solides	324
Chaleur latente de liquidité. Effet de la pression; surfusion	326
Changement de volume	328
Mesure de la chaleur latente	329
Liquéfaction par dissolution	330
Mélanges réfrigérants	332
§ 2. — **Passage à l'état gazeux et liquéfaction des gaz.** — Vaporisation	333
Evaporation. Sublimation	334
Chaleur latente d'élasticité. Froid produit par l'évaporation	335
Formation des vapeurs dans le vide	337
Vapeurs dans les gaz. Saturation	339
Tension dans une enceinte à température inégale. Alambic	341
Problèmes sur les vapeurs	342
De l'ébullition	343
Effet de la pression. Hypsométrie	345
Effets des gaz, des sels dissous	347
Influence du vase	348
Phénomènes sur les surfaces chaudes	349
Liquéfaction et solidification des gaz	352
§ 3. — **Propriétés physiques des vapeurs.** — Mesure des tensions	357
Vapeurs des divers liquides	361

TABLE DES MATIÈRES.

Mesure des chaleurs latentes des vapeurs. 362
Mesure des densités des vapeurs ... 365
§ 4 — Hygrométrie........ 368
Méthode chimique........... 370
Hygromètres par absorption. Tables.. 372
Hygromètres de condensation...... 374
Hygromètres par évaporation..... 376
§ 5. — **Machines à vapeur.** —
    historique............ 377
Machines atmosphériques....... 379
Machines à double effet. Distribution.. 381
Machines à haute pression....... 384
Chaudières à vapeur.......... 385
Appareils de sûreté.......... 387
Locomotives............. 389

CHAP. VII.—SOURCES DE CHALEUR
§ 1. — **Sources naturelles.** —
    Insolation............ 393
Chaleur propre du globe........ 394
Sources physiologiques........ 395
§ 2. — **Sources mécaniques.** —
    Frottement........... 395
Compression et expansion des gaz . . 396
Absorption des gaz. Imbibition..... 398
§ 3. — **Chaleur des combinaisons chimiques.**...... 399
Combustion. Flamme......... 399
Toiles métalliques. Lampe de sûreté. . 400

Quantités de chaleur dégagées par les combinaisons............ 401

CHAP. VIII. — PHÉNOMÈNES MÉTÉOROLOGIQUES DÉPENDANT DE LA CHALEUR.
§ 1. — **Distribution de la chaleur à la surface du globe.** 402
Thermomètres à maximum et à minimum. 403
Températures moyennes........ 404
Lignes isothermes.......... 406
Températures extrêmes; climats.... 408
Température des hautes régions . . . 409
Température de l'espace. Rayonnement nocturne........... 411
Température du sol.......... 412
Température des mers......... 413
§ 2. — **Mouvements de l'atmosphère. Vents.**...... 414
Brises. Moussons........... 416
Vents alizés............ 417
Phénomènes barométriques. Hauteurs moyennes. Variations...... 419
Variations horaires.......... 420
§ 3. — **Météores aqueux. Rosée.** 421
Condensation de la vapeur dans l'air ; nuages............ 424
Pluie. Nimbus............ 427
Quantités de pluie ; udomètres..... 428
Neige ; grésil............ 429

LIVRE III.

ÉLECTRICITÉ ET MAGNÉTISME.

CHAP. I. — DU MAGNÉTISME.
§ 1. — **Propriétés générales des aimants.**.......... 430
Pôles, ligne neutre des aimants.... 431
Théorie des fluides magnétiques . . . 433
§ 2. — **Action de la terre sur les aimants.** — Déclinaison ; lignes isogoniques........ 437
Variations de la déclinaison...... 438
Perturbations............ 439
Boussoles de déclinaison........ 440

Inclinaison ; boussole d'inclinaison. . . 442
Lignes isoclines ; équateur magnétique. 443
Théorie de l'aimant terrestre..... 444
Action directrice du globe....... 446
Mesure de la force magnétique du globe. 447
§ 3. — **Comparaison des forces magnétiques.**....... 448
Lois des forces magnétiques. Balance de torsion........... 449
Comparaison des forces des aimants. Distribution du magnétisme . . . 451

§ 4. — Procédés d'aimantation. 452
Aimantation par la terre. 453
Puissance des aimants; armatures. . . 454

CHAP. II. — ÉLECTRICITÉ STATIQUE.

§ 1. — Théorie des deux électricités. 456
Développement de l'électricité par le frottement. Corps conducteurs. . 457
Des deux espèces d'électricité. . . . 459
Théories électriques. 461
Décomposition par influence. 463
Induction dans les mauvais conducteurs. 465
Explications des attractions et répulsions électriques. 466
Electroscopes et électromètres. . . . 468
Machines électriques. 469
Electrophores. 476

§ 2. — Lois des forces électriques. — Balance électrique. . . 477
Déperdition par le contact de l'air. . . 479
Déperdition par les supports. 480
Conductibilité des cristaux. 481
Distribution de l'électricité sur les corps conducteurs 482
Plan d'épreuve. 484
Pouvoir des pointes. 485

§ 3. — Condensateur électrique. 486
Electricité dissimulée. 487
Décharge du condensateur. 489
Bouteille de Leyde. 490
Jarres; batteries. 493
Electroscope condensateur. 494
Effets de la décharge électrique. Commotion. 494
Effets physiques; fusions. 495
Effets mécaniques. 498
Effets chimiques, magnétiques. . . . 500
Effets lumineux. 500

§ 4. — Météores électriques —
Tonnerre. 504
Effets de la foudre. 509
Grêle. 511
Trombes. 512
Paratonnerres. 513

De l'électricité atmosphérique. 516
Son origine. Aurores boréales. . . . 517

CHAP. III. — ÉLECTRICITÉ VOLTAÏQUE.

§ 1. — Galvanisme. Piles voltaïques. 519
Expériences de Galvani. 521
Théorie de Volta. 522
Différentes espèces de piles. 524
Courants voltaïques. 528
Effets sur l'aiguille aimantée; multiplicateur. 529
Théorie chimique de la pile. 530
De l'affaiblissement de la pile; piles à deux liquides. 535

CHAP. IV. — EFFETS DES COURANTS.

§ 1. — Effets physiologiques. . . 538
§ 2. — Effets physiques. 540
Effets mécaniques. Arc voltaïque. . . 542
Eclairage électrique. 544

§ 3. — Effets chimiques. — Décomposition de l'eau. 545
Décomposition des alcalis, etc. . . . 546
Décomposition des sels. 548
Transport des éléments. 549
Polarisation des électrodes. Lois de l'électrolyse. 551
Galvanoplastie. 553
Dorure, argenture, etc. Galvanique. . 555

CHAP. V. — SOURCES D'ÉLECTRICITÉ. INTENSITÉ DES COURANTS.

§ 1. — Sources d'électricité.
— Sources mécaniques. 557
Sources physiologiques; poissons électriques. 558
Pyro-électricité. 560
Courants thermo-électriques. 561
Piles thermo-électriques. 563
Applications à la mesure des températures. 564

§ 2. — Lois des intensités des courants. 565

TABLE DES MATIÈRES.

	pages.
Boussole des sinus.	565
Résistance des fils ; réostats.	566
Lois de Ohm et Pouillet.	568
Comparaison des conductibilités.	569

CHAP. VI. — ÉLECTRO-MAGNÉTISME ET ÉLECTRO-DYNAMIQUE

§ 1. — **Action des courants sur les aimants.** 571
Réomètres ou galvanomètres. . . . 572
Lois de Biot et Savart. 574
Aimantation par les courants. . . . 575
Electro-aimants. 576
Applications à l'étude du magnétisme. 577
Diamagnétisme. 579
Télégraphes électriques. 581
Télégraphe à cadran. 582
Télégraphe de Morse, etc. 585
Fils de transmission. 587
Parafoudres. 589
Horloges électriques. 590
Régulateurs de la lumière électrique. 592
Moteurs électro-magnétiques. . . . 593

§ 2. — **Electro-dynamique.** . . 594
Commutateurs. 595
Actions des courants parallèles ; des courants croisés. 596

	pages.
Courants sinueux, etc.	598
Conséquences diverses.	599
Rotation des courants.	600
Action des aimants, de la terre, sur les courants.	602
Hypothèse des courants terrestres.	603
Rotation des courants par la terre.	604
Théorie électro-dynamique du magnétisme.	605
Solénoïdes.	606
Rotation des aimants par les courants.	608

§ 3. — **Courants d'induction.** . 610
Induction par les courants. 610
Induction par les aimants. 611
Induction par la terre. 612
Loi de Lenz. 613
Extra-courant. 614
Magnétisme par mouvement. . . . 614
Courants induits de différents ordres. 616
Machine de Pixii. 617
Machine de Saxton et Clarke. . . . 619
Appareils magnéto-électriques. . . . 623
Appareils électro-voltaïques. 624
Bobine de Ruhmkorff. 625
Stratification de la lumière électrique. 628

LIVRE IV.

OPTIQUE.

CHAP. I. — PROPAGATION DE LA LUMIÈRE. PHOTOMÉTRIE.

§ 1. — **Nature et propagation.** 630
Sources de lumière. Propagation en ligne droite. 631
De la vision. 632
Ombre; pénombre. 633
Images par les petites ouvertures. . 634
Vitesse de la lumière. 635

§ 2. — **Photométrie. — Loi des distances.** 636
Photomètres. 637

CHAP. II. — CATOPTRIQUE.

§ 1. — **Lois de la réflexion.** . . 639

Miroirs plans. 641
Réflexion diffuse. 641
Miroirs de glace étamés. 642
Images dans deux miroirs parallèles. 643
Miroirs inclinés. Kaléidoscope. . . . 644
Porte-lumière. Héliostats. 646

§ 2. — **Miroirs sphériques.** . . . 647
Foyers conjugués. 648
Mesure du rayon des miroirs. Aberration de sphéricité. 650
Images au foyer des miroirs concaves. 651
Images vues dans les miroirs sphériques. 652
Miroirs paraboliques ; phares. . . . 653

TABLE DES MATIÈRES.

CHAP. III. — DIOPTRIQUE.

§ 1. — **Lois de la réfraction**... 654
Angle limite............ 658
Réfraction atmosphérique. Mirage. ... 659

§ 2. — **Réfraction à travers les milieux terminés par des plans.** — Prismes....... 662
Angle de déviation.......... 663
Minimum de déviation........ 664
Limite des rayons émergents....... 665
Mesure des indices de réfraction. ... 666
Chambres claires.......... 667

§ 3. — **Lentilles**......... 668
Propriétés générales; foyers conjugués. 669
Positions relatives des foyers..... 671
Centre optique des lentilles...... 672
Foyers sur les axes secondaires.... 673
Images focales des lentilles...... 674
Aberration de sphéricité....... 675
Chambre noire composée....... 675
Lanterne magique. Microscope solaire. 678
Microscope photo-électrique..... 680
Phares dioptriques.......... 681

CHAP. IV. — CHROMATIQUE.

§ 1. — **Dispersion.** — Spectre. 683
Théorie de Newton.......... 684
Recomposition de la lumière..... 686
Raies du spectre. Analyse spectrale. . 687
De l'achromatisme.......... 689

§ 2. — **Décomposition, de la lumière par absorption et par réflexion**........ 690
Couleurs des corps.......... 690
Couleurs complémentaires....... 691

§ 3. — **Propriétés des divers rayons colorés.** — Effets calorifiques et phosphorogéniques; fluorescence.......... 692
Actions chimiques de la lumière.... 692
Photographie, daguerréotypie..... 693
Photographie sur papier; sur verre. . 695

§ 4. — **Météores lumineux** . . 696
Théorie de l'arc-en-ciel........ 697
Halos parhélies, etc.......... 700
Des couronnes........... 703

CHAP. V. — DE LA VISION SIMPLE ET AIDÉE DES INSTRUMENTS GROSSISSANTS.

§ 1. — **De la vision simple.** —
Appareil de la vision....... 703
Description du globe de l'œil...... 704
Mécanisme de la vision........ 705
Ajustement de l'œil.......... 706
Défauts de la vue; besicles..... 707
Sensibilité de la rétine........ 708
Durée de l'impression........ 709
Rapport du jugement à la sensation. . 710
Jugement de la distance........ 711
Jugement de la grandeur....... 712
Appréciation du relief; stéréoscope. . . 713

§ 2. — **Instruments grossissants.** — Microscope simple. . 714
Microscope composé......... 715
Calcul et mesure du grossissement... 718
Lunette astronomique......... 719
Grossissement............ 722
Lunette terrestre........... 723
Lunette de Galilée 724
Télescope de réflexion......... 724
Télescope de Grégori......... 725
Télescope d'Herschell......... 726
Télescopes à miroir de verre...... 726
Problèmes............ 729

FIN DE LA TABLE DES MATIÈRES.

Toulouse. — Typographie de Bonnal et Gibrac, rue St-Rome, 44.

www.ingramcontent.com/pod-product-compliance
Lightning Source LLC
Chambersburg PA
CBHW060904300426
44112CB00011B/1328